U0383516

半导体科学与技术丛书

華夏英才基金學術文庫

窄禁带半导体物理学

褚君浩 著

科 学 出 版 社
北 京

内 容 简 介

本书主要讨论窄禁带半导体的基本物理性质，包括晶体生长，能带结构，光学性质，晶格振动，自由载流子的激发、运输和复合，杂质缺陷，表面界面，二维电子气，超晶格和量子阱，器件物理和应用等方面的基本物理现象、效应和规律以及近年来的主要研究进展。在窄禁带半导体物理研究过程中建立的新型实验方法及器件应用也在书中有所介绍。

本书可供从事红外物理与技术研究的科技人员参考，也可供从事固体物理、半导体物理研究和教学的教师以及相关专业的研究生参考。

图书在版编目(CIP)数据

窄禁带半导体物理学/褚君浩著. —北京：科学出版社，2005
(半导体科学与技术丛书)
ISBN 978-7-03-014414-0

I. 窄… II. 褚… III. 半导体物理学 IV. O47

中国版本图书馆 CIP 数据核字(2004)第 099001 号

责任编辑：钱 俊 鄢德平 姚庆爽/责任校对：钟 洋 宋玲玲
责任印制：吴兆东/封面设计：王 浩

科学出版社 出版
北京东黄城根北街 16 号
邮政编码：100717
http://www.sciencep.com
北京虎彩文化传播有限公司 印刷
科学出版社发行 各地新华书店经销
*
2005 年 3 月第 一 版 开本：B5 (720×1000)
2022 年 6 月第五次印刷 印张：59 3/4
字数：1 144 000

定价：298.00 元

(如有印装质量问题，我社负责调换)

《半导体科学与技术丛书》出版说明

半导体科学与技术在20世纪科学技术的突破性发展中起着关键的作用，它带动了新材料、新器件、新技术和新的交叉学科的发展创新，并在许多技术领域引起了革命性变革和进步，从而产生了现代的计算机产业、通信产业和IT技术。而目前发展迅速的半导体微/纳电子器件、光电子器件和量子信息又将推动本世纪的技术发展和产业革命。半导体科学技术已成为与国家经济发展、社会进步以及国防安全密切相关的重要的科学技术。

新中国成立以后，在国际上对中国禁运封锁的条件下，我国的科技工作者在老一辈科学家的带领下，自力更生，艰苦奋斗，从无到有，在我国半导体的发展历史上取得了许多“第一个”的成果，为我国半导体科学技术事业的发展，为国防建设和国民经济的发展做出过有重要历史影响的贡献。目前，在改革开放的大好形势下，我国新一代的半导体科技工作者继承老一辈科学家的优良传统，正在为发展我国的半导体事业、加快提高我国科技自主创新能力、推动我们国家在微电子和光电子产业中自主知识产权的发展而顽强拼搏。出版这套《半导体科学与技术丛书》的目的是总结我们自己的工作成果，发展我国的半导体事业，使我国成为世界上半导体科学技术的强国。

出版《半导体科学与技术丛书》是想请从事探索性和应用性研究的半导体工作者总结和介绍国际和中国科学家在半导体前沿领域，包括半导体物理、材料、器件、电路等方面的进展和所开展的工作，总结自己的研究经验，吸引更多的年轻人投入和献身到半导体研究的事业中来，为他们提供一套有用的参考书或教材，使他们尽快地进入这一领域中进行创新性的学习和研究，为发展我国的半导体事业做出自己的贡献。

《半导体科学与技术丛书》将致力于反映半导体学科各个领域的基本内容和最新进展，力求覆盖较广阔的前沿领域，展望该专题的发展前景。丛书中的每一册将尽可能讲清一个专题，而不求面面俱到。在写作风格上，希望作者们能做到以大学高年级学生的水平为出发点，深入浅出，图文并茂，文献丰富，突出物理内容，避免冗长公式推导。我们欢迎广大从事半导体科学技术研究的工作者加入到丛书的编写中来。

愿这套丛书的出版既能为国内半导体领域的学者提供一个机会，将他们的累累硕果奉献给广大读者，又能对半导体科学和技术的教学和研究起到促进和推动作用。

2005年3月16日

序

20 世纪 50 年代出现一门半导体学科，从 IV 族元素半导体到 III-V 族二元化合物半导体都有不同程度的研究。其中禁带最窄的半导体是 InSb(室温下禁带宽度为 0.18eV)。由于红外探测技术的需要，1959 年出现了以 II-VI 族二元化合物 HgTe 和 CdTe 为基础的三元化合物 $Hg_{1-x}Cd_xTe$，可以得到禁带更窄的半导体。改变 x 之值，有可能解决几个重要红外波段探测器的需要。同时禁带的变窄，出现一些有趣的物理特性。因而立即引起广泛的研究兴趣。1967 年即出现有关这一材料的国际性的专业讨论会。1976 年首次出现“窄禁带半导体”的国际讨论会。自那以后有关“II-VI 族半导体”或“窄禁带半导体”的专业讨论会，有国际的，有大西洋公约组织的，有各个国家的，真是层出不穷。每次会议规模都相当大，从而形成一个半导体物理学的重要分支—— 窄禁带半导体。在这迅速发展过程中，出版过不少有关这一半导体的论文专集。但作为全面综述窄禁带半导体有关研究成果的《窄禁带半导体物理学》，据本人所知，这还是国际上的第一本专著。

本书的编著者褚君浩教授曾在 HgCdTe 半导体的研究发展过程中做出过多方面的贡献，被认为是《窄禁带半导体物理学》一书最合适的编著者。1999 年国际著名的《Landolt-Boerstein 科学与技术中的数据和函数》出新版本时，就邀请他撰写有关 HgCdTe 的章节。2000 年美国 Kluwer Academic/Plenum 出版社计划出版《微科学丛书》(MicroScience Series)时，主编之一 A. Sher (曾任美国 II-VI 族材料物理与化学讨论会的主席)推荐褚君浩教授撰写《窄禁带半导体物理学》一书，现在这本书就是它的中文版。

本人有幸首先对这本《窄禁带半导体物理学》从头至尾通读一遍，真是得益匪浅。这本书对窄禁带半导体，主要是 HgCdTe 的各个方面，从晶体学的基本性质和制备方法，各个物理现象的基本原理、测试方法，还有从早期到最近的研究成果以及器件的原理和制备技术等，都有系统的清晰的论述。因而这本书不仅是从事窄禁带半导体研究、教学和产业人员必备的参考书，对所有从事半导体研究、教学和产业人员，也是值得一读的参考书。

汤定元

2004 年 12 月

前　　言

窄禁带半导体是半导体学科的分支学科。窄禁带半导体物理一方面反映了半导体的普遍规律，另一方面“窄禁带”的特点又赋予它许多新的特征，从而进一步丰富半导体学科。同时窄禁带半导体的发展又与红外光电子科学技术及其应用的发展紧密相连。因此本书在学术上对于半导体物理的发展会有一定意义，而且在应用上对于红外高技术发展研究也有一些参考价值。

关于窄禁带半导体物理已经有若干著作。1977 年英国科学家 D. R. Lovett 出版“Semimetals & Narrow-bandgap Semiconductors”(London)；1978 年德国科学家 R. Dornhaus and G. Nimtz 发表了一篇长篇总结文章，1983 年再版，题为“The Properties and Applications of the HgCdTe Alloy System, in Narrow Gap Semiconductors”(Springer Tracts in Modern Physics Vol. 98, p119)。这两本书较系统地讨论了窄禁带半导体的物理性质，至今仍然是重要的参考书。1980 年美国“Semiconductors and Semimetals”(Vol. 18)集中发表了关于 HgCdTe 材料器件的评述性论文集，是 HgCdTe 研究的重要参考文献。1991 年中国科学家汤定元发表“窄禁带半导体红外探测器”(王守武主编，半导体器件研究与进展，北京：科学出版社，1~107)，系统阐述了 HgCdTe 红外探测器的基本理论。1994 年英国汇编出版一书，名为“Properties of Narrow Gap Cadmium-based Compouands”，其中有关于 HgCdTe 窄禁带半导体有关物理和化学性质的多篇文章，本书提供了丰富的 Cd 基半导体材料性质的数据及有关资料。

本书以半导体物理研究为线条，阐述窄禁带半导体的一般科学规律，并结合国际国内在该领域的主要研究结果，包括作者在内的我国科学家的研究结果。同时注重建立基本规律与科学前沿探索的桥梁，尽可能介绍窄禁带半导体物理学的基本理论和研究方法，以及该领域学科前沿和材料器件相关的科学问题。希望本书能够对于国内相关科技工作者包括研究生、大学生在半导体物理和光电子研究领域的学习、研究和技术发展工作中起到一定参考作用。

本书得到汤定元先生的鼓励和指导，汤先生审阅了本书并提出宝贵意见。吕翔、邵军、黄志明、桂永胜等博士参加了部分章节的编写，常勇、李标、张新昌、王善力、蔡毅、刘坤和俞振中等许多博士和研究人员给予了帮助，吕翔承担了全部稿件的计算机编辑。本书的研究工作得到国家自然科学基金委、国家科技部、中国科学院和上海市科委等多方面的支持；本书的出版得到华夏英才基金的资助；并得到汤定元院士和薛永琪院士的推荐。作者在此表示衷心的感谢。

褚君浩

中国科学院上海技术物理研究所

红外物理国家重点实验室

2004年4月18日于上海

目　录

第1章 概 述

1.1 窄禁带半导体

窄禁带半导体属于半导体范畴，是一类禁带宽度较窄的半导体。一般认为禁带宽度 E_g 小于 0.5eV 的半导体材料就为窄禁带半导体，或禁带宽度对应于响应波长 2μm 以上红外波段的半导体材料都是窄禁带半导体材料(汤定元 1976，Long 1973)。从能带特征上来看，窄禁带半导体的导带具有较强的非抛物带性质，其自旋轨道裂距远大于禁带宽度，远大于波矢与动量矩阵元的乘积。窄禁带半导体的能带电子态以 1957 年 Kane 提出的 InSb 半导体能带模型为理论基础(Kane 1957, Kane 1966)。HgCdTe、InSb 是最典型的窄禁带半导体材料，这类材料电子有效质量小，电子迁移率高，载流子寿命长,是优良的红外光电信息功能材料(Kruse 1981)。窄禁带半导体最重要特征之一是禁带宽度对应于红外波段，因而是制备红外探测器的功能材料。对于本征红外探测器来说，红外辐射把半导体价带顶部附近的电子激发到导带底部附近的一些电子态上去，产生非平衡电子-空穴对，从而改变材料的电学性质。对于光导器件，则电导率增大，对于光伏器件，则产生光生电压。因此，窄禁带半导体物理的发展离不开红外探测器的发展。红外探测器是现代红外技术的核心，对红外探测器的需求和研制，促进了窄禁带半导体材料制备和物理研究的发展。

窄禁带半导体物理的发展经历了三个阶段。第一个阶段是从 20 世纪 40 年代开始的。当时红外探测器主要为 PbS、PbSe 及 PbTe 探测器，到 50 年代开始用 InSb、InAs 及 Ge：Hg 材料。在实验上，由于 InSb 材料的制备与研究的发展，在理论上 Ge、Si 能带结构研究已经取得明确结果。在此基础上，1957 年，E. O. Kane 利用 $\boldsymbol{k}\cdot\boldsymbol{p}$ 微扰理论计算了 InSb 能带，提出了窄禁带半导体的能带模型。这一理论可以很好地描述窄禁带半导体 InSb 在 K 空间布里渊区 Γ 点附近能量-波矢色散关系，成为描述载流子输运、光电子跃迁等各种过程的基础，从而奠定了窄禁带半导体物理研究的理论基础。这一阶段以建立窄禁带半导体能带理论为主要标志。

第二阶段从 20 世纪 60 年代开始，这一阶段主要是找到最好的窄禁带半导体材料，并进行全面研究的阶段。当初人们分别采用 PbS、InSb、Ge：Hg 制作的红外探测器，应用于波长 1~3μm，3~5μm，8~14μm 三个“大气透明窗口”的红外探测。按照黑体辐射光谱分布规律，室温物体的热辐射主要分布在 8~14μm 波段。InSb 工作在 3~5μm，因此对于室温目标的辐射探测利用率较低。Ge：Hg 杂质光电导型探测器工作在 8~14μm，很有利于室温目标物体热成像，但它工作在 38K

温度以下，使用不便，而且其截止波长位置还不是最佳截止波长。因而人们希望寻找在较高温度下工作在 8~14μm 波段的本征光电导或光伏探测器材料。为了能在 8~14μm 大气窗口范围有最好的响应，这样的探测材料必须是禁带宽度约为 0.09eV 左右的半导体。但是，自然界并不现存这样禁带宽度的元素半导体或二元化合物半导体。因此有必要人工合成一种合金半导体材料，通过调整合金组分，使其禁带宽度约为 0.1eV。HgCdTe 半导体就是这样一种理想的本征型红外辐射探测材料。HgCdTe 可看成(HgTe)和(CdTe)的赝二元半导体。图 1.1 表示了部分化合物半导体材料的禁带宽度 E_g 与晶格常数 a 的关系。从图中可以看出，都为闪锌矿结构的 II-VI 族半金属化合物 HgTe($E_g = -0.3$eV)和宽禁带半导体化合物 CdTe($E_g = 1.6$eV)，它们的晶格常数很接近，$\Delta a/a = 0.3\%$，使 HgTe、CdTe 能以各种配比形成连续固溶体$(HgTe)_{1-x}(CdTe)_x$赝二元系，即 $Hg_{1-x}Cd_xTe$ 序列。根据不同的 Cd 组分，合金可以具有像 HgTe 那样的半金属结构，也可以具有像 CdTe 那样的半导体结构。禁带宽度 $E_g = E(\Gamma 6) - E(\Gamma 8)$，在 4.2 K 温度下，当 $x = 0$ 时，为−0.3eV，当 $x = 1$ 时，为 1.6eV, 随着 x 变化，禁带宽度在−0.3 到 1.6eV 之间连续变化。在 4.2K 温度下，当组分 $x = 0.161$ 时，$E_g = 0$。$Hg_{1-x}Cd_xTe$ 材料其禁带宽度随组分 x 连续变化，可以覆盖了整个红外波段，是制备红外探测器的重要材料。由于它的禁带宽度可以调节，因此在应用上这种材料不仅可用来替代 Ge：Hg，制作响应波长 8~14μm 波段并在 77K 工作的探测器；同时也用来替代 PbS 和 InSb，制作 1~3μm 和 3~5μm 波段并在室温下工作的红外探测器。通过适当调节组分，这种材

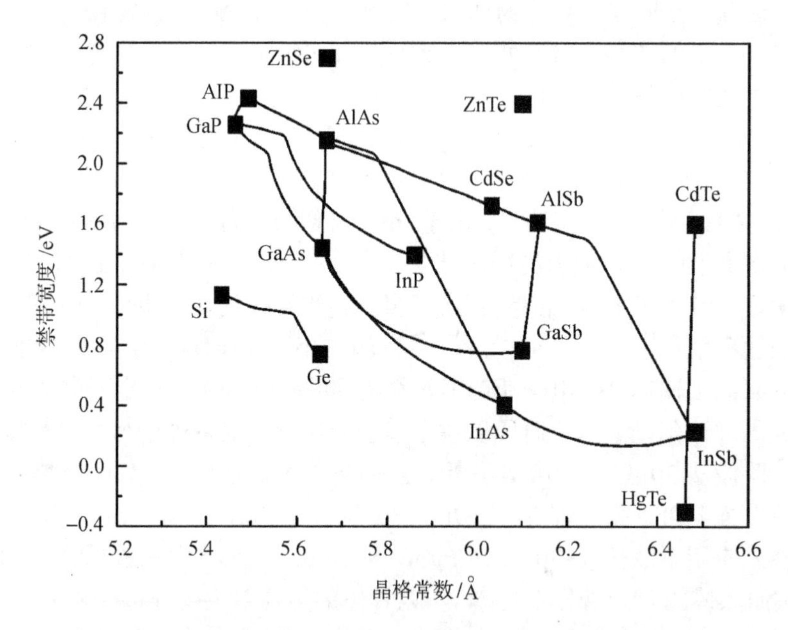

图 1.1　化合物半导体材料的禁带宽度 E_g 与晶格常数 a 的关系

料还可以用于制造光纤通信用的 1.3μm 和 1.55μm 的 PIN 型和雪崩型 $Hg_{1-x}Cd_xTe$ 探测器，成为覆盖 1~30μm 宽光谱范围的红外辐射探测材料(Long 1973, Stelzer 1969)。同时在基础问题的研究上，这种材料可用来研究能带结构的连续改变对输运过程，光学性质及磁光效应等的影响，以及研究其晶格振动特征，而具有特别重要的意义。

1959 年 Lawson 与他的合作者们首先发表了碲镉汞 HgCdTe 研究的结果。但由于材料制备的困难，一直到 70 年代由于熔体制备晶体能力和外延技术的进展，HgCdTe 材料、物理及器件研究工作开始有较大的发展。在我国汤定元在 1967 年起倡导了对碲镉汞材料器件的全面研究(汤定元 1976，1974)。20 世纪 80 年代后 HgCdTe 材料已用于单元、多元、线列及焦平面列阵红外探测器研制。这一阶段的发展表明，HgCdTe 材料是一种较为理想的红外探测器材料(Long 1973)。它是一种直接带隙半导体材料，制成的红外探测器为本征型探测器，对应光学过程为能带间的本征跃迁过程，从根本上避免了杂质型红外探测器的缺点。HgCdTe 材料用于研制红外探测器主要有以下优点：可调节禁带宽度覆盖整个红外波段；材料具有大的光吸收系数，使在 10~15μm 厚的器件芯片中，产生的内量子效率接近 100%；电子、空穴迁移率高；本征复合机制产生长载流子寿命及较低的热产生率，允许器件在较高温度工作；CdTe/HgTe 晶格匹配好，可制备高质量外延异质结构；剩余杂质浓度可低于 $10^{14}cm^{-3}$；可掺杂质使之成为 p 型、n 型半导体；表面可钝化等。但是 HgCdTe 也存在一些缺点，如 Hg-Cd 键较弱，在一般温度下，也会出现 Hg 空位，必须加以控制。同时，Te 沉淀问题也较严重，需要解决杂质缺陷、均匀性、提高工作温度、优化器件性能以及器件研制中出现的问题。近 20 年来它已广泛地应用于制备红外探测器，一直是研究工作的热点。在材料生长方面，除了传统的体晶生长外，人们开始采用外延生长技术与方法，使材料性能进一步提高。在器件方面，早在 1967 年已见法国关于 HgCdTe 元器件的广告，到 20 世纪 70 年代末第一代单元 HgCdTe 红外探测器已较为成熟(Chapman 1979)，到 20 世纪 80 年代第二代线列探测器和小规模面阵器件(Elliott 1981)和后来第三代长线列和大规模焦平面列阵器件都研制成功(Arias 1989)。这一阶段由于碲镉汞材料的发现，人们对窄禁带半导体材料、器件和物理的研究取得了系统的进展(Dornhaus 1983, Lovett 1977, 汤定元 1991)。

窄禁带半导体物理发展的第三阶段从 20 世纪 90 年代开始。在这一阶段窄禁带半导体碲镉汞薄膜材料和第三代长线列和大规模焦平面列阵红外探测器的研究越来越受到重视，对窄禁带半导体物理的研究也越来越深入。除体材料生长以外(Micklethwaite 1981)，液相外延(LPE)(Schmit 1979)、金属有机物化学气相淀积(MOCVD)(Irvine, Mullin 1981)和分子束外延(MBE)(Faurie 1982)等方法制备的碲镉汞薄膜材料成功应用于制备红外焦平面列阵。人们掌握碲镉汞薄膜材料生长中的组分控制、电学参数控制、掺杂控制等规律和方法；提出碲镉汞薄膜材料表征的手段；并要解决大面积薄膜的关键参数及其均匀性的测量与控制；材料设计、器件设计和物理研究进一步深入。材料生长与物理研究的结合、器件制备与物理研究的结合日趋紧密。人们研究 HgCdTe 薄膜离子束改性成结的科学规律、直接掺杂成结的科学规律；研究 HgCdTe 中的若干重要杂质缺陷态的操控方法和光电行为及其对材料器件性能的影响；研究 HgCdTe 中 p-n 结的空间结构、光电过程、实际器件结构、表面界面电子态、能带结构、异质结界面二维电子气以及光生载流子的动力学输运过程规律及其对 HgCdTe 器件的影响。在这些研究工作的基础上进一步完善窄禁带半导体红外焦平面列阵物理模型和器件制备的技术规范。当前 512×512 元和 1024×1024 元的大规模 HgCdTe 红外焦平面列阵已相继问世。同时，人们努力进一步探索光电转换、电光转换、光光转换的新效应及其在红外焦平面列阵和新型光电器件上的创新应用。

同时半导体学科本身的发展对窄禁带半导体的研究不断提出新的要求。围绕窄禁带半导体中光电转化过程的研究，有许多问题仍然吸引人们关注。例如：窄禁带半导体在红外辐射作用下，红外光子与电子、声子相互作用激发转化及其动力学过程的微观机制和规律；窄禁带半导体表面界面、异质结构、超晶格量子阱、低维结构等量子体系中的电子态、子能带结构和自旋电子态，以及低维电子的光电跃迁规律及其隧穿输运规律，低维电子在强磁场深低温下的量子输运和磁光共振行为等。在窄禁带半导体的研究工作中，采用了多种光学和电学的实验手段，其中包括了先进的实验手段，如红外荧光光谱、红外磁光光谱、红外椭圆偏振光谱、微区光谱、平带电容谱、定量迁移率谱研究方法等，以及深低温、强磁场下输运特性测量。

近十多年来由于半导体学科发展及红外器件研制的需要，窄禁带半导体的研究获得迅猛发展。窄禁带半导体学科的发展，一方面有其自身的规律，它属于半导体学科；另一方面窄能隙的特征又赋予它许多新的特点，人们在对它的研究中不断发现新的现象、效应和规律；同时它的发展又与红外光学和光电子科学技术及其应用(包括航天航空红外遥感、军事应用及各类高科技民用领域)的发展紧密相连。研究工作的积累推动了以 HgCdTe 为代表的“窄禁带半导体物理学”这一新分支学科的形成和发展。

窄禁带半导体除 HgCdTe、InSb 以外，还有α-Sn、HgSe、HgCdSe、HgS_xSe_{1-x}、$Hg_{1-x}Mn_xTe$、$Hg_{1-x}Zn_xTe$、PbS、PbSe、PbTe、PbSnSe、PbSnTe、InAs、$InAs_{1-x}Sb_{1-x}$ 以及与它们相关的四元系材料等。同时半导体超晶格量子阱、量子线、量子点等低维结构在一定条件下也会形成窄禁带系统。窄禁带半导体和半导体低维结构窄禁带材料系统其用途除红外探测器以外，还用于红外光发射、红外非线性元件、红外传输元件，以及磁场传感器等。

在过去 40 年中 HgCdTe 成为在中远红外(3~30μm)红外探测的最重要的半导体材料。人们总在希望寻找能够取代 HgCdTe 的材料。例如 HgZnTe、HgMnTe、PbSnTe、PbSnSe、InAsSb 以及含 Tl 或 Bi 的 III-V 族半导体和低维固体。取代 HgCdTe 的主要动机是想克服 HgCdTe 材料在制备器件时技术上的困难。由于 Hg-Te 键结合较弱，导致材料体内、表面以及界面的不稳定性以及非均匀性。尽管如此目前 HgCdTe 还是占主导地位，主要是由于 HgCdTe 具备一系列优良材料特性。同时易于剪裁适应制备不同波段的红外探测器，以及双色或多色红外探测器。当前人们在新型器件制备时需要制备具有复杂能带结构的异质结构，而 HgCdTe 在改变组分调节探测器波段时，晶格常数改变很小，从 CdTe 到 $Hg_{0.8}Cd_{0.2}Te$ 晶格常数仅改变 0.2%。如果掺少量 Zn，或者掺少数的 Se，可以使 $Hg_{1-x}(CdZn)_xTe$ 或 $Hg_{1-x}Cd_x(Te_{1-y}Se_y)$的晶格常数在调节组分 x 时几乎不改变，这就非常适合于异质结构，适应新型红外探测器的需要。当然，由于 HgCdTe 半导体材料在含汞方面的缺点，人们对新的窄禁带半导体材料的探索研究经久不衰，不断丰富着人们对窄禁带半导体的认识。

以上所有的研究工作，在科学上都基于窄禁带半导体的基本物理性质，包括晶体生长，能带结构，光学性质，晶格振动，载流子的激发、输运和复合，杂质缺陷，非线性光学性质，表面界面，二维电子气，超晶格和量子阱，器件物理等方面的新现象，效应和规律。这些内容正是本书所要讨论的主题。

关于窄禁带半导体物理读者还可以参考英国科学家 D.R. Lovett(1977), "Semimetals & Narrow-bandgap Semiconductors" (London)；德国科学家 R. Dornhaus and G. Nimtz(1983), "The Properties and Applications of the HgCdTe Alloy System, in Narrow Gap Semiconductors" (Springer Tracts in Modern Physics Vol.98, p119)；美国科学家 Semiconductors and Semimetals Vol. 18 中关于 HgCdTe 材料器件的评述性论文集(Willardson, Beer 1981)；中国科学家汤定元、童斐明(1991)的"窄禁带半导体红外探测器" (王守武主编，半导体器件研究与进展，北京：科学出版社，1~107)；以及 1994 年英国科学家 Capper 汇编出版的"Properties of Cd-based Compouands"，其中有关于 HgCdTe 窄禁带半导体有关物理和化学性质的多篇文章。同时德国再版的"Landolt-Börnstein：Numrical Data and Functional Relationships in Science and Technology III/41B Semiconductors：II-VI and I-VII Compounds; Semimagnetic Compounds" (Rössler 1999)中有关于 HgCdTe 的数据和基本关系式。以上文献系统地讨论和评述了窄禁带半导体的基本物理性质和材料器件的理论和实验，并提供了丰富的 Cd 基半导体材料性质的数据及有关资料。这些著作是 HgCdTe 研究的重要参考文献。

1.2 现代红外光电子物理

窄禁带半导体物理研究是现代红外光电子物理的一个部分。从整个现代红外光电子领域涉及的内容，可以更清楚地知道窄禁带半导体在现代红外光电子学中地位和意义。

21 世纪人类逐步进入光子时代。一方面人们对光的认识更为深入，另一方面人们对物质形态的认识及控制能力不断增强。这一背景促进光电子物理及其应用的蓬勃发展，也推动红外光电子物理和应用在深度和广度上不断拓展。窄禁带半导体是现代红外光电子技术发展的一个重要因素。

当代红外光电子物理研究存在若干重要问题。由于工艺技术的突飞猛进，基础性规律研究与高技术应用的间距越来越短，高技术应用对于基础性规律研究也提出越来越迫切的需求。日益增加的应用需求是红外光电子学科发展的主要驱动力。从学科发展来看，新世纪红外光电子物理要深入研究红外辐射在物质中的激发、传输及接收，特别是要进一步研究物质中红外光到电的转化过程、电到红外光的转化过程，以及红外光之间、红外光与可见光之间的相互转化及其微观机制。当前人们对物质形态的认识大大深化，特别是对物质形态的控制能力大大增强，物质中光电、电光、光光转化过程呈现出越来越丰富的内容，提供给人类越来越方便的应用。人们对物质中红外辐射与其他运动形态的转化的研究，不仅增加了人类的知识积累，同时将大大推动高技术应用。

1.2.1 红外材料平台

具有特定结构的物质系统是红外辐射与其他运动形态转化的平台。这些物质系统既包括天然物质材料，如半导体、氧化物、聚合物材料等，也包括人工设计的物质材料，如纳米材料、薄膜、半导体低维结构、异质结、量子阱、量子线、量子点，无论是天然材料，还是人工物质材料，它们的设计、控制、制备以及表征和特性研究，都成为红外光电子物理研究的最重要的基础。窄禁带半导体 HgCdTe、InSb、PbTe、InAsSb、PbEuTe，III-V 族半导体量子阱、量子线、量子点，氧化物铁电薄膜，PZT、SBT、BST，以及红外窗口材料、红外辐射材料、红外镀膜材料，都是具有红外功能的物质系统。

红外功能材料制备是最根本的问题。当代最主要的红外辐射探测材料仍然是以 HgCdTe 为代表的窄禁带半导体。目前人们对 HgCdTe 材料生长及物理的研究日益深入。HgCdTe 体材料晶体生长，薄膜材料的液相外延生长、分子束外延生长以及金属有机化合物气相淀积生长都取得良好进展。特别是液相外延 HgCdTe 和分子束外延 HgCdTe 受到人们特别重视。为了符合大规模红外焦平面列阵研究的需求，人们已经能够生长大面积均匀和性能良好的薄膜材料。当前的重要问题是碲镉汞高性能 p-n 结的制备和特性控制，特别是希望在薄膜生长过程中就完成 p-n 结制备。同时关注 Si 基碲镉汞材料制备以便于实现探测器芯片与 Si 基读出电路单片集成。HgCdTe 材料的各种非破坏无接触表征方法研究，材料中杂质缺陷规律研究及其生长中控制的研究，HgCdTe 材料表面界面的研究及其控制，HgCdTe 系列低维结构的制备及其物理特性研究，HgCdTe 中载流子的激发、传输和隧穿规律性研究，以及相关的许多基础物理问题的研究，是这一领域的研究热点。除 HgCdTe 以外的其他窄禁带半导体材料如 InSb、InSbAs、PbTe、PbEuTe 等，由于红外探测或红外光发射的需要，也是人们关注的材料。

铁电薄膜材料是近年来人们非常重视的材料。除了它可以用来研制非挥发存储器，以及压电驱动器等多种应用之外，它主要可以用来研制室温工作的焦平面列阵红外探测器，目前人们重视的是 PZT、BST 等铁电薄膜，一般采用溶胶-凝胶法、溅射法、激光等离子体沉积，金属有机化合物气相沉积等方法来制备，关于铁电薄膜材料的物理研究，特别是与红外探测器相关的物理特性，自发极化的微观机制等近年来正在国际学术界和工业界的热门研究之中。

半导体低维结构是重要的红外光电功能材料，III-V 族半导体量子阱、量子线、量子点结构用于制备红外探测器及焦平面列阵，特别是有意义于制备多色器件和长波器件。同时由于量子阱子带间光跃迁较窄的光谱响应特征，更有利于研制光发射器件。在中红外波段缺乏光发射器件，因而对半导体低维结构制备提出重要需求，目前 III-V 族半导体量子阱在中红外波段光发射已经实现。半导体低维结构用于红外非线性元件的研究也是重要方向。关于半导体低维结构的制备、控制及表征是这一方向重要需求的基础，是今后红外物理新发展的重要方面。

1.2.2 红外物理规律

红外光电子物理研究的核心，就是红外功能物质系统中光电转化、电光转化、光光转化过程及其规律和控制方法的研究。它提供了对自然界物质运动形态转化过程的认识。这种认识既是器件研制的基础，又是红外功能材料设计与制备的指导。在深入研究红外功能物质材料及其异质结、低维系统光电子物理过程的微观机制的基础上，人们努力研究光电激发和转换、电光激发和转换、光光激发和转换，是研究这些转换的现象、效应、规律以及建立各类器件应用的重要基础。物质中每一种光电间相互转化都可能对应着光电器件的研制和应用，红外探测、红外光发射、非线性光学元件、红外传输是四大类典型的应用。对这些红外光电器件物理的研究，以及器件的设计、制备、性能提高及其应用，构成红外物理和技术研究的重要内容，也是红外物理走向高技术应用的重要桥梁。当前，人们对各类器件，如大规模红外焦平面、中红外波段激光器、红外非线性器件、红外单光子探测器等需求日益增加。这种需求对红外光电转化研究提出越来越高的要求。

在光电转换方面人们努力寻求光电转换过程与能带结构、杂质缺陷以及晶格振动的关系，获得清晰的物理图像和模型。过去人们对于三维系统中光电子过程的研究较为深入，当前还需要研究表面界面二维电子气以及杂质缺陷量子团簇对器件的影响。对于在二维系统中光电子过程的研究，要探索新方法以补偿响应带宽、光电耦合、量子效率等方面的缺点。

在电光转换方面，同步辐射光源和自由电子激光器是大型的电光转换器，它覆盖了宽阔的光谱范围，包括整个红外波段，是当前国际上重要的研究主题。另一方面半导体低维系统的电光转换过程是重要的研究热点。高速光开关、电光调制器、中红外激光器以及 THz 光源及其成像技术等的应用需求是这方面研究的主要驱动力。人们努力去发现高速电光调制物理过程，以及中红外波段光激射物理过程，这方面的研究工作主要集中在半导体低维结构、量子阱、量子线、量子点。GaAlAs 系列低维结构的电光调制，InGaAs 系列的量子点光激射，InAsSb 系列低维系统的级联激光发射，都取得重要进展。

在光光转换方面，人们主要研究红外光在介质中的传输规律、发射、透射以及红外非线性光学性质。研究集中在对新材料光光转换现象的规律的研究，以及对固体低维结构非线性光学元件的探索。传统的光光转换材料如红外辐射材料、红外透光材料、红外薄膜材料，仍然是该领域研究和应用探索的热点。

为了研究光电相互之间转换的完整物理图像与模型，红外功能材料及其异质结、低维结构的基本物理性质的研究始终是重要基础，各种新型光电测试方法的探索是获得新现象、新效应、新规律的重要保证，这两方面的研究工作在世界各地经久不衰。

1.2.3 红外功能器件

红外量子器件光电子物理是器件应用的科学基础。红外量子器件是各类红外应用中最重要的方面，主要包括大规模红外焦平面列阵、红外单光子探测器和中红外激光器等。

大规模红外焦平面列阵是当代最先进的第三代红外传感器，它通过红外辐射在固体二维敏感元列阵中激发光生载流子获取信息，并经信号处理，可以以凝视方式直接获取目标物体清晰的红外图像及光谱。它包括在低温工作的窄禁带半导体红外焦平面和半导体量子阱红外焦平面，也包括在室温下工作的铁电薄膜红外焦平面。焦平面列阵器件的使用不仅大大简化红外系统的结构，提高红外系统的可靠性，又可显著提高探测性能。根据获取的目标物体的红外图像及光谱，可进而对目标物进行识别、定量分析及监控，既可用于宏观对象，如地面、水域、气象，也可用于微小物体，如生物细胞；既可用于静止目标，也可用于运动物体。

尽管在国际上红外焦平面列阵的研究已经取得相当的发展，但是，关于焦平面列阵的基本物理问题并没有研究清楚。特别是关于焦平面材料中光电子跃迁物理过程、光激发载流子及其动力学输运过程的微观机制和物理图像，包括 HgCdTe 中杂质缺陷、表面界面、异质结及低维结构中电子输运、器件物理模型等许多重大问题，还有待形成更清晰和完整的认识。目前的器件研制工作，还有待建立更为符合实际器件结构的物理模型。红外焦平面列阵研究涉及焦平面列阵薄膜材料生长、光电激发动力学研究、焦平面列阵器件物理模型、焦平面列阵关键技术基础，包括器件设计及技术规范、信号读出与处理等，是当前红外光电子技术的最重要前沿问题。室温下工作的红外焦平面列阵在新世纪将会有突破性进展。

红外单光子探测器是信息技术领域重要的量子器件。在信息技术进一步发展的背景下，已经提出对工作在 1.3μm 和 1.55μm 波段红外单光子探测器的需求。InGaAs 系列雪崩光电二极管是研制红外单光子探测器的重要方面，已经有重要进展。窄禁带半导体 HgCdTe 和 HgMnTe 其自旋轨道裂开带和禁带宽度的匹配很有利于在 1.3μm 和 1.8μm 波段范围发生“共振碰撞电离”现象，可以用来研制高增益低噪声雪崩光电二极管。按照适当的组分比例，制备四元系 HgCdMnTe 将可以制备 1.55μm 波段的雪崩光电二极管。因此，研究窄禁带半导体导带、价带、自旋轨道裂开带之间的跃迁复合过程及雪崩电离过程的实验和理论，研制高灵敏 HgCdTe、HgMnTe、InGaAs 雪崩光电二极管，探索窄禁带半导体单光子探测器是当前的又一个重要前沿问题。

中红外波段的激光器是上世纪末开始的重要研究课题，目前人们已经开始用 III-V 半导体量子阱结构制备中红外级联激光器，这一工作在新世纪还将深入发展。量子点红外激光器、量子点红外探测器，以及不用读出电路的红外焦平面器件的尝试都将在新世纪蓬勃开展。

1.2.4 红外技术应用

红外光电子物理应用研究的一个重要内容是凝聚态红外光谱与信息获取处理。红外探测器除了它的夜视和热像功能外，获取目标对象的光谱特征是它的另一个重要功能，也是红外技术用于各类环境目标、各类物质系统的监察控制基础。根据已知物质红外光谱特征从信息获取所得的光谱来判断分析物质成分是一种传统的红外光谱技术。随着高新技术的应用和扩展，特别是航空航天遥感技术的发展，人们还需要对地物景观的光谱进行分析，来判断农作物的产量、环境污染物成分、地面矿藏资源、监控高技术产品的生产过程等。随着学科交叉研究的发展，人们更希望通过生命物质或有机物质的光谱来判断生物学过程、化学过程等丰富的物质过程。

目标对象光谱特征与标定是红外应用的一个基础问题。通过各种遥感手段或在线测量获取目标物体的光谱后，重要的任务是进行识别控制，控制的基础是监察识别。监察识别的基础在于对凝聚态物质的特征光谱进行前期研究，研究定标曲线，然后用于监察识别或实时监控。凝聚态物质的光谱研究，包括矿物资源、污染物、各类农作物、环境目标、生命物质等复杂物质系统，也包括半导体材料、金属、非金属等简单物质系统。凝聚态光谱种类包括反射、透射、吸收、辐射、偏振特性，也包括荧光、拉曼、磁光等特性。对各类凝聚态物质光谱特征的研究在于发现其提供识别的特征光谱，并加以定量标定，建立定标曲线，用于红外探测信号获取处理中的监控和实时控制，这方面研究是研制各类专用红外监控系统的重要基础，也是红外物理基础研究联系高技术实际应用及产业化广阔天地的重要途径。

因此，对于红外功能材料制备及其特性研究，红外光电激发转换和光光转换规律性研究，大规模红外焦平面列阵、单光子红外探测器和中红外激光器等各类红外器件制备及其物理研究，以及用于各类新型红外光电系统信息识别的凝聚态红外光谱研究等，是当代红外光电子物理和应用研究的主要问题。红外光电子物理发展的主要驱动力是应用需求和学科自身发展的需求。这两种需求和谐地促进着现代红外光电子物理的发展。窄禁带半导体物理研究的发展正是与现代红外光电子物理研究的发展融为一体。

参 考 文 献

汤定元. 1974. 碲镉汞三元系半导体的性质. 红外物理与技术. 中科院上海技术物理研究所. 16: 345

汤定元. 1976. 碲镉汞作为红外探测器材料. 红外物理与技术. 中科院上海技术物理研究所. 4~5: 53

汤定元, 童斐明. 1991. 窄禁带半导体红外探测器. 见：王守武主编 半导体器件研究与进展. 北京：科学出版社. 1~107

Arias J M, Shin S H, Pasko J G et al. 1989. Long and middle wavelength infrared photodiodes fabricated with $Hg_{1-x}Cd_xTe$ grown by molecular-beam epitaxy. J. Appl. Phys. 65:1747~1753

Blachnik R, Chu J, Galazka R R, Geurts J et al. 1999. Landolt-Boernstein: Numrical Data and Functional Relationships in Science and Technology III/41B Semiconductors: II-VI and I-VII Compounds; Semimagnetic Compounds. Edited By U Rössler, Springer

Capper P (Ed) 1994. Properties of Cd-based Compouands. INSPECT, London

Chapman C W. 1979. The state of the art in thermal imaging: Common modules. Electro-Optices/Laser 79' Conference and Exposition, Anaheim, California, USA. 49~57

Dornhaus R, Nimtz G. 1983. The Properties and Applications of the HgCdTe Alloy System. In: Narrow Gap Semiconductors, Spring Tracts in Modern Physics Vol 98. Springer. 119

Elliott C T. 1981. New Detector for Thermal Imaging Systems. Electron. Lett. 17: 312~314

Faurie J P, Million A, Jacquier G. 1982. Molecular beam epitaxy of CdTe and $Cd_xHg_{1-x}Te$. Thin Solid Films. 90: 107~112

Irvine S J C, Mullin J B. 1981. The growth by MOVPE and characterisation of $Cd_xHg_{1-x}Te$. J. Cryst. Growth. 55: 107~115

Kane E O. 1957. J. Phys. Chem. Solids, 1: 249

Kane E O. 1966. Semiconductors and Semimetals. London: Academic press, 1: 75

Kruse P W. 1981. The emergence of ($Hg_{1-x}Cd_x$)Te as a modern infrared sensitive material. In：Willardson R K and Beer A C, ed. Semiconductors and Semimetals, London: Academic Press. 18:1~20
Lawson W D, Wielsen S, Putley E H et al. 1959. J.Phy.chem.Solids,19:325~329
Long D , Schmit J L. 1973. 红外探测器，国防工业出版社. 169
Loveett D R. 1977. Semimetals and Narrow-bandgap Semiconductors. London: Pion Limited
Lovett D R. 1977. Semimetals & Narrow-bandgap Semiconductors, Applied Physics Series, Ed. H J Goldsmid. London: Pion Limited
Micklethwaite W F H. 1981. The crystal growth of cadmium mercury telluride. In: Willardson R K and Beer A C, ed. Semiconductors and Semimetals, London:Academic press. 18:70~84
Rössler U, ed. 1999. Landolt-Boernstein: Numrical Data and Functional Relationships in Science and Technology III/41B Semiconductors: II-VI and I-VII Compounds; Semimagnetic Compounds Berlin: Springer
Schmit J L, Bowers J E. 1979. LPE growth of $Hg_{0.60}Cd_{0.40}Te$ from Te-rich solution. Appl. Phys. Lett. 35: 457~458
Stelzer E L. 1969. Mecury Cadmium Telluride as an infrared detector materials. IEEE Trans. Electron Devices, 18:880
Willardson R K, Beer A C (Eds). 1981. Semiconductors and Semimetals Vol. 18 Mercury Cadmium Telluride. New York: Academic Press

第 2 章 晶　体

2.1 晶体生长的基本理论

2.1.1 引言

窄禁带半导体碲镉汞 $Hg_{1-x}Cd_xTe$ 可以看成是 CdTe 和 HgTe 的化合物。II-VI 族二元化合物 HgTe 和 CdTe 都具有闪锌矿立方晶体结构(Daruhaus et al. 1983)，HgTe 的晶格常数为 6.46Å，CdTe 晶格常数为 6.48Å，它们能以任何配比形成 HgCdTe 固溶体。HgCdTe 晶体也具有闪锌矿立方结构，它是由两套面心立方子晶格互相穿插而构成，它们沿着立方对角线移位$\left(\frac{1}{4}a_0,\ \frac{1}{4}a_0,\ \frac{1}{4}a_0\right)$。(图 2.1)A 原子 Cd 或 Hg(阳离子)占据了其中一套面心立方子晶格的格点，B 原子 Te (阴离子)则占据了另一套面心立方子晶格的格点。

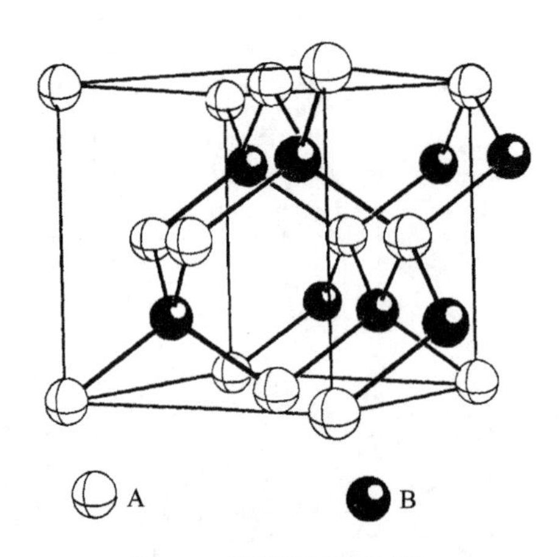

图 2.1　闪锌矿晶体结构

由图可知，结晶学原胞中含有四个阳离子和四个阴离子，其坐标分别为：

阳离子：$(0,0,0)$，$\left(\frac{1}{2},\frac{1}{2},0\right)$，$\left(\frac{1}{2},0,\frac{1}{2}\right)$，$\left(0,\frac{1}{2},\frac{1}{2}\right)$；

阴离子：$\left(\frac{1}{4},\frac{1}{4},\frac{1}{4}\right)$，$\left(\frac{3}{4},\frac{3}{4},\frac{1}{4}\right)$，$\left(\frac{3}{4},\frac{1}{4},\frac{3}{4}\right)$，$\left(\frac{1}{4},\frac{3}{4},\frac{3}{4}\right)$。

Cd 原子和 Hg 原子在 A 晶格格点上的分布是准随机的，Cd 原子的分布密度与合金的组分 x 相等。在 B 晶格格点上的一个 Te 原子具有四个最近邻阳离子，它们可以是 Cd 原子也可以是 Hg 原子，即有 i 个 Cd 原子和 $4-i$ 个 Hg 原子，i 在 0 到 4 之间变化，如图 2.2 所示。但是如同在 $GaAs_xP_{1-x}$ 中情况一样(Verleur et al. 1966)，同种阳离子具有团聚(clustering)效应，即相同种阳离子(Cd 或 Hg)具有一种趋势，在一个晶格常数范围内聚集在阴离子周围。这种优先选取同种阳离子为最近邻的趋势，使 Cd 原子和 Hg 原子在 A 格点上并非完全随机地分布，这种偏差可以用一个团聚参数 β 来表示。Cd 原子在其最近邻找到 Cd 原子的概率为

$$P_{\mathrm{Cd,Cd}} = x + \beta(1-x)$$

Hg 原子在其最近邻找到 Hg 原子的概率为

$$P_{\mathrm{Hg,Hg}} = (1-x) + \beta x$$

如果$\beta = 0$，表示完全随机分布，仅依赖于组分。如果$\beta = 1$，则完全团聚，即图 2.2 的 5 种四面体中，只存在着 $i = 0$(HgTe)和 $i = 4$ (CdTe)的两种原胞。β 对 HgCdTe 描写了部分短程有序性，亦即不可把 $Hg_{1-x}Cd_xTe$ 看作仅由 CdTe 和 HgTe 组成的两原胞近似，而必须考虑无序的影响。

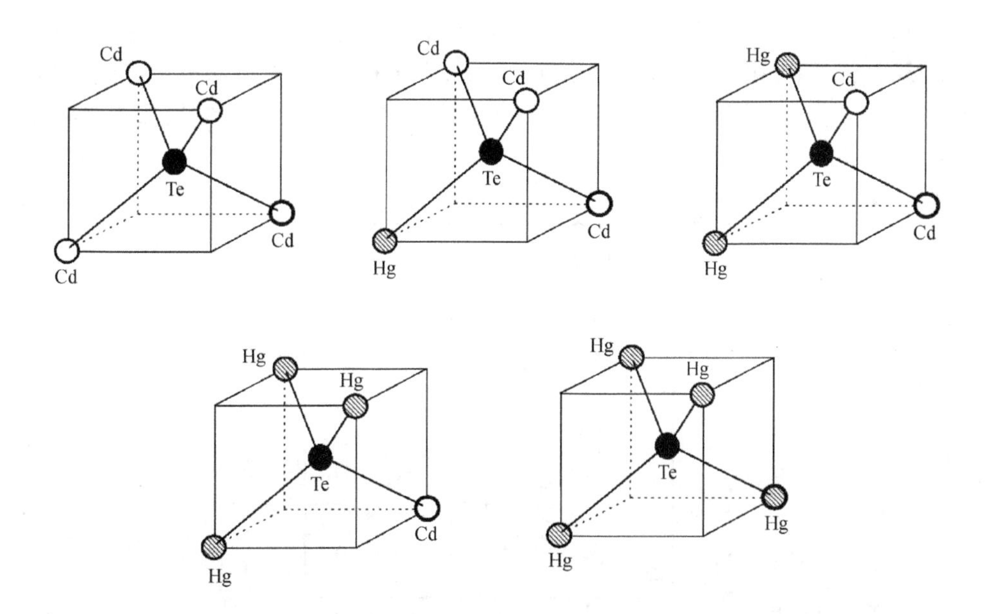

图 2.2　五种可能的原胞

$Hg_{1-x}Cd_xTe$ 合金与所有闪锌矿立方晶体一样，每个单元晶胞包含两个原子，Te 原子和 Hg 原子(或 Cd 原子)，Te 原子(阴离子)在满壳层外面有 6 个价电子，Te：$5s^2$, $5p^4$, Hg 原子或 Cd 原子(阳离子)在满内壳层外面有 2 个价电子，Hg：$6s^2$，Cd：$5s^2$。这种结晶键主要是共价键，相邻原子之间共有价电子而形成四面体方向键。

由于 A 原子与 B 原子的核电荷不同，A 原子(Hg 或 Cd)具有把它们的两个 S 电子让给 Te 的趋势，因而这种键也具有离子键的贡献。如同所有面心立方体结构那样，第一布里渊区是一个截角八面体，闪锌矿晶格点群是 T_d，如图 2.3 所示。

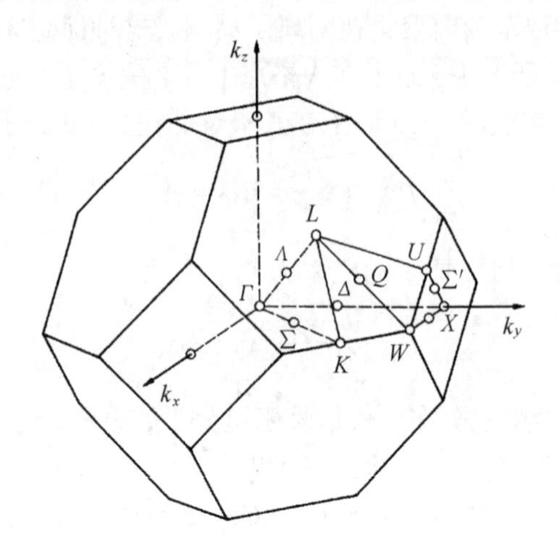

图 2.3　$Hg_{1-x}Cd_xTe$ 合金第一布里渊区示意图

$Hg_{1-x}Cd_xTe$ 的晶格常数 a_0 可以用 X 射线技术测定(Daruhaus et al.　1983, Woolley et al.　1960)，实验发现晶格常数 a_0 随组分 x 的变化是非线性的，如图 2.4 所示。用比重方法测定 $Hg_{1-x}Cd_xTe$ 在不同组分下的密度，得到的曲线如图 2.4 中直线所示(Blair et al.　1961)。

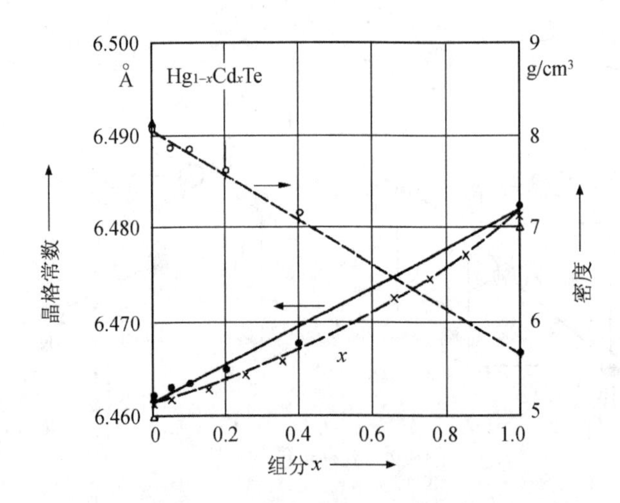

图 2.4　$Hg_{1-x}Cd_xTe$ 的晶格常数以及密度和组分的关系

晶体生长的过程是实现组分粒子按照一定结构的周期性排列。窄禁带半导体材料碲镉汞材料生长是一种非常困难的技术，主要可分为：体材料生长、液相外延(LPE)生长、金属有机化合物气相外延(MOCVD)生长及分子束外延(MBE)生长。本章首先介绍晶体生长的一般理论，然后分别介绍用于窄禁带半导体材料生长的各种方法。

2.1.2 晶体生长热力学问题

首先要了解晶体生长热力学问题，掌握相图及相图在晶体生长中的应用。

晶体生长是受控物质在一定的热力学条件下进行的相变过程。相变是指体系在外界条件改变时发生的状态的变化。用热力学处理相变时考虑体系各相的初始状态和终结状态在外界条件下所发生的变化，不涉及具体的原子间结合力或相对位置的变化等机理性问题。一般用温度 T、压强 P、体积 V、功 W、热 Q、内能 U、焓 H、熵(entropy)S、吉布斯(Gibbs)自由能 G 和亥姆霍兹(Heimholz)自由能 F 来描述体系所处的状态，它们之间的关系可用热力学第一定律和热力学第二定律来描述。

热力学第一定律说明系统内能的增加等于它所吸收的热量减去它对外界所做的功

$$\Delta U = Q - W \tag{2.1}$$

式(2.1)是热力学第一定律的积分表达式，其微分表达式

$$\mathrm{d}U = \delta Q - \delta W \tag{2.2}$$

热力学第一定律描述了体系变化前后 U、Q 和 W 之间的关系，说明了内能，热和功可以相互转化，是能量转化和守恒定律在热运动领域中的应用。

关于热力学第二定律有许多方式的描述，其中克劳修斯和开尔文的说法具有代表性。克劳修斯认为“不可能将热由低温物体传到高温物体，而不发生其他变化”；开尔文认为“不可能由单一热源取出热使之完全转变为功，而不发生其他变化”。克劳修斯描述的是体系相变时热传导的不可逆性，开尔文描述的是相变时体系功转变为热的过程的不可逆性。总而言之，自然界的自发过程均为不可逆过程，这是热力学第二定律的更一般描述。热力学第二定律的数学描述形式为

$$\mathrm{d}S \geq \frac{\delta Q}{T} \tag{2.3}$$

式中：等号对应于可逆过程，即

$$\delta Q = T\mathrm{d}S \tag{2.4}$$

关于热力学第三定律，人们在研究低温体系时发现：如果温度为 0K 时的每一种元素处于某一结晶状态的熵都取为零，则一切物质的熵都具有一定的正值，但是

温度为 0K 时其熵值可以变为零。对于完整的晶体来说确实如此。也就是说“0K 时任何完整晶体的熵等于零”或“不能用有限的手续把一个物体的温度降到 0K”。

热力学函数之间有内在的相互联系。对于封闭体系，只有体积功而无其他功时，有

$$dU = TdS - PdV \tag{2.5}$$

这是热力学第一定律和热力学第二定律的联合表达式，也是热力学基本方程。上式可以改写成

$$d(U - TS) = -SdT - PdV \tag{2.6}$$

或

$$dF = -SdT - PdV \tag{2.7}$$

于是引进自由能 F

$$F = U - TS \tag{2.8}$$

在等温过程中，$dT = 0$，体系与外界没有热量交换。从式(2.7)可知，如果外界对体系做功，将引起自由能的增加。或者体系自由能减少，可以对外界做功。在体系不对外做功，体积不变，达到平衡态时自由能最小。

在等容过程中，$dV = 0$，压强功为零。从式(2.5)可知，从外界吸收的热量，引起内能增加，或体系内能的减少，可以向外放出热量。式(2.5)也可写成为

$$\delta Q = dU + PdV \tag{2.9}$$

在等压过程中，$dP = 0$，热力学基本方程可以写为

$$\delta Q = dU + PdV = d(U + PV) \tag{2.10}$$

定义

$$H = U + pV \tag{2.11}$$

为焓。从式(2.10)可知，从外界吸收的热量，不仅引起内能的增加，而且可以使体系向外做功，或综合而言引起系统焓的增加。体系焓的减少，可以向外放出热量。在等压过程中，系统的焓变等于体系与外界交换的热量，在两相变化时，即相变潜热。

在等温等压过程中，$dT = 0$，$dP = 0$ 体系与外界没有热量传递。如果把体系对外做的功分成压强对外做的功与其他广义力对外做的功 $\delta W'$，则更一般的热力

学基本方程为

$$TdS = dU + pdV + \delta W' \tag{2.12}$$

或

$$d(U - TS + PV) = -SdT + VdP - \delta W' \tag{2.13}$$

$$G = U - TS + PV \tag{2.14}$$

亦可以写为

$$G = F + PV \tag{2.15}$$

为吉布斯函数或吉布斯自由能。在等温等压过程中，可见系统的吉布斯自由能的减少，其他广义力可以对外做功，达到平衡态时吉布斯自由能最小。一克分子物质的吉布斯自由能叫化学势 μ 。

通常相变有一级相变和二级相变之分。一级相变是指相变过程中有相变潜热和比容 U 突变的一类相变，其特征是 $\Delta H \neq 0$、$\Delta V \neq 0$、$\Delta S \neq 0$，即化学势的一级偏微不为零。这类相变过程中压强与温度的关系为克拉帕龙方程

$$\frac{dP}{dT} = \frac{\Delta H}{T\Delta V} \tag{2.16}$$

ΔH 为相变潜热，ΔV 为相变前后体积变化，二级相变是指相变过程中物质的比热 c、膨胀系数 α 和压缩系数 δ 等发生变化，即化学势二级偏微商所代表的性质发生了变化。这些特点可表示为

$$\mu_1 = \mu_2$$

$$V_1 = V_2，\quad 即 \left(\frac{\partial \mu_1}{\partial P}\right)_T = \left(\frac{\partial \mu_2}{\partial P}\right)_T$$

$$S_1 = S_2，\quad 即 \left(\frac{\partial \mu_1}{\partial T}\right)_p = \left(\frac{\partial \mu_2}{\partial T}\right)_P$$

$$c_{p1} \neq c_{p2}，即 \left(\frac{\partial^2 \mu_1}{\partial T^2}\right)_p \neq \left(\frac{\partial^2 \mu_2}{\partial T^2}\right)_P$$

$$\alpha_1 \neq \alpha_2，\quad 即 \left\{\frac{\partial}{\partial T}\left(\frac{\partial \mu_1}{\partial P}\right)_T\right\} \neq \left\{\frac{\partial}{\partial T}\left(\frac{\partial \mu_2}{\partial P}\right)_T\right\}$$

$$\delta_1 \neq \delta_2，\quad 即 \left(\frac{\partial^2 \mu_1}{\partial P^2}\right) \neq \left(\frac{\partial^2 \mu_2}{\partial P^2}\right) \tag{2.17}$$

二级相变中压强和温度的关系为范仑菲士特方程

$$\frac{\mathrm{d}P}{\mathrm{d}T}=\frac{\alpha_2-\alpha_1}{\delta_2-\delta_1} \quad 或 \quad \frac{\mathrm{d}P}{\mathrm{d}T}=\frac{c_{P_2}-c_{P_1}}{Tv(\alpha_2-\alpha_1)} \tag{2.18}$$

一般合金的有序—无序相变，超导体由通常状态变为超导状态等是二级相变，在许多实际问题中遇到的相变，往往既是一级相变，也是二级相变，如许多铁电体的顺电—铁电相变。一般来说，一级相变有热滞现象，二级相变则没有。如果晶体在生长后的降温过程中有相变，通常会应起晶体内部应力增加，往往会导致晶体开裂。尤其当相变是一级相变时，晶体的热应力增加是降低晶体质量的重要因素。

2.1.3 晶体生长动力学问题

除了晶体生长热力学问题外，晶体生长动力学也是最重要的基本问题。从宏观角度来看，晶体生长过程是一个热量、质量和动量的输运过程。晶体生长的驱动力来源于生长环境提供的过饱和度(Δc)或过冷度(ΔT)。生长过程包括晶体生长基元形成、组分粒子在体系中的输运、晶体生长界面动力学等，其中输运过程是一个重要环节。结晶作用只在生长界面发生，不同的结晶面的生长速率不一定相同，因此晶体生长具有空间不连续性和非均匀性。晶体生长时，结晶时所释放的结晶潜热必须适时由生长界面处输运出去，结晶所需要的组分粒子必须适时由熔体输运到结晶界面，结晶过程才能够顺利进行。

晶体生长的输运类型主要包括热量、质量和动量的输运。

首先是热量的输运。晶体生长的热量输运主要有辐射、传导和对流三种方式。晶体生长过程中，那一种热传递取主要作用，必须视具体的工艺条件而定。高温生长晶体时，界面处的热辐射传递出大部分生长潜热，传导和对流起次要作用。低温生长晶体时，热量传输主要依赖于传导。

如果将体系的物理常数(如密度、热容、热传导系数等)随温度的变化忽略不计，也不考虑对流所引起的能量消耗，则体系的热传导方程可以写为

$$\frac{\partial T}{\partial t}+\rho c_p \boldsymbol{v}\nabla \boldsymbol{T}=\kappa\Delta \boldsymbol{T} \tag{2.19}$$

式中：$\nabla \boldsymbol{T}$ 为温度梯度；$\boldsymbol{v}$ 为熔体流速；ρ为熔体密度；c_p 为熔体等压热容；κ是热导率。在温度不随时间变化的情况下，上式可简化为

$$\rho c_p \boldsymbol{v}\nabla \boldsymbol{T}=\kappa\Delta \boldsymbol{T} \tag{2.20}$$

如果熔体静止，$\boldsymbol{v}=0$，则式(2.19)进一步简化为热传导方程

$$\rho c_p \frac{\partial T}{\partial t} = \kappa \Delta \boldsymbol{T} \tag{2.21}$$

其次是质量传输。晶体生长的质量传输有扩散和对流两种方式。

在溶体中溶质浓度随位置的变化不完全相同，通常将溶质浓度在溶液中的空间分布称为溶质的浓度场。扩散的驱动力来源于浓度梯度。在三维空间。浓度梯度可以表示为

$$\nabla C_i = \frac{\partial C_i}{\partial x}\boldsymbol{i} + \frac{\partial C_i}{\partial y}\boldsymbol{j} + \frac{\partial C_i}{\partial z}\boldsymbol{k} \tag{2.22}$$

在稳态下(即体系中同一部位的溶质浓度不随时间变化)，描述扩散过程的数学基础是 Fick 第一和第二定律。一维扩散的 Fick 第一定律为

$$J_z = -D_{li} \frac{\partial C_i}{\partial z} \tag{2.23}$$

式中：J_z 为体系中第 i 个组分的通量(单位时间内通过单位面积的物质量)，又称为物流密度；D_{li} 为该组分在体系中的扩散系数；$\frac{\partial C_i}{\partial z}$ 为该组分在体系中 z 方向的浓度梯度；“–”表示溶质由浓度高的部位相浓度低的部位扩散。在实际晶体生长过程中，稳态条件不满足，溶质浓度随时间变化而变化，这时可用 Fick 第二定律来描述扩散行为

$$\frac{\partial C_i}{\partial t} = D_{li} \frac{\partial^2 C_i}{\partial z^2} \tag{2.24}$$

扩散系数 D_{li} 一般作为常数对待，但严格来讲，它是溶质浓度的函数，是从一系列溶质浓度的溶液中测量出的扩散系数的平均值，是积分扩散系数。文献中记载的许多物质的扩散系数既不是积分扩散系数也不是微分扩散系数，而是根据 D_{li} 与溶质浓度无关的假设而计算出来的数值。D_{li} 一是表征物质输运性质的重要参数，单位为 cm^2/s。

对于对流输运问题，考虑不可压缩的定常流体，对流方程为

$$\frac{\partial C_i}{\partial t} + \boldsymbol{v}\nabla C_i = D_{li}\Delta C_i \tag{2.25}$$

如果溶液中溶质的浓度在体系中的分布情况不随时间变化，即体系处于很稳状态，$\frac{\partial C_i}{\partial t} = 0$，则上式简化为

$$\boldsymbol{v}\nabla C_i = D_{li}\Delta C_i \tag{2.26}$$

如体系处于静止状态，$\boldsymbol{v}=0$，上述方程就变为 Fick 第二定律方程。

还有是动量传输。溶液的动量传输主要以对流方式进行，对流有自然对流和强迫对流两种方式。完全由重力引起的对流称为自然对流，自然对流包含热对流和溶质对流。热对流的驱动力为体系的温度梯度，溶质对流的驱动力为溶质的浓度梯度。热对流的影响因素主要有：容器的几何形状、热流与容器的相对取向、热流与重力场的相对取向、熔体及其边界性质等。将熔体的温度梯度∇T、熔体的物性参数(κ、γ、α)和容器的几何参数(l)以及重力加速度 g 组成一个无量钢的量 N_{Ra} 来描述自然对流时熔体的状态，N_{Ra} 称为 Raleigh 常数

$$N_{\mathrm{Ra}}=\frac{\alpha g l^{3}}{\gamma\kappa}\nabla T \tag{2.27}$$

式中：α 为熔体的热膨胀系数，γ 为熔体的运动黏滞系数，κ 为熔体的热导率。

N_{Ra} 代表有不稳定倾向的浮力和有稳定倾向的黏滞力的比值。当浮力与黏滞力相等时,熔体处于界稳状态,此时 N_{Ra} 称为临界 Raleigh 数。当 N_{Ra} 增大超过临界值时，自然对流增强，熔体产生不稳定对流，引起熔体的温度振荡，干扰晶体生长界面的稳定性，会导致生长条纹的产生，伤害晶体的光学质量。在零重力情况下，不存在自然对流，但是这种情况在地球上难以实现。近年来，由于航天技术的发展，人们可以在微重力条件下生长晶体，给材料科学研究开辟了新的领域。

强迫对流一般产生于籽晶或坩埚的旋转。描述强迫对流状态的函数为 Reynolds 数，简写为 N_{Re}，其定义为

$$N_{\mathrm{Re}}=\frac{\pi}{2}\omega\, d^{2}\gamma^{-1} \tag{2.28}$$

式中：ω为晶体的转速；d 为晶体的直径。一般来说，当 N_{Re} 接近临界值$(N_{\mathrm{Re}})_{c}$时，固液界面大致为平坦界面，当 N_{Re} 超过临界值$(N_{\mathrm{Re}})_{\mathrm{c}}$时，晶体生长就不稳定，由上式可以得出晶体生长时所允许的最大转速为

$$\omega_{\mathrm{c}}<2(N_{\mathrm{Re}})_{\mathrm{c}}\gamma/\pi d^{2} \tag{2.29}$$

$(N_{\mathrm{Re}})_{\mathrm{c}}$值随不同晶体生长条件的变化而变化。

晶体生长时除了自然对流和强迫对流外，还有体积力、表面张力等非重力因素应起的对流。体积力是由于磁极化率、电导率和密度等流体特性随温度、组分浓度和压力的变化而产生的场效应。由于温度和组分浓度的变化而引起表面张力梯度所导致的对流称为 Marangoni 对流。

流体对流时常常形成种种空间和时间花样，这些花样在生长晶体中常常造成意想不到的宏观和微观偏析花样，这些效应的重要性已逐步被人们所认识。

2.1.4 相图在晶体生长中的应用

所谓相是指体系中均匀一致的部分，它与别的部分有明显的分界线。例如，在通常状态下，冰水共存时，不管是一大块冰还是许多小冰块，冰本身是均匀一致的，所处的物理和化学状态是一样的，与水有一定的分界面。同样，水的物化状态相同，与冰有分界面。所以在这个体系中，冰是一相，水是一相，冰水处于两相平衡中。处于相平衡中的体系有如下特征：

(1) 热平衡，即平衡体系中各相的温度相同

$$T_1 = T_2 = \cdots = T_i = \cdots \tag{2.30}$$

(2) 力学平衡，即平衡体系各相的压强相同

$$p_1 = p_2 = \cdots = p_i = \cdots \tag{2.31}$$

(3) 传质平衡，即平衡体系各相的化学势相同

$$\mu_1 = \mu_2 = \cdots = \mu_i = \cdots \tag{2.32}$$

如果 $\mu_1 \neq \mu_2$，则系统内就会有相变发生。相变通常在等温等压下发生，它不是一个连续的量变过程，而是一个不连续的质变过程。设一个单元系，由两相组成，A 相物质有 N_1 克分子，B 相物质有 N_2 克分子。假定相变时，物质由第一相转到第二相，A 相的物质减少 δN_1 克分子，B 相的物质增加 δN_2 克分子，有 $\delta N_1 = -\delta N_2$。于是吉布斯自由能的改变量为

$$\delta G = \delta G_1 + \delta G_2 = \mu_1 \delta N_1 + \mu_2 \delta N_2 = \delta N_1(\mu_1 - \mu_2) \tag{2.33}$$

达到平衡时，吉布斯自由能的增加量趋于零，即 $\delta G = 0$，可见 $\mu_1 = \mu_2$。于是在相变时，物质总是从化学势较高的相转入化学势低的相，因此化学势的大小决定了相变过程的方向。

对于一个多元系来说，情况复杂些。如果一个多元系第 i 个组元的 j 相的化学势为 μ_i^j，该组元第 j 个相的克分子数为 N_i^j，则

$$\delta G = \sum_j \sum_i \mu_i^j N_i^j \tag{2.34}$$

复相平衡条件为

$$\delta G = 0，\text{或} \quad \sum_j \sum_i \mu_i^j N_i^j = 0 \tag{2.35}$$

可以进一步推得

$$
\begin{cases}
\mu_1^1 = \mu_1^2 = \mu_1^3 = \cdots = \mu_1^j = \cdots = \mu_1 \\
\mu_2^1 = \mu_2^2 = \mu_2^3 = \cdots = \mu_2^j = \cdots = \mu_2 \\
\qquad\qquad\vdots \\
\mu_k^1 = \mu_k^2 = \mu_k^3 = \cdots = \mu_k^j = \cdots = \mu_k
\end{cases}
\tag{2.36}
$$

说明在一定的温度与压强下，多元系各相平衡时，每个组元在各相中的化学势都相等，于是每个组元仅作为平衡系的一个参量。这样，多元系平衡性质就由 k 个组元加上压强及温度来决定，共有 $k+1+1$ 个参量。但是 k 个组元的总质量成比例变化时，不会改变平衡的性质。因此，这里 k 个组元相对可以独立变化的个数为 $k-1$，于是平衡系总参量数为 $k+1$，如果相的个数为 φ，则描写其平衡态的参量共有 $(k+1)\varphi$ 个，但这些参量并非完全独立，互相间有一定的制约关系。例如，在力学平衡下，各相压强相等；在热平衡下，各相温度相等；在相平衡时，各组元化学势相等。这些平衡条件共包括 $(k+2)(\varphi-1)$ 个方程，于是独立参量的个数，或者自由度数为 $(k+1)\varphi-(k+2)(\varphi-1)$，即

$$
f = k + 2 - \varphi \tag{2.37}
$$

为吉布斯相律，即热力学平衡体系的自由度数为组元数加 2 减去相数。式中，常数 2 表示压强与温度两个参量。如果有更多的环境条件，则 2 应该为 n，如果是等压过程，压强不变，则 2 应改为 1。由于自由度数 $f \geqslant 0$，所以

$$
\varphi \leqslant k + 2 \tag{2.38}
$$

可见多元系的相数不能超过组元数加 2。

相律对于确定和分析相图有很大作用，从相图可以知道 k 个组元平衡系统中有多少个相，每个相中各组元的成分是多少，不同相的质量比为多少。对一个两组元体系来说，有两个组元，如果是单相，有 3 个自由度，每个相都有三个参数：组分 x，温度 T，压强 P。如果是二相系，有 2 个自由度，在压强一定时，二相平衡的温度与浓度有关。从生长晶体的实际出发，一般是在液体固体二相平衡线上，找出在一定压强下，温度与组分的关系。即 $P=$ 常数的平面在三维相图上的截面图。

晶体生长的相变过程总是在等温等压下进行，因此可用温度与压强作为自变数来描述系统的状态。此时，吉布斯函数或化学势，是温度和压强的函数 $\mu(T,P)$，在相平衡时

$$
\mu_1(T,P) = \mu_2(T,P) \tag{2.39}
$$

可见两相平衡时，温度与压强之间有一定关系，只有在一定的温度和压强下，才能发生两相平衡。如果在相平衡时发生相变，物质从一相转变为另一相，系统

的吉布斯函数不变，仍然保持着相平衡，为平衡相变过程。从上式可以解出 $P=P(T)$ 的函数关系，作出的曲线为相图。相图曲线把 P-T 空间分为几个区域，曲线上方为一相，曲线下方为第二相，曲线本身描述的状态即为两相平衡态。在曲线上本身的 P-T 空间点可以是平衡相变发生的地点。由于晶体生长实际上是平衡相变的过程，因此相图是晶体生长十分重要的依据。

为了更好的理解窄禁带半导体晶体生长的相图，了解相图的制绘是有帮助的。对纯物质来说，液态结晶时温度 T 与时间 t 关系为水平直线，在一个固定的温度上结晶。对于一个非化学纯的物质，这个结晶温度是变的。结晶开始的温度是上临界点 T_l，结晶结束的温度是下临界点 T_s。在压强 P 一定时，它们都是浓度 x 的函数。对于一个两元体系 $A_{1-x}B_x$，组元 B 的含量为 x，A 的含量为 $1-x$，把它先熔化为高温液体，在定压下从高温逐渐冷却，就可以得到 T-t 曲线。开始时无相变发生，温度 T 按照一定规律下降。在温度下降到上临界点 T_l 时，相变发生，液相开始结晶，释放潜热。由于系统的散热速率未变，因而合金的温度下降趋缓，T-t 的斜率变小。在温度到达下临界点 T_s 时，结晶过程停止，无潜热释放，则 T_s 以后降温又变得较快。(图 2.5)对各种组分 x 的 A-B 二元体系的合金都可以进行以上的实验。就可以在 T-x 图线上得到一组 T_l 点(T_l,x)，一组 T_s 点(T_s,x)，由 T_l 点构成的为液相线，由 T_s 点构成的为固相线。于是就得到 A-B 二元系合金的相图。如图 2.6 所示。

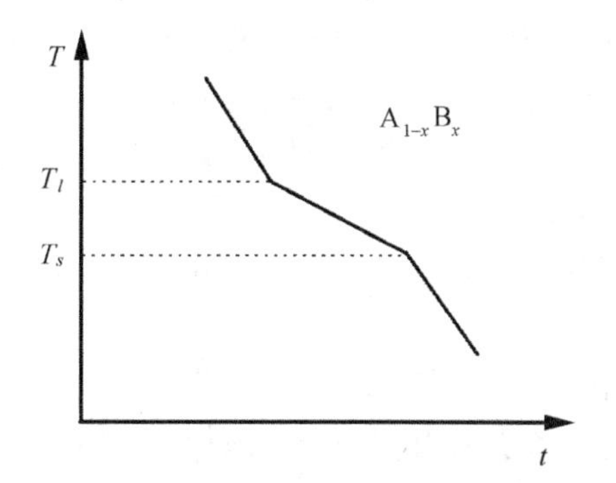

图 2.5　两元体系 $A_{1-x}B_x$ 相变示意图

如果 A-B 二元系可以按一切比例互相溶解。它们以原子形式互相掺和时，形成所谓固溶体。能以一切成分互溶的物质，也叫“无限固溶体”。当然这“无限”也是相对而言的，是接近于“无限”。在液相线以上为均匀液相区，固相线以下为固相区，两条曲线之间为两相共存区。由于压强为常数，吉布斯相律为

$$f=k+1-\varphi \tag{2.40}$$

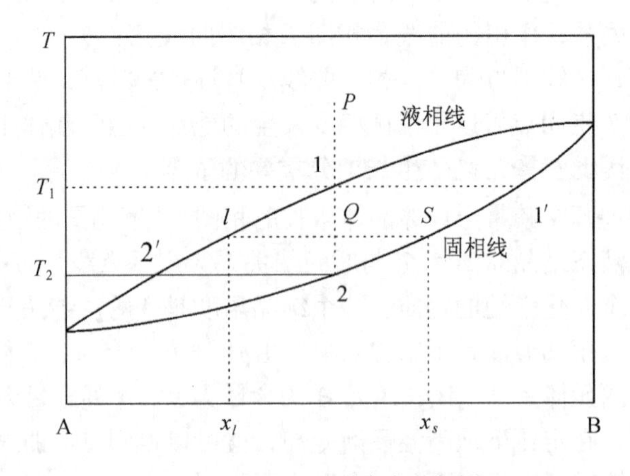

图 2.6　A-B 二元系合金的相图

此时 $k=2$，表示 HgTe 和 CdTe 两种组元，在曲线上方为液态，$\varphi=1$，则 $f=2$，表示有两个自由度，温度 T 与组分 x 都可不变。在曲线上，可以两相共存，一个为液相一个为固相，$\varphi=2$，则 $f=1$，表示只有一个自由度，组分因温度而变，互相有关，只有一个独立变量。在液相线与固相线之间为固液两相区，$\varphi=2$，所以 $f=1$，也只有一个自由度，温度与组分只有一个独立变数。温度确定后液相的组分为 x_l，固相的组分为 x_s。A-B 二元系统由 P 态开始降温，到达 1 处，此处与 1′状态的固体($T_1=T_1'$)，保持平衡。若继续降温，到 Q 点则有晶体析出。结晶固体的组分为 x_s，液相的组分为 x_l。当 A-B 体系的温度继续下降到 2 处，则完成结晶，此处与 2′状态的液体($T_2=T_2'$)，保持平衡。在固溶体溶解度不随温度而变的条件下，继续降温到室温，则可以取出均匀固体晶体。这样所获得的固体结晶的组分是从 $x_{1'}$ 到 x_2。显然二元合金晶体生长时固相线与液相线靠得近，有利于生长组分均匀的晶体。

在相图中还常利用所谓杠杆定律，来计算固液相的质量比例。在相图中 Q 点，可能存在两个相 $\varphi=2$，一个是液相，一个为固相。液相的组分为 x_l，固相的组分为 x_s。若以 m_l 表示液相的质量，m_s 表示固相的质量，则

$$\frac{m_l}{m_s}=\frac{\overline{Q_s}}{\overline{Q_l}} \tag{2.41}$$

可见在某一温度下，二元系两相平衡时，液相与固相成分不同。这一规律可以用来提纯半导体材料。

图 2.7 是 CdTe-ZnTe 赝二元系的液相线和固相线。

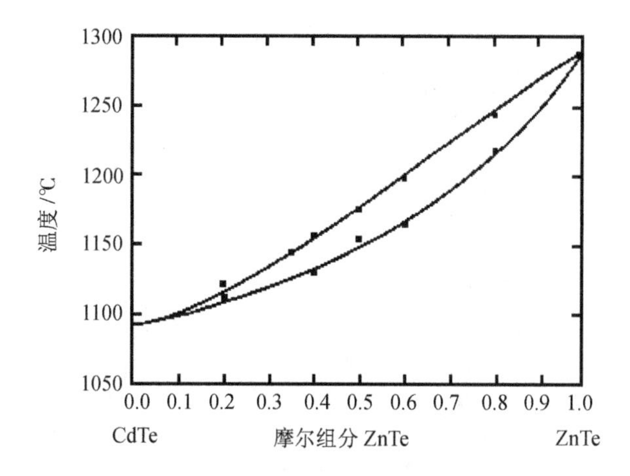

图 2.7　CdTe-ZnTe 赝二元系的液相线和固相线(Brebrick et al.　1973, Steininger et al. 1970)

与无限固溶体截然相反的是完全不相固溶的两种组元形成共晶的相图。两种组元以晶粒的形式互相结合，形成混合物叫共晶。图 2.8 中两条曲线为液相线，曲线上是固液二相，固相可以是 A，亦可以是 B。图 2.8 中 L + A 区，L + B 区也都为液固两相区。*CED* 为共晶线(eutectic line)，任何成分的液体一旦冷却到 *CD* 线上，则其液相成分都为 x_E。可见在 *CD* 线上，液相的温度与组分都确定，没有自由度，即 $f=0$。此时从 $f=K+1-\varphi$，由于 $K=2$，所以 $\varphi=3$，可以有三相，此三相分别为 x_E 成分的液相，和组元 A 的固体相及组元 B 的固态相。在 *CD* 线以下，则为 A + AB 共晶或 B + AB 共晶，如在 *E* 点结晶的，则就为共晶 AB。

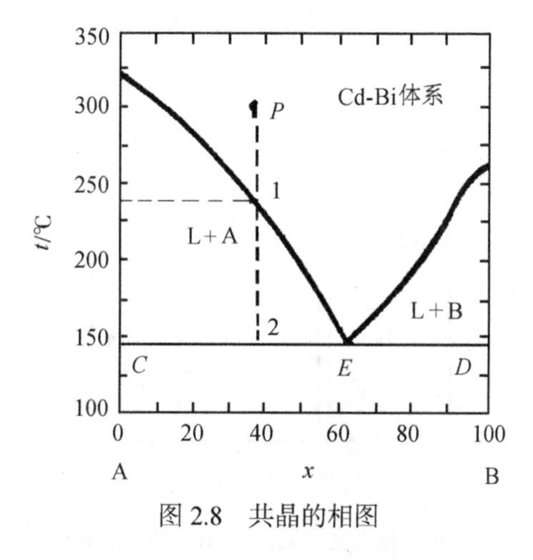

图 2.8　共晶的相图

在“无限固溶”与“完全不相固溶”两个极端之间是 A、B 以一定比例互相固溶，即所谓有限固溶体。图 2.9 示表示这类体系的相图，*C*、*D* 两点的成分为溶解度的极限。图 2.9 中 B 溶于 A 之固溶体为 α 相。A 溶于 B 的固溶体为 β 相，$\alpha\beta$ 为 A、B 共晶区，L + α 为液相与 α 相共存区，L + β 为液相与 β 相共存区，图中各区如文字所标注。

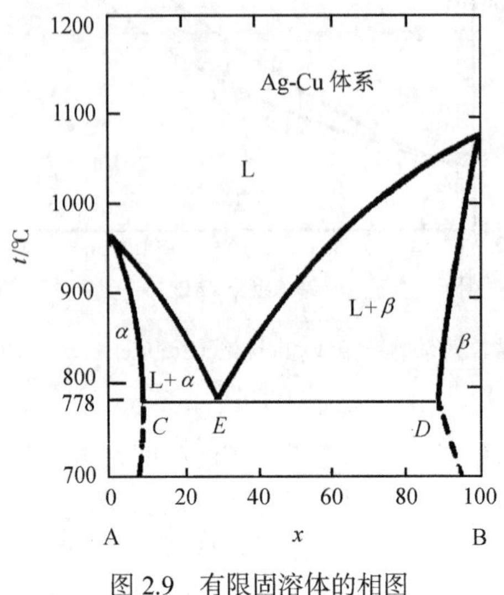

图 2.9　有限固溶体的相图

形成一个化合物 $A_{1-x_0}B_{x_0}$ 的一般相图如图 2.10 所示，如在组分 x_0 处形成化合物 $A_{1-x_0}B_{x_0}$，熔点 T_1，则 $A_{1-x_0}B_{x_0}$ 可以看作为一个组元，它和 B 组成一个二元系，它和 A 组成另一个二元系。于是，相图上分为七个区，I 为液相 L，II 区为 L + A，III 区为 L + $A_{1-x_0}B_{x_0}$，IV 区为 A + $A_{1-x_0}B_{x_0}$ 共晶，V 区为 L + $A_{1-x_0}B_{x_0}$，VI 区为 L + B，VII 区为 B + $A_{1-x_0}B_{x_0}$ 共晶。

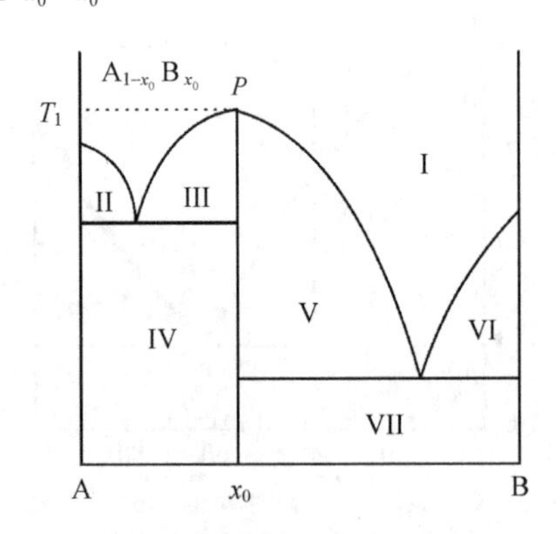

图 2.10　形成化合物 $A_{1-x_0}B_{x_0}$ 的一般相图

图 2.11 中给出了 Cd-Te 二元系的相图。InSb 相图也属于这一类型，在下一节中给出。

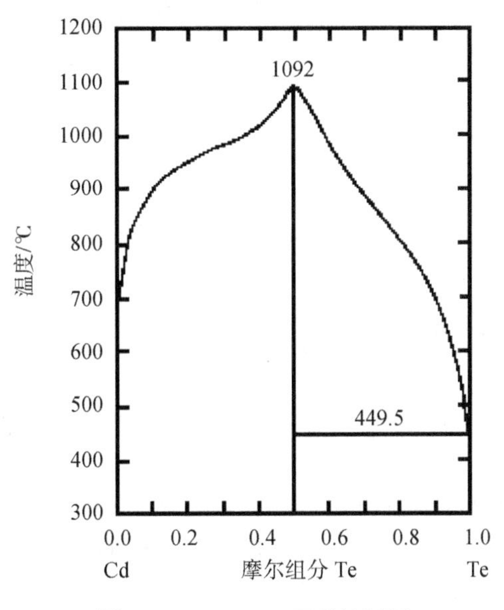

图 2.11　Cd-Te 二元系的相图

HgTe-CdTe 赝二元系可以以一切比例相互溶解，形成“无限固溶体”的晶体，但实际 HgCdTe 相图的测量与绘制是一件较困难的工作，已经有许多作者作了很好的研究，但所获得的液相线并不重合，分布在一个区域中，所获得的固相线也分布在一个区域中。这是由于测量条件汞压的不同，不同的汞压下，液相线位置是不同的，所以给出 T-x 相图时，要注明该相图是在什么汞压下得出的。液相线与固相线可以分别得出，也可以事先测量液相线，再根据液相线计算固相线。在后面分凝系数的热力学分析中，可以看出这一点，如图 2.12 所示。

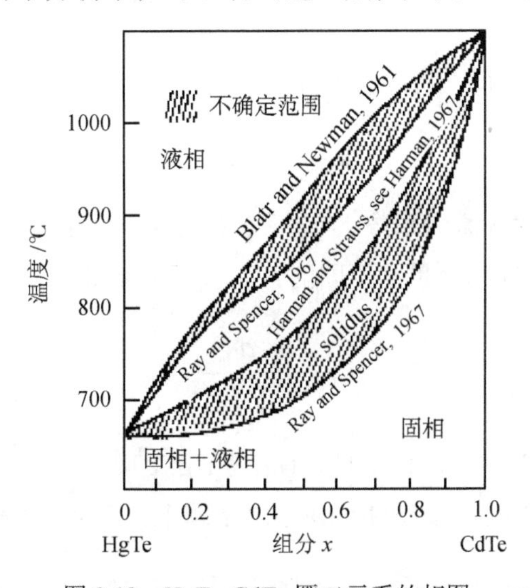

图 2.12　HgTe-CdTe 赝二元系的相图

Steininger 曾用回流技术在高汞压情况下，得到 HgTe-CdTe 二元系的 T-x 相图 (Steininger　1970)。数据点是测量所得，固相线根据公式计算。为方便起见，HgTe-CdTe 赝二元系的 T-x 相图也可以用经验公式来计算，拟合图 2.12 所示曲线可得

$$
\begin{aligned}
&T_{液相线}(^\circ\mathrm{C}) = \frac{1000x}{1.37 + 0.97x} + 668 \qquad 0.1 < x < 1.0 \\
&T_{固相线}(^\circ\mathrm{C}) = \frac{1000x}{5.72 - 2.92x} + 668 \qquad 0 < x < 0.6 \\
&T_{固相线}(^\circ\mathrm{C}) = \frac{1000x}{5.27 - 2.92x} + 668 \qquad 0.6 < x < 1.0
\end{aligned}
\tag{2.42}
$$

由于以上分析都是对 HgTe-CdTe 赝二元系进行的，而 Hg 是很容易蒸发的。因此在实测相图的实验中，控制恰当的汞压是十分重要的。汞压太小，融体内的 Hg 将蒸发，使得 Te 过剩；汞压太大，熔体内的 Hg 又过剩，这样体系就会偏离赝二元的性质，使测得的液相线固相线偏离。同时在生长晶体时控制汞压后也是一个十分重要的问题，要避免过量的 Te 或 Hg 形成的沉淀相。为此许多研究者研究了 HgCdTe 的平衡 Hg 蒸气压 P 与温度 T 的相图。

研究发现汞的平衡蒸气压与温度的关系为

$$\ln P_{\mathrm{Hg}} = 11.270 - 7.147/T \tag{2.43}$$

$Hg_{1-x}Cd_xTe$ 熔体的蒸气压与温度关系为

$$\ln P_{\mathrm{HgCdTe}} = 10.206 - 7.147/T \tag{2.44}$$

在 $\ln P$-T 相图上两者平行，从而也可知

$$P_{\mathrm{HgCdTe}} = a_{\mathrm{Hg}} P_{\mathrm{Hg}} \tag{2.45}$$

$a_{\mathrm{Hg}} = 0.345 \pm 0.020$ 为汞激活系数，与 x 、T 都无关。由于 a_{Hg} 与 x 无关，而不同 x 的 $Hg_{1-x}Cd_xTe$ 中的 Hg 的含量是不同的，引进活度系数

$$\gamma_{\mathrm{Hg}} = \frac{a_{\mathrm{Hg}}}{[\mathrm{Hg}]} \tag{2.46}$$

可以更好描写 HgCdTe 中 Hg 的活性，[Hg]是 HgCdTe 中 Hg 的浓度。显然 γ_{Hg} 与 x 是有关的。x 越大，$Hg_{1-x}Cd_xTe$ 中的[Hg]浓度越小，可见活度 γ_{Hg} 必须大，才能保持激活系数 a_{Hg} 不变。

在 $Hg_{1-x}Cd_xTe$ 上方的 Hg、Cd、Te 的蒸气压在实验上也可以用原子光吸收谱线方法来确定。通常 Te 蒸气压低，在 10^{-5}~10^{-2} 大气压范围。Cd 的蒸气压更小，在 10^{-8}~10^{-5} 大气压范围，而汞蒸气压在几个大气压范围。利用测得的 Hg、Cd、Te 蒸气压可以计算 HgTe 与 CdTe 的化学势以及吉布斯自由能。

2.1.5 分凝系数

由溶剂 A 和溶质 B 组成的二元系中，根据 T-x 相图，在固液两相区处于平衡时，组元 A 在固、液相中的含量及组元 B 在固、液相中的含量都随温度而变，但固相中的溶质 B 的浓度 C_s 与液相中溶质 B 的浓度 C_l 之比却是常数，与温度无关，这个比例叫平衡分凝系数

$$K_0 = \frac{C_s}{C_l} \tag{2.47}$$

它描写了固液二相平衡时，溶解于二相中的溶质的比例情况。

在平衡时，固相中的溶质进入液相，液相中的溶质也进入固相，两者速率相等，分别正比于下式中等式左右两边的项

$$C_s \exp\left(-\frac{Q_s}{k_B T}\right) = C_l \exp\left(-\frac{Q_l}{k_B T}\right) \tag{2.48}$$

式中：Q_s 为固相中的溶质进入液相的激活能，Q_l 为液相中的溶质进入固相的激活能。于是有

$$K_0 = \frac{C_s}{C_l} = \exp\left(\frac{Q_s - Q_l}{k_B T}\right) \tag{2.49}$$

如果 $Q_s < Q_l$，则 $C_s < C_l$，$K_0 < 1$，表示溶质原子进入溶液的概率较大，必须浓度 C_s 较小，才能保持两者速率相等。若 $Q_s > Q_l$，则 $C_s > C_l$，$K_0 > 1$，表示溶质原子进入溶液的概率较小，必须让 C_s 较大才能保持两者速率相等。可见 $K_0 < 1$ 的情况下，固相中溶质的浓度 C_s 较小，而 $K_0 > 1$，固相中的溶质浓度 C_s 较大。可见 K_0 的大小描写了固相中溶质浓度的大小，其名称为分凝系数，其含义亦在此。

式(2.49)亦可写为

$$K_0 = \exp\left(\frac{g_l - g_s}{RT}\right) \tag{2.50}$$

g_l、g_s 分别为纯溶质在液态与固态时的化学势，它们是温度与压强的函数。在该

溶质与不同的溶剂形成的溶液中，两相共存的温度可以高于或低于纯溶质的凝固点。因此分凝系数的大小不仅与溶质有关，而且与构成溶液的溶剂有关。

平衡分凝系数可以直接从相图得到，如图 2.13 中，*xy* 表示液相线，*xz* 表示固相线，在液相线以上温度不管浓度如何，整体都为液体。在固相线以下，无论什么温度，整体都为固相。现考虑在液相线上一点 *P*，如果在这点开始凝固，温度为T_1，熔质浓度为C_l，则凝固固相发生在 *Q* 点，相应熔质浓度为C_s，则根据平衡分凝系数的定义，$C_s = K_0 C_l$。类似的，如果在固相线上的P'点，开始熔融，固相浓度为C_s'，在温度T_2处熔融，则相应的熔质在液体中的浓度将是C_s' / K_0'。

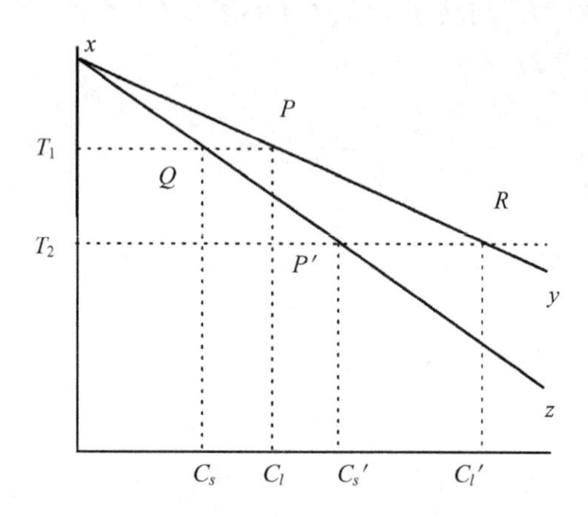

图 2.13　从相图中得到平衡分凝系数

平衡分凝系数的值可以从体系的热力学关系式计算，它一般与溶剂和溶质的熔化潜热，以及相应的熔点有关，也可以计算溶质在固相内的极大溶解度(俞振中 1984)。对于 A-B 二元系，在固液二相平衡时，根据热力学方程，吉布斯自由能可以写为

$$\begin{aligned} G &= U + PV - TS = H - TS \\ &= C_A H_A + C_B H_B - T(C_A S_A + C_B S_B) + RT(C_A \ln C_A + C_B \ln C_B) \end{aligned} \tag{2.51}$$

式中：C_A、C_B分别是 A、B 组元的浓度；H_A，H_B为 A、B 组元单个原子的焓；S_A、S_B为组元 A、B 单个原子的熵。在固液平衡时

$$\frac{\partial G}{\partial C_B} = 0 \qquad \frac{\partial G}{\partial C_A} = 0$$

在稀溶液条件下，$C_A \to 1$，$\ln C_A \to 0$，可以导得溶质 B 的分凝系数

$$\ln K_0 = \ln \frac{C_s}{C_l} = \frac{\Delta H_A}{R}\left(\frac{1}{T} - \frac{1}{T_A}\right) - \frac{\Delta H_B}{R}\left(\frac{1}{T} - \frac{1}{T_B}\right) \tag{2.52}$$

式中，$\Delta H_{\mathrm{A}} = H_{\mathrm{A}}^{S} - H_{\mathrm{A}}^{l}$ 为溶剂 A 的熔化潜热；$\Delta H_{\mathrm{B}} = H_{\mathrm{B}}^{S} - H_{\mathrm{B}}^{l}$ 为溶质 B 的熔化潜热；T_{A} 和 T_{B} 分别为溶剂 A 和溶质 B 的在纯物质条件下的熔化点。T 为 A、B 混合溶液的熔点。于是溶质 B 在溶剂 A 中的平衡分凝系数可以从式(2.52)计算出来。在两相平衡态时，T - C_l 即为液相线，而 T - C_s 即为固相线，所以如果实验上测量了液相线，也可以从上式计算出固相线来。

在溶质浓度很低时，$C_{\mathrm{B}} \to 0$，此时 A、B 两组元混合溶液的熔点 $T \approx T_{\mathrm{A}}$。从上式可以得到初始分凝系数 K_{00}，显然有

$$\ln K_{00} = -\frac{\Delta H_{\mathrm{B}}}{R}\left(\frac{1}{T_{\mathrm{A}}} - \frac{1}{T_{\mathrm{B}}}\right) \tag{2.53}$$

可以进一步推导，当溶质浓度为 C_l 时，它在溶剂 A 中的组成的溶液中的分凝系数为

$$\ln K_0 = K_{00} - C_l\left(1 - \frac{\Delta H_{\mathrm{B}}}{\Delta H_{\mathrm{A}}}\right) \tag{2.54}$$

以上两式可以用来计算溶质 B 在溶剂 A 的溶液中的分凝系数。式(2.53)也可以用来计算溶质在固相中的极大熔解度。从式(2.53)

$$\ln C_s = K_{00} - C_l\left(1 - \frac{\Delta H_{\mathrm{B}}}{\Delta H_{\mathrm{A}}}\right) + \ln C_l \tag{2.55}$$

可见固相线中的熔质 B 的浓度是液相中溶质 B 的浓度的函数。

由 $\dfrac{\mathrm{d}C_s}{\mathrm{d}C_l} = 0$，可求得当 $C_l = \left(1 - \dfrac{\Delta H_{\mathrm{B}}}{\Delta H_{\mathrm{A}}}\right)^{-1}$ 时，有 C_s 的极大值

$$C_{s\max} = \frac{\mathrm{e}^{K_{00}-1}}{1 - \dfrac{\Delta H_{\mathrm{B}}}{\Delta H_{\mathrm{A}}}} \tag{2.56}$$

为溶质 B 的极大熔解度。

对于 HgTe-CdTe 二元系溶剂 HgTe 的 $\Delta H_{\mathrm{A}} = 8.7\mathrm{kcal}^{*}/\mathrm{mol}$，对于溶质组元 CdTe 来说 $\Delta H_{\mathrm{B}} = 12\mathrm{kcal/mol}$ (Steiningel　1976)。

另外晶体生长的速率的变化会对溶质分凝系数有所影响。在实际晶体生长过程中，振动、加热功率起伏，环境扰动以及熔体动力学不稳定性，冷却水流量变化等因素都可能影响晶体生长速率。从而影响溶质分凝系数。同时在 InSb 等晶体

* 1cal = 4.1868J，后同。

生长过程中，不同晶面具有不同的分凝系数，引起晶体生长产生一些复杂的现象。

平衡分凝系数反映的是理想的情况，在实际上，分凝系数还要具体分析。

固液界面的两边溶质穿越界面的激活能差，其本质是该溶质在固相和液相时的化学势差。为了使溶质在液固两相中的化学势相等，在界面处会出现溶质的浓度差。在长晶体过程中，由于分凝现象的原因，在固液相的界面的液相一面，可能会存在一层溶质边界层 δ (俞振中　1984)。一般将固相中的溶质浓度 C_s 与界面溶质浓度 $C_l(0)$ 之比值定义为界面分凝系数 K_0^*，则

$$K_0^* = \frac{C_s}{C_l(0)} \tag{2.57}$$

在不考虑界面效应时，界面分凝系数就是平衡分凝系数 $K_0^* = C_s / C_l$。可以求出溶质边界层内溶质浓度随位置的变化。在图 2.14 中，设 z 为界面推进方向坐标轴，固液界面为坐标原点 O，不考虑溶液的宏观对流，则边界层内溶质满足扩散方程

$$D\frac{\partial^2 C_l(z)}{\partial z^2} + v\frac{\partial C_l(z)}{\partial z} = 0$$

边界条件为

$$z = 0 \text{ 时} \qquad C_l(0) = C_s / K_0^*$$

$$z = \infty \text{ 时} \qquad C_l(\infty) = C_l$$

解为

$$C_l(z) = C_l\left\{1 + \frac{1-K}{K}\exp\left(-\frac{v}{D}z\right)\right\} \tag{2.58}$$

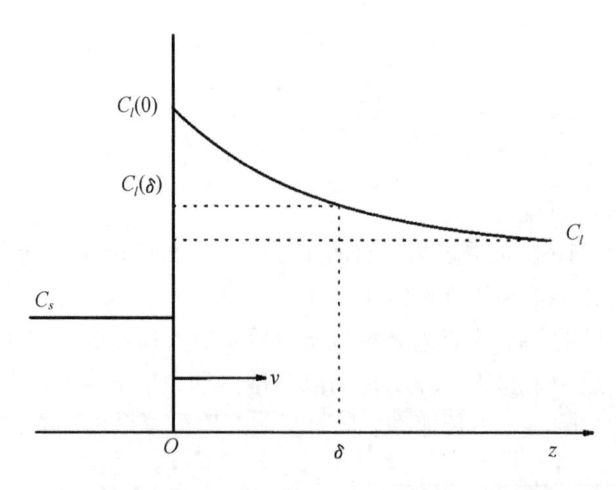

图 2.14　溶质边界层内溶质浓度随位置的变化关系

D 是扩散系数，v 是界面推进速度，$K = \dfrac{K_0^*}{K_0} = \dfrac{C_l}{C_l(0)}$。如定义 $C_l(z)$ 下降为 $\left[C_l(0) - C_l\right]$ 的 1/e 时 z 的距离为溶质边界层的特征厚度 δ，即

$$C_l(\delta) = C_l + [C_l(0) - C_l]\frac{1}{\mathrm{e}} \tag{2.59}$$

将式(2.59)与式(2.58)相结合，得溶质边界层特征厚度 δ 为

$$\delta = \frac{D}{v} \tag{2.60}$$

若 $v = 0$，从式(2.58)可以看出边界层内溶质浓度与 z 无关。

在这边界层范围，即式(2.58)中 $z \to \infty$ 时，$C_l(z) \to C_l$。如果溶液中存在一个由搅拌作用引起的强制对流，在距界面 δ 处以外，溶液中溶质浓度恒为 C_l，δ 为溶质边界层厚度。在 $z > \delta$，溶质完全均匀混合，在 $0 \le z \le \delta$，宏观流动平行于界面，沿 z 方向的溶质传播主要靠扩散，于是扩散方程的边界条件为

$$\begin{aligned} &z = 0 \text{ 时} \qquad [C_l(0) - C_s]v + D\left.\frac{\mathrm{d}C_l(z)}{\mathrm{d}z}\right|_{z=0} = 0 \\ &z = \delta \text{ 时} \qquad C_l(\delta) = C_l \end{aligned} \tag{2.61}$$

方程解为

$$\begin{aligned} C_l(z) &= C_s + (C_l - C_s)\exp\left[\frac{v}{D}(\delta - z)\right] \\ C_l(0) &= C_s + (C_l - C_s)\exp\left(\frac{v}{D}\delta\right) \end{aligned} \tag{2.62}$$

由于 $K_0^* = \dfrac{C_s}{C_l(0)}$，于是边界层有效分凝系数为

$$K_{\text{eff}} = \frac{C_s}{C_l} = \frac{K_0^*}{K_0^* + (1 - K_0^*)\exp\left(-\dfrac{v}{D}\delta\right)} \tag{2.63}$$

如果平衡态时 $v = 0$，则 $K_{\text{eff}} = K_0^* = K_0$。

2.1.6 凝固过程

以上讨论了液相中溶质浓度的分布，下面讨论两种基本的凝固过程中固相中

溶质浓度的分布。正常凝固(normal freezing)和区域熔化(zone melting)是两种最基本的凝固过程。在正常的凝固情况下，处于熔化状态的材料，以单方向从头到尾逐渐凝固，叫做正常凝固。一般长晶体过程属于正常凝固过程，需要分析此过程中的溶质分布情况 $C_s(z)$ 。令在凝固过程中，K_{eff} 为常数，并假定凝固速率足够快，可以忽略固相内溶质原子的扩散，溶液浓度保持不变。令 g 为初始单位体积中的固相百分率比，L 为液相中的溶质数与溶液总数的比例，$C_s(z)$ 为固相中位于 z 处界面附近的溶质浓度，C_l 为液相中的溶质浓度

$$C_s(z) = -\frac{\mathrm{d}L}{\mathrm{d}g} \tag{2.64}$$

同时 $C_s(z) = K_0 C_l$，而 $C_l = \dfrac{L}{1-g}$，

于是

$$C_s(z) = \frac{K_0 L}{1-g} \tag{2.65}$$

式(2.65)代入式(2.64)积分后

$$\int_{L_0}^{L} \frac{\mathrm{d}L}{L} = \int_0^g -\frac{K_0}{1-g}\mathrm{d}g \tag{2.66}$$

式中：L_0 为溶质总数，液相中的溶质数为

$$L = L_0(1-g)^{K_0} \tag{2.67}$$

则

$$C_s(z) = -\frac{\mathrm{d}L}{\mathrm{d}g} = K_0 L_0 (1-g)^{K_0 - 1} \tag{2.68}$$

若初始体积为单位体积，则 $L_0 = C_0$，得

$$C_s(z) = K_0 C_0 (1-g)^{K_0 - 1} \tag{2.69}$$

此式得到了溶质初始浓度 C_0，分凝系数为 K_0。在正常凝固条件上晶体生长时，固相溶质浓度 $C_s(z)$ 随 x 的变化，亦即随生晶锭条长度百分比 g 的变化。图 2.15 是对于不同 K_0 条件下，$C_s(z)$ 对 g 的曲线。

在实际情况下，K_0 是随溶质浓度而变化的，在上面的讨论中假定了 K_0 是不变的。

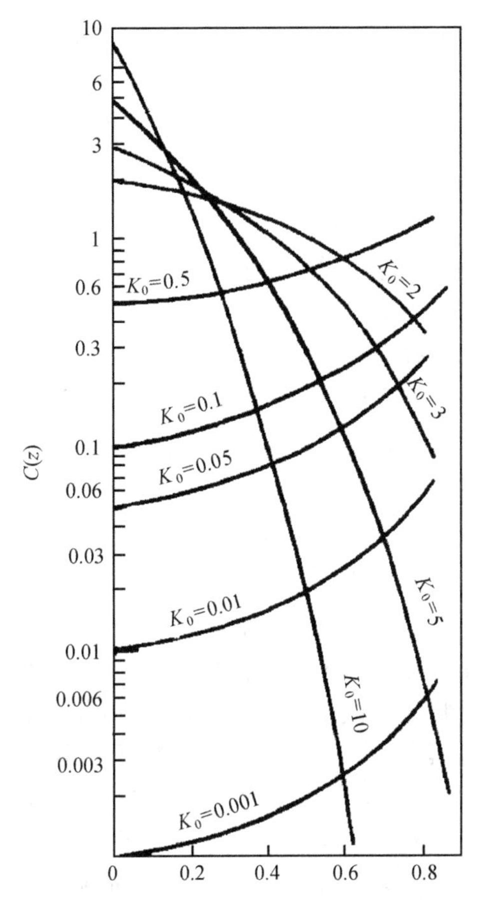

图 2.15　不同 K_0 条件下，$C_s(z)$ 和 g 的关系

另外一种经常使用的长晶方法是区域熔化方法，简称区熔(zone melting)。在与正常凝固相同的假定条件下，长度为 l 的熔区通过锭条后，溶质浓度的分布情况，可以推导出来。当熔融区沿着锭条 z 方向前进时，其后的锭条重新凝固，并有体积 dz 的锭条增加量。如果液相中溶质浓度为 C_l，则相当于 $K_0C_l\mathrm{d}z$ 的溶质数量发生了凝固。如果锭条原始的溶质浓度为 C_0，则由于熔区前方的前进，增加 $C_0\mathrm{d}z$ 的溶质变成液相，于是液相中的溶质的变化量为

$$\Delta L=(C_0-K_0C_l)\mathrm{d}z \tag{2.70}$$

令锭条及熔区横截面为单位体积，则由于液相中的溶质浓度 $C_l=L/l$，上式变为

$$\Delta L=\left(C_0-\frac{K_0L}{l}\right)\mathrm{d}z \tag{2.71}$$

即 $\frac{\mathrm{d}L}{\mathrm{d}z}+\frac{K_0}{l}L=C_0$，解为

$$C_s(z)=C_0\left[1-(1-K_0)\exp\left(-\frac{K_0}{l}z\right)\right] \tag{2.72}$$

$C_s(z)$ 即为固相中 z 处的溶质浓度。

晶体生长界面如何向液相推进是一个重要问题，维持一个稳定的晶体生长界面是制备高质量晶体的重要关键。

如果晶体生长时初始界面是一个光滑平面，生长过程中这个光滑平面会受到许多因素的影响。首先是界面前方溶体的温度分布对界面的稳定性会有影响。界面前方的熔体中温度分布有两种可能性，正温度梯度 $\frac{\mathrm{d}T_l}{\mathrm{d}z}>0$ 和负温度梯度 $\frac{\mathrm{d}T_l}{\mathrm{d}z}<0$。前者为过热熔体，后者为过冷熔体。在过热熔体的情况下，如果界面处有凸起部分，则生长变慢，而凹的部分生长会加快。结果，凸起部分抹平，使界面变得平整。而在过冷熔体的情况下，如果界面上有微小的凸起部分，则凸起部分生长快，凹下部分生长慢，凸起会愈来愈变得厉害。可见，界面前方熔体中的正温度梯度是保证界面稳定的重要条件，如图 2.16(a)所示。

这是一个条件，但是还存在第二个问题，由于熔体内的溶质平衡分凝系数 $K<1$，在晶体生长时，液相溶质进入固相，会在界面前方形成一个溶质边界层，厚度为 δ。在这区域里溶质浓度增加，而凝固点就从原来的 T_0 降低到 T_0'。于是在界面处晶体不能继续生长，要想继续生长，就要减小加热功率，温度降到新的凝固点 T_0'，而熔体内温度梯度不变。于是就会使 δ 厚度的界面层中熔体的实际温度低于凝固点温度(如图 2.16(b)中斜线阴影所示)。于是如果界面上有凸起部分，则凸起部位由于过冷就会更快的生长，使界面生长稳定性破坏。这种由于溶质层内组分的变化在界面前方熔体内产生过冷现象叫组分过冷。为了克服组分过冷，导致的界面生长不稳定性，可以增加界面前方的熔体中的温度梯度，使温度分布曲线与界面凝固点曲线相切。如图中虚线所示，就可以避免组分过冷现象。

另外也可以控制晶体生长速率，使界面前方熔体不发生组分过冷现象，产生组分过冷的临界条件可以从前面分析液相中的溶质浓度随 z 分布表达式出发

$$C_l(z)=C_l\left[1+\frac{1-K}{K}\exp\left(-\frac{v}{D}z\right)\right] \tag{2.73}$$

式中：v 为晶体生长速率，D 为溶质的扩散系数。在二元系温度-组分相图上，设液相线近似为直线，它的斜率为

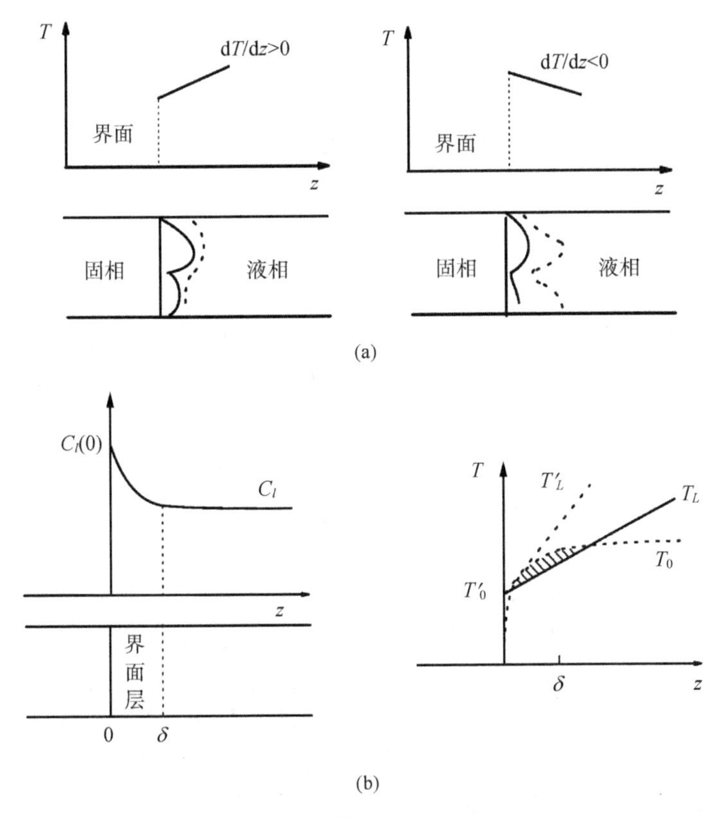

图 2.16

(a) 界面前方熔体前方保持正温度系数使界面稳定; (b) 增加界面前方熔体中的温度梯度可以克服组分过冷

$$m = \frac{\mathrm{d}T}{\mathrm{d}C_l} \tag{2.74}$$

于是熔体凝固点 $T_0(C_l)$ 为

$$T_0(C_l) = T_0(0) + mC_l \tag{2.75}$$

如果 C_l 与 z 有关，即为 $C_l(z)$，式(2.75)应写成

$$T_0(z) = T_0 + mC_l\left[1 + \frac{1-K}{K}\exp\left(-\frac{v}{D}z\right)\right] \tag{2.76}$$

T_0 为纯熔体的凝固点，于是在界面处凝固点曲线的温度梯度为

$$G = \left.\frac{\mathrm{d}T_0(z)}{\mathrm{d}z}\right|_{z=0} = \frac{mC_l(K-1)v}{DK} \tag{2.77}$$

为产生组分过冷的临界值。温度梯度G小于等式右边的值，则产生组分过冷现象，一般也把产生组分过冷条件写为$\frac{G}{v}<\frac{mC_l(K-1)}{DK}$。

式(2.77)右边对一个确定的溶液系统是常数，因此界面前方熔体中温度梯度越小，或生长速率越大，越容易产生组分过冷。反过来避免产生组分过冷的条件是

$$\frac{G}{v}>\frac{mC_l(K-1)}{DK} \tag{2.78}$$

为了避免产生组分过冷，温度梯度要大，生长速率要慢。从公式也可以看出，溶质浓度C_l越小，液相线斜率m越小，分凝系数接近于1，则公式右边的常数越小，就越可以避免组分过冷。

2.2 体材料生长的主要方法

体材料生长分为两大类，熔体生长和气相生长。熔体生长方法是一种普遍应用的方法。结晶固体区别于其熔体的主要标志是前者具有结构对称性。一种或多种原子的规则排列，构成了晶体点阵，点阵的对称性决定了各个原子的平均位置，原子对之间的结合力使晶体成为刚性的固体。要使结晶固体转变为熔体，需要提供能量来削弱这种结合力，使原子脱离点阵所决定的平衡位置而随机分布。通常采用加热的办法使固体在其熔点温度完成这一转变，所施加的热量就是熔化潜热。当熔体凝固时，这部分潜热又被释放出来，以降低系统的自由能，只有自由能减少时，晶体才能生长。熔体生长过程只涉及固-液相变过程。在该过程中，原子(或分子)随机堆积的阵列直接转变为有序阵列，这种从无对称性结构到有对称性结构的转变不是一个整体效应，而是通过固-液界面的移动而逐渐完成的。

晶体生长的方法很多，对于窄禁带半导体来说由于它们的熔点温度一般不是特别高，所以主要采取从熔体生长的方法，主要有提拉法、布里奇曼(Bridgman)方法、Te 溶剂法、半熔法和固态再结晶法等(俞振中　1984)。提拉方法熔体生长是最基本的一种晶体生长方法，这里先简单予以介绍。

2.2.1 提拉法

晶体生长的提拉法首先由 Czochralski 于 1917 年提出，在后来大量的晶体生长实验基础上逐步获得完善，也叫 Czochralski 方法。窄禁带半导体 InSb 主要就是采用这种方法来生长。

图 2.17 是一个提拉法的简单示意图。将预先准备好的原料在坩埚中熔化后，将熔体表面接触籽晶部位的温度调节到熔点，恒温一段时间后，籽晶既不熔化也

不长大，就可以进行提拉。在合适的拉速和转速下，通过适当调节熔体中固液界面处的温度，可以使晶体尺寸适合要求，使晶体在稳态下生长。通过安插在合适位置的观察口，可以实时观察晶体生长情况。使用这种方法已经成功地生长出半导体、氧化物或其他类型的晶体。

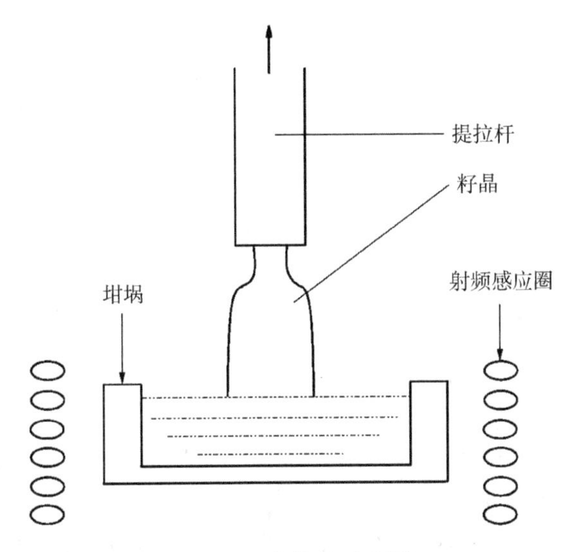

图 2.17　提拉法示意图

提拉法的常用加热方式有电阻加热和射频感应加热，只有在采用无坩埚方法时才用激光束加热、电子束加热、等离子体加热和弧光加热等加热方式。电阻加热的优点是成本低，并可以制成复杂形状的加热器，但是有温度滞后效应。温度较低时，可以采用电阻丝或硅碳(钼)棒(管)作为加热器，它们可以在氧化、中性或还原气氛下工作，温度超过 1400℃时，通常采用钨坩埚或石墨坩埚作为加热器，它需要在中性或还原气氛下工作。射频感应加热可以提供比较干净的生长环境，温度滞后效应小，可使实现温度精密控制。在 1500℃以下，通常采用铂坩埚作为加热器，可以在氧化气氛下工作，1500℃以上需要采用铱(钼、钨、石墨)坩埚，在还原气氛或中性气氛下加热。一般来说，提拉法生长晶体的温度以 2150℃为上限。表 2.1 是常用的坩埚材料的特性。坩埚材料需要有良好的抗热振和机械加工性能，能够承受所需要的工作温度，不与生长气氛、周围的保温材料及熔液反应，不污染熔液。

精确、稳定的温度控制是获得高质量晶体的重要条件。一个较理想的温度控制系统的温度波动应该小于±1℃。使用热电偶、感应线圈或硅光管检测温度或功率信号，通过伺服系统将信号与要求值比较后反馈到温度或功率控制系统，调节加热功率，使温度波动在要求的范围内。较常用的伺服系统为 PID 调节器。近年来常采用可多段编程或与电脑相结合、可按一定曲线进行控制的控制器，提高了温度控制精度，并使晶体生长时温度场变化更为合理。

表 2.1　常用的坩埚材料的特性

材料	熔点/℃	溶点时的饱和蒸气压/Pa	最高使用温度/℃	工作气氛
SiC			1500	不限
SiO_2			1500	不限
Pt	1774	0.02	1500	不限
$PtRh_{50}$	1970		1800	不限
Ir	2454	0.47	2150	还原、中性、弱氧化
Mo	2625	2.93	2400	真空、还原、中性
Ta	2996	0.66	2400	同上
W	3410	2.33	3000	同上
C			3000	同上

后热器有自热式和隔热式两种，一般使用绝热材料制作。其主要作用是调节生长体系的温度梯度，在晶体生长后的降温过程中也常采用后热器对晶体进行保护。其形状可以根据生长要求加工。常用的绝热材料特性如表 2.2 所示。

表 2.2　常用的绝热材料的特性

材料	熔点/℃	氧化气氛中的最高使用温度/℃	抗热振性	热导率
Al_2O_3	2015	1950	良	中
BeO	2550	2400	优	高
MgO	2800	2400	可	中
ZrO_2	2600	2500	可	低
ThO_2	3300	2700	劣	最低

提拉法生长晶体过程中晶体以一定速度转动，晶体的转动对熔体产生搅拌作用，使熔体产生强制对流。晶体转速是晶体生长的重要参数之一，对晶体生长有直接的影响。旋转增强了温场的径向对称性。旋转影响界面形状。通常随着晶体转速的增大，界面形状由凸→平→凹变化。对于确定的生长体系，转速只有在一定范围才能够保证晶体平界面生长。旋转改变界面附近的温度梯度。熔体中如果自然对流占优势，增加转速会导致温度梯度增加；如果强迫对流占优势，增加转速温度梯度会减小。旋转影响熔体流动的稳定性。一般来说，增加转速会使流体由自然对流向强迫对流转变，并使液体流动不稳定性增加。晶体旋转改变有效分凝系数。转速增大，当 $k_0<1$ 时，k_e 减小；$k_0>1$ 时，k_e 增大。旋转影响界面的稳定

性。$k_0>1$ 时，增大转速会导致界面不稳定性增大；$k_0<1$ 时，转速的改变对界面稳定性的影响较复杂(Coriell et al. 1976)，视具体情况而定。

人们总是希望在确保晶体有高质量的前提下有高生长率，为了确保晶体质量，晶体生长速率有一个临界值 $v_{\max}$，它与晶体生长参数和晶体的性质有关(俞振中 1984)。根据界面稳定条件，对于纯材料

$$v_{\max}=\frac{\kappa_s}{\rho l}\left(\frac{\partial T}{\partial z}\right)_s \tag{2.79}$$

式中：κ_s 为晶体的热导率；ρ为晶体的密度；l 为晶体的长度；$\left(\frac{\partial T}{\partial z}\right)_s$ 是晶体处的轴向温度梯度。对于掺杂材料

$$v_{\max}=\frac{D\left[k_{\text{eff}}+(1-k_{\text{eff}})\exp\left(-\frac{v}{D}\delta_c\right)\right]}{-mC_{l(B)}(1-k_{\text{eff}})}\left(\frac{\partial T}{\partial z}\right)_l \tag{2.80}$$

式中：D 为熔体的扩散系数，k_{eff} 为有效分凝系数，m 是界面处液相部分的轴向温度分布曲线斜率，$C_{l(B)}$是指界面处该组分的浓度。由上面两式可以知道对于一个确定的生长体系最大有效生长速率理论值。

为了在晶体中引入某些特定功能，通常在晶体生长时实现掺杂。如果掺杂组分的分凝系数是已知的，则可以通过下面的公式计算出晶体各部位的掺杂浓度 c_s

$$c_s=k_{\text{eff}}c_l=k_{\text{eff}}c_0(1-g)^{k_{\text{eff}}-1} \tag{2.81}$$

式中：$g=vt/L$，称为凝固分数，意义为时间 t 时凝固部分的体积分数。掺杂通常能够改变晶体的结构、性能和生长特性，在后面的内容中还会讨论到。

在采用提拉法生长晶体过程中可以对晶体直径进行自动控制。一种方法是利用弯月面的光反射来监控直径。生长着的晶体的外延与熔体之间有弯月面，弯月面对应着亮环。当晶体等径生长时，弯月面是确定的，因此，用一个光学传感系统对准弯月面，监测弯月面的变化情况，并反馈到伺服系统以调节拉速、转速或加热功率，以控制晶体直径。这种方法可以实时观测晶体直径变化，对晶体直径控制效果较好。采用晶体成像法也可以监控直径。 即用可见、红外或 X 射线成像系统摄取晶体的图像，据以确定晶体的直径，然后通过调节系统来控制晶体的直径。称重法也可以用来测量并监控直径(Gartner et al. 1972, Okane et al. 1972)。在晶体生长过程中，称量出晶体或坩埚的重量，获得变化值并反馈到控制系统，以调节晶体生长参数从而达到控制晶体直径的目的。但是重量和直径之间的关系较复杂，需要大量的实验数据以绘制出工作曲线。还有一些其他的直径控制方法。Vojdani 等(Vojdani 1974)利用 Peltier 效应，对晶体直径实现自动控制。

直径控制的原理是直流电通过固-液界面时，产生 $Q = J\alpha T_m$(J 为通过固液界面的电流密度，T_m 为温度，α为系数)的热量。如果电流方向是由固体流向熔体，则 Q 是负值，产生制冷效应会吸收结晶时所释放的结晶潜热，如果电流方向相反，则会产生致热效应。由于电流密度 J 与晶体直径 D 成反比。对于给定的直径，只要选择适当的电流，就能够控制晶体的直径。Peltier 效应发生在晶体生长时的固-液界面上，没有热滞效应，因而温度的波动能够得到及时控制。但是电流通过时会产生焦耳热，因此只有那些有适当电子导电率(避免产生过多的焦耳效应)，而且有较强的温差电效应的少数材料(如 InSb、Ge、Si 等半导体)，才有可能利用 Peltier 效应来实现生长直径的实时控制。有许多晶体生长时会有自身的特殊物理参数与晶体直径有较简单的关系，利用这些关系可以实现适合该晶体的生长直径控制方法。

利用提拉法可以用来制备窄禁带半导体 InSb。InSb 晶体是一种 III-V 族窄禁带半导体，用于 3~5μm 红外探测器制备以及 Hall 元件的制备。制备 InSb 单晶体时，先在惰性气体中进行合成提纯，形成多晶锭条。然后用直拉法工艺拉成单晶体，相图如图 2.18 所示。

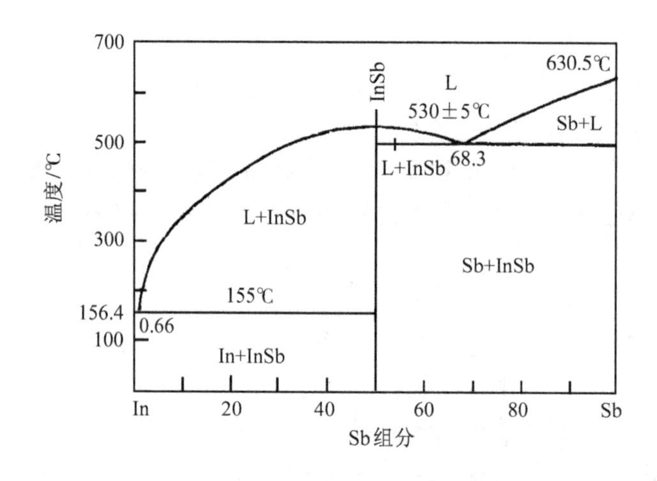

图 2.18　InSb 晶体的相图

当 Sb 元素液相浓度为 50%时凝固产生同组分的 InSb 固相。此时溶液的凝固温度最高，随着 Sb 浓度的减少，液相线下降，存在一个较宽的固液相共存区，其固相为 InSb 晶体。液相成分与含量可由杠杆定律计算。当 Sb 成分超过 50%时，液相线也下降，并达到一个三相点，在这点上，固相 InSb、液相 Sb 以及液相 InSb + Sb 三相共存。过三相点后液相线又快速上升，在 In-Sb 相图中，In 熔点为 155℃，Sb 的熔点为 630℃，InSb 熔点为 530 ± 5℃，三相共存点为 495℃。

InSb熔点附近，从 Sb 的 P-T 相图上可以知道，Sb 的蒸气压很小，约 10^{-5}mmHg，In 与 InSb 的蒸气压更小，比 Sb 蒸气压低几个数量级。因此 InSb 可以存在一个小于一个大气压的保护气氛下直接加热合成提纯生长单晶。

关于 InSb 晶体生长，可以参考文献(俞振中 1980, 1984，金刚 1981)。InSb 的合成即按原子比 1∶1，原子量比为 Sb(g) = 1.061×In(g)，由于在合成、提纯与生长单晶的过程中，Sb 的蒸气压大于 In 的蒸气压。因此配料时可以加入适当过量的 Sb，大约 0.4%。合成时，将配好料的 In 与 Sb 放入石英舟中，放在清洁石英管内，抽真空，并充高纯 H_2 气，加热到 800℃，In 与 Sb 熔融后，适当摇动石英管使其混合，再稳定 2 小时，然后进行正常的凝固，即为合成的多晶料。然后进一步对合成的多晶料进行提纯。在合成以后一般来说杂质含量仍较高，所以提纯是必要的。提纯采用区熔方法，可以用一个熔区，也可以用二个熔区，熔区的宽度一般取 1~3cm，熔区移动的速率一般取 2~13cm/h。

在 InSb 凝固时，体积膨胀，因此提纯时锭条要保持一定的倾角，以减少原料向尾端输运。单次区熔后，固相中 z 处溶质浓度为

$$C_s = C_0\left[1-(1-K_0)\exp\left(-\frac{K_0}{l}z\right)\right] \tag{2.82}$$

经过多次区熔后，令 $C_n(z)$为固相中溶质的最终分布。令在 z 点熔区离开后的浓度为 $C_n(z)$，则在熔区中的浓度 $C_l(z)$为

$$KC_l(z) = C_n(z) \tag{2.83}$$

如果熔区为单位截面，l 为熔区长度，$C_l(z)$可写为

$$C_l(z) = \frac{1}{l}\int_z^{z+l} C_n(z)\mathrm{d}z \tag{2.84}$$

或 $C_n(z) = \frac{K}{l}\int_z^{z+l} C_n(z)\mathrm{d}z$，于是

$$C_n(z) = A\mathrm{e}^{Bz} \tag{2.85}$$

式中：A，B 符合关系式：$A = \frac{C_0 Bl}{\mathrm{e}^{Bl}-1}$；$K = \frac{Bl}{\mathrm{e}^{Bl}-1}$，$K$ 为杂质分凝系数。可见当区熔后，杂质浓度是指数规律。

在上式中，可知如果 $C_n(z)$不随 z 变化，即无提纯作用。$K>1$时 $B>0$，$C_n(z)$ 随 z 指数增加，当 $K<1$ 时 $B<0$，$C_n(z)$随 z 指数减少。对 InSb 晶体，大多数 p 型杂质的分凝系数均大于 1，提纯后集中于锭条头部，而大多数 n 型杂质的分凝系数均小于 1。提纯后集中在尾部，而锭条中部就为杂质含量很低的高纯 InSb。InSb 中 Zn、Cd、Ge 是最重要的 p 型杂质，Te、Se、S 是重要的 n 型杂质。经过多次

区熔后的 InSb 杂质浓度已经很小，但仍有剩余施主问题。分凝系数为 0.3 的受主 Zn，分凝系数为 0.8 的施主杂质 Te，以及分凝系数为 0.1 的 Si 都可能是 InSb 中剩余杂质的主要成分。

经过提纯的 InSb 多晶锭，可采用直拉法生长 InSb 单晶，生长时有意掺入有关杂质，使 InSb 具有需要的性能。生长过程中出现的小平面问题，孪晶形成的问题、生长条纹问题都是 InSb 材料科学中人们感兴趣的问题(俞振中等 1980, 金刚 1981)。

提拉法生长晶体有如下优点：通过调节发热体、坩埚、后热器(或保温罩)的几何条件，可以有效地控制温度梯度；生长装置中可以安装温度、压力、图相等传感装置，实现对晶体生长过程的调节；可以生长特定方向、形状的大尺寸完整单晶。采用这种方法，晶体在生长过程中不与容器接触，使晶体避免因接触带来的机械应力，也防止坩埚壁的寄生成核。可以人为地采取定向籽晶、“缩颈”和“放肩”等技术，获得符合要求的晶体。定向籽晶技术可以使晶体沿所需要的方向生长；“缩颈”技术可以使晶体的位错大大减少；“放肩”技术可以使晶体的尺寸增加，获得大尺寸的完整晶体，这是提拉法最显著的优点。 在晶体生长过程中可以实时观察晶体的生长，有利于晶体质量的提高。

提拉法是一种最基本的生长晶体的方法。在掌握提拉法的基础上可以很方便地了解其他的生长晶体的方法。

2.2.2 布里奇曼方法

窄禁带半导体碲镉汞单晶的生长方法主要有布里奇曼(Bridgman)方法、半熔法、Te 溶剂法和固态再结晶方法。布里奇曼方法，也叫布里奇曼-斯托克巴格(Bridgman-Stockbarger)方法(Bridgman 1925, Stockbarger 1936)。图 2.19 为简化的布里奇曼生长的装置与温度分布。此方法主要是设计一个双温区，锭条从高温区向低温区通过一个温度梯度，缓慢下降；晶体在固液界面上生长，下降速度要足够慢，使石英管中的锭条的横截面上等温，熔体晶面缓慢移动，逐渐完成长晶过程，这种方法也叫做温度梯度法或下降坩埚法。在晶体生长的最开始，总是先形成一个小晶粒或晶核，然后小晶粒与液面的固液界面作为起始界面，逐渐移动，所以石英坩埚底端为一个小的圆锥形。这种方法有如下特点：

晶体可以加籽晶定向生长，也可以用自发成核逐渐淘汰的方法生长。晶体的形状可以随坩埚的形状而定。可采用全封闭或半封闭的坩埚进行生长，避免有害杂质对周围环境的影响，减少熔体中易挥发组分粒子的挥发。操作工艺易程序自动化，一炉也可同时生长多根不同规格的晶体。要求坩埚对熔体没有污染、坩埚与结晶材料的热膨胀系数要匹配。对坩埚内表面的光洁度有较高的要求，以避免坩埚壁产生寄生成核。为了提高生长晶体的均匀性，也可以采用旋转石英坩埚的方法。

布里奇曼生长方法是一种被普遍采用的简单实用的生长 HgCdTe、CdTe、CdZnTe 等 Cd-基化合物晶体的方法(沈杰　1981)。原则上只要先把原料或多晶料，全部熔化，然后通过缓慢移动石英坩埚或者移动炉子，使溶液从石英坩埚头部或尾部逐步结晶。这一方法可以生长出结构好、体积大的单晶。常用的布里奇曼技术有垂直生长(Muranevich et al.　1983)和水平生长(Lay et al.　1988, Khan et al.　1986)。在水平生长过程中，安瓿的轴向垂直于重力场，与垂直生长相比：生长界面不受熔体重量的影响，有可能利用横向梯度技术控制生长界面的形状，同时晶锭不受石英安瓿容积限制，减少了生长、冷却过程中产生的热应力；在固、液两端，能方便有效的使用金属蒸气压控制熔体的化学计量配比，而在垂直生长技术中，气、固两相被熔体分隔，导致蒸气压控制困难，容易籽晶生长(Cheuvart et al.　1990)。

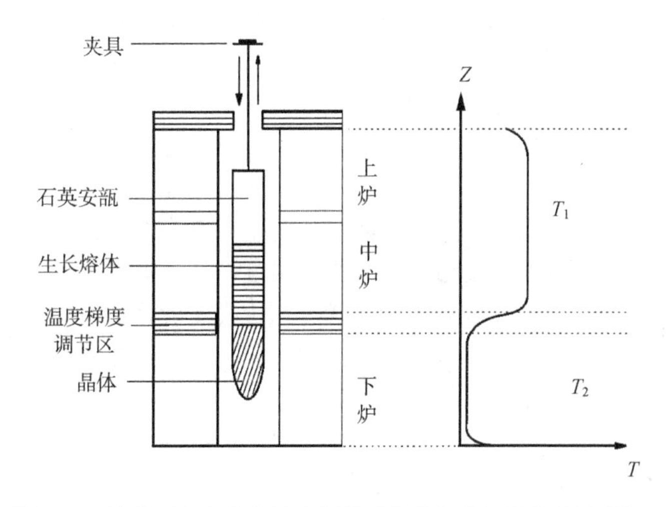

图 2.19　垂直布里奇曼方法生长系统的结构和炉温分布示意图

图 2.19 中，装有生长锭料的石英安瓿置于三段式温区电阻加热炉中，上中段提供锭料熔化温度，下段提供长晶后的保温退火，中间是温度梯度调节区，例如取温度梯度为 10~20℃/cm。炉顶装有石英安瓿夹具，夹具可上下移动，例如，行程约 30cm。采用布里奇曼方法生长晶体必须先进行某些准备工作。石英安瓿经铬酸、王水浸泡数小时，以去除有机杂质和金属杂质，去离子水冲洗、烘干，随后碳化，再王水浸泡数小时，去离子水冲洗、烘干。若在未经碳化的石英安瓿中长晶，材料中将出现滑移线(Szofran et al.　1981)。这是因为在冷却过程中，与石英安瓿粘连的晶体热收缩所致。在碳化过的石英安瓿中长晶，还可有效的防止杂质沾污。用高纯的原材料按所需的组分称重，置于石英安瓿中，抽真空至 10^{-5}Torr*，

* 1Torr = 1mmHg = 1.33322 × 10^2Pa，后同。

封装后，放入垂直的三段温区电阻炉，完成生长晶体的准备工作。然后选择一定的生长条件，例如：生长界面处，温度梯度为20℃/cm，石英安瓿以1mm/h的速度下降长晶，长晶结束后，以20℃/h速率冷却等。生长温度可以从HgTe-CdTe 赝二元系相图上液相线温度来确定(Yasumura et al. 1992)，可以得到不同组分值时的熔点温度。由于稳定的生长要求通过界面输入到固相的热流越小越好，因此，溶体温度的选取不宜太高，一般高出熔点10~30℃为宜。对于HgCdTe说在780℃附近，对于CdZnTe来说在1100℃附近。

布里奇曼方法是一种在液固二相准平衡条件下生长单晶的方法，通过固液界面缓慢移动而生长HgCdTe单晶。在生长过程中界面形状及其稳定性非常重要。最理想的是平面状的界面非常缓慢的向前推移。这种情况下溶质浓度分布均匀，位错以及缺陷却不易形成，热应力也最少。其次是整个晶面略为向液面凸起的界面，此时会形成位错及缺陷但向边缘分布，小晶粒易被并吞，会有热应力产生。最次是凹状界面，此时环形边缘部分先行生长，易于产生多晶。缺陷空间易于集中内部，会产生较大内应力。凸状与凹状界面都会带来锭条横截面组分的变化。

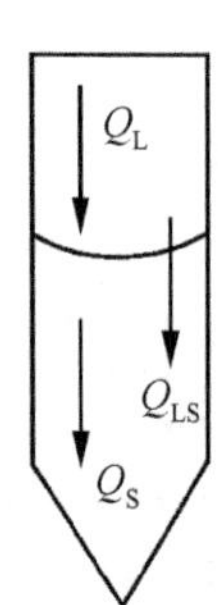

图2.20 生长界面附近的热流传输

显然在布里奇曼生长中，热场分布，生长速度，升温和降温的速率，配料的合理性，最后的控制都是重要的问题。其中控制温度梯度对晶体生长速率也有影响。由于初始晶粒形成前熔体温度要略低于液相线温度，如果温度梯度太小，锭条的相当大一部分处于过冷状态，长晶速度将会很快失去控制，所以温度梯度要有一个适当的较大的值。从热平衡条件可以大致估算这个温度梯度。

生长动力学对生长速率和温度梯度有一定要求。一般都假定生长界面为熔点温度恒定的等温面。Q_S为单位时间内由界面传递给晶体的热量。Q_L为单位时间内由熔体传给界面的热量，Q_{LS}为单位时间内在界面上因晶体生长所放出的结晶潜热(Wood et al. 1983)，如图2.20所示。

图2.20中根据能量(热)守恒定律，界面的热流输运方程式为

$$Q_L + Q_{LS} = Q_S \tag{2.86}$$

式中

$$Q_L = A\kappa_L \left(\frac{dT}{dz}\right)_L$$

$$Q_{LS} = L\frac{dm}{dt} = LA\rho_s\left(\frac{dz}{dt}\right) \tag{2.87}$$

$$Q_S = A\kappa_S\left(\frac{dT}{dz}\right)_S$$

这里κ_L、κ_S分别代表液态熔体和固态晶体的热导率，$\left(\frac{dT}{dz}\right)_L$、$\left(\frac{dT}{dz}\right)_S$分别代表熔体、晶体的轴向温度梯度，$\frac{dz}{dt}$为晶体生长速率 v，$\frac{dm}{dt}$为单位时间内生长的晶体质量，L 为结晶潜热，ρ_s为晶体的密度，A 为界面面积。

将式(2.87)中的 Q_L、Q_{LS}、Q_S 值代入式(2.86)得

$$A\kappa_S\left(\frac{dT}{dz}\right)_S = A\kappa_L\left(\frac{dT}{dz}\right)_L + LA\rho_s\left(\frac{dz}{dt}\right) \tag{2.88}$$

$$\frac{dz}{dt} = \frac{1}{\rho_S L}\left[\kappa_S\left(\frac{dT}{dz}\right)_S - \kappa_L\left(\frac{dT}{dz}\right)_L\right] \tag{2.89}$$

从式(2.89)中可看出，对于给定的结晶物质，决定晶体生长速率的主要因素是晶体与熔体中的轴向温度梯度。当$\left(\frac{dT}{dz}\right)_L = 0$ 时，晶体生长速率可达到最大值。如果熔体中的$\left(\frac{dT}{dz}\right)_L$ <0，那么晶体生长速率会更大，但在实际中，晶体生长会变得不可控制，那是不允许的。

由式(2.88)又可得

$$A = \frac{A\kappa_S\left(\frac{dT}{dz}\right)_S - A\kappa_L\left(\frac{dT}{dz}\right)_L}{\rho_s L\frac{dz}{dt}} = \frac{Q_S - Q_L}{\rho_s L\frac{dz}{dt}} \tag{2.90}$$

从式(2.90)中可以看出，在保持晶体等径生长的前提下，如欲提高晶体的生长速率，可采取加大晶体的 Q_S 值，或降低熔体的 Q_L 值。但要维持 Q_S-Q_L 值恒定，在生长工艺条件的要求上是十分严格的。可见生长速度除了决定于物质特性外，还决定于温度梯度；温度梯度大，生长速率也大。从 HgTe-CdTe 的赝二元平衡相图可知，由于 CdTe 在 HgTe 溶剂中的分凝系数约为 3，由前面的有效分凝系数的讨论可以知道，生长速率增加会减少有效分凝系数的值。当生长速度为 1mm/h 时，K_{eff} 降为 1.5，v = 30mm/h 时，K_{eff} 降为 1.1，从而使 HgCdTe 晶体生长的组分在生长方向趋于均匀，但单晶质量并不理想，横截面方向的组分均匀性也有问题，其原因还与界面形状，Hg-Cd-Te 三元素的比重不同等多种因素，人们已发现规律，提出多种修正方法。

在布里奇曼生长过程中，固-液界面形状、组分过冷都对晶体生长有重要影响。为了保证晶体的稳定生长，要求晶体生长过程中保持平坦的固-液界面。固-液界面处轴向温度梯度越大，经固相传走的热量就越多，固-液界面越平坦；引晶锥角越小，沿轴向传走的热量越多，也有利于固-液界面平坦；熔体温度不宜过高，减少从熔体传输到固-液界面的热量，以利于固-液界面平直；长晶直径不宜过大，以减少径向温度梯度对固-液界面形状的影响。组分过冷对晶体稳定生长也有影响。产生组分过冷的条件为(Harman　1980)

$$\frac{G}{v} < \frac{mC_L(k_0 - 1)}{Dk_0} \tag{2.91}$$

式中：左边是可以调节的工艺参量，即生长速率 v 以及在熔体内界面处的温度梯度 G；右边是溶液中溶质的平均浓度 C_L(C_L 决定于对晶体性能的要求，是不能任意调节的参量)以及生长系统的物性参量(液相线斜率 m、溶质的平衡分凝系数 k_0、溶质在溶液中的扩散系数 D)。由式可知，为了抑制组分过冷，保证晶体稳定生长，可以采用降低生长率和加大温度梯度的方法。一般认为在避免熔体剧烈挥发和避免晶体炸裂的条件下，固相、液相温度梯度尽可能大，且满足 $\left(\frac{\mathrm{d}T}{\mathrm{d}z}\right)_S > \left(\frac{\mathrm{d}T}{\mathrm{d}z}\right)_L > 0$；生长速率可选取约为 1mm/h，尽量使生长在准平衡状态下进行；熔体温度可选取高于熔点 10~30℃。为了提高晶体质量，需要在理论分析的基础上，进行大量的生长实验，摸索最佳生长条件。

为了提高生长晶体的质量，人们还发展了许多修正的布里奇曼生长工艺。Lay 等(Lay　1988)用十段式水平温度梯度技术，可以有效的避免了生长过程中，安瓿或炉子的摆动，得以使固-液界面稳定。带 Cd 容器的控制压力生长，可以控制 Cd 分压以减少溶液蒸气压对晶体组分的影响(Cheuvart et al.　1990, Bell et al.　1985, Brunet et al.　1993)。Lu 等(1990)用振动方法生长 CdTe 晶体。强制力场可由电磁场和机械振动得到。强制力场能影响生长过程中热量和质量的迁移，进而影响生长界面形状、缺陷分布、组分分布和生长速率，由此来控制晶体的电学、光学和结构性能。Muhlberg 等(Muhlberg et al.　1990, Pfeiffer et al.　1992)用小温度梯度生长 CdTe-基材料。温度梯度：在熔体部分取 $G_L \approx 4\mathrm{Kcm}^{-1}$，在锭条处取 $G_S \approx 8\mathrm{Kcm}^{-1}$。低温度梯度生长的 CdTe 晶体中的亚晶粒缺陷少于用大温度梯度($G \geqslant 10\mathrm{Kcm}^{-1}$)生长的晶体。低温度梯度减少了热应力作用，降低晶体的位错密度。Doty 等(Doty et al.　1992, Butler et al.　1993)采用高压生长了 $Cd_{1-x}Zn_xTe$ 晶体。生长过程中，高压惰性气体将熔体组分蒸气压压缩在一个很小的区域，防止元素蒸发，减少了扩散，免去了安瓿封装，扩大了坩埚材料的选择范围。高压法主要用来生长 Zn 含量高的 CdZnTe 晶体。Capper 等(1993)用坩埚加速旋转法(ACRT)生长 CdTe 和 CdZnTe 晶体。ACRT 法生长可以使 Zn 在径向上的分布均匀。还有一种垂直梯度凝固法(VGF)，这是一种类似布里奇曼的生长方法。这种方法将多晶料置于石英坩埚中，坩埚置于垂直电阻炉中，加热至熔点以上，然后很缓慢地降低炉子的温度，使溶液沿梯度逐步凝固成晶。Aschi 等(1995)采用氮化硼坩埚，Cd 压力控制容器，计算机控制的各自独立的多个加热元，精确的温控仪(温度起伏小于 0.1℃)，较低的温度梯度和低的炉子冷却速度，以及特别设计的合适的坩埚形状，生长出直径达 100mm，长度为 50mm 的 CdZnTe 大单晶。

2.2.3 半熔法和 Te 溶剂法

布里奇曼方法是一种准平衡生长的方法。另外两种经常采用的准平衡生长 HgCdTe 单晶的方法是半熔法和 Te 溶剂方法。半熔法是 1970 年 Harman 提出的(Harman 1972)的方法，可以很好的用于 HgCdTe 晶体生长。这种方法为装好料的石英坩埚先放在炉子上方高温区，使整个锭条处于熔融状态，待混合化合均匀后，将石英坩埚迅速降至炉子下方某一恰当位置，在此位置上石英坩埚内锭条的状态可分为 A、B、C 三段。底部 C 段处在较低温度区，使这部分材料凝固结晶，中间 B 段处在适中温度梯度场内，使材料处于半熔状态，而坩埚的上面部分 A 段在高温区，材料仍处于熔融状态。材料在这种状态下保存 40 天以上。在这段长晶的时期内，在半熔区内，晶体不断生长，直到完全结晶，其物理过程可做一简单分析。

图 2.21 画出了 HgTe-CdTe 赝二元系的 T-x 相图和石英坩埚状态的示意图。设 T_A 是半熔区上边界的温度，T_B 是半熔区下边界的温度。由于石英坩埚是很快地从一段式熔融状态下降到三段式(熔体段—半熔段—固体段)状态，此时固态段 C 固相的组分即为 x_0，熔体段 A 仍保留液态组分为 x_0，半熔段 B 为固液两相共存区，固液相的组分分别为 x_S 与 x_L，分布在一个范围。由于溶质 CdTe 在半熔区上边界温度是 T_A，高于下边界温度 T_B。因此上边界处 CdTe 具有比下边界处的 CdTe 更高的吉布斯自由能。由于热力学系统中化学势趋向平衡的趋势，上边界的化学势要减少，而下边界的化学势要增加，意味着溶质 CdTe 会从温度为 T_A 的上边界处不断向温度为 T_B 下边界处扩散，使下边界处液相中的溶质 CdTe 的浓度增加，造成组分过冷，超过部分就会以组分 x_0 或者略大于 x_0 的组分的形式凝固成晶体，使熔体的组分仍然服从相图。这样的过程在整个长晶过程中连续进行，直到半熔区完全结晶为止。整个过程需要的时间可以根据 T-x 相图中杠杆定律和 Fick 第一定律计算。利用杠杆定律可以知道一个元结晶过程中，变成固态的溶质的量与液态中溶质的量之比。半熔区中溶质 CdTe 的缺少，则由上边界向下边界溶质的扩散提供，溶质的扩散过程由 Fick 第一定律描述，这样得到的总时间为

$$t = \frac{1}{DG_r^{\,2}} \int_{T_B}^{T_A} (x_s - x_0) \frac{\mathrm{d}T}{\mathrm{d}x_l} \mathrm{d}T \tag{2.92}$$

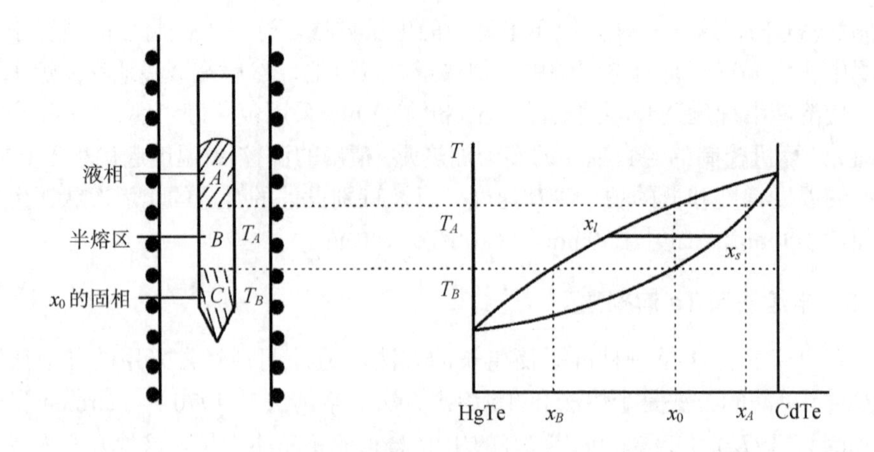

图 2.21　HgTe-CdTe 赝二元系的 T-x 相图和石英坩埚状态的示意

式中：D 为扩散系数，G_r 为半熔区温度梯度，约为

$$G_r = \frac{T_A - T_B}{l} \tag{2.93}$$

l 为半熔区长度，即为晶体生长后有用的一段晶体。$\mathrm{d}T/\mathrm{d}x_l$ 是液相线 T-x 的斜率是 T 的函数，x_s 与 x_0 都可以利用液相线与固相线写成 x 的函数，于是上式积分式可以算出 t 的值。作为一个例子如果 $T_B = 707℃$，$T_A = 796℃$

$$\begin{aligned} x_l &= \frac{1.37T - 915}{1690 - 0.97T} \qquad 0 < x < 1 \\ x_s &= \frac{5.72T - 3821}{2.92T - 951} \qquad 0 < x < 0.6 \\ x_s &= \frac{5.27T - 3520}{2.92T - 951} \qquad 0.6 < x < 1 \end{aligned} \tag{2.94}$$

式(2.92)变为 $t \approx \dfrac{489300}{G_r^2}$，如果对 $x = 0.2$ 的 HgCdTe 溶液配比，$D = 5 \times 10^{-5}\mathrm{cm^2/s}$，$G_r = 50℃/\mathrm{cm}$，则 $t = 41$ 天。

半熔法生长的晶体只有“半熔区”一段为可用的晶体，坩埚底部及上方的晶体组分偏差较大，为了使组分均匀也有人在长晶体开始时倒转石英坩埚，帮助 CdTe 的扩散，可以时长晶的纵向组分分布均匀的长度增加。有兴趣的读者可以看文献(Fiorito et al.　1978)。由于半熔法长晶过程主要由扩散过程控制，因此长晶时间太长。

第三种准平衡生长 HgCdTe 单晶的方法是 Te 溶剂法，实际上 Te 溶剂法是一种垂直区熔法，但以 Te 作为溶剂(Ueda et al.　1972)。生长时先按照一定组分配比

的 Hg-Cd-Te 放置于石英管内，抽真空封管，加温到熔点以上，进行熔融化合，随后淬火到室温，这样就得到组分均匀的 HgCdTe 多晶体。然后开管，在管内加入纯 Te，再抽真空后封管，封管时注意在管中要留一个空间，然后将石英管吊入炉子。石英坩埚底部的纯 Te 先进入高温区，Te 熔化成液体。在液体上方的 HgCdTe 淬火后的多晶体表面的 Hg 开始离解，在 Te 熔体与 HgCdTe 多晶体之间形成一个空间，充满 Hg 蒸气。石英坩埚继续下降，HgCdTe 多晶体表面 Te 过剩，熔点降低，多晶体开始熔化，并作为溶质溶解到 Te 液区中，并按照一定的溶解度溶解到 Te 溶剂中去，直至到达饱和状态，当石英坩埚继续下降，温度降低，溶液内的 HgTe 和 CdTe 向底部扩散沉积，扩散规律由 Fick 第一定律描写。于是长晶从底部开始，由于在 Te 中 CdTe 分凝系数比 HgTe 大，因此刚开始生长的 $Hg_{1-x}Cd_xTe$ 组分偏大，但这又使溶液中 CdTe 浓度下降，使生长的晶体组分变小。在稳定情况下，此组分会接近多晶锭的组分。这样的过程不断继续，于是在石英坩埚底部是生长的晶体，晶体上方有一段 Te + HgCdTe 液相区，上方有一空间充满 Hg 蒸气，再上方是 HgCdTe 多晶锭，Te 溶剂区是温度较高的区域，如图 2.22 所示。

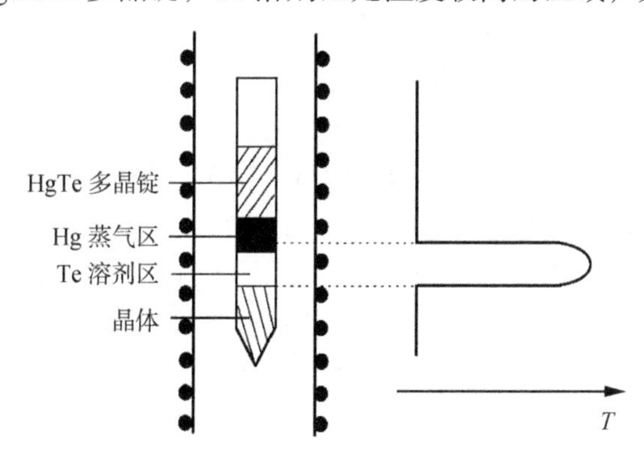

图 2.22　Te 溶剂法生长系统的结构和炉温分布示意图

由于 Te 溶剂法生长时，Te 过量，因此熔点降低，可从原来的 780℃降低到 700℃左右。同时此方法有区熔过程，加入 Te 溶剂后，增加了杂质溶解度，有提纯晶体的效果。另外要适当设计温度梯度。因为沿锭条方向温度梯度太大会使界面变凹，温度梯度太小，会使界面变凸，因此要选择适当的温度梯度。同时也使纵向冷凝过程热流不要影响横向的热扩散使界面变平整的效应。这样将可以使界面平坦，有利于组分均匀。

Te 溶剂法是一种移动热区方法(THM)，也叫区熔法，它有低温溶液生长的优点。这种方法通常用 Te 做溶剂，可以降低晶体生长温度，最低可达到 780 ℃(低温 THM 法)，而且由于杂质在溶液中的分凝作用，长晶时有提纯的作用，因此晶体的纯度可以提高。此法的缺点是：晶体结构不如布里奇曼和气相生长法好，由于用 Te 做溶剂，晶体中有较多的 Te 沉淀相存在。为了进一步提高晶体的纯度和减少 Te 沉淀，又提出了多次通过 THM，升华 THM 和坩埚加速旋转 THM(ACRT-THM)等生长工艺。升华 THM 可以减少 Te 沉淀，坩埚加速旋转 THM 既可减少 Te 沉淀，又可加快生长速度，对于 CdZnTe 来说，达到每天生长 12mm，晶体直径可达到 50mm 以上。

2.2.4 固态再结晶方法

固态再结晶主要包括淬火与再结晶两个过程，先在熔点以上温度把材料熔化，然后快速淬火，凝固成多晶锭，再经历再结晶过程，生长成单晶(Swink et al. 1970，沈杰等 1976)。生长时首先配料，取 6 个“9”的高纯元素 Hg、Cd、Te，按需要的化学计量比，由于 Hg 会蒸发到石英瓶内，所以 Hg 要过量一些，一般对于制备 $x = 0.2$ 的 HgCdTe 晶体 Hg 过量按每立方米厘米空间 40~50mg 左右配置，把三种材料放入石英瓶内后，石英瓶抽真空，然后封管。将配置好材料的石英瓶安置于可以摇晃的管状电炉内，缓慢升温，并加以摇晃，使三种材料混合并充分化合。在升温过程中，升温到 700℃左右。由于 Te-HgTe 共晶形成，会有一个吸收峰，然后 Hg-Cd-Te 开始结合形成化合物，又会放出热量。这一过程中进一步形成高熔点化合物，并析出金属 Hg，并形成很高的蒸气压。所以要很严格控制升温速率，避免 Hg 压过高而爆炸。Hg-Cd-Te 充分化合后，使温度上升到熔点以上一个温度。对于 $x = 0.17$~0.18 的碲镉汞，约上升 10℃；$x = 0.20$ 约 20℃；$x = 0.25$~0.26 约 35 ℃。然后恒温 24~48 小时，并缓慢摇晃，使其充分化合。最后将炉子保持垂直，静止 1~2 小时，然后快速淬火冷却，使其凝固。由于熔体经过充分的化合，因此各处的成分大致一样。这样快速淬火过程将使熔体在快速凝固中不发生分凝。

在前面关于分凝系数的讨论中，可以进一步用有效分凝系数来说明这个问题。在前面 2.1.5 节的讨论中我们曾经得到在二元系固液两相平衡时界面前方液相中 z 处浓度分布

$$C_l(z) = C_l\left[1 + \frac{1-K_0}{K_0}\exp\left(-\frac{v}{D}z\right)\right] \tag{2.95}$$

C_l 为远离界面处溶液中的溶质浓度 $C_l(\infty)$，如果生长速度很大，即 $v \to \infty$，则

$$C_l(z) = C_l \tag{2.96}$$

同时界面层厚度 $\delta = \dfrac{D}{v} \to 0$。此时界面层厚度趋于零，溶质浓度与 z 无关，等于 C_l。一般亦可引进有效分凝系数的概念，如式(2.63)推导可得

$$K_{有效} = \frac{C_s}{C_l} = \frac{K_0}{K_0 + (1-K_0)\exp\left(-\frac{v}{D}z\right)} \tag{2.97}$$

在 $v \to \infty$ 时，$K_{有效} \to 1$。

此时，在快速淬火冷却的情况下，溶质还没有分凝就被冻结在固体中。在这种情况下，熔体急剧冷却，而晶体凝固却还跟不上，于是界面前方的熔体温度低于界面，$dT/dz<0$。于是界面的凸起部分越来越快的生长，容易形成枝蔓晶。淬火以后得到的是 HgCdTe 多晶化合物，多晶间界不稳定，自由能较高。通过再结晶过程，使晶粒长大，减少晶界能，使体系自由能降低达稳定状态。再结晶过程一般在高温下进行，使原子加强扩散，晶界更易迁移、变化。具体方式就是把淬火后得到的晶锭，换管并加适量汞，抽真空封管。也可利用原来的石英管，不进行换管。对 $x = 0.2$ 的 HgCdTe，汞压为 10 几个大气压。炉温可以有个梯度，让管内晶锭缓慢的进入高温区，使结晶过程从晶锭的头到尾逐步进行，以利于小晶粒长大，长大的大晶粒，进一步并吞小晶粒。在理论上可以证明大晶粒并吞小晶粒体系自由能会降低。晶锭全部进入高温区后再保留一段时间，让晶体充分协调生长，逐渐形成一个完善的单晶体。这段时间需要 10 多天，再结晶的温度和汞压的具体选取要根据 HgCdTe 的 P-T 相图中的均匀相的范围来确定。对于 $x = 0.2$ 的 HgCdTe 晶体，再结晶温度可选在 680℃左右，汞压约为 10 几个大气压。从热力学角度来分析有人得到再结晶温度 $T_{再结晶}$ 与晶体的熔点 $T_{熔}$ 与德拜温度 T_D，有关系式

$$T_{再结晶} \approx \frac{T_{熔}}{3}\left(1 + \frac{T_D}{T_{熔}}\right) \tag{2.98}$$

以上讨论的是在一个封闭的石英管内进行 HgCdTe 的晶体生长，但由于汞压高，石英管就要壁厚，但石英管材料热导率低，增加壁厚，就增加石英管材料的热容量，限制了晶体生长过程中的温度控制。于是制备大直径或高 x 值的 HgCdTe 就会带来困难。同时汞压的控制也不严格。所以人们提出一种高压回流技术来生长 HgCdTe，即让石英管中的 HgCdTe 材料蒸发的 Hg 气氛，由一个受控制的高压惰性气体流作用下，按照一定路径进行回流，可以很有效的控制 Hg 压，整个装置的温度分布与惰性气体的压力以及所需的回流汞量都要认真设计。

除了溶体生长以外，气相生长也是一种生长方法。它的原理是将 CdTe-基原材料密封在石英安瓿中，安瓿置于有温度梯度的炉中。利用原材料的升华作用，气相输运沉积生长出结构好、纯度高的单晶来。气相生长又可以分成无籽晶生长(Akutagawa et al. 1971, Yellin et al. 1982)，有籽晶生长(Golacki et al. 1982)和升华移动热区方法(Triboulet et al. 1981)。由于气相生长是一种缓慢的、完整的单晶生长过程，能长出高纯度、高阻、晶体结构完好的、位错密度小于 $10^4 cm^{-2}$ 的 CdTe 基晶体。缺点是生长速度慢，长不出大尺寸单晶。为提高长晶速度和晶体体积，许多人对气相生长方法做了改进。如用毛细管将源与沉积冷凝室连通(Buck et al. 1980)；用半封闭技术在氩气中生长(Durose et al. 1988, Durose et al.

1993)；籽晶安置在用光学加热的蓝宝石棒上(Durose et al. 1993)等。这些改进可以提高生长速率和得到较大的晶体，比如得到长 5cm、直径 4cm 的单晶，但是这些晶体的结构不理想，位错密度高达 $10^6 cm^{-2}$，并有大量的亚结构和沉淀物。因此气相生长方法要达到实用化，还需不断研究改进。

2.3 液相外延薄膜的生长

体材料由于其晶体尺寸及空间均匀性的局限性，以及很难做成大面积背照式红外探测器列阵而限制了它在红外焦平面上的应用。薄膜材料生长是先进的生长方法。用 MOCVD 生长的薄膜，表面貌相好，界面清晰度好，对衬底匹配要求不严格。用 MBE 生长的薄膜，组分均匀容易控制，具有好的结构完整性和表面平整性，界面最清晰，生长温度也最低。此外，利用 MBE 方法还能进行多层异质结构生长、原位掺杂实验，为制备红外焦平面器件提供了很好的条件。目前，光辅助 MBE 亦取得了很大进展。液相外延生长 $Hg_{1-x}Cd_xTe$ 薄膜是目前较为成熟的一种工艺。与体材料相比，其生长温度较低，不需要长时间的退火，组分均匀性较好；与 MOCVD 和 MBE 相比，其设备简单，生长速度较快，成本较低，也可生长多层异质结。LPE 工艺仍然具有强大的竞争力和生存能力。

我们知道，溶质在溶剂内的溶解度是随温度的降低而减小。因此，当一片单晶衬底浸入某一温度较高的饱和溶液中，并使溶液的温度逐渐降低，溶质在溶剂内的溶解度减小，就会有溶质在衬底上析出，如果符合一定的条件，就会按照一定的比例析出溶质，并在衬底上外延生长。关于 $Hg_{1-x}Cd_xTe$ 液相外延的第一篇文献就是 20 世纪 70 年代中期公布的(Konnikov et al. 1975b)。开始发展较慢主要是由于冶金学上的困难(Wang et al. 1980)和当时应用需求上的不迫切(Nelson et al. 1980)。后来由于红外探测器的发展对材料提出“大面积，均匀”的要求，使人们对 $Hg_{1-x}Cd_xTe$ 液相外延进行系统研究，取得快速发展(Charlton 1982)。$Hg_{1-x}Cd_xTe$ 的液相外延可以用富 Hg 溶液，也可以用富 Te 溶液，或者用富 HgTe 溶液(Bowers et al. 1980)。无论是用富 Hg(Tung et al. 1987, Tung et al. 1981, Herning 1984)或富 Te(Wang et al. 1980)溶液，均已生长出了大面积、组分均匀性好、缺陷少的 $Hg_{1-x}Cd_xTe$ 单晶薄膜，其组分、结构及电学性能均达到了红外探测器制备的要求。

研究结果表明，用 LPE 生长的 p-n 异质结，使长波红外探测器(LWIR)的响应波长达到达 17μm，且器件的 R_0A 值最大(Pultz et al. 1991)。用液相外延的 $Hg_{1-x}Cd_xTe$ 材料在 20 世纪 90 年代就制成性能较好的 128×128 元，512×512 元，480×640 元的红外焦平面列阵(Amingual 1991, Johnson et al. 1990, 1993)。在 2001 年实现了在宝石衬底上生长 CdTe 过渡层的液相外延 HgCdTe 薄膜，并研制成 1024×1024 元、2048×2048 元的红外焦平面列阵(Bostrup et al. 2001)。

2.3.1 $Hg_{1-x}Cd_xTe$ 液相外延生长条件

要生长厚度和均匀性可控的液相外延层，要求所采用的实验装置能在可控的温度条件下，于确定的时间内让设定组分的生长溶液与衬底充分接触。常用的 LPE 装置主要采用水平滑舟(Wood et al. 1983, Tung et al. 1987)、垂直浸渍(Wan et al. 1986, Geibel et al. 1986, Yasumura et al. 1992)以及倾斜翻舟(Edwall et al. 1984)三种方式(图 2.23，图 2.24，图 2.25)。生长过程都是使衬底浸入溶液,待 HgCdTe 薄膜在衬底上外延生长以后，继而离开溶液。

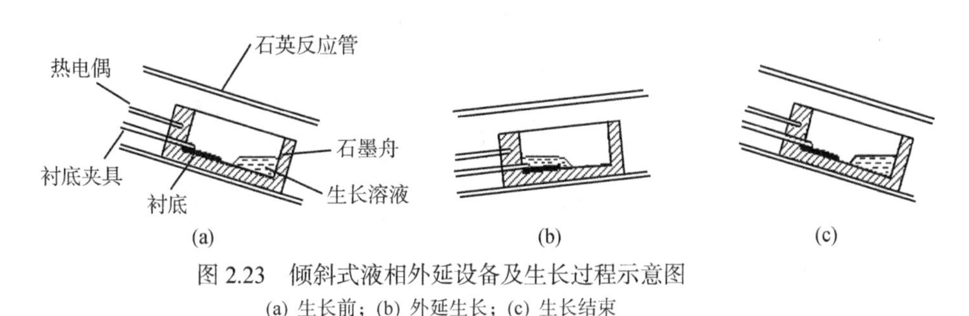

图 2.23 倾斜式液相外延设备及生长过程示意图
(a) 生长前；(b) 外延生长；(c) 生长结束

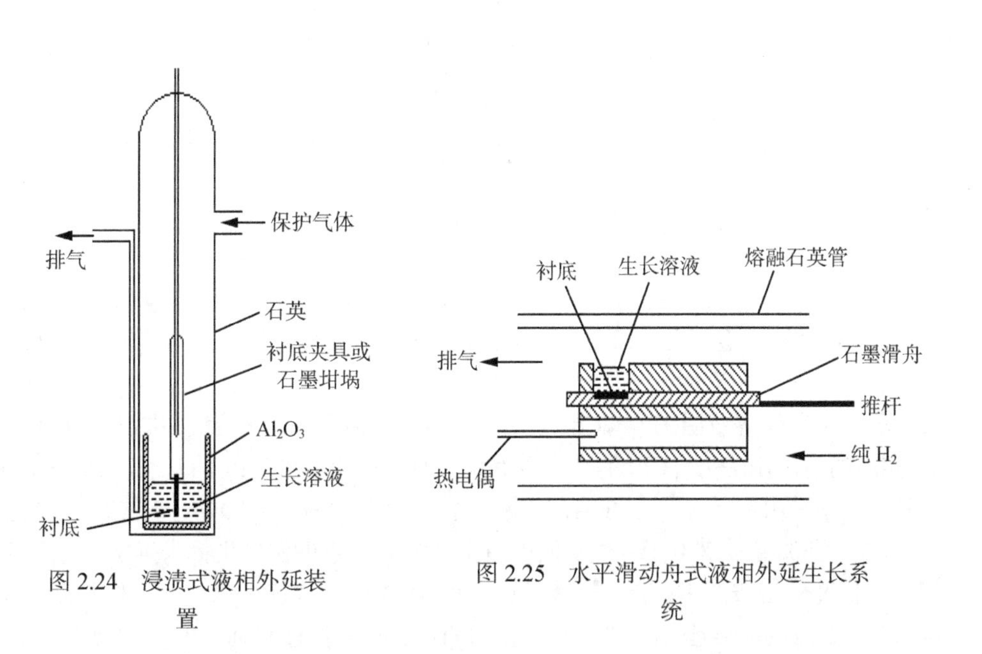

图 2.24 浸渍式液相外延装置

图 2.25 水平滑动舟式液相外延生长系统

生长 $Hg_{1-x}Cd_xTe$ 液相外延层的方法有三种：从富 Te 溶液中生长；从富 Hg 溶液中生长；从高温富 HgTe 溶液中生长。液相外延生长的主要依据是相图。制作相图的实验方法有差热分析(DTA)(Tung et al. 1987, Szofran et al. 1981)，直接观察(Panish 1970)等。人们已经对 $Hg_{1-x}Cd_xTe$ 赝二元系的液固相图作了大量的实验测定和计算，得到了较为可靠的液相点数据，Tung 和 Harman 等提出相应的熔体模型(Tung et al. 1982, Harman 1980)，由此计算得到的整个 $Hg_{1-x}Cd_xTe$ 系统的相图与实验图结果符合得很好。根据相图可以确定生长温度、配料比例以及确定降温生长的程序。图 2.26 是 Hg-Cd-Te 三元系统的吉布斯组分三角图，首先可以确定生长温度。

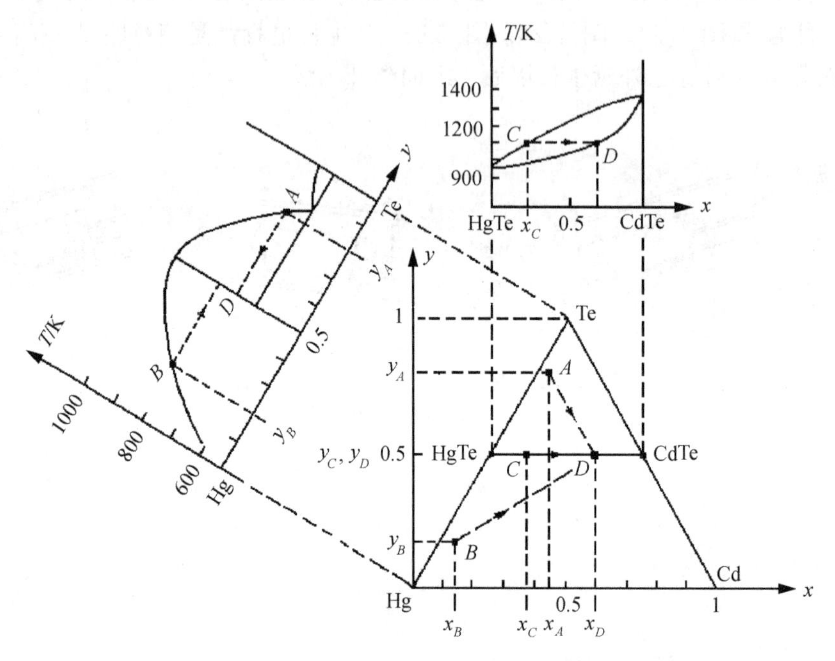

图 2.26 Hg-Cd-Te 三元系统的吉布斯组分三角图(底图)

图 2.26 中，等温线间连接线表示如何从富 Te 溶液、从富 Hg 溶液或从富 HgTe 溶液，得到具有特定组分 x_D 的 $Hg_{1-xD}Cd_{xD}Te$ 外延层。假定某富 Te 溶液在三角形图中由 A 点表示，相应的溶液用 $(Hg_{1-xA}Cd_{xA})_{1-yA}Te_{yA}$ 表示；某富 Hg 溶液在图中由 B 点表示，相应的溶液用$(Hg_{1-xB}Cd_{xB})_{1-yB}Te_{yB}$ 表示；某富 HgTe 溶液在图中由 C 点表示，相应的溶液用$(Hg_{1-xC}Cd_{xC})_{0.5}Te_{0.5}$表示。得到具有特定组分 x_D 的 $Hg_{1-xD}Cd_{xD}Te$ 外延薄膜在图中由 D 点表示。可见，用富 Te 溶液生长过程是按照 Hg-Te 二元相图(左上图)的 A 到 D 箭头来生长，生长温度由 T-Y 图上 A 点的温度坐标来确定；用富 Hg 溶液生长过程是按照 Hg-Te 二元相图(左上图)的 B 到 D 箭头来生长，生长温度由 T-Y 图上 B 点的温度坐标来确定；用富 HgTe 溶液生长过程则是由 Hg-Cd-Te 三元相图中的赝二元系统(右上图)中的 C 到 D 箭头所示(Herman et al. 1985)，生长温度由 T-X 相图上 C 点的温度坐标来确定。从这里就确定了所配置溶液的外延生长的温度。对外延生长来说，平衡相图给出的组成与温度关系是确定外延生长条件的重要依据。

从相图还可以知道在一定温度下溶液中各组元的浓度，这是配置溶液的根据。图 2.27(a)是获得的不同生长温度下，在富 Te 溶液中 Hg 和 Cd 的组分。图 2.27(b)

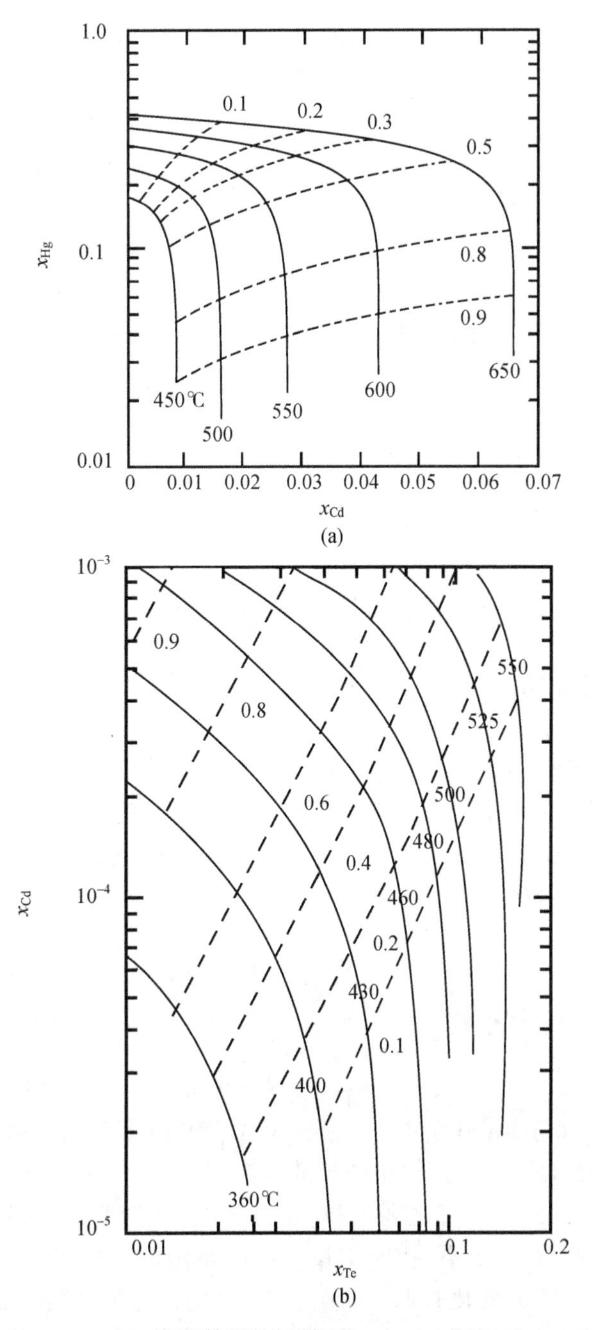

图 2.27 $Hg_{1-x}Cd_xTe$ 液相外延的相图(Tung et al. 1982, Tung et al. 1987)

(实线：液相等温线；虚线：固溶体等浓度线) (a) 富 Te 溶液； (b) 富 Hg 溶液

是不同生长温度下，在富 Hg 溶液中 Te 和 Cd 的组分。确定了生长温度，确定了所要生长材料的组分，就可以根据相图来知道在富 Te 溶液生长中，Cd 和 Hg 的浓度比例，或者在富 Hg 溶液生长中，Cd、Te 的浓度比例。例如，要生长 $x = 0.2$ 的 $Hg_{1-x}Cd_xTe$ 液相外延薄膜，如果采用富 Te 溶液，取生长温度 $T = 500℃$，则 Cd 的摩尔分数(x_{Cd})约为 0.01，Hg 的摩尔分数(x_{Hg})约为 0.19。对于液相组分为 $(Hg_{1-z}Cd_z)_{1-y}Te_y$ 的生长溶液，显然有

$$(1-z)(1-y) = x_{Hg} = 0.19$$

$$z(1-y) = x_{Cd} = 0.01 \tag{2.99}$$

解得 $z = 0.05$，$y = 0.8$。

于是就可以根据 y 和 z 的值来配料。 由于 Cd 在生长溶液中的含量最少，因此在配制生长溶液时，一般先称出 Cd 的重量 m_{Cd}，Hg 和 Te 的质量 m_{Hg}、m_{Te}，则根据 m_{Cd} 量由下式给出

$$m_{Hg} = \frac{A_{Hg}}{A_{Cd}}\frac{1-z}{z}m_{Cd} \tag{2.100}$$

$$m_{Te} = \frac{A_{Te}}{A_{Cd}}\frac{y}{(1-y)z}m_{Cd} \tag{2.101}$$

式中：A_{Hg}、A_{Te} 分别为 Hg 和 Te 的原子量。图 2.28 为当 Cd 的质量 $m_{Cd} = 1$ 时，m_{Hg}、m_{Te} 与溶液组分 y、z 的关系。

对于液相组分为$(Hg_{1-z}Cd_z)_{1-y}Te_y$ 的生长溶液，其固相组分 x、生长温度以及液相组分 z、y，除了可由固-液相图来确定以外(Harman 1980)。为了方便起见，还可以利用一些经验公式来计算。Brice 给出了生长溶液的液相线温度是液相组分 y 和 z 的函数(Brice 1986)

$$T_L = 1102 + 250z + 420yz - 785y \tag{2.102}$$

固相组分 x 可由经验公式得到

$$x = z / (0.220 + 0.780z) \tag{2.103}$$

即外延层的组分 x 只与溶液中的 Cd 含量 z 有关，而与 Te 含量 y 基本无关。

由于 Cd 在(Hg, Cd)Te 固溶体中的扩散系数相对较大，所以液相外延的生长温度不能太高，多在 450~500℃之间，这样溶液中的 Te 含量 y 一般取为 0.8 左右。图 3.4 给出了溶液组分 y、z 不同时，(Hg, Cd)Te 溶液的液相点温度 T_L 及固相组分 x 与溶液组分 y、z 的变化关系。由图 2.29 可见，外延层组分 x 只随溶液中 Cd 含量 z 的不同而改变，z 增加，则固相组分 x 也增加。液相线温度 T_L 的高低，

则与溶液中的 Te、Cd 含量有关，y 增加或 z 减小都将使 T_L 降低，因为在式(2.102)中 $\frac{\partial T_L}{\partial y}$ 为负，而 $\frac{\partial T_L}{\partial z}$ 为正。所以，如果设定液相线温度 $T_L = 500$℃，则生长响应波长为长波 $Hg_{1-x}Cd_xTe$ 薄膜材料时，Te 含量 y 应小些；而生长中、短波 $Hg_{1-x}Cd_xTe$ 时，y 应大些。

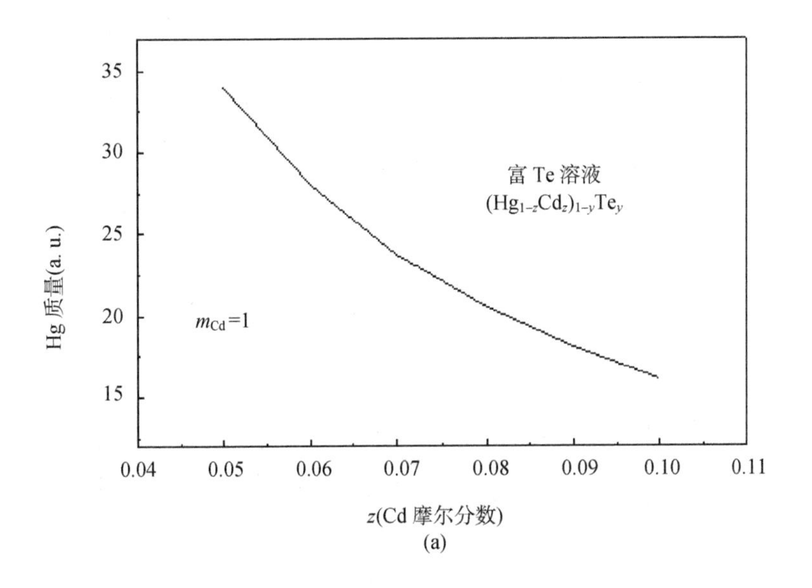

(a)

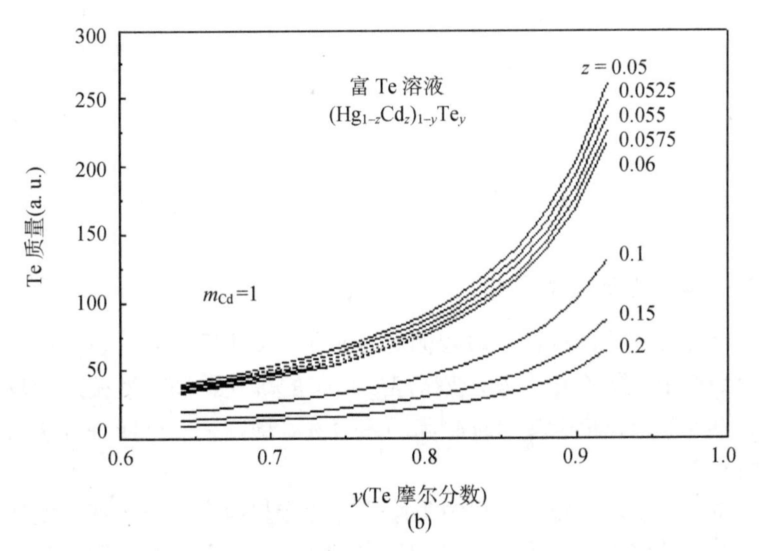

(b)

图 2.28 (a) m_{Hg} 和(b) m_{Te} 与溶液组分 y, z 的关系($m_{Cd} = 1$)

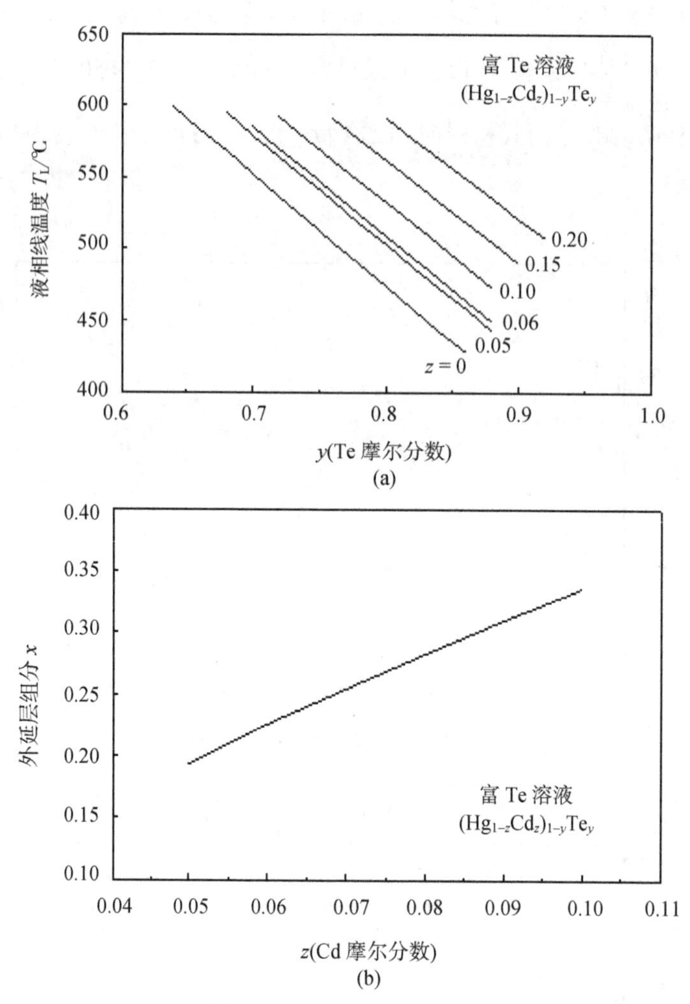

图 2.29 (a) (Hg, Cd)Te 溶液的液相点温度 T_L 和(b)固相组分 x 与溶液组分 y、z 的变化关系

2.3.2 液相外延的生长程序

器件应用所需的外延材料一般较薄(5~30μm)，薄外延层的生长多用瞬态外延技术，因为瞬态法比稳态法更易于获得厚度均匀的薄膜。瞬态液相外延技术的主要方式有平衡冷却、分步冷却、过冷和两相溶液冷却四种。这四种方法所遵循的操作程序如图 2.30 所示。

平衡冷却技术在整个操作过程中采用恒定的冷却速率。当溶液温度达到液相点 T_L 时(此时生长溶液刚好饱和)，使衬底与溶液接触，因此在接触瞬间两者处于平衡态。由此演化而来的双片法，在操作开始时，温度保持恒定，并使溶液与源片接触。 在溶液达到平衡后，源片换成衬底，并开始降温生长。

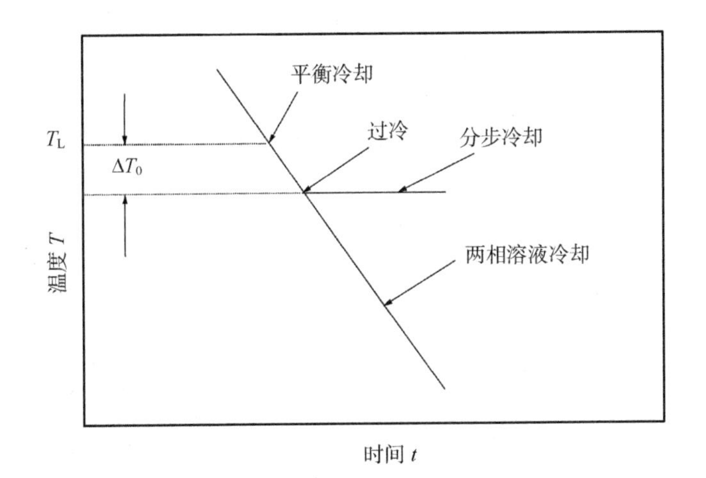

图 2.30　四种不同的液相外延生长技术的溶液冷却程序

箭头表示生长溶液与衬底接触的时间

在分步冷却技术中，一开始衬底和溶液就被冷却到低于 T_L 的某一温度，但不能使溶液有自发成核，然后让衬底与溶液接触，并在该温度下保温，直到生长终止。 这种技术之所以叫分步冷却，是因为它相当于使衬底和溶液在 T_L 下达到平衡，然后再把它们冷却到较低的温度。

过冷技术和分步冷却技术相似，系将衬底和溶液以恒定的速率冷却到低于 T_L 的某一温度，但又不致出现自发沉淀，然后再使它们相接触。但此时要继续以某一速率降温，直到生长终结为止。

两相溶液冷却技术是将温度下降到远低于 T_L，足以在溶液中出现自发沉淀，使衬底与溶液接触，以同样的速率连续地进行冷却。此时的液相点温度低于初始溶液组成相应的 T_L。

$Hg_{1-x}Cd_xTe$ 液相外延具体生长过程如下：盛有生长溶液的石英坩埚置于充氢气的石英管中部，石英管底部放有纯汞，用以补充生长时母液中的汞损耗。顶部则装有水冷装置，用来冷却 Hg、Cd、Te 蒸气以减小生长溶液的损耗。石英管外部是一个半透明的镀金膜石英加热炉，可以有效地反射炉内的热辐射并保持炉温均匀，由此还能对生长过程实施原位观察。炉体具有两个独立可调的温区，其温度梯度小于 1℃/cm，分别控制母液和汞源的温度及升降温速度。采用双温区控温即可以维持生长溶液中的汞压平衡，又能实现原位退火。$Hg_{1-x}Cd_xTe$ 液相外延生长所用衬底为(111)面的 CdTe 或 CdZnTe。采用竖直进(出)，水平生长的夹具固定衬底，即样品的下降与拉起都是在竖直方向，而生长则是在水平方向，如后面图 2.34 和图 2.35 所示。在水平方向生长可使外延层的组分和厚度均匀。而以垂直方式脱离生长溶液可以减少母液粘连。

图 2.31 为外延生长过程中，母液和汞源的温度变化曲线。首先使母液和汞源的温度分别上升到 A 和 A'，其中 T_A 比液相点温度约高 25℃；AB 段为恒温熔源阶段，时间为 50~60min，在该过程中对生长母液充分搅拌，使之达到最大限度的均匀化，因为母液的均匀度直接影响外延膜的表面形貌和组分均匀性；BCD 段为降温过程，BC 段降温速度为 0.5℃/min，CD 段为 0.05℃/min；在 D 点溶液与衬底接触，D 点温度一般在液相点温度附近。DE 为外延生长阶段。生长时衬底以一定的速度旋转，以保证外延均匀，生长时的降温速度 0.05℃/min，时间 40~60min。

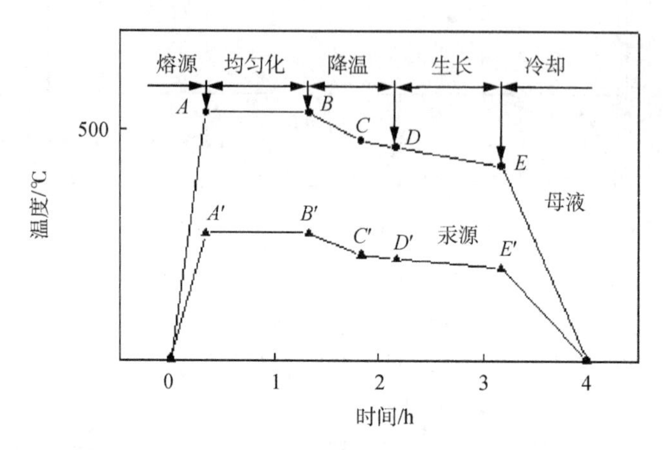

图 2.31　LPE 生长过程中母液和汞源的温度变化曲线

生长时有六个因素直接影响薄膜生长。

第一个因素是平衡汞蒸气压问题。在 $Hg_{1-x}Cd_xTe$ 的液相外延生长过程中，要准确地检测 Hg 源的蒸气压 P_{Hg} 是否与生长母液平衡是较困难的。光吸收法可用以监测 Hg 气压，但因其需要复杂的系统，而且精度并不高，所以一般的 LPE 系统并不采用。缔合溶液模型 (Brebrick et al. 1983)可用以计算(Hg、Cd)Te 溶液上方的 Hg 蒸气压，但对于具体的 LPE 生长系统，实际的 P_{Hg} 值与理论值之间有偏差，应予以修正。为此，李标等(Li et al. 1995)采用理论与实验相结合的方法，即根据缔合溶液模型及相图理论，计算出气-液平衡的 Hg-Cd-Te 体系的汞分压相图及相应的 Hg 源温度，并在 LPE 生长过程中，通过观察生长溶液的结晶温度[8]和测量外延薄膜组分等方法，对理论值进行修正，以求达到最佳效果。

图 2.32 由缔合溶液模型计算得到的 Hg-Cd-Te 体系的汞分压相图及纯汞的压强-温度曲线。在实际的 LPE 生长过程中，汞压 P_{Hg} 要比理论值高约 0.03~0.05atm*。

---

* 1atm = 1.01325×10^5Pa, 后同。

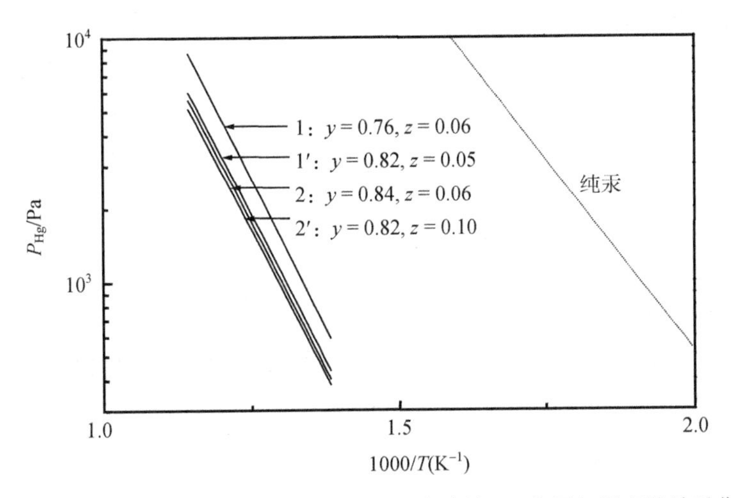

图 2.32　不同组分的富碲$(Hg_{1-z}Cd_z)_{1-y}Te_y$溶液的 Hg 分压与温度的关系曲线

由图可见，在对数坐标上，溶液汞压的压强线(直线)与纯汞的压强线不平行，即溶液的汞分压随温度的变化趋势与纯汞蒸气压的变化并不相同。因此，在液相外延生长过程中，必须分别给汞源及母液设定不同的升降温速率，才能保证溶液中的汞含量维持恒定。

第二是外延层厚度与生长速度问题。用生长体系的热力学平衡理论计算液相外延层厚度时，由于没有考虑影响液相外延生长速率的动力学因素，因而从平衡液相线得到的生长外延层厚度与实际结果相差较多。为此，在实际过程中必须考虑液相外延生长阶段溶质扩散，对流，表面吸附动力学，组分过冷等对生长速率的影响。

在推导生长厚度与生长时间关系方程时，要考虑以下几点假设(Hsieh 1974)：①成核主要受溶液中的溶质扩散过程控制；②生长溶液可视作是半无限大的溶液(与此相当的条件是，生长时间比扩散时间$\tau = W^2/D$ 要短得多，式中 W 为溶液厚度，D 为扩散系数)。将质量守恒定律应用于生长界面，解不同边界条件下的扩散方程，便可得到外延层的生长速度 v 及厚度 d 与时间的关系(Harman　1981)

$$v(t) = K(\Delta T_s t^{-1/2}/2 + \beta t^{1/2}) \tag{2.104}$$

$$d(t) = K(\Delta T_s t^{1/2} + 2\beta t^{3/2}/3) \tag{2.105}$$

式中：K 是材料参数，在我们的实验中，$K \approx 0.7\mu m/℃\cdot min^{1/2}$；$\Delta T_s$ 是生长溶液的过冷度，β是降温速度，t 为生长时间。 $\Delta T_s = 0$ 对应于平衡冷却 LPE 生长，$\beta = 0$ 对应于分步冷却 LPE 生长，ΔT_s、β 均不为 0 对应于过冷 LPE 生长。根据生长条件可以估计 LPE 样品的厚度，可以用实际测量结果来比较。如某个样品的生长条件为：降温速率 $\beta = 0.05$℃/min，过冷度$\Delta T = 1.5$℃，生长时间 $t = 50$min，这样由式(2.105)可得外延层厚度 $d = 15.7\mu m$。

对这个 LPE 样品进行红外透射光谱测量，可以从干涉峰确定 LPE 薄膜的厚度。图 2.33 为一个 LPE 样品的红外透射光谱的干涉曲线，根据相邻干涉峰位置的波数差$\Delta \nu$，由公式

$$d = (2n\Delta \nu)^{-1} \tag{2.106}$$

可以获得外延层厚度 d。式中 n 是 $Hg_{1-x}Cd_xTe$ 外延层的折射率。图中$\Delta \nu$的平均值 $\overline{\Delta \nu} = 93.8cm^{-1}$，对应的外延层厚为 15.3μm 测量结果与从生长条件估算结果一致。

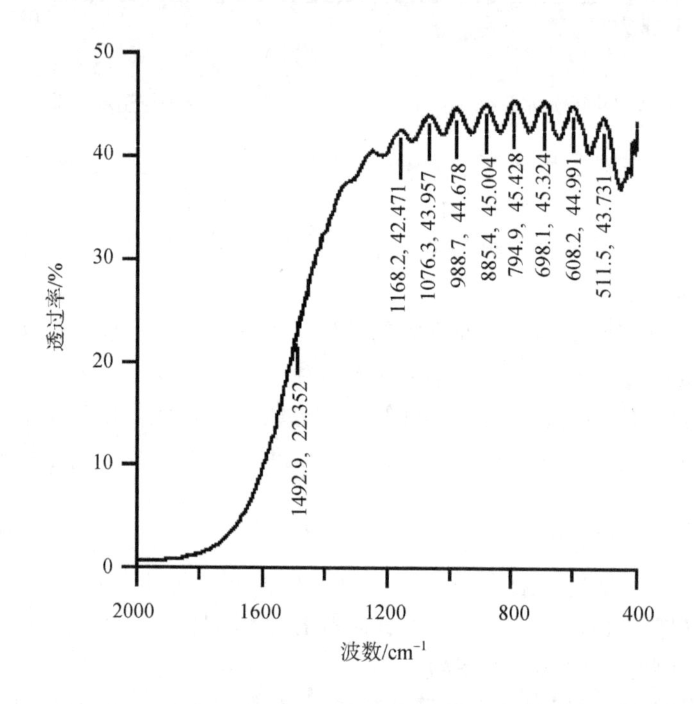

图 2.33　$Hg_{1-x}Cd_xTe$ 液相外延薄膜的红外透射光谱的干涉曲线

第三是母液均匀化问题。在(Hg、Cd)Te 的液相外延过程中，生长溶液的均匀化程度对外延薄膜的影响很大。如果母液没有完全均匀，则设定的液相点温度将会改变，生长外延层的光电性能及均匀性也将变差(Wermke et al.　1992)。因此需要确定母液的熔源温度 T_{hom} 以及在此温度上至少保持的时间 t_{hom}。

检验母液均匀化程度的方法可参照文献(Wermke et al.　1992)。对某一熔源条件，分别采用两种不同的生长温度 T_{d1}、T_{d2} 进行液相外延。如果外延采用分步冷却方式，在式(2.105)中 $\beta = 0$，则不同的生长温度对应的薄膜厚度为

$$d_1 = K(T_L - T_{d1})t^{1/2} \tag{2.107}$$

$$d_2 = K(T_L - T_{d2})t^{1/2} \tag{2.108}$$

当 d_1、d_2 由实验确定后，可得相应的液相线温度 T_L 及参量 K 为

$$T_L = \frac{T_{d1}d_2 - T_{d2}d_1}{d_2 - d_1} \tag{2.109}$$

$$K = \frac{d_2 - d_1}{(T_{d1} - T_{d2})t^{1/2}} \tag{2.110}$$

增加熔源时间 t_{hom}，提高熔源温度 T_{hom}，然后重复以上步骤，可以发现，随着 t_{hom} 及 T_{hom} 的增加，T_L 和 K 值将逐渐增大并趋于饱和。当 T_L 和 K 值不变时，其所对应的 t_{hom} 和 T_{hom} 可认为是最佳熔源条件。

对大溶液垂直浸渍系统的液相外延生长，Winkler 等(1992)发现其熔源时间 t_{hom} 与搅拌频率 f 间有以下关系

$$t_{hom} = 3 \times 10^4 \exp(-0.034f) \tag{2.111}$$

如果在熔源过程中 Hg 压不平衡，则生长溶液中将会有 Hg 原子的挥发或损耗。此时的熔源时间可由下式决定(Djuric et al. 1991)

$$t_{hom} = \frac{4L^2}{\pi^2 D_{Hg}} \ln\left[\frac{4}{(1-k_N)\pi}\right] \tag{2.112}$$

式中：L 为溶液高度；D_{Hg} 为 Hg 原子的扩散系数；k_N 为比例系数；溶液表面的 Hg 原子与底部 Hg 原子的浓度差为 $k_N(N_S - N_B)$；当 $k_N = 0.9$ 时，可认为溶液内部各元素基本达到平衡。这样如果溶液高度 $L = 4\text{mm}$，$D_{Hg} = 5 \times 10^{-5}\text{cm}^2\text{s}^{-1}$，则 $t_{hom} = 55\text{min}$。

第四是过冷度与降温速率问题。过冷度与降温速率是液相外延生长过程中的两个重要参量(Suh et al. 1988, Wan 1987)。过冷度大，生长的原动力就大，但外延生长初期容易出现小岛，导致生长的外延膜高低起伏不均匀；过冷度小，生长原动力也小，不容易生长。降温速率也是一个需要仔细选择的生长参数。研究表明，降温速度与过冷度近似成正比，而与生长层的台阶宽度成反比(Suh et al. 1988, Mullins et al. 1964)。降温速率小则生长速度慢，外延层表面的台阶密度大；但若降温速率过大，则溶液的组分过冷增加，其自发成核概率变大。如果采用金相显微镜观察不同过冷度及降温速率下生长的样品的表面形貌，可以发现过冷度大，降温速率快的样品，其表面夹杂及沉淀物多，而用较小的过冷度及较慢的降温速率生长的样品，表面夹杂少，形貌相较好。

第五是生长过程中搅拌速度问题。对于大溶液(Hg、Cd)Te 液相外延生长系统，搅拌装置是必须的。因为生长过程中的搅拌或衬底旋转不仅有利于溶质混合均匀，还增加了溶液中温度场相对于衬底的对称性(闵乃本 1982)，有利于生长出组分均匀的外延层。搅拌对晶体生长的作用可以用 Burton 的边界层厚度δ的概念来理解(Burton et al. 1953)。Burton 认为，在边界层之外的“大块”溶液中，由于对流的搅拌作用，溶质完全混合均匀。在边界层之内，宏观流动只是平行于界面的层流,扩散是溶质传输的唯一机制。

在实际长晶过程中，总希望边界层厚度δ尽量小。因为δ减小可以改变溶液的过饱和程度,减小生长界面的温度梯度,促使新相在生长界面稳定成核(Scheel et al. 1973)。 边界层厚度δ的大小决定于宏观对流，即决定于搅拌的程度，其与搅拌频率ω的关系为

$$\delta = 1.61 D^{1/3} \gamma^{1/6} \omega^{-1/2} \tag{2.113}$$

式中：D 为扩散系数，γ为溶液的运动黏滞系数。可见，加大晶体旋转频率可以减小边界层的厚度δ。我们知道，对质量较大的 Hg-Cd-Te 溶液，其液相点温度经常漂移(Wan 1986,1987)，因此在 LPE 生长过程中的过冷度很难准确把握。如上所述，溶液的过冷度太大容易引起自发成核，太小则结晶难以发生。衬底旋转能减小边界层厚度，调节溶液的过饱和度，使成核在较大或很小的过冷条件下均能发生(Scheel et al. 1973)，故其在大溶液(Hg,Cd)Te 的液相外延生长中显得特别有意义。

在不同的搅拌速率下生长样品表面组分的分布是不一样的。当搅拌速率为零时，外延薄膜的横向组分均匀性不好，即溶质在生长溶液中的分布不匀；但若搅拌速率太快，外延层组分的横向均匀性也将变差，并有从样品中间向四周减小的趋势。这可能是因为随着搅拌速率的增大，浆片容易偏离质心的位置而使液流运动不稳定，同时高速搅拌产生了较大的离心力，使分子量较大的汞原子趋于向四周分布。另外，搅拌太快会增加溶质的挥发速度。在实际液相外延生长过程中，搅拌速率ω一般选为 15~30rpm，这样生长的外延层组分和厚度都较均匀(Wan et al. 1986, Parker et al. 1988, Hurle 1969)。

第六是衬底问题。衬底的质量对 $Hg_{1-x}Cd_xTe$ 外延层的影响很大。衬底的晶向，衬底本身的杂质、缺陷，衬底清洗过程中的沾污，生长前高温过程中表面对杂质的吸附等，都将影响外延层的表面形貌、组分均匀性及光电性质。表 2.3 列出了 HgTe、CdTe、ZnTe、$Cd_{1-z}Zn_zTe$ 和 $Hg_{1-x}Cd_xTe$ 的一些性质。

CdTe 与 $Cd_{0.96}Zn_{0.04}Te$ 被选用为生长 $Hg_{1-x}Cd_xTe$ 外延层的主要衬底的材料(Nemirovsky et al. 1982, Harman 1979, 1980)。其与 $Hg_{1-x}Cd_xTe$ 之间的化学相容性好，晶格常数基本匹配。

表 2.3　HgTe、CdTe、ZnTe、$Cd_{1-z}Zn_zTe$ 和 $Hg_{1-x}Cd_xTe$ 的一些性质

	晶体结构	晶格常数/Å	熔点/℃	热膨胀系数/K^{-1}	禁带宽度/eV
HgTe	闪锌矿	6.461	673	4.0	−0.3
CdTe	闪锌矿	6.481	1092	4.9	1.6
ZnTe	闪锌矿	6.100	1298	8.3	2.26
$Cd_{1-z}Zn_zTe$	闪锌矿	$6.481-0.381z$		$(4.9+3.4z)\times10^{-6}$	
$Hg_{1-x}Cd_xTe$	闪锌矿	$6.461+0.020x$		$(4.0+0.9x)\times10^{-6}$	

在液相外延过程中，选择(111)面生长，生长前进行预退火处理(Astles et al. 1988)，衬底在与生长溶液接触前用 Bi 溶液原位清洗等(Astles et al. 1987)。另外，还可在 CdTe 或 CdZnTe 衬底上先外延生长一层缓冲层以减少其缺陷密度。Parker 等(1988)系统研究了衬底回熔、衬底夹具，衬底搅拌速率、溶液中温度梯度及生长速率对外延层表面形貌的影响。他们还发现，在正(111)方向的 CdZnTe 衬底上生长的 $Hg_{1-x}Cd_xTe$ 外延薄膜，其表面平坦无特征；当偏角 $0.2°\leqslant\theta\leqslant1.1°$时，生长的外延层中台阶和夹杂物急剧增加；而当偏角$\theta=1.5°$时，外延层表面貌相又变好。Edwall 等(1984)发现，衬底偏离(111)方向 2°时生长的外延层表面比偏 1°的平整，同时又认为，外延层表面形貌主要还是决定于衬底的晶体质量。

2.3.3　不同方式液相外延的比较

从不同生长溶液的生长方法来看，倾斜法是液相外延初期使用的方法，其设备简单，易于操作。缺点是有时溶液和生长晶体表面分离得不完全，并且生长层的厚度和均匀性难以控制。浸渍法可以实现多片外延同时生长，生长结束后母液在重力作用下和晶体表面完全分离，生长层不黏溶液。缺点是不便于进行多层外延生长，而且外延层的厚度也不容易控制。浸渍技术(Wan et al. 1986)虽然可能会使层厚及组分不均匀，但它可以有效地抑制母液粘连问题，故应用也较多。Geibel 等(1986)用浸渍技术实现了多片外延的生长。水平滑动石墨舟生长法适用于单层、双层、单片、多片液相外延生长，用它可以方便地形成 $Hg_{1-x}Cd_xTe$ 薄膜的双层异质结构,缺点是母液粘连问题有时依然存在。

$Hg_{1-x}Cd_xTe$ 薄膜的富 Te 溶液生长比较普遍。Cd 和 Hg 在 Te 溶剂中有相当高的溶解度(Tung et al. 1981a)，且 $Hg_{1-x}Cd_xTe$ 溶体上的 Hg 分压较小(Schwartz et al. 1981, Tung et al. 1981b)。国际上有许多家公司均用富 Te 溶液进行 $Hg_{1-x}Cd_xTe$ 薄膜的 LPE 外延生长，并已制成了高性能的器件。

用富 Te 溶液进行 $Hg_{1-x}Cd_xTe$ 薄膜的 LPE 生长必须注意几个问题：一是汞压的控制。为了保证外延组分均匀，外延生长的重复性和均匀性，必须在生长过程中保证恒定的汞压(Bowers et al. 1980)。封管 LPE 生长是一种有效的保持组分压力平衡的方法(Mroczkowski et al. 1981)。然而其生长效率较底，因为每次生长前都

要封装石英管。目前，对开管 LPE 中汞压的控制问题已经有了较为圆满的解决。Wang 等(1980)用高压填充气体(Ar、H_2)来控制生长溶液中的汞损失，他们还首次用液相外延薄膜制得了第一只背光照 $Hg_{1-x}Cd_xTe$ 异质结二极管，外延片面积为 $6cm^2$(Lanir 1979)。Harman 等(1981)用一个附加的汞源来控制溶液中的汞挥发或吸收。纯汞源的温度取决于 $Hg_{1-x}Cd_xTe$ 溶液的组成和生长温度。系统间必须连接紧密，以保证生长溶液的汞压为一恒定值。Chiang 等(1988)设计了一种名为 TAC 的附加装置，在水平滑动舟上固定一个有两臂的球形管(内装有约 0.5 克液汞)，其控制温度独立可调，用以平衡汞压。CdTe 源片则用以保证溶液饱和。溶液中汞的补充与挥发都是在瞬态内完成，从而保证了生长过程中汞压的平衡。除了用液汞外，也可以用固态源 HgTe 来补偿溶液中的汞损失。在水平滑动舟系统中，HgTe 可以直接加入生长溶液中(Nagahama et al. 1984)，也可以放在紧邻生长溶液之处(Tranchart et al. 1985)。这种方法设计很简单，但要注意防止石墨舟与封盖之间空隙所造成的汞泄漏。第二个问题是要防止母液粘连在薄膜表面。Te 的表面张力约为 177dyn/cm(500℃)。以水平方式生长时，溶液将会流向不希望生长的地方；生长结束后的溶液也难以清除，母液与外延层粘连。粘连的液滴在冷却时，由于和 $Hg_{1-x}Cd_xTe$ 薄膜的热应力不同，会导致位错和缺陷(Castro et al. 1988)。减少母液粘连的关键是选择合理的晶体生长条件，以增进外延层的平整度。适合这一目的的温度范围是很窄的。因此，生长热过程的控制不仅是过冷条件生长的必要，也是保证生长结束时母液与外延层的完全分离。鉴于垂直和倾翻系统中母液粘连情况较弱，Wan(1986)设计了一种竖直进(出)片，水平生长的系统。衬底的降下和升起都是在竖直方向，而生长则在水平方向，生长过程中叶片的不断搅拌，保证了组分和厚度的均匀性。陈新强等(1993)等设计了一个衬底平面可垂直浸入和离开母液、但是能够水平生长的结构(图 2.34、图 2.35)。

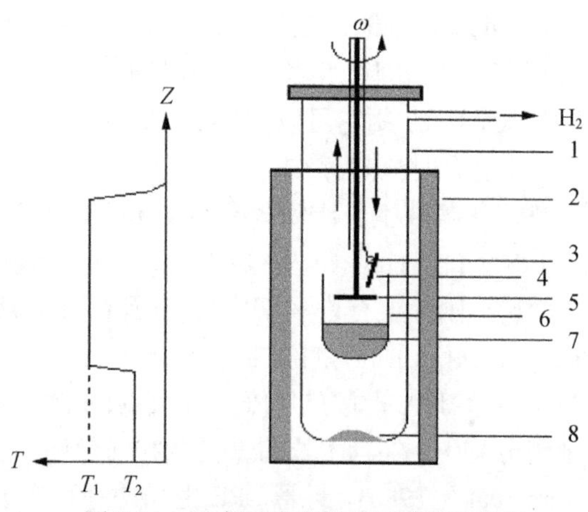

图 2.34 垂直浸渍液相外延系统示意图

1. 石英管; 2. 加热炉; 3. 铰接; 4. 衬底夹具; 5. 搅拌浆; 6. 母液坩埚; 7. 生长溶液; 8. 汞源

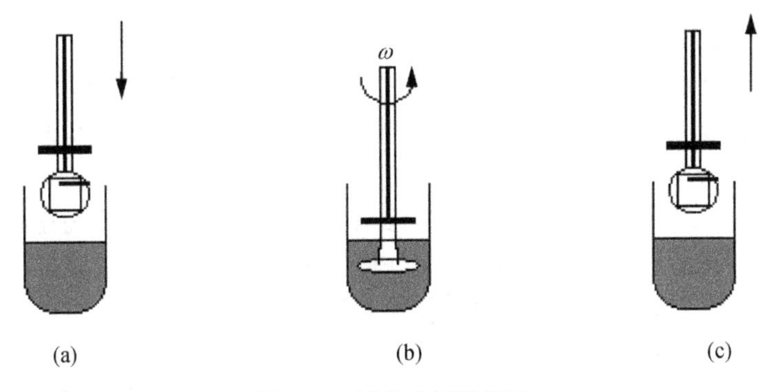

图 2.35　衬底支架的设计

(a) 生长前，垂直进入母液；(b) 水平方向的外延生长；(c) 生长结束，竖直离开母液

从富 Hg 溶液中外延生长 $Hg_{1-x}Cd_xTe$ 薄膜的困难是生长过程中汞压过高($\geqslant$ 10atm)，Cd 在 Hg 液中的溶解度很小($\leqslant 10^{-3}$ mol %)。因此，用有限溶液生长 $Hg_{1-x}Cd_xTe$ 薄膜的结果不理想(Bowers et al.　1980)。富 Hg 溶液外延生长 $Hg_{1-x}Cd_xTe$ 薄膜的优点是(Tung et al.　1987, Berry et al.　1986)：不存在母液粘连的问题；由于使用了纯汞源，杂质可以减少到最小；CdTe 衬底的回熔过程很慢，且易于控制，界面清晰，适于多层薄膜生长；不需要退火处理，便可形成 n 型或 p 型外延片；溶液可以保持很久，反复使用而其均匀性不变。Tung 等(1987)用无限溶液的垂直液相外延系统(VLPE)，从富 Hg 溶液中生长出了高质量的外延薄膜。无限溶液意味着温度和组分保持恒定的大溶液($M \geqslant 2$kg)，过高的汞压由系统的巧妙设计解决。计算机精确控制炉温，使之产生一个陡峭的温度梯度。过饱和溶液汽化后在其上方将受冷回流，回流界面处的气压由过量 H_2 平衡。这样，平衡的 H_2 和陡峭的温度梯度组成了一个可变的薄膜层，溶液在此气氛中不会分解，而易挥发的杂质则被清除。LPE 生长舟设置在促动器的顶端，并加一封盖以避免非生长过程中汞蒸气对衬底的侵蚀。炉体平时保持在一定温度以使溶液饱和。用这种方法可以生长出掺杂或不掺杂的 $Hg_{1-x}Cd_xTe$ 外延层(Tung　1988, Kalisher et al.　1994)。

从富 HgTe 溶液生长，可得组分均匀的外延层，并能根据需要，生长出具有不同载流子浓度的 n 型或 p 型外延层。但由于生长时衬底温度高，导致 Hg 互扩散增大(Brown et al.　1982)，使界面不清晰，界面层将达 20μm。一般说来，用富 HgTe 溶液生长这种方法，与被认为是永久适用的体材料生长法比较起来，没有什么优点。

2.3.4　影响 $Hg_{1-x}Cd_xTe$ 液相外延层质量的几个因素

生长工艺是能否得到高质量、大面积 $Hg_{1-x}Cd_xTe$ 外延薄膜的关键之一。据此，许多研究工作者在相图理论指导下，结合各自的外延生长方法和装置，对$Hg_{1-x}Cd_xTe$液相外延生长工艺作了大量的研究。

Suh 等(1988)研究了 $Hg_{1-x}Cd_xTe$ 薄膜表面形貌与溶液冷却速率的关系。随着冷却速率的增大，提高了溶液的过冷度，使表面台阶的宽度与冷却速率成反比。组分的纵向分布均匀性，不受冷却速率的影响。Takami 等(1992)研究了生长溶液均匀化温度和生长温度与表面平整度的关系。结果表明，随着均匀化温度提高，母液中汞蒸发导致生长溶液组分变化，并使生长溶液的饱和温度降低。由于生长母液不饱和，衬底过度回熔，导致生长界面处溶液不均匀，破坏了外延层的组分均匀性。同样的，在较高温度生长，也由于衬底过度回熔，使表面平整度和组分均匀性变差。母液均匀温度低，则不能使液相组分得到充分均匀，而生长温度低，导致溶液过冷，外延生长速度加快，也会破坏外延层的表面平整和组分均匀。他们得到的最佳均匀和生长温度均在480~500℃之间。

原生的富Te溶液生长的$Hg_{1-x}Cd_xTe$液相外延薄膜由于Hg空位较多，都表现为强p型，但实际红外器件需要的是弱p型或n型样品。由Vydyanath(1981, 1989)提出的缺陷模型可知，$Hg_{1-x}Cd_xTe$材料的导电类型是主要是由Hg空位，施主杂质，受主杂质等决定的。这就要求用退火或掺杂的方法来改变薄膜的电学特性。

退火方式有开管和封管之分，既可在富Hg或富Te中进行，也有在真空中进行。退火对材料中的本征缺陷(金属空位和间隙原子)、杂质分布、杂质激活、p-n结形成和位错分布均有影响。但是，退火通常是为了减少本征金属空位浓度激活杂质。Vydyanath(1989)和 Hiner 对富 Te 溶液生长的 $Hg_{1-x}Cd_xTe$ 液相外延薄膜($x \approx 0.2$)，在150~400℃，Hg和Te气氛中退火，发现平衡缺陷能级与体材料相当，样品退火后呈n型，$n \approx 6 \times 10^{14} cm^{-3}$，并认为这是由杂质而不是本征缺陷引起的。Brice 等(1994)报道了 p 型 $Hg_{1-x}Cd_xTe(x = 0.2 \sim 0.4)$液相外延薄膜($p = 2 \times 10^{18} \sim 2 \times 10^{16}$)，Hg气氛退火后呈n型，$n = (5 \sim 50) \times 10^{14} cm^{-3}$。在真空状态中，Destefanis(1988)研究了退火对强p、弱p和n型$Hg_{1-x}Cd_xTe$外延薄膜的影响，发现退火温度决定受主载流子浓度，因此通过退火温度，可控制p型样品的强弱，并用短程重排为主长程扩散为辅的机理来解释。Astles 等(1988)认为，Hg 气氛中等温退火本身就是一种提纯过程，如退火使I属元素从外延层扩散至表面。Chandia 等(1991)则用一种两步退火工艺，初始在高温退火，去除位错，随后在低温退火，使 p 型转变为n型。在最佳条件下，能将样品中位错密度降低到小于衬底中的位错密度。Nouruzi-Khorasani 等(1989)发现，在250℃退火，将展宽位错网络，把位错推向衬底。Koppel 等(1989)在原生的 p 型 LPE 外延层上蒸发一层 In 膜(1000Å)后，进行退火处理，获得了高迁移率的薄膜材料。一般说来，为了得到弱p型样品，需要较高的Hg源温度(>350℃)退火；而n型样品则要在较低的Hg源温度下(<300 ℃)退火得到。

用退火方法得到的弱p型或n型$Hg_{1-x}Cd_xTe$外延薄膜，其迁移率一般不太高。另外Hg原子空位使材料不稳定(Cheng 1985, Schaaka et al. 1985)，扩散过程中Hg原子空位的浓度不易控制，伴随深能级存在的Hg原子空位影响了材料的少子寿命(Jones et al. 1985)等。因此现在大多采用掺杂的方法以改变薄膜的电学特性。常用的p型掺杂剂有Cu、Sb等，n型掺杂剂In、Al等(Vydyanath et al. 1987, Harman 1993, Astles et al. 1993)。

对外延生长来说，源材料的纯度，衬底中的杂质含量，清洗工艺，生长系统等都可能在外延过程中引入杂质。在液相外延过程中，杂质行为主要是：①杂质的类型及分布将严重影响薄膜的电学性能，如载流子浓度和导电类型(Capper 1991)；②外延层中的杂质以Li、Na、Si、Cl、K为主；Li和Na在退火过程中将减少；③为了防止杂质扩散，衬底和用以生长的衬底表面必须有同样的杂质浓度；④在退火过程中，某些杂质(特别是Li、Na)会在表面及界面处富集。增加退火温度(从350℃~400℃)，退火时间(从4~6h)，发现表面处的杂质比界面处多得多，说明表面的吸附作用更强。为了减少杂质影响，除了纯化原料外，还可以采用Bi溶液原位清洗(Astles et al. 1987)，杂质吸附(在原生外延层表面用离子束注入Ar^{++}可以增加表面的吸附作用(Parthier et al. 1991))，低温外延生长(Chiang 1989)及生长缓冲层等措施。

2.4 分子束外延薄膜生长

1981年，J. P. Faurie(Faurie 1981)首次利用分子束外延方法，生长出HgCdTe薄膜，经过此后多年的努力，HgCdTe分子束外延生长技术日趋完善(Arias et al. 1993, 1994a, Brill et al. 2001, Yuan et al. 1991, He et al. 1998, 2000)。Wu等(Wu et al. 1993, Lyon et al. 1996)和Sivananthan等(Brill 2001)探索了在Si衬底上MBE生长的HgCdTe薄膜。最近Varesi等(2001)等在4英寸Si衬底上用MBE方法先制备ZnTe和CdTe过渡层，再生长In掺杂的HgCdTe层，表面生长CdTe钝化层，用这一结构制备了640×480元红外焦平面列阵。本节简要讨论窄禁带半导体碲镉汞分子束外延的原理、生长过程、检测方法和几个关键问题和技术，并介绍当前的发展情况。

2.4.1 分子束外延生长过程

分子束外延方法制备薄膜需要专门的设备。分子束外延(MBE)实验设备一般包括生长室，过渡室，进样室等三部分。进样室主要用于衬底的预除气以及样品的取放，它用一台离子泵抽真空，压强可达10^{-10}Torr。过渡室装有四极质谱仪，用于残余气体成分的分析，在使用系统前，整个系统设备经过长时间的烘烤，需用四极质谱仪分析气体成分，确保符合生长要求，过渡室也用一台离子泵抽真空，压强可达10^{-10}Torr。生长室是系统的核心，它的装置如图2.36所示，生长室内有束源炉、冷却系统、样品架、衬底加热装置、检测系统以及控制系统。

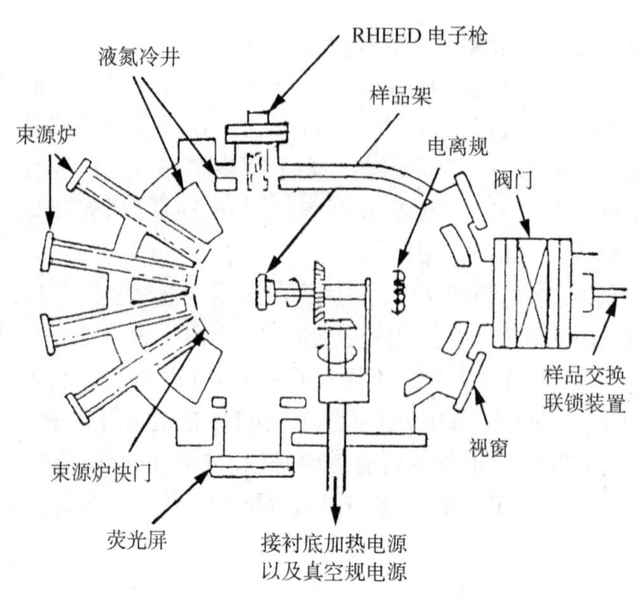

图 2.36　MBE 32P 生长室的装置

生长室的真空用低温泵和冷阱来维持，生长时压强保持 10^{-7}Torr 的水平，样品架的对面装有辐射测温仪用的窗口，在腔体的两侧与衬底法线方向呈 70 度角的位置，装有两个无应力石英窗口，用于安装椭偏仪的出光部件和测光部件。样品架具有旋转机构，其中心位置装有测温热电偶。在 MCT 生长中，Hg 源需要特殊对待，一般要安装特别设计的 Hg 源装置，可做到生长时将 Hg 源压入炉内加热，在生长结束时，将 Hg 源放回装置内。生长所用的原材料为高纯的 Hg(7N)、Te_2(7N)、CdTe(7N)。超高真空环境结合高纯源材料，保障了材料杂质含量较少。

在超高真空条件下加热束源炉就产生分子束，由比例-积分-微分控制器(PID)可以精确的控制束源炉的温度。束源炉的温度决定了分子束流的强度。如果束源炉口平面法线方向与衬底法线方向一致，束流在衬底表面中心点 A 的强度为(Herman et al.　1996)

$$I_A = 1.118\times10^{22}\frac{pA_e}{r_A^2\sqrt{MT}}(分子\cdot \mathrm{cm}^{-2}\cdot \mathrm{s}^{-1})$$

式中：p 为蒸气压，A_e 为束源炉口的面积，r_A 为衬底中心与束源炉口的距离，M 为分子量，T 为束源炉温度。在衬底表面偏离中心的 B 点，束流强度 I_B 为

$$I_B = I_A\cos^4\theta$$

式中：θ 是从束源炉口中心到 B 点的方向与到 A 点的方向的夹角。如果束源炉口法线方向与衬底法向方向不一致，倾斜角度为 ϕ，于是在衬底中心点 A 和偏离中心点 B 的束流强度分别为

$$I_A' = I_A \cos\phi$$

$$I_B' = I_A \frac{r_A^2}{r_B^2} \cos\theta \cdot \cos(\theta + \phi)$$

以上是理想情况，实际上束流分布还与坩埚的几何形状，如口径、锥度、液面与炉口的距离等因素有关。

MBE 生长 HgCdTe 外延层是用分开的高纯 CdTe 源、Te 源、Hg 源进行生长的，Te 源以二聚体的形式存在，它在表面上的分解决定了生长薄膜的化学配比的低温极限；CdTe 源受热按下式分解

$$\mathrm{CdTe}(s) \rightarrow \mathrm{Cd}(g) + \frac{1}{2}\mathrm{Te}_2(g) \tag{2.114}$$

一般情况下其产生的束流比为 $J_{\mathrm{Te}_2} / J_{\mathrm{Cd}} = 0.5$，并且和时间无关。HgCdTe 的组分 x 由衬底温度以及 CdTe 与 Te_2 源的束流比决定，x 一般可用下式表示

$$x = \frac{K_{\mathrm{CdTe}}(T_\mathrm{m}) \times J_{\mathrm{CdTe}}}{2 \times K_{\mathrm{Te}_2}(T_\mathrm{m}) \times J_{\mathrm{Te}_2} \times K_{\mathrm{CdTe}}(T_\mathrm{m}) \times J_{\mathrm{CdTe}}} \tag{2.115}$$

式中：$K_{\mathrm{CdTe}}(T_\mathrm{m})$、$K_{\mathrm{Te}_2}(T_\mathrm{m})$ 分别是 CdTe 和 Te_2 在衬底温度 T_m 时的黏附系数，考虑到生长面为 B 面(即阴离子面)和低温生长(T_m<200℃)，一般可认为它们的黏附系数为 1；Hg 对组分的影响较小，但 Hg 源的不稳定会造成外延膜纵向组分的不均匀，会影响薄膜表面的质量，外延生长时 Hg 和 Te 的束流比控制在 110 倍左右。

MBE 生长 HgCdTe 工艺的流程按时间顺序主要可分为三个部分：衬底的处理，生长过程的控制，后道工艺。每一部分又由许多道工序组成，例如在衬底处理工艺中，包括了衬底的选片、抛光、清洗、腐蚀、装片、预除气等环节。在生长过程中主要包括对衬底高温脱氧过程、衬底温度控制、源的束流控制等；在后面工艺中包括取法、退火工艺等。这些道工序构成了一个完整的 MBE 生长过程，其中的某一道工序发生问题都会对整个生长过程带来不同程度的影响。因此，为保证生长工艺的稳定，每一道工序必须按着工艺流程标准进行。标准的工艺流程是经过大量的对比实验确定下来的，具有相对的稳定性。例如，为了确定标准的衬底制备工艺，可以利用椭偏仪进行监测处理过程，得到可靠数据，再对生长出的材料表面进行显微镜观察，对照处理条件来确定衬底制备工艺。同样，对于生长中的脱氧工艺，我们利用 RHEED 对数十次脱氧过程的观察分析，总结出不同规格衬底脱氧温度和脱氧时间的标准控制程序，即使不用 RHEED 也可以保证脱氧的准确进行。

在分子束外延生长中，其生长过程中包括：组成原子和分子的吸附，吸附分子的表面迁移和解吸，原子与衬底结合、成核和生长。原子和分子吸附能力大小可用吸附系数表示。一般地，在一定的温度范围内，温度升高，吸附系数下降。

在二元化合物的 MBE 生长过程中，如 GaAs 生长过程，吸附过程主要由阴离子 As 来控制；生长速率则由阳离子 Ga 的束流决定。对于像 HgCdTe 这样的三元化合物的生长，情况复杂得多(Smith et al. 1975)。

在 MBE 的生长中，控温过程包括控制束源炉温度以及衬底温度的过程。一般情况下，CdTe、Hg、Te 束源炉的温度分别为 500℃、100℃、390℃左右，生长 CdTe 的衬底温度为 280℃左右，生长 HgCdTe 的衬底温度为 180℃左右。束源炉的温度可以准确地控制，使束源炉发出的分子束保持稳定。然而，对衬底温度的控制却比较难，这主要因为生长过程是一个动态过程，某一时刻的辐射能量损失，并不能马上补偿，使之达到平衡。

由于 MBE 生长是一种远离平衡态的生长，其生长过程主要由分子束流和晶体表面的反应动力学控制，在衬底选定的情况下(即衬底材料、晶向及偏角)，HgCdTe 的生长速率主要取决于衬底温度，极限真空及各束源的束流大小。

衬底材料可以选用 CdZnTe 或者 GaAs。如衬底材料用半绝缘 2 英寸*(211)BgaAs，其位错密度要求小于 $5\times10^4\mathrm{cm}^{-2}$。衬底首先经过有机溶剂的超声清洗，去掉表面的油渍；再经过大量高纯去离子水冲洗，浓 H_2SO_4 脱水；然后用 H_2SO_4∶H_2O_2∶H_2O = 5∶1∶1 溶液腐蚀 3 分钟，再用 HCl 腐蚀 1 分钟，用 In 粘在钼块上，接着在 N_2 气保护下装入进样室。衬底晶面的不同取向对长晶也有很大影响。在台阶较少的(001)上外延时，Hg 的黏附系数较小，需要大的 J_{Hg}/J_{Te_2} 比，很难获得本征 p 型 MCT 外延层；(111)面虽然台阶较多，可以提高生长速率，但由于它具有相容趋势，容易出现微孪晶；而在适当的条件下，(211) B 面不但具有高的台阶密度，生长速率快，还能抑制孪晶和微缺陷的产生，是目前 MCT 分子束外延最为理想的晶面取向。

对传入生长室的衬底进行高温脱氧，利用反射式高能电子衍射(RHEED)监测脱氧过程，脱氧温度控制的好坏直接影响外延层的晶体质量。接着生长 4~6μm 的 CdTe 缓冲层以降低 HgCdTe 和 GaAs 的晶格失配，然后可进行 HgCdTe 的生长，在生长过程中可利用 RHEED、红外测温仪、椭偏仪对 HgCdTe 的组分进行监测。

在 MCT(211)生长过程中，通过改变生长温度和 Hg/Te 的束流比来影响化学计量比，实现 n 型或 p 型材料。通常在较低的生长温度得到的材料为 n 型导电，77K 温度下的载流子浓度可达 $5\times10^{14}\mathrm{cm}^{-3}$ 左右，也可以在生长过程中进行原位掺杂。在 p 型掺杂中，作为杂质掺杂的 As 表现出两性掺杂行为，在富 Te 的条件下生长，As 有很大的概率进入到阳离子位置处，为了克服这种情况的发生，采取了 CdTe/HgTe 超晶格结构，现在通过调制掺杂和直接掺杂两种方法已经获得 10^{16}~$10^{18}\mathrm{cm}^{-3}$ 掺杂水平的 p 型材料。需要不断地调整生长条件使得材料的参数相对变化较小。HgCdTe 的组分是个很难控制的参数，对它的控制是通过调整 Cd 和

---

* 1 英寸 = 2.54cm，后同。

Te 的束流比值来完成，使组分控制在容许的范围。在生长过程中另一较难控制的参数是衬底的温度，采用红外测温仪可以对 HgCdTe 表面温度进行监测，根据红外辐射的原理分析表面温度的变化趋势，可以很好地控制温度。

MBE 生长工艺的诸多环节中，生长过程中组分和衬底温度是两个关键的控制参数。分子束外延 MCT 的生长温度范围比较窄，大约在 10℃左右。生长温度较低的情况下，由于 Hg 的黏附系数随温度降低而增加，过量的 Hg 黏附在表面上，由此形成的微孪晶很容易在 RHEED 图像上看到，这种条件生长出的材料，其缺陷密度在 10^6~10^7cm^{-2}。如果生长温度较高，就会产生因缺 Hg 而形成的空洞缺陷。因此，生长温度是分子束外延 MCT 的一个重要参数，不少实验室在原有背面热电偶控温的基础上，又增加了红外辐射测温仪，使得控温能力进一步增强。对组分的控制是通过调整 CdTe 束源炉的温度实现的，这种对组分的控制只能通过测量长好材料的组分反过来调整 CdTe 束源炉的温度来实现，对于多层组分不同的异质结的生长，第一层的组分可以准确得到，其他层的组分则很难控制。为做到实时地监控 HgCdTe 生长过程中的组分，引入必要的测量手段对生长过程进行监测是非常必要的。在各种外延技术中，MBE 是唯一可以利用多种技术对生长过程进行研究和控制的薄膜生长技术。各种监测设备安装在超高真空系统上，可以对材料进行诸如表面物理学、生长动力学等方面的研究，从多个角度了解材料的各种性质。在现代多腔体的 MBE 系统上，装有许多表面分析设备，比较常见的包括：用来研究表面晶体结构的高能电子衍射(RHEED)；用来确定衬底和外延层化学成分并对结构的化学成分进行深度分析的俄歇电子谱(AES)；可对生长结构的最外原子层的化学成分进行分析，对大多数元素有较高灵敏度和质量分辨率的二次离子谱(SIMS)；研究外延层的电子结构以及异质界面的能带分布情况的 X 光电子谱(XPS)和角分辨紫外光电子谱(UPS)等。在这些分析手段中，除了 RHEED、UPS 可在材料的生长过程中同时进行测量之外，其他测量过程则是在生长停止后进行的。现在，人们又发展了一种可在材料的生长过程中同时进行测量的技术，即椭圆偏振技术，其设备可以很容易地安装在系统上，和 RHEED 一样对分子束的入射不会产生影响，利用它可以直接获得生长过程中的许多信息。

2.4.2 反射式高能电子衍射原位检测技术(RHEED)

高能电子衍射是 MBE 生长过程中一个最基本的检测手段，利用它可以对晶体生长动力学和表面结构进行研究，一是研究 RHEED 图像中衍射条纹的位置和形状，从中可以了解材料表面再构形态；二是研究观察 RHEED 图像强度振荡情况。因为在生长过程中，RHEED 图像强度和形状的变化反映了晶体生长的动力学过程，通过观察这一现象就可以对 MBE 生长机理以及动力学问题进行研究。

在 RHEED 检测材料生长过程中，入射电子的能量一般在 0~40KeV 左右，相应的电子德布罗意波长在 0.17~0.06Å 左右，远小于晶格的原子间距，当入射电子以掠角($0 < \alpha < 5$)入射到样品上，样品的晶格排列对它起到衍射光栅的作用，这样在一定方向上便会出现衍射花样，这便是 RHEED 图样，电子衍射强度的变化与晶格结构及方向有关。按照衍射理论，在满足 Laue 方程的方向上，电子的衍射强度出现极值，由于入射电子掠射晶体表面，其在垂直于晶体表面的方向上，动量很小，相应的能量，只有几十电子伏特，电子只能进入晶体内几个原子层的厚度，从而反映出表面附近的信息。一般利用倒格子空间的 Ewald 球可以说明 RHEED 图样，如图 2.37 所示。K_0 为入射电子的波矢，它从 C 点指向 O 点，$[CO] = K_0 = 2\pi/\lambda$。$O$ 点是任意一个倒易点阵，以 C 点为球心，以 K_0 为半径作一个球，即 Ewald 球。这个球与倒易点阵中任何其他阵点相截，就形成一个衍射束。对于平整的表面，衍射晶格可看作是一个二维原子网格，倒空间的第三维便没有限制，在倒空间上便形成垂直于晶体表面的倒易杆，倒易杆与 E 球交点与 C 连线方向上满足 Laue 方程，因而是衍射亮斑出现的方向，由于电子的背散射很弱，其弹性散射方向主要在前进方向，因而在电子前进方向附近放上荧光屏，就能看到 RHEED 衍射图像。衍射线束的方向是 $\boldsymbol{K}' = \boldsymbol{K} + \boldsymbol{G}$，$\boldsymbol{G}$ 是倒格矢。

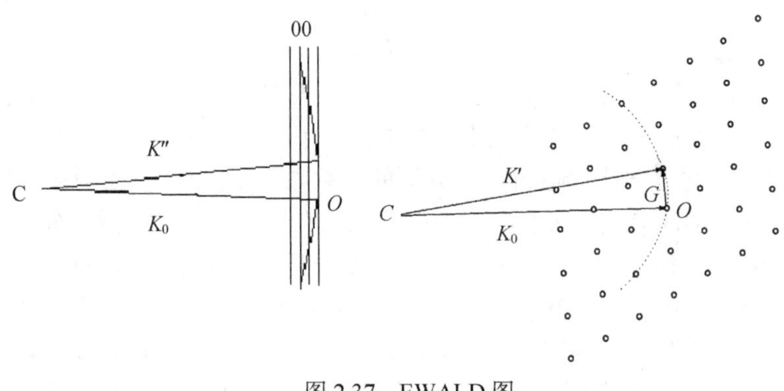

图 2.37　EWALD 图

入射的电子能量在 5KeV~10KeV 之间，其 Ewald 球半径 K_0 在 36~105Å^{-1}，如果晶格常数取 6Å，倒易杆点阵间距 $2\pi/a = 1$Å，显然 Ewald 球半径远大于倒易杆间距，结果，在倒易杆方向上，倒易杆与 Ewald 球相交成长线，又由于晶格的热振动、入射电子非准直非单色等原因，使得倒易杆并不是绝对的线条，而是有一定直径的棒，在 Ewald 球壳的交叠部分有一定的体积，从而使 RHEED 图样呈一定亮度的条纹。

理想的倒易杆是一条真正的一维杆，如果在晶体表面的某一方向出现了偏离有序现象，则在这一方向上有序区域的平均长度要受到限制，倒易杆在这个方向上将变得模糊起来，因此，RHEED 图像还可以反映出晶格表面的缺陷，如果晶体表面结构中存在孪晶，我们可以想像倒空间由两套点阵组成，RHEED 图样出现双重斑点；如果晶体表面出现多晶结构，倒空间的点阵套数将非常大，RHEED 图样出现所谓的“多晶环”。可以看出生长过程中的三个阶段。①CdTe 源打开几秒钟后，GaAs(211)B 衬底的晶格点阵消失，此时 RHEED 图样为点状，呈三维生长模式，晶体表面不平整；②外延生长 10 分钟后，RHEED 图样变为直线，此时晶格呈二维生长；③开始生长 HgCdTe 后，RHEED 图样拉成细直线。

2.4.3 生长温度的监控

对 HgCdTe MBE 生长的控制，完全是通过控制 Hg、CdTe、Te 源炉以及衬底的温度来实现的，这些温度的稳定性对于 MCT 的组分和晶体质量起着重要的作用，在这些温度控制中，衬底的温度是个十分关键控制的参数。王善力、何力(王善力 1996)等利用辐射原理对外延表面辐射情况以及红外辐射测温仪测得的温度进行研究，讨论衬底温度的控制问题，找到温度的变化规律，提高了控温能力。

在 HgCdTe MBE 生长过程中，温度的变化对晶体质量也会产生很大的影响，生长温度过高，使得 Hg 的黏附系数变小，大部分 Hg 原子脱附，和 Te 原子的结合概率变小，在结构中产生多余的 Te 原子，易形成多晶；生长温度过低时，表面多余的 Hg 和 Te 原子会形成另一套格子，形成孪晶结构，影响器件的性能。另外，衬底温度改变，原子的黏附系数随之改变，使得材料的化学配比必然发生变化，HgCdTe 的组分就会波动，造成材料的纵向组分不均匀。 因此，HgCdTe 的衬底温度是影响材料生长的重要参数。

通常的 MBE 衬底温度的控制都是通过热电偶测得的电信号反馈到控温仪，由控温仪来控制加热丝的电压或电流，达到控温的目的。一般情况，热电偶放在样品头中心位置，它和钼块的接触方式分为旋转和非旋转两种。在旋转方式的控温中，热电偶和钼块之间留有一定的空间，保证钼块转动时，碰不到热电偶，由于钼块和热电偶不接触，因此，热电偶测得的温度与钼块的实际温度有一定的偏差。在非旋转方式的控温中，为了保证钼块和热电偶能更好的接触，常用低熔点的镓做导热物把两者联系起来，使热电偶直接和钼块相接触测量钼块的温度。尽管热电偶和钼块接触上，但测得的温度也不是衬底表面的温度。

为了真正获得衬底表面的温度，达到控制表面温度的目的，需要采用非接触式测温方法，即利用辐射测温仪来测量衬底温度，特别适用于旋转衬底的生长测温。辐射测温仪分为许多种类，有全波辐射测温仪、部分辐射测温仪、比色测温仪和热像仪等。各种测温仪测量原理存在着差别。例如，全波或部分辐射测温仪测量的辐射量分别是整个波段范围或部分波段范围的辐射量；而比色测温仪则是根据热辐射体在两个或两个以上波长的光谱辐射亮度之比与温度之间的函数关系来测量温度。现在大多数 MBE 系统，在衬底对面的腔体上，都留有一个窗口，用于安装红外辐射测温仪。

在 III-V 族 MBE 生长中，可利用辐射测温仪研究衬底温度的变化情况，主要是要改善辐射测温仪的准确性和可靠性，例如要考虑如何减轻窗口污染引起的测温误差问题；可利用多波段技术来自动测量和调整辐射量的变化等。在 HgCdTe MBE 的生长中利用辐射仪测温遇到的问题与 III-V 族 MBE 生长测温遇到的问题类似，同样存在窗口污染、辐射仪可靠性、表面辐射量变化等问题，其解决的方法与 III-V 族 MBE 生长处理的方法相似(Bevan et al. 1996)。由于红外辐射信号与材料种类、结构参数有十分复杂的相关关系，王善力(1996)等利用计算机模拟的方法对此进行了研究分析。并对外延层温度测量进行了深入研究。

这里先简要看一下红外辐射测温原理。黑体辐射原理告诉我们，处于温度 T 的黑体其辐射光谱 $M_b(T,\lambda)$的分布可以用普朗克公式表示

$$M_{\mathrm{b}}(T,\lambda)=\frac{2\pi hc^2}{\lambda^5\left(\exp\left(\frac{hc}{\lambda k_{\mathrm{B}}T}\right)-1\right)} \tag{2.116}$$

对于所有波长的积分就得到全波段范围内的辐射强度 $M(T)$，表示单位面积上的辐射功率

$$M(T)=\int_0^\infty M_{\mathrm{b}}(T,\lambda)\mathrm{d}\lambda \tag{2.117}$$

黑体的全波段辐射强度与温度的关系满足 Stefan-Boltzman 定律

$$M(T)=\sigma T^4 \tag{2.118}$$

σ是 Stefan-Boltzman 常数为 $5.67\times10^{-8}\mathrm{Wm^{-2}K^{-4}}$。辐射光谱的峰值波长随温度变化而移动，可用 Wien 位移定律表示

$$\lambda_{\mathrm{p}}T=常数 \tag{2.119}$$

λ_p 对应于辐射光谱 $M(T,\lambda)$峰值的波长。温度升高时，峰值波长向短波方向移动。

理想黑体的辐射强度 $M_b(T,\lambda)$只和波长λ、温度 T 有关。一般物体的辐射强度除了与温度和波长有关以外，还与物体本身的性质有关。有些物体的辐射强度接近理想黑体，有些则相差很大。“接近”的程度，可以用比辐射率或发射率来表达，定义为该物体的辐射强度 $M(T,\lambda)$和同一温度的黑体辐射强度 $M_b(T,\lambda)$的比值 $\varepsilon(\lambda,T)$为

$$\varepsilon(\lambda,T)=\frac{M(\lambda,T)}{M_{\mathrm{b}}(\lambda,T)} \tag{2.120}$$

关于材料吸收能力和发射能力的关系，早在 1859 年 Kirchhoff 在研究热辐射时已经指出：材料的吸收率 $A(\lambda,T)$ 必须等于其发射率

$$\varepsilon(\lambda,T)=A(\lambda,T) \tag{2.121}$$

吸收本领强的物体必然发射本领也强。对于黑体来讲，其发射率$\varepsilon=$吸收率$A=1$，反射率和透过率为零。根据能量守恒原理，物体的吸收率A、反射率R和透过率T之间有关系

$$R+A+T=1 \tag{2.122}$$

如果在物体表面存在覆盖层，相当于在衬底上存在外延层，其辐射情况较为复杂。假定外延层的表面温度为T_s，厚度为d，其对某一波长的辐射的透过率，反射率，吸收率分别为$T(d,\lambda,T_s)$、$R(d,\lambda,T_s)$、$A(d,\lambda,T_s)$。它发出的辐射出度和其表面发射率ε_m有关，假设不考虑表面状况对ε_m的影响，表面发射率可看成是波长和温度的函数，$\varepsilon_m=\varepsilon_m(\lambda,T_s)$。那么MBE外延层自身的辐射度为

$$M_{MBE}(\lambda,T_{MBE})=M_b(\lambda,T_{MBE})\varepsilon_m(\lambda,T_{MBE})=M_b(\lambda,T_{MBE})A(d,\lambda,T_{MBE}) \tag{2.123}$$

除了外延层自身的辐射以外。衬底的辐射也将穿过外延层向外辐射。如果衬底的温度为T_{sb}，它的辐射$M_{sb}(T_{sb},\lambda)$照到该外延层上，那么，透过外延层后的辐射强度为$M'_{sb}(d,\lambda,T_{MBE},T_{sb})$

$$M'_{sb}(d,\lambda,T_{MBE},T_{sb})=T(d,\lambda,T_{MBE})M_{sb}(T_{sb},\lambda) \tag{2.124}$$

对于全波段的辐射强度，可以在(0，∞)区间对波长积分。如果在外延层表面的法线方向，有一全波段辐射测温仪，这时测得的辐射量应为外延层自身辐射和衬底透过辐射之和。再除以σT_s^4，即得到外延层表面的相对全波段表观发射率$E(d,T_s,T)$。

$$E(d,T_{MBE},T_{sb})=\frac{M_{MBE}(\lambda,T_{MBE})+M'_{sb}(d,\lambda,T_{MBE},T_{sb})}{\sigma T_{MBE}^4} \tag{2.125}$$

更全面的还要考虑在外延生长的时候，束源炉的辐射会照到样品的表面，这部分辐射同样会被样品透射，反射和吸收，要进行全面计算。如果有N个束源炉辐射的作用，应该对它们求和。这时辐射测温仪测得的辐射量要包括更多的项。

下面分析一下在GaAs衬底上生长CdTe过渡层再生长HgCdTe的情况下，样品表面辐射量的变化情况。当GaAs衬底被控制在某一温度时，表面辐射量保持不变。进行CdTe外延后，表面辐射量将会发生变化，这是因为比辐射率发生了变化。从CdTe表面辐射出的辐射量应该是GaAs辐射量的透过部分加上CdTe自身发射部分。当CdTe过渡层生长完毕以后，在生长MCT之前，整个衬底部分处于动态平衡，表面向外辐射的能量是个常量。然后开始MCT的生长，在生长一定厚度的MCT后，这个辐射量将包括MCT层的自发发射以及CdTe/GaAs辐射量的透过部分。

图 2.38 是王善力、何力等在 MBE 生长 HgCdTe 过程中测量到的表面相对辐射率随时间的变化(王善力 1996)。

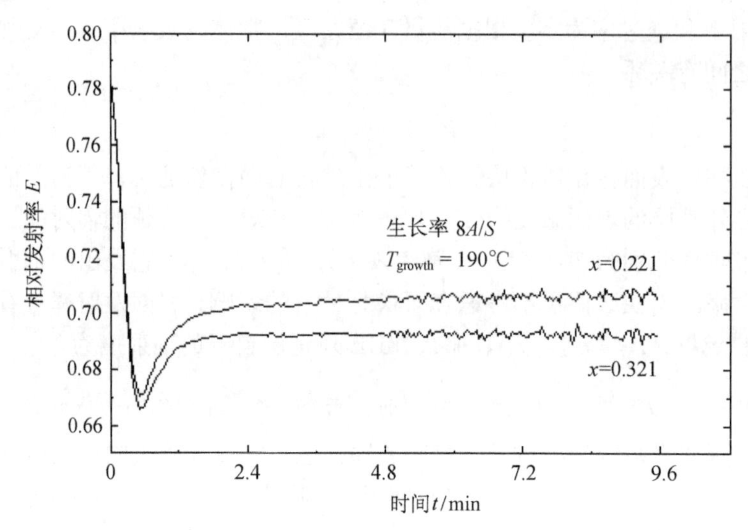

图 2.38 MBE 生长的 HgCdTe 过程中表面相对辐射率随时间的变化

上面讨论了 HgCdTe 表面在整个波段范围辐射出的总辐射量变化情况，如果采用某一波段的测温仪，则要具体计算该波段中材料本身的吸收系数以及对来自衬底的辐射的透过情况。考察这些情况以后，王善力、何力等获得生长不同组分 HgCdTe 时，测温仪信号读数与生长时间(或生长厚度)的关系，图 2.39 是生长 $x = 0.213$ 材料，在不同生长温度下，测温仪读数与生长厚度的关系，于是反过来用这一曲线图就可以从测温仪读数知道表面温度，用于温度控制。

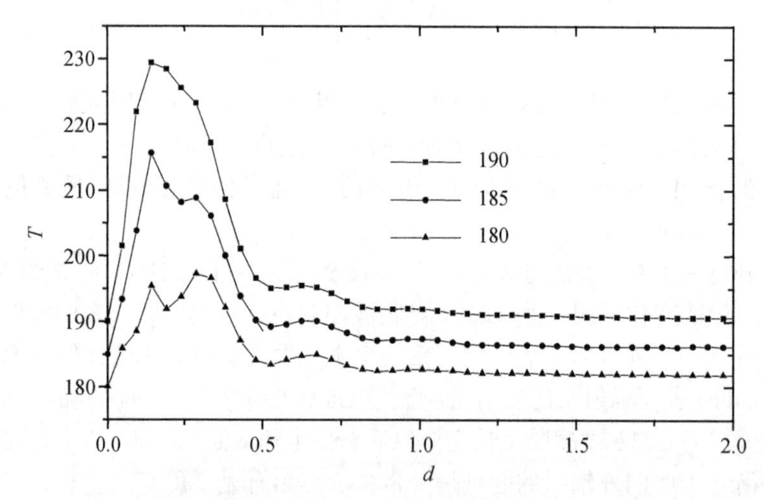

图 2.39 在不同生长温度下，对应于不同 HgCdTe($x = 0.213$)生长温度的红外测温仪读数信号随生长厚度变化的理论模拟结果

在 MBE 的生长中，控温过程就是控制束源炉温度以及衬底温度的过程。一般情况下，CdTe、Hg、Te 束源炉的温度分别为 500℃、100℃、390℃左右，生长 CdTe 的衬底温度为 280℃左右，生长 HgCdTe 的衬底温度为 180℃左右。束源炉的温度可以准确地控制，使束源炉发出的分子束保持稳定。然而，对衬底温度的控制却比较难，这主要因为生长过程是一个动态过程，某一时刻的辐射能量损失，并不能马上补偿，使之达到平衡。采用红外测温仪方法，从读数变化可以知道表面温度的变化，从而可以反馈给温控系统给予调整。

当然，在实际生长过程中，衬底温度的变化受到多方面的影响，衬底的大小、钼块的状况、束源炉的温度等，使得衬底温度的变化复杂起来，为了控制好衬底温度的变化，就需要把这些因素考虑进去。

由于衬底是用 In 粘在钼块表面，因此钼块的表面状况对衬底温度有一定的影响。由于钢块发射率较小，而生长 MBE 层后样品发射率变大，就会更多的带走能量，要维持钼块处于某一温度，就要电源提供相对多一些的电功率。衬底样品大小也对控温有所影响，因为表面辐射量和整个表面面积有关。这个表面是指样品和钼块的复合表面。对于小块衬底，它覆盖钼块的面积较小，表面辐射率主要由钼块的辐射率决定。对于大面积的衬底来说，表面剩余钼块的面积小，表面的辐射率以衬底材料的辐射率为主。这样，两种情况都对控制温度有所影响。有人用大面积硅片把钼块整个覆盖掉，在其上再粘上 GaAs 衬底来外延 HgCdTe，温度的波动较小。衬底与钼块的固定方法对控温也有影响。衬底的固定方法分为有铟和无铟两种，无铟固定衬底是利用钼套等装置卡住衬底，衬底的背面腾空；而有铟方法是利用铟把衬底粘在钼块表面。采用有铟方法固定衬底生长材料时，涂铟不均匀会造成衬底温度不均匀，可存在几度的偏差，结果材料的晶体质量也会很差。无铟衬底方法省去了粘铟步骤，生长完成之后，取片也很容易，但是由于钼套压的不均匀，也存在温度不均匀的问题。

在实际生长中，衬底表面还会受到束源炉辐射的作用。处于不同温度的束源炉辐射出的辐射量到达衬底表面，必然对衬底起到加热作用。特别是在 HgCdTe 生长的时候，CdTe 束源炉的温度在 500℃左右，而衬底的温度只有 180℃左右，CdTe 炉的辐射会使测温仪测得的温度提高。在用辐射测温仪测温时，束源炉辐射的能量会经过衬底的散射作用被测温仪探测到，这一反射温度信号在测温中以不变的数值重复出现，可以很容易区别出来。

由于 HgCdTe 材料的生长温度范围很窄，温度偏高或偏低对晶体质量有着很大的影响，正确地理解生长过程中材料表面温度的变化规律与红外辐射信号的关系，为实际准确地控制材料生长温度提供了必要的理论依据，有效地提高了材料生长的控制能力。

2.4.4 组分控制

HgCdTe 材料的禁带宽度覆盖了整个红外波段，人们通过调整组分 Cd 的百分比组分，使 HgCdTe 的禁带宽度落到需要的波段，为此需要特定组分的 HgCdTe 材料来制备器件。然而，在 HgCdTe 分子束外延技术中，所用源材料的蒸气压较高，衬底表面的实际温度变化较大，各原子或分子的吸附系数存在着差异，使组分的精确控制很难做到，为获得生长过程中材料组分的变化情况，目前最好的方法是利用椭偏仪对生长过程进行实时(in-situ)监测。在实时监测过程中，获得了生长温度下的 HgCdTe 的光学常数以及材料的纵向组分分布情况。

利用椭偏测量技术研究样品表面都是在表面相对稳定的条件下进行的，即所谓的 ex-situ 方式。如 Alterovitz 等(1983)等对 GaAs 上溅射 Si_3N_4 的表面研究，利用变角度光谱椭偏仪对 GaAs-AlGaAs 多层结构的研究以及 Merkel 等(1989)对 GaAs/AlGaAs 超晶格的研究，Aspnes 等(1983)等利用光谱椭偏仪对 HgCdTe 的光学常数以及不同处理方法得到的表面氧化层的研究；Orioff 等(1994)对氢化 HgCdTe 表面的研究等。

最近，人们发展了用于实时(in-situ)监测表面动态变化的椭偏仪，可对表面腐蚀过程、生长过程等进行监测。可用于 III-V 族和 II-VI 族 HgCdTe 的 MBE 生长。Maracas 等(1992)通过 250~1000nm 多波段光谱椭偏仪对 GaAs 的生长过程进行了完整的监测，椭偏参数 ψ、Δ 清楚地显示出各个阶段的变化情况，利用光学常数和温度的关系，确定了生长温度；利用干涉振荡峰拟合得到的生长速率与 RHEED 振荡峰得到的生长速率相差 10%，这种方法优点是不论生长方式是层状还是岛状生长都可以测量，并可以在衬底旋转下进行。

法国的 Demay 等(1987)等人最先开始利用椭偏仪对 HgCdTe MBE 生长过程进行研究，他们在 RIBER 2300P 腔体上通过一个窗口引入偏振光，以 70 度角入射到样品表面，在腔体内的适当位置放置一面反射镜使光再反射到样品上，经同一窗口反射出来被探测器接收。他们研究了 CdTe/HgTe 之间的互扩散问题，发现在 260℃下，HgTe 上面覆盖 CdTe 层，互扩散和 Hg 压没有关系；相反情况下，CdTe 上面覆盖 HgTe 层，Hg 空位的多少对互扩散有明显的影响作用。1992 年，澳大利亚的 Hartley 等(1992)等利用单色偏振调制椭偏仪对 ZnCdTe 衬底上生长的 HgCdTe 以及 CdTe/HgTe 超晶格的生长过程也进行了监测，这种椭偏仪的关键部件是偏振调制器。它是胶合在石英玻璃块上，由交流电驱动的压电石英晶体换能器。在此长方形石英玻璃快中建立起单轴正弦应变驻波，振荡应变伴随有振荡产生的双折射，使石英晶体块起着一个线性延迟器的作用，其相对延迟随时间而变化，应变的方向决定着这个调制延迟器快慢轴的方向，正弦延迟的振幅与应变的大小成正比，因而也与加在换能器上的电压成正比。他们测得的组分偏差在±0.003 左右。1996 年，美国德州仪器公司的 Bevan 等(1996)

等利用多波段(400nm~850nm)的偏振调制椭偏仪测得组分误差减少到±0.0015。美国夜视电子传感器中心的 Benson 等(1996)等则选用旋转检偏器布局的多波段光谱椭偏仪分析了 HgCdTe 组分变化、生长速率以及表面清洁情况。

利用椭偏仪对 HgCdTe 生长过程的研究需要有生长温度下 HgCdTe 的光学常数标准的数据库。王善力、何力等(王善力 1996)对部分组分的 HgCdTe 的光学常数进行了研究，并用于对 HgCdTe 生长过程的实时监测。先在 GaAs(211)B 衬底上生长 3~4μm 左右的 CdTe 缓冲层，然后在 183℃左右生长 3μm 左右的 $Hg_{1-x}Cd_xTe$，生长速率约为 2.5~3μm/h。在对 MBE 生长 HgCdTe 过程进行测量时，首先调整好光路，使光斑正好全部落在样品上。然后，校准椭偏仪得到起偏器、检偏器起始角度等值，在生长 HgCdTe 的过程中，进行实时采集数据。对样品进行 ex-situ 测试则在椭偏仪测试台上进行。

在椭圆偏振技术中，偏振光的状态参数 ρ 是反射系数 p 分量与 s 分量的比值，$\rho = r_p/r_s$。通过菲涅耳公式，这一比例和材料的光学常数以及结构参数联系在一起，一束入射光照在 HgCdTe/CdTe/GaAs 层状结构上，经过界面的作用，部分反射回入射介质中，另一部分则透射过样品。这两部分的光可以分解成许多反射或透射的光线，以反射光为例，经过多次作用后的各个反射光的电场强度，反射光的 p 分量和 s 分量都可以求出，于是

$$\rho = \frac{r_p}{r_s} = \frac{|r_p|}{|r_s|}\exp(\mathrm{i}\delta_p - \mathrm{i}\delta_s) = \tan\psi\, \mathrm{e}^{\mathrm{i}\Delta} \tag{2.126}$$

就可以获得计算的 ψ 和 Δ 值，这里 ψ 和 Δ 为椭偏参数。对于多层结构的情况，也可以类似地计算出 ψ 和 Δ 值。

在分析实验测得的椭偏数据时，事先需要建立样品的一个结构模型，将所用材料合理地组合起来，按照上面提到的方法计算出这样结构下的 ψ 和 Δ 的理论值，然后与实际测得的 ψ 和 Δ 值进行拟合比较，选择适当的拟合精度，通过改变结构模型(即改变光学常数和膜层的厚度)，使得计算与测量得到的 ψ 和 Δ 值符合很好，满足一定的精度，从而得到准确的材料结构模型。拟合实验和理论结果时，一般采用求标准偏差的方法，使得标准偏差最小。关于椭圆偏振光谱方法在第 4 章光学性质中要具体介绍。

HgCdTe 的组分对于椭偏参数 ψ 和 Δ 的灵敏度是一个重要问题。在计算 ψ 和 Δ 值时，要考虑样品结构组成。对多层结构，各层材料的光学常数和膜层的厚度都会对 ψ 和 Δ 值产生不同的影响，改变其中的某一参数就会使 ψ 和 Δ 值发生变化。在数据拟合分析中，未知的参数越多，相关的组合方式也越多，分析起来较为困难。对于像 HgCdTe 生长过程中的简单情况，样品只是一种材料，影响 ψ 和 Δ 值的只有一两个参数。

在 MBE 生长 HgCdTe 的过程中，薄膜的外延是在超高真空中进行的，其表面不会存在被氧化的问题，表面可认为是 HgCdTe 层；另外，在可见光波段范围，HgCdTe 的吸收系数很大(在 10^5cm^{-1} 左右)，其透射深度只有几百 Å 左右，对于生长一定厚度的 HgCdTe 来讲，反射的偏振光主要来自最上面的 HgCdTe 层，衬底的影响可以不考虑，计算模型可以只有 HgCdTe 一层材料。由于 HgCdTe 的光学常数与组分有一定的关系，光学常数对 ψ 和 Δ 的影响可转换成组分对 ψ 和 Δ 的影响。组分不同的 HgCdTe 材料，椭偏仪测得的 ψ 和 Δ 值会有差别。图 2.40 是偏振光以 70°入射角入射，组分为 0.25 和 0.525 的 HgCdTe 的 ψ 和 Δ 值随波长的变化关系。

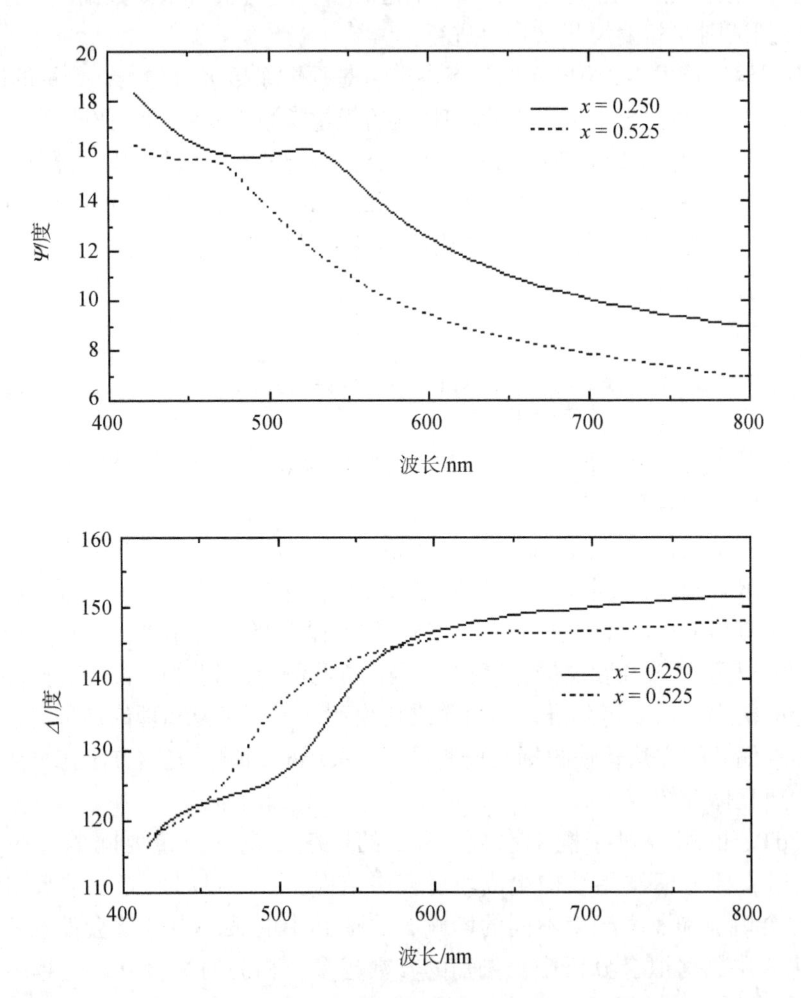

图 2.40　组分为 0.25 和 0.525 的 HgCdTe 的 ψ 和 Δ 值

对 $x = 0.25$ 的样品，若它的组分改变 0.005 的话，ψ 和 Δ 产生的最大变化分别为 0.1°和 0.3°(图 2.41)。对于组分为 0.525 的 HgCdTe 样品，组分改变 0.005，ψ和 Δ 产生的最大变化分别为 0.06°和 0.25°。可见组分改变对椭偏参数有较敏感的影响。组分确定的样品在不同温度下椭偏参数也是不同的，例如对于组分 $x = 0.200$ 的 HgCdTe 材料，室温下 T_r 和高温下 T_g 的光学常数存在明显的差别。因此在计算中需要采用生长温度下(180℃)的光学常数。同时还要知道在生长温度下 $Hg_{1-x}Cd_xTe$ 的 E_1 临界点与组分 x 的关系。于是通过生长温度下 $Hg_{1-x}Cd_xTe$ 光学常数库的数据，计算椭偏参数，并拟合实测的椭偏光谱，就可以得到组分 x 值。这一过程是实时进行，因此可以实现对 $Hg_{1-x}Cd_xTe$ 分子束外延过程中组分的实时监控。具体分析在 4.4 节中说明。

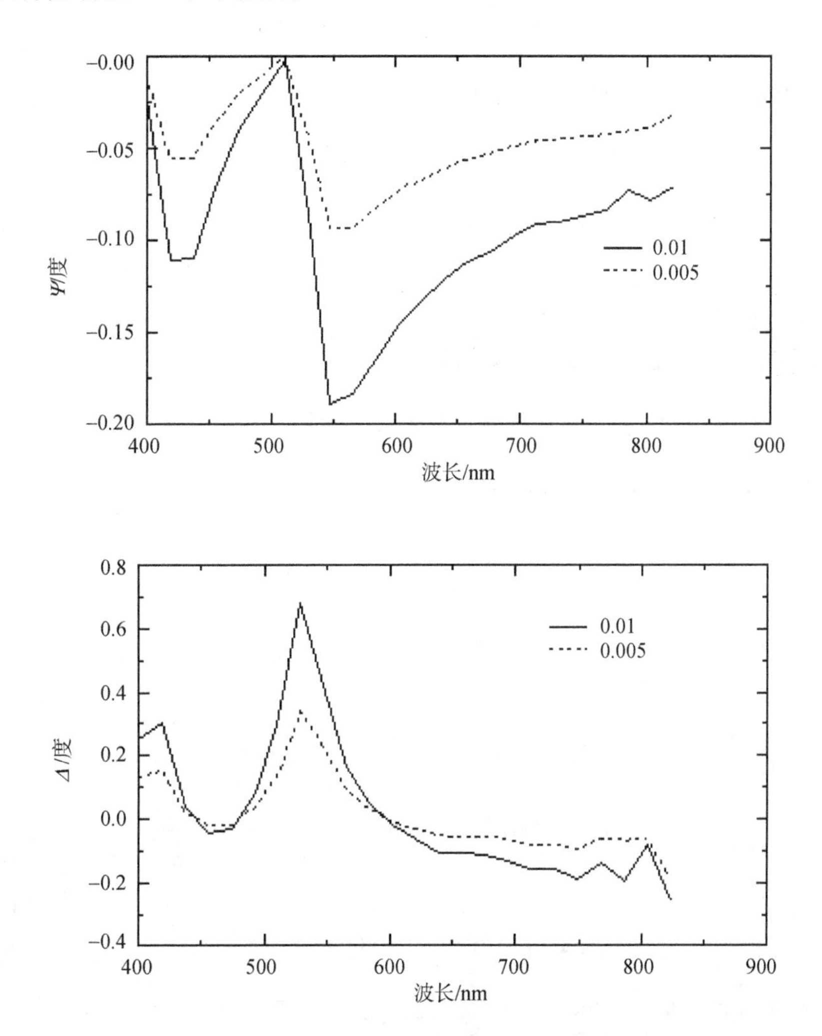

图 2.41　组分 $x = 0.25$ 改变 0.01 和 0.005 时，ψ和Δ变化情况

2.5 晶体完整性

2.5.1 X 射线双晶衍射

X 射线双晶衍射是研究材料晶体质量的重要手段之一。材料的双晶摇摆曲线(DCRC)的半峰宽(FWHM)是衡量其晶体质量的重要参数。Darwin(James 1954)给出了完整晶体全反射范围在理论上单晶反射曲线半峰宽 W 的计算公式为

$$W = \frac{2\lambda^2}{\pi V \sin 2\theta_B}|F_{hkl}||C|\left(\frac{e^2}{mc^2}\right)\left(\frac{\gamma_0}{|\gamma_{hkl}|}\right)^{1/2} \tag{2.127}$$

式中：V 是晶胞体积；λ为所用 X 射线波长；F_{hkl} 为反射晶面(hkl)的结构因子；C 是偏振因子；θ_B 为布拉格角；e、m、c 均是物理常数；$\left(\frac{\gamma_0}{|\gamma_{hkl}|}\right)^{1/2}$ 是非对称反射的校正因子。对特定的入射 X 射线波长和特定的衍射晶面，F_{hkl} 直接决定着 FWHM 值。实际晶体中存在的各种类型的结构缺陷，将使 F_{hkl} 有不同程度的增大，因而其 FWHM 值均比完整晶体的大。

$Cd_{1-y}Zn_yTe$ 和 $Hg_{1-x}Cd_xTe$ 都具有闪锌矿晶体结构，它们是由两套面心立方晶格沿立方对角线位移 $\frac{\sqrt{3}}{4}a$(a 为晶格常数)相互穿插而构成。

原胞的几何结构因子为(方俊鑫等 1980)

$$F_{hkl} = \sum_j f_j \mathrm{e}^{2\pi n\mathrm{i}(hu_j + kv_j + lw_j)} \tag{2.128}$$

式中：hkl 为晶面指数；u_j、v_j、w_j 代表原胞中第 j 个离子的坐标，f_j 为第 j 个离子的散射因子。

因此，有

$$F_{hkl} = F_A + F_B \mathrm{e}^{\pi\mathrm{i}\frac{h+k+l}{2}} \tag{2.129}$$

式中

$$F_A = \left[1 + \mathrm{e}^{\pi\mathrm{i}(h+k)} + \mathrm{e}^{\pi\mathrm{i}(h+l)} + \mathrm{e}^{\pi\mathrm{i}(k+l)}\right] f_A \tag{2.130}$$

是阳离子 A 面心点阵结构因子，f_A 为阳离子 A 的散射因子

$$F_B = \left[1 + \mathrm{e}^{\pi\mathrm{i}(h+k)} + \mathrm{e}^{\pi\mathrm{i}(h+l)} + \mathrm{e}^{\pi\mathrm{i}(k+l)}\right] f_B \tag{2.131}$$

是阴离子 B 面心点阵结构因子，f_B 为阴离子 B 的散射因子。

当 hkl 全为奇数时

$$F_{hkl} = 4(f_A \pm i f_B) \tag{2.132}$$

对 $Hg_{0.80}Cd_{0.20}Te$，有(于福聚　1979)

$$f_A = 0.80 f_{Hg} + 0.20 f_{Cd} \tag{2.133}$$

$$f_B = f_{Te} \tag{2.134}$$

对 $Cd_{0.96}Zn_{0.04}Te$，有

$$f_A = 0.96 f_{Cd} + 0.04 f_{Zn} \tag{2.135}$$

$$f_B = f_{Te} \tag{2.136}$$

根据表 2.4 列出的有关数值，得到(333)面的 $Cd_{0.96}Zn_{0.04}Te$ 和 $Hg_{0.80}Cd_{0.20}Te$ 单晶反射峰的理论计算半峰宽分别为

$$W_{CZT} = 5.7\ (\text{arc.s}) \tag{2.137}$$

$$W_{MCT} = 7.6\ (\text{arc.s}) \tag{2.138}$$

在实际工作中，X 射线先经第一晶体衍射，其半峰宽为 W_1，待测晶体作为第二晶体则最后测得的双晶摇摆曲线半峰宽应为

$$W = \sqrt{W_1^2 + W_2^2} \tag{2.139}$$

给出。因此，以某一种双晶衍射仪为例，考虑到第一晶体 GaAs(400)面的实测半峰宽为 14 弧秒，完整的 $Cd_{0.96}Zn_{0.04}Te$ 和 $Hg_{0.80}Cd_{0.20}Te$ 晶体的双晶摇摆曲线半峰宽应分别为

$$W_{cal\text{-}CZT} = 15(\text{arc.s}) \tag{2.140}$$

$$W_{cal\text{-}MCT} = 16(\text{arc.s}) \tag{2.141}$$

从双晶衍射曲线可以判断晶体得完整性。图 2.42 是(111)面 CdTe 晶片的双晶摇摆曲线，$\phi = 0$ 时，摇摆曲线基本对称，FWHM = 27″；$\phi = \dfrac{\pi}{2}$ 时，摇摆曲线展宽，FWHM≈104″，甚至出现多重峰，表明晶片表面存在小角晶界亚结构。亚晶界两侧

的晶体存在着一定的位向差，通常位向差不大于 15°。亚晶界是由位错构成的。亚晶界的形成主要是生长界面未能保持为平面，而发生胞状界面生长，胞晶间的结合处由于杂质原子的聚集形成亚晶界。可以采用逐点测量双晶衍射得方法，获得样品不同点得双晶摇摆曲线，从而用来判断样品上不同点得晶格完整性的情况。

表 2.4 $Cd_{0.96}Zn_{0.04}T$ 和 $Hg_{0.80}Cd_{0.20}Te(333)$衍射面的计算数据

$Cu\alpha_1$ 波长 λ	1.5405×10^{-10}m	校正因子 $\left(\frac{\gamma_0}{\lvert\gamma_{hkl}\rvert}\right)^{1/2}$	1
e^2/mc^2	2.82×10^{-15}m	f_{Te}(Caroline et al. 1962)	31.67
$2\theta_B$	76.49°	f_{Cd}(Caroline et al. 1962)	28.85
晶格常数 a(MCT)	6.4650×10^{-10}m	f_{Hg}(Caroline et al. 1962)	52.05
晶格常数 a(CZT)	6.4658×10^{-10}m	f_{Zn}(Caroline et al. 1962)	16.60
偏振因子 C	1	—	

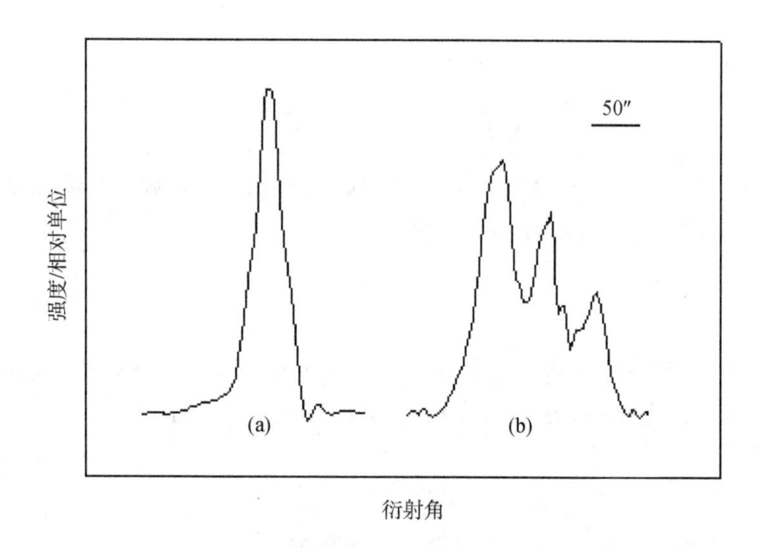

图 2.42 (111)面 CdTe 衬底的双晶摇摆曲线

(a) $\phi=0$，FWHM = 27″；(b) $\phi=\frac{\pi}{2}$，FWHM ≈ 104″

如在外延生长前，必须对衬底的晶体质量进行检测。图 2.43 是对 $Cd_{0.96}Zn_{0.04}Te$ 衬底(111)面逐点进行双晶衍射的结果。由图可见 FWHM 值分布在 16~24 弧秒之间。当样品旋转 $\frac{\pi}{2}$ 时，摇摆曲线没有明显的变化，且摇摆曲线基本对称，没有多峰出现，说明 $Cd_{0.96}Zn_{0.04}Te$ 衬底晶体结构均匀。

对于 $Hg_{1-x}Cd_xTe$ 外延薄膜可以同样进行逐点双晶衍射测量。图 2.44 为在图 2.48 衬底上生长的 $Hg_{1-x}Cd_xTe$ 液相外延层的双晶摇摆曲线分布图(Zhu et al. 1997)。由图可知，FWHM 值在 26~47 弧秒，外延层边缘的摇摆曲线比中央部分的宽。这是因为，在液相外延生长过程中，当衬底在溶液中旋转时，衬底的石英夹子相当于障碍物，使衬底边缘出现湍流，造成衬底的不同部位，即中央与边缘之间，有不同的过饱和度，影响了外延层生长的晶体质量。同时，摇摆曲线具有较高的对称性，没有多峰出现。说明了垂直浸渍液相外延生长的 $Hg_{1-x}Cd_xTe$ 薄膜的结构均匀，晶体质量好。

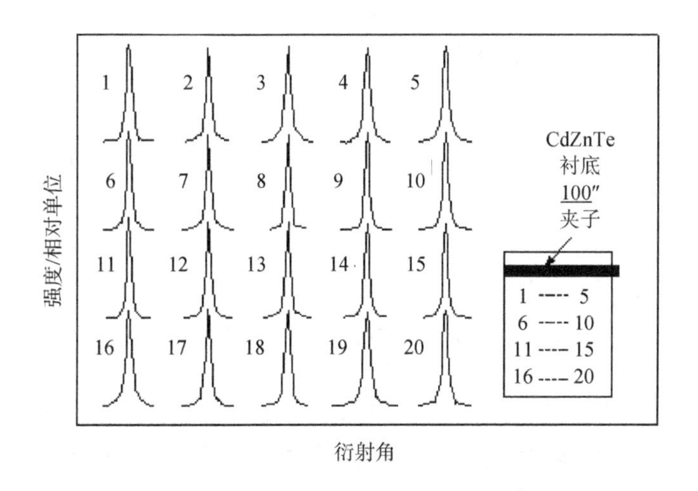

图 2.43　$Cd_{0.96}Zn_{0.04}Te$ 衬底的(111)面 X 射线双晶摇摆曲线分布图, FWHM: 16~24″

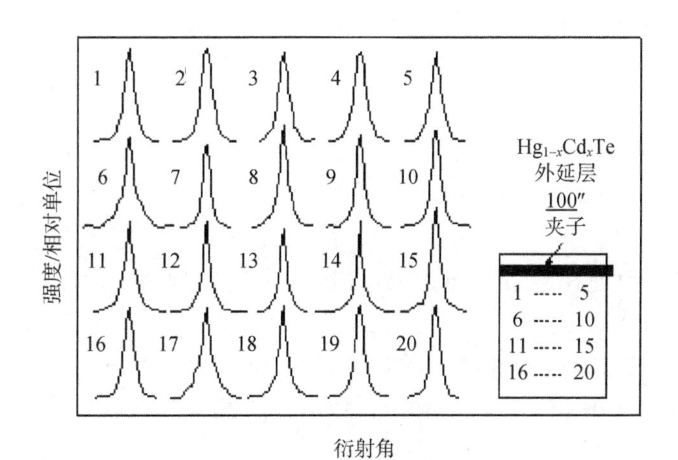

图 2.44　$Hg_{1-x}Cd_xTe$ 液相外延表面层的 X 射线双晶摇摆曲线分布图, FWHM: 26~47″

样品的 FWHM 值与该表面上的腐蚀坑密度的 EPD 值有关。对具有不同摇摆曲线半峰宽的 $Cd_{0.96}Zn_{0.04}Te$，进行腐蚀坑密度(EPD)观察，并至少取 5 个不同区域分别计数、平均，得到它们之间的关系，如图 2.45 所示。结果显示，FWHM 值在 20~60 弧秒范围内的 $Cd_{0.96}Zn_{0.04}Te$ 晶片，其腐蚀坑密度数量级为 $(0.4\sim4)\times10^5\text{cm}^{-2}$。于是，CdZnTe 通过 FWHM 值的测量，也可以估算 EPD 值。

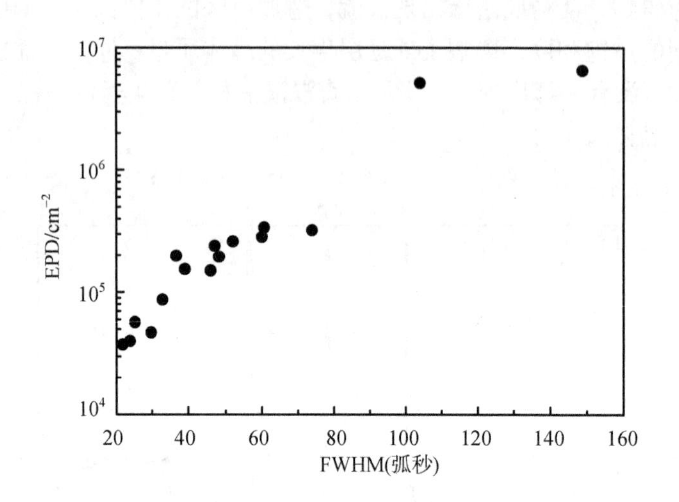

图 2.45　$Cd_{0.96}Zn_{0.04}Te$ 双晶摇摆曲线半峰宽与腐蚀坑密度的关系

从双晶衍射曲线的半峰宽度可以对 $Hg_{1-x}Cd_xTe$ 外延层的位错密度进行估算。由于衬底与外延层的热膨胀系数不匹配及其组分不同，造成衬底和外延层点阵失配，考虑到 $Hg_{1-x}Cd_xTe$ 外延层厚度远小于衬底厚度，作为近似，所有的这些失配均在外延层中引入应力。当应力超过晶体临界切应力时，晶格以其原子排列错位而生成位错，应力弛豫。外延层的晶格常数取决于其组分和热膨胀系数。生长时，失配应力将随着外延层和衬底之间的温度和组分的不同而变化。晶格失配度为

$$f=\left|\frac{a_0-a}{a_0}\right| \tag{2.142}$$

式中：a_0、a 分别是 $Cd_{1-y}Zn_yTe$、$Hg_{1-x}Cd_xTe$ 外延层的晶格常数。对 HgTe，其热膨胀系数是 $4.0\times10^{-6}\ \text{K}^{-1}$；对 CdTe，为 $4.9\times10^{-6}\ \text{K}^{-1}$；而 ZnTe 的热膨胀系数是 $8.3\times10^{-6}\ \text{K}^{-1}$(Basson et al.　1983)。假设热膨胀系数是随组分线性变化的，则 $Hg_{1-x}Cd_xTe$ 和 $Cd_{1-y}Zn_yTe$ 的热膨胀系数可分别表示为

$$\alpha(x)=4.0\times10^{-6}+9.0\times10^{-7}x(\text{K}^{-1}) \tag{2.143}$$

和

$$\alpha(y) = 4.9 \times 10^{-6} + 3.4 \times 10^{-6} y(\mathrm{K}^{-1}) \tag{2.144}$$

在外延层生长过程中，高位错都将集中在外延厚度约小于 1μm 的薄层内。这些位错网并不能完全调节衬底和外延层之间的失配，弹性应力存在于约 2μm 的薄膜层中。当外延层厚度达到某一值时，位错及应力才基本消除。Matthews(1975)给出了外延层应力弛豫的临界厚度 h_c

$$h_c = \frac{b(1-\nu\cos^2\beta)}{8\pi f(1+\nu)\sin\beta\cos\zeta}\ln\left(\frac{\alpha h_c}{b}\right) \tag{2.145}$$

式中：b 为伯格斯矢量，ν 为泊松比，β 为伯格斯矢量与位错线之间的夹角，ζ 为生长界面与位错滑移面之间的夹角，α 是和位错形成能有关的因子。

由于 HgCdTe 晶体属闪锌矿结构，其滑移系是{111}〈111〉(Long et al.　1970)。这种滑移系中起主导作用的位错是所谓的 60°位错，即位错线沿〈110〉方向，伯格斯矢量为〈101〉，$\beta=60°$；而 $Hg_{1-x}Cd_xTe$ 外延层是生长在(111)面 CdTe-基衬底上，则 $\zeta=0°$。因此，式(2.145)可写为

$$h_c = \frac{b(1-0.25\nu)}{6.93\pi f(1+\nu)}\ln\left(\frac{\alpha h_c}{b}\right) \tag{2.146}$$

对 60°位错，伯格斯矢量为 $b=\frac{a}{\sqrt{2}}$，典型的 α 值为 4(Basson et al.　1983)，从已知的 CdTe 和 HgTe 弹性常数，可取 HgCdTe 材料的泊松比 ν 为 0.32(Basson et al. 1983)。对 $Hg_{1-x}Cd_xTe$ 外延层，临界厚度一般小于 0.8μm，而实际生长的外延层厚度达到 10μm 以上。

一般说来，晶体中的应力、晶格弯曲、位错等结构缺陷，都将影响摇摆曲线的半峰宽。作为近似，它们对摇摆曲线的贡献是高斯分布的，则 FHWM 值(W_m)可以表示为(Qadri　1985)

$$W_m^2 = w_s^2 + w_b^2 + w_d^2 \tag{2.147}$$

式中：w_s、w_b、w_d 分别是应力、晶格弯曲、位错对摇摆曲线半峰宽的贡献。由于外延层的横向组分均匀($\Delta x \leqslant 0.002$)，组分不均匀引起的外延层晶格常数变化对半峰宽的贡献可忽略。另外，外延层的厚度远大于其应力弛豫的临界厚度(Long et al. 1970)，残余应力近似为零。同时，外延生长时，因衬底与外延层的热膨胀系数不匹配及其组分不同，造成外延层晶格弯曲，也由于 $Hg_{1-x}Cd_xTe$ 外延层厚度远小于衬底厚度，作为近似，忽略外延层中晶格弯曲的存在；并且没有明显的证据表明外延层中晶格弯曲的存在(Qadri et al.　1985)。因此，可假设对 $Hg_{1-x}Cd_xTe$ 外延层摇摆曲线半峰宽的影响主要来自于位错，位错密度为(Dunn et al.　1957)

$$\rho = W_m^2/4.35b^2 \tag{2.148}$$

式中：b 是伯格斯矢量。对 $Hg_{1-x}Cd_xTe$ 晶体，$b = a/\sqrt{2}$，a 是晶格常数。由式(2.148)，得到 $Hg_{1-x}Cd_xTe$ 外延薄膜表面层的位错密度分布(表 2.5)。$Hg_{1-x}Cd_xTe$ 外延薄膜表面层的平均位错密度为 $3.57\times10^6 cm^{-2}$。

表 2.5　$Hg_{1-x}Cd_xTe$ 液相外延表面层不同点的位错密度计算值

位置点	FWHM (弧秒)	位错密度 $/\times10^6 cm^{-2}$	位置点	FWHM (弧秒)	位错密度 $/\times10^6 cm^{-2}$
1	43.3	4.85	11	34.7	3.11
2	43.3	4.85	12	26.0	1.75
3	43.3	4.85	13	27.7	1.98
4	46.8	5.66	14	27.7	1.98
5	45.5	5.35	15	35.5	3.26
6	34.7	3.11	16	40.7	4.28
7	32.1	2.66	17	36.4	3.43
8	30.3	2.37	18	34.7	3.11
9	33.9	2.97	19	39.0	3.93
10	39.0	3.93	20	39.0	3.93

进一步分析可以获得在界面附近位错密度的情况。图 2.46 是 FWHM 值与 $Hg_{1-x}Cd_xTe$ 外延层厚度的关系。对应于一定厚度的外延层，这里 FWHM 值是三个不同点的测量平均值。结果显示，随着外延层的减薄，FWHM 值增加。当外延层减薄到一定厚度(约 1μm)，在摇摆曲线上也能观察到来自衬底的衍射峰。由图 2.46 可知，$Hg_{1-x}Cd_xTe$ 外延薄膜表面层的晶体质量高于界面层(<2μm)；当外延层厚

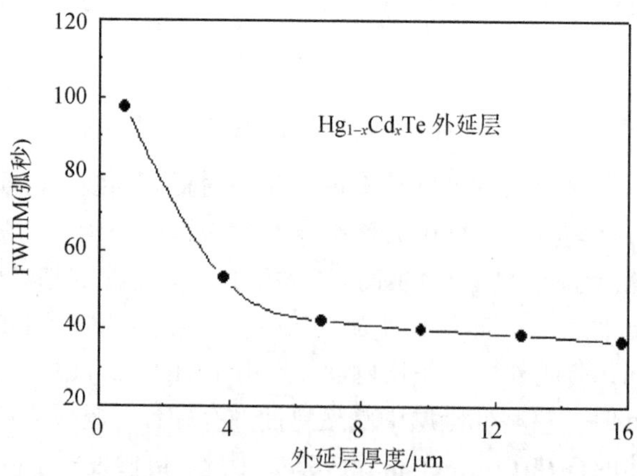

图 2.46　FWHM 值与 $Hg_{1-x}Cd_xTe$ 液相外延层厚度的关系

度大于 4μm 时，FWHM 变化不大，在 40 弧秒左右。说明外延层纵向结构均匀性较好。由式(2.148)，可估算界面层的位错密度约为 $2.42\times10^{7}cm^{-2}$，即界面层的位错密度大于外延层的位错密度($3.57\times10^{6}cm^{-2}$)。这是因为在生长中，由于互扩散引起界面层组分不均匀所致，如图 2.46 所示，EDX 测量 $Hg_{1-x}Cd_xTe$/CdZnTe 界面附近的组分分布，证明了这一点。Wood 等(1985)用透射电镜分析 $Hg_{0.8}Cd_{0.2}Te$/CdTe 界面位错为 $3\times10^{8}cm^{-2}$。Bernardi 等(1991)研究了 $Hg_{0.78}Cd_{0.22}Te$/CdTe 界面的晶体质量，发现随着外延层厚度减薄，其 FWHM 值达到 150~170 弧秒。前面所得到的界面层位错密度较小的主要原因是 $Hg_{1-x}Cd_xTe$/CdZnTe 系统的失配位错小于 $Hg_{1-x}Cd_xTe$/CdTe 系统的失配位错。

若 $Hg_{1-x}Cd_xTe$ 外延层与衬底接触处，其组分 $x=0.2$，在生长温度为 500℃时，由式(2.142)得，$Hg_{0.8}Cd_{0.2}Te/Cd_{0.96}Zn_{0.04}Te$ 系统的失配度等于 5.4×10^{-4}，小于 $Hg_{1-x}Cd_xTe$/CdTe 系统的失配度(2.8×10^{-3})(Ge　1994)。若这些失配($f=5.4\times10^{-4}$)，全部形成失配位错，在生长界面每隔 1852 个原子，就有一个位错。另外，界面处的位错至少还有一部分来自于衬底(Nouruzi-Khorasani et al.　1989)，和界面处的沉淀相所引起(Bernardi et al.　1991)。值得指出的是，$Hg_{1-x}Cd_xTe$/CdZnTe 界面层的晶体质量决定了 $Hg_{1-x}Cd_xTe$ 外延薄膜表面层的晶体质量。

由以上分析可以看出，用 X 射线双晶摇摆曲线和光谱分析技术，可以获得 CdTe-基衬底材料和 $Hg_{1-x}Cd_xTe$ 液相外延薄膜的组分与结构均匀性。$Cd_{1-y}Zn_yTe$ 衬底和 $Hg_{1-x}Cd_xTe$ 液相外延薄膜的横向组分均匀性好(Δy 、$\Delta x\leqslant0.002$); $Hg_{1-x}Cd_xTe$ 外延层的过渡区(界面层)较窄(2<μm)，从过渡区到表面组分变化不大，其纵向均匀性好(图 2.47)。在结构均匀性好、晶体质量高的 CdZnTe 衬底上，用垂直浸渍液相外延方法生长的 $Hg_{1-x}Cd_xTe$ 薄膜，其横向结构均匀性和晶体质量令人

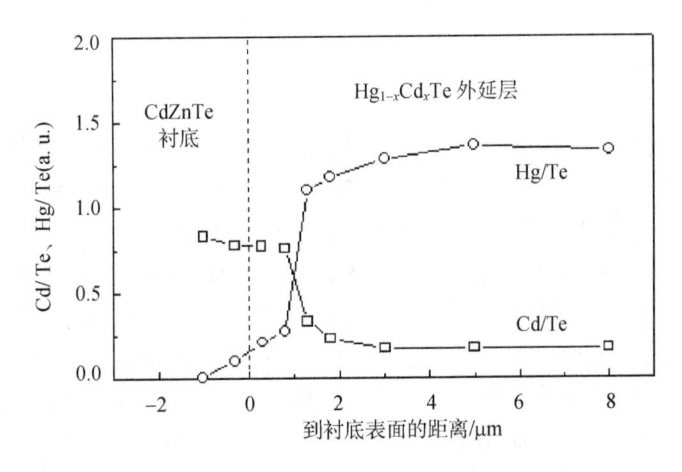

图 2.47　$Hg_{1-x}Cd_xTe$/CdZnTe 界面附近，Cd/Te 和 Hg/Te 的纵向分布曲线

满意，FWHM 平均值可达到 35 弧秒左右；在外延薄膜的界面层附近，FWHM 值可高达 100 弧秒，但当外延层厚度大于 4μm 时，随着厚度再增大，FWHM 值基本不变，约为 40 弧秒，即纵向结构均匀性亦较好。找出了 CdZnTe 衬底的腐蚀坑位错密度与其 X 射线双晶摇摆曲线半峰宽的相关关系，有助于方便 CdZnTe 衬底晶体质量的检验。同时，$Hg_{1-x}Cd_xTe$ 外延薄膜表面层的位错密度，亦可通过双晶摇摆曲线的半峰宽估算得到，避免了破坏性测量。

X 射线双晶摇摆曲线可以用来研究工艺过程对晶体完整性的影响，作为一个例子，图 2.48 是某一 CdZnTe 晶片退火前后的典型的双晶摇摆曲线。其中退火样品表面未作任何处理。从图中可见，退火前，摇摆曲线基本对称；退火 1 小时，摇摆曲线失去了其对称性，在右边出现一个坡度，随着退火时间增长，坡度变缓。测量结果可供调整工艺参考。

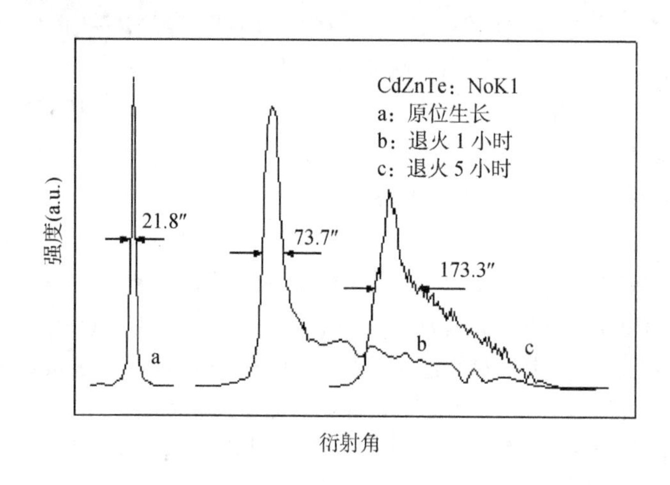

图 2.48　CdZnTe 样品退火前后的 X 射线双晶摇摆曲线

2.5.2　形貌相

HgCdTe 外延薄膜的表面形貌相与衬底质量、生长工艺有一定的关系。观测形貌有多种方法，如 X 射线形貌相(XRT)、透射电子显微镜(TEM)、扫描电子显微镜(SEM)、金相显微镜，结合 X 射线能谱分析(EDX)等。

X 射线形貌术有不同的形式，它们各有其特点和适用范围。扫描反射形貌术是一种有用的方法，可以研究衬底表面形貌对 $Hg_{1-x}Cd_xTe$ 液相外延薄膜的影响。先看一下扫描反射形貌术基本原理。考虑一个完整晶体使波长为λ的一束单色的 X 射线在一组间距为 d 的点阵平面上产生衍射，在与入射光束成 $2\theta_B$ 角的位置上，有一束很强的衍射线，可应用布喇格关系式

$$2d\sin\theta_B = n\lambda \tag{2.149}$$

n 为衍射级数。显然，若点阵间距或点阵平面取向出现局部变化时(譬如在一个位错周围)，完整区和畸变区就不再同时满足布喇格关系式。因此，对应于这两个区域，在强度上存在差异，这个差异也就是缺陷的像。

扫描反射形貌术的特点是只能获得表面层的形貌相。忽略晶体内部缺陷影响的特点使其在研究表面形貌和外延层时显得特别有利。对成像有贡献的晶体深度取决于样品的吸收，反射面及其不对称性和 X 射线波长。通过控制实验条件可使该深度在 1~15μm 之间变化。

$Hg_{1-x}Cd_xTe$ 液相外延薄膜的表面形貌取决于衬底取向，生长温度，生长速率及成核方式。典型的 $Hg_{1-x}Cd_xTe$ 液相外延层的表面形貌。首先是“台阶”。有“台阶”、“夹杂”、“晶界”和“表面凹坑”等。典型的 $Hg_{1-x}Cd_xTe$ 液相外延薄膜表面貌相，可以清楚地看到表面特有的台阶波纹。这种表面呈阶梯式，系由一系列约略平行并具有周期的阶面组成，阶面均为显微小平面，具有与衬底(111)相近的单一取向，相邻阶面之间交替着有一个小的突起，梯面宽度约为 20μm，而突起高度在 0.1μm 与 1.0μm 之间。表面与衬底平面的夹角在一维或二维空间内连续变化。造成这个事实的原因，可能是台阶提供一种有规则的界面扰动阵列，界面扰动决定了波纹的方向，使外延生长是一个在(111)小平面上二维成核，横向扩散的过程；也可能是由于各向异性表面动力学所致。

其次是“夹杂”。 在原生 $Hg_{1-x}Cd_xTe$ 外延层表面会发现黑色夹杂物。从它的 SEM 貌相和 EDX 能谱图，可知夹杂的直径约 10~20μm，Te 是主要成分, Hg 只占很小的比例，而不含 Cd。可见这是一种 Te 夹杂物。因为在 Hg-Cd-Te 相图的 Te 角存在 HgCdTe-Te 两相共存区，这样从富 Te 溶液中液相外延生长 HgCdTe 时很容易出现 Te 夹杂现象。而原生 $Hg_{1-x}Cd_xTe$ 液相外延样品必须在 Hg 气氛中退火处理变成弱 p 型或 n 型，才能用于器件制备。对退火的 $Hg_{1-x}Cd_xTe$ 样品在电镜下观察发现，其黑色夹杂物大大减少。因为退火时 Hg 原子将向 HgCdTe 合金中扩散，使合金进入单相区，这样薄膜中存在的 Te 夹杂将被溶解掉。

还有是“晶界”。衬底如果存在多晶，孪晶等缺陷，在 LPE 生长过程中会延伸到外延层，使外延薄膜的晶体结构不完整，从而影响器件制备。如果用以生长的 CdTe 衬底有部分是多晶，则导致外延薄膜中也出现多晶区域。单晶与多晶晶界两边的生长波纹明显不同，多晶区域的外延层晶粒排列很不规则，其表面形貌及光学透射比均很差。

对于垂直浸渍液相外延的 HgCdTe 来说，衬底沾污会引起表面凹坑。液相外延生长前都有一个高温过程，以使生长母液均匀化。由于熔源阶段的温度高，时间长，Hg、Te 的蒸气压又较大，经历了高温熔源过程后，其表面变粗糙，出现很多颗粒状的黏附物和凹坑。谱分析表明，两种 CdTe 衬底上都出现了 Hg 峰，而且其所含 Hg 量基本相等。这是因为 Hg 的蒸气压较大，在 LPE 的熔源阶段，衬底处于 Hg 气氛当中，即使衬底表面被覆盖，Hg 原子也能渗入 CdTe 表面并与之反应，使得在液相外延生长之前衬底先经历了一个气相生长过程。

生长在非平整衬底上的 HgCdTe 外延层，粗糙不完整，表面就会有很多凹坑；而在平整衬底上的外延薄膜，表面貌相好。外延层上的凹坑与衬底表面的沾污物有关。由于沾污物的晶格无规则，液相元素很难在有沾污物的地方沾附，这样衬底表面就不是一个能均匀成核的平面，而是被沾污物分割成一个个“小面”，在各个“小面”上独立成核。不同“小面”上的淀积的(Hg、Cd)Te 层在生长过程中可能会互相融合，产生较平坦的外延层，也可能在衬底沾污位置处衔接得不紧密，导致外延层上出现凹坑。为避免这一沾污现象，可以在熔源阶段用石英盖片将衬底表面覆盖，也可以采取衬底回熔工艺。衬底回熔工艺即先让衬底与非饱和溶液接触，促使衬底溶解到足以除去沾污物的程度(回熔)，然后再使之直接与所需要外延层的生长溶液接触。采用回熔 LPE 工艺可以有效地减轻生长前衬底表面沾污。

除了衬底在生长外延层之前采用回熔工艺之外，在外延层生长结束之前，也可采用回熔工艺，以避免生长母液粘连在 $Hg_{1-x}Cd_xTe$ 外延层上，从而改进 $Hg_{1-x}Cd_xTe$ 液相外延薄膜形貌和晶体质量。生长结束前，采用回熔外延层技术，可以防止“寄生”生长，减少母液粘连。即在结束生长前，在短时间里，将母液温度在原有基础上升高一定温度，回熔外延层表面。然后将样品垂直提升脱离母液，随后关闭电源，快速冷却生长系统。回熔工艺利用了欠饱和溶液，洗清 $Hg_{1-x}Cd_xTe$ 外延薄膜表面上的残留母液，使其表面光滑。用回熔 LPE 生长的 $Hg_{1-x}Cd_xTe$ 薄膜，表面貌相一般较好，但欠饱和度不能太大,否则生长界面将不平整。在实验中发现，回熔 LPE 工艺的欠饱和度一般控制在 0.5~1.5℃之间为佳。

2.5.3 $Hg_{1-x}Cd_xTe$ 外延薄膜中的沉淀相

$Hg_{1-x}Cd_xTe$ 液相外延薄膜是制备红外焦平面探测器的重要材料。CdZnTe 晶体材料，不但是外延生长 $Hg_{1-x}Cd_xTe$ 薄膜材料的最重要的衬底材料，还被广泛用来制备 X、γ 射线探测器、光电调制器、太阳能电池、激光窗口等。但是，在用富 Te 溶液生长的 $Hg_{1-x}Cd_xTe$ 外延薄膜中，很易形成 Te 沉淀相。同样的，在 CdTe-基材料的晶体生长过程中，由于存在着热动力学和技术上的困难，亦易在晶体中形成第二相-Te 或 Cd 沉淀/夹杂。沉淀相的存在破坏了材料的组分和电子结构均匀性，影响了它们的使用。

从 HgCdTe 相图可知，用富 Te 溶液生产的(Hg、Cd)Te 晶体中很容易出现 Te 沉淀/夹杂现象。在 $Hg_{1-x}Cd_xTe$ 液相外延薄膜中，大尺寸的 Te 夹杂的存在，破坏了外延层表面形貌。除此之外，外延层中存在的 Te 微沉淀/夹杂，影响了红外透射比。李标(1996)等用自由载流子吸收和 Te 微沉淀散射机制分析了 $Hg_{1-x}Cd_xTe$ 液相外延薄膜的红外吸收谱，证实了这一点。朱基千(1997)等用透射电子显微镜和 Raman 光谱分析讨论 $Hg_{1-x}Cd_xTe$ 外延薄膜中的 Te 微沉淀/夹杂。

这些微沉淀物，大小约为 40~60nm。由于沉淀物太小，无法用 EDX 分析其组分。但结合红外吸收光谱的分析，仍然可以认定它们是 Te 微沉淀。Te 微沉淀的存在，使外延层晶体结构变差。并影响外延层的电学性能及其均匀性。

在 CdZnTe 衬底中的 Te 沉淀/夹杂也经常会出现。Te 沉淀/夹杂的成因在 CdZnTe 中是由于 Cd 蒸发，生成熔体中过剩的 Te 原子浓度。不同的 Te_2、Cd 或 Zn 的蒸气压，在溶体上方形成约含 96at%Cd 的蒸气相。由理想气体定律，Cd 蒸发造成的溶体中过剩 Te 原子浓度为

$$N_{\mathrm{Te}}=\frac{p_{\mathrm{Cd}}N_{\mathrm{A}}}{RT}\cdot\frac{h_{\mathrm{V}}}{h_{\mathrm{L}}} \tag{2.150}$$

式中：p_{Cd}是 Cd 的分压，N_{A}是阿伏伽德罗常量，R 是气体常数，T 是温度，$h_{\mathrm{V}}/h_{\mathrm{L}}$是安瓿中溶体上方自由高度 h_{V} 和溶体高度 h_{L} 的比值。当生长温度在 1100℃时，Cd 分压大约为 10^5Pa(Lorentz　1962)，则由 Cd 损失引起的 Te 过量 $N_{\mathrm{Te}}=5\times10^{18}\dfrac{h_{\mathrm{V}}}{h_{\mathrm{L}}}\mathrm{cm}^{-3}$。当 Te 过量浓度在 10^{18}~$10^{19}\mathrm{cm}^{-3}$之间，溶体组分的这些变化已不能不予考虑。Te 沉淀，溶体法生长的 CdZnTe 晶体，在高温生长时处于富 Te 相区，晶体中的 Te 超过化学计量比，多余的 Te 主要以 Cd 空位的形式固溶于晶体中，处于平衡态。当晶体冷却时，富 Te 相收缩，Te 的固溶度降低，过饱和的 Te 就沉淀出来。

Te 沉淀与 Te 夹杂是有区别的。通常人们并不去区别夹杂还是沉淀。许多观察到的微粒都被不正确的归类于沉淀。然而，随着 Zanio(Zanio　1978)首先区分夹杂和沉淀，Rudolph 等(1993)精确地区分了夹杂和沉淀。根据研究，夹杂来源于形态不稳定的结晶前沿的溶液微滴，位置经常出现在晶界的凹角、穿过界面的孪晶以及容器器壁与晶体的接触处。夹杂浓度决定于生长速率(Rudolph et al. 1995)。相反，沉淀的形成是在原生晶体冷却时，由于非化学配比的固体组分中原生点缺陷的倒溶解度(retrograde solubility)，导致组分凝聚。分析区别这两种微粒是困难的，因为它们存在于同一基体中。但是，通过高分辨率透射电镜和形成时间的估算(Rai et al.　1991, Rudolph et al.　1993)，沉淀的大小不超过 10~30nm。而那些尺寸大于 1μm 的微粒能被红外显微镜观察到，是夹杂物。

假设 CdTe 基材料中的 Te 沉淀/夹杂是球形分布的，则晶体内 Te 的总过量浓度为(Rudolph et al.　1993)

$$N_{\mathrm{Te}}=\frac{4\pi\rho_{\mathrm{Te}}N_{\mathrm{A}}}{3A_{\mathrm{Te}}}\sum_{i}r_i^3\rho_i \tag{2.151}$$

式中：N_{A}是阿伏伽德罗常量，r_i 和ρ_i 分别是沉淀或夹杂的半径和密度，A_{Te}是 Te

的相对原子质量，ρ_{Te}是 Te 质量密度，下标 i 表示不同的粒子直径。

Te 沉淀也可以用差示扫描量热法(DSC)来测量研究。其基本原理是，通过把热量输给样品或参比物以保持样品温度与参比物(或炉子均温块)的温度相等，并记录保持这些等温条件所需的热量随时间或温度的变化关系。DSC 曲线以热流率$\left(\frac{dH}{dt}\right)$为纵坐标，时间或温度为横坐标，而记录的变化关系。在曲线上会出现一些吸热或放热峰。在温度轴或时间轴上的峰的位置、形状和数目与物质的性质有关，故可用来定性地表征和鉴定物质。而峰的面积与反应热焓有关，故可用来定量的估计参与反应的物质的量或测定热化学参数。Burger 等(1990)首先用 DSC 研究了 HgI_2 单晶中不均匀区域形成过程，发现 DSC 能灵敏的确定碘沉淀。Jayatirtha 等(1993)则用 DSC 分析了未掺杂和掺 Cl 的 CdTe 材料，不但确定了 Te 沉淀相的存在，而且作了定量分析。

CdZnTe 样品 DSC 曲线，在对应于纯 Te 熔点处，若出现吸热峰，便可定性的确定 CdZnTe 晶体中存在 Te 沉淀相，同时计算此吸热峰的熔化热 ΔH_f 与纯 Te 熔化热 ΔH_f^0 之比，即得到 CdZnTe 样品中的 Te 含量

$$w_{\mathrm{Te}} = \frac{\Delta H_f}{\Delta H_f^0} \quad (\mathrm{w}) \tag{2.152}$$

通常，夹杂的分布是不均匀的，集中在小角晶界和孪晶界上。由于组分过冷，导致生长界面呈胞状，形成小角晶界。在这些区域，溶液滴最易聚集。而在生长界面后的多边化，则导致了亚晶界的存在。在这种情况下，晶界处的沉淀相可以认为是溶液滴和多余原子迁移、扩散到这些低能量位置的结果。这些大尺寸夹杂与周围基体没有一个明晰的轮廓，但存在可分辨的边界。这是因为溶体中富 Te 溶滴从扩散界面层分离出来，并聚集在生长界面上那些不稳定位置。在长晶过程中，它们滞留在 CdZnTe 闪锌矿结构两相邻的{111}面内(Rudolph et al. 1995)(图 2.49)。当锭条冷却时，晶体处于近均匀温场(低温度梯度)，由于富 Te 溶体产生过饱和度，在趋向溶液滴中心，导致准对称性结晶。在 450℃附近，得到的结晶体包括共晶体，其组分几乎完全是 Te。当然，在{111}面上凹面生长变慢的同时，角隅处仍在生长，结果使大量的小溶液滴形成，即在 Te 夹杂周围造成一模糊的轮廓。

晶体中的 Te 沉淀/夹杂也可以采用红外显微镜和透射电镜来观察，并可以研究退火前后沉淀相尺寸大小的变化和密度的变化，从而总结出最佳退火条件来。由于 Te 沉淀对红外光的散射作用，会影响到样品的红外透射光谱，所以从红外透射光谱也可看出 Te 沉淀的多少，以及退火工艺对改善晶体质量的作用。图 2.50 即可看出 CdZnTe 晶片退火前后的红外透射曲线。

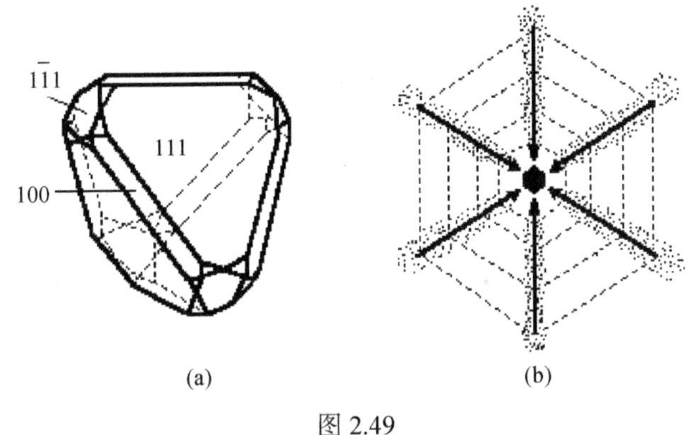

图 2.49

(a) 夹杂周围的四面基体形状；(b) 过饱和溶滴的结晶过程

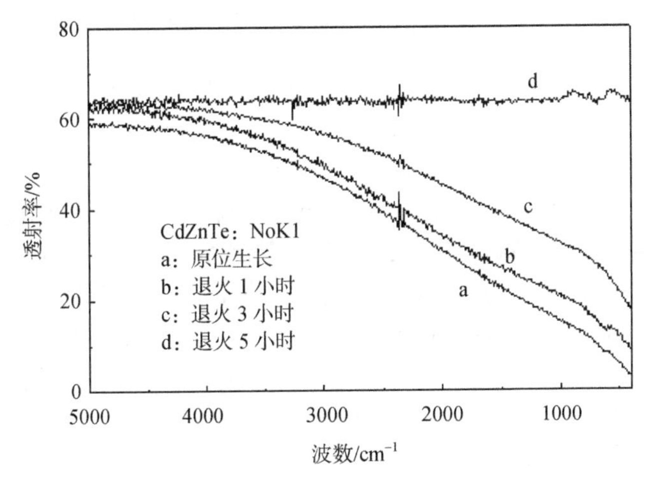

图 2.50　第二类 CdZnTe 晶片退火前后的红外透射曲线

晶片中的沉淀物或夹杂物还可以采用 Rutherford 背散射谱(RBS)来分析。Rutherford 背散射谱(RBS)是一种 70 年代发展起来的分析表面特性的方法(Winton et al.　1994，Strong et al.　1986)。用一束能贯穿到被研究材料中的高能离子束轰击试样表面，倘若样品是单晶，则入射离子束在受碰撞前能沿着原子列之间的构道行进一段较大的距离，于是散射离子数也将大大减少。如果样品不是完整晶体，则被散射的离子会很多。假定随机分析时探测到的散射离子数为 N_R，构道分析时测得的散射离子数为 N_C，则其比值 $\chi=\dfrac{N_C}{N_R}$ 可用以表征晶体质量，χ愈小材料的单晶程度愈高。 图 2.51 为某 CdZnTe 样品退火前后的 Rutherford 背散射曲线，退火样品的沟道谱，是在样品表面仔细磨去 100μm 后测得的。结果显示，退火后的晶体质量好于退火前的，即：$\chi_{\text{annealed}}(\approx 0.06)<\chi_{\text{as-grown}}(\approx 0.14)$。

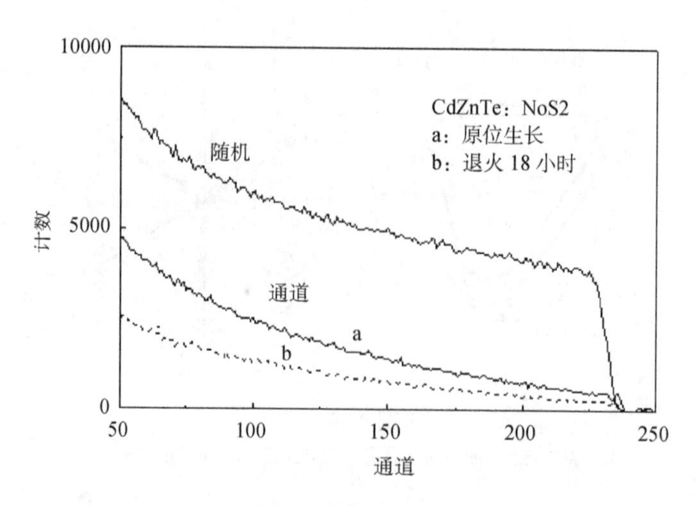

图 2.51　CdZnTe 样品退火前后的 Rutherford 背散射曲线

退火能基本消除 Te 夹杂，或使 Te 沉淀的尺寸变小，但不能完全去除 Te 微沉淀。关于消除 Te 沉淀相的退火机理，目前还不十分清楚。Vydyanath 等(1992)提出了在温度梯度中 Te 热迁移和金属气相在固态中内扩散这两种机制来解释，并认为 Te 热迁移能有效的去除 Te 夹杂(>5μm)，金属气相扩散进固态是消除 Te 沉淀(<1μm)所必需的。实验结果显示，去除 Te 沉淀比去除 Te 夹杂困难。若用 Te 热迁移机制解释，则在 Te 热迁移过程中，Te 微沉淀的表面张力效应阻止了它们的热迁移。Anthony 和 Cline(Anthony et al.　1971，1972)在研究 KCl 中的溶液的热迁移时，已证明了这一点。考虑金属气相内扩散机制，要完全消除晶体中的 Te 沉淀，需要更长的退火时间。有关退火机理的实验研究可参阅文献(Vydyanath et al. 1993，Bronner et al.　1987，王珏　1989)。

2.5.4 Hg 空位

$Hg_{1-x}Cd_xTe$ 晶体中的偏离化学比的点缺陷对晶体的电学性质有重要的影响。由于 Hg 元素比 Cd、Te 元素容易挥发，人们就通过对晶体中 Hg 空位或 Hg 间隙的控制来调整晶体的电学性质(Vydyanath et al.　1992，1981)。

在对 $Hg_{1-x}Cd_xTe$ 进行热处理时，晶体内部的 Hg 间隙和 Hg 空位在其处理温度下达到平衡，并通过电学性质表现出来。此时，假设 Frenkel 缺陷起主要作用，则根据质量作用定理，可以写出如下关系式：

$$I_{\rm Hg}V_{\rm Hg} = k_{\rm F} \tag{2.153}$$

$$I_{\rm Hg} = k_{\rm i}P_{\rm Hg} \tag{2.154}$$

式中：$I_{\rm Hg}$ 和 $V_{\rm Hg}$ 分别为晶体中的 Hg 间隙浓度和 Hg 空位浓度；$P_{\rm Hg}$ 是热处理时样

品周围的 Hg 蒸气压；k_F、k_i 是平衡常数，其与温度 T 的关系为(Rodot et al. 1964, Yang et al. 1985)

$$k_F = a_F T^3 \exp(-E_F / k_B T) \tag{2.155}$$

$$k_i = a_i T^3 \exp(-E_i / k_B T) \tag{2.156}$$

式中：a_F、a_i 为与晶格振动相关的常数，E_F、E_i 为激活能。a_F、a_i、E_F、E_i 的具体数值可结合测量结果获得。

当 $Hg_{1-x}Cd_xTe$ 样品本征时，$V_{Hg} = I_{Hg}$，这样就有

$$p_{Hg}^0 = \frac{\sqrt{k_F}}{k_i} \tag{2.157}$$

该式给出了当热处理温度为 T 时，等浓度线上某一点对应的 Hg 蒸气压 p_{Hg}^0。由 k_F、k_i 的具体数值，可得等浓度线的解析表达式为(Vydyanath et al. 1981b)

$$p_{Hg}^0 = 1.32 \times 10^5 \exp\left(-\frac{0.635eV}{k_B T}\right) \quad (\text{atm}) \tag{2.158}$$

图 2.52 给出了 $Hg_{0.8}Cd_{0.2}Te$ 液相外延薄膜样品的热处理相图和等空穴浓度线。由图可见，选定一个退火温度，当 Hg 压增高时，Hg 空位浓度减少；选定一个汞压，退火温度低，Hg 空位浓度也低。

对于分子束外延的 HgCdTe 薄膜，n 型材料热处理是在 Hg 的饱和蒸气压中、在密闭的石英管内，250℃下，48 小时。对于长波的 n 型 HgCdTe 在 77K 电子浓度为 $2\text{~}10 \times 10^{14}\text{cm}^{-3}$，迁移率大于 $6 \times 10^4\text{cm}^2/\text{V}.$。对于 p 型材料热处理可以利用 MBE 超真空环境下进行原位热处理，在 77K 下可得载流子浓度 $0.5\text{~}2 \times 10^{14}\text{cm}^{-3}$，空穴迁移率 $600\text{cm}^2/(\text{V} \cdot \text{s})$。

生长 $Hg_{1-x}Cd_xTe$ 液相外延薄膜的目的是为了制备高性能的 n-p 光伏型红外焦平面探测器列阵。器件要求 $Hg_{1-x}Cd_xTe$ 材料为弱 p 型，载流子浓度为 10^{16}cm^{-3} 量级，迁移率尽量高。但用液相外延工艺生长的 $Hg_{1-x}Cd_xTe$ 薄膜多为强 p 型，其空穴浓度 $p>10^{17}\text{cm}^{-3}$。为此，必须对原生 LPE 外延薄膜进行退火处理。根据图 2.52 的热处理相图，用原位退火的方法 (即退火在生长炉内进行)对原生 LPE 薄膜进行了退火处理。考虑到样品内部存在剩余施主浓度(约 10^{15}cm^{-3} 量级)，退火时 Hg 压过高会使样品混合导电现象加重，难以得到 p 型载流子浓度和迁移率的准确数值。因此合理的退火条件是：对 $x = 0.23$ 的 $Hg_{1-x}Cd_xTe$ 样品温度：380℃；Hg 源温度：360℃；退火时间：6 小时。通过这样的退火处理，样品的 p 型载流子浓度为 $(0.5\text{~}6) \times 10^{16}\text{cm}^{-3}$，迁移率可达 $300\text{cm}^2/\text{V} \cdot \text{s}$。

采用材料热处理方法可以对碲镉汞材料中的汞空位浓度进行调整和控制。关于n型材料的热处理工艺和p型夹心对n型材料电学参数的影响及其规律可以参考文献(肖继荣　1981，1995；杨建荣　1990)。改进工艺，控制汞空位浓度也是获取 p 型碲镉汞材料的一种常用方法，杨建荣等(1985)从实验上确定了汞空位浓度和热处理温度和汞源温度之间的对应关系，并从理论上推导了这一关系的解析表达式。

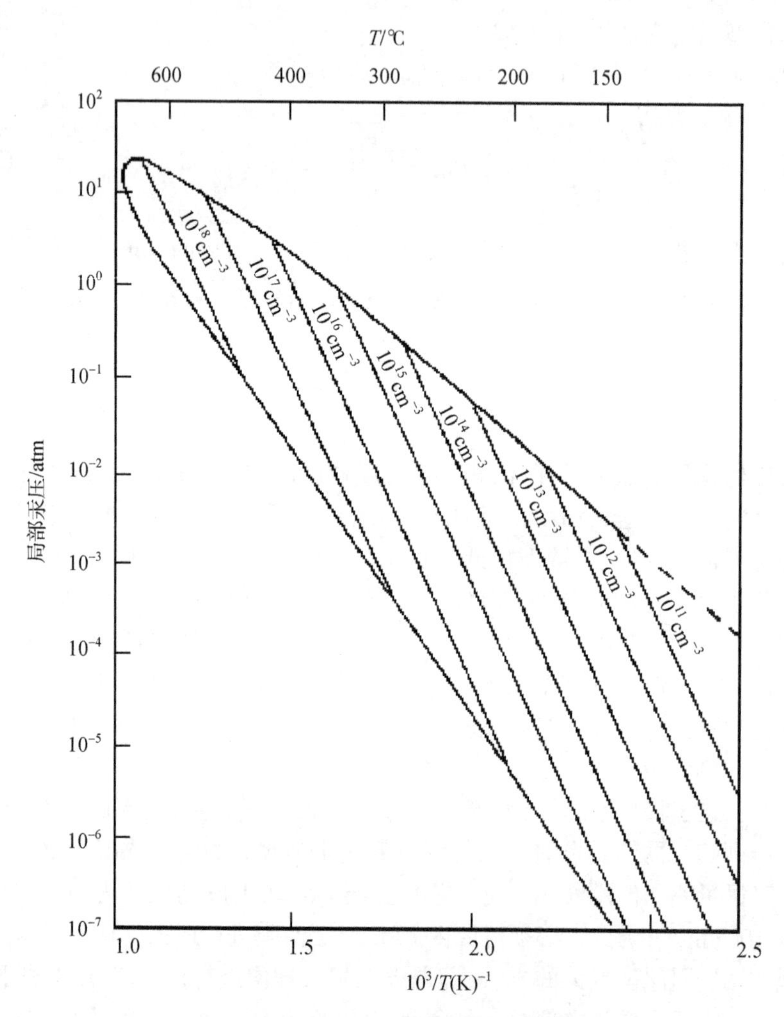

图 2.52　$Hg_{0.8}Cd_{0.2}Te$ 液相外延薄膜样品的热处理相图和空穴等浓度线。样品温度在 150℃~655℃范围内变化

对于外延材料，由于传统的热处理技术会影响材料表面，所以通常利用宽带材料(CdTe 或 ZnS)覆盖碲镉汞外延材料表面再进行 p 型热处理，可以有效的控制外延材料汞空位浓度。利用生长系统进行材料原位退火处理，可更加有效的控制

外延材料的汞空位浓度(杨建荣等 1998, 2001)。这种方法的缺点是由于两种材料之间热膨胀系数的差异，热处理过程中会引入失配位错。另一种方法是利用 HgTe 粉末作为源的开管式热处理技术，该技术对材料汞空位浓度的控制能力和宽带覆盖层热处理技术一样的有效(杨建荣等 2001)。

关于外延材料的 n 型热处理技术，需要采用汞饱和条件下的开管热处理方法(陈新强等 1997)。高温热处理技术还被用来进行降低材料位错密度，并需要减轻对材料表面的影响，读者可以参考文献(杜庆红等 1995, 于美芳等 1999，杨建荣等 1997)。

参 考 文 献

陈新强, 褚君浩, 张恕明等. 1993. 垂直浸渍液相外延 $Hg_{1-x}Cd_xTe$ 的生长及性能. 功能材料, 24: 231~237

陈新强等. 开管汞自密封的碲镉汞材料 n 型热处理装置. ZL 97 106610.8

杜庆红, 何力, 袁诗鑫. 1995. 半导体学报. 16:182

方俊鑫, 陆栋. 1980.固体物理学. 上海：上海科学技术出版社. 61

金刚. 1981. 红外物理和技术. 5: 80

李标. 1996. 博士学位论文. 上海技术物理研究所

闵乃本. 1982. 晶体生长的物理基础. 上海：上海科学技术出版社. 17

沈杰, 陈建中, 汤定元. 1981. 科学通报. 10:593

沈杰, 李捍东, 陈建中等. 1976. 淬火-固态再结晶法制备碲镉汞晶体. 红外物理与技术. 4~5:11

王珏. 1989. 博士学位论文. 上海技术物理研究所

王善力. 1996. 博士学位论文. 上海技术物理研究所

肖继荣. 1981. 碲镉汞中的复合缺陷. 研究报告. 上海技术物理研究所

肖继荣. 1995. 碲镉汞晶体中复合缺陷的热处理消除方法. 中国科学院鉴定报告

杨建荣,俞振中,刘激鸣等. 1990. 红外研究. 9:351

杨建荣. 1997. 碲镉汞材料高温热处理方法. ZL 97 106663.9

杨建荣等. 1998. 碲镉汞分子束外延材料的真空热处理方法. ZL98 111054.1

杨建荣等. 2001. 开管式碲镉汞外延材料热处理方法. ZL01131924.0

于福聚. 1979. $Hg_{0.8}Cd_{0.2}Te$ 晶体 X 射线粉末衍射峰的数据标定. 红外物理与技术. 5:45

于美芳等. 1999. 半导体学报. 20:378

俞振中, 金刚, 陈新强等. 1980. 物理学报. 29:1

俞振中. 1984. 窄禁带半导体材料. 上海技术物理研究所

朱基千. 1997. 博士学位论文. 上海技术物理研究所

Akutagawa W, Zanio K. 1971. J. Cryst. Growth. 11: 191

Alerovitz S A, Bu-Abbud G H, Woollam J A et al. 1983. J.Appl.Phys. 54:1559

Amingual D. 1991. SPIE. 1512: 40~51

Anthony T R, Cline H E. 1971. J. Appl. Phys. 42: 3380

Anthony T R, Cline H E. 1972. J. Appl. Phys. 43: 2473

Arias J M et al. 1994b. Proc.SPIE. 2274:2

Arias J M et al.1993. J.Electron.Mater. 22:1049

Arias J M, Pasko J G, Zandian M, Kozlowski L J et al. 1994a. J.Opt.Engineering. 33:1422

Asahi T, Oda O, Taniguchi Y et al. 1995. J. Cryst. Growth. 149: 23

Aspnes D E et al. 1983. J.Appl.Phys. 54:7132

Aspnes D E, Kelso S M, Logan R A, Bhat R. 1986. J.Appl.Phys. 60:754

Astles M G, Blackmore G, Steward V et al. 1987. J. Cryst. Growth. 80: 1

Astles M G, Shaw N, Blackmore G. 1993. Semicond. Sci. Technol. 8: S211
Astles M, Hill H, Blackmore G et al. 1988. J. Cryst. Growth. 91: 1
Basson J H, Booyens H. 1983. Phys. Stat. Sol. (a). 80: 663
Bell S L, Sen S. 1985. J. Vac. Sci. Technol. A. 3: 112
Benson J D, Cornfeld A B, Martinka M et al. 1996. J.Electr.Mater. 25:1406
Bernardi S, Bocchi C, Ferrari C et al. 1991. J. Cryst. Growth. 113: 53
Berry J A, Sangha S P S, Hyliands M J.1986. SPIE. 659: 115
Bevan M J,Duncan W M,Weatphal G N et al. 1996. J.Electr.Mater. 125:1371
Blair J, Newnham R. 1961. In: Metallurgy of Elemental and Compound Semiconductors. Vol 12. New York: Inter Science, 393
Bostrup G, Hess K L, Ellsworth J et al. 2001. J. Electronic Mater. 30:560
Bowers J E, Schmit J L, Speerschneicder C J et al. 1980. IEEE, Transaactions on Electron Devices. ED-27: 24
Brebrick R F, Su Ching-Hua, Liao Pok-Kai. 1983. Associated solution model for Ga-In-Sb and Hg-Cd-Te. In: Willardson R K, Beer A C ed. Semiconductors and Semimetals, Vol 19. London:Academi Press. 171
Brebrick R F. J. Electrochem. Soc., 1971. 118(12): 2014~2020
Brice J C. 1986. Prog. Crystal Growth and Charact. 13: 39
Bridgman P W. 1925. Proc.Am.Acad. Arts Sci. 60:305
Brill G, Velicus, Boieriu P et al. 2001. J. Electron. Mater. 30:717
Bronner G B, Plummer J D. 1987. J. Appl. Phys. 61: 5286
Brown M, Willoughby A F W. 1982. J. Cryst. Growth. 59: 27
Brunet P, Katty A, Schneider D et al. 1993. Mater. Sci. Eng. B. 16: 44
Buck P, Nitsche R. Sublimation 1980. J. Cryst. Growth. 48: 29
Burger A, Morgan S. 1990. J. Cryst. Growth. 99:988
Burton J A, Prim R C, Slichter W P. 1953. J. Chem. Phys. 21: 1987
Butler J F, Doty F P, Apotovsky B et al. 1993. Mater. Sci. Eng. B. 16: 290
Capper P, Harris J H, O'Keefe E et al. 1993. Mater. Sci. Eng. B. 16: 29
Capper P. 1994. Annealing of epitaxial HgCdTe. In: Capper P ed. Properties of Narrow Gap Cadmium-based Compounds, London: INSPEC, the Institution of Electrical Engineers. 152
Capper P. A 1991. J. Vac. Sci. Technol. B. 9: 1667
Caroline H, Macgillavry, Rieck G D. 1962. International Tables for X-Ray Crystallography, Vol III. Physical and Chemical Tables. Birmingham, England: The Kynoch Press. 210
Castro C A, Tregilgas J H. 1988. J. Cryst. Growth. 86: 138
Chandra D, Tregilgas J H, Goodwin M W. 1991. Dislocation density variations in HgCdTe films grown by dipping liquid phase epitaxy: Effects on metal-insulator-semiconductor properties. J. Vac. Sci. Technol. B. 9: 1852
Charlton DE. 1982. J. Crystal Growth. 59:98
Cheng D T. 1985. J. Vac. Sci. Technol. A. 3: 128
Cheuvart P, El-Hanani U, Schneider D et al. 1990. J. Cryst. Growth. 101: 270
Chiang C D, Wu T B, Ghung W C et al. 1988. J. Cryst. Growth. 87: 161
Chiang C D, Wu T B. 1989. J. Cryst. Growth. 94: 499
Coriell S R et al. 1976. J.Crystal Growth. 32:1
Czochralski J, 1917. Z.Phys.Chem. 92: 219
Daruhaus R, Vimts G. 1983. The Properties and applications of the $Hg_{1-x}Cd_xTe$ Alloy System, in Narrow Gap Semiconductors. In: Springer Tracts in Modern Physics. Vol 98. Springer. 119
de Lyon T T, Rajavel R D, Jensen J E et al. 1996. J. Electron. Mater. 25:1341
Delyon T J, Wu O K et al. 1996. J.Electr.Mater.25:1341
Demay Y, Gailliard J P, Medina P. 1987. J.Crystal Growth. 81:97
Destefanis G L. 1988. J. Cryst. Growth. 86: 700~722

Djuric Z, Jovic V, Djinovic Z et al. 1991. J. Mater. Sci. Mater. in Electron. 2: 63
Doty F P, Buther J F, Schetzina J F et al. 1992. J. Vac. Sci. Technol. B. 10:1418
Dunn C G, Koch E F. 1957. Acta Metall. 5: 548
Durose K, Russell G J. 1988. J. Cryst. Growth. 86: 471
Durose K, Turnbull A, Brown P. 1993. Mater. Sci. Eng. B. 16:96
Edwall D D, Gertner E R, Tennant W E. 1984. J. Appl. Phys. 55:1453
Faurie J P, Million A.1981. J.Cryst.Growth. 154:582
Fiorito G, Gaspavvini G, Passoni D. 1978. J. Electrochem. Soc. 125:315
Gartner K J et al. 1972. J.Crystal Growth. 13/14:619
Ge Yu-Ru, Wiedemeier H. 1994. J. Electron. Mater. 23: 1221
Geibel C, Maier H, Ziegler J. 1986. SPIE, Materials Technologies for IR Detectors. 659: 110
Golacki Z, Gorska M, Makowski J et al. 1982. J. Cryst.Growth. 56: 213
Harman T C. 1972. J. Electron. Mater. 2:230
Harman T C. 1979. J. Electron. Mater. 8:191
Harman T C. 1980. J. Electron. Mater. 9: 945
Harman T C. 1981. J. Electron. Mater. 10: 1069
Harman T C. 1993. J. Electron. Mater. 22: 1165
Hartley R H, Folkard M A et al. 1992. J.Crystal Growth. 117:166
He L, Wu Y, Wang S et al. 2000. SPIE. 4086:311
He L, Yang J R, Wang S L et al. 1998. SPIE. 3553:13
Herman M A, Pessa. 1985. J. Appl. Phys. 57: 2671
Herman M A, Sitter H. 1996. Molecular Beam Epitaxy-Fundamentals and Current Status. Berlin: Springer-Verlag
Herning P E. 1984. J. Electron. Mater. 13: 1
Hsieh J J. 1974. J. Cryst. Growth. 27: 49
Hurle D T J. 1969. J. Cryst. Growth. 5: 162
James R W. The Optical Principles of the Diffraction in Crystals. New York:Wiley, 1954: 59
Jayatirtha H. N, Henderson D. O., Burger A. 1993. Appl. Phys. Lett. 62:573
Johnson S M, Kalisher MH, Ahlgren W L et al. 1990. Appl.Phys.Lett. 56:946
Johnson S M,Avigil J et al.1993. J.Electr.Maters. 22:83
Jones C E, James K, Merz J et al. 1985. J. Vac. Sci. Technol. A. 3: 131
Kalisher M H, Herning P E, Tung T. 1994. Prog. Crystal Growth. 29:41
Khan A A, Allred W P, Dean B et al. 1986. J. Electron. Mater. 15:181
Konnikov S G et al. 1975a. Phys. Stat. Solidi (a). 27:43
Konnikov S G. 1975b. US Patent 3,902,924
Koppel P, Owens K E, Longshore R E. 1989. SPIE. 1106: 70
Lanir M, Wang C C, Vanderwyck A H B. 1979. Appl. Phys. Lett. 34: 50
Lay K Y, Nichols D, McDevitt S et al. 1988. J. Cryst. Growth. 86: 118
Li B, Chu J H, Chen X Q et al. 1995. J. Cryst. Growth. 148: 41
Long D, Schmit J L. 1970. Mercury-cadmium telluride and closely related alloys. In: Willardson R K, Beer A C, ed. Semiconductors and semimetal, Vol 5. London: Academic Press. 175
Lorentz M R. 1962. J. Phys. Chem. Solids. 23:939
Lu Y -C, Shiau J -J, Fiegelson R S et at. 1990. J. Cryst. Growth. 102: 807
Maracas G N, Edwards J L,Shiralagi K et al. 1992. J.Vac.Sci.Technol.A. 10:1832
Matthews J W. 1975. Coherent interfaces and misfit dislocations. In: Matthews J W, ed. Epitaxial Growth. Part B. London: Academiac Press. 559
Merkel K G, Snyder P G, Woollam J A et al. 1989. Jpn. J.Appl.Phys. 28:133
Mroczkowski J A, Vydyanath H R. 1981. J. Electrochem. Soc. 128: 655

Muhlberg M, Rudolph P, Genzel C et al. 1990. J. Cryst. Growth. 101: 275
Mullins W W, Sekerka R F. 1964. J. Appl. Phys. 35: 444
Muranevich A, Roitberg M, Finkman E. 1983. J. Cryst. Growth. 64: 285
Nagahama K, Ohkata R, Nishitani K et al. 1984. J. Electron. Mater. 13: 67
Nelson D A et al. 1980. SPIE. 225:48
Nemirovsky Y, Margalit S, Finkman E et al. 1982. J. Electron. Mater. 11: 133
Nouruzi-Khorasani A, Jones I P, Dobson P S et al. 1989. J. Cryst. Growth. 96: 348
Okane D F et al. 1972. J.Crystal Growth 13/14:624
Orioff G J et al. 1994. J.Vac.Sci.Technol.A. 12:1252
Panish M B.1970. J. Electrochem. Soc. 117:1202
Parker S G, Weirauch D F, Chandra D. 1988. J. Cryst. Growth. 86: 173
Parthier L, Boeck T, Winkler M et al. 1991. Behaviour of impurities in (Hg,Cd)Te layers grown by LPE. Crystal Properties and Prepartion. 32~34: 294
Pautrat J L,Hadji E, Bleuse J, Magnea N. 1996. J.Electr.Mater. 25:1388
Pfeiffer M, Muhlberg M. 1992. J. Cryst. Growth. 118: 269
Pultz G N, Norton P W, Krueger E E et al. 1991. Growth and characterization of p-on-n HgCdTe liquid-phase epitaxy heterojunction material for 11-18μm applications, J. Vac. Sci. Technol. B. 9: 1724
Qadri S B, Dinan J H. 1985. Appl. Phys. Lett. 47: 1066
Rai R S, Mahajan S. 1991. J. Vac. Sci. Technol. B. 9:1892
Rodot H. 1964. J. Phys. Chem. Solids. 25: 85
Rudolph P, Engel A, Schentke A. 1995. J. Cryst. Growth. 147:297
Rudolph P, Neubert M, Muhlberg M. 1993. J. Cryst. Growth. 128:582
Schaaka H F, Tregilgas J H, Beck J D et al. 1985. J. Vac. Sci. Technol. A. 3: 143
Scheel H J, Elwell D. 1973. J. Electrochem. Soc. 120: 818
Schwartz J P, Tung T, Brebrick R F. 1981. J. Electrochem. Soc. 128: 438
Smith D L,Pickhardt V Y. 1975. J.Appl.Phys. 46:2366
Snyder P G, Woollam J A et al. 1990. J.Appl.Phys. 68:5925
Steiningel J. 1976. J. Electronic Materials. 5:299
Steininger J, Strauss A J, Brebrick R F. 1970. J. Electrochem. Soc. 117: 1305
Steininger J. 1970. J. Appl. Phys. 41, 21
Stockbarger D C. 1936. Rev.Sci.Instrum. 7:133
Strong R L, Anthony J M, Gnade B E et al. 1986. J. Vac. Sci. Technol. A. 4: 1992
Suh S H, Stervenon D A. 1988. J. Vac. Sci. Technol. A. 6: 1
Swink L N, Brud M J. 1970. Matall. Trans. 1:629
Szofran F R, Lehoczky S L. 1981. J. Electron. Mater. 10: 1131
Takami A, Kawazu Z, Takiguchi T et al. 1992. J. Cryst. Growth. 117: 16
Tennaut W E et al. 1992. J. Vac. Sci. Technol. B. 10:1359
Tranchart J C, Latorre B, Foucher C et al. 1985. J. Cryst. Growth. 72: 468
Triboulet R and Marfaing Y. 1981. J. Cryst. Growth. 51: 89~96
Tung T, Golonka L, Brebrick R F. 1981a. J. Electrochem. Soc. 128: 1601
Tung T, Golonka L, Brebrick R F. 1981b. J. Electrochem. Soc. 128: 451
Tung T, Kalisher M H, Stevens A P et al. 1987. In: Farrow R F C, Schetzina J F, Cheung J T. ed. Materials for Infrared Detectors and Sources. Mater. Res. Soc. Symp. Proc. Vol. 90, Pittsburgh: Mater. Res. Soc. 321
Tung T, Su Ching-Hua, Liao Pok-Kai et al. 1982. J. Vac. Sci. Technol. 21: 117
Tung T. 1988. J. Cryst. Growth. 86: 161
US Patent. 3:902~924
Ueda R et al. 1972. J. Crystal Growth. 13/14:668

Varesi J B, Bornfreund R E, Childs A C et al. 2001. J. Electron. Mater. 30:566
Verleur H W, Barker Jr. A S. 1966. Phys. Rev. B. 149: 71
Vojdani S et al. 1974. J.Crystal Growth. 24/25: 374
Vydyanath H R, Ellsworth J A, Devaney C M. 1987. J. Electron. Mater. 16: 13
Vydyanath H R, Ellsworth J A, Parkinson J B et al. 1993. J. Electron. Mater. 22: 1073
Vydyanath H R, Ellsworth J, Kennedy J J et al. 1992. J. Vac. Sci. Technol. B. 10: 1476
Vydyanath H R, Hiner C H. 1989. J. Appl. Phys. 65: 3080
Vydyanath H R. 1981a. J. Electrochem. Soc. 128: 2609
Vydyanath H R. 1981b. J. Electrochem. Soc. 128: 2619
Wan C F, Weirauch D F, Korenstein R et al. 1986. J. Electron. Mater. 15: 151
Wan C F. 1987. J. Cryst. Growth. 80: 270
Wang C C, Shin S H, Chu M et al. 1980. J. Electrochem. Soc. 127: 175
Wermke A, Boeck T, Gobel T et al. 1992. J. Cryst. Growth. 121: 571
Winkler M, Teubner T, Jacobs K. 1991. Crystal Properties and Preparation. 36~38: 218
Winton G H, Faraone L, Lamb R. 1994. J. Vac. Sci. Technol. A. 12: 35
Wood R A, Hager R J. 1983. Horizontal slider LPE of (Hg, Cd)Te. J. Vac. Sci. Technol. A. 1: 1608
Wood R A, Schmit J L, Chung H K et al. 1985. J. Vac. Sci. Technol. A. 3: 93
Woolley J C, Ray B. 1960. J.Phys. Chem. Solids. 13:151
Wu O K. 1993. Mat. Res. Soc. Symp. Proc. 302:423
Yang J R, Chen X Q, He L. 2002. SPIE. 4795:76
Yang Jianrong, Yu Zhenzhong, Tang Dingyuan. 1985. J. Cryst. Growth. 72: 275
Yasumura K, Murakami T, Suita M et al. 1992. J. Cryst. Growth. 117: 20
Yellin N, Eger D, Shachna A. 1982. J. Cryst. Growth. 60: 343
Yuan S X, He L, Yu J B et al. 1991. Appl. Phys. Lett. 58:914
Zanio K. 1978. Semiconductors and Semimetals. New York: Academic Press. 13:125
Zhu J, Chu J Li B et al. 1997. J. Cryst. Growth. 117:61

第3章 能 带 结 构

3.1 能带结构的简要描述

3.1.1 能带理论的基本方法

半导体晶体由大量原子组成，原子又分成原子核和电子，如果能写出这个多体问题的薛定谔方程并求解，便可获得电子态结构和性质。半导体能带理论把这个多体问题化为单电子问题。先是采用绝热近似，把离子团的运动与价电子的运动分开，把多体问题转换为多电子问题；然后由哈特利-福克自洽场方法，把电子看作是在固定离子势场和其他电子平均场里，多电子问题转化为单电子问题。再假定所有的离子势场与基态电子平均场是周期性势场，于是问题就成为周期场中的单电子运动问题。

对于三维周期场中的单电子问题可采用多种条件近似方法，一般假定晶体电子态的波函数为某种形式的布洛赫函数集合的展开式，然后代入薛定谔方程，联立展开式的系数所必须满足的久期方程，便可求得能量本征值，再算得各个能量本征值所对应的态函数展开式的系数。这是半导体能带理论计算的基本框架，不同的计算方法就在于选取不同的布洛赫函数集合以及处理势场的不同。

计算固体能带的方法有正交化平面波方法(OPW)、紧束缚方法、缀加平面波方法(APW)和格林函数(KKR)方法、赝势方法和 $\boldsymbol{k}\cdot\boldsymbol{p}$ 微扰方法等。这些方法在固体物理书中有很完善的描述(谢希德 陆栋 1998)。

正交平面波方法(Herring 1940)是利用一种简单的方法把价带和导带电子态用平面波展开。展开波函数的基为一组与本征能量波函数正交的平面波。所以此方法叫做正交平面波方法(OPW)。此方法克服了描述原子核附近急剧变化的波函数的困难。用类似的方法可组合归一化的 OPW 函数描述布里渊区里对称点的平面波。形成晶体空间群不可约表示的基函数。

缀加平面波(APW)方法是利用一种所谓 Muffin-Tin 势，如图 3.1 所示，它由离子位置中心处球对称的势的部分加上间隙部分常数势部分组成，在球对称势里一个电子的运动的薛定谔方程可以在球极坐标解出。缀加平面波等同于在球形势对称区域以外的平面波，该方法的名字也由此而来，它是球简谐解与球对称势中径向函数的乘积的线性组合。选择适当的参数来符合可接受的波函数的需要，在球对称势的极限时，两个区域的波函数必须在数值上和它们的对数微分上匹配，此方法最初由 Slater(1937)提出，后来计算机技术的发展，可以方便的应用到计算中去。APW 函数的数目依赖于晶体结构以及所涉及能带的类型。通常 s 和 p 带比较快收敛，而 d 带较慢收敛。

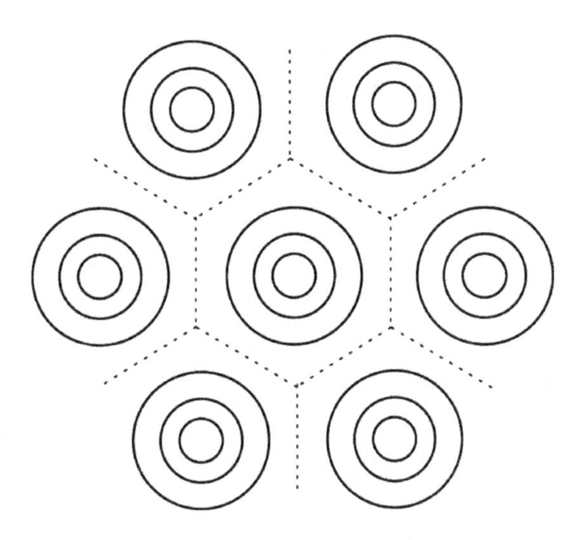

图 3.1　Muffin-tin 势示意图

格林函数方法，也叫(KKR)方法(Korringa, Kohn and Rostoker)。此方法也是假定 Muttin-Tin 势再在球对称势区域以外带一个常数势。波函数设想为被势本身所散射。所以 Korringa(1947)把波函数分成进入和出来两个分量。Kohn 和 Rostoker(1954)引入一种积分方程的方法。此积分写为对所有的 Muffin-Tin 球项的求和，然后再变换成对围绕原点的 Muffin-Tin 球的积分。它实际上非常类似于 APW 方法。在 KKR 方法中必须对所有倒格矢求和，于是可以得到来自不同的球谐振函数的贡献的久期方程。

赝势方法是用一个有效势来代替真实势。对于一些晶体来说，计算 Muffin-tin 势的分布特别繁杂。一种取代的方法是原子势用一个弱势来代替，对导带电子来说，它具有 KKR 方法情况中同样的离散振幅。这是所谓经验赝势方法。

$\boldsymbol{k}\cdot\boldsymbol{p}$ 方法是利用微扰理论并结合晶体对称性的要求来研究波函数，获得在 $\boldsymbol{k}$ 空间某些特殊对称点附近的能带结构。这种方法能利用实验得到的有限参数，如 E_g、m^*等，去确定能带结构公式中的待定系数，从而确定能带的结构表达式。

$\boldsymbol{k}\cdot\boldsymbol{p}$ 方法经过 Seitz、Shockley、Dresselhans、Dip、Kiffel 等人，特别是 Kane 的发展，已经成为计算能带的一种重要方法。Seitz 在 1940 年就利用这种方法推出了一个有效质量的表达式。1950 年 Shockley 把有效质量公式推展到更多复杂的简并带的情况。Dresselhans(1955)在他们关于回旋共振的经典文章中加进了自旋-轨道相互的重要因素，奠定了 $\boldsymbol{k}\cdot\boldsymbol{p}$ 方法的基础。Kane 于 1956 年用这种方法处理了

P 型 Si 和 Ge 的能带结构，1957 年处理了 InSn 的能带结构。文章发表在固体物理固体化学杂志上(Kane　1957)，1966 年 Kane 又在半导体半金属丛书第一卷上系统的表达了 $\boldsymbol{k}\cdot\boldsymbol{p}$ 方法(Kane　1966)。这就是所谓 Kane 的能带理论。利用 $\boldsymbol{k}\cdot\boldsymbol{p}$ 方法于 InSb 能带结构，我们将会看到：简并的导带价带怎样分开；简并的价带中有怎样分出重空穴带、轻空穴带；四重简并价带态又怎样分出裂开带；导带、轻空穴带、自旋轨道裂开带以及重空穴带又怎么样消除自旋引起的两充简并；价带极值怎么会偏离$\Gamma=0$ 点，移向 111 方向。

对于窄禁带半导体来说，采用 $\boldsymbol{k}\cdot\boldsymbol{p}$ 微扰方法很为有效。这一方法假定晶体电子在 $\boldsymbol{k}=0$ 的全部状态 $U_n(0, r)$ 和能量 $E_n(0)$ 都已知，然后根据晶体对称性采用微扰方法求 $\boldsymbol{k}=0$ 附近的 $E_n(\boldsymbol{k})$的表达式及波函数，在 $\boldsymbol{k}$ 空间特殊点的能带结构可以通过实验求得的禁带宽度、电子、空穴有效质量等能带参数来确定，于是从 $\boldsymbol{k}\cdot\boldsymbol{p}$ 微扰方法就可确定 $\boldsymbol{k}$ 空间其他点的能带结构。由于窄禁带半导体禁带宽度窄，导带价带电子相互作用强，电子自旋轨道相互作用强，用微扰方法可以很好的处理这些作用。因此 $\boldsymbol{k}\cdot\boldsymbol{p}$ 微扰对于窄禁带半导体尤为重要。

3.1.2　窄禁带半导体的能带结构的简要描述

下面先给出窄禁带半导体能带结构的简要描述。

II-VI 族二元化合物 HgTe 和 CdTe 都具有闪锌矿立方晶体结构(Dornhaus et al. 1983，Long et al.　1973)，HgTe 的晶格常数为 6.46Å，CdTe 晶格常数为 6.48Å，它们能以任何配比形成 HgCdTe 固溶体。HgCdTe 晶体也具有闪锌矿立方结构，它是由两套面心立方子晶格互相穿插而构成，它们沿着立方对角线移动一个位置。阳离子(Cd 或 Hg)占据了其中一套面心立方子晶格的格点，阴离子(Te)则占据了另一套子晶格的格点。HgCdTe 合金与所有闪锌矿立方晶体一样，每个单元晶胞包含两个原子，Te 原子和 Hg 原子(或 Cd 原子)，Te 原子(阴离子)在满壳层外面有 6 个价电子，Te：$5s^2$，$5p^4$，Hg 原子或 Cd 原子(阳离子)在满内壳层外面有 2 个价电子，Hg：$6s^2$，Cd：$5s^2$。这种结晶键主要是共价键，相邻原子之间共有价电子而形成四面体方向键。由于 A 原子与 B 原子的核电荷不同，A 原子(Hg 或 Cd)具有把它们的两个 S 电子让给 Te 的趋势，因而这种键也具有离子键的贡献。如同所有面心立方体结构那样，第一布里渊区是一个截角八面体，闪锌矿晶格点群是 T_d 如图 3.2 所示。HgCdTe 的晶格常数 a_0 可以用 X 射线技术测定(Woolley et al.　1960, Dornhaus et al.　1983)，实验发现晶格常数 a_0 随组分 x 的变化是非线性的，如图 3.3 所示。用比重方法测定 HgCdTe 在不同组分下的密度，得到的曲线如图 3.3 中直线所示(Blair　1961)。

Dresselhaus(1955)和 Parmenter(1955)曾对闪锌矿化合物能带结构进行过深入研究。研究表明，价带和导带的极值处于Γ点，即第一布里渊区中心。不考虑

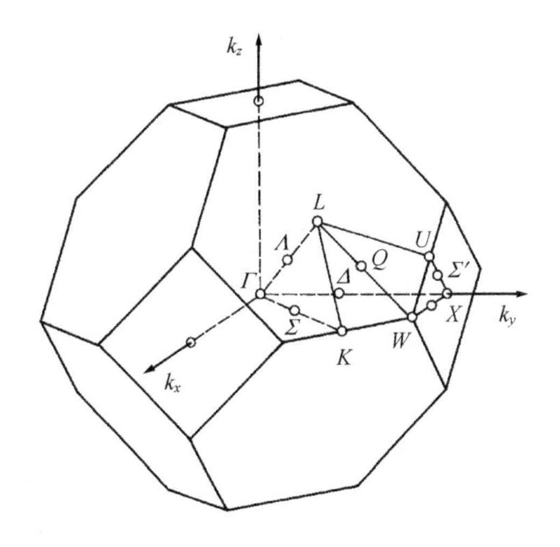

图 3.2　闪锌矿结构的第一布里渊区

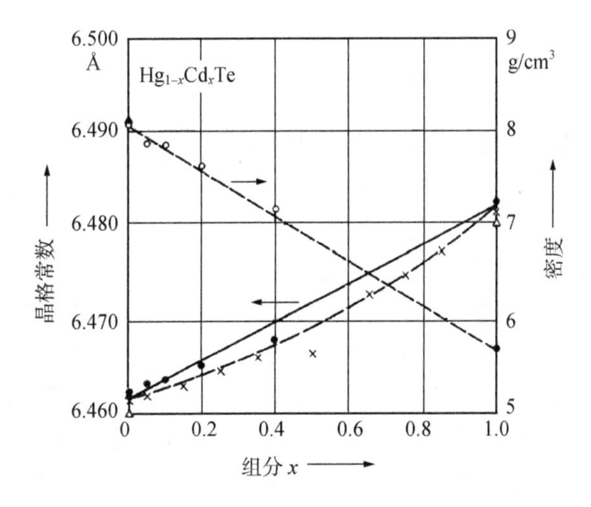

图 3.3　HgCdTe 的晶格常数和密度和组分的关系

自旋轨道耦合效应时，Γ点处 p 对称能级Γ_{15}是 6 度简并的, s 对称的能级Γ_1是 2 度简并的。考虑 $\boldsymbol{k}\cdot\boldsymbol{p}$ 项和自旋轨道耦合以后，降低了哈密顿的对称性，Γ_{15}简并部分消除，分裂为Γ_8 能带($j=3/2$)重空穴带和轻空穴带和Γ_7 能带($j=1/2$)(自旋轨道裂开带)。在 $K=0$ 处的Γ_8能带 4 度简并，Γ_7能带 2 度简并，Γ_8与Γ_7之间裂距为Δ。Γ_1态形成呈球面对称的Γ_6能带。在通常的闪锌矿结构 II-IV 族半导体中，Γ_6形态成导带，而Γ_8、Γ_7带则形成价带。对于 CdTe 和 HgTe 的能带结构，由于 Cd、Hg、Te 三元素都是核电荷数 Ze 较高的重元素，因而必须考虑相对论效应。这一效应可以根据 Dirac 相对论公式来描述，根据 Herman 等人的理论(Herman et al.　1963)，单电子的哈密顿包括了通常的非相对论项 H_1 还包括 H_D、H_{mv} 和 H_{so} 分别代表 Darwin 互作用、质量—速度互作用和自旋—轨道互作用。由非相对论算符 H_i 所给出的两种化合物的能级位置是相同的，如图 3.4 所示。但由于 Hg 原子的质量为 $M_{Hg}=200.6$

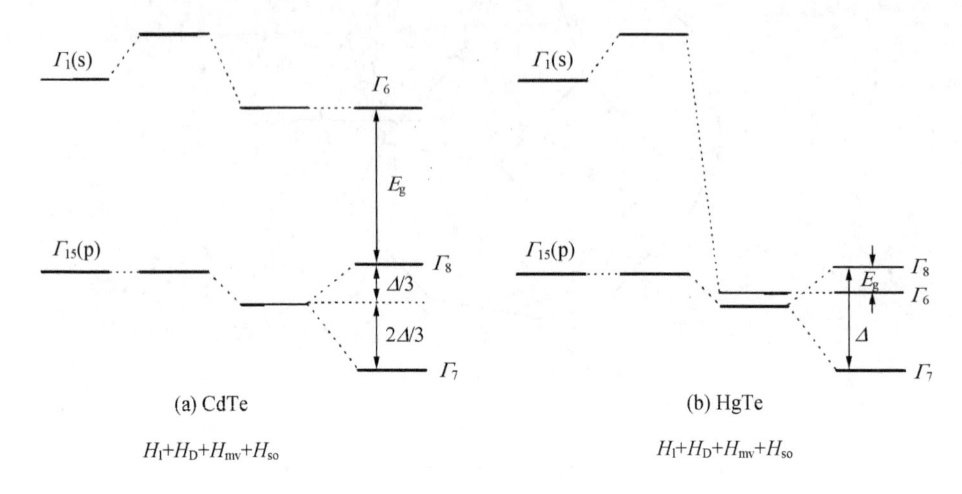

图 3.4　CdTe 和 HgTe 在 Γ 点处能级的形成

而 Cd 原子的质量 $M_{Cd}=112.4$，这两种元素在质量上的巨大差别，使 H_D 和 H_{mv} 这两项对于这两种化合物所给出的修正量是完全不同的。自旋—轨道互作用主要由 Te 元素引起，因此两种化合物的自旋—轨道耦合能量是相同的。于是，由于相对论项的贡献，在 HgTe 中降低了 s 对称态的能量，并转换了 Γ_6 态和 Γ_8 态的位置。图 3.5 中给出 Γ 点附近 CdTe 能带的结构。Γ_6 形成导带，Γ_8 形成价带，与导带相距 1.6eV，Γ_7 为自旋轨道裂开带，处于 Γ_8 带以下 $\Delta=1$eV 处。以 CdTe 为标准，HgTe 具有反转的能带结构，在相对论效应作用下，Γ_8 态处于 Γ_6 态以上，而 $E_g=E(\Gamma_6)-E(\Gamma_8)$ 变成负的，在 4K 时约为 -0.3eV。在 HgCdTe 合金中，由于汞和镉的原子随机地分布在面心立方子晶格位置上，因此不存在平动的周期性，人们无法确定 Bloch 函数，但可利用虚晶近似 (VCA)的方法来解决(Nordheim　1931，Phillips　1973)。这种近似方法就是用一个平均势来替代由 Hg 原子和 Cd 原子产生的真实结晶势 U

$$U=xU_{Cd}+(1-x)U_{Hg} \tag{3.1}$$

式中：U_{Cd} 和 U_{Hg} 是由 Cd 原子或 Hg 原子的子晶格产生的结晶势。如果人们取 $\overline{U}$ 与由 Te 原子产生的结晶势 U_{Te} 之和作为总结晶势，平动周期性就会恢复，就能确定 Block 函数，计算 Γ 点附近的能级的色散关系。图 3.6 给出了 Γ 点附近 HgCdTe 合金的能带结构随组分 x 的变化。从 HgTe 的“反转”结构到 CdTe 的半导体结构，合金能带结构的变化接近于线性。随着晶体中 Hg 的比例的减小，相对论效应也减小，而 $E(\Gamma_8)-E(\Gamma_6)$的数值也随之降低，并在 $x=x_0$ 时为 0。在 $x<x_0$ 时合金具有与 HgTe 相同的半金属结构。当 $x>x_0$ 时，Γ_6 态在Γ_8 态上面，Γ_6 带和轻空穴Γ_8 带转换它们的凹向，而合金则呈能隙张开的半导体结构，禁带宽度随组分而增大。

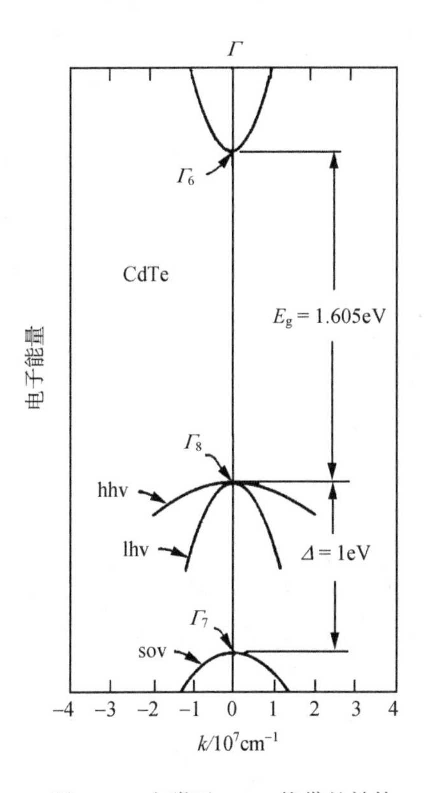

图 3.5 Γ点附近 CdTe 能带的结构

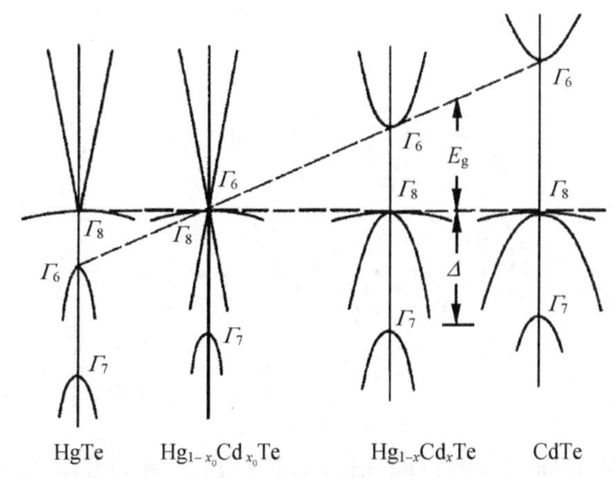

图 3.6 Γ点附近 $Hg_{1-x}Cd_xTe$ 合金的能带结构随组分的变化

在“窄禁带”范围，Γ_8、Γ_7和Γ_6态很接近，可以使用$\boldsymbol{k}\cdot\boldsymbol{p}$微扰方法来描写它们之间的互作用，获取$\Gamma$点附近的色散关系。在研究InSb的能带结构时，Kane提出的方法，主要是在Γ_6、Γ_7、Γ_8态的8个Bloch函数的基础上把系统的哈密顿算符对角化，同时把上带的互作用包括进去，最近的上带是Γ_7和Γ_8态，它们处于Γ_8态简并点上面4.5和5.5电子伏特之间。考虑自转轨道耦合后，本征方程是，

$$\left[\frac{p^2}{2m}+U(\boldsymbol{r})+\frac{\hbar}{4m^2c^2}(\nabla U\times\boldsymbol{p})\cdot\boldsymbol{\sigma}\right]\mathrm{e}^{\mathrm{i}\boldsymbol{k}\cdot\boldsymbol{r}}u_k(\boldsymbol{r})=E_k\mathrm{e}^{\mathrm{i}\boldsymbol{k}\cdot\boldsymbol{r}}u_k(\boldsymbol{r}) \tag{3.2}$$

式中：$\boldsymbol{p}=-\mathrm{i}\hbar\nabla$。

在$\boldsymbol{k}\cdot\boldsymbol{p}$表象中对于元胞周期函数$u_k(\boldsymbol{r})$的薛定谔方程为

$$\left[\frac{\boldsymbol{p}^2}{2m}+U(\boldsymbol{r})+\frac{\hbar}{m}\boldsymbol{k}\cdot\boldsymbol{p}+\frac{\hbar}{4m^2c^2}(\nabla U\times\boldsymbol{p})\cdot\boldsymbol{\sigma}+\frac{\hbar}{4m^2c^2}(\nabla U\times\boldsymbol{k})\cdot\boldsymbol{\sigma}\right]u_k(\boldsymbol{r})=E_k'u_k(\boldsymbol{r}) \tag{3.3}$$

$$E_k' = E_k-\frac{\hbar^2k^2}{2m} \tag{3.4}$$

式(3.3)中第三项为$\boldsymbol{k}\cdot\boldsymbol{p}$相互作用，第四项和第五项都是自旋轨道耦合项，第五项是$\boldsymbol{k}$依赖的。可先忽略第五项，考虑$\boldsymbol{k}\cdot\boldsymbol{p}$项及自旋轨道相互作用的一级微扰。若取$\boldsymbol{k}$矢在$z$方向，引进

$$P=-\mathrm{i}\left(\frac{\hbar}{m}\right)\left\langle S\middle|p_z\middle|Z\right\rangle \tag{3.5}$$

$$\Delta=\frac{3\hbar\mathrm{i}}{4m^2c^2}\left(x\left|\frac{\partial V}{\partial x}p_y-\frac{\partial V}{\partial y}p_x\right|y\right) \tag{3.6}$$

则8×8的相互作用矩阵可以写为$\begin{pmatrix}H & 0\\ 0 & H\end{pmatrix}$，而

$$H=\begin{bmatrix}E_\mathrm{s} & 0 & k_\mathrm{F} & 0\\ 0 & E_\mathrm{p}-\Delta/3 & \sqrt{2}\Delta/3 & 0\\ k_\mathrm{F} & \sqrt{2}\Delta/3 & E_\mathrm{p} & 0\\ 0 & 0 & 0 & E_\mathrm{p}+\Delta/3\end{bmatrix} \tag{3.7}$$

E_s、E_p是不考虑$\boldsymbol{k}\cdot\boldsymbol{p}$项和自旋轨道互作用时哈密顿的本征值，$E_\mathrm{s}$对应于导带，$E_\mathrm{p}$对应于价带。

当$\Delta \gg kp$、E_g时，E-k色散关系为

$$\begin{cases} E_c = \dfrac{\hbar^2 k^2}{2m} + \dfrac{1}{2}\left(E_g + \sqrt{E_g^2 + \dfrac{8}{3}P^2 k^2}\right) \\ E_{v1} = \dfrac{\hbar^2 k^2}{2m} \\ E_{v2} = \dfrac{\hbar^2 k^2}{2m} + \dfrac{1}{2}\left(E_g - \sqrt{E_g^2 + \dfrac{8}{3}P^2 k^2}\right) \\ E_{v3} = -\Delta + \dfrac{\hbar^2 k^2}{2m} - \dfrac{P^2 k^2}{3(E_g + \Delta)} \end{cases} \tag{3.8}$$

可见价带的六重简并部分消除，分别为两重简并的重空穴带E_{v1}、轻空穴带E_{v2}、自旋轨道裂开带E_{v3}。这里E_c、E_{v2}是非抛物带，E_c与E_{v2}对称，出现了裂开带E_{v3}。

如果再考虑包括所有能带之间的第二级$\boldsymbol{k}\cdot\boldsymbol{p}$微扰，则可以清除每一两重态的简并，对于导带和$v_2$、$v_3$给出下列近似能量，

$$\begin{aligned} E_i^{\pm} = E_i' &+ \frac{\hbar^2 k^2}{2m} + a_i^2 A' k^2 + b_i^2 [Mk^2 + (L - M - N)\cdot(k_x^2 k_y^2 + k_y^2 k_z^2 + k_z^2 k_x^2)/k^2] \\ &+ c_i^2 [L' k^2 - 2(L - M - N)\cdot(k_x^2 k_y^2 + k_y^2 k_z^2 + k_z^2 k_x^2)/k^2] \\ &\pm \sqrt{2} a_i b_i B[k^2(k_x^2 k_y^2 + k_y^2 k_z^2 + k_z^2 k_x^2) - 9k_x^2 k_y^2 k_z^2]^{\frac{1}{2}} / k \end{aligned} \tag{3.9}$$

式中：A'、B、L、M、N、L'都是与互作用矩阵元有关的常数；i指c、v_2、v_3，a_i、b_i、c_i是波函数表达式中的系数(见 3.2 节)。由于对闪锌矿结构来说，系数$B \neq 0$，因而就消除了导带c和v_2、v_3价带的两重简并。在要求十分精确计算c、v_2和v_3带色散时要考虑修正。对于重空穴带则有

$$E_{v1} = \frac{\hbar^2 k^2}{2m} + Mk^2 + (L - M - N)\frac{k_x^2 k_y^2 + k_y^2 k_z^2 + k_z^2 k_x^2}{k^2} \tag{3.10}$$

此式通常也写成

$$E_{v1} = -\frac{\hbar^2 k^2}{2m_{hh}} \tag{3.11}$$

式中：m_{hh}为重空穴有效质量。式(3.8)和式(3.11)为经常采用的 Kane 能带表达式。

在方程(3.3)中若考虑第五项$\dfrac{\hbar^2}{2\sqrt{3}m^2c^2}(\nabla U\times \boldsymbol{k})\cdot\boldsymbol{\sigma}$的一级微扰，则还要在能量表达式中加上一个与$\boldsymbol{k}$有线性关系的项，该项正比于$C_a$

$$C_a=\frac{\hbar^2}{2\sqrt{3}m^2c^2}\left(x\left|\frac{\partial U}{\partial y}\right|z\right) \tag{3.12}$$

$$E=E_v\pm c\left[k^2\pm\sqrt{3}\left(k_x^2k_y^2+k_y^2k_z^2+k_z^2k\right)^{1/2}\right]^{1/2} \tag{3.13}$$

$\boldsymbol{k}\cdot\boldsymbol{p}$ 和自旋轨道相互作用的二级微扰也对线性项有贡献，由于线性项的作用，重空穴带的能量极值不在Γ点，而沿(111)方向移动约$0.003\times\dfrac{2\pi}{a}$距离，极值能量高出能量0点$10^{-5}$~$10^{-4}$eV。

Kane模型可以很好地适用于InSb半导体，也是HgCdTe半导体的基本能带模型。在该模型中禁带宽度E_g，自旋轨道裂距Δ，动量矩阵元P，以及与互作用矩阵元M、N、L有关的重空穴有效质量m_{hh}都是重要的能带参数，需要从实验来确定。

上面给出了能带理论方法和窄禁带半导体能带结构的简要描述。关于Kane的$\boldsymbol{k}\cdot\boldsymbol{p}$能带理论的详细的分析将在下面章节中给出。

3.2 $\boldsymbol{k}\cdot\boldsymbol{p}$表象和本征方程

$\boldsymbol{k}\cdot\boldsymbol{p}$ 微扰方法是处理窄禁带半导体能带结构的有效方法，它给出了窄禁带半导体InSb、$Hg_{1-x}Cd_xTe$在Γ点附近能带的全部特征。这里先介绍$\boldsymbol{k}\cdot\boldsymbol{p}$表象和本征方程，在3.3节中再给出能带计算的结果和常用的计算公式。

3.2.1 $\boldsymbol{k}\cdot\boldsymbol{p}$表象

$\boldsymbol{k}\cdot\boldsymbol{p}$ 方法的由来是什么？这是由于在周期势场中单电子的薛定谔方程中动量算符两次作用在布洛赫函数上产生的一个附加项 $\boldsymbol{k}\cdot\boldsymbol{p}$，把这项当作微扰来处理，就构成$\boldsymbol{k}\cdot\boldsymbol{p}$方法。

在周期势场中单电子的薛定谔方程为

$$H\Psi=\left(\frac{\boldsymbol{p}^2}{2m}+U(\boldsymbol{r})\right)\Psi=E\Psi \tag{3.14}$$

Ψ为布洛赫函数

$$\Psi = u_{nk}(\boldsymbol{r})\mathrm{e}^{-\mathrm{i}k\cdot r} \tag{3.15}$$

$u_{nk}(\boldsymbol{r})$具有与$U(\boldsymbol{r})$相同的周期，$\boldsymbol{k}$是在第一布里渊区中的波矢，n是带指数。式(3.15)代入式(3.14)有

$$\left(\frac{\boldsymbol{p}^2}{2m}+\frac{\hbar}{m}\boldsymbol{k}\cdot\boldsymbol{p}+\frac{\hbar^2k^2}{2m}+U\right)u_{nk} = E_n\left(\boldsymbol{k}\right)u_{nk} \tag{3.16}$$

或

$$\left(\frac{\boldsymbol{p}^2}{2m}+\frac{\hbar}{m}\boldsymbol{k}\cdot\boldsymbol{p}+U\right)u_{nk} = \left(E-\frac{\hbar^2k^2}{2m}\right)u_{nk}\left(r\right) \tag{3.17}$$

定义

$$H_{k_0} = \frac{\boldsymbol{p}^2}{2m}+\frac{\hbar}{m}\boldsymbol{k}_0\cdot\boldsymbol{p}+\frac{\hbar^2k_0^2}{2m}+U \tag{3.18}$$

则有

$$\left\{H_{k_0}+\frac{\hbar}{m}\left(\boldsymbol{k}-\boldsymbol{k}_0\right)p+\frac{\hbar^2}{2m}\left(\boldsymbol{k}^2-\boldsymbol{k}_0^2\right)\right\}u_{nk} = E_n\left(\boldsymbol{k}\right)u_{nk} \tag{3.19}$$

如果知道$\boldsymbol{k}=k_0$处的波函数，则对于任何波矢k处的波函数可以写为

$$u_{nk}\left(r\right)=\sum_{n'}C_{n'n}\left(\boldsymbol{k}-\boldsymbol{k}_0\right)u_{n'k_0}\left(r\right) \tag{3.20}$$

式(3.20)代入式(3.19)，两边乘以$u_{nk_0}^*\left(r\right)$，并对单元胞积分，可以得到矩阵的本征值方程

$$\sum_{n'}\left\{\left[E_n\left(\boldsymbol{k}_0\right)+\frac{\hbar^2}{2m}\left(\boldsymbol{k}^2-\boldsymbol{k}_0^2\right)\right]\cdot\delta_{nn'}++\frac{\hbar}{m}\left(\boldsymbol{k}-\boldsymbol{k}_0\right)\cdot P_{nn'}\right\}C_{n'n} = E_n(\boldsymbol{k})C_{nn} \tag{3.21}$$

式中：$P_{nn'}=\int u_{nk_0}^*\left(r\right)Pu_{n'k_0}\left(r\right)\mathrm{d}r$。本征方程中，中括号项是对角的，$\frac{\hbar}{m}\left(\boldsymbol{k}-\boldsymbol{k}_0\right)\cdot P_{nn'}$项是非对角部分，当$k$在$k_0$附近时，这一项可作为微扰处理，即所谓$\boldsymbol{k}\cdot\boldsymbol{p}$微扰，来计算能量的本征值和波函数。

在以上具体计算中，$u_{n'k}(r)$态有许多个，如果把所有状态都计算进去，则计算十分复杂，Kane把这些态分成A、B两部分，A中的几个状态之间有很强的相互作用，但A中的态和B中的态相互作用很弱，这样在初级近似中，$u_{n'k_0}(r)$的指标n'只遍及A中诸个态的波函数，即只以A中的几个态作为基函数。在更高级的近似中，可以把A和B中的态的相互作用，用二级微扰处理。在Kane计算过程中，A包括价带和导带的态，B包括较高带。

若原来的相互作用矩阵元为 h_{ij}，重新归一化的互作用矩阵元为 h'_{ij}，有

$$h'_{ij} = h_{ij} + \sum_{k}^{B} \frac{h_{ik} h_{kj}}{E_i - h_{kk}} \tag{3.22}$$

式中：i,j 在 A 中；k 在 B 中，E_i 是 i 态的本征值，可把 h'_{ij} 对角化可求得

$$\sum (H_{ij} - E_i \delta_{ij}) C_{ij} = 0 \tag{3.23}$$

若 k 在 B 中，i 在 A 中，则

$$C_{ki} = \sum_{j}^{A} \frac{h_{kj} C_{ji}}{E_i - h_{kk}} \qquad \begin{pmatrix} k \subset B \\ i,j \subset A \end{pmatrix} \tag{3.24}$$

并有 $\Psi_i = \sum_{j}^{A} C_{ji} \Phi_j + \sum_{k}^{B} C_{ki} \Phi_k$。

3.2.2　本征方程

为了完整地写出晶体势场中电子的薛定谔方程，对于 CdTe、HgTe 的能带结构，由于 Cd、Hg、Te 都是核电荷数较高的元素，因而必须考虑相对论效应。这是由于电磁场的相对性，对于固联于电子的参考系来说，除晶体势场(电场)作用以外，还有一个由于电子的相对运动引起的附加磁场的作用，这个起源于轨道运动的磁场与电子自旋的相互作用，即为轨道自旋耦合，影响着能级位置。从狄拉克相对论方程，可以求得单电子的哈密顿为

$$H = H_0 + H_{\mathrm{D}} + H_{\mathrm{mv}} + H_{\mathrm{so}} \tag{3.25}$$

式中：$H_{\mathrm{D}} = -\frac{\hbar^2}{4m^2c^2} \nabla U \cdot \nabla$ (为 Darwin 互作用)；

$H_{\mathrm{mv}} = \frac{E' - U}{4m^2c^2} P^2$ (为质量-速度互作用)　$\left(E' = E - mc^2\right)$；

$H_{\mathrm{so}} = \frac{\hbar}{4m^2c^2} \left(\nabla U \times P\right) \cdot \sigma$ (为自旋轨道互作用)；

$H_0 = \frac{p^2}{2m} + U\left(r\right)$(为非相对论项)。

这里先简要对这一哈密顿的推导简要作一说明，然后再进一步分析此方程的应用。

晶体中电子在晶体场中运动，由于磁场的相对性，对于固联于运动电子的参数系来说，除了电场作用之外，还有一固定运动引起磁场的作用，此磁场与电子

自旋有相互作用，就引起所谓 $S\text{-}L$ 耦合，具体表达式可以就狄拉克方程求解。狄拉克方程是一级的相对论性波动方程。它是根据相对论能量动量关系式

$$E^2 = c^2P^2 + m^2c^4 \tag{3.26}$$

写成线性形式

$$E = \sqrt{c^2 \boldsymbol{p}^2 + m^2c^4} = \alpha \cdot c\boldsymbol{p} + \beta \cdot mc^2$$

式中：P 用算符代替得到

$$\begin{aligned} \hat{H} &= \alpha \cdot c + \beta mc^2 \\ \left(\alpha \cdot c + \beta mc^2\right)\psi &= E\psi \end{aligned} \tag{3.27}$$

通过运算，式中(周世勋　1979)

$$\begin{gathered} \beta = \begin{pmatrix} I & \\ & -I \end{pmatrix} \quad \alpha_x = \begin{pmatrix} & \sigma_x \\ \sigma_x & \end{pmatrix} \quad \alpha_\beta = \begin{pmatrix} & \sigma_y \\ \sigma_y & \end{pmatrix} \quad \alpha_z = \begin{pmatrix} & \sigma_z \\ \sigma_z & \end{pmatrix} \\ \sigma_x = \begin{pmatrix} & 1 \\ 1 & \end{pmatrix} \quad \sigma_\beta = \begin{pmatrix} & -i \\ i & \end{pmatrix} \quad \sigma_z = \begin{pmatrix} 1 & \\ & -1 \end{pmatrix} \quad I = \begin{pmatrix} 1 & \\ & 1 \end{pmatrix} \end{gathered} \tag{3.28}$$

在晶体势场中，Hamilton 量要加进势能项 U ，于是

$$\begin{gathered} \left(\alpha \cdot c + \beta mc^2 + U(r)\right)\psi = E\psi \\ \psi = \begin{pmatrix} \psi_1 \\ \psi_2 \\ \psi_3 \\ \psi_4 \end{pmatrix} = \begin{pmatrix} \Psi_1 \\ \Psi_2 \end{pmatrix} \\ c\begin{pmatrix} & \sigma \boldsymbol{p} \\ \sigma \boldsymbol{p} & \end{pmatrix}\begin{pmatrix} \psi_1 \\ \psi_2 \end{pmatrix} + mc^2\begin{pmatrix} I & \\ & -I \end{pmatrix}\begin{pmatrix} \psi_1 \\ \psi_2 \end{pmatrix} + U\begin{pmatrix} \psi_1 \\ \psi_2 \end{pmatrix} = E\begin{pmatrix} \psi_1 \\ \psi_2 \end{pmatrix} \end{gathered} \tag{3.29}$$

写成两式

$$\begin{cases} c\sigma \boldsymbol{p}\psi_2 + mc^2 I\psi_1 + U\psi_1 = E\psi_1 \\ c\sigma \boldsymbol{p}\psi_1 - mc^2 I\psi_{21} + U\psi_2 = E\psi_2 \end{cases} \tag{3.30}$$

从后式中解出 ψ_2 代入前式中，可解得

$$\frac{\boldsymbol{p}^2}{2m}\psi_1 - \frac{E'-U}{4m^2c^2}\boldsymbol{p}^2\psi_1 - \frac{\hbar^2}{4m^2c^2}\nabla U\cdot\nabla\psi_1 + \frac{\hbar^2}{4m^2c^2}\boldsymbol{\sigma}\cdot[\nabla U\times\boldsymbol{p}]\psi_1 + U\psi_1 = E'\psi_1 \tag{3.31}$$

式中：$E' = E - mc^2$；式中左边第1和第5项为非相对论项；式中第2项为相对论质量-速度互作用项 H_{mv}；第3项为狄拉克方程所特有，为 Darwin 互作用项 H_{D}；第4项为自旋轨道相互作用项 H_{so}；第4项可以写为

$$\frac{\hbar}{4m^2c^2}\boldsymbol{\sigma}\cdot\frac{\partial U}{r\partial r}[\boldsymbol{r}\times\boldsymbol{P}] = \frac{1}{2m^2c^2}\frac{\partial U}{r\partial r}\cdot(\boldsymbol{S}\cdot\boldsymbol{L}) \tag{3.32}$$

式中：用到 $\boldsymbol{r}\times\boldsymbol{P}=\boldsymbol{L}$ 以及 $\frac{\hbar}{2}\boldsymbol{\sigma}=\boldsymbol{S}$，所以第4项称为 S-L 耦合项。

把第4项，即自旋-轨道作用项 H_{so} 作用到布洛赫函数上，有

$$\begin{aligned}
H_{\mathrm{so}}\psi &= \frac{\hbar}{4m^2c^2}\boldsymbol{\sigma}\cdot(\nabla U\times\boldsymbol{p})U_{nk}^{(r)}\mathrm{e}^{\mathrm{i}k\cdot r} \\
&= \frac{\hbar}{4m^2c^2}\left[\boldsymbol{\sigma}\cdot\nabla U\times\left(\hbar k\mathrm{e}^{\mathrm{i}kr}\right)u_{nk}(r) + \mathrm{e}^{\mathrm{i}kr}\boldsymbol{\sigma}\cdot\nabla U\times\boldsymbol{p}u_{nk}(r)\right] \\
&= \mathrm{e}^{\mathrm{i}kr}Eu_{nk}(r)
\end{aligned} \tag{3.33}$$

于是，出现

$$\frac{\hbar}{4m^2c^2}\sigma\cdot(\nabla U\times\boldsymbol{p}) + \frac{\hbar}{4m^2c^2}\sigma\cdot(\nabla U\times\boldsymbol{k})u_{nk}(r) = Eu_{nk}(r) \tag{3.34}$$

所以在 $\boldsymbol{k}\cdot\boldsymbol{p}$ 表象中，$H_{\mathrm{so}} = H_1 + H_2$。$H_1$ 和 H_2 分别是上式左边1、2项，H_2 常叫做 $\boldsymbol{k}$ 依赖项。

在 Kane 的 $\boldsymbol{k}\cdot\boldsymbol{p}$ 微扰方法中，不讨论 H_{D} 与 H_{mv} 这两项，而假定由于 H_{D}、H_{mv} 作用在 Γ 点处引起的能级分裂为 E_{g}。Kane 集中处理了自旋轨道项 H_{so}，于是本征方程为

$$\left[\frac{\boldsymbol{p}^2}{2m} + U(\boldsymbol{r}) + \frac{\hbar}{4m^2c^2}(\nabla U\times\boldsymbol{p})\cdot\boldsymbol{\sigma}\right]\mathrm{e}^{\mathrm{i}k\cdot r}u_k(\boldsymbol{r}) = E_k\mathrm{e}^{\mathrm{i}k\cdot r}u_k(\boldsymbol{r}) \tag{3.35}$$

从而在 $\boldsymbol{k}\cdot\boldsymbol{p}$ 表象中，对于元胞周期函数 $u_k(r)$ 的薛定谔方程为

$$\left\{\frac{\boldsymbol{p}^2}{2m} + U(\boldsymbol{r}) + \frac{\hbar}{m}\boldsymbol{k}\cdot\boldsymbol{p} + \frac{\hbar}{4m^2c^2}(\nabla U\times\boldsymbol{p})\cdot\boldsymbol{\sigma} + \frac{\hbar^2}{4m^2c^2}[\nabla U\times\boldsymbol{k}]\cdot\boldsymbol{\sigma}\right\}u_k(\boldsymbol{r}) = E_k'u_k(\boldsymbol{r}) \tag{3.36}$$

式中：$E'_k = E_k - \dfrac{\hbar^2 k^2}{2m}$，等式左边第 3 项为 $\boldsymbol{k}\cdot\boldsymbol{p}$ 互作用，第 4、5 项都是自旋轨道耦合项；第 5 项是 k 依赖的。从式(3.36)可以一步一步进行能带分析，如图 3.7 所示。

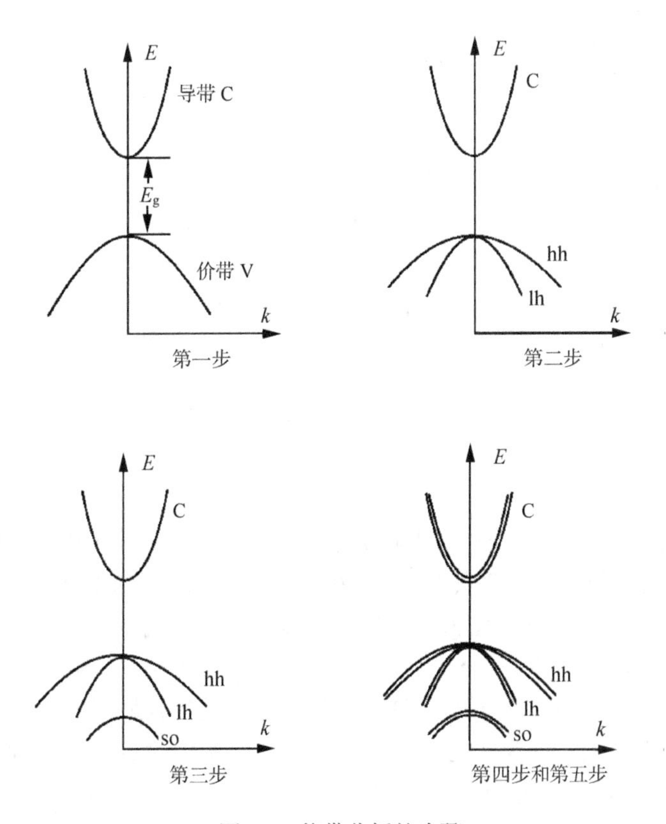

图 3.7　能带分析的步骤

第一步，根据式(3.36)，如果仅考虑 1、2 两项，即

$$\left(\frac{p^2}{2m} + U\right) u_{nk_0} = E_n u_{nk_0} \tag{3.37}$$

可以分出二重简并的导带和六重简并的价带。

第二步，单独考虑 $\boldsymbol{k}\cdot\boldsymbol{p}$ 的一级微扰可把重空穴带和轻空穴带分开。

第三步，考虑 $\boldsymbol{k}\cdot\boldsymbol{p}$ 和 $(\nabla U \times \boldsymbol{P})\cdot\boldsymbol{\sigma}$ 的一级微扰，由于自旋轨道互作用，结果从第二步中所得的四重简并的空穴带分出二重简并的裂开带，使能带成为 c、hh、lh、so，每个带都是两重简并的。

第四步，考虑 $\boldsymbol{k}\cdot\boldsymbol{p}$ 和 $(\nabla U \times \boldsymbol{P})\cdot\boldsymbol{\sigma}$ 的二级微扰，则把 c、lh、so 带的两重简并

消除。

第五步，考虑自旋轨道相互作用的k依赖项H_{ks}，即式中第五项的一级微扰，则可消除了重空穴带的两重简并，并发现价带顶点不在Γ点，而在〈111〉方向偏离点约3%布区距离处，对InSb高出0点约10^{-3}eV，对HgCdTe高出0点约10^{-5}eV。

在微扰计算时，久期方程中矩阵元的简化是一个很重要的问题。需要根据晶体对称性和一定的选择定则来分析。

3.2.3 选择定则

晶格的对称性决定了能带结构的主要特征。对称性的性质由群论方法来处理。多种半导体具有金刚石结构或闪锌矿结构或者是面心立方结构。这些结构的第一布里渊区是一个截角八面体。主要对称点Γ、X、K和W如图3.2所示，图中Δ、Λ、Σ、Q和Z表示轴。 假定周期势在晶格里趋于0，即自由电子极限，但波函数的对易性仍然保留。此时，能带表达式为

$$E = \frac{\hbar^2}{2m}(k + k_n)^2 \tag{3.38}$$

式中：k_n是倒格矢，在实际材料中能带的形式类似于这一表达式。布里渊区中的点的对称性决定了波函数的对称性 ，也决定了电子态的简并情况，对称性越高，电子态简并度也越大。如果考虑周期势，许多简并就将消除。

为了知道对称性究竟怎样给出能带特征，通常构造一个所谓特征标表。群的对称操作可以用一个矩阵来实现。每个矩阵的特征是降到最低的对角矩阵元素的和。群的表示给出线性变换，能够作用于一般空间中的矢量，一个群的各种矩阵表示的数目是无限的。但有一个常用的是不可约表示 A。其定义的性质是：$M^{-1}AM$(M是单位矩阵)具有与A同样的特征标。人们可以不去知道矩阵自身而推导出不可约表示(或表象)的特征。对于一个群来说具有有限的不可约表象。其数目等于群内阶的数目(共轭的元素是等价的，等价元素的组叫做阶)，此时，表象维数的平方的和等于此群的元素的数目。

以闪锌矿结构为例，考虑布里渊区中心Γ点。一共有24个对称操作或算子。这些操作可以分为若干阶。阶E等同操作，操作后即为它自身。绕一个四度轴旋转±1/2π，一般就取坐标轴，阶C_4(一共有6个操作)；同样绕一个四度轴旋转π，阶C_4^2(一共有3个操作)；绕一个三度轴旋转1/3π，阶C_3(一共有8个操作)，此外还有反演操作J，它可在C_4操作(6个)或绕一定轴旋转π(C_2)(6个)的操作后再行反演操作，即阶JC_4和阶JC_2。

群是一种对称操作A，B，C,…的集合。这些元素符合群乘法表。对于立方对称，共有48个元素。每个元素是实行如下的操作

表 3.1　对称操作表

E	次数	说明	对在一点 X、Y、Z 的影响
E	1	同一	X, Y, Z
C_4^2	3	绕某一坐标系旋转 180°	$X\overline{YZ}$, $\overline{X}Y\overline{Z}$, $\overline{XY}Z$
C_4	6	绕某一坐标系旋转 90°	$\overline{Y}XZ$, $\overline{X}ZY$, $\overline{Z}YX$, $Y\overline{X}Z$, $XZ\overline{Y}$, $ZY\overline{X}$
C_2	6	绕 $X=Y$，$Z=0$ 的轴旋转 120°	$YX\overline{Z}$, $Z\overline{Y}X$, $\overline{X}ZY$, $\overline{YXZ}$, $\overline{ZYX}$, $\overline{XYZ}$
C_3	8	绕某一立方对角线旋转 120°	ZXY, YZX, $Z\overline{XY}$, $\overline{YZ}X$, $\overline{ZX}Y$, $\overline{Y}Z\overline{X}$, $\overline{Z}X\overline{Y}$, $Y\overline{ZX}$
J	1	相对于中心反演	$\overline{XYZ}$
JC_4	3		$XY\overline{Z}$, $\overline{X}YZ$, $X\overline{Y}Z$
JC_4^2	6	J 与上述旋转相结合	$Y\overline{XZ}$, $\overline{Y}X\overline{Z}$, $\overline{X}Z\overline{Y}$, $\overline{XZ}Y$, $\overline{ZY}X$, $Z\overline{YX}$
JC_2	6		$\overline{YX}Z$, $\overline{Z}Y\overline{X}$, $X\overline{ZY}$, YXZ, ZYX, XZY
JC_3	8		$\overline{ZXY}$, $\overline{YZX}$, $\overline{Z}XY$, $YZ\overline{X}$, $ZX\overline{Y}$, $Y\overline{Z}X$, $Z\overline{X}Y$, $\overline{Y}ZX$

前面已经提到所有形式为 $k+k_n$ 的波矢都是等价的。这里 k_n 是倒格矢，这适用于布里渊区中任何一点。但是在对称点有一个更为一般的情况，即

$$\beta k = k + k_n \tag{3.39}$$

这里 β 是一个晶格空间群中的算子或群的操作。为了深入研究，就有必要对布里渊区中有兴趣的每个对称点构造特征标表。作为一个例子考虑布里渊区中心的Γ点。这里应用群Γ，属于同一个不可约表象由波矢表征的状态必须具有同样的能量，因为波函数可以通过群的操作互相转换，因此能带将具有与倒格子晶格完全一样的对称性。对于在点群中简并的状态，能带也是简并的。

每一个元素的操作使立方体回到原样，对于 InSb 来说属于闪锌结构 f_{cc} 结构，其第一布里渊区是一个正方体截去 8 个角的形状(或者是一个 8 面体截去 6 个角)。Γ点其对称性是立方对称。在这种对称操作中，每个元素可以用不同的矩阵来表示。所有这些矩阵的对角元的和就构成特征标，对于一组特征表有不同的一组表象，但任何复杂表象都可以简约为十个，如表 3.2 所示。

怎样知道 X、Y、Z 是属于 Γ_{15}' 对称型的呢？我们来看 XYZ 点，实行 48 种对称操作各用什么矩阵，符合怎样的特征标系统，然后可以从特征标系统表中寻找对应的表象。

表 3.2 立方对称群中的不同表象的特征标 χ 表

XYZ	E	$3C_4^2$	$6C_4$	$6C_2$	$8C_3$	J	$3JC_4^2$	$6JC_4$	$6JC_2$	$8JC_3$
Γ_1	1	1	1	1	1	1	1	1	1	1
Γ_2	1	−1	−1	1	1	1	1	−1	−1	1
Γ_{12}	2	2	0	0	−1	2	0	0	0	−1
Γ_{15}	3	−1	1	−1	0	3	−1	1	−1	0
Γ_{25}	3	−1	−1	1	0	3	−1	−1	1	0
Γ_1'	1	1	1	1	1	1	1	1	1	1
Γ_2'	1	−1	−1	1	1	1	−1	−1	1	1
Γ_{12}'	2	2	0	0	−1	2	2	0	0	−1
Γ_{15}'	3	−1	1	−1	0	3	−1	1	−1	0
Γ_{25}'	3	−1	−1	1	0	3	−1	−1	1	0

根据表 3.1 进行 E 操作

$$\begin{pmatrix} X \\ Y \\ Z \end{pmatrix} = \begin{pmatrix} 1 & & \\ & 1 & \\ & & 1 \end{pmatrix} \begin{pmatrix} X \\ Y \\ Z \end{pmatrix} \tag{3.40}$$

特征标 $\chi(E)=3$。

进行 C_4^2 操作

$$\begin{pmatrix} X \\ \overline{Y} \\ \overline{Z} \end{pmatrix} = \begin{pmatrix} 1 & & \\ & -1 & \\ & & -1 \end{pmatrix} \begin{pmatrix} X \\ Y \\ Z \end{pmatrix} \tag{3.41}$$

特征标 $\chi(C_4^2)=-1$。

进行 C_4 操作

$$\begin{pmatrix} \overline{Y} \\ X \\ Z \end{pmatrix} = \begin{pmatrix} & -1 & \\ 1 & & \\ & & 1 \end{pmatrix} \begin{pmatrix} X \\ Y \\ Z \end{pmatrix} \tag{3.42}$$

特征标 $\chi(C_4)=1$。

进行 C_2 操作

$$\begin{pmatrix} Y \\ X \\ \bar{Z} \end{pmatrix} = \begin{pmatrix} & 1 & \\ 1 & & \\ & & -1 \end{pmatrix} \begin{pmatrix} X \\ Y \\ Z \end{pmatrix} \tag{3.43}$$

特征标 $\chi(C_2) = -1$。

进行 C_3 操作

$$\begin{pmatrix} Z \\ X \\ Y \end{pmatrix} = \begin{pmatrix} & & 1 \\ 1 & & \\ & 1 & \end{pmatrix} \begin{pmatrix} X \\ Y \\ Z \end{pmatrix} \tag{3.44}$$

特征标 $\chi(C_3) = 0$。可见其特征标为 3、−1，1、−1，0，为Γ_{15}表象。由于 P 态函数 P_x、P_y、P_z分别与 x、y、z 成正比，所以 P 态函数属于Γ_{15}表象。

再看 d 态函数 z^2、x^2-y^2 属于什么表象：

进行 E 操作

$$\begin{pmatrix} X^2 - Y^2 \\ Z^2 \end{pmatrix} = \begin{pmatrix} 1 & \\ & 1 \end{pmatrix} \begin{pmatrix} X^2 - Y^2 \\ Z^2 \end{pmatrix} \tag{3.45}$$

特征标 $\chi(E) = 2$。

进行 C_4^2 操作

$$\begin{pmatrix} X^2 - Y^2 \\ Z^2 \end{pmatrix} = \begin{pmatrix} 1 & \\ & 1 \end{pmatrix} \begin{pmatrix} X^2 - Y^2 \\ Z^2 \end{pmatrix} \tag{3.46}$$

特征标 $\chi(C_4^2) = 2$。

进行 C_4 操作

$$\begin{pmatrix} Y^2 - X^2 \\ Z^2 \end{pmatrix} = \begin{pmatrix} -1 & \\ & 1 \end{pmatrix} \begin{pmatrix} X^2 - Y^2 \\ Z^2 \end{pmatrix} \tag{3.47}$$

特征标 $\chi(C_4) = 0$。

进行 C_2 操作

$$\begin{pmatrix} Y^2 - X^2 \\ Z^2 \end{pmatrix} = \begin{pmatrix} -1 & \\ & 1 \end{pmatrix} \begin{pmatrix} X^2 - Y^2 \\ Z^2 \end{pmatrix} \tag{3.48}$$

特征标 $\chi(C_2) = 0$。

进行 C_3 操作

$$\begin{pmatrix} Z^2 - X^2 \\ Y^2 \end{pmatrix} = \begin{pmatrix} -\frac{1}{2} & 1\frac{1}{2} \\ -\frac{1}{2} & -\frac{1}{2} \end{pmatrix} \begin{pmatrix} X^2 - Y^2 \\ Z^2 \end{pmatrix} \tag{3.49}$$

特征标 $\chi(C_3) = -1$，可见 z^2、x^2-y^2 的特征标是 2, 2, 0, 0, −1，属于Γ_{12}表象，所以 dz^2、dx^2-y^2 属于Γ_{12}表象。同理 s 属于Γ_1表象，d_{xy}、d_{yz}、d_{zx} 属于Γ'_{25}表象。

波函数所属于的表象对于矩阵元的简化是非常重要的。关于对称性在简化矩阵元中的应用，将在下述计算中引进。

表 3.3 是 T_d 单群Γ表象的特征标表。

表 3.3　T_d 单群 Γ 表象的特征标表

表象	基	阶 E_1	$3C_4^2$	$8C_3$	$6JC_4$	$6JC_2$
Γ_1	1	1	1	1	1	1
Γ_2	$x^4(y^2-z^2)+y^4(z^2-x^2)+z^4(x^2-y^2)$	1	1	1	−1	−1
Γ_{12}	$x^2-y^2, z^2-\frac{1}{2}(x^2+y^2)$	2	2	−1	0	0
Γ_{15}	x, y, z	3	−1	0	−1	1
Γ_{25}	$z(x^2-y^2)$	3	−1	0	1	−1

特征标的推导及它们所依附的特定的表示这里不详细给出。从表中可看出，E 的特征标将是表象的维数，给出了能级的简并度。可见Γ_1、Γ_2是一维表象，Γ_{12}是二维表象，Γ_{15},Γ_{25}是三维表象。群的元素数目为 $1+3+8+6+6=24$，表象维数的平方和为 $1^2+1^2+2^2+3^2+3^2=24$。基给出了波函数的对称性。于是Γ_1型波函数具有点群完全的对称性；Γ_{15}是三重简并的，具有 x、y、z 型的对称性，占据了低能量。Γ_{12}是两重简并的，具有型为 x^2-y^2 和 $z^2-\frac{1}{2}(x^2+y^2)$ 的对称性的两重简并，并且有 2 个结表面，实际上闪锌矿结构 4 个四面体的轨道能够与不可约的简约表象Γ相联系。最初二个电子(不考虑自旋)是属于Γ_1表象的 s 轨道，而Γ_{12}是对应于 d 电子状态。Γ_{15}态是 p 电子状态。从对称性的讨论，可以分析闪锌矿结构的大致能带结构。布里渊区中的Δ点、Λ点以及Σ点、X点的特征标可以查阅 Parmenter 的文献(Parmenter　1955)。

在考虑自旋轨道耦合时要用到双群。由于时间反演对称电子自旋将引入附加的简并度。在布里渊区的一般点，有自旋存在时，表象将变成双简并。但变化很小。但在高对称点，自旋的加入会引起能量的分裂。涉及这一现象，需要考虑表象Γ和代表自旋函数 S 的乘积，造成所谓的双群。因为把自旋包括到点群里，表象在群中的元素数目就会被加倍(Elliott　1954)。

表 3.4 是双群Γ完全的特征标表。直积可以被简约，例如，$S^{-1}\times\Gamma_{15}$ 给出双群中的$\Gamma_7+\Gamma_8$，于是当计及自旋以后，一个单能级就分裂为两个能级，每个能级具有各自的简并度。

表 3.4　T_d^2 双群Γ完全的特征标表

	E	$\bar{E}$	$6C_4^2$	$8C_3$	$8\bar{C}_3$	$6JC_4$	$6J\bar{C}_4$	$12JC_2$
Γ_1	1	1	1	1	1	1	1	1
Γ_2	1	1	1	1	1	−1	−1	−1
Γ_3	2	2	2	−1	−1	0	0	0
Γ_4	3	3	−1	0	0	−1	−1	0
Γ_5	3	3	−1	0	0	1	1	1
Γ_6	2	−2	0	1	−1	$\sqrt{2}$	$-\sqrt{2}$	0
Γ_7	2	−2	0	1	−1	$-\sqrt{2}$	$\sqrt{2}$	0
Γ_8	4	−4	0	−1	1	0	0	0

单群Γ与双群Γ的联系可由表 3.5 表示：

表 3.5　Γ单群与双群的联系

单群	Γ_1	Γ_2	Γ_{12}	Γ_{15}	Γ_{25}
双群	Γ_6	Γ_7	Γ_8	$\Gamma_7+\Gamma_8$	$\Gamma_6+\Gamma_8$

类似的讨论在对闪锌矿结构布里渊区中的其他点亦可得到。对任何其他晶体类亦可得到。可参考(Parmenter　1955)和(Dresselhans　1955)。

窄禁带半导体 HgCdTe，InSb 具有闪锌矿结构，第一布里渊区是一个截去 8 个角的正方体，或截去 6 个角的八面体。在Γ点附近具有立方对称，属于面心立方 O_h 群，在精确处理问题时，应采用闪锌矿结构四面体群 T_d 群，或在考虑自旋时采用 T_d^2 群。O_h 群的不可约表象是Γ_1、Γ_2、Γ_{12}、Γ_{15}'、Γ_{25}'、Γ_1'、Γ_2'、Γ_{12}'、Γ_{15}、Γ_{25}；T_d 群的不可约表象记为Γ_1、Γ_2、Γ_{12}、Γ_{15}、Γ_{25}，T_d^2 群的不可约表象记为Γ_1、Γ_2、Γ_3、Γ_4、Γ_5、Γ_6、Γ_7、Γ_8，T_d 群的 5 个不可约表象也是双群 T_d^2 群的前 5 个不可约表象。在有些文献中，计算 $\frac{\hbar}{m}\boldsymbol{k}\cdot\boldsymbol{p}$ 和 $\frac{\hbar}{4m^2c^2}(\nabla U\times\boldsymbol{P})\cdot\sigma$ 项以及 $(\nabla U\times\boldsymbol{k})\cdot\sigma$ 项的矩阵元时，采用下述选择定则。采用选择定则可以判断哪些矩阵元为 0，哪些不为 0，从而可以简化矩阵。

定则一　判断矩阵元$\langle\Psi_i|R|\Psi_j\rangle$是否为 0，主要看$\Psi_i$与 $R\Psi_j$ 是否正交，正交则

为 0，不正交则非 0。非 0 的必要条件是$\Gamma_i \times \Gamma_R$包括Γ_j。即Ψ_i所属的不可约表象与R所属的不可约表象的直积，包含 Ψ_j所属的不可约表象。亦表示为

$$\Gamma_i \times \Gamma_R \times \Gamma_j \text{包括} \Gamma_1 \tag{3.50}$$

这一条件是矩阵元非 0 的必要条件。

定则二 $\langle \Psi_i | R | \Psi_j \rangle$符合上述非 0 条件，但在以下情况下仍为 0：

(1) R 可以明显作用于Ψ_j或Ψ_i，作用一次后结果为奇函数，则一个周期内积分为 0；

(2) R 不能明显作用于Ψ_j或Ψ_i，则可将$\Psi_i R$对Ψ_j的基轴或基平面反射，看反射结果是否变号，再将Γ_j的特征在基平面上反射，是否变号，如果一个不变，一个变号，则积分值为 0，即矩阵元为 0。

根据选择定则一，常用的直积等式为

$$\begin{aligned} &\Gamma_1 \times \Gamma_{15} = \Gamma_{15} \\ &\Gamma_{15} \times \Gamma_{15} = \Gamma_1 + \Gamma_{12} + \Gamma'_{15} + \Gamma'_{25} \qquad (O_h\text{群}) \\ &\Gamma_{15} \times \Gamma_{15} = \Gamma_1 + \Gamma_{12} + \Gamma_{15} + \Gamma_{25} \qquad (T_d\text{群}) \end{aligned} \tag{3.51}$$

在O_h群中，s 态属于Γ_1表象，x、y、z 态及$\frac{\partial}{\partial x}$、$\frac{\partial}{\partial y}$、$\frac{\partial}{\partial z}$则属于$\Gamma_{15}$表象，$dz^2$、$dx^2\text{–}y^2$ 属于Γ_{12}表象，dxy、dyz、dzx 属于Γ_{25}'表象。由以上选择定则，显然$\langle s|kp|s\rangle = 0$，因为 s 态属于$\Gamma_1$，p 态属于$\Gamma_{15}$,它们的直积$\Gamma_1 \times \Gamma_{15}$不包括$\Gamma_1$，所以矩阵元为 0。同样，$\langle x|kp|x\rangle = 0$，因为$\Gamma_{15} \times \Gamma_{15}$不包括$\Gamma_{15}$。而$\left\langle s\left|\frac{\hbar}{m}\boldsymbol{k}\cdot\boldsymbol{p}\right|x\right\rangle = k_x\left\langle s\left|\frac{\hbar}{m}kp\right|x\right\rangle = ik_xP$是非 0 项。因为$\Gamma_1 \times \Gamma_{15}$包括了$\Gamma_{15}$。再例如：

$\langle \mathrm{i}s|(\nabla U \times \boldsymbol{P})\cdot\boldsymbol{\sigma}|(x-\mathrm{i}y)/\sqrt{2}\rangle = 0$，因为$\Gamma_1 \times \Gamma_{15} \times \Gamma_{15} = \Gamma_{15} \times \Gamma_{15}$不包括$\Gamma_{15}$，而右矢中，$x$、$y$ 都属于Γ_{15}，因此矩阵元为 0。同样可得到

$$\begin{aligned} &\frac{\hbar}{4m^2c^2}\left\langle \frac{x-\mathrm{i}y}{\sqrt{2}}\uparrow\left|(\nabla U \times \boldsymbol{P})\cdot\sigma\right|\frac{x-\mathrm{i}y}{\sqrt{2}}\uparrow\right\rangle = \frac{\Delta}{3} \\ &\Delta = \frac{3\hbar\mathrm{i}}{4m^2c^2}\left\langle x\left|(\nabla U \times \boldsymbol{P})_z\right|y\right\rangle \end{aligned} \tag{3.52}$$

在二级微扰中，采用T_d群或T_d^2群，在T_d^2(或T_d)群中常用的直积关系式见表 3.6。

表 3.6 若干直积关系式

Γ_i	Γ_1	Γ_2	Γ_3	Γ_4	Γ_5	Γ_6	Γ_7	Γ_8
$\Gamma_i\times\Gamma_4$	Γ_4	Γ_5	$\Gamma_4+\Gamma_5$	$\Gamma_1+\Gamma_3+\Gamma_4+\Gamma_5$	$\Gamma_2+\Gamma_3+\Gamma_4+\Gamma_5$	$\Gamma_7+\Gamma_8$	$\Gamma_6+\Gamma_8$	$\Gamma_{16}+\Gamma_7+2\Gamma_8$

p_x、p_y、p_z及$\dfrac{\partial}{\partial x}$、$\dfrac{\partial}{\partial y}$、$\dfrac{\partial}{\partial z}$在$T_d$群中属于$\Gamma_{15}$表象，在$T_d^2$群中属于$\Gamma_4$表象。

如计算

$$\left\langle x\left|\frac{\hbar}{m}\boldsymbol{k}\cdot\boldsymbol{p}\right|x\right\rangle_{=\text{级}}=\frac{\hbar^2}{m^2}\sum_{j\alpha l}\frac{\langle x|\boldsymbol{k}\cdot\boldsymbol{p}|u_{j\alpha l}\rangle\langle u_{j\alpha l}|\boldsymbol{k}\cdot\boldsymbol{p}|x\rangle}{E_v-E_j}$$
$$=\frac{\hbar^2}{m^2}\sum_{j\alpha l}\frac{\left|\langle x|\boldsymbol{k}\cdot\boldsymbol{p}|u_{j\alpha l}\rangle\right|^2}{E_v-E_j} \tag{3.53}$$

式中：j、α、l分别指第j带、第α电子态和l表象。由于x属于Γ_{15}表象，p 属于Γ_{15}表象。

$$\Gamma_{15}\times\Gamma_{15}=\Gamma_1+\Gamma_{12}+\Gamma_{15}+\Gamma_{25}\qquad(T_d\text{群}) \tag{3.54}$$

因此$u_{j\alpha l}$可属于Γ_1、Γ_{12}、Γ_{15}、Γ_{25}表象。于是式(3.53)可以继续等于，

$$\text{式(3.53)右边}=\frac{\hbar^2}{m^2}\left[\sum_j^{\Gamma_1}\frac{\left|\langle x|\boldsymbol{k}\cdot\boldsymbol{p}|u_{j\alpha l}\rangle\right|^2}{E_v-E_{j\alpha}}+\sum_j^{\Gamma_{12}}\frac{\left|\langle x|\boldsymbol{k}\cdot\boldsymbol{p}|u_{j\alpha l}\rangle\right|^2}{E_v-E_{j\alpha}}\right.$$
$$\left.+\sum_j^{\Gamma_{15}}\frac{\left|\langle x|\boldsymbol{k}\cdot\boldsymbol{p}|u_{j\alpha l}\rangle\right|^2}{E_v-E_{j\alpha}}+\sum_j^{\Gamma_{25}}\frac{\left|\langle x|\boldsymbol{k}\cdot\boldsymbol{p}|u_{j\alpha l}\rangle\right|^2}{E_v-E_{j\alpha}}\right]$$
$$=\frac{\hbar^2}{m^2}\left[\sum_j^{\Gamma_1}\frac{\left|\langle x|k_xp_x|u_j\rangle\right|^2}{E_v-E_j}+\sum_j^{\Gamma_{12}}\frac{\left|\langle x|k_xp_x|u_j\rangle\right|^2}{E_v-E_j}\right.$$
$$+\sum_j^{\Gamma_{15}}\frac{\left|\langle x|k_zp_z|u_{j\alpha}\rangle\right|^2}{E_v-E_j}+\sum_j^{\Gamma_{15}}\frac{\left|\langle x|k_yp_y|u_{j\alpha}\rangle\right|^2}{E_v-E_j}$$
$$\left.+\sum_j^{\Gamma_{25}}\frac{\left|\langle x|k_yp_y|u_{j\alpha l}\rangle\right|^2}{E_v-E_j}+\sum_j^{\Gamma_{25}}\frac{\left|\langle x|k_zp_z|u_{j\alpha l}\rangle\right|^2}{E_v-E_j}\right]$$
$$=k_y^2\left(F'+2G\right)+\left(k_y^2+k_z^2\right)\left(H_1+H_2\right) \tag{3.55}$$

式中

$$
\begin{aligned}
F' &= \frac{\hbar^2}{m^2}\sum_j^{\Gamma_1}\frac{\left|\langle x|p_x|u_j\rangle\right|^2}{E_v-E_j} \\
G &= \frac{1}{2}\frac{\hbar^2}{m^2}\sum_j^{\Gamma_{12}}\frac{\left|\langle x|p_x|u_j\rangle\right|^2}{E_v-E_j} \\
H_1 &= \frac{\hbar^2}{m^2}\sum_j^{\Gamma_{15}}\frac{\left|\langle x|p_y|u_j\rangle\right|^2}{E_v-E_j} \\
H_2 &= \frac{\hbar^2}{m^2}\sum_j^{\Gamma_{25}}\frac{\left|\langle x|p_y|u_j\rangle\right|^2}{E_v-E_j}
\end{aligned}
\tag{3.56}
$$

3.3 能带结构计算

3.3.1 k_0=0 的解

在 3.2.2 节式(3.36) 中，如果不考虑 $\boldsymbol{k}\cdot\boldsymbol{p}$ 项，也不考虑自旋轨道耦合项，简化为

$$
\left(\frac{\boldsymbol{p}^2}{2m}+U\right)u_i = E_i u_i \tag{3.57}
$$

此方程的解，u 的完全集，相当于 $k_0=0$ 处 $\boldsymbol{k}\cdot\boldsymbol{p}$ 表象的基函数。导带的波函数考虑自旋是两重简并的，$S\uparrow$、$S\downarrow$、S 函数具有 Γ_1 对称性，对应的能量是 E_s^0 价带的波函数考虑自旋是 6 重简并的，用 p 函数表示。对于多电子原子，解是类氢原子的薛定谔方程的解，即

$$
\Psi(r,\theta,\varphi) = R_{nl}(r)Y_{lm}(\theta,\varphi) \tag{3.58}
$$

且角部分与 $Y_{lm}(\theta,\varphi)$ 相同。

S：常数

$$
\begin{array}{ccccccccc}
Y_{11} & \sim & p_1 & \sim & \sin\theta\,\mathrm{e}^{\mathrm{i}\Phi} & = & \sin\theta(\cos\Phi+\mathrm{i}\sin\Phi) & \sim & x+\mathrm{i}\,y \\
Y_{10} & \sim & p_0 & \sim & \cos\theta & \sim & z & & \\
Y_{1,-1} & \sim & p_{-1} & \sim & \sin\theta\,\mathrm{e}^{-\mathrm{i}\theta} & \sim & x-\mathrm{i}y & &
\end{array}
\tag{3.59}
$$

这些 p 函数常用归一化线性组合来代替，有

$$
\begin{aligned}
p_x &= (p_1 + p_{-1})/\sqrt{2} \sim \sin\theta\cos\varPhi \sim x \\
p_y &= -\mathrm{i}(p_1 - p_{-1})/\sqrt{2} \sim \sin\theta\sin\varPhi \sim y \\
p_z &= p_0 \sim \cos\theta \sim z
\end{aligned}
\tag{3.60}
$$

考虑自旋，这三个 p 函数分别用 $x\uparrow$、$x\downarrow$、$y\uparrow$、$y\downarrow$、$z\uparrow$、$z\downarrow$来表示，简并能量为 E_p^0 p_x、p_y、p_z在对称操作下分别按 x、y、z 函数变换，具有 $\varGamma_{15}$ 对称性。在 $k=0$，导带能量 E_c 和价带能量 E_v 的能量分别为 E_s^0 和 E_p^0，有

$$
\begin{aligned}
E_c &= E_s^0 + \frac{\hbar^2 k^2}{2m} \\
E_v &= E_p^0 + \frac{\hbar^2 k^2}{2m} \\
E_s^0 &- E_p^0 = E_{\mathrm{g}}
\end{aligned}
\tag{3.61}
$$

3.3.2 $\boldsymbol{k}\cdot\boldsymbol{p}$ 一级微扰

在 3.2.2 节式(3.36)中，如果考虑 $\boldsymbol{k}\cdot\boldsymbol{p}$ 项，不考虑自旋轨道耦合项，则为

$$
\left(\frac{\boldsymbol{p}^2}{2m} + U(\boldsymbol{r}) + \frac{\hbar}{m}\boldsymbol{k}\cdot\boldsymbol{p}\right)u_i = E_i u_i \tag{3.62}
$$

从 $\boldsymbol{k}\cdot\boldsymbol{p}$ 一级微扰矩阵元可得到久期方程

$$
\begin{vmatrix}
E_s^0 + \frac{\hbar^2 k^2}{2m} - E & k_x p & k_y p & k_z p \\
k_x p & E_p^0 + \frac{\hbar^2 k^2}{2m} - E & 0 & 0 \\
k_y p & 0 & E_p^0 + \frac{\hbar^2 k^2}{2m} - E & 0 \\
k_z p & 0 & 0 & E_p^0 + \frac{\hbar^2 k^2}{2m} - E
\end{vmatrix} = 0 \tag{3.63}
$$

$E_p^0 + \dfrac{\hbar^2 k^2}{2m}$ 是式(3.57)的对角矩阵元，取价带顶能量值为 0 点，$E_s^0 - E_p^0 = E_{\mathrm{g}}$，解得

$$
\begin{cases}
E_c = \dfrac{\hbar^2 k^2}{2m} + \dfrac{1}{2}E_{\mathrm{g}} + \dfrac{1}{2}\sqrt{E_{\mathrm{g}}^2 + k^2 p^2} \\
E_{v1,3} = \dfrac{\hbar^2 k^2}{2m} \\
E_{v2} = \dfrac{\hbar^2 k^2}{2m} + \dfrac{1}{2}E_{\mathrm{g}} - \dfrac{1}{2}\sqrt{E_{\mathrm{g}}^2 + k^2 p^2}
\end{cases}
\tag{3.64}
$$

可见，$\boldsymbol{k}\cdot\boldsymbol{p}$一级微扰的作用是对导带进行了能量修正，把轻空穴带从重空穴带自旋-轨道裂开带分了开来。

3.3.3 $\boldsymbol{k}\cdot\boldsymbol{p}$一级微扰和$(\nabla U\times \mathrm{P})\cdot\boldsymbol{\sigma}$一级微扰

在上面的讨论中忽略了自旋轨道互作用，在 3.3.2 节式(3.36)中如果同时考虑$\boldsymbol{k}\cdot\boldsymbol{p}$项和$(\nabla U\times\boldsymbol{P})\cdot\boldsymbol{\sigma}$的一级微扰可把重空穴带和裂开带分开。

$$
H_{kp} = \frac{\hbar}{m}\boldsymbol{k}\cdot\boldsymbol{p} \qquad H_{\mathrm{so}} = \frac{\hbar}{4m^2c^2}(\nabla U\times\boldsymbol{P})\cdot\boldsymbol{\sigma} \tag{3.65}
$$

取基矢为

$$
\begin{array}{llll}
|\mathrm{is}\downarrow\rangle & |(x-\mathrm{i}y)\uparrow/\sqrt{2}\rangle & |z\downarrow\rangle & |(x+\mathrm{i}y)\uparrow/\sqrt{2}\rangle \\
|\mathrm{is}\uparrow\rangle & |-(x+\mathrm{i}y)\downarrow/\sqrt{2}\rangle & |z\uparrow\rangle & |-(x-\mathrm{i}y)\downarrow/\sqrt{2}\rangle
\end{array}
\tag{3.66}
$$

前四个态函数分别和后四个简并，8×8的相互作用矩阵元可以写为$\begin{pmatrix} H & 0 \\ 0 & H \end{pmatrix}$

$$
H_{ij} = \begin{pmatrix}
E_s & 0 & kp & 0 \\
0 & E_p - \dfrac{\varDelta}{3} & \dfrac{\sqrt{2}\varDelta}{3} & 0 \\
kp & \dfrac{\sqrt{2}\varDelta}{3} & E_p & 0 \\
0 & 0 & 0 & E_p + \dfrac{\varDelta}{3}
\end{pmatrix}
\tag{3.67}
$$

式中：$P = -\mathrm{i}\dfrac{\hbar}{m}\langle s|p_z|z\rangle$，$\varDelta = \dfrac{3\hbar\mathrm{i}}{4m^2c^2}\left\langle x\left|\dfrac{\partial U}{\partial x}p_y - \dfrac{\partial U}{\partial y}p_x\right|y\right\rangle$。$E_s$和$E_p$是方程(3.57)的哈密顿的本征值，$E_s$对应于导带，$E_p$对应于价带。这里假定$k$矢在$z$方向，如果$k$矢量不是在$z$方向，则可由基函数的旋转而变到式(3.67)的形式。从久期方程

$$
\det|H_{ij} - EI| = 0 \tag{3.68}
$$

有

$$\begin{cases} E_p + \dfrac{\varDelta}{3} - E' = 0 \\ \left(E_s - E'\right)\left(E_p - \dfrac{\varDelta}{3} - E'\right)\left(E_p - E'\right) - \left(E_s - E'\right)\dfrac{2}{9}\varDelta^2 - k^2 p^2 \left(E_p - \dfrac{\varDelta}{3} - E'\right) = 0 \end{cases} \tag{3.69}$$

式中：E' 和 E 的关系为 $E = E' + \dfrac{\hbar^2 k^2}{2m}$。

从式(3.69)中第一个方程，取 $E' = 0$，表示 $k = 0$ 处最上的价带为能量 0 点，有 $E_p = -\dfrac{\varDelta}{3}$。另外 $E_s = E_{\mathrm{g}}$，则式(3.69)变为

$$E_1' = 0 \tag{3.70}$$

$$E'\left(E' - E_{\mathrm{g}}\right)\left(E' + \varDelta\right) - k^2 p^2 \left(E' + \frac{2}{3}\varDelta\right) = 0 \tag{3.71}$$

方程式(3.71)给出 E' 的另外三个解。

对于窄禁带半导体，符合 $\varDelta \gg kp$、E_{g}，则解为

$$\begin{cases} E_c = \dfrac{\hbar^2 k^2}{2m} + \dfrac{E_{\mathrm{g}}}{2} + \dfrac{1}{2}\sqrt{E_{\mathrm{g}}^2 + \dfrac{8k^2 p^2}{3}} \\ E_{v1} = \dfrac{\hbar^2 k^2}{2m} \\ E_{v2} = \dfrac{\hbar^2 k^2}{2m} + \dfrac{E_{\mathrm{g}}}{2} - \dfrac{1}{2}\sqrt{E_{\mathrm{g}}^2 + \dfrac{8k^2 p^2}{3}} \\ E_{v3} = -\varDelta + \dfrac{\hbar^2 k^2}{2m} - \dfrac{p^2 k^2}{3\left(E_{\mathrm{g}} + \varDelta\right)} \end{cases} \tag{3.72}$$

可见，E_c 与 E_{v2} 是非抛物型的，E_c 与 E_{v2} 形状上对称，还出现了 E_{v3} 裂开带。在小 k 处 $E_{\mathrm{g}} \gg kp$ 时，是抛物型的，随着 k 的增大，非抛物型愈来愈显示出来。对于小 k 情况，式(3.71)给出抛物型能带

$$\begin{cases} E_c = E_{\mathrm{g}} + \dfrac{\hbar^2 k^2}{2m} + \dfrac{p^2 k^2}{3}\left(\dfrac{2}{E_{\mathrm{g}}} + \dfrac{1}{E_{\mathrm{g}} + \varDelta}\right) \\ E_{v1} = \dfrac{\hbar^2 k^2}{2m} \\ E_{v2} = \dfrac{\hbar^2 k^2}{2m} - \dfrac{2}{3}\dfrac{p^2 k^2}{E_{\mathrm{g}}} \\ E_{v3} = -\varDelta + \dfrac{\hbar^2 k^2}{2m} - \dfrac{p^2 k^2}{3\left(E_{\mathrm{g}} + \varDelta\right)} \end{cases} \tag{3.73}$$

还可见，裂开带 E_{v3} 与重空穴带分了开来。式(3.72)是经常应用的表达式，只是其中重空穴带还要采用考虑二级微扰后的表达式。在小 k 情况下，可以应用式(3.73)计算(Woolley et al. 1960)。根据能量修正值，可以求得波函数修正值，新波函数是基底波函数的线性组合

$$
\begin{aligned}
\Phi_{i\alpha} &= a_i\left[\mathrm{i}s\downarrow\right] + b_i\left[(x-\mathrm{i}y)\uparrow/\sqrt{2}\right] + c_i\left[z\downarrow\right] \\
\Phi_{i\beta} &= a_i\left[\mathrm{i}s\uparrow\right] + b_i\left[-(x+\mathrm{i}y)\downarrow/\sqrt{2}\right] + c_i\left[z\uparrow\right] \\
\Phi_{v1\alpha} &= \left|(x+\mathrm{i}y)\uparrow/\sqrt{2}\right\rangle \\
\Phi_{v1\beta} &= \left|-(x-\mathrm{i}y)\downarrow/\sqrt{2}\right\rangle
\end{aligned}
\tag{3.74}
$$

从而有

$$
\begin{pmatrix}
E_g & 0 & pk \\
0 & -\dfrac{2}{3}\Delta & \dfrac{\sqrt{2}\Delta}{3} \\
pk & \dfrac{\sqrt{2}\Delta}{3} & -\dfrac{\Delta}{3}
\end{pmatrix}
\begin{pmatrix} a_i \\ b_i \\ c_i \end{pmatrix}
= E_i' \begin{pmatrix} a_i \\ b_i \\ c_i \end{pmatrix}
\tag{3.75}
$$

得

$$
\begin{cases}
\left(E_g - E_i'\right)a_i + pkc_i = 0 \\
\left(-\dfrac{2}{3}\Delta - E_i'\right)b_i + \dfrac{\sqrt{2}}{3}\Delta c_i = 0 \\
pka_i + \dfrac{\sqrt{2}}{3}\Delta b_i - \dfrac{\Delta}{3}c_i - E_i'c_i = 0
\end{cases}
\tag{3.76}
$$

式(3.76)中第三式不能独立。从第一、二式分别得到

$$
\begin{aligned}
pkc_i &= a_i\left(E_i' - E_g\right) \\
\frac{\sqrt{2}}{3}\Delta c_i &= b_i\left(E_i' + \frac{2}{3}\Delta\right)
\end{aligned}
$$

从而

$$
\begin{cases}
a_i = pk\left(E_i' + \dfrac{2}{3}\Delta\right)/N \\
b_i = \dfrac{\sqrt{2}}{3}\Delta\left(E_i' - E_g\right)/N \\
c_i = \left(E_i' - E_g\right)\left(E_i' + \dfrac{2}{3}\Delta\right)/N
\end{cases}
\tag{3.77}
$$

N 为归一化常数，E_i' 为方程(3.69)的解。对于重空穴带，有 $a=c=0$，$b=1$。式(3.77)中 i 指导带、轻空穴带和自旋轨道裂开带。

在以上表达式中，对于小 k 近似，有

$$
\begin{aligned}
&a_c = 1 \quad b_c = c_c = 0 \\
&a_{v2} = 0 \quad b_{v2} = \sqrt{\frac{1}{3}} \quad c_{v2} = \sqrt{\frac{2}{3}} \\
&a_{v3} = 0 \quad b_{v3} = \sqrt{\frac{2}{3}} \quad c_{v3} = -\sqrt{\frac{1}{3}}
\end{aligned}
$$

代入式(3.74)，得到修正后的波函数为

$$
\begin{cases}
\left|J, m_j\right\rangle & \\
\left|\frac{1}{2}, -\frac{1}{2}\right\rangle & \Phi_{c\alpha} = \left|\mathrm{i}s\downarrow\right\rangle \\
\left|\frac{1}{2}, \frac{1}{2}\right\rangle & \Phi_{c\beta} = \left|\mathrm{i}s\uparrow\right\rangle \\
\left|\frac{3}{2}, -\frac{1}{2}\right\rangle & \Phi_{v2\alpha} = \sqrt{\frac{1}{3}}\left|(x-\mathrm{i}y)\uparrow/\sqrt{2}\right\rangle + \sqrt{\frac{2}{3}}\left|z\downarrow\right\rangle \\
\left|\frac{3}{2}, +\frac{1}{2}\right\rangle & \Phi_{v2\beta} = -\sqrt{\frac{1}{3}}\left|(x+\mathrm{i}y)\downarrow/\sqrt{2}\right\rangle + \sqrt{\frac{2}{3}}\left|z\uparrow\right\rangle \\
\left|\frac{1}{2}, -\frac{1}{2}\right\rangle & \Phi_{v3\alpha} = \sqrt{\frac{2}{3}}\left|(x-\mathrm{i}y)\uparrow/\sqrt{2}\right\rangle - \sqrt{\frac{1}{3}}\left|z\downarrow\right\rangle \\
\left|\frac{1}{2}, +\frac{1}{2}\right\rangle & \Phi_{v3\beta} = -\sqrt{\frac{2}{3}}\left|(x+\mathrm{i}y)\downarrow/\sqrt{2}\right\rangle - \sqrt{\frac{1}{3}}\left|z\uparrow\right\rangle \\
\left|\frac{3}{2}, \frac{3}{2}\right\rangle & \Phi_{v1\alpha} = \left|\frac{x+\mathrm{i}y}{\sqrt{2}}\uparrow\right\rangle \\
\left|\frac{3}{2}, -\frac{3}{2}\right\rangle & \Phi_{v1\beta} = \left|-\frac{x-\mathrm{i}y}{\sqrt{2}}\downarrow\right\rangle
\end{cases}
\tag{3.78}
$$

这一组波函数，将是考虑二级微扰，以及 k 依赖项微扰的新基矢。

对于较普遍的情况，在 $\Delta \gg kp$，E_g 的近似下，从式(3.77)可得系数为

$$
\begin{cases}
a_c = \left(\dfrac{\eta + E_g}{2\eta}\right)^{\frac{1}{2}} & b_c = \left(\dfrac{\eta - E_g}{6\eta}\right)^{\frac{1}{2}} & c_c = \left(\dfrac{\eta - E_g}{3\eta}\right)^{\frac{1}{2}} \\
a_{v2} = -\left(\dfrac{\eta - E_g}{2\eta}\right)^{\frac{1}{2}} & b_{v2} = \left(\dfrac{\eta + E_g}{6\eta}\right)^{\frac{1}{2}} & c_{v2} = \left(\dfrac{\eta + E_g}{3\eta}\right)^{\frac{1}{2}} \\
a_{v3} = 0 & b_{v3} = \left(\dfrac{2}{3}\right)^{\frac{1}{2}} & c_{v3} = -\left(\dfrac{1}{3}\right)^{\frac{1}{2}}
\end{cases}
$$

式中：$\eta = \left(E_g^2 + \dfrac{8}{3}k^2P^2\right)^{1/2}$。于是波函数表达式也会有相应修正，但在一般情况下，假定小 k 近似，就用式(3.78)来描述。

3.3.4 $\Phi_{i\alpha}$、$\Phi_{i\beta}$之间的二级微扰

在上述一级微扰的讨论中已消除了Φ_i和Φ_j之间的简并，下面将考虑$\boldsymbol{k}\cdot\boldsymbol{p}$在$\Phi_{i\alpha}$、$\Phi_{i\beta}$之间的二级微扰，以消除$\Phi_{i\alpha}$、$\Phi_{i\beta}$之间的简并。

对每一两重态，我们考虑$\boldsymbol{k}\cdot\boldsymbol{p}$二级微扰和$(\nabla U \times \boldsymbol{P})\cdot\boldsymbol{\sigma}$的二级微扰，并要把坐标系 x、y、z 旋转到 x'、y'、z'，使 k 矢在 z'方向，相应的波函数Φ 从变为Φ'。有

	$\Phi'_{i\alpha}$	$\Phi'_{i\beta}$
$\Phi'_{i\alpha}$	$E'_i + H_{\alpha\alpha}$	$H_{\alpha\beta}$
$\Phi'_{i\beta}$	$H_{\beta\alpha}$	$E'_i + H_{\beta\beta}$

(3.79)

写出久期方程为

$$
\begin{vmatrix} E'_i + H_{\alpha\alpha} - \lambda & H_{\alpha\beta} \\ H_{\beta\alpha} & E'_i + H_{\beta\beta} - \lambda \end{vmatrix} = 0
$$

并有

$$
\begin{aligned}
H_{\alpha\alpha}(i) &= H_{\beta\beta}(i) \\
H_{\alpha\beta} &= H_{\beta\alpha}
\end{aligned}
\tag{3.80}
$$

有$\lambda = E'_i + H_{\alpha\alpha} \pm H_{\alpha\beta}$，为二级微扰后的能量修正值，显然每一带的两个简并态在简并消除后的能量间隔为$2H_{\alpha\beta}$。对于导带、轻空穴带和裂开带，所得结果是

$$H_{\alpha\alpha}=a_i^2A'k^2+b_i^2\left\{Mk^2+\frac{(L-M-N)\left(k_x^2k_y^2+k_y^2k_z^2+k_z^2k_x^2\right)}{k^2}\right\}$$

$$+c_i^2\left\{L'k^2+2\frac{(L-M-N)\left(k_x^2k_y^2+k_y^2k_z^2+k_z^2k_x^2\right)}{k^2}\right\} \tag{3.81}$$

$$H_{\alpha\beta}=\pm\sqrt{2}\,\frac{a_ib_iB}{k}\left\{k^2\left(k_x^2k_y^2+k_y^2k_z^2+k_z^2k_x^2\right)-9k_x^2k_y^2k_z^2\right\}^{1/2}$$

对于重空穴带，可以算得

$$H_{\alpha\alpha}=Mk^2+(L-M-N)\frac{k_x^2k_y^2+k_y^2k_z^2+k_z^2k_x^2}{k^2}$$
$$H_{\alpha\beta}=0 \tag{3.82}$$

从式(3.81)可见，由于$\pm H_{\alpha\beta}$项的存在，导带、轻空穴带和自旋轨道裂开带的双重简并已经消除。但对重空穴带，从式(3.82)可见，两重简并仍没有消除。重空穴带的能量修正为

$$E_{\mathrm{hh}}=\frac{\hbar^2k^2}{2m}+Mk^2+(L-M-N)\frac{k_x^2k_y^2+k_y^2k_z^2+k_z^2k_x^2}{k^2}$$

一般也写为

$$E_{\mathrm{hh}}=-\frac{\hbar^2k^2}{2m_{\mathrm{hh}}} \tag{3.83}$$

在上述表达式中常数A'、M、L、N、L'、B都是相互作用矩阵元，它们的表达式是

$$L'=F'+2G \qquad L=F'+2G$$
$$M=H_1+H_2$$
$$N'=F'-G+H_1-H_2 \qquad N=F-G+H_1-H_2$$

$$F'=\frac{\hbar^2}{m^2}\sum_j^{\Gamma_1}\frac{\left|\langle x|p_x|u_j\rangle\right|^2}{E_v-E_j}$$

$$G=\frac{\hbar^2}{2m^2}\sum_j^{\Gamma_{12}}\frac{\left|\langle x|p_x|u_j\rangle\right|^2}{E_v-E_j}$$

$$H_1=\frac{\hbar^2}{m^2}\sum_j^{\Gamma_{15}}\frac{\left|\langle x|p_y|u_j\rangle\right|^2}{E_v-E_j}$$

$$H_2=\frac{\hbar^2}{m^2}\sum_j^{\Gamma_{25}}\frac{\left|\left\langle x\left|p_y\right|u_j\right\rangle\right|^2}{E_v-E_j}$$

$$A'=\frac{\hbar^2}{m^2}\sum_j^{\Gamma_{15}}\frac{\left|\left\langle s\left|p_y\right|u_j\right\rangle\right|^2}{E_c-E_j}$$

$$B'=\frac{2\hbar^2}{m^2}\sum_j^{\Gamma_{15}}\frac{\left\langle s\left|p_x\right|u_j\right\rangle\left\langle u_j\left|p_y\right|z\right\rangle}{\frac{1}{2}\left(E_c+E_v\right)-E_j}$$

$$F=F'+p^2/(E_v-E_c) \tag{3.84}$$

3.3.5 H_{kso}(k线性项)的贡献

$$H_{\text{kso}}=\left(\nabla U\times k\right)\cdot\sigma\frac{\hbar^2}{4m^2c^2} \tag{3.85}$$

由于H_{kso}项的贡献较小，导带和裂开带相隔较远，并且导带c和裂开带Φ_{v3}的简并已经消除，而重空穴带的简并没有消除，在Γ点处Φ_{v1}与Φ_{v2}也还是简并的，因此这里仅考虑Φ_{v1}与Φ_{v2}即重空穴带和轻空穴带之间k线性项的作用。

采用3.2.3节中的选择定则可算得下述H_{kso}的互作用矩阵元

$$\begin{matrix} & \Phi_{v1\alpha} & \Phi_{v1\beta} & \Phi_{v2\alpha} & \Phi_{v2\beta} \end{matrix}$$

$$H_{ij}=-\frac{c}{2}\begin{bmatrix} 0 & \sqrt{3}\left(k_x-\mathrm{i}k_y\right) & k_x+\mathrm{i}k_y & -2k_x \\ \sqrt{3}\left(k_x+\mathrm{i}k_y\right) & 0 & -2k_z & -\left(k_x+\mathrm{i}k_y\right) \\ k_x-\mathrm{i}k_y & -2k_z & 0 & \sqrt{3}\left(k_x+\mathrm{i}k_y\right) \\ -2k_x & -\left(k_x+\mathrm{i}k_y\right) & \sqrt{3}\left(k_x-\mathrm{i}k_y\right) & 0 \end{bmatrix} \tag{3.86}$$

矩阵元H_{ij}中系数c，分别为c_a、c_b、c_c

$$c_a = -\frac{\hbar^2}{2\sqrt{3}m^2c^2}\left\langle x\left|\frac{\partial U}{\partial y}\right|z\right\rangle$$

$$c_b = -\frac{\hbar^2}{2\sqrt{3}m^2c^2}\sum_j^{\Gamma_{12}}\frac{\left\langle x\left|p_x\right|\Psi_j\right\rangle\left\langle \Psi_j\left|\frac{\partial\Psi}{\partial z}p_x-\frac{\partial U}{\partial x}p_z\right|y\right\rangle}{E_v-E_j} \tag{3.87}$$

$$c_c = \frac{\hbar^2}{2\sqrt{3}m^2c^2}\sum_j^{\Gamma_{25}}\frac{\left\langle x\left|p_y\right|\Psi_j\right\rangle\left\langle \Psi_j\left|\frac{\partial U}{\partial z}p_x-\frac{\partial U}{\partial x}p_z\right|x\right\rangle}{E_v-E_j}$$

式中：c_a 即为 H_{kso} 项的，c_b 与 c_c 为将 $\boldsymbol{k}\cdot\boldsymbol{p}$ 与 $(\nabla U\times\boldsymbol{P})\cdot\boldsymbol{\sigma}$ 加在一起考虑二级微扰时的交叉项的结果。在数值上，Dresslhans(1955)估计 InSb 中，$C_a\left(\dfrac{k_{\max}}{2}\right)\approx 0.02\,\text{eV}$，$k_{\max}$ 是布区边界上的矢量值。c_b、c_c 更小。

把式(3.86)的矩阵元对角化，可以解得能量修正

$$\lambda_{\substack{1,2\\3,4}}=\pm c\left[k^2\pm\sqrt{3}\left(k_x^2k_y^2+k_y^2k_z^2+k_z^2k_x^2\right)^{1/2}\right]^{1/2} \tag{3.88}$$

于是重空穴带和轻空穴带的能量为

$$E=E_{v1,2}\pm c\left[k^2\pm\sqrt{3}\left(k_x^2k_y^2+k_y^2k_z^2+k_z^2k_x^2\right)^{1/2}\right]^{1/2} \tag{3.89}$$

于是对重空穴带两重简并也被消除。式(3.89)还包含着新的意义，若取一支能量，方括号外的“±”和方括号内的“±”号都取+号，由于

$$\begin{aligned}k_x&=k\sin\theta\cos\phi\\k_y&=k\sin\theta\sin\phi\\k_z&=k\cos\theta\end{aligned}$$

$$\lambda=+ck\left[1+\sqrt{3}\sin\theta\left(\cos^2\theta+\frac{1}{4}\sin^2\theta\sin^2 2\phi\right)^{1/2}\right]^{1/2} \tag{3.90}$$

这一修正项是 k 的线性项，于是能量可写为

$$E_{v1}=Ak^2+Bk \tag{3.91}$$

由 $\dfrac{\partial E_{v1}}{\partial k}=2Ak+B=0$ 可知 $E-k$ 曲线的极值点不在 $k=0$ 处。

对于 E_{v1} 带 k 项二倍于 k^2 项，而对于 E_{v2} 带 k^2 项的贡献远大于 k 项。因而 $|k|>|k_m|$ 处(k_{m} 为价带极大点处的波矢)，v_1 带与 v_2 带分得很开，$E_{v1}-E_{v2}>h_{12}$，因而可以忽略 $\left\langle\Phi_{v1}\middle|(\nabla\times k)\cdot\sigma\middle|\Phi_{v2}\right\rangle$ 项，使式(3.86)表示的矩阵元进一步简化。

由于矩阵元(3.67)是对于 $k/\!/z$ 方向而得出的，因而为了得到与式(3.72)、式 (3.73)一致的能量表达式，应当在式(3.86)矩阵元的基矢中，把 x、y、z 旋转到 x'、y'、z'，在此系中 k 沿 z'方向，再计算能量修正值。

由于可以忽略 $\left\langle\Phi_{v1}\middle|(\nabla\times k)\cdot\sigma\middle|\Phi_{v2}\right\rangle$ 项，式(3.86)表示的矩阵元可以拆成 2 个 2×2 矩阵。

对重空穴带

	$\Phi'_{v1\alpha}$	$\Phi'_{v1\beta}$
$\Phi'_{v1\alpha}$	$H_{1\alpha\alpha}$	$H_{1\alpha\beta}$
$\Phi'_{v1\beta}$	$H_{1\beta\alpha}$	$H_{1\beta\beta}$

对轻空穴带

	$\Phi'_{v2\alpha}$	$\Phi'_{v2\beta}$
$\Phi'_{v2\alpha}$	$H_{2\alpha\alpha}$	$H_{2\alpha\beta}$
$\Phi'_{v2\beta}$	$H_{2\beta\alpha}$	$H_{2\beta\beta}$

(3.92)

可以算得

$$H_{1\alpha\alpha} = H_{v1\beta\beta} = 0$$

$$H_{v1\alpha\beta} = 3\sqrt{3}c\left[\frac{kk_z\left(k_x^2 - k_y^2\right) + \mathrm{i}k_x k_y\left(k^2 + k_z^2\right)}{k^2\left(k_x^2 + k_y^2\right)^{1/2}}\right]$$

$$H_{v1\beta\alpha} = 3\sqrt{3}c\left[\frac{kk_z\left(k_x^2 - k_y^2\right) - \mathrm{i}k_x k_y\left(k^2 + k_z^2\right)}{k^2\left(k_x^2 + k_y^2\right)^{1/2}}\right]$$

能量修正可从

$$\begin{vmatrix} -\lambda & H_{\alpha\beta} \\ H_{\beta\alpha} & -\lambda \end{vmatrix} = 0$$

求得。因而对重空穴带

$$\delta E_{v1} = \lambda = \pm\sqrt{H_{\alpha\beta}H_{\beta\alpha}} = \pm\frac{3\sqrt{3}c}{k^2}\left[\left(k_x^2 + k_y^2\right)\left(k_y^2 + k_z^2\right)\left(k_z^2 + k_x^2\right)\right]^{1/2} \tag{3.93}$$

对轻空穴带得

$$\delta E_{v2} = \pm\frac{\sqrt{3}c}{k^2}\left[\left(k_x^2 + k_y^2\right)\left(k_y^2 + k_z^2\right)\left(k_z^2 + k_x^2\right) - 8k_x^2 k_y^2 k_z^2\right]^{1/2} \tag{3.94}$$

由式(3.93)可见，E_{v1}带除100方向外，其余所有方向都分裂，从式(3.94)可见，E_{v2}带除111方向，100方向外，其余所有方向都分裂。当然E_{v2}在前面分析中简并已经消除，因而k线性项H_{kso}对于E_{v1}带具有更重要的意义。

总结4、5结果，E_{v1}能量可表为

$$E_{v1}=\frac{\hbar^2k^2}{2m_0}+Mk^2+\left(L-M-N\right)\frac{k_x^2k_y^2+k_y^2k_z^2+k_z^2k_x^2}{k^2}$$
$$\pm\frac{3\sqrt{3}c}{k^2}\left[\left(k_x^2+k_y^2\right)\left(k_y^2+k_z^2\right)\left(k_z^2+k_x^2\right)\right]^{1/2} \tag{3.95}$$

在111方向，可以从

$$\frac{\partial E_{v1}}{\partial k}=0$$

解得

$$\begin{aligned}k_0&=\left|\frac{2\sqrt{2}c}{\dfrac{\hbar^2}{m_0}+\dfrac{2}{3}\left(L+2M-N\right)}\right|\\E_0&=\left|\frac{4c^2}{\dfrac{\hbar^2}{m_0}+\left(L+2M-N\right)\dfrac{2}{3}}\right|\end{aligned} \tag{3.96}$$

为111方向重空穴带极值位置，可见在$c\neq0$间，极值点偏离Γ点。对InSb和HgCdTe，k_0约为0.3%布区距离，$E_0\approx10^{-5}$–10^{-3}eV。

在Kane的$\boldsymbol{k}\cdot\boldsymbol{p}$微扰方法中，$E_g$、$P$、$M$、$L$、$N$等能带参数都必须通过实验测定，通过测定禁带宽度、导带电子有效质量、重空穴有效质量以及Luttinger参数等可以获得E_g、矩阵元P、M、L、N等的值。

利用$\boldsymbol{k}\cdot\boldsymbol{p}$微扰可以获得窄禁带半导体能带参数的许多细节，是一种有效的方法。

3.4 能 带 参 数

3.4.1 禁带宽度

上述能带结构给出了窄禁带半导体布里渊区原点附近的能量-波矢的解析表达式，但其中包括了若干能带参数，要能够定量地使用这些表达式，还需要知道

这些能带参数的值。其中常用的并且是最基本的主要有禁带宽度 E_g、动量矩阵元 P、重空穴有效质量 m_{hh}、自旋轨道裂距 Δ 以及与它们相关的导带电子有效质量和本征载流子浓度 n_i 等。这些能带参数可以从理论进行计算，但是误差较大。Katsuki(1971)和 Kunimune(1971)以及 Chadi(1973)和 Cohen(1973)曾利用赝势方法计算了 HgCdTe 的能带；图 3.8 示出了计算所得禁带宽度 E_g，以及自旋道裂距 Δ，随组分 x 的变化关系。从图中可见 E_g 与组分 x 的关系近于线性，图中还给出了 $E_g = 0$ 时的 x 值。但是，理论计算准确度约在 0.05eV，用波数来计算相差约 400cm^{-1}，这对于红外探测器研究来说，显然误差太大。因此对能带参数，有必要通过实验来进行研究获得可以应用的数值。

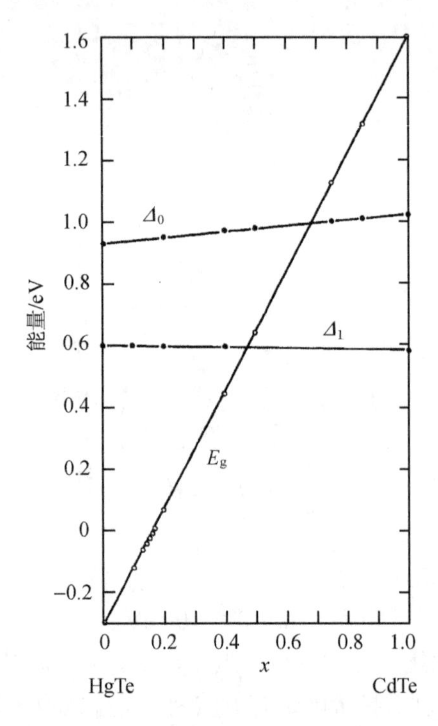

图 3.8　计算所得的 E_g 和 Δ 对组分 x 的关系

首先是禁带宽度 E_g，需要通过实验测定 E_g，获得不同温度下的窄禁带半导体的禁带宽度值。对于三元半导体 HgCdTe 来说，还要获得不同组分 HgCdTe 的禁带宽度值，并研究 E_g 对组分 x 和温度 T 的关系。

有大量实验可以确定 E_g(Dornhaus et al.　1983)，如 Subnikov-de Hass 效应(Antcliffe　1970)、带间磁反射或磁吸收(Harman et al.　1961)、回旋共振和非共振回旋吸收(Wiley et al.　1969, Ellis et al.　1971)、载流子浓度的温度依赖性(Mallon 1973, Finkman　1983)、光吸收(Scott　1969, Blue　1964)、光荧光(Elliott et al.

1972)等。Subnikov-de Hass 效应和磁等离子反射测量可以获得载流子浓度，从而可以计算禁带宽度。带间磁反射或磁吸收其光谱特征的能量位置与禁带宽度和磁场有关，在不同磁场下测量磁反射或磁吸收，特征光谱的能量位置随磁场而变，把磁场外推到零，就得到与禁带宽度相关的特征光谱能量值，可以计算禁带宽度。回旋共振的频率与导带电子有效质量有关，通过测量回旋共振获得导带电子有效质量，进而计算禁带宽度。光致发光测量光激发载流子的带间复合，可以获得禁带宽度。本征光吸收测量带间跃迁吸收光谱，直接获得禁带宽度。

本征光吸收是最直接测量禁带宽度的手段。在本征吸收光谱的测量中可以获得的光谱包括陡峭的吸收边和比较平坦缓慢变化的带-带跃迁吸收带。对于一般的较为厚的样品，只能测量到吸收边，因为吸收边表示的吸收系数还不大，这一波段的光线可以透过样品被测量到。而带-带跃迁吸收带的吸收系数很大，这一波段的光线不能透过样品，测量不到。如果要测量这一波段的带-带跃迁吸收带，就需要采用薄样品来测量。测量到本征吸收光谱以后可以确定禁带宽度的光谱位置。

Scott(Scott　1969)曾在宽组分范围内，测定了 HgCdTe 的吸收光谱，如图 3.9 所示。由于样品较厚，他仅获得了吸收边，并取吸收系数$\alpha = 500\text{cm}^{-1}$处的光子能量作为禁带宽度值，从而研究了禁带宽度与组分、温度的关系，得出禁带宽度经验公式

$$E_{\mathrm{g}}(\mathrm{eV}) = 0.303 + 1.37x + 5.6\times10^{-4}\times(1-2x)T + 0.25x^4 \tag{3.97}$$

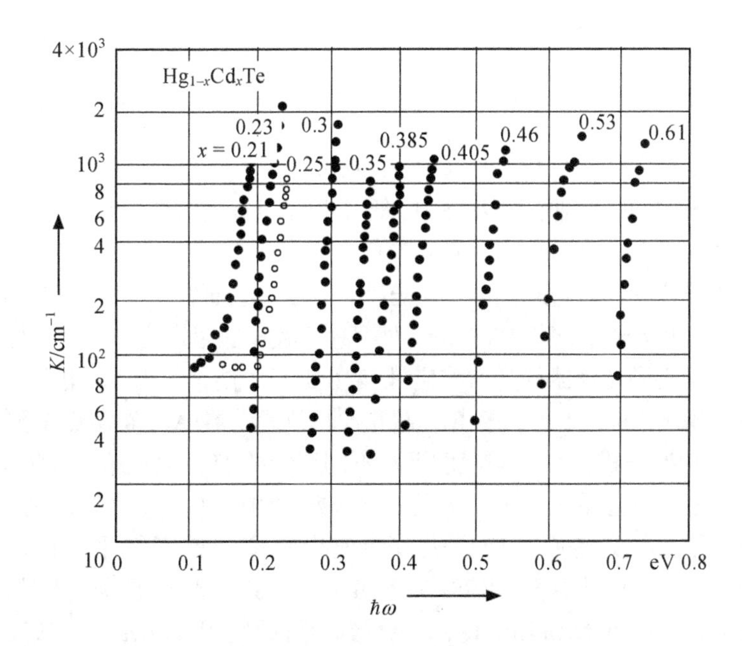

图 3.9　室温下不同组分的 $Hg_{1-x}Cd_xTe$ 样品的吸收谱(Scott　1969)

测量光导光伏器件光谱响应的方法也可以测量禁带宽度，器件光谱响应曲线是器件吸收光以后，电子从价带跃迁到导带，产生电信号的光谱曲线。因此它本质上反映的也是光吸收。Schmit 等(1969)采用测量光导光伏器件光谱响应的方法，取截止波长λ_{co}，即长波限峰值响应 1/2 处的光子能量作为 E_g，根据不同温度不同组分的λ_{co}值、对应的禁带宽度 E_g，得出组分 x、温度 T 与 E_g 关系的公式

$$E_g(\text{eV}) = -0.25 + 1.59x + 5.233(10^{-4}) \times (1 - 2.08x)T + 0.327x^3 \quad (3.98)$$

Finkman 等(1979)根据 Cd 组分 $x = 0.205$~0.220 范围的 HgCdTe 样品的光吸收实验，他们的样品较薄一些，在实验中吸收系数测量到 1000~2000 cm^{-1}，取 1000 cm^{-1} 处对应的光子能量定为 E_g，也得出一个 $E_g(x,T)$公式

$$E_g(\text{eV}) = -0.337 + 1.948x + 6.006(10^{-4}) \times (1 - 1.89x)T \quad (3.99)$$

Weiler 等人(Weiler　1981)根据磁光实验数据得出

$$E_g(\text{eV}) = -0.304 + 6.3(10^{-4})^2 \times (1 - 2x)T/(11 + T) + 1.858x + 0.054x^2 \quad (3.100)$$

该式在温度低于 100K 以下以及 $x < 0.3$ 范围内与实验值符合较好。

1983 年 Hansen、Schmit 和 Casselman(1982)综合分析了 Honewell 实验室所积累的数据与其他实验室所发表的数据，主要是低温下磁光实验的数据，提出一个关于 $E_g(x,T)$ 的经验表达式

$$E_g(\text{eV}) = -0.302 + 1.93x + (1 - 2x)5.35(10^{-4})T - 0.810x^2 + 0.832x^3 \quad (3.101)$$

适用于 $0 \leqslant x \leqslant 0.6$ (加上 $x = 1$)，$4.2\text{K} \leqslant x \leqslant 300\text{K}$。

在以上确定 E_g 的各种实验方法中，低温下带间磁吸收测量所获得的 E_g 值是公认最准确的，但磁光实验一般只有 77K 以下的实验值。本征吸收光谱测量可以获得从 4.2K 到 300K 温度下的吸收光谱。但在一些研究中，测量到吸收边后，取吸收系数$\alpha = 500\text{cm}^{-1}$，或者 1000 cm^{-1} 处对应的光子能量定为 E_g，这只是近似值。也有研究者测量光导光伏器件光谱响应，把截止波长处能量作为 E_g，也只是近似值。正如汤定元所指出(Tang et al.　1958)，截止波长位置随器件表面情况等条件而变。

根据以上状况分析，在不同温度下对不同组分的 HgCdTe 样品从实验精确测定 E_g 值是一件较为重要的工作。从吸收光谱方法确定 E_g，应在陡峭的吸收边和平坦的本征吸收带交界处，或说吸收边改变斜率开始变得平坦的转折区域(Finkman et al.　1979, 褚君浩　1984, Chu et al.　1983)。对于窄禁带半导体，这一种确定 E_g 的方法在 $Hg_{1-x}Zn_xTe$ 材料上也得到很好的应用(Wu et al.　1995a, Wu et al.　1995b)。吸收边不是带到带的光跃迁引起，晶格畸变势(包括填隙原子压缩

势和空位的膨胀势)、团聚效应和微观的组分起伏、电子声子互作用、带尾态、晶格的内电场等都会引起吸收边的倾斜。因此，禁带宽度应在吸收边终了、本征吸收带开始的能量位置，要得到这一位置，就必须测得完整的吸收光谱。在透射测量中，透过率 $T \propto \exp(-ad)$，T 的测量精度最高能有 10^{-3}~10^{-4}，因此只有在样品厚度 d 很小，约 10μm 左右，才能测到较大的吸收系数，获得完整的吸收光谱，从而准确地测定 E_g 值。有了实验上测量到的完整的吸收光谱，还可以从理论拟合带间跃迁吸收光谱的实验曲线来确定 P、m_{hh}、Δ，并可进一步计算 n_i。

为了测量得到完整的吸收光谱，从吸收边到本征吸收带直到 10^3~10^4cm^{-1} 数量级的吸收系数，样品必须很薄。薄样品的透射光谱特点是随着光子能量从一个大于禁带宽度的值逐渐减小，吸收从非常大逐渐减小，透射比从 0 开始缓慢增加，直到光子能量约等于禁带宽度能量时，透射比才开始迅速增加，样品越薄，透射比缓慢增加的能量范围也就越大。透射比迅速增加的部分对应于吸收边，而从 0 开始缓慢递增的部分对应于本征吸收带。图 3.10 是一个薄样品(d = 2.5μm)的透射光谱。样品组分是 0.443，实验温度是 300K、250K、200K、150K、100K、77K 和 4.2K，每一温度测量一条透射光谱。从图可见，当 v =5000cm^{-1}(λ = 2μm)时样品已经具有约 10%的透射比，随着波数的减小，透射比还是缓慢递增，直到约 4000~4150cm^{-1} 波数范围，透射比才开始迅速上升。从 2μm(v = 5000cm^{-1})位置向短波处进行测量，透射比缓慢变化的范围一直延伸到λ = 0.6μm 处。见该样品在 0.6~2μm 波段的透射光谱(褚君浩 1984)。

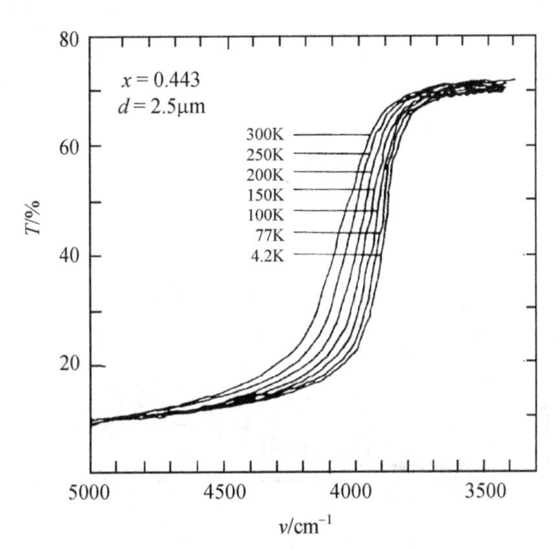

图 3.10　x = 0.443 的 $Hg_{1-x}Cd_xTe$ 薄样品(d = 2.5μm)在 4.2~300K 的透射光谱

图 3.11~图 3.12 分别为 x = 0.330(d = 8μm)、x = 0.276(d = 6μm)的 HgCdTe 样品在不同温度下的透射光谱(褚君浩 1984)。

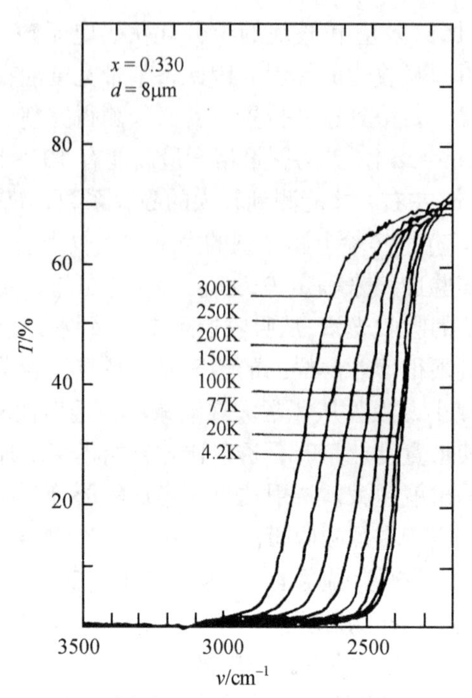

图 3.11　$Hg_{1-x}Cd_xTe$ 样品($x = 0.330$, $d = 8\mu m$)在 8~300K 的透射光谱

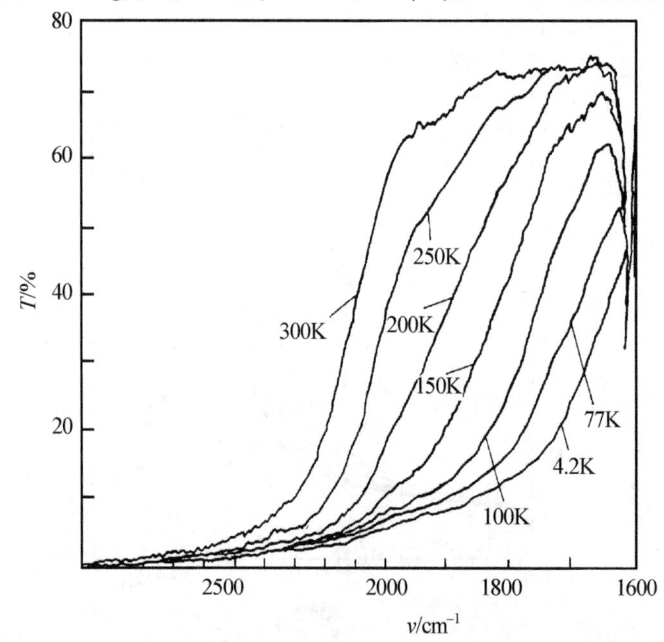

图 3.12　$Hg_{1-x}Cd_xTe$ 样品($x = 0.276$, $d = 6\mu m$)在 8~300K 的透射光谱

根据透射光谱，可以分别计算出不同组分不同温度下的吸收光谱。具体计算方法见 4.2.2 节。图 3.13~图 3.15 分别是 $x = 0.443$、0.276 和 0.200 的 HgCdTe 薄样

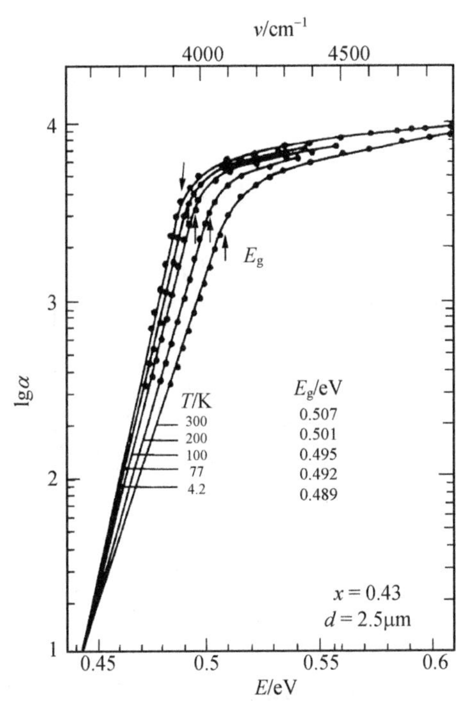

图 3.13　$Hg_{1-x}Cd_xTe$ 样品($x = 0.443$, $d = 2.5\mu m$)在不同温度下的吸收光谱

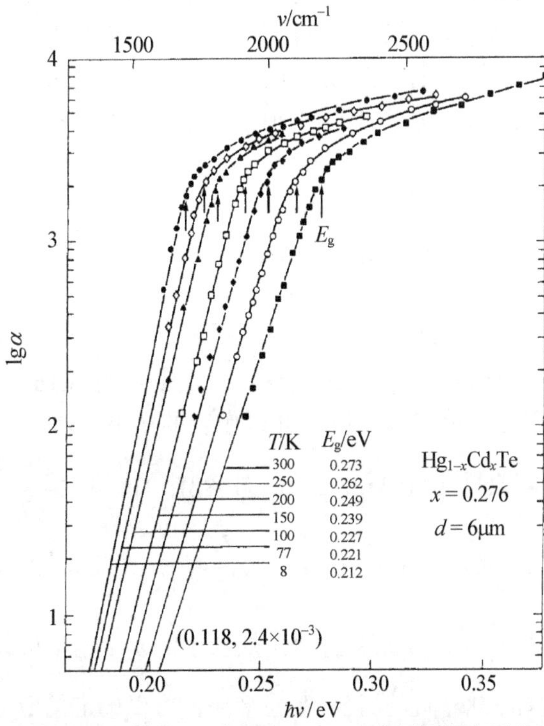

图 3.14　$Hg_{1-x}Cd_xTe$ 样品($x = 0.276$, $d = 6\mu m$)在不同温度下的吸收光谱

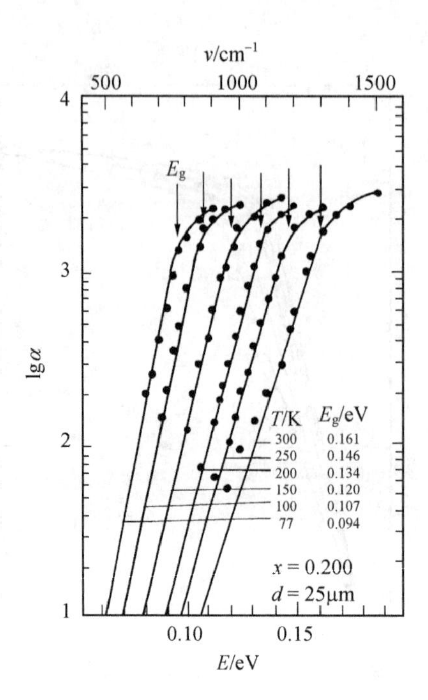

图 3.15　$Hg_{1-x}Cd_xTe$ 样品($x = 0.2$, $d = 25\mu m$)在不同温度下的吸收光谱

品在不同温度下的吸收光谱，从图中可见各条光谱包含了陡峭上升的吸收边和平坦的本征吸收带，在吸收边终了开始进人平坦的本征吸收带的区域，其光子能量对应于禁带宽度 E_g。在图 3.13~图 3.15 中部用箭头标出了这一位置，并标出了禁带宽度 E_g 的值和对应的温度。图 3.14 中下方括弧里的坐标为吸收边向延长交点的坐标。

根据吸收光谱，可以得到不同温度下的禁带宽度值 E_g(eV)，对每个样品都可以得到 E_g(eV)-T 的关系曲线(图 3.16)，从而再得到不同组分样品的禁带宽度温度系数 $\frac{\partial E_g}{\partial T}$(表 3.7)，并进而得到 $\frac{\partial E_g}{\partial T}$~$x$ 关系曲线(图 3.17)。图中黑圆点取自褚君浩等的实验结果(褚君浩　1982)，空心圆点则是图 3.16 中所得到的实验结果(Chu　1983)。空心方块实验点取自其他作者的结果。$x = 0.16$ 的 HgCdTe 的 $\frac{\partial E_g}{\partial T} = 4 \times 10^{-4}$eV/K 取自文献(Bajaj et al.　1982)，HgTe 的 $\frac{\partial E_g}{\partial T} = 6 \times 10^{-4}$eV/K 取自文献(Pidgenon et al.　1967)，CdTe 的 $\frac{\partial E_g}{\partial T} = -5 \times 10^{-4}$eV/K 取自参考文献(Pidgenon et al.　1967, Tsay et al.　1973)。从这里的实验结果可以看出 $\frac{\partial E_g}{\partial T}$ 与 x 的关系并非线性，而略为偏离直线。从实验结果，可以确定禁带宽度的温度系数为

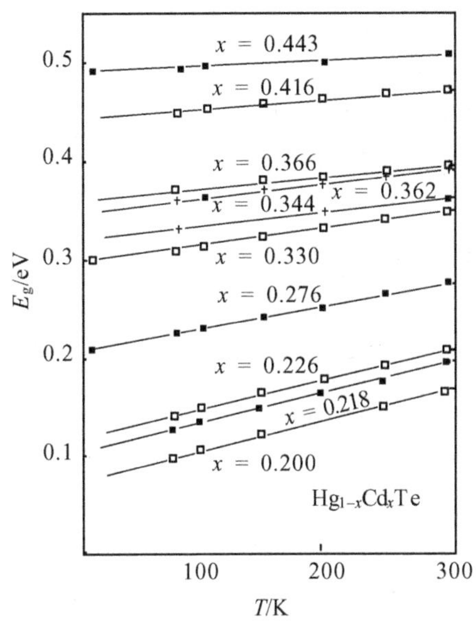

图 3.16　不同组分 $Hg_{1-x}Cd_xTe$ 样品的禁带宽度 E_g(eV)对温度 T 的关系

表 3.7　不同组分 HgCdTe 的$\frac{\partial E_g}{\partial T}$

x	0.200	0.218	0.226	0.276	0.330	0.344	0.362	0.366	0.416	0.443
$\frac{\partial E_g}{\partial T}10^{-4}$ /(eV/K)	3.1	3.14	2.9	2.34	1.7	1.4	1.37	1.2	0.8	0.5

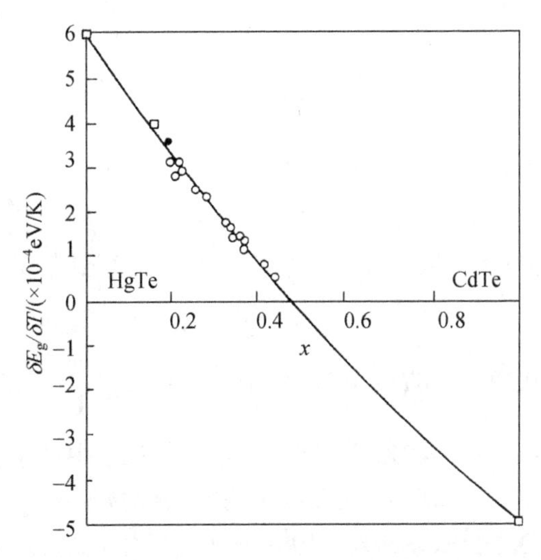

图 3.17　禁带宽度温度系数 $\frac{\partial E_g}{\partial T}$ 和组分 x 的关系

$$\frac{\partial E_g}{\partial T}=(6-14x+3x^2)\times 10^{-4}\,\text{eV/K} \tag{3.102}$$

图 3.17 中的曲线即为式(3.102)计算结果。

从式(3.102)可得温度系数为 0 的组分值约为 $x=0.48$。这些结果都与实验相合。

HgCdTe 禁带宽度 E_g 的温度系数是组分 x 的非线性函数，这是符合理论分析结果的(Powlikowski et al. 1976，1977)。禁带宽度温度系数一般来自晶格形变及声子-电子相互作用两方面的贡献

$$\frac{\partial E_g}{\partial T}=\left(\frac{\partial E_g}{\partial T}\right)_{\text{Di}}+\left(\frac{\partial E_g}{\partial T}\right)_{\text{ph}} \tag{3.103}$$

式中

$$\left(\frac{\partial E_g}{\partial T}\right)_{\text{Di}}=-3ac\left(\frac{\partial E_g}{\partial T}\right)_{\text{T}}=ax+b \tag{3.104}$$

a、b 是常数，构成 x 的线性函数。但是

$$\left(\frac{\partial E_g}{\partial T}\right)_{\text{ph}}=\frac{\left[m_e\varepsilon_c^2+\left(m_e^{3/2}+m_h^{3/2}\right)^{3/2}\varepsilon_v^2\right]G}{1+F\left[\varepsilon_c^2+\varepsilon_v^2\left(m_e^{3/2}+m_h^{3/2}\right)^{-1/3}m_e^{-1/2}\right]} \tag{3.105}$$

式中：F、G 都是温度、组分、元胞中原子的平均质量、自旋轨道裂距等的缓变函数(Vasilff 1957)；ε_c、ε_v 是导带、价带的形变势常数；都与 x 有关；m_e 为导带电子有效质量亦与 x 有关。因而一般说来，应是 x 的非线性函数，与上面叙述的实验结果是一致的。

根据不同温度不同组分的禁带宽度实验值，可以得到 E_g(eV)对 x 的关系。图 3.18 为 E_g(eV)对 x 的关系，方块点是 300K 的实验结果，圆点为 77K 的实验结果，菱形点为 8K 的实验结果。总结以上实验结果可以得到禁带宽度经验公式(Chu et al. 1983)

$$E_g(\text{eV})=-0.295+1.87x-0.28x^2+(6-14x+3x^3)(10^{-4})T+0.35x^4 \tag{3.106}$$

该式适用于 $0.19\leqslant x<0.433$，$4.2\text{K}\leqslant T\leqslant 300\text{K}$。在图 3.20 中两条实线分别是根据式(3.106)在 300K 和 77K 下计算的，实验点取自光吸收数据。式(3.106)后来被 Seiler 等和其他作者称为 CXT 公式(Seiler 1989, 1990)。由于式(3.106)是根据本征吸收光谱确定的禁带宽度而获得的表达式，在物理意义上是最明确的。

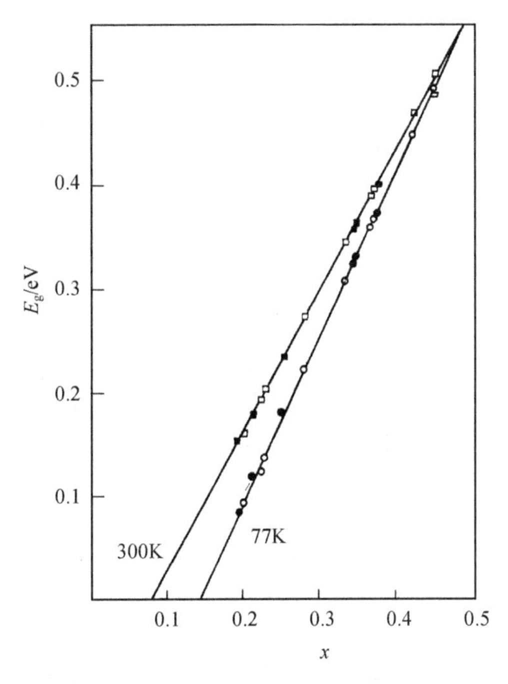

图 3.18　不同温度下 E_g(eV)和组分 x 的关系

图中实验点取自光吸收数据，曲线根据式(3.106)计算

式(3.106)的明显特征是引入了 x^2 项。这一项的引入从理论上考虑是合理的(Cadorna　1963)。根据虚晶近似 VCA，虚晶哈密顿可以写为(钟学富　1982)

$$\begin{aligned} H(\mathrm{HgCdTe}) &= -\frac{\hbar^2}{2m}\nabla^2 + xV_{\mathrm{CdTe}}(r) + (1-x)V_{\mathrm{HgTe}}(r) \\ &= xH(\mathrm{CdTe}) + (1-x)H(\mathrm{HgTe}) \end{aligned} \tag{3.107}$$

可见虚晶近似实际上是两原胞近似，HgCdTe 的电子能量为 HgTe 和 CdTe 能量的线性内插，不包含 x^2 项。但进一步分析表明，在两原胞近似下如果采用紧束缚方法就会产生弓形项(钟学富　1982)。而且这里显然还没有考虑无序对晶格势的修正，如果考虑到无规势的修正，将会有弓形项(二次项)出现。Hill(Hill　1974)以及 Wu 等(1983)采用了非线性依赖的晶格势，得出三元半导体的禁带宽度应包含弯曲项(x^2)。从实验上来看，4.2K 的磁光实验数据，也显示出 E_g-x 的曲线有一些下弯的倾向(Elliott et al.　1972，Dornhaus et al.　1983)，这在其他半导体中也有所见。可见在我们的经验公式中引入 x^2 项是自然而合理的。至于 x^4 项，则是为了与 CdTe 禁带宽度的实验值一致而加上去的。

图 3.19 给出了不同计算公式 4.2K 时计算结果和实验结果的比较。可见 CXT 公式计算结果更为合理(Seiler et al.　1990)。

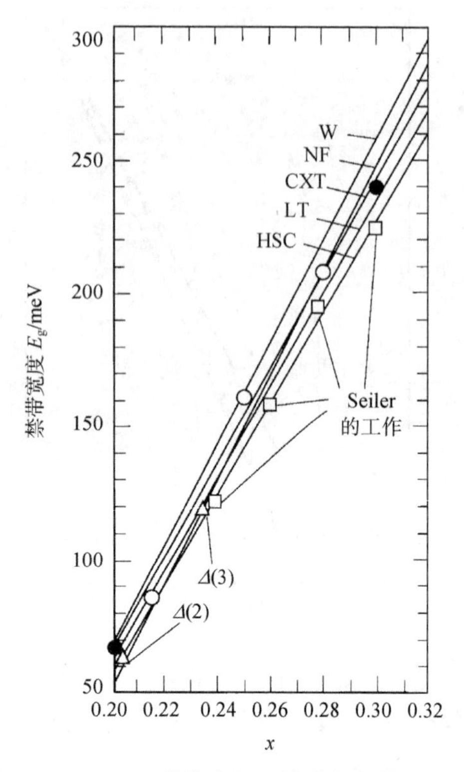

图 3.19　HgCdTe 禁带宽度的不同计算公式的比较

图 3.20 为 300K 和 77K 时禁带宽度的部分光吸收实验数据和按照不同的 $E_g(x, T)$公式计算结果的比较。图中实线是根据褚等得出的式(3.106)计算结果，虚线则是按照 Hansen 等人的 $E_g(x, T)$式(3.101)计算的结果。由图可见褚的结果比 Hansen 等人的结果略高一些。

为了更好地检验式(3.106)与实验的符合程度，可以将式(3.106)与低温下磁光透射法所测得的禁带宽度实验值作比较。Guldner 等(1979)以及 Dornhaus 和 Nimtz (1977)用此法在 4.2K 测量了一系列样品的禁带宽度 E_g 值。在图 3.21 中分别用圆点和方块表示。图中实线是按照式(3.106)用 $T = 4.2$K 代入计算的，虚线则是根据 Hansen 等的式(3.101)计算的。

图 3.22 是式(3.106)与 24K 下磁光实验所得禁带宽度值 E_g 的比较。实验点取自许多作者(Weiler 1981, Antcliffe 1970, Groves et al. 1971, Strauss et al. 1962, McCombe et al. 1970, Kinch et al. 1971, Kahlert et al. 1973, Weber et al. 1975, Poehler 1978, Swierkowski et al. 1978)，图中虚线是根据式(3.101)计算的。

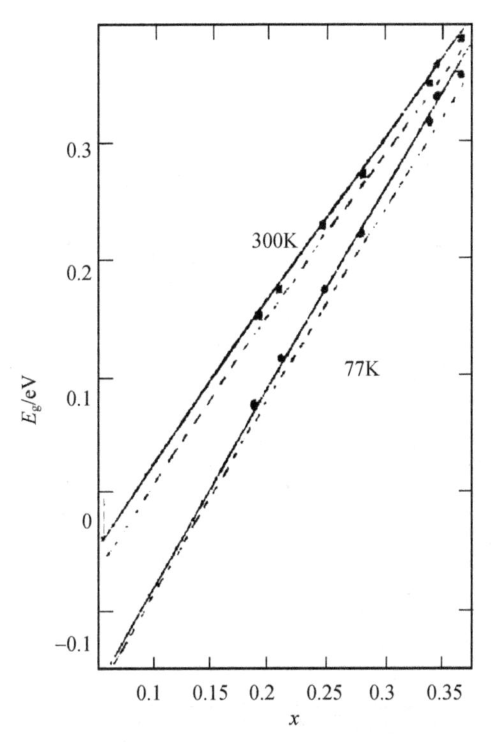

图 3.20　部分 E_g(eV)实验值与计算结果的比较

实线虚线分别由式(3.106)和式(3.101)计算

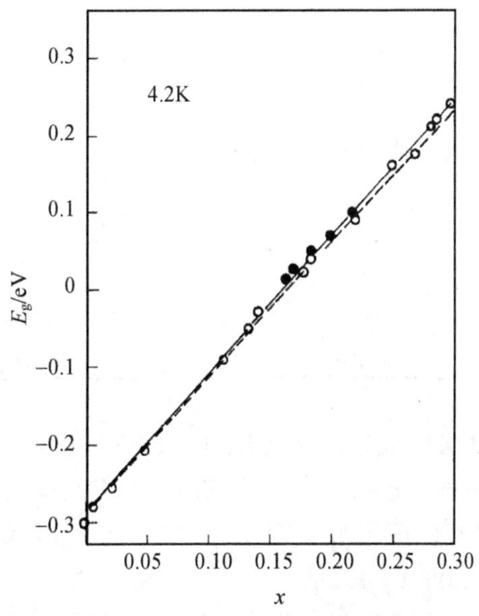

图 3.21　4.2K 时从磁光实验所得 E_g 值与计算结果的比较

实线虚线分别由式(3.106)和式(3.101)计算

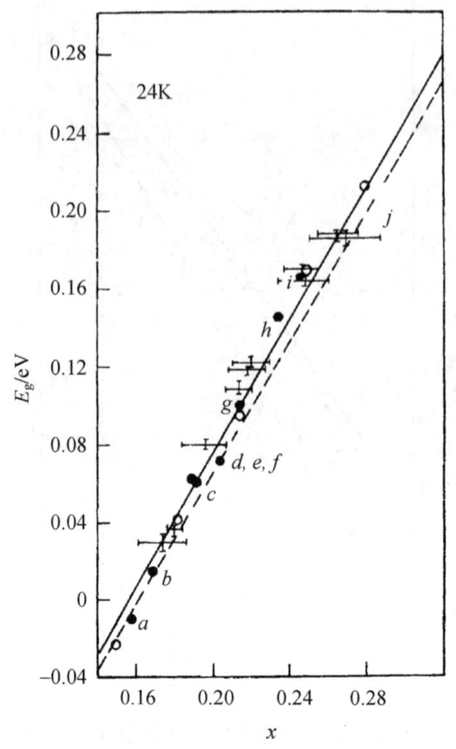

图 3.22　24K 下 E_g 实验值与计算值的比较

实线虚线分别由式(3.106)和式(3.101)计算

如果将所得 $E_g(x, T)$式(3.106)与 Hansen 等人所得式(3.101)同已知的磁光实验数据相比较。在组分范围 $0 \leqslant x \leqslant 0.30$ 和温度范围 $4.2K \leqslant T \leqslant 24K$ 下估算计算结果与实验结果的平均偏差与标准误差，所得结果如表 3.8 所示(Chu et al.　1983)。

表 3.8　在 $0 \leqslant x \leqslant 0.30$ 和 $4.2K \leqslant T \leqslant 24K$ 范围式(3.3)、式(1.10)与磁光实验值比较的结果

	平均偏差/eV	标准误差/eV
式(3.109)	0.0014	0.0082
式(3.101)	−0.0080	0.0120

从以上比较可见 CXT 表达式更为准确，CXT 表达式(3.106)的计算结果比 Hansen 等的结果略大一些。这可能是由于式(3.101)仍然反映了吸收边的能量，而式(3.106)代表的是禁带宽度能量 E_g。因此，CXT 表达式(3.106)更为准确的表达了 HgCdTe 禁带宽度组分和温度的关系。

根据式(3.106)，在 4.2K 时，$E_g = 0$ 的组分 $x_0 = 0.161$，与 Groves 等(1971)的实验值 $x_0 = 0.161 \pm 0.003$ 以及 Guldner 等(1977, 1979)的实验 $x_0 = 0.165 \pm 0.005$，甚为

一致。以上分析表明，式(3.106)可以适用于 $0.19 \leqslant x \leqslant 0.443$、 $4.2\text{K} \leqslant T \leqslant 300\text{K}$ 温度范围。后面的分析表明，在 $x = 0.165 \sim 0.194$ 以及 77~300K 范围内 CXT 表达式亦是适用的。

采用双光子磁吸收实验也可以用来确定禁带宽度与组分的依赖性，可以参考 Seiler 等(1986, 1989, 1990)的工作。

禁带宽度是半导体材料最重要的物理参数，尤其是对三元系窄禁带半导体材料 $Hg_{1-x}Cd_xTe$，必须要根据禁带宽度的大小来确定器件的响应波长。因此禁带宽度与温度和组分的关系式对材料设计、器件设计特别重要(徐国森等 1996, 龚海梅等 1996, 杨建荣等 1996, Tang 1985, Maxey et al. 1989, Sharma et al. 1994, Herman et al. 1985)。

3.4.2 导带电子有效质量

窄禁带半导体的导带电子有效质量是一个重要的物理量，它依赖于非抛物带的形状，取决于禁带宽度、动量矩阵元、自旋轨道裂距等能带参数。从实验的角度，通过测量导带电子有效质量，也给出了获得能带参数的途径。但如果知道了能带参数就可以计算导带电子有效质量。这里我们首先建立它们之间的内在联系。

在自旋轨道裂距 $\Delta \gg E_g$、kP 条件(以下计算恒满足该条件)下，并以导带底为能量原点，根据式(3.72)导带能量表达式为

$$E_c = \frac{\hbar^2 k^2}{2m_0} + \frac{1}{2}\left[-E_g + \sqrt{E_g^2 + \frac{8}{3}k^2 P^2}\right] \tag{3.108}$$

采用回旋共振有效质量定义

$$\frac{1}{m^*} = \frac{1}{\hbar^2}\left(\frac{1}{k}\frac{\partial E}{\partial k}\right) \tag{3.109}$$

有

$$\frac{m^*}{m_0} = \left[1 + \frac{4m_0 P^2}{3\hbar^2}\left(E_g^2 + \frac{8}{3}k^2 P^2\right)^{-\frac{1}{2}}\right]^{-1} \tag{3.110}$$

由于窄禁带半导体 $m^*/m_0 \ll 1$，因此括号中的 1 可以忽略。这样简化后，对于 $m^*/m_0 \approx 0.01$ 的情况，引进的误差小于 1%，从而有

$$\frac{m^*}{m_0} = \frac{m_0^*}{m_0}\sqrt{1 + \frac{8}{3}\frac{k^2 P^2}{E_g^2}} \tag{3.111}$$

式中：m_0^*为导带底电子有效质量，m^*是波矢为 k 处，即能量为 E 处的导带电子有效质量。在计算中，如果 k 由导带电子浓度 n 给出，由此得到 $m^*(n)$。式(3.111)也可写成

$$\frac{m^*}{m_0}=\frac{m_0^*}{m_0}\left(1+\frac{2E_k}{E_g}\right) \tag{3.112}$$

式中：E_k是波矢为 k 处的导带电子能量。根据式(3.110)，$k=0$ 处的

$$\frac{m_0^*}{m_0}=\frac{3}{4}\frac{\hbar^2E_g}{P^2m_0} \tag{3.113}$$

这是较为粗略的近似表达式，但可以用来估算导带底电子有效质量。有时式(3.113)也可写成

$$\frac{m_0^*}{m_0}=\frac{3}{2}\frac{E_g}{E_p}$$
$$E_p=\frac{2m_0}{\hbar^2}P^2 \tag{3.114}$$

为了得到比式(3.113)更精确的导带底电子有效质量表达式，可以采用小 k 近似下的 Kane 的导带能量表达式(Kane　1957)，即 3.3.3 节中的式(3.73)

$$E_c=E_g+\frac{\hbar^2k^2}{2m_0}+\frac{P^2k^2}{3}\left(\frac{2}{E_g}+\frac{1}{E_g+\Delta}\right) \tag{3.115}$$

根据有效质量定义，得到

$$m_0^*=\frac{\hbar^2E_g\left(E_g+\Delta\right)}{2P^2\left(E_g+2\Delta/3\right)} \tag{3.116}$$

显然可见，由于$\Delta\gg E_g$，如果把括号中 E_g 省去，式(3.116)就变成式(3.113)。式(3.116)是计算导带底电子有效质量比较精确的表达式，要进而计算波矢为 k 处，或者能量为 E_k 处的导带电子有效质量可以应用式(3.111)或式(3.112)。从上面的表达式也可以看到，如果知道能带参数可以计算有效质量，如果测量到有效质量也可以计算能带参数。

Chu 等(1983, 1991, 1992)曾对一系列不同组分的 $Hg_{1-x}Cd_xTe$ 薄样品进行了本征吸收光谱测量，由于样品很薄，因而获得了迄今为止最完全的本征吸收光谱，具有陡峭的吸收边和平坦的本征吸收带，为吸收光谱的理论拟合计算提供了实验

依据，并通过理论拟合计算获得了有关能带参数。

有关实验已在参考文献(褚君浩　1984, 褚君浩等　1985)中叙述，并在 4.2.2 节中有所描述。图 3.23 中方点和圆点表示由实验测量结果得到的室温下的吸收光谱，实线是理论计算的吸收曲线。

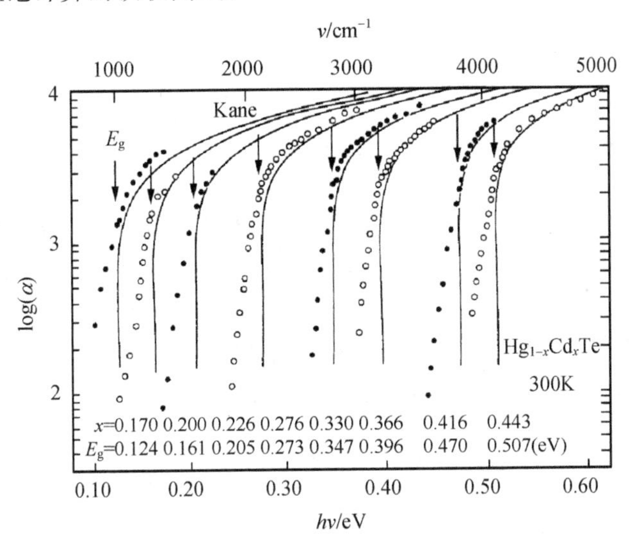

图 3.23　对 $x = 0.170 \sim 0.443$ 的 $Hg_{1-x}Cd_xTe$ 样品的实验吸收光谱和计算得到的吸收曲线

理论吸收曲线是根据电子从价带到导带的光跃迁理论，并采用窄禁带半导体的 Kane 能带模型计算的(Kane　1957, Bassani et al.　1975)

$$\alpha = \frac{4\pi^2 e^2 \hbar}{m_0^2 ncE} \sum_j |Mj|^2 \int \frac{2d^3k}{(2\pi)^3} \delta\left(E_c - E_j - \hbar\omega\right) \tag{3.117}$$

式中：$|Mj|^2$ 是光学矩阵元的平方，求和指标指重空穴和轻空穴带，积分项为联合态密度。算得的 α 包括了重空穴带到导带跃迁的贡献以及轻空穴带到导带跃迁的贡献。计算中所用禁带宽度值由实验测得的吸收光谱而定，即吸收边终了、吸收曲线开始转弯的区域(即吸收边延长线与吸收曲线偏离吸收边的交点)的光子能量为 E_g，具体取值已在图中分别标明，计算参见 4.2 节。上面讨论中所涉及的组分范围和温度范围($x = 0.170 \sim 0.443$，$T = 8 \sim 300K$)，计算中一律取动量矩阵元 $P = 8\times10^{-8}\text{eV}\cdot\text{cm}$，重空穴有效质量 $m_{hh} = 0.55m_0$，自旋轨道裂距 $\Delta = 1\text{eV}$。计算所得结果与实验结果有最佳符合。从拟合结果中也可以看出在大于禁带宽度范围内符合得很好，而在小于禁带宽度范围内，理论吸收曲线的低能部分与实验测得的吸收边存在偏离，这是由于电子-声子互作用以及带尾态等原因引起的，是另一个有趣的课题。

把吸收光谱拟合计算所得到的 P 和Δ的值代入式(3.116)，导带底有效质量有简洁的计算表达式

$$\frac{m_0^*}{m_0}=0.05966\times\frac{E_g\left(E_g+1\right)}{E_g+0.667} \tag{3.118}$$

式中，E_g 由式(3.106)表示，即

$$E_g(\text{eV})=-0.295+1.87x-0.28x^2+(6-14x+3x^2)(10^{-4})T+0.35x^4$$

根据式(3.118)可以计算不同温度下不同组分样品的(m_0^*/m_0)值，再利用式(3.111)或式(3.112)，即可计算波矢 k 处或能量 E_k 处的导带电子有效质量。

图 3.24 给出了 4.2 K 温度下导带底电子有效质量与组分 x 的关系。图中曲线根据式(3.118)计算，圆点取自参考文献(Antcliffe 1970, Ellis et al. 1971, Suizu et al. 1973, Strauss et al. 1962, Kinch et al. 1971, Kahlert et al. 1973, Weber et al. 1975, Poehler et al. 1970, Verie et al. 1965, Long 1968, Suizu et al. 1972, Narita et al. 1971)。

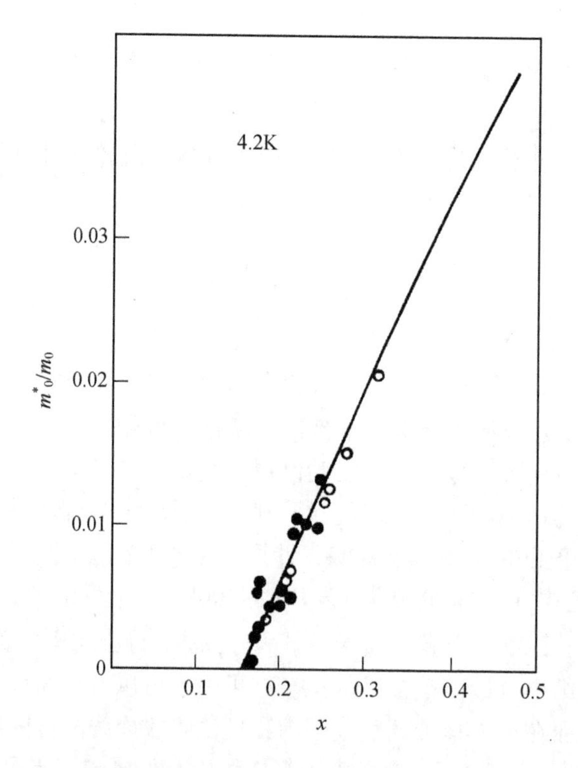

图 3.24 4.2K 温度下导带底电子有效质量与组分 x 的关系

表 3.9~表 3.11 比较了简并情况下导带电子有效质量的实验结果和计算结果。Antcliffe(Antcliffe 1970)对同一组分、不同电子浓度的样品在 4.2 K 温度下测量 SdH 效应，获得电子浓度 n 以及波矢为 $k=(3\pi^2 n)^{1/3}$ 处的导带电子有效质量 $m^*(n)$。实验所用样品在 77K 下的光电导响应截止波长为 $\lambda_{c0}=13.7\mu m$，对应于能量 $E_{c0}=0.0903$ eV。采用 Schmit 等(1969)所得的截止能量 E_{c0} 与组分 x 的关系，可以算得该样品组分为 $x=0.1975$，实验测得该样品在 4.2K 下的禁带宽度为 0.0635 eV，与公式(3.106)计算结果 $E_g=0.064$ 符合。利用式(3.118)，算得导带底电子有效质量为$(m_0^*/m_0)=0.005\ 55$，实验所得值为$(m_0^*/m_0)_{exp}0\ 056\pm 0.000\ 25$，计算结果与实验结果符合很好。在波矢 $k=(3\pi^2 n)^{1/3}$ 处的导带电子有效质量的测量值 $(m^*(n)/m_0)_{exp}$ 和计算值$(m^*(n)/m_0)_{cal}$ 列于表 3.9，计算结果与实验结果符合较好。

表 3.9 不同电子浓度的 x=0.197 5 样品在 4.2 K 时的导带电子有效质量
(E_g=0.063 5 eV，m_0^*/m_0=0.005 55)

n/cm^{-3}	$(m^*/m_0)_{cal}$	$(m^*/m_0)_{exp}$
2.32×10^{15}	0.007 26	0.007 02
3.10×10^{15}	0.007 56	0.007 55
5.90×10^{15}	0.008 47	0.008 30
6.60×10^{15}	0.008 67	0.009 10
8.00×10^{15}	0.008 98	0.009 20
9.66×10^{15}	0.009 38	0.009 66

表 3.10 不同温度下 $Hg_{1-x}Cd_xTe$ 样品的导带电子有效质量的实验值和计算值

T/K	x	E_g/eV	n/cm^{-3}	m_0^*/m_0	$(m^*/m_0)_{cal}$	$(m^*/m_0)_{exp}$
77	0.135	−0.015 4	1.7×10^{16}	0.001 36	0.009 3	0.010± 0.001 5
	0.144	−0.000 2	8.0×10^{15}	0.000 017 8	0.007 1	0.006 8± 0.001 5
	0.149	0.008 3	6.7×10^{15}	0.000 739	0.006 8	0.006 9± 0.000 4
	0.150	0.009 9	2.3×10^{16}	0.000 882	0.010 2	0.010± 0.002
	0.188	0.074	1.4×10^{15}	0.006 37	0.007 5	0.007 6± 0.000 5
	0.193	0.082	3.5×10^{15}	0.007 06	0.008 8	0.008 5± 0.001 5
	0.203	0.099	8.9×10^{14}	0.008 47	0.009 1	0.010± 0.003
1.3	0.144	−0.031 5	2×10^{15}	0.002 77	0.005 2	0.005 5± 0.001 5
	0.149	−0.022 1	2×10^{15}	0.001 95	0.004 89	0.004 8± 0.000 7
87	0.149	0.012 1	8.3×10^{15}	0.001 1	0.007 42	0.007 3± 0.000 6
100	0.149	0.017 4	1.0×10^{16}	0.001 5	0.007 55	0.007 0± 0.000 8
125	0.149	0.027 3	1.5×10^{16}	0.002 41	0.009 00	0.008 2± 0.001 0

表 3.11　高电子浓度样品的导带电子有效质量

T/K	x	E_g/eV	n/cm^{-3}	m_0^*/m_0	$(m^*/m_0)_{cal}$	$(m^*/m_0)_{exp}$
4	0	−0.3	4.7×10^{17}	0.024	0.035	0.035
	0	−0.3	1.18×10^{18}	0.024	0.041 7	0.043
	0	−0.3	2.82×10^{18}	0.024	0.051 6	0.052
	0.15	−0.019 2	4.0×10^{17}	0.001 7	0.026	0.024
	0.15	−0.019 2	1.6×10^{18}	0.001 7	0.041 8	0.038
	0.15	−0.019 2	2.4×10^{18}	0.001 7	0.047 9	0.047
300	0	−0.115	5.1×10^{17}	0.009 78	0.029 2	0.029
	0	−0.115	1.2×10^{18}	0.009 78	0.038 0	0.041
	0	−0.115	5.8×10^{18}	0.009 78	0.062 5	0.062
	0.1	0.028 1	6.2×10^{16}	0.002 47	0.014 2	0.010
	0.1	0.028 1	2.7×10^{17}	0.002 47	0.023	0.022
	0.1	0.028 1	8.5×10^{17}	0.002 47	0.033 7	0.033
	0.1	0.028 1	2.7×10^{18}	0.002 47	0.049 5	0.047
	0.19	0.154	1.1×10^{18}	0.012 9	0.037	0.034
	0.20	0.168	3.35×10^{18}	0.014 0	0.052	0.047
	0.29	0.292	4.8×10^{17}	0.023 5	0.034 6	0.036
	0.31	0.319	1.0×10^{18}	0.025 4	0.040	0.037

Wiley 等(1969)利用螺旋波在晶体中的传播在 77K 和 1.3K 测定了不同组分、不同电子浓度在波矢 $k=(3\pi^2n)^{1/3}$ 处的导带电子有效质量，还对 $x=0.149$ 样品在不同温度下进行了测量，测量结果与式(3.111)、式(3.118)计算结果的比较列于表 3.10。从表中可见，计算结果都在实验误差范围之内。

Sosnowski 等(1967)对高电子浓度样品进行了测量，他们通过测量温差电动势率与横向磁场的关系，求出了费米能级处的电子有效质量，表 3.11 列出了测量结果与计算结果。实验误差约在±10%以内，理论计算结果(除一个样品之外)都在实验误差之内。

3.4.3　动量矩阵元 P 和重空穴有效质量 m_{hh}

动量矩阵元 P 、重空穴有效质量 m_{hh} 以及自旋轨道裂距也是 HgCdTe 的重要参数。以 HgCdTe 的比较完整的本征吸收光谱为依据，在理论上计算吸收光谱，把动量矩阵元 P 作为拟合参数，在理论计算光谱与实验吸收光谱最一致时，就可以获得拟合得到的动量矩阵元值。3.4.2 节已指出在所涉及的组分范围和温度范围($x=0.170\sim0.443$，$T=4.2\sim300$K)，计算中取动量矩阵元 $P=8\times10^{-8}$eVcm，重空穴

有效质量 $m_{hh}=0.55m_0$，自旋轨道裂距$\Delta=1\text{eV}$。计算所得结果与实验结果有最佳符合。此外，Katsuki 等曾计算了 P 的值，得 $P=5.9\times10^{-8}\text{eVcm}$，Overholf 等也计算了 P 值，得 $P=6.4\times10^{-8}\text{eVcm}$(Overholf 1971)。在实验上有许多方法可确定 P值。一种方法是测量有效质量与载流于浓度的关系来确定 P值。在强简并情况下，有(Dornhaus et al. 1983, Hansen et al. 1983)

$$\left(\frac{\dfrac{m^*}{m_0}}{1-\dfrac{m^*}{m_0}}\right)^2=\left(\frac{m_0^*}{m_0}\right)^2+\frac{1}{2}\left(\frac{3}{\pi}\right)^{2/3}\frac{\hbar^2m_0^*}{E_gm_0}n^{\frac{2}{3}} \tag{3.119}$$

导带底有效质量 $m_0^*=\dfrac{3\hbar^2E_g}{4P^2}$，以及 $E_p=\left(\dfrac{2m_0}{\hbar^2}\right)P^2$，式(3.119)变为

$$\left(\frac{m^*}{m_0-m^*}\right)^2=\left(\frac{m_0^*}{m_0}\right)^2+\frac{3\hbar^2\left(3\pi^2n\right)^{\frac{2}{3}}}{E_pm_0} \tag{3.120}$$

于是从$\left(\dfrac{m^*}{m_0-m^*}\right)^2$对 $n^{2/3}$ 的直线可以确定 E_g 及 P 。E_p 的一些实验结果还可以参考文献(Dornhaus et al. 1983)。

用磁光实验也可以确定 P 值，即把 P 、Δ以及另一些参数作为调节参数，使理论计算与实验所得曲线有最佳符合。Guldner 从磁光实验定出 $P=8.5\times10^{-8}\text{eVcm}$(Guldner et al. 1977, Guldner 1979)。

关于重空穴有效质量 m_{hh} 值不同作者取值很不相同。对 $x=0$，不同作者取 m_{hh}/m_0 值为 0.53、0.6、0.7；对 $x=0.148$，取 0.71；对 $x=0.161$，取 0.28、0.75；对 $x=1$ 样品，取 0.41、0.5、0.59、0.37、0.46、0.33 等。此外也有对任何组分都取 0.4、0.55、0.9 等。

自旋轨道裂距一般都取$\Delta=1\text{eV}$ 或 0.96eV。

窄禁带半导体能带参数不仅确定了能带结构，而且对于材料设计、器件设计特别重要。在 HgCdTe 的辐射复合机制研究(Schacham et al. 1985)，非线性光学性质研究(Seiler et al. 1986)，王威礼(王威礼 1986，Wang 1987)，反常霍尔效应的研究(Pan et al. 1988)，HgTe-CdTe 超晶格的研究(Harris et al. 1986，Hetzler et al. 1985，Mallon et al. 1989，McGill et al. 1986，Han et al. 1999)，HgCdTe 发光光谱的理论分析(Werner 1987, 1991；Fuchs et al. 1993；Gille et al. 1988)，HgCdTe 载流子输运现象的理论分析(Schenk 1990；Hoffman et al. 1987；Yadava 1994)等许多方面都要应用能带参数来进行分析。

参 考 文 献

褚君浩，徐世秋，汤定元. 1982. 科学通报, 27:403

褚君浩. 1984. $Hg_{1-x}Cd_xTe$ 三元半导体能带参数和晶格振动的光谱研究. 博士论文. 中国科学院上海技术物理研究所.

褚君浩等. 1985. 红外研究, 4A: 255

龚海梅, 胡晓宁, 李言谨，沈杰等. 1995. 碲镉汞材料和器件应用基础研究'95 论文集. 中国科学院上海技术物理研究所, 276

王威礼. 1986. 红外研究, 5:241

谢希德, 陆栋. 1998. 固体能带理论. 上海：复旦大学出版社

徐国森，方家熊. 1996. 碲镉汞材料和器件:应用基础研究'95 论文集. 上海技术物理研究所. 7

杨建荣, 王善力, 郭世平，何力. 1996. 红外与毫米波学报, 15:328

钟学富. 1982. 半导体学报，3 :453

周世勋. 1979 . 量子力学. 北京：高等教育出版社, 375

Antcliffe G A. 1970. Phys. Rev. B, 2:345

Baars J, F. Sorger. 1972. Solid State Commun.,10:875

Bajaj J, Shin S H, Bostrup G et al. 1982. J. Vac. Sci. Technol., 21:224

Bassani F, Pastori P G. 1975. Electronic States and Optical Transitions in Solid, Oxford:Pergamon Press, 149~ 167

Blair J, Newnham R. 1961. In: Metallurgy of Elemental and Compound Semiconductors. Vol 12. New York: Inter Science, 393

Blue M D. 1964. Phys. Rev., 134: A226

Bouchut P, Destefanis G, Chamonal J P et al. 1991. J. Vac. Sci. Technol. B, 9:1794

Cadorna M. 1963. Phys. Rev., 129: 69

Casselman T N, Hansen G L. 1983. J. Vac. Sci. Technol. A, 1:1683

Chadi D J, Cohen M L. 1973. Phys. Rev. B, 7: 692 .

Chu J H, Mi Z Y, Tang D Y. 1991. Infrared Phys.,32:195~211

Chu J H, Mi Z Y, Tang D Y. 1992. J.Appl.Phys.,71:3955

Chu J H, Xu S C, Tang D Y. 1983. Appl. Phys. Lett.,43:1064

Dormhaus R, Nimtz G. 1977. Solid State Commun., 22: 41

Dornhaus R, Faymenville R, Bauer G, et al. 1982. Intern. Conf. on Application of High Magnetic Field in Semicond., Grenoble, Sept.

Dornhaus R, Nimtz G. 1983. The properties and Applications of the HgCdTe Alloy System, in Narrow gap Semiconductors. In: Springer Tracts in Modern Physics. Vol 98. Springer, 119

Dresselhaus G. 1955. Phys. Rev., 100: 580

Elliott C T, Melngailis I, Harman et al. 1972. J. Phys. Chem. Sol., 33:1527

Elliott R J. 1954. Spin-orbit Coupling in Band Theory-chaacter tables for some "Double" Space groups. Phys.Rev., 96:80

Ellis B, Moss T S. 1971. In: Pell E M, ed. Proc. III Int. Conf. On Photoconductivity, Stanford, Callif. 1969. New York :Pergamon, 211

Finkman E, Nemirovsky Y. 1979. J. Appl. Phys., 50:4356

Finkman E. 1983. J. Appl. Phys. , 54:1883

Fuchs F, Kheng K, Schwarz K et al. 1993. Semi. Sci. Technol. 8:S75

Georgitse E L et al. 1973. Sov. Phys. Semicond., 6:1122

Gille P, Herrmann K H, Puhlmann N et al. 1988. J. Crystal Growth, 86:593

Groves S H, Harman T C, Pidgeon C R. 1971. Solid State Communication, 9:451

Guldner Y, Rigaux C, Mycielski A et al. 1977. Phys. Status Solidi. B,82,:149 ;81: 615

Guldner Y. 1979. Science Doctor Thesis, al 'universite Pierre et Marie Curie (Paris VI) Paris

Han M S, Kang T W, Kim T W. 1999. Appl. Sur. Sci., 153:35

Hansen G L, Schmit J L, Casselman T N. 1982. J. Appl. Phys., 53:7099

Hansen G L, Schmit J L. 1983. J. Appl. Phys., 54:1640
Harman T C, Strauss A J et al. 1961. Phys. Rev. Lett., 7: 403
Harris K A, Schetzina J F. Otsuka N et al. 1986. Appl. Phys. Letts., 48:396
Herman F, Kuglin O D, Cuff K F et al. 1963. Phys. Rev. Lett., 11: 541
Herman M A, Pessa M. 1985. J. Appl. Phys., 57: 2671
Herring C. 1940. Phys.Rev., 57:1169
Hetzler S R, Baukus J P, Hunter A T et al. 1985. Appl. Phys. Letts., 47:260
Hill R. 1974. J. Phys. C: Solid State Phys., 7: 521
Hoffman C A, Bartoli F J, Meyer J R. 1987. J. Appl. Phys., 61:1054
Jones C E, Casselman T N, Faurie J P et al. 1985. Appl. Phys. Letts., 47:140
Kahlert H, Bauer G. 1973. Phys. Rev. Lett.,30:1211
Kane E O, 1957. J. Phys. Chem. Solids, 1:249
Kane E O. 1966. In: Semiconductors and Semimetals Vol 1. London: Academic Press, 75
Katsuki S, Kunimune M. 1971. J. Phys. Soc. Jap., 31: 415
Kinch M A, Buss D D. 1971. J. Phys. Chem. Solids, 32 Suppl. 1: 461
Knox R S, Gold A. 1964. Symmetry in the Solid State. New York: WA Benjamin INC
Kohn W, Rostocker N. 1954. Phys.Rev., 94:411
Korringa J. 1947. Physica, 13:392
Li B, Chu J H et al. 1996. Appl. Phys. Lett., 68:3272.
Long D, Schmit J L. 1973. 红外探测器. 北京：国防工业出版社(中译本). 169
Long D. 1968. Phys. Rev., 176:923
Mallon C E, Naber J A, Colwell J F et al. 1973. IEEE Trans. Nucl. Sci., 20: 214
Maxey C D, Capper P, Easton B C et al. 1989. Infrared Phys., 29:961
McCombe B D, Wagner R J, Prinz G A. 1970. Phys. Rev. Lctt., 25: 87; Solid Stat Commun., 8:167
McGill T C, Wu G Y, Hetzler S R. 1986. J. Vac. Sci. Technol. A, 4: 2091
Mooradian A, Harman T O. 1971. J. Phys. Chem. Solids, 32 Suppl.:297
Narita S, Kim R. S, Ohtsuki O,et al. 1971. Phys. Lett., 35A:203
Nordheim L. 1931. Ann. Physik, 9: 607~641
Overhof H. 1971. Phys. Stat. Sol. (b) 45:315
Packard R D. 1969. Applied Optics, 8:1901
Pan D S, Lu Y, Chu M et al. 1988. Appl. Phys. Letts., 53:309
Parmenter R H. 1955. Symmetry Properties of the Energy Bands of the Blende Structure. Phys. Rev., 100: 573
Pawlikowski J M, Becla P, Dudziak E. 1976. Optica. Appl., 6: 3
Pawlikowski J M, Popko E. 1977. Solid Stat. Commun., 22:231
Phillips J C. 1973. Bonds and Bands in Semiconduotors. London:Academic Press. 212
Pidgenon C R, Groves S H. 1967. In: Thomas D G, ed. Int. Conf. II-VI Semioonducting compounds. New York:Benjamin, 1080; Phys. Rev. ,161:779
Poehler T O, Apel J R. 1978. Appl. Phys. Lett. .A, 32:268
Schachan S E, Finkman E. 1985. J. Appl. Phys., 57:2009
Schenk A. 1990. Phys. Stat. Sol. (a), 122:413
Schmit J L, Stelzer E L. 1969. J. Appl. Phys., 40:4865
Scott M W. 1969. J. Appl. Phys., 40:4077
Seiler D G, Lowney J R, Littler C L et al. 1990. J. Vac. Technol. A, 8:1237
Seiler D G, McClure S W, Justice R J et al. 1986. Appl. Phys. Letts., 48:1159
Seiler D G. 1989. In Willardson R K, Beer A C, ed. Semiconductors and Semimetals. Vol 36. New York:Academic
Seitz F. 1940. Modern Theory of Solids. McGraw-Hill.
Sharma R K, Verma D, Sharma B B. 1994. Infrared Phys. Technol., 35:673

Shen S.C.and Chu J.H. 1983.Solid state commun, 48： 1017

Slater J C. 1937. Phys.Rev., 51:846

Sosnowski L. ,Galazka R R. 1967. Proc. Inter. Conf. Phys. Of II-VI Semiconductors, Providence.

Spitzer W G, Mead C A. 1964. Phys. Chem. Solids, 25:443

Strauss A J, Harman T C, Mavroides J G et al. 1962. Proceedings of the 6th International Conference on the Physics of Semiconductors. 703

Suizu K, Narita S. 1972. Solid State Commum., 10:627

Suizu K, Narita S. 1973. Rep. Of the Departm. Of Mat. Phys. In: the Faculty of Eng. Science of Osaka University Toyonaka, Osaka, Japan

Swierkowski L, Zawadski W, Guldner Y et al. 1978. Solid State Commun., 27:1245

Tang D Y. 1985. Infrared Phys., 25:3

Tang T Y, Kao K Y. 1958. Sonderdruck aus Festkorperphysik und Physik der Leuchtstoffe, Berlin:Akademic-Verlag,

Tsay Y P, Mitra S S, Veteline J P. 1973. J. Phys. Chem. Solids, 34: 2167

Vasilff H D. 1957. Phys. Rev., 105: 441

Verie C, Decamps E. 1965. Phys. Stat. Sol., 9

Verie C. 1966. Phys. Status Solidi, 17: 899

Wang W L. 1987. Chinese Phys., 7:524

Weber B A, Sattler J P, Nemarich. J. 1975. Appl. Phys. Lett., 27: 93

Weiler M H. 1981. Magnetooptical Properties: In Willardson R K, Beer A C, ed. Semiconductors and Semimetals. Vol 16. New York:Academic, 119

Werner L, Tomm J W, Herrmann K H. 1991. Infrared Phys., 31:49

Werner L, Tomm J W. 1987. Phys. Stat. Sol. (a), 1:103

Wiley J D, Dexter R N. 1969. Phys. Rev., 181:1181

Woolley J C, Ray B. 1960. J. Phys. Chem. Solids, 13:151

Wu C C, Chu D Y, Sun C Y et al. 1995a. Jpn. J. Appl. Phys., 34:4687

Wu C C, Chu D Y, Sun C Y et al. 1995b. Mater. Chem. Phys., 40:7

Wu S. 1983. Solid State Commun., 48:747

Yadava R D S. 1994. Solid State Commun., 92:357

第4章 光学性质

4.1 光学常数和介电函数

4.1.1 一般概念

材料的响应函数复介电函数$\tilde{\varepsilon}$是联系物质的微观量与宏观可测量的桥梁，在半导体光学性质的研究中具有特别重要的意义。

当平面电磁波在吸收介质中沿Z方向传播时，其电场矢量为

$$E_x = E_0 \exp(-\omega kz/c)\exp\left[\mathrm{i}\omega(t - nz/c)\right] \tag{4.1}$$

式中：n、k 分别为折射率和消光系数，是复数折射率$\tilde{n}$的实部和虚部，ω是角频率。

$$\begin{cases} \tilde{n} = n - \mathrm{i}\kappa \\ \tilde{\varepsilon} = \varepsilon_1 - \mathrm{i}\varepsilon_2 \\ \varepsilon_1 = n^2 - k^2, \\ \varepsilon_2 = 2nk = \dfrac{4\pi\sigma}{\omega} \end{cases} \tag{4.2}$$

式中：ε_1、ε_2分别是介电函数的实部和虚部；σ 是材料的电导率。

从介电函数可以得到光学常数

$$\begin{cases} n = \sqrt{\dfrac{\sqrt{\varepsilon_1^2 + \varepsilon_2^2} + \varepsilon_1}{2}} \\ \kappa = \sqrt{\dfrac{\sqrt{\varepsilon_1^2 + \varepsilon_2^2} - \varepsilon_1}{2}} \end{cases} \tag{4.3}$$

而光学常数与宏观可测量的反射比和透射比直接相关，在z处光强度I正比于电矢量振幅的平方，从式(4.1)，有

$$I = I_0 \exp(-2\omega kz/c) = I_0 \exp(-\alpha z) \tag{4.4}$$

I_0为$z = 0$处的光强，α为吸收系数，有

$$\begin{cases} \alpha = \dfrac{2\omega k}{c} = \dfrac{4\pi k}{\lambda} \\ R = \dfrac{(n-1)^2 + k^2}{(n+1)^2 + k^2} \\ T = \dfrac{(1-R)^2 \mathrm{e}^{-\alpha d}}{1 - R^2 \exp(-2\alpha d)} \end{cases} \tag{4.5}$$

式(4.2)~式(4.5)给出了介电函数与宏观可测量之间的关系。

从麦克斯韦方程，电磁波在介质中能量损失为$\frac{1}{2}\sigma E_0$，根据量子力学观点，这一能量损失又为$w \cdot \hbar\omega$，w为单位时间所有可能态之间的跃迁率，有

$$\frac{1}{2}\sigma E_0 = w \cdot \hbar\omega \tag{4.6}$$

由于σ 直接与ε_2 相关，因此介电函数的虚部ε_2，或者折射系数与消光系数的乘积$2nk$，就与物质的微观结构和光与物质相互作用有关，同时又与宏观可测的透射比T和反射比R有关，介电函数的实部ε_1和虚部ε_2由KK关系联系。复数介电函数$\tilde{\varepsilon} = \varepsilon_1 - \mathrm{i}\varepsilon_2$描述了物质对入射辐射电磁场 $E(r)$的响应。一般说来$\tilde{\varepsilon}$与频率和波矢有关，但由于辐射场在原子线度中变化很小，波矢依赖性可以忽略，因而$\tilde{\varepsilon} = \tilde{\varepsilon}(\omega)$。对于具有立方对称的晶体，$\varepsilon(\omega)$是标量。在极化介电晶体中，入射光场在低频时与光学声子和自由载流子耦合；随着光子能量上升到本征区，电磁辐射与价带导带间的电子跃迁相耦合；在很高频率，紫外或X射线能量范围，电磁辐射与原子实能级到导带间的跃迁相耦合。每一种形式的耦合都对晶体介电函数有所贡献。因此复数介电函数的一般形式可写为

$$\varepsilon(\omega) = \varepsilon_\infty + \Delta\varepsilon_{\text{inter}} + \Delta\varepsilon_{\text{intra}} + \Delta\varepsilon_{\text{phonon}} \tag{4.7}$$

ε_∞为高频介电常数，是本征跃迁以上所有带间跃迁的贡献；$\Delta\varepsilon_{\text{inter}}$是价带和导带附近带间跃迁的贡献；$\Delta\varepsilon_{\text{intra}}$为带内载流子跃迁的贡献；$\Delta\varepsilon_{\text{phonon}}$为晶格吸收贡献。$\varepsilon_\infty$为一个物质常数，很难获得它与物质内部微观过程关系的具体表达式。

带间跃迁对介电函数虚部贡献为

$$\Delta\varepsilon_{\text{inter},2} = \frac{4\hbar^2 e^2}{\pi m^2 \omega^2} \int \mathrm{d}K \left| e \cdot M_{cv} \right|^2 \delta(E_c - E_v - \hbar\omega) \tag{4.8}$$

在带间跃迁区域，这一贡献决定了样品的本征吸收，对于组分较小的$Hg_{1-x}Cd_xTe$样品，这一贡献也将对远红外光谱造成影响。利用式(4.8)，从KK关系式，可以计算出带间跃迁对介电函数实部的贡献。

带内跃迁及晶格吸收对介电函数的贡献分别为

$$\Delta\varepsilon_{\text{intra}} = -\frac{ne^2}{\pi m^* c^2}\frac{1}{\omega^2 - \mathrm{i}\Gamma_p\omega} \tag{4.9}$$

$$\Delta\varepsilon_{\text{phonon}} = \sum_j \frac{S_j\omega_{\text{TO}}^2}{\omega_{\text{TO},j}^2 - \omega^2 - \mathrm{i}\omega\Gamma_j} \tag{4.10}$$

式中：Γ_p 为等离子体振荡的阻尼常数，S_j、$\omega_{\text{TO},j}$ 和 Γ_j 分别为第 j 个晶格振动振子的强度、频率和阻尼常数。式(4.6)~式(4.10)给出了介电函数与物质微观量的关系。

由此可见，介电函数起到了联系宏观可测量与微观量之间桥梁的作用，而研究材料的介电函数是十分重要的。

4.1.2 Kramerg-Kronig 关系和光学常数

KK 关系是处理光学常数的有效工具。如果复响应函数 $Z(\omega) = Z'(\omega) + \mathrm{i}Z''(\omega)$，解析，无穷远处收敛，且 $Z(\omega)$ 的所有极点均在实轴的下方，且对于实的 ω，$Z'(\omega)$ 为偶函数，$Z''(\omega)$ 为奇函数，则有 KK 关系：

$$\begin{cases} Z'(a) = \dfrac{2}{\pi}\displaystyle\int_0^{\infty}\frac{\omega Z''(\omega)}{\omega^2 - a^2}\mathrm{d}\omega \\ Z''(a) = -\dfrac{2a}{\pi}\displaystyle\int_0^{\infty}\frac{Z'(\omega)}{\omega^2 - a^2}\mathrm{d}\omega \end{cases} \tag{4.11}$$

为避免 $\omega \to a$ 时积分发散，常加上一个积分值为 0 的项，使积分有限

$$\begin{cases} Z'(a) = \dfrac{2}{\pi}\displaystyle\int_0^{\infty}\frac{\omega Z''(\omega) - aZ''(a)}{\omega^2 - a^2}\mathrm{d}\omega \\ Z''(a) = -\dfrac{2a}{\pi}\displaystyle\int_0^{\infty}\frac{Z'(\omega) - Z'(a)}{\omega^2 - a^2}\mathrm{d}\omega \end{cases} \tag{4.12}$$

于是，如果某个响应函数的虚部在全部频率处的值都已知，就可以逐点求出所有频率的实部。反之知道了实部也可算出其虚部。因此复响应函数 $\tilde{\varepsilon}$ 的实部 ε_1 和虚部 ε_2 满足

$$\begin{cases} \varepsilon_1(a) - 1 = \dfrac{2}{\pi}\displaystyle\int_0^{\infty}\frac{\varepsilon_2 \cdot \omega}{\omega^2 - a^2}\mathrm{d}\omega \\ \varepsilon_2(a) = -\dfrac{2a}{\pi}\displaystyle\int_0^{\infty}\frac{\varepsilon_1}{\omega^2 - a^2}\mathrm{d}\omega \end{cases} \tag{4.13}$$

因此获得了 ε_1 谱就可计算 ε_2 谱，反之亦然。

对于反射系数 $\tilde{\gamma}(\omega)=E_{\rm re}/E_{\rm in}=\gamma(\omega)\mathrm{e}^{\mathrm{i}\theta(\omega)}$，可以证明 $\ln\tilde{\gamma}=\ln\sqrt{R}+\mathrm{i}\theta$ 的实部和虚部符合 KK 关系(Moss et al.　1973)于是

$$\theta(a)=-\frac{2a}{\pi}\int_0^{\infty}\frac{\ln\sqrt{R}}{\omega^2-a^2}\mathrm{d}\omega \tag{4.14}$$

或者写成

$$\theta(a)=-\frac{1}{\pi}\int_0^{\infty}\ln\left|\frac{\omega+a}{\omega-a}\right|\frac{\mathrm{d}\ln\sqrt{R(\omega)}}{\mathrm{d}\omega}\mathrm{d}\omega \tag{4.15}$$

由此式可以看出，在整个光谱范围内只有有限部分对位相角 θ 有主要贡献。当 ω 在 a 附近，或在 $R(\omega)$ 迅变的频率部分函数对积分有较大贡献。如果这部分频率范围为 (ω_1,ω_2)，将是对积分有主要贡献的区间，其余部分 $(0,\omega_1)$ 及 (ω_2,∞) 对积分的贡献可作为修正。积分可写成

$$\int_0^{\infty}=\int_0^{\omega_1}+\int_{\omega_1}^{\omega_2}+\int_{\omega_2}^{\infty}$$

$$\theta(a)=A\ln\left|\frac{\omega_1+a}{\omega_2-a}\right|+\phi(a)+B\ln\left|\frac{\omega_2+a}{\omega_2-a}\right| \tag{4.16}$$

$$\phi(a)=\frac{1}{\pi}\int_{\omega_1}^{\omega_2}\ln\sqrt{R(\omega)}\frac{\mathrm{d}}{\mathrm{d}\omega}\ln\left|\frac{\omega+a}{\omega-a}\right|\mathrm{d}\omega \tag{4.17}$$

式中：A、B 分别为(0，ω_1)，(ω_2，∞)区间中积分函数的中值，可由待定系数法确定。此外也可以采取 Phillipp(1972)的方法。

算得相角 θ 后，可以按照以下两个式子求得折射系数 n 和消光系数 k

$$\begin{cases} n=\dfrac{1-R}{1+R-2\cos\theta\sqrt{R}} \\ k=\dfrac{2\sin\theta\sqrt{R}}{1+R-2\cos\theta\sqrt{R}} \end{cases} \tag{4.18}$$

KK 关系也可以用于处理复函数 (Moss et al.　1973)

$$\tilde{n}-1=(n-1)+\mathrm{i}k \tag{4.19}$$

因而有

$$n_a - 1 = \frac{2}{\pi}\int_0^{\infty} \frac{k\omega}{\omega^2 - a^2}\,\mathrm{d}\omega \tag{4.20}$$

测得全部频率范围内的吸收系数，可算得消光系数 k，再从式(4.20)求得折射系数 n，式(4.20)也可以改写成

$$n_a - 1 = \frac{1}{2\pi^2}\int_0^{\infty} \frac{\alpha(\lambda)}{1-(\lambda/\lambda_a)^2}\,\mathrm{d}\lambda \tag{4.21}$$

可根据测得的吸收光谱 $\alpha(\lambda)$ 计算 n_a 特别是当 $\lambda_a \to \infty$ 时，有

$$n_0 - 1 = \frac{1}{2\pi^2}\int_0^{\infty} \alpha(\lambda)\,\mathrm{d}\lambda \tag{4.22}$$

n_0 为零频折射率。在此式中只要计算 $\alpha(\lambda)$ 对 λ 所围面积就可求出 n_0，总的积分值主要包括本征吸收的贡献和剩余射线带的贡献，即

$$\int_0^{\infty} \alpha(\lambda)\mathrm{d}\lambda = \int_{\text{intrin}} \alpha(\lambda)\mathrm{d}\lambda + \int_{\text{phonon}} \alpha(\lambda)\mathrm{d}\lambda \tag{4.23}$$

由此式可以算得零频率处的折射率。对于 HgCdTe 半导体，剩余射线吸收带在 60~100μm 部分，本征吸收则在几到十几微米以内，因此在λ_a= 20~50μm 波段，亦即在本征吸收与剩余射线吸收带之间的波长范围，可以将式(4.21)简化计算出这个折射系数色散很小区域的折射率来。式(4.21)中的积分项可以写为

$$\int_0^{\infty} \frac{\alpha(\lambda)}{1-\left(\dfrac{\lambda}{\lambda_a}\right)^2} = \int_{\text{intrin}} \frac{\alpha(\lambda)}{1-\left(\dfrac{\lambda}{\lambda_a}\right)^2}\mathrm{d}\lambda + \int_{\text{phonon}} \frac{\alpha(\lambda)}{1-\left(\dfrac{\lambda}{\lambda_a}\right)^2}\mathrm{d}\lambda \tag{4.24}$$

右端第一项，由于在本征区$\lambda \ll \lambda_a$，积分函数的分母近似为 1，第二项，在剩余射线区由于 $\lambda_a \ll \lambda$，使该项积分函数有一个大的分母，即使剩余射线区的吸收与本征吸收同量级，第二项的值也只为前一项的$\dfrac{1}{10}$左右，可以不计。于是式(4.11)变为

$$n_0 - 1 = \frac{1}{2\pi^2}\int_{\text{intrin}} \alpha(\lambda)\,\mathrm{d}\lambda \tag{4.25}$$

这里 n_0 为长波折射率，为本征吸收边长波限以外$\lambda \ll \lambda_\omega$处相当于在 20~50μm 波段色散很小区域内材料的折射率，与式(4.22)中 n_0 意义上略有区别。

参考文献(褚君浩　1983)计算了不同组分样品在不同温度下的吸收光谱$\alpha(\lambda)$对纵轴α和横轴λ 所围的面积，从而计算了 n_0 值。发现 n_0 值随着禁带宽度 E_g 的

变大而缓慢降低，有

$$n_0^4 E_g = C \tag{4.26}$$

C 是常数。Moss(1952，1959)曾根据电介质中能级按介电常数的平方而下降的概念，认为 $n_0^4 E_g$ 应为常数，并发现大多数化合物半导体在无吸收的波长区域，n_0^4 与 E_g 的乘积确实都在 4 9(InAs)到 210(PbTe)的范围。对 HgCdTe 来说，常数 C 与 x 有关，有

$$n_0^4 E_g = 55.5x + 7.8 \tag{4.27}$$

把 $E_g(x,T)$ 经验公式代人，就可以用来粗略计算不同组分不同温度下 HgCdTe 材料的长波折射率。

Finkman 等(1979)曾对 $x = 0.205$ 样品进行透射测量，根据低吸收部分的干涉条纹间隔，计算了不同温度下不同波长处的折射率，其结果列在表 4.1 中，所列值是 $\lambda = 20\mu m$ 波长处的折射率。根据式(4.27)计算所得长波折射率也列在表 4.1 中。从表中可以看出，在低温端，计算值与实验值符合较好。随着温度升高，计算值低于实验值，而且差别愈来愈大。这是由于载流子浓度随着温度升高而增大，而载流子吸收的贡献在计算中被忽略所致。并且新计算的波长位置正好是在自由载流子吸收范围。

表 4.1　$x = 0.205$ 样品的折射率 n_0 随温度变化的实验值与计算值

T/K	80	100	150	200	250	300
实验值 $n_{\lambda = 20\mu m}$	3.68	3.66	3.61	3.55	3.51	3.48
计算值 n_0	3.69	3.65	3.52	3.41	3.32	3.24

4.1.3　折射系数的色散

折射率是 HgCdTe 的一个重要物理参数，它与组分、温度以及波长均有关，有很多实验方法可测量非本征区(低于 E_g 能量范围)的折射率，如干涉条纹法，反射光谱法及 KK 关系法等。迄今为止，已有很多关于非本征区折射率测量的报道(Barras et al.　1972，Finkman et al.　1979，Jensen et al.　1983，褚君浩　1983c，Finkman et al.　1984)。Finkman 等曾根据测量到的不同组分碲镉汞的透射光谱在透射区的干涉条纹的周期，计算折射率，从而获得吸收边以下自由载流子吸收区域波长范围的折射率色散。刘坤等(刘坤　1994)根据薄样品的透射光谱和 Kronig-Kramer(KK)关系来计算禁带宽度附近的折射率，并由此建立一个适用范围更广的经验公式。

由 KK 关系求解折射率必须有较完整的吸收光谱，包括本征吸收区、指数吸

收区、自由载流子吸收区以及声子吸收区的吸收光谱，其中以本征吸收尤为重要，因此样品要足够薄以便获得本征区透射光谱，进而求出本征吸收系数，褚君浩等(1987，1982，1983b)测量了不同组分($x = 0.170 \sim 0.443$)HgCdTe 超薄样品的变温透射光谱，获了吸收系数高达 8000cm^{-1} 的吸收光谱。图 4.1 是一块 HgCeTe ($x = 0.362$, $d = 7\mu m$)薄样品的典型变温吸收光谱，从图中可以看出得到的吸收光谱包括两部分：较陡峭的指数吸收边和较平坦的本征吸收区。

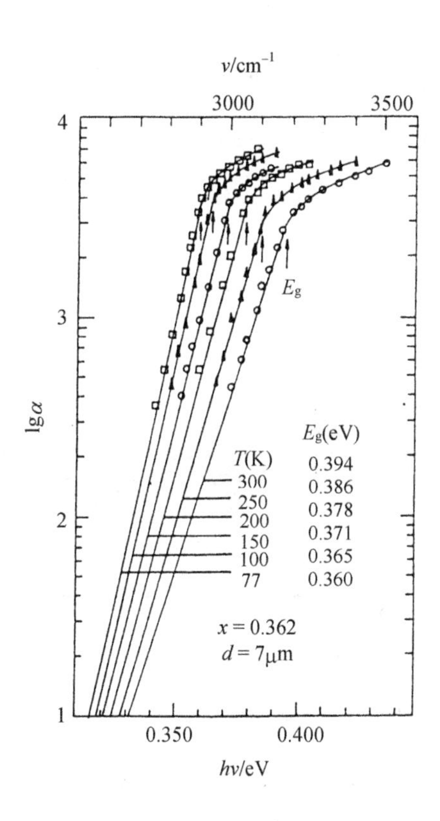

图 4. 1　HgCdTe 变温吸收光谱($x = 0.362$, $d = 7\mu m$)

根据指数吸收规律，可将吸收光谱以 $\log(\alpha) \sim \lambda$ 形式画出并将它外推到短波区。根据 KK 关系式(4.21)便可从吸收光谱求得波长 λ 处光学折射率，从而得到折射率。下面来计算在本征吸收区范围附近的折射率。考虑到自由载流子吸收系数 1~10cm^{-1} 量级，声子吸收区远离被研究范围，因此，可认为自由载流子及声子吸收对禁带宽度附近折射率的贡献较小，可以忽略，由 0~20μm 波区内的吸收光谱就能较准确地求得折射率，短波处的吸收光谱是通过指数外推得到的。由公式(4.21)计算折射率的另一问题就是计算奇点附近的积分，一般可在复平面上解出，也可认为不定积分在奇点处的值等于其在奇点左和右临近点值的平均，公式(4.21)也可写成以下形式

$$n(\nu)=1+\frac{c}{\pi}\int_0^{\infty}\frac{\mathrm{d}\alpha(\nu')}{\mathrm{d}\nu'}\lg\left(\frac{\nu'+\nu}{\nu'-\nu}\right)\mathrm{d}\nu' \tag{4.28}$$

式中：ν' 和 ν 是频率。

根据式(4.21)或式(4.28)以及吸收光谱，就可导出不同组分的 HgCdTe 在不同温度下的折射率色散关系。图 4.2、图 4.3 和图 4.4 给出了所得到的组分分别为 0.330、0.362 和 0.416 的 HgCdTe 在不同温度下的折射率色散曲线。从图中可见每条曲线都有一个很尖锐的峰，这从式(4.28)是很容易理解的，我们知道在禁带宽度附近但低于禁带宽度的能区，随入射光子能量的增大，吸收系数增加很快，因此 $\mathrm{d}\alpha(\nu')/\mathrm{d}\nu'$ 和 $n(\lambda)$ 都逐渐增大；当光子能量大于 E_g 时，吸收系数增加的速率降低，变得平坦，$\mathrm{d}\alpha(\nu')/\mathrm{d}\nu'$ 在 E_g 处出现拐点，所以折射率值大到一峰值后逐渐阵低，由此峰位可准确地确定禁带宽度。

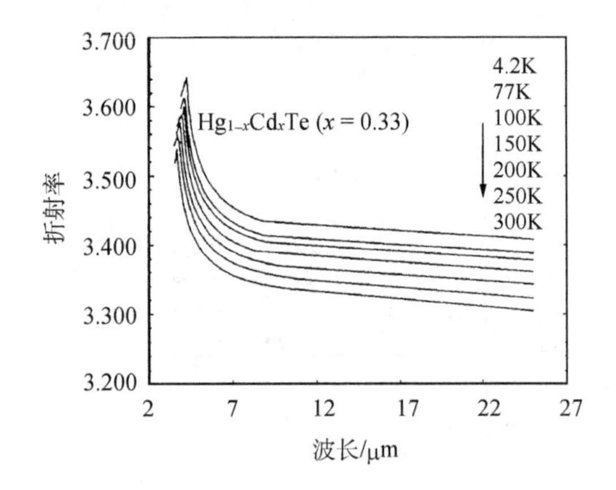

图 4.2　折射率色散关系($x = 0.330$)

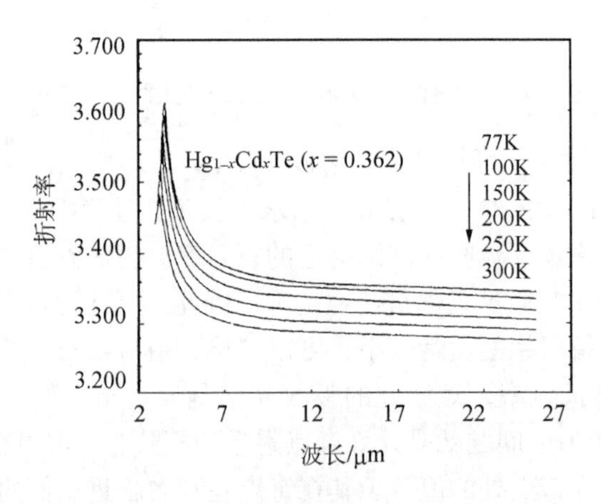

图 4.3　折射率色散关系($x = 0.362$)

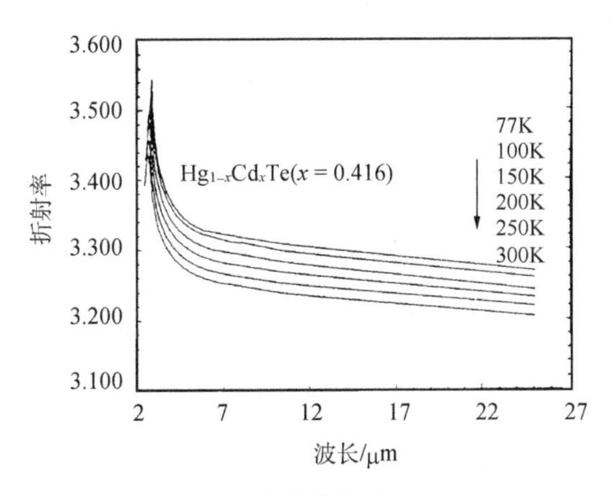

图 4.4　折射率色散关系($x = 0.416$)

从图中可见折射率的另一个特点是它具有负温度系数，因为 HgCdTe 禁带宽度具有正温度系数，随着温度升高，吸收边移向短波，由式(4.28)得到的折射率将减小，所以在折射率色散关系中出现了负温度效应。通过拟合实验数据，发现可用一经验公式描述 HgCdTe 折射率的温度、波长、组分依赖关系

$$n(\lambda,T)^2 = A + B/[1-(C/\lambda)^2] + D\lambda^2 \tag{4.29}$$

式中：A、B、C、D 是一组与组分 x、温度 T 相关的参数

$$\begin{aligned}
A &= 13.173 - 9.852x + 2.909x^2 + 10^{-3}(300-T) \\
B &= 0.83 - 0.246x - 0.0961x^2 + 8\times10^{-4}(300-T) \\
C &= 6.706 - 14.437x + 8.531x^2 + 7\times10^{-4}(300-T) \\
D &= 1.953\times10^{-4} - 0.00128x + 1.853\times10^{-4}x^2
\end{aligned} \tag{4.30}$$

根据式(4.29)和式(4.30)，计算了不同组分 HgCdTe 在不同温度下的折射率色散曲线，如图 4.5 和图 4.6 实线所示。点子是实验结果，虚线是由 Jensen Torabi(Jensen et al.　1983)模型计算得到的结果，可见经验式(4.29)和式(4.30)很好地解释了组分为 0.34、0.38 和 0.54 的 HgCdTe 在 77K 的折射率以及组分为 0.205、0.390 和 1.00 的 HgCdTe 在室温的折射率；而与 JT 模型结果有较大差异。由式(4.29)和式(4.30)可以预言，HgCdTe 折射率在离禁带宽度较近的波段变化很大，在离禁带宽度较远的波区变化较慢；而 JT 模型却认为 HgCdTe 折射率在禁带宽度附近一个较宽的波区变化都很大，此结果与 JT 模型的差异原因主要在于 Jensen 在计算中采用了不同的参数，如用 J.Calas 公式来计算禁带宽度并认为不同组分的 HgCdTe 有相同的电子浓度。

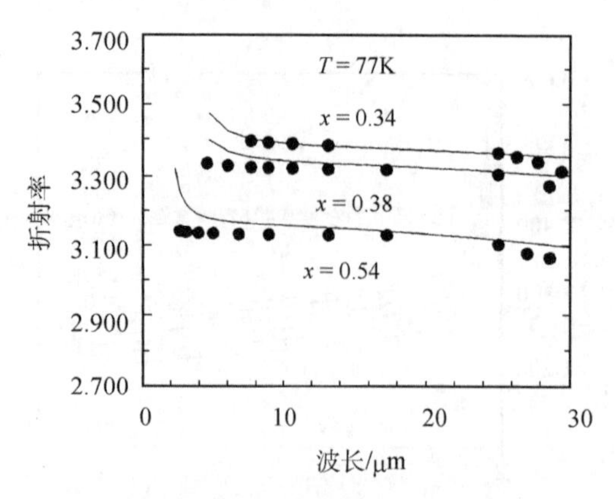

图 4.5　不同 HgCdTe 在 77K 时的折射率色散关系($x = 0.330$)

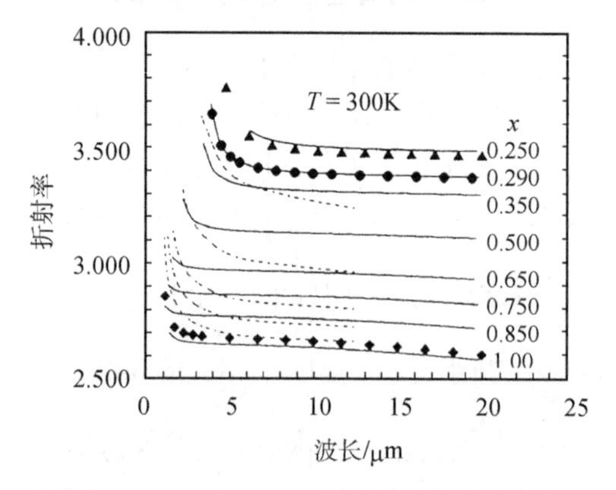

图 4.6　不同 HgCdTe 在 300K 时的折射率色散关系($x = 0.330$)

要准确确定 HgCdTe 禁带宽度不是一件易事，迄今已有多个经验公式可用，其中以 CXT 公式(3.106)和 HSC 公式(3.101)较准确。由于折射率色散谱中尖锐的峰位对应于禁带宽度，因而由该峰位也可准确地确定禁带宽度。如能在实验上直接测定折射率并发现峰位，则也可获得禁带宽度的实验值。

刘坤等得到的是吸收边附近的折射率的色散。在禁带宽度以上部分就很难从 KK 关系根据吸收光谱计算得到折射率。要想得到禁带宽度能量以上折射率的实验测量值，最可靠的方法是利用红外椭圆偏振光谱测量，直接获得材料的光学常数值。黄志明等进行了这样的测量。在室温下得到若干种组分碲镉汞在禁带宽度能量以上的折射率测量结果。具体分析在下面的章节中给出。

4.1.4　电场和磁场对光学常数的影响

外界条件对半导体光学性质的影响在某种程度上也可通过对介电常数的影响来分析。现就施加电场和磁场的情况加以讨论。

在电场中半导体的光吸收问题，为 Franz(1958)和 Keldysh(1958a)首先研究，也常称为 Franz-Keldysh 效应。当电场施加于半导体材料，将在晶体单电子哈密顿中加入一个势能项 eF，F 为施加的电场。电场力可直接作用于电子和空穴上，在电场 F 方向上打破了晶体的平移对称性，微扰波函数将是波矢平行于 F 方向的未微扰 Bloch 函数的线性组合，并能使能带倾斜，电子和空穴可由隧道效应进入禁带内部，使跃迁可以发生在小于 E_g 的能量间隔处。如图 4.7 所示，在施加电场 F 后，能带将会倾斜，价带 A 处的电子可以吸收小于禁带宽度能量 $\hbar\omega$，而靠电场力做功穿越三角势垒，跃迁到导带中的 B 处

$$eF\Delta x = E_g - \hbar\omega \tag{4.31}$$

在 B 处找到电子的概率，正比于 B 处电子波函数的平方，电子波函数要从薛定谔方程

$$-\frac{\hbar^2}{2m_0}\frac{d^2\psi}{dx^2} - eF\psi = \varepsilon\psi \tag{4.32}$$

来解出。吸收系数与在 B 处找到电子的概率的积分成正比。

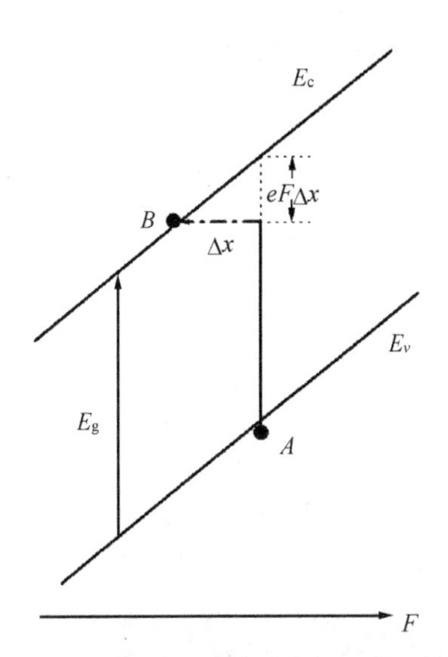

图 4.7　电场中半导体的光吸收问题示意图

对于直接允许跃迁，在 $\hbar\omega < E_g$ 范围，吸收系数为(Franz　1958)

$$\alpha = \frac{A\hbar eF}{8(2m_r)^{1/2}(E_g - \hbar\omega)}\exp\left[-\frac{4(2m_r)^{1/2}(E_g - \hbar\omega)^{3/2}}{3\hbar eF}\right] \tag{4.33}$$

式中：$A \propto P^2 / \hbar\omega$，具体推导可以看 Franz 的原文，也可以参考有关半导体物理教程。关于窄禁带半导体在电场下的光吸收问题尚可做深入研究，同时由于电场效应会引起吸收边倾斜，在吸收边的理论研究中也是思路之一。

在电场作用下，介电函数将发生改变，Aspens 给出了弱场下 $\Delta\varepsilon$ 的表达式

$$\Delta\varepsilon = \frac{e^2 F^2 \hbar^2}{24\mu_{//} E^2} \frac{\partial^3}{\partial E^3} [F^2 \varepsilon(E)] \tag{4.34}$$

$\mu_{//}$ 为平行于电场方向的简约有效质量

$$\frac{1}{\mu_{//}} = \left(\frac{F_x^2}{\mu_x} + \frac{F_y^2}{\mu_y} + \frac{F_z^2}{\mu_z} \right) \frac{1}{F^2} \tag{4.35}$$

式(4.34)也可写成

$$\begin{cases} \Delta\varepsilon = \sum_j C_j \left| eP_j \right|^2 (F - E_{\mathrm{g},j} + \mathrm{i}\Gamma)^{-n} \\ C_j = \dfrac{F^2}{(\hbar^2 \mu_j)} \end{cases} \tag{4.36}$$

下标 j 表示不同的临界点。

介电函数的改变将引起吸收系数的改变及 n 、k 的改变

$$\begin{aligned} &\Delta\alpha_a \propto \Delta\varepsilon_2 \\ &\Delta\kappa_a = \lambda_a \frac{\Delta\alpha_a}{4\pi} \\ &\Delta n_a = \frac{1}{4\pi^2} \int_0^\infty \frac{\Delta\alpha_a}{1 - \dfrac{\lambda^2}{\lambda_a^2}} \mathrm{d}\lambda \end{aligned} \tag{4.37}$$

同时也引起反射比的变化

$$\begin{aligned} \Delta R/R &= a\Delta\varepsilon_1 + b\Delta\varepsilon_2 \\ &= \frac{4(n^2 - k^2 - 1)\Delta n + \Delta k \cdot 8nk}{[(n+1)^2 + k^2][(n-1)^2 + k^2]} \end{aligned} \tag{4.38}$$

$\Delta R / R$ 对 $\hbar\omega$ 的曲线即给出电反射谱。

磁场施加于半导体材料还会引起能带变化，从而对跃迁矩阵元和态密度函数带来影响，也将影响介电常数。对于非抛物带半导体，有

$$E_n\left(1+\frac{E_n}{E_g}\right)=\frac{\hbar^2k^2}{2m_0^*}+\left(n+\frac{1}{2}\right)\hbar\omega_c\pm\frac{1}{2}\beta g_0^* H \tag{4.39}$$

式中：$\beta = e\hbar/2m_c^*$为玻尔磁子，g_0^*为导带底有效回旋因子。可见，对应于$n=0$，1，2，…，能带分裂成一系列磁子带。同时，由于自旋效应，消除了每个磁子带的双重简并，而分裂成间隔为βgH 的上下两个带。根据选择定则带间跃迁将发生在价带和导带中$\Delta n=0$的子带之间，由于跃迁矩阵元变为

$$e\cdot M_{cv}(H)=\int \Psi_c(r,H)e\cdot\left(P+\frac{e}{c}A\right)\Psi_v(r,H)\mathrm{d}r \tag{4.40}$$

因此跃迁联合态密度的变化，为

$$J_{cv}(E,H)=\frac{2eH}{h^2c}(2\mu)^{1/2}\sum_n\left[E-E_g-\hbar\omega_c\cdot\left(n+\frac{1}{2}\right)\right]^{-\frac{1}{2}} \tag{4.41}$$

$\omega_c=\dfrac{eH}{\mu c}$是回旋频率，$\mu$为电子和空穴的简约有效质量，从而介电函数变为

$$\varepsilon_2(\omega,H)=\frac{4\pi^2e^2}{m^2\omega^2}\frac{2eH}{h^2c}(2\mu)^{1/2}\left|e\cdot M_{cv}(H)\right|^2\sum_n\left[\hbar\omega-E_g-\hbar\omega_c\cdot\left(n+\frac{1}{2}\right)\right]^{-\frac{1}{2}} \tag{4.42}$$

上述两个表达式，在选择定则允许的跃迁能量处产生尖锐峰值，从这些奇异点的位置可计算简约有效质量，而根据吸收峰的位置对 H(磁场)的变化曲线可以在$H=0$处得到E_g。

当磁场旋加于半导体，运动电子受到外加的洛伦兹力的作用，在光场下材料由复数电导率张量描述，介电函数也相应地变为介电张量。这就使材料的响应函数介电张量出现较复杂的情况，介电性质依赖与光场偏振方向与磁场的不同位形。对于光波矢平行于磁场，为法拉第位形，会产生偏振面的旋转，旋转角为

$$\frac{n\theta}{Hd}=B\lambda^2+\frac{A}{\lambda^2} \tag{4.43}$$

B、A分别为自由载流子法拉第旋转系数和带间跃迁法拉第旋转系数。n、H、d分别为折射率、磁场和样品厚度。当波矢垂直于磁场，且偏振方向与磁场方向成45°角，为佛格脱位形，则通过样品后，平面偏振光会变成椭圆偏振光，产生相移φ。分别测定φ和θ，从$\phi/\theta=\omega_c/\omega$,可以直接得到有效质量$m^*$。

Pidgeon 和 Brown 早在 1966 年就对 InSb 晶体的带间磁吸收和法拉第旋转进行了深入的理论分析，有兴趣的读者可以参考(Pidgeon et al.　1966)。

4.2 带间光跃迁的理论和实验

4.2.1 直接带间光跃迁的理论

根据半导体中光跃迁的一般理论，采用 Kane 模型，选择适当的能带参数 E_{g}、P、m_{hh}、$\varDelta$，可以具体计算出吸收光谱，从而与实验结果相比较。在计算中 E_{g} 可由本征吸收光谱来确定，于是由理论曲线与实验曲线的最佳符合，可以给出能带参数 P、m_{hh} 和 $\varDelta$。下面讨论直接带间光跃迁吸收系数的计算。

吸收系数定义为单位体积单位时间内吸收的光子能量对能流密度的比值。如果知道电子的光跃迁概率。然后对单位体积内所有的 $\boldsymbol{k}$ 态求和、对自旋求和、对导带价带求和，就可知频率为 ω 的光子，单位时间单位体积中引起的跃迁数，乘以 $\hbar\omega$ 后就为吸收的能量，再除以能流密度就是吸收系数(Bassani et al. 1975)。

晶体中的电子在电磁波场的作用下，其薛定谔方程为

$$
\begin{cases}
(H_0 + H')\psi = \mathrm{i}\hbar\dfrac{\partial\psi}{\partial t} \\
H_0 = -\dfrac{\hbar^2}{2m}\nabla^2 + V(\boldsymbol{r}) \\
H' = \dfrac{\mathrm{i}e\hbar}{mc}\boldsymbol{A}\cdot\nabla
\end{cases}
\tag{4.44}
$$

对于吸收有贡献的电磁波的矢势为

$$
\begin{gathered}
\boldsymbol{A}(r,t) = \boldsymbol{A}_0 \exp[\mathrm{i}(\boldsymbol{q}\cdot\boldsymbol{r} - \omega t)] \\
\boldsymbol{A}_0 = A_0\boldsymbol{a}
\end{gathered}
\tag{4.45}
$$

a 为 $\boldsymbol{A}_0$ 方向的单位矢，亦即电场方向的偏振矢。在微扰 H' 的作用下。电子从初态 i 到终态 f 的跃迁概率为

$$
P_{i\to f} = \frac{2\pi}{\hbar}\left|\langle f|H'|\mathrm{i}\rangle\right|^2 \delta(E_f - E_i - \hbar\omega) = \frac{2\pi}{\hbar}\left(\frac{eA_0}{mc}\right)^2 \left|\left\langle\psi_{ck_f}\right|\mathrm{e}^{\mathrm{i}\boldsymbol{q}\cdot\boldsymbol{r}}\boldsymbol{a}\cdot\boldsymbol{P}\left|\psi_{vk_i}\right\rangle\right|^2 \delta(E_f - E_i - \hbar\omega)
\tag{4.46}
$$

式中：ψ_{ck_f} 属于 k_f 矢量平移群的不可约表象；ψ_{vk_i} 及其微商 $\boldsymbol{a}\cdot P\psi_{vk_i}$ 属于 k_i 矢量平移群的不可约表象；而 $\mathrm{e}^{\mathrm{i}\boldsymbol{q}\cdot\boldsymbol{r}}$ 属于矢量 $\boldsymbol{q}$ 的不可约表象，不可约表象 k_i 与不可约表象 $\boldsymbol{q}$ 的直积为不可约表象 $k_i + q$，因而矩阵元非零条件为

$$
k_f = k_i + q + l \tag{4.47}
$$

l 为任一倒格矢，如在第一布里渊区考虑问题则不计 l 。此式表示了在周期介质中电子跃迁的动量守恒。对于 1eV 量级的光子，$\lambda \approx 10^4 Å$ 量级，而 $|q| = \dfrac{2\pi}{10^4} Å^{-1}$ k_f 、k_i 的范围为 $\dfrac{2\pi}{a}$ ，a 为晶格常数约几个埃，于是 $k \approx \dfrac{2\pi}{a} \gg |q|$ 。而且对于所涉及的带，波函数只是 k 的缓变函数，所以，$|q|$ 可忽略，有

$$k_i = k_f \tag{4.48}$$

即垂直跃迁或直接跃迁，式(4.46)中初态能量为价带能量，终态能量为导带能量，δ 函数描写了能量守恒

$$E_c - E_v = \hbar\omega \tag{4.49}$$

于是，跃迁概率 P 可以写为

$$P_{vk_i \to ck_f} = \frac{2\pi}{\hbar}\left(\frac{eA_0}{mc}\right)^2 |\boldsymbol{a} \cdot M_{cv}(k)|^2 \, \delta[E_c(k) - E_v(k) - \hbar\omega] \tag{4.50}$$

式中，$|\boldsymbol{a} \cdot M_{cv}(K)|^2 = \left|\left\langle \psi_{ck_f} \middle| \boldsymbol{a} \cdot P \middle| \psi_{vk_i} \right\rangle\right|^2$ 。

为了得到单位时间中单位体积内频率为 ω 的光子所引起的跃迁数 $W(\omega)$ ，还必须把跃迁概率对单位体积中所有可能态求和，即对 k 求和，对自旋 S 求和，对导带和价带求和。

$$W(\omega) = \frac{2\pi}{\hbar}\left(\frac{eA_0}{mc}\right)^2 \sum_{c,v} \int \frac{2\mathrm{d}k^3}{(2\pi)^3} |\boldsymbol{a} \cdot M_{cv}|^2 \, \delta\,[E_c(k) - E_v(k) - \hbar\omega] \tag{4.51}$$

于是

$$\alpha = \frac{\text{单位时间、体积吸收的光子能量}}{\text{能流密度}} = \frac{\hbar\omega \cdot W(\omega)}{U \cdot \left(\dfrac{c}{n}\right)} \tag{4.52}$$

式中：能流密度为 $U = \dfrac{n^2 A_0^2 \omega^2}{2\pi c^2}$ 。

从式(4.51)、式(4.52)有

$$\alpha = \frac{4\pi^2 e^2}{ncm^2\omega} \sum_{c,v} \int \frac{2\mathrm{d}^3 k}{(2\pi)^3} |\boldsymbol{a} \cdot M_{cv}(k)|^2 \, \delta\,[E_c(k) - E_v(k) - \hbar\omega] \tag{4.53}$$

式中：$|\boldsymbol{a} \cdot M_{cv}(k)|^2$ 是 k 的缓变函数，提出积分号，并记以 $|M_j|^2$ ，是对所有方向的

平均和对所有简并带求和的光学矩阵元的平方。式(4.53)积分号中其余积分为联合态密度(Joint density of states)(Moss et al. 1973)

$$\rho_{cv}(k)=\int\frac{2\mathrm{d}^3k}{(2\pi)^3}\delta\,[E_c(k)-E_v(k)-\hbar\omega] \tag{4.54}$$

表示能量差为 $\hbar\omega$ 的导带一个空态及价带一个占据态组成的一对态的密度。于是有

$$\alpha=\frac{4\pi^2e^2\hbar}{ncm^2E}\sum_j\left|M_j\right|^2\rho_{cv}(k) \tag{4.55}$$

对于介电函数，有 $\varepsilon_2=2nk=2n\cdot\dfrac{\lambda}{4\pi}\alpha=\dfrac{nc}{\omega}\alpha$ ，所以

$$\varepsilon_2=\frac{4\pi^2e^2}{cm^2}\sum_j\left|M_j\right|^2\rho_{cv}(k) \tag{4.56}$$

这样我们就得到了吸收系数 α 和复介电函数虚部 ε_2 的理论表达式，它们是联系宏观可测量与微观量的桥梁。

下面分别讨论联合态密度 $\rho_{cv}(k)$ 及光学矩阵元 M_j。

根据 δ 函数性质，$\rho_{cv}(k)$ (式(4.54))可以写为

$$\rho_{cv}(k)=\int\frac{2\mathrm{d}^3k}{(2\pi)^3}\delta(E_c-E_v-\hbar\omega)=\int_{E_c-E_v=E}\frac{\mathrm{d}s}{\nabla_k(E_c(k)-E_v(k))}\cdot\frac{2}{(2\pi)^3} \tag{4.57}$$

$\mathrm{d}s$ 为 k 空间中符合 $E_c(k)-E_v(k)=\hbar\omega$ 的表面的面元，于是有

$$\rho_{cv}(k)=\frac{k^2}{\pi^2}\left(\frac{\partial E_c}{\partial k}-\frac{\partial E_j}{\partial k}\right)^{-1} \tag{4.58}$$

E_c 、E_j 分别为导带和价带的能量，$j=1,2,3$ 分别指三个价带。

对于球形等能面、抛物带近似

$$E_c-E_v=E_\mathrm{g}+\frac{\hbar^2k^2}{2m_\gamma}$$

$$\frac{1}{m_\gamma}=\frac{1}{m_e}+\frac{1}{m_h} \tag{4.59}$$

$$\rho_{cv}(k)=4\pi(2m_\gamma)^{3/2}(\hbar\omega-E_\mathrm{g})^{1/2}/\hbar^3$$

对于窄禁带半导体，根据 Kane 模型，在$\varDelta \gg \left|E_{\rm g}\right|$、$kp$ 范围，有

$$\begin{cases} E_c = \dfrac{\hbar^2 k^2}{2m_0} + \dfrac{1}{2}\left[E_{\rm g} + \left(E_{\rm g}^2 + \dfrac{8}{3}k^2P^2\right)^{\frac{1}{2}}\right] \\ E_{\rm hh} = -\dfrac{\hbar^2 k^2}{2m_{\rm hh}} \\ E_{\rm lh} = \dfrac{\hbar^2 k^2}{2m_0} + \dfrac{1}{2}\left[E_{\rm g} - \left(E_{\rm g}^2 + \dfrac{8}{3}k^2P^2\right)^{\frac{1}{2}}\right] \\ E_{\rm so} = -\varDelta + \dfrac{\hbar^2 k^2}{2m_0} - \dfrac{P^2k^2}{3(E_{\rm g}+\varDelta)} \end{cases} \tag{4.60}$$

式中：各字母具有通常所有的意义。$m_{\rm hh}$ 为重空穴有效质量，P 为动量矩阵元，$E_{\rm g}$ 为禁带宽度值。重空穴带的能量与温度无关，轻空穴带和导带的能量通过 $E_{\rm g}$ 依赖于温度。把式(4.60)代入式(4.59)，可以写出

$$\rho_{cv1}(E) = \frac{k_1}{\pi^2}\left[\frac{\hbar^2}{m_0}\left(1+\frac{m_0}{m_{\rm hh}}\right) + \frac{4}{3}\frac{P^2}{\sqrt{E_{\rm g}^2 + \frac{8}{3}P^2k_1^2}}\right]^{-1} \tag{4.61}$$

$$\rho_{cv2}(E) = \frac{3}{8}\frac{k_2\sqrt{E_{\rm g}^2 + \frac{8}{3}P^2k_2^2}}{\pi^2P^2} \tag{4.62}$$

k_1 和 k_2 分别从

$$\hbar\omega = E_c - E_{\rm hh} \tag{4.63}$$

$$\hbar\omega = E_c - E_{\rm lh} \tag{4.64}$$

来解出。对于 $x = 0.330$ 的 HgCdTe，8K 和 300K 时由式(4.60)所表示的 E-k 曲线由图 4.8 所示，ρ_{cv1} 用 ρ_1 标记和 ρ_{cv2} 用 ρ_2 标记，它们对 k 的关系如图 4.9 所示。ρ_1 是重空穴带与导带的联合态密度，ρ_2 是轻空穴带与导带的联合态密度，它们对温度的依赖关系很小，从图中还可看出，在波矢 k 从 0 到 $1\times10^5\text{cm}^{-1}$ 之内，联合态密度从 0 急剧增加到 $10^{17}\text{eV}^{-1}\cdot\text{cm}^{-3}$，以后随着 k 大幅度增长，联合态密度增加较为慢一些。因此当光子能量达到和超过 $E_{\rm g}$ 后，吸收急剧的从零增加到相当高的值，然后较平坦的增加。

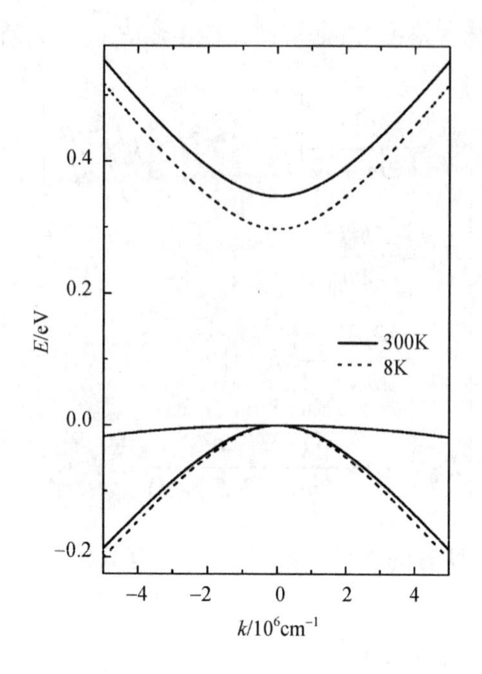

图 4.8　$x = 0.330$ 的 HgCdTe 样品能量-波矢关系

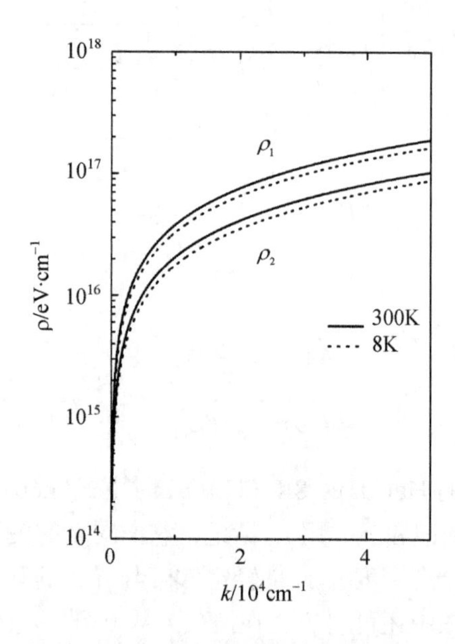

图 4.9　$x = 0.330$ 的 HgCdTe 样品联合态密度-波矢关系

再讨论光学矩阵元 M_j

$$M_j = \boldsymbol{a} \cdot M_{cv}(k)$$
$$M_{cv}(k) = \langle \psi_{ck} | P | \psi_{vk} \rangle \tag{4.65}$$

而 Kane 的动量矩阵元 P 定义为(Kane 1957) $P = -\frac{i\hbar}{m_0}\langle S|P_z|Z\rangle$，因而(Johnson 1967)

$$|M_j(0)|^2 = \frac{2m_0^2 P^2}{3\hbar^2}$$
$$|M_j(k)|^2 = \frac{2m_0^2 P^2}{3\hbar^2}[(a_c c_j + c_c a_j)^2 + (a_c b_j - b_c a_j)^2] \tag{4.66}$$

在式(4.66)中，分母上的 3 是考虑方向的平均，分子上的 2 是考虑电子自旋。但在联合态密度的分析中已经考虑了自旋，因此在总的计算过程中只能考虑一次。式(4.66)中 j 指几个价带，a、b、c 是考虑微扰以后波函数表达式中的系数，由下式计算

$$\begin{cases} a_i = kp\left(E_i + \frac{2}{3}\varDelta\right)/N \\ b_i = \frac{\sqrt{2}}{3}\varDelta(E_i - E_g)/N \\ c_i = (E_i - E_g)\left(E_i + \frac{2}{3}\varDelta\right)/N \end{cases} \tag{4.67}$$

此处 $i=1$，3，指导带和轻空穴带，对于重空穴带

$$a_2 = 0 \qquad b_2 = 1 \qquad c_2 = 0 \tag{4.68}$$

由于自旋轨道裂开带 $E_g + \varDelta \gg$ 光子能量，计算时可不予考虑。N 为归一化因子，使

$$a_i^2 + b_i^2 + c_i^2 = 1 \tag{4.69}$$

由式(4.67)所得系数值在图 4.9 中表示，它们对温度的依赖关系都很小。若在式(4.66)中令

$$T_{cj}^2 = [(a_c c_j + c_c a_j)^2 + (a_c b_j - b_c a_j)^2] \tag{4.70}$$

当 $k=0$ 时，$T_{cj}^2 = 1$，k 增加时，T_{cj}^2 逐渐减小，这也是造成本征吸收带趋于平坦的因素之一。

于是从式(4.55)可以理论计算本征吸收光谱，并与实验上获得的本征吸收光谱比较。E_g可由本征吸收光谱来确定，由理论曲线与实验曲线的最佳符合值，可以给出参数P、m_{hh}和Δ。

要从上面的计算过程写出一个关于本征吸收系数的严格的解析表达式，不太容易。但可以在一定的近似条件下，作一些简化的分析。在前面关于联合态密度的表达式中，包含了发生光跃迁对应的波矢。在一般情况下，解得的波矢表达式是很复杂的。对于从重空穴带到导带的跃迁，如果符合如下近似条件

$$\sqrt{E_g^2+\frac{8}{3}P^2k_1^2}\geq\hbar^2k_1^2\left(\frac{1}{m_0}+\frac{1}{m_{hh}}\right) \tag{4.71}$$

则由能量守恒关系式(4.63)，有

$$(2\hbar\omega-E_g)=\sqrt{E_g^2+\frac{8}{3}P^2k_1^2} \tag{4.72}$$

k_1有简洁的表达式

$$k_1=\frac{1}{P}\sqrt{\frac{3}{2}\hbar\omega(\hbar\omega-E_g)} \tag{4.73}$$

另外从能量守恒关系式(4.64)有

$$\begin{aligned}\hbar\omega&=\sqrt{E_g^2+\frac{8}{3}P^2k_1^2}\\ k_2&=\frac{1}{P}\sqrt{\frac{3}{8}(\hbar^2\omega^2-E_g^2)}\end{aligned} \tag{4.74}$$

这时联合态密度可以进一步写出关于光子能量$\hbar\omega$为变量的简洁表达式。

$$\rho_{c-hh}(E)=\frac{1}{\pi^2}\frac{1}{P}\sqrt{\frac{3}{2}\hbar\omega(\hbar\omega-E_g)}\left[\frac{\hbar^2}{m_0}\left(1+\frac{m_0}{m_{hh}}\right)+\frac{4}{3}\frac{P^2}{(2\hbar\omega-E_g)}\right]^{-1} \tag{4.75}$$

$$\rho_{c-lh}(E)=\frac{3\sqrt{3}}{16\sqrt{2}}\cdot\frac{\hbar\omega}{\pi^2P^3}\sqrt{\hbar^2\omega^2-E_g^2} \tag{4.76}$$

在一定的近似条件下，T_{cj}^2也可以写出解析式。对于从重空穴到导带的跃迁，

$$T_{\mathrm{c-hh}}^2=\frac{1}{2}\left[\left(1+\frac{8P^2k^2}{3E_{\mathrm{g}}^2}\right)^{-\frac{1}{2}}+1\right]=\frac{\hbar\omega}{2\hbar\omega-E_{\mathrm{g}}} \tag{4.77}$$

对于从轻空穴到导带的跃迁

$$T_{\mathrm{c-lh}}^2=\frac{1}{3}+\frac{2}{3}\left(\frac{E_{\mathrm{g}}}{\hbar\omega}\right)^2 \tag{4.78}$$

于是从式(4.55)可以获得吸收系数，总的吸收系数为重空穴带和轻空穴带的贡献之和

$$\alpha=\alpha_{\mathrm{hh}}+\alpha_{\mathrm{lh}} \tag{4.79}$$

简化后可以写出

$$\alpha_{\mathrm{hh}}=\frac{\sqrt{3/2}}{137n}\cdot\frac{1}{P}\frac{\sqrt{\hbar\omega}\sqrt{\hbar\omega-E_{\mathrm{g}}}}{1+\frac{m_0^*}{m_0}\left(1+\frac{m_0}{m_{\mathrm{hh}}}\right)\left(\frac{2\hbar\omega}{E_{\mathrm{g}}}-1\right)}$$

$$\alpha_{\mathrm{lh}}=\frac{1}{137\sqrt{6}n}\cdot\frac{1}{4P}\left[1+2\left(\frac{E_{\mathrm{g}}}{\hbar\omega}\right)^2\right]\sqrt{\hbar^2\omega^2-E_{\mathrm{g}}^2} \tag{4.80}$$

式中：m_{hh} 是重空穴有效质量，P 是动量矩阵元，m_0^* 是导带底电子有效质量，与禁带宽度和动量矩阵元有关。

一般说来，对于直接允许跃迁的情况，吸收系数可以写为(Moss et al. 1973)，

$$\alpha=Af(\hbar\omega)(\hbar\omega-E_{\mathrm{g}})^{1/2} \tag{4.81}$$

式中：A 为系数，$f(\hbar\omega)$ 为关于 $\hbar\omega$ 的一个增函数。

由以上理论可以计算带间跃迁吸收光谱，但是其中有若干能带参数待定，因此需要在实验上测量到本征跃迁吸收光谱，才能提供理论计算的比较依据，从而确定能带参数，使带间光跃迁的理论趋于完善。

4.2.2 带间光跃迁的实验研究

对于 InSb 材料，Kane 进行了本征吸收带的理论计算，并与实验结果进行了比较(图 4.10)。对于三元半导体来说，用于带间光跃迁实验研究的样品应该是组分和电学性质均匀的样品。由于外延样品会存在纵向组分不均匀问题，因此对碲镉汞窄禁带半导体来说，要采用晶体材料进行测量。实验所用的样品可以选自固态再结晶、碲溶剂和半熔法生长的 HgCdTe 单晶。样品须经过研磨、抛光和腐蚀。对于测量本征吸收光谱用的薄样品，可把样品粘接在衬底上。衬底必须在所测量

的波段是透明的，且它的线胀系数必须和 HgCdTe 接近,以至于在低温测量时不会因热胀冷缩程度的不同而使样品受到应力或破损。衬底可以是宝石片、ZnSe、Si 或 KRS5，所用胶在 2~6μm 波段有透明窗口。在 6μm 波长以后测量时，用 ZnSe 衬底则宜把胶涂在样品四周边缘，或采用一种在长波段吸收较少的胶，并采用 Si 或 KRS-5 衬底。用这种处理方法，可以把样品减薄到 2.5~20μm。测量透过率以后采用适当数学处理可以计算出吸收系数。

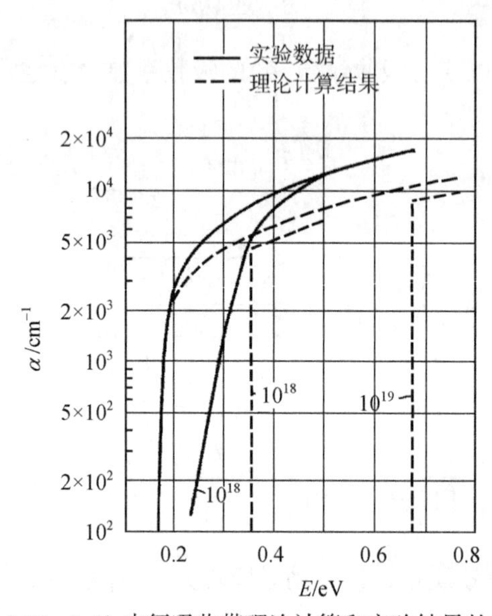

图 4.10　InSb 本征吸收带理论计算和实验结果的比较

为了测量半导体的本征吸收光谱制备薄样品是一种比较困难的任务，特别是对于比较“软”的 HgCdTe 来说，一般薄到 10~15μm 时就易破损，或边缘开始收缩变小。为了便于读者在研究中制备样品的方便，这里介绍一种作者本人在制备样品时采用的“圈胶法”，可以对薄样品在减薄过程中进行保护。此方法在粘附在硅衬底上的样品周围一圈用环氧树脂或“低温胶”筑起一道与样品同样厚的胶墙，如图 4.11 所示。于是在抛光、研磨的减薄过程中这圈胶墙将与样品同样的减薄，起到保护半导体样品的作用，到不能再减薄以后，还可用腐蚀方法，使薄样品再次减薄，这样可以制备所需要厚度的 HgCdTe 薄样品。

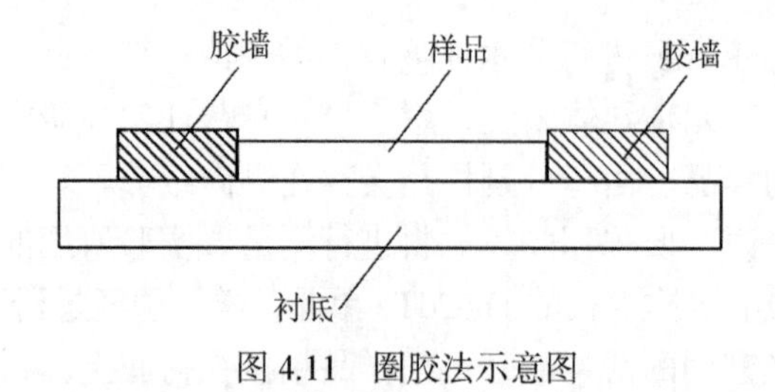

图 4.11　圈胶法示意图

一般样品的厚度则用螺旋测微仪测定。薄样品厚度用干涉显微镜测定。用干涉显微镜测定时，把光点选择在样品与衬底台阶交界处，一般可选择在样品破损露出衬底的部分或样品边缘、于是可以观察到两组条纹，一组来自样品表面，另一组来自衬底表面。当采用橙色入射光时，该组条纹每移动一个条纹距离相当于厚度差为 0.27μm。

样品组分采用密度法测定，并用扫描电子显微镜测定样品组分均匀性。HgCdTe 材料的密度与组分的关系已由第 2 章图 2.4 所示，其关系为(Blair et al. 1961)

$$x = 3.628 - 0.449\,249d \tag{4.82}$$

测定样品密度就可得到样品平均组分，再采用扫描电镜测定样品的组分均匀性。一般选择组分均匀性在 ± 0.003 左右的样品作为进一步分析与测量的样品。作为一个典型的例子可以见后面图 4.51。用来测量本征吸收光谱的样品，其组分、厚度及 77K 时载流子浓度如表 4.2 所示。

表 4.2　部分样品参数

编号	No.1	No.2	No.3	No.4	No.5	No.6	No.7	No.8
X	0.165	0.170	0.194	0.200	0.218	0.226	0.258	0.264
d/μm	10	9	24	25	24	15	70	370
$n_{77\mathrm{K}}$/cm^{-3}	4×10^{16}	5.85×10^{15}	2.2×10^{16}	1.4×10^{15}	2.8×10^{15}	2.2×10^{15}	1.3×10^{15}	1×10^{16}

编号	No.9	No.10	No.11	No.12	No.13	No.14	No.15
X	0.276	0.330	0.344	0.362	0.366	0.416	0.443
d/μm	6	8	6.5	7	9	8	2.5
$n_{77\mathrm{K}}$/cm^{-3}	7.2×10^{14}	6.2×10^{14}	5×10^{14}	2.4×10^{14}	4.4×10^{15}	(P)1.1×10^{16}	(P)2×10^{16}

编号	No.16	No.17	No.18	No.19	No.20	No.21
X	0.19	0.21	0.25	0.28	0.34	0.37
d/μm	8	10	7	7.5	8	6
$n_{77\mathrm{K}}$/cm^{-3}	1.64×10^{15}	8.5×10^{15}	1.6×10^{15}	7.2×10^{14}	5×10^{14}	2×10^{16}

本征吸收光谱测量可以采用红外分光光度计，样品放置在可以变温度的杜瓦瓶里。温度由数字温度仪控制和测定。

对于无衬底的一般样品，或者有衬底，但胶涂在样品四周的样品。扣除衬底影响后，按公式

$$T = \frac{(1-R)^2 \mathrm{e}^{-\alpha d}}{1 - R^2 \mathrm{e}^{-2\alpha d}} \tag{4.83}$$

计算吸收系数α

$$\alpha = \frac{1}{d}\ln\frac{\sqrt{(1-R)^4 + 4T^2R^2} + (1-R)^2}{2T} \tag{4.84}$$

这里已考虑了多次反射效应。式中

$$R = \frac{(n-1)^2 + k^2}{(n+1)^2 + k^2} \tag{4.85}$$

对于$\alpha < 10^4\text{cm}^{-1}$，$\lambda \approx 10^{-4}\text{cm}$，有$k \approx 10^{-1}$。因而式(4.85)可写为

$$R = \left(\frac{n-1}{n+1}\right)^2 \tag{4.86}$$

n为折射率，$n = \sqrt{\varepsilon_\infty}$，$\varepsilon_\infty$为高频介电常数。不同组分 HgCdTe 的$\varepsilon_\infty$值可引用 Baars 等(1972)的实验结果。并可用

$$\varepsilon_\infty = 15.2 - 15.5x + 13.76x^2 - 6.32x^3 \tag{4.87}$$

来近似计算。

对于具有样品——胶-衬底结构的薄样品，则测量所得到的总透射比可以近似地用下式来分析(Packard 1969)

$$T = \frac{(1-R_{as})(1-R_{sc})\mathrm{e}^{-\alpha_s d_s}}{1-R_{as}R_{sc}\mathrm{e}^{-2\alpha_s d_s}} \times \frac{(1-R_{sc})(1-R_{cb})\mathrm{e}^{-\alpha_c d_c}}{1-R_{sc}R_{cb}\mathrm{e}^{-2\alpha_c d_c}} \times \frac{(1-R_{cb})(1-R_{ba})\mathrm{e}^{-\alpha_b d_b}}{1-R_{cb}R_{ba}\mathrm{e}^{-2\alpha_b d_b}} \tag{4.88}$$

下标a、s、c和b分别表示空气、半导体样品、黏接剂和基底。

另外，测量胶-衬底的透射比，有

$$T' = \frac{(1-R_{ac})(1-R_{cb})\mathrm{e}^{-\alpha_c d_c}}{1-R_{ac}R_{cb}\mathrm{e}^{-2\alpha_c d_c}} \times \frac{(1-R_{cb})(1-R_{ba})\mathrm{e}^{-\alpha_b d_b}}{1-R_{cb}R_{ba}\mathrm{e}^{-2\alpha_b d_b}} \tag{4.89}$$

将两条光谱相除，有

$$\frac{T}{T'} = \frac{(1-R_{as})(1-R_{sc})^2\mathrm{e}^{-\alpha_s d_s}(1-R_{ac}R_{cb}\mathrm{e}^{-2\alpha_c d_c})}{(1-R_{as}R_{sc}\mathrm{e}^{-2\alpha_s d_s})(1-R_{sc}R_{cb}\mathrm{e}^{-2\alpha_c d_c})(1-R_{ac})} \tag{4.90}$$

对于宝石衬底及胶，n_b=1.89，n_c=1.65，R_{cb}≈0，式(4.90)变为

$$\frac{T}{T'}=\frac{A\mathrm{e}^{-\alpha d}}{1-B\mathrm{e}^{-2\alpha d}} \tag{4.91}$$

式中

$$A=\frac{(1-R_{as})(1-R_{sc})^2}{1-R_{ac}} \qquad B=R_{as}R_{sc} \tag{4.92}$$

对于 Si 衬底，在$\alpha_c \sim 0$区域，$\mathrm{e}^{-2\alpha_c d_c}\to 1$，则$A$的表达式略复杂一些，为

$$A=\frac{(1-R_{as})(1-R_{sc})^2}{1-R_{ac}}\cdot\frac{1-R_{ac}R_{cb}}{1-R_{sc}R_{cb}} \tag{4.93}$$

式中：A和B都为R的函数，都可根据材料折射率算得。T/T'可用测得的透射光谱T和T'相除而获得。于是就可通过式(4.91)计算出吸收光谱来(Chu　1983，1991)。

此外，也可以采用实际测量$\alpha_c d_c$的方法(褚君浩　1983b)。测量 ZnS+胶+ZnS 结构的样品的透射比

$$T''=\left(\frac{(1-R_{ab})(1-R_{bc})\mathrm{e}^{-\alpha_b d_b}}{1-R_{ab}R_{bc}\mathrm{e}^{-2\alpha_b d_b}}\right)^2\cdot\frac{(1-R_{bc})^2\,\mathrm{e}^{-\alpha_c d_c}}{1-R_{bc}^2\mathrm{e}^{-2\alpha_c d_c}} \tag{4.94}$$

在 ZnS 透明区域$\alpha_b\to 0$，因而上式可写成

$$T''=\frac{A'\mathrm{e}^{-\alpha_c d_c}}{1-B'\mathrm{e}^{-2\alpha_c d_c}} \tag{4.95}$$

式中：A'、B'仅仅是反射率R的函数，可通过材料折射率求得。从式(4.95)可以把$\alpha_c d_c$用T''来表示，代入式(4.89)可以求得吸收光谱$\alpha(v)$。在以上处理时，假定两种样品的胶厚度d_c相同，而实际上d_c总有差异。在$\alpha_c=0$区域(即胶透明区域)影响较小，但在$\alpha_c\neq 0$，由于d_c的差异在处理时会引起光谱曲线透射比较高部分的变形，在分析时要特别小心。

还有另一种分析方法，计算结果在误差范围之内。由于实验中衬底折射率n_b=1.89，胶的折射率为 1.65，胶与衬底界面的反射率$R_{cb}\approx 0$，由此在分析样品-胶-衬底多层结构的透射率时，也可采用下式来表示(Hougen　1989)

$$T=\frac{(1-R_1)(1-R_2)(1-R_3)\exp[-(\alpha d+\alpha' d')]}{(1-R_1R_2\exp(-2\alpha d))(1-R_1R_2\exp(-2\alpha' d'))-(1-R_2)^2R_1R_3\exp[-2(\alpha d+\alpha' d')]} \tag{4.96}$$

式中：$R_1=R_{as}$，$R_2=R_{sc}$，$R_3=R_{ba}$；α、d 分别为半导体层的吸收系数与厚度，$\alpha'd'=\alpha_c d_c+\alpha_b d_b$，$\alpha_b\approx 0$。为了消除胶的影响，可测定空气-胶-衬底-空气结构的透射率 T'

$$T'=\frac{(1-R_c)(1-R_3)\exp(-\alpha'd')}{(1-R_cR_3\exp(-2\alpha'd))} \tag{4.97}$$

$R_c=R_{ac}$，从式(4.97)可解出 $\exp(-\alpha'd')$，再代入式(4.96)可得半导体的吸收系数。作为一种很好的近似，可以从式(4.96)和式(4.97)推得 α 的计算式

$$\alpha=\frac{1}{d}\ln\left(\frac{2B}{\sqrt{\left(\frac{T'}{T}A\right)^2+4B}-\left(\frac{T'}{T}\right)A}\right) \tag{4.98}$$

这里

$$A=\frac{(1-R_1)(1-R_2)}{1-R_c}\qquad B=R_1R_2+\frac{R_1R_3(1-R_2)^2T'^2}{(1-R_c)(1-R_3)} \tag{4.99}$$

实验所用样品已在前文和参考文献(褚君浩　1984, 1985)中叙述，样品放在低温杜瓦瓶内，可在液氦温度到室温范围内进行测量，红外分光光度计测得的透射光谱计算吸收光谱，计算时要考虑到衬底的修正(褚君浩　1984, 1985)。计算结果见图 4.12~图 4.14。图中方点和圆点表示由实验测量结果得到的吸收光谱，实线是

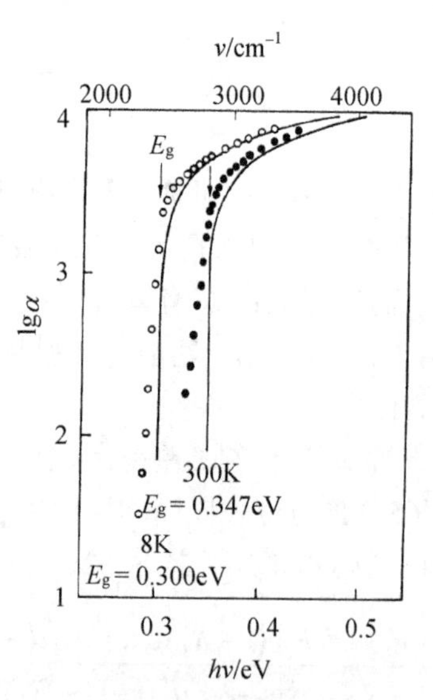

图 4. 12　对 $x=0.330$ 样品实验吸收光谱与计算吸收光谱(8K, 300K)

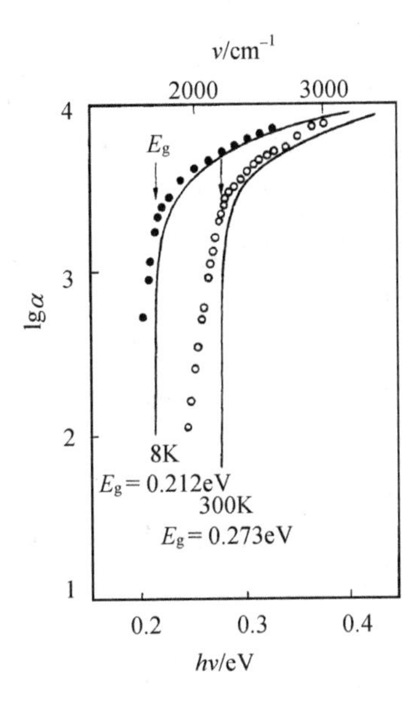

图 4.13　对 $x = 0.276$ 样品实验吸收光谱与计算吸收光谱(8K, 300K)

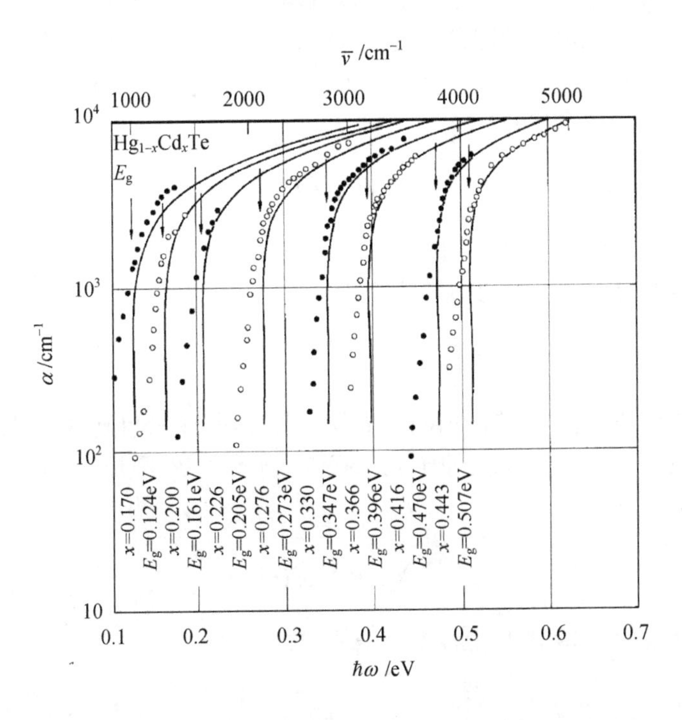

图 4.14　对 $x = 0.170\sim0.443$ 的 $Hg_{1-x}Cd_xTe$ 样品的实验吸收光谱和计算得到的吸收曲线

理论计算的吸收曲线。图 4.12 计算了 $x = 0.330$ 的 HgCdTe 的本征吸收光谱，如图中曲线所示。计算分别对 8K 和 300K 进行，禁带宽度从实验测得的吸收光谱而定，即取吸收曲线从吸收边终了开始转弯的区域的光子能量为 E_g，图中 8K 时 $E_g = 0.300\text{eV}$，300K 时 $E_g = 0.347\text{eV}$。计算中取动量矩阵元 P 为 $8\times10^{-8}\text{eVcm}$，重空穴有效质量 $m_{hh} = 0.55\, m_0$。自旋轨道裂距 $\Delta = 1\text{eV}$，计算所得曲线与实验结果符合较好。图 4.13 表示 $x = 0.276$ 的 HgCdTe 样品在 8K 和 300K 时，实验吸收光谱和计算吸收光谱的比较，同样取 P、m_{hh}、Δ的值。图 4.14 为 $x = 0.170 - 0.443$ HgCdTe 样品的 300K 实验吸收光谱和计算吸收光谱，对不同组分样品计算吸收光谱时，一律取 $P = 8\times10^{-8}\text{eVcm}$，$m_{hh} = 0.55\, m_0$，$\Delta = 1\text{eV}$。

4.2.3 带间的间接跃迁

HgCdTe、InSb 都属于直接带间跃迁的半导体，对于间接带间跃迁的窄禁带半导体需要采用间接跃迁的理论。Bardeen 1957 年为解释 Ge 的吸收尾提出这样的理论。

某些半导体材料，价带顶在 $k = 0$ 点，但导带底与价带顶不在同一波矢处。这样的半导体材料为间接禁带半导体，在这种半导体中电子跃迁不是垂直的，而是倾斜的。由于光子波矢在跃迁过程中可以忽略，发生这种跃迁需要声子协助，才能保证动量守恒。在电子的间接跃迁过程中，存在两个独立的微扰。一是光子和电子相互作用，在此作用过程中，波矢不变，能量改变；二是电子和声子相互作用，在此过程中波矢和能量都变。

$$H' = H_{eP} + H_{eL} \tag{4.100}$$

H_{eP}已在直接跃迁中讨论见式(4.44)。

电子与晶格相互作用的微扰哈密顿为

$$H_{eL} = \sum[V(r - R_a - \delta R_a) - V(r - R_a)] \tag{4.101}$$

δR_a为原子偏离平衡位置的振动位移；R_a是 a 原子处于平衡位置的位置矢 $V(r-R_a)$ 是对位于 R_a 原子平衡位置的类原子势；求和对所有的 R_a进行。对 δR_a展开，并保留一级项，有

$$E_{eL} = -\sum\delta R_a \nabla_r V(r - R_a) \tag{4.102}$$

于是电子-晶格相互作用能写为各支声子的和式

$$H_{eL} = \left(\frac{\hbar}{2M\omega_q}\right)^{1/2}\left[A(q)\sum_{R_a} R_a \mathrm{e}^{\mathrm{i}(q\cdot R_a - \omega_q t)}\nabla_r V(r - R_a) + c\cdot c\right] \tag{4.103}$$

$A(q)$、$A^*(q)$分别为湮没算符和产生算符。上式也可写为

$$H_{\mathrm{eL}}=A(q)\mathrm{e}^{-\mathrm{i}\omega_q t}V_p(q,r)+c\cdot c \tag{4.104}$$

$$V_p(q\cdot r)=\left(\frac{\hbar}{2M\omega_q}\right)^{1/2}\sum_{R_a}\mathrm{e}^{\mathrm{i}q\cdot R_a}\boldsymbol{e}_a\cdot\nabla_r V(r-R_a) \tag{4.105}$$

$V_p(q\cdot r)$是严格 Bloch 函数，具有矢量 q 的不可约表象。式(4.103)的前一项为声子的吸收，第二项为声子的发射。

跃迁概率为

$$P_{vk_1-ck_2}=\frac{2\pi}{\hbar}\left(\frac{eA_0}{mc}\right)^2\left|\frac{\left\langle\Psi_{ck_2}\middle|V_p(q\cdot r)\middle|\Psi_{\beta k_1}\right\rangle n_q^{1/2}\left\langle\Psi_{\beta k_1}\middle|\boldsymbol{a}\cdot p\middle|\Psi_{vk_1}\right\rangle}{E_\beta(k_1)-E_\gamma(k_1)-\hbar\omega}\right| \tag{4.106}$$

$$\times\delta(E_c(k_2)-E_v(k_1)-\hbar\omega\pm\hbar\omega_q)$$

式中：$n_q=\dfrac{1}{\mathrm{e}^{\hbar\omega_q/k_\mathrm{B}T}-1}$为声子占据数。于是可得下述吸收系数的表达式

$$\alpha_{\mathrm{ph,abs}}(\omega)=\frac{4\pi^2e^2}{ncm^2\omega}\int_{BZ}\int_{BZ}\frac{2}{(2\pi)^3(2\pi)^3}\mathrm{d}k_1\mathrm{d}k_2$$

$$\times\left|\frac{\left\langle\Psi_{ck_2}\middle|V_p(q\cdot r)\middle|\Psi_{\beta k_1}\right\rangle n_q^{1/2}\left\langle\Psi_{\beta k_1}\middle|\boldsymbol{a}\cdot p\middle|\Psi_{vk_1}\right\rangle}{E_\beta(k_1)-E_\gamma(k_1)-\hbar\omega}\right| \tag{4.107}$$

$$\times\delta(E_c(k_2)-E_v(k_1)-\hbar\omega\pm\hbar\omega_q)$$

记

$$C=\left|\frac{\left\langle\Psi_{ck_2}\middle|V_p(q\cdot r)\middle|\Psi_{\beta k_1}\right\rangle n_q^{1/2}\left\langle\Psi_{\beta k_1}\middle|\boldsymbol{a}\cdot p\middle|\Psi_{vk_1}\right\rangle}{E_\beta(k_1)-E_\gamma(k_1)-\hbar\omega}\right| \tag{4.108}$$

为间接跃迁的矩阵元，在能带极值点附近，它与波矢 k_1、k_2 几乎无关，提出积分号。于是

$$\alpha = \frac{4\pi^2 e^2 n_q C}{ncm^2\omega} \iint \frac{2}{(2\pi)^3(2\pi)^3} \mathrm{d}k_1 \mathrm{d}k_2 \delta(E_c(k_2) - E_v(k_1) - \hbar\omega \pm \hbar\omega_q) \tag{4.109}$$

式中：$\hbar\omega_q = k_{\mathrm{B}}\vartheta$，$\vartheta$为晶格温度，为常数。

在抛物带近似下

$$E_c(k_2) = \frac{\hbar^2 k_2^2}{2m_c^*} + E_{\mathrm{g}} \qquad E_v(k_1) = -\frac{\hbar^2 k_1^2}{2m_v^*} \tag{4.110}$$

k_1和k_2分别对各自能带的极值而言。把上述积分划为极坐标，并用δ函数性质，有

$$\int \frac{2}{(2\pi)^3(2\pi)^3} \mathrm{d}k_1 \mathrm{d}k_2 \delta\left(\frac{\hbar^2 k_2^2}{2m_c^*} + \frac{\hbar^2 k_1^2}{2m_v^2} + E_{\mathrm{g}} - \hbar\omega + k_{\mathrm{B}}\vartheta\right)$$

$$= \begin{cases} 0 & \hbar\omega < E_{\mathrm{g}} - k_{\mathrm{B}}\vartheta \\ \dfrac{1}{8(2\pi)^3}\left(\dfrac{2m_v^*}{\hbar^2}\right)^{3/2}\left(\dfrac{2m_c^*}{\hbar^2}\right)^{3/2}(E_{\mathrm{g}} - \hbar\omega + k_{\mathrm{B}}\vartheta)^2 & \hbar\omega > E_{\mathrm{g}} - k_{\mathrm{B}}\vartheta \end{cases} \tag{4.111}$$

于是吸收声子过程的间接跃迁对吸收系数的贡献为

$$\alpha_{\text{phonon,abs}}(\omega) = \begin{cases} 0 & \hbar\omega < E_{\mathrm{g}} - k_{\mathrm{B}}\vartheta \\ C_1(E_{\mathrm{g}} - \hbar\omega + k_{\mathrm{B}}\vartheta)^2 n_{q_0} & \hbar\omega > E_{\mathrm{g}} - k_{\mathrm{B}}\vartheta \end{cases} \tag{4.112}$$

此处

$$C_1 = \frac{C}{\omega}\frac{4\pi^2 e^2}{ncm^2}\frac{1}{8(2\pi)^3}\left(\frac{2m_v^*}{\hbar^2}\right)^{3/2}\left(\frac{2m_c^*}{\hbar^2}\right)^{3/2} \tag{4.113}$$

声子发射对吸收系数的贡献为

$$\alpha_{\text{ph,emis}}(\omega) = \begin{cases} 0 & \hbar\omega < E_{\mathrm{g}} - k_{\mathrm{B}}\vartheta \\ C_1(E_{\mathrm{g}} - \hbar\omega + k_{\mathrm{B}}\vartheta)^2(n_{q_0} + 1) & \hbar\omega > E_{\mathrm{g}} - k_{\mathrm{B}}\vartheta \end{cases} \tag{4.114}$$

总吸收系数为

$$\begin{aligned}\alpha_{\text{Tol}} &= \alpha_{\text{ph,abs}}(\omega)+\alpha_{\text{ph,emis}}(\omega)\\ &= C_1(E_{\text{g}}-\hbar\omega+k_{\text{B}}\vartheta)^2 n_{q_0}+C_1(E_{\text{g}}-\hbar\omega+k_{\text{B}}\vartheta)^2(n_{q_0}+1)\\ &= \frac{C_1(E_{\text{g}}-\hbar\omega+k_{\text{B}}\vartheta)^2}{\exp(E_p/k_{\text{B}}T)-1}+\frac{C_1(E_{\text{g}}-\hbar\omega+k_{\text{B}}\vartheta)^2}{1-\exp(E_p/k_{\text{B}}T)}\end{aligned} \tag{4.115}$$

从式(4.115)可见，当$\hbar\omega\le E_{\text{g}}-E_p$时$\alpha=0$，当$E_{\text{g}}-E_p\le\hbar\omega\le E_{\text{g}}+E_p$时，只有$\alpha_{\text{ph,abs}}(\omega)$的贡献，当$\hbar\omega\ge E_{\text{g}}+E_p$时，才有$\alpha_{\text{ph,abs}}(\omega)$和$\alpha_{\text{ph,emis}}(\omega)$共同的贡献，可望在$\hbar\omega=E_{\text{g}}+E_p$处吸收系数有一特别的增长，如图 4.18 所示，当温度降低时，由于声子数减少，$\alpha_{\text{ph,abs}}(\omega)$的贡献将减少,主要将是$\alpha_{\text{ph,emis}}(\omega)$的贡献。

因而，从$\omega\alpha^{1/2}\sim\hbar\omega$的吸收光谱图中可以估计出间接禁带半导体的禁带宽度$E_{\text{g}}$和参加跃迁的声子能量 E_{ph}。对于直接禁带半导体，声子参加的跃迁也是造成吸收带尾的一个因素。此外，如果根据式(4.115)计算理论吸收曲线，使它和实验曲线符合，可以获得间接跃迁的矩阵元C。

4.3 本征吸收光谱的表达式

4.3.1 吸收边的规律

本征吸收光谱的低能量端是陡峭上升的吸收边，吸收边能量的上方是缓慢上升的本征吸收带。本节先讨论吸收边的表达式。

Urbach(1953)曾在 1953 年一篇仅半页的文章中指出 AgBr 的吸收系数符合

$$\frac{\mathrm{d}\lg\alpha}{\mathrm{d}\nu}=-\frac{1}{kT} \tag{4.116}$$

的指数关系，并指出 AgCl、Ge、CdS 及 TiO_2 也符合此规则。1957 年 Martiessen(1957)对碱金属卤化物 KBr 进行了进一步研究，从上式出发，写出了公式

$$\alpha=\alpha_0\exp\left[\frac{\sigma(E-E_0)}{k_{\text{B}}T}\right] \tag{4.117}$$

从式中可见，当$E=E_0$时，$\alpha=\alpha_0$，与温度无关。在对数图上，$(E_0,\lg\alpha_0)$正是不同温度吸收边的聚焦点。后来，Marple 等(1966)发现 CdTe 等 II-VI 族化合物也符合这一规律。

实验发现 HgCdTe 的本征吸收边符合 Urbach 指数规则(Finkman et al.　1984，

Chu 1983)。图 4.15 表示组分为 $x = 0.443$ 的 HgCdTe 样品从液氦温度到室温的吸收光谱，可以看出不同温度下的吸收边向低能侧延长线相交于一点，$E_0 = 0.441\text{eV}$，$\alpha_0 = 10\text{cm}^{-1}$。这一现象对不同组分的 HgCdTe 样品都可以发现。表 4.3 列出了不同组分样品吸收边聚焦点的 E_0 和 α_0 值(Chu et al. 1991)。

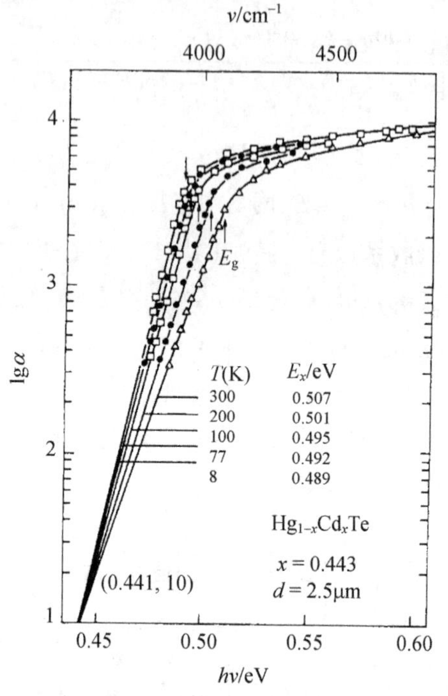

图 4.15 组分为 $x = 0.443$ 的 HgCd 样品的吸收光谱

表 4.3 吸收边聚焦点坐标值 E_0 和 α_0

x	0.200	0.264	0.276	0.330	0.344	0.362	0.366	0.416	0.443
E_0/eV	−0.0124	0.089	0.1178	0.255	0.214	0.285	0.304	0.397	0.441
α_0/cm^{-1}	1.5×10^{-4}	10^{-3}	2.4×10^{-3}	4×10^{-2}	10^{-4}	1.4×10^{-1}	3×10^{-1}	1.1	10

此外，对 $x = 0.19$ 样品 $E_0 = 0.0148\text{eV}$，$\alpha_0 = 10^{-4}\text{cm}^{-1}$。把 E_0 对 x 的关系画在图 4.19 中，E_0 与 x 有线性关系

$$E_0(\text{eV}) = -0.355 + 1.77x \tag{4.118}$$

在图 4.20 中示出了 $\ln\alpha_0$ 对 x 的关系，从图可见 $\ln\alpha_0$ 对 x 也有线性关系

$$\ln\alpha_0 = -18.5 + 45.68x \tag{4.119}$$

在式(4.117)中，当 $E = E_g$ 时 $\alpha = \alpha_g$，即

$$\alpha_g = \alpha_0 \exp[\sigma\left(E_g - E_0\right)/k_B T] \tag{4.120}$$

从此式可以解出斜率 σ/kT 为

$$\frac{\sigma}{k_B T} = \frac{\ln\alpha_g - \ln\alpha_0}{E_g - E_0} \tag{4.121}$$

式中：E_g 由式(3.106)表示，E_0 和 $\ln\alpha_0$ 分别由式(4.118)和式(4.119)表示。α_g 是禁带宽度能量处的吸收系数。则由式(4.117)可以计算出不同组分样品在不同温度下的吸收边斜率。

在室温下 x=0.170~0.443 的 HgCdTe 样品的实验本征吸收光谱和计算得到的吸收曲线如图 4.15 所示。从图上可以看到吸收边开始改变斜率的位置大约在 1600~3500cm^{-1} 之间。把这 8 个样品的组分、300K 下的禁带宽度值 E_g 以及禁带宽度能量处的吸收系数 $\alpha(E_g)$ 列在表 4.4 中。

表 4.4　室温下不同组分样品的 E_g 和 $\alpha(E_g)$

x	0.170	0.200	0.226	0.276	0.330	0.366	0.416	0.443
E_g/eV	0.124	0.161	0.205	0.273	0.347	0.396	0.470	0.507
$\alpha(E_g)$/cm^{-1}	1400	1600	1750	2150	2450	2650	2700	2850

根据表 4.4 的数据，$\alpha(E_g)$ 与组分 x 的关系由图 4.16 表示。并可用

$$\alpha_g = 500 + 5600x \tag{4.122}$$

来计算。该式适用于 $x = 0.170$~0.443，300K。如果把该式外推到 $x = 1$，则 $\alpha_g = 6100\ \text{cm}^{-1}$ 与 CdTe 本征吸收光谱数据一致(Kireev　1978)。在其他温度下 α_g 与 x 的关系式可以表达为

$$\alpha_g = -65 + 1.88T + (8694 - 10.31T)x \tag{4.123}$$

于是当 $E \leq E_g$ 时，可以把碲镉汞吸收边的计算公式写为

$$\alpha = \alpha_0 \exp[\sigma(E - E_0)/k_B T] \tag{4.124}$$

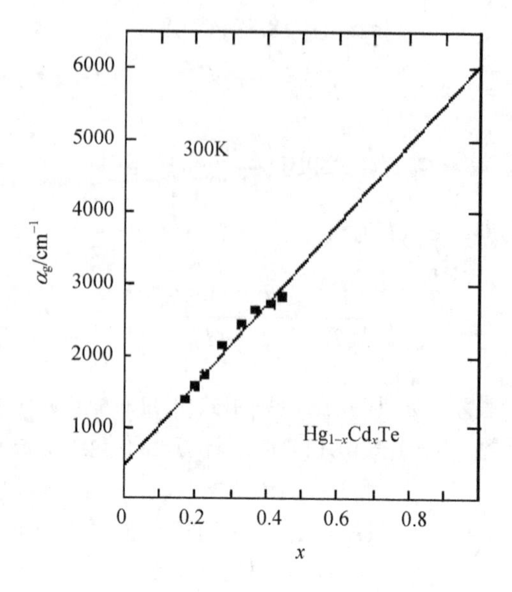

图 4.16 $\alpha(E_g)$与 x 的关系

式中

$$
\begin{aligned}
&\ln\alpha_0 = -18.5 + 45.68x \\
&E_0 = -0.355 + 1.77x \\
&\sigma / k_B T = (\ln\alpha_g - \ln\alpha_0)/(E_g - E_0) \qquad (4.125)\\
&\alpha_g = -65 + 1.88T + (8694 - 10.31T)x \\
&E_g(x,T) = -0.295 + 1.87x - 0.28x^2 + (6 - 14x + 3x^3)(10^{-4})T + 0.35x^4
\end{aligned}
$$

关于吸收边还有几个不同的表达式，但形式上都是指数规律，其中参数有些不同。

关于吸收边的起因，是一个讨论的问题。曾有不少作者假定在半导体导带底存在一个带尾。形成带尾的原因可能是激子-声子相互作用(Toyazawa 1959)也可能是荷电杂质中心电场的影响(Redfield 1963)。窄禁带半导体中浅杂质能级与导带简并，杂质波函数交叠形成杂质带，展宽也会形成带尾，伸展到禁带之中。Kane 曾认为此带尾的态密度是高斯分布，也有人认为是指数分布(Moss et al. 1973)，形如

$$
\rho \propto \exp[\delta(E - v)^n] \qquad (4.126)
$$

δ 为常数，v 是平均势能，n 在 1/2 到 2 之间。实际上，根据 HgCdTe 的指数吸收边，可以推测在导带底存在一个态密度呈指数分布的带尾。由于吸收系数正比于联合态密度，假定吸收边涉及光学跃迁矩阵元的平方近似看作常数，于是 Urbach

规则可以写为

$$\rho = \rho_0 \exp[\sigma(E - E_0)/k_B T] \tag{4.127}$$

当 $E = E_g$ 时，有

$$\rho_g = \rho_0 \exp[\sigma(E_g - E_0)/k_B T] \tag{4.128}$$

从此式中解出 ρ_0，代入式(4.127)

$$\rho = \rho_g \exp[-\sigma(E_g - E)/k_B T] \tag{4.129}$$

ρ_g 是能量间隔为 $E = E_g$ 处的实际的联合态密度，可以根据实际吸收光谱转弯处吸收系数的值来估算。

形成带尾的物理原因还可能是由于阳离子的部分“团聚”效应、晶格畸变势，以及深中心的内电场所引起。团聚效应会引起吸收边的倾斜。由于在 HgTe-CdTe 混晶中，Hg(或 Cd)离子有优先选择同种离子为最近邻的倾向，这就使宏观组分为 x 的样品，存在着微观组分起伏，造成在小于 E_g 能量处的一个状态分布，使电子能从价带跃迁到小于 E_g 能量处的状态上，造成吸收边的倾斜。这种部分“团聚”效应。实际上是引起一个晶格畸变势加在 VCA 的平均势上。除了混晶本身产生这种晶格畸变势以外，其他杂质填隙原子或空位也都会造成晶格畸变势，在 HgCdTe 中的 Hg 空位、Te 空位，以及与导带简并的施主杂质以及深中心等都会造成晶格畸变势，从而造成倾斜的吸收边。并使同一组分样品在相同温度下测量吸收边，由于空位浓度及杂质情况不同，而引起不同斜率的吸收边。除晶格畸变势之外，杂质缺陷的内电场也会造成吸收边。总而言之，对于 HgCdTe 的吸收边问题还需要进一步的实验和理论研究。

4.3.2 本征吸收带的解析表达式

在本征吸收光谱低能量端陡峭的吸收边能量的上方，是缓慢上升的本征吸收带，也称为 Kane 区域。本节主要讨论 Kane 区域的吸收系数表达式。

能量大于 E_g 时吸收系数与入射光频率的相应关系可以用光跃迁理论及 Kane 模型计算(Kane 1957；褚君浩 1983b；Chu 1991，1992)。Kane(1957)首先利用 $\boldsymbol{k}\cdot\boldsymbol{p}$ 方法和光跃迁理论对 InSb 的本征吸收带进行了理论计算，并与实验结果进行了比较。Blue(1964)曾经按照 Kane 对于 InSb 的方法计算过 HgCdTe 的吸收系数，并测量了碲镉汞的本征吸收光谱，但样品组分不均匀，测量到很倾斜的吸收边。Scott(1969)测量到碲镉汞的吸收系数达 $1\sim2\times10^3\text{cm}^{-1}$，获得的是吸收边。Finkman(1979)的测量到的也是吸收边。由于没有获得碲镉汞的本征吸收带的实验结果，一直没有关于碲镉汞本征吸收带理论计算与实验结果比较的工作。直到 1980 年以后，Chu 等(1983，1991，1992)获得了碲镉汞不同组分样品的本征吸收带的实验结果，并针对碲镉汞进行了计算，与实验结果进行了比较。

带带跃迁吸收系数的计算过程如 4.2 节中所述，计算是严格的，但不容易写出一个解析表达式。因此写出一个计算窄禁带半导体碲镉汞本征吸收带的解析表达式是很有意义的。Anderson 根据 Kane 模型推导了在本征吸收区 α 与 $\hbar\omega$ 的关系式(Anderson 1980)。吸收边以上的光吸收包括重空穴带和轻空穴带跃迁两部分的贡献，在假定禁带宽度远小于价带自旋—轨道分裂($E_{\mathrm{g}} \ll \Delta \approx 1\mathrm{eV}$)的情况下，并假定$2-\dfrac{E_{\mathrm{g}}}{\hbar\omega} \gg \dfrac{3}{4}\dfrac{\hbar^2}{m_0}\dfrac{\hbar\omega-E_{\mathrm{g}}}{P^2}\left(1+\dfrac{m_0}{m_{\mathrm{hh}}}\right)$，获得吸收系数与光子能量的关系用公式表示即为

$$\alpha_{\mathrm{lh}} = \frac{1+2(E_{\mathrm{g}}/\hbar\omega)^2}{137\sqrt{6}\sqrt{\varepsilon_\infty}} \cdot \frac{\sqrt{\hbar^2\omega^2-E_{\mathrm{g}}^2}}{4P} \cdot \mathrm{BM}_{\mathrm{lh}}$$

$$\alpha_{\mathrm{hh}} = \frac{1}{137\sqrt{\varepsilon_\infty}} \cdot \frac{\sqrt{3/2}}{P}\sqrt{\hbar\omega(\hbar\omega-E_{\mathrm{g}})} \cdot \mathrm{BM}_{\mathrm{hh}} \tag{4.130}$$

$$\times\left[1+\frac{3}{4}\frac{\hbar^2 E_{\mathrm{g}}}{m_0 P^2}\left(1+\frac{m_0}{m_{\mathrm{hh}}}\right)\left(\frac{2\hbar\omega}{E_{\mathrm{g}}}-1\right)\right]^{-1}$$

式中：$\mathrm{BM}_{\mathrm{lh}}$ 和 $\mathrm{BM}_{\mathrm{hh}}$ 分别为轻、重空穴带的 Berstein-Moss 因子，与费米能级有关

$$\mathrm{BM}_{\mathrm{lh}} = \frac{1-\exp\left(\dfrac{\hbar\omega}{k_{\mathrm{B}}T}\right)}{\left[1+\exp\left(-\dfrac{\hbar\omega+E_{\mathrm{g}}-2E_F}{2k_{\mathrm{B}}T}\right)\right]\left[1+\exp\left(-\dfrac{\hbar\omega-E_{\mathrm{g}}+2E_F}{2k_{\mathrm{B}}T}\right)\right]}$$

$$\mathrm{BM}_{\mathrm{hh}} = \frac{1-\exp\left(\dfrac{\hbar\omega}{k_{\mathrm{B}}T}\right)}{\left[1+\exp\left(-\dfrac{E_F+\left(\hbar^2k_\omega^2/2m_{\mathrm{hh}}\right)}{k_{\mathrm{B}}T}\right)\right]\left[1+\exp\left(-\dfrac{\hbar\omega-E_F-\left(\hbar^2k_\omega^2/2m_{\mathrm{hh}}\right)}{k_{\mathrm{B}}T}\right)\right]}$$

$$k_\omega^2 = \frac{\dfrac{4P^2}{3}+\dfrac{\hbar^2E_{\mathrm{g}}}{m_0}\left(1+\dfrac{m_0}{m_{\mathrm{hh}}}\right)\left(\dfrac{2\hbar\omega}{E_{\mathrm{g}}}-1\right)}{\dfrac{\hbar^4}{m_0^2}\left(1+\dfrac{m_0}{m_{\mathrm{hh}}}\right)^2}\left[1-\sqrt{1-\frac{\dfrac{4\hbar^4}{m_0^2}\left(1+\dfrac{m_0}{m_{\mathrm{hh}}}\right)^2\hbar\omega(\hbar\omega-E_{\mathrm{g}})}{\left[\dfrac{4P^2}{3}+\dfrac{\hbar^2E_{\mathrm{g}}}{m_0}\left(1+\dfrac{m_0}{m_{\mathrm{hh}}}\right)\left(\dfrac{2\hbar\omega}{E_{\mathrm{g}}}-1\right)\right]^2}}\right] \tag{4.131}$$

总的吸收系数为

$$\alpha = \alpha_{\rm lh} + \alpha_{\rm hh} \tag{4.132}$$

人们在实际应用时希望有比较简洁的表达式。对具有抛物能带的半导体材料，其本征光吸收系数与光子能量的平方根成正比(Moss 1973)

$$\alpha = A(E - E_{\rm g})^{1/2} \tag{4.133}$$

由此人们假定这种平方根规律对于 $Hg_{1-x}Cd_xTe$ 材料也适用(Schacham 1985，Sharma 1994)。Schacham 和 Finkman 认为 Kane 区域的吸收系数与能量之间的关系可表示为(Schacham 1985)

$$\alpha = \beta(E - E_{\rm g})^{1/2} \tag{4.134}$$

式中：$\beta = 2.109 \times 10^5 [(1+x)/(81.9+T)]^{1/2}$。

然而，他们的实验中只有吸收边的数据，没有测到本征吸收带，因而无法将该式与实验结果比较。实际上由该式计算得到的吸收系数远比文献(Chu 1994)的实验值小，且计算结果在 $E = E_{\rm g}$ 点吸收系数为零，与吸收边的表达式不连续。而且实际上 Chu 等给出一系列碲镉汞不同组分的薄样品在不同温度下的吸收光谱，不仅测量到吸收边，而且测量到本征吸收带(Chu 1991，1992)。Sharma 根据褚君浩的实验数据(Chu 1994)，将平方根规律表示为(Sharma 1994)

$$\alpha = \beta(E - E_{\rm g}')^{1/2} \tag{4.135}$$

式中：$E_{\rm g}' = E_{\rm g} - (E_{\rm g} - E_0)/2/\ln(\alpha_{\rm g}/\alpha_0)$，$\beta$ 为拟合参数，$E_{\rm g}'$ 是有效禁带宽度。这样处理可以保证式(4.135)与吸收边表达式在 $E = E_{\rm g}$ 处连续。褚君浩指出(Chu 1994)，用一种指数平方根规律来描述本征吸收系数 α 与 $E_{\rm g}$ 的关系将与实验数据符合得更好，即

$$\alpha = \alpha_{\rm g} \exp[\beta(E - E_{\rm g})]^{1/2} \tag{4.136}$$

式中：参数 β 与组分 x 及温度 T 有关

$$\begin{aligned} T &= 300\text{K} \qquad \beta = 24 - 18x \\ T &= 77\text{K} \qquad \beta = 5.4 + 11x \end{aligned} \tag{4.137}$$

假设 β 与 x 及 T 间的关系为线性的，则用内插法可得下式

$$\beta(T,x) = -1 + 0.083T + (21 - 0.13T)x \tag{4.138}$$

式(4.136)的意义是，当 $E = E_g$ 时，$\alpha = \alpha_g$，本征吸收区与带尾区在 E_g 点衔接。当 $E > E_g$ 时，吸收系数将随能量的增加而按指数规律上升，其指数项与能量的平方根成正比。将式(4.136)展开可以发现其一次项正比于$(E-E_g)^{1/2}$，说明在能量大于 E_g 不远的范围内，公式(4.136)符合α与 E 间的平方根规律。在这一范围，也是小 k 范围，实际上能带可以用抛物带近似来表达。

图 4.17(a)，(b)为组分 $x = 0.17\sim0.443$ 的 $Hg_{1-x}Cd_xTe$ 样品在 300K 及 77K 的本征吸收光谱。图中圆点为褚君浩等(1991，1992)的测试数据，吸收边根据式(4.124)

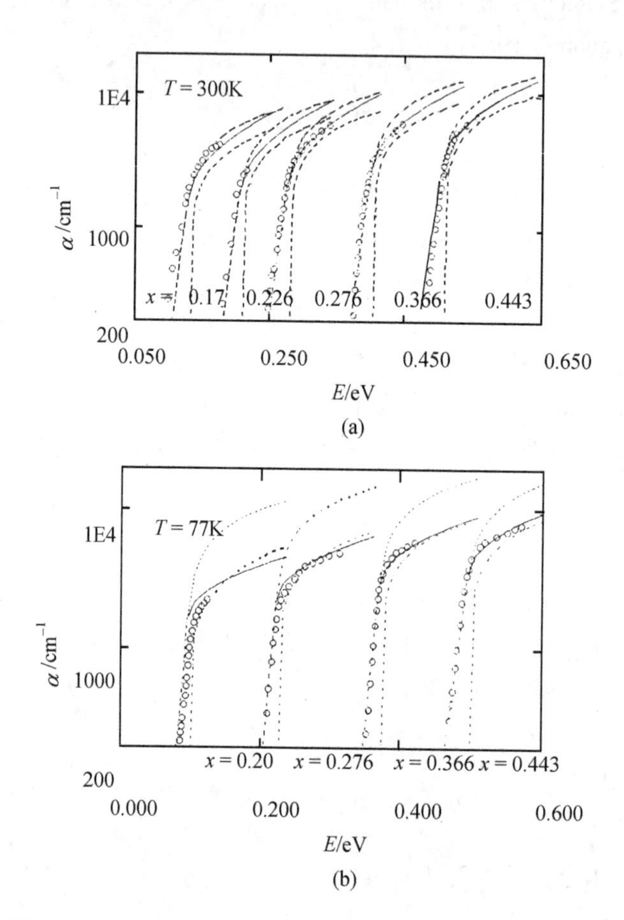

图 4.17　组分 $x = 0.170\sim0.443$ 的 $Hg_{1-x}Cd_xTe$ 样品在 300K(a)及 77K(b)的本征吸收光谱

图中圆点为褚君浩等的测试数据(Chu　1991, 1992)，点划线、虚线和实线分别是由公式(4.130)、(4.135)、(4.136)计算所得的本征吸收系数，能量小于 E_g 处的虚线是由公式(4.124)计算的 Urbach 吸收边和式(4.125)计算，实线根据指数平方根规律式(4.136)计算，与实验结果符合最好。上方虚线根据 Sharma 平方根规律式(4.135)计算，显得比实验值高。在实线的下方的点划线是根据 Anderson 表达式(4.130)计算的。计算时参量的选取为：动量矩阵元 $P = 8 \times 10^{-8}$ eVcm，重空穴质量 $m_{hh} = 0.55m_0$，高频介电常数 $\varepsilon_\infty = 15.2 - 15.5x + 13.76x^2 - 6.32x^3$。Burstein-Moss 因子 BM_{lh} 和 BM_{hh} 均取为 1(即非简并情况)，在文献(Chu　1994)中，除了 $x = 0.170$ 的样品在室温下的情况外，这一假设均能成立。

由图 4.17 可知，用公式平方根规律式(4.135)和指数平方根规律式(4.136)计算得到的 Kane 平台与用公式(4.124)计算的 Urbach 带尾衔接得很好，而用公式(4.130)计算得的吸收曲线在接近 E_g 时迅速下降，另外，在高吸收区域，室温时，由公式(4.130)、(4.135)、(4.136)计算的本征吸收系数与实验结果均符合。在 77K，由 Anderson 表达式及褚君浩等的指数平方根公式计算的本征吸收系数依然符合实验值，但 Sharma 的平方根规律却与测试结果产生了误差。因为吸收系数与能量间的平方根关系只能解释抛物带半导体的本征吸收行为，而不适用于像 $Hg_{1-x}Cd_xTe$ 这样的非抛物能带。在 $Hg_{1-x}Cd_xTe$ 中，随着组分 x 的减小及温度的降低,能带的非抛物性增加，导致本征吸收与平方根规律的偏差变大。

从数学上理解，只有当入射光子能量 E 与 E_g 带宽相差不大时，$(E-E_g)^{1/2}$ 项较小，式(4.135)才近似与式(4.136)相等，这相应于本征吸收曲线的起始部分。随着温度 T 的降低及组分 x 的减小，E_g 将迅速减小，这一近似就很难满足。文献(Chu　1991, 1992)采用体材料薄膜样品的测量表明，α 与 E 之间的指数平方根依赖关系比平方根关系更能说明 $Hg_{1-x}Cd_xTe$ 材料的本征吸收规律。

如所周知，用 MBE、MOCVD、LPE 等外延手段可以很方便地获得薄膜材料。但由于 $Hg_{1-x}Cd_xTe$ 外延薄膜普遍存在着纵向组分的不均匀性，其吸收带尾被展宽，无法获得理想的本征吸收光谱。这里考虑外延薄膜在禁带能量上方的吸收情况。图 4.18 为 $Hg_{1-x}Cd_xTe(x = 0.276)$液相外延薄膜样品在室温的吸收曲线。图中实验点取自 Mollmann 等(1991)的测试数据，E_g 下方的虚线是用公式(4.124)计算得的 Urbach 吸收带尾，E_g 上方的虚线和实线则分别是用式(4.130)、式(4.136)计算所得的本征吸收光谱。由图可知，在 Urbach 吸收区，理论曲线与实验点间存在着误差，实际的带尾更宽，这是由样品的纵向组分不均匀性造成的。在 Kane 区，Anderson 模型及褚君浩等的经验公式则与实验数据符合得很好。这一结果表明，公式(4.136)反映的吸收系数与能量间的指数规律可用以说明液相外延 $Hg_{1-x}Cd_xTe$ 薄膜在 Kane 区的本征光吸收特性。

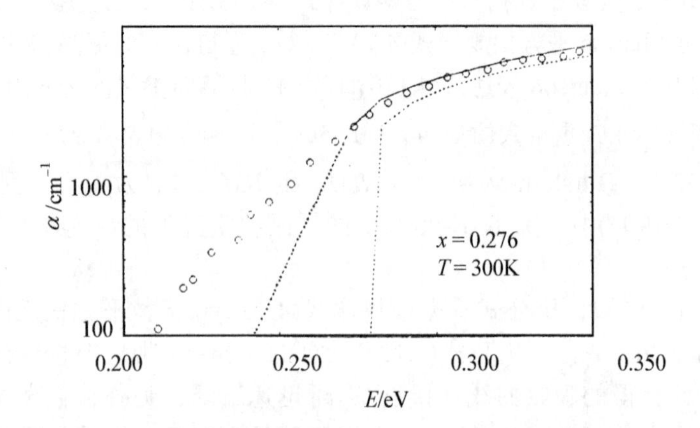

图 4.18　$Hg_{0.724}Cd_{0.276}Te$ 液相外延薄膜样品在室温的吸收曲线,样品厚度为 3.5μm。实验点取自 Mollmann 等(1991)的测试数据，E_g 下方的点划线是用公式(4.124)计算得的 Urbach 吸收带尾，E_g 上方的虚线和实线分别是用公式(4.130)和(4.136)计算的本征吸收光谱

4.3.3　本征吸收系数的其他表达式

用简单经验的或者半经验的方法来描述不同温度下的能带结构、吸收系数和电子态密度是有意义的。

窄禁带半导体最低的导带是非抛物的。也有人用双曲带近似来描述导带，但是从双曲带近似得到的吸收系数并不符合 Chu 等的实验结果。李标等(1996)先推导了一种半经验的对数表达式描述非抛物带结构，然后再用来获得本征吸收系数的解析表达式，与实验结果也有较好的符合。

基于 $k\cdot p$ 方法的 Kane 模型通常用来计算非抛物带能带结构

$$E=\frac{\hbar^2k^2}{2m_0}-\frac{E_g}{2}+\frac{1}{2}\sqrt{E_g^2+\frac{8}{3}P^2k^2} \tag{4.139}$$

这里 k 是波矢，P 是动量矩阵元，E 是导带能量，从导带底算起。从式(4.139)解出 k 得到

$$k^2=\frac{E_g\hbar^2/m_0+4P^2/3}{\hbar^4/m_0^2}\left(1+\frac{2\hbar^2/m_0}{E_g\hbar^2/m_0+4P^2/3}E\right.$$

$$\left.-\sqrt{1+\frac{16\hbar^2P^2E/3m_0}{(E_g\hbar^2/m_0+4P^2/3)^2}}\right)$$

$$\approx \frac{2E_g}{(E_g\hbar^2/m_0+4P^2/3)\hbar^2/m_0}\left(E+\frac{4(P^2/3)^2\hbar^2E^2/m_0}{3(E_g\hbar^2/m_0+4P^2/3)^2E_g}\right) \tag{4.140}$$

$$\approx P_1[\exp(P_2E)-1]$$

在感兴趣的能带范围内，由于导带电子有效质量很小，这个指数式带进的误差是很小的。于是式(4.140)可以再反过来写成对数的 E-k 关系

$$E = A\lg(Bk^2+1) \tag{4.141}$$

为了使式(4.141)和式(4.139)在感兴趣的能量范围内一致，先要选择适当的调节参数 A、B，并对不同温度下都保持一致。

从式(4.141)可以进一步计算导带电子态密度为

$$g(E)=\frac{\pi}{2AB^{1.5}}\exp(E/A)\sqrt{\exp(E/A)-1} \tag{4.142}$$

如果假定动量矩阵元在所感兴趣的能量范围是不变的，在禁带宽度能量以上的范围，吸收系数具有 $\alpha \propto g(E)/(E+E_g)$ 的形式。于是对于对数能带，本征吸收系数就有 LGYC 表达式(Li 1996)

$$\alpha = f_0\frac{\pi}{2AB^{1.5}}\exp(E/A)\sqrt{\exp(E/A)-1}/(E+E_g) \tag{4.143}$$

式中：f_0 是拟合实验的吸收光谱(到 10^4cm^{-1} 范围)的调节参数。

由于参数 A 正比于 E_g，对于禁带宽度 E_g 比较小的情况下，在式(4.143)中，指数项起主导作用，和经验表达式协调。当禁带宽度 E_g 较大，参数 A 较大，式(4.143)中 α 近似地按 $E^{1/2}$ 规律变化，和抛物带的情况一致。

现在来讨论式(4.143)中的参数 A、B、f_0。A、B 是通过计算式(4.141)与式(4.139)的一致拟合来确定的，得结果为

$$A = 0.199+0.744E_g$$

$$B = 18.45+232.1\exp[-(E_g-0.197)/0.122] \tag{4.144}$$

$$+235\exp[-(E_g-0.197)/0.429]$$

f_0 是计算式(4.143)以拟合实验得到的本征吸收光谱，结果为

$$f_0 = (3.54 + 16.28E_{\mathrm{g}} - 15.23E_{\mathrm{g}}^2 + 5.02E_{\mathrm{g}}^3) \tag{4.145}$$

另外一个本征吸收系数表达式是 Nathan(1998)提出的。他根据 Anderson 的方法，以及根据 Chu 的实验结果，论证了一个比较简易的本征吸收光谱的理论公式。

对于直接禁带的半导体，角频率为 ω 的电磁辐射的吸收系数可以表示为

$$\alpha(\omega) = \frac{\sqrt{\varepsilon_\infty}}{c}\int w(k)\left[\frac{1}{1+\exp[(E_v(k)-E_{\mathrm{F}})/kT]} - \frac{1}{1+\exp[(E_c(k)-E_{\mathrm{F}})/k_{\mathrm{B}}T]}\right]\frac{2\mathrm{d}^3k}{(2\pi)^3} \tag{4.146}$$

此式与上一节讨论带间跃迁的表达式相比较，多了一项描写载流子占据情况的项。这里 $w(k)$是跃迁矩阵元

$$w(k) = \frac{2\pi}{\hbar}\left|H_{vc}\right|^2 \delta[E_c(k) - E_v(k) - \hbar\omega] \tag{4.147}$$

式中：c 是真空中的光速，$\hbar$ 是普朗克常数除以 2π，ε_∞ 是高频的介电常数，k_{B} 是玻尔兹曼常数，E_{F} 是费米能量，k 是波矢，T 是温度。H 是相互作用的哈密顿，由下式给出

$$H = \frac{e}{mc}\boldsymbol{A}\cdot\boldsymbol{p} \tag{4.148}$$

式中：$\boldsymbol{A}$ 是入射辐射的势矢，$\boldsymbol{p}$ 是动量算子，m 是电子质量，e 是电荷。为了计算式(4.146)中的积分，需要知道 $E_c(k)$ 和 $E_v(k)$ 的表达式。为了易于得到解析结果，Nathan 采用了 Keldysh 的简化表达式(Keldysh　1958)

$$\begin{aligned} E_v(k) &= -\frac{E_{\mathrm{g}}}{2}\left(1+\frac{\hbar^2k^2}{\mu^* E_{\mathrm{g}}}\right)^{0.5} \\ E_c(k) &= \frac{E_{\mathrm{g}}}{2}\left(1+\frac{\hbar^2k^2}{\mu^* E_{\mathrm{g}}}\right)^{0.5} \end{aligned} \tag{4.149}$$

这里能量是以禁带宽度的中点算起的，μ^*是导带电子和价带空穴的简约有效质量，于是经过简化之后，就有 Nathan 表达式

$$\alpha(\omega)=\frac{2q^2}{c\hbar^2}\sqrt{\frac{\mu^* E_g}{\varepsilon_\infty}}\sqrt{\left(\frac{\hbar\omega}{E_g}\right)^2-1}\cdot \mathrm{BM} \tag{4.150}$$

这里 BM 是 Burstein-Moss 移动，由下式给出

$$\mathrm{BM}=\left\{\left[1+\exp\left[\frac{-\hbar\omega-2E_F}{2k_B T}\right]\right]^{-1}-\left[1+\exp\left[\frac{\hbar\omega-2E_F}{2k_B T}\right]\right]^{-1}\right\}^{-1} \tag{4.151}$$

式中：费米能级 E_F 为

$$E_F=\frac{E_c+E_v}{2}+\frac{3k_B T}{4}\ln\left(\frac{m_v^*}{m_c^*}\right) \tag{4.152}$$

式(4.150)、式(4.151)是计算直接带隙半导体本征吸收系数的理论解析表达式，它比 Anderson 的理论公式要简化。

为了验证这一计算结果的正确性，Nathan 比较了 Chu 等给出的 HgCdTe 的本征吸收光谱的实验结果。图 4.19(a)~(d)中给出了组分 $x=0.265$，0.33 和 0.433 的 HgCdTe 在 300K 和 4.2K 下，吸收光谱的实验结果与理论计算结果的比较，所示比较结果大致符合。

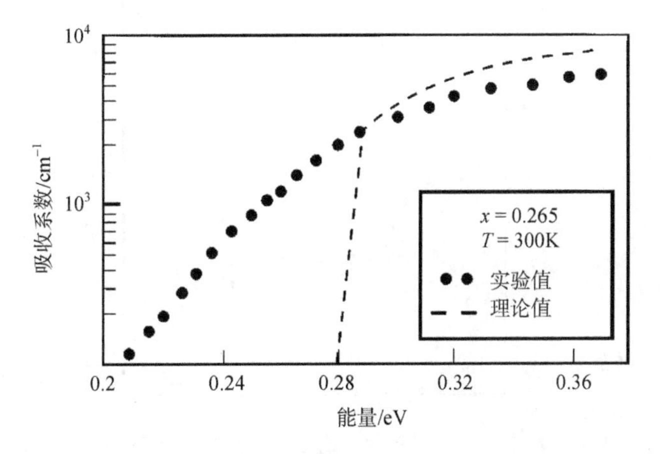

图 4.19(a) 对 $x=0.265$ 样品实验吸收光谱与计算吸收光谱(300K)

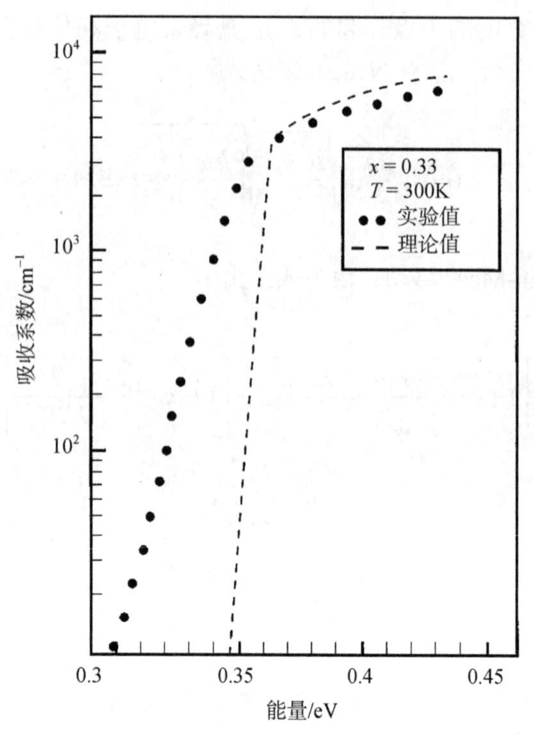

图 4.19(b) 对 $x = 0.33$ 样品实验吸收光谱与计算吸收光谱

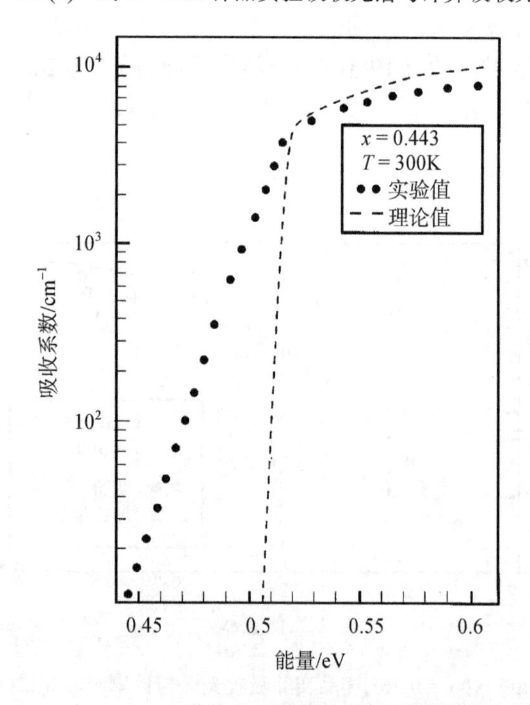

图 4.19(c) 对 $x = 0.443$ 样品实验吸收光谱与计算吸收光谱(300K)

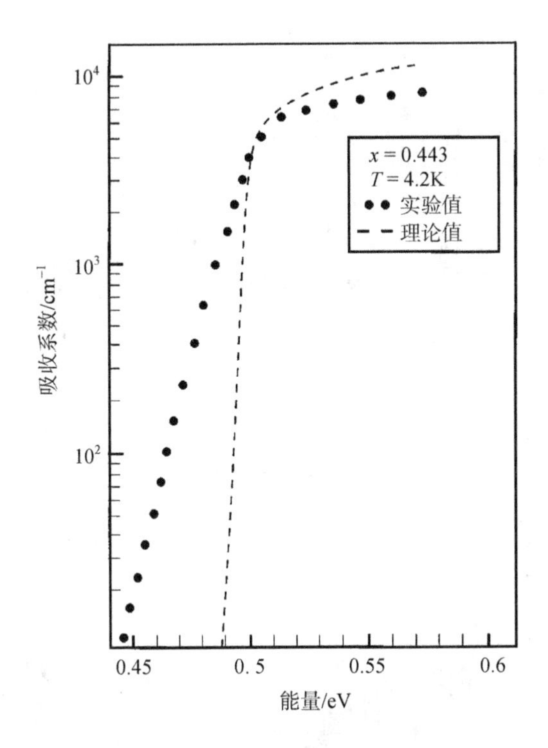

图 4.19(d) 对 $x = 0.443$ 样品实验吸收光谱与计算吸收光谱(4.2K)

最近关于碲镉汞 p-n 结光电二极管的负荧光现象进一步验证了 Chu 提出的本征吸收系数表达式。在光电二极管处于热平衡情况下，从外界吸收的辐射等于器件接收外界辐射后的光学反射和透射加上器件向外界发送的辐射。如果加上正偏压，电子和空穴浓度增加，向外辐射增加，器件向外发送能量，相当于 LED。如果加上负偏压，电子和空穴浓度降低，向外辐射减少，器件就会从外界吸收能量，成为一个冷源。Lindle 等(2003a, 2003b, 2004)和 Bewley (2003)以短波和中波 HgCdTe 光电二极管器件为样品研究了这一现象。图 4.20 是器件加上正偏压、零偏压和负偏压情况下用红外热像仪对器件的成像图。可以清楚地看到正偏压情况下器件是热体、负偏压情况下器件是冷体。这一现象可以用于制作大规模红外焦平面器件的冷屏；用于焦平面红外探测器敏感元非均匀性校准；也可以用于制作宽带的红外光谱源；以及模拟红外图像的二维列阵元。

Lindle 等定量地对器件的负荧光辐射进行测量和计算。图 4.21 是在 296K 温度和饱和电流 3.3mA 下测量的(实线)和计算的(虚线)负荧光光谱。计算采用的公式是普朗克黑体辐射定律和比辐射率公式。负荧光辐射是普朗克黑体辐射 M 与比辐射率的乘积

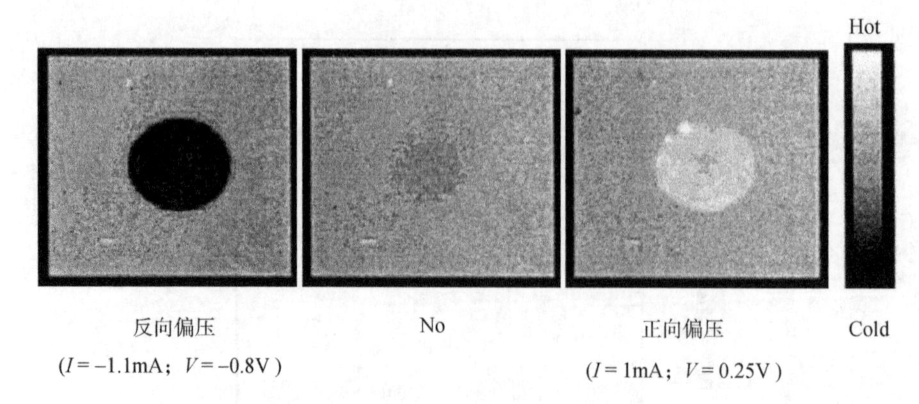

图 4.20　1mm 尺寸的碲镉汞器件在饱和负偏压、零偏压和正偏压情况下的热成像图。热像仪采用 64×64 元 InSb 3~5μm 波段焦平面探测器

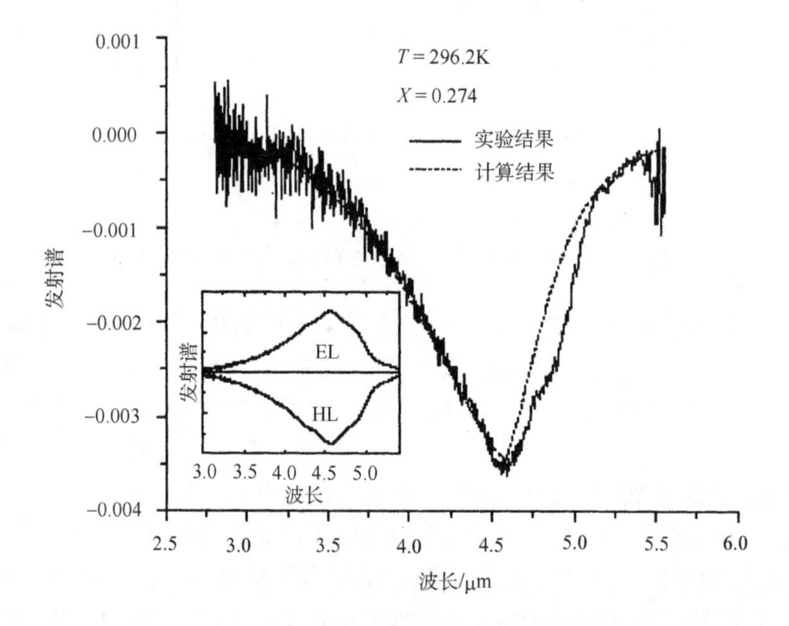

图 4.21　碲镉汞器件在 296K 温度和饱和电流 3.3mA 下测量的(实线)和计算的(虚线)负荧光

光谱。插图是在 0.06mA 电流下的正荧光和负荧光发射光谱

$$\varepsilon(\lambda,T)=(1-R(\lambda,T))(1-\mathrm{e}^{-\alpha(\lambda,x,T)d})$$

$$M(\lambda,T)=\frac{2\pi hc^2}{\lambda^5}\frac{1}{\mathrm{e}^{hc/\lambda kT}-1}$$

式中：R 是反射率，d 是厚度，λ 是波长，T 是温度，h 是普朗克常量，k 是波耳

兹曼常量；此外式中还有一个参数$\alpha(\lambda,x,T)$，是碲镉汞本征吸收系数，采用 Chu 等得到的指数平方根表达式(4.136)。从图上可以看到计算与实验符合很好。同时他们还用此表达式计算了透射光谱与实验测量结果非常符合，见图 4.22。

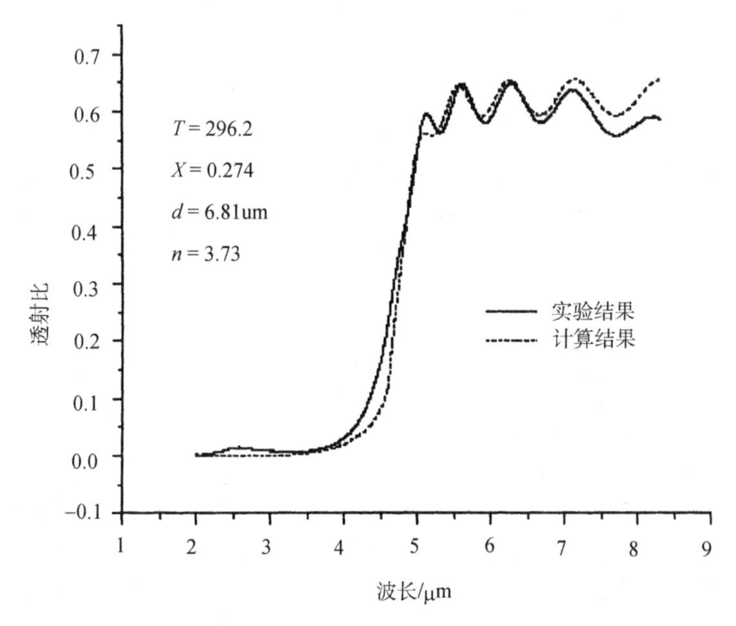

图 4.22　296K 碲镉汞器件的透射光谱。实线是测量光谱，虚线是计算光谱

关于窄禁带半导体光学常数、吸收系数、吸收带尾、*BM* 移动以及工艺过程例如离子注入、界面互扩散等对于吸收光谱的影响，还有许多研究工作。(Viňa et al.　1984；Herrmann et al.　1993；Mao et al.　1998；Huang et al.　2000；Djurisic et al.　1999，2002)

4.4　光学常数的直接测量

4.4.1　引言

采用透射或者反射的方法都可以得到材料的光学常数，但都不是直接的。椭圆偏振光谱可以给出光学常数的直接测量，对于窄禁带半导体材料和其他功能材料的光学常数测量都很重要。

椭圆偏振测量技术是上个世纪末兴起的一种研究表面层光学特性的测量方法，它具有非破坏性测量的特点，对表面层的光学特性有较高的灵敏度，适合在空气、真空、高压等任何环境下工作，成为非常有用的光学测量方法。由于传统的椭偏仪主要采用消光方式工作，操作起来很慢，采集和处理数据都靠人工进行，应用不便。20 世纪 60 年代以来，随着光电技术发展，一些探测器件被应用到椭偏仪上，使其操作变得容易，测量的灵敏度也有了提高，各种工作方式的椭偏仪应运而生。电子计算机的出现，使椭偏测量技术大为发展，椭偏仪可以自动调整、采集数据，效率显著提高。现在，椭偏测量技术已经运用到诸如物理学、化学、材料学、光学、电子学、机械、冶金和生物医学等领域中。

一般来说，在半导体材料应用方面，利用椭偏测量技术研究样品表面都是在表面相对稳定的条件下进行的，如 Alterovitz 等(1983)对 GaAs 上溅射 Si_3N_4 的表面研究，利用变角度光谱椭偏仪对 GaAs-AlGaAs 多层结构同一性的研究以及 Merkel(1989)对 GaAs/AlGaAs 超晶格的研究；Aspnes(1983)等利用光谱椭偏仪对 HgCdTe 的光学常数以及不同处理方法得到的表面氧化层的研究；Orioff(1994)对氢化 HgCdTe 表面的研究等。采用红外椭圆偏振光谱方法可以测量碲镉汞材料禁带宽度能量以上能量范围的光学常数。

最近，人们发展了用于实时(in-situ)监测表面动态变化的椭偏仪，可对表面腐蚀过程、生长过程等进行监测。以材料生长为例，在材料的外延生长中，可以引入椭偏仪对生长过程进行监测，在 III-V 族和 II-VI 族半导体的 MBE 生长中应用。Maracas(1992)通过 250~1000nm 多波段光谱椭偏仪对 GaAs 的生长过程进行了完整的监测，椭偏参数 ψ、Δ 清楚地显示出各个阶段的变化情况，利用光学常数和温度的关系，确定了生长温度；利用干涉振荡峰拟合可得到生长速率。另外，椭偏测量可以在衬底旋转下进行。此外，还可以对量子阱生长过程中的界面变化进行研究。

利用椭偏仪可以对 HgCdTe MBE 生长过程进行研究。Demay(1987)等人在 RIBER 2300P 腔体上通过一个窗口引入偏振光，以 70° 角入射到样品表面，在腔体内的适当位置放置一面反射镜使光再反射到样品上，经同一窗口反射出来被探测器接收。他们研究了 CdTe/HgTe 之间的互扩散问题，得到结果：在 260℃下，HgTe 上面覆盖 CdTe 层，互扩散和 Hg 压没有关系；相反情况下，CdTe 上面覆盖 HgTe 层，Hg 空位的多少对互扩散有明显影响。1992 年，Hartley(1992)等利用单色偏振调制椭偏仪对 ZnCdTe 衬底上生长的 HgCdTe 以及 CdTe/HgTe 超晶格的生长过程也进行了监测。这种椭偏仪的关键部件是偏振调制器。它是胶合在石英玻璃块上，由交流电驱动的压电石英晶体换能器。在此长方形石英玻璃块中建立起单轴正弦应变驻波，振荡应变伴随有振荡产生的双折射，使石英晶体块起着一个线性延迟器的作用，其相对延迟随时间而变化。应变的方向决定着这个调制延迟器快慢轴的方向，正弦延迟的振幅与应变的大小成正比，因而也与加在换能器上的电压成正比。他们观察到了表面形貌发生的变化使椭偏参数发生变化，测得的组分偏差在±0.003 左右。1996 年，Bevan(1996)等利用多波段(400~850nm)的偏振调制椭偏仪测得组分误差减少到±0.0015。Benson(1996)等则选用旋转检偏器布局的多波段光谱椭偏仪分析了 HgCdTe 组分变化、生长速率以及表面清洁情况。

4.4.2　椭圆偏振光谱方法基本原理

在电磁场中，电磁波需要用四个基本的场矢量来描述：电场强度 E、电位移矢量 D、磁场强度 H 和磁通量密度 B，在这四个矢量中选用电场强度 E 来定义光波的偏振态。通过麦克斯韦方程及其有关的物质方程，只要确定了 E 的偏振态就可以求出其余三个场矢量的偏振态。一般光源中原子能级间的电子跃迁是随机发生的，其发射出的光没有特定的方向，为了得到特定方向的偏振光，必需利用特殊的光学组件来产生，起偏器就是这样的光学组件，在其内部存在某一个方向，当入射光的电场方向平行于这一方向时，入射光完全通过；而与此方向呈 90°的方向则入射光完全通不过。

任何偏振态都可以分解为互相垂直的两个线性偏振光，最普遍的两个偏振态是线性偏振和圆偏振。为了描述偏振态的特点，需要知道偏振态在两个互相垂直方向上的振幅和相位变化，椭偏参数 ψ 和 Δ 正反映了椭偏态的变化。

$$\rho=\frac{r_p}{r_s}=\frac{|r_p|}{|r_s|}\exp(\mathrm{i}\delta_p-\mathrm{i}\delta_s)=\tan\psi\exp(\mathrm{i}\Delta) \tag{4.153}$$

这里的 p 和 s 分别表示与入射面平行和垂直的两个方向，从物理意义上看，Δ 代表 p 分量和 s 分量的位相差，$\tan\psi$ 则代表了 r_p 和 r_s 比值的振幅大小。

某一偏振态经过样品的透射和反射作用，其偏振态与原来偏振态的关系可以通过 Jones 矩阵来表示，Jones 矩阵代表了样品对偏振态的转换作用，对于某些光学组件有其特有的 Jones 矩阵的表示形式，如相位延迟器的 Jones 矩阵可写成

$$T=\begin{bmatrix} \mathrm{e}^{-\mathrm{j}\delta_1} & 0 \\ 0 & \mathrm{e}^{-\mathrm{j}\delta_2} \end{bmatrix} \qquad \delta_1=\frac{2\pi n_e d}{\lambda} \qquad \delta_2=\frac{2\pi n_0 d}{\lambda} \tag{4.154}$$

偏振态经过一系列的光学元件后，入射的偏振态与出射偏振态的 Jones 转换矩阵就是这些光学元件 Jones 矩阵的乘积。

最早的椭偏测量是采用消光方式进行的，其测量原理是找出起偏器、补偿器和检偏器的一组方位角(P、C、A)，使入射到探测器上的光电流消失，由此时起偏器和检偏器的方位角读数便可得到椭偏参数 ψ 和 Δ。消光型椭偏仪具有结果表达式简洁、物理概念清晰等特点，在 20 世纪 70 年代以前，一直被作为传统的测量仪器使用。但是，它一方面测量过程复杂，不易实现自动化控制，另一方面由于消光条件实际上对应的是探测电流的极小值，并不严格为零，取决于光束所遇各光学元件的消偏振情况、杂散光和探测器的暗电流，因此测量精度不高。相对于消光型椭偏仪，光度式椭偏仪系统灵敏度有很大提高(Cahan　1969，Hauge　1973，Aspnes　1974)。该种椭偏仪能进行波长扫描，在精确确定材料

的完整光学常数(包括实部和虚部)方面显示出很大优越性。其中通过旋转光学元件的调制方法易于自动化和适于光谱测量。可通过旋转起偏器、检偏器或补偿器来调制光束。

考虑一由单色光源、起偏器棱镜、镜面反射表面、检偏器棱镜和探测器组成的 RAE 椭偏仪系统。为了数学表示方便，假定坐标轴 S 和 P 分别垂直和平行于入射面，起偏器方位角 P 和检偏器方位角 A 定义为沿着光线传播方向与 S 轴顺时针夹角。假定所有元件是理想的，即不考虑元件剩余偏振效应和透过率，假设为100%，并且光学系统是完全准直的。偏振态的 Jones 转换矩阵为

$$[E_{\mathrm{D}}]=[A][R(A)][S][R(P)][E_i] \tag{4.155}$$

E_{D} 是探测器测得的电场分量，R 是角度转换矩阵，S 是样品矩阵，A 和 P 是检偏器和起偏器矩阵，具体是

$$E_{\mathrm{D}}=\begin{pmatrix}1 & 0\\ 0 & 0\end{pmatrix}\begin{pmatrix}\cos A & \sin A\\ -\sin A & \cos A\end{pmatrix}\begin{pmatrix}r_s & 0\\ 0 & r_p\end{pmatrix}\begin{pmatrix}\cos P & -\sin P\\ -\sin P & \cos P\end{pmatrix}\begin{pmatrix}E_i\\ 0\end{pmatrix} \tag{4.156}$$

探测器测得的光强是

$$\begin{aligned}I=[E_{\mathrm{D}}][E_{\mathrm{D}}]^*&=\left|r_p\right|^2\cos^2 P\cos^2 A+\left|r_s\right|^2\sin^2 P\sin^2 A\\ &+(r_p r_s^*+r_p^* r_s)\sin P\cos P\sin A\cos A\end{aligned} \tag{4.157}$$

$$I(t)=\frac{I_0}{2}\left(\left|r_s\right|^2\cos^2 P+\left|r_p\right|^2\sin^2 P\right)\left[1+\alpha\cos(2A)+\beta\sin(2A)\right] \tag{4.158}$$

这里

$$A=A(t)=\omega_0 t+\theta \tag{4.159}$$

式中：I_0 为入射光通亮；r_p 和 r_s 分别为电场矢量平行与垂直入射面的光分量；α 和 β 为归一化 Fourier 系数，用于表达入射到探测器上光通亮的相位和交流分量的相对幅度；ω_0 为光学角频率，等于机械旋转角频率的两倍；θ 为任意相位因子常数。

根据对 RAE 光学系统的 Jones 矩阵(Azzam et al.　1977)分析，能得到如下表达式

$$\begin{aligned}\alpha&=\frac{1-\tan^2\psi\tan^2 P}{1+\tan^2\psi\tan^2 P}\\ \beta&=\frac{2\tan\psi\cos\varDelta\tan P}{1+\tan^2\psi\tan^2 P}\end{aligned} \tag{4.160}$$

这里ψ和$\varDelta$为椭偏参数。

α和β可以在实验中通过测得的光强经过傅里叶变换测量出来，可通过实验测量得到

$$\alpha = \frac{2}{N}\sum_{t=1}^{N} I(t)\cos(2A(t))$$

$$\beta = \frac{2}{N}\sum_{t=1}^{N} I(t)\sin(2A(t)) \tag{4.161}$$

于是，ψ和$\varDelta$可以计算得到

$$\tan\psi = \sqrt{\frac{1-\alpha}{1+\alpha}}\frac{1}{|\tan P|}$$

$$\cos\varDelta = \frac{\beta}{\sqrt{1-\alpha^2}}\frac{\tan P}{|\tan P|} \tag{4.162}$$

以上是从测量到的信号强度获得椭偏参数，是椭偏参数的测量值。另一方面，可以根据样品，计算出椭偏参数。偏振光的状态参数ρ是p分量反射系数与s分量反射系数的比值，通过菲涅耳公式，它和材料的光学常数以及结构参数联系在一起，下面以厚膜衬底上外延薄膜的样品为例，来说明光学常数、膜层厚度等结构参数与ψ 和$\varDelta$ 的关系。

一束入射光照在衬底上生长底多层结构上，经过界面的作用，部分反射回入射介质中，另一部分则透射过样品。这两部分的光可以分解成许多反射或透射的光线，以反射光为例，经过多次作用后的各个反射光的电场强度可以表示为

$$\begin{aligned}
\tilde{E}_1^r &= \tilde{r}_{01}\tilde{E}_0 \\
\tilde{E}_2^r &= \tilde{t}_{10}\tilde{t}_{01}\tilde{r}_{12}\mathrm{e}^{-\mathrm{j}2\beta}\tilde{E}_0 \\
\tilde{E}_3^r &= \tilde{t}_{10}\tilde{t}_{01}\tilde{r}_{10}\left(\tilde{r}_{12}\right)^2\mathrm{e}^{-\mathrm{j}4\beta}\tilde{E}_0 \\
&\cdots\cdots \\
\tilde{E}_n^r &= \tilde{t}_{10}\tilde{t}_{01}\left(\tilde{r}_{10}\right)^{n-2}\left(\tilde{r}_{12}\right)^{n-1}\mathrm{e}^{-\mathrm{j}(2n-2)\beta}\tilde{E}_0
\end{aligned} \tag{4.163}$$

β是薄膜的位相厚度

$$\beta = 2\pi\tilde{n}_1\frac{d}{\lambda}\cos\tilde{\phi}_1 = 2\pi\frac{d}{\lambda}\sqrt{\tilde{n}_1^2 - \tilde{n}_0^2\sin^2\phi_0} \tag{4.164}$$

ϕ_1是入射光在薄膜n_1中的折射角。总的反射光电场强度为上面这些分量之和

$$\tilde{E}_R^r = \left[\tilde{r}_{01} + \tilde{t}_{10}\tilde{t}_{01} \exp(\mathrm{j}2\beta) \sum_{n=2}^{\infty} \left(\tilde{r}_{10}\right)^{n-2} \left(\tilde{r}_{12}\right)^{n-2} \exp(-\mathrm{j}2n\beta) \right] \tilde{E}_0 \tag{4.165}$$

r_{01}、t_{01}等分别为各界面的反射系数和透射系数。根据界面法线方向的定义有

$$\begin{aligned} \tilde{r}_{01} &= -\tilde{r}_{10} \\ \tilde{t}_{10}\tilde{t}_{01} &= 1 - \tilde{r}_{01}^2 \end{aligned} \tag{4.166}$$

整理后得

$$\tilde{E}_R^r = \left(\frac{\tilde{r}_{01} + \tilde{r}_{12}\mathrm{e}^{-\mathrm{j}2\beta}}{1 + \tilde{r}_{01}\tilde{r}_{12}\mathrm{e}^{-\mathrm{j}2\beta}} \right) \tilde{E}_0 \tag{4.167}$$

于是，反射系数为

$$R = \frac{\tilde{E}_R^r}{\tilde{E}_0} = \frac{\tilde{r}_{01} + \tilde{r}_{12}\mathrm{e}^{-\mathrm{j}2\beta}}{1 + \tilde{r}_{01}\tilde{r}_{12}\mathrm{e}^{-\mathrm{j}2\beta}} \tag{4.168}$$

对于p分量和s分量，上式都适用，只是各界面上的反射系数和透射系数有不同的形式，例如对于薄膜与空气界面，p分量和s分量的反射及透射系数分别为

$$\begin{aligned} \tilde{r}_{01p} &= \frac{\tilde{n}_1 \cos\phi_0 - \tilde{n}_0 \cos\tilde{\phi}_1}{\tilde{n}_1 \cos\phi_0 + \tilde{n}_0 \cos\tilde{\phi}_1} \\ \tilde{r}_{01s} &= \frac{\tilde{n}_0 \cos\phi_0 - \tilde{n}_1 \cos\tilde{\phi}_1}{\tilde{n}_0 \cos\phi_0 + \tilde{n}_1 \cos\tilde{\phi}_1} \\ \tilde{t}_{01p} &= \frac{2\tilde{n}_0 \cos\phi_0}{\tilde{n}_1 \cos\phi_0 + \tilde{n}_0 \cos\tilde{\phi}_1} \\ \tilde{t}_{01s} &= \frac{2\tilde{n}_0 \cos\phi_0}{\tilde{n}_0 \cos\phi_0 + \tilde{n}_1 \cos\tilde{\phi}_1} \end{aligned} \tag{4.169}$$

分别把r_p和r_s求出，再根据关系式

$$\rho = \frac{r_p}{r_s} = \frac{|r_p|}{|r_s|} \exp(\mathrm{i}\delta_p - \mathrm{i}\delta_s) = \tan\psi \exp(\mathrm{i}\Delta) \tag{4.170}$$

就可以获得计算的ψ和Δ值。对于多层结构的情况，也可以类似地计算出ψ和Δ值。在分析实验测得的椭偏数据时，事先需要建立样品的一个结构模型，将所

用材料合理地组合起来，按照上面提到的方法计算出这样结构下的ψ和Δ的理论值，然后与实际测得的ψ和Δ值进行拟合比较，选择适当的拟合精度，通过改变结构模型(即改变光线常数和膜层的厚度)，使得计算与测量得到的ψ和Δ值符合很好，满足一定的精度，从而得到准确的材料结构模型。拟合实验和理论结果时，一般采用求标准偏差的方法，使得标准偏差最小。

4.4.3 实际工作模式

实际上在测量样品的椭偏参数时可以采用不同的模式。例如，陈良尧等采用一种改进了的通过 2∶1 速率同时旋转检偏器和起偏器的椭偏光谱方法(rotating analyzer and polarizer，RAP)，具有数据自洽，一次测量而不需考虑直流信号，系统定标简单等优点(Chen 1994)。实际应用中，数据精度具有更重要性，因为为了突出微弱光谱结构，数据经常被微分一次或多次。然而为了追求结果的精度，人们或者增加采样周期(每个数据点位置采样 1000 次)(Aspnes 1975)，或者增加每周采样点的数目(每周采样 10000 个数据点)(Chen 1994)。但对于红外区域探测器的探测率和光源的强度都比可见光近紫外部分低，因此有必要提高旋转光学元件椭偏仪系统的信噪比。黄志明等采用 1∶1 比例同时旋转起偏器和检偏器系统(FPRPRA)，该系统具有更高的信噪比，因此椭偏数据具有更高的精度；或者在具有相同精度情况下，具有更快测量速度(Huang 2000)。

图 4.23 给出了 FPRPRA 系统示意图。固定偏振器 P_0 具有固定方位角，垂直于入射面，用于获得线偏振光。假设所有元件是理想的，忽略入射光的剩余偏振效应，最后从检偏器出射的电场为

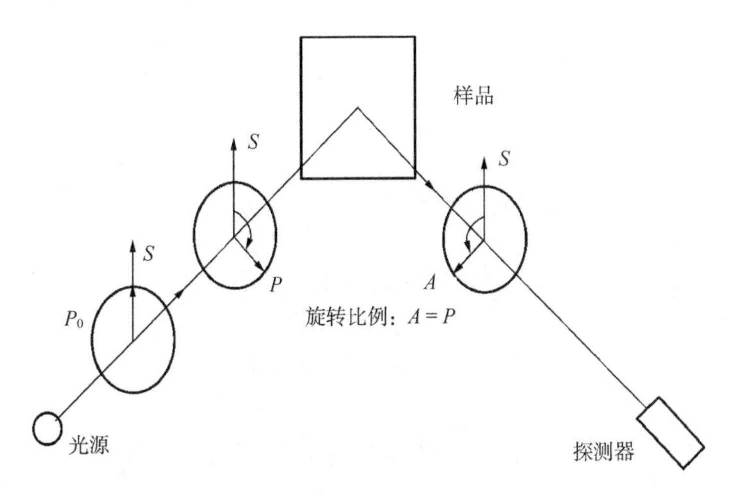

图 4.23　FPRPRA 红外椭圆偏振光谱实验原理图

$$E_f=\begin{bmatrix}1&0\\0&0\end{bmatrix}\begin{bmatrix}\cos A&\sin A\\-\sin A&\cos A\end{bmatrix}\begin{bmatrix}\tilde{r}_s&0\\0&\tilde{r}_p\end{bmatrix}\begin{bmatrix}\cos P&-\sin P\\\sin P&\cos P\end{bmatrix}\begin{bmatrix}1&0\\0&0\end{bmatrix}\begin{bmatrix}\cos P&\sin P\\-\sin P&\cos P\end{bmatrix}\begin{bmatrix}1\\0\end{bmatrix}E_0$$

$$=\begin{bmatrix}\tilde{r}_s\cos A\cos^2 P+\tilde{r}_p\sin A\sin P\cos P\\0\end{bmatrix}E_0 \tag{4.171}$$

因此探测器探测到的光强信号是

$$I=\left|E_f\right|^2=I_0\left|r_s\right|^2(\cos^2 A\cos^4 P+\frac{1}{4}\rho_0^2\sin^2 A\sin^2 2P$$

$$+\frac{1}{2}\rho_0\cos\varDelta\sin 2A\sin 2P\cos^2 P) \tag{4.172}$$

这里 ρ_0 和$\varDelta$通过反射系数定义

$$\rho=\frac{\tilde{r}_p}{\tilde{r}_s}=\frac{r_p}{r_s}\exp(\mathrm{i}\varDelta)=\rho_0\exp(\mathrm{i}\varDelta)=\tan\psi\exp(\mathrm{i}\varDelta) \tag{4.173}$$

取 $A=P=\omega_0 t$，即以 1∶1 速率同时旋转起偏器和检偏器，即 FPRPRA 系统(fixed polarizer，rotating polarizer and rotating analyzer)。从上述琼斯矩阵分析，可以看出采用 3 个交流分量(其频率分别为 $2\omega_0$、$4\omega_0$、$6\omega_0$)就可以唯一确定椭偏参数 ψ 、$\varDelta$。有

$$I=I_d+I_2\cos 2A+I_4\cos 4A+I_6\cos 6A$$

$$=I_d+I_2\cos 2\omega_0 t+I_4\cos 4\omega_0 t+I_6\cos 6\omega_0 t \tag{4.174}$$

这里

$$\begin{aligned}I_d&=\eta(5+\rho_0^2+2\rho_0\cos\varDelta)\\I_2&=\frac{\eta}{2}(15-\rho_0^2+2\rho_0\cos\varDelta)\\I_4&=\eta(3-\rho_0^2-2\rho_0\cos\varDelta)\\I_6&=\frac{\eta}{2}(1+\rho_0^2-2\rho_0\cos\varDelta)\end{aligned} \tag{4.175}$$

因此

$$\rho_0 = \sqrt{\frac{I_2 - 4I_4 + 9I_6}{I_2 + I_6}}$$

$$\cos\Delta = \frac{I_2 - 4I_4 + 9I_6}{\sqrt{(I_2 - 4I_4 + 9I_6)(I_2 + I_6)}} \tag{4.176}$$

另一方面，I_j 由 Fourier 变换得到

$$I_j = \frac{2}{N}\sum_{t=1}^{N} I(t)\cos(jA(t)) \qquad j = 2,4,6 \tag{4.177}$$

由式(4.177)可知，根据由实验测量到的不同方位角 $A(t)$ 时光强的变化 $I(t)$，除了直流分量 I_d 外，能获得频率分别为 $2\omega_0$、$4\omega_0$、$6\omega_0$ 交流项，然后从式(4.140)能得到椭偏参数 ψ 和 Δ。

得到了椭偏参数的测量值以后，可以根据实际样品结构，分析每一层材料的光学常数。对于最简单的两相结构，复介电函数 ε 可通过理想两相模型获得

$$\varepsilon = \varepsilon_a \left\{ \sin^2\phi + \sin^2\phi \tan^2\phi \left[\frac{1-\rho}{1+\rho}\right]^2 \right\} \tag{4.178}$$

这里 ε、ε_a 是基底和透明介质的介电函数，不考虑基底表面可能出现的覆盖层，ϕ 是入射角度。然后复折射率实部和虚部通过下式获得

$$n = \frac{1}{\sqrt{2}}\sqrt{\sqrt{\varepsilon_1^2 + \varepsilon_2^2} + \varepsilon_1}$$

$$k = \frac{1}{\sqrt{2}}\sqrt{\sqrt{\varepsilon_1^2 + \varepsilon_2^2} - \varepsilon_1} \tag{4.179}$$

这里 ε_1、ε_2 是介电函数 ε 的实部和虚部。

因此，当检偏器和起偏器以 1:1 速率同时旋转时，除了直流分量 I_d，还能获得频率分别是 $2\omega_0$、$4\omega_0$、$6\omega_0$ 的余弦分量，它们出现在总的信号中，并进一步确定椭偏参数和光学常数。

所以，通过以 1:1 速率同时旋转起偏器和检偏器的椭偏光类型，能根据测量信号中的 3 个交流分量唯一地给出椭偏参数。该方法在弱反射信号样品的测量中比 RAE 和 RAP 系统具有更高的信噪比。它不仅适合于可见近紫外波段椭偏仪，而且适合红外波段椭偏仪，但是该方法要求探测器对偏振态不敏感，所以也可以采用 FPRPFA 方法，该种方法信噪比略低，但对探测器偏振态的敏感性可以得到克服。

4.4.4 $Hg_{1-x}Cd_xTe$ 光学常数的红外椭圆偏振光谱研究

采用红外椭圆偏振光谱仪可以测量室温下 $Hg_{0.691}Cd_{0.309}Te$ 体材料样品位于禁带宽度之上、附近和禁带宽度之下的折射率光谱。在能量位于禁带宽度附近观察到一折射率峰，在吸收边附近折射率随波长增加快速下降，然后随波长增加下降变缓慢。实验结果与其他方法所得结果进行了比较，表明了实验结果的可靠性。通过不同组分的 $Hg_{1-x}Cd_xTe$ 体材料样品的研究，观察到了 MCT 折射率峰值随组分的定性关系。

三元化合物碲镉汞 $Hg_{1-x}Cd_xTe$(MCT)是一种重要的红外探测器材料，在物理上人们对其进行了大量的研究。然而很少有对于能量位于禁带宽度 E_g 附近和禁带宽度高能端折射率光谱的研究报道。这是由于常规获得折射率的方法是通过测量材料透射光谱，但能量大于禁带宽度时材料吸收系数较大，需要将样品磨成薄到几个微米厚，这在技术上是较难实现的。因此目前关于 MCT 的很多红外光学研究主要限制在分析其详细吸收机制，而较少涉及其折射率研究(Kucera 1987；Finkman 1979, 1984；Jensen 1983；Liu 1994)。

获得 MCT 折射率的方法可以通过测量干涉条纹间距(Kucera 1987；Finkman 1979, 1984)或通过 Kramers-Kronig 关系(Liu 1994)得到。众所周知，椭偏术是一种准确的测量方法，在近紫外、可见和近红外波段(6~1.5eV)广泛用于决定材料的光学常数(Arwin 1984；Viňa 1984)。据我们所知，在红外波段(2.5~12.5μm)，还无关于 MCT 的椭偏光谱报道。这里介绍通过红外椭偏光谱术研究了 $Hg_{0.691}Cd_{0.309}Te$ 体材料样品位于禁带之上、附近和之下折射率的变化。

被测 $Hg_{1-x}Cd_xTe(x = 0.309)$样品表面机械抛光后，用溴甲醇溶液进行化机抛光(Viňa 1984)，样品背面用金刚砂纸打毛，减少样品背面反射光分量贡献。样品厚度约 0.4 mm。透射光谱测量是在 PE983 红外光谱仪上进行的。被测样品合金组分是利用能带和吸收光谱经验公式(Chu 1992, 1993；褚君浩 1992)通过拟合透射光谱而确定。红外椭偏测量采用我们自行研制的变角度红外椭偏光谱仪，其测量原理及方法第 2 章已详述。

由于在禁带宽度能量以下，消光系数 k 十分小，测量仪器不具备如此高的测量精度。在自由载流子区域，假定 $k \approx 0$。样品表面薄的覆盖层，如氧化物、微观粗糙等均对介电函数ε有影响，可幸的是，在低能端，有限的覆盖层主要影响ε_2(Aspnes 1983)，因此所报道的介电函数数据没作表面覆盖层或基底损伤等修正。

图 4.24 给出了 $Hg_{1-x}Cd_xTe(x = 0.309)$体材料在禁带宽度上下及附近折射率随波长(2.5~12.5μm)的变化测量结果。同时给出了位于禁带宽度能量之上的消光系数 k 的测量结果。由图 4.24 所示，在折射率曲线上观察到一峰，能量位置位于禁带宽度附近。在带边附近折射率下降较快，随着波长增加，继续慢慢下

降。能量在禁带宽度能量之下，由于样品背面已打磨毛糙，背面反射光对 ρ 的影响十分小，通过估算，其对折射率 n 的影响小于 1%。因此在禁带宽度之下没对折射率数值进行校正。在本征区，消光系数 k 随能量的减小而减小，这点与本征吸收光谱是一致的(Chu　1994)。样品组分通过最小平方拟合实验透射曲线获得。

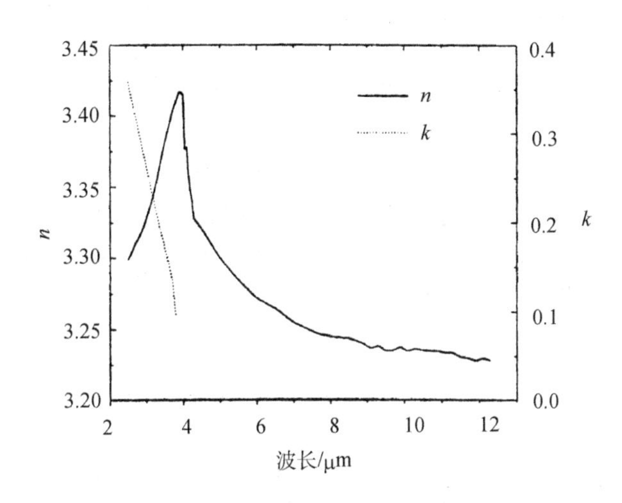

图 4.24　室温下 MCT 体材料样品禁带宽度附近折射率 n 的红外椭偏光谱测量。同时给出了禁带宽度之上消光系数的测量结果

拟合只对吸收边附近进行，没有考虑自由载流子吸收的影响。具体拟合方法见下面的章节。拟合实验测得的透射曲线吸收边部分就可以获得样品的平均组分。对于图 4.25 所示曲线拟合透射率曲线获得样品组分 $x = 0.309$。根据文献(Chu　1983)

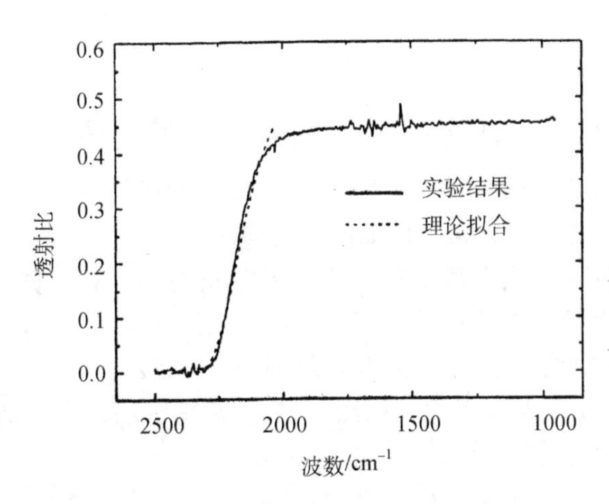

图 4.25　实验透射曲线及组分拟合

的经验公式，禁带宽度大约是 0.318eV，而从图 4.23 折射率峰值确定的能量位置约为 0.317eV，两者符合得很好。

在进一步实验中发现在 HgCdTe 禁带宽度处折射率增强效应。近年来在 MBE 生长的窄禁带半导体(Pb, Eu)Se、(Pb, Sr)Se(Herrmann　1993，Heinz　1991)、(Pb, Eu)Te(Shu　1994)及二维 $PbTe/Pb_{1-x}Eu_xTe$ 多量子阱结构(Shu　1993)中观察到的 E_g 附近折射率 $n(E)$增强。然而对窄禁带半导体 $Hg_{1-x}Cd_xTe$，由于在禁带宽度之上吸收较大，准确得到 $n(E)$值较困难。Herrmann 等(1993, 1996)曾经多次想观察到 MCT 折射率峰值，但最终未观察到。Liu 等(1994)利用不同温度组分 $x = 0.276 \sim 0.443$ 非常薄碲镉汞体材料样品的本征吸收光谱，通过 KK 关系计算出了折射率色散曲线，并观察到了一折射率峰，其波长位置对应于碲镉汞的禁带宽度。然而由于禁带宽度之上有限地吸收光谱范围，使得折射率峰形不十分明显。采用红外椭圆偏振光谱测量了不同组分的碲镉汞样品 E_g 附近折射率，观察到明显的折射率增强效应，其测量结果如图 4.26 所示。

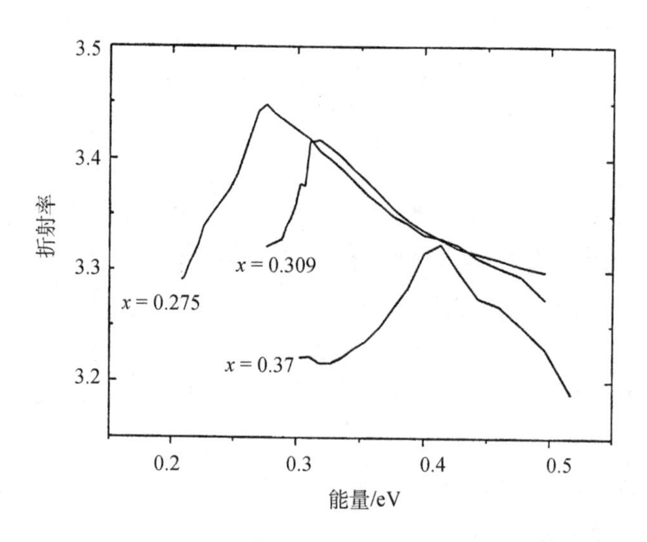

图 4.26　室温下不同组分 MCT 材料 E_g 附近折射率光谱

对于不同组分样品都可观察到一折射率峰值，其能量位置对应于 E_g。随着组分减小，折射率数值增加，峰值位置向低能方向移动。

最后，图 4.27 比较了室温下禁带宽度处($E = E_g$)折射率实验数据与光学常数手册(Edward　1991)上给出的数据的比较。实心圆点取自文献(Edward 1991)，实心正方形为实验数据点。在较小的组分范围内($x = 0.290 \sim 0.443$)可以假定折射率峰值随组分近似于线性变化，如图 4.27 中虚线所示，实验数据接近该直线。

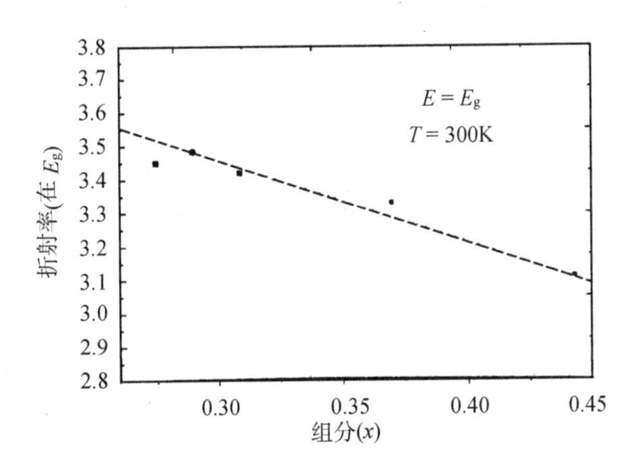

图 4.27　室温下 E_g 处折射率实验数据与文献(Edward　1991)中数据比较。实心圆点来自(Edward　1991)，实心正方形为实验数据，虚线是两点间线性连接

4.4.5　实时检测碲镉汞的组分

采用可见光椭圆偏振光谱测量碲镉汞的光学常数谱可以确定碲镉汞 E_1 临界点能量位置。如果知道 E_1 临界点能量与组分的关系，就可以确定组分。在分子束外延生长过程中，由于样品温度约在 180℃范围。因此，要通过分子束外延过程中椭圆偏振光谱的实时测量，来获得生长样品的组分，就需要知道在生长温度下 E_1 能量与组分的关系。对于组分 $x = 0.20$ 的 HgCdTe 材料，室温下和高温下的光学常数存在明显的差别(王善力　1997)，如图 4.28 所示。为了确定合金化合物的

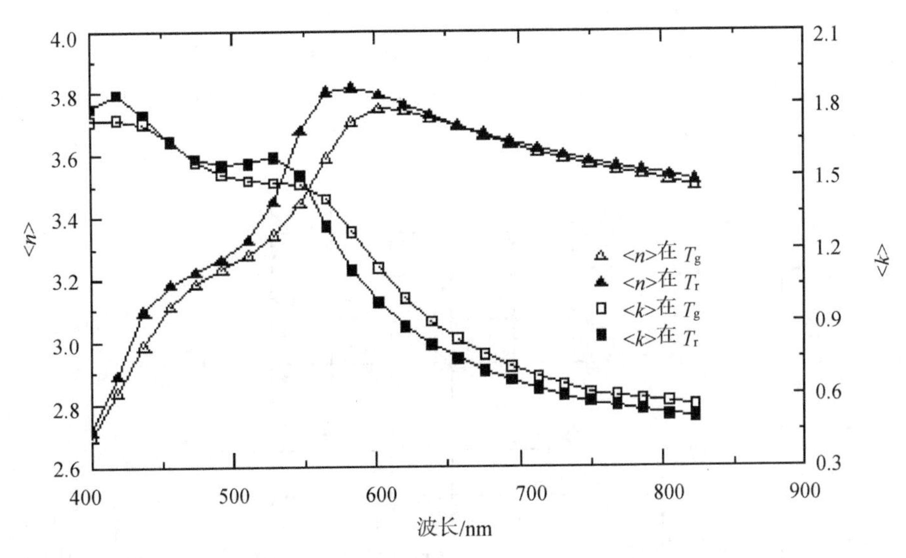

图 4.28　组分 $x = 0.20$ 的 HgCdTe 材料，室温下和高温下的光学常数

组分，Aspnes(Aspnes　1986)等人研究了1.5~6.0eV范围内$Al_xGa_{1-x}As$的光学常数和组分的关系，他们选用$0<x<0.8$之间不连续的九个样品，确定它们的E_1临界点的位置，得到了组分和E_1临界点的经验关系式。在确定未知组分时，选择与E_1临界点最近的两个组分为参考点进行组分拟合。Snyder(1990)等在此基础上，把光谱范围扩大到0~6.0eV，将E_0临界点考虑进去，得到了一个与上面介绍的相类似的拟合方法，它包括E_1和E_0两个临界点位置关系。对于HgCdTe体材料，Moritani(1973)就采用电反射测量方法，研究了E_1临界点。后来，Aspnes(1986)等人研究了表面氧化及临界点问题，得到了临界点E_1的位置，同样可确定HgCdTe的组分。近年来Kim和Sivananthan(Kim　1997)用椭圆偏振光谱方法研究了$x=1$、0.235和0.344的$Hg_{1-x}Cd_xTe$的E_1临界点从室温到800K的变化规律，可以用于实时MBE生长$Hg_{1-x}Cd_xTe$时判断组分。

采用Snyder拟合组分的方法，在生长温度(180℃)下拟合HgCdTe的组分及椭偏光谱需要知道生长温度下的临界点和光学常数，为此，王善力、何力等(王善力　1997；何力　2000)实时监测了$0<x<0.59$的六个样品，其HgCdTe的组分是在取出样品后，进行红外透射光谱测量确定的。通过透射光谱拟合的方法确定组分时，注意透射光斑测量的位置与椭偏光斑测量的位置一致，避免横向组分不均匀带来的误差，表4.5是不同组分E_1的位置。

表4.5　不同组分E_1的位置

组分	E_1/eV	组分	E_1/eV
0.204	2.207	0.286	2.253
0.224	2.213	0.303	2.306
0.246	2.231	0.585	2.561

从表4.5数据拟合出的高温(180℃)左右临界点E_1的经验公式为$E_1(\mathrm{eV}) = 2.0347 + 0.7853x + 0.242x^2$，与室温条件下的$E_1$位置相比(Aspnes　1986)，高温下$E_1$的位置发生了红移。图4.29是同一组分高温和室温下E_1的比较。

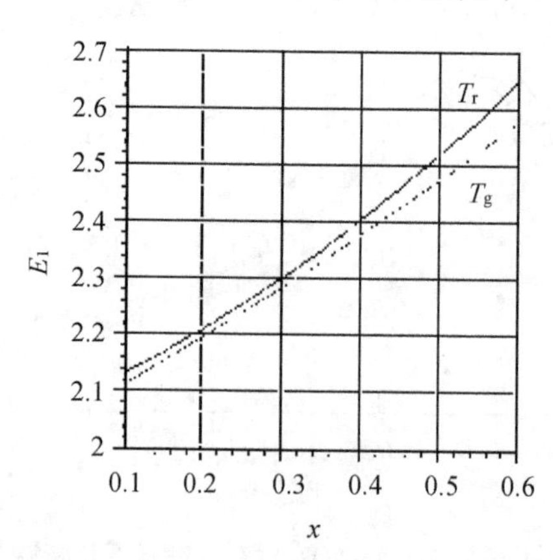

图4.29　高温T_g(180℃)和室温T_r(30℃)下E_1的比较

由于椭偏仪测量的能量范围较窄，临界点 E_2 的位置不容易看到。

在实时拟合整个椭偏光谱时，样品处于生长温度下，其光学常数和室温的光学常数存在着偏差(图 4.27)，需要采用高温状态下的 HgCdTe 光学常数。由于测得的椭偏参数不仅仅是光学常数的函数，还和样品的结构以及入射角有关。为了消除样品结构和入射角的影响，首先，每次采集实验数据时，固定入射角为已知角度。另外，选择生长 20 分钟以后的数据点来确定 $Hg_{1-x}Cd_xTe$ 的光学常数，这时 $Hg_{1-x}Cd_xTe$ 的厚度已经足够厚，反射的偏振光主要来自最表面部分，可不再考虑下面的结构。图 4.30 是部分组分 x 的 $Hg_{1-x}Cd_xTe$ 在生长温度下的光学常数值。组分 x 是根据红外透射光谱确定的(王善力　1997)。图中标的数字指不同的组分值。

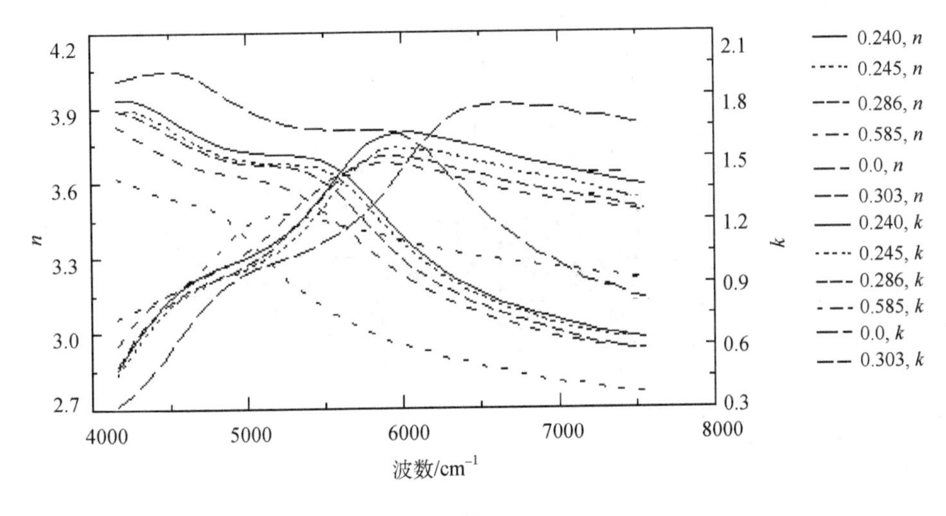

图 4.30　部分组分 x 的 HgCdTe 光学常数值

利用高温 HgCdTe 的光学常数库，就可以对实时采集到的椭偏光谱进行拟合。图 4.31 是实时采集到的 gamct032 样品一段时间生长过程的椭偏结果。图 4.32 是某两时刻椭偏测得的 ψ 和 Δ 值和理论拟合的结果。

由于采集椭偏数据是在生长后 4min 开始的，因此，看不到表面由 CdTe 变到 $Hg_{1-x}Cd_xTe$ 时，ψ 和 Δ 的值明显变化。在稍长的波段，存在着振荡峰，这是因为此波段 $Hg_{1-x}Cd_xTe$ 的吸收系数相对小一些，从 CdTe 与 $Hg_{1-x}Cd_xTe$ 界面反射的光和 $Hg_{1-x}Cd_xTe$ 表面反射光干涉的结果，随着 $Hg_{1-x}Cd_xTe$ 厚度的增加，反射光只剩下表面反射部分，也就没有了干涉振荡。利用不同界面反射光形成干涉峰，通过峰间距得到相应的膜厚，计算单位时间的膜厚可以知道生长速率。从图 4.32 拟合出的生长速率为 $8.63\pm0.14Å\cdot s^{-1}$。

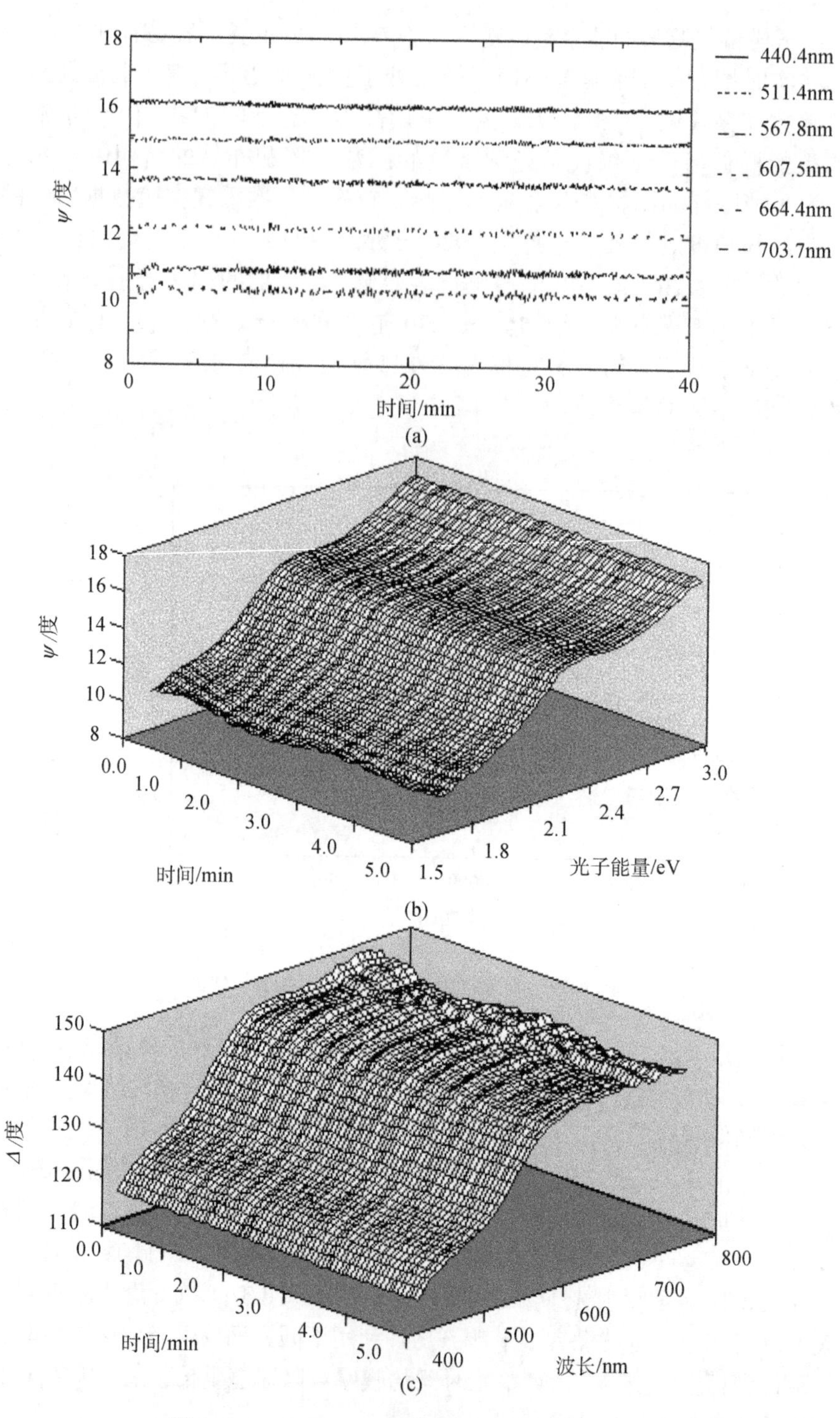

图 4.31 (a)、(b)、(c)实时采集到的 gamct032 样品一段时间生长过程的椭偏结果

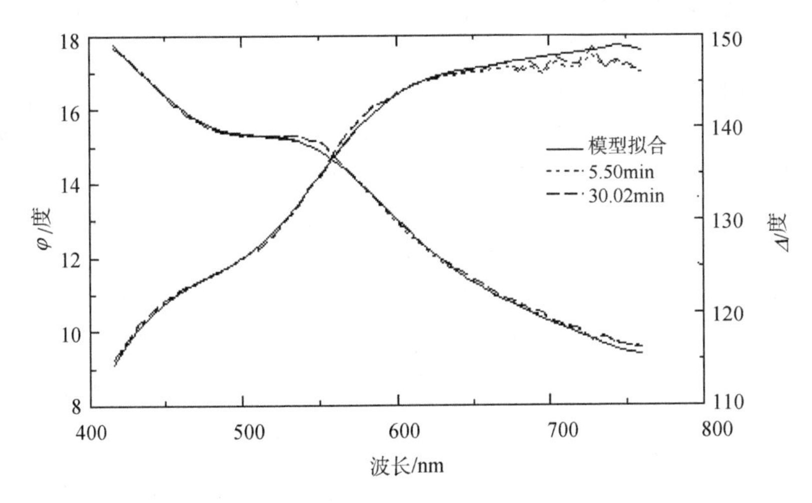

图 4.32　某两时刻椭偏测得的ψ和Δ值和理论拟合的结果

利用椭偏仪对 HgCdTe 的生长过程进行实时的监测，还可以非破坏性地研究材料的纵向组分情况。为做到监测某一位置的纵向组分分布情况，特意使样品不旋转，在采集数据的同时，利用高温(180℃)$Hg_{1-x}Cd_xTe$ 的光学常数，对 $Hg_{1-x}Cd_xTe$ 的组分进行了实时拟合。由于采集数据是在高真空环境中长过一定厚度 $Hg_{1-x}Cd_xTe$ 表面上进行的，因此，在建立模型时，表面不存在氧化结构，衬底可看做是很厚的 $Hg_{1-x}Cd_xTe$。对任意选出的两个时刻(5.50min 和 30.02min)进行了拟合，得到的组分分别是 0.2995±0.0018 和 0.3024±0.0017。通过分析整个生长过程中不同时刻拟合出的组分，可以知道材料的纵向组分变化情况(图 4.33)，从图 4.33 可知，不同时刻组分的相对变化在±0.002 之间。

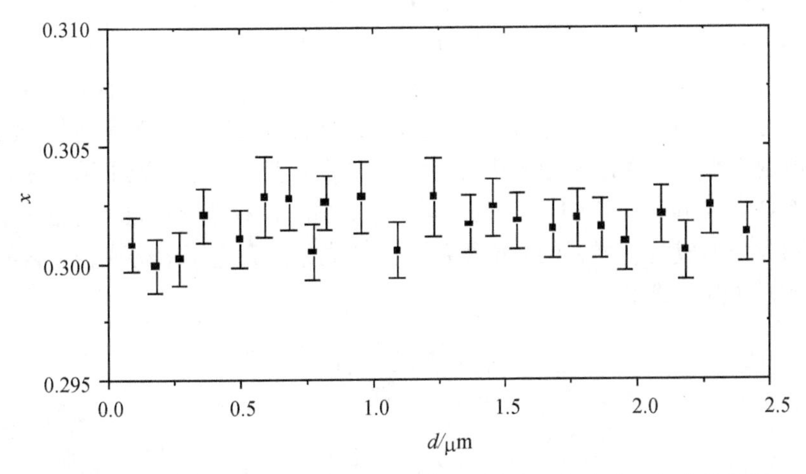

图 4.33　用椭圆偏振技术获得的 HgCdTe 组分在生长方向上的变化实例

采用椭圆偏振方法还可以对 HgCdTe 的体材料、原生 MBE 外延膜、退火 MBE 外延膜的表面进行测量研究。

对于体材料表面，在可见光波段，由于吸收系数大，使可见光的透射深度很浅，只有几百埃左右。如果表面有其他物质存在，则对偏振态的影响很大。图 4.34 为 2%溴甲醇(BrM)溶液腐蚀前后的结果。BrM 处理前，表面层的赝消光系数比较大，吸收强烈，可见光在这一层基本上被吸收，反映不出下面材料的性质。尤其对于在空气中长期放置的样品表面层达几百埃，很难做到理论和实验值相符合。因此，必须处理掉表面一层，露出新鲜的表面，以消除表面层的影响。

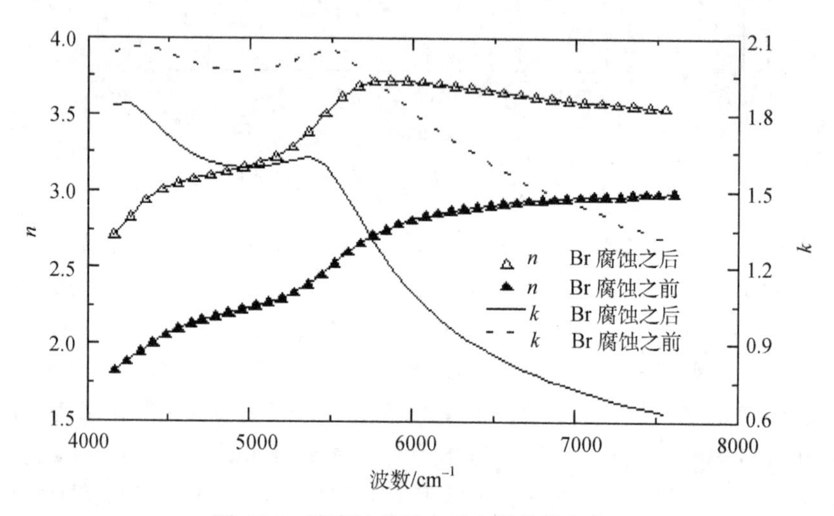

图 4.34 溴腐蚀前后表面光学常数变化

在生长好的 HgCdTe 表面上往往再生长一层 CdTe 膜其用于防止 HgCdTe 表面氧化，另外在制作器件时可作为钝化层。由于 HgCdTe 表面少数 Hg 原子会结合到 Cap 层中使 Cap 层实际上偏离 CdTe 而是大组分的 HgCdTe。它的存在对采用 ex-situ 方式测量 HgCdTe 的组分带来了一定的影响。为了分析表面层和 HgCdTe 的组分，可以采用表面 Cap 层和 HgCdTe 层的两层结构模型，考虑到最表面一层表面的微观不平整对介电函数的影响，Cap 层的最表面光学常数采用有效介质近似模型(EMA)(Aspnes 1983)给出的光学常数公式。在有效介质近似方法中，当材料由不同成分组成时，材料的介电函数可由各成分的介电函数构成，材料的有效介电函数 ε 可由下式求出

$$\sum_{i=1}^{n} f_i \frac{\varepsilon_i - \varepsilon}{\varepsilon_i - 2\varepsilon} = 0$$

$$\sum_{i=1}^{n} f_i = 1 \tag{4.180}$$

式中：f_i是第 i 个确定成分所占的百分比；ε_i是它的介电函数，对于表面的不平整常用“Void”所占的百分比表示。为减少拟合参数的相关性，把“Void”的百分比固定为 50%，表 4.6 给出采用 EMA 模型拟合得到的结果。

表 4.6　采用模型拟合结果

样品	Cap 层				HgCdTe
	d_0(EMA)/Å	%(Void)	x_1	d_1/Å	x_2
g009	24	50	0.979	307.8	0.234
g034	69	50	0.993	137	0.314
g035	64	50	0.993	118	0.276
g036	59	50	0.996	93	0.228
g037	40	50	0.976	110	0.236

在分析退火后的 CdTe/HgCdTe 表面时，采用与原生样品同样的模型，拟合的结果并不很好，实验和理论计算曲线有一定的差距，其原因可能是高温退火时 Hg 的扩散使得 Cap 层和 HgCdTe 之间的界面不再有明显的区别，存在一定的过渡区，但如果把 EMA 层中的百分比设为拟合的值，调整表面的光学常数，使得结果有了很大的改善。表 4.7 是拟合实验结果得到的参数。采用实时监测(in-situ)方式测得了生长过程中 HgCdTe 的组分，此组分的确定取决于椭偏仪校准的精度和生长温度下的光学常数的精确程度。表 4.7 中也给出光谱拟合组分的结果。

表 4.7　in-situ 方式下椭偏仪以及红外光谱测得的组分比较

样品	红外光谱	椭偏仪(in-situ)
032	0.303	0.301
033	0.305	0.316
034	0.278	0.281
035	0.285	0.253
036	0.231	0.226
037	0.240	0.222
038	0.219	0.212
039	0.240	0.225

4.5　自由载流子的光学效应

自由载流子的光学效应以及载流子的磁光效应主要包括由于费米能级进入导带而引起的吸收边移动(BM 移动)，自由载流子吸收，Plasma 反射以及自由载流子的磁光效应等。

4.5.1 Burstein-Moss 效应

当半导体由于载流子浓度增加而引起费米能级进入导带后，本征光吸收边就会向短波方向移动，这就是 Burstein-Moss 移动(BM 效应)，(Burstein 1954，Moss 1954)曾获得广泛研究。但对 $Hg_{1-x}Cd_xTe$ 半导体，研究这一问题需要对 $Hg_{1-x}Cd_xTe$ 半导体的费米能级位置进行较准确的计算。在计算时要用到本征载流子浓度的表达式，具体的推导会在后面的章节中讨论，这里先应用结果。

一般在强简并情况下，采用自由电子费米气体近似，即认为导带电子分布在一个波矢为 K_F 的费米球内

$$K_{\mathrm{F}} = (3\pi^2 n)^{1/3} \tag{4.181}$$

n 为导带电子浓度。再根据 Kane 模型计算费米面上的能量

$$E_{\mathrm{F}} = \frac{\hbar^2}{2m_0}(3\pi^2 n)^{2/3} + \frac{1}{2}\left[E_{\mathrm{g}} + \sqrt{E_{\mathrm{g}}^2 + \frac{8}{3}P^2(3\pi^2 n)^{2/3}}\right] \tag{4.182}$$

该式以价带顶为能量原点，如果忽略 $\dfrac{\hbar^2 k^2}{2m_0}$ 项，并取导带底为能量原点,则得到 Zawadzki 等对 InSb 在强简并情况下推得的费米能级 ζ 的表达式(Zawadzki 1971)

$$\zeta = E_{\mathrm{F}} - E_{\mathrm{g}} = \frac{1}{2}E_{\mathrm{g}}(\sqrt{\varDelta} - 1) \tag{4.183}$$

式中

$$\varDelta = 1 + \frac{8}{3}(3\pi^2 n)^{2/3} \cdot \frac{P^2}{E_{\mathrm{g}}^2} \tag{4.184}$$

也可以写成常用的 Zawadzki 等的表达式

$$\varDelta = 1 + 2\pi^2\left(\frac{3}{\pi}\right)^{2/3}\left(\frac{\hbar^2}{m_0^* E_{\mathrm{g}}}\right)n^{2/3} \tag{4.185}$$

但式(4.182)、式(4.183)仅适用于强简并情况。对于一般简并情况下费米能级位置，则可以根据导带电子浓度与费米能级的内在联系来确定。根据后面章节中所推得的 HgCdTe 半导体的本征载流子浓度公式，首先可以导得本征情况下的费米能级位置。$Hg_{1-x}Cd_xTe$ 半导体的本征载流子浓度为(褚君浩 1983)

$$n_i = \frac{A \times 9.56(10^{14}) E_{\mathrm{g}}^{3/2} T^{3/2}}{1 + \sqrt{1 + 3.6 A E_{\mathrm{g}}^{3/2} \exp(E_{\mathrm{g}} / k_{\mathrm{B}} T)}} \tag{4.186}$$

载流子浓度与费米能级的关系为

$$n = AN_C F_{1/2}(\eta) = A \cdot 1.29(10^{14})(E_g T)^{3/2} F_{1/2}(\eta) \tag{4.187}$$

在本征情况下

$$n_i = A \times 1.29(10^{14}) E_g^{3/2} T^{3/2} F_{1/2}(\eta) \tag{4.188}$$

式中：$\eta = (E_F - E_C)/k_B T$ 为简约费米能量；A 为非抛物带修正因子

$$A = 1 + \frac{15}{4}\left(\frac{k_B T}{E_g}\right)\frac{F_{3/2}(\eta)}{F_{1/2}(\eta)} + \frac{105}{32}\left(\frac{k_B T}{E_g}\right)^2 \frac{F_{5/2}(\eta)}{F_{1/2}(\eta)} \tag{4.189}$$

$F_j(\eta)$ 为费米-狄拉克积分。在 $\eta < 1.3$ 时，$F_{1/2}(\eta)$ 可用下式近似(勃莱克莫尔　1965)

$$F_{1/2}(\eta) = [0.27 + \exp(-\eta)]^{-1} \tag{4.190}$$

式(4.189)中，$F_{3/2}(\eta)/F_{1/2}(\eta)$、$F_{5/2}(\eta)/F_{1/2}(\eta)$ 都是 η 的函数，可根据费米-狄拉克积分表计算而得，其值由图 4.35 中曲线表示。

由式(4.186)~式(4.188)得

$$F_{1/2}(\eta) \cdot \left[1 + \sqrt{1 + 3.6 A E_g^{3/2} \exp\left(E_g / k_B T\right)}\right] = 7.41 \tag{4.191}$$

这是一个关于 η 的超越方程。采用自洽计算方法可以计算出 η 以及 A。在计算时采用下列禁带宽度经验公式(Chu　1983)，即

$$E_g(\text{eV}) = -0.295 + 1.87x - 0.28x^2 + (6 - 14x + 3x^2)(10^{-4})T + 0.35x^4 \tag{4.192}$$

该式已经获证在 $x = 0.19$~0.443，以及 $T = 4.2$~300K 范围内适用，并在 $x = 0$~0.19，$4.2\text{K} \leqslant T < 77\text{K}$ 亦适用。这里假定在 $x = 0.165$~0.19，$T = 77$~300K 范围内亦是适用的。对于进行实验用的 $x = 0.165$、$x = 0.170$ 以及 $x = 0.194$ 样品，计算所得本征情况下的简约费米能级 η_i、非抛物带修正因子 A、本征载流于浓度 n_i 和禁带宽度 E_g 值分别列在表 4.8~表 4.10 中，从表中可以看出，对于 $x = 0.165$ 样品，77K 时 $\eta_i = 1.26$，仍然符合式(4.190)成立的条件，因而本征载流子浓度公式(4.186)对于 $x = 0.165$ 样品亦能适用。计标中所用到的比值 $F_{5/2}(\eta)/F_{1/2}(\eta)$ 和 $F_{3/2}(\eta)/F_{1/2}(\eta)$ 可以从图 4.35 获得。

非本征情况。对于小组分 HgCdTe 材料，在低温时有效施主浓度 N_D^* 远大于本征电子浓度，使简并情况与本征时的情况大为不同。由于 HgCdTe 的浅施主杂质能级几乎与导带相连，不能束缚电子，处于全电离状态。因此，根据样品在 77K

下测得的霍尔系数得到的有效施主浓度 N_D^*，利用

$$n_i^2 = n(n - N_D^*) \tag{4.193}$$

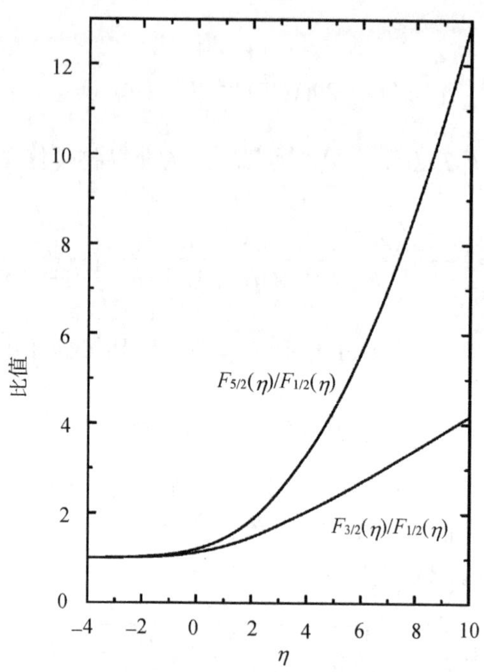

图 4.35　一个从费米-狄拉克积分的计算结果

可以容易地算得任一温度下的载流子浓度 n。对于这里所研究的三个样品，从此式计算而得的载流子浓度 n 和变温 Hall 系数测量结果颇为一致。得到 n 以后，再根据

$$n = A \cdot 1.29(10^{14})(E_g T)^{3/2} F_{1/2}(\eta) \tag{4.194}$$

以及(勃莱克莫尔　1965)

$$F_{1/2}(\eta) = \begin{cases} \dfrac{4}{3\sqrt{\pi}}(\eta^2 + 1.7)^{3/4} & \eta > 1.3 \\ [0.27 + \exp(-\eta)]^{-1} & \eta \le 1.3 \end{cases} \tag{4.195}$$

计算η。对于 $x = 0.165$，0.170，0.194 样品，它们在 77K 下载流子浓度分别为 4.0×10^{16}、5.85×10^{15}、$2.2\times10^{16}\text{cm}^{-3}$。计算所得的本征和非本征情况下的$\eta$、$A$，分别列在表 4.8~4.10 中。

表 4.8　$x = 0.165$ 的 HgCdTe 样品的费米能级

T/K	E_g/eV	本征情况			非本征情况 $N_D^* = 4.0\times10^{16}\text{cm}^{-3}$			
		η_i	A	n_i/cm^{-3}	n/cm^{-3}	A	η	$E_F - E_C$
77	0.0349	1.26	2.122	2.18×10^{15}	4.0×10^{16}	4.31	7.6	0.050
100	0.0436	1.15	2.155	4.32×10^{15}	4.05×10^{16}	3.45	5.4	0.046
150	0.0624	0.93	2.180	1.21×10^{16}	4.34×10^{16}	2.67	2.97	0.038
200	0.0813	0.74	2.192	2.47×10^{16}	5.17×10^{16}	2.39	1.84	0.032
250	0.100	0.60	2.182	4.28×10^{16}	6.72×10^{16}	2.29	1.24	0.027
300	0.119	0.46	2.186	6.67×10^{16}	8.96×10^{16}	2.25	0.87	0.022

表 4.9　$x = 0.170$ 的 HgCdTe 样品的费米能级

T/K	E_g/eV	本征情况			非本征情况 $N_D^* = 5.85\times10^{15}\text{cm}^{-3}$			
		η_i	A	n_i/cm^{-3}	n/cm^{-3}	A	η	$E_F - E_C$
77	0.044	0.29	1.765	1.39×10^{15}	5.85×10^{15}	2.07	2.5	0.0166
100	0.052	0.44	1.866	3.13×10^{15}	7.20×10^{15}	2.02	1.67	0.0144
150	0.0705	0.47	1.985	9.83×10^{15}	1.32×10^{16}	2.02	0.9	0.0116
200	0.089	0.43	2.038	2.14×10^{16}	2.45×10^{16}	2.04	0.62	0.0106
250	0.1075	0.34	2.070	3.77×10^{16}	4.08×10^{16}	2.07	0.45	0.0097
300	0.126	0.27	2.09	6.07×10^{16}	6.37×10^{16}	2.07	0.33	0.0087

表 4.10　$x = 0.194$ 的 HgCdTe 样品的费米能级

T/K	E_g/eV	本征情况			非本征情况 $N_D^* = 2.2\times10^{16}\text{cm}^{-3}$			
		η_i	A	n_i/cm^{-3}	n/cm^{-3}	A	η	$E_F - E_C$
77	0.084	−3.24	1.316	1.08×10^{14}	2.2×10^{16}	1.656	3.88	0.0257
100	0.091	−2.27	1.384	4.92×10^{15}	2.2×10^{16}	1.634	2.63	0.0226
150	0.108	−1.31	1.500	3.17×10^{15}	2.24×10^{16}	1.652	1.05	0.0135
200	0.1245	−0.86	1.594	9.69×10^{15}	2.57×10^{16}	1.680	0.25	0.0043
250	0.142	−0.67	1.703	2.08×10^{16}	3.45×10^{16}	1.730	−0.09	−0.002
300	0.160	−0.56	1.755	3.71×10^{16}	4.97×10^{16}	1.755	−0.22	−0.006

由表可见，对于简并 HgCdTe 半导体，在 77K 到 300K 温度范围，实际费米能级相对于导带底的位置，随温度升高而降低，并随着温度接近室温而逐渐向本征费米能级趋近。在图 4.36 中画出了三个组分的样品在本征和非本征情况下，简约费米能级随温度的变化关系。

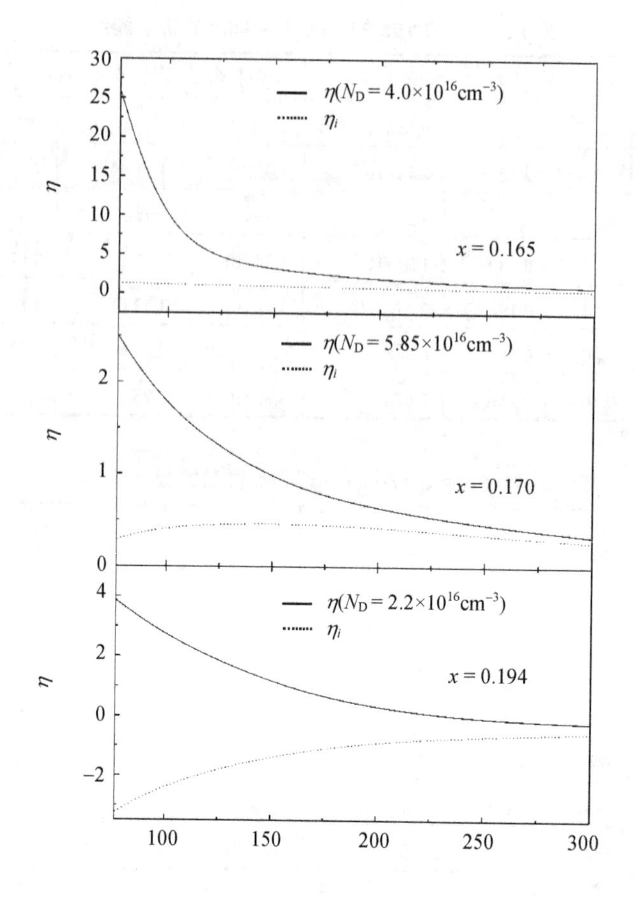

图 4.36 $x = 0.165,0.170,0.194$ 的 $Hg_{1-x}Cd_xTe$ 样品在本征和非本征情况下，简约费米能级随温度的变化关系

从图中也可看出，有效施主浓度越大，简约费米能级也越高，这在低温下尤为显著。为了更清楚地看出费米能级随有效施主浓度的变化，以 x=0.194 为例，假定 $N_D^*=1\times10^{16}\text{cm}^{-3}$ 和 $2.26\times10^{15}\text{cm}^{-3}$ 计算简约费米能量，对 $N_D^*=1\times10^{16}\text{cm}^{-3}$ 浓度，当温度低于 150K 就发生简并，而对 $N_D^*=2.26\times10^{15}\text{cm}^{-3}$ 浓度的品，直到 T=77K 时才刚简并。在研制甚长波 HgCdTe 器件时，要考虑到费米能级的简并。

简并半导体费米能级计算是定量分析 HgCdTe 本征光吸收边的 BM 移动的基础。当半导体电子浓度很高时，由于费米能级进入导带，导带中费米能级以下的能量状态几乎已被电子占据，光吸收时将会发生吸收边向短波方向移动的 BM 效应。对于组分 $x\leqslant0.194$ 的 HgCdTe 半导体。当 $N_D^*=10^{16}\text{cm}^{-3}$ 时，就会发生费米能级的简并，因而小组分 HgCdTe 样品的本征光吸收实验中，期待会观察到 BM 移动。

采用碲溶剂和半熔法生长的 $x = 0.165$、0.170 和 0.194 的 HgCdTe 样品，有效

施主浓度分别是 $N_D^* = 4\times10^{16}\text{cm}^{-3}$、$5.85\times10^{16}\text{cm}^{-3}$ 和 $2.2\times10^{16}\text{cm}^{-3}$，样品分别粘在 Si、KRS-5 和 ZnSe 透明衬底上，用研磨、抛光和腐蚀的方法把样品分别减薄到 10μm、9μm 和 24μm，样品厚度用干涉显微镜和螺旋测微仪测定。实验采用 PE983 红外分光度计在 2000~300cm^{-1} 波数范围和 77~300K 温度范围测量透过率。然后计算吸收系数。图 4.37、图 4.38 分别是 $x = 0.165$ 和 0.194 样品在不同温度下的吸收光谱。

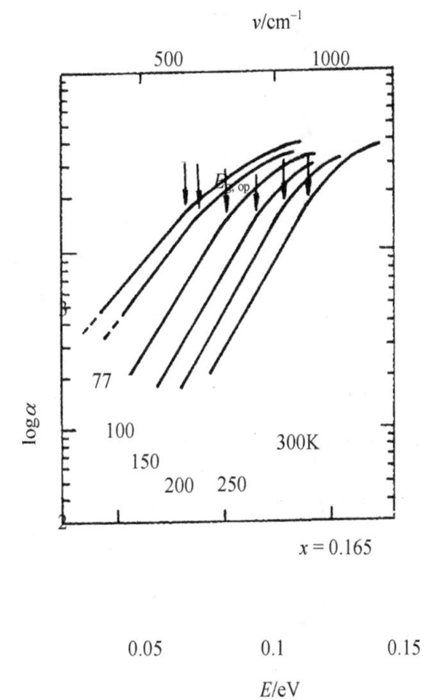

图 4.37　$x = 0.165$ 的 $Hg_{1-x}Cd_xTe$ 样品($d = 10\mu m$)本征吸收光谱

可以看出，在 $\alpha = 1200\sim1700\text{cm}^{-1}$ 左右，每条吸收曲线都呈现出斜率变小的转折区域，图中用由上向下的箭头标出了这一位置，这一位置表示了简并情况下的光学禁带宽度 E_{opt}，其能量为

$$E_{\text{opt}} = E_g + \left(1 + \frac{m_c}{m_{\text{hh}}}\right) E_F \approx E_g + E_F \tag{4.196}$$

在图 4.37~图 4.38 中，由下向上的箭头表示不同温度下，根据所得禁带宽度 CXT 经验公式计算而得的禁带宽度 E_g 位置。显然，由

$$\eta = \frac{E_{\text{opt}} - E_g}{k_B T} \tag{4.197}$$

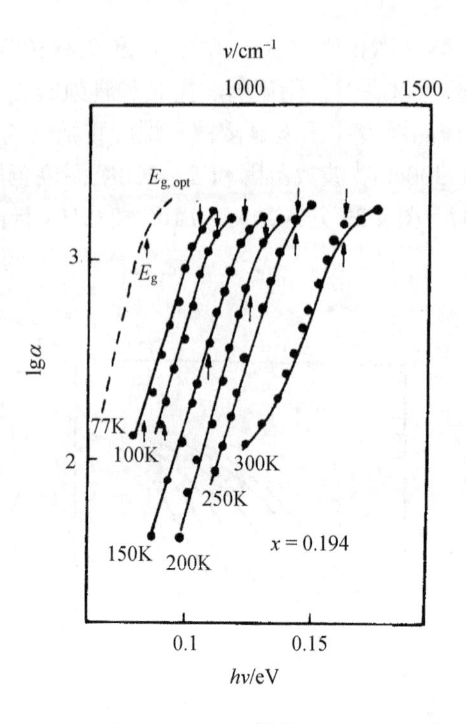

图 4.38　$x = 0.194$ 的 $Hg_{1-x}Cd_xTe$ 样品($d = 24\mu m$)本征吸收光谱

可以得到实际测量到的简约费米能级。表 4.11 中列出了计算的 E_g 值，实测的 E_{opt} 值和 η 值，并将 $E_{opt} - E_g$ 和 η 的实验结果与前面中对两个组分样品的 $E_F - E_C$ 和 η 的计算结果作了比较。实测的 η 值在图 4.36 和图 4.37 中分别用符号标出。为了更方便地看出简约费米能级的计算值和实验值的比较，在图 4.36~4.37 中画出了这两个组分样品的计算曲线和实验结果。

由表和图可见，对于 $x \approx 0.165$~0.194 的简并 HgCdTe 半导体，从薄样品光吸收实验所得光学禁带宽度与费米能级计算结果一致。在计算过程中采用了 3.4 节所得计算 E_g 的 CXT 表达式式(3.106)，实验结果与计算结果的一致说明 CXT 公式也可以适用于 $x = 0.165$~0.194，$T = 77$~$330K$ 范围。总结以上结果，$E_g(x, T)$的 CXT 表达式可以适用的组分和温度范围是

$$\begin{cases} 0.165 \le x \le 0.443 \quad (\text{以及} x = 1) \\ 4.2K \le T \le 300K \end{cases} \tag{4.198}$$

和

$$\begin{cases} 0 \le x \le 0.165 \\ 4.2K \le T < 77K \end{cases} \tag{4.199}$$

表 4.11　实验测到的 E_{opt} 和 η 及其与计算结果的比较

x	T/K	E_g/eV	E_{opt}/eV	$\eta_{实}$	$\eta_{计算}$	$E_{opt}-E_g$/eV	E_F-E_C/eV 计算
0.165	77	0.0349	0.083	7.23	7.6	0.048	0.050
	100	0.0436	0.0893	5.29	5.4	0.0457	0.046
	150	0.0624	0.1016	3.04	2.97	0.039	0.038
	200	0.0813	0.1153	1.97	1.84	0.034	0.032
	250	0.100	0.1277	1.29	1.24	0.0277	0.027
	300	0.119	0.140	0.81	0.87	0.021	0.022
0.194	77	0.084	0.1054	3.22	3.88	0.0214	0.0257
	100	0.091	0.1116	2.39	2.63	0.0206	0.0226
	150	0.108	0.1227	1.06	1.05	0.0147	0.0135
	200	0.1245	0.1302	0.33	0.25	0.0057	0.0043
	250	0.142	0.1426	0.027	−0.09	0.0006	−0.002
	300	0.160	0.1612	0.046	−0.22	0.0012	−0.006

根据 BM 修正因子可以对吸收系数的理论计算值进行修正。当电子吸收光子能量，从价带跃迁到导带时，吸收系数为(Kane　1973)

$$\alpha = \frac{4\pi^2 e^2 \hbar}{m^2 cnE} \sum_j M_j^2 \int \frac{2\mathrm{d}^3 K}{(2\pi)^3} \delta\,[E_\mathrm{C}(K) - E_j(K) - \hbar\omega] \tag{4.200}$$

用 Kane 的能带表示式代入，可以计算理论吸收系数。如果考虑 BM 效应，吸收曲线的理论计算亦应作相应的修正。根据费米-狄拉克分布函数，导带中电子空态概率为

$$1 - f_c = \frac{1}{1 + \exp\left(\dfrac{E_\mathrm{F} - E}{k_\mathrm{B} T}\right)} = \frac{1}{1 + \exp(\eta - \varepsilon)} \tag{4.201}$$

式中：$\varepsilon = \dfrac{E - E_\mathrm{C}}{k_\mathrm{B} T}$ 为简约能量。考虑到 BM 效应后，实际测到的吸收系数应为

$$\alpha = \frac{\alpha_0}{1 + \exp(\eta - \varepsilon)} \tag{4.202}$$

式中：α_0 为不考虑 BM 效应的吸收系数。根据吸收光谱的理论计算方法：$\alpha = \alpha_{hh} + \alpha_{lh}$，则在考虑 BM 效应后，为

$$\alpha = \frac{\alpha_{hh}}{1 + e^{\eta - \varepsilon_{hh}}} + \frac{\alpha_{lh}}{1 + e^{\eta - \varepsilon_{lh}}} \tag{4.203}$$

这里ε_{hh}(ε_{lh})为电子从重空穴带(轻空穴带)跃迁到导带处的简约能量。对 $x = 0.194$，$T = 77K$ 时，不考虑 BM 效应的计算结果在图 4.38 中用点划线表示，考虑 BM 效应后用式(4.203)计算的吸收曲线在图 4.39 中用虚线表示；计算参数为 $E_g = 0.084eV$，$P = 8\times10^{-8}eV\cdot cm$，$m_{hh} = 0.55m_0$；实验结果由点子表示。从实验结果与 Kane 理论计算的偏差说明在简并情况下计算吸收系数时，进行对 BM 修正十分重要。修正后理论计算结果低于实验结果。

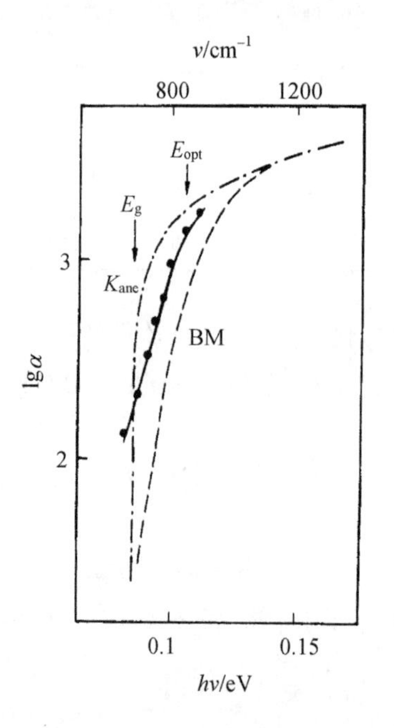

图 4.39　吸收曲线的 BM 修正。点划线直接用 Kane 模型计算，虚线考虑 BM 修正

由于光学禁带宽度与费米能级从而与导带电子浓度有密切关系，因而可以通过不同温度下吸收边的测定，分析样品的性质。如果不同温度下的吸收边随着禁带宽度对温度的关系有规律地变化，则说明该样品在所有温度下始终保持非简并情况；如果在某温度下的吸收边出现向短波方向的移动，则可能在该温度下发生了费米能级的简并，而这必定与材料的杂质情况有关。采用上文所述方法可以进行定量计算分析。

4.5.2 自由载流子吸收的一般理论

对于自由载流子吸收用半经典的方法来处理，可以获得与量子理论同样的结果。对于窄禁带半导体来说，自由载流子的光跃迁发生在红外波段。在抛物带近似下，假设弛豫时间与介质无关，则自由载流子在光场中的运动方程为

$$m^* \frac{\mathrm{d}v}{\mathrm{d}t} + m^* \frac{v}{\tau} = eE \tag{4.204}$$

这里电场 $E = E_0 \exp(\mathrm{i}\omega t)$，速度 $v = v_0 \exp(\mathrm{i}\omega t)$，则对于一个单位体积中有 N 个载流子的系统，电流密度 $J = Nev = \sigma E$，从而复电导率为

$$\boldsymbol{\sigma} = \frac{Ne^2\tau}{m^*}\left(\frac{1}{1+\mathrm{i}\omega\tau}\right) = \frac{\sigma_0}{1+\mathrm{i}\omega\tau} \tag{4.205}$$

σ_0 是直流电导率，一般情况下要考虑到弛豫时间依赖于能量，则需要用 Boltzmann 输运方程对载流子取平均，有

$$\sigma_0 = \frac{Ne^2\langle\tau\rangle}{m^*} \tag{4.206}$$

$$\langle\tau\rangle = -\frac{2}{3}\frac{\int_0^\infty \tau E^{3/2}(\partial f_0/\partial E)\mathrm{d}E}{\int_0^\infty f_0 E^{1/2}\mathrm{d}E} \tag{4.207}$$

对于高频情况，$\langle\tau\rangle$ 要用 $\left\langle\dfrac{\tau}{1+\mathrm{i}\omega\tau}\right\rangle$ 代替，所以从式(4.204)有

$$\boldsymbol{\sigma} = \sigma_1 + \mathrm{i}\sigma_2 = \frac{Ne^2}{m^*}\left[\left\langle\frac{\tau}{1+\omega^2c^2}\right\rangle - \mathrm{i}\omega\left\langle\frac{\tau^2}{1+\omega^2c^2}\right\rangle\right] \tag{4.208}$$

由 $\boldsymbol{\varepsilon} = \varepsilon\boldsymbol{I} - \mathrm{i}\dfrac{4\pi}{\omega}\boldsymbol{\sigma}$，$\boldsymbol{I}$ 是单位张量，有

$$n^2 - \kappa^2 = \varepsilon_\infty - \frac{4\pi}{\omega}\sigma_2 = \varepsilon_\infty - \frac{4\pi Ne^2}{\omega m^*}\left\langle\frac{\omega\tau^2}{1+\omega^2c^2}\right\rangle \tag{4.209}$$

$$2n\kappa = \frac{4\pi}{\omega}\sigma_1 = \frac{4\pi Ne^2}{\omega m^*}\left\langle\frac{\tau}{1+\omega^2c^2}\right\rangle \tag{4.210}$$

于是自由载流子吸收系数为

$$\alpha = \frac{2\omega\kappa}{c} = \frac{4\pi Ne^2}{ncm^*}\left\langle \frac{\tau}{1+\omega^2 c^2} \right\rangle \tag{4.211}$$

如果假定弛豫时间与能量无关，并假定 $\omega\tau \gg 1$，于是就得到较简单的经典表达式

$$\alpha = \frac{Ne^2\lambda^2}{\pi nc^3 m^*}\left(\frac{1}{\tau}\right) \tag{4.212}$$

可见自由载流子吸收正比于载流子浓度，正比于波长的平方。$(1/\tau)$依赖于载流子的散射机制。具体分析自由载流子吸收时要具体分析不同的散射机制。不同的材料、不同的温度其主要起作用的散射机制都是不同的。一般情况下，在自由载流子吸收区域，吸收系数较小，所以 $n^2 \gg \kappa^2$，可测量的反射率就可以写作

$$R = \frac{(n-1)^2}{(n+1)^2} \tag{4.213}$$

另一方面从材料特征分析折射率 n，利用式(4.209)可以得到

$$n^2 = \varepsilon_\infty - \frac{4\pi}{\omega}\sigma_2 = \varepsilon_\infty - \frac{4\pi Ne^2}{\omega^2 m^*} = \varepsilon_\infty\left(1 - \frac{\omega_{\mathrm{p}}^2}{\omega^2}\right) \tag{4.214}$$

这里假定

$$\omega_{\mathrm{p}} = \left(\frac{4\pi Ne^2}{m^*\varepsilon_\infty}\right)^{1/2} \tag{4.215}$$

显然当 $\omega = \omega_{\mathrm{p}}$ 时，$n = 0$，于是 $R = 1$，表示反射率将会急剧增大到 1，而在频率略高于 ω_{p} 处，又可能出现 $n = 1$ 的情况，此时 $R = 0$，此时将出现反射率的极小值

$$\omega_{\min} = \omega_{\mathrm{p}}\left(1 - \frac{1}{\varepsilon_\infty}\right)^{1/2} \tag{4.216}$$

所以从反射率的极小值可以确定ω_{p}，就可以方便地确定载流子的有效质量。从$\omega_{\min}$到ω_{p}范围反射急剧增加，即所谓等离子振荡的反射边或 Plasma 反射边。

自由载流子吸收是一种间接跃迁过程，为了保持波矢守恒，只有在其他准粒子参与，或者说有其他的散射机制时才能发生，如图 4.40。

对 n 型 $Hg_{1-x}Cd_xTe$ 材料，Baranskii 等分别考虑了电离杂质散射,极化光学、声学声子散射及声学形变势散射等对自由载流子吸收的贡献(Baranskii　1990),分别为

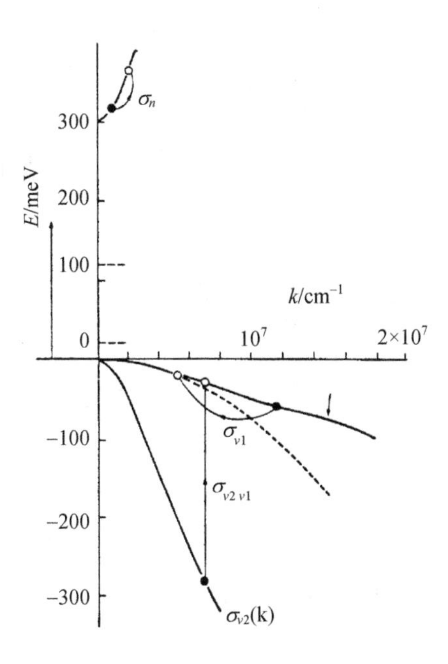

图 4.40 $Hg_{1-x}Cd_xTe$ 的自由载流子吸收过程

① 电离杂质吸收

$$\alpha_{\rm I} = 3B(\pi e^2 \hbar_2 \varepsilon^{-1} m^{*-1})^2 N_1 (\hbar\omega)^{-2} \tag{4.217}$$

② 极化光学声子吸收

$$\alpha_{\rm OP} = 3Be^2 \hbar^2 \varepsilon^{-1} m^{*-1} (\varepsilon_0 \varepsilon_\infty^{-1} - 1)\omega_{\rm LO} \omega^{-1} \chi_{\rm OP} \tag{4.218}$$

③ 声学声子吸收

$$\alpha_{\rm AD} = B\Xi_u^2 k_{\rm B} T(\rho v^2)^{-1} \tag{4.219}$$

④ 形变势吸收

$$\alpha_{\rm DE} = BD^2 \hbar(\rho\omega_{\rm TO})^{-1} \chi \tag{4.220}$$

式中各参量的物理意义见文献(Baranskii 1990)和表 4.12。

n 型 $Hg_{1-x}Cd_xTe$ 的载流子吸收以导带内电子跃迁为主，由式(4.217)~式(4.220)可得电子吸收截面 $\sigma_{\rm n}$ 。对 p 型 $Hg_{1-x}Cd_xTe$，轻重空穴带间及重空穴带内的载流子跃迁对自由载流子吸收的影响不可忽略。

轻重空穴带间的吸收系数可由下式求得

$$\alpha = \frac{1}{137}\frac{1}{\sqrt{\varepsilon}}\sum_{E_h - E_l = \hbar\omega} \mathrm{d}\delta \frac{M_{hl}^2}{\left|\nabla_k (E_h - E_l)\right|}\left[f(E_h) - f(E_l)\right] \tag{4.221}$$

当$Hg_{1-x}Cd_xTe$的组分$x < 0.4$时，由上式可得轻重空穴带间的跃迁吸收截面σ_{v2v1}为(Mroczkowski　1983)

$$\sigma_{v1v2} = \frac{4\alpha_k K_{\mathrm{p}}^2}{3nE}\left(\frac{\mathrm{d}E}{\mathrm{d}K}\right)^{-1} a_s^2 \exp\left[\frac{E_{v1}(K_{\mathrm{p}})/k_{\mathrm{B}}T}{N_v}\right] \tag{4.222}$$

式中：$N_v = 2(2\pi m_{\mathrm{hh}}^* k_{\mathrm{B}}T/h^2)^{3/2}$是价带的终态态密度，其他物理量的意义见文献(Mroczkowski　1983)。

对$x > 0.4$的$Hg_{1-x}Cd_xTe$晶体，在计算过程中必须考虑波矢k高次项的贡献，其表达式为

$$\sigma_{v1v2} = K\eta^{1/2}(1+\eta^{1/2})\exp[-\gamma\eta(1+\eta)][1-\exp(-\beta\eta)] \tag{4.223}$$

式中：$K = \frac{1}{137\sqrt{\varepsilon}}\frac{1}{PN_v}\sqrt{\frac{3}{2}}E_{\mathrm{g}}$，$\gamma = \frac{3}{2}\hbar^2 E_{\mathrm{g}}^2 m_v^* E_{\mathrm{p}} k_{\mathrm{B}}T$，$\beta = E_{\mathrm{g}}/k_{\mathrm{B}}T$，$\eta = \hbar\omega/E_{\mathrm{g}}$，$E_{\mathrm{p}} = 2m_0P^2/\eta^2$。重空穴带内的吸收截面$\sigma_{v1}$由下式给出

$$\sigma_{v1} = \frac{e^3}{4\pi c n \varepsilon (m_{\mathrm{hh}}/m)^2 \mu_{\mathrm{p}}} \tag{4.224}$$

根据电子和空穴的吸收截面，可得n型$Hg_{1-x}Cd_xTe$半导体的自由载流子吸收系数α_{n}为

$$\alpha_{\mathrm{n}} = (\sigma_{v2v1} + \sigma_{v1})P_{\mathrm{n}} + \sigma_{\mathrm{n}} N_{\mathrm{n}} \tag{4.225}$$

p型$Hg_{1-x}Cd_xTe$的自由载流子吸收系数α_{p}为

$$\alpha_{\mathrm{p}} = (\sigma_{v2v1} + \sigma_{v1})P_{\mathrm{p}} + \sigma_{\mathrm{n}} N_{\mathrm{p}} \tag{4.226}$$

式中：N_{n}、P_{n}分别为n型$Hg_{1-x}Cd_xTe$材料中的电子浓度和空穴浓度，N_{p}、P_{p}为p型$Hg_{1-x}Cd_xTe$材料中的电子浓度和空穴浓度。由电中性条件可知，对n型材料

$$\begin{aligned} N_{\mathrm{n}} &= n_i^2/N_{\mathrm{n}} + N_d - N_a \\ P_{\mathrm{n}} &= n_i^2/N_{\mathrm{n}} \end{aligned} \tag{4.227}$$

对p型材料

$$P_{\mathrm{p}}=n_i^2/P_{\mathrm{p}}+\frac{N_a}{1+gP_{\mathrm{p}}\exp(E_a/k_{\mathrm{B}}T)/N_v}-N_d$$

$$N_{\mathrm{p}}=n_i^2/P_{\mathrm{p}} \tag{4.228}$$

式中：g是基态简并因子，E_a是受主电离能，N_a是 p 区的受主浓度，N_d是 n 区的施主浓度，n_i为本征载流子浓度。根据表 4.12 中列出的有关参数，由式 (4.217)~式 (4.228)可以计算出 $Hg_{1-x}Cd_xTe$ 外延薄膜的自由载流子吸收系数。

表 4.12 自由载流子吸收计算参数

动量矩阵元 P	8.0×10^{-8}eV cm(Chu 1992)
自旋轨道分裂能Δ	1eV (Chu 1992)
光学声子畸变势 D	14.8eV (Baranakii 1990)
形变势常数 Ξ_u	14eV (Baranakii 1990)
纵向声速 $V_{//}$	3.01×10^5cm/s
HgTe 纵向声子频率 ω_{LO1}	$137.2\mathrm{cm}^{-1}$
HgTe 横向声子频率 ω_{TO1}	$120.4\mathrm{cm}^{-1}$
CdTe 纵向声子频率 ω_{LO2}	$151.2\mathrm{cm}^{-1}$
CdTe 横向声子频率 ω_{LO}	$147.3\mathrm{cm}^{-1}$
低频介电常数	$20.8-16.8x+10.6x^2-9.4x^3+5.3x^4$ (Brice 1987)
高频介电常数	$15.1-10.3x-2.6x^2+10.2x^3-5.2x^4$(Brice 1987)
基态简并因子	4 (Kim 1994)
受主电离能	11 (Bartoli 1986)
本征载流子浓度	$9.56\times10^{14}\dfrac{(1+3.25k_{\mathrm{B}}T/E_{\mathrm{g}})E_{\mathrm{g}}^{3/2}T^{3/2}}{1+1.9E_{\mathrm{g}}^{3/4}\exp(E_{\mathrm{g}}/2k_{\mathrm{B}}T)}$ (Chu 1992)
禁带宽度	$-0.295+1.87x-0.28x^2+(6-24x+3x^2)(10^{-4})T+0.35x^4$(Chu 1992)

4.5.3 碲镉汞外延薄膜的自由载流子吸收

自由载流子带内跃迁产生的光吸收特性可用于判定 $Hg_{1-x}Cd_xTe$ 材料的散射机制及有关物理量。由于 $Hg_{1-x}Cd_xTe$ 自由载流子吸收的波长范围(10μm~40μm)在量子极限($\hbar\omega\gg k_{\mathrm{B}}T$，$\hbar\omega\gg E_{\mathrm{F}}$，$E_{\mathrm{F}}$ 是费米能级)与经典极限($\hbar\omega\ll k_{\mathrm{B}}T$，$\hbar\omega\ll E_{\mathrm{F}}$)之间,所以只能通过实验与理论计算的定量比较来研究散射机制；又因为 $Hg_{1-x}Cd_xTe$ 材料中普遍存在有本征缺陷、组分波动和 Te 夹杂等现象，这种晶体不完整性将改变 $Hg_{1-x}Cd_xTe$ 的光电性能，从而使光谱分析的难度加大。

$Hg_{1-x}Cd_xTe$ 体单晶的自由载流子吸收光谱已有很多研究(Mroczkowski 1983, Huga 1963, Gurauskas 1983，Baranskii 1990，Belyaev 1991, Brossat 1985, Qian 1986)，但有关 $Hg_{1-x}Cd_xTe$ 外延薄膜自由载流子吸收的报道却很少。外延材料的杂质缺陷一般比体单晶少，故其更能反映 $Hg_{1-x}Cd_xTe$ 材料本身的自由载流子吸收特性。但由于外延薄膜普遍存在着纵向组分的不均匀性，其分析方法应与体单晶有所区别。下面从理论和实验两方面研究了 $Hg_{1-x}Cd_xTe$ 外延薄膜的自由载流子吸收特性，并就一些具体问题进行了讨论。

对 $Hg_{1-x}Cd_xTe$ 外延样品，其普遍存在纵向组分的不均匀性，在计算自由载流子吸收时必须加以考虑。Hougen 曾采用室温红外透射光谱来计算其纵向组分分布(Hougen 1989)。当一束光照射到 HgCdTe 外延层/CdTe 衬底两层结构的样品表面时，其透过率 $T_{1,3}$ 为

$$T_{1,3}=\frac{(1-R_1)(1-H)T_{2,3}a_1}{1-R_1(1-H)R_{2,3}a_1^2} \tag{4.229}$$

$$T_{2,3}=\frac{(1-R_2)(1-R_3)a_2}{1-R_2R_3a_2^2}$$

式中：$a_1=\mathrm{e}^{-\alpha d}$，$a_2=\mathrm{e}^{-\alpha' d'}$，$R_1$、$R_2$、$R_3$ 分别是三个界面的反射率，可由折射率公式求得(Hougen 1989, Li 1995)；参量 H 表示入射光在外延层表面的损失，在计算过程中作为一个参量，通过调节 H 使计算曲线与实测的透过率在最大值处相等。$Hg_{1-x}Cd_xTe$ 外延薄膜的纵向组分分布可表示为

$$x(z)=\frac{1-(x_s+sd)}{1+4(z/\Delta z)^2}+(x_s+sd)-sz \tag{4.230}$$

式中：z 是外延层离开衬底的距离，d 为外延层厚度，x_s、s、Δz 是拟合参数，x_s 与外延层表面组分有关，Δz 与过渡区宽度有关，s 与外延层组分的纵向变化率有关。这三个参数可通过拟合室温红外透过率的吸收边及本征吸收区得到(Li 1995)。公式(4.229)、式(4.230)对用 MBE、LPE、MOCVD 等技术生长的 $Hg_{1-x}Cd_xTe$ 外延样品均适用。

对于纵向组分不均匀的外延层，如果 z 点组分为 $x(z)$，其自由载流子吸收系数为 $\alpha[x(z)]$，则外延层总的吸收系数可表示为

$$\alpha d=\int_0^d \alpha[x(z)]\mathrm{d}z \tag{4.231}$$

在 Hougen 的模型中式(4.229)，参量 H 用以表示样品表面的光损失。对于表面进行过抛光处理的样品，H 一般不大于 0.02。实验分析时发现，如果室温时 p 型

$Hg_{1-x}Cd_xTe$ 样品的 H 值为 0，或 77K 时 n 型 $Hg_{1-x}Cd_xTe$ 样品的 H 为 0，则实测的自由载流子吸收系数α_m与用式(4.217)~式(4.228)计算的结果α_c在 300K 和 77K 都较符合。但对某些抛光样品，只有用较大的 H 值(H>0.02)代入式(4.229)时，计算的透射曲线才与不同温度的实验数据符合，此时实测的吸收系数α_m大于计算值α_c，且α_m与α_c之差多不随温度变化。可见对 H>0.02 的样品，还有其他光吸收机制。

如果在薄膜中有 Te 沉淀物，就要考虑它的光吸收效应。从 HgCdTe 相图可知，用富 Te 溶液生长的(Hg，Cd)Te 晶体中很容易出现 Te 夹杂现象(Schaake 1983)。由于 Te 的能带较宽，故其散射效应远大于吸收效应，且消光截面几乎与温度无关。鉴此，可以认为 H>0.02 样品的附加吸收机制来源于 Te 沉淀物的作用。如果沉淀物以球型形式均匀地散布在晶体中，彼此间距离大于入射光的波长，则根据气溶胶模型和 Mie 理论可以算出其相对消光截面 C_{ext} (Kerker 1969)

$$C_{\text{ext}}=\frac{\lambda_m^2}{2\pi}\sum_{n=1}^{\infty}(2n+1)\operatorname{Re}(a_n+b_n)=\frac{3\pi V\varepsilon_m^{1/2}}{\lambda\alpha^3}\sum_{n=1}^{\infty}(2n+1)\operatorname{Re}(a_n+b_n) \tag{4.232}$$

式中，$\lambda_m=\lambda/m_2$是入射光在 HgCdTe 介质中的波长；$V=(4/3)\pi a^3$是沉淀物的体积，a为沉淀物半径；ε_m与ε分别是 HgCdTe 介质和沉淀物的介电常数，$\varepsilon_m^{1/2}=m_1+im_2$；$a_n$和 b_n中包含 Bessel 函数$\psi_n(\alpha)$和$\psi_n(\beta)$、Hankel 函数$\xi_n(\alpha)$和它们的微商，$\alpha=2\pi a\varepsilon^{1/2}/\lambda$，$\beta=2\pi m_1 a/\lambda$，如果$\alpha<1$，则上式的前三项就足以用来表示物质的光散射(Yadava 1994)，即

$$C_{\text{ext}}=C_{1a}+C_{2a}+C_{1b} \tag{4.233}$$

式中：C_{1a}、C_{2a}和 C_{1b}分别代表二极电振子、四极电振子及二极磁振子的消光截面

$$\begin{aligned}
C_{1a}&=V\frac{18\pi\varepsilon_m^{3/2}}{\lambda}\frac{\varepsilon_2}{(\varepsilon_1+2\varepsilon_m)^2\varepsilon_2^2}\\
C_{2a}&=V\frac{1.25\pi\varepsilon_m^{3/2}}{\lambda}\frac{\varepsilon_2\alpha^2}{(\varepsilon_1+1.5\varepsilon_m)^2\varepsilon_2^2}\\
C_{1b}&=-V\frac{\pi\varepsilon_m^{-1/2}\varepsilon_2}{\lambda}\alpha^2
\end{aligned} \tag{4.234}$$

实际晶体中 Te 沉淀的半径大小各不相同，分布在 a_1到 a_2范围，如果用Γ函数来描述这些微沉淀物的半径分布，则其总的表观吸收系数可写为

$$\alpha_{\text{Mie}}=N_{\text{pre}}\int C_{\text{ext}}(a)P(a)\mathrm{d}a \tag{4.235}$$

式中

$$P(a)=\frac{1}{a^{a_1/(a_2-a_1)}\exp\left[-\frac{a}{(a_2-a_1)}\right]}(a_2-a_1)^{a_1/(a_2-a_1)}\Gamma\left(\frac{a_2}{a_2-a_1}\right) \tag{4.236}$$

这样根据 Te 的光学常数(Caldwell 1959)，由式(4.233)~式(4.236)可以算出 Te 沉淀物的吸收系数。

在 $Hg_{1-x}Cd_xTe$ 外延层中有时会观察到反常光吸收现象。由式(4.217)~式(4.228)可知，对纯 n 型 $Hg_{1-x}Cd_xTe$ 样品，温度降低则吸收系数变小；而纯 p 型样品的吸收系数随温度的降低而增加(Mroczkowski 1983)。但在实际测量中有时会发生这样的情况，即随着测试温度的降低，n 型样品的吸收系数先减小而后增加，p 型样品的吸收系数先增加后减小，出现反常温度效应。这可能是由于生长及退火条件不完善，n 型样品中有 p 型夹杂，或 p 型样品中有 n 型夹杂所致(Tian 1991，黄长河 1990)。

一般夹杂层都是任意形状的，而且其中的载流子浓度也不均匀。但只要光斑足够小，就可以认为夹杂区在光斑平面内是均匀的，能够等效为体积一定、载流子分布均匀的区域，如图 4.41 所示。通过这一简化了的模型可以看出夹杂样品的一些重要特性。

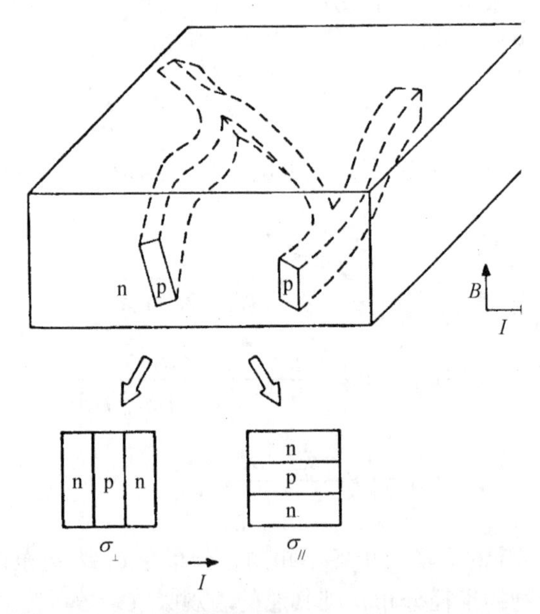

图 4.41 夹杂 $Hg_{1-x}Cd_xTe$ 样品的红外光吸收示意图

对夹杂样品，设其中 p 型区所占的体积比为 D_p，则总的吸收系数 α_T 可表示为

$$\alpha_T = D_p\alpha_p + (1 - D_p)\alpha_n \tag{4.237}$$

式中，α_n、α_p分别由式(4.225)、式(4.226)决定。只要$D_p \neq 0$，$Hg_{1-x}Cd_xTe$样品总的表观吸收系数α_T就与纯 p 型或纯 n 型样品的不同，从而导致反常吸收效应。

下面看一些实验结果。实验所用的样品分别为用 LPE、MOCVD、MBE 技术生长的 $Hg_{1-x}Cd_xTe$ 外延薄膜。采用 Nic-200SXV 型远红外傅里叶变换光谱仪(FTIR)和光谱仪匹配的可变温杜瓦瓶，测量了 77~300K 范围内样品的透射光谱。由于 FTIR 光谱仪有时不能精确测定样品的绝对透过率，可以用双光路光栅型红外光谱仪测量样品的室温红外透射谱，并以此修正 FTIR 的测试结果。通过公式(4.229)可以将样品的透射光谱转换成吸收光谱，计算时不考虑样品表面的光损失，即令式 (4.229)中的 $H = 0$(Mollmann 1991)。这一近似对表面抛光的样品是成立的。

下面提到 $Hg_{1-x}Cd_xTe$ 的体材料指组分的横向、纵向分布都很均匀的样品，而外延薄膜的组分横向分布均匀，但纵向不均匀。图 4.42(a)、(b)为计算得到的 p 型和 n 型外延及体材料 $Hg_{1-x}Cd_xTe$ 样品在 300K 和 77K 的吸收光谱。实线 1 代表体材料样品($x = 0.236$)的吸收，实线 2, 3 则分别为纵向组分斜率 s 不同，而其他参数相同的两块外延样品的光吸收。对实线 2，$s = 0.003/\mu m$，而实线 3 的 $s = 0.01/\mu m$。三块样品的厚度均为 25μm，p 型材料的电离受主浓度 $N_A = 1\times10^{16}cm^{-3}$，n 型材料的电离施主浓度 $N_D = 5\times10^{16}cm^{-3}$。

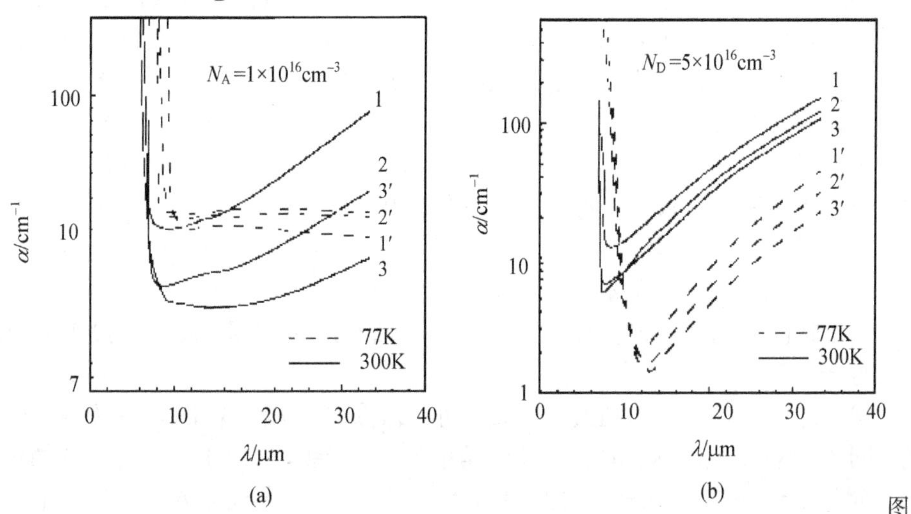

图 4.42 (a) p 型外延及体材料 $Hg_{1-x}Cd_xTe$ 样品在 300K 和 77K 的吸收光谱，电离受主浓度 $N_A = 1\times10^{16}cm^{-3}$；(b) n 型外延及体材料 $Hg_{1-x}Cd_xTe$ 样品在 300K 和 77K 的吸收光谱，电离施主浓度 $N_D = 5\times10^{16}cm^{-3}$。

图中实线 1 代表体材料样品($x = 0.236$)的吸收，实线 2, 3 为外延薄膜的光吸收，

实线 2 的纵向组分斜率 $s = 0.003/\mu m$，实线 3 的 $s = 0.01/\mu m$。

其他参数：表面组分 $x_s = 0.236$，过渡区宽度 $\Delta z = 2\mu m$，样品厚度 $d = 25\mu m$

由图可知，$Hg_{1-x}Cd_xTe$ 的自由载流子吸收系数与入射光波长λ成指数正比关系，即$\alpha \sim \lambda^{\gamma}$，其中幂指数 r 与散射机制有关(Gurauskas 1983)。对 p 型 $Hg_{1-x}Cd_xTe$ 样品，300K 时 $r \approx 2$，当温度降至 77K 时 $r \approx 0$，即此时载流子吸收与波长λ的变化基本无关；对 n 型样品，室温时 $r \approx 2.7$，温度降低 r 值基本不变。p 型 $Hg_{1-x}Cd_xTe$ 的自由载流子吸收主要来自空穴的贡献。室温时重空穴带内吸收截面σ_{v1}与带间吸收截面σ_{v1v2}的数量级相等，σ_{v1}与波长λ成平方关系，又室温时长波 $Hg_{1-x}Cd_xTe$ 属本征导电型，电子吸收截面σ_n对吸收系数的影响不能忽略，因而总的吸收系数与波长有关；随着温度的降低，重空穴分布向重空穴价带的极大值附近集中，增加了轻空穴带到重空穴带的跃迁终态有效密度，使σ_{v1v2}增加。σ_{v1v2}对波长λ的依赖性不大，导致低温时 p 型样品的吸收近似与波长无关。n 型 $Hg_{1-x}Cd_xTe$ 的自由载流子吸收主要由导带内电子的跃迁决定，并以光学声子散射、极性声学声子散射和电离杂质散射的贡献为主。由式(4.217)~式(4.228)知，$\alpha_{OP}+\alpha_{AD}$ 和α_I 与波长间分别有 2.7 和 3.7 次幂的指数依赖关系，且这一关系基本不随温度的变化而改变(Baltz 1972)，因而计算的α_n具有波长$\lambda^{2.7}$的依赖性。

$Hg_{1-x}Cd_xTe$ 外延层的自由载流子吸收特性与体材料有所区别。对 p 型材料，室温时纵向组分斜率 s 愈大的样品(体材料具有均匀的纵向组分，即 $s=0$)，自由载流子吸收系数α_p愈小，且在α_p与波长的指数关系中，幂指数 r 亦随 s 的增大而有所减小。温度降低时，s 小的样品吸收系数下降得快，而 r 均向 0 接近，导致不同 p 型样品的载流子吸收趋于相同。对 n 型样品，随着纵向组分斜率 s 的增加，自由载流子吸收减小，不同样品的吸收系数随温度及波长的变化趋势基本相等。因为 s 大的样品包含的大组分 $Hg_{1-x}Cd_xTe$ 成分较多，轻重空穴带间吸收截面σ_{v1v2}受组分 x 影响不大，而电子吸收截面σ_n及本征载流子浓度 n_i 则随组分 x 的增加而减小。对 p 型样品，其室温吸收光谱中本征吸收的信号较强，故 s 小的样品吸收系数大；温度降低使自由电子浓度迅速下降，σ_{v1v2}作用增强，从而不同样品的吸收差异减小。其总体效应是 s 小的样品吸收系数受温度的影响大。n 型 $Hg_{1-x}Cd_xTe$ 的载流子吸收受光学声子、声学声子和电离杂质散射的影响，由式(4.217)~(4.228)中α_{OP}，α_{AD}和α_I与组分 x 的关系可知，s 愈大的样品吸收愈弱。

从 $Hg_{1-x}Cd_xTe$ 的自由载流子吸收与可以估算载流子浓度。图 4.43 为载流子浓度不同的 p 型和 n 型 $Hg_{1-x}Cd_xTe$ 外延样品在 300K 和 77K 的自由载流子吸收谱。计算时样品的纵向组分分布参数设定为：表面组分 $x_s=0.236$，组分变化斜率 $s=0.003/\mu m$，过渡区宽度$\Delta z=1.5\mu m$，样品厚度 $d=25\ \mu m$。由图可见，对 p 型 $Hg_{1-x}Cd_xTe$，其吸收系数α_p随着受主浓度 N_A 的增加而增加，温度愈低，不同浓度样品间的吸收差异愈大。对 n 型材料，其吸收系数α_n随着施主浓度 N_D 的增加而增加，α_n与波长间的指数关系亦随 N_D 的不同而改变(N_D 大，幂指数 r 减小)。温度降低，不同浓度样品间的吸收差异亦增大。因为 N_A 不同仅改变 p 型样品的

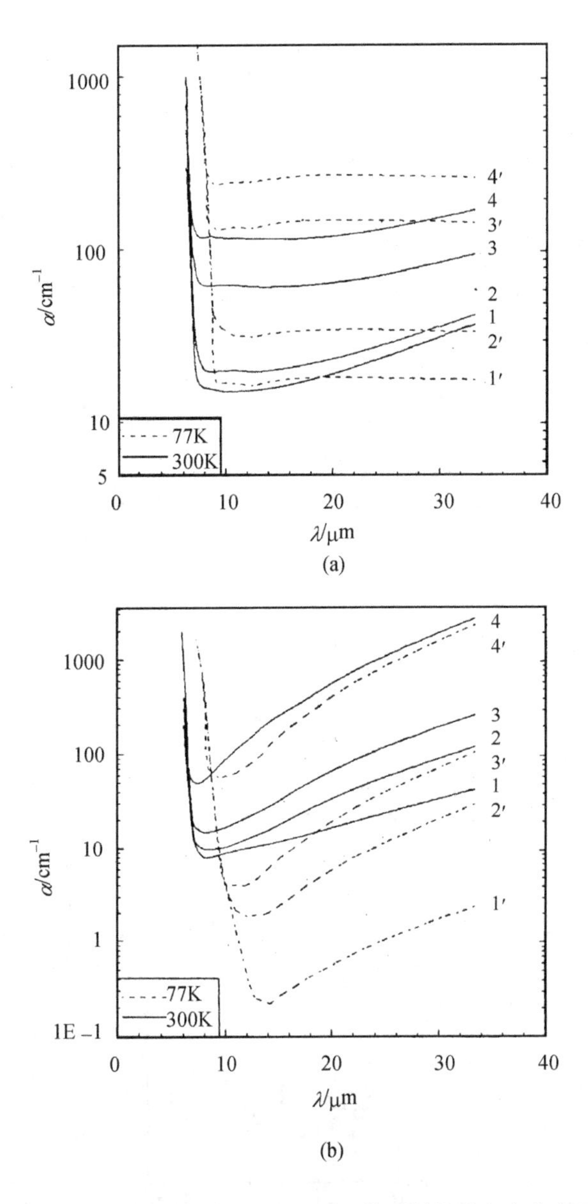

图 4.43　(a) 300K 和 77K 时 p 型 $Hg_{1-x}Cd_xTe$ 外延样品的自由载流子吸收曲线

曲线 1, 1′：$N_A = 5\times10^{15}cm^{-3}$；曲线 2, 2′: $N_A = 1\times10^{16}cm^{-3}$；

曲线 3, 3′：$N_A = 5\times10^{16}cm^{-3}$；曲线 4, 4′：$N_A = 1\times10^{17}cm^{-3}$

(b) 300K 和 77K 时 n 型 $Hg_{1-x}Cd_xTe$ 样品的自由载流子吸收曲线

曲线 1, 1′：$N_D = 1\times10^{16}cm^{-3}$；曲线 2, 2′：$N_A = 5\times10^{17}cm^{-3}$；曲线 3, 3′：$N_D = 1\times10^{17}cm^{-3}$；

曲线 4, 4′：$N_D = 5\times10^{16}cm^{-3}$。样品纵向组分分布参数：表面组分 $x_s = 0.236$,

组分变化斜率 $s = 0.003/\mu m$，过渡区宽度 $\Delta z = 1.5\mu m$，样品厚度 $d = 25\mu m$

载流子浓度，对吸收截面σ_{v1}及σ_{v1v2}的影响不大；但 N_D 不同不仅改变 n 型样品的载流子浓度，而且影响电离杂质散射的大小及其与波长的依赖关系，温度愈低，电离杂质对自由载流子吸收的影响愈突出。这一结果表明，可以通过拟合 77K 或更高温度的吸收光谱而求得 $Hg_{1-x}Cd_xTe$ 样品的电离杂质浓度(Brossat et al.　1985)。考虑到 n 型 HgCdTe 样品的施主电离能通常很小而且低温下很难冻出，p 型 HgCdTe 的空穴有效质量很大，因而用电学方法测量杂质补偿比较困难，用光学方法求电离杂质浓度就显得很有意义。

图 4.44(a)为 p 型 $Hg_{1-x}Cd_xTe$ 液相外延样品在 300K 和 77K 的红外透射光谱，样品厚度 $d = 15$ μm。通过拟合室温透射光谱的吸收边及本征吸收区可得样品的纵向组分分布参数为：表面组分 $x_s = 0.265$，组分变化斜率 $s = 0.003$/μm，过渡区宽度$\Delta z = 1.0$μm，$H = 0$。根据样品的透过率，由式(4.229)可以求出其吸收系数，如图 4.43(b)所示。图 4.62(b)中圆点为实验值，实线为由公式(4.217)~式(4.228)拟合得到的吸收系数。在公式(4.217)~式(4.228)中，当样品的纵向组分分布参数确定后，只有电离受主浓度 N_A 是未知量，通过调节 N_A 的值可使计算曲线与实验点符合得最

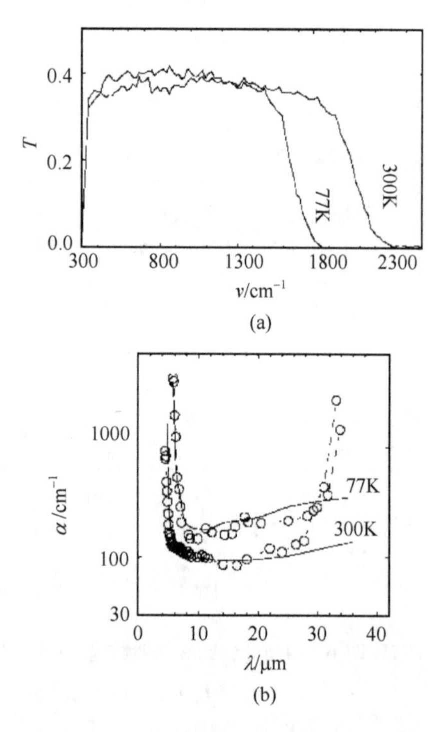

图 4.44　p 型液相外延 $Hg_{1-x}Cd_xTe$ 样品在 300K 和 77K 的红外透射光谱[图 4.44(a)]和吸收光谱[图 4.44(b)]，样品厚度 $d = 15$ μm。图 4.44(b)中的实线为计算值，圆点为由图 4.44(a)的透过率求得的吸收系数。拟合得到的样品纵向组分分布参数：表面组分 $x_s = 0.236$，组分变化斜率 $s = 0.003$/μm，过渡区宽度$\Delta z = 1$μm，$H = 0$，电离受主浓度 $N_A = 8\times10^{16}\text{cm}^{-3}$

好。对该样品，由拟合计算得有效电离受主浓度 $N_A-N_D=8\times10^{16}cm^{-3}$，这与用 Hall 测量得到的受主浓度值 $8.32\times10^{16}cm^{-3}$ 基本符合。由于外延层一般较薄(<30μm)，其透射率较大，随温度的变化灵敏，通过拟合吸收光谱推算外延薄膜杂质浓度的方法精度可以很高(<10%)。

根据 Te 沉淀物的吸收现象，也可以从吸收光谱估算 Te 沉淀物的浓度。图 4.44 为 p 型 $Hg_{1-x}Cd_xTe$ 外延样品在 300K[图 4.45(a)]和 77K[图 4.45(b)]的吸收光谱。测得样品的电离受主浓度 $N_A=3\times10^{16}cm^{-3}$，厚度 $d=20\mu m$。通过拟合室温透过率得到外延层的纵向组分分布参数为：表面组分 $x_s=0.22$，组分变化斜率 $s=0.004/\mu m$，过渡区宽度 $\Delta z=2\mu m$。拟合时发现，当式(4.210)中 $H=0.12$ 时，计算曲线与实测透过率的最大值相等。将样品的组分参数代入式(4.217)~式(4.228)计算，所得吸收系数 α_c 如图中虚线 1 所示，可见 α_c 在 300K 和 77K 均比测试值小得多。如果考虑 Te 沉淀物的吸收，利用式(4.233)~式(4.235)算得 Te 的吸收系数 α_{Te} 如图中虚线 2 所示，总的吸收系数 $\alpha_s=\alpha_c+\alpha_{Te}$ 用实线表示，可见 α_s 与实验结果在 300K 和 77K 均符合。计算时取 Te 沉淀物浓度 $N_{pre}=2\times10^{18}cm^{-3}$，线度分布 $(a_1,a_2)=(0.25,1.25)$。由此可推算出样品中多余的 Te 原子所占体积比为 1.8×10^{-3}，相当的浓度是 $1.8\times10^{19}cm^{-3}$ $1.8\times10^{19}cm^{-3}$，这个值很接近 Anderson 等(1982)的估计值。拟合的结果清楚地表明了晶格中 Te 沉淀物吸收独特的温度和波长依赖特性。这样，用自由载流子吸收和微沉淀散射机制就可以对 $H>0.02$ 的外延薄膜样品的吸收光谱进行满意的解释。

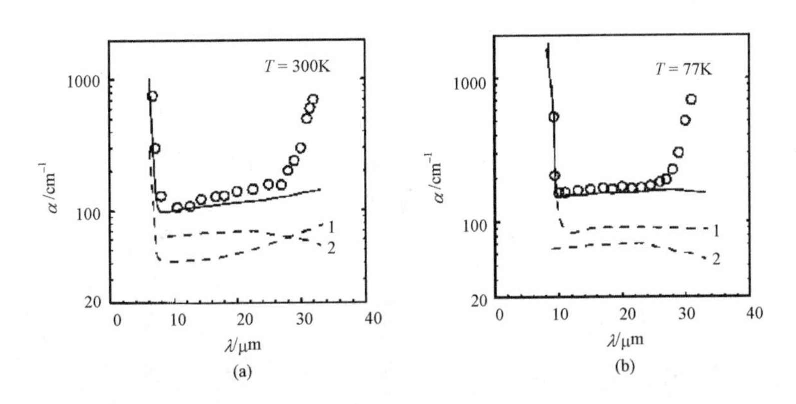

图 4.45 p 型 $Hg_{1-x}Cd_xTe$ 外延样品在 300K[图(a)]和 77K[图(b)]的吸收光谱。圆点为实验结果，虚线 1、2 分别代表自由载流子和 Te 沉淀物的吸收，实线为总的吸收系数。电离受主浓度 $N_A=2\times10^{16}cm^{-3}$。样品纵向组分分布：表面组分 $x_s=0.22$，组分变化斜率 $s=0.004/\mu m$，过渡区宽度 $\Delta z=2\mu m$，样品厚度 $d=20\mu m$，H=0.12。Te 沉淀物浓度 $N_{pre}=2\times10^{18}cm^{-3}$，线度分布 $(a_1,a_2)=(0.25,1.25)$

对于有反常光吸收现象的 $Hg_{1-x}Cd_xTe$ 外延薄膜，可以通过吸收光谱来确定 n、p 夹杂情况。

图 4.46(a)为 $Hg_{1-x}Cd_xTe$ 外延样品在不同温度下的红外透射光谱，样品厚度 $d=25\ \mu m$。通过拟合室温透射光谱得到样品的纵向组分分布参数为：表面组分 $x_s=0.215$，组分变化斜率 $s=0.003/\mu m$，过渡区宽度$\Delta z=2\mu m$。由图可见，当温度从 300K 降到 100K 时，样品的透过率增加，即吸收减小，这与 n 型 $Hg_{1-x}Cd_xTe$ 的自由载流子吸收规律相符；但当温度从 100K 降到 77K 时，样品的透过率减小，这又表现出 p 型材料的吸收特性。所以可以认为该样品大致属 n 型导电，但其中有 p 型夹杂。根据样品的透过率，由式(4.229)可以求出其吸收系数，如图 4.46(b)所示。图 4.46(b)中的圆点为实验结果，实线为计算值。计算中采用的拟合参数为：

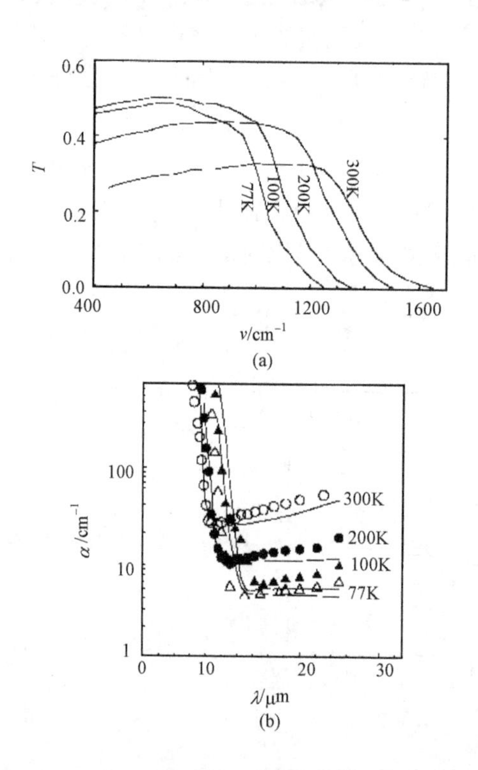

图 4.46 $Hg_{1-x}Cd_xTe$ 外延样品在不同温度下的红外透射光谱[图(a)]和吸收光谱[图(b)]，样品厚度 $d=25\ \mu m$。图 4.45(b)中的实线为计算值，数据点为由图 4.45(a)的透过率求得的吸收系数。样品纵向组分分布参数：表面组分 $x_s=0.215$，组分变化斜率 $s=0.003/\mu m$，过渡区宽度$\Delta z=2\mu m$。n 区的电离施主浓度 $N_D=5.8\times10^{14}cm^{-3}$，p 区电离受主浓度 $N_A=2\times10^{16}cm^{-3}$，

p 区夹杂度 $D_p=0.08$

n 区的电离施主浓度 $N_D = 5.8\times10^{14}\,\text{cm}^{-3}$ (参照 Hall 测量结果)，p 区夹杂度 $D_p = 0.08$，其中的电离受主浓度 $N_A = 2\times10^{16}\,\text{cm}^{-3}$。这里有两个可调参数 D_p 和 N_A，其大小可以通过拟合不同温度时吸收系数的实验数据而唯一确定。

用外延技术生长的原生 $Hg_{1-x}Cd_xTe$ 薄膜，其载流子浓度和迁移率一般不适合器件需要，需要经过退火处理使其变成弱 p 型或 n 型，才能用于制作光电探测器。如果热处理过程不完善，则 n 型样品中很容易出现 p 型夹杂；如果原来的 p 型晶体过于不均匀，处理后也可能带有 p 型岛，这些都会给质量检测和器件制作带来困难(杨建荣 1988)。用 Hall 测量检测样品的夹杂情况是比较困难的，然而，由于 p 型 $Hg_{1-x}Cd_xTe$ 和 n 型 $Hg_{1-x}Cd_xTe$ 不同的载流子吸收特性，夹杂必定要在吸收光谱上反映出来。本节中的光吸收模型及夹杂模型可用于估算外延样品的夹杂程度。

4.5.4 自由载流子的磁光效应

当磁场施加于半导体，运动电子受到外加的洛伦兹力作用，在光场下，材料由复数电导率参量描述。如果磁场平行 Z 轴，则有效质量为 m^*的电子在磁场中的运动方程为

$$m^*\frac{\mathrm{d}v}{\mathrm{d}t}+m^*\frac{v}{\tau}=e\left(E+\frac{\boldsymbol{v}\times\boldsymbol{H}}{c}\right) \tag{4.238}$$

式中：τ 为电子的弛豫时间。假定散射是各向同性的，对立方对称材料，电导率张量为

$$\boldsymbol{\sigma}=\begin{pmatrix}\sigma_{xx} & \sigma_{xy} & 0\\ \sigma_{yx} & \sigma_{yy} & 0\\ 0 & 0 & \sigma_{zz}\end{pmatrix} \tag{4.239}$$

式中：分量为

$$\begin{cases}\sigma_{xx}=\sigma_{yy}=\dfrac{\sigma_0(1+\mathrm{i}\omega\tau)}{(1+\mathrm{i}\omega\tau)^2+\omega_c^2\tau^2}\\[2ex] \sigma_{yx}=-\sigma_{xy}=\dfrac{\sigma_0\omega_c\tau}{(1+\mathrm{i}\omega\tau)^2+\omega_c^2\tau^2}\\[2ex] \sigma_{zz}=\dfrac{\sigma_0}{1+\mathrm{i}\omega\tau}\end{cases} \tag{4.240}$$

式中：$\sigma_0=\dfrac{Ne^2\tau}{m^*}$，$\omega$ 为光场频率，$\omega_c=\dfrac{eB}{m^*c}$ 为回旋频率。

麦克斯韦方程为

$$\begin{aligned}\nabla\times\boldsymbol{E}&=-\frac{1}{c}\frac{\partial\boldsymbol{B}}{\partial t}\\ \nabla\times\boldsymbol{H}&=\frac{4\pi}{c}\boldsymbol{J}+\frac{1}{c}\frac{\partial\boldsymbol{D}}{\partial t}\end{aligned}\tag{4.241}$$

将

$$\boldsymbol{J}=\boldsymbol{\sigma}\cdot\boldsymbol{E}$$

$$\begin{aligned}\boldsymbol{B}&=\mu\boldsymbol{H}\\ \boldsymbol{D}&=\varepsilon\boldsymbol{E}\end{aligned}\tag{4.242}$$

代入式(4.241)，于是在介质中传播的电磁波方程为

$$\begin{aligned}\nabla\times\nabla\times\boldsymbol{E}&=\nabla(\nabla\cdot\boldsymbol{E})-\nabla^2\boldsymbol{E}\\ &=-\left(\frac{4\pi\mu}{c^2}\right)\boldsymbol{\sigma}\cdot\frac{\partial\boldsymbol{E}}{\partial t}-\left(\frac{\mu\varepsilon}{c^2}\right)\boldsymbol{\sigma}\cdot\frac{\partial^2\boldsymbol{E}}{\partial t^2}\end{aligned}\tag{4.243}$$

假定方程的平面波解的形式为

$$E=E_0\exp\left[\mathrm{i}(\omega t-\boldsymbol{k}\cdot\boldsymbol{r})\right]\tag{4.244}$$

则有

$$-\boldsymbol{k}(\boldsymbol{k}\cdot\boldsymbol{E}_0)+k^2\boldsymbol{E}_0=\left(\frac{\omega^2}{c^2}\right)\mu\varepsilon\left(\boldsymbol{I}-\frac{4\pi\mathrm{i}\boldsymbol{\sigma}}{\omega\varepsilon}\right)\cdot\boldsymbol{E}_0\tag{4.245}$$

令

$$\boldsymbol{\varepsilon}=\varepsilon\boldsymbol{I}-\left(\frac{4\pi\mathrm{i}}{\omega}\right)\boldsymbol{\sigma}\tag{4.246}$$

$\boldsymbol{I}$ 为单位矢量，$\boldsymbol{\varepsilon}$、$\boldsymbol{\sigma}$ 分别为介电张量和电导率张量。则式(4.245)变为

$$-\boldsymbol{k}(\boldsymbol{k}\cdot\boldsymbol{E}_0)+k^2\boldsymbol{E}_0=\left(\frac{\omega^2}{c^2}\right)\mu\boldsymbol{\varepsilon}\boldsymbol{E}_0\tag{4.247}$$

在电磁波平行于 z 方向传播时($\boldsymbol{k}\,//\,\boldsymbol{B}$)，把式(4.241)代入式(4.247)，电磁波电场矢量的偏振在 xy 平面，圆偏振波形式为 $E_{0\pm}=E_{0x}\pm\mathrm{i}E_{0y}$，则有

$$\boldsymbol{k}_\pm^2=\left(\frac{\omega^2}{c^2}\right)\mu\varepsilon\left(1-\frac{4\pi\mathrm{i}}{\omega\varepsilon}\boldsymbol{\sigma}_\pm\right)\tag{4.248}$$

这里$\sigma_{xx}=\sigma_{yy}$，$\sigma_{xy}=-\sigma_{yx}$，$\boldsymbol{\sigma}_{\pm}=\sigma_{xx}\pm\mathrm{i}\sigma_{xy}$，式中

$$
\begin{aligned}
\boldsymbol{k}&=\frac{\omega}{c}\boldsymbol{n}\\
\boldsymbol{k}_{\pm}^{2}&=\frac{\omega^{2}}{c^{2}}\boldsymbol{n}_{\pm}^{2}
\end{aligned}
\tag{4.249}
$$

这里$\boldsymbol{n}_{\pm}$为复折射率，$\boldsymbol{n}_{\pm}=n_{\pm}-\mathrm{i}k_{\pm}$。比较式(4.248)和式(4.249)有

$$
\begin{cases}
n_{\pm}^{2}-k_{\pm}^{2}=\mu\varepsilon\\
2n_{\pm}k_{\pm}=\dfrac{4\pi\mu\sigma_{\pm}}{\omega}
\end{cases}
\tag{4.250}
$$

在电磁波垂直于z方向传播时，即k在x-y平面，可假定沿y方向传播，z方向是外场方向，则电磁波的电矢量在z-x平面，有平行于外场的分量和垂直于外场的分量

$$
\begin{aligned}
k_{//}^{2}&=\omega^{2}\varepsilon\left(1-\frac{4\pi\mathrm{i}}{\omega\varepsilon}\sigma_{zz}\right)\\
k_{\perp}^{2}&=\omega^{2}\varepsilon\left(1-\frac{4\pi\mathrm{i}}{\omega\varepsilon}\left(\sigma_{xx}+\frac{\sigma_{xy}^{2}}{\sigma_{xy}+\mathrm{i}\omega\varepsilon/4\pi}\right)\right)
\end{aligned}
\tag{4.251}
$$

它与复折射率$\boldsymbol{n}=n-\mathrm{i}\kappa$关系由下式

$$
\begin{aligned}
\boldsymbol{k}&=\left(\frac{\mathrm{i}\omega}{c}\right)(n-\mathrm{i}\kappa)\\
(n-\mathrm{i}\kappa)&=-\frac{\mathrm{i}c\boldsymbol{k}}{\omega}
\end{aligned}
\tag{4.252}
$$

于是

$$
\begin{aligned}
\varepsilon_{\pm}&=\mu\varepsilon\left(1-\frac{4\pi\mathrm{i}}{\omega\varepsilon}\sigma_{\pm}\right)\\
k_{//}^{2}&=c\varepsilon\left(1-\frac{4\pi\mathrm{i}}{\omega\varepsilon}\sigma_{zz}\right)\\
k_{\perp}^{2}&=c\varepsilon\left(1-\frac{4\pi\mathrm{i}}{\omega\varepsilon}\left(\sigma_{xx}+\frac{\sigma_{xy}^{2}}{\sigma_{xy}+\mathrm{i}\omega\varepsilon/4\pi}\right)\right)
\end{aligned}
\tag{4.253}
$$

电子从电磁波吸收功率为

$$P=\frac{1}{2}\mathrm{Re}(\boldsymbol{J}\cdot\boldsymbol{E}^*)=\frac{1}{2}\mathrm{Re}(\boldsymbol{\sigma}\cdot\boldsymbol{E}^*\cdot\boldsymbol{E}^*) \tag{4.254}$$

对于线偏振光上式为

$$P=\frac{1}{2}E_{0x}^2\sigma_{xx}^R=\frac{1}{2}E_{0x}^2\sigma_0\,\mathrm{Re}\left(\frac{1+\mathrm{i}\omega\tau}{(1+\mathrm{i}\omega\tau)^2+\omega_c^2\tau^2}\right) \tag{4.255}$$

功率相对吸收率为

$$\frac{P}{P_0}=\frac{1+(\omega^2+\omega_c^2)\tau^2}{(1+(\omega^2+\omega_c^2)\tau^2)^2+4\omega^2\tau^2} \tag{4.256}$$

P_0为$\omega=\omega_c=0$时，即无电磁波时的吸收功率，此式由 Lax 等(1954)先行推出，其中$\omega_c=\dfrac{eB}{m^*c}$为回旋频率。式(4.256)可以改写成

$$\frac{P}{P_0}=\frac{1+\omega_c^2\tau^2\left(\dfrac{\omega^2}{\omega_c^2}+1\right)}{\left[1+\omega_c^2\tau^2\left(1-\dfrac{\omega^2}{\omega_c^2}\right)\right]^2+4\omega^2\tau^2\dfrac{\omega^2}{\omega_c^2}} \tag{4.257}$$

图 4.47 为不同$\omega_c\tau$时，相对吸收率对频率的曲线。可见，当$\omega_c\tau>1$时，可以出现吸收峰，峰位出现在$\omega/\omega_c=1$处，这也就是回旋共振。在实验上确立了ω_c就可以获得有效质量m^*。

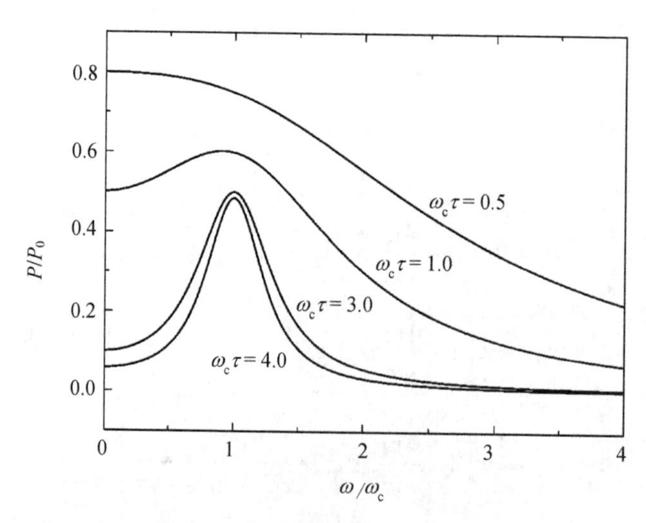

图 4.47 相对吸收率和频率的关系

在实验上按照图中横坐标进行扫描，通常是固定磁场，扫描频率或波长。实验上也常常采用远红外激光，固定波长，扫描磁场。对式(4.257)可以相对吸收率对磁场(或换算成ω/ω_c)作图，见图 4.48 所示，同样可在实验上发现回旋共振的吸收峰，确定发生共振峰的磁场 B(或ω_c)就可以获得有效质量 m^*。

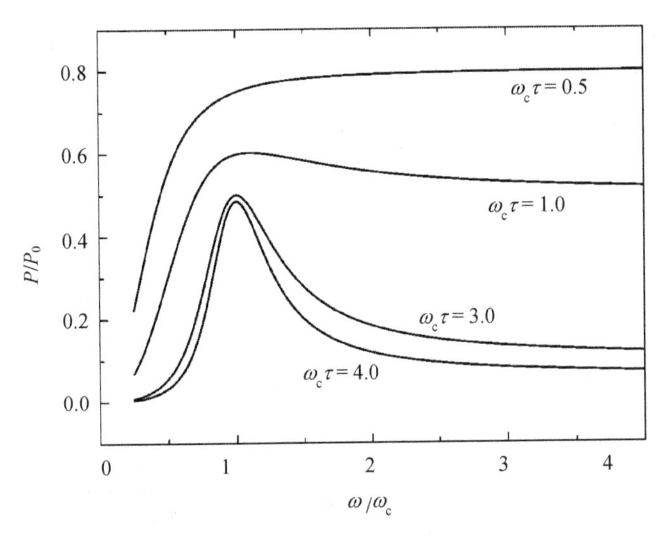

图 4.48　相对吸收率和磁场的关系

在磁场中载流子有效质量 m^*反映了磁场中半导体能带结构的信息。此外利用电导率张量表达式(4.240)，可以推导吸收系数。当 $k//B$，光波矢平行于磁场，为法拉第位形。从(4.250)此时有

$$(n_\pm - \mathrm{i}k_\pm)^2 = \mu\varepsilon_\infty\left(1-\frac{\omega_\mathrm{p}^2}{\omega\mp\omega_\mathrm{c}-\mathrm{i}/\tau}\right) \tag{4.258}$$

式中：ω_p为等离子振荡反射边，由式(4.215)表示。

在 $n^2\gg k^2$ 情况下，对于非磁性材料，有

$$n_\pm^2 = \varepsilon_\infty\left[1-\frac{\omega_\mathrm{p}^2(\omega\mp\omega_\mathrm{c})}{(\omega\mp\omega_\mathrm{c})^2+\left(\frac{1}{\tau}\right)^2}\right] \tag{4.259}$$

当$\omega\gg\tau^{-1}$、ω_c时

$$n_\pm^2 = \varepsilon_\infty\left(1-\frac{\omega_\mathrm{p}^2}{\omega}\frac{1}{\omega\mp\omega_\mathrm{c}}\right) \tag{4.260}$$

$$(2nk)_{\pm} = \varepsilon_{\infty} \frac{\omega_{\mathrm{p}}^{2}}{\omega} \frac{\frac{1}{\tau}}{\frac{1}{\tau^{2}} + \left(\omega \mp \omega_{\mathrm{c}}\right)^{2}} \tag{4.261}$$

式(4.261)的意义是，当光波矢平行于磁场时，光分解为左旋、右旋两支圆偏振光。它们具有不同的折射率，在介质中具有不同的速度。于是从介质中出射时偏振面会产生旋转。

同时，对左右圆偏振光在非磁介质中的吸收系数为

$$\alpha_{\pm} = \frac{2\omega}{c} k_{\pm} \approx \frac{4\pi}{nc}\left(\sigma_{xx}^{R} + \sigma_{xy}^{I}\right) \tag{4.262}$$

或写为

$$\alpha_{\pm} = \frac{\varepsilon_{\infty}}{nc} \cdot \frac{\omega_{\mathrm{p}}^{2} \frac{1}{\tau}}{\frac{1}{\tau^{2}} + \left(\omega \mp \omega_{\mathrm{c}}\right)^{2}} \tag{4.263}$$

由公式可见只有对于α_{-}支(右圆偏振光)，且当$\omega = \omega_{\mathrm{c}}$时可能出现极值，即发生回旋共振，而对于$\alpha_{+}$支不会出现极值，即不发生回旋共振。

在 Plasma 边附近$n_{\pm} = 0$，有

$$\omega^{2} \mp \omega\omega_{\mathrm{c}} - \omega_{\mathrm{p}}^{2} = 0 \tag{4.264}$$

解为

$$\omega = \frac{1}{2}[\pm\omega_{\mathrm{c}} + (\omega_{\mathrm{c}}^{2} + 4\omega_{\mathrm{p}}^{2})^{1/2}] \tag{4.265}$$

在回旋共振实验中，如果是透射模式，为了使光能穿透样品，要求$\omega_{\mathrm{c}} \gg \omega_{\mathrm{p}}$，此时解为

$$\omega \approx \omega_{\mathrm{c}} + \frac{\omega_{\mathrm{p}}^{2}}{\omega_{\mathrm{c}}^{2}} \tag{4.266}$$

表示 Plasma 项将会稍微移动回旋共振频率的位置。在$\omega_{\mathrm{c}} \ll \omega_{\mathrm{p}}$情况下，有

$$\omega_{\pm} \approx \omega_{\mathrm{p}} \pm \frac{1}{2}\omega_{\mathrm{c}} + \frac{\omega_{\mathrm{c}}^{2}}{8\omega_{\mathrm{p}}} \tag{4.267}$$

表明会引起 Plasma 边的分裂，裂距约为ω_{c}大小的数量级。从 Plasma 边的分裂测量裂距也可得到ω_{c}，从而计算有效质量m^{*}。

如果光波矢垂直于磁场，$k\perp B$，有两种可能的情况，一种使电场矢量平行于B，$E/\!/B$，此时在前面关于光学常数的推导中，有

$$(n-\mathrm{i}k)_{/\!/}^{2}=\varepsilon_{\infty}\left[1-\frac{\omega_{\mathrm{p}}^{2}}{(\omega-\mathrm{i}/\tau)\omega}\right] \tag{4.268}$$

当$\omega\tau\ll 1$，有

$$(n-\mathrm{i}k)_{/\!/}^{2}=\varepsilon_{\infty}[1-\omega_{\mathrm{p}}^{2}/\omega^{2}] \tag{4.269}$$

式(4.269)与无磁场情况下等离子振荡情况一样，因为此时电子在电场下的运动正好沿着磁场方向，电子不受到洛伦兹力的作用。而在电场矢量垂直于 $B(E\perp B)$的情况下，对于$\omega\tau\gg 1$，有

$$n_{\perp}^{2}\approx\varepsilon_{\infty}\left[1-\frac{\omega_{\mathrm{p}}^{2}}{\omega^{2}}\left(\frac{\omega^{2}-\omega_{\mathrm{p}}^{2}}{\omega^{2}-\omega_{\mathrm{p}}^{2}-\omega_{\mathrm{c}}^{2}}\right)\right] \tag{4.270}$$

在 Plasma 边附近$n_{\perp}=0$，于是

$$\omega^{4}-(2\omega_{\mathrm{p}}^{2}+\omega_{\mathrm{c}}^{2})\omega^{2}+\omega_{\mathrm{p}}^{4}=0 \tag{4.271}$$

则有

$$\omega_{\pm}^{2}=\omega_{\mathrm{p}}^{2}+\frac{\omega_{\mathrm{c}}^{2}}{2}\pm\frac{1}{2}\omega_{\mathrm{c}}\sqrt{\omega_{\mathrm{c}}^{2}+4\omega_{\mathrm{p}}^{2}} \tag{4.272}$$

于是等离子振荡边将会分裂成两支，测量裂距可以获得 ω_{c}，从而可以确定有效质量 m^{*}。

以上讨论是近似的分析在磁场下等离子振荡边会出现分裂的现象。根据折射系数的表达式，还可以对反射光谱进行拟合计算，可进一步得到弛豫时间 τ。

在很长的波段，$\omega\ll\omega_{\mathrm{c}}$，可观察到所谓螺旋波现象(helicon 波)，在式(4.260)中，如果$\omega\ll\omega_{\mathrm{c}}$，有

$$n_{\pm}^{2}\approx\varepsilon_{\infty}\left(1\mp\frac{\omega_{\mathrm{p}}^{2}}{\omega\omega_{\mathrm{c}}}\right) \tag{4.273}$$

对n_{-}模式式中右边，括号中取正，(n_{+}模式取为负)，相速度为

$$v_{\mathrm{p}}=\frac{\omega}{k}=\frac{c}{n_{-}}\approx\frac{c}{\omega_{\mathrm{p}}}(\omega\omega_{\mathrm{c}})^{1/2} \tag{4.274}$$

把ω_p与ω_c代入有

$$v_p = \sqrt{\frac{c\varepsilon_\infty}{4\pi N_e}}\sqrt{\omega B} \tag{4.275}$$

可见，与有效质量m^*无关。如果有两种数目相等的载流子$N_1 = N_2 = N$，有效质量分别为m_1和m_2，就有

$$n_\pm^2 \approx \varepsilon_\infty \left[1 - \frac{\omega_{p_1}^2}{\omega\left(\omega \pm \omega_{c_1}\right)} - \frac{\omega_{p_2}^2}{\omega\left(\omega \pm \omega_{c_2}\right)}\right] \tag{4.276}$$

如果$\omega \ll \omega_{c_1}$、ω_{c_2}

$$n_\pm^2 \approx \varepsilon_\infty \left[1 + \frac{4\pi N}{\varepsilon B^2}\left(m_1 + m_2\right)\right] \tag{4.277}$$

这种情况下传播的波是 Alfven 波。最早关于 InSb 材料和 HgCdTe 材料 Helicon 波和非共振回旋吸收的实验研究结果，可以参考文献(Wiley et al.　1969a，1969b)。

此外，Faraday 早在 1845 年就发现，当光沿着磁场方向通过玻璃时，偏振面旋转的现象。1906 年 Lorentz 给出了物理解释，每单位长度偏振面的转角为

$$\theta = \frac{\omega}{2c}(n_- - n_+) \tag{4.278}$$

n_-和n_+是材料对于左旋偏振和右旋偏振的折射率。

由于$n_+^2 - n_-^2 = (n_+ + n_-)(n_+ - n_-) \approx 2n(n_+ - n_-)$，$n$为$n_-$和$n_+$的平均值。假定$\omega\tau \gg 1$，$\omega \gg \omega_c$，$n^2 \gg k^2$，就可以推得

$$\theta = \frac{2\pi}{nc}\frac{Ne^2}{m^*}\left(\frac{\omega_c}{\omega^2}\right) = \frac{2\pi e^3 NH}{nc^2 m^{*2}\omega^2} \tag{4.279}$$

如果材料的折射率n和载流子浓度N已知，测量的角频率为ω的光在磁场H方向上通过单位距离的偏转角度θ，就可以求出m^*。

4.6　材料的光学表征

利用材料光学性质的规律，可以对材料进行表征。本章第五节中已经讨论过材料的椭圆偏振光谱用于材料组分的分析和表面分析，讨论过根据自由载流子吸收规律分析外延薄膜的组分分布、载流子浓度、夹杂等问题。实际上在发现规律以后都可以用于某一方面性质的表征。对于三元半导体碲镉汞，确定组分是一个

重要问题。在 4.5 节中曾经采用椭偏偏振光谱，测量 E_1 临界点能量，根据 E_1 和组分 x 的关系，来确定碲镉汞的组分。这里主要讨论用红外光吸收方法确定组分的问题。

4.6.1 用红外光吸收法测定 $Hg_{1-x}Cd_xTe$ 组分

测定窄禁带半导体材料 $Hg_{1-x}Cd_xTe$ 的组分是一项很有实际意义的工作。人们曾采用各种方法来测定 $Hg_{1-x}Cd_xTe$ 的组分，如密度法、电子探针法、截止波长法、调制反射光谱法、霍尔系数法等(Dornhaus et al. 1976，Schmit et al. 1969，钟桂英等 1983)。这里介绍采用测量本征吸收光谱的方法，先测定 $Hg_{1-x}Cd_xTe$ 样品的禁带宽度 E_g，再根据 E_g 与组分 x 的关系(褚君浩等 1982，Chu et al. 1983)来确定 x。根据禁带宽度与组分的表达式可以确定组分。问题是首先要确定禁带宽度能量。在红外透射光谱中如何确定禁带宽度，不同的作者有不同的方法。

$Hg_{1-x}Cd_xTe$ 样品的本征吸收光谱包括 Urbach 指数吸收边(褚君浩等 1982，Chu et al. 1983，Finkman et al. 1979)和比较平坦的本征吸收带，两者是衔接在一起的。吸收边是由于价带到导带以下的一些态的跃迁引起的，本征吸收带则是由价带到导带的跃迁引起的。因此，E_g 应出现在吸收边终了、吸收曲线斜率开始改变、曲线开始变得平坦的部分对应的光子能量位置。利用本征吸收光谱确定 E_g，需要对 $Hg_{1-x}Cd_xTe$ 薄样品进行测量，要求样品厚度为 10μm 左右，才能在吸收光谱上出现转折，从而确定 E_g。如果对于待测组分的样品，也采用这种方法先测定 E_g，再计算它的 x 值，就没有实际意义了。因此，对于不同组分的样品，需要实现判定其吸收光谱转弯处发生在吸收系数为多少的地方，即应先判定 $\alpha(E_g)$ 的值。然后对厚样品进行测量，把测得的吸收边外推到 $\alpha(E_g)$ 处，就可确定禁带宽度 E_g，从而确定 x 的值。

根据本章 4.3 节，$\alpha(E_g)$ 与 x 的关系可用公式表示为

$$\alpha(E_g) = 500 + 5600x \tag{4.280}$$

此式将作为我们用红外光吸收法测定 300 K 时禁带宽度以计算 x 的实验依据。

由 CXT 表达式(褚君浩等 1982，Chu et al. 1983)，禁带宽度与组分 x 和温度 T 的关系为

$$E_g(\mathrm{eV}) = -0.295 + 1.87x - 0.28x^2 + (6 - 14x + 3x^2)(10^{-4})T + 0.35x^4 \tag{4.281}$$

为了估算 x 的初值可以先略去式(4.220)中的 $0.35x^4$ 项，在 300K 时，有

$$x = 3.8158 - \sqrt{13.9547 - 5.263E_g} \ (300\mathrm{K}) \tag{4.282}$$

将待测 HgCdTe 样品两面研磨抛光，使其厚度约为 0.3~0.5mm。测量其透射

光谱，根据公式

$$T=\frac{(1-R)^2\mathrm{e}^{-ad}}{1-R^2\cdot\mathrm{e}^{-2ad}} \tag{4.283}$$

计算吸收系数，其中 R 可采用实验测量值，也可用公式计算(Baars 1972)

$$R=\left(\frac{n-1}{n+1}\right)^2$$

$$n=\sqrt{\varepsilon} \tag{4.284}$$

$$\varepsilon_\infty\approx 15.2-15.5x+13.76x^2-6.32x^3$$

这里的 x 的初值可由式(4.282)求出，取厚样品透射光谱中 $T=0.005$ 所对应的光子能量作为 E_g 的近似值，这样求得的 x 也只是近似值。计算结果表明，R 对 x 的依赖程度是很小的。在 $\lg\alpha\sim h\nu$ 坐标上画出吸收边，用 x 的近似值，根据式(4.280)把吸收边延长到 $\alpha(E_g)$ 处，对应的能量为 E_g(300K)的初值。由式(4.282)计算 x，再代入式(4.280)求出较精确的 $\alpha(E_g)$，并确定 E_g(300K)的较精确的值，然后将 $E_g(300\text{K})-0.35x^4$ 代替式(4.282)中 E_g(300K)，这样就能较精确地确定样品组分，精度可达0.001。采用小光孔装置或聚焦装置，对样品上 ϕ1mm 的小区域进行测量，可测定样品的组分均匀性。

以下是对厚度 $d=0.43$mm 样品进行的实际测量。用 ϕ2mm 小光孔对样品上三个区域测定透过率曲线(如图 4.49 所示)，由透射光谱估算 $x\approx 0.2$。分别算得它们的吸收边如图 4.49 所示。将 $x\approx 0.2$ 代入式(4.280)，得 $\alpha(E_g)=1620\text{cm}^{-2}$，把吸收边延长至 1620cm^{-2} 处，该处所对应的光子能量即为 E_g 的较精确值，再由式(4.282)解得 x 的较精确值。重复上述计算，求得三个区域的组分(如图 4.50 中左上方插图所示)分别为：$x_1=0.208$、$x_2=0.216$、$x_3=0.204$。用扫描电镜测得该样品组分 $\bar{x}=0.206$。

采用这种方法测定组分的优点是直接根据样品对红外辐射的响应进行测量，因此所得的组分值比较可靠，并可测定组分的均匀性。通过测得的吸收光谱还可大致判定样品的质量，从所得吸收边的陡度可定性判定光斑范围内组分均匀性。吸收边越陡，表明组分越均匀；吸收边下方最低吸收系数值由自由载流子吸收决定，该处吸收系数越小，即最大透过处透射率越大，说明自由载流子浓度越低，样品质量越好。

该方法的一个重要前提是能够在光谱上看到 Urbach 吸收边，这是外推的基础。因此这种方法仅限于测定厚度为 0.5mm 以下样品的组分。另外，对于自由载流子吸收较大、质量较差的样品，由于透射比很小，不易获得平直的吸收边，难于将吸收边外推到 $\alpha(E_g)$ 处以确定 E_g，因此这一方法只对质量较好的样品较为有效。对于质量较差的样品，需要将样品进一步研磨薄到 0.2mm 左右，使其吸收光谱上出现平直的吸收边，才能进行外推，进而测定其组分值。

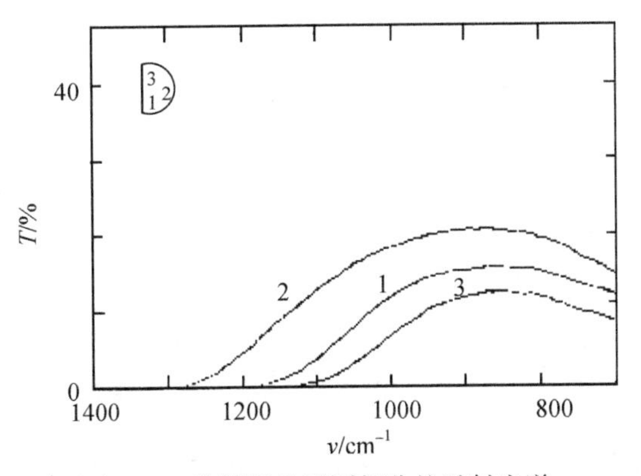

图 4.49　待测样品不同部分的透射光谱

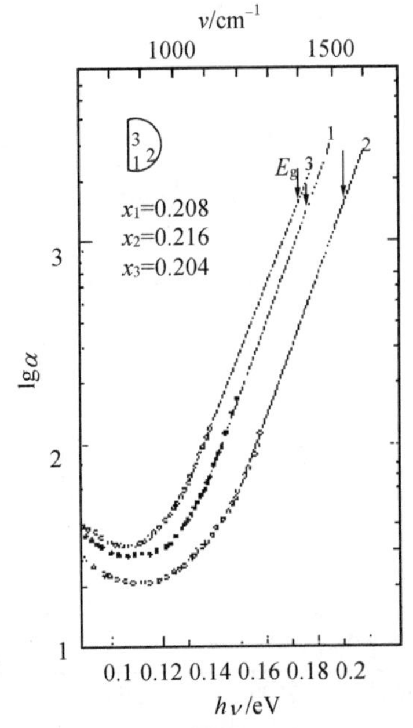

图 4.50　样品上不同部分的吸收边和组分值

另外一种计算程序是采用拟合透射光谱的方法来确定组分，方法如下：

若实验测得样品正入射反射率为 R 和透射率 T 则

$$T=\frac{(1-R)^2\mathrm{e}^{-\alpha d}}{1-R^2\mathrm{e}^{-2\alpha d}} \tag{4.285}$$

式中：d 是样品厚度，α 是吸收系数。在 $E<E_g$ 吸收边附近

$$\alpha = \alpha_0 \exp[\delta(E - E_0) / k_B T] \tag{4.286}$$

这里

$$\begin{aligned}
&\ln \alpha_0 = -18.5 + 45.68x \\
&E_0 = -0.355 + 1.77x \\
&\delta / k_B T = (\ln \alpha_g - \ln \alpha_0) / (E_g - E_0) \\
&\alpha_g = -65 + 1.88T + (8694 - 10.31T)x \\
&E_g(x,T) = -0.295 + 1.87x - 0.28x^2 + 10^{-4}(6 - 14x + 3x^2)T + 0.35x^4
\end{aligned} \tag{4.287}$$

对于薄样品拟合还可扩展到 $E > E_g$ 范围，在 $E > E_g$ 附近(Chu　1994)

$$\alpha = \alpha_g \exp[\beta(E - E_g)]^{1/2} \tag{4.288}$$

式中

$$\beta(T, x) = -1 + 0.083T + (21 - 0.13T)x \tag{4.289}$$

样品组分通过最小平方拟合实验透射曲线获得(图 4.51)。

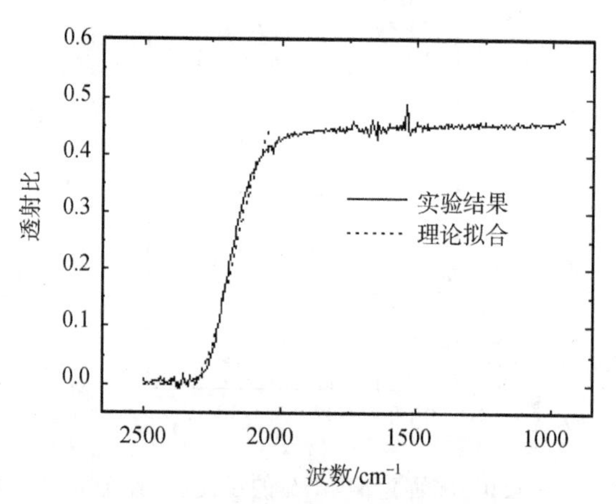

图 4.51　实验透射曲线及组分拟合

拟合只对吸收边附近进行，没有考虑自由载流子吸收的影响。拟合实验测得的透射曲线吸收边部分就可以获得样品的平均组分。对于图 4.50 所示曲线拟合透射率曲线获得样品组分 $x = 0.309$。

以上是对于组分均匀的样品。如果样品的组分不均匀，就要在拟合过程中考虑到非均匀的影响，通过拟合可确定非均匀性。

4.6.2 $Hg_{1-x}Cd_xTe$ 组分 x 的横向均匀性

$Hg_{1-x}Cd_xTe$ 组分的横向均匀性是研制焦平面列阵红外探测器的重要问题之一，采用小光斑测量 $Hg_{1-x}Cd_xTe$ 样品的透过曲线可以确定该小光斑面积内样品的组分，逐点扫描样品全面积就可以获得该样品的组分均匀性(褚君浩 1985)，但这一方法比较复杂。也可以用一种更简易的方法，即利用 $Hg_{1-x}Cd_xTe$ 室温下大光斑透射光谱，根据 $Hg_{1-x}Cd_xTe$ 吸收边规律，来定量地判定样品的组分及其均匀性，从而可以方便地利用计算软件来确定样品的组分 x 和均方偏差 Δx。

$Hg_{1-x}Cd_xTe$ 的吸收边规律是该方法的理论依据。通过测量 $Hg_{1-x}Cd_xTe$ ($x = 0.17\sim0.443$)薄样品在不同温度下($T = 4.2\sim300$K)的吸收边，获得 $Hg_{1-x}Cd_xTe$ 吸收边所遵循的 Urbach 指数规律的定量表达式(Chu 1991，1992)，得出这一经验规律所用的样品是几个μm 到 20 μm 厚度的体材料薄样品，因而样品的纵向组分是均匀的。采用电子探针测量组分的横向均匀性，可知样品在ϕ3~4mm 的光斑面积内，$\Delta x_i \approx 0.001$。图 4.52 表示一个 $x = 0.200$ 的 $Hg_{1-x}Cd_xTe$ 样品的组分分布。在样品全面积内，组分的均方差为 $\Delta x_i = 0.001$(褚君浩 1984)。因而用这些组分近似均匀的样品进行实验，总结出的倾斜的吸收边的规律基本上不包括组分非均匀性的贡献，而是由于晶格无序、杂质缺陷等原因造成的。这一规律一方面可以用来作为理论研究结果的比较标准，另一方面又可以作为判断其他样品组分均匀性的标准。因为，对于一般材料样品，如果假定样品在厚度方向上组分是均匀的，仅由于光斑面积内横向组分的非均匀性会引起倾斜的吸收边变得更倾斜，反映了测量光斑面积内样品由不同组分的 $Hg_{1-x}Cd_xTe$ 组成。通过分析测量得到的吸收边，

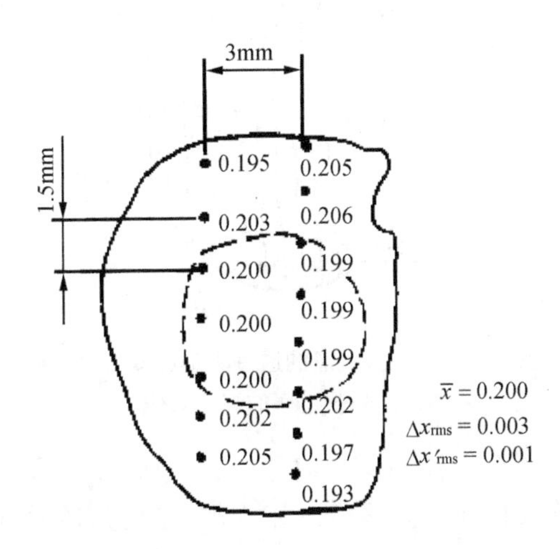

图 4.52 电子探针测量的 $Hg_{1-x}Cd_xTe(x = 0.200)$样品的组分分布，在$\phi$3~4mm 的光斑面积内 $\Delta x_i = 0.001$

可以推导出待测样品光斑面积内组分的不均匀程度。

为了定量描述 $Hg_{1-x}Cd_xTe$ 样品的组分不均匀性的程度，需要引进组分分布函数，由此可以知道组分的平均值及其离散情况。根据大多数 $Hg_{1-x}Cd_xTe$ 样品的电子探针测量结果分析，可以假定样品的横向组分分布服从对数正态分布为

$$f(x)=\frac{1}{\sqrt{2\pi}\sigma x}\exp\left[\frac{-(\ln x-\mu)^2}{2\sigma^2}\right] \tag{4.290}$$

式中：σ 和 μ 是决定样品的均方差 Δx_c 和平均组分 x 的两个参数。

测量一个样品在大光斑面积范围内的透过率 T，是许多微区面积 A_i 范围内样品透过率 T_i 的综合效应(参见图 4.53)。将每一小范围 A_i 内样品组分看作为均匀的，分布在 x_1 到 x_2 范围内，从而总的透过率为

$$\overline{T}(E)=\int_{x1}^{x2} f(x)T_i(E,x)\mathrm{d}x \tag{4.291}$$

式中

$$T_i(E,x)=\frac{[1-R(x)]^2\exp[-\alpha(E,x)\cdot d]}{1-R(x)^2\exp[-2\alpha(E,x)\cdot d]} \tag{4.292}$$

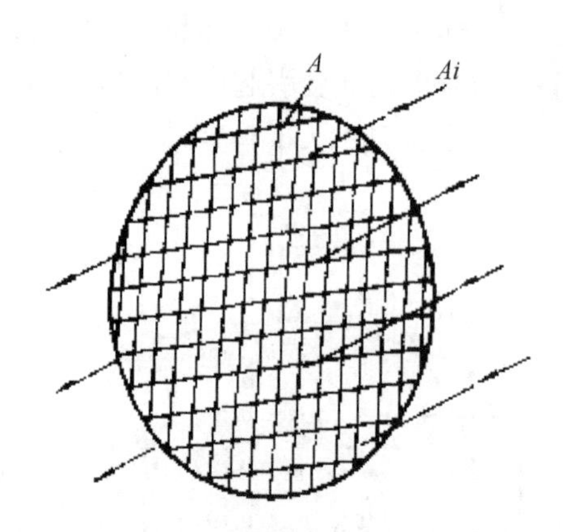

图 4.53 样品大光斑的透过率是许多微区面积内样品透过率的综合效应

是第 i 个小面积样品的透过率。式中，d 是样品的厚度；E 是光子能量；吸收系数和反射率 R 都是组分 x 的函数。这里，由于感兴趣的是透射边，在这一光谱范围内的吸收系数应由描述 $Hg_{1-x}Cd_xTe$ 吸收边的公式来计算，即由文献(Chu 1991，1992)所给出的吸收边计算公式来计算。反射率 R 可由高频介电函数所决定的折射率计算。采用公式(4.290)~式(4.292)就可以计算得到透射边。

根据上述模型，调节组分分布参数μ和σ，通过计算透射边以拟合实验测量到的透射光谱中的透射边部分，就可以确定样品的平均组分及均方差。计算时积分上下限x_1和x_2可以根据分布函数$f(x)$的极大值$f_{\max}(x)$的某个百分数η来确定，η可取1%或其他值，解出x_1和x_2的值分别为

$$x_{1,2} = \exp\left[\left(\mu - \frac{\sigma^2}{2}\right) \pm \sqrt{\left(\mu - \frac{\sigma^2}{2}\right)^2 - (\mu^2 - 2\mu\sigma^2 + 2\sigma^2 \ln \eta)}\right] \tag{4.293}$$

原则上x_1、x_2也可以任意选择远离x_0的两个值，这样可采用数值积分法计算样品的平均透过率。图4.54(a)是某样品的透射光谱，实线是测量曲线，圆点为拟合计算结果。根据拟合计算结果确定分布参数μ和σ，可知样品在测量光斑面积内的组分分布情况，平均组分及均方差，如图4.54(b)所示。从图中可见，该样品的透射光谱拟合结果表明平均组分为$x_0 = 0.193$，均方差为$\Delta x_c = 0.0049$。

由于在本项计算中所用的有关吸收边计算的经验公式是根据$\Delta x_i = 0.001$的样品测量结果总结出来的，即所用的标准并不是组分绝对均匀的结果。因此，采用以上计算方法所获得的组分均方偏差还不能反映样品的实际组分均方偏差。实际的组分均方差的上限应为以上拟合计算所得值Δx_c与Δx_i的叠加，即

$$\Delta x \le \Delta x_c + \Delta x_i \tag{4.294}$$

对于图4.54所示样品，实际组分均方差应为$\Delta x \approx 0.0059$。这一结果与该样品电子探针的测量结果是一致的。

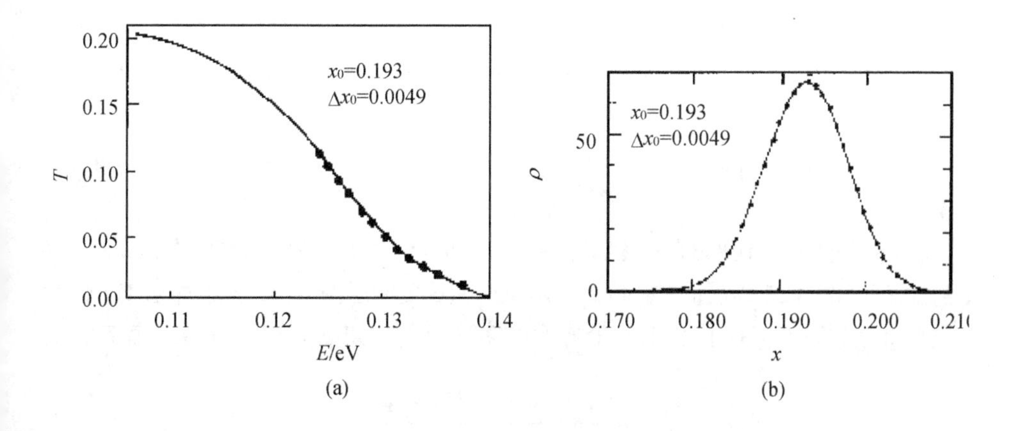

图 4.54　(a) $Hg_{1-x}Cd_xTe$样品的透射光谱(实线)和拟合计算结果(圆点)；(b) 样品组分的概率分布

在以上讨论中假定样品在厚度方向上组分是均匀的。这对体材料来说是很好

的近似。同时，纵向组分不均匀对透射光谱的影响具有新的特征，因而不影响以上讨论。但是对于 $Hg_{1-x}Cd_xTe$ 外延测量，如液相外延、分子束外延、金属有机化合物气相沉淀等方法生长的薄膜材料，这是一个不可忽略的因素。

4.6.3 $Hg_{1-x}Cd_xTe$ 外延薄膜的纵向组分分布

$Hg_{1-x}Cd_xTe$ 外延薄膜已成为制造红外探测器的主要材料。外延材料和体单晶相比，不仅位错密度低、缺陷少，而且横向组分的均匀性好。然而，由于 HgCdTe 与 CdTe 衬底间化学势不平衡，生长过程中组元间的扩散无法克服，造成外延材料纵向组分不均匀，影响器件的工作性能(Edward 1984)。因此，必须有一种简单有效的方法来检验 $Hg_{1-x}Cd_xTe$ 薄膜材料的纵向组分分布以及包括横向和纵向组分分布状况。

有些常用的检测样品组分的方法如 SIMS(Bubulac 1992)、电子探针等，需要样品解理，台面腐蚀(Price 1994)刻蚀处理，这些破坏性测量手段不适用于器件制备。采用室温红外透射光谱来判定样品组分的均匀性(Price 1993，Chu 1983，褚君浩 1992，Hougen 1989，Gopal 1992)，具有非破坏性及快速简便的特点。同样可以检测 MBE、MOCVD 及 LPE 等外延薄膜的组分分布。

$Hg_{1-x}Cd_xTe$ 的本征吸收边规律是计算的理论依据。如果在入射光照面积内样品的组分不均匀，则会使吸收边变倾斜，本征吸收区的形状也会改变。分析测量得到的吸收边和本征吸收光谱，可推导出待测样品光照面积内组分的不均匀程度。

对于具有 $Hg_{1-x}Cd_xTe$ 双层结构的外延样品，当一束光照射到其表面时，存在空气/外延层(下标 1)、外延层/CdTe 衬底(下标 2)、衬底/空气(下标 3)3 个界面的多次反射(Hougen 1989)，总的透过率 $T_{1,3}$ 为

$$T_{1,3} = \frac{(1-R_1)(1-H)T_{2,3}a_1}{1-R_1(1-H)R_{2,3}(a_1)^2} \tag{4.295}$$

式中：a_1 表示外延层的吸收率，T 为透过率，R 为反射率，可由折射率公式(Liu 1994)求得。

对于具有 HgCdTe/CdTe/GaAs 三层结构的样品，如 MBE、MOCVD 薄膜，必须考虑空气/MCT 外延层(下标 1)、外延层/CdTe 缓冲层(下标 2)、缓冲层/GaAs 衬底(下标 3)、衬底/空气(下标 4) 4 个界面的多次反射，如图 4.55。总透射率 $T_{1,4}$ 为

$$T_{1,4} = \frac{(1-R_1)(1-H)T_{2,4}a_1}{1-R_1(1-H)R_{2,4}(a_1)^2} \tag{4.296}$$

式(4.295)和式(4.296)中的参量 H 表示入射光在外延层表面的损失，在计算过程中作为一个变量，通过调节 H 使计算曲线与实测透过率的最大值处相等。

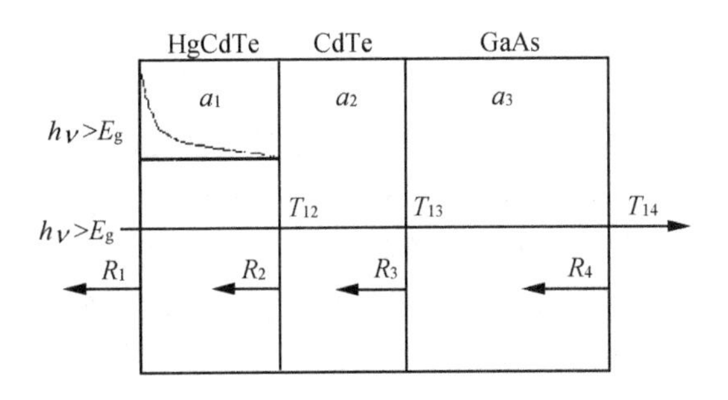

图 4.55　HgCdTe/CdTe/GaAs 三层结构的吸收、反射和透射示意图

由于 $Hg_{1-x}Cd_xTe$ 外延层的纵向组分不均匀，该层的吸收应与不同位置处的组分值 $x(z)$有关，即

$$\alpha_{\mathrm{MCT}}(k,T)d=\int_0^d \alpha[k,T,x(z)]\mathrm{d}z \tag{4.297}$$

式中：α为 $Hg_{1-x}Cd_xTe$ 的吸收系数，d 为外延层的厚度，k 为波数，T 为温度。众所周知，$Hg_{1-x}Cd_xTe$ 的吸收曲线是由 Urbach 吸收带尾和 Kane 区的本征吸收组成的。$Hg_{1-x}Cd_xTe$ 的本征吸收边符合 Urbach 吸收规则(Chu　1992)

$$\alpha=\alpha_0\exp[\delta(E-E_0)/k_{\mathrm{B}}T] \tag{4.298}$$

式中各参数的定义见式(4.287)。Kane 区本征吸收系数与能量也满足一种指数依赖关系(Chu　1994)

$$\alpha=\alpha_{\mathrm{g}}\exp[\beta(E-E_{\mathrm{g}})]^{1/2} \tag{4.299}$$

式中：$\beta(T,x)=-1+0.083T+(21-0.13T)x$ 。

假设不考虑外延样品横向组分的不均匀性，其纵向组分的分布可以写为

$$x(z)=\frac{1-(x_s+sd)}{1+4(z/\Delta z)^2}+(x_s+sd)-sz \tag{4.300}$$

式中：z 是外延层离开衬底的距离；x_s、s、Δz 是拟合参数，这 3 个参数不是完全独立的；x_s 与外延层组分有关；Δz 是与过渡层宽度有关的参数，主要影响透射光谱上 0~10%$T_{\max}$ 的区域；s 与外延层组分的纵向变化率有关，可由 30%~80%$T_{\max}$ 处透射曲线的斜率决定。

将式(4.297)~式(4.300)代入式(4.295)或式(4.296)，可求出外延层样品的透过率，在计算过程中可不断调节式(4.300)中的参数 x_s、s、Δz 及公式(4.295)和式(4.296)中的 H，使计算结果与实测的透过曲线吻合。一旦二者完全重合，参数 x_s、s、Δz

也就确定，外延层组分的纵向分布便可由式(4.300)求得，整个拟合过程可以通过计算机程序实现。

实际拟合过程中，有时候会发生这样的情况：即无论怎样调节 x_s、s、Δz 的值，计算曲线均不能与实验数据完全符合，这是由样品的横向组分不均匀所致(褚君浩 1992，Gopal 1992，Li 1995)。在式(4.300)中没有计及横向组分的影响，而实际情况则必须同时考虑横向、纵向组分不均匀性的作用。假设 $Hg_{1-x}Cd_xTe$ 晶片组分的横向分布符合对数正态形式(褚君浩 1992)，则外延层中距界面 z 处的组分为

$$f(x)=\frac{1}{\sqrt{2\pi}\sigma x(z)}\exp\left\{\frac{-\{\lg[x(z)]-x\}^2}{2\sigma^2}\right\} \tag{4.301}$$

式中：$f(x)$为组分分布的概率函数，x 为实际组分，σ 为反映组分分布离散性的均方差。式(4.301)说明在 $x(z)-2\sigma$ 到 $x(z)+2\sigma$ 区间组分分布的概率为 95.44%，可用于表征实际样品的组分分布。

实验分别选用 LPE、MBE 和 MOCVD 技术生长的薄膜样品，其厚度为 4~20μm。LPE 生长时用 CdTe 为衬底，MBE 及 MOCVD 生长则用 GaAs 衬底，在 GaAs 上先长一层约 5μm 的缓冲层，再外延 $Hg_{1-x}Cd_xTe$ 薄膜，为了更好地了解外延层中组分的纵向分布情况，一般选用横向组分均匀的样品。判断横向组分分布的简便方法就是用小光斑测量样品的透过率，看不同点处的透过曲线是否重合。

测试前，样品要经过有机溶剂清洗、溴甲醇腐蚀，并用去离子水冲洗。用红外分光光度仪测量样品的透过率，其精度可达 10^{-3}，光斑直径 ϕ=3mm。SIMS 测量，例如采用 CAMECA 公司生产的 IMS—3f 型仪器。为确保测量的精确性(特别是避免样品发热而引起 Hg 脱附现象)，使用低能量(10~12.5 keV)和低离子流密度(≈150 μA/cm^2)的一次 O_2^+离子束轰击样品表面，其对 $Hg_{1-x}Cd_xTe$ 层的刻蚀速率约为 0.8 μm/min。

图 4.56(a)、(b)、(c)为室温下 MBE、LPE 和 MOCVD 外延样品的透射光谱。图中圆点为实验数据，实线为式(4.295)~式(4.300)的拟合曲线，虚线是式(4.240)的计算结果，拟合所得的参数见表 4.15。对于 MBE 和 MOCVD 样品，测试的投射光谱中由干涉条纹，这将影响参量 H 的准确确定，但 H 值对实际组分分布并无影响。由图可知，对 MBE 样品拟合曲线(实线)与实验结果符合很好；而对 LPE 和 MOCVD 样品，仅考虑纵向组分变化的透射曲线(实线)还不能很好地说明实验结果，只有同时考虑横向组分的不均匀性(虚线)，计算值与实验点才能完全对应。为此，还用小光斑测量了不同样品的透过曲线，发现对 MBE 样品，不同测试点的透过率形状基本相同，其横向组分无甚变化；但对 LPE 及 MOCVD 样品，不同点处的透射曲线略有不同，即样品的横向组分存在不均匀性(褚君浩 1992，Gopal 1992)。

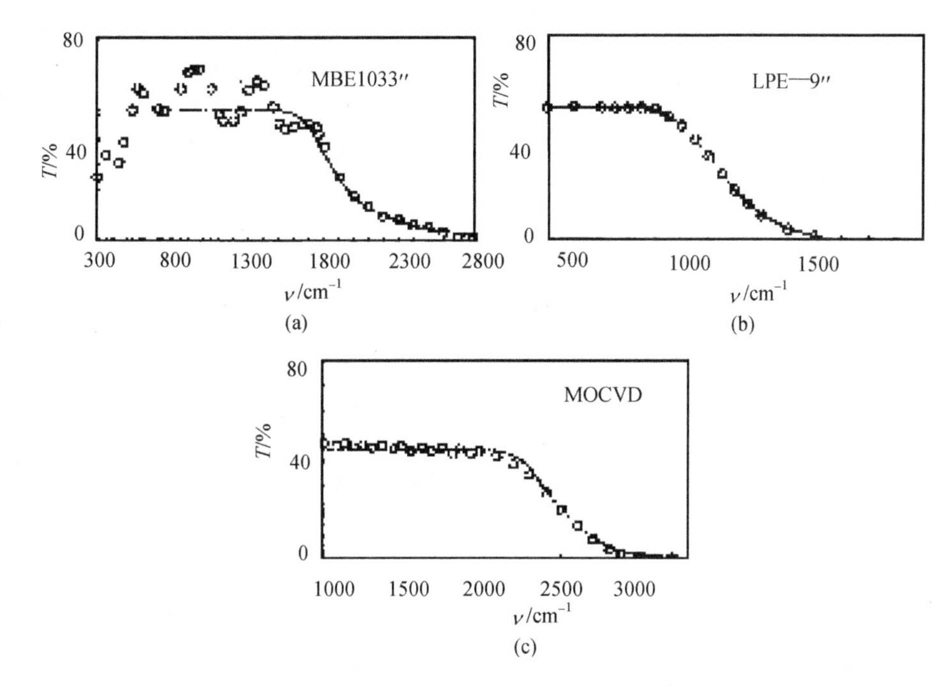

图 4.56　室温下(a)MBE、(b)LPE、(c)MOCVD 样品的透射光谱

通过拟合室温透过率便得到样品的组分分布。图 4.57 为图 4.56(a)中 MBE 样品的纵向组分分布曲线，图 4.57(a)为式(4.300)的计算结果，实线表示 Cd 含量分布，虚线为 Hg 含量。图 4.57(b)为 Hg 和 Te 含量的 SIMS 谱。N 为二次离子计数，t 为曝光刻蚀时间。其离子束对 $Hg_{1-x}Cd_xTe$ 外延层的刻蚀速率约为 0.8μm/min。样品的表面组分可由电子探针测量。由 SIMS 谱中 Te 含量的分布情况可知 CdTe/HgCdTe 的界面距表面约 4 μm，与用干涉条纹计算的外延层厚度相同。薄膜层表面对透射率的影响较大，由式(4.300)确定的表面组分值(0.239)与用电子探针测量的结果(0.2378)基本吻合。图 4.57 中表示由界面向薄膜表面方向算起的 Cd 的组分(实线)和 Hg 的组分(虚线)的变化关系，可见随着由表面向界面的靠近，外延层中的组分呈递增趋势，在 CdTe/HgCdTe 过渡区则迅速变化到 1，从图中可见由室温透射光谱拟合得到的过渡区宽度要比 SIMS 测量的结果略小一些。

图 4.58 为图 4.74(b)中 LPE 样品组分的空间分布(即同时考虑了组分的横向和纵向不均匀性)。图 4.58(a)为式(4.301)的计算结果，图 4.58(b)中实线为 SIMS 测量曲线，虚线为由式(4.300)计算的纵向组分。由 SIMS 谱可知 LPE 外延层的厚度约为 16 μm。根据式(4.301)计算的表面组分值为 0.186 ± 0.0015，而电子探针的测量结果为 0.1854，两者差别不大，由图 4.58 可知，计算得到的纵向组分分布曲线与 SIMS 测量结果基本符合。

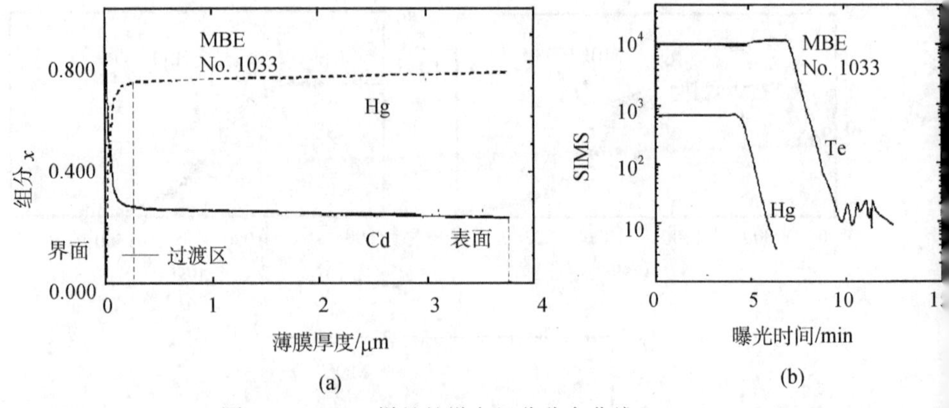

图 4.57 MBE 样品的纵向组分分布曲线

(a)计算结果；(b)Hg、Te 含量的 SIMS 谱

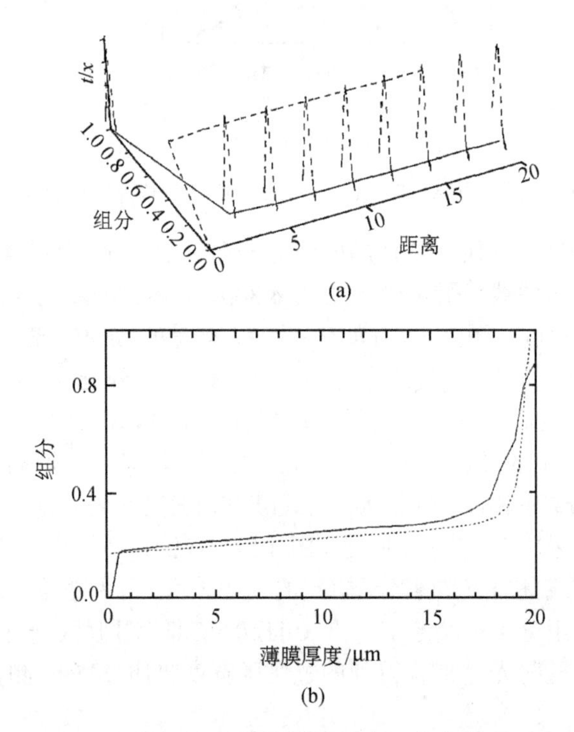

图 4.58 LPE 样品组分的空间分布

同样可获得MOCVD样品组分空间分布。由表4.13可知，样品在HgCdTe/CdTe界面的过渡区参数 $\Delta z = 0.4\mu\text{m}$，在该区内组分由 1 变到 0.466；在过渡区之外的生长方向，组分从 0.466 变到 0.289，组分的横向非均匀性 $\sigma = 0.005$。为与实验比较，我们用小光斑($\phi = 1$ mm)测量了大光斑内不同位置的室温透过率，并逐点进行拟合，发现其表面组分分别为 02892、0.2901、0.2884、0.2896，可见横向组分的离

散程度在模型给出的范围内。

表 4.13　MBE、LPE、MOCVD 样品的拟合参数

生长方法	表面组分	斜率	过渡区宽度	H	横向组分均方差
	x_s	S/(1/cm)	dz/μm		σ
MBE	0.2366	86	0.05	0	
LPE	0.176	51	0.08	0	0.0015
MOCVD	0.289	104	0.4	0.15	0.005

上述拟合模型也可对低温红外透射曲线进行拟合计算，结果是一致的。图 4.59 为外延样品在室温及液氮温度下的透射曲线，其中圆点为实验数据，实线为计算结果。计算时先根据室温透射光谱确定式(4.300)中的 x、s、Δz 值，然后只改变温度，令 $T = 77\text{K}$，代入式(4.295)~式(4.300)求出 77K 时的透射率，可见此时计算结果仍与实验符合，说明上述拟合模型可外推到低温情况。

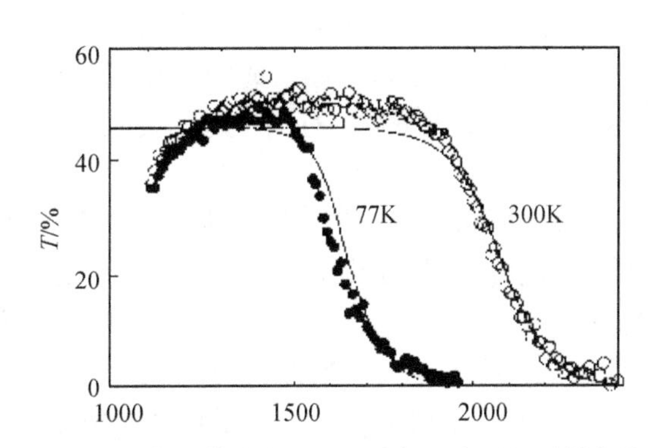

图 4.59　外延薄膜在室温及液氮温度下的透射曲线

4.6.4　利用红外透射光谱确定 MBE 的 HgCdTe/CdTe/GaAs 多层结构的参数

上面介绍的拟合方法主要在本征区和吸收边区域，没有计及透射区的干涉效应。同时模型主要适用于衬底上一层薄膜。如果衬底上有两层薄膜，就要考虑多层结构问题，从而进行全光谱范围的拟合，以得到材料组分和厚度等基本参数。

先分析一下 HgCdTe/CdTe/GaAs 透过率的计算原理。利用 MBE 技术生长 MCT 外延层，生长温度在较低的 180℃左右，外延层之间的扩散作用很小，界面的完整性非常好，这一点可以利用椭圆偏振技术监测到，因此，可以把层与层之间的过渡看作是突变结，在计算透过率时，可把界面当作理想界面考虑。

计算多层介质膜透过率最常用的方法有递推法、干涉矩阵法。递推法的特点是追踪某一条光线在膜中反射、透射情况，选出具有代表性的几条光线，就可以将膜层结构的透射率、反射率及吸收率计算出来。由于计算时光线方向在不断发生变化，透射系数和发射系数公式中的复折射率也要相应地变换位置，对于层数较少的结构，选择几条光线编程还算简单，如果层数较多的结构，程序编起来容易混乱。干涉矩阵方法则把某一层的电场强度和磁场强度的切向分量用矩阵的形式写出来，通过矩阵变换，最后将光波在整个场的电场强度和磁场强度的切向分量从膜层的一端传送到另一端。以上两种方法计算结果没有根本的差别，干涉矩阵法更利于编程。具体可参考文献(王善力　1997)以及薄膜光学教科书。

用透射光谱测定双层外延膜基本参数的精度取决于透射光谱对这些参数的敏感性和所用光学常数的准确度。在理论计算过程中，影响透过率的主要因素是材料光学常数。光学常数对计算结果的影响可以从复相位公式$\delta = d(n - \mathrm{j}k)2\pi/\lambda$看出。在外延层厚度一定的条件下，复相位的变化由复折射率($n - \mathrm{j}k$)的变化决定，相应地透射光谱中干涉峰的位置有一定的变化。在能量大于E_g的本征吸收区，由于 MCT 的吸收系数很大，使得透过率非常小，干涉峰的位置被吸收覆盖掉，这一区域折射率的影响远小于吸收系数的影响；而对于波长较长的自由载流子吸收区，吸收系数很小，大部分红外光透过样品形成的干涉峰主要受折射率的影响；在E_g的吸收边附近，折射率和吸收系数，对相位差的贡献相当，两者共同影响吸收边峰位。

在实际计算中，CdTe 在所研究的红外波段范围，吸收系数很小，对红外光的吸收可忽略，并且，折射率n随波长的变化也很小，在 2~15μm 区间，折射率$n = 2.67$左右，GaAs 的折射率 $n = 3.2$。在上面两个参数确定的情况下，那么，影响 HgCdTe/CdTe/GaAs 光谱透过率的主要参数即为 HgCdTe 光学常数。

MCT 光学常数对透过率的影响可分为吸收系数和折射率两方面来研究。利用红外吸收光谱，人们对 MCT 的吸收系数进行了一系列研究，总结出一些描述不同光谱区域 MCT 光吸收特性的经验公式，包括对于光子能量小于禁带宽度的 Urbach 带尾区的表达式，和光子能量大于禁带宽度的本征吸收区吸收系数的表达式。

褚君浩等(1992)从实验和理论上对 MCT 的吸收光谱进行了详细研究。他对减薄到 10μm 左右的 MCT 体材料进行了测量，组分范围 0.17~0.443，得到的光子能量小于禁带宽度的吸收系数的经验公式和 Kane 区域的吸收系数的计算公式。在前文中已有叙述，可以在拟合计算中应用。

另一个计算吸收边公式是 Schacham 和 Finkman 等(1979，1984)得到的，适用于组分 $x = 0.215$，0.29，1.0。杨建荣等(1996)采用褚君浩的计算公式和 Finkman 的计算公式，计算了分子束外延生长 HgCdTe($x = 0.234$)的透射光谱。图 4.60 是采用上面两种吸收系数的计算结果，两者在禁带宽度附近有一些差别，Finkman 等人给出的吸收系数较小。

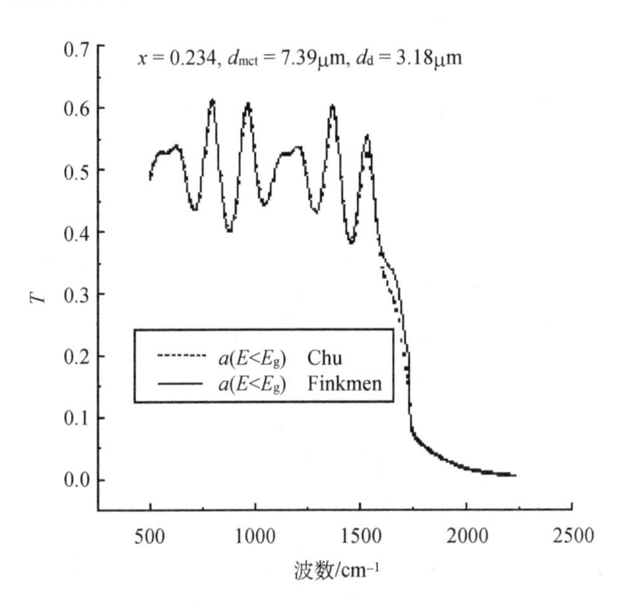

图 4.60 吸收系数在禁带宽度以下的两种表达式计算结果

在高透射区折射率对拟合计算有较大影响。Finkman 等(1979)研究了组分 $x = 0.205$，0.280，1.0 的 MCT 室温下的折射率，并总结出了一个和波长有关的经验公式 $n(\lambda, T)2 = A + B/[1-(C/\lambda)^2]+D\lambda^2$，其精度在 2%左右。Kucera(1987)对 MCT 折射率进行了更详细的研究，在室温、77K 两个温度下，测量了组分 0.18 到 1.0 之间的折射率变化趋势，并加以理论分析拟合，得到了比较复杂的计算公式。刘坤等(1994)对 MCT $x = 0.17$ 到 0.443 范围的折射率研究，得到了与 Finkman 经验公式相似的一组公式

$$n(\lambda,T)^2 = A + B/[1-(C/\lambda)^2] + D\lambda^2 \tag{4.302}$$

式中

$$\begin{aligned}
A &= 13.173 - 9.852x + 2.909x^2 + 10^{-3}(300-T) \\
B &= 0.83 - 0.246x - 0.0961x^2 + 8\times10^{-4}(300-T) \\
C &= 6.706 - 14.437x + 8.531x^2 + 7\times10^{-4}(300-T) \\
D &= 1.953\times10^{-4} - 0.00128x + 1.853\times10^{-4}x^2
\end{aligned} \tag{4.303}$$

虽在数值上稍有差异，但其数据点比较多。杨建荣(1996)选用刘坤和 Kucera 的折射率关系计算的透射谱线与实验结果进行了比较，结果发现，在较长的波段，两者都使干涉谱线得到较好的符合，在采用 Kucera 折射率公式计算时，由于该公式

给出的折射率在禁带宽度附近急剧增加，导致位于吸收边上的干涉峰较为明显，与实际结果相差较大，而采用刘坤等人的折射率相对好一些。因此，在实际使用中可采用刘坤等人给出的折射率公式。

对于单层薄膜的厚度，可以从光谱中干涉峰的峰间距计算出来，因为通过单层膜的两束干涉光的位相差为$\Delta\delta=\Delta\left(\dfrac{2\pi}{\lambda}nd\right)$，只涉及一个光学常数，知道两峰的波数差，可算出膜厚$d=\dfrac{1}{2n\Delta\nu}$。但是对于多层薄膜的干涉现象，光线在各膜层中多次穿过，位相差和各层的光学常数都有关，是个较为复杂的式子，因此，并不能简单地由$d=\dfrac{1}{2n\Delta\nu}$得到各层膜的厚度。

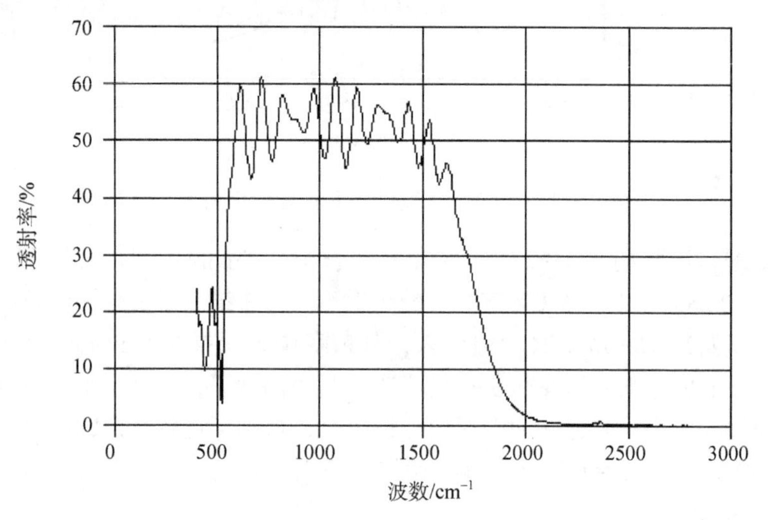

图 4.61　一个 MCT/CT/GaAs 的红外透射光谱

图 4.61 是一个典型 MCT/CT/GaAs 的实验红外透射光谱，从干涉峰的结构不难看出光谱存在两套波型，即在周期短的干涉峰波型基础上有一个周期相对长的波型。粗略的分析可以认为：周期短的一组干涉峰对应于比较大的 MCT 光学厚度 *nd*，而 CdTe 的光学厚度 *nd* 较小，必然对应长周期的一组波型。实际上，位相差相差 *n*π的时候，是两层膜干涉的共同结果，在一级近似的情况下，不考虑其他光线的作用，可以大概算出来 MCT 和 CT 的厚度，如果仔细地研究发现，周期短的干涉峰的间距并不是等间距的。图 4.62 给出了在其他参数固定的情况下，HgCdTe 外延层、CdTe 缓冲层及组分变化对样品透射光谱所产生影响的计算结果。结果表明外延层厚度变化 0.2μm，其影响已可明显地从光谱的测试结果中分辨出来，其中 HgCdTe 外延层厚度的变化是通过干涉峰的峰位来确定的，而 CdTe 的厚度变化则通过节点处干涉峰形状的变化表现得十分清楚。所用 FTS-7 红外光谱

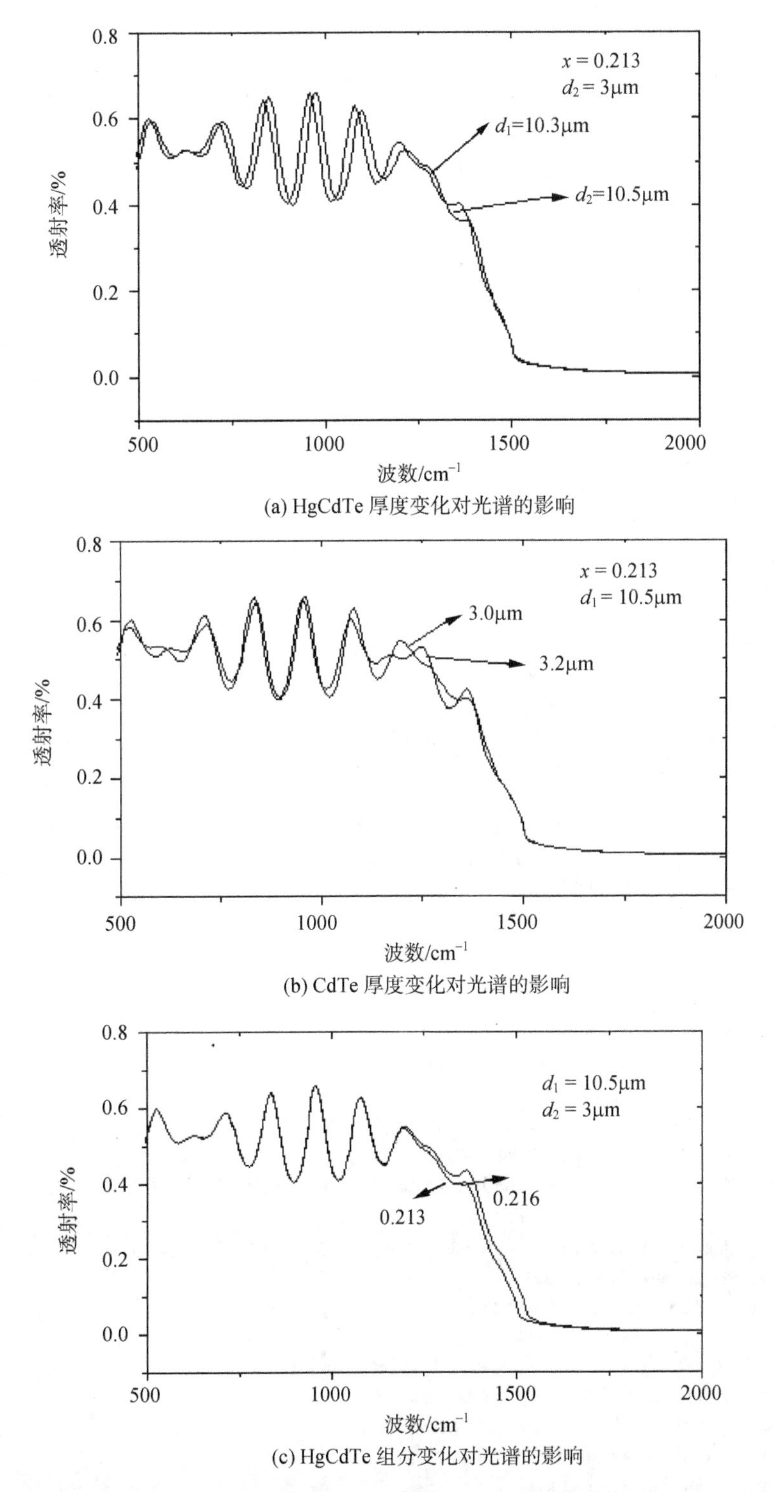

(a) HgCdTe 厚度变化对光谱的影响

(b) CdTe 厚度变化对光谱的影响

(c) HgCdTe 组分变化对光谱的影响

图 4.62　HgCdTe/CdTe/GaAs 材料外延层厚度及组分对样品透射光谱的影响

仪的分辨率为 2cm^{-1}，实际读谱的误差小于 10cm^{-1}，相应的厚度计算误差小于 0.1μm，折射率常数本身的误差也将引入约±0.1μm 的误差，因此，用光谱法测定 HgCdTe 外延层厚度的绝对准确度优于±0.2μm，这一测量方法的准确度优于普通光学显微镜的测量精度，从应用的角度看，它已能满足红外焦平面器件选片的一般要求。

根据红外光谱确定碲镉汞的组分是一个重要问题，有过许多研究工作(Hougen 1989；Natarajan 1988；Micklethwaite 1988；Ariel 1995，1996，1997；Anandan 1991；Jeoung 1996；杨建荣 1996；龚海梅 1996)。

参 考 文 献

勃莱克莫尔. 1965. 半导体统计学. 上海：科学技术出版社

褚君浩, 徐世秋, 汤定元. 1982. 科学通报, 27: 403

褚君浩. 1983a. 红外研究, 2: 25

褚君浩. 1983b. 红外研究, 2: 89~96，该文被收入 AD 报告：Chu Junhao,"The intrinsic absorption spectra of HgCdTe compared with Kane mode U.S.A. AD-A135504/9

褚君浩. 1983c. 红外研究, 2: 439~445

褚君浩, 王戎兴, 汤定元. 1983d. 红外研究, 2: 241

褚君浩, 徐世秋, 季华美等. 1985 红外研究, A4: 255

褚君浩, 苗景伟, 石桥等. 1992. 红外与毫米波学报, 11: 411

褚君浩. 1984. 博士学位论文. 中国科学院上海技术物理所

褚君浩, 糜正瑜. 1987. 物理学进展, 7:311

黄长河, 司承才, 季华美等. 1990. 红外研究, 9:441

黄长河. 1990. 博士学位论文. 中国科学院上海技术物理研究所

刘坤. 1994. 博士学位论文. 中国科学院上海技术物理所

沈学础. 半导体的光学性质. 科学出版社, 1992

沈学础, 褚君浩. 1985. 物理学报, 34: 56

沈学础, 褚君浩. 1984. 物理学报, 33: 729

汤定元. 1974. 红外物理与技术, 16: 345

汤定元. 1976. 红外物理与技术, 4-5: 53

王善力. 1997. 博士学位论文. 中国科学院上海技术物理所

杨建荣. 1988. 博士学位论文. 中国科学院上海技术物理所

杨建荣，王善力，郭世平，何力. 1996. 红外与毫米波学报, 15:328

钟桂英, 唐文国, 钱天铃. 1983. 红外研究, 2:45

龚海梅, 胡晓宁, 李言谨，沈杰等. 1995. 碲镉汞材料和器件应用基础研究'95 论文集. 中国科学院上海技术物理研究所

Alerovitz S A, Bu-Abbud G H, Woollam J A et al. 1983. J.Appl.Phys.,54:1559

Anderson W W. 1980. Infrared Phys. 20: 363

Anderson P L et al. 1982. J. Vac. Sci. Technol., 21:125

Arias J M, Zandian M et al. 1994. SPIE., 2274:2

Ariel V, Garber V, Roserfeld D et al. 1995. Appl. Phys. Letts., 66:2101

Ariel V, Garber V, Bahir G et al. 1996. Appl. Phys. Letts., 69:1864

Ariel V, Garber V, Bahir G et al. 1997. Appl. Phys. Letts., 70:1849

Aspnes D E, 1971. J. Opt. Soc. Am., 61:1077

Aspnes D E. 1974a. J. Opt. Soc. Am., 64:812

Aspnes D E. 1974b. J. Opt. Soc. Am., 64: 639
Aspnes D E, Studna A A. 1975. Appl. Opt., 14: 220
Arwin H, Aspnes D E. 1984. J.Vac.Sci.Technol.A, 2:1316
Aspnes D E. 1982. Thin Solid Films, 89:249
Aspnes D E, Kelso S M, Logan,R A et al. 1986. J.Appl.Phys.,60:754
Aspnes D E et al. 1983. J.App.Phys.,54:7132
Aspnes D E, Studna A A. 1983. Phys. Rev. B ,27: 985
Aspnes D E, Arwin H. 1984. J.Vac.Sci.Technol A,2:1309
Azzam R M A, Bashara N M. 1977. Ellipsometry and Polarized Light. North-Holland Publishing Company
Baars J, Hurm V, Jakobus T et al. 1986. SPIE., 659:44
Baars J, Sorger F. 1972. Solid State Commun., 10:875
Baltz R Von, Escher W. 1972. Phys. Stat. Sol. (b), 51:499
Baranskii P I, Gorodonichii O P, Schevchenko N V. 1990. Infrared Physics., 30:259
Barker A S, Sievers A J. 1975. Rev. of Modern Phys., 47 supp.2:1
Bartoli F J et al. 1986. J. Vac. Sci. Technol. A, 4:2047
Barras J et al. 1972. Solid State Commun. 10:875
Bassani F, Parravicini G P. 1975. Electronic States and Optical Transitions in Solid. Oxford:Pergamon Press, 149~ 167
Belyaev, Schevchenko N V, Demidenko Z A. 1991. Chinese J. Millim. Waves. 10:241
Benson J D, Cornfeld A B, Martinka M et al. 1996. Electr.Mater., 25:1406
Bevan M J, Duncan W M, Weatphal G H et al. 1996. J.Electr.Mater., 25:1371
Bewley WW, Lindle JR, Vurgaftman I et al. 2003. J. Electronic Materials, 32: 651
Blair J, Newnham R. 1961. In: Metallurgy of Elemental and Compound Semiconductors. Vol 12. New York: Wiley (Inter science) 393
Blue M D. 1964. Phys.Rev.,134 :A226
Brossat T, Raymond F. 1985. J. Crystal Growth, 72:280
Bruggeman D A G. 1935. Ann.Phys.(Leipzig) ,24:636
Bubulac L O, Edwall D D, Cheung J T. 1992. J.Vac. Sci. Technol. B, 10:1633
Burstein E. 1954. Phys. Rev., 93:632
Caldwell R S, Fan H Y. 1959. Phys. Rev., 114:664
Cahan B D, Spanier R F. 1969. Surf. Sci., 16: 166
Chen L Y, Feng X W, Ma H Z et al. 1994. Appl. Opt.,33: 1299
Chen M C, Dodge J A. 1986. Solid State Commun., 59:449
Chen M C, Parker S G, Weirauch D F. 1985. J. Appl. Phys., 58:3150
Chu J H. 1983. Chin. J. IR. Res., 2:89
Chu J H. 1983. AD-A13550419, USA
Chu J H, Mi Z Y, Tang D Y. 1992. J.Appl.Phys.,71:3955
Chu J H, Li B, Liu K, Tang D Y. 1994. J.Appl.Phys., 75:1234
Chu J H, Mi Z Y, Tang D Y. 1991. Infrared Phys.,32:195~211
Chu J H, Xu S Q, Tang D Y. 1983. Appl. Phys. Lett., 43:1064
Clarke F W. 1994. J. Appl. Phys., 75:4319
Danielewicz E J, Coleman P D. 1974. Appl. Opt., 13:1164
Demay Y, Gailliard J P, Medina P. 1987. J.Crystal Growth, 81:97
Djurisic A B, E H. Li. 1999. J. Appl. Phys., 85:2854
Djurisic A B, Y. Chang, E. H. Li. 2002. Mater. Sci. Eng. R, 38:237
Dornhaus R. and Nimtz G. 1976. In:Solid State Phys. Springer Tracts in Modern Phys. Vol 78. Heidelberg
Dornhaus R, Nimtz G. 1983. The properties and Applications of the HgCdTe Alloy System. In: Narrow gap Semiconductors, Spring Tracts in Modern Physics Vol 98. Springer, 119

Edwall D D, Gertner E R,Tennant W E. 1984. J.Appl.Phys.,55:1453
Edward. D. Palik. 1991. Handbook of Optical Constants of Solids II. Academic Press
Eunsoon O, Ramdas A K. 1994. J. Electron. Mater., 23:307
EMIS Datareviews Series No.3, eds. Brice J, 1987. Capper P. London: INSPEC
Finkman E, Nemirovsky Y. 1979. J. Appl. Phys. 50:4356
Finkman E, Schacham S E. 1984. J.Appl.Phys.,56:2896
Franz W. 1958. Z. Naturf., 13a:484
Gopal V, Ashokan R, Dhar V. 1992. Infrared Phys., 33:39
Gurauskas E, Kavaliauskas J, Krivaite G et al. 1983. Phys. Stat. Sol. (b), 115:771
Harman T C. 1993. J. Electron. Mater., 22:1165
Hartley R H, Folkard M A et al. 1992. J.Crystal Growth, 117:166
Hauge P S, Dill F H. 1973. J. Res. Dev., 17: 472
He L, Becker C R, Bicknell-Tassius R N,et al. 1993. J.Appl.Phys.,73:3305
Heinz B. 1991. Optische Konstanten von Halblerter-Mehrschicht-systemen. Dissertation RWTH Azchen
Herman M A, Pessa M. 1985. J. Appl. Phys., 57:2671
Herrmann K H, Melzer V. 1996. Infrared Physics & Technology, 37: 753
Herrmann K H, Melzer V, Muller U. 1993. Infrared Phys.,34:117
Herrmann K H, Happ M, Kissel H et al. 1993. J.Appl. Phys.,73;3486
Hougen C A. 1989. J.Appl.Phys.,66:3763
Huang G, Yang J, Chen X et al. 2000. Proc. SPIE, 4086:270
Huang Z M and Chu J H. 2000. Appl. Optics 39: 6390
Huga E, Kimura H. 1963. J. Phys. Soc. Japan, 18:777
Jensen B, Torabi A. 1983. J. Appl. Phys., 54:5945
Jons B. 1993. Thin Solid Films, 234:395
Jones C E, Boyd M E, Konkel W H. 1986. J. Vac. Sci. Technol. A 4:2056
Johnson E J. 1967. Semiconductors and Semimetals. Vol 3. 153~258
Kane E O. 1960. J. Phys. Chem. Solids, 2:181
Kane E O. 1957. J. Phys. Chem. Solids, 1:249
Keldysh L V. 1958a. Sov. Phys. JETP 34:788
Keldysh L V. 1958b. Sov. Phys. JETP 6:763
Kerker M. 1969. The Scattering of Light. Newyork, London: Academic Press
Kim J S et al. 1994. Semicond. Sci. Technol., 9:1696
Kim R S, Narita S. 1971. J. Phys. Soc. Japan, 31:613
Kim C C, Sivananthan S. 1997. J. Electronic Materials, 26:561
Kireev P S. 1978. Semiconductor Physics (English Translation). Moscow:Mir Publishers 570
Kucera Z. 1987. Phys. Status Solidi (a), 100: 659
Kunc K, Martin R M. 1982. Phys. Rev. Lett, 48:406
Lange M D,Sinanthan S, Chu X,et al. 1988. Appl.Phys.Lett.,52:978
Lax B, Zeiger H J. Dexter R V. 1954. Physica 20:818
Li B, Chu J H, Chang Y et al. 1996. Infrared Phys.Technol., 37:525
Li B, Chu J H, Liu K et al. 1995. J. Physics C,6:23
Li B, Chu J H, Liu K et al. 1995. J. Physics C,7:29
Lindle JR, Bewley WW, Vurgaftman I et al. 2003a. IEE Proceedings-Optoelectronics, 150:365
Lindle JR, Bewly WW, Vurgaftman I et al. 2003b. Appl. Phys. Lett. 82: 2002
Lindle JR, Bewly WW, Vurgaftman I et al. 2004. Physica E-Low-Dimensional Systems & Nanostructures, 20: 558
Liu K, Chu J H, Tang D Y. 1994. J. Appl. Phys., 75: 4176
Liu K, Chu J H, Li B et al. 1994. Appl. Phys. Lett., 64: 2818

Liu W J, Liu P L,Shi G L et al. 1991. SPIE, 1519: 481
Malloy K J, Van Vechten J V. 1989. Appl. Phys. Letts., 54: 937
Mao D H, Syllaios A J, Robinson H G et al. 1998. J. Electronic Mater., 27: 703
Maracas G N, Edwards J L,Shiralagi K et al. 1992. J.Vac.Sci.Technol.A, 10: 1832
Marple D.T.F. 1966. Phys.Rev., 112:785
Martienssen W. 1957. J. Phys. Chem. Solids, 2:257
Martienssen W. 1959. J. Phys. Chem. Solids, 8:294
Merkel K G, Snyder P G, Woollam J A et al. 1989. Japan. J.Appl.Phys.,28:133
Menendez J, Cardona M, Vodopyanov L K. 1985. Phys. Rev. B, 31:3705
Micklethwaite W F H. 1988. J.Appl.Phys.,63:2382
Mollmann K P, Kissel H. 1991. Semicond. Sci. Technol., 6:1167
Mooradian A, Harman T C. 1971. J. Phys. Chem. Solid, 32 supp.: 297
Moritani A, Taniguchi K, Hamaguchi C, Nakai J. 1973. J. Phys. Soc. Japan. 34:79
Moss T S. 1952. Photoconductivity in the Elements. London:Butterworth, 61
Moss T S. 1954. Proc. Phys. Soc. B, 67:775
Moss T S. 1959. Optical Properties of' Semiconductors. London:Buttorworth, 48
Moss T S， Burrell G J, Ellis B. 1973. Semiconductor Opto-Electronics. London: Butterworths, 59, 60~88
Mroczkowski J A, Nelson D A. 1983. J. Appl. Phys.,54:2041
Natarajan V, Taskar N R, Bhat I B et al. 1988. J. Electron. Mater., 17:479
Nathan V. 1998. Optical absorption in $Hg_{1-x}Cd_xTe$. J. Appl. Phys., 83:2812~2814
Orioff G J et al. 1994. J.Vac.Sci.Technol.A, 12:1252
Packard R D. 1969. Applied Optics, 8:1901
Perkowitz P, Thorland R H. 1974. Phys.Rew.B,l9:545
Philipp H R. 1972. J. Appl. Phys., 43:2836
Pidgeon C R, Brown R N. 1966. Phys. Rev. 146:575
Polian A, Le Toullec R, Balkanski M. 1976. Phys. Rev., B13:3558
Price S L, Boyd P R. 1993. Semicond. Sci. Technol., 8:842
Qian D R. 1986. Phys. Stat. Sol.(a), 94:573
Redfield D. 1963. Phys.Rev.,130:916
Rosbeck J P, Harper M E. 1987. J. Appl. Phys., 62:1717
Schaake H F, Tregilgas J H. 1983. J. Electron. Mater., 12:931
Schacham S E, Finkman E. 1985. J. Appl. Phys.,57:2001
Schmit J L, Stelzer E L. 1969. J. Appl. Phys., 40:4865
Scott M W. 1969. J.Appl.Phys., 40 :4977
Sharma R K, Verma D, Sharma B B. 1994. Infrared Phys.Technol.,35:673
Shen S C, Cardona M. 1980. Solid State Commun., 36:327
Snyder P G, Woollam J A et al. 1990. J.Appl.Phys.68:5925
Tian J G, Zhang C P, Zhang G Y. 1991. Appl. Phys. Lett., 59:2591
Toyazawa Y. 1959. Progr.Theoret.Phys.(Kyoto), Suppl.12:111
Urbach F. 1953. Phys. Rev., 92:1324
Viňa L, Umbach C, Cardona M et al. 1984. Phys. Rev. B, 29: 6752
Vydyanath H R. 1990. Semicond. Sci. Technol., 5:213
Vydyanath H R, Ellsworth J A, Devaney C M. 1987. J. Electron. Mater., 16:13
Wiley J D, Peercy P S, Dexter R N. 1969a. Phys. Rev., 181: 1173
Wiley J D, Dexter R N. 1969b. Phy. Rev., 181: 1181
Yadava R D S, Sundersheshu B S, Anandan M et al. 1994. J. Electron. Mater., 23:1349
Yin M T, Cohen M L. 1982. Phys. Rev. B, 25: 4317

Yuan S, Springholz G, Bauer G et al. 1994. Phys, Rev. B, 49: 5476
Yuan S, Krenn H, Springholz G et al. 1993. Appl. Phys, Lett., 62: 885
Zanio K. 1978. Semiconductors and Semimetals. 13
Zawadzki W, Szymanska W. 1971. J. Phys. Chem. Solids, 32:1151

第 5 章 输运性质

5.1 载流子浓度和费米能级

5.1.1 载流子统计规律

$T=0$ 时金属中的电子填充所有可能的状态直到费米能级，其态密度可采用自由电子模型计算，电子服从费米-狄拉克(Fermi-Dirac)统计，系统是高度简并的。在本征半导体中，电子充满价带，导带中仅有少量电子，可用经典统计描述。这是一个非简并系统，处于这两种情况之间是半金属系统和重掺杂半导体，它们的电子浓度较大，适合于采用 Fermi-Dirac 统计，但其特性又不完全像完全简并的金属那样。下面来讨论这些统计并讨论用于窄禁带半导体的输运性质。

在一个温度为 T 的电子气里，热平衡状态下，能量为 E 的状态被电子占据的概率 $f(E)$ 为

$$f(E)=\frac{1}{\exp\left[(E-E_{\mathrm{F}})/k_{\mathrm{B}}T\right]+1} \tag{5.1}$$

这里 E_{F} 是费米能级。在 0 K 时，所有的电子塞满最低的可能状态，并服从 Pauli 不相容原理，在能量 $E=E_{\mathrm{F}}$ 处，$f(E)$从 1 突然降到 0。当温度增加时，在能量 E_{F} 附近的 $f(E)$变得不陡峭，$f(E)$在 $E_{\mathrm{F}}\pm kT$ 能量宽度内慢慢地从 1 突然降到 0，如图 5.1(a)所示。

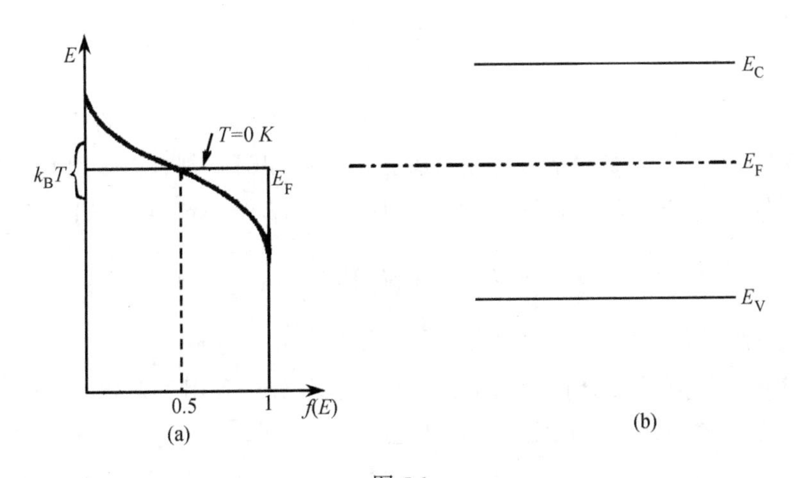

图 5.1
(a)费米分布函数示意图；(b)导带、价带和费米能级示意图

从式(5.1)可以看出，在 E 大于 E_F 几个 k_BT 时，分母 $\gg 1$，$f(E)\approx 0$；而 E 比 E_F 小几个 k_BT 时，分母 ≈ 1，$f(E)\approx 1$。可见，从 $f(E)\approx 1$ 到 $f(E)\to 0$ 中只相隔几个 k_BT 的能量。在能量范围为 $E\to E+\mathrm{d}E$ 内不计自旋情况下可能的能量状态密度是

$$D(E)\mathrm{d}E=\frac{(2m_0)^{\frac{3}{2}}E^{\frac{1}{2}}}{4\pi^2\hbar^3}\mathrm{d}E \tag{5.2}$$

这里 m_0 是自由电子质量，$\hbar=h/2\pi$，h 是 Plank 常数。这个表达式是假定电子限制在一个有限的盒子中，它们符合 Schödinger 方程和边界条件，于是，$P=\hbar k$，$E=P^2/2m_0$。在计及电子的两个自旋状态，态密度要乘以 2。在这一能量区间里的电子浓度可由态密度函数乘以分布概率函数得到，如图 5.1 所示。于是电子浓度为

$$n=\int_0^\infty f(E)D(E)\mathrm{d}E \tag{5.3}$$

或

$$n=\frac{(2m_0)^{\frac{3}{2}}}{2\pi^2\hbar^3}\int_0^\infty \frac{E^{\frac{1}{2}}}{\exp[(E-E_\mathrm{F})/k_\mathrm{B}T]+1}\mathrm{d}E \tag{5.4}$$

在 $T\to 0\mathrm{K}$，$E-E_F<0$，积分项变为 $\int_0^\infty E^{\frac{1}{2}}\mathrm{d}E$，电子分布在 $E=0$ 到 E_F 之间，从式(5.4)得到 n 与 E_F 的关系

$$E_\mathrm{F}=\frac{\hbar^2(3\pi^3 n)^{\frac{2}{3}}}{2m_0} \tag{5.5}$$

对于金属系统，电子浓度 $n\approx 5\times 10^{28}\ \mathrm{m}^{-3}$，于是 $E_F\approx 6\ \mathrm{eV}$，它的特征温度 $T_0=E_F/k_B\approx 70\ 000\mathrm{K}$，这表示对于所有金属来说，在熔点以下，都可以采用 Fermi-Dirac 统计。另外，从式(5.1)，当 $E-E_\mathrm{F}\gg k_\mathrm{B}T$ 时，有 $f(E)=\exp\left[\left(E_\mathrm{F}-E\right)/k_\mathrm{B}T\right]$，即

$$f(E)=A\exp(-E/k_\mathrm{B}T) \tag{5.6}$$

这里 $A\approx\exp(E_F/k_B T)$，式(5.6)即为麦克斯韦-玻尔兹曼分布。

同样可以计算动量分布。动量分布是从能量分布利用关系式 $E=p^2/2m_0$ 和 $m_0\mathrm{d}E=p\mathrm{d}p$ 计算得来的。动量分布的表达式为

$$n(p)\mathrm{d}p = \frac{1}{\pi^2\hbar^3}\frac{p^2\mathrm{d}p}{\exp[(E-E_{\mathrm{F}})/k_{\mathrm{B}}T]+1} \tag{5.7}$$

显然动量分布曲线形状不同于能量分布的曲线形状。但可表达经典情况、中间状态和 Fermi-Dirac 统计。同样沿某一个方向动量分量的电子浓度分布 $n\ (p_x)$亦可求出，在 $T=0\mathrm{K}$ 时它在 Feimi 动量处截止，但是温度上升时分布范围将变宽。

5.1.2 本征载流子浓度 n_{i}

根据费米分布和态密度函数，可以用于推导 HgCdTe 的本征载流子浓度，推导时考虑了简并和能带的非抛物性，导带中电子浓度为

$$n = \int_{E_{\mathrm{C}}}^{\infty} f(E)D(E)\mathrm{d}E \tag{5.8}$$

式中

$$f(E) = \left[1+\exp\left(\frac{E-E_{\mathrm{F}}}{k_{\mathrm{B}}T}\right)\right]^{-1} \tag{5.9}$$

$$D(E) = \frac{K^2}{\pi^2}\frac{\mathrm{d}k}{\mathrm{d}E} \tag{5.10}$$

分别为费米-狄拉克分布函数及态密度函数。E_{C} 为导带底能量，E_{F} 为费米能量。

HgCdTe 窄禁带半导体的能带服从 Kane 的 $k\cdot P$ 微扰理论，其导带为非抛物带。在自旋轨道裂距 $\varDelta \gg E_{\mathrm{g}}$，约相当于 $x\leqslant 0.4$ 范围，若以导带底为能量原点，导带能量为

$$E-E_{\mathrm{C}} = \frac{\hbar^2k^2}{2m_0} - \frac{E_{\mathrm{g}}}{2} + \frac{1}{2}\left(E_{\mathrm{g}}^2 + \frac{8}{3}P^2k^2\right)^{\frac{1}{2}} \tag{5.11}$$

从式(5.8)~(5.11)，可以推得如下电子浓度公式(Harman　1961)

$$n = \frac{3}{4\pi^2}\left(\frac{3}{2}\right)^{\frac{1}{2}}\left(\frac{k_{\mathrm{B}}T}{P}\right)^3\int_0^{\infty}\frac{\varepsilon^{\frac{1}{2}}(\varepsilon+\phi)^{\frac{1}{2}}(2\varepsilon+\phi)}{1+\exp(\varepsilon-\eta)}\mathrm{d}\varepsilon \tag{5.12}$$

式中：$\phi = \dfrac{E_{\mathrm{g}}}{k_{\mathrm{B}}T}$ 为简约禁带宽度，$\eta = \dfrac{(E_{\mathrm{F}}-E_{\mathrm{C}})}{k_{\mathrm{B}}T}$ 为简约费米能级，$\varepsilon = \dfrac{E-E_{\mathrm{C}}}{k_{\mathrm{B}}T}$ 为简约能量，都为无量纲参数。

这里感兴趣的情况是：窄禁带半导体的 HgCdTe ($x>0.17$，$T<300\mathrm{K}$)，载流子浓度接近本征值。在这情况下，费米能级最大只能略略进入导带。因而有 $\phi \gg \varepsilon$，则

$$(\varepsilon+\phi)^{\frac{1}{2}} \approx \phi^{\frac{1}{2}}+\frac{1}{2}\varepsilon\phi^{-\frac{1}{2}}-\frac{1}{8}\varepsilon^{2}\phi^{-\frac{3}{2}} \tag{5.13}$$

在式(5.12)中，用导带底电子有效质量 m_0^* 代替 P

$$m_0^*=\frac{2\hbar^2 E_{\mathrm{g}}}{4P^2} \tag{5.14}$$

设

$$N_{\mathrm{C}}=2(2\pi\, m_0^*\, k_{\mathrm{B}}T/h^2)^{\frac{3}{2}} \tag{5.15}$$

为导带有效态密度。并采用费米-狄拉克积分表示法

$$F_j(\eta)=\frac{1}{\Gamma(j+1)}\int_0^{\infty}\frac{\varepsilon^j \mathrm{d}\varepsilon}{1+\exp(\varepsilon-\eta)} \tag{5.16}$$

经过整理后得到

$$n=N_{\mathrm{C}}\left[F_{\frac{1}{2}}(\eta)+\frac{15}{4\phi}F_{\frac{3}{2}}(\eta)+\frac{105}{32\phi^2}F_{\frac{3}{2}}(\eta)-\frac{105}{128\phi^3}F_{\frac{7}{2}}(\eta)\right] \tag{5.17}$$

设参数

$$\alpha=F_{\frac{3}{2}}(\eta)/F_{\frac{1}{2}}(\eta)$$
$$\beta=F_{\frac{5}{2}}(\eta)/F_{\frac{1}{2}}(\eta)$$
$$\gamma=F_{\frac{7}{2}}(\eta)/F_{\frac{1}{2}}(\eta)$$

则式(5.17)可以写为

$$n=A\cdot N_{\mathrm{C}}F_{\frac{1}{2}}(\eta) \tag{5.18}$$

式中

$$A=1+\frac{15\alpha}{4\phi}+\frac{105\beta}{32\phi^2}-\frac{105\gamma}{128\phi^3} \tag{5.19}$$

式中：α、β 和γ 都与η有关，从费米-狄拉克积分表可知，当η在$-4\sim1.3$ 范围内，α在 $1.003\sim1.33$，β 在 $1.004\sim1.56$ 以及 γ 在 $1.005\sim1.71$ 范围内。因而对于实践中所碰到的ϕ 值，A 是一个略大于 1 的数。$N_{\mathrm{C}}F_{1/2}(\eta)$是抛物导带的电子浓度表达式，

因此可以把 A 称作为非抛物带修正因子，它与禁带宽度有关，从而依赖于组分及温度。

对于抛物型的重空穴带，空穴浓度为

$$p = N_V F_{1/2}(-\phi - \eta)$$

式中

$$N_V = 2(2\pi m_h^* k_B T / h^2)^{\frac{3}{2}}$$

为价带有效态密度。由于轻空穴有效质量远小于重空穴有效质量 m_{hh}，可忽略轻空穴带对价带态密度的贡献，$m_h^* \approx m_{hh}$。对于 n 型材料或弱 p 型材料，价带远处于非简并情况，上式可用经典近似表示(勃莱克莫尔 1965)

$$p = N_V \exp(-\phi - \eta) \tag{5.20}$$

对本征半导体 $n = p = n_i$，从而

$$AN_C F_{\frac{1}{2}}(\eta) = N_V \exp(-\phi - \eta) \tag{5.21}$$

如果禁带较宽，导带也远处于非简并情况，则有 $F_{1/2} = e^{+\eta}$，从式(5.21)可解得

$$n_i = \sqrt{AN_C N_V}\ e^{-\frac{\varphi}{2}} \tag{5.22}$$

与一般所用抛物带本征载流子浓度表达式相差一个 $\sqrt{A}$ 因子，这个因子表示了非抛物带的修正。

在较一般情况下，包括了非简并及导带弱简并条件下，$F_{1/2}(\eta)$的近似式为

$$F_{\frac{1}{2}}(\eta) = [B + \exp(-\eta)]^{-1} \tag{5.23}$$

根据 Blakemore 的分析(勃莱克莫尔 1965)，当$\eta < +1.3$ 时，取 $B = 0.27$，式(5.23)与 $F_{1/2}(\eta)$=真值的误差在±3%之内。把式(5.23)代入式(5.21)中，可解得

$$\exp(-\eta) = \left[0.0182 + A\left(\frac{m_0^*}{m_h^*}\right)^{\frac{3}{2}} \exp\left(\frac{E_g}{k_B T}\right)\right]^{\frac{1}{2}} - 0.135 \tag{5.24}$$

此式和式(5.23)一起代入式(5.18)，得

$$n_{\mathrm{i}} = AN_{\mathrm{C}}\left\{0.135+\left[0.0182+A\left(\frac{m_0^*}{m_{\mathrm{h}}^*}\right)^{\frac{3}{2}}\exp\left(\frac{E_{\mathrm{g}}}{k_{\mathrm{B}}T}\right)\right]^{\frac{1}{2}}\right\}^{-1} \tag{5.25}$$

把式(5.14)代入，并取 $P = 8\times10^{-8}\ \mathrm{eV\cdot cm}$，$m_{\mathrm{h}}^* = 0.55m_0$ 就有

$$n_{\mathrm{i}} = \frac{A\times 9.56(10^{14})E_{\mathrm{g}}^{3/2}T^{3/2}}{1+\sqrt{1+3.6AE_{\mathrm{g}}^{3/2}\exp\left(\frac{E_{\mathrm{g}}}{k_{\mathrm{B}}T}\right)}} \tag{5.26}$$

式中

$$A = 1+\frac{15\alpha}{4}\frac{k_{\mathrm{B}}T}{E_{\mathrm{g}}}+\frac{105\beta}{32}\left(\frac{k_{\mathrm{B}}T}{E_{\mathrm{g}}}\right)^2-\frac{105\gamma}{128}\left(\frac{k_{\mathrm{B}}T}{E_{\mathrm{g}}}\right)^3 \tag{5.27}$$

式(5.26)为 HgCdTe 半导体的本征载流子浓度的表达式。对于实用情况：$x>0.17$，$77\mathrm{K}\leqslant T\leqslant 300\mathrm{K}$，$E_{\mathrm{g}}/kT$ 之值大多数在 10 以上，少数在 10 以下，但也大于 5，因而 $3.6AE_{\mathrm{g}}^{3/2}\exp(E_{\mathrm{g}}/kT)\gg 1$，分母根号内的 1 可忽略不计，但根号前的 1 仍必须考虑。同时 A 中的第 3 第 4 项也远小于 1，可以忽略不计。根据计算的经验，实际使用的本征载流子浓度的表达式可写成

$$n_{\mathrm{i}} = (1+3.25k_{\mathrm{B}}T/E_{\mathrm{g}})9.56(10^{14})E_{\mathrm{g}}^{3/2}T^{3/2}\left[1+1.9E_{\mathrm{g}}^{3/4}\exp\left(\frac{E_{\mathrm{g}}}{2k_{\mathrm{B}}T}\right)\right]^{-1} \tag{5.28}$$

计算所得结果与严格按照式(5.25)计算的结果十分一致。在 $E_{\mathrm{g}}\gg 2k_{\mathrm{B}}T$ 情况下，式(5.28)也可以写为

$$n_{\mathrm{i}} = (1+3.25k_{\mathrm{B}}T/E_{\mathrm{g}})5.03\times10^{14}E_{\mathrm{g}}^{3/4}T^{3/2}\exp\left(\frac{-E_{\mathrm{g}}}{2k_{\mathrm{B}}T}\right) \tag{5.29}$$

图 5.2 画出了根据式(5.29)计算的，不同组分 HgCdTe 本征载流于浓度 n_{i} 对温度 T 的曲线。

Elliot 等(Elliot　1971, Rosbeck　1982)发表的 n_{i} 的实验数据和褚君浩等(褚君浩　1983)测量的数据与式(5.28)的计算结果进行比较。图 5.3 画出这一比较，可以看出式(5.28)能很好地符合实验结果；图中曲线根据式(5.28)，分别对 $x = 0.19$，0.20，0.216，以及 $x = 0.231$，0.25，0.265，0.29 进行计算。实验点中 $x = 0.19$，$x = 0.20$，$x = 0.216$，$x = 0.251$ 是褚君浩等实验结果；$x = 0.265$ 是 Elliot 的结果(Elliot　1971)；

$x = 0.290$ 是 Nemirovsky 和 Finkman 的实验结果(Nemirovsky　1979)。

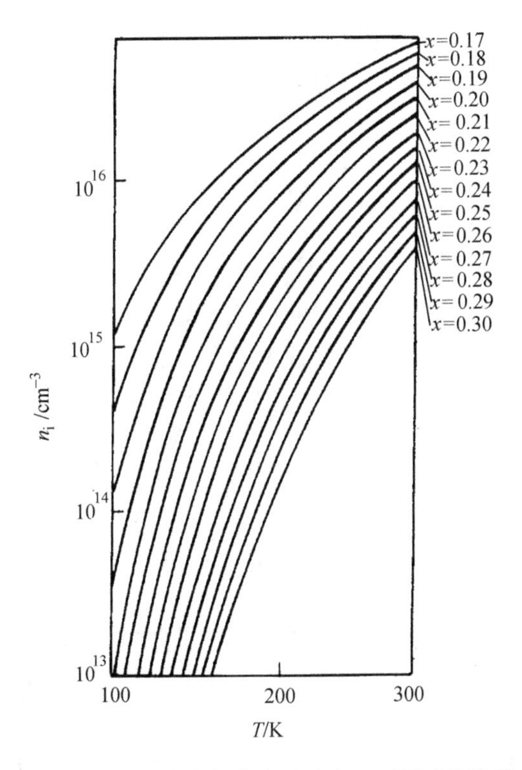

图 5.2　$Hg_{1-x}Cd_xTe$ 的本征载流子浓度 n_i 对温度的依赖关系

Schmit(1970)在 1970 年用抛物带近似以及数值计算法推导了 $n_i(x,T)$，并用他自己的经验公式 $E_g(x,T)$ 计算了 $n_i(x,T)$，但与已知实验数据有较大的差距，1982 年提出修正的公式，认为更精确的公式为

$$n_i = \left[9.908 - 5.21x + 3.07\left(10^{-4}\right)T + 5.94\left(10^{-3}\right)Tx\right] \cdot \left(10^{14}\right)T^{\frac{3}{2}}E_g^{\frac{3}{4}}\exp\left(-\frac{E_g}{2k_BT}\right) \tag{5.30}$$

式中：E_g 由 Hansen、Schmit 和 Casselman 在 1983 年给出(Hansen et al.　1983)

$$E_g(\text{eV}) = -0.302 + 1.93x + (1-2x)5.35\left(10^{-4}\right)T - 0.810x^2 + 0.832x^3 \tag{5.31}$$

1983 年 Hansen 和 Schmit 又提出 n_i 的新的表达式(Hansen et al.　1983)

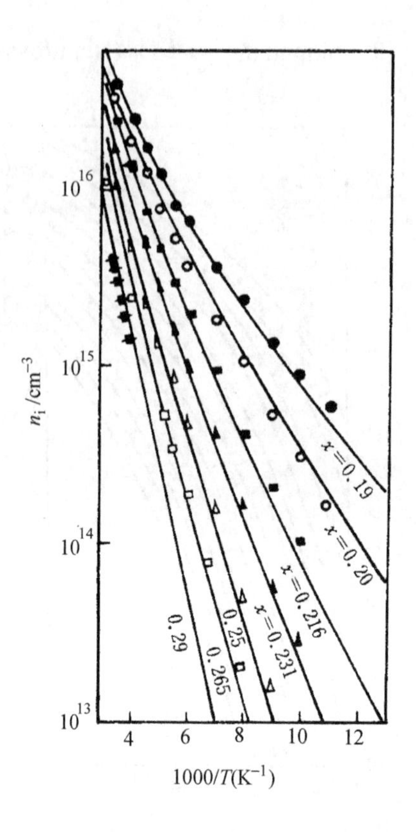

图 5.3　不同组分 $Hg_{1-x}Cd_xTe$ 的本征载流子浓度对温度倒数的关系

$$
\begin{aligned}
n_{\mathrm{i}} &= \left[5.585 - 3.820x - 1.753\left(10^{-3}\right)T - 1.364\left(10^{-3}\right)Tx\right] \\
&\cdot\left(10^{14}\right)T^{\frac{3}{2}}E_{\mathrm{g}}^{\frac{3}{4}}\exp\left(-E_{\mathrm{g}}/2k_{\mathrm{B}}T\right)
\end{aligned}
\tag{5.32}
$$

式中的 $E_{\mathrm{g}}(x,T)$ 仍然由式(5.31)表示。推导时用了 $m_{\mathrm{hh}} = 0.443m_0$ 以及 $P = 8.49\times10^{-8}\mathrm{eV\cdot cm}$。而在推导式(5.30)的时候用了 $m_{\mathrm{hh}} = 0.55m_0$。

Nemirovsky 和 Finkman(1979)基于 $x = 0.205\sim0.220$ 以及 $x = 0.290$ 的实验数据，考虑了简并但忽略了导带非抛物型的效应，取 $m_{\mathrm{hh}} = 0.55m_0$、$P = 1.953\times10^{-8}(18+3x)\mathrm{eV\cdot cm}$，推得

$$
\begin{aligned}
n_{\mathrm{i}} &= \left[1.265\times10^{16}T^{3/2}(6+x)^{-3/2}E_{\mathrm{g}}^{\ 3/2}\right] \\
&\cdot\left\{1+\left[1+22.72(6+x)^{-3/2}E_{\mathrm{g}}^{\ 3/2}\exp\left(E_{\mathrm{g}}/2k_{\mathrm{B}}T\right)\right]^{1/2}\right\}^{-1}
\end{aligned}
\tag{5.33}
$$

式中：$E_g(x,T)$ 由 Finkman 和 Nemirovsky (1979)给出

$$E_g(\text{eV}) = -0.337 + 1.948x + (1-1.89x)\times 6.006\left(10^{-4}\right)T \tag{5.34}$$

下面进行实验结果分析。实验测量所用的样品，主要是用固态再结晶(少数用碲溶剂)法生长的 HgCdTe 单晶。晶体切片后经过低温热处理，得到电学性质较好的低电子浓度的 n 型样品，其有效施主浓度 N_d^* 系根据霍尔曲线低温部分的平台来确定 $N_d^* = 1/eR$ (图 5.4)，其组分由器件的光谱响应截止波长确定，样品参数见第 4 章表 4.2，在有效施主全部电离的条件下，有

$$n_i^2 = n(n - N_d^*) \tag{5.35}$$

对每一温度，从其霍尔系数算得导带电子浓度 n，结合 77K 下测得的 N_d^* 值，即可以计算出该温度下的本征载流子浓度 n_i 值。

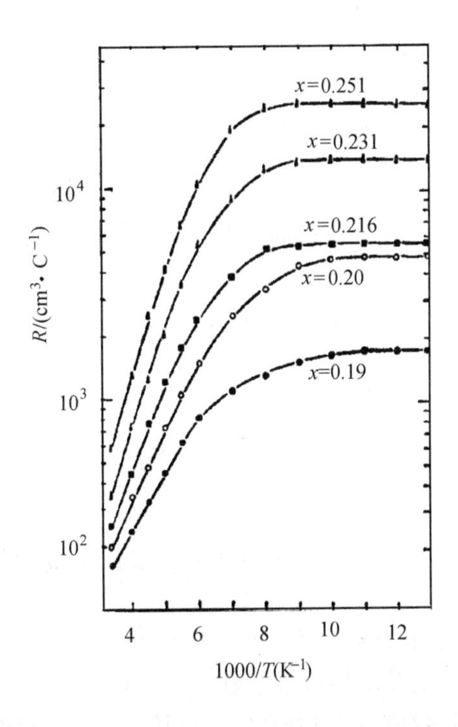

图 5.4　部分 $Hg_{1-x}Cd_xTe$ 样品的霍尔系数测量值

利用本征载流子浓度计算公式可以计算载流子浓度从而与实验结果相比较。Bajaj 等(1982)测量了他们生长的液相外延 HgCdTe 样品的载流子浓度。图 5.5 的实验点分别表示 $x = 0.227$ 及 $x = 0.192$ 样品的载流子浓度。低温饱和区的载流子浓度即为有效施主浓度 N_d^*，从 Bajaj 等的实验结果有，$x = 0.227$ 样品，$N_d^* = 2.95$

$\times 10^{14} \mathrm{cm}^{-3}$ 于是有

$$n=\frac{1}{2}\left(N_{\mathrm{d}}^{*}+\sqrt{N_{\mathrm{d}}^{*}+4 n_{\mathrm{i}}^{2}}\right) \tag{5.36}$$

对 $x = 0.192$ 及 $x = 0.227$ 分别用式(5.29)计算本征载流子浓度 n_i，再用式(5.36)计算载流于浓度，所得结果用实线表示，与实验结果符合很好。

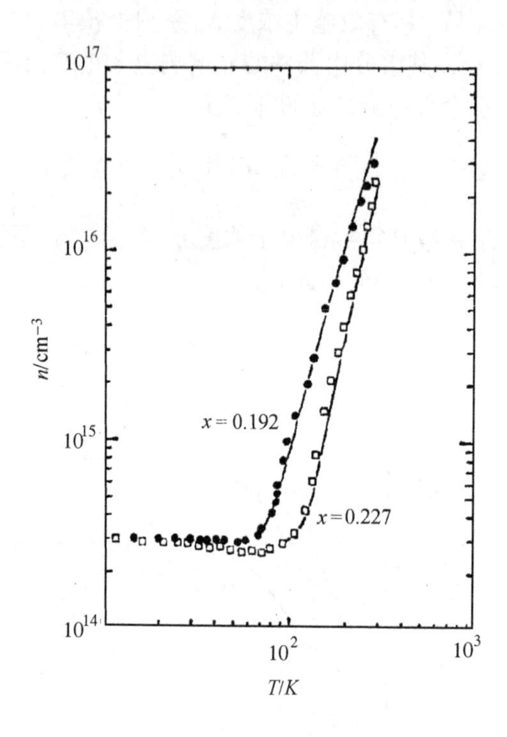

图 5.5　$Hg_{1-x}Cd_xTe$($x = 0.192$ 和 $x = 0.227$)样品的载流子浓度与温度的关系

图 5.6 中画出了 $x = 0.205$ 样品本征载流子浓度的实验值，以及根据式(5.29)(实线)，Schmit 公式(5.30)(虚线)，以及 Nemirovsky 和 Finkman 的公式(5.33)(点划线)，计算所得的结果。

从图 5~7 可以看出，在 $x = 0.19$~0.29，$T = 77$~$300\mathrm{K}$ 范围，这里所得出的本征载流子浓度公式(5.29)与实验结果符合很好。

为了比较本文所得本征载流子浓度公式与其他作者所得的公式，图 5.7 中分别对 x = 0.20、0.24 和 0.30 三种组分 HgCdTe，分别用式(5.29)、式(5.30)和式(5.33)计算，画出了本征载流子浓度 n_i 对温度 T 的曲线。图中实线、虚线、点划线分别根据式(5.29)、式(5.30)、式(5.33)计算。由图可见，式(5.30)在所有情况下都高于式(5.29)计算结果。在 $x = 0.24$ 时，式(5.29)计算结果与式(5.33)十分接近，随着组分的增大，本文式(5.29)计算结果略高于式(5.33)计算结果，而当 $x<0.24$ 时，温度

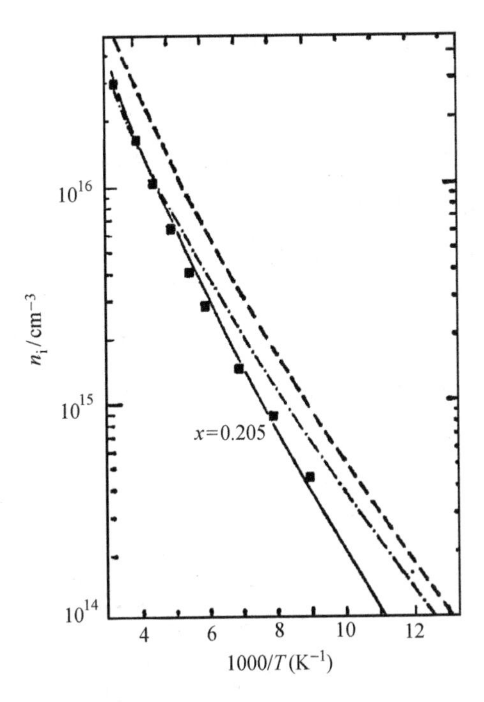

图 5.6　$Hg_{1-x}Cd_xTe$(x=0.205)的本征载流子浓度实验结果和理论计算结果

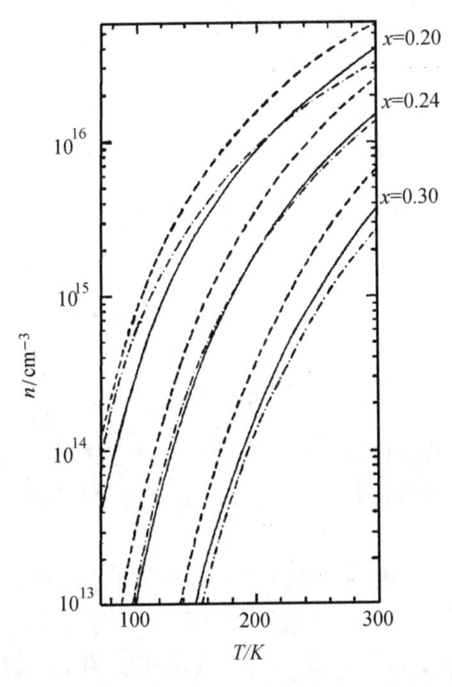

图 5.7　不同本征载流子浓度计算公式的比较

接近室温时式(5.29)结果高于式(5.33)，温度降低时则反之。在式(5.25)发表以后(褚君浩　1983)，作者见到 Hansen 和 Schmit 的式(5.32)，如果按此式计算，结果比用式(5.30)计算结果下降一些，而接近褚君浩等的计算结果。

根据与实验结果的比较，表明：式(5.29)能准确地反映 HgCdTe 晶体中本征载流子浓度与温度的关系，特别在高温部分。根据这个事实，可以用霍尔测量所得的 lg(R)-1/T 曲线形状，来粗略地估计晶体的组分及质量。按照式(5.29)和式(5.36)计算出 $x = 0.18\sim0.26$ 等各种组分的 lg$R$-1/T(图 5.8)，在计算中都假设有效施主浓度 $N_d^* = 1/20\ n_i(300\text{K})$。取这一假定的原因是：①在这条件下，$N_d^*$ 对 300K 附近的 R 的影响可忽略不计。②对于我们最感兴趣的 $x = 0.20$ 材料，这一 N_d^* 值已经是优良材料所允许的上限。

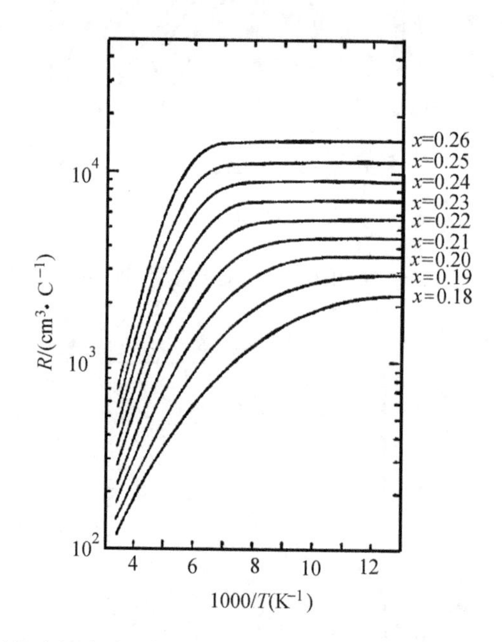

图 5.8　有效施主浓度为 $N_d^* = 1/20\ n_i(300\text{K})$的 $Hg_{1-x}Cd_xTe$ 材料的霍尔系数

lg$R$~1/T 曲线包括 3 个信息：①300K 的 R，在 $N_d^* < \dfrac{1}{20} n_i(300\text{K})$ 条件下，能直接得到 n_i。②曲线上升部分接近直线，其上升率反映材料的禁带宽度，也即 x 值。但由于有效施主的存在及样品的不均匀性，上升部分将偏离直线。③饱和 R 值，直接给出有效施主浓度。

设图 5.8 是画在透明纸上的，将此图覆盖在实测的 lg$R$ ~ 1/T 曲线上(用同一尺度)，如果是一个质量好的样品，则 lg$R$ ~ 1/T 的上升部分应与理论曲线的某一条符合或接近，而其平坦部分高于后者。这时理论曲线的 x 值就是样品的组分 x。有效施主浓度过高、样品的组分或电学性质不均匀都使曲线的上升率变小，无法与任何一条理论曲线符合或接近。出现这类情况，就表明材料的质量不佳。

5.1.3 补偿半导体中的载流子浓度和费米能级

费米能级的一般计算方法可利用式(5.12)，从载流子浓度 n，利用数值计算方法得到费米能级 E_F。但在某些情况下建立起载流子浓度 n 与半导体中的施主、受主以及费米能级的解析关系式是有意义的。

关于杂质半导体的载流子浓度以及费米能级的计算有过一系列的研究(Kittle 1976, Shockley 1955, Коренбдит 1956, 勃莱克莫尔 1965, Roy 1977, 黄昆 1958)。但一般都忽略本征激发或者忽略补偿杂质。Kittle (1976) 指出，在重补偿情况之下，由于电中性方程是一个超越方程，只能加以数值处理，而没有统一的解析处理方法。因而，对于在任意温度范围，包含多种杂质的普遍情况，一般采用 Shockley(1955)在 1955 年提出的图解法来求解载流子浓度和费米能级。1956 年 Коренбдит 也提出了一种图解法(Коренбдит 1963)，但对于某些电离能较小的杂质，图解值与实验值明显不符。在解析处理方面，Blackmore 用质量作用定律对补偿半导体的载流子浓度及费米能级进行了较详细的讨论(勃莱克莫尔 1965)，但是作了忽略本征激发的简化。1977 年 Roy 指出(Roy 1977)，对于杂质半导体，认为自由载流子仅来源于杂质能级而忽略本征热激发，这种简化仅在低温、高杂质浓度情况下适用，而在一定温度范围则必须同时考虑杂质激发以及本征激发的贡献。他考虑了本征热激发，得出三次方程，写出了载流子浓度及费米能级的解析式。计算表明在 300K 以上，是否考虑本征激发，费米能级位置相差在 0.1eV 以上。但是 Roy 的计算中只考虑了一种杂质，不包括补偿杂质情况。下面则对包含几种杂质的半导体，在全部温度范围之内，对载流子浓度及费米能级的计算，作出了统一的解析处理方法，并将计算结果与 Shockley 的图解法结果或实验值加以比较。

1. 一般情况下的 n^4 型计算式

电中性条件为

$$\begin{aligned} &N_C e^{-\frac{E_- - E_F}{k_B T}} + \frac{N_D}{e^{\frac{E_D - E_F}{k_B T}} + 1} + N_A \\ &= N_D + \frac{N_A}{e^{\frac{E_F - E_A}{k_B T}} + 1} + N_V e^{-\frac{E_F - E_+}{k_B T}} \end{aligned} \tag{5.37}$$

公式中各字母的意义同文献(黄昆 1958)。现做代换

$$E_F - E_V = E_F' \tag{5.38}$$

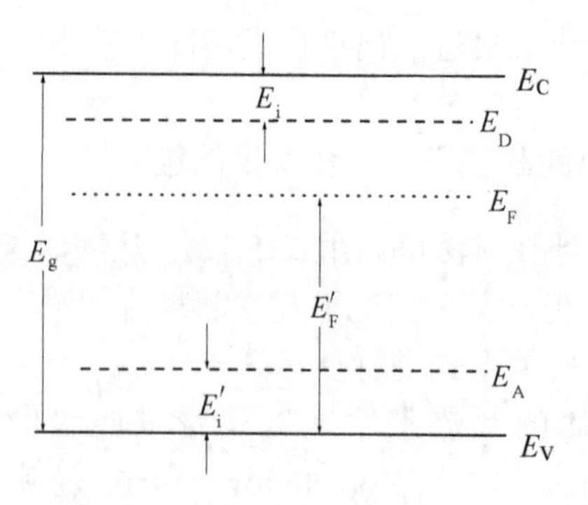

图 5.9　能级结构示意图

从图 5.9 中可以很容易的看出对应的其他代换为

$$
\begin{aligned}
&E_C - E_F = E_g - E_F' \\
&E_D - E_F = E_g - E_i - E_F' \\
&E_F - E_A = E_F' - E_i'
\end{aligned}
\tag{5.39}
$$

式中：E_i 和 E_i' 分别表示施主和受主的电离能。再设

$$
\begin{cases}
n = N_C e^{-\frac{E_- - E_F}{k_B T}} \\
p = N_V e^{-\frac{E_F - E_+}{k_B T}} \\
n_i^2 = N_V N_C e^{-\frac{E_g}{k_B T}} = np \\
n_0^2 = N_C N_D e^{-\frac{E_i}{k_B T}} \\
p_0^2 = N_V N_A e^{-\frac{E_i'}{k_B T}}
\end{cases}
\tag{5.40}
$$

式中:n 是导带底电子浓度,p 是价带顶空穴浓度,n_i 是本征载流子浓度。将式(5.38)、(5.39)和式(5.40)代入式(5.37)，超越方程就变为一个代数方程

$$
n + \frac{N_A}{1 + \frac{pN_A}{p_0^2}} = \frac{N_D}{1 + \frac{nN_D}{n_0^2}} + p
\tag{5.41}
$$

式中：左边第二项是电离受主浓度 N_A^- ，右边的一项是电离施主浓度 N_D^+ 。如果有 i 种受主，浓度分别为 N_{Di}，能级分别为 E_{Di}；并有 j 种受主，浓度分别为 N_{Aj}，能

级为 E_{Aj}。则式(5.41)可以写为更一般的形式

$$n+\sum_j N_{Aj}^- = \sum_i N_{Di}^+ + p \tag{5.42}$$

式(5.41)经过运算可以得到一个关于 n 的四次方程

$$\sum_{l=0}^{4} A_l n^l = 0 \tag{5.43}$$

式中

$$\begin{aligned}
A_0 &= -n_0^2 N_A n_i^4 \\
A_1 &= -[p_0^2 n_0^2 + N_A N_D(n_0^2 + n_i^2)]n_i^2 \\
A_2 &= N_A n_0^2(p_0^2 + n_i^2) - N_D p_0^2(n_0^2 + n_i^2) \\
A_3 &= p_0^2 n_0^2 + N_A N_D(p_0^2 + n_i^2) \\
A_4 &= p_0^2 N_D
\end{aligned}$$

如果将 n_0、p_0、N_D、N_A 的位置依次分别用 p_0、n_0、N_A、N_D 代换，n 换成 p，同样可以写出一个关于 p 的四次方程。从式(5.43)解出 n，则费米能级 E_F 为

$$E_F = E_C - k_B T \ln\frac{N_C}{n} \tag{5.44}$$

求解四次方程比较复杂，如果在较低温度范围之内，本征激发可以忽略 $n_i \to 0$，则式(5.43)变为

$$n^2 + \left(\frac{n_0^2}{N_D} + N_A\right)n + \left(\frac{N_A}{N_D} - 1\right)n_0^2 = 0 \tag{5.45}$$

不难看出，这实际上是质量相互作用定律的另一种表达形式。关于质量作用定律，在文献(勃莱克莫尔　1965)已经有详尽讨论，但这主要适用在忽略本征激发而仅考虑杂质激发底温度范围。在必须同时考虑两者的温度范围，则不能用式(5.45)计算，必须对式(5.43)寻找其他的简化方法。

2. 按施主电离度简化的 n^3 型计算式

如果知道施主(或受主)的电离度，则 n^4 型计算式(5.43)可以简化为 n^3 型计算式。文献(黄昆　1958)定义 $\chi^2 = \dfrac{N_-}{N_D}\mathrm{e}^{-E_1/KT}$ 为电离度。从式(5.41)把 n_0^2 表达式代入，可有

$$\chi_D^2=\frac{n_0^2}{N_D^2}\tag{5.46}$$

为施主电离度。同样

$$\chi_A^2=\frac{n_0^2}{N_A^2}\tag{5.47}$$

为受主电离度。并且，当$\chi^2\gg\frac{1}{2}$为弱电离；$\chi^2=\frac{1}{2}$为半电离；$\chi^2\to\infty$为全电离

现将式(5.41)改写成

$$n+\frac{N_A+\gamma'\dfrac{pN_A^2}{p_0^2}}{\alpha'+\beta'\dfrac{pN_A}{p_0^2}}=\frac{N_D+\gamma'\dfrac{nN_D^2}{n_0^2}}{\alpha+\beta\dfrac{nN_D}{n_0^2}}+p\tag{5.48}$$

式中：$\alpha(\alpha')$、$\beta(\beta')$、$\gamma(\gamma')$为根据不同电离度而定的参数值。一般情况，相当于$\alpha(\alpha')=1$、$\beta(\beta')=1$、$\gamma(\gamma')=0$；弱电离，相当于$\alpha(\alpha')=0$、$\beta(\beta')=1$、$\gamma(\gamma')=0$；半电离，相当于$\alpha(\alpha')=2$、$\beta(\beta')=0$、$\gamma(\gamma')=0$；强电离，相当于$\alpha(\alpha')=1$、$\beta(\beta')=0$、$\gamma(\gamma')=-1$；全电离，相当于$\alpha(\alpha')=1$、$\beta(\beta')=0$、$\gamma(\gamma')=0$。

现在如果我们不知受主的电离度，处于一般情况，而考虑施主分别处于四种不同的电离度，则可分别得到如下的4个三次方程：

施主弱电离：($\alpha=0$、$\beta=1$、$\gamma=0$；$\alpha'=1$、$\beta'=1$、$\gamma'=0$)

$$n^3+N_A\left(1+\frac{n_i^2}{p_0^2}\right)n^2-(n_0^2+n_i^2)n-\frac{N_A}{p_0^2}\left(n_0^2+n_i^2\right)n_i^2=0\tag{5.49}$$

施主半电离：($\alpha=2$、$\beta=0$、$\gamma=0$；$\alpha'=1$、$\beta'=1$、$\gamma'=0$)

$$n^3+\left[\left(N_A-\frac{N_D}{2}\right)+\frac{N_An_i^2}{p_0^2}\right]n^2-n_i^2\left(1+\frac{N_AN_D}{2p_0^2}\right)n-\frac{n_i^4N_A}{p_0^2}=0\tag{5.50}$$

施主强电离：($\alpha=1$、$\beta=0$、$\gamma=-1$；$\alpha'=1$、$\beta'=1$、$\gamma'=0$)

$$n^3+\left[\frac{N_A-N_D}{1+\dfrac{N_D^2}{n_0^2}}+\frac{N_An_i^2}{p_0^2}\right]n^2-\frac{n_i^2\left(1+\dfrac{N_AN_D}{p_0^2}\right)}{1+\dfrac{N_D^2}{n_0^2}}n-\frac{1}{1+\dfrac{N_D^2}{n_0^2}}\frac{n_i^4N_A}{p_0^2}=0\tag{5.51}$$

施主半电离：($\alpha=1$、$\beta=0$、$\gamma=0$；$\alpha'=1$、$\beta'=1$、$\gamma'=0$)

$$n^3+\left[(N_A-N_D)+\frac{N_A n_i^2}{p_0^2}\right]n^2-n_i^2\left(1+\frac{N_A N_D}{p_0^2}\right)n-\frac{n_i^4 N_A}{p_0^2}=0 \tag{5.52}$$

以上三次方程可统一写为

$$n^3+b_1n^2+b_2n+b_3=0 \tag{5.53}$$

令 $P=b_2-\frac{b_1^2}{3}$，$q=b_3-\frac{b_2b_3}{3}+\frac{2b_1^3}{27}$，$R=\frac{P^3}{27}+\frac{q^2}{4}$，并考虑到根 n 必须在实数范围，并且 $n>0$，则合理的解为

当 $R>0$

$$n=\left(-\frac{q}{2}+\sqrt{R}\right)^{1/3}+\left(-\frac{q}{2}-\sqrt{R}\right)^{1/3} \tag{5.54}$$

当 $R<0$

$$n=2\sqrt{\frac{-P}{3}}\cos\frac{\phi}{3}-\frac{b_1}{3} \tag{5.55}$$

式中

$$\cos\phi=\frac{\sqrt{27}}{2}\frac{q}{P\sqrt{-P}}$$

在式(5.49)~(5.52)四个三次方程中，若在可以忽略本征激发的温度范围之内，$n_i\to 0$，则可以进一步简化，计算式及式(5.45)的结果一并列在表 5.1 中，还需指出，n^3 型公式允许有几种施主杂质，计算时只要把 $\left(\frac{N_D^2}{n_0^2}\right)$ 项用 $\sum_i\left(\frac{N_{Di}^2}{n_{0i}^2}\right)$ 代；n_0^2 项

表 5.1

n^4 型	一般式	$n=\frac{1}{2}\left[-\left(\frac{n_0^2}{N_D}+N_A\right)+\sqrt{\left(\frac{n_0^2}{N_D}+N_A\right)^2-4\left(\frac{N_A}{N_D}-1\right)n_0^2}\right]$
n^3 型	施主弱电离	$n=\frac{1}{2}[N_A+\sqrt{N_A{}^2+4n_0^2}]$
	施主半电离	$n=\frac{N_D}{2}-N_A$
	施主强电离	$n=\frac{N_D-N_A}{1+N_D^2/n_0^2}$
	施主全电离	$n=N_D-N_A$

用$\sum_i n_{0i}^2$代；N_D项用$\sum_i N_{Di}$代。

3. 按施主和受主电离度简化的n^2型简化计算式

如果我们分别考虑施主和受主的四种电离度，则共有 16 种情况。从式(5.48)可以得到$n_i^2 \neq 0$情况下 16 个关于n的方程。方程的解在表 5.2 中。从表 5.2 中可以归纳出一个统一的解析表达式

$$\begin{aligned} n = \frac{1}{2}\Bigg\{&(\xi N_D - \eta N_A) \\ &+ \sqrt{(\xi N_D - \eta N_A)^2 + 4n_i^2\left[1 + \left(\frac{n_0^2}{n_i^2}\right)_{DW} + \left(\frac{N_A^2}{p_0^2}\right)_{AS}\right]\left[1 + \left(\frac{p_0^2}{n_i^2}\right)_{AW} + \left(\frac{N_D^2}{n_0^2}\right)_{DS}\right]}\Bigg\} \\ &\cdot\left[1 + \left(\frac{p_0^2}{n_i^2}\right)_{AW} + \left(\frac{N_D^2}{n_0^2}\right)_{DS}\right]^{-1} \end{aligned} \tag{5.56}$$

带有下标 DW、DS、AW、AS 的项分别表示在施主弱电离、施主强电离、受主弱电离、受主强电离时出现，否则为 0。ξ(或η)，当施主(或受主)弱电离时为 0，半电离时为 1/2，强电离或全电离时为 1。

表 5.2　n^2型载流子浓度计算式

	施主弱电离	施主半电离
受主弱电离	$n = \dfrac{\sqrt{4n_i^2\left(1+\frac{n_0^2}{n_i^2}\right)\left(1+\frac{p_0^2}{n_i^2}\right)}}{2\left(1+\frac{p_0^2}{n_i^2}\right)}$	$n = \dfrac{\frac{N_D}{2} + \sqrt{\frac{N_D^2}{4} + 4n_i^2\left[1+\left(\frac{p_0^2}{n_i^2}\right)\right]}}{2\left[1+\left(\frac{p_0^2}{n_i^2}\right)\right]}$
受主半电离	$n = \dfrac{-\frac{N_A}{2} + \sqrt{\frac{N_A^2}{4} + 4n_i^2\left(1+\frac{n_0^2}{n_i^2}\right)}}{2}$	$n = \dfrac{\left(\frac{N_D}{2} - \frac{N_A}{2}\right) + \sqrt{\frac{(N_A - N_D)^2}{4} + 4n_i^2}}{2}$
受主强电离	$n = \dfrac{-N_A + \sqrt{N_A^2 + 4n_i^2\left(1+\frac{n_0^2}{n_i^2}+\frac{N_A^2}{p_0^2}\right)}}{2}$	$n = \dfrac{\left(\frac{N_D}{2} - N_A\right) + \sqrt{\left(\frac{N_D}{2} - N_A\right)^2 + 4n_i^2\left(1+\frac{N_A^2}{p_0^2}\right)}}{2}$
受主全电离	$n = \dfrac{-N_A + \sqrt{N_A^2 + 4n_i^2\left(1+\frac{n_0^2}{n_i^2}\right)}}{2}$	$n = \dfrac{\left(\frac{N_D}{2} - N_A\right) + \sqrt{\left(\frac{N_D}{2} - N_A\right)^2 + 4n_i^2}}{2}$

续表

	施主强电离	施主全电离
受主弱电离	$n=\dfrac{N_D+\sqrt{N_D^2+4n_i^2\left(1+\dfrac{p_0^2}{n_i^2}+\dfrac{N_D^2}{n_0^2}\right)}}{2\left(1+\dfrac{p_0^2}{n_i^2}+\dfrac{N_D^2}{n_0^2}\right)}$	$n=\dfrac{N_D+\sqrt{N_D^2+4n_i^2\left(1+\dfrac{p_0^2}{n_i^2}\right)}}{2\left(1+\dfrac{p_0^2}{n_i^2}\right)}$
受主半电离	$n=\dfrac{\left(N_D-\dfrac{N_A}{2}\right)+\sqrt{\left(N_D-\dfrac{N_A}{2}\right)^2+4n_i^2\left(1+\dfrac{n_0^2}{n_i^2}\right)}}{2\left(1+\dfrac{n_D^2}{n_i^2}\right)}$	$n=\dfrac{\left(N_D-\dfrac{N_A}{2}\right)+\sqrt{\left(N_D-\dfrac{N_A}{2}\right)^2+4n_i^2}}{2}$
受主强电离	$n=\dfrac{(N_D-N_A)+\sqrt{(N_D-N_A)^2+4n_i^2\left(1+\dfrac{N_A^2}{p_0^2}\right)\left(1+\dfrac{n_0^2}{n_i^2}\right)}}{2\left(1+\dfrac{N_D^2}{n_i^2}\right)}$	$n=\dfrac{(N_D-N_A)+\sqrt{(N_D-N_A)^2+4n_i^2\left(1+\dfrac{N_A^2}{p_0^2}\right)}}{2}$
受主全电离	$n=\dfrac{(N_D-N_A)+\sqrt{(N_D-N_A)^2+4n_i^2\left(1+\dfrac{N_D^2}{n_0^2}\right)}}{2}$	$n=\dfrac{(N_D-N_A)+\sqrt{(N_D-N_A)^2+4n_i^2}}{2}$

注① 7 个全电离公式可以看成 5 个强电离公式的特殊情况。全电离时 $\dfrac{N_D^2}{n_0^2}=\dfrac{1}{\chi_D^2}\to 0$ 以及 $\dfrac{N_A^2}{p_0^2}=\dfrac{1}{\chi_A^2}\to 0$ 代入强电离公式，就得到全电离公式。

注② n^2 型公式允许有几种施主，几种受主，计算的时候只须作如下代换：$n_0^2\to\sum_i n_{0i}^2$ ，$N_D\to\sum_i N_{Di}$ ，$\dfrac{N_D^2}{n_0^2}\to\sum_i\dfrac{N_{Di}^2}{n_{0i}^2}$ ； $p_0^2\to\sum_j p_{0j}^2$ ，$N_A\to\sum_j N_{Aj}$ ，$\dfrac{N_A^2}{p_0^2}\to\sum_j\dfrac{N_{Aj}^2}{p_{0j}^2}$ 。

4. 计算结果

n^4 型、n^3 型、n^2 型公式的适用范围，适用条件及使用公式情况见表 5.3。

表 5.3

	适用范围	适用条件		选用公式
n^4 型	一种施主 一种受主		$n_0\neq 0$ $n_0\to 0$	四次方程式(5.43) 式(5.45)
n^3 型	几种施主 几种受主	施主电离度 已知	$n_0\neq 0$ $n_0\to 0$	三次方程式(5.49)~(5.52) (表 5.1)
n^2 型	几种施主 几种受主	施主以及受主 电离度已知	$n_0\neq 0$	二次方程式(5.56)或表 5.2

具体问题计算的时候，先根据N_-、N_+、N_-、N_D、N_A、E_i、E_i'、E_g以及温度T，计算出n_0^2、p_0^2、n_i^2，再估算电离度χ。根据电离度在表5.1表5.2中选择适当的公式，或者利用式(5.49)、(5.50)、(5.51)、(5.52)计算n，再求E_F。表5.4是对Shockley图解法的例子(Shockley 1955)进行的计算。其中$N_A = 10^{14}/\text{cm}^3$，$N_D = 10^{15}/\text{cm}^3$，$E_i = E_i' = 0.04\text{eV}$，$E_g = 0.72\text{eV}$，取自由电子近似，$N_- = N_+ = 4.831\times10^{15}T^{3/2}$ (勃莱克莫尔 1965)，$k_B = 8.625\times10^{-5}\text{eV}/$度。表中$E_- - E_F$的单位是eV。

表 5.4

T/K	n_0^2 /cm^{-6}	p_0^2 /cm^{-6}	χ_D^2	χ_A^2	n_i^2 /cm^{-6}	n 本文计算值 /cm^{-6}	$E_- - E_F$ 本文计算值	Shockley计算值	质量作用定律式(5.45)计算值
600	3.227×10^{34}	3.227×10^{33}	$\sim10^4$ (全)	$\sim10^5$ (全)	4.5726×10^{33}	6.8080×10^{16}	0.3596	0.36	0.5835
450	1.6453×10^{34}	1.6453×10^{33}	$\sim10^4$ (全)	$\sim10^5$ (全)	1.8652×10^{31}	4.7921×10^{15}	0.3560		0.4207
400	1.2123×10^{34}	1.2123×10^{33}	$\sim10^4$ (全)	$\sim10^5$ (全)	1.2904×10^{30}	1.6718×10^{15}	0.3467		0.3681
300	5.3506×10^{34}	5.3506×10^{33}	$\sim10^3$ (全)	$\sim10^4$ (全)	5.1861×10^{26}	9.0014×10^{14}	0.2649	0.27	0.2649
200	1.3444×10^{33}	1.3444×10^{32}	$\sim10^3$ (全)	$\sim10^4$ (全)	1.3934×10^{20}	9.0000×10^{14}	0.1661		0.1661
150	4.0287×10^{32}	4.0287×10^{31}	$\sim10^2$ (强)	1.6 (强)	3.4126×10^{15}	9.0000×10^{14}	0.1190	0.12	0.1190
50	1.6005×10^{29}	1.6005×10^{28}	0.16 (弱)	0.16 (弱)	$\to0$	3.5300×10^{14}	0.03658	0.038	0.03773
37.5	4.7201×10^{27}	4.7201×10^{26}	0.0047 (弱)	0.0047 (弱)	$\to0$	3.4970×10^{13}	0.03352	0.034	0.03389
20	3.6727×10^{22}	3.6727×10^{21}	$\to0$ (弱)	$\to0$ (弱)	$\to0$	3.6720×10^{8}	0.03603	0.036	0.03621
以下两例，$N_A = 10^{12}/\text{cm}^3$，其他条件不变									
37.5	4.7201×10^{27}	4.7201×10^{24}	0.0047 (弱)	4.7 (强)	$\to0$	6.8204×10^{13}	0.03136	0.031	0.03147
20	3.6727×10^{22}	3.6727×10^{19}	$\to0$ (弱)	$\to0$ (弱)	$\to0$	3.5469×10^{10}	0.02814	0.028	0.02841

表5.5是对文献(汉耐 1963)的例子进行的计算，Ge样品的N_A=10^{14}cm^{-3}，

N_D=10^{15}cm^{-3}， $E_g = 0.66$eV， $E_i = E_i' = 0.01$eV， $m_e = 0.25m_0$， $m_h = 0.3m_0$。

表 5.5

T/K	N_-	N_+	n_0^2	p_0^2	χ_D^2	χ_A^2	n_i^2	n	$E_- - E_F$ 计算值	$E_- - E_F$ 图解值
300	3.13 $\times 10^{18}$	4.115 $\times 10^{18}$	2.1268 $\times 10^{33}$	2.7961 $\times 10^{32}$	$\sim 10^3$ (全)	$\sim 10^4$ (全)	1.0824 $\times 10^{26}$	9.0012 $\times 10^{14}$	0.2110	0.21

表 5.6 对 Morin 的实验数据进行了计算。Si 样品，N_A=74×10^{14}cm^{-3}，N_D=10^{11}cm^{-3}，$E_i' = 0.046$eV，$m_h = 0.3m_0$。数据取自文献(汉耐等 1963)。p_0 的计算值是根据表一公式计算的。

表 5.6

T/K	N_+	p_0^2	χ_A^2	p/cm^{-6} 计算值	p/cm^{-6} 图解值
20	7.1001×10^{16}	1.6071×10^{20}	$\to 0$ (弱)	1.58×10^{9}	1.6×10^{9}
25	9.9227×10^{16}	3.9914×10^{22}	$\to 0$ (弱)	1.56×10^{11}	1.8×10^{11}
33.5	1.5280×10^{17}	1.2725×10^{25}	$\sim 10^{-4}$ (弱)	3.52×10^{12}	4×10^{12}
50	2.8066×10^{17}	4.8410×10^{27}	$\sim 10^{-2}$ (弱)	6.95×10^{13}	7×10^{13}
80	4.115×10^{17}	5.3490×10^{29}	1(半)	3.70×10^{14}	3.7×10^{14}

从以上计算结果来看，这种统一的解析处理法是可行的。

表中图解值取自 Shockly 的原著(Shockly 1955)。从表中可以看出，解析计算值在全部温度范围内与图解值一致，且精度高于图解值。仅考虑杂质激发而不考虑本征激发的质量作用定律，在 300K 以下与图解值符合，在 300K 以上明显不符。在 600K 处，费米能级相差 0.22eV 之多。可见在 300K 以上不能忽略本征激发。从计算还可以看出，600K 以上可以用本征载流子浓度 n_i 表示载流子浓度 n，但是在 600K 以下 n_i 与 n 的误差逐渐增大，到 400K 两者相差 1.5 倍，到 300K 两者相差 40 倍之多。可见在 600K 以下，不能只考虑本征激发 n_i，而不考虑杂质激发。这就说明，在该例中，从 300~600K 范围内，既不能用质量作用定律计算，也不能单纯当作本征激发来计算，而必须同时考虑杂质激发和本征激发两者的贡献，采用本文提出的解析处理法，或者采用 Shockley 的图解法。任何样品都存在着这样的一个过渡的温度范围。

5.2 电导率和迁移率

5.2.1 玻尔兹曼方程和电导率

本节讨论零磁场条件下的输运现象。关于电导率与迁移率的分析，在不考虑费米分布和载流子态密度分布的情况下，先可以作一个简要的描述。

由外场 E 引起的电流密度 $\boldsymbol{j}$ 可表示为

$$\boldsymbol{j} = ne\boldsymbol{v}_{\mathrm{d}} \tag{5.57}$$

式中：$\boldsymbol{v}_{\mathrm{d}}$ 是载流子的漂移速度。对于电子，由于电荷为负值，$\boldsymbol{v}_{\mathrm{d}}$ 与 j 方向相反。在不计载流子热运动的情况下，运动方程为

$$\frac{\mathrm{d}(m^{*}\boldsymbol{v}_{\mathrm{d}})}{\mathrm{d}t} = e\boldsymbol{E} - \frac{m^{*}\boldsymbol{v}_{\mathrm{d}}}{\overline{\tau}_{\mathrm{m}}} \tag{5.58}$$

式中：t 是时间，$m\boldsymbol{v}_{\mathrm{d}}$ 是载流子的动量，$\overline{\tau}_{\mathrm{m}}$ 是平均动量弛豫时间。式中右方第二项相当于载流子受到的“摩擦阻力”，在稳态时，等式左边为零，就有

$$\boldsymbol{v}_{\mathrm{d}} = \frac{e}{m^{*}}\overline{\tau}_{\mathrm{m}}\boldsymbol{E} = \mu\boldsymbol{E} \tag{5.59}$$

可见

$$\mu = \frac{e}{m^{*}}\overline{\tau}_{\mathrm{m}} \tag{5.60}$$

为迁移率，式(5.59)、(5.60)代入式(5.57)，则电流密度为

$$\boldsymbol{j} = \sigma\boldsymbol{E} \tag{5.61}$$

式中：电导率为

$$\sigma = ne\mu = (ne^{2}/m^{*})\overline{\tau}_{\mathrm{m}} = \frac{1}{\rho} \tag{5.62}$$

式中：ρ为电阻率，从式(5.60)可以大致估算迁移率的数值范围。由于 $\frac{e}{m_0} = 1.76\times10^{15}\ \mathrm{cm^2/V\cdot s^2}$。$\overline{\tau}_{\mathrm{m}}$ 看作为晶体中原子振动频率倒数，约为 10^{-13}s。于是$\mu_0 \approx 176\ \mathrm{cm^2/\ V\cdot s^2}$。但(5.60)中的 m^{*} 为电子的有效质量，所以迁移率的大致范围应在 $\mu \approx \frac{m_0^{*}}{m^{*}} 176\ \mathrm{cm^2/\ V\cdot s^2}$。

如果先施加电场 $\boldsymbol{E}$，使载流子在电场中作漂移的运动后，又突然撤销电场，并从此时计算时间，则式(5.58)的解为

$$m^* v_d = (m^* v_d)_{t=0} \exp(-t / \overline{\tau}_m) \tag{5.63}$$

说明在时间 $\overline{\tau}_m$ 内，漂移以指数方式衰减。在实际情况下，载流子除在电场下漂移之外，还存在各种散射过程。$\overline{\tau}_m$ 与载流子的能量 E 有关，与晶格原子的热运动有关，与载流子在晶体中输运过程中与杂质缺陷散射、晶格形变势散射等因素有关，在一定近似下可以写为

$$\overline{\tau}_m = \tau_0 \left(\frac{E}{k_B T} \right)^r \tag{5.64}$$

式中：指数 r 在−1/2(声学形变势散射)和+3/2(电离杂质散射)之间的变化。如果平均自由程为 l_0，则

$$\tau_0 = \frac{l_0}{\overline{v}} = \frac{l_0}{\sqrt{2k_B T / m^*}} \tag{5.65}$$

如果 $l_0 \propto T^{-1}$，则有 $\tau_0 \propto T^{-3/2}$。于是迁移率为

$$\mu = \frac{e}{m^*} \overline{\tau}_m = \frac{e}{m^*} \tau_0 \left(\frac{E}{k_B T} \right)^r = \frac{e l_0}{\sqrt{2m^* k_B T}} \left(\frac{E}{k_B T} \right)^r \tag{5.66}$$

电导率为

$$\sigma = ne\mu = \frac{ne^2 l_0}{\sqrt{2m^* k_B T}} \left(\frac{E}{k_B T} \right)^r \tag{5.67}$$

上面给出了一个迁移率与电导率的粗略图像。进一步的分析可以考虑载流子的费米分布和能带态密度分布。

如果在能量 E 附近一个小范围 dE 内，能级数为 $\rho(E)\mathrm{d}E$，则在此范围内的电子浓度为

$$f(E)\rho(E)\mathrm{d}E \tag{5.68}$$

f 是费米-狄拉克分布函数，$\rho(E)$为能带的有效态密度。如果对系统施加一个外界影响，例如一个电场，电子的分布将不同于式(5.1)所表示的分布。式(5.1)是电子平均速度为零时的分布。如果在外场作用下建立了稳定状态，则在分布函数中必须计入电子在电场方向的漂移速度。假设原来的分布是 $f_0(E)$，在有外场的作用下

新的分布是$f(E)$。由于外加场的作用很小，所以$f(E)$与$f_0(E)$略有不同。如果除去外场，则系统将弛豫到原来的状态，$f(E)$回复到$f_0(E)$，回复到平衡状态的速率为

$$\frac{\mathrm{d}f}{\mathrm{d}t}=-\frac{f(E)-f_0(E)}{\tau} \tag{5.69}$$

τ是一个表示系统特征的弛豫时间，依赖于系统的复合类型。式(5.69)是弛豫时间近似的玻尔兹曼方程。在式(5.69)基础上可以发展载流子输运的动力学理论。在讨论载流子的电导率时，存在两个过程，一个过程是漂移，另一个过程是散射。首先是由于电场$\boldsymbol{E}$使得电子获得一个漂移速度δv，如果电子在一个δt时间中运动和遭受任何散射，则

$$\delta v=-\frac{e|\boldsymbol{E}|}{m^*}\delta t \tag{5.70}$$

另一方面电子由于同声子散射，与其他电子碰撞复合散射，与杂质缺陷以及深能级中心的散射，或晶格的其他不完整性的散射，都会倾向于使电子的分布回复到平衡状态$f_0(E)$。

在外加电场作用下，漂移作用引起分布函数变化的速率可以写成

$$\left(\frac{\mathrm{d}f(|\boldsymbol{E}|)}{\mathrm{d}t}\right)_{漂移}=\left(\frac{\mathrm{d}f(|\boldsymbol{E}|)}{\mathrm{d}v}\right)\frac{\mathrm{d}vu}{\mathrm{d}t}=-\frac{eE}{m^*}\frac{\mathrm{d}f(|\boldsymbol{E}|)}{\mathrm{d}v} \tag{5.71}$$

在外加电场撤销时，散射作用引起分布函数从$f(E)$回复到平衡状态$f_0(E)$，有

$$\left(\frac{\mathrm{d}f(|\boldsymbol{E}|)}{\mathrm{d}t}\right)_{散射}=-\frac{f(|\boldsymbol{E}|)-f_0(|\boldsymbol{E}|)}{\tau} \tag{5.72}$$

在稳定状态时，漂移项必须同散射项平衡，因而有

$$\left(\frac{\mathrm{d}f(|\boldsymbol{E}|)}{\mathrm{d}t}\right)_{漂移}+\left(\frac{\mathrm{d}f(|\boldsymbol{E}|)}{\mathrm{d}t}\right)_{散射}=0 \tag{5.73}$$

于是把式(5.71)、(5.72)代入式(5.73)中，可以得到

$$f(|\boldsymbol{E}|)=f_0(|\boldsymbol{E}|)-\frac{e|\boldsymbol{E}|}{m^*}\tau\frac{\mathrm{d}f(|\boldsymbol{E}|)}{\mathrm{d}v} \tag{5.74}$$

这是一个关于稳定状态分布函数的表达式。在弱电场情况下，在$\mathrm{d}f/\mathrm{d}v$中可以用平衡值f_0代替f，于是

$$f(|\boldsymbol{E}|)=f_0(|\boldsymbol{E}|)-\frac{eE}{m^*}\tau\frac{\mathrm{d}f_0(|\boldsymbol{E}|)}{\mathrm{d}v} \tag{5.75}$$

此式即为“扩散近似”的分布函数。

利用式(5.75)可以写出电流密度 j 的表达式，设电场沿 x 轴方向，相应 j 的 x 分量为

$$j_x=-e\int_0^\infty v_x f(E)\rho(E)\mathrm{d}E \tag{5.76}$$

式中：v_x 是一个能量为 E 的电子在 x 轴的速度分量。式中 $f(E)$ 可以用式(5.75)代入，由于无电场时，电流为零。因此式(5.75)中的 $f_0(\boldsymbol{E})$ 项在积分中应为零，可以不计。假定半导体各向同性，电流不依赖于 v_y、v_z 分量，于是

$$j_x=-\int_0^\infty \frac{e^2E_x}{m^*}\tau v_x\frac{\mathrm{d}f_0}{\mathrm{d}v_x}\rho(E)\mathrm{d}E \tag{5.77}$$

按照电导率的定义，$j_x=\sigma E_x$，于是

$$\sigma = j_x / E_x = -\int_0^\infty \frac{e^2\tau}{m^*}\frac{v_x\mathrm{d}f_0}{\mathrm{d}v_x}\rho(E)\mathrm{d}E \tag{5.78}$$

下面先做一下简化的估算。式中速度 v_x 可以用能量 E 来表示

$$E=\frac{1}{2}m^*v^2=\frac{1}{2}m^*(v_x^2+v_y^2+v_z^2) \tag{5.79}$$

在小电场情况下，每一速度分量所对应的能量为 $E/3$，即 $\frac{1}{2}m^*v_x^2=\frac{E}{3}$，并假定费米能级 E_F 处在导带底之下，其距离大于 kT，则分布函数可写为

$$f_0(E)=\exp\left(\frac{E_\mathrm{F}-E}{k_\mathrm{B}T}\right) \tag{5.80}$$

导带底有效态密度取简化形式

$$\rho(E)=\frac{4\pi(2m^*)^{\frac{3}{2}}}{h^3}E^{\frac{1}{2}} \tag{5.81}$$

则式(5.78)可写为

$$\sigma = \frac{8\pi(2m^*)^{\frac{3}{2}}}{3h^3k_\mathrm{B}T}\frac{e^2}{m^*}\int_0^\infty \tau E^{\frac{3}{2}}\exp\left(\frac{E_\mathrm{F}-E}{k_\mathrm{B}T}\right)\mathrm{d}E \tag{5.82}$$

如果简单地假定 $\tau=\tau_0\left(\frac{E}{k_\mathrm{B}T}\right)^r$，平均自由程 $l=v\tau$，由于 $v=\left(\frac{2E}{m^*}\right)^{\frac{1}{2}}$，所以 $\tau=\frac{l}{v}=l\left(\frac{m^*}{2E}\right)^{\frac{1}{2}}$,对照 τ 的假定,有 $\tau_0=l\left(\frac{m^*}{2k_\mathrm{B}T}\right)^{\frac{1}{2}}$ 以及 $r=-1/2$,经过推导,式(5.82)可以写为

$$\sigma = \frac{4}{3}\frac{ne^2 l}{(2\pi m^* k_\mathrm{B}T)^{\frac{1}{2}}} \tag{5.83}$$

此式为 Drude-Lorentz 理论的表达式。又由于 $\sigma=ne\mu$ 。于是，漂移迁移率为

$$\mu = \frac{4}{3}\frac{el}{(2\pi m^* k_\mathrm{B}T)^{\frac{1}{2}}} \tag{5.84}$$

电导率也可写为

$$\sigma = \frac{ne^2\overline{\tau}}{m^*} \tag{5.85}$$

式中：$\overline{\tau}$ 是平均弛豫时间

$$\mu = \frac{e\overline{\tau}}{m^*} \tag{5.86}$$

5.2.2 $Hg_{1-x}Cd_xTe$ 的电子迁移率的实验结果

对于 $Hg_{1-x}Cd_xTe$ 三元系材料，从霍尔系数和电导率测量可得的霍尔迁移率。由于电子迁移率远大于空穴迁移率；同时电子迁移率容易测量，汤定元(汤定元 1974)给出了 HgCdTe 电子迁移率问题的讨论。

图 5.10 是 4.2~300K 的温度范围 $Hg_{1-x}Cd_xTe$(x = 0~1)电子迁移率的测量结果；对于各种不同的组分，迁移率与温度的关系大体相似。在高温部分主要是由于晶格振动的散射，在 300~100K 的温度范围，随着温度的下降迁移率增加；一般可写成 $\mu_n \propto T^n$，n 之值随组分之不同而有小的变动。在低温度部分，电离杂质的散射起主要作用，迁移率随温度下降而下降。在 300K 时的电子迁移率与组分的关系如图 5.11 的实线所示。在 $E_\mathrm{g}\approx 0$ 的组分上，迁移率有一个极大值。Scott(Scott 1972)

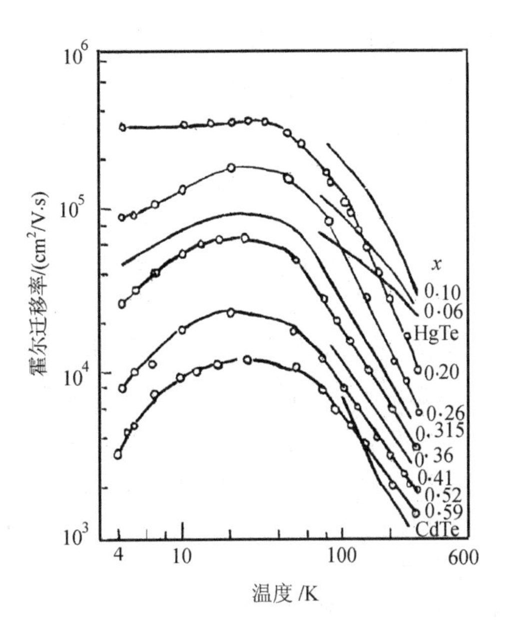

图 5.10　$Hg_{1-x}Cd_xTe$ 的霍尔迁移率

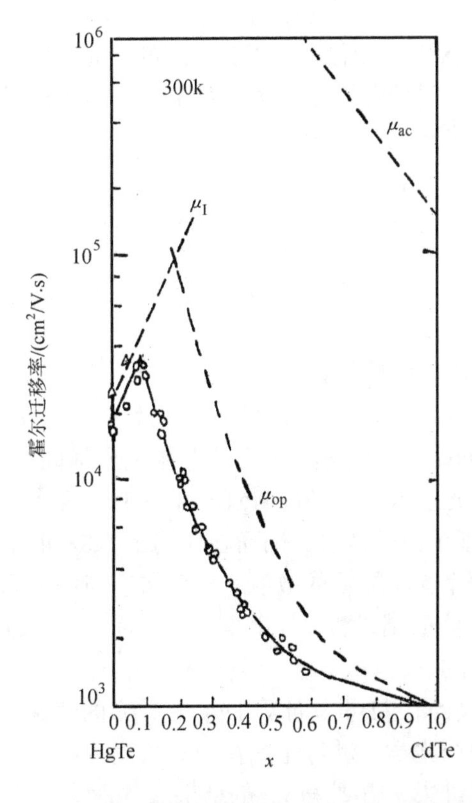

图 5.11　$Hg_{1-x}Cd_xTe$ 在 300K 的迁移率，实测与理论的比较

曾分析了影响到室温电子迁移率的一些本征散射机构，其中有声学声子散射、压电散射，光学声子散射，以及窄禁带半导体和半金属中的电子-空穴散射。

对于抛物线型能带和非简并条件，声学声子散射所决定的电子迁移率为

$$\mu_{ac}=\frac{3\times10^{-5}C_1}{\left(m_0^*/m_0\right)^{\frac{5}{2}}T^{\frac{3}{2}}E_c^2} \tag{5.87}$$

式中：C_1为纵向弹性系数的平均值，E_c为电子的畸变势。这两个参数在$x=0$到1的范围内，变化不大。因此μ_{ac}随组分的变化主要来自$\left(m_0^*/m_0\right)$随组分的变化。按(5.87)式计算所得的μ_{ac}画在图5.10中；以虚线表示。它比实验值高100倍以上。在x值接近零的一端，必须考虑能带的非抛物线性和简并的影响。但是即使把这些影响考虑进去，也不可能使μ_{ac}有数量级的下降。因此，在$Hg_{1-x}Cd_xTe$中，声学声子的散射机构是可以忽略的。

在闪锌矿结构的晶体中，压电散射是由于与声学声子相联系的极化所引起的。计算结果表明，压电散射所决定的迁移率μ_{pz}比μ_{ac}还要高好几倍。因此这一机构对$Hg_{1-x}Cd_xTe$的室温电子迁移率更不起作用。

对$Hg_{1-x}Cd_xTe$的室温电子迁移率起主要作用的是光学声子的散射。在从HgTe到CdTe的整个系列中，弱耦合近似适用，对于抛物线形能带、非简并半导体，光学声子散射所决定的电子迁移率为

$$\mu_{op}=2.5\times10^{32}\left(\frac{T}{300}\right)^{\frac{1}{2}}\frac{e_0^2\varepsilon_\infty^2\omega_1\left(e^z-1\right)\left[e^{-\xi}G^{(1)}\right]}{\left(\varepsilon_s-\varepsilon_\infty\right)\omega_t^2\left(m_0^*/m_0\right)^{\frac{3}{2}}} \tag{5.88}$$

式中：e_0为电子电荷，用静电单位表示；ε_s和ε_∞分别为静态和高频介电常数，假设$Hg_{1-x}Cd_xTe$的这两数据是HgTe和CdTe的实验数据的直线内插；$z=E_F/kT$为简约的费米能(Ehrenreich 1959)；ω_1、ω_t分别为纵向和横向光学声子的振动频率。$Hg_{1-x}Cd_xTe$晶体有两个光学振动，来自HgTe和CdTe，两者的强度近似地与x成正比。式(5.88)仅适用于单模的散射，因而在应用式(5.88)求光声子散射所决定的迁移率时要先分别求两个光学振动的散射，然后取适当的平均。这样计算所得的结果画在图5.11中，与实验结果相比，随着x的下降，偏离越来越大。在$x=0.3$处，理论值已是实验值的三倍。

Chattopadhyay和Nag(1974)重新计算$Hg_{1-x}Cd_xTe$的室温电子迁移率，从解玻尔兹曼方程出发，把两个光学振动都考虑在内。采用一些较新的实验数据，并把导带的非抛物线性考虑进去，得到表5.7的结果。

表 5.7

x	包括非抛物线能带及光学振动散射的迁移率/(cm²/V·s)	包括非抛物线能带及光学、声学振动、杂质、电子-空穴散射的迁移率/(cm²/V·s)	实验值/(cm²/V·s)
0.2	1.65×10^4	1.44×10^4	1.03×10^4
0.4	5.6×10^3	5.6×10^3	2.74×10^3
0.6	2.73×10^3	2.49×10^3	1.55×10^3
0.8	1.6×10^3	1.44×10^3	1.26×10^3
1.0	1.04×10^3	9.22×10^3	$1.\times10^3$

这里的结果表明，对于小的或大的 $x(x = 0.2, 0.8, 1.0)$，理论计算的迁移率与实验值都比较符合。对于中等的 $x(x = 0.4, 0.6)$，偏差较大，接近两倍。

这表明在这一温度范围内，电离杂质的散射是决定电子迁移率的主要机构。当温度上升时，电离杂质散射的迁移率增大。但由于载流子增加，约 100K 时，本征载流子浓度已相当大，电子-空穴散射变得重要，因此迁移率下降。但是到 300K 这个理论迁移率仍比实验值大十倍。因此，对于 $x = 0.20$ 的样品，电子-空穴散射机构对 300K 的电子迁移率的影响可以忽略不计。

从图 5.12 还可看到，在高温部分，实验曲线接近一直线 $\mu_n \propto T^{-2.3}$。这是光学声子散射加电子-电子强交互作用的结果。如果把高温数据外推到 77K，则得到这一机构在 77K 的迁移率为 $\mu_{op} \approx 2.5\times10^5$ cm² / V · s。而在这一温度时，电离杂质的散射加电子-空穴散射所决定的迁移率为 $\mu_I \approx 8\times10^5$ cm² / V · s。这两类机构的联合作用使电子迁移率下降到 1.9×10^5 cm² / V · s。实测的 1.5×10^5 已非常接近理论数值。

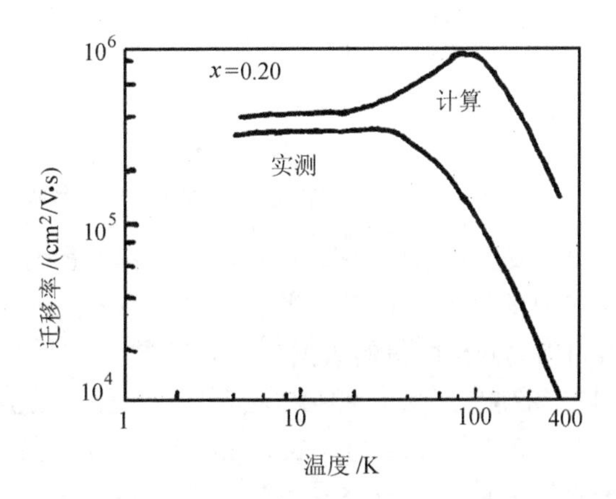

图 5.12 $Hg_{0.8}Cd_{0.2}Te$ 的迁移率，计算曲线仅假设电子空穴散射与电离杂质散射

在 4.2K，电离杂质散射所决定的电子迁移率与组分的关系问题，已经有一些实验测量和理论计算的报道(Scott 1972; Long 1968; Sfanusiewieg 1971)。在 $E_g = 0$

的组分上；迁移率为最大，向两边下降。但向负禁带方面下降缓慢，向正禁带方面下降较快。对 $E_g=0$ 线是不对称的。用电离杂质散射的理论计算，迁移率对 $E_g=0$ 线应是对称的。不对称的来源主要是由于介电常数与电子浓度的关系所引起的，这个关系对 $E_g=0$ 的两边的影响是不一样的：考虑了这一关系后，就能使理论曲线与实验很好地符合。图 5.13 是理论与实验的比较。这一实验是用高压使禁带宽度发生变化，在高压下测量的结果。$x=0.07$ 时样品在从 0 到 8300 大气压的范围内，禁带宽度从–0.17eV 改变到–0.091eV。对于 $x=0.13$ 的样品。在同一压力量程内它的禁带宽度从–0.060eV 改变到+0.021eV。在约 6250 大气压附近，禁带宽度为零。

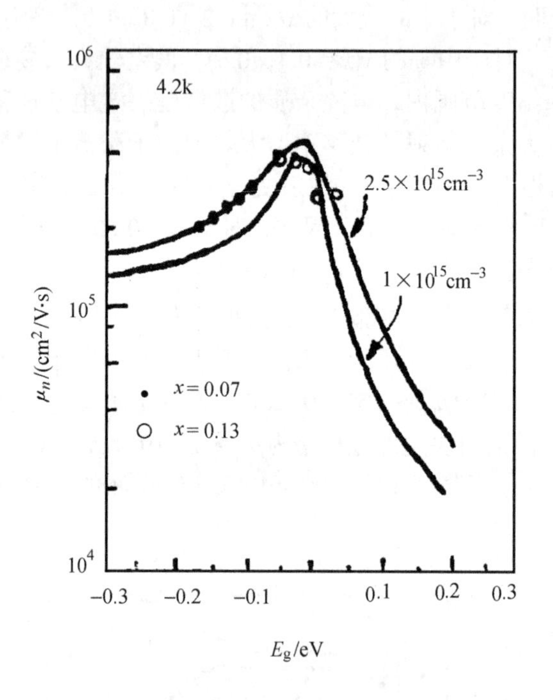

图 5.13 电离杂质散射的迁移率与禁带宽度的关系

至于 $Hg_{1-x}Cd_xTe$ 材料的空穴迁移率，由于电子迁移率远大于空穴迁移率，在一般条件下，霍尔效应所表现出来的都是混合导电，不容易得到空穴迁移率。这里仅将 Elliott(Elliott 1971)分析所得的数据列出以供参考：

$x=0.24$， $T=133\sim83.3\text{K}$， $\mu_n=90\sim120\ \text{cm}^2/\text{V}\cdot\text{s}$；$b=225\sim380$

$x=0.25$， $T=180\sim125\text{K}$， $\mu_h=284\sim350\ \text{cm}^2/\text{V}\cdot\text{s}$；$b=52\sim99$

$x=0.265$，$T=185\sim122\text{K}$， $\mu_h=156\sim210\ \text{cm}^2/\text{V}\cdot\text{s}$；$b=71\sim130$

其中：b 为电子迁移率与空穴迁移率之比。

此外，Kinch 等(Kinch 1973)测得 $x=0.20$，$N_A-N_D\approx2\times10^{15}\ \text{cm}^{-3}$ 样品在 77K 时的 $\mu_p=600\ \text{cm}^2/\text{V}\cdot\text{s}$，与 N_A-N_D 无关，被认为是晶格散射的迁移率。

载流子的迁移率是判断半导体材料性质的重要参数，迁移率随温度的变化趋势通常用来研究材料中散射机制。一般认为 n-$Hg_{1-x}Cd_xTe$ 中，低温下杂质散射起主要作用，高温下光学声子占主导地位，合金散射也有一定的作用(Szymanska et al. 1978, Subowski et al. 1981, Chen et al. 1993, Yoo et al. 1997)。

5.2.3 n-$Hg_{1-x}Cd_xTe$ 的电子迁移率的表达式

根据 Kane 模型，$Hg_{1-x}Cd_xTe$ 导带能量与波矢 k 满足

$$\frac{\hbar^2 k^2}{2m_e^*} = E\left(1+\frac{E}{E_g}\right) \tag{5.89}$$

式中：m_e^* 是电子的有效质量，E_g 与组分 x 的关系满足褚君浩等人的 CXT 公式 (Chu et al. 1993, 褚君浩等 1982, 1985)

$$E_g = -0.295 + 1.87x - 0.28x^2 + (1-14x+3x^2)10^{-4}T + 0.35x^4 \tag{5.90}$$

给定导带电子的浓度 n_D，费米能级可以通过求解方程

$$n_D = \frac{2}{\sqrt{\pi}} N_c \int_0^\infty \frac{y^{\frac{1}{2}}(1+\beta y)^{\frac{1}{2}}(1+2\beta y)}{1+\exp(y-\eta)} dy \tag{5.91}$$

获得，式(5.91)中的积分是考虑费米-狄拉克分布函数对所有态密度的求和。式中 $y = E/k_B T$，$\beta = k_B T/E_g$，$\eta = E_F/k_B T$。对窄禁带半导体一般也有近似式 $n = N_D$，N_D 是电离施主浓度。

对于电离杂质散射，根据 Zawadzki(Zawadzki 1982)由一阶波恩近似求解得到弛豫时间可得

$$\mu_i = \frac{1}{2\pi} \frac{(4\pi\varepsilon_0\varepsilon_s)^2}{q^3 \hbar N_I} \frac{1}{F_I} \left(\frac{dE}{dk}\right)^2 k \tag{5.92}$$

式中：$F_I = 2kL_D$，L_D 为德拜长度；N_I 为总的杂质浓度，$N_I = N_D + N_A$；ε_s、ε_∞ 为静介电常数和高频介电常数

$$\varepsilon_s = 20.8 - 16.8x + 10.6x^2 - 9.4x^3 + 5.3x^4 \tag{5.93}$$

$$\varepsilon_\infty = 15.1 - 10.3x - 2.6x^2 + 10.2x^3 - 5.2x^4 \tag{5.94}$$

将式(5.92)对所有的态密度求和可得

$$\mu_{\mathrm{I}} = 2.91\times 10^{57}\frac{\varepsilon_{\mathrm{s}}{}^{2}T^{3}m_{e}^{*}}{N_{\mathrm{I}}N_{\mathrm{D}}}\int_{0}^{\infty}\frac{\exp(y-\eta)y^{3}(1+\beta y)^{3}}{[1+\exp(y-\eta)]^{2}F_{\mathrm{I}}(1+2\beta y)^{2}}\mathrm{d}y \tag{5.95}$$

如果考虑到屏蔽效应下的电子-电子之间的散射，只需在式(5.95)中加上一个包含费米-狄拉克积分的因子 F_{c} 即可

$$F_{\mathrm{c}} = \frac{3[1+\exp(-\eta)F_{1/2}^{2}(\eta)]}{4F_{2}(\eta)} \tag{5.96}$$

$F_{\mathrm{s}}(\eta) = \dfrac{2}{\sqrt{\pi}}\displaystyle\int_{0}^{\infty}\frac{\xi^{s}}{1+\exp(\eta-\xi)}\mathrm{d}\xi$ 为费米-狄拉克积分，在经典极限下，$F_{\mathrm{c}} = 0.647$，高度简并条件下 $F_{\mathrm{c}} = 1$。

光学声子散射只是在高温下才起作用，在这里仍沿用 Bate 等人的近似(Bate 1965)

$$\mu_{\mathrm{op}} = \frac{1.74m_{0}}{\alpha\hbar\omega_{\mathrm{l}}m_{e}^{*}}\frac{\exp(z)-1}{z^{1/2}}\frac{F_{1/2}(\eta)}{D_{00}(\eta,z)} \tag{5.97}$$

式中：$z=\theta/T$，θ 为得拜温度，它可以从纵向光学声子的频率 ω_{l} 中获得。由于 $Hg_{1-x}Cd_{x}Te$ 中有两种振动模，分别属于 HgTe 和 CdTe，因此有

$$\left.\frac{1}{\mu_{\mathrm{op}}}\right|_{\mathrm{Hg}_{1-x}\mathrm{Cd}_{x}\mathrm{Te}} = \left.\frac{1-x}{\mu_{\mathrm{op}}}\right|_{\mathrm{HgTe}} + \left.\frac{x}{\mu_{\mathrm{op}}}\right|_{\mathrm{CdTe}} \tag{5.98}$$

$$\hbar\omega_{\mathrm{l}} = (17.36-1.24x)\times 10^{-3}\mathrm{eV}\quad (\mathrm{HgTe}\text{ 模}) \tag{5.99}$$

$$\hbar\omega_{\mathrm{l}} = (18.60+3.72x)\times 10^{-3}\mathrm{eV}\quad (\mathrm{CdTe}\text{ 模}) \tag{5.100}$$

$D_{00}(\eta,z)$ 定义为

$$D_{00}(\eta,z) = 2\int_{0}^{\infty}\frac{y^{1/2}(y+z)^{1/2}}{[\exp(\eta-y)+1][\exp(y-\eta)+\exp(-z)]}\mathrm{d}y \tag{5.101}$$

极性常数 α 定义为

$$\alpha = \frac{e^{2}}{4\pi\varepsilon_{0}\hbar}\left(\frac{m_{e}^{*}}{2\hbar\omega_{\mathrm{l}}}\right)^{1/2}\left(\frac{1}{\varepsilon_{\infty}}-\frac{1}{\varepsilon_{0}}\right) = 17.76\left(\frac{m_{e}^{*}}{m_{0}}\right)^{1/2}\left(\frac{500}{\theta}\right)^{1/2}\left(\frac{1}{\varepsilon_{\infty}}-\frac{1}{\varepsilon_{0}}\right) \tag{5.102}$$

对于合金散射，对简并的电子气有(Dubowski 1978)

$$\mu_{\mathrm{dis}} = \frac{1.93\times 10^{-32}}{m_{e}^{*}x(1-x)N_{\mathrm{D}}\varOmega_{0}V^{2}}\int_{0}^{\infty}\frac{\exp(y-\eta)y(1+\beta y)}{[1+\exp(y-\eta)]^{2}(1+2\beta y)^{2}F_{\mathrm{d}}}\mathrm{d}y \tag{5.103}$$

式中：Ω_0 为元胞的体积；V 为晶体势能 s 态矩阵元的涨落，一般 V 取为 $9\times10^{-23}\text{eV}\cdot\text{cm}^3$ 、F_d 为一个考虑其他矩阵元影响的常数。

综合多种散射机制后，迁移率的表达式如下

$$\mu=(F_\text{c}\mu_\text{I})^{-1}+(\mu_\text{op})^{-1}+(\mu_\text{dis})^{-1} \tag{5.104}$$

图 5.14 为体材料样品 B9701 的迁移率随温度的变化规律，图中点为实验值，实线为杂质散射、合金散射和光学声子散射决定的迁移率，以及综合 3 种散射机制的迁移率。图 5.15 中可以看出不同的散射机制在不同温区的作用，低温下(50K以下)，杂质散射起主要作用，高温区(100K)主要是极化光学声子起主要作用，合金散射的作用就是将整个温区的迁移率压低。实际在 $\text{Hg}_{1-x}\text{Cd}_x\text{Te}$ 材料中，还存在多种其他的散射机制，如声学波形变势散射、声学波压电散射、光学波形变势散射、中性杂质散射以及位错散射等，这些散射机制在一定范围内对迁移率有修正作用，如果要精确计算电子的迁移率，还得考虑导带与价带、价带之间的相互作用。组分 $x=0.2$ 附近的 $\text{Hg}_{1-x}\text{Cd}_x\text{Te}$ 材料在 100K 以上时，本征载流子浓度已经超过 10^{15}cm^{-3},远远大于一般材料中电离杂质浓度(约为 10^{14}cm^{-3} 数量级),通过式(5.91)就可以获得费米能级，只要材料的组分确定了，通过式 (5.97)就可以基本确定μ_op的值，因此在研制 100K 以上乃至室温工作的 $\text{Hg}_{1-x}\text{Cd}_x\text{Te}$ 探测器时，必须考虑这点。

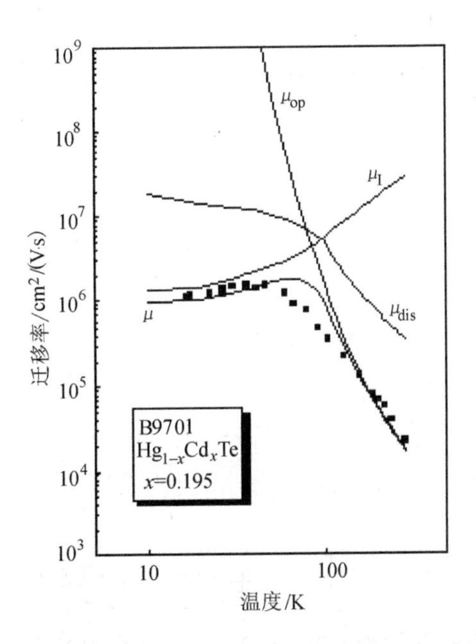

图 5.14 样品 B9701 的霍尔迁移率以及不同散射机制决定的迁移率随温度的变化规律

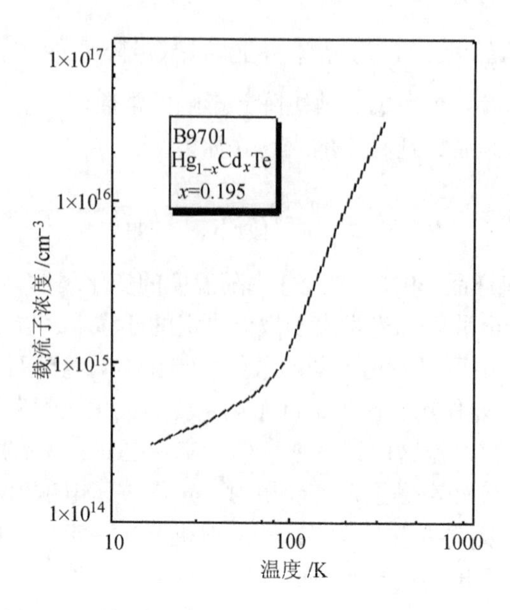

图 5.15　样品 B9701 的电子浓度随温度的变化规律

5.2.4　p-HgCdTe 空穴迁移率的表达式

要制造性能优良的光伏探测器，就需要高的空穴迁移率的 p-$Hg_{1-x}Cd_xTe$ 材料。与电子不同，77K 时 p-$Hg_{1-x}Cd_xTe$(x~0.22)中价带的态密度高达 $10^{18}cm^{-3}$，玻尔兹曼分布对于人们感兴趣的范围已经足够。以前的一些工作(Chen et al.　1986, Meyer et al.　1988, Chen et al.　1989, Yadave et al.　1994)已经表明，与电子一样，空穴的迁移率也主要由电离杂质散射、极化光学声子散射以及合金散射决定。

对于电离杂质散射，由 Brooks-Herring 理论(Wiley　1975)可得

$$\mu_{\mathrm{i}} = 3.284 \times 10^{15} \frac{\varepsilon_{\mathrm{s}} T^{\frac{3}{2}}}{N_{\mathrm{I}}(m_{\mathrm{h}}^{*}/m_0)^{\frac{1}{2}}} \left(\ln(1+b) - \frac{b}{1+b} \right)^{\frac{1}{2}} \tag{5.105}$$

式中

$$b = 1.294 \times 10^{14} \frac{m_{\mathrm{h}}^{*} T^2 \varepsilon_{\mathrm{s}}}{m_0 p_1} \tag{5.106}$$

$$p_1 = p + (p + N_{\mathrm{D}})[1 - (p + N_{\mathrm{D}})/N_{\mathrm{A}}] \tag{5.107}$$

m_{h}^{*} 为重空穴的有效质量，约为 0.28~0.33m_0；p 为自由的空穴浓度；$N_{\mathrm{I}}=2N_{\mathrm{A}}+N_{\mathrm{D}}$。

对于极化光学声子散射，相当于式(5.97)，有

$$\mu_{\mathrm{op}}=\frac{1.74m_0\pi^{\frac{1}{2}}}{\alpha\hbar\omega_1 m_{\mathrm{h}}^*}\frac{\exp(z)-1}{2z^{\frac{3}{2}}\exp(z/2)K_1(z/2)} \tag{5.108}$$

为 K_1 一阶修正贝塞尔函数。

对合金散射，有(Makowski 1973)

$$\mu_{\mathrm{dis}}=\frac{32.8}{(m_{\mathrm{h}}^*/m_0)^{\frac{5}{2}}T^{\frac{1}{2}}\Delta E_{\mathrm{v}}^2 x(1-x)} \tag{5.109}$$

ΔE_{v} 为价带失配，约为 0.30eV(Kowalczyk et al. 1986, Sporken et al. 1989)。

在这里，将只研究 77K 条件下，空穴的迁移率与载流子浓度的关系。为了简单起见，假定此时受主能级基本全部电离，图 5.16 为 $Hg_{0.78}Cd_{0.22}Te$ 材料中，三种不同散射机制的贡献，当载流子浓度低于 $10^{17}cm^{-3}$ 时，空穴的迁移率主要由极化光学声子散射和合金散射决定，同时可以发现光学声子散射和合金散射与载流子的浓度无关，这主要是在计算中采用了玻尔兹曼分布函数的缘故。

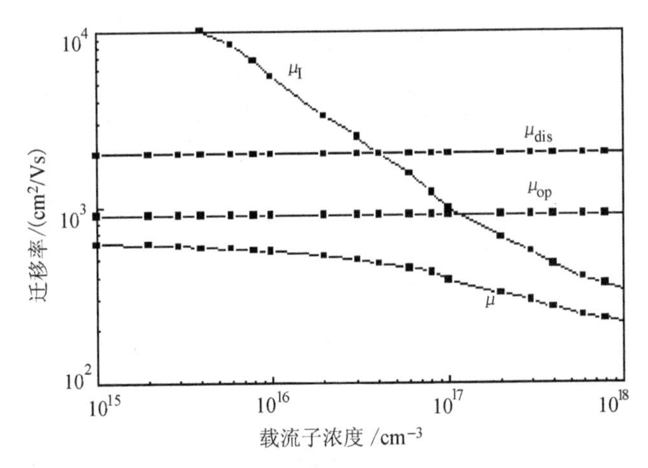

图 5.16 77K 时，p-$Hg_{0.78}Cd_{0.22}Te$ 材料中三种主要的散射机制。μ 为三种机制共同起作用时的空穴迁移率

5.3 磁场下的输运现象

5.3.1 电导率张量

假定电场 $\boldsymbol{E}$ 沿 z 方向，在无磁场时，根据玻尔兹曼方程

$$\frac{\partial f}{\partial v_z}\cdot\frac{e}{m^*}E_z+\frac{f-f_0}{\tau_{\mathrm{m}}}=0 \tag{5.110}$$

于是

$$f = f_0 - \frac{e}{m^*}\tau_{\mathrm{m}} \cdot \frac{\partial f}{\partial \boldsymbol{v}_z} E_z \tag{5.111}$$

在弱场条件下，$\partial f / \partial v_z$ 中的f可用它的平衡值f_0代替。由于$v = \hbar^{-1}\nabla_{\mathrm{k}}\varepsilon$，所以

$$\frac{eE_z}{m^*}\frac{\partial f_0}{\partial v_z} = \frac{e}{\hbar}\frac{\partial f_0}{\partial \varepsilon} \cdot \nabla_{\mathrm{k}}\varepsilon \cdot \boldsymbol{E}$$

于是

$$f = f_0 - \frac{\partial f_0}{\partial \varepsilon}\frac{e}{\hbar}\tau_{\mathrm{m}}\left(\nabla_{\mathrm{k}}\varepsilon \cdot \boldsymbol{E}\right) \tag{5.112}$$

在存在磁场时，可以有类似的形式

$$f = f_0 - \frac{\partial f_0}{\partial \varepsilon}\frac{e}{\hbar}\tau_{\mathrm{m}}\left(\nabla_{\mathrm{k}}\varepsilon \cdot \boldsymbol{G}\right) \tag{5.113}$$

这里 $\boldsymbol{G}$ 是一个未知矢量，可以证明(Seeger 1985)

$$\boldsymbol{G} = e\tau_{\mathrm{m}}\frac{\boldsymbol{F} - e\left[\boldsymbol{B} \times m^{*-1}\tau_{\mathrm{m}}\boldsymbol{F}\right] + \alpha\boldsymbol{B}\left(\boldsymbol{F} \cdot \boldsymbol{B}\right)}{1 + \boldsymbol{B} \cdot \alpha\boldsymbol{B}} \tag{5.114}$$

式中

$$e\boldsymbol{F} = e\boldsymbol{E} + T\nabla_{\mathrm{r}}(\varepsilon - \varepsilon_{\mathrm{f}})/T \tag{5.115}$$

式中：右边第二项表示温度梯度的贡献，ε_{F}为费米能级。式(5.114)中α的值在球形等能面时为

$$\alpha = \left(\frac{e\tau_{\mathrm{m}}}{m^*}\right)^2 \tag{5.116}$$

α 在非球形等能面时，是个张量，为

$$\alpha = e^2\begin{pmatrix} \dfrac{\tau_y\tau_z}{m_y m_z} & 0 & 0 \\ 0 & \dfrac{\tau_x\tau_z}{m_x m_z} & 0 \\ 0 & 0 & \dfrac{\tau_x\tau_y}{m_x m_y} \end{pmatrix} \tag{5.117}$$

于是在有电场 $\boldsymbol{E}$，有温度梯度，并有磁场 $\boldsymbol{B}$ 的情况下，分布函数的普遍形式为

$$f = f_0 - \frac{e}{\hbar}\frac{\partial f_0}{\partial \varepsilon}\nabla_{\mathrm{k}}\tau_{\mathrm{m}}\frac{\boldsymbol{F} - e\left[\boldsymbol{B}\times m^{*-1}\tau_{\mathrm{m}}\boldsymbol{F}\right] + \alpha\boldsymbol{B}\cdot\left(\boldsymbol{F}\cdot\boldsymbol{B}\right)}{1+\boldsymbol{B}\cdot\alpha\boldsymbol{B}} \tag{5.118}$$

现在讨论一下，分布函数中的各项的贡献。先看分子上多项式中第一项的贡献。在无磁场的情况下($\boldsymbol{B}=0$)，无温度梯度情况下($\boldsymbol{F}=\boldsymbol{E}$)，有

$$f = f_0 - \frac{\partial f_0}{\partial \varepsilon}e\tau_{\mathrm{m}}\left(\boldsymbol{v}\times\boldsymbol{E}\right) \tag{5.119}$$

根据 $\boldsymbol{j} = -e\int_0^{\infty}\boldsymbol{v}f(\varepsilon)\rho(\varepsilon)\mathrm{d}\varepsilon$ 以及 $\boldsymbol{j}=\sigma\boldsymbol{E}$ 可以得到电导率张量为

$$\sigma_{\mathrm{I}} = \begin{pmatrix} \sigma & 0 & 0 \\ 0 & \sigma & 0 \\ 0 & 0 & \sigma \end{pmatrix} \tag{5.120}$$

式中

$$\sigma = \sigma_0 = \left(ne^2/m^*\right)\left\langle\tau_{\mathrm{m}}\right\rangle \tag{5.121}$$

动量弛豫时间 $\left\langle\tau_{\mathrm{m}}\right\rangle$ 是对麦克斯韦-玻尔兹曼分布函数的平均

$$\left\langle\tau_{\mathrm{m}}\right\rangle = \frac{4}{3\sqrt{\pi}}\int_0^{\infty}\tau_{\mathrm{m}}\left(\frac{\varepsilon}{k_{\mathrm{B}}T}\right)^{\frac{3}{2}}\exp\left(-\frac{\varepsilon}{k_{\mathrm{B}}T}\right)\mathrm{d}\left(\frac{\varepsilon}{k_{\mathrm{B}}T}\right) \tag{5.122}$$

式(5.121)作用于 $\boldsymbol{E}$，就得到 $\boldsymbol{j}$。

在分布函数式(5.118)中，如果忽略分母中第二项以及分子中多项式中第一项和第三项的贡献，第二项是 $\boldsymbol{B}$ 的线性项，对电导率的贡献为

$$\sigma_{\mathrm{II}} = \begin{pmatrix} 0 & \gamma B_z & -\gamma B_y \\ -\gamma B_z & 0 & \gamma B_x \\ \gamma B_y & -\gamma B_x & 0 \end{pmatrix} \tag{5.123}$$

这里

$$\gamma = \gamma_0 = \left(ne^3/m^2\right)\left\langle\tau_{\mathrm{m}}^2\right\rangle \tag{5.124}$$

张量式(5.123)作用于 $\boldsymbol{E}$ 可以得到 $\boldsymbol{j}$。

在一般情况下，如果保留分布函数中分母上的第二项的贡献，则

$$\gamma = \left(\frac{ne^3}{m^{*2}}\right)\left\langle\frac{\tau_{\mathrm{m}}^2}{1+\omega_{\mathrm{c}}^2\tau_{\mathrm{m}}^2}\right\rangle \tag{5.125}$$

$$\gamma = \left(\frac{ne^2}{m^{*}}\right)\left\langle\frac{\tau_{\mathrm{m}}^2}{1+\omega_{\mathrm{c}}^2\tau_{\mathrm{m}}^2}\right\rangle \tag{5.126}$$

式中：ω_{c}是回旋频率

$$\omega_{\mathrm{c}} = \frac{eB}{m^{*}} \tag{5.127}$$

在分布函数式(5.118)中最后一项对电导率的贡献为

$$\begin{pmatrix} -\beta B_x^2 & -\beta B_x B_y & -\beta B_x B_z \\ -\beta B_x B_y & -\beta B_y^2 & -\beta B_y B_z \\ -\beta B_x B_z & -\beta B_y B_z & -\beta B_z^2 \end{pmatrix} \tag{5.128}$$

式中

$$\beta = -\left(\frac{ne^4}{m^3}\right)\left\langle\frac{\tau_{\mathrm{m}}^3}{1+\omega_{\mathrm{c}}^2\tau_{\mathrm{m}}^2}\right\rangle \tag{5.129}$$

在磁场强度较小时，有

$$\frac{1}{1+\omega_{\mathrm{c}}^2\tau_{\mathrm{m}}^2} \cong 1-\omega_{\mathrm{c}}^2\tau_{\mathrm{m}}^2 \tag{5.130}$$

而$\omega_{\mathrm{c}}^2 \propto B^2 = B_x^2 + B_y^2 + B_z^2$，于是张量式(5.128)可以写为

$$\sigma_{\mathrm{III}} = \begin{pmatrix} \beta_0(B_y^2+B_z^2) & -\beta_0 B_x B_y & -\beta_0 B_x B_z \\ -\beta_0 B_x B_y & \beta_0(B_x^2+B_z^2) & -\beta_0 B_y B_z \\ -\beta_0 B_x B_z & -\beta_0 B_y B_z & \beta_0(B_x^2+B_y^2) \end{pmatrix} \tag{5.131}$$

式中

$$\beta_0 = -\left(\frac{ne^4}{m^{*3}}\right)\left\langle\tau_{\mathrm{m}}^3\right\rangle \tag{5.132}$$

张量式(5.131)作用于$\boldsymbol{E}$可以得到$\boldsymbol{j}$。

在一般弱磁场情况下，电导率张量是σ_{I}、σ_{II}与σ_{III}的组合，有

$$
\sigma_w = \begin{pmatrix} \sigma_0 + \beta_0(B_y^2 + B_z^2) & \gamma_0 B_z - \beta_0 B_x B_y & -\gamma_0 B_y - \beta_0 B_x B_z \\ -\gamma_0 B_z - \beta_0 B_x B_y & \sigma_0 + \beta_0(B_x^2 + B_z^2) & \gamma_0 B_x - \beta_0 B_y B_z \\ \gamma_0 B_y - \beta_0 B_x B_z & -\gamma_0 B_x - \beta_0 B_y B_z & \sigma_0 + \beta_0(B_x^2 + B_y^2) \end{pmatrix} \tag{5.133}
$$

如果选择坐标系，让 $\boldsymbol{B}$ 沿 z 方向，$B_x = B_y = 0$，则

$$
\sigma_w = \begin{pmatrix} \sigma_0 + \beta_0 B_z^2 & \gamma_0 B_z & 0 \\ -\gamma_0 B_z & \sigma_0 + \beta_0 B_z^2 & 0 \\ 0 & 0 & \sigma_0 \end{pmatrix} \tag{5.134}
$$

或写成

$$
\sigma = \begin{pmatrix} \sigma_{xx} & \sigma_{xy} & 0 \\ \sigma_{yx} & \sigma_{yy} & 0 \\ 0 & 0 & \sigma_{zz} \end{pmatrix} \tag{5.135}
$$

并且

$$
\sigma_{xx} = \sigma_{yy} \qquad \sigma_{xy} = -\sigma_{yx} \tag{5.136}
$$

5.3.2 霍尔效应

与磁场方向 B_z 垂直运动的载流子电流 I_x，将受到一个方向既垂直于磁场，又垂直于电流方向的洛伦兹力的作用，从而产生偏转在 y 方向产生的霍尔电压 V_y

$$
V_y = \frac{R_{\mathrm{H}} I_x B_z}{d} \tag{5.137}
$$

磁场 B_z 垂直于样品平面，d 为样品厚度，R_{H} 为霍尔系数。霍尔电场 E_y 为

$$
E_y = R_{\mathrm{H}} j_x B_z
$$

j_x 为电流密度。根据 $\boldsymbol{j} = \boldsymbol{\sigma} \cdot \boldsymbol{E}$，从式(5.135)、(5.136)，有 $J_x = \sigma_{xx} E_x + \sigma_{xy} E_y$、$J_y = \sigma_{yx} E_x + \sigma_{yy} E_y$。在霍尔实验中，由于没有电流流过霍尔电极，所以有

$$
J_y = \sigma_{yx} E_x + \sigma_{yy} E_y = 0 \tag{5.138}
$$

于是 $E_y = \dfrac{-\sigma_{yx}}{\sigma_{yy}} \cdot E_x = \dfrac{\sigma_{xy}}{\sigma_{xx}} \cdot E_x$，代入 J_x 表达式，有

$$J_x = \frac{\sigma_{xx}^2 + \sigma_{xy}^2}{\sigma_{xx}} E_x \tag{5.139}$$

根据霍尔系数和电阻率的定义有

$$R_{\mathrm{H}}(B) = \frac{V_{\mathrm{H}}}{wJ_x B} = \frac{E_y}{J_x B} = \frac{\sigma_{xy} / B}{\sigma_{xx}^2 + \sigma_{xy}^2} \tag{5.140}$$

$$\rho(B) = \frac{V_x}{LJ_x} = \frac{E_x}{J_x} = \frac{\sigma_{xx}}{\sigma_{xx}^2 + \sigma_{xy}^2} \tag{5.141}$$

V_{H}、V_x分别为霍尔电压和样品的磁阻电压，w和L分别是样品的宽度和长度。

根据电导率张量中各分量的具体表达式，可具体计算霍尔系数。从$\boldsymbol{j} = \sigma_w \boldsymbol{E}$，利用式(5.134)所表示的电导率张量，可得

$$\begin{cases} j_x = (\sigma_0 + \beta_0 B_z^2) E_x + \gamma_0 B_z E_y \\ j_y = -\gamma_0 B_z E_x + \left(\sigma_0 + \beta_0 B_z^2\right) E_y \end{cases} \tag{5.142}$$

于是可解得霍尔电场为

$$E_y = \frac{\gamma_0}{(\sigma_0 + \beta_0 B_z^2)^2 + \gamma_0^2 B_z^2} j_x B_z \tag{5.143}$$

可见霍尔系数为

$$R_{\mathrm{H}} = \frac{\gamma_0}{(\sigma_0 + \beta_0 B_z^2)^2 + \gamma_0^2 B_z^2} \tag{5.144}$$

在B_z很小时，有

$$R_{\mathrm{H}} \approx \frac{\gamma_0}{\sigma_0^2} = \frac{1}{ne} \frac{\left\langle \tau_{\mathrm{m}}^2 \right\rangle}{\left\langle \tau_{\mathrm{m}} \right\rangle^2} \tag{5.145}$$

可以写成

$$R_{\mathrm{H}} = \frac{r_{\mathrm{H}}}{ne} \tag{5.146a}$$

$$r_{\mathrm{H}} = \frac{\left\langle \tau_{\mathrm{m}}^2 \right\rangle}{\left\langle \tau_{\mathrm{m}} \right\rangle^2} \tag{5.146b}$$

r_H为霍尔因子

如果假定$\tau_m = \tau_0\left(\frac{E}{k_B T}\right)^r$，则可以算出

$$\langle\tau_m\rangle^2 = \left\{\frac{4}{3\sqrt{\pi}}\tau_0\left(\frac{3}{2}+r\right)!\right\}^2 \tag{5.147}$$

而$\langle\tau_m\rangle^2 = \frac{4}{3\sqrt{\pi}}\tau_0^2\left(\frac{3}{2}+2r\right)!$，于是

$$r_H = \frac{3\sqrt{\pi}}{4}\frac{\left(2r+\frac{3}{2}\right)}{\left\{\left(r+\frac{3}{2}\right)!\right\}^2} \tag{5.148}$$

对于声学波形变势散射，$r = -1/2$，则霍尔因子$r_H = 1.18$，对电离杂质散射，$r = +3/2$，则$r_H = 1.93$，可见r_H在1的数量级。对于HgCdTe材料，r_H约在$0.9<r_H<1.4$范围内。

由于电子电荷为负，所以n型半导体，霍尔系数为负。对p型半导体霍尔系数为正。从霍尔系数可以求得n型或p型半导体的载流子浓度

$$n(\text{或}p) = \frac{r_H}{R_H e} \tag{5.149}$$

如果某材料霍尔系数已知，就可以测定霍尔电压而求出磁感应强度B_z。通常在实验上测量的迁移率为霍尔迁移率，为霍尔系数与电导率的乘积。

$$\mu_H = R_H\sigma_0 = \left(\frac{r_H}{ne}\right)ne\mu = r_H\mu \tag{5.150}$$

μ为漂移迁移率，与μ_H相差一个系数r_H。

在电子和空穴两种载流子导电情况，则两种载流子对电流密度的贡献要相加

$$j_y = \sigma_0 E_y - |e| r_H\left(p\mu_p^2 - n\mu_n^2\right)E_x B_z \tag{5.151}$$

在弱磁场时

$$E_y = R_H j_x B_z \approx R_H\sigma_0 E_x B_z \tag{5.152}$$

于是可解得

$$R_{\rm H}=\frac{|e|r_{\rm H}}{\sigma_0^2}\left(p\mu_{\rm p}^2-n\mu_{\rm n}^2\right)=\frac{r_{\rm H}}{|e|}\frac{p\mu_{\rm p}^2-n\mu_{\rm n}^2}{\left(p\mu_{\rm p}+n\mu_{\rm n}\right)^2}=\frac{r_{\rm H}}{|e|}\frac{p-nb^2}{\left(p+nb\right)^2} \tag{5.153}$$

式中：$b=\mu_{\rm n}/\mu_{\rm p}$为电子迁移率与空穴迁移率之比。可见在$p=nb^2$时，霍尔系数会改变符号。

在磁场较强时，$\omega_{\rm c}\tau_{\rm m}\gg 1$，同时$\sigma_0$、$\beta_0$、$\gamma_0$都用$\sigma$、$\beta$、$\gamma$代替。

$$\begin{aligned}\sigma&=\left(\frac{ne^2}{m^*}\right)\left\langle\frac{\tau_{\rm m}}{1+\omega_{\rm c}^2\tau_{\rm m}^2}\right\rangle\approx\left(\frac{ne^2}{m^*\omega_{\rm c}^2}\right)\left\langle\tau_{\rm m}^{-1}\right\rangle\\ \beta&=-\left(\frac{ne^4}{m^{*3}}\right)\left\langle\frac{\tau_{\rm m}^3}{1+\omega_{\rm c}^2\tau_{\rm m}^2}\right\rangle\approx-\left(\frac{ne^4}{m^{*3}\omega_{\rm c}^2}\right)\left\langle\tau_{\rm m}\right\rangle\\ \gamma&=\left(\frac{ne^3}{m^*}\right)\left\langle\frac{\tau_{\rm m}^2}{1+\omega_{\rm c}^2\tau_{\rm m}^2}\right\rangle\approx\left(\frac{ne^3}{m^*\omega_{\rm c}^2}\right)\end{aligned} \tag{5.154}$$

式中：$\omega_{\rm c}=\dfrac{|e|B}{m^*}$，在$\boldsymbol{B}$沿$z$方向时。此时，电导率张量变为

$$\sigma_{\rm w}=\begin{pmatrix}\sigma-\beta B_x^2 & -\beta B_xB_y+\gamma B_z & -\beta B_xB_z-\gamma B_y\\ -\beta B_xB_y-\gamma B_z & \sigma-\beta B_y^2 & -\beta B_yB_z+\gamma B_x\\ -\beta B_xB_z+\gamma B_y & -\beta B_yB_z-\gamma B_x & \sigma-\beta B_z^2\end{pmatrix} \tag{5.155}$$

在$B_y=B_x=0$，以及$E_z=0$时，电流分量j_x和j_y为

$$\begin{cases}j_x=\sigma E_x+\gamma B_zE_y\\ j_y=-\gamma_0B_zE_x+\sigma E_y\end{cases} \tag{5.156}$$

从$j_y=0$，得$E_x=\left(\dfrac{\sigma}{rB_z}\right)E_y$，于是

$$E_y=\frac{r}{\sigma^2+(rB_z)^2}j_xB_z=R_{\rm H}j_xB_z \tag{5.157}$$

于是

$$R_{\rm H}=\frac{ne^3/m^{*2}\omega_{\rm c}^2}{\left(ne^2/m^*\omega_{\rm c}^2\right)^2\left\langle\tau_{\rm m}^{-1}\right\rangle^2+\left(ne^3B_z/m^{*2}\omega_{\rm c}^2\right)^2}\approx\frac{1}{ne} \tag{5.158}$$

该式要求强磁场符合条件$\left(\mu_{\rm H}B_z\right)^2\gg 1$，设$\left(\mu_{\rm H}B_z\right)^2=9$，若$\mu_{\rm H}=10^4\ {\rm cm^2/(V\cdot s)}$，

测 $B \approx 3\mathrm{T}$。

对于窄禁带半导体材料，电子迁移率较高。如果在较强磁场下进行霍尔系数测量，式(5.158)是很好的近似。

5.3.3 磁阻效应

从 5.2 节中电导率张量的分析可知，弱横向磁感应强度 B_z 对于外电场强度 E_x 方向的电流密度 j_x 有贡献，从而使电导率或电阻率具有磁场依赖性。

从 $\boldsymbol{j} = \sigma_{\mathrm{w}} \boldsymbol{E}$，$\sigma_{\mathrm{w}}$ 用式(5.133)的张量表达式，有

$$\begin{cases} j_x = (\sigma_0 + \beta_0 B_z^2) E_x + \gamma_0 B_z E_y \\ j_y = -\gamma_0 B_z E_x + (\sigma_0 + \beta_0 B_z^2) E_y \end{cases} \tag{5.159}$$

如果 $j_y = 0$，则可能得

$$j_x = \left\{ \sigma_0 + \beta_0 B_z^2 + \frac{(\gamma_0 B_z)^2}{\sigma_0 + \beta_0 B_z^2} \right\} E_x \tag{5.160}$$

用电阻率ρ来表述，有 $j_x = E_x / \rho_B$。可见ρ_B 是依赖于磁场的。设 $\rho_0 = 1/\sigma_0$，磁阻的相对变化为

$$\frac{\Delta\rho}{\rho_B} = \frac{\rho_B - \rho_0}{\rho_B} \tag{5.161}$$

从式(5.160)有

$$\frac{\Delta\rho}{\rho_B} = -B_z^2 \left[\frac{\rho_0}{\sigma_0} + \left(\frac{\gamma_0}{\sigma_0} \right)^2 \right] = T_{\mathrm{M}} \left(\frac{e \langle \tau_{\mathrm{m}} \rangle B_z}{m} \right)^2 \tag{5.162}$$

这里 T_{M} 为磁阻散射系数，定义为 $T_{\mathrm{M}} = \dfrac{\langle \tau_{\mathrm{m}}^3 \rangle \langle \tau_{\mathrm{m}} \rangle - \langle \tau_{\mathrm{m}}^2 \rangle^2}{\langle \tau_{\mathrm{m}} \rangle^4}$

如果 $\tau_{\mathrm{m}}(E)$ 遵循指数规律(式(5.147))，则有

$$T_{\mathrm{M}} = \frac{9\pi}{16} \frac{\left(3r + \frac{3}{2}\right)! \left(r + \frac{3}{2}\right)! - \left\{ \left(2r + \frac{3}{2}\right)! \right\}^2}{\left\{ \left(r + \frac{3}{2}\right)! \right\}^4} \tag{5.163}$$

对于声学波形变势散射，$r = -1/2$，$T_{\mathrm{M}} = 0.38$；对于电离杂质散射，$r = +3/2$，$T_{\mathrm{M}} =$

2.15。如果引入漂移迁移率，$\mu = e\langle\tau_{\mathrm{m}}\rangle / m$，则从式(5.162)有

$$\frac{\Delta\rho}{\rho_B} = T_{\mathrm{M}}\left(\mu B_z\right)^2 \tag{5.164}$$

以上结果适用于弱磁场条件，即$\left(\mu_{\mathrm{H}} B_z\right)^2 \ll 1$，此时$\Delta\rho \ll \rho_B$，在这种情况下磁阻与$B_z^2$成正比。

半导体在本征情况下，电子和空穴都参与导电，就要分别考虑电子和空穴对磁阻的贡献。在计算中σ、γ、β分别要用$\sigma_n + \sigma_p$、$\gamma_n + \gamma_p$、$\beta_n + \beta_p$来代替。

由式(5.162)，可以写出

$$\frac{\Delta\rho}{\rho_B B_z^2} = -\frac{\beta_n + \beta_p}{\sigma_n + \sigma_p} - \left(\frac{\gamma_n + \gamma_p}{\sigma_n + \sigma_p}\right)^2 \tag{5.165}$$

考虑到电子电荷和空穴电荷符号相反，因此γ_n和γ_p符号相反，而σ和β包含电荷e的偶次幂，因而对电子和空穴符号相同，如果电子和空穴散射机制相同，则从式(5.165)可算得

$$\frac{\Delta\rho}{\rho_B B_z^2} = \frac{9\pi}{16}\left\{\frac{\left(3r + \frac{3}{2}\right)!}{\left\{\left(r + \frac{3}{2}\right)!\right\}^3} \frac{p\mu_p^3 + n\mu_n^3}{p\mu_p + n\mu_n} - \left(\frac{\left(2r + \frac{3}{2}\right)!}{\left\{\left(r + \frac{3}{2}\right)!\right\}^2} \frac{p\mu_p^2 - n\mu_n^2}{p\mu_p + n\mu_n}\right)^2\right\} \tag{5.166}$$

对于本征半导体，$n = p$，声学波形变势散射情况$r = -1/2$，并设有$b = \mu_n / \mu_p$，有

$$\frac{\Delta\rho}{\rho_B B_z^2} = \frac{9\pi}{16}\left(1 - \frac{\pi}{4}\right)\mu_n^2\left(1 + \frac{\frac{\pi}{2} - 1}{1 - \frac{\pi}{4}}\frac{1}{b} + \frac{1}{b^2}\right) = \frac{9\pi}{16}\left(1 - \frac{\pi}{4}\right)\mu_p^2\left(1 + \frac{\frac{\pi}{2} - 1}{1 - \frac{\pi}{4}} b + b^2\right) \tag{5.167}$$

对于窄禁带半导体b值比较大，$b \approx 100$，因而对磁阻贡献的主要是电子。式(5.167)也可以写成

$$\frac{\Delta\rho}{\rho_B B_z^2} = \frac{9\pi}{16}\mu_p^2\left(\frac{1 + b^3}{1 + b} - \frac{\pi}{4}(1 - b)^2\right) \tag{5.168}$$

图5.17是PbTe在20K和77K下的横向磁阻和纵向磁阻随磁感应强度B^2的变化关系(Putley　1960),可见在强磁场磁阻$\Delta\rho / \rho_0$正比于B^2。对于半金属来说在计算σ、r、β的求平均运算可以忽略，式(5.168)中，$9\pi/16$以及$\pi/4$两个数值都可以用1来

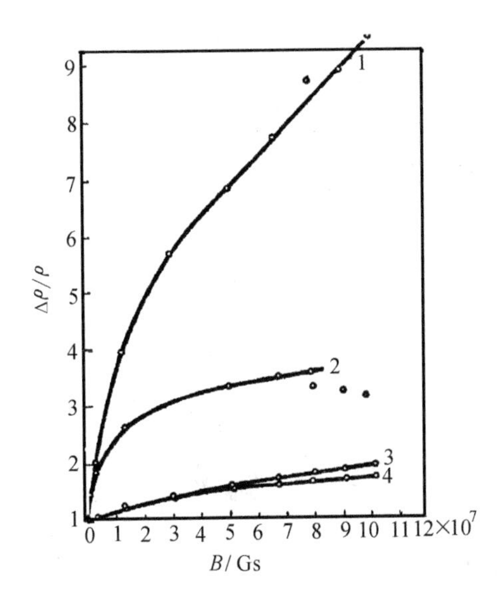

图 5.17 PbTe 的磁阻系数，图中示出它在强磁场趋向饱和 1. 20K 的横向磁阻；2. 20K 的纵向磁阻；3. 77K 的横向磁阻；4. 77K 的纵向磁阻

代替，于是从式(5.168)可得

$$\frac{\Delta\rho}{\rho_B B_z^2} = \mu_n \mu_p \tag{5.169}$$

对于 p 型半导体，要考虑重空穴与轻空穴的贡献，假定 $\tau_{\mathrm{m}}(E)$ 指数律具有 $r=-\frac{1}{2}$ 指数，从式(5.168)可以推得

$$\frac{\Delta\rho}{\rho_B B_z^2} = \frac{9\pi}{16}\mu_{\mathrm{h}}^2\left(\frac{1+\eta b_1^3}{1+\eta b_1} - \frac{\pi}{4}\left(\frac{1+\eta b_1^2}{1+\eta b_1}\right)^2\right) \tag{5.170}$$

式中：μ_{h}、μ_{l} 分别是重空穴和轻空穴的迁移率，$b_1 = \mu_{\mathrm{l}}/\mu_{\mathrm{h}}$，$\eta$ 是轻空穴的浓度与重空穴的浓度之比 $\eta = p_{\mathrm{l}}/p_{\mathrm{h}}$

如果横向磁感应强度较强，则可以采用 5.2 节中电导率张量表达式(5.134)，从 $j_x = \sigma_{\mathrm{w}} E_x$，可得

$$j_x = \left(\sigma + \frac{\gamma^2 B_z^2}{\sigma}\right) E_x \tag{5.171}$$

则磁阻相对变化为

$$\frac{\Delta\rho}{\rho_B}=1-\frac{\left(\sigma+\dfrac{\gamma^2B_z^2}{\sigma}\right)}{\sigma_0} \tag{5.172}$$

在强磁场近似下，$\sigma \ll \dfrac{\gamma^2B_z^2}{\sigma}$，可以忽略，有

$$\frac{\Delta\rho}{\rho_B}=1-\frac{\gamma^2}{\sigma\sigma_0}B_z^2 \tag{5.173}$$

再把式(5.145)代入，有

$$\frac{\Delta\rho}{\rho_B}=1-\left\{\left\langle\tau_{\mathrm{m}}\right\rangle\left\langle\tau_{\mathrm{m}}^{-1}\right\rangle\right\}^{-1} \tag{5.174}$$

假定$\tau_m(\varepsilon)$服从乘方规律，则可推得

$$\frac{\Delta\rho}{\rho_B}=1-\frac{9\pi}{16\left(r+\dfrac{3}{2}\right)!\left(\dfrac{3}{2}-r\right)!} \tag{5.175}$$

对于声学波形变势散射，$r=-1/2$，$\Delta\rho/\rho_B=0.116$，对于电离杂质散射$r=+3/2$，$\Delta\rho/\rho_B=0.706$。对于金属来说，传导过程主要是由费米面附近的载流子贡献，载流子的能量都近似为ε_{F}、τ_{m}的平均值等于E_{F}处的τ_{m}的值，近似于常数，相当于$r=0$，于是从式(5.167)$\Delta\rho/\rho_B=0$，即没有磁阻效应。

图 5.18 是 InSb 的磁阻的实验结果，描写了不同温度下 InSb 的磁阻随磁场的变化关系。

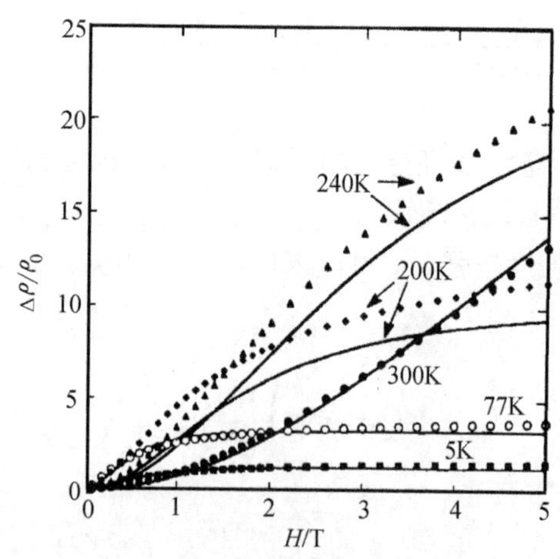

图 5.18　不同温度下的磁阻和磁场之间的关系曲线

5.3.4 磁输运测试方法和系统

在半导体材料与器件的物理研究过程中，磁输运是一种重要而又直接的研究手段。通过对磁阻电压$V_\rho(B,T,I)$和霍尔电压$V_H(B,T,I)$的测试可以获得样品的基本输运特性及其随温度、磁场等外界条件的变化，就可以对样品的物理特性进行广泛的研究。

获得半导体样品磁阻电压和霍尔电压的测试方法主要有两种：范得堡法(Van der Pauw 1958)和标准法(Putley 1960)。在标准法中，样品必须制备成如图 5.19 的形状，恒定电流沿 x 轴通过 1、6 端，在 2、4 端或 3、5 端就可以获得磁阻电压，在 2、3 端或 4、5 端就可以获得霍尔电压。由于样品结构对电流分布有着重要的影响，所以在标准法中样品的长宽比必须较大，比如大于 3。为了提高测试的精度，降低各种热电效应以及接触电阻的影响，改变电流方向和磁场方向是必不可少的。

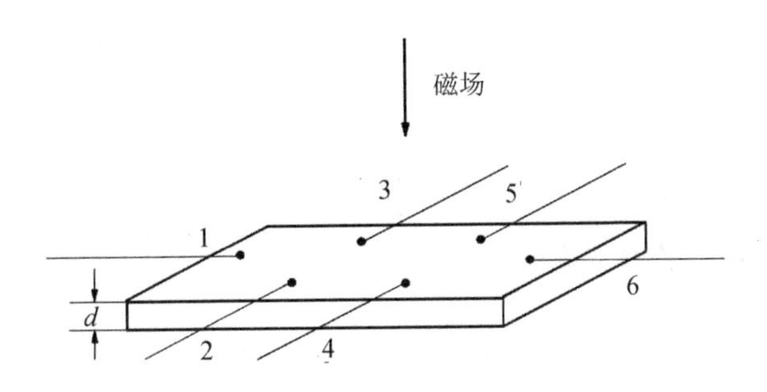

图 5.19 采用标准法时，样品的结构图

1958 年，范得堡指出在实际测量中，样品的形状并不需要如标准法那样规则，实际上只要样品的厚度均匀，样品中无空洞，电极位于样品的边缘且其尺寸相对样品来讲很小，如图 5.20 所示，就可获得样品的电阻率和霍尔系数，称为范得堡法。图中 A、B、C、D 为电极，d 为样品的厚度。

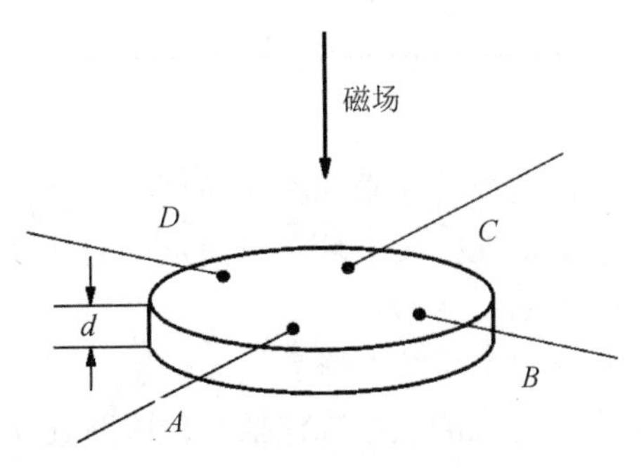

图 5.20 采用范得堡法时，样品的结构图

采用范得堡方法时，如果电流沿 AC，则 BD 可测 Hall 系数，磁场垂直于样品表面，样品厚度为 d，Hall 系数为

$$R_{\mathrm{H}}=\frac{\left[V_{BD}(B)-V_{BD}(0)\right]d}{I_{AC}B} \tag{5.176}$$

然后再让电流沿 BD，在 AC 两端测 Hall 系数

$$R_{\mathrm{H}}'=\frac{\left[V_{AC}(B)-V_{AC}(0)\right]d}{I_{BD}B} \tag{5.177}$$

取两次 Hall 系数底平均值，即为该样品底霍尔系数。

从 A 到 B 有电流 I_{AB} 通过，在 C 和 D 之间有压降 V_{CD}，定义电阻为

$$R_{AB,CD}=\left|V_{CD}\right|/I_{AB} \tag{5.178}$$

而在另一次测量中，从 B 到 C 有电流 I_{BC} 通过，在 D 和 A 之间有压降 V_{DA}，定义另一个电阻为

$$R_{BC,DA}=\left|V_{DA}\right|/I_{BC} \tag{5.179}$$

范得堡证明样品的电阻率满足

$$\rho=\frac{\pi d}{\ln 2}\frac{R_{AB,CD}+R_{BC,DA}}{2}f \tag{5.180}$$

式中：f 为样品的对称因子，它主要由样品的形状决定，在实验上，它依赖于两次测量电阻之比，$R_{AB,CD}/R_{BC,DA}$，f 值可见下表 5.8。

表 5.8

$R_{AB,CD}/R_{BC,DA}$	1	2	5	10	20	50	100	200	500	1000
f 因子	1	0.96	0.82	0.70	0.59	0.47	0.40	0.35	0.30	0.26

注：取自 Segger(1989)。

除了标准法和范得堡法之外，还常用科宾诺型的样品，这种样品一个电极在圆形样品的中心，另一个电极在样品边环，电流从中心向周围辐射流出，关于这类样品结构的分析参见(Seeger 1989)。

磁输运测试系统由直流自动系统、样品架、低温杜瓦、超导磁体及电压和温度控制系统等几部分组成。直流测试系统包括程控多路独立开关信号源、测量和控制转换箱、可编程恒流源、智能化高精度数字电压表、计算机及计算机接口。电流源可提供的最小电流为 1pA，在恒定外界条件下，测试精度小于 2μV。样品

架除了样品的固定支架和电极引线外，还包括控温热电偶和加热电阻等附件。样品架可以在 0°到 90°范围内连续转动，以改变样品和外加磁场的夹角。超导磁体及电源，励磁电源可以提供 0~100A 的恒定电流，对应的最大磁场强度为 12~17T。在磁体恒流源中有一标准电阻，用于计算机进行磁场强度的采样。提供超导磁体电流需要稳定的励磁速率，否则极易引起磁体失超，尤其是在高场条件下。温度控制系统，满足 0.3~300K 范围的控温需要，温漂小于 1%。

磁输运测量一直是一种获得样品电学参数的重要手段，虽然测量装置和技术发展很快，但是，基本的测量方法却未曾改变。测试技术发展主要体现在：超导磁体强度的提高，计算机对磁场强度、温度以及电流，电压源控制技术的进步，它大大提高了磁输运测试的精度，为分析样品的电学性质提供了有效的保证。

5.4 多种载流子体系的迁移率谱

5.4.1 多种载流子体系的电导率张量

在窄禁带半导体中一般情况下，存在着多种载流子共同参与导电的现象。在多载流子体系中，霍尔系数和电阻率对载流子的浓度和迁移率是非常敏感的，可以通过玻尔兹曼方程推导电导张量来理解这一点。在弛豫时间近似条件下，半经典的玻尔兹曼方程可以写成(Ziman 1972)

$$-e\boldsymbol{E}\cdot\boldsymbol{v}_k\frac{\partial f_0}{\partial\varepsilon}+\frac{S_j e(\boldsymbol{v}_k\times\boldsymbol{B})}{\hbar}\cdot\frac{\partial\left[f(k)-f_0(k)\right]}{\partial\boldsymbol{k}}=\frac{\left[f(k)-f_0(k)\right]}{\tau_k} \tag{5.181}$$

式中：$\boldsymbol{B}$ 为磁场强度(一般情况下，假设其方向平行 z 轴)；$\boldsymbol{E}$ 是电场强度(方向沿 x 轴)；$\boldsymbol{v}_k$ 和 $\varepsilon(\boldsymbol{k})$ 分别是指波矢 $\boldsymbol{k}$ 下的速度和能量；$f_0(\boldsymbol{k})$ 为平衡时的费米分布函数；$f(k)-f_0(k)$ 为在电场和磁场的作用下，分布函数的微扰量；$\tau(\boldsymbol{k})$ 是弛豫时间；S_j 为载流子的电荷性，$S_j=+1$ 表示空穴，-1 则表示电子。式(5.181)的解为

$$f(k)-f_0(k)=\frac{f_0(1-f_0)e\tau_k\boldsymbol{v}_k}{k_{\rm B}T}\left(\frac{\boldsymbol{E}+(S_j e\tau_k/m_k)\boldsymbol{B}\times\boldsymbol{E}}{1+(e\tau_k/m_k)^2B^2}\right) \tag{5.182}$$

式中：$k_{\rm B}$ 为玻尔兹曼常数，T 为温度，$m_k=\hbar^2(\partial^2\varepsilon/\partial k^2)^{-1}$ 为载流子在波矢 $\boldsymbol{k}$ 处的有效质量。将式(5.182)对整个系统中所有的态进行积分，就得到了净电流密度

$$\boldsymbol{J}=\boldsymbol{\sigma}\cdot\boldsymbol{E}=\sum_j\int{\rm d}\boldsymbol{k}\left[f^j(k)-f_o^j(k)\right]e\boldsymbol{v}_k^j \tag{5.183}$$

式中：$\boldsymbol{\sigma}$ 为电导张量，$\sum\limits_j$ 表示对所有种类的载流子求和。将式(5.182)代入式(5.183)，同时考虑 J_x、J_y 对 E_x、E_y 的依赖关系，于是在理论上可得

$$\sigma_{xx}=\sum_j\int \mathrm{d}\boldsymbol{k}\left(\frac{e^2}{k_\mathrm{B}T}\right)\frac{f_{0j}(1-f_{0j})(v_{kx}^j)^2\tau_k^j}{1+(e\tau_k^j/m_k^j)^2B^2} \tag{5.184}$$

$$\sigma_{xy}=\sum_j\int \mathrm{d}\boldsymbol{k}S_j\left(\frac{e^2}{k_\mathrm{B}T}\right)\frac{(e\tau_k^j/m_k^j)Bf_{0j}(1-f_{0j})(v_{kx}^j)^2\tau_k^j}{1+(e\tau_k^j/m_k^j)^2B^2} \tag{5.185}$$

另一方面，也可以从实验上获得电导率张量，σ_{xx}、σ_{xy}可以从测量霍尔效应的实验中获得。根据 5.2 节中的分析，可得

$$R_\mathrm{H}(B)=\frac{\sigma_{xy}/B}{\sigma_{xx}^2+\sigma_{yy}^2}\qquad \rho(B)=\frac{\sigma_{xx}}{\sigma_{xx}^2+\sigma_{yy}^2} \tag{5.186}$$

于是

$$\sigma_{xx}=\frac{1}{\rho(B)[(R_\mathrm{H}(B)B/\rho(B))^2+1]} \tag{5.187}$$

$$\sigma_{xy}=\frac{R_\mathrm{H}(B)B}{\rho^2(B)[(R_\mathrm{H}(B)B/\rho(B))^2+1]} \tag{5.188}$$

原则上说可以从式(5.184)和(5.185)计算样品的电导率张量，再拟合在实验上测量到的σ_{xx}和σ_{xy}，但是由于每种载流子的每一种态均有各自的弛豫时间、速率和有效质量，因此这样的计算将非常复杂的，实际上是不适用的。为了从σ_{xx}和σ_{xy}与磁场强度的关系中，能较为简单地获得载流子的浓度n_j和迁移率μ_j，在式(5.184)和(5.185)中假定弛豫时间与波矢$\boldsymbol{k}$无关，并且认为$\mu_j\approx e\tau^j/m^j$，那么式(5.184)和(5.185)可以简化为电导率的表达式

$$\sigma_{xx}=\sum_j\frac{n_je\mu_j}{1+\mu_j^2B^2} \tag{5.189}$$

$$\sigma_{xy}=\sum_j s_j\frac{n_je\mu_j^2B}{1+\mu_j^2B^2} \tag{5.190}$$

如果样品中只有一种载流子，将上式代入式(5.186)，可得一个很熟悉的结果：$R_\mathrm{H}\to S_j/n_je$。如果考虑散射作用下，载流子弛豫时间对波矢$\boldsymbol{k}$的依赖性，那么在弱场条件下，霍尔系数的表达式会有一点变化，$R_\mathrm{H}=S_jr_\mathrm{H}^j/n_je$,式中的霍尔因子$r_\mathrm{H}=\langle\tau_k^2\rangle/\langle\tau\rangle^2$是一个与能带结构有关的常数。对 $Hg_{1-x}Cd_xTe$ 材料，r_H约在$0.9<r_\mathrm{H}<1.4$的范围。在一般情况下，样品中有多种载流子，就需要知道各种载流子

的浓度和迁移率，以及每种载流子的浓度和迁移率随温度的变化规律，就需要采用式(5.189)、(5.190)分析。

式(5.189)、(5.190)同样适合于研究二维电子气或空穴气的载流子浓度和迁移率，只要将磁场的方向设置成与载流子的限制平面垂直。由于式(5.184)和(5.185)中的积分 $\int d\boldsymbol{k}$ 与维数有关，导致载流子浓度、电导张量、电流密度、霍尔系数以及电阻率等量，均与维度有关。所以采用混合电导法对样品的霍尔系数和电阻率进行分析时，只能得到二维载流子的净浓度(相当于二维载流子并未受到限制，而是均匀分布在整个样品内)，载流子的二维特性需要进一步通过改变磁场方向来判断。采用混合电导分析法可以用于分析 z 方向多层结构中载流子的电学性质，以及用于分析 z 方向材料的不均匀性，比如材料的掺杂和组分的变化等。

式(5.189)、(5.190)是建立在两个重要假设基础上的：第一，载流子的浓度和迁移率与磁场强度无关；第二，不存在量子效应。从严格意义上讲，载流子的浓度和迁移率与磁场强度不但有关系，而且在一定条件下，这种关系还相当重要。磁场会引起带隙的变化(Meyer et al. 1988)，导致本征载流子浓度的变化，随着磁场强度的不断增加，还会出现“磁冻出”现象，引起迁移率的迅速下降(Aronzon et al. 1990)。式(5.189)、(5.190)是由半经典理论推导出来的，朗道能级分裂引起的Shubnikov-deHaas 振荡(或者是量子霍尔效应)会引起电导的突变。尽管这些量子效应在通常条件下，对电导影响不大，但是在低温强磁场的条件下，它的作用是明显的，此时再采用混合电导分析法，就必须消除这些振荡的影响。同时，量子效应本身已提供了大量的有用信息，这些信息对混合电导分析法有一定的补充作用。

分析电导张量随磁场强度变化的实验数据，传统的方法是采用多载流子拟合方法(Gold 1986)，由于该方法必须首先确定样品中电子和空穴的种类，以及每种载流子的近似迁移率，所以得到的结果往往并非唯一。为了克服这个缺点，近几年，出现了一些新的方法用于研究各种多载流子体系，这些方法大都建立在迁移率谱的基础上，使方法更为有效，结果更为准确。

5.4.2 多种载流子拟合方法

多种载流子拟合方法(multi-carrier fitting)是分析样品电导张量随磁场强度变化数据的传统方法，在这种方法中首先在实验上测量霍尔系数 $R_{\mathrm{H}}(B)$和电阻率 $\rho(B)$。然后从式(5.187)、(5.188)获得σ_{xx}和σ_{xy}随磁场 B 的变化曲线，然后假设样品中的电子和空穴的种类以及每种载流子的浓度和近似迁移率，通过对式(5.189)、(5.190)计算电导率张量，采用广义最小二乘法拟合实验测量到的电导率张量。

在多载流子拟合过程中，n_j 和μ_j 是拟合变量，如果事先知道载流子的类型和部分参量，则这种方法是有效的，否则会有不确定性。图 5.21 为采用 2~4 种电子

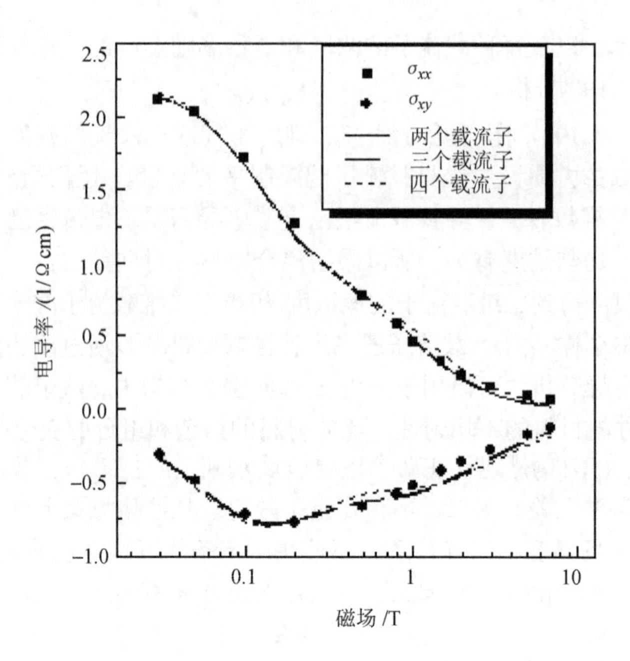

图 5.21　100K 时，n-$Hg_{1-x}Cd_xTe$ 样品 L9701—1 电导张量随磁场强度变化的实验值(实点)及其多载流子拟合过程的结果(曲线)

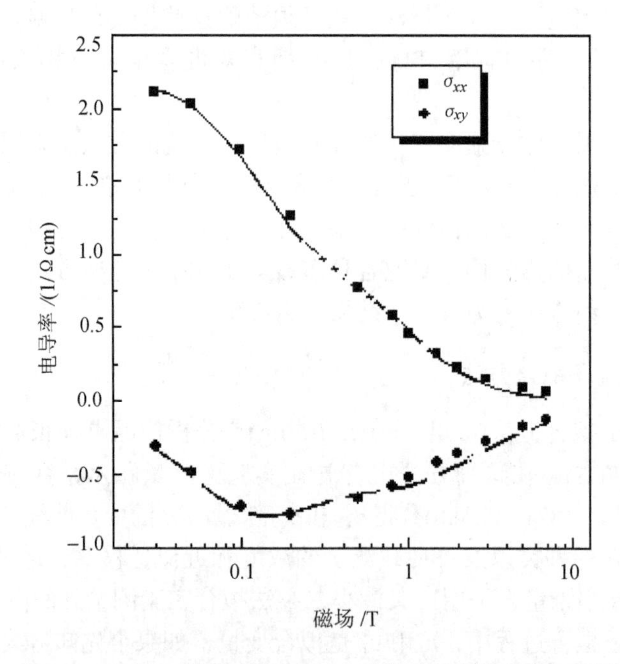

图 5.22　100K 时，n-$Hg_{1-x}Cd_xTe$ 样品 L9701—1 电导张量随磁场强度变化的实验值(实点)，及在采用两种载流子的多载流子拟合过程中迁移率取不同初值的结果(曲线)

对 LPE 生长的 n-$Hg_{1-x}Cd_xTe$ 样品 L9701—1 电导张量的拟合结果，点是实验数据，曲线为拟合计算结果。图 5.22 为迁移率的初值取得不同时，对同一样品的两种电子的拟合结果。表 5.9 为图 5.21 和 5.22 中，由多载流子拟合过程获得的载流子迁移率和浓度。从图 5.21 和图 5.22 中可以发现各种拟合结果似乎均能较好的符合实验数据，这就说明该方法得出的结果往往并不可靠。

表 5.9 n-$Hg_{1-x}Cd_xTe$ 样品 LPE–1 的多载流子拟合结果

图 5.21			图 5.22	
$n_1 = 1.07\times10^{14}\text{cm}^{-3}$	$n_1 = 1.01\times10^{14}\text{cm}^{-3}$	$n_1 = 1.15\times10^{14}\text{cm}^{-3}$	$n_1 = 1.07\times10^{14}\text{cm}^{-3}$	$n_1 = 5.92\times10^{13}\text{cm}^{-3}$
$\mu_1 = 8.08\times10^{4}\text{cm}^2/\text{Vs}$	$\mu_1 = 7.81\times10^{4}\text{cm}^2/\text{Vs}$	$\mu_1 = 8.0\times10^{4}\text{cm}^2/\text{Vs}$	$\mu_1 = 8.08\times10^{4}\text{cm}^2/\text{Vs}$	$\mu_1 = 1.1\times10^{5}\text{cm}^2/\text{Vs}$
$n_2 = 5.92\times10^{14}\text{cm}^{-3}$	$n_2 = 5.22\times10^{14}\text{cm}^{-3}$	$n_2 = 6.95\times10^{14}\text{cm}^{-3}$	$n_2 = 5.92\times10^{14}\text{cm}^{-3}$	$n_2 = 8.11\times10^{14}\text{cm}^{-3}$
$\mu_2 = 8.84\times10^{3}\text{cm}^2/\text{Vs}$	$\mu_2 = 1.07\times10^{4}\text{cm}^2/\text{Vs}$	$\mu_2 = 6.89\times10^{3}\text{cm}^2/\text{Vs}$	$\mu_2 = 8.84\times10^{3}\text{cm}^2/\text{Vs}$	$\mu_2 = 9.21\times10^{3}\text{cm}^2/\text{Vs}$
	$n_3 = 1.12\times10^{14}\text{cm}^{-3}$	$n_3 = 5.28\times10^{13}\text{cm}^{-3}$		
	$\mu_3 = 4.95\times10^{2}\text{cm}^2/\text{Vs}$	$\mu_3 = 6.05\times10^{2}\text{cm}^2/\text{Vs}$		
		$n_4 = 9.8\times10^{12}\text{cm}^{-3}$		
		$\mu_4 = 3.87\times10^{1}\text{cm}^2/\text{Vs}$		

还有一种修正的多载流子拟合方法，叫做约化电导张量法(reduced-conductivity - tensor scheme)，简称 RCT 法(Kim et al. 1993, 1994)。在零磁场条件下，由式(5.189)、(5.190)定义的电导张量可得

$$\sigma_0 = \sigma_{xx}(0) = \sum_j e n_j \mu_j \tag{5.191}$$

$$\sigma_{xy}(0) = 0 \tag{5.192}$$

定义约化电导张量如下

$$X(B) = \frac{\sigma_{xx}(B)}{\sigma_0} \tag{5.193}$$

$$Y(B) = \frac{2\sigma_{xy}(B)}{\sigma_0} \tag{5.194}$$

式(5.194)中的因子 2 只是为了使 $Y(B)$的最大值为 1 而不是 1/2，即$|Y| \leqslant 1.0$。

在拟合过程中，再引入参数 f_j，它是一个与第 j 种载流子电学参数有关的变量，

可以看成该载流子在零磁场条件下对总电导的贡献。

$$f_j = \left|n_j\mu_j\right| \Big/ \sum_j \left|n_j\mu_j\right| \tag{5.195}$$

将参数 f_j 代入式(5.193)、(5.194)

$$X(B,\boldsymbol{\mu},\boldsymbol{f}) = \sum_j \frac{f_j}{1+\mu_j^2 B^2} \tag{5.196}$$

$$Y(B,\boldsymbol{\mu},\boldsymbol{f}) = \sum_j \frac{2Bf_j\mu_j}{1+\mu_j^2 B^2} \tag{5.197}$$

$\boldsymbol{\mu}$ 和 $\boldsymbol{f}$ 分别代表所有的 μ_j 和 f_j，同时多载流子体系中的 f_j 必须满足

$$\begin{cases} 0 \leqslant f_j \leqslant 1 \\ \sum_j f_j = 1 \end{cases} \tag{5.198}$$

在拟合过程中，使得 μ_j 和 f_j 的值满足 χ 的平方最小

$$\chi^2(\boldsymbol{\mu},\boldsymbol{f}) = \frac{1}{2(L+1)} \sum_{n=0}^{L} \{[X(B_n,\boldsymbol{\mu},\boldsymbol{f}) - X_{\text{exp}}(B_n)] + [Y(B_n,\boldsymbol{\mu},\boldsymbol{f}) - Y_{\text{exp}}(B_n)]\} \tag{5.199}$$

实验中磁场强度设定 L 种值，以获得样品电导张量与磁场强度的关系，X_{exp} 和 Y_{exp} 表示实验结果。

将约化电导张量法稍加改进就可以从样品的电阻率-磁场强度关系中获得材料的有关电学参数。定义磁阻 M 为磁场强度 B 的函数

$$M(B) = \frac{\rho(B) - \rho(0)}{\rho(0)} \tag{5.200}$$

$\rho(B)$ 为磁场强度为 B 时的电阻率，它与电导张量的分量 σ_{xx} 和 σ_{xy} 有如下关系

$$\rho(B) = \frac{\sigma_{xx}(B)}{\sigma_{xx}^2(B) + \sigma_{xy}^2(B)} \tag{5.201}$$

由式(5.193)、(5.194)、(5.200)和(5.201)可得

$$M(B) = \frac{X}{X^2 + Y^2} - 1 \tag{5.202}$$

对单载流子体系，$M(B) = 0$，即磁阻不随磁场强度变化。对一个只有两种载流

子的体系

$$M(B)=\frac{(\alpha\Delta B)^2}{1+(\beta\Delta B)^2} \tag{5.203}$$

式中

$$\begin{aligned}\alpha&=\sqrt{f_1(1-f_1)}\\ \beta&=\mu_1/\varDelta-f_1\\ \varDelta&=\mu_1-\mu_2\end{aligned} \tag{5.204}$$

当磁场很低时，$M(B)=(\alpha\Delta B)^2\propto B^2$。

当磁场很高时，$M(B)=(\alpha/\beta)^2$，$M(B)$是一个与磁场强度 B 无关的常数，只与系统中载流子的迁移率和浓度有关。

约化电导张量法可以简单地判断体系是否只有一种载流子起主要作用，还能分析两端器件(比如光导探测器)的磁阻特性。除此之外，与传统的多载流子拟合过程相比它并没有本质的变化，仍然需要假设载流子的种类和载流子的迁移率范围。

5.4.3 迁移率谱分析方法

为了克服传统方法的缺点，近年来出现的迁移率谱分析(mobility spectrum analysis，MSA)方法通过样品电导张量对磁场强度的依赖关系，获得了样品中电导随迁移率连续变化的谱图，在谱图中的每一个峰值对应一种载流子，通过迁移率的正负性就可以判断出载流子的类型(Beck et al. 1987)。

在迁移率谱分析中，首先假定样品中电子和空穴的迁移率是连续分布的，这样式(5.189)、(5.190)可以写成积分形式

$$\sigma_{xx}(B)=\int_0^{\infty}\frac{s^p(\mu)+s^n(\mu)}{1+\mu^2B^2}\mathrm{d}\mu \tag{5.205}$$

$$\sigma_{xy}(B)=\int_0^{\infty}\frac{[s^p(\mu)-s^n(\mu)]\mu B}{1+\mu^2B^2}\mathrm{d}\mu \tag{5.206}$$

式中：空穴和电子的电导密度函数(也就是所谓电导密度函数的迁移率谱)$s^p(\mu)$和$s^n(\mu)$定义为

$$s^p(\mu)=ep(\mu)\mu \tag{5.207}$$

$$s^n(\mu)=en(\mu)\mu \tag{5.208}$$

$p(\mu)$和 $n(\mu)$分别是电子和空穴的浓度对迁移率的函数。迁移率谱分析的目的就在于

经过一系列的变换获得 $s^p(\mu)$和 $s^n(\mu)$的值。式(5.205)和式(5.206)实际上是一个对无限项的求和，如果用有限的实验数据来求解该方程组，得到的解将不是唯一的。Beck 和 Anderson 通过没有任何载流子对电导的贡献为负这一前提，发展了一种精确的数学过程(迁移率谱分析的数学过程和证明详见附录 A)，得到了 $s^p(\mu)$和 $s^n(\mu)$的唯一包络函数。迁移率谱分析的最终目的并不是为了获得这个包络函数，而是为了判定样品中的载流子种类，以及每种载流子迁移率和浓度的近似值。

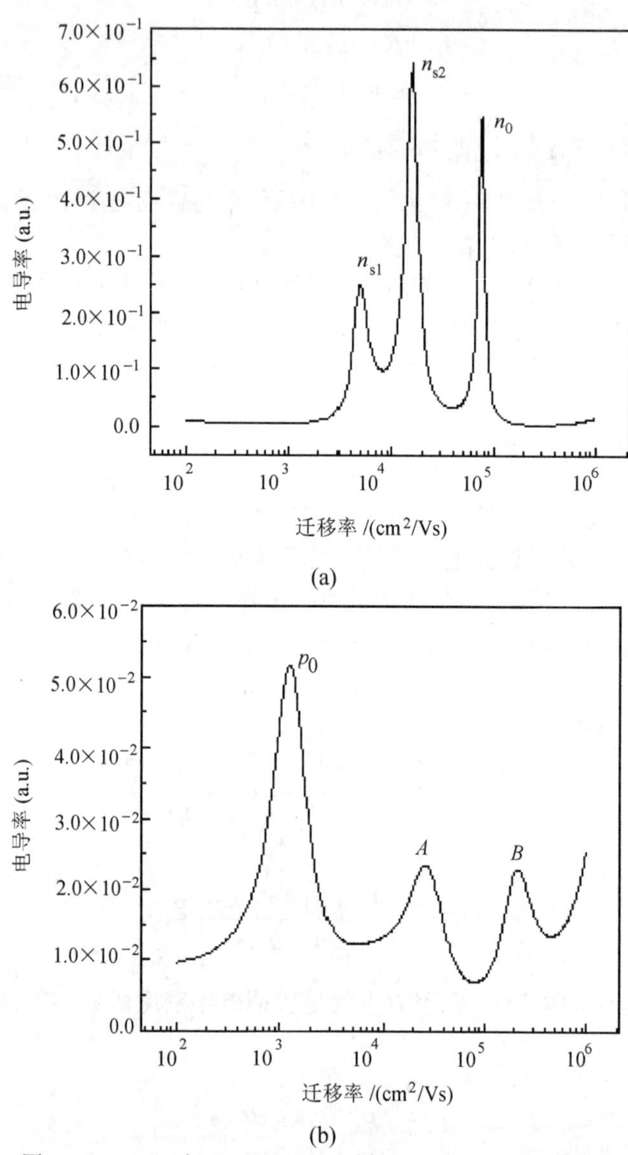

图 5.23　100K 时，n-$Hg_{1-x}Cd_xTe$ 样品 L9701—1 的迁移率谱

(a)电子；(b)空穴

图 5.23 为 100K 时，n-$Hg_{1-x}Cd_xTe$ 样品 L9701—1 的迁移率谱,从图中可以发现，样品 L9701—1 的电子迁移率谱中有三个尖锐的峰，对应者三种电子：分别是体电子 n_0，界面电子 n_{s1} 和 n_{s2}；空穴迁移率谱中也有三个峰，p_0 对应着体内的少子(空穴)，而 A 和 B 峰则是电子迁移率谱中峰的映象。将图 5.23 的迁移率谱对电导归一化，计算所得的电子和空穴浓度随迁移率的分布如图 5.24 所示。从图中可以看出样品各种载流子浓度和迁移率，体电子的浓度在 10^{13}~$10^{14}cm^{-3}$ 量级，迁移率约为 7~8×$10^4cm^2/Vs$，材料中存在两种不同的界面电子，浓度均为 10^{13}~$10^{14}cm^{-3}$ 量级，迁移率分别为 1~2×$10^4cm^2/(V·s)$和 5×$10^3cm^2/(V·s)$，同时通过迁移率谱，还发现了本征电离的空穴，它的浓度在 10^{13}~$10^{14}cm^{-3}$ 量级，与体电子浓度相当，迁移率约为 1×10^3 $cm^2/(V·s)$，由于它的迁移率远远小于电子的迁移率，所以在低场下，空穴对电导张量的作用基本显示不出来，即使如此，在迁移率谱上，还是能清晰的分辨出空穴的作用。

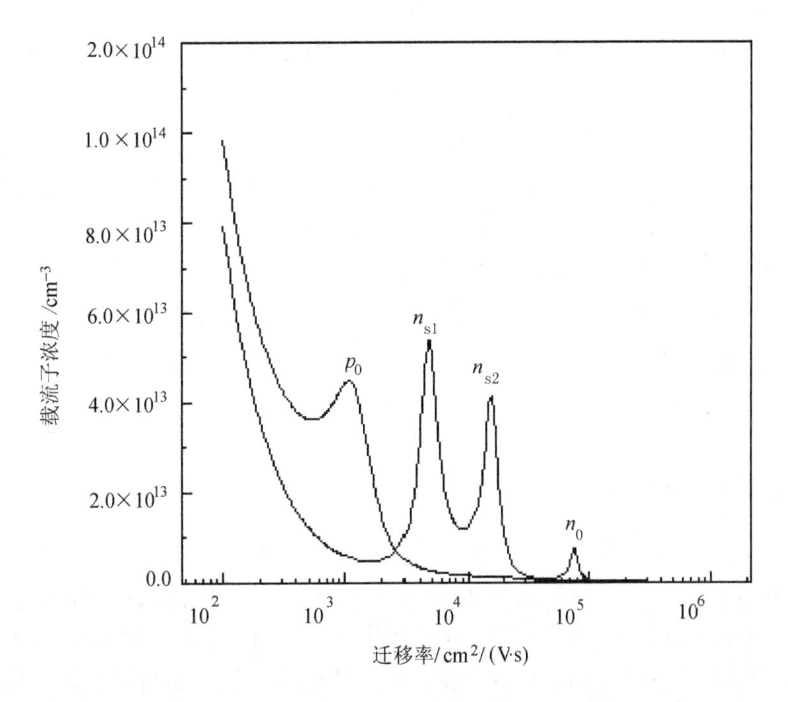

图 5.24　由迁移率谱获得的样品 L9701—1 中载流子浓度随迁移率分布

通过上面这个简单的例子，表明了迁移率谱不但能获得样品中的载流子种类，还能得到它们的迁移率和浓度的范围，的确是一种分析多载流子体系样品的有效方法。

除了上述迁移率方法以外，Dziuba 和 Gorska(1992)采用了一种迭代近似方法，获得了样品的迁移率谱，这种方法的目的在于找到迁移率谱的精确定量解，而不

是 Beck 和 Anderson 的包络函数。在这种方法中，式(5.205)和式(5.206)用部分求和近似代替积分

$$\sigma_{xx}(B)=\sum_{i}^{m}\frac{[s^{p}(\mu_i)+s^{n}(\mu_i)]\Delta\mu_i}{1+\mu_i{}^2B^2}=\sum_{i}^{m}\frac{S_i^{xx}\Delta\mu_i}{1+\mu^2B^2} \tag{5.209}$$

$$\sigma_{xy}(B)=\sum_{i}^{m}\frac{[s^{p}(\mu_i)-s^{n}(\mu_i)]\mu_i B\Delta\mu_i}{1+\mu_i{}^2B^2}=\sum_{i}^{m}\frac{S_i^{xy}\mu_i B\Delta\mu_i}{1+\mu^2B^2} \tag{5.210}$$

参数 m 为迁移率谱中所取的迁移率的数目，S_i^{xx} 和 S_i^{xy} 定义如下

$$S_i^{xx}=s^{p}(\mu_i)+s^{n}(\mu_i) \tag{5.211}$$

$$S_i^{xy}=s^{p}(\mu_i)-s^{n}(\mu_i) \tag{5.212}$$

任意给定一个初始的谱，利用 Jacobi 迭代过程求解方程组(5.209)和(5.210)，就可以获得所需要的迁移率谱。在该方法中，迁移率的取值范围与测量中的磁场强度有重要关系，它满足：$1/B_{\max}^{\exp}=\mu_{\min}\leqslant\mu\leqslant\mu_{\max}=1/B_{\min}^{\exp}$，$B_{\min}^{\exp}$ 和 $B_{\max}^{\exp}$ 分别为所加磁场强度的最小值和最大值，对于有些半导体材料，这个取值范围太小了，比如对 $Hg_{1-x}Cd_xTe$ 材料中的空穴来讲，它的迁移率一般为 10^2~10^3cm^2/Vs。这就需要几十个特斯拉的磁场强度，实际的实验条件很难满足这个要求。另外，从该方法获得的 $s^{p}(\mu_i)$ 和 $s^{n}(\mu_i)$ 虽然能最后拟合实验值，但是经常会出现一些毫无意义的结果，那就是谱中会出现负的 $s^{p}(\mu_i)$ 和 $s^{n}(\mu_i)$，所以有必要改进方法，使其结果具有明确的物理意义。

5.4.4 定量迁移率谱分析

迁移率谱虽然有诸多优点，但是其结果只是定性的或半定量的，为了获得精确的结果，Meyer 等(1993)发展了一种定量迁移率谱分析(quantitative mobility spectrum analysis)方法。这种方法也叫杂化混合电导法(hybrid mixed conduction analysis)，将迁移率谱的结果作为初值，然后通过多载流子拟合过程对实验数据进行处理，得到了能唯一反映材料真实信息的电学参数。图 5.25 为利用图 5.24 的结果对 n-$Hg_{1-x}Cd_xTe$(x = 0.214)样品 L9701—1 的拟合结果，点为实验值，曲线为拟合结果。通过杂化混合电导法(HMCA)可得：体电子的浓度 9.7×10^{13}cm^{-3}，迁移率约为 7.7×10^4cm^2/Vs，材料中两种不同的界面电子，浓度分别为 2.4×10^{14} cm^{-3} 和 4.1×10^{14} cm^{-3}，对应的迁移率分别为 1.62×10^4 cm^2/Vs 和 5.6×10^3 cm^2/Vs，本征电离的空穴，它的浓度为 1×10^{14} cm^{-3}，迁移率为 3×10^2 cm^2/Vs。获得的$(n_0p_0)^{1/2}$ = 1×10^{14}cm^{-3}，与 100K 时本征载流子浓度(n_i = 9.5×10^{13}cm^{-3})很接近，所以 HMCA 法

的结果较 MCF 法有更明确的物理意义。

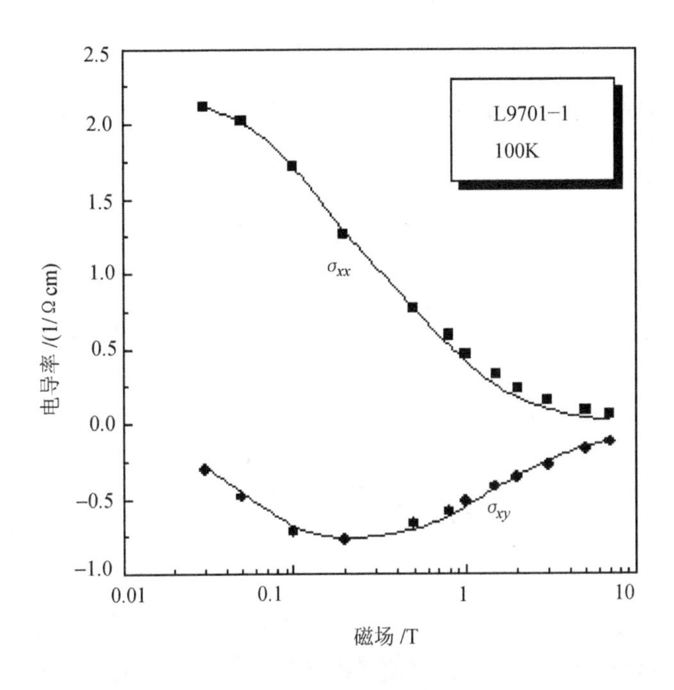

图 5.25　100K 时，样品 L9701—1 电导张量与电场的依赖关系，
点是实验值，曲线为利用 HMCA 的分析结果

第二种定量迁移率谱分析方法是桂永胜等发展起来的，为了获得准确而且有明确物理意义的结果，桂永胜等(1998a, 1998b, 1998c)将 Beck 和 Anderson 迁移率谱和 Dziuba 与 Gorska 的迭代近似结合起来，发展了另一种定量迁移率谱方法。在这个分析过程中，首先用 Beck 和 Anderson 迁移率谱作为初值，然后用迭代算法获得精确解，并且在每一步迭代过程中保证 $s^p(\mu_i)$ 和 $s^n(\mu_i)$ 为正，这样一方面可以提高算法的效率和结果的精度，另一方面也确保了结果有明确的物理意义。在定量迁移率谱分析(QMSA)中迁移率的范围，从 $1/B_{\max}^{\exp} \leqslant \mu \leqslant 1/B_{\min}^{\exp}$ 扩展到 $10^2\,\mathrm{cm}^2/\mathrm{Vs} \sim 10^6\,\mathrm{cm}^2/\mathrm{Vs}$，这样人们感兴趣的绝大部分载流子的迁移率都处在这个范围里。

在式(5.189)和(5.190)中，如果把第 i 种载流子的电导率从电导率总和中分离出来，并且总电导率直接用实验值代，方程(5.211)和(5.212)可以变形为如下形式

$$S_i^{xx} = (1+\mu_i^2 B_i^2)\left[\sigma_{xx}^{\exp}(B_i) - \sum_{j=0}^{i-1}\frac{S_j^{xx}}{1+\mu_j^2 B_i^2} - \sum_{j=i+1}^{m}\frac{S_j^{xx}}{1+\mu_j^2 B_i^2}\right] \qquad (5.213)$$

$$S_i^{xy} = \frac{(1+\mu_i^2 B_i^2)}{\mu_i B_i}\left[\sigma_{xy}^{\exp}(B_i) - \sum_{j=0}^{i-1}\frac{S_j^{xy}\mu_j B_i}{1+\mu_j^2 B_i^2} - \sum_{j=i+1}^{m}\frac{S_j^{xy}\mu_j B_i}{1+\mu_j^2 B_i^2}\right] \tag{5.214}$$

为了加快计算速度，可采用超级松弛法用来求解形如式(5.213)和(5.214)的线性方程组

$$\begin{aligned} S_i^{xx}(k+1) = {} & (1-\omega_{xx})S_i^{xx}(k) + \omega_{xx}(1+\mu_i^2 B_i^2) \\ & \cdot\left[\sigma_{xx}^{\exp}(B_i) - \sum_{j=0}^{i-1}\frac{S_j^{xx}(k+1)}{1+\mu_j^2 B_i^2} - \sum_{j=i+1}^{m}\frac{S_j^{xx}(k)}{1+\mu_j^2 B_i^2}\right] \end{aligned} \tag{5.215}$$

$$\begin{aligned} S_i^{xy}(k+1) = {} & (1-\omega_{xy})S_i^{xy}(k) + \omega_{xy}\cdot\frac{(1+\mu_i^2 B_i^2)}{\mu_i B_i} \\ & \cdot\left[\sigma_{xy}^{\exp}(B_i) - \sum_{j=0}^{i-1}\frac{S_j^{xy}(k+1)\mu_j B_i}{1+\mu_j^2 B_i^2} - \sum_{j=i+1}^{m}\frac{S_j^{xy}(k)\mu_j B_i}{1+\mu_j^2 B_i^2}\right] \end{aligned} \tag{5.216}$$

$S_i^{xx}(k)$和$S_i^{xy}(k)$分别是S_i^{xx}和S_i^{xy}第k步迭代结果。式中ω_{xx}和ω_{xy}决定了迭代过程的收敛速度，当$\omega_{xx} = \omega_{xy} = 1$时，收敛速度最快，但是最初的迁移率谱形状很快被破坏，结果很容易发散；$\omega_{xx} = \omega_{xy} = 0$时，收敛速度最慢，最终结果还是最初的迁移率谱。为了兼顾收敛性和收敛速度，通过大量的实际计算，桂永胜发现$\omega_{xx} = 0.05$、$\omega_{xy} = 0.01$为最优选择。另外为了尽可能全面准确的反映材料的电学性质，对数据进行了平滑插值，使得在迭代过程中迁移率取值的密度为每个数量级中有100个点，这样相比较Dziuba和Gorska的迭代近似中只有20个点，除了物理意义更明确以外，结果也精确得多。

图5.26为100K时，n-$Hg_{1-x}Cd_xTe$样品L9701—1的QMSA谱，谱中每种载流子的浓度$n = \sum_i \sigma_i \big/ (e\mu_i)$，表示对峰内的所有载流子加权求和。从QMSA谱中，可得体电子的浓度在$9.7\times10^{13}cm^{-3}$，迁移率约为$1.2\times10^5cm^2/Vs$，材料中两种不同的界面电子，浓度分别为$1.6\times10^{14}cm^{-3}$和$4.8\times10^{14}cm^{-3}$，对应的迁移率分别为$2.4\times10^4cm^2/Vs$和$6.5\times10^3cm^2/Vs$，本征电离的空穴，它的浓度为$6\times10^{14}cm^{-3}$，迁移率为$5.0\times10^2cm^2/Vs$。

MBE生长的$Hg_{1-x}Cd_xTe$样品，往往在外延层上再生长一次很薄的CdTe作为覆盖层。如果退火不好，就会在$Hg_{1-x}Cd_xTe$–CdTe界面形成一层二维电子气，如果采用传统的固定磁场测量，结果往往不能获得材料的真实电学参数。为了准确反映材料的电学信息，首先在100~4000Gs的范围内，对样品进行变磁场的霍尔测量，然后采用了杂化混合电导分析方法(HMCA)对实验结果进行分析。

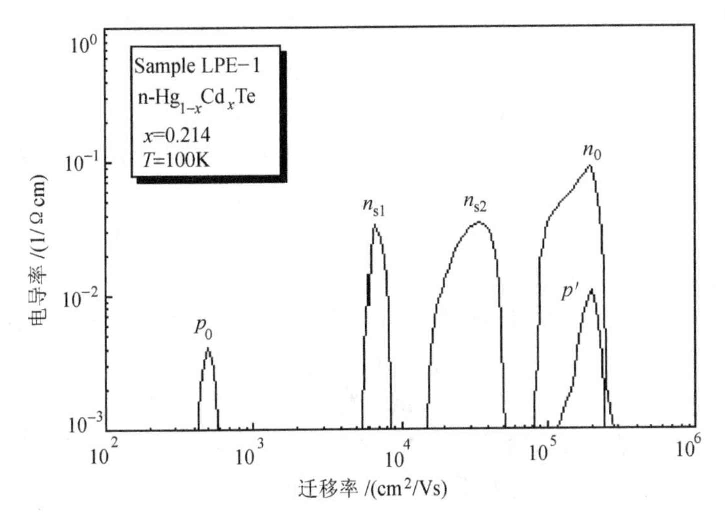

图 5.26　100K 时，n-$Hg_{1-x}Cd_xTe$ 样品 L9701—1 的 QMSA 谱

样品为 5×5mm^2 的矩形，在样品的四个角上用 In 形成良好的欧姆接触，采用范得堡法进行霍尔测量。

样品 M9608 为 MBE 生长的 $Hg_{1-x}Cd_xTe$($x = 0.21$)，衬底材料为 $Zn_{0.04}Cd_{0.96}Te$，外延厚度为 5.0m，表面是 30nm 的 CdTe。图 5.27 为 70K 和 110K 时，样品 M9602

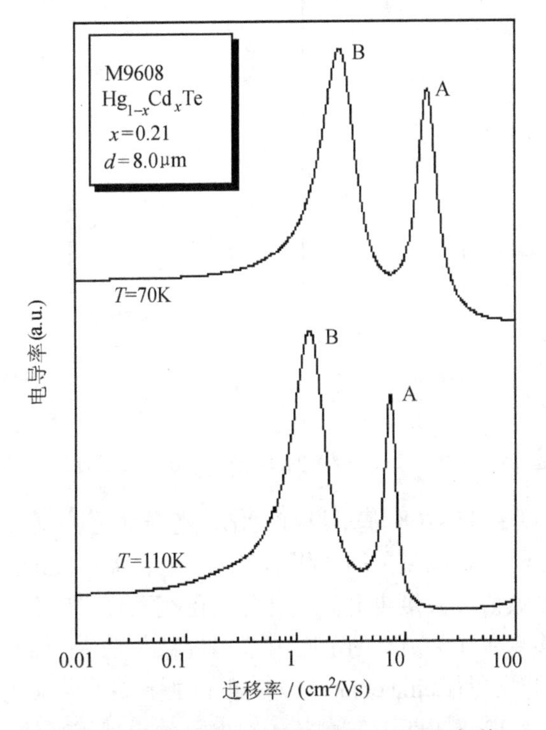

图 5.27　77K 和 110K 时, M9608 的迁移率谱

的迁移率谱。在这两个温度下，迁移率谱均出现两个峰，可以认为该样品中存在两种不同的载流子 A 和 B。将迁移率谱中获得的结果作为迁移率的初值，利用多载流子拟合过程，就可以获得两种不同载流子的浓度和迁移率，70K 时，A 载流子的浓度和迁移率分别为 $2.46\times10^{14}cm^{-3}$ 和 $1.52\times10^{5}cm^{2}/Vs$，B 载流子的浓度和迁移率分别为 $1.85\times10^{15}cm^{-3}$ 和 $1.92\times10^{4}cm^{2}/Vs$；110K 时，A 载流子的浓度和迁移率分别为 $3.82\times10^{14}cm^{-3}$ 和 $5.71\times10^{4}cm^{2}/Vs$，B 载流子的浓度和迁移率分别为 $2.37\times10^{15}cm^{-3}$ 和 $1.07\times10^{4}cm^{2}/Vs$。如果在多载流子拟合过程中，假定载流子的数目为 3 或 4，一样可以获得与实验数据符合得很好的结果，但是这些结果并不能反映样品的真实情况。迁移率谱给出的结果真实地反映样品性质，指明了材料中参与导电的载流子种类以及它们迁移率的计算值，是定量计算的前提。

在 15~280K 的范围，温度每变化 5K，进行一次变磁场的输运实验，利用 HMCA 方法，观察样品 M9608 中不同载流子浓度和迁移率与温度的关系。从图 5.28(a)和(b)可以看出。

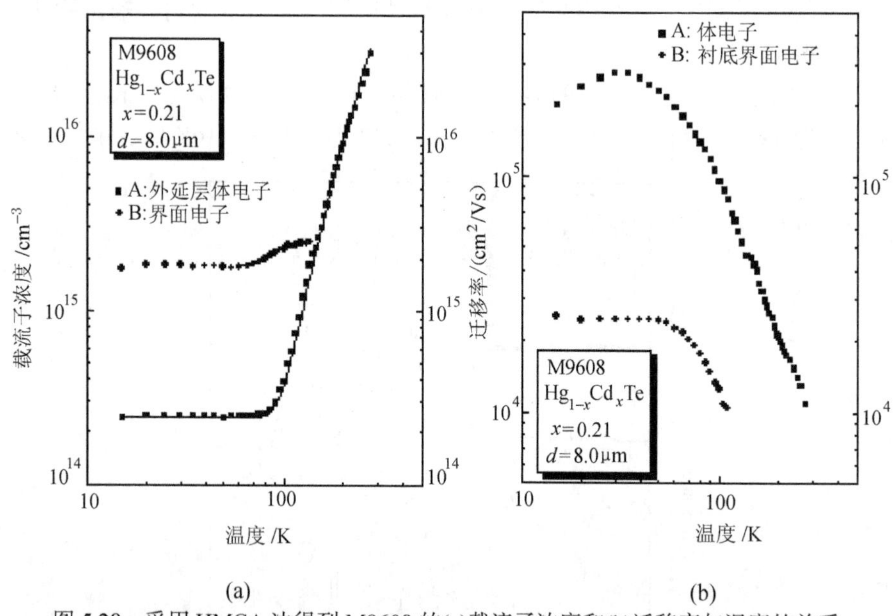

图 5.28　采用 HMCA 法得到 M9608 的(a)载流子浓度和(b)迁移率与温度的关系

A 载流子的浓度在 15~80K 基本没有变化，当温度超过 80K，随温度的升高，载流子浓度迅速上升，A 载流子的迁移率在低温下，随温度的上升，缓慢增加，在 35K 左右达到最大值，温度再升高，迁移率迅速下降；B 载流子的浓度基本与温度 T 无关，迁移率在 15~70K 的范围内基本与温度无关，温度高于 70K，迁移率下降得很快，这与文献(Reine et al.　1993)报道的 n 型 $Hg_{1-x}Cd_xTe$ 样品中表面电子的行为相吻合。在 120K 以后，B 载流子对电导的贡献越来越小，在迁移率谱中基本观察不到它的存在。从上述的特性可以认为 A 载流子为外延层的体电子，对于窄禁带的 $Hg_{1-x}Cd_xTe$ 材料，低温下体电子的浓度基本上就是电离的施主杂质浓度，本征载流子在 100K 左右开始起作用，温度再高，体电子基本都是本征载流子，图 5.28(a)中的曲线为利用文献(褚君浩 1985)中本征载流子公式，即式(5.28)、(5.29)对材料中电子浓度的计算，实验与理论符合得非常好。杂质散射和极化光学波散射分别在低温和高温区域限制了体电子的迁移率，由杂质散射决定的迁移率 $\mu_N \propto T^{3/2}$，由极化光学波散射决定的迁移率 $\mu_{op} \propto \exp(1/T)$，图 5.28(b)中 A 载流子迁移率变化的趋势符合体电子的特性。一般认为(Parat et al. 1990) $Hg_{1-x}Cd_xTe$ 表面或界面处的电子浓度基本上与温度无关，所以可以认为 B 载流子为 $Hg_{1-x}Cd_xTe$ 与 CdTe 界面处的电子。

p-$Hg_{1-x}Cd_xTe$ 样品采用 MBE 方法生长，衬底为 $Cd_{0.96}Zn_{0.04}Te$ 或 GaAs，样品尺寸为 $4\times4mm^2$，在样品的四个角上，用 In 球形成良好的欧姆接触，焊点直径小于 0.5mm，在 1.4~175K 的温度范围内，采用范得堡法在 15 个温度点对样品进行变磁场的霍尔测量，磁场范围为 0~9T，首先进行高密度的磁场扫描(在 0~9 的范围内扫描 400 个点)，研究是否存在由于界面二维电子气或空穴气引起的量子振荡，然后，进行 20~30 点的固定磁场强度测量，获得的数据进行定量迁移率谱分析。

图 5.29 为 1.4K 时实验测得的 p-$Hg_{1-x}Cd_xTe$ 样品 G9702 中电导张量 σ_{xy} 对磁场强度的依赖关系。从图中可以发现样品随着磁场强度的增强，导电类型经历了从 p 型到 n 型，再由 n 型到 p 型的两次反型过程，为了研究反型的原因，可以对该温度下的实验数据进行了定量迁移率谱分析，结果如图 5.29 所示。

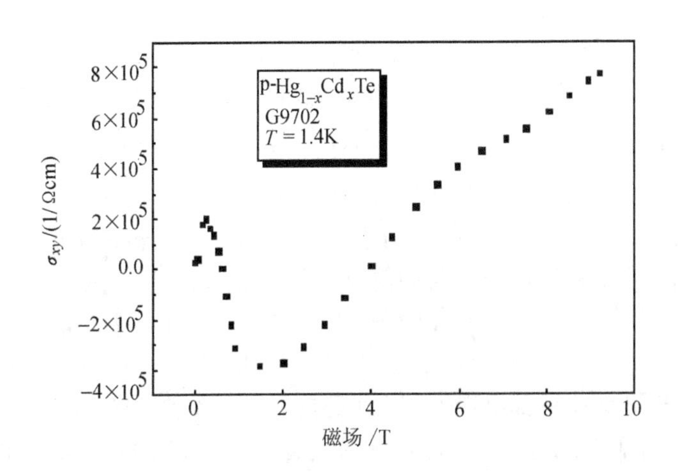

图 5.29　1.4K 时，p-$Hg_{1-x}Cd_xTe$ 样品 G9702 中 σ_{xy} 随磁场强度的变化，可见在 0~0.5T 的范围内，样品呈 p 型，0.5~4T 之间呈 n 型，4T 以上则呈 p 型

在 1.4K 的条件下，对样品进行的高密度的磁场扫描，未发现样品 G9702 中有

任何振荡的迹象。图 5.30 为样品 G9702 的定量迁移率谱，从中可以发现存在两种空穴和一种电子，每种载流子的浓度和迁移率可以从谱中精确获得，空穴 p_1 的浓度和迁移率分别是 $3.7\times10^{13}cm^{-3}$ 和 $1.1\times10^{2}cm^{2}/Vs$，空穴 p_2 的浓度和迁移率分别是 $7.0\times10^{12}cm^{-3}$ 和 $3.5\times10^{3}cm^{2}/Vs$，表面电子 n_s 的浓度和迁移率分别是 $1.0\times10^{13}cm^{-3}$ 和 $2.2\times10^{3}cm^{2}/Vs$。在磁场强度很小的情况下，空穴 p_2 和 p_1 对 σ_{xy} 的贡献超过了表面电子 n_s 的贡献，此时样品呈 p 型；因为空穴 p_2 的迁移率比较高，随着磁场强度的增加，它的作用逐渐减小，在一个相当大的磁场范围内，n_s 起主导作用，此时样品表现出 n 型；磁场强度再增加，这时，迁移率很低的空穴 p_1 将对 σ_{xy} 起主要作用。

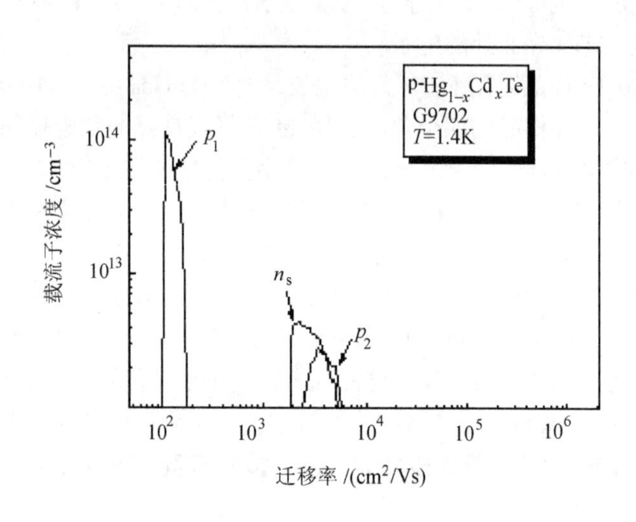

图 5.30　1.4K 时，p-$Hg_{1-x}Cd_xTe$ 样品 G9702 的 QMSA 谱，可以发现在样品中存在两种空穴，低迁移率的空穴 p_1 和高迁移率的空穴 p_2，以及一种电子 n_s

图 5.31 为 55K 和 100K 时样品 G9702 的定量迁移率谱。55K 时谱中的表面电子表现出复杂的状况，它对应的峰展宽得很厉害。随着温度的升高，空穴的浓度也大大提高，在 QMSA 谱中也出现了两个空穴峰，空穴 p_1 的浓度比 p_2 高出了近 30 倍，空穴的迁移率相对 1.4K 时的情况有所增加，55K 时，p_1 为 $5.1\times10^{2}cm^{2}/Vs$，p_2 为 $7.6\times10^{3}cm^{2}/Vs$。在 100K 时发现对应于体电子的峰 n_0,它的浓度约为 $2.1\times10^{12}cm^{-3}$。

图 5.30 和图 5.31 中都出现了令人困惑的 p_2 峰,该空穴的迁移率远远大于体空穴的迁移率，最高值可达 $10^{4}cm^{2}/Vs$(33K)，这么高迁移率的空穴有两种可能的来源：一是轻空穴，由于它的有效质量远远小于重空穴的有效质量，从理论上讲由于载流子的迁移率 $\mu\propto(m^*)^{-1}$，载流子的浓度 $n\propto(m^*)^{3/2}$，所以轻空穴应当具有比重空穴高得多的迁移率和低得多的载流子浓度，实验结果能定性地满足这个条件，另一种可能就是材料中界面处的二维空穴。要确定 p_2 的来源，还需要大量的实验

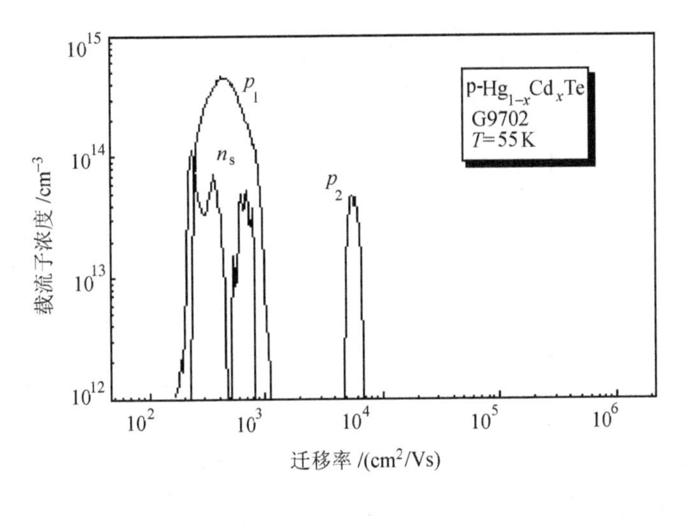

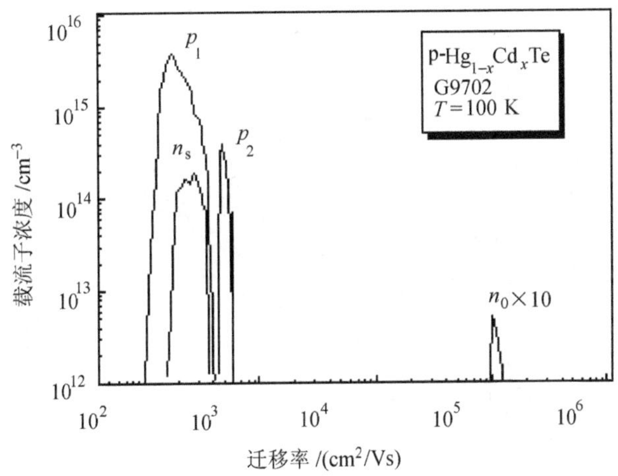

图 5.31 55K 和 100K 时，p-$Hg_{1-x}Cd_xTe$ 样品 G9702 的 QMSA 谱

和理论计算来确认，在这里我们只能给出实验结果。样品中不同种类的载流子的迁移率和浓度随温度的变化如图 5.32 和图 5.33 所示。

Song 等(1993)研究了 MOCVD 生长的 n 型 InSb 薄膜的输运性质。3μm 厚的 InSb 生长在 GaAs(100)衬底上，采用 4 探针范得堡方法测量了霍尔迁移率及其温度和磁场的依赖性。图 5.34 是 $B=0.1$T 和 1T 时霍尔迁移率与温度的关系。

在 0.1T 下的迁移率呈现两个峰，分别是 $T=100$K 时，$\mu_H=6.7\times10^4 cm^2/Vs$，和 $T=240$K，$\mu_H=5.1\times10^4 cm^2/Vs$。这两个峰的位置与电阻率的谷底位置接近。如图中所示，测量到的迁移率强烈地依赖于磁场。在不同温度下，霍尔迁移率的磁场依赖性如图 5.35 所示。

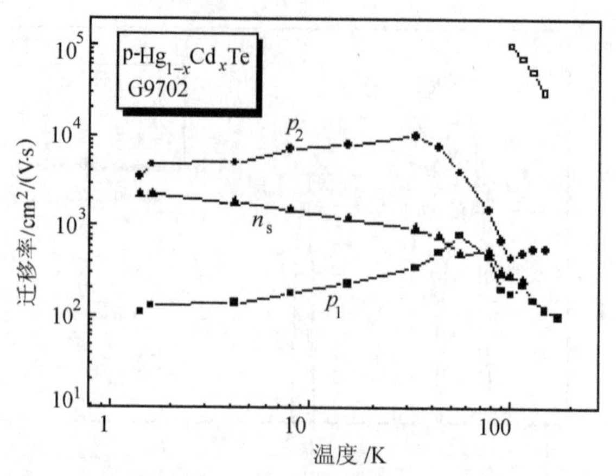

图 5.32　样品 G9702 中不同种类载流子的迁移率随温度的变化。图中实方形表示多数载流子空穴，实圆形表示高迁移率的空穴，实三角表示表面电子，空心圆表示体电子

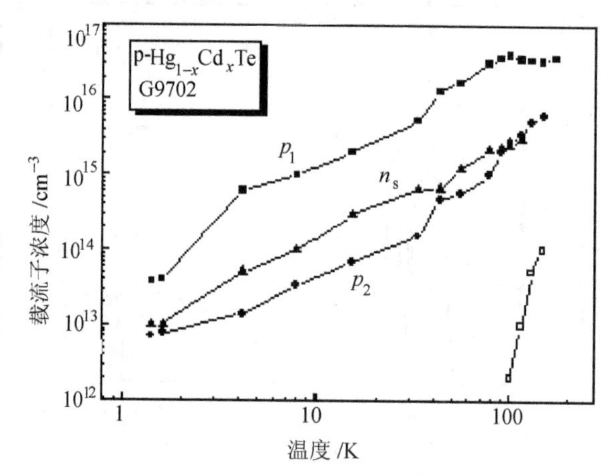

图 5.33　样品 G9702 中不同种类载流子的浓度随温度的变化，图中符号的定义同图 5.31

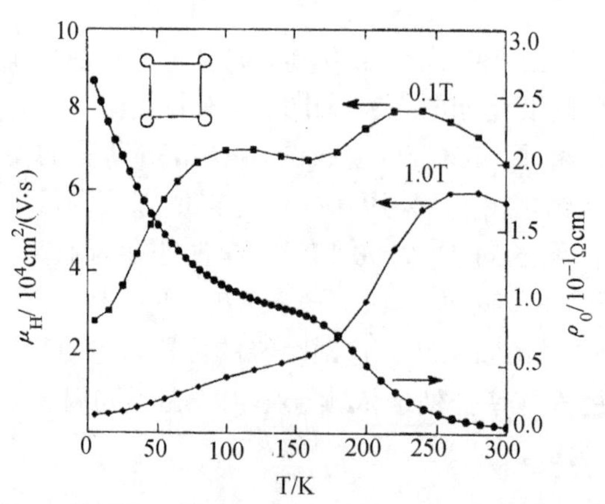

图 5.34　在 0.1 和 1T 磁场下，电阻率(右侧)、霍尔迁移率(左侧)和温度的关系曲线

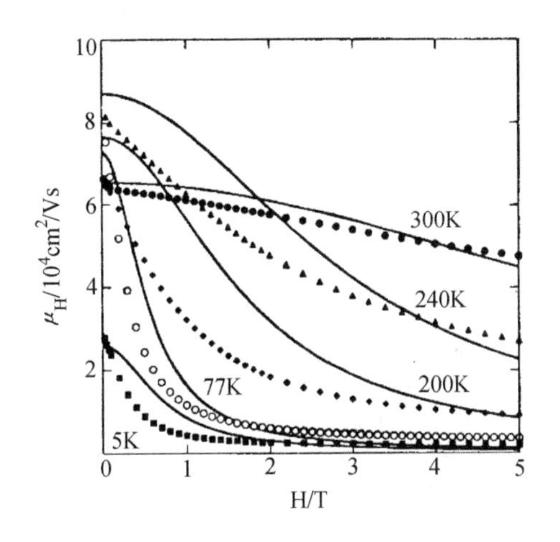

图 5.35 不同温度下的霍尔迁移率和磁场的关系曲线

5.5 量子效应

5.5.1 磁阻振荡

在前面已经指明，电导率表达式(2.10)和式(2.11)成立的近似条件之一就是磁场的强度较弱，样品中不存在量子效应，但是由于 HgCdTe 材料中电子的有效质量很小，即使磁场不是很强，也很容易出现量子效应，发生磁阻振荡的现象。在低温、强磁场和强简并的条件下，$\omega_c\tau \gg 1$，$\hbar\omega_c \gg k_BT$ 以及 $\varepsilon_F > \hbar\omega_c$ (其中 $\varepsilon_F = E_F - E_c$，$\omega_c = eB/m^*$，$\mu = \dfrac{e\tau}{m^*}$)，若增加磁场，则各子带底将相继通过费米能级，就会引起样品磁阻振荡。

导带中的能级原来是连续分布的，在磁场的作用下，将分裂成朗道子能带。能级密度将发生周期性变化，在 $\varepsilon = \left(N + \dfrac{1}{2}\right)\hbar\omega_c$ 的能量处，能级密度达到最大。假定导带是高度简并的，费米能级 $\varepsilon_F > \hbar\omega_c$，并假定 ε_F 与磁场无关(根据实际计算(Wamplar et al. 1972)，这一假定对 $N \geqslant 3$ 的情况是适用的)，则随着磁场的加大，也即 $\hbar\omega_c$ 的增大，E_F 将顺次越过能级密度的最大处。当 E_F 位于能级密度最大处时，电子运动所受的散射也最大，电阻也就越大。因而样品的电阻随着磁场的增大而发生周期性的变化，这就是雪勃尼科夫-特哈斯效应(Shubnikov-deHaas effect)，以下简称 SdH 效应。

半导体样品位于磁场中时，垂直于磁场方向的电子运动将量子化，而平行于磁场的运动不受磁场的影响。如果导带是抛物型的，则电子的能量为

$$\varepsilon=\left(N+\frac{1}{2}\right)\hbar\omega_{\mathrm{c}}+\frac{\hbar k_z^2}{2m^*} \tag{5.217}$$

式中：$\omega_{\mathrm{c}}=eB/m^*$ 称为电子的回旋频率，e 为电子电荷，m^* 为电子有效质量，B 为磁场强度，假定它指向 z 方向。$N=0,1,2,\cdots$为电子回旋运动量子数。在式(5.217)中没有考虑电子自旋问题。

如果考虑到电子自旋，在均匀强磁场下(磁场 $\boldsymbol{B}$ 指向 z 轴方向)，对于非抛物型的导带，电子的能量可写成(Nimtz et al.　1983)

$$E_{\mathrm{N}}=-\frac{E_{\mathrm{g}}}{2}+\left\{\left(\frac{E_{\mathrm{g}}}{2}\right)^2+\left[\frac{\hbar^2k_z^2}{2m_0^*}+\left(N+\frac{1}{2}\right)\hbar\omega_{\mathrm{c}}\pm\frac{1}{2}g^*\mu B\right]E_{\mathrm{g}}\right\}^{1/2} \tag{5.218}$$

式中：E_{g} 为禁带宽度；$\omega_{\mathrm{c}}=eB/m_0^*$ 称为电子回旋角频率；μ_{B} 为玻尔磁子，$\mu_{\mathrm{B}}=e\hbar/2m_0$；$g$*为有效 Lande 因子；$N$=0，1，2，3，…。在强磁场下，$\hbar^2k_z^2/2m_0^*$ 可忽略不计，为计算方便计，式(5.218)可改写成

$$E\left(1+\frac{E}{E_{\mathrm{g}}}\right)=\left(N+\frac{1}{2}\pm\frac{1}{2}\delta\right)\hbar\omega_{\mathrm{c}} \tag{5.219}$$

$$\delta=g^*\mu_{\mathrm{B}}/\hbar\omega_{\mathrm{c}}=\frac{g^*}{2}\frac{m^*}{m_0} \tag{5.220}$$

为自旋分裂与朗道能带分裂之比，m_0 为自由电子质量。

式(5.218)和式(5.219)表明，导带分裂成许多子带，称为朗道子能带。理论上还证明，在朗道能级处能态密度趋于极大值，对于强简并的电子半导体，当费米能级越过朗道能级时，散射将达到极大，因而电阻也将达到极值。如果电子浓度不变，磁场增大时，$\left(N\pm\frac{1}{2}\delta\right)\hbar\omega_{\mathrm{c}}$ 将顺次通过 E_{F}，电阻也将发生周期性的变化。

SdH 效应的理论在 20 世纪 50 年代末曾得到广泛的研究(Roth　1966)。由于有横向与纵向两种效应，再加上所考虑的散射机构不同，各作者推导出来的理论公式都有差异。但在周期的大小以及振荡与温度的关系这两个重要方面是一致的。有文献(Roth　1966)总结了这些理论结果，但那里的公式仅适用于抛物型能带。对于 n-InSb，必须考虑导带的非抛物型(Лифшиц　1955)。理论表明：对于球形等能面的非抛物型能带(InSb 属于这种情况)，只要在适用于抛物型能带的理论公式中用 F/B(F 称为振荡频率)代替 $E_{\mathrm{F}}/\hbar\omega_{\mathrm{c}}$，取代后的公式就能适用于非抛物型能带。

对于各向同性的非抛物型能带、简并化电子、弹性散射和有碰撞加宽的情况，纵向磁阻($\rho_{//}$)和横向磁阻($\rho_{\perp}$)的振荡部分分别为

$$\rho_{//} \approx \rho_0 \left\{ 1 + \sum_{r=1}^{\infty} b_r \cos\left(\frac{2\pi F}{B} r - \frac{\pi}{4} \right) \right\} \tag{5.221}$$

$$\rho_{\perp} \approx \rho_0 \left\{ 1 + \frac{5}{2} \sum_{r=1}^{\infty} b_r \cos\left(\frac{2\pi F}{B} r - \frac{\pi}{4} \right) + R \right\} \tag{5.222}$$

或者写成

$$\frac{\Delta\rho_{//}}{\rho_0} \approx \sum_{r=1}^{\infty} b_r \cos\left(\frac{2\pi F}{B} r - \frac{\pi}{4} \right) \tag{5.223}$$

$$\frac{\Delta\rho_{\perp}}{\rho_0} \approx \frac{5}{2} \sum_{r=1}^{\infty} b_r \cos\left(\frac{2\pi F}{B} r - \frac{\pi}{4} \right) + R \tag{5.224}$$

式中表示振幅的量 b_r 的表达式为

$$b_r = \frac{(-1)^r}{\sqrt{r}} \left(\frac{B}{2F} \right)^{1/2} \cos\left(\pi r \frac{g^*}{2} \frac{m^*}{m_0} \right) \frac{r\beta T m^* / m_0 B}{\sinh(r\beta T m^* / m_0 B)} \mathrm{e}^{-r\beta T_{\mathrm{D}} m^* / m_0 B} \tag{5.225}$$

式中：$\rho_{//}$、$\rho_{\perp}$ 分别为纵向和横向电阻率；ρ_0 为零磁场下的电阻率；$\Delta\rho=\rho(B)-\rho_0$；$T$ 为样品温度；$m' = m^* / m_0$，m_0 为自由电子的质量

$$\beta = \frac{2\pi^2 k_{\mathrm{B}} m_0}{\hbar e} = 14.70\mathrm{T/K} \tag{5.226}$$

在实际情况中，碰撞极为频繁，式(5.225)中的指数因子衰减很快，以至于级数中 $r \geqslant 2$ 的项都可忽略不计，于是在式(5.223)和(5.224)中，$\sum_{r=1}$ 中只需要考虑 $r = 1$ 的一项。R 是一个复杂的式子，但可忽略不计。因而纵向与横向磁阻都是以 $1/B$ 为横轴的余弦函数，而且具有相同的相位。F 为振荡频率。T_{D} 为 Dingle 温度(叶良修 1987)，它代表碰撞加宽的影响。温度 T 和 T_{D} 都可以导致振幅随 $1/B$ 衰减，但是可以将 T_{D} 的影响分离出来。根据在振荡的峰值处 $\Delta\rho / \rho_0$ 对 $1/B$ 的微分等于 0，于是有(只取 $R = 1$)

$$\ln\left[\frac{\Delta\rho}{\rho_0} \frac{\sinh\chi}{\chi} (\varepsilon_{\mathrm{F}} / \hbar\omega_{\mathrm{c}})^{1/2} \right] = -2\pi^2 k_{\mathrm{B}} T_{\mathrm{D}} / \hbar\omega_{\mathrm{c}} + \ln(\cos(\pi\nu)/\sqrt{2}) \tag{5.227}$$

式中：ν 是一个与有效 g 因子 g^* 有关的量 $\nu = m' g^* / 2$。因子 $\chi / \sinh\chi$ 中，

$$\chi = 2\pi^2 k_{\mathrm{B}} T / \hbar\omega_{\mathrm{c}} \tag{5.228}$$

通过 $\ln\left[\dfrac{\Delta\rho}{\rho_0}\dfrac{\sinh\chi}{\chi}(\varepsilon_F/\hbar\omega_c)^{1/2}\right]\sim 1/B$ 的曲线斜率就可以确定 T_D，直线与纵轴的交点就可以获得 $\cos(\pi\nu)/\sqrt{2}$ 由之可以估计 v 和相应的 g*因子。通过振荡周期 $P=\dfrac{1}{F}$ 可以获得载流子的浓度 n 为

$$n=(1/3\pi^2)(2e/\hbar)^{3/2}P^{3/2}=5.66\times10^{15}P^{3/2}(\mathrm{cm}^{-3})\quad(\text{三维载流子})\tag{5.229}$$

$$n=eP/\pi\hbar=4.82\times10^{10}P(\mathrm{cm}^{-2})\quad(\text{二维载流子})\tag{5.230}$$

除掉 R 项外，纵向与横向磁阻的振荡项基本一样。不过后者的振荡比前者大 2.5 倍，但这一比值没有得到实验的证明。在ρ - B 振荡曲线上，峰的出现发生在

$$E_f=\left(N+\frac{1}{2}\right)\hbar eB/m^*\qquad N=0,1,2,\cdots\tag{5.231}$$

在 E_f 不随磁场变化的假定下，相邻两峰所在的磁场的倒数之差

$$\Delta\left(\frac{1}{B}\right)=\frac{1}{B_N}-\frac{1}{B_{N+1}}=\frac{\hbar e}{m^*E_F}\tag{5.232}$$

为常数，称为振荡周期。由式(5.231)或式(5.232)可看到

$$F=\left[\Delta\left(\frac{1}{B}\right)\right]^{-1}=\frac{m^*}{\hbar e}E_F\tag{5.233}$$

F 称为振荡频率。对于简并的非抛物型能带，E_F 可用电子浓度 n 来表示，m^*是费米能级 E_F 处的电子有效质量，它也是 n 的函数。对于禁带宽度 E_g 远比自旋-轨道分裂小的情况(InSb 属于这一情况)，Kane 模型可以简化，Zawadzki 等(1971)推导得到

$$E_f=\frac{1}{2}E_g(\sqrt{\varDelta}-1)\tag{5.234}$$

式中

$$\varDelta=1+2\pi^2\left(\frac{3}{\pi}\right)^{2/3}\left(\frac{\hbar^2}{m_0^*E_g}\right)n^{2/3}\tag{5.235}$$

和

$$m^*(E_F)=m_0^*\sqrt{\varDelta}\tag{5.236}$$

式中：m_0^*为导带底的电子有效质量。对于电子浓度为10^{15}cm^{-3}的n-Insb样品，$\varDelta$的第二项远小于1。把$\sqrt{\varDelta}$用二项式展开，于是得到$m^*(E_{\mathrm{F}})$的表示式，代入式(5.233)得到

$$F=\frac{\hbar}{2e}(3\pi^2 n)^{2/3} \tag{5.237}$$

它仅与n有关。因而从实测的F就能得到n。

上面所认为的横向与纵向磁阻具有相同的频率和振幅对温度的关系，严格说来是近似的结果。事实上，横向磁阻的物理机构要比纵向的复杂。纵向磁阻主要来自各朗道子带之间的电子碰撞。对于横向磁阻，除了子带之间的电子碰撞外，还有子带内电子间的碰撞，这就是式(5.224)中 R 出现的原因。按照理论(Roth 1966)，R 与前一项有π/4 的相差。如果 R 不能完全忽略，它将影响振荡波形，在用它来确定物理参数时会引进误差。而根据纵向磁阻的振荡曲线来求物理参数时，这类误差将可避免。

对于有自旋分裂的情况，磁阻峰值的出现有两类，即

$$E_{\mathrm{F}}=\left(N+\frac{1}{2}\delta\right)\hbar\omega_{\mathrm{c}} \qquad E_{\mathrm{F}}=\left(N-\frac{1}{2}\delta\right)\hbar\omega_{\mathrm{c}} \tag{5.238}$$

N=0, 1, 2, …，利用B_N^+、B_N^-分别代表上述两种峰值所在的磁场。自旋同向的周期为

$$\frac{1}{F}=\frac{1}{B_N^+}-\frac{1}{B_{N-1}^+}=\frac{1}{B_N^-}-\frac{1}{B_{N-1}^-}\equiv\Delta\left(\frac{1}{B}\right) \tag{5.239}$$

理论证明(傅柔励等 1983)：振荡频率F与电子浓度n、费米能级 ζ 的关系为

$$F=\frac{\hbar}{2e}(3\pi^2 n)^{2/3}=\frac{m^*}{\hbar e}E_{\mathrm{F}} \tag{5.240}$$

由实测的F可求出n或m^*和E_{F}两者之一。

$$\delta_{\exp}=\frac{\left(\frac{1}{B_{\mathrm{N}}^+}\right)-\left(\frac{1}{B_{\mathrm{N}}^-}\right)}{\Delta\left(\frac{1}{B}\right)} \tag{5.241}$$

若m^*为已知，就可按式(5.220)求g^*。

考虑自旋分裂和能带的非抛物性(Adams et al. 1959, Roth 1966)，磁阻随磁场强度的变化关系为

$$\frac{\Delta\rho}{\rho_0}=\sum_0^{\infty}\frac{5}{2}\left(\frac{RP}{2B}\right)^{1/2}\frac{\beta Tm'\cos\left(R\pi\nu\right)}{\sinh(R\beta Tm'/B)}\mathrm{e}^{-R\beta T_D m'/B}\cos 2\pi(R/PB-1/8-R\gamma) \quad (5.242)$$

在 n-InSb(Sephens 1975)，n-AsGa(Sephens 1978)以及 HgTe(Justice 1988)等材料和结构中，采用式(5.225)对大量的实验数据进行了处理，结果与其他实验方法相比显示了很好的一致性，这表明了式(5.242)是一种有效的分析工具，它可以从 SdH 测量的数据中获得二维和三维载流子浓度、有效质量、g^*因子、Dingle 温度等参数。

在低温下，n 型半导体，特别是窄禁带半导体，费米能级 $\varepsilon_{\mathrm{F}}\gg kT$ ，如果 $\hbar\omega<\varepsilon_{\mathrm{F}}$ ，则许多量子能级被占据，如果 $\hbar\omega>\varepsilon_{\mathrm{F}}$ 则具有最低的量子能级被占据。这一条件称为“量子极限”。在非量子极限情况下，如果磁场较弱使 $\varepsilon_{\mathrm{F}}\approx\left(N+\frac{1}{2}\right)\hbar\omega$ ，则随着磁场的增加，第 n 个能级将跨越过费米能级；于是这个能级将很快成为空能级，电子进入较低的磁能级，随着磁场增大这个较低能级又提升能量，又跨越费米能级而变为空能级，电子转入再下面一个能级，每次跨越都造成电导率的剧烈变化造成磁阻的变化形成振荡效应。Frederikse 等(1957)观察到 n 型 InSb 在 1.7K 时的磁阻振荡，并测量了霍尔系数随磁场的变化，如图 5.36 所示。从图中可以看出横向磁阻与纵向磁阻随磁场增加而出现的振荡效应，振荡周期 $1/B$。

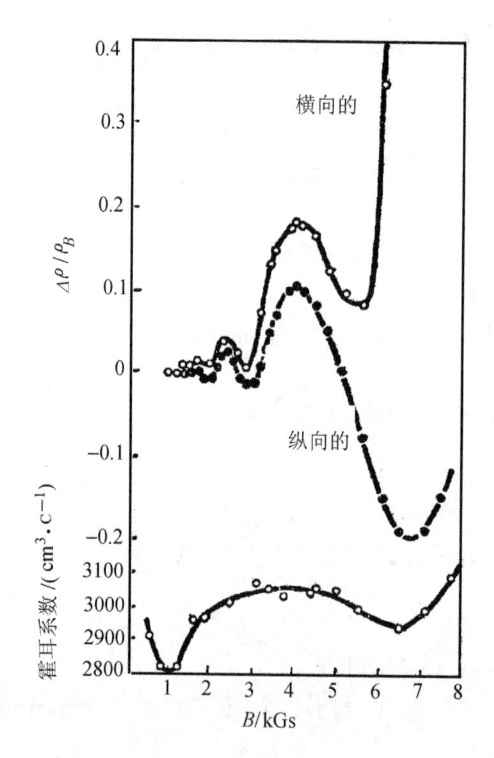

图 5.36 n 型 InSb 在 1.7K 的磁阻效应和霍尔系数

5.5.2 n-InSb 的纵向磁阻振荡

电阻在强磁场中的振荡现象——雪勃尼科夫-特哈斯效应，是一个研究半导体能带结构的有力工具。特别对窄禁带半导体，由于其电子有效质量小，强磁场条件在一般实验室中很易实现，因而对于典型的窄禁带半导体 InSb 单晶，就有过不少这一效应的实验工作(Frederikse et al. 1957；Broom 1958；Isaacon et al. 1964； Атирханов 1963, 1964，1966；Anteliffe et al. 1966；Павлов 1965；Бреелер 1966；Stephens 1975；Глуэман 1979)。早期工作(Frederikse et al. 1957, Broom 1958)确证了这个效应，并弄清楚它与一些实验条件的关系。在比较细致的量子理论(Roth 1966)出现之后，实验工作在磁场强度、测量温度以及样品的电子浓度等方面都有很大的扩充。大多数工作是验证理论，从中求出载流子浓度、电子有效质量和光谱劈裂因子等重要参数。为了获得准确的参数，仔细研究了电子自旋分裂(Атирханов 1963, 1964，1966；Павлов 1965；Бреелер 1966)，朗道子能带的温度展宽(Павлов 1965)和碰撞展宽(Глуэман 1979)等对磁阻振荡峰位置的影响。

磁阻有横向(电场垂直于磁场)和纵向(电场平行于磁场)两种，振荡现象相似。虽然很多作者同时报道了横向和纵向的测量结果，但对横向磁阻的分析研究却充分得多。这主要是因为它的振幅要比纵向的高几倍。实际上从纵向磁阻的分析研究同样可以获得所需要的参数，并具有较简单的物理基础。

出现磁阻振荡的条件是：① $k_B T \ll \hbar\omega_c$；② $\omega_c\tau \gg 1$，这一条件等效于 $\mu B \gg 1$，其中τ为电子的弛豫时间，μ为电子迁移率；③ $E_F > \hbar\omega_c$。

傅柔励、汤定元等(傅柔励 1983)选用的 n-Insb 单晶样品的电子浓度在 10^{15}cm^{-3} 数量级。由式(5.240)可知，其振荡频率也较低，因而能在较低磁场下观察到振荡，同时又能满足条件③。选用电子迁移率大的样品，使条件②得到满足。在 4.2K 测量，条件①也得到满足。

从单晶锭切割下来的 $10\times1\times1(\text{mm})^3$ 的正平行六面体样品，经研磨、抛光、腐蚀和清洗后，焊上电极，在 77K 测得其霍尔系数及电阻率。由此选择合适的样品。表 5.10 列出经过仔细测量的四个样品的主要参数。

表 5.10 测试样品的主要参数

样品号	晶向	电子浓度/10^{15}cm^{-3}	霍尔迁移率/(cm^2/Vs)	按 Kane 模型计算的 4.2K 的费米能级/meV
I	[112]	6.7	1.68×10^5	9.05
II	[112]	5.4	2.07×10^5	7.88
III	[110]	3.9	2.06×10^5	6.38
IV		5.5	1.55×10^5	10.55

表 5.10 中的电子浓度是从相隔 3mm 的两对霍尔电极测量所得的平均值。各

对电极值与平均值的偏差，在前三个样品都小于±3%，第四个样品较大，达到±6%。实验证明：从 77K 到 4.2K 霍尔系数不变，因而上表中的电子浓度就是样品在 4.2K 所具有的电子浓度。最末一项是按 Kane 模型，用 $E_g=0.2335\text{eV}$ 计算所得的 4.2K 时的费米能级。

测量在液氦温度下进行。样品架的设计使样品在磁场中的取向可在杜瓦瓶外选取。以样品的霍尔电压为零或极大作为样品是平行或是垂直于磁场的判据。

磁阻的测量一般用直流法或磁场调制法。前者直接记录电阻随磁场的变化，在载流子浓度低时曲线的振荡不明显。后者把磁场调制成 $B=B_0+(\Delta B)_0\sin\alpha t$($\alpha$为调制频率，$B_0$ 为直流磁场)，当 $B_0\gg(\Delta B)_0$ 时，用相敏检波技术测出 $\mathrm{d}\rho/\mathrm{d}B$ 的关系，从而突出了磁阻的振荡现象。

采用直流加差分放大的办法。事实上式(5.221)和式(5.222)中磁阻随磁场变化的振荡部分，是叠加在一个也是随磁场变化的背景曲线之上的。对于背景磁阻与磁场的关系，有实验表明：它随磁场的变化在纵向情况下要比横向情况下缓慢得多。可以近似地把纵向的背景磁阻当作不随磁场变化的恒定值。用差分电路放大(ρ_B-ρ_0)可以突出曲线的振荡波形，而不会影响曲线的振荡频率，也不会改变振荡峰的位置与温度的依赖关系。对于横向磁阻，由于其背景磁阻随磁场的变化太大，用差分放大必须分量程进行，容易引进误差。

图 5.37 是测量设备方框图。电磁铁的磁场变化为 0.02~0.73T。CT5 高斯计的霍尔探头固定在电磁铁的磁场内；它所得的霍尔电压经放大后输到 x-y 记录仪的 x 轴。高斯计的读数经核磁共振法定标。

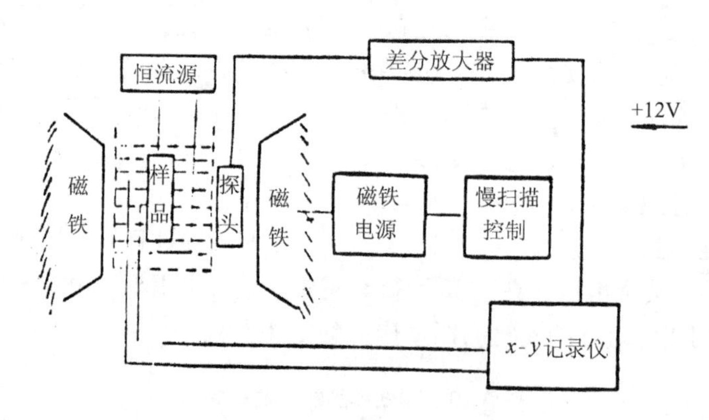

图 5.37 测量设备方框图

用恒流源使通过样品的电流保持恒定。调节电流使 $B=0$ 时电阻的输出电压 V_ρ=1, 2, 5 或 10mV，这样容易直接读出磁阻。与磁阻成比例的电压记录在记录仪的 y 轴上。

样品放在单层紫铜封套内，此封套完全浸没在冷液中，使样品与冷液之间建立良好的热接触。以尽量降低样品内的温度梯度。测量时，一般取正、反磁场下两次测量的平均值，以消除次级电流磁效应。图 5.38 是在同一条件下用直流法和加差分放大所得结果的比较。加差分放大器多分辨出二个振荡峰。就是由于这一优越性，能用较低的磁场研究低电子浓度的 SdH 效应。

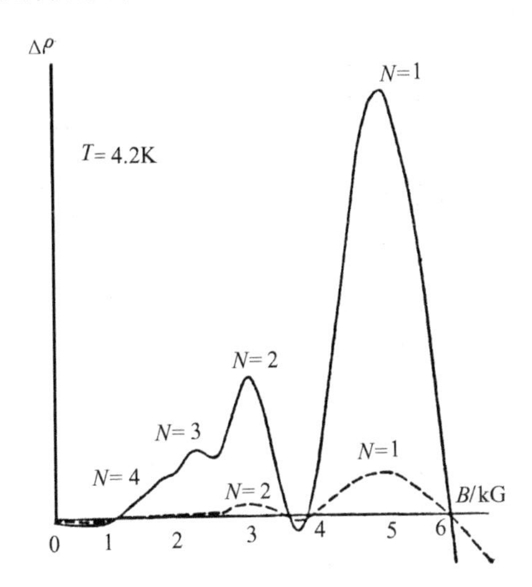

图 5.38 普通直流法与加差分放大级的直流法，对同一样品，在同一条件下，测量记录描迹比较，实线为加差分放大的情况，虚线为未加差分放大的情况

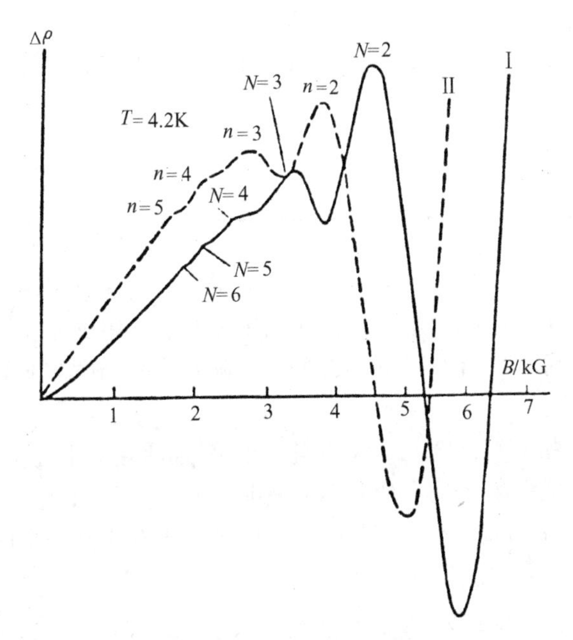

图 5.39 在液氦温度下，经差分放大后，磁阻的记录描迹，实线为样品 I，虚线为样品 II

从测量到的振荡频率可以获得载流子浓度。图 5.39 是样品 I 和 II 的纵向磁阻振荡曲线。图中的 N 是朗道量子数。表 5.11 列出四个样品的振荡峰所在磁场的倒数及由此计算所得的振荡频率 F。用 F 的平均值按式(5.233)计算所得的电子浓度与从霍尔系数得来的电子浓度分别列在最后两行：两者相比，最大差为 16%。而 II、III 两个样品的两个数据符合得很好。

表 5.11　振荡峰所在的磁场的倒数 $1/B_N$ 以及振荡频率 F

样品号	朗道能级量子数 N	纵向磁阻极大时 $1/B_N/(T)^{-1}$	频率/T	平均频率 F/T	载流子浓度/cm^{-3}	
					由 F 算得	由霍尔系数算得
I	N=2	2.19				
	N=3	3.00				
	N=4	3.78	1.28	1.25	7.9×10^{15}	6.7×10^{15}
	N=5	4.59	1.23			
II	N=1	1.46				
	N=2	2.53				
	N=3	3.55				
	N=4	4.59	0.96			
	N=5	5.62	0.97	0.96	5.3×10^{15}	5.4×10^{15}
III	N=1	1.91				
	N=2	3.27				
	N=3	4.71	0.69			
	N=4	6.16	0.69	0.69	3.3×10^{15}	3.9×10^{15}
Ⅳ	N=2	1.63				
	N=3	2.33				
	N=4	3.05	1.39	1.43	9.7×10^{15}	5.5×10^{15}
	N=5	3.73	1.47			

从振荡幅度-温度关系可以估算电子的有效质量。需要测量纵向磁阻的振荡曲线随样品温度的变化。作此测量时，外加电场足够小，用仪器监视保证焦耳热不致引起样品温度升高，其结果如图 5.40 所示。随着样品温度的升高，振幅下降，最后下降到不能分辨。

根据这组曲线按式(5.233)可计算出电子的有效质量。假定在实验温度范围(4.2~10K)内，电子的散射机构不变，即 Dingle 温度 T_D 不变；假定 $r\geqslant2$ 的高次项都可以忽略(对这两个假定，5.5.3 节将予以论证)，则对于同一个峰，式(5.225)的振幅与温度的关系主要取决于

$$\frac{\beta Tm'/B}{\sinh(\beta Tm'/B)}=\frac{Tx}{\sinh(Tx)} \tag{5.243}$$

其中 $x=\beta m'/B$ ，这里的 x 与式(5.228)的关系是 $\chi=Tx$ 。取两个温度 T_1 和 T_2 的幅度 $A(T_1)$和 $A(T_2)$，其比值为

$$\frac{A(T_1)}{A(T_2)}=\frac{T_1}{T_2}\frac{\sinh(T_2x)}{\sinh(T_1x)} \tag{5.244}$$

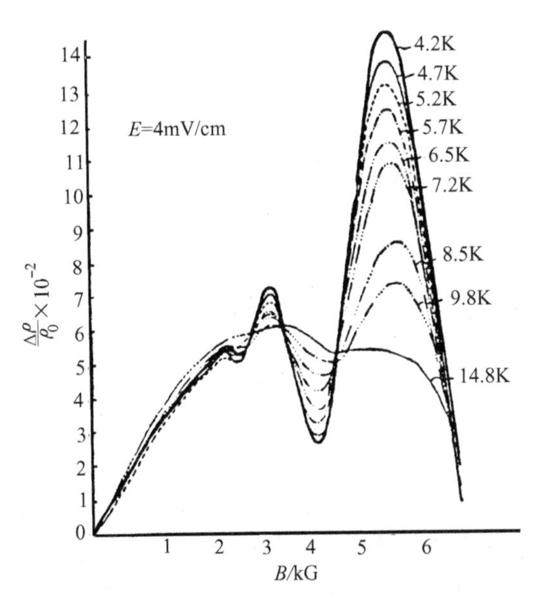

图 5.40　样品 III 的第二对电极在弱电场下，不同的晶格温度中的磁阻和磁场的关系。每条曲线上标出了相应的晶格温度

由此可解得 x，即可得到 m' 。例如，对于样品 I 的两个峰：B=4.57kG，A(4.2K)=17.5，A(7.8K)=5.6；B=3.33kG，A(4.2K)=4.5，A(7.8K)=0.76。解方程(5.244)都可得到 $m^*=0.015m_0$。其他三个样品的结果见表 5.12。

表 5.12　电子的有效质量

样品号	I	II	III	Ⅳ
有效质量 m^*/m_0	0.015	0.014	0.013	0.017
费米能级/meV	9.05	7.88	6.38	10.55

表中所列的有效质量是费米能级处的有效质量，不是常数。从式(5.234)、(5.236)消去Δ，即得到

$$m^*(E_F)=m_0^*\left(1+\frac{2E_F}{E_g}\right) \tag{5.245}$$

设 E_g=0.235eV，用表 5.12 的数据求 m_0^*，四个样品的平均值为 $m_0^* = 0.0137m_0$，与公认值 $m_0^* = 0.0136m_0$ 非常接近，但分散较大，达±14%。

从实验结果可以获得 Dingle 温度 T_D。在式(5.225)中仍然假定 $r≥2$ 项都可忽略，则振荡曲线的振幅可以写成

$$A(T,B) = 常数 \cdot \sqrt{B}\frac{\beta Tm'/B}{\sinh(r\beta Tm'/B)}e^{-\beta T_D m'/B} \tag{5.246}$$

m' 已由上节求得，利用同一个峰在两个不同温度的振幅之比；及在同一温度下的相邻二峰幅度之比，就可求得 T_D。对样品 II、III、Ⅳ，分别得到 $T_D = 5.4, 5.1$ 和 5.7K，误差为±0.5K。对于样品 III，在 4.2K 所得的 $T_D = 5.09$K，在 7.2K 所得的 $T_D = 5.11$K。这些结果证明上节求电子有效质量时所用的两个假设是正确的。即，①在实验温度范围内，电子的散射机构不变；②$r≥2$ 的两次项都可忽略。因为对于 $\beta = 0.5$T，$T = 4.2$K，$T_D = 5.1$K，$r = 2$ 与 $r = 1$ 的两个幅度之比 $\sqrt{2}\frac{\sinh(\beta Tm'/B)}{\sinh(2\beta Tm'/B)}e^{-\beta T_D m'/B} \approx 0.03$，因而 $r≥2$ 的高次项的忽略对波形不会引起明显的畸变。

在实验中发现振荡振幅与外加电场有明显关系。实验中在 4.2K 测量了振荡曲线随外加电场的变化。作此测量时，同时监测样品的温度，证明它始终保持在 4.2K。其结果如图 5.41 所示。当电场 $E < 0.0052$V/cm 时，曲线幅度与电场无关，保持

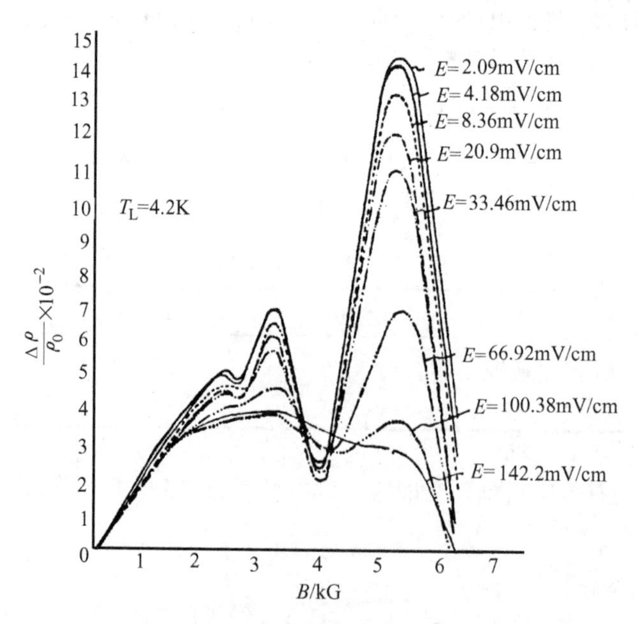

图 5.41 样品 III 的第二对电极纵向磁阻与磁场的关系。在恒定晶格温度，不同电场下测量，每条曲线上标出了相应的电场

不变。随着电场的增加，振幅下降，最后变得不能分辨。加大电场的作用与增加样品温度相似。由于样品保持在 4.2K，电场的作用是增加电子系统的温度。电子从电场获得的能量来不及传递给晶格而形成过热电子，也可用一个温度 T_e 来表征过热电子系统，T_e 高于样品温度 T_L。比较图 5.40 和图 5.41 中在 $B = 5.23$ kG 处振荡峰的幅度，可得到热电子温度与外加电场的关系，如图 5.42 所示。通常研究过热电子的办法，是在脉冲电场下测量载流子的迁移率，对于简并半导体，测迁移率的办法不再适用。而 SdH 效应可被用来研究简并载流子的过热效应。

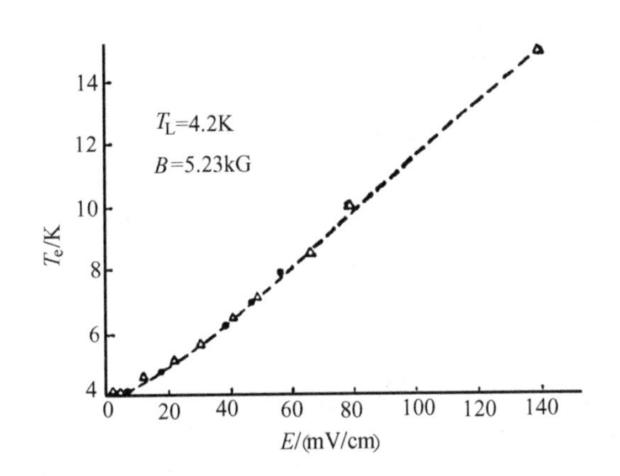

图 5.42　样品 III 在 $B = 5.23$kG，T=4.2K 时，过热电子温度与电场的关系

●代表第一对电极上取得的结果，△代表第二对电极上取得的结果

由上述实验结果可以看出，从 InSb 磁阻振荡的振荡频率求得电子浓度；从振荡峰的幅度与温度、外加磁场的关系求得电子有效质主、Dingle 温度以及过热电子温度，所得到的电子浓度和有效质量与其他方法所得的结果相符合。Dingle 温度表明：在 4~8K 的温度范围内，散射机构不变，可用同一个 Dingle 温度来代表。在实验所用的电场范围内，过热电子温度可达到 14K。

5.5.3　n-$Hg_{1-x}Cd_xTe$ 的磁阻振荡

磁阻振荡是研究简并半导体、半金属和二维电子气的重要实验手段。特别是对窄禁带半导体，由于小的有效质量和高的迁移率，磁量子条件所要求的磁场强度较低。

关于窄禁带半导体 InSb(傅柔励等　1983)和半金属 HgTe(Nimtz et al.　1983)的 SdH 效应的研究已有过许多报道。$Hg_{1-x}Cd_xTe$ 是禁带宽度可以调节的一系列从半导体到半金属的材料，关于 SdH 效应的研究，早期的工作可以参考文献(Nimtz 1983, Averous et al.　1980, Глузман　1979, Antcliff　1970, Suizu et al.　1972, Алиев　1975)等。这里给出 $Hg_{1-x}Cd_xTe$ 的 SdH 效应研究的一些结果，利用 SdH

效应还可以获得材料的能带参数。

郑国珍、汤定元等(郑国珍　1987)在 2.3~24K 的温度范围里分别用电磁铁和超导磁场测量了组分 x=0.162~0.172 的 $Hg_{1-x}Cd_xTe$ 样品的 SdH 振荡峰。所用的样品是由 Te 溶剂法生长的。x 值分别用密度法和扫描电子显微镜分析确定。样品在溴-乙醇浴液中腐蚀后，用铟球焊接电极。在液氮温度下选择样品，要求电子浓度一般大于 $10^{15}cm^{-3}$；有较高的迁移率，并且样品比较均匀，样品的主要参数见表 5.13。

表 5.13

样品编号	x	$E_{g4.2K}$/meV	μ_{77K}/(Vcm/s)	n_{77K}/cm^{-3}
TA1	0.172	20.21	2.4×10^5	7.6×10^{15}
TA2	0.162	2.43	3.5×10^5	9.2×10^{15}
TA3	0.169	14.88	2.7×10^5	1.05×10^{15}

其中 E_g 由下式计算的(Chu et al.　1983)

$$E_g = -0.295 + 1.87x - 0.28x^2 + (6.0 - 14x + 3.0x^2)10^{-4}T + 0.35x^4 \quad (5.247)$$

实验用直流差分法直接测量，信号经数据放大器放大后，由 x-y 记录仪记录下来。在电磁铁磁场中使用的样品架可在杜瓦瓶外选择纵向和横向磁阻的测量方式。在超导磁场下，还能很方便地在低温测量时取出样品架，以调换样品。

可以用纵向磁阻的测量结果计算能带参数；虽然振幅比横向的要小，但可避免式(5.224)中 R 的干扰，而且背景磁阻也小得多，因而所得参数可以精确些。

典型的磁阻-磁场关系如图 5.43 所示。纵向磁阻(a)明显地分辨出四个电子自旋分裂。

实验结果给出了振荡频率 F 与电子浓度 n 的关系。图 5.44 给出样品 TA1 的振荡峰极大值与极小值所对应的磁场倒数与量子数的关系，从而得到振荡频率 F。由式(5.240)计算电子浓度结果列于表 5.14。这里所得的电子浓度与 表 5.10 霍尔测量数据相比要小 20%，这是由于两个数据的测量温度不同所致。SdH 方法不受电极误差的影响，它应当比霍尔测量更为精确。

实验结果也可以给出费米面所在的电子有效质量 $m^*(E_F)/m_0$。磁阻振荡的振幅取决于式(5.225)，如果在两个温度 T_1、T_2(T_1>T_2)测量磁阻振荡，其振幅之比应为

$$\frac{A(T_1)}{A(T_2)} = \frac{T_1}{T_2}\frac{\sinh(T_2 x)}{\sinh(T_1 x)} \quad (5.248)$$

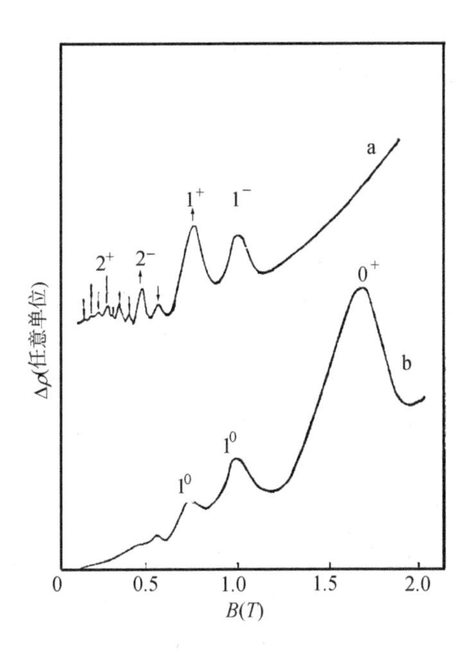

图 5.43　$T = 2.3$K 时，$Hg_{1-x}Cd_xTe$(样品 TA1)的磁阻振荡峰，a 为纵向磁阻振荡峰, b 为横向磁阻振荡峰

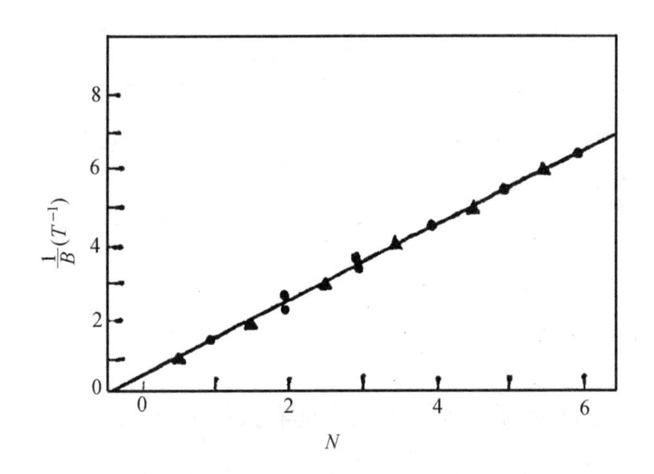

图 5.44　量子数 N 与磁场倒数$(1/B)$的关系，$\Delta(1/B)=0.96T^{-1}$，圆点为峰值极大，三角点为峰值极小

式中：$x=\dfrac{2\pi^2 k_\text{B}}{\hbar\omega_\text{c}}$，$\omega_\text{c}=\dfrac{eB}{m^*}$，于是从两个温度的磁阻振荡振幅比可以求得 m^*。图 5.45 为样品 TA1 在几个温度下的纵向磁阻振荡波形。由任一个波峰在两个温度的振幅之比可用式(5.248)解得 X, 从而得到 m^*; 这是费米面所在的电子有效质量。当然，式(5.248)涉及两个温度，因此所得的有效质量为两个温度有效质量的平均有

效质量；或者说 4.2K 下实际有效质量比表 5.12 中所列要略小一些。已知 m^*就可由式(5.234)求得费米能级，所得结果列在表 5.14 中。

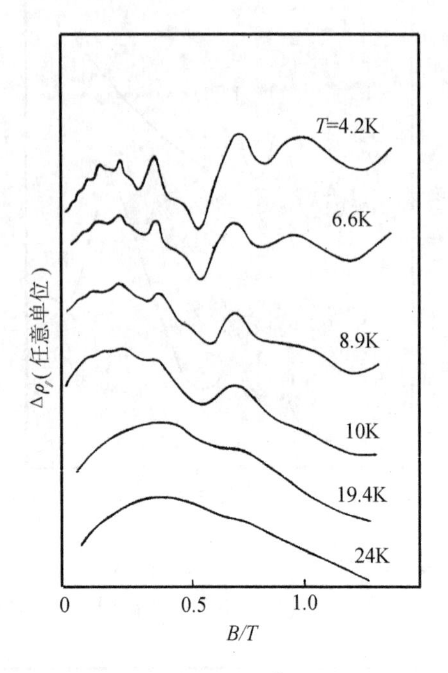

图 5.45　$l/\!/B$

表 5.14

样品编号	组分 x	E_g /meV	$\Delta(1/B)$ T^{-1}	n $/10^{15}\text{cm}^{-3}$	$m^*(E_F)/m_0$ $/10^{-3}$	δ	g^*	E_F /meV	m_0^*/m_0 $/10^{-3}$
TA1	0.172	20.21	0.96	6.02	7.05	0.44	124.8	20.0	2.37
TA2	0.162	2.43	0.86	7.10	7.60	0.45	115.4	21.5	0.40
TA3	0.169	14.88	0.81	5.00	7.90	0.44	111.4	22.5	1.96

在费米能级处的有效质量 m^*与导带底的有效质量也可以写成

$$m^*(E_F)=m_0^*\left(1+\frac{2E_F}{E_g}\right) \tag{5.249}$$

由已知的 $m^*(E_F)$、E_F 和 E_g 就可求得 m_0^*。三个样品的 m_0^* 列于表 5.14。同样 4.2K 时实际 m_0^* 值要比表中的值略为低一些。如按照第 3 章中关于有效质量的计算公式

$$\frac{m_0^*}{m_0}=0.05966\frac{E_g(E_g+1)}{E_g+0.667} \tag{5.250}$$

计算，则其结果应分别为 1.79，0.22，1.32。

从实验结果还可以推得朗道能级的自旋分裂。自式(5.236)可求得自旋分裂的实验值 δ_{exp}，对于 TA1 样品得到 $\delta_{exp(N=1)}$=0.48，$\delta_{exp(N=2)}$=0.45，$\delta_{exp(N=3)}$=0.43。

这三个数值有一系统误差存在。如果零磁场的费米能级为 $E_f(0)$，由于能级密度分布受到磁场的影响，加磁场后的 $E_F(B)$将略有改变。借用 Kichigin(Kichigin 1981)对抛物形能带给出的两者的关系

$$E_F(B) = E_F(0)\left[1+\frac{1}{12}\left(\frac{\hbar\omega_c}{2E_F(0)}\right)^2\right] \tag{5.251}$$

将上述δ_{exp}(B)转标成δ_{exp}(0)，则分别为 0.46，0.44，0.43。对非抛物形导带 N=1 的修正可能更大些。因此平均值为$\overline{\delta}_{exp}(0)$ =0.44。

在实验中还发现横向磁阻的 0^+峰。图 5.43 曲线 b 表明，横向磁阻出现 0^+峰，而纵向磁阻则没有此峰，所测量过的几个样品都是如此。这与 InSb 中的情况相似，是由于在磁场足够大以后，电子都在 $N=0$ 的两个自旋分裂带内。0^+峰的出现要求所有电子的自旋转向同一方向。在 $E/\!/B$ 时，散射引起自旋反转的概率很小，而在 $E\perp B$ 时，电场的微扰足以引起自旋反转。所以横向磁阻容易出现 0^+峰，而纵向磁阻则观察不到 0^+峰。

0^+峰的位置提供了另一个求δ 的方法。Гуревич 等(1962)考虑了温度的影响给出

$$B_0^+ = \frac{2\hbar c}{e}\left(\frac{\pi^2 n}{2}\right)^{2/3}\left[\delta^{1/2}+0.536\left(\frac{k_B T}{\hbar\omega_c}\right)^{1/2}\right]^{-2/3} \tag{5.252}$$

用实际数据 B_0^+按上式计算得到的 TA1 样品的δ= 0.45；考虑到费米能级的修正，前面取平均值δ= 0.44，是比较精确的。

从实验结果也还可以分析有效 g 因子 g^*。由 m^*、δ 之值按式(5.220)求出 g^*，列在表 2 中。这也是费米能级所在的有效 g 因子。而导带底的 g_0^*则可从下式得到

$$g_0^* = \frac{m_0}{m_0^*}\frac{\Delta}{\Delta+\frac{3}{2}E_g} \tag{5.253}$$

式中：Δ 为自旋-轨道分裂能，一般知道 $Hg_{1-x}Cd_xTe$ 系各化合物($0\leqslant x\leqslant 1$)的 Δ 值在 0.8~1.0eV 之间，对于这里几个样品都有 $\Delta \gg 3/2E_g$，因而 g_0^* 就近似于 m_0^* 的倒数，对 TA1 和 TA3 样品，g_0^* 在 500 上下，而 TA2 样品则就更大。

5.6 热电子效应

5.6.1 热电子

在晶体中没有温度梯度而仅有电场 $\boldsymbol{E}$ 作用时，且 $\boldsymbol{E}$ 沿 z 方向，$E_x = E_y = 0$ 时，玻尔兹曼方程为

$$\frac{\partial f}{\partial_{oz}} \frac{e}{m} E_z + \frac{f - f_0}{\tau_{\mathrm{m}}} = 0 \tag{5.254}$$

$\frac{\partial f}{\partial v_z}$ 可对 $\frac{\partial f_0}{\partial v_z}$ 展开，在弱电场情况下，仅保留 E_z 的线性项，上式中 $\frac{\partial f}{\partial v_z}$ 可用 $\frac{\partial f_0}{\partial v_z}$ 代替，即函数 f 对 v_z 的偏微分就用平衡态的函数 f_0 对 v_z 的偏微商代替，上式可写成

$$f = f_0 - \frac{e}{m^*} \tau_{\mathrm{m}} \frac{\partial f_0}{\partial v_z} E_z \tag{5.255}$$

如果考虑多级近似，可写成更为一般的形式

$$f = f_0 - \left(\frac{e\tau_{\mathrm{m}}}{m^*} E_z \right) \frac{\partial f_0}{\partial v_z} E_z + \left(\frac{e\tau_{\mathrm{m}}}{m^*} E_z \right)^2 \frac{\partial^2 f_0}{\partial v_z^2} + \cdots \tag{5.256}$$

该级数在漂移速度远小于热速度的条件下，是收敛的，即要求 E_z 值不太大。在 τ_{m} 与 $\boldsymbol{v}$ 的方向无关情况下，漂移速度为

$$v_d\big|_z = \frac{\int_{-\infty}^{\infty} v_z f \mathrm{d}^3 v}{\int_{-\infty}^{\infty} f_0 \mathrm{d}^3 v} \tag{5.257}$$

式中：$\mathrm{d}^3 v = \mathrm{d}v_x \mathrm{d}v_y \mathrm{d}v_z$，把 f 代入，即为

$$v_d\big|_z = \frac{\int_{-\infty}^{\infty} v_z \left(-\frac{e\tau_{\mathrm{m}}}{m^*} E_z \frac{\partial f}{\partial v_z} \right) \mathrm{d}^3 v}{\int_{-\infty}^{\infty} f_0 \mathrm{d}^3 v} \tag{5.258}$$

$v_d\big|_z$ 只包含 E_z 的奇次幂，比较 $v_{dz} = \mu E_z$，就有

$$v_{dz} = \mu E_z = \mu_0 \left(E_z + \beta E_z^3 + \cdots \right) \tag{5.259}$$

$$\mu = \mu_0\left(1+\beta E_z^2+\cdots\right) \tag{5.260}$$

式中：β是系数，μ_0是零场下迁移率，βE_z^3表示了对欧姆定律的偏离。在迁移率可用$\mu_0\left(1+\beta E_z^2\right)$来表示，或者用包含更高次项来描写的载流子称为热载流子。

系数β可以通过散射理论计算，也可大致定性估算。如果麦克斯韦-玻尔兹曼分布的电子温度T_e，分布函数$f\propto\exp\left(-\varepsilon/k_B T_e\right)$。电子温度$T_e$高于晶格温度$T_L$，在单位时间内，载流子从场中获得的能量为载流子所受电场力eE与载流子的漂移速度的乘积，所得到的这份能量通过碰撞又正好失去，从而达到平衡，用公式表达为

$$-\left(\frac{\partial\varepsilon}{\partial t}\right)_{碰撞} = \mu e E^2 \tag{5.261}$$

在单位时间内通过碰撞失去的能量，应该等于热载流子的能量$\frac{3}{2}k_B T_e$与晶格能量$\frac{3}{2}k_B T_L$之差除以能量弛豫时间τ_ε，即

$$-\left(\frac{\partial\varepsilon}{\partial t}\right)_{碰撞} = \frac{\frac{3}{2}k_B\left(T_e-T_L\right)}{\tau_\varepsilon} \tag{5.262}$$

所以

$$\mu e E^2 = \frac{\frac{3}{2}k_B\left(T_e-T_L\right)}{\tau_\varepsilon} \tag{5.263}$$

可见载流子的迁移率是电子温度T_e的函数，可用$g\left(T_e\right)$表示，零场下迁移率或欧姆迁移率μ_0是晶格温度T的函数，用$g\left(T\right)$表示，于是

$$\frac{\mu}{\mu_0} = 1+\frac{T_e-T_L}{g}\frac{\partial g}{\partial T_e}+\cdots \tag{5.264}$$

此外，从式(5.260)，有

$$\frac{\mu-\mu_0}{\mu_0} = \beta E^2 \tag{5.265}$$

于是

$$\frac{T_{\mathrm{e}}-T_{\mathrm{L}}}{g}\frac{\partial g}{\partial T_{\mathrm{e}}}=\beta E^2 \tag{5.266}$$

代入式(5.263)后有

$$\mu e E^2=\frac{\frac{3}{2}k_{\mathrm{B}}\left(g/g'\right)\beta E^2}{\tau_{\varepsilon}} \tag{5.267}$$

式中：$g'=\dfrac{\partial g}{\partial T_{\mathrm{e}}}$，于是能量弛豫时间为

$$\tau_{\varepsilon}=\frac{\frac{3}{2}\left(\frac{k_{\mathrm{B}}T}{e}\right)\beta}{\left[\mu_0\left(\frac{\mathrm{d}\ln g}{\mathrm{d}\ln T_{\mathrm{e}}}\right)_{T_{\mathrm{e}}=T}\right]} \tag{5.268}$$

由于 $\mu=\dfrac{e}{m}\langle\tau_{\mathrm{m}}\rangle\sim g\left(T_{\mathrm{e}}\right)$，对于 $\tau_{\mathrm{m}}\propto\varepsilon^{r}$ 情况下，就有 $\dfrac{\mathrm{d}\ln g}{\mathrm{d}\ln T_{\mathrm{e}}}\sim\dfrac{1}{r}$，在 1 的数量级。如果$\mu_0$已知，而能计算 β 值，或从实验上测量得到 μ 就可获得。再通过式(5.264)计算β，这样就可获得动量弛豫时间τ_{ε}。

对于简并半导体式(5.263)要用

$$\mu e E^2=\frac{\left\{\left\langle\varepsilon\left(T_{\mathrm{e}}\right)\right\rangle-\left\langle\varepsilon\left(T\right)\right\rangle\right\}}{\tau_{\varepsilon}} \tag{5.269}$$

来代替，式中

$$\left\langle\varepsilon\left(T_{\mathrm{e}}\right)\right\rangle=\frac{\frac{3}{2}k_{\mathrm{B}}T_{\mathrm{e}}F_{3/2}\left(\frac{\zeta_n}{k_{\mathrm{B}}T_{\mathrm{e}}}\right)N_{\mathrm{c}}\left(T_{\mathrm{e}}\right)}{n} \tag{5.270}$$

式中：$F_{3/2}\left(x\right)$是 $j=3/2$ 的费米-狄拉克积分，把式(5.270)规律代入式(5.269)，可以计算动量弛豫时间τ_{ε}。如果迁移率值在 $10^4\mathrm{cm}^2/\mathrm{V}\cdot\mathrm{s}$ 范围，$|\beta|$在 $10^{-4}\mathrm{cm}^2/\mathrm{V}^2$ 范围，一般约在 $10^{-10}\mathrm{s}$ 数量级。

5.6.2 HgCdTe 的热电子效应

Basu 等(1988)研究了低温下极端量子限条件下 $\mathrm{Hg_{0.8}Cd_{0.2}Te}$ 热电子电导，包括了弛豫时间、漂移速度。有关实验研究是 Nimtz 等(1985)进行的。Basu 考虑了声子的散射、能带的非抛物性、自由载流子的屏蔽以及由于电子-杂质相互作用引起

的朗道能级的展宽。由于在理论计算时单纯用热平衡声子，计算值低于实验值，因此计算中引入了在热电子条件下也存在“热声子”的概念，即非平衡声子。

假定磁场 B 沿 z 方向，电子占据最低的自旋分裂朗道能级，则电子的能量的色散关系也可以写为如下形式，

$$E=\frac{\hbar^2 k_z^2}{2m^* a_0}+(n+1)\hbar\omega_c+\frac{E_g a_0}{2}-\frac{E_g}{2} \tag{5.271}$$

这里 E 是从最低自旋分裂朗道能级的能带底算起的能量，k_z 是电子波矢的 z 分量，m^* 是带底有效质量，a_0 为

$$a_0=\left[1+\frac{2\hbar\omega_c}{E_g}\left(1-|g|\frac{m^*}{2m_0}\right)\right]^{1/2} \tag{5.272}$$

g 是自旋分裂 g 因子，m_0 为自由电子质量，$\omega_c=\dfrac{eB}{m^*}$。假定非平衡电子气服从麦克斯韦-玻尔兹曼分布，特征温度为 T_e，并受平行于磁场 B 方向的加热电场作用，形成热电子。每个电子通过发射(或吸收)声子引起的能量损失，有表达式为

$$P_{ac}=\frac{(m^* a_0)^{1/2}\omega_0}{\pi(2\pi k_B T_e)^{1/2}\hbar}\exp\left(-\frac{m^* a_0 s^2}{2k_B T_e}\right)\int_0^\infty q_\perp \mathrm{d}q_\perp\int_0^\infty\frac{\mathrm{d}q_z}{q_z}C|f(q)|^2$$
$$\times\exp\left(-\frac{l^2 q_\perp^2}{2}-\frac{\hbar^2 q_z^2}{8m^* a_0 k_B T_e}-\frac{m^* a_0 s^2}{2k_B T_e}\frac{q_\perp^2}{q_z^2}\right)\left[(N_A+1)\exp(-\gamma_e)-N_A\exp(\gamma_e)\right] \tag{5.273}$$

式中：$\hbar\omega_0$ 是声子能量，s 是声速，$l=(\hbar/eB)^{1/2}$ 为朗道回旋半径，N_R 是声子数，$C|f(q)|^2$ 是电子声子耦合项，$q_\perp$ 和 q_z 分别是声子波矢 q 的横向和纵向分量，$\gamma_e=\hbar\omega_0/(2k_B T_e)$。声学声子能量可以写成

$$\hbar\omega_0=\hbar sq=\hbar sq_\perp\left(1+\frac{q_z^2}{q_\perp^2}\right)^{1/2}\approx\hbar s/l \tag{5.274}$$

在磁量子限条件，贡献于电子散射的声子具有与朗道能级回旋半径相当的特征长度。$q_\perp\sim\dfrac{1}{l}=\left(\dfrac{\hbar}{eB}\right)^{-\frac{1}{2}}$，而 q_z 取为 z 方向上热电子波矢。关于电子-声子耦合项，对

于形变势声学声子散射

$$C\left|f(q)\right|^2 = C_{ac}\left[\frac{q^5}{\left(q^5+q_s^2\right)^2}\right] \tag{5.275}$$

这里 $C_{ac}=\dfrac{E_1^2\hbar}{2\rho s}$。$E_1$ 是声学波形变势常数，ρ 是质量密度，q_s 是屏蔽长度的倒数。

对于压电耦合声学声子的情况

$$C\left|f(q)\right|^2 = C_{pz}\left(\frac{q^3}{q^2+q_s^2}\right) \tag{5.276}$$

这里 $C_{pz}=\hbar^2e^2e_{14}^2/\left(2\rho u_p\varepsilon_s^2\right)$，其中 e_{14} 是压电模量，u_p 是压电速度，ε_s 是材料的电容率。

考虑热平衡声子服从玻色-爱因斯坦统计，对于形变势散射，电子能量损失可以写为如下形式(Basu et al. 1988)

$$P_{ac} = w_{ac}\int_0^\infty f_{ac}(v)\exp(-v)\frac{dv}{v} \tag{5.277}$$

这里

$$w_{ac}=\frac{\left(m^*a_0\right)^{\frac{1}{2}}E_1^2\omega_0N_0}{8\pi\left(k_BT_e\right)^{\frac{1}{2}}l^3\rho s}\left[\exp\left(\frac{\hbar\omega_0}{k_BT_L}\right)-\exp\left(\frac{\hbar\omega_0}{k_BT_e}\right)\right]\exp\left(-\frac{\hbar\omega_0+m^*a_0s^2}{2k_BT_e}\right) \tag{5.278}$$

$$f_{ac}(v)=\left(1+\frac{\rho v}{u_0}\right)^{\frac{5}{2}}\left(1+\frac{\gamma}{v}\right)^{-\frac{3}{2}}\left(1+\frac{\beta v+\alpha_s}{u_0}\right) \tag{5.279}$$

式 (5.279) 中 $\beta=8m^*a_0l^2k_BT_e/\hbar^2$，$\gamma=\dfrac{\hbar^2s^2}{8\left(k_BT_el\right)^2}$，$u_0=\left(lq_\perp\right)^2$，$\alpha_s=q_s^2l^2$，$v=\hbar^2q_z^2/\left(8m^*a_0k_BT_e\right)$。

对于压电散射，每个电子的能量损失为

$$P_{pz} = w_{pz}\int_0^\infty f_{pz}(v)\exp(-v)\frac{dv}{v} \tag{5.280}$$

这里

$$w_{ac}=\frac{\left(m^*a_0\right)^{\frac{1}{2}}e^2e_{12}^2\omega_0N_0}{8\pi\rho u_p\varepsilon_s^2\left(k_BT_e\right)^{\frac{1}{2}}l}\left[\exp\left(\frac{\hbar\omega_0}{k_BT_L}\right)-\exp\left(\frac{\hbar\omega_0}{k_BT_e}\right)\right]\exp\left(-\frac{\hbar\omega_0+m^*a_0u_p^2}{2k_BT_e}\right) \tag{5.281}$$

$$f_{pz}(v)=\left(1+\beta\frac{v}{u_0}\right)^{\frac{5}{2}}\left(1+\frac{\gamma}{v}\right)^{-\frac{1}{2}}\left(1+\frac{\beta v+\alpha_s}{u_0}\right)^{-2} \tag{5.282}$$

在式(5.273)和式(5.280)的表达式中，$f_{ac}(v)$ 和 $f_{pz}(v)$ 都是 v 的缓变函数，可以提出积分号，并取为单位值，$v=1$，相当于取 $\hbar^2q_z^2/\left(2m^*a_0\right)=4k_BT_e$，此值取为积分号的上限，积分号下限取为 $E_c/4k_BT_e$，E_c 是截止能量，它随着 $B^{2/3}$ 变化。

于是

$$P_{ac}=w_{ac}f_{ac}\left(v=1\right)\ln\left[\left(4k_BT_e/E_c\right)\exp\left(-C_e\right)\right] \tag{5.283}$$

$$P_{pz}=w_{pz}f_{pz}\left(v=1\right)\ln\left[\left(4k_BT_e/E_c\right)\exp\left(-C_e\right)\right] \tag{5.284}$$

式中：f_{ac}、f_{pz} 为 $v=1$ 时的值，C_e 是欧拉常数。

于是由于声子散射和压电散射导致的电子能量损失为 $P_{ac}+P_{pz}$，这一损失在能量弛豫时间 τ_e 内进行，于是有

$$P_{ac}+P_{pz}=\frac{1}{2}k_B\left(T_e-T_L\right)/\tau_e \tag{5.285}$$

式中：$\frac{1}{2}$ 是由于朗道量子化减少了自由度，τ_e 为热电子弛豫时间。

Basu 等(1988)对 $Hg_{0.8}Cd_{0.2}Te$(n = $10^{14}cm^{-3}$)进行了比较，计算中所取参数 T = 1.5K，$B=4T$、6T，$m^*=0.0065\,m_0$，$E_g=70meV$，密度 $\rho=7.654\times10^3kg/m^3$，朗道 g 因子 $|g|=90(B=4T)$，$|g|=80(B=6T)$，声学波速度 $s=3.017\times10^3m/s$，声学波形变势 $E_1=9.0eV$，压电模量 $e_{14}=0.0335c/m^2$，压电速度 $u_p=1.948\times10^3m/s$，介电常数 $k_0=18$，截止能量 E_c 与能级展宽有关，它与热运动能量有关，在 $B=4T$ 时，取 $E_c=0.1meV$。温度为 $T_e=2.5\sim3.5K$，费米能级在带边以下 $2k_BT_e$ 处，τ_e 的计算结果约在 3~5ns 范围，比实验结果低 6~8 倍，见图 5.46。

Basu 建议进一步考虑热声子的概念。在存在热电子的条件下，也存在着非平衡声子，称为“热声子”。如果热声子数为 N_R，经过与电子相互作用，在 τ_p 时间内回复到平衡态，声子数 N_0，则有热声子产生率或损失率为

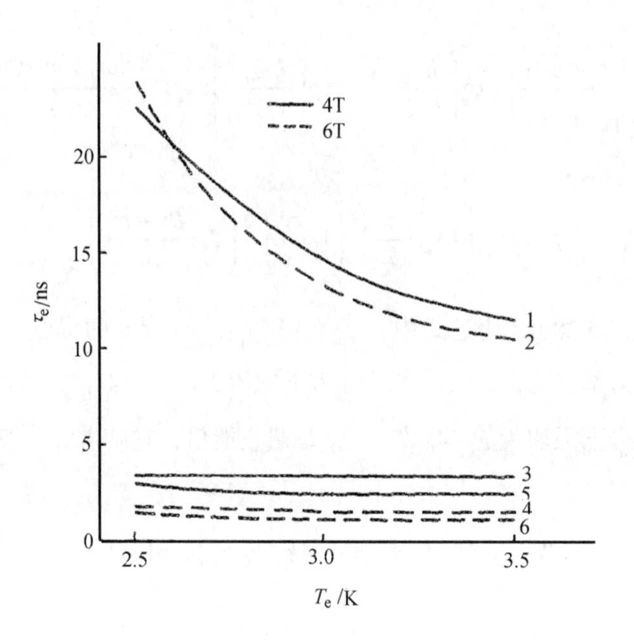

图 5.46 $T_L = 1.5K$ 时，能量弛豫时间 τ_e 在不同磁场下和 T_e 的关系，
曲线 1、2 是实验数据，其余的是理论计算的结果

$$\left(\frac{\partial N_R}{\partial t}\right)_e = \frac{N_R - N_0}{\tau_p} \tag{5.286}$$

N_R、N_0 分别为非平衡热声子数和平衡态声子数，τ_p 是声子弛豫时间，于是每个电子的能量转移为

$$\begin{aligned} P_{ac} &= -\frac{1}{nV}\sum_q \hbar\omega_0 \left(\frac{\partial N_R}{\partial t}\right)_e \\ &= \frac{\hbar\omega_0}{4\pi^2 n}\left(\frac{\partial N_R}{\partial t}\right)_e \int_0^{q_{\perp m}} q_\perp \mathrm{d}q_\perp \int_0^{q_{zm}} \mathrm{d}q_z \end{aligned} \tag{5.287}$$

式中：n 是载流子浓度，V 是晶体体积，$q_{\perp m}^2 = l^2$；$\hbar^2 q_{zm}^2 / \left(2m^* a_0\right) = 4k_B T_e$。为简化起见，用 s/l 取代 ω_0，于是有

$$\left(\frac{\partial N_R}{\partial t}\right)_e = \frac{4\sqrt{2}\pi^2 n l^2}{\omega_0 \left(m^* a_0 k_B T_e\right)^{\frac{1}{2}}} P_{ac} = a \cdot P_{ac} \tag{5.288}$$

综合式(5.273)、(5.286)、(5.288)，可以得到

$$N_{\mathrm{R}}=\frac{a\alpha\exp(-\gamma_{\mathrm{e}})+N_0/\tau_{\mathrm{p}}}{a\alpha\left[\exp(\gamma_{\mathrm{e}})-\exp(-\gamma_{\mathrm{e}})\right]+\tau_{\mathrm{p}}^{-1}} \tag{5.289}$$

式中

$$\alpha=w_{\mathrm{ac1}}f_{\mathrm{ac}}\ln\left[(4k_{\mathrm{B}}T_{\mathrm{e}}/E_{\mathrm{c}})\exp(-C_{\mathrm{e}})\right] \tag{5.290}$$

$$w_{\mathrm{ac1}}=\frac{(m^*a_0)^{\frac{1}{2}}E_1^2\omega_0}{8\pi(k_{\mathrm{B}}T)^{\frac{1}{2}}l^3\rho s}\exp\left(-\frac{m^*a_0s^2}{2k_{\mathrm{B}}T_{\mathrm{e}}}\right) \tag{5.291}$$

于是式(5.288)可以改写为

$$a\alpha\left[(N_{\mathrm{R}}+1)\exp(-\gamma_{\mathrm{e}})-N_{\mathrm{R}}\exp(\gamma_{\mathrm{e}})\right]=\frac{N_{\mathrm{R}}-N_0}{\tau_{\mathrm{p}}}=\left(\frac{\partial N_{\mathrm{R}}}{\partial t}\right)_{\mathrm{e}} \tag{5.292}$$

热声子通过与电子相互作用恢复到平衡态

$$\left(\frac{\partial N_{\mathrm{R}}}{\partial t}\right)_{\mathrm{e}}=\frac{1}{2}k_{\mathrm{B}}(T_{\mathrm{e}}-T_{\mathrm{L}})/\tau_{\mathrm{e}} \tag{5.293}$$

式中：T_{L} 为晶格温度，T_{e} 为电子温度，τ_{e} 为热电子弛豫时间。于是

$$a\alpha\left[(N_{\mathrm{R}}+1)\exp(-\gamma_{\mathrm{e}})-N_{\mathrm{R}}\exp(\gamma_{\mathrm{e}})\right]=\frac{0.5k_{\mathrm{B}}(T_{\mathrm{e}}-T_{\mathrm{L}})}{\tau_{\mathrm{p}}} \tag{5.294}$$

在以上诸表达式中，要计算 τ_{e} 就要知道 τ_{p} 的值。由于声子弛豫时间的机制十分复杂，τ_{p} 的准备值并不知道，但可以作为参数通过计算拟合 τ_{e} 的实验值，来得到 τ_{p} 的需要值。计算结果为，当 B=4T 时，$T_{\mathrm{e}}=2.5\mathrm{K}$ 时，$\tau_{\mathrm{p}}=62.4\mathrm{ns}$；$T_{\mathrm{e}}=3.0\mathrm{K}$ 时，$\tau_{\mathrm{p}}=41.0\mathrm{ns}$；$T_{\mathrm{e}}=4.5\mathrm{K}$ 时，$\tau_{\mathrm{p}}=62.4\mathrm{ns}$。当 B=6T 时，$T_{\mathrm{e}}=2.5\mathrm{K}$ 时，$\tau_{\mathrm{p}}=111.5\mathrm{ns}$；$T_{\mathrm{e}}=3.0\mathrm{K}$ 时，$\tau_{\mathrm{p}}=66.3\mathrm{ns}$；$T_{\mathrm{e}}=4.5\mathrm{K}$ 时，$\tau_{\mathrm{p}}=55\mathrm{ns}$。可见 τ_{p} 在 32~112ns 的范围内。

知道载流子的动量弛豫时间 τ_{e} 以后，可以进一步计算热电子的漂移速度。根据动量弛豫时间可以计算迁移率。同时从电子-声子相互作用导致的每一个电子的能量损失率 P_{ac}，可以计算电场。从式(5.261)，如果只考虑声学波形变势散射引起热电子能量损失，可得到电场关系式为

$$E=\left(\frac{P_{ac}}{e\mu}\right)^{\frac{1}{2}} \tag{5.295}$$

于是可以计算漂移速度

$$v_d=\mu E \tag{5.296}$$

Banerji 等(1994)计算了 n-$Hg_{0.8}Cd_{0.2}Te$ 样品在磁场 $B=4T$、6T 下，不同电子温度 T_e 下的热电子漂移速度 v_d 。晶格温度 $T_L=1.5K$ ，在此情况下电子温度范围为 2.5K~5K，计算结果见图 5.47。图中上方的二曲线($B=6T$，$B=4T$)是不计声子散射的贡献，而下方两曲线($B=6T$，$B=4T$)是计及声子散射的贡献。Banerji 等(1998)还计算了极性光学声子散射对强场输运的影响，研究了 $Hg_{0.8}Cd_{0.2}Te$ 在量子限条件下的纵向扩散。Wang 等(1998)研究了 $Hg_{0.8}Cd_{0.2}Te$ 的热电子输运和碰撞电离过程。

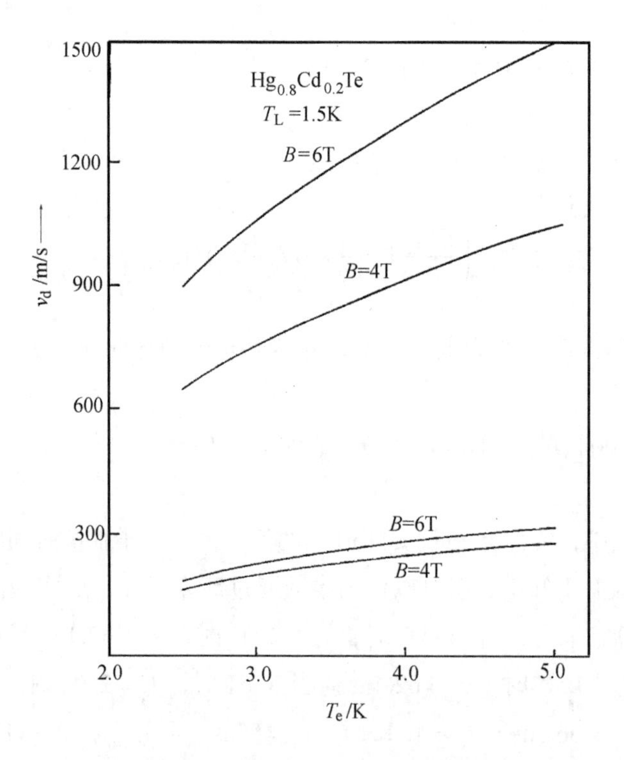

图 5.47　T_L=1.5K 时 n-$Hg_{0.8}Cd_{0.2}Te$ 样品在磁场 B=4T、6T 下，热电子漂移速度 v_d 和电子温度 T_e 的关系

附录　迁移率谱的求解

将式(5.205)和式(5.206)变形为

$$\sigma_{xx}(B_i)=\int_{-\infty}^{+\infty}\frac{s(\mu)\mathrm{d}\mu}{1+(\mu B_i)^2}$$

$$\sigma_{xy}(B_i)=\int_{-\infty}^{+\infty}\frac{\mu B_i s(\mu)\mathrm{d}\mu}{1+(\mu B_i)^2}\qquad (i=1,2,\cdots,N)\tag{A1}$$

$s(\mu)$ 代表迁移率为 μ 的载流子对电导率的贡献，B_i 表示第 i 次测试时的磁场强度(共进行了 N 次的测试)，因而 $s(\mu)$ 应满足

$$s(\mu)\geqslant 0\qquad (+\infty>\mu>-\infty)\tag{A2}$$

虽然式(A1)中有无穷多个 $s(\mu)$ 使之成立，但并不一定满足式(A2)，由此就引出了测量数据的物理意义问题。如果存在满足式(A2)的 $s(\mu)$ 使得式(A1)成立，则 $s(\mu)$ 有物理意义，否则 $s(\mu)$ 就无物理意义。这里所指的无物理意义并非对测量数据而言，而是指出现了不满足式(A2)的 $s(\mu)$。

根据以上讨论，可以证明某一组测量结果有物理意义的充要条件为矩阵 A 为非负，也就是说 A 不存在负的本征值，A 的定义为

$$A_{\gamma\beta}=\begin{cases}\sum\limits_{k=1}^{N}[(\sigma_{xx})_k({C_R}^{-1})_{k,(\gamma+\beta)/2}], & (\gamma+\beta)even\\ \sum\limits_{k=1}^{N}[(\sigma_{xy})_k({C_I}^{-1})_{k,(\gamma+\beta-1)/2}], & (\gamma+\beta)odd\end{cases}\tag{A3}$$

式中：C_R^{-1}、C_I^{-1}分别为C^R、C^I矩阵的逆矩阵，而C^R、C^I的定义分别为

$$\sum_{j=1}^{N}C_{jk}^{R}\chi^{2(j-1)}=\prod_{\rho=1,\rho\neq k}(1+\chi^2{B_\rho}^2)\tag{A4}$$

$$C_{jk}^{i}=-C_{jk}^{R}B_k\tag{A5}$$

如果存在 $B_m=0$,则由式(A5)可以看出 C^I 必为奇异矩阵，因而不存在C_I^{-1}，此时C_I^{-1}按如下定义：

(1) 不妨设 $B_0=0$,定义一个$(N-1)\times(N-1)$矩阵 $C^{I'}$，使得

$$C_{jk}^{I'}=-C_{j,k+1}^{R}B_{k+1}\tag{A6}$$

(2) 求出 $C^{I'}$ 的逆矩阵 $C_{I'}^{-1}$，然后将 C_I^{-1} 写为

$$\left(C_I^{-1}\right)_{1,j}=0 \qquad 1\leqslant j\leqslant N \tag{A7}$$

$$(C_I^{-1})_{j,N}=0 \qquad 1\leqslant j\leqslant N \tag{A8}$$

$$(C_I^{-1})_{i,j}=(C_{I'}^{-1})_{i-1,j} \qquad 2\leqslant i\leqslant N,\ 1\leqslant j\leqslant N-1 \tag{A9}$$

为了得到 $s(\mu)$ 的包络线，桂永胜等(1998a)假定存在物理意义的 $s(\mu)$ 中有一个迁移率为 μ' 的载流子，它对电导的贡献为 $s'\delta(\mu-\mu')$，则体系中其他载流子对电导张量的贡献

$$\sigma'_{xx}(B)=\sigma_{xx}(B)-s'/[1+(\mu'B)^2] \tag{A10}$$

$$\sigma'_{xy}(B)=\sigma_{xy}(B)-\mu's'B/[1+(\mu'B)^2] \tag{A11}$$

利用前面所得物理意义的判据来讨论 $\sigma'_{xx}(B)$ 和 $\sigma'_{xy}(B)$，如果它们存在物理意义，则一定存在一个包含了 $s'\delta(\mu-\mu')$ 的 $s(\mu)$ 且同时满足 $\sigma_{xx}(B)$ 和 $\sigma_{xy}(B)$ 的变化规律，而当 s' 不断增大至 $\sigma'_{xx}(B)$ 和 $\sigma'_{xy}(B)$ 不存在物理意义时，说明此时要使 $s(\mu)$ 仍然有物理意义，在 $\mu=\mu'$ 处 $s(\mu)$ 的值不能比 s' 更大，因而此时的 s' 恰好使得 $\sigma'_{xx}(B)$ 和 $\sigma'_{xy}(B)$ 处于有物理意义与无物理意义的临界处，由不同迁移率条件下获得的 s' 就构成了迁移率谱的包络函数 $S(\mu)$。可以求得 $S(\mu)$ 的表达式为

$$s'=\frac{\left|v_{\mu'}\right|^2}{\alpha_{\mu'}}\left(\sum_{i=1}^{N}\frac{\left(\sum_{j=1}^{N}Q_{ij}(v_{\mu'})_j\right)^2}{\lambda_i}\right)^{-1} \tag{A12}$$

这是迁移率谱技术中最关键的一个公式,其中 Q_{ij} 是由 A 矩阵的特征向量组成的正交矩阵,λ_i 为 A 的特征值，而 $v_{\mu'}$ 和 $\alpha_{\mu'}$ 的定义分别为

$$v_{\mu'}=(1,-\mu',\mu'^2,-\mu'^3,\cdots,(-\mu')^{N-1}) \tag{A13}$$

$$\alpha_{\mu'}=\frac{\sigma_0}{\prod_{\rho=1}^{N}(1+B_\rho^2\mu'^2)}\left(\sum_{j=0}^{N-1}\mu'^{2j}\right) \tag{A14}$$

可以看出 $S(\mu)$的量纲是电导率的单位，因而由式(A12)得到的谱又称为电导率迁移率谱，而将 $S(\mu)$与 $e\mu$ 相除所得 $n(\mu)=S(\mu)/e$ 则为浓度量纲，可称为浓度迁移率谱，由于 $n(\mu)$在$\mu=0$ 附近时，会由于分母趋于 0 而产生一个尖峰，它可能会把$\mu=0$

附近的载流子的峰淹没。

参 考 文 献

勃莱克莫尔. 1965. 半导体统计学(中译本) 上海: 科学技术出版社
褚君浩, 王戎兴, 汤定元. 1983. 红外研究, 2:241
褚君浩等. 1985. 红外研究, 4:255
褚君浩. 1985. 红外研究, 4:439
褚君浩，徐世秋，汤定元. 1982. 科学通报, 27:403
褚君浩, 糜正瑜. 1987. 物理学进展, 7:311
黄昆，谢希德. 1958. 半导体物理学. 北京:科学出版社
汉耐 N B 等. 1963. 半导体(中译本) 26
凌仲赓, 陆培德. 1984. 物理学报, 5:144
叶良修. 1987. 半导体物理. 北京: 高等教育出版社. 853
郑国珍, 郭少令, 汤定元. 1987. 物理学报, 36:114
桂永胜. 1998a，博士学位论文，中科院上海技术物理研究所
桂永胜, 郑国珍, 张新昌, 褚君浩. 1998b. 半导体学报, 19: 913
桂永胜, 郑国珍, 郭少令, 褚君浩. 1998c. 红外与毫米波学报，17: 327
Adams E N, Holstein T D. 1959. J.Phys.Chem.Solids, 10: 254
Anteliffe G A, Stradling R A. 1966. Phys. Lett., 20: 119
Antcliff G A. 1970. Phys. Rev. B, 2: 345
Aronzon B A, Tsidilkovskii I M. 1990. Phys. Status. Solidi (b),157: 17
Averous M, Calas J et al. 1980. Solid State Commun., 34: 639
Bajaj J, Shin S H, Bostrup G et al. 1982. J. Vac. Sci. Technol., 21: 246
Banerji P, Sarkar C K. 1994. J. Appl. Phys., 75:1231
Banerji P, Chattopadyay C, Sarkar C K. 1998. Phys. Rev. B, 57: 15435
Basu P P, Sarkar C K, Chattopadyay C. 1988. J. Appl. Phys., 64: 4041
Bate R T,Baxter R D, Reid F J et al. 1965. J. Phys. Chem. Solids, 26: 1205
Beck W A, Anderson J R. 1987. J. Appl. Phys., 62: 541
Broom B F. 1958. Proc. Phys. Soc., 71: 470
Capper P. 1991. J.Vac.Sci. Technol. B, 9: 1667
Chattopadhyay D, Nag B R. 1974. J. Appl. Phys., 45: 1463
Chen M C, Dodge J A. 1986. Solid State Commun.,59: 449
Chen M C, Tregilgas J H. 1987. J. Appl. Phys, 61: 787
Chen M C, Colombo L. 1993. J. Appl. Phys. 73: 2916
Chu J H, et al. 1993. Appl.Phys. Lett., 43: 1064
Chu J H, Xu S C, Tang D Y. 1983. Appl. Phys. Lett., 43: 1064
Dubowski J J. 1978. Phys. Status Solidi (b), 85: 663
Dziuba Z, Gorska M. 1992. J.Appl. III France, 2: 110
Ehrenreich H. 1959. J. Phys. Chem. Solids, 8: 130
Elliot C J. 1971. J. Phys. D: Appl. Phys., 41: 2876
Elliott C T, Melngailis I, Harman T C et al. 1972. J.Phys. Chem. Phys., 33: 1527
Frederikse H P R, Hosler W R. 1957. Phys. Rev., 108: 1136
Finkman E, Nemirovsky Y. 1979. J. Appl. Phys. 50: 4356
Finkman E, Nemirovsky Y. 1986. J. Appl. Phys. 59: 1205
Frederikse H P R, Hosler W R. 1957. Phys. Rev., 108: 1136

Gold M C, Nelson D A. 1986. J. Vac. Sci. Technol. A, 4: 2040
Harman T C, Strauss A J. 1961. J. Appl. Phys., 32: 2265
Hansen G L, Schmit J L, Casselman T N. 1982. J. Appl. Phys., 53: 7099
Hansen G L, Schmit J L. 1983. J. Appl. Phys., 54: 1640
Hunter A T, McGill T C. 1981. J. Appl. Phys., 52: 3779
Ivanov-Omskii V I,Maltseva V A, Britov A D et al. 1978. Phys. Status Solidi (a), 46: 77
Isaacon R A, Weger M. 1964. Bull. Amer. Phys. Soc., 9: 736
Justice R J,Seiler D G,Zawadzki W et al. 1988. J. Vac. Sci. Technol. A, 6: 2779
Kenworthy I, Capper P,Jones C L et al. 1990. Semi. Sci. Technol., 5:854
Kichigin P A et al. 1981. Solid State Commun., 37: 345
Kim J S, Seiler D G, Tseng W F. 1993. J. Appl. Phys., 73: 8324
Kim J S, Seiler D G,Colombo L et al. 1994. Semicond. Sci. Technol., 9: 1696
Kittle C. 1976 Solid State Physics. 235
Kowalczyk S P, Cheung J T, Kraut E A et al. 1986. Phys. Rev. Lett. 56: 1605
Long D, Schmit J L. 1970. In: Willardson R K, Beer A C, eds. Semiconductors and Semimetals. Vol 5 New York: Academic, 175
Makowski I, Glickman M. 1973. J. Phys. Chem. Solids, 34: 487
Meyer J R,Hoffman C A,Bartoli F J et al. 1988. J. Vac. Sci. Technol. A, 6: 2775
Meyer J R,Hoffman C A, Bartoli F J et al. 1993. Semicond. Sci. Technol., 8: 805
Nemirovsky Y, Finkman E. 1979. J. Appl. Phys., 50: 8101
Nimtz G, Schlicht B, Dornhaus. 1983. Narrow Gap Semiconductors. Springer Tracts in Modern Physics. Vol 96. 119
Parat K K et al. 1990. J. CrystalGrowth, 106: 513
Putley E H. 1960. The Hall effect. London: Butterworth
Reine M B,Maschhoff K R et al. 1993. Semicond. Sci. Technol., 8: 788
Rosbeck J P, Starr R E, Price S L et al. 1982. J. Appl. Phys., 53: 6430
Roth LM, 1966. Semiconductors and Semimetals. Vol 1. chapter 6
Roth L M, Argyres P N. 1966. In: Willardson R K, Beer A C, eds. Semiconductors and Semimetals. Vol 1. New York:Academic, 159
Roy C L. 1977. Czech. J. Phys. B, 27: 769
Schlicht B, Alpsancar A, Nimtz G et al. 1981. Proceedings of the 4th International Coference in Physics of Narrow-GapSemicoductors. Linz. Berlin: Springer, Berlin, 439
Schmit J L. 1970. J. Appl. Phys., 41: 2876
Scott W. 1972. J. Appl. Phys., 43: 1055
Scott W, Stelzer E L, Hager R J. 1976. J. Appl.Phys., 47: 1408
Seeger K. 1989. Semiconductor Physics (fourth edition). New York: Springer
Sladek R J. 1958. J. Phys. Chem. Solids., 5: 157
Stephens A E, Seiler D G, Sybert J R et al. 1975. Phys. Rev. B, 11: 4999
Sephens A E, Miller R E,Sybert J R et al. 1978. Phys. Rev. B, 18: 4394
Shockley W. 1955. Electrons and Holes in Semiconductors . 465
Song S N, Ketterson J B, Choi Y H et al. 1993. Appl. Phys. Lett., 63:964
Sporken R,Sivananthan S, Faurie J P et al. 1989. J. Vac. Sci. Technol. A, 7: 427
Subowski J J,Dietl T, Szymanska W et al. 1981. J. Phys. Chem. Solids, 42: 351
Suizu K, Narita. 1972. Solid State Commun., 10: 627
Szymanska W, Dietl T. 1978. J. Phys. Chem. Solids, 39: 1025
Van der Pauw L J. 1958. Philips.Tech.Rev., 20: 220
Wamplar W R, Springford M. 1972. J. Phys. C: Sol. St. Phys., 5: 2345
Wang X F, Lima I C da C, Lei X L et al. 1998. Phys. Rev. B, 58: 3529

Wiley J D. 1975. In: Willardson R K, Beer A C, eds. Semiconductors and Semimetals. Vol 10. NewYork : Academic, 91
Yadave R D S, Gupta A K, Warrier A V R. 1994. J. Electron. Mater., 22: 1359
Yoo S D, Kwack K D. 1997. J. Appl. Phys., 81: 719
Zawazki W, Szmanska W. 1971. J. Phys. Chem. Solids, 32: 1151
Zawadzki W. 1982. In: Paul W, ed. Handbook on Semicondutors. Vol 1. North-Holland, Chap.12
Ziman J M. 1972. Principles of the Theory of Solids. Cambridge University, chap.7
Атирханов Х И, Баширов Р И, Закиев Ю Э. 1963. ДАН СССР, 148: 1279
Атирханов Х И, Баширов Р И, Габжиалцев М М. 1964. ЖЭТФ, 47: 2067
Атирханов Х И, Баширов Р И. 1966. ФТТ, 8: 2189
Алиев С А. 1975. ФТП, 9: 2212
Бреелер М С, Парфенбев Р В, Шалыт. 1966. ФТТ, 7: 1266
Коренбдит Л Л, Штейнберт А А. 1956. Ж. Т. Ф. ,26: 927
Глузман Н Г. 1979. ФТП, 13: 466
Гуревич Л Э, ЭФрос А Л. 1962. ЖЭТФ, 43: 561
Глуэман Н Г, Сабизянова Л Д, Цибилвковский И М. 1979. ФТП, 138: 466
Павлов С Т, Парфенбев Р В, Фиреов et al. 1965. ЖЭТФ, 48: 1565
Лифшиц И М, Косевиц А М. 1955. ЖЭТФ, 29: 730

第6章　晶格振动

6.1　声　子　谱

6.1.1　一维原子链的声子谱

晶格振动是量子化的，与电磁波的光子相仿，这种振动量子成为声子。晶格振动具有波的形式，称为格波。声子就是格波的量子，一个格波，也就是一种振动模，称为一种声子。在晶体中原子振动有两种可能的模式：纵波和横波，如图6.1所示。对纵波声子而言，原子位移方向平行于波矢的方向；对横波声子而言，原子面位移方向垂直于波矢的方向。

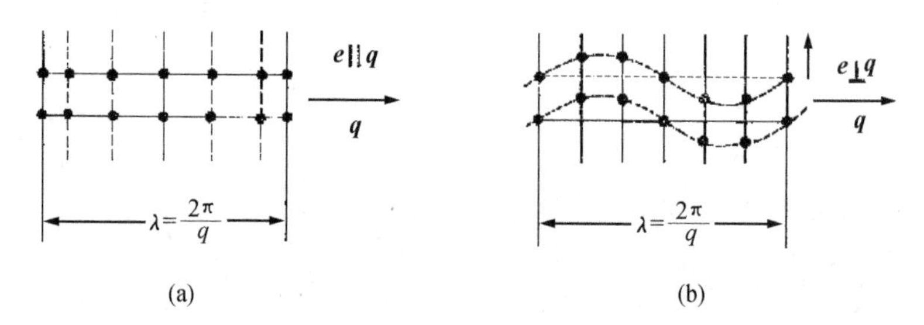

图 6.1　晶体中纵波(a)和横波(b)的示意图

首先考虑原胞中含有一个原子的晶体，即单原子链，如图6.2所示。这里仅考虑最近邻原子的相互作用并且相互作用能取简谐近似。

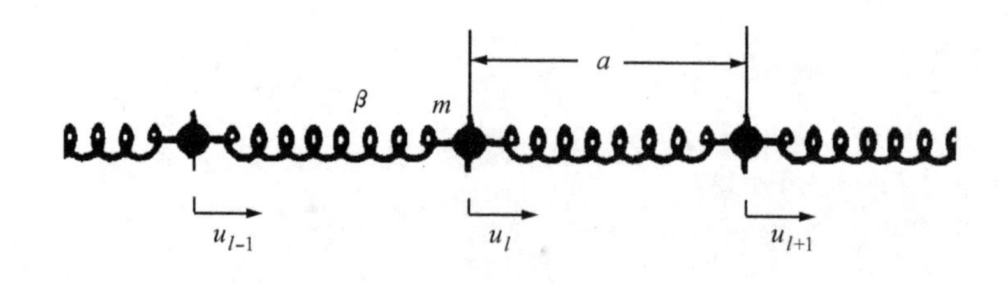

图 6.2　一维单原子链的示意图

假设单原子链有 N 个原胞，以 $l=1,\cdots,N$ 标记，原胞质量为 m。系统的哈密顿量可以写为动能 T 和势能 Φ 之和

$$H = T + \Phi = \sum_{L} \frac{p_l^2}{2m} + \frac{1}{2} \sum_{l} \left[\beta(u_{l+1} - u_l)^2 + \beta(u_l - u_{l-1})^2 \right] \tag{6.1}$$

式中：$p_l = m\dot{u}_l$；β 是相邻原子之间的力常数。

通过计算回复力 $-\partial\Phi / \partial u_l$ 得到运动方程

$$\begin{aligned} m\ddot{u}_l &= -\partial\Phi / \partial u_l \\ &= \beta(u_{l+1} - u_l) - \beta(u_l - u_{l-1}) = \beta(u_{l+1} - 2u_l + u_{l-1}) \end{aligned} \tag{6.2}$$

假设方程具有格波解 $u_l = A\exp\left[\mathrm{i}(\omega t - laq)\right]$，式中 a 是相邻原子之间的距离，$q = 2\pi / \lambda$ 是波数，将格波解代入运动方程得到频率 ω 和波矢 q 的关系，即色散关系

$$\omega = 2\sqrt{\frac{\beta}{m}} \left| \sin\frac{1}{2}aq \right| \tag{6.3}$$

色散关系如图 6.3 所示，可以看到其中仅含有一支声学波。由于格波的特性，q 取值在$-\pi/a$ 与 π/a 之间，即在第一布里渊区。由于周期性边界条件，q 的允许值为这一区间中均匀分布的 N 个点。在长波极限下($\lambda \gg a$)，$\omega = a\sqrt{\beta / m}|q|$，不依赖于频率，和连续的弹性波类似。

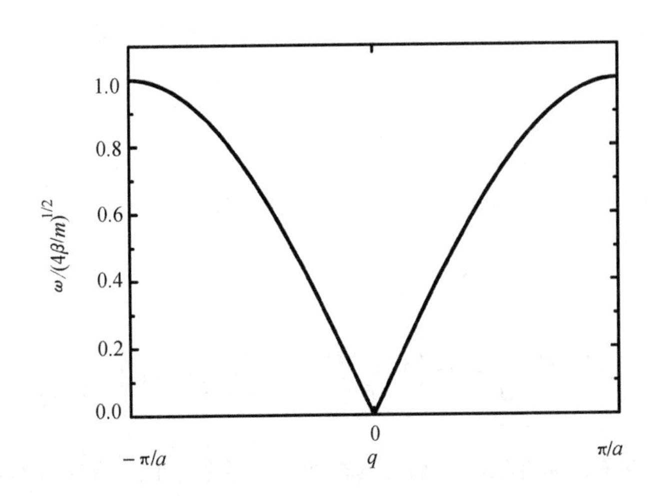

图 6.3　一维单原子链的声子谱

对于原胞中含有多于一个的原子的晶体来说，声子谱显出新的特征。例如对于原胞中含有两个原子的晶体来说，在一个特定的传播方向上，色散关系发展成为两个分支：分别成为声学波和光学波，于是就有纵声学波模式(LA)和横声学波模式(TA)，以及纵光学波模式(LO)和横光学波模式(TO)。如果原胞含有 p 个原子，

则色散关系含有 $3p$ 个分支：3 支声学波和 $3(p-1)$支光学支，双原子链如图 6.4 所示，下标 1, 2 分别代表质量为 M 和 m 的原子，假设 $d=2a$。

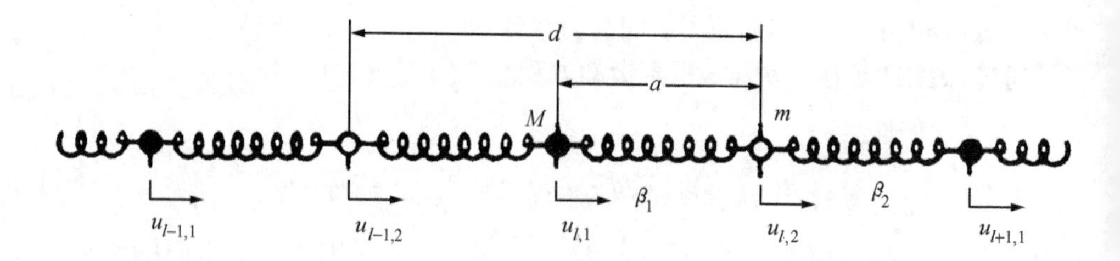

图 6.4　一维单原子链的示意图

用类似于单原子链的方法，可以得到相应的运动方程

$$
\begin{aligned}
M\ddot{u}_{l,1} &= \beta_1(u_{l,2}-u_{l,1})-\beta_2(u_{l,1}-u_{l-1,2})=\beta_1 u_{l,2}-(\beta_1+\beta_2)u_{l,1}+\beta_2 u_{l-1,2} \\
m\ddot{u}_{l,2} &= \beta_2(u_{l+1,1}-u_{l,2})-\beta_1(u_{l,2}-u_{l,1})=\beta_2 u_{l+1,1}-(\beta_1+\beta_2)u_{l,2}+\beta_1 u_{l,1}
\end{aligned} \tag{6.4}
$$

同样假设方程具有格波解，$u_{l,1}=A\exp\left[\mathrm{i}(\omega t-2laq)\right]$和$u_{l,2}=B\exp\{\mathrm{i}[\omega t-(2l+1)aq]\}$，代入运动方程可得

$$
\begin{aligned}
&[M\omega^2-(\beta_1+\beta_2)]A+[\beta_1\exp(-aq\mathrm{i})+\beta_2\exp(aq\mathrm{i})]B=0 \\
&[\beta_2\exp(-aq\mathrm{i})+\beta_1\exp(aq\mathrm{i})]A+[m\omega^2-(\beta_1+\beta_2)]B=0
\end{aligned} \tag{6.5}
$$

它的有解条件是

$$
\begin{vmatrix}
M\omega^2-(\beta_1+\beta_2) & \beta_1\exp(-aq\mathrm{i})+\beta_2\exp(aq\mathrm{i}) \\
\beta_2\exp(-aq\mathrm{i})+\beta_1\exp(aq\mathrm{i}) & m\omega^2-(\beta_1+\beta_2)
\end{vmatrix}=0 \tag{6.6}
$$

由此可以得到双原子链的色散关系为

$$
\omega_{\pm}^2=\frac{\beta_1+\beta_2}{2\mu}\left\{1\pm\left[1-\frac{16\beta_1\beta_2}{(\beta_1+\beta_2)^2}\frac{\mu^2}{mM}\sin^2 aq\right]^{1/2}\right\} \tag{6.7}
$$

式中：$\mu^{-1}=m^{-1}+M^{-1}$，m 和 M 分别是两种原子的质量，而 q 取值在$-\pi/2a$ 与 $\pi/2a$ 之间。我们假设 $\beta=\beta_1=\beta_2$，在图 6.5 给出了双原子链的声子谱。对于 ω_+分支，在长波极限下，两个原子反相振动，但是质心却固定不动。如果两个原子带有异号电荷，就可以利用光场来激发，所以称为光学波。而对于 ω_-分支，在长波极限下，两个原子以及它们的质心一起运动，类似于连续介质的弹性波，所以称为声学波。

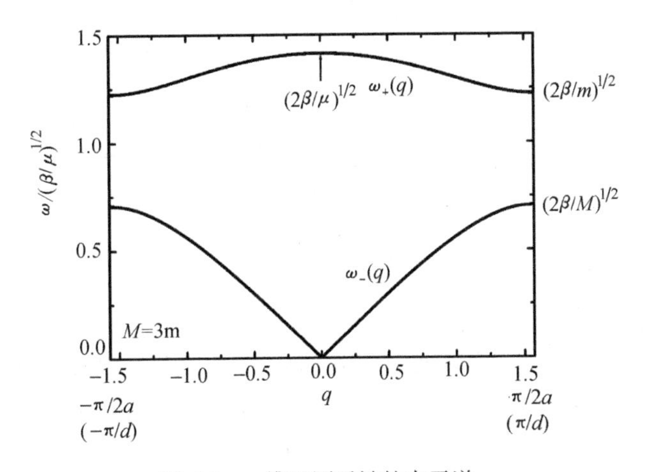

图 6.5　一维双原子链的声子谱

6.1.2　声子谱的实验测量

格波的色散关系可以通过实验的方法测量得到，也可以根据原子间的相互作用力的模型从理论上进行计算。实验方法主要有中子的非弹性散射、X 射线散射和光的散射等，这里着重介绍一下中子的非弹性散射以及 X 射线散射。

中子非弹性散射是实验确定声子色散关系的通常方法，适用于晶体中的原子核对中子的吸收不是很高的情况。中子主要和原子核之间有强的相互作用。中子束由晶体点阵散射过程要满足能量守恒和准动量守恒关系

$$\frac{p'^2}{2M_n}-\frac{p^2}{2M_n}=\pm\hbar\omega(q) \tag{6.8}$$

$$p'-p=\pm\hbar q+\hbar G \tag{6.9}$$

式中：p 和 p' 是中子流的动量，M_n 是中子的质量，q 是在这个过程中产生(+)或被吸收(−)的声子的波矢，G 是倒格矢，$\frac{p'^2}{2M_n}$ 和 $\frac{p^2}{2M_n}$ 分别是出射和入射中子的动能。通过选择合适的倒格矢，使得 q 处在第一布里渊区内。如果固定入射中子的动量 p，测量出不同散射方向上散射中子流的动量 p'，就可以根据能量和准动量守恒关系确定出格波的波矢 q 以及能量 $\hbar\omega(q)$，从而得到色散关系。通过三轴背散射能谱仪可以获得很高的分辨率。能谱仪由单色器、准直器和分析器组成，单色器和分析器一般都是单晶，利用单色器的布拉格反射产生单色的动量为 p 的中子流，经过准直器入射到样品上，然后再利用分析器的布拉格的反射来决定散射中子流的动量值。对于这样的能谱仪，波长的分辨率可以表述为 $\Delta\lambda/\lambda\sim\cot\Theta\Delta\Theta+\Delta d/d$，其中 Θ 为衍射角，d 为原子面间距。对于掠入射情况

($\Theta \to 90°$)，$\cot\Theta$ 变得很小。右边的第一项主要取决于掠射角的偏差 $\Delta\Theta$。对于质量较高的晶体，$\Delta d/d$ 也会变得很小，$\Delta d/d \sim \Delta G/G$，也就是这一项和倒格矢布拉格反射的宽度成正比。因此，对于高阶反射的情况，波长分辨率将会得到提高。

与中子非弹性散射类似，也可以利用 X 射线确定格波的色散关系(Burkel 2001，Ruf 2003)。由于 X 射线波矢的值与晶格布里渊区的线度相近，因而也可以测定整个布里渊区的色散关系，而不是局限于布里渊区中心附近。与中子非弹性散射方法相比，X 射线散射的强度不依赖于核及其同位素的非弹性中子散射截面，而与核电荷 Z 的变化有关系。对于 $Z>10$ 的情况，超过了中子耦合长度一个数量级。其次，由于同步 X 射线是细射线束、高能粒子流(光子)，因此不像非弹性中子散射实验那样对样品的大小有具体的要求，可以直接应用于小样品的测试。在中子非弹性散射实验中，入射中子流所传递的动量和能量相关。而对于 X 射线散射实验，由于光子和中子的能量-动量关系的差异，在不同的波长范围内的能量也有很大的差异，这就可以在实验中独立地选择传递的能量和动量。中子非弹性散射实验中的分辨函数和中子流所传递的能量、动量有关，而 X 射线散射实验中的分辨函数仅仅和散射的几何条件相关，而和射线传递的能量、动量无关。

下面来看一下非弹性中子散射确定声子谱的具体应用。对于窄禁带半导体 InSb，Price 等(1971)利用等波矢 q 扫描方法对 300℃时的 InSb 的色散关系进行测定。图 6.6 中的不同形状的点表示实验数据，曲线是壳层模型拟合的结果，这个模型将在后面一小节详细讨论。实验上对于 $Hg_{1-x}Cd_xTe$ 色散关系还未见报道，实验数据仅仅局限于二元的 CdTe 和 HgTe。Rowe 等(1974)利用等波矢 q 扫描方法，对 300℃时的 CdTe 的色散关系进行了测定。在图 6.7 中不同形式的点就是实验结果，曲线是利用壳层模型拟合得到的结果。由于在天然的 Cd 中所含有的 Cd^{113} 具有

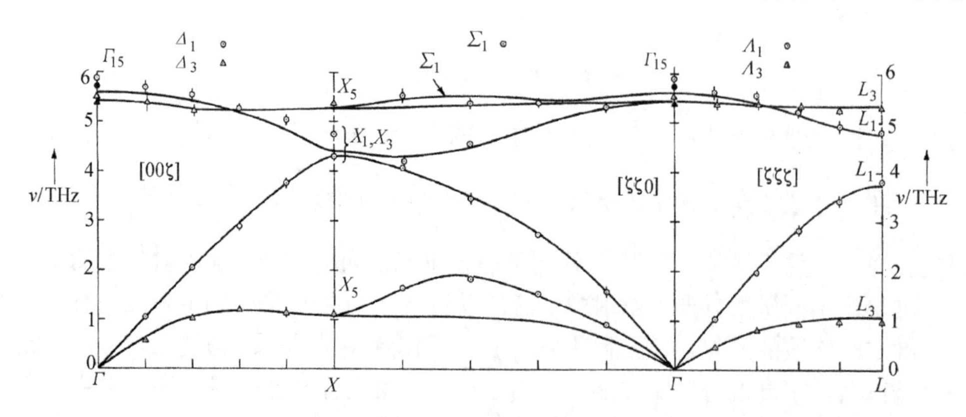

图 6.6 InSb 在室温下的声子谱，不同形式的点为非弹性中子散射实验数据，曲线为壳层模型理论拟合的结果(Price et al. 1971)

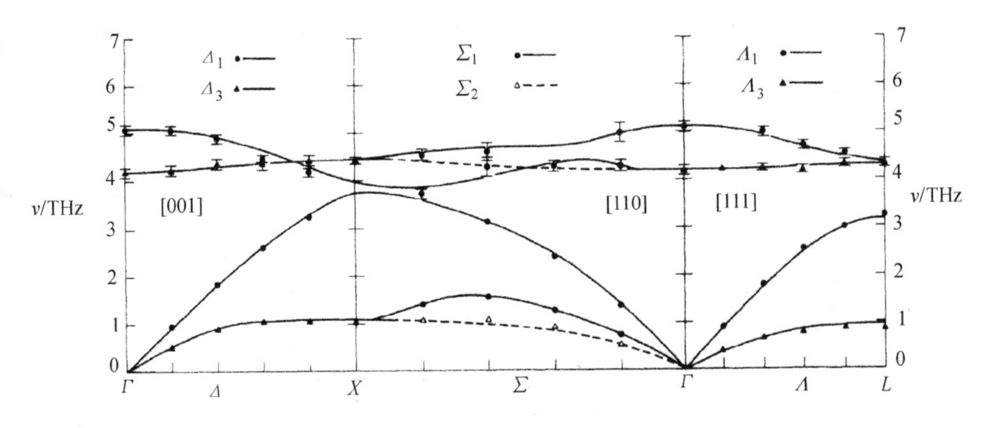

图 6.7　CdTe 在室温下的声子谱，不同形式的点为非弹性中子散射实验数据，曲线为壳层模型理论拟合的结果(Rowe　1974)

很大的热中子吸收截面，因此给实验带来很大的困难。所以实验中选用的晶体中含有大量 Cd^{113} 的同位素—Cd^{114} 的晶体，Cd^{114} 吸收很弱。由于两者的原子质量相差很小，对于声子频率的影响可以忽略不计。Kepa 等(1980，1982)利用等波矢 q 扫描方法，对 HgTe 的色散关系进行了测定。图 6.8 中的三角形和圆形的数据点就是测得的实验数据。与 Cd^{113} 类似，Hg 也具有很大的中子吸收截面($372\times10^{-24}cm^{-3}$)，不利于中子非弹性散射实验，但是同时 Hg 的中子散射长度(1.266×10^{-12}cm)比较长，有利于薄样品的测试。除了 CdTe 和 HgTe 之外，也有人利用中子非弹性散射，对于其他的一些 II-VI 族的化合物的色散关系进行了测定，例如，CdSe(Widulle

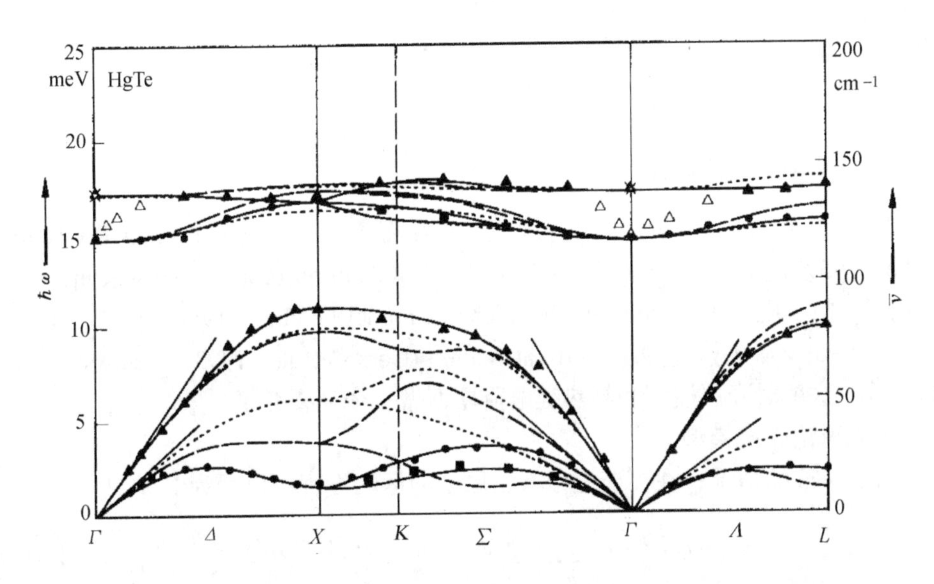

图 6.8　HgTe 的非弹性中子散射实验得到的声子谱(Kepa et al.　1980，1982)

et al. 1999)、CdS(Debernardi et al. 1997)、HgSe(Lazewski et al. 2003)和β-HgS(Szuszkiewicz et al. 1998)。其中CdSe和CdS的实验中分别采用了含有Cd^{116}和Cd^{114}的材料，也是因为Cd^{116}和Cd^{114}的吸收相对Cd^{113}要弱很多，这样使实验得以进行。

X射线散射对于散射截面是不敏感的，可以对含有Cd^{113}的化合物直接进行测量，而不必使用昂贵的同位素Cd^{114}进行替代，因此具有优越性。Krish等(Krisch 1997)利用X射线散射方法，对7.5GPa、室温条件下，具有岩盐晶格结构的多晶的CdTe纵声学波的色散关系进行了测量，测得的声子谱如图6.9所示。他们发现在整个扫描的q范围内，所得的纵声学波分支的能量要高于常压下的闪锌矿结构的CdTe的情况。X射线反射对于高压下的半导体材料的色散关系的测量也被逐步广泛应用。

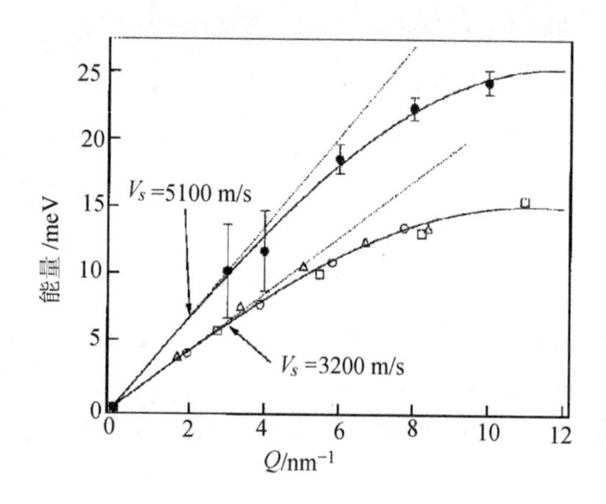

图6.9 利用X射线散射得到的CdTe在7.5GPa以及常压下的纵声学波的声子谱(Krisch et al. 1997)

6.1.3 声子谱的理论计算

对于声子谱的理论计算的方法，主要有壳层模型(shell model)(Cochran 1959a，1959b)、刚性离子模型(rigid-ion model)(Vetelino et al. 1969；Kunc et al. 1974)、绝热键电荷模型(adiabatic bond-charge model)(Weber 1974，1977，Rajput et al. 1996)及从头算起(ab intitio calculation)(Corso et al. 1993，Lazewski et al. 2003)等。这里对壳层模型和绝热键电荷模型做一个简要介绍。

首先讨论壳层模型。

对于一般的情况，在简谐近似下，原子的运动方程可以写为

$$m_n\ddot{u}(l,n)=\sum_{n'}\sum_{l'}\sum_{y}\phi_{xy}(l,n;l',n')u_y(l',n') \tag{6.10}$$

式中：l是指第l个晶胞，n是指第n个原子核，m_n是第n个原子核的质量，

$\phi_{xy}(l,n;l',n')$ 是指原子核 (l,n) 和 (l',n') 之间的力常数。利用格波解 $u_x(l,n) = U_x \exp[q \cdot r(l,n) - \omega t]$，运动方程可以改写为

$$\omega^2 m_n U_x(n) = \sum_{n'} \sum_{y} M_{xy}(nn') U_y(n') \tag{6.11}$$

式中

$$M_{xy}(nn') = -\sum_{l'} \phi_{xy}(l,n\,;l',n') u_y(l',n') \exp\{q \cdot [r(l',n') - r(l,n)]\} \tag{6.12}$$

于是通过 $\left|D - m\omega^2 I\right| = 0$ 就可以得到色散关系，$M_{xy}(nn')$ 为矩阵 D 的矩阵元。

壳层模型的主要思想是，将原子看作由原子核和内层电子构成了原子实，外层电子构成壳层。于是晶体中的势场不但依赖于原子实的坐标，也依赖于壳层的坐标。原子实和壳层通过各向同性的力常数耦合在一起，它们之间的相对位移产生了偶极矩，但是它们各自仍保持球对称。这个模型给出了电场中原子的极化性质，原子实和壳层之间的短程力导致了“扭曲极化率”(distortion polarizability)。图6.10中给出了壳层模型的示意图。1、2分别表示晶胞中的两个原子实，3、4分别表示晶胞中的两个壳层。

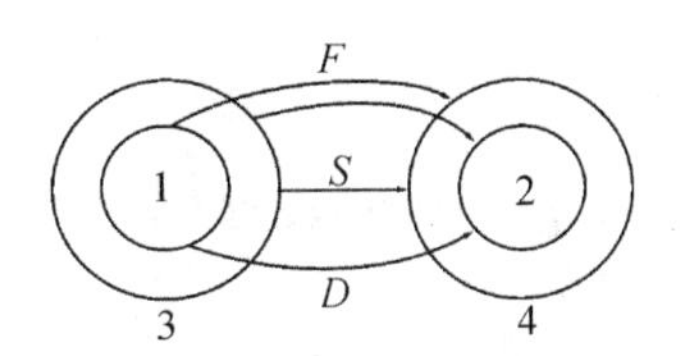

图 6.10　壳层模型示意图

首先来讨论一维的情形。壳层模型综合考虑了离子和电子的极化率，假设离子是由各向同性的球形电子壳层通过弹簧与刚性的离子实耦合在一起。假设在一个静电场 E 中极化的自由离子，弹簧的力常数为β(也称为结合力常数)，壳层相对于核的位移为v，壳层电量为ye，离子实电量为xe，如图6.11所示。

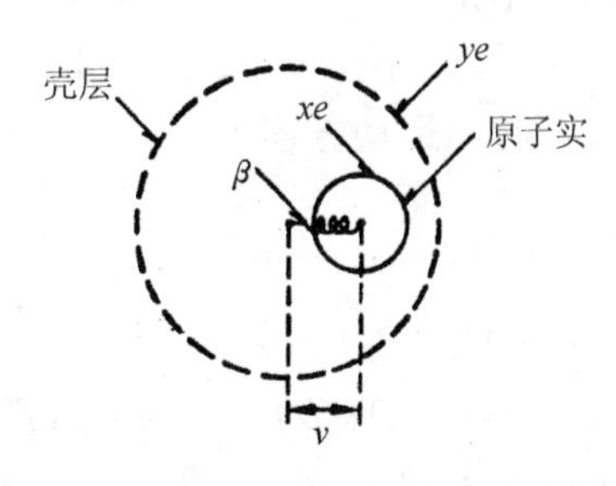

图 6.11　壳层模型中，离子由球形电子壳层和离子实通过弹簧耦合在一起

在平衡态，静电力与弹性力相等

$$yeE = \beta v \tag{6.13}$$

而诱导偶极距为 $yev = \chi E$，由此可以得到自由离子的极化率

$$\chi = \frac{(ye)^2}{\beta} \tag{6.14}$$

接着考虑二价的碱卤化物晶体中一个阳离子和最邻近的一个阴离子的情况，在图6.12中给出了示意图。下标 1 和 2 分别代表阳离子和阴离子，β_1 和 β_2 是离子的壳层和离子实耦合的力常数，y_1e 和 y_2e 是壳层电量，x_1e 和 x_2e 是离子实电量。

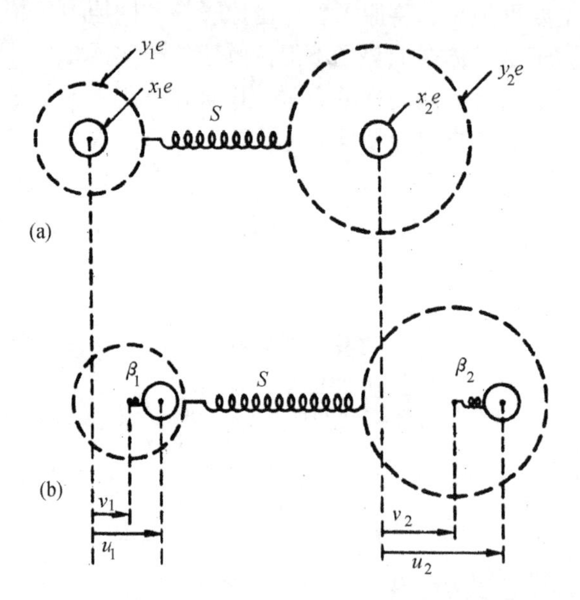

图 6.12　在简单的壳层模型中，最邻近的两个离子的耦合的示意图

(a) 离子处在平衡态；(b) 离子位移后的状态

于是阳离子净电荷为 $Ze = (x_1 + y_1)e$，阴离子净电荷为 $-Ze = (x_2 + y_2)e$，离子间的短程力用力常数 S 表示，表征了邻近离子壳层之间的相互作用。

对于横光学波，在 $q = 0$ 时的运动方程为

$$\begin{aligned} m_1\ddot{u}_1 &= \beta_1(v_1 - u_1) + x_1eE^* \\ m_2\ddot{u}_2 &= \beta_2(v_2 - u_2) + x_2eE^* \\ 0 &= S(v_2 - v_1) + \beta_1(u_1 - v_1) + y_1eE^* \\ 0 &= S(v_1 - v_2) + \beta_2(u_2 - v_2) + y_2eE^* \end{aligned} \tag{6.15}$$

m_1 和 m_2 是离子实的质量，E^*是有效电场。再利用绝热近似，忽略壳层的质量，消去方程中的 v_1 和 v_2，可以得到

$$\mu \ddot{w} + S^* w = Z^* e E^* \tag{6.16}$$

式中：$w = u_1 - u_2$

$$S^* = \frac{S}{1 + \left(\frac{1}{\beta_1} + \frac{1}{\beta_2}\right) S} \tag{6.17}$$

$$Z^* = Z + \frac{\frac{y_2}{\beta_2} - \frac{y_1}{\beta_1}}{\frac{1}{\beta_1} + \frac{1}{\beta_2} + \frac{1}{S}} \tag{6.18}$$

由式(6.18)可以看出，有效电荷 $Z^* e$ 是和 Ze 不同的。因为阴离子比阳离子更容易被极化，式(6.18)右边的第二项小于 0，所以 $Z^* e < Ze$，有效电荷也称为 Szigeti 电荷(Szigeti　1950)。Z^* 在通常的情况下不为 0，即使电离度为 0(Z=0)，$Z^* \neq 0$。如 III-V 族化合物中的 InSb 和 GaAs，具有很强的共价性，$Ze = 0$，但是在红外吸收谱中仍有很强的单声子吸收，就是因为 $Z^* e = 0.51e$。壳层模型中假设对于中性和同样的原子，$Z^* e = 0\left(Z = 0, \frac{y_1}{\beta_1} = \frac{y_2}{\beta_2}\right)$。$Z^* e$ 和晶体结构以及对称性有关，壳层模型考虑了这些因素，使得有效电荷 $Z^* e \neq 0$。

在没有外场的情况下，有效电场可以写作

$$E^* = \eta P \tag{6.19}$$

对于二价碱卤化物，$\eta = 4\pi/3$(横光学波)，$\eta = -8\pi/3$(纵光学波)。代表极化的 P 可以写成

$$P = \frac{e}{v_a}(x_1 u_1 + x_2 u_2 + y_1 v_1 + y_2 v_2) \tag{6.20}$$

式中：v_a 为晶胞体积，利用式(6.15)，可以得到

$$P = \frac{1}{v_a}(Z^* e w + \chi^* E^*) \tag{6.21}$$

式中

$$\frac{\alpha^*}{e^2}=\frac{y_1^2}{\beta_1}+\frac{y_2^2}{\beta_2}-\frac{\left(\frac{y_1}{\beta_1}+\frac{y_2}{\beta_2}\right)^2}{\frac{1}{S}+\frac{1}{\beta_1}+\frac{1}{\beta_2}} \tag{6.22}$$

从中可以看到，离子对的电极化率不是自由离子电极化率的简单累加

$$\chi=\chi_1+\chi_2=\frac{(y_1e)^2}{\beta_1}+\frac{(y_2e)^2}{\beta_2}>\chi^* \tag{6.23}$$

有效的电极化率小于对应的自由离子的电极化率之和。通过式(6.19)和式(6.21)，可以得到

$$E^*=k\eta\frac{Z^*e}{v_a}w \tag{6.24}$$

式中

$$k=\left(1-\eta\frac{\chi^*}{v_a}\right)^{-1} \tag{6.25}$$

再将式(6.24)代入式(6.16)，再利用 $w=w_0\exp(-\mathrm{i}\omega t)$，可以得到横光学波(TO)和纵光学波(LO)的频率

$$\begin{aligned}\mu\omega_{\mathrm{TO}}^2&=S^*-\frac{4\pi(Z^*e)^2}{3v_a}k_{\mathrm{T}}\\ \mu\omega_{\mathrm{LO}}^2&=S^*+\frac{8\pi(Z^*e)^2}{3v_a}k_{\mathrm{L}}\end{aligned} \tag{6.26}$$

式中

$$\begin{aligned}k_{\mathrm{T}}&=\left(1-\frac{4\pi\chi^*}{3v_a}\right)^{-1}\\ k_{\mathrm{L}}&=\left(1-\frac{8\pi\chi^*}{3v_a}\right)^{-1}\end{aligned} \tag{6.27}$$

当 $k_1,k_2\to\infty$ 的时候，$S^*=S$，$Z^*=Z$，$\alpha^*=0$，$k_{\mathrm{L}}=k_{\mathrm{T}}=1$，于是式(6.26)可以简化为

$$\mu\omega_{\mathrm{TO}}^2 = S^* - \frac{4\pi(Z^*e)^2}{3v_{\mathrm{a}}}$$
$$\mu\omega_{\mathrm{LO}}^2 = S^* + \frac{8\pi(Z^*e)^2}{3v_{\mathrm{a}}} \tag{6.28}$$

这和刚性离子模型的结果是完全一致的。

然后再来讨论三维的情形。我们可以将 $M_{xy}(nn')$ 写为

$$M_{xy}(nn') = B_{xy}(nn') + C_{xy}(nn') \tag{6.29}$$

式中：$B_{xy}(nn')$ 是结合系数(依赖于最邻近单元的力常数)，简写为 B；$C_{xy}(nn')$ 是库仑系数(依赖于单元之间的静电相互作用)。显然结合系数 $B_{xx}(13) = B_{xx}(24) = -\beta$。如果仅考虑最邻近单元的相互作用，另外的结合系数由 6 个独立的力常数决定，$\phi_{xx}^{(B)}(l,n;l,n')$ 和 $\phi_{xy}^{(B)}(l,n;l,n')$，$nn' = 12$，34 和 14。然后可以引入简写 $D = B(12)$(原子实—原子实)，$S = B(34)$(壳层—壳层)，$F = B(14)$(壳层—原子实)。对于库仑系数，可以简写为

$$\begin{aligned}(Z^2e^2/v_{\mathrm{a}})C_1 &= C(11) = C(22) = C(33) = C(44) = -C(13) = -C(24)\\ (Z^2e^2/v_{\mathrm{a}})C_1 &= C(12) = C(34) = -C(14) = -C(32)\end{aligned} \tag{6.30}$$

引入 $R=D+S+2F$，$T=S+F$，T 是壳层和周围原子的相互作用，R 是刚性原子之间的相互作用,它是简单的将晶胞中两个原子键的相互作用简单求和，于是可以得到运动方程(Cowley　1962)

$$\omega^2\boldsymbol{M}U = (\boldsymbol{A} - \boldsymbol{B}\boldsymbol{D}^{-1}\boldsymbol{B}^+)U$$
$$\begin{aligned}\boldsymbol{A} &= \boldsymbol{R} + \boldsymbol{ZCZ}\\ \boldsymbol{B} &= \boldsymbol{T} + \boldsymbol{ZCY}\\ \boldsymbol{D} &= \boldsymbol{S} + \boldsymbol{YCY}\end{aligned} \tag{6.31}$$

式(6.31)中的$^+$代表对该矩阵进行共轭以及转置操作，$\boldsymbol{M}$ 是原子的质量矩阵，$\boldsymbol{Z}$ 和 $\boldsymbol{Y}$ 分别代表离子总电量 Ze 和壳层电量 ye 的矩阵，$\boldsymbol{C}$ 是代表长程相互作用的库仑系数矩阵，$\boldsymbol{R}$、$\boldsymbol{T}$ 和 $\boldsymbol{S}$ 分别代表原子实—原子实、原子实—壳层和壳层—壳层之间的短程相互作用的矩阵。根据式(6.31)，就可以得到对应的色散关系。

再来考虑具体的情况，对于半导体锗，仅考虑对称方向的波矢q，运动方程可以简写为

$$m_n\omega^2U(n) = \sum_{n'=1}^{4} M(nn')U(n') \tag{6.32}$$

式中: $M(nn')$ 为 $M_{xx}(nn')$ 和 $M_{xy}(nn')$ 的线性组合。对于纵波的色散关系，令 $m_1=m_2=m$，$m_3=m_4=0$，$a=Z^2e^2/v_a$，可以得到纵波的色散关系

$$m\omega^2 = A_0 \pm A \tag{6.33}$$

式中

$$A_0 = R_0 + \frac{-(aC_1+\beta+T_0)(T_0^2+|T|^2)+T_0\left[T(aC_2^*+S^*)+T^*(aC_2+S)\right]}{(aC_1+\beta+T)^2-|aC_2+S|^2}$$

$$A = R + \frac{-2TT_0(aC_1+\beta+T_0)+T_0^2(aC_2+S)+T2(aC_2^*+S^*)}{(aC_1+\beta+T)^2-|aC_2+S|^2} \tag{6.34}$$

上标*代表对相应的矩阵进行共轭操作，下标 0 代表 $q=0$ 时的情况。(+)代表光学波，(−)代表声学波。于是就得到了对应的色散关系。利用壳层模型，Price 等(1971)对室温下 InSb 的声子的色散关系的实验数据进行了拟合，如图 6.6 所示。他们发现除了 Δ_3 纵光学支之外，实验数据和理论符合的比较好。运用类似的方法，Rowe 等(1974)对室温下 CdTe 声子的色散关系的实验数据进行了拟合，结果如图 6.7 所示。除了 Σ_2 和 Λ_2 的横声学波分支，其余的实验数据和理论的拟合符合相当好。这些说明了壳层模型一种较好的分析声子谱的理论方法。

下面再讨论绝热键电荷模型。

虽然壳层模型和刚性离子模型拟合得到的结果和实验结果符合得比较好，但是其中运用了大量的拟合参数，其中的一些参数并没有确切的物理含义。这样的方法就难以推广到比较复杂的系统，例如，三元合金$Hg_{1-x}Cd_xTe$和超晶格体系中去。因此需要有一个含有参数比较少的模型，并且每一个参数都有确切的物理含义。而Weber(1977)提出的绝热键电荷模型是一个很好的方法，具有6个参数，能够很好地描述半导体材料中的声子以及晶格动力学性质，诸如弹性常数和热容等(Rajput et al. 1996)。这个模型已经被广泛应用于对III-V族(Tütüncü et al. 2000)和II-VI族化合物(Camacho et al. 1999，2000, Rajput et al. 1996)的晶格动力学的研究中。下面对这个模型做一个简要介绍。

这个模型是一个半经验模型，但是却很好地描述了共价晶体的声子谱。共价结合的晶体称为共价晶体。共价结合通常是由两个原子各贡献一个电子，形成共价键。在这个模型中，价带的电子电荷假设为质量为 0 的粒子，这些电子位于两个原子之间，形成键电荷，它们随着离子实做绝热运动。在图6.13中给出了绝热键电荷模型的示意图。由图可知，一个晶胞中含有两个离子和 4 个键电荷，这些电荷位于离子之间的键上。如果每个离子贡献的电量为$-Ze/2$，则键电荷电量为$-Ze$，离子带的电量为$+2Ze$。在同极的共价晶体中，键电荷位于最相邻的中间，而对于

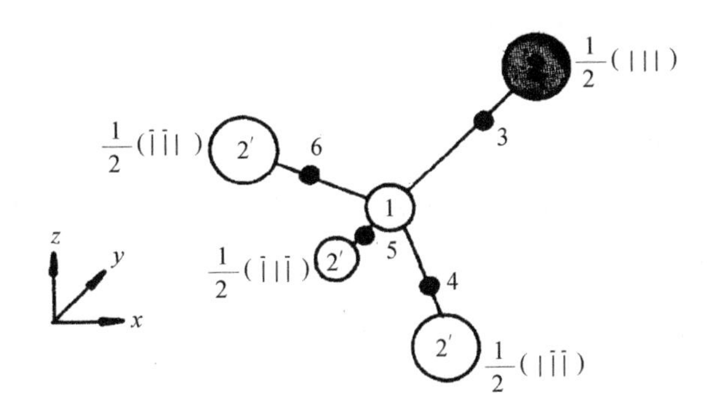

图 6.13　绝热键电荷模型示意图。由阳离子 1、阴离子 2，以及键电荷 3，4，5，6 构成；邻近 3 个晶胞的阳离子标记为 2′；每个晶胞中含有 2 个离子和 4 个键电荷

III-V族化合物，键电荷将偏离中心，更靠近V族原子。这些结果和非局域赝势法对于价带电子电荷密度计算得到的结果是一致的。对于II-Ⅵ族闪锌矿结构的化合物而言，存在着更强的离子性，所以这种偏移更加厉害。设 p 表示键的极化，为键电荷分割键长 l 的比值。这样可以得到相应键电荷到两端离子的距离$r_1 = (1+p)\ l/2$，$r_2 = (1-p)\ l/2$，对于同极晶体$p = 0$，$r_1 = r_2$；对于III-V族半导体，$p = 0.25$，对于II-VI族半导体，$p = 1/3$，$r_1 = 2\ r_2$(Chelikowski et al.　1976)。

首先来讨论一维的情形。Weber(1977)所提出的绝热键电荷模型中，假设键电荷并不是固定在原子之间共价键上的某一点。假设它们像壳层模型中的壳层一样做绝热运动。为了使键电荷稳定在一个位置，引入短程的离子—键电荷之间的力，并假设最邻近的键电荷存在耦合，同时还考虑键电荷和离子之间的库仑相互作用。考虑比较简单的一维原子链情况，键电荷位于共价键中间，β 为离子—键电荷力常数，β' 为描述最邻近键电荷的相互作用的力常数，如图6.14所示。

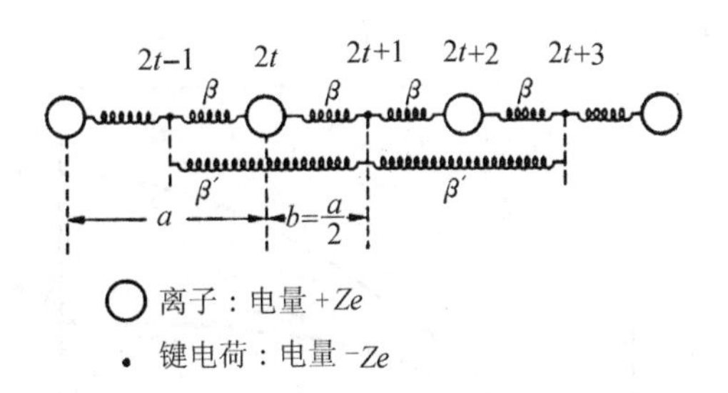

图 6.14　一维原子链的键电荷模型

为了简化计算，忽略了离子之间的短程以及库仑相互作用之后，可以得到对应的运动方程

$$
\begin{aligned}
m\ddot{u}_{2t} &= \beta(v_{2t+1} + v_{2t-1} - 2u_{2t}) \\
0 &= \beta(u_{2t+2} + u_{2t} - 2v_{2t+1}) + \beta'(v_{2t+3} + v_{2t-1} - 2v_{2t+1})
\end{aligned}
\tag{6.35}
$$

式中：假设键电荷的质量为 0，即为绝热近似。再假设方程具有格波解

$$
\begin{aligned}
u_{2t} &= \gamma \exp[\mathrm{i}(2tbq - \omega t)] \\
v_{2t+1} &= \xi \exp\{\mathrm{i}[(2t+1)bq - \omega t]\}
\end{aligned}
\tag{6.36}
$$

将式(6.36)代入运动方程后得到

$$
\begin{aligned}
m\omega^2\gamma &= 2\beta(\gamma - \xi\cos qb) \\
\beta(\gamma\cos qb - \xi) &+ \beta'\xi(\cos 2qb - 1) = 0
\end{aligned}
\tag{6.37}
$$

消去γ和ξ之后，可以得到

$$
m[\omega(q)]^2 = 2\beta\frac{(\beta + 2\beta')\sin^2\left(\frac{1}{2}aq\right)}{\beta + 2\beta'\sin^2\left(\frac{1}{2}aq\right)}
\tag{6.38}
$$

当$q \ll \pi/a$时，式(6.38)可以简化为

$$
m[\omega(q)]^2 = \frac{a^2}{2m}(\beta + 2\beta')q^2 = \frac{C}{\rho}q^2
\tag{6.39}
$$

可以看到弹性常数$C \sim \beta + 2\beta'$。图 6.15 给出了$\omega(q) \sim q$关系，图中$\beta + 2\beta'$固定不变，但是β'/β取不同的数值。可以看到，当$\beta'/\beta \gg 1$时，$\omega(q)$变得非常的平坦。这时离子和键电荷之间的耦合已经非常弱，整个晶格类似于刚性晶格。离子在晶格中的振动类似于爱因斯坦的振子的振动，频率完全由β决定。而在长波极限下，键电荷—键电荷之间的耦合很强，使得β'变得相当大，从而导致了很高的弹性系数。

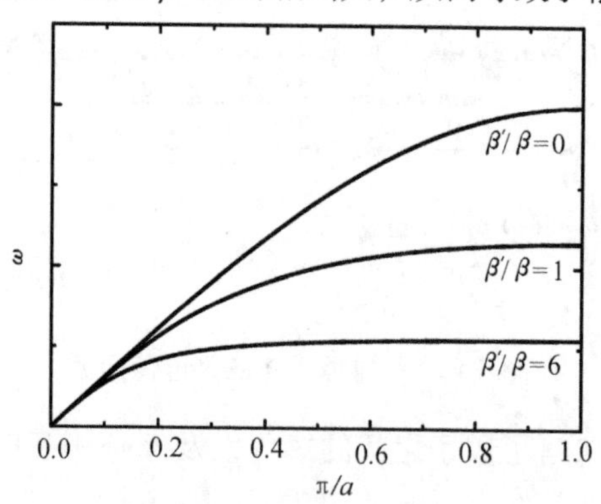

图 6.15　单原子链的绝热键电荷模型计算得到的声子色散关系

然后再来讨论三维的情形。图6.16中给出了这种模型所要考虑的 4 种类型的相互作用。(a)晶胞中的阳离子和阴离子通过中心势 $\phi_{ii}(l)$ 相互作用(离子—离子)。(b)离子和键电荷通过中心势 $\phi_1(r_1)$ 和 $\phi_2(r_2)$ 相互作用(离子—键电荷)。(c)两个键电荷和最邻近的共用离子通过三体作用势 $V_{bb}^{\sigma}=B_{\sigma}(\boldsymbol{X}_i^{\sigma}\cdot\boldsymbol{X}_j^{\sigma})/8a_{\sigma}^2$ 相互作用。$\bar{X}_i^{\sigma}$ 是离子 σ (σ =1，2)和键电荷 i 之间的距离，β_{σ} 是离子—键电荷—离子之间三体作用的力常数，a_{σ}^2 是 $\left|\bar{X}_i^{\sigma}\cdot\bar{X}_j^{\sigma}\right|$ 在平衡态时的值，$a_1^2=\frac{1}{3}\left[\frac{l(1+p)}{2}\right]^2$，$a_2^2=\frac{1}{3}\left[\frac{l(1-p)}{2}\right]^2$ (键电荷—离子—键电荷)。在某一个特定力离子中，键电荷之间也通过中心势 $\psi_{\sigma}(r_{bb}^{(\sigma)})$ 相互作用，$r_{bb}^{(\sigma)}$ 是阳离子(σ =1)和阴离子(σ =2)中的键电荷之间的距离 (键电荷—键电荷)。(d)键电荷和离子之间的长程的库仑相互作用，$-Ze$是键电荷的电量，ε是介电常数(键电荷—离子)。为了保持晶体中净电荷为0，假设每个离子具有+2Ze的电量。

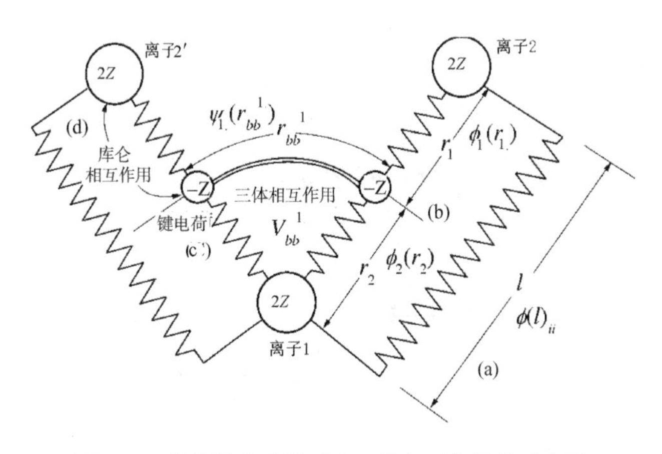

图 6.16　绝热键电荷模型中四种相互作用的示意图

进一步简化，$\partial\psi_1/\partial r_{bb}^1=\partial\psi_2/\partial r_{bb}^2=0$，$\partial^2\psi_1/\partial(r_{bb}^1)^2=\partial^2\psi_2/\partial(r_{bb}^2)^2=(\beta_2-\beta_1)/8$，$(1+p)\partial\phi_1/\partial r_1+(1-p)\partial\phi_2/\partial r_2=0$。由此得出晶胞的总能量为

$$
\begin{aligned}
\Phi=&4[\phi_{ii}(t)+\phi_1(r_1)+\phi_2(r_2)]-\alpha_{\mathrm{M}}\frac{(2Z)^2}{\varepsilon}\frac{e^2}{l}\\
&+6[V_{bb}^1+V_{bb}^2+\psi_1(r_{bb}^1)+\psi_2(r_{bb}^2)]
\end{aligned}
\tag{6.40}
$$

式中：α_{M} 为马德隆常数。在平衡条件下 $\partial\Phi/\partial t=0$，$\partial\Phi/\partial p=0$，可得

$$
\begin{aligned}
&\frac{\mathrm{d}\phi_{ii}}{\mathrm{d}l}=-\alpha_{\mathrm{M}}\frac{Z^2}{\varepsilon}\frac{e^2}{l^2}\\
&\frac{\partial\phi_1}{\partial r_1}\frac{1}{r_1}=2\frac{\mathrm{d}\alpha_{\mathrm{M}}}{\mathrm{d}p}\frac{1-p}{1+p}\frac{Z^2}{\varepsilon}\frac{e^2}{l}\\
&\frac{\partial\phi_2}{\partial r_2}\frac{1}{r_2}=-2\frac{\mathrm{d}\alpha_{\mathrm{M}}}{\mathrm{d}p}\frac{1+p}{1-p}\frac{Z^2}{\varepsilon}\frac{e^2}{l}
\end{aligned}
\tag{6.41}
$$

在稳恒条件下，$\partial^2\Phi/\partial t^2>0$，$\partial^2\Phi/\partial p^2>0$

$$
\frac{4}{3}\frac{\mathrm{d}^2\phi_{ii}}{\mathrm{d}l^2}+(1+p)^2\left(\frac{1}{3}\frac{\partial^2\phi_1}{\partial r_1^2}+\frac{\beta_2}{6}\right)+(1-p)^2\left(\frac{1}{3}\frac{\partial^2\phi_2}{\partial r_2^2}+\frac{\beta_1}{6}\right)-\frac{128}{9\sqrt{3}}\alpha_m\frac{z^2}{\varepsilon}>0 \tag{6.42}
$$

晶胞中的库仑能为$-\alpha_M(2Ze)^2/\varepsilon l$，$\beta_1$、$\beta_2$的单位是$e^2/v$。于是得出$\mathrm{d}\phi_i/\mathrm{d}l$，$\partial\phi_1/\partial r_1$和$\partial\phi_2/\partial r_2$，$\partial\psi_1/\partial r_{bb}^1$和$\partial\psi_2/\partial r_{bb}^2$，$\partial^2\psi_1/\partial(r_{bb}^1)^2$和$\partial^2\psi_2/\partial(r_{bb}^2)^2$，剩余的6个参数$\mathrm{d}^2\phi_{ii}/\mathrm{d}l^2$，$\partial^2\phi_1/\partial r_1^2$和$\partial^2\phi_2/\partial r_2^2$，$\beta_1$，$\beta_2$和$Z^2/\varepsilon$可以用来对非弹性中子散射获得的实验数据和弹性常数进行拟合，声子的本征频率和本征矢可以从键电荷的运动方程获得

$$
\begin{aligned}
\boldsymbol{M}\omega^2\boldsymbol{u}&=\boldsymbol{F}_R\boldsymbol{u}+\boldsymbol{F}_T\boldsymbol{v}\\
0&=\boldsymbol{F}_T^+\boldsymbol{u}+\boldsymbol{F}_S\boldsymbol{v}
\end{aligned}
\tag{6.43}
$$

$$
\begin{aligned}
&\boldsymbol{F}_R=\boldsymbol{R}+4\frac{(Ze)^2}{\varepsilon}\boldsymbol{C}_R \qquad \boldsymbol{F}_T=\boldsymbol{T}-2\frac{(Ze)^2}{\varepsilon}\boldsymbol{C}_T\\
&\boldsymbol{F}_T^+=\boldsymbol{T}^+-2\frac{(Ze)^2}{\varepsilon}\boldsymbol{C}_T^+ \qquad \boldsymbol{F}_S=\boldsymbol{S}+\frac{(Ze)^2}{\varepsilon}\boldsymbol{C}_S
\end{aligned}
\tag{6.44}
$$

$\boldsymbol{M}$是离子的质量矩阵，$\boldsymbol{u}$和$\boldsymbol{v}$分别是离子和键电荷的位移，矩阵$\boldsymbol{R}$、$\boldsymbol{T}$、T^+和$\boldsymbol{S}$分别是离子-离子、离子-键电荷、键电荷-离子和键电荷-键电荷短程的相互作用的力常数矩阵，$\boldsymbol{C}_R$、$\boldsymbol{C}_T$、C_T^+和$\boldsymbol{C}_S$分别表示离子-离子、离子-键电荷、键电荷-离子和键电荷-键电荷长程相互作用的库仑系数矩阵。$\boldsymbol{F}_R$、$\boldsymbol{F}_T$、C_T^+和$\boldsymbol{F}_S$分别是离子-离子、离子-键电荷、键电荷-离子和键电荷-键电荷总的相互作用(短程＋长程)的力常数矩阵。Rajput等(1996)运用这个模型对II-VI族化合物的声子谱进行了拟合，其中对于CdTe和HgTe的中子散射获得的实验数据进行的拟合如图6.17和图6.18所示。虽然只有6个参数，但是拟合的结果都是相当好，可见这个模型是分析声子谱一个有效的方法。

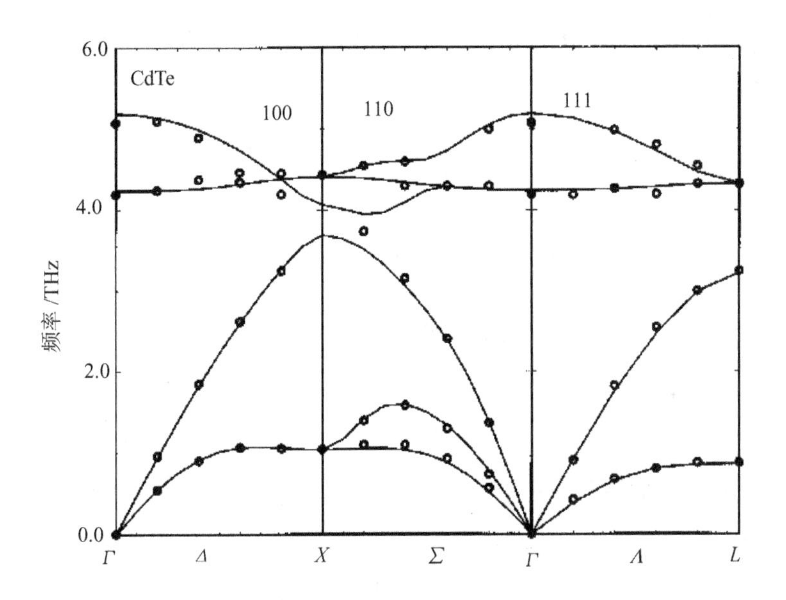

图 6.17　键电荷模型对中子非弹性散射获得的 CdTe 声子谱拟合的结果(Rajput et al.　1996)

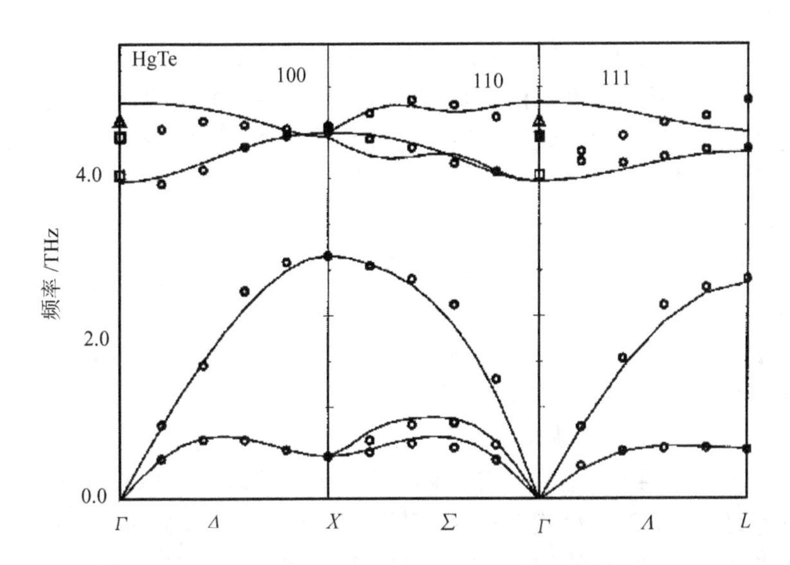

图 6.18　键电荷模型对中子非弹性散射获得的 HgTe 声子谱拟合的结果(Rajput et al.　1996)

6.2　晶格反射光谱

6.2.1　晶格振动的双模行为

反射光谱方法是研究极性晶体晶格振动最常用的一种实验方法。可以通过介电函数用经典色散理论来分析实验远红外反射光谱，它把晶体当作由若干个阻尼谐振子组成为体系，因而在混晶声子常模频率区域，介电函数(Balkanski 1979)

$$\varepsilon(\omega)=\varepsilon_{\infty}+\Delta\varepsilon_{\text{inter}}+\Delta\varepsilon_{\text{phonon}}+\Delta\varepsilon_{\text{intra}} \tag{6.45}$$

可以写成

$$\varepsilon(\omega)=\varepsilon_{\infty}^{*}+\sum_{j}\frac{S_{j}\omega_{\text{TO},j}^{2}}{\omega_{\text{TO},j}^{2}-\omega^{2}-\text{i}\omega\Gamma_{j}}-\omega_{P}^{2}\varepsilon_{\infty}\frac{1}{\omega^{2}+\text{i}\Gamma_{P}\omega} \tag{6.46}$$

而反射系数则可写为

$$R(\omega)=\left[\frac{\varepsilon^{1/2}(\omega)-1}{\varepsilon^{1/2}(\omega)+1}\right]^{2}=\frac{[n(\omega)-1]^{2}+k^{2}(\omega)}{[n(\omega)+1]^{2}+k^{2}(\omega)} \tag{6.47}$$

$$\begin{aligned}\varepsilon'(\omega)&=n^{2}(\omega)-k^{2}(\omega)\\ \varepsilon''(\omega)&=2n(\omega)k(\omega)\end{aligned} \tag{6.48}$$

式(6.45)中，第一、二项为$\varepsilon_{\infty}+\Delta\varepsilon_{\text{inter}}=\varepsilon_{\infty}^{*}$，为考虑到带间跃迁贡献的等效光频介电常数。如果不考虑带间跃迁的贡献，则直接用高频介电常数。第三项为晶格振动对介电函数的贡献，S_j、ω_{TO}、j 和 Γ_j 分别为第 j 个振子的强度、频率和阻尼常数，第四项为等离子振荡量子对介电函数的贡献

$$\omega_{P}^{2}=\frac{4\pi ne^{2}}{m^{*}\varepsilon_{\infty}} \tag{6.49}$$

为等离子振荡频率，Γ_P 为其阻尼常数。选择和调节振子数目及有关参数 ω_{TO}、S、Γ 可按式(6.46)、(6.47)用算得和实验反射光谱一致的拟合曲线。

$Hg_{1-x}Cd_xTe$ 中 Te 占据阴离子格点，Hg 和 Cd 占据阳离子格点，因此可以看成是$(CdTe)_x(HgTe)_{1-x}$混晶，在这样的晶体中存在着类 CdTe 的 LO，TO“声子”，存在着类 HgTe 的 LO，TO“声子”。对半导体 $Hg_{1-x}Cd_xTe$ 混晶，反射光谱研究表明，其光学声子最突出的特征是双模行为(Kim et al. 1971, Baars et al. 1972, Mooradian et al. 1971, Georgitse et al. 1973, Dornhaus et al. 1982)。Baars(1972)测量了不同组分 HgCdTe 的远红外的反射光谱，如图 6.19 所示。Nimtz(Dornhaus 1983)测量了 $Hg_{0.8}Cd_{0.2}Te$ 反射光谱，如图 6.20。利用式(6.45)来拟合反射光谱。假定存在类 CdTe 光学声子模与类 HgTe 光学声子模，可以获得声子频率等参数。HgCdTe 高频介电常数，如图 6.21 所示。

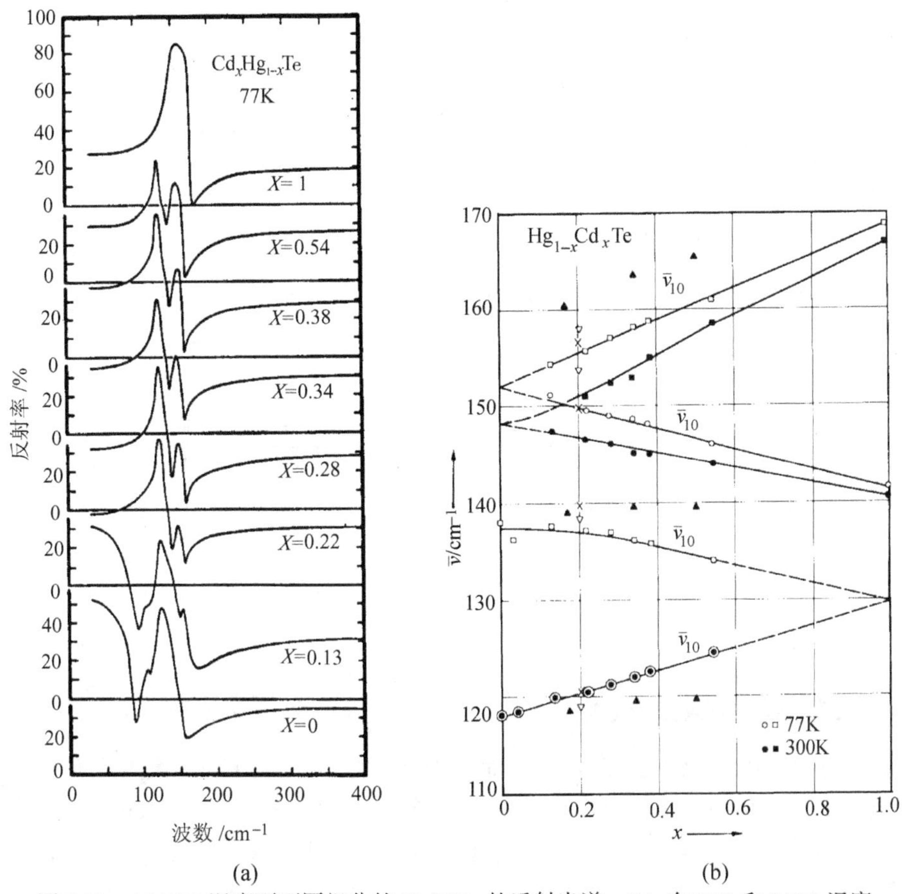

图 6.19 (a) 77K 温度下不同组分的 HgCdTe 的反射光谱；(b) 在 77K 和 300K 温度下 HgCdTe 中的纵光学声子和横光学声子的组分依赖关系

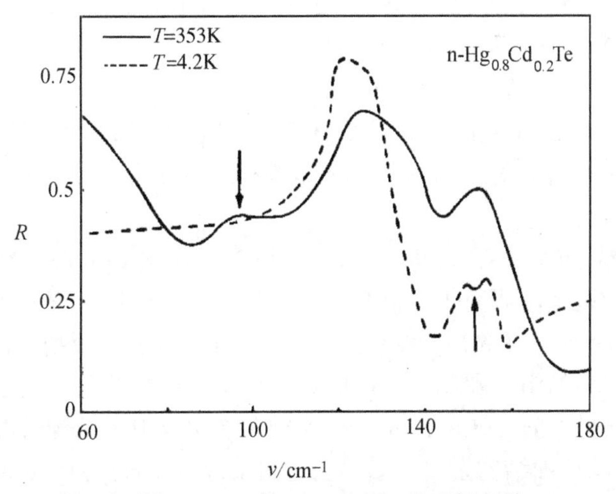

图 6.20 n 型 $Hg_{0.8}Cd_{0.2}Te$ 的反射光谱

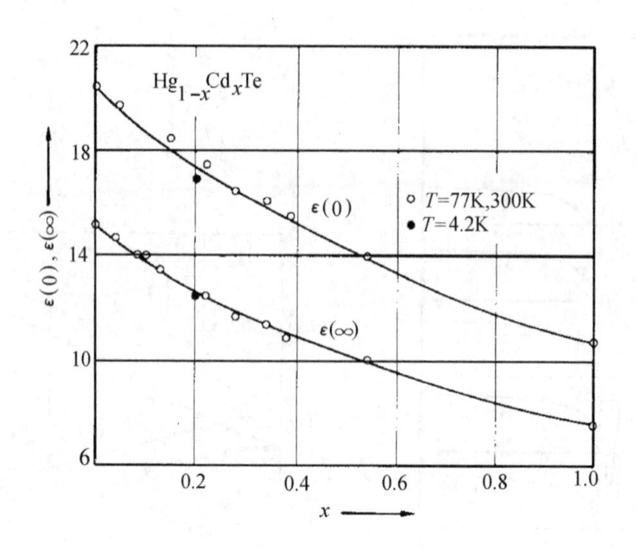

图 6.21　图中高频介电常数可以用$\varepsilon(\infty)=16.19-14.52x+11.06x^2-4.24x^3$来表达

该式可用于 $0<x<1$，$4.2K<T<300K$

6.2.2　晶格振动的多振子模型

在图 6.20 中，看到在 4.2K 时，HgCdTe 反射光谱的类 CdTe 反射带有分裂现象，这一现象 Vodopyanov 等(1984)的实验结果中已经发现，实验表明，类 CdTe 光学声子反射带存在精细结构，并将它归因于阳离子亚晶格中 Hg，Cd 离子的“团聚”(clustering)效应，即每种阳离子择优选取同种离子为最近邻阳离子的效应，如图 6.22 所示。在图中位于 $125cm^{-1}$ 的反射峰是类 HgTe 反射带，位于 $155cm^{-1}$ 左右的反射峰是类 CdTe 的反射带。从组分 x 的变化可以看出两个峰的相对强度的变化。在 x=0.48 时，两个峰高几乎相同。在 x=1 时，位于 $125cm^{-1}$ 的类 HgTe 反射带消失，则留下位于 $155cm^{-1}$ 左右类 CdTe 反射带。从图中可以看出类 CdTe 反射带的分裂现象。同时在 Raman 光谱中除了类 HgTe 的 LO 声子和类 CdTe 的 LO、TO 声子以外，在 TO_{CdTe} 与 LO_{CdTe} 频率之间的范围存在着几个有可能是“团聚”效应引起的振动模。

沈学础和褚君浩(沈学础　1985，Chu　1993)，在 4.2~300K 的温度范围和 $15\sim400cm^{-1}$ 的波数范围内研究了 x=0.18 到 0.45 的 $Hg_{1-x}Cd_xTe$ 混晶的反射光谱。除观察到了类 CdTe 反射带的精细结构外，还观察到类 HgTe 反射带的复杂结构，研究了这种结构和样品组分及测量温度的关系。用经典赝谐振子模型拟合了实验反射谱，并由此获得了 $Hg_{1-x}Cd_xTe$ 的光学常数和有关反射谱结构可能物理起源结论。将类 CdTe 带的精细结构主要归结为上述团聚效应，而类 HgTe 带的复杂结构主要归诸为等离子振荡量子-LO 声子耦合的效应。

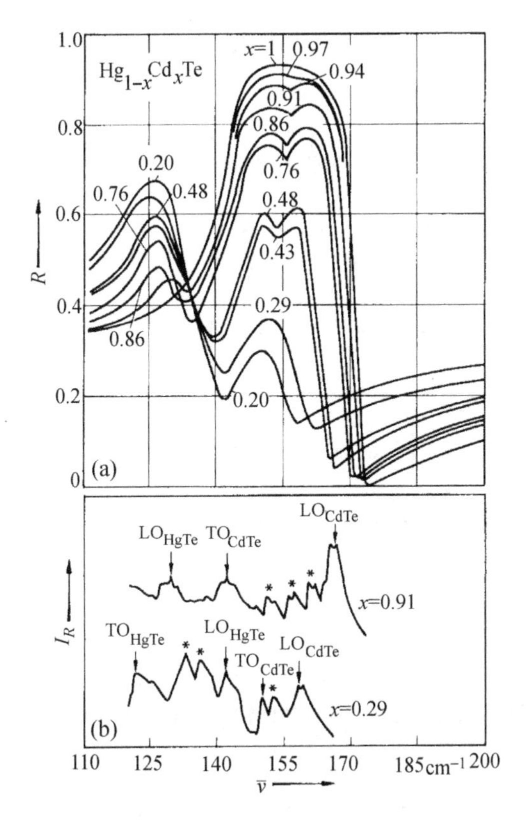

图 6.22 在 85K 温度下，不同组分的 HgCdTe 的远红外反射光谱(a)和 Raman 散射光谱(b)

实验采用的样品如表 6.1 所述。反射光谱的实验测量采用 Bruker IFS—Ⅲ4 远红外傅里叶变换光谱仪在近正入射和非偏振光情况下进行。波数范围为 15~400cm^{-1}，分辨率为 lcm^{-1}。和光谱仪匹配的液氦杜瓦系统使得可测量 4.2~300K 温度范围内的实验反射光谱。

表 6.1 样品组分、禁带宽度和载流子浓度等参数

编号	No.1	No.2	No.3	No.4	No.5
组分 x	0.45	0.33	0.27	0.20	0.18
厚度 d/μm	380	290	880	435	190
禁带宽度 E_{g300K}/eV	0.518	0.344	0.260	0.167	0.148
载流子浓度 n_{77K}/cm^{-3}	1.14×10^{14}	7.6×10^{15}	1.2×10^{14}	1.6×10^{15}	6.6×10^{15}

图 6.23 和图 6.24 给出不同温度下 80~220 cm^{-1} 波数范围内 $x = 0.45$ 和 $x = 0.18$ 的两个典型样品的远红外反射光谱的测量结果。图中数据点代表测量结果，在光

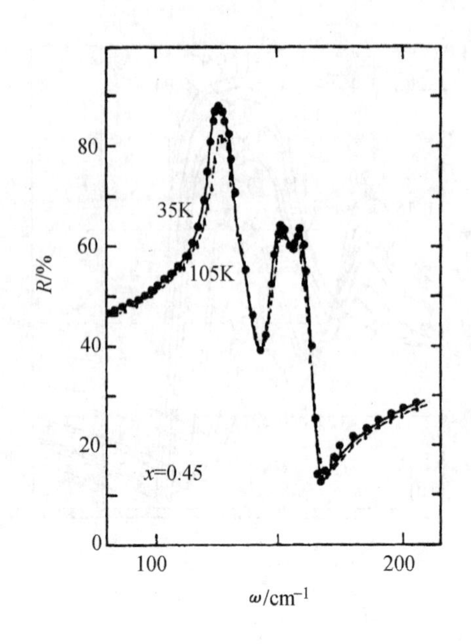

图 6.23　不同温度下 x=0.45 的 $Hg_{1-x}Cd_xTe$ 样品的远红外反射光谱。图中线条—35K，----105K 是多振子模型计算结果；数据点为 35K 和 105K 下的反射光谱的实验值，在高频端的数据点已经考虑了多次反射修正(在样品透明和半透明波段)

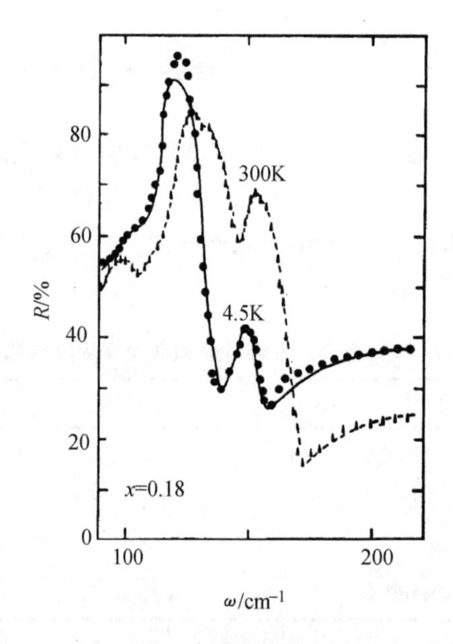

图 6.24　不同温度下 x=0.18 的 $Hg_{1-x}Cd_xTe$ 样品的远红外反射光谱。图中线条—4.5K，----300K 是多振子模型计算结果；数据点为 4.5K 和 300K 下反射光谱的实验值，在高频端的数据点已经考虑了多次反射修正(在样品透明和半透明波段)

谱的高频端样品透明和半透明波段，考虑了多次反射效应对实验数据的修正。曲线为根据多振子模型综合计算的结果。图 6.23 和图 6.24 以及其他样品的测量结果表明，在声子常模频率区域，$Hg_{1-x}Cd_xTe$ 混晶存在两个主要的反射带，即类 CdTe 的 LO-TO 反射带和类 HgTe 的 LO-TO 反射带。除此以外，图 6.23 表明，对 $x = 0.45$ 的样品，可以观察到位于波数 $150cm^{-1}$ 附近的类 CdTe 反射带的精细结构，随着温度的下降由于线宽变窄，这种结构愈益明显。但对 $x= 0.18$ 的样品，如图 6.24 所示。直到 4.5K 还不能直接观察到类 CdTe 带的精细结构，并且其表观强度似随温度降低而减弱。综合所有样品的实验结果可知，在该实验所研究过的组分和温度范围内，x 值愈大，测量温度愈低，则愈容易直接观察到类 CdTe 反射带的结构。$x = 0.18$ 的 HgCdTe 样品实验反射光谱的另一个显著特点是室温下位于波数 $130\ cm^{-1}$ 附近的类 HgTe 反射带明显地显示出复杂结构，这种复杂结构随温度下降而渐趋消失。

计算表明，如果采用通常的双振子模型，可以给出混晶的两个主要的反射带，但不能解释类 CdTe 带的分裂和其他精细结构。采用多振子模型，即除上述两个主要振子外，附加若干较弱的振子，则可以获得和实验结果符合最佳的拟合反射曲线。对 $x= 0.45$ 样品，式(6.46)中第三项的贡献可以忽略不计，采用如表 6.2 所列的 7 个振子，获得的拟合反射曲线及其和实验结果的比较如图 6.23 所示。对 $x = 0.18$ 的样品，采用如表 6.3 所列的 6 个振子并考虑式(6.46)中第三项的贡献，获得的拟合反射曲线及其和实验结果的比较则如图 6.24 所示。在考虑第三项贡献时，4.5K 和 300K 时的 ω_P 分别如下面的讨论中给出，阻尼常数 Γ_P 则按文献(Danielewicz et al. 1974)和拟合计算要求分别选为 10 和 35。由图可见，拟合计算结果和实验的符合是良好的，尤其是拟合曲线颇为精确地再现了实验反射光谱上的诸峰值和结构。

表 6.2　拟合 $x = 0.45$ 的 HgCdTe 反射光谱采用的多振子参数

	36K			105K		
	$\omega_{TO,j}$ /cm^{-1}	S_j	Γ_j/cm^{-1}	$\omega_{TO,j}$ /cm^{-1}	S_j	Γ_j/cm^{-1}
低频振子	110	0.3	10	110	0.3	10
类 HgTe 振子	123	6.6	2.8	124	6.5	4.5
	134	0.7	9	135	0.6	9
	141	0.15	6	141	0.15	7
类 CdTe 振子	149	0.9	4	150	0.8	5
	153	0.35	6	153	0.35	7.5
	157	0.15	4	157	0.15	4.8

表 6.3　拟合 $x = 0.18$ 的 HgCdTe 反射光谱采用的多振子参数

	4.5K			300K		
	$\omega_{\mathrm{TO,j}}$ /cm^{-1}	S_{j}	Γ_{j}/cm^{-1}	$\omega_{\mathrm{TO,j}}$ /cm^{-1}	S_{j}	Γ_{j}/cm^{-1}
低频振子	105	2.7	12.5	100	2.7	12.5
	112	1.7	8	113	1.3	10
类 HgTe 振子	116	5	2.3	122	5	6.6
	135	0.15	8	132	0.18	8
类 CdTe 振子	142	0.1	5	140	0.1	8
	147	0.45	7.5	149	0.45	9

$Hg_{1-x}Cd_xTe$ 混晶具有四面体闪锌矿结构，每个 Te 阴离子有 4 个最近的阳离子。它们可以是 Cd，也可以是 Hg，因而存在五种可能性，分别对应于四个最近邻有 $j = 0,1,2,3$ 和 4 个 Hg 离子。又由于同种阳离子的“团聚”效应，阳离子亚晶格中每一种阳离子找到同种离子作为最近邻的概率为

$$
\begin{aligned}
P_{\mathrm{Cd,Cd}} &= x + \beta(1-x) \\
P_{\mathrm{Hg,Hg}} &= (1-x) + \beta x
\end{aligned}
\tag{6.50}
$$

式中：β 为短程“团聚”系数，若 $\beta = 0$，则 $P_{\mathrm{Cd,Cd}}=x$，$P_{\mathrm{Hg,Hg}}=1-x$，表示完全随机分布；若 $\beta = 1$，则 $P_{\mathrm{Cd,Cd}}= P_{\mathrm{Hg,Hg}}=1$，表示完全“团聚”。一般情况下，$0<\beta<1$。由于光学声子模主要依赖于近程力常数，就会产生多种模式的振动。这样，即使仅考虑最近邻互作用，可以从运动方程解得五个对应于上述不同原胞结构的光学模频率和振子强度(Kozyrev et al.　1983, 1998)，如果再考虑到次近邻互作用，模式组合，和通常在低 x 值高载流子浓度情况下起重要作用的等离子振荡量子-LO 声子耦合效应，那么和 $GaAs_xP_{1-x}$ 的情况类似(Verleur et al.　1966, 沈学础等 1984)，多余 5 个的振子也是允许的。

实验上图 6.23 所示 $x = 0.45$ 样品的类 CdTe 反射带的精细结构给出了多振子模型的最直接的证据，而拟合计算表明图 6.24 所示 $x = 0.18$ 样品的类 CdTe 反射带和两个样品的类 HgTe 反射带也包括了两个或两个以上振子的贡献，只是由于它们有较宽的线宽，因而直到低温下尚不能直接在实验中分辨出来。

反射曲线拟合计算表明(如图 6.23、图 6.24 所示)，常模频率区域以上，为使拟合计算曲线和实验测得的反射光谱相符，需要采用较常用值为高的高频介电常数值，并考虑其虚部。这是由于对 HgCdTe，尤其是 x 值较低，因而带宽很窄并且自由载流子浓度较高的样品，在用介电函数理论研究其反射光谱时，不能忽略带内跃迁和带间跃迁过程对介电函数的贡献，在式(6.46)中，已引入等离子振荡项来描述带内跃迁对介电函数的贡献，而带间跃迁贡献则可用等效高频介电常数来

概括

$$\varepsilon_\infty^* = \varepsilon_\infty + \Delta\varepsilon_{\text{inter}} \tag{6.51}$$

带间跃迁对介电函数的贡献 $\Delta\varepsilon_{\text{inter}}$ 包括实部和虚部。其虚部可写为

$$\begin{aligned}\Delta\varepsilon''_{\text{inter}} = \frac{4\pi^2 h^2 e^2}{m_0} \frac{\left|\left(\boldsymbol{k}, c\left|P\right|\boldsymbol{k}, V\right)\right|^2}{\left|E_C\left(\boldsymbol{k}\right) - E_V\left(\boldsymbol{k}\right)\right|^2} \cdot \Big\{\delta\left[h\omega - E_C\left(\boldsymbol{k}\right) + E_V\left(\boldsymbol{k}\right)\right] \times f_V\left(1 - f_C\right) \\ -\delta\left[-h\omega + E_C\left(\boldsymbol{k}\right)\right] f_C\left(1 - fV\right)\Big\}\end{aligned} \tag{6.52}$$

式中：f_C、f_V 分别为导带和价带的费米分布函数。带间跃迁对介电函数实部的贡献，则可从式(6.52)所得结果，利用 KK 关系求得，是一个几乎与频率无关的值(Polian et al. 1976)。其值通常根据组分及载流子浓度来选取对于 x=0.18 样品，4.5K 时取 $\Delta\varepsilon' \approx 6$，与文献(Polian et al. 1976)的估算大致相同。$\Delta\varepsilon''$ 则根据吸收实验结果(沈学础 1984)，并考虑到能带边缘态密度函数的性质，尝试采用下列经验公式来近似

$$\Delta\varepsilon'' = \sqrt{B\left(\omega - \omega_0\right)} \tag{6.53}$$

式中：B 和 ω_0 决定于禁带宽度，因而随样品组分及测量温度而异。对 x=0.18 和 4.5K 的测量温度，B=1.2，ω_0= 148cm^{-1}。图 6.23 和图 6.24 关于拟合计算和实验结果的比较表明，考虑上述对高频介电常数的修正后，拟合计算曲线可以和实验结果一致。

6.2.3 等离子振荡量子-LO 声子耦合效应

当红外辐照在固体上，如果光子频率与横光学声子频率接近，会出现光子-声子耦合。原来的声子态发生变化，为电磁声子(polariton)。此时声子吸收与发射都以电磁声子为单位，光子-声子耦合可以用色散方程来描述

$$\begin{aligned} c^2k^2 &= \omega^2\varepsilon \\ \varepsilon &= 1 + 4\pi\frac{P}{E}\end{aligned} \tag{6.54}$$

式中：E 是光射到物体内的电场，ω是光射到物质内光场与声子耦合后电场变化的频率，亦是振子振动的频率。这个频率认为就是入射前光场原来的频率。P 是晶体内正负离子偏移引起的极化强度。k 是波矢,是极化以后，介电函数所决定的电磁波在物质内传播的波矢。由于振子跟随着振动，因此 k 也是振子耦合后跟振子波动的波矢，即电磁声子的波矢。k 与入射光原来的波矢 k_0 不同，因为有极化

的贡献。k_0变成k，所以式(6.54)描写了耦合后振子的运动情况，现在需要求出P，以确定式(6.54)中的各个物理量

$$P = Nqu \tag{6.55}$$

式中：u是正负离子对的位移，q是离子所带的电荷，N是单位体积内的离子对数目。显然从正离子—负离子对在电磁场作用下的运动方程可以求出u。取原点在负离子上，研究正离子运动，由于离子还受到周围离子的弹性束缚，所以可看成是弹性束缚带电粒子的受迫振动，运动方程为

$$M\ddot{u} + M\omega_{\mathrm{TO}}^2 u = qE \tag{6.56}$$

式中：ω_{TO}是光学声子频率，如果解具有$u = u_0 \mathrm{e}^{\mathrm{i}\omega t}$形式，则方程变为

$$-M\omega^2 u + M\omega_{\mathrm{TO}}^2 u = qE \tag{6.57}$$

解出u，并代入式(6.55)，于是

$$P = \frac{Nq^2 E}{M(\omega_{\mathrm{TO}}^2 - \omega^2)} \tag{6.58}$$

$$\varepsilon(\omega) = 1 + \frac{4\pi Nq^2 / M}{\omega_{\mathrm{TO}}^2 - \omega^2} \tag{6.59}$$

于是式(6.54)变为

$$c^2 k^2 = \omega^2 \left(1 + \frac{4\pi Nq^2 / M}{\omega_{\mathrm{TO}}^2 - \omega^2}\right) \tag{6.60}$$

如果 k=0，即$\lambda \to \infty$，表示固体内一种集体振动方式，则从式中可以解出ω的可能值。显然$\omega_1^2 = 0$是解，即无光照

$$\omega_2^2 = \omega_{\mathrm{TO}}^2 + 4\pi Nq^2 / M = \omega_{\mathrm{L}}^2 \tag{6.61}$$

表示固体内部存在着振动频率为ω_{L}的集体振动模式。上面的讨论中没有计算离子实上的电子在外场作用下的极化的影响。如果考虑这一点，在高频时，当$\omega \to \infty$时，$\varepsilon(\omega) = \varepsilon(\infty)$，为高频介电常数，则式(6.59)应写为

$$\varepsilon(\omega) = \varepsilon(\infty) + \frac{4\pi Nq^2 / M}{\omega_{\mathrm{TO}}^2 - \omega^2} \tag{6.62}$$

在 $\omega \to 0$ 时为静介电常数 $\varepsilon(0)$，有

$$\varepsilon(0) = \varepsilon(\infty) + \frac{4\pi Nq^2 / M}{\omega_{\mathrm{TO}}^2 - \omega^2} \tag{6.63}$$

此外，在 $\omega \to \omega_{\mathrm{L}}$ 时，$k = 0$，$\varepsilon = 0$，有

$$0 = \varepsilon(\infty) + \frac{4\pi Nq^2 / M}{\omega_{\mathrm{TO}}^2 - \omega^2} \tag{6.64}$$

由以上表达式有

$$\frac{\varepsilon(0)}{\varepsilon(\infty)} = \left(\frac{\omega_{\mathrm{L}}}{\omega_{\mathrm{TO}}}\right)^2 \tag{6.65}$$

即所谓 LST 关系。同时，也可写出常用介电函数的表达式。

$$\varepsilon(\omega) = \varepsilon(\infty) + \frac{\omega_{\mathrm{TO}}^2[\varepsilon(0) - \varepsilon(\infty)]}{\omega_{\mathrm{TO}}^2 - \omega^2} \tag{6.66}$$

在有阻尼的情况下，运动方程写为

$$M\ddot{u} + M\Gamma\dot{u} + M\omega_{\mathrm{TO}}^2 u = qE \tag{6.67}$$

式中：Γ 为阻尼系数，则可推出介电常数为

$$\varepsilon(\omega) = \varepsilon(\infty) + \frac{\omega_{\mathrm{TO}}^2[\varepsilon(0) - \varepsilon(\infty)]}{\omega_{\mathrm{TO}}^2 - \omega^2 - \mathrm{i}\Gamma\omega} \tag{6.68}$$

此时可以写出

$$\begin{aligned} \varepsilon'(\omega) &= \varepsilon(\infty) + \frac{[\varepsilon(0) - \varepsilon(\infty)]\omega_{\mathrm{TO}}^2(\omega_{\mathrm{TO}}^2 - \omega^2)}{\left(\omega_{\mathrm{TO}}^2 - \omega^2\right)^2 + \Gamma^2\omega^2} \\ \varepsilon''(\omega) &= \frac{[\varepsilon(0) - \varepsilon(\infty)]\omega_{\mathrm{TO}}^2\omega T}{\left(\omega_{\mathrm{TO}}^2 - \omega^2\right)^2 + \Gamma^2\omega^2} \end{aligned} \tag{6.69}$$

从 $\varepsilon' = n^2 - k^2$ 以及 $\varepsilon'' = 2nk$ 就可以求出 n 和 k。

如果考虑自由载流子在光场作用下的振荡，如第 4 章中自由载流子的光学效应所分析

$$\varepsilon(\omega)=\varepsilon(\infty)-\frac{\omega_{\mathrm{p}}^{2}\varepsilon(\infty)}{\omega^{2}} \tag{6.70}$$

ω_{p}是等离子振荡频率。因此如果同时考虑离子和电子在光场作用下的振荡，介电函数要综合式(6.68)和式(6.70)写成

$$\varepsilon(\omega)=\varepsilon(\infty)-\frac{\omega_{\mathrm{p}}^{2}\varepsilon(\infty)}{\omega^{2}}+\frac{\omega_{\mathrm{TO}}^{2}[\varepsilon(0)-\varepsilon(\infty)]}{\omega_{\mathrm{TO}}^{2}-\omega^{2}} \tag{6.71}$$

当等离子振荡频率ω_{p}与 LO 声子频率接近的时候，发生电子声子耦合，使电子的集体振荡发生变化。此时出现在$k=0$，$\varepsilon(\omega)=0$的情况。于是从式(6.71)等于 0 的方程，并利用式(6.65)，就可以解出等离子振荡量子与声子耦合后的频率ω。

图 6.24 表明，室温下 x=0.18 的 $Hg_{1-x}Cd_xTe$ 样品的类 HgTe 反射带也存在复杂结构，其类 CdTe 反射带随温度的漂移也比其他样品为大。此外，和 HgTe 反射谱的情况(Balkski 1979)相似，还存在一个波数位于 100~110 cm^{-1} 左右的低频反射峰。

图 6.25 给出了不同温度下，很远红外波段处，x=0.18 样品的反射曲线，它们给出 HgCdTe 等离子全反射及其随温度漂移的情况。为解释这些实验结果及图 6.25 给出的远红外反射谱，不仅需要计及等离子振荡的量子对介电函数的贡献，而且需要考虑等离子振荡量子-LO 声子耦合效应。当两者频率ω_{P} 和ω_{LO}相近时，耦合模频率可由下式(Verga 1965)给出

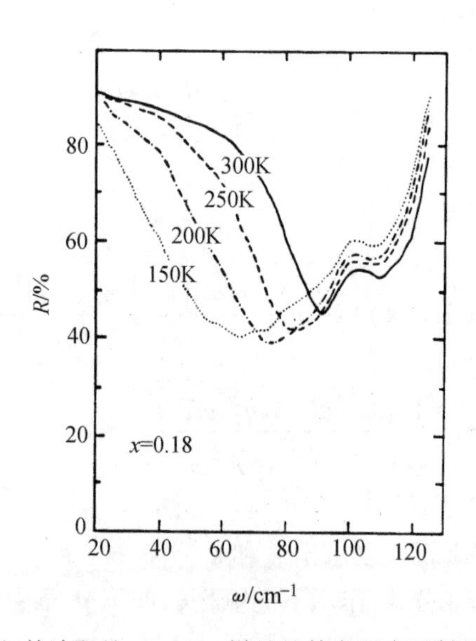

图 6.25 远红外波段处，x=0.18 样品的等离子全反射及其温度的漂移

$$\Omega_{\pm}^2=\frac{1}{2}\left(\omega_{\mathrm{P}}^2+\omega_{\mathrm{LO}}^2\right)\pm\frac{1}{2}\left[\left(\omega_{\mathrm{P}}^2+\omega_{\mathrm{LO}}^2\right)^2-4\omega_{\mathrm{P}}^2\omega_{\mathrm{TO}}^2\right]^{\frac{1}{2}} \tag{6.72}$$

式中：ω_{P}为等离子振荡频率，由式(6.49)计算。但对于x=0.18这样的HgCdTe，导带具有强烈的非抛物性，费米能级进入导带。m^*为费米面上电子的有效质量。它与载流子浓度有关，因而不能像典型半导体那样简单地认为ω_{P}^2正比于载流子浓度。在用式(6.49)计算时必须考虑与载流子浓度相关的有效质量。从前面研究$Hg_{1-x}Cd_xTe$能带结构中可以推得，也可参考文献(Sella et al.　1967，Dornhaus et al. 1976)

$$\left(\frac{m^*}{m_0-m^*}\right)^2=\left(\frac{m_0^*}{m_0}\right)^2+\frac{3\hbar^2(3\pi^2 n)^{2/3}}{m_0 E_{\mathrm{p}}} \tag{6.73}$$

式中：m_0^*为导带底有效质量，$m_0^*=3\hbar^2E_{\mathrm{g}}/4P^2$，$E_{\mathrm{p}}=(2m_0/\hbar^2)P^2$。在上述实验研究的组分和温度范围之内，恒有$m^*\ll m_0$，式(6.73)可写成

$$\left(\frac{m^*}{m_0}\right)^2=\left(\frac{m_0^*}{m_0}\right)^2+\frac{3}{2}\left(\frac{\hbar^2}{m_0 P}\right)^2\left(3\pi^2 n\right)^{\frac{1}{2}} \tag{6.74}$$

式中：$P=8\times10^{-8}$ eVcm(褚君浩　1983)为动量矩阵元。此外，对于HgCdTe，重空穴有效质量远大于导带电子有效质量，因而在式(6.74)中，仅考虑电子的等离子振荡，而忽略空穴的效应，这样算得$x=0.18$样品在不同温度下的m^*、ω_{P}值列在表6.4中。

表6.4　不同温度下$x=0.18$样品的禁带宽度载流子浓度导带电子有效质量和等离子振荡频率

T/K	E_{g}/eV	n/cm^{-3}	m^*/m_0	ω_{P}/cm^{-1}
4.5	0.034	6.55×10^{15}	0.00754	63
200	0.104	2.06×10^{16}	0.0136	85
250	0.122	3.62×10^{16}	0.0162	103
300	0.140	6.54×10^{16}	0.0168	112

表6.4列出的ω_{P}如前所述已用于拟合反射曲线计算，并画于图6.26中，由斜线所示，它和电子浓度n和禁带宽度E_{g}有关，从而和温度T有关。图6.26中虚线表示ω_{LO}及ω_{TO}，圆点为拟合实验曲线计算时所得的ω_{LO}及ω_{TO}。按式(6.72)计算的等离子振荡量子-LO声子耦合模频率则如图6.26中曲线所示，它分裂成上(Ω_+)、下(Ω_-)两支。从实验反射光谱和拟合计算给出的Im[$-1/\varepsilon(\omega)$]谱，可以获得耦合模的Ω_+支频率的实验值(空心三角点)，而从图6.25给出的更远红外波段的反射光谱

可以估计耦合模的Ω_-支频率的实验值，它们如图 6.26 中黑三角点所示。这些结果表明：图 6.24 所示较高温度下类 HgTe 反射带的复杂结构似可归因为等离子振荡量子——类 HgTe LO 声子的耦合效应引起的，而图 6.25 给出的反射曲线，则似应归诸为耦合模下支Ω_-的效应。对 x= 0.18 样品类 CdTe 反射带的较大的温度漂移可作类似解释。

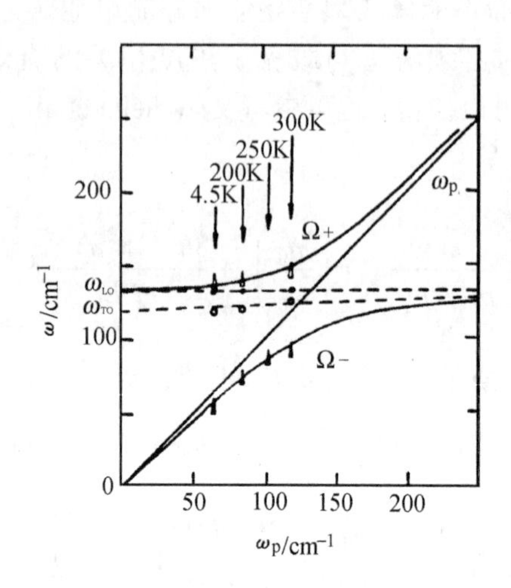

图 6.26　等离子振荡量子-LO 声子耦合模色散特性

6.2.4　HgCdTe 远红外光学常数

这里所给出的复介电函数谱和复折射系数谱，是利用多振子模型进行反射光谱拟合计算所获得的结果。根据前面讨论的介电函数理论，介电函数的虚部$\varepsilon''(\omega)$和实部$\varepsilon'(\omega)$可以表述为

$$\begin{cases} \varepsilon''(\omega) = \Delta\varepsilon''_{\text{inter}} + \sum_j \dfrac{S_j\omega_{\text{TO},j}^2\Gamma_j\omega}{(\omega_{\text{TO},j}^2-\omega^2)+\Gamma_j^2\omega^2} - \dfrac{\omega_{\text{P}}^2\varepsilon_\infty\cdot\omega^2}{\omega^4+\Gamma_{\text{P}}^2\omega^2} \\ \varepsilon'(\omega) = \varepsilon_\infty + \Delta\varepsilon'_{\text{inter}} + \sum_j \dfrac{S_j\omega_{\text{TO},j}^2\left(\omega_{\text{TO},j}^2-\omega^2\right)}{\left(\omega_{\text{TO},j}^2-\omega^2\right)+\Gamma_j^2\omega^2} + \dfrac{\omega_{\text{P}}^2\varepsilon_\infty\Gamma_{\text{P}}\omega}{\omega^4+\Gamma_{\text{P}}^2\omega^2} \end{cases} \tag{6.75}$$

式中：$\Delta\varepsilon''_{\text{inter}}$ 用经验式(6.53)，$\Delta\varepsilon'_{\text{inter}}$ 近似为一常数 S_j、ω_{TO}、Γ_j 分别为第 j 个横模振子的振子强度频率和阻尼常数，由表 6.2 和表 6.3 所示。从反射光谱的拟合计算得到这些参数的最佳符合值后，就可同时得到$\varepsilon'(\omega)$和$\varepsilon''(\omega)$谱，从而还可计算复折射系数

$$\tilde{n} = \sqrt{\tilde{\varepsilon}(\omega)} = n + \mathrm{i}k$$

$$n = \sqrt{\frac{\sqrt{\varepsilon'^2 + \varepsilon''^2} + \varepsilon'}{2}} \tag{6.76}$$

$$k = \sqrt{\frac{\sqrt{\varepsilon'^2 + \varepsilon''^2} - \varepsilon'}{2}}$$

这样就得到了 HgCdTe 半导体的复介电函数谱以及复折射系数谱，即给出了折射率 n 和消光系数 k 等有用的光学常数。图 6.27 和图 6.28 给出了 $x = 0.18$ 的 HgCdTe 样品介电函数谱的虚部 $\varepsilon''(\omega)$ 和 $\mathrm{Im}[-1/\varepsilon(\omega)] = \varepsilon''(\omega)/(\varepsilon'^2 + \varepsilon''^2)$。$\varepsilon''(\omega)$ 所示曲线的峰值和结构给出了诸光学声子的横模频率 $\omega_{\mathrm{TO},j}$，$\mathrm{Im}[-1/\varepsilon(\omega)]$ 曲线的诸峰值和折点则给出诸学声子的纵模频率 $\omega_{\mathrm{LO},j}$，它们的位置分别如图 6.27、图 6.28 中的箭头标出。图 6.29 和图 6.30 则分别给出从实验反射光谱求得的不同温度下 $x = 0.18$ 的 HgCdTe 的远红外折射率和消光系数的色散曲线。

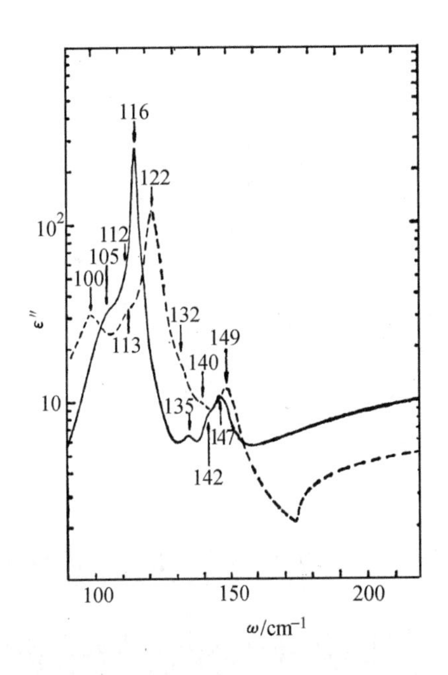

图 6.27　4.5K(实线)和 300K(虚线)温度下 $Hg_{1-x}Cd_xTe(x = 0.18)$样品介电函数虚部 ε'' 的色散曲线，箭头所标为 $\omega_{\mathrm{TO},j}$

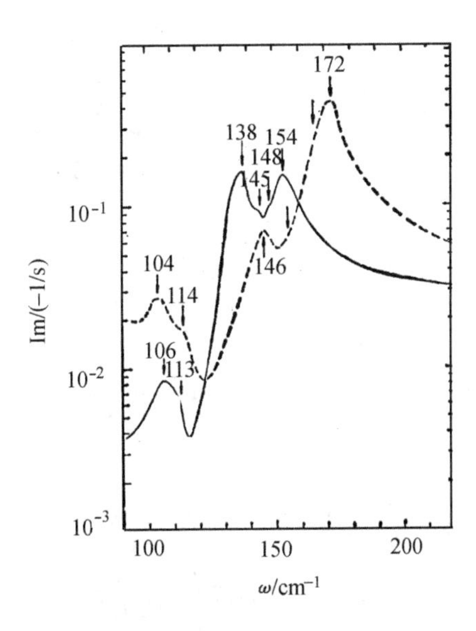

图 6.28　4.5K(实线)和 300K(虚线)温度下 $Hg_{1-x}Cd_xTe(x = 0.18)$样品介电函数虚部 $\mathrm{Im}\{-1/\varepsilon(\omega)\}$ 和频率关系作图，峰值位置对应于 $\omega_{\mathrm{LO},j}$

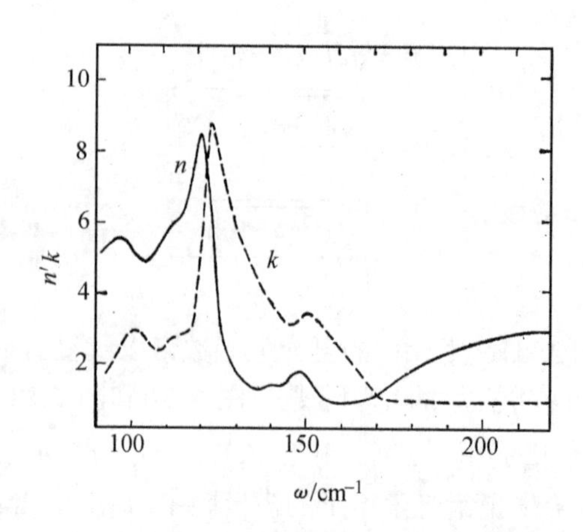

图 6.29　$Hg_{1-x}Cd_xTe$(x=0.18)300K 温度下的远红外折射率 n 和消光系数 k 的色散曲线

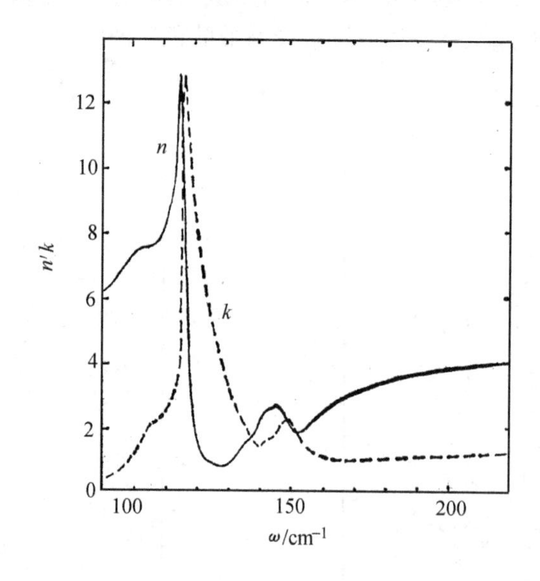

图 6.30　4.5K 时 $Hg_{1-x}Cd_xTe$(x=0.18)样品折射率 n 和消光系数 k 的远红外波段色散曲线

以上关于碲镉汞晶格振动的研究结果和方法也可以用来研究四元系 $Hg_{1-x-y}Cd_xMy_yTe$ 的晶格振动模(Mazur et al.　1993)。

6.3　晶格吸收光谱

6.3.1　晶格吸收谱

研究 HgCdTe 晶格振动的主要手段是 Raman 散射和远红外反射光谱。由于声子模吸收系数很高，因此很难用透射光谱手段来研究。然而如果能实现用远红外光谱来直接测量声子模，就可以给出有意义的结果，比 Raman 散射与远红外反射谱的结果更为直接。为了从远红外透射谱能看到 HgCdTe 样品的声子吸收谱，样品必须很薄。李标等采用分子束外延和液相外延薄膜研究了 HgCdTe 声子谱。典型的样品大约 10 μm 厚度范围。对于液相外延样品，由于 CdTe 衬底，为了消除 CdTe 的影响,因此可以把样品固定在宝石衬底上,然后把 CdTe 衬底去除。HgCdTe 的分子束外延样品和 HgTe/CdTe 超晶格样品都适宜于进行声子谱测量。典型的声子谱测量结果在图 6.31~图 6.33 中给出。

图 6.31 是对两个液相外延的 p 型 $Hg_{0.61}Cd_{0.39}Te$ 的样品在不同温度下的测量结果。上方的曲线(实线)是对移去 CdTe 衬底的样品，即 HgCdTe 样品在宝石衬底上测量的。下方的曲线(虚线)是对于有 CdTe 衬底的 HgCdTe 样品测量的。在宝石衬底上的样品的吸收随着温度变化比较明显，当温度从 4.2K 增加到 50K 时，光谱结构仍然保持但是强度有所减弱，吸收峰都能明显地显示出来。可见移去 CdTe 后，避免了 CdTe 中剩余射线吸收带对 HgCdTe 吸收峰的影响。从图 6.31 上可以看到 $A_1 \approx 63cm^{-1}$，$P_1 \approx 108cm^{-1}$，$TO_2 \approx 124cm^{-1}$，$TO_1 \approx 144cm^{-1}$，$LO_{CT} \approx 166cm^{-1}$，$TP_1 \approx 176cm^{-1}$，$IP_2 \approx 190cm^{-1}$，此外还有 $I_1 \approx 86cm^{-1}$；对于有 CdTe 衬底的样品，只能看到 $A_2 \approx 71cm^{-1}$，$TP_2 \approx 211cm^{-1}$，$TP_3 \approx 232cm^{-1}$ 以及 $TP_4 \approx 254cm^{-1}$ 等吸收峰。

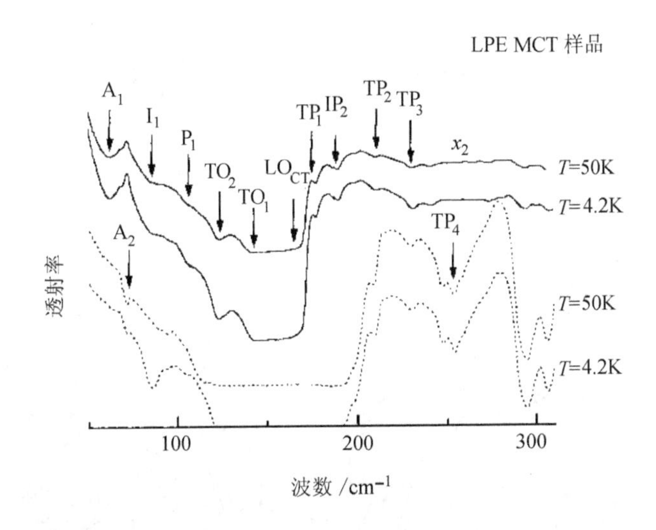

图 6.31 液相外延的 $Hg_{0.61}Cd_{0.39}Te$ 样品在 4.2K 和 50K 时的吸收谱。实线是移去 CdTe 衬底(白宝石衬底)的样品，虚线是有 CdTe 衬底的样品

图 6.32 是 HgTe/CdTe 超晶格在不同温度下的远红外透射谱，在剩余射线吸收带范围也可以看到明显的声子模：TO_2 模出现在 $120cm^{-1}$，TO_1 模出现在 $145cm^{-1}$。还有一个温度依赖的吸收峰 P_1 出现在 $107cm^{-1}$。图 6.33 是分子束外延

$Hg_{0.716}Cd_{0.284}Te$ 在 4.2K 到 120K 温度下的远红外透射谱，图 6.33 中显示了吸收峰在 $IP_1 \approx 92cm^{-1}$，$P_1 \approx 108cm^{-1}$，$TO_2 \approx 118cm^{-1}$，$TO_1 \approx 147cm^{-1}$，$LO_1 \approx 156cm^{-1}$，以及 $LO_{CT} \approx 164cm^{-1}$。$IP_1$ 峰随温度变化较为敏感，随温度从 4.2K 增加到 70K，吸收率很快减弱，但 70K 以上温度再增加吸收率增加，其依赖关系列在图 6.34。在 HgCdTe 中晶格振动显示出明显-双模行为，类 CdTe 声子模 TO_1、LO_1，类 HgTe 声子模 TO_2、LO_2。在上面测量得到的远红外声子谱中标有 TP_1、TP_2、TP_3、TP_4 是指双声子吸收，TP_4 仅出现在有 CdTe 衬底的样品的吸收光谱中，说明 TP_4 来自于 CdTe 衬底。在 HgTe/CdTe 超晶格样品的远红外声子谱的测量中只有看到横光学声子 TO_1、TO_2，而没有观察到纵光学声子，这是由于在垂直于样品薄膜表面的入射光条件下，不能激发纵向传播的声子。

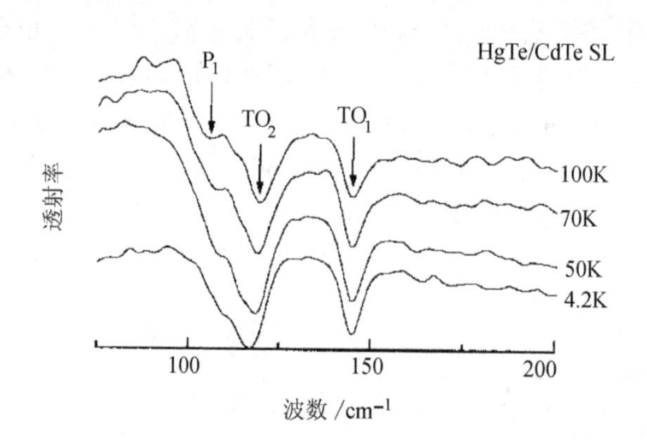

图 6.32　分子束外延的 HgTe/CdTe 超晶格在各种温度下的吸收谱

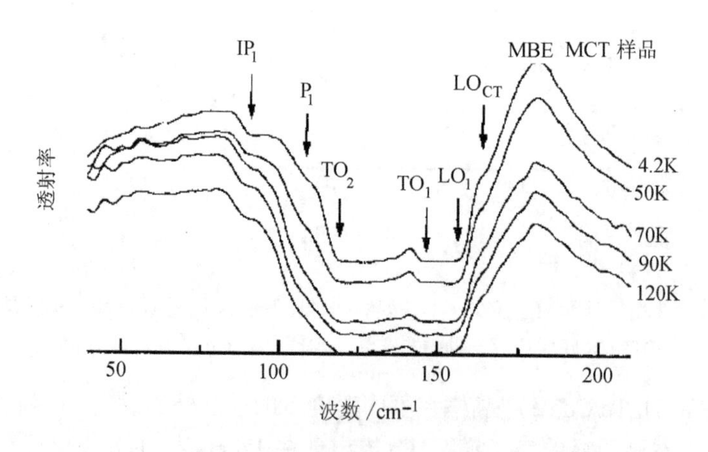

图 6.33　分子束外延的 $Hg_{0.716}Cd_{0.284}Te$ 在各种温度下的吸收谱

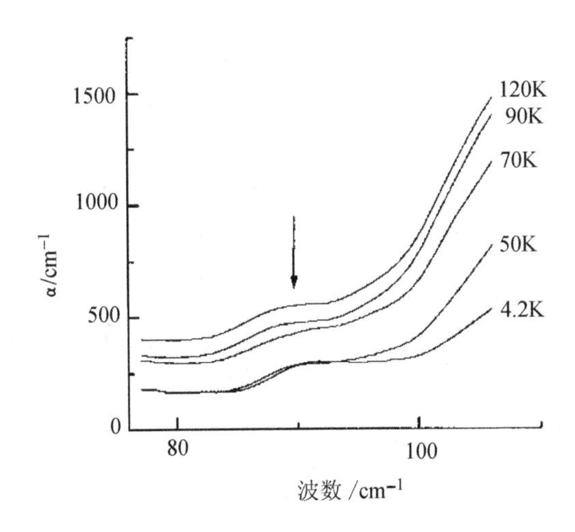

图 6.34　分子束外延的 $Hg_{0.716}Cd_{0.284}Te$ 的 IP_1 峰在各种温度下的吸收系数

此外在分子束外延薄膜、液相外延薄膜以及 HgTe/CdTe 超晶格中都可以发现 P_1 模，它可能来自缺陷或双声子吸收(Baar et al.　1972)，但这一吸收峰随温度几乎不变，因此不像是缺陷的电子跃迁吸收，也不像是双声子吸收，而可能是由于结构无序而诱发的 TA 声子吸收(Kim et al.　1990，Perkowitz et al.　1986)。A_2 出现在 CdTe 衬底样品，而在其他样品中没有出现，因此它来自于 CdTe 相关的吸收，当 CdTe 衬底移去后，A_2 模也消失。在图 6.31 上方的对宝石上 HgCdTe 远红外光谱上出现 A_1 模，它是来自于类 HgTe 的声子吸收。但 A_2 模出现在 $71cm^{-1}$，在 CdTe 的声子谱中不存在这样吸收，因此这模式如文献(Talwar et al.　1984)指出，可能是 Hg 原子在 CdTe 中替代 Cd 位引起的杂志局域模式，而且实验上发现 A_2 仅出现在液相外延样品中。在液相外延工艺过程中，原子可能进入 CdTe 衬底。在 HgTe/CdTe 界面也可能发生 Hg 原子扩散到 CdTe 中去的情况。在光谱图中，$I_1(86cm^{-1})$具有强烈的温度依赖性，而且仅出现在液相外延样品中，可能是 Hg 空位吸收，而 $IP_1(92cm^{-1})$模式可能来源于结构无序诱发的 LA 模吸收，如文献(Mazur et al. 1993)。但由于它随温度变化十分明显，也可能来源于杂质。

6.3.2　双声子吸收

剩余射线吸收带两侧显示出明显的双声子吸收。实验所用的样品分别选自固态再结晶、碲溶剂和半熔法生长的 $Hg_{1-x}Cd_xTe$ 单晶。实验所用的五个样品的组分、厚度、300K 时的禁带宽度及 77K 时载流子浓度等参数已在 6.5 节表 6.1 中给出。

透射光谱的实验测量采用远红外傅里叶变换光谱仪(如 Bruker IFS)在近正入射和非偏振光情况下进行。波数范围为 $15\sim400cm^{-1}$，分辨率为 $1cm^{-1}$。和光谱仪匹配的液氦杜瓦系统使得可测量 4.2~300K 温度范围内的实验透射光谱。获得不同温

度下的透射光谱后，按公式

$$T = \frac{(1-R)^2 \exp(-\alpha d)}{1-R^2 \exp(-2\alpha d)} \tag{6.77}$$

计算样品吸收系数，式中：d 为样品厚度，T 为实验测得的透射率，R 为反射率。

图 6.35 给出不同温度下 x = 0.45 的 $Hg_{1-x}Cd_xTe$ 样品剩余射线吸收带附近的吸收光谱，图中用虚线箭头表示类 HgTe 和类 CdTe 光学声子的位置。由图可见，在剩余射线吸收区的两侧，存在若干较弱的双声子吸收带。低频一侧，在波数 60 和 100 cm^{-1} 附近，分别存在一个较宽的吸收带。在吸收或透射光谱图上，它们呈现为剩余射线吸收带的吸收肩胛。随着温度的降低，60 cm^{-1} 附近的吸收带逐步减弱以致消失，100 cm^{-1} 附近的吸收肩胛则如同在反射光谱图上一样，也随温度降低而减弱，但直到 4.5K 时仍与主剩余射线吸收带交叠在一起而勉强可在吸收光谱图上分解或分辨出来。剩余射线吸收区的高频一侧，在低于 330 cm^{-1} 的波数范围内，则存在若干较弱的吸收带或吸收肩胛。低温情况下，它们变得愈加清晰而易辨别。

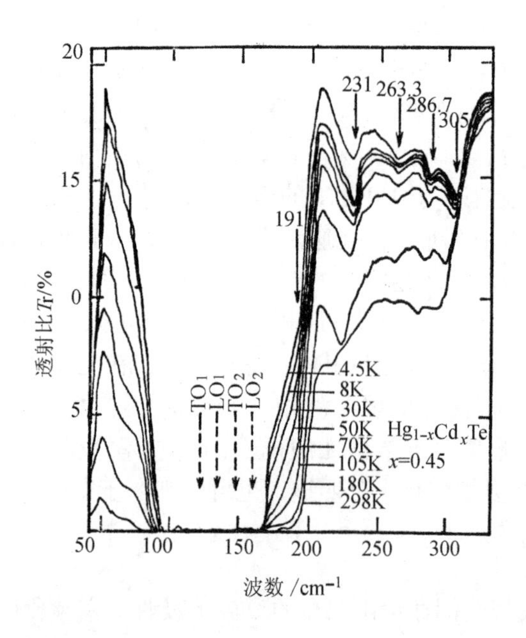

图 6.35　50~350μm 波数范围内，不同温度下 $Hg_{1-x}Cd_xTe$(x=0.45)的晶格吸收

为了更清楚地显示高频一侧这些吸收带的情况，图 6.36 给出 4.5K 时另一个 x= 0.27 的 $Hg_{1-x}Cd_xTe$ 样品的吸收谱。由图 6.36 可见，在 308、287、278、263 和 222 cm^{-1} 处分别存在一个弱吸收带，在 192 cm^{-1} 处则存在一个和剩余射线吸收带

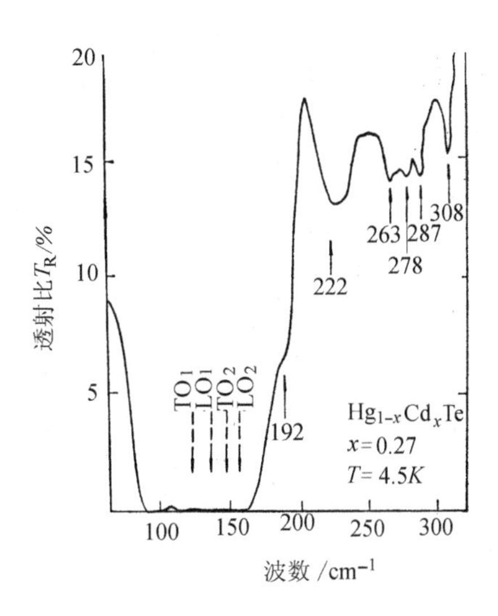

图 6.36　4.5K 温度下 $Hg_{1-x}Cd_xTe$(x=0.27)的晶格吸收

交叠的吸收肩胛。在表 6.5 中，列出了 4.5K 时实验观测到的这一样品在剩余射线吸收区两侧的诸吸收带或吸收特征的位置。图 6.37 和图 6.38 给出了剩余射线吸收区上方诸吸收带或吸收特征位置随组分和温度的变化。

表 6.5　4.5K 时 HgCdTe(x = 0.27)混晶剩余射线吸收区两侧的诸吸收带和吸收特征

位置/cm^{-1}	可能的起源	备注(与 CdTe 比较)
~60	2TA	72 (2TA)
~100	TO_1–TA：LO–TA	115 (LO–TA)
192	LO+TA：TO+TA	
222	LO_1+LA_1：$2TO_1$?	} 250(LO+LA)
263	LO_2+LA_2	
278	2TO	
287	LO+TO	290 (LO+TO)
308	$2LO_2$：LO_2+TO_2	300 (2LO)

图 6.35 和图 6.36 给出了 $Hg_{1-x}Cd_xTe$ 混晶剩余晶体吸收区两侧的弱吸收带和吸收特征的实验结果。其中还发现 192cm^{-1} 和 278 cm^{-1} 的吸收带和吸收台阶。对照 HgTe 和 CdTe 的实验结果，由于这些吸收带的强度都随温度降低而减弱，并且其位置又符合某些双声子和频率，它们中绝大多数可以判定为不同组合的双声子过程，表 6.5 中列出了可能的双声子组合。

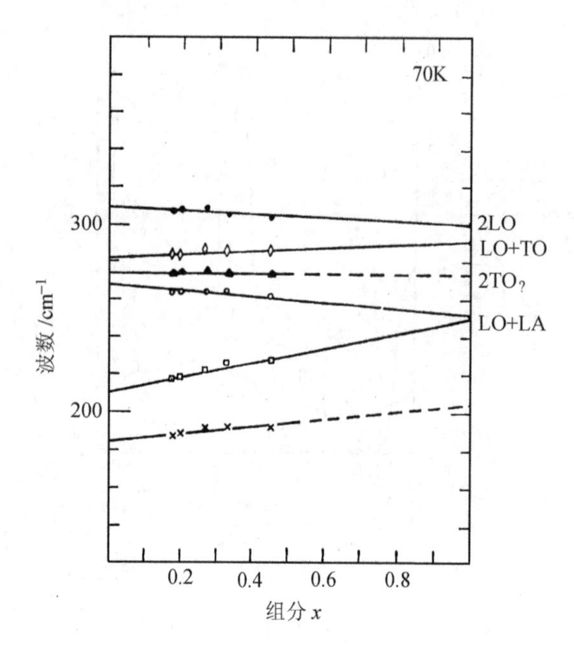

图 6.37　$Hg_{1-x}Cd_xTe$ 诸双声子吸收峰位置和样品组分的关系

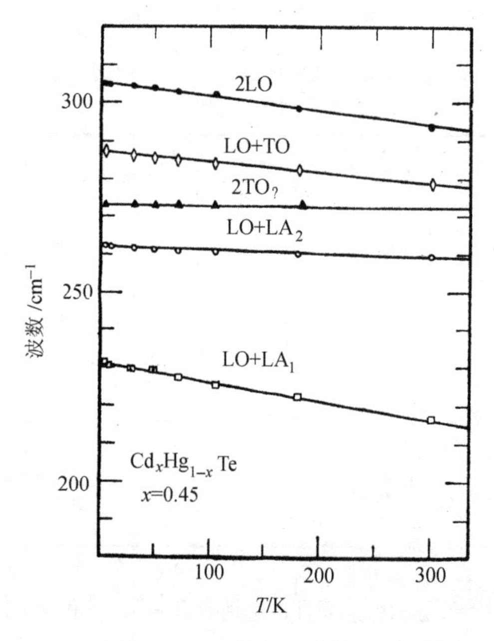

图 6.38　$x = 0.45$ 的 $Hg_{1-x}Cd_xTe$ 诸双声子吸收峰位置和温度的关系

此外是位于波数 100cm^{-1} 附近的有一个吸收肩胛，在光谱中，刚刚可以使之从剩余射线吸收带中分辨出来。反射实验表明(Dornhaus et al.　1982, Balkanski et al.

1975)，HgTe 和低 x 值的 $Hg_{1-x}Cd_xTe$、$Hg_{1-x}Mn_xTe$ 中都存在这一吸收特征，并且具有横模特性。随着温度降低，其振子强度很快减弱，以致在反射光谱图上完全消失，然而从吸收光谱观察，它仍有可观的强度。近来的研究还表明(Dornhaus et al. 1982)，磁场也可影响这一吸收带的强度，随着磁场增强和耦合磁等离子振荡量子吸收带移向剩余射线吸收带以上的高频区域，反射实验给出的这个吸收带的强度也显著下降。其起源可能是 TO—TA 双声子吸收(Witowski et al. 1979)，也可能是 LO—TA 双声子过程(Danielewicz et al. 1974，Baars et al. 1972)，这一吸收带的起源尚有待进一步讨论。

6.3.3 $Hg_{1-x}Cd_xTe$ 混晶的低频吸收带

对于混晶晶格振动谱的研究曾有一系列工作(Barker et al. 1975, Shen et al. 1980)。研究表明混晶组分之一作为在另一种主要组分中的“杂质”或混晶导致的无序效应，可以使原来因晶格对称性或波矢守恒要求而红外不可激活的振动模变成可红外和拉曼激活，从而使得人们有可能用光学方法来研究这些振动模。在 $Hg_{1-x}Cd_xTe$ 混晶声子谱的光学研究中，人们曾采用反射光谱的方法发现其光学模声子谱的双模行为(Kim et al. 1971, Baars et al. 1972, Mooradian et al. 1971, Georgitse et al. 1973, Dornhaus et al. 1982，Kozyrev et al. 1982, Chu et al. 1993)，并观察到了若干双声子吸收效应(Baars et al. 1972)。

实验结果表明，在吸收光谱的远低频侧，波数 20~50cm^{-1} 范围内，观察到一个颇强的存在精细结构的吸收带。我们用面间力常数的密度函数方法(Kunc et al. 1982, Yin et al. 1982, Cardona et al. 1982)和文献(Baars et al. 1972)引用过的 Brout 求和规则，从 CdTe 的声子谱(Bilzand et al. 1979)和 HgTe，$Hg_{1-x}Cd_xTe$ 的某些临界点的声子频率出发，估计了 $Hg_{1-x}Cd_xTe$ 的声子谱。鉴于这一低频吸收带的位置和强度不随组分 x 和温度 T 而强烈变化，并和上述估计获得的 $Hg_{1-x}Cd_xTe$ 混晶的声子谱相比较。这一吸收带主要可以判定为混晶导致的“掺杂”和无序诱发 $Hg_{1-x}Cd_xTe$ 的 TA 带模吸收。

所发现的低频吸收带是指位 20~50cm^{-1} 的吸收带，这一位置远低于 $Hg_{1-x}Cd_xTe$ 剩余射线吸收区域，并且在能量上对应于 CdTe，HgTe 和 $Hg_{1-x}Cd_xTe$ 混晶 TA 声子的能量范围。图 6.39 给出不同温度下 $x = 0.33$ 的 $Hg_{1-x}Cd_xTe$ 混晶在 10~80 cm^{-1} 波数范围内的透射光谱图。图中除 T = 4.5K 和 35K 的曲线外，70K 和 110K 下透射曲线以及 180K 下的透射曲线的纵坐标均分别向下移动一定距离，可见这个吸收带的主吸收峰及其他吸收特征的强度不因温度降低而显著改变，只是随着实验温度的降低，自由载流子吸收和等离子振荡吸收愈益抑制，以及周围其他吸收带，如位于波数 60cm^{-1} 附近的吸收带也愈益变弱，使得这一低频吸收带更加清楚地显现出来。实验表明，对组分 x = 0.18~0.45 范围内的所有被测样品，都观察到这一吸收带的存在。

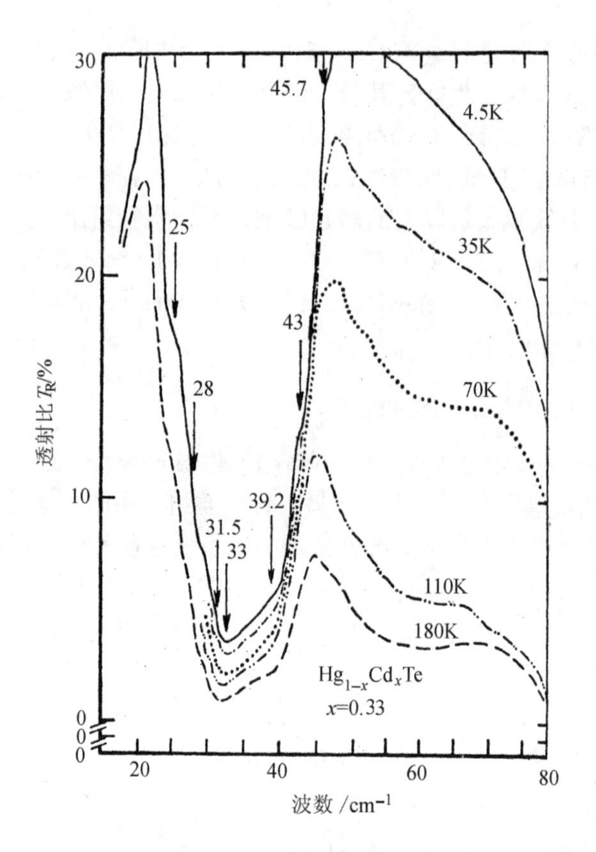

图 6.39　10~80μm 波数范围内，$Hg_{1-x}Cd_xTe(x = 0.33)$在不同温度下的透射光谱

为了对这一吸收带的强度有一个定量的概念，并更清楚地显示其精细结构，图 6.40 示出 4.5K 时 $x = 0.45$ 的 $Hg_{1-x}Cd_xTe$ 样品在这一波段范围内的吸收光谱图。图中吸收系数α 按式(6.77)计算。图 6.40 还更清楚地表明，这一吸收带存在若干精细结构，图中箭头标出了这些结构并注明相应的波数位置。

实验上这一吸收带曾经发现过(Scott et al. 1976，Dornhaus et al. 1983，Kimmitt et al. 1985)，对于 $Hg_{0.8}Cd_{0.2}Te$ 的样品的远红外透射光谱，发现在 1~7.8meV 范围内有一个吸收峰，峰位位置在 4meV 处，相当于 $32cm^{-1}$。这一吸收带当时被解释为电子跃迁，为由导带底到导带底以上费米能级能量范围内的电子向位于导带底以上 8meV 处的 Te 空位能级的跃迁，并进行了理论计算，如图 6.41 所示。但如果对不同组分 HgCdTe 样品在不同的温度下进行更为广泛的实验，表明这一吸收带并非起源于这类电子跃迁。

由于不同组分的样品都存在这一吸收带，并且其线形也不随温度而急剧变化，其吸收位置不随样品载流子浓度或费米能级而移动，因而不宜将这一吸收带归结为电子跃迁过程。

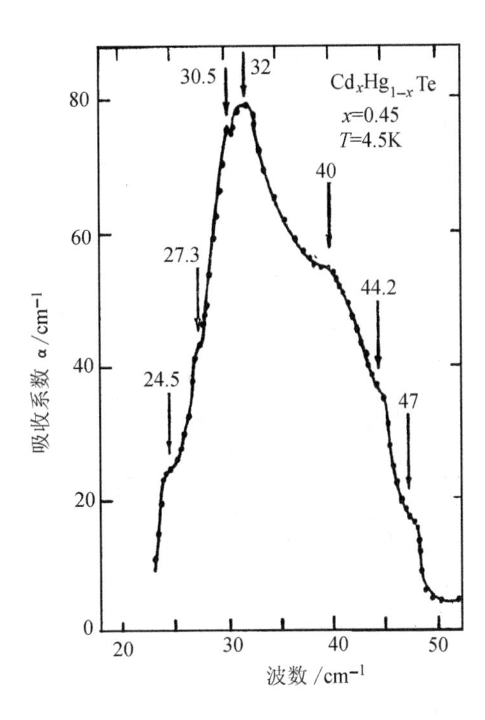

图 6.40　低频吸收带的精细结构位置

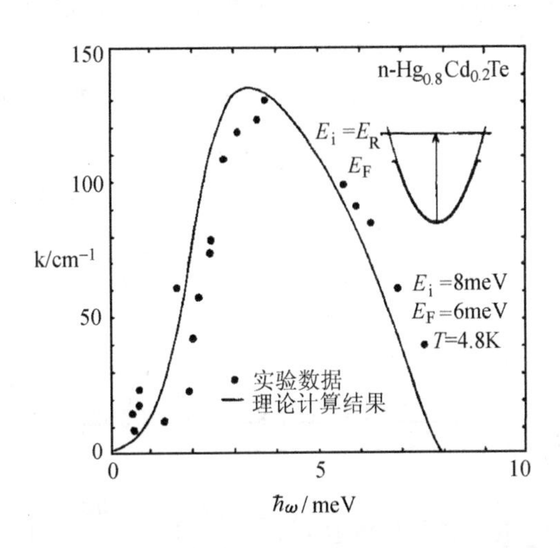

图 6.41　远红外光谱得到的吸收系数和理论计算结果的比较

对 $Hg_{1-x}Cd_xTe$ 混晶来说，在这一波段可能存在：混晶导致的无序或“掺杂”诱发 TA 声子带模吸收。非晶化导致的无序诱发 TA 声子带模吸收已经获得相当的研究(Brodsky et al.　1974, Shen et al.　1980, 1981)，在某些情况下还观察到与对应晶态材料 TA 声子带临界点相应的吸收特征(Shen et al.　1980)。图 6.39 和图 6.40

描述的低频吸收带是完全和其他吸收带分辨开来的、其位置和 $Hg_{1-x}Cd_xTe$ 混晶 TA 声子带一致，并且吸收带上诸精细结构也和 TA 声子带的临界点位置大致对应，因此将这一低频吸收带主要判定为混晶导致的无序和“掺杂”诱发 TA 声子带模吸收。为了进一步证实这一吸收特性的判定，还可研究这一低频吸收带的强度和等效电荷。计算这一吸收带的积分强度并按公式

$$e_T^{*2} = \frac{\mu nc}{2\pi^2 N}\int \alpha \mathrm{d}\omega \tag{6.78}$$

计算对应的等效电荷 e_T^*，式中 μ 为 $Hg_{1-x}Cd_xTe$ 的振动折合质量，n 为折射率，N 为单位体积的原子数，c 为光速。从此式算得 $e_T^* \approx 0.15e$，这一数值和非晶化无序诱发的金刚石结构半导体 TA 声子带模吸收等效电荷相近而略大于 Ge_xSi_{1-x} 混晶诱发 TA 带模吸收等效电荷。这是由于 $Hg_{1-x}Cd_xTe$ 的化学键具有离子性成分所致。这些等效电荷值的相互比较表明，上述三种情况下的低频吸收带有相似的物理起源，即起源于无序或掺杂诱发的 TA 声子带的光学激活性，当然这种激活性是不完全的，也即跃迁禁戒只是部分地解除。

6.3.4 声子谱的特征估计

文献上没有 $Hg_{1-x}Cd_xTe$ 混晶声子色散关系理论计算的直接报道。从 CdTe 的声子谱(Cardona et al.　1982, Bilzand et al.　1979)出发，估算 HgTe 诸特征频率值和推测 $Hg_{1-x}Cd_xTe$ 混晶的声子谱。图 6.42 上半部给出 CdTe 单晶的声子态

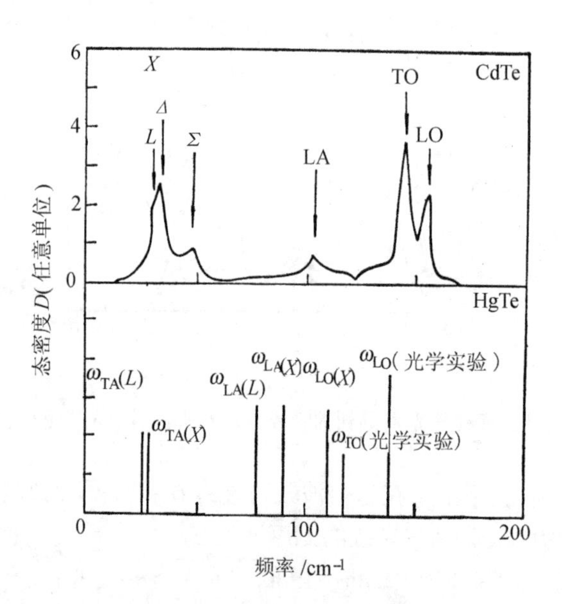

图 6.42　CdTe 和 HgTe 的声子态密度

密度和频率的关系，这一关系是根据 14 个参数的壳层模型计算获得的，同时和中子散射实验结果一致(Bilzand et al.　1979)。图 6.42 中 TA 声子带上方用字母 L、X、Δ 和 Σ 表明态密度函数谱上这些临界点的特性。图 6.42 下半部标出了反射实验获得的 HgTe 光学声子的频率位置(Balkanski et al.　1975)和按平面间力常数的密度函数法(Kunc et al.　1982, Yin et al.　1985, Cardona et al.　1982)求和规则(Barrs et al.　1972)确定的其他几个临界点的声子频率。利用平面间力常数的密度函数法，可以方便地计算布里渊区中某些临界点或沿某些特定方向上金刚石结构和闪锌矿结构半导体的声子频率或声子色散关系。

以[100]方向为例，假定被研究原子面和第 j 个原子面间力常数为 k_j，则被研究面上原子运动方程为

$$\begin{aligned} M_1\omega^2 u_1 &= \sum_j k_j^{(1)} u_j \\ M_2\omega^2 u_2 &= \sum_j k_j^{(2)} u_j \end{aligned} \tag{6.79}$$

式中：$k_0^{(1),(2)} = -\sum_{j\neq 1} k_j^{(1),(2)}$ 。

对布里渊区原点，由于对称性的要求，上述方程可简化为

$$\omega_{\mathrm{TO}}^2(\Gamma) = -\frac{1}{\mu}\sum_{j,奇数} k_j \tag{6.80}$$

式中：μ 为折合质量。对于其他临界点，如 X 和 L 点，则需从上述运动方程组(6.79)的久期方程来决定本征频率。这些计算本身并不复杂，问题在于如何确定这些平面间力常数 k_j。可以利用 Hellman-Feynmann(Kozyrev et al.　1982, Kunc et al.　1982, Yin et al.　1982)定理求得各平面的电荷密度力，然后计算平面间力常数。也可采用更为简便的自洽计算方法，利用已知的实验观测到的诸特征声子频率和 HgTe 材料的弹性系数值，并与 CdTe 情况相比较，计算到次近邻为止的平面间力常数，然后用上述方法估计未知临界点声子频率与 Brout 求和规则

$$\omega_{\mathrm{LA}}^2(K) = \omega_{\mathrm{LO}}^2(\Gamma) - \omega_{\mathrm{LO}}^2(K) - 2\omega_{\mathrm{TA}}^2(K) \tag{6.81}$$

相比较，可以佐证上述近似估计。实验测定的和用上述方法估计获得的 HgTe 的诸特频率值示于图 6.42 下部。

由于 CdTe 和 HgTe 晶格常数近乎理想地匹配，对任何组分值都可形成 $Hg_{1-x}Cd_xTe$ 固溶体混晶，并且它仍保持闪锌矿型晶格结构，同时反射实验研究结果表明，这种混晶存在明显的团聚效应，即每种阳离子有择优选取同种原子作为最近邻阳离子的倾向。而有理由认为 $Hg_{1-x}Cd_xTe$ 混晶的声子态密度函数可以由

CdTe 和 HgTe 的态密度函数按适当方式组合而成。对长光学波声子来说，近乎按组分比叠加，这相应于研究混晶振动谱常用的等位移模型团，它说明混晶光学声子谱的双模行为。对声学声子，也可以认为 CdTe，HgTe 的态密度特征偏离不大。

6.4 声子 Raman 散射

6.4.1 电极化率

在研究半导体声子谱时，除了通常的吸收光谱和反射光谱之外，Raman 散射光谱是一种重要的手段。对于通常的吸收和反射实验，入射光子频率 ω_i，出射光子频率也是 ω_i，光与物质的相互作用是用电极化率 $\tilde{\chi}(\omega_i)$ 来描述。而在 Raman 散射中，入射光频率为 ω_i，出射光频率为 ω_s，光与物质相互作用要用跃迁极化率 $\tilde{\chi}(\omega_i,\omega_s)$ 来描述，$\omega_s \neq \omega_i$。当频率为 ω_i 的入射光进入物质后，物质中具有频率为 ω_j 的元激发 $\hbar\omega_j$ 可以影响电极化率，使 $\tilde{\chi}(\omega_i)$ 被调制，具有幅度 $\Delta\tilde{\chi}$，频率 ω_j。于是就加上一个时间依赖的极化。由此极化的变化而引起向外辐射电磁波，即散射光，其频率为 $\omega_s = \omega_i \pm \omega_j$，所谓的“斯托克斯”散射和反“斯托克斯”散射。在 $\hbar\omega_j$ <10^{-7}eV 范围，一般叫瑞利散射(Raleigh)散射，通常用光拍光谱术(light beating spectroscopy)测量。在 10^{-7}eV <$\hbar\omega_j$ <10^{-4}eV，叫布里渊散射(Brillouin 散射)，通常用法布里-珀洛(Farbry-Perot)干涉仪来测量。在 $\hbar\omega_j$ >10^{-4}eV 范围，称 Raman 散射，通常用单色仪来测量。在这一能量范围主要是光学声子范围。由于半导体中声子典型能量为 10^{-2}eV 数量级，因此亦称为声子 Raman 散射。入射光 ω_i 可在 UV、可见和 IR 范围，所以 $\hbar\omega_i$、$\hbar\omega_s$ 一般在 1eV 到 3eV 之间。

电极化率 $\tilde{\chi}$ 反映了临界点附近电子带间跃迁情况，$\Delta\tilde{\chi}$ 是由声子调制引起的极化率的改变。因此在某种意义上 Raman 散射谱就像调制光谱，在调制光谱中，$\tilde{\chi}$ 的改变是由外加微扰引起的，而在 Raman 散射中，极化率改变 $\Delta\tilde{\chi}$ 是由声子调制引起的。测量 Raman 散射的散射截面，就量度了 $\Delta\tilde{\chi}$ 的大小，可以显示出与频率相关的光谱结构来。当入射光频率与材料中某一跃迁频率相等时，Raman 散射截面会大大增强，此时叫做共振 Raman 散射。

在 Raman 光谱的测量技术中人们感兴趣的是频率差 $\omega_i - \omega_s$，以确定引起散射的元激发 $\hbar\omega_j$ 的能量。在扫描频率 ω_i 时，散射信号峰值所对应的 ω_s 位置亦会改变，但 $\omega_i - \omega_s = \omega_j$ 不变，但如果以 ω_i 为坐标原点，则改变 ω_i，仍会在认定这个 ω_j 处找到这个峰。当然改变 ω_i 以后，峰值的大小会改变，在 ω_i 与材料中某一本征跃迁频率相等时，峰会达到最大值，即发生共振 Raman 散射。实验中所需要条件为激发光源一般是 Ar 离子气体激光，可调谐染料激光、单色仪、光电检测器、放大器、信号记录系统等。在半导体情况下，声子频率一般在 10meV 左右，它远小于子带间跃迁中的几个重要频率对应于 E_0、E_1 和 E_2，即使对窄禁带半导体来说也基本符合。因此这里讨论的 Raman 散射主要是声子形变势散射。

要研究声子对电极化率的调制，这里先讨论一下电极化率本身的概念。电极化率(susceptibility，polarizability)是 Raman 散射中一个很有用的概念。它的定义是

$$\boldsymbol{P}(\omega)=\tilde{\chi}(\omega)\boldsymbol{E}(\omega) \tag{6.82}$$

式中：$\boldsymbol{P}(\omega)$ 是极化强度，$\boldsymbol{E}(\omega)$ 是电场强度，都是矢量；$\tilde{\chi}(\omega)$ 是电极化率，是个张量，有 9 个分量，它联系着电场矢量和电极化强度矢量。

对各向同性的分子，外场产生的感应偶极距其方向与场的方向一致，而对各向异性分子极化率 χ 可以在 x、y、z 方向上不同。结果感应偶极距将不平行于外场，电场分量 E_x 感应的偶极距，可以有 x 方向的分量，也可以有 y 方向、z 方向的分量。于是有方程

$$\begin{aligned}P_x&=\chi_{xx}E_x+\chi_{xy}E_y+\chi_{xz}E_z\\P_y&=\chi_{yx}E_x+\chi_{yy}E_y+\chi_{yz}E_z\\P_z&=\chi_{zx}E_x+\chi_{zy}E_y+\chi_{zz}E_z\end{aligned} \tag{6.83}$$

可见极化率是这些系数组成的张量。在 $\boldsymbol{P}$ 与 $\boldsymbol{E}$ 之间建立起线性关系。假定极化率张量是对称的，即 $\chi_{xy}=\chi_{yx}$，$\chi_{yz}=\chi_{zy}$，$\chi_{xz}=\chi_{zx}$。对于对称张量，可以旋转坐标到 x'、y'、z'坐标系，使非对角项为 0，而具有对角项 $\chi_{x'x'}$，$\chi_{y'y'}$ 和 $\chi_{z'z'}$，于是上面的方程变为

$$P_{x'}=\chi_{x'x'}E_{x'} \qquad P_{y'}=\chi_{y'y'}E_{y'} \qquad P_{z'}=\chi_{z'z'}E_{z'} \tag{6.84}$$

这三个轴是极化率的主轴。

从原点出发，沿任意方向测绘 $1/\sqrt{\chi}$ 点的轨迹，则为极化率的椭球表面，轴为 x'、y'、z'，对于完全各向异性的分子椭球的三个轴长度不等。如果极化率在两个方向上相等，椭球变为一个具有两个等周的旋转椭球。如果分子各向同性，椭球变为球形。极化率椭球对称性高于分子的对称性，分子所具有的对称元，椭球一般也具有。如果由于分子振动或者旋转使极化椭球在大小、形状或取向上变化，就会产生电磁波发射，即导致散射光，极化率张量是和频率相关的。

电极化率与介电函数张量有简单的关系。

由于 $\boldsymbol{D}=\tilde{\varepsilon}\boldsymbol{E}=\boldsymbol{E}+4\pi\boldsymbol{P}=\boldsymbol{E}+4\pi\tilde{\chi}\boldsymbol{E}=\tilde{E}(1+4\pi\tilde{\chi})$，所以

$$\tilde{\varepsilon}=1+4\pi\tilde{\chi}\text{ 或}$$

$$\tilde{\chi}(\omega)=\frac{\tilde{\varepsilon}(\omega)-1}{4\pi} \tag{6.85}$$

可见极化率反映的电子跃迁就是介电函数所反映的电子跃迁问题。电极化率的实部和虚部符合 KK 关系

$$\begin{aligned}\tilde{\chi}'(\omega) &= \frac{2}{\pi} P \int_0^{\infty} \frac{\omega_I \tilde{\chi}''(\omega)}{\omega_I^2 - \omega^2} \mathrm{d}\omega_I \\ \tilde{\chi}''(\omega) &= -\frac{2\omega}{\pi} P \int_0^{\infty} \frac{\tilde{\chi}''(\omega)}{\omega_I^2 - \omega^2} \mathrm{d}\omega_I\end{aligned} \tag{6.86}$$

可以用单电子模型来计算跃迁的电极化率。在直接跃迁情况下，如果忽略带内跃迁的贡献，有(Cardona 1967)

$$\tilde{\chi}(\omega) = \frac{e^2}{m_0^2 \hbar V} \sum_{L,m} \frac{2}{\omega_{L,m}} \frac{\langle m|\hat{P}\ |l\rangle\langle l|\hat{P}\ |m\rangle}{\omega_{lm}^2 - (\omega + \mathrm{i}\Gamma)^2} \tag{6.87}$$

m 为占据态，l 为空态，$\omega_{lm} = \omega_l - \omega_m$，$\Gamma$ 为收敛参数。如果状态具有无限寿命，则 $\Gamma = 0$；如果状态是衰减的，Γ 解释为衰减常数。$\hat{P}$ 为动量算符，V 为 k 空间的体积。假定状态无衰减，$\Gamma = 0$，极化率的虚部为

$$\chi''(\omega) = \frac{e^2}{m_0^2 \hbar V} \sum_{l,m} \frac{\langle m|\ \hat{P}\,|l\rangle\langle l|\hat{P}\ |m\rangle}{\omega_{lm}^2} \delta(\omega - \omega_{lm}) \tag{6.88}$$

利用 δ 函数的性质

$$\int_a^b f(x)\delta(f(x))\mathrm{d}x = \sum_{x_0} \delta(x_0) \left|\frac{\partial f}{\partial x}\right|_{x=x_0}^{-1} \tag{6.89}$$

并把 $\iint\limits_{s,k} \mathrm{d}s\mathrm{d}k$ 写为 $\iint\limits_{\omega,s} \frac{\mathrm{d}s_k}{\nabla_k \omega} \mathrm{d}\omega$ 的形式，于是上式就变为

$$\chi''(\omega) = \frac{e^2}{4\pi^2 m_0^2} \iint\limits_{\omega_{lm}, S\omega_{lm}=\omega} \frac{\langle m|\hat{P}\ |l\rangle\langle l|\hat{P}\ |m\rangle}{\omega_{lm}^2} \frac{\mathrm{d}s_k}{\nabla_k \omega_{lm}} \mathrm{d}\omega_{lm} \tag{6.90}$$

式中：$\mathrm{d}s_k$ 是 k 空间中临界点附近常数能量差的表面元。对于立方对称材料，假定矩阵元与 ω 无关，提出积分号，并引进联合态密度 $\rho_d(\omega)$

$$\rho_d(\omega) = \frac{1}{4\pi^3} \int\limits_{S_{\omega_{lm}=\omega}} \frac{\mathrm{d}s_k}{|\nabla_k \omega_{lm}|} \tag{6.91}$$

式(6.90)就变为

$$\chi''(\omega)=\frac{\pi e^2}{3\omega^2 m_0^2}\left|\langle l|P|m\rangle\right|^2\cdot\rho_d(\omega) \tag{6.92}$$

这里 $\chi''(\omega)$ 是标量，$\left|\langle l|P|m\rangle\right|^2$ 是平均值。从联合态密度表达式可知，对于 ω 满足 $\left|\nabla_k\omega_{lm}\right|=0$ 的点，则 $\rho_d(\omega)$和 $\chi''(\omega)$ 都会趋向无穷大。可见 $\chi''(\omega)$ 的光谱结构与联合态密度中的临界点有关。$\rho_d(\omega)$可以从能带结构 $E(k)$得到。在第三章关于带间跃迁的理论中已对联合态密度做过分析。那是在 Γ 点附近，并考虑了非抛物带。这里为简化起见考虑抛物能带近似，并考虑不同的方向。在 k 空间中，在临界点 E_g、k_g 附近展开能带，在抛物近似下，有

$$E_C(\vec{k})-E_V(\vec{k})=E_g+\frac{\hbar^2(k_x-k_{gx})^2}{2\mu_x}+\frac{\hbar^2(k_y-k_{gy})^2}{2\mu_y}+\frac{\hbar^2(k_z-k_{gz})^2}{2\mu_z} \tag{6.93}$$

从此式可见，如果某一方向的有效质量是远大于另外两个有效质量，则该项可以忽略，临界点变为二维的；如果某两个方向的有效质量远大于第三个有效质量，则该两项都可以忽略，临界点变为一维的；如果三个方向的有效质量相当，都不可以忽略的，则为三维的临界点。显然，在 Γ 附近，能带有三维的最小值，临界点是三维的。在$\langle 111\rangle$方向，能量为 E_1、$E_1+\Delta_1$，沿$\langle 111\rangle$方向的有效质量大，因而能带具有二维的极小值，临界点是二维的；在$\langle 100\rangle$方向，能量为 E_2、$E_2+\Delta_2$，能带具有一维极小值，临界点是一维的。

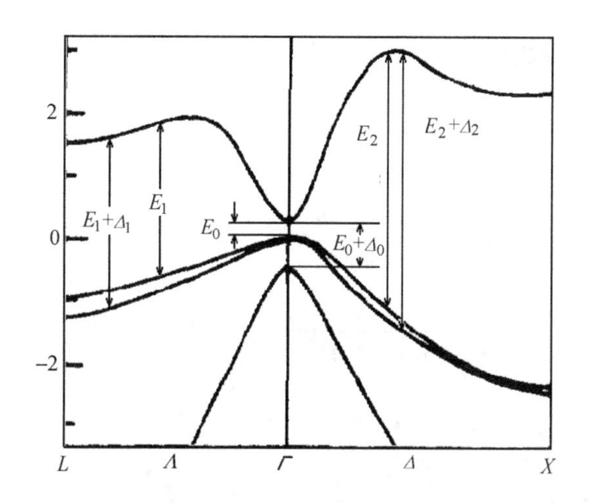

图 6.43　InSb 的能带示意图

对于$\langle 100\rangle$方向，$E_2\approx 5$eV，一般需要用短波长作为激发光，如用 X 线 Raman 散射。下面重要讨论 Γ 附近三维临界点和$\langle 111\rangle$方向两维临界点。假定能带具有抛物带型。

对于三维临界点情况

当$\hbar\omega > E_g$时，有

$$\rho_d(\omega) = \frac{(2\bar{\mu})^{3/2}(\hbar\omega - E_g)^{1/2}}{2\pi^2\hbar^3} \tag{6.94}$$

当$\hbar\omega < E_g$时，有

$$\rho_d(\omega) = 0 \tag{6.95}$$

式中：$\bar{\mu} = (\mu_x\mu_y\mu_z)^{1/3}$。

当$\hbar\omega > E_g$时，有

$$\rho_d(\omega) = \frac{\bar{\mu}\sqrt{3}}{\pi\hbar^2 a} \qquad (a\text{为晶格常数}) \tag{6.96}$$

当$\hbar\omega < E_g$时，有

$$\rho_d(\omega) = 0 \tag{6.97}$$

式中：$\bar{\mu} = (\mu_x\mu_y)^{1/2}$。对于两维的临界点情况，可见沿$\langle 111\rangle$方向积分到布里渊区边界，是台阶状奇点。

于是从式(6.92)就可以计算$\tilde{\chi}''$，再从KK关系计算$\tilde{\chi}'$，对于E_0能隙，三维临界点情况

当$\hbar\omega > E_g$时，有

$$\begin{cases} \chi''(\omega) = \dfrac{(2\bar{\mu})^{3/2}e^2P^2}{6\pi m_0^2\omega^2\hbar^3}(\hbar\omega - E_g)^{1/2} \\ \chi'(\omega) = \dfrac{(2\bar{\mu})^{3/2}e^2P^2}{6\pi m_0^2\omega^2\hbar^3}[2E_g^{1/2} - (E_g + \hbar\omega)^{1/2}] \end{cases} \tag{6.98}$$

当$\hbar\omega < E_g$时，有

$$\begin{cases} \chi''(\omega) = 0 \\ \chi'(\omega) = \dfrac{(2\bar{\mu})^{3/2}e^2P^2}{6\pi m_0^2\omega^2\hbar^3}[2E_g^{1/2} - (E_g + \hbar\omega)^{1/2} - (E_g - \hbar\omega)^{1/2}] \end{cases} \tag{6.99}$$

由于$\chi = \chi' + \mathrm{i}\chi''$，所以式(6.98)、(6.99)也可以统一写成

$$\chi(\omega)=\frac{(2\overline{\mu})^{3/2}e^2P^2}{6\pi m_0^2\omega^2\hbar^3}[2E_g^{1/2}-(E_g+\hbar\omega)^{1/2}-(E_g-\hbar\omega)^{1/2}] \tag{6.100}$$

在 $\hbar\omega > E_g$ 时，等式右边最末一项即为虚部，其值为式(6.98) $\chi''(\omega)$ 的表达式。

如果令 $x_0=\hbar\omega/E_g$，以及 $f(x_0)=x_0^{-2}[2-(1+x_0)^{1/2}-(1-x_0)^{1/2}]$，式(6.101)还可以写成更为简洁的表达式

$$\chi=c_0f(x_0)E_g^{-3/2} \tag{6.101}$$

$$c_0=\frac{(2\overline{\mu})^{3/2}e^2P^2}{6\pi m_0^2\hbar} \tag{6.102}$$

对于 E_1 能隙，二维临界点的情况

当 $\hbar\omega > E_{1g}$ 时，有

$$\begin{cases}\chi''(\omega)=\dfrac{\overline{\mu}e^2\sqrt{3}P^2}{2\pi m_0^2\hbar^3a\omega^2}\\ \chi'(\omega)=-\dfrac{\overline{\mu}e^2\sqrt{3}P^2}{3\pi m_0^2\hbar^3a\omega^2}\ln\left|1-\dfrac{\hbar^2\omega^2}{E_{1g}^2}\right|\end{cases} \tag{6.103}$$

当 $\hbar\omega < E_{1g}$ 时，有

$$\begin{cases}\chi''(\omega)=0\\ \chi'(\omega)=-\dfrac{\overline{\mu}e^2\sqrt{3}P^2}{3\pi m_0^2\hbar^3a\omega^2}\ln\left|1-\dfrac{\hbar^2\omega^2}{E_{1g}^2}\right|\end{cases} \tag{6.104}$$

同样可以综合写为

$$\begin{aligned}&\chi'=-c_1x_1^{-2}\ln(1-x_1^2)\\&x_1=\frac{\hbar\omega}{E'_{1g}},\qquad c_1=\frac{\overline{\mu}e^2\sqrt{3}P^2}{3\pi m_0^2\hbar^3a\omega^2}\\&\chi''=\frac{\pi c_1}{x_1^2}\Theta(x_1-1)\end{aligned} \tag{6.105}$$

Θ 是跃阶函数。

在间接跃迁情况下，$k_i=k_m$，波矢为 k_i 的声子 $\hbar\omega_j$，把电子从中间态 m 带到终态 f，如图 6.44 所示

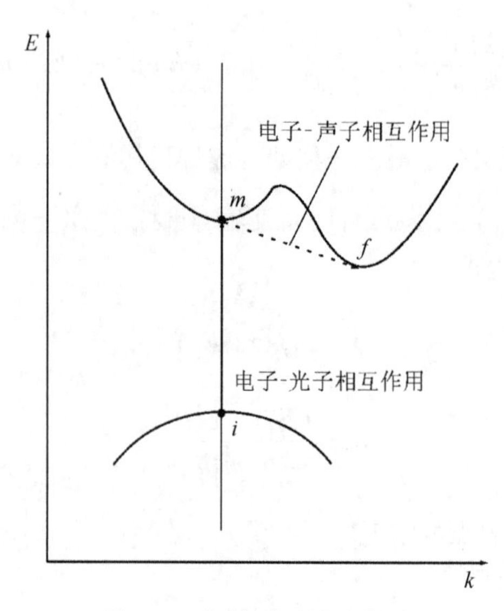

图 6.44　间接跃迁的示意图

$$\boldsymbol{k}_i - \boldsymbol{k}_f = \pm \boldsymbol{k}_j \tag{6.106}$$

电子从三维价带的极大值跃迁到三维导带的极小值点，χ'' 的近似表达式为

$\hbar\omega > E_{\mathrm{g}} \pm \hbar\omega_j$ 时，有

$$\chi''(\omega) \propto |M|^2 \frac{(\hbar\omega - E_{\mathrm{g}} \pm \hbar\omega_j)^2}{\omega^2 (E_{\mathrm{f}} - E_{\mathrm{m}})} \tag{6.107}$$

$\hbar\omega < E_{\mathrm{g}} \pm \hbar\omega_j$ 时，有

$$\chi''(\omega) = 0 \tag{6.108}$$

M 是电子声子相互作用的矩阵元。

在直接跃迁的情况下，如果考虑激子相互作用，则对电极化率还有附加贡献。

以上讨论都是在抛物能带的假定下进行，对于窄禁带半导体，如果在 E_0 带隙附近，则要考虑非抛物能带，在第 3 章光学常数与介电函数中已对介电函数的理论分析作了描述，可以方便引申到电极化率 $\tilde{\chi}$ 的分析中来。

6.4.2　散射截面

这里用经典理论分析散射截面的问题。如果出射的光频率 ω 与偶极距 $\boldsymbol{P}$ 的振荡频率相同，且偶极距的线度小于发射波的波长，在立体角 $\mathrm{d}\Omega$ 中，发射功率 $\mathrm{d}p$ 为

$$\mathrm{d}p = \frac{\left\langle \left(\frac{\partial^2 \boldsymbol{P}}{\partial t^2} \right)^2 \right\rangle \sin^2 \varphi}{4\pi c^3} \mathrm{d}\Omega \tag{6.109}$$

$\langle\ \rangle$为对时间的平均，φ是偶极距轴与观察方向的夹角。

入射光场为

$$\boldsymbol{E}_i = \boldsymbol{E}_i^0 \exp\left[\mathrm{i}(\boldsymbol{k} \cdot \boldsymbol{r} - \omega t)\right] \tag{6.110}$$

则感应偶极距$\boldsymbol{P} = \tilde{\chi} \boldsymbol{E}_i$，如果体积为 V，则总偶极距为

$$\boldsymbol{P} = \tilde{\chi} \cdot V \cdot \boldsymbol{E}_i^0 \exp\left[\mathrm{i}(\boldsymbol{k} \cdot \boldsymbol{r} - \omega t)\right] \tag{6.111}$$

对于均匀介质，在某一瞬时，$\tilde{\chi}$处处相同，$\boldsymbol{P}$的时间依赖性主要由$\boldsymbol{E}_i$的时间依赖性决定。$\boldsymbol{P}$的振荡频率亦为ω_i，其发射光体现为通常的反射、透射，但实际介质不是均匀的，具有特定的涨落，使$\tilde{\chi}$涨落，引起散射，它不是通常的反射、折射。$\tilde{\chi}$的涨落可以由杂质、缺陷以及各类元激发引起，声子是其中重要的原因之一。声子用格波描写为

$$Q_j = Q_{j_0} \exp\left[\mathrm{i}(\boldsymbol{k} \cdot \boldsymbol{r} - \omega t)\right] \tag{6.112}$$

这将调制电极化率，使得电极化率张量变为

$$\tilde{\chi} = \tilde{\chi}_0 + \tilde{\chi}(Q_j) \exp\left[\mathrm{i}(\boldsymbol{k} \cdot \boldsymbol{r} - \omega t)\right] \tag{6.113}$$

式中：$\tilde{\chi}_0$即涉及一般的反射和折射。$\tilde{\chi}(Q_j)$是由声子引起的调制振幅，这一项将引起附加极化

$$\boldsymbol{P}_s = \tilde{\chi}(Q_j) \cdot V \cdot \boldsymbol{E}_i^0 \exp\left[\mathrm{i}[(\boldsymbol{k}_i \pm \boldsymbol{k}_j) \cdot \boldsymbol{r} - (\omega_i \pm \omega_j)t]\right] \tag{6.114}$$

此式代入式(6.109)就可以得到散射功率。可见感应偶极距除了 ω_i 的分量外还有$\omega_i - \omega_j$以及$\omega_i + \omega_j$的分量，对应于 Stokes 和反 Stokes 散射。

如果入射光的偏振沿β方向，散射光波矢沿γ方向，偏振沿α方向。现在来讨论一下$\boldsymbol{P}_s$偶极距的$P_{s\alpha}$分量引起的光散射，有

$$\boldsymbol{P}_{s\alpha} = \tilde{\chi}_{\alpha\beta}(\omega_i, \omega_s) V \boldsymbol{E}_i^0 \exp\left[\mathrm{i}[(\boldsymbol{k}_i \pm \boldsymbol{k}_j)\boldsymbol{r} - (\omega_i \pm \omega_j)t]\right] \tag{6.115}$$

$\tilde{\chi}_{\alpha\beta}(\omega_i, \omega_s)$联系了以频率$\omega_i$、偏振$\beta$的入射电场与频率$\omega_s$、偏振$\alpha$的极化。由式(6.115)可得

$$\left\langle \ddot{P}_{s\alpha} \right\rangle = \left|\tilde{\chi}_{\alpha\beta}(\omega_i,\omega_s)\right|^2 V^2 \omega_s^4 \frac{4\pi P_i}{A} \tag{6.116}$$

式中用了 $E_{i\beta}^0 = \left(\frac{8\pi P_{i\beta}}{cA}\right)^{1/2}$ 。$P_{i\beta}$ 为垂直于 $\boldsymbol{k}_\mathrm{i}$ 面积 A 上的入射功率，式(6.116)代入式(6.109)，有

$$\mathrm{d}P_{s\alpha} = \frac{\left|\tilde{\chi}_{\alpha\beta}(\omega_i,\omega_s)\right|^2 V^2 \omega_s^4 P_{i\beta}}{c^4 A}\mathrm{d}\Omega \tag{6.117}$$

如果定义散射截面为

$$\sigma = \frac{AP_s}{P_i} \tag{6.118}$$

微分散射截面为 $\mathrm{d}\sigma/\mathrm{d}\Omega$ ，有

$$\frac{\mathrm{d}\sigma}{\mathrm{d}\Omega} = \frac{A}{P_i}\frac{\mathrm{d}P_s}{\mathrm{d}\Omega} \tag{6.119}$$

由式(6.117)有

$$\frac{\mathrm{d}\sigma}{\mathrm{d}\Omega} = \frac{\left|\tilde{\chi}_{\alpha\beta}(\omega_i,\omega_s)\right|^2 V^2 \omega_s^4}{c^4} \tag{6.120}$$

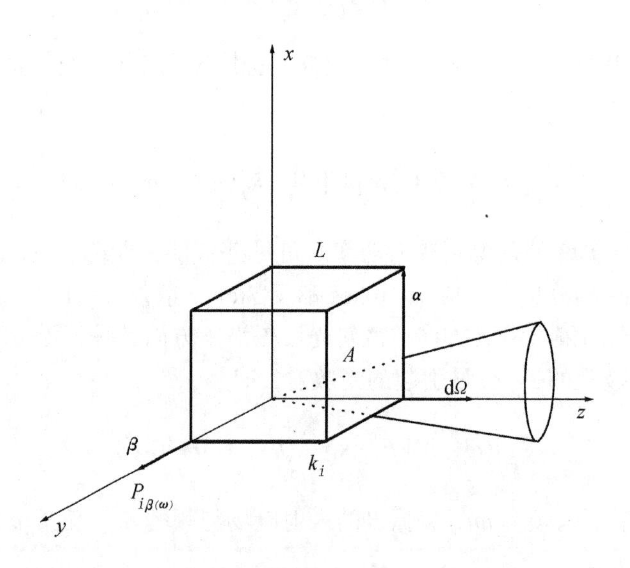

图 6.45　散射截面示意图

此为具有体积为 V 的一个散射中心的微分散射截面。对整个体积有 N 个散射中心，$N = LA/V$，L 是 k_i 方向上散射体积的长度，于是总的散射功率为

$$\mathrm{d}P_{s\alpha} = N\mathrm{d}P_{s\alpha} = \frac{\left|\tilde{\chi}_{\alpha\beta}(\omega_i,\omega_s)\right|^2 V^2\omega_s^4 P_{i\beta}L}{c^4}\mathrm{d}\Omega \tag{6.121}$$

令单位体积的微分散射截面为

$$S_{\alpha\beta} = \frac{1}{V}\frac{\mathrm{d}\sigma}{\mathrm{d}\Omega} = \frac{\mathrm{d}P_{s\alpha}}{LP_{i\beta}\mathrm{d}\Omega} = \frac{\left|\tilde{\chi}_{\alpha\beta}(\omega_i,\omega_s)\right|^2 V^2\omega_s^4}{c^4} \tag{6.122}$$

量纲是 cm^{-1}。

现在需要确定 $\chi_{\alpha\beta}$，以获得微分散射截面 $S_{\alpha\beta}$。在 Raman 散射过程中包括了三步：① $\hbar\omega_i$ 的光子被吸收，产生电子-空穴对，状态 $|L\rangle$；②电子(或空穴)产生(或吸收) $\hbar\omega_j$ 的声子，电子-空穴对从状态 $|L\rangle$ 散射到状态 $|m\rangle$；③电子-空穴对复合，$\hbar\omega_s$ 的光子发射。以上三步每一步都符合波矢守恒，整个过程符合能量守恒。每一步相应一个真实的或者虚的跃迁，而且以上三步可以以任何时间先后次序出现，而完成整个过程。于是总共可以有六种类型的过程：①②③；①③②；②①③；②③①；③①②；③②①。Pincznk 和 Burstein(1972)给出了一级跃迁极化率的表达式

$$\begin{aligned}\chi_{\alpha\beta}(j) = \frac{e^2}{m_0^2\omega_s^2 V}\sum_{l,m}\Bigg[&\frac{\langle 0|P_\beta|m\rangle\langle m|H_{EL}|l\rangle\langle l|P_\alpha|0\rangle}{(E_m-\hbar\omega_s)(E_l-\hbar\omega_i)} + \frac{\langle 0|P_\alpha|m\rangle\langle m|H_{EL}|l\rangle\langle l|P_\beta|0\rangle}{(E_m+\hbar\omega_i)(E_l+\hbar\omega_s)}\\
&+\frac{\langle 0|P_\alpha|m\rangle\langle m|P_\beta|l\rangle\langle l|H_{EL}|0\rangle}{(E_m-\hbar\omega_s)(E_l-\hbar\omega_j)} + \frac{\langle 0|P_\beta|m\rangle\langle m|P_\alpha|l\rangle\langle l|H_{EL}|0\rangle}{(E_m+\hbar\omega_i)(E_l+\hbar\omega_j)}\\
&+\frac{\langle 0|H_{EL}|m\rangle\langle m|P_\alpha|l\rangle\langle l|P_\beta|0\rangle}{(E_m-\hbar\omega_j)(E_l-\hbar\omega_i)} + \frac{\langle 0|H_{EL}|m\rangle\langle m|P_\beta|l\rangle\langle l|P_\alpha|0\rangle}{(E_m-\hbar\omega_j)(E_l+\hbar\omega_s)}\Bigg]\end{aligned} \tag{6.123}$$

从表达式可以看出，当 $\hbar\omega_i \to E_l$ 时，第一项以及第五项的分母为零，$\chi'' \to \infty$，表示共振增强，此时散射过程称为共振 Raman 散射。

式(6.123)中可见 $\chi_{\alpha\beta}(j) \propto \omega_s^{-2}$，于是代入式(6.122)中，$S_{\alpha\beta}$ 与 ω_s 无关，但是当 $\omega_i \ll$ 电子跃迁能量 E_l、E_m 时，此时 $\chi_{\alpha\beta}$ 为常数，$S_{\alpha\beta}$ 与 ω_s^4 有关。关于散射截面与散射频率的关系，有诸多分析(Zeyher et al.　1976)。

下面对 $\chi_{\alpha\beta}$ 进行一些简化的讨论，在近共振情况下，讨论式(6.123)中的第一项，

分二带过程和三带过程进行讨论，如图 6.46 所示。

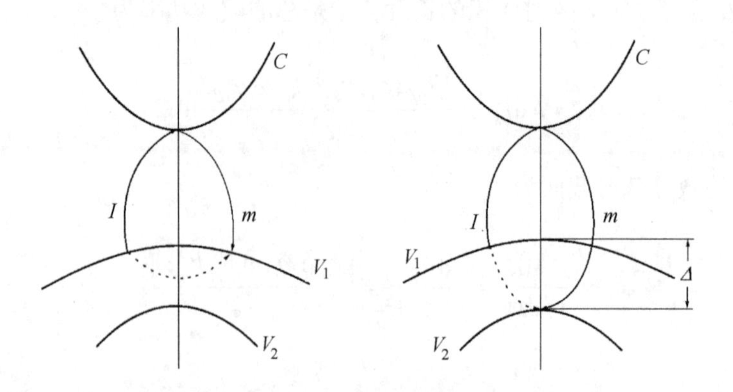

图 6.46　Raman 散射的二带和三带过程

Pincznk 和 Burstein(1972)推得共振项的简化形式。推导中假定了电子-声子作用的矩阵元和带间动量矩阵元都是常数，并忽略分母项的波矢依赖性，于是可以把矩阵元项提出 Σ 求和号，可得 Raman 张量的分量。

二带过程

$$\chi_{\alpha\beta}(j)=(H_{\mathrm{EL}})_{2-b}\frac{\chi(\omega_i)-\chi(\omega_i-\omega_j)}{\hbar\omega_j} \tag{6.124}$$

三带过程

$$\chi_{\alpha\beta}(j)=(H_{\mathrm{EL}})_{3-b}\frac{\chi^{+}(\omega_i)+\chi^{+}(\omega_i-\omega_j)-\chi^{-}(\omega_i)-\chi^{-}(\omega_i-\omega_j)}{2\Delta} \tag{6.125}$$

$\chi^{+}(\omega_i)$ 和 $\chi^{-}(\omega_i)$ 分别是带间跃迁 $V_1\leftrightarrow C$ 、$V_2\leftrightarrow C$ 对 χ 的贡献。Δ 是 V_1，V_2 带间的能量差。

在两带的情况下，电子-声子相互作用的带内跃迁矩阵元对 χ 有贡献

$$(H_{\mathrm{EL}})_{2-b}=\langle C|H_{\mathrm{EL}}|C\rangle+\langle V_i|H_{\mathrm{EL}}|V_i\rangle \qquad (i=1,2) \tag{6.126}$$

在三带的情况下，H_{EL} 的带间跃迁矩阵元有贡献

$$(H_{\mathrm{EL}})_{3-b}=\langle V_i|H_{\mathrm{EL}}|V_i\rangle \tag{6.127}$$

$\langle V_i|H_{\mathrm{EL}}|C\rangle$ 可以忽略，因为带间能量间隔远大于声子能量 $\hbar\omega_j$ 。

在准静态过程中 $\omega_j\to 0$ ，于是式(6.124)、(6.125)可以写为

二带

$$\chi_{\alpha\beta}(j)=(H_{\mathrm{EL}})_{2-b}\frac{\mathrm{d}\chi}{\mathrm{d}(\hbar\omega)} \tag{6.128}$$

三带

$$\chi_{\alpha\beta}(j)=(H_{\mathrm{EL}})_{3-b}\frac{\chi^{+}-\chi^{-}}{\varDelta} \tag{6.129}$$

式(6.129)中，若$\varDelta\to 0$

$$\lim_{\varDelta\to 0}\frac{\chi^{+}-\chi^{-}}{\varDelta}=\lim_{\varDelta\to 0}\frac{\chi(\hbar\omega_i,E_{\mathrm{g}})-\chi(\hbar\omega_i,E_{\mathrm{g}}+\varDelta)}{\varDelta}=\frac{\mathrm{d}\chi}{\mathrm{d}E_{\mathrm{g}}} \tag{6.130}$$

于是

$$\chi_{\alpha\beta}(j)=(H_{\mathrm{EL}})_{3-b}\cdot\frac{\mathrm{d}\chi}{\mathrm{d}E_{\mathrm{g}}} \tag{6.131}$$

χ对E_{g}的表达式由式(6.102)和式(6.105)表示。从而可以计算$\frac{\mathrm{d}\chi}{\mathrm{d}E_{\mathrm{g}}}$，对于三维临界点情况

$$\chi=c_0 f(x_0)E_{\mathrm{g}}^{-3/2} \tag{6.132}$$

对于二维临界点情况

$$\begin{aligned}\chi'&=-c_1x_1^{-2}\ln(1-x_1^2)\\ \chi''&=\frac{\pi c_1}{x_1^2}\Theta(x_1-1)\end{aligned} \tag{6.133}$$

代入式(6.131)及式(6.128)可以分别计算二带近似和三带近似下的$\left|\chi_{\alpha\beta}\right|^2$与能量$\hbar\omega/E_{\mathrm{g}}$的关系。图6.47是二维临界点$E_1$点的$\left|\chi_{\alpha\beta}\right|^2\sim\hbar\omega_i/E_1$的示意图。

可见，在$\varDelta_1$小时，二带、三带模型计算几乎没有区别，在$\varDelta_1$中等大小时，两个模型计算有区别。因为计算公式$\frac{\mathrm{d}x}{\mathrm{d}\hbar\omega}$与$\frac{\mathrm{d}x}{\mathrm{d}E_{\mathrm{g}}}$并不相等；在$\varDelta_1$大时，差别更大，在三带模型计算中，共振减弱了。由于极化率一般是复数，在以上计算过程中，$\left|\chi_{\alpha\beta}\right|^2$是实部的平方与虚部平方的和。

在实验上确定散射截面是一件很重要的事。因为在实验上测量到散射功率涉及散射截面和散射物质光学常数，入射和反射光的损失以及散射光的吸收都要考

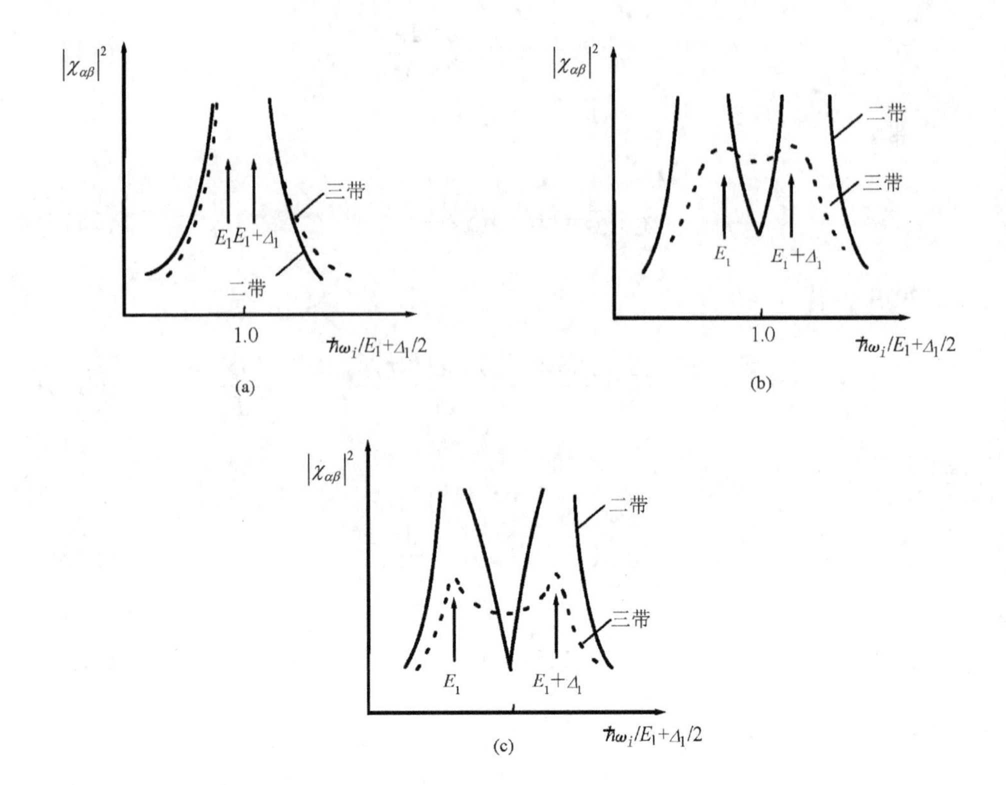

图 6.47　二维临界点 E_1 点的 $|\chi_{\alpha\beta}|^2 \sim \hbar\omega_i/E_1$ 的示意图

虑进去。则

$$\mathrm{d}^2 P_{s\alpha}(z,\omega_s) = S_{\alpha\beta}\mathrm{d}\Omega\mathrm{d}z P_{i\beta}(z,\omega_i)$$

如果计及入射光束的吸收和反射损失以及散射光束的吸收和反射损失，分别用 G_i 项和 G_s 项来描写，则上式要改写为

$$\mathrm{d}^2 P_{s\alpha}(0,\omega_s) = S_{\alpha\beta}\mathrm{d}\Omega\mathrm{P}_{i\beta}(0,\omega_i)G_i(R_i,A_i,z)G_s(R_s,A_s,z)\mathrm{d}z \tag{6.134}$$

式中：R_i、A_i 分别是入射光的反射系数与吸收系数，R_s、A_s 分别是反射系数与吸收系数。于是离开样品的总的散射功率为

$$\mathrm{d}P_{s\alpha}(0,\omega_s) = S_{\alpha\beta}P_{i\beta}(0,\omega_i)\mathrm{d}\Omega\int_0^L G_i(R_i,A_i,z)G_s(R_s,A_s,z)\mathrm{d}z \tag{6.135}$$

对于直角散射，G_s 与 z 无关，可以提出积分号

$$\mathrm{d}P_{s\alpha}(0,\omega_s) = S_{\alpha\beta}P_{i\beta}(0,\omega_i)\mathrm{d}\Omega G_s(R_s,A_s,z)\int_0^L G_i(R_i,A_i,z)\mathrm{d}z \tag{6.136}$$

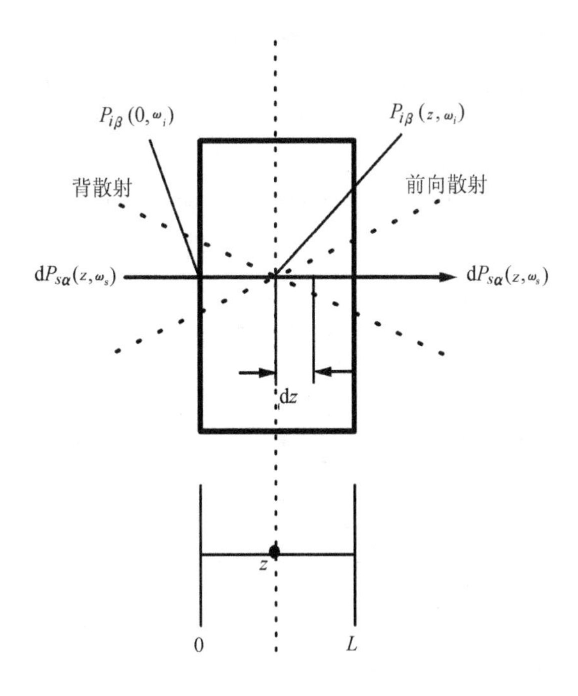

图 6.48 前向散射和背散射的示意图

关于 G_i 和 G_s 可以根据样品的光学常数和几何形状来进行推导。上式也可以写为

$$\begin{aligned} dP_{s\alpha}(0,\omega_s) &= S_{\alpha\beta}P_{i\beta}(0,\omega_i)d\Omega T(\omega_i,\omega_s) \\ T(\omega_i,\omega_s) &= G_s(R_s,A_s,z)\int_0^L G_i(R_i,A_i,z)dz \end{aligned} \tag{6.137}$$

是样品的形状和光学常数的函数。如果制备的样品避免多重反射，则前向散射位形时

$$T(\omega_i,\omega_s) = \frac{(1-R_i)(1-R_s)}{A_s - A_i}\left[\exp[(A_s - A_i)L] - 1\right] \tag{6.138}$$

直角散射时

$$T(\omega_i,\omega_s) = \frac{(1-R_i)(1-R_s)}{A_i}\cdot\exp(-A_s a)\left[1-\exp[-A_i L]\right] \tag{6.139}$$

背向散射时

$$T(\omega_i,\omega_s) = \frac{(1-R_i)(1-R_s)}{A_s + A_i}\left[1-\exp[(A_s + A_i)L]\right] \tag{6.140}$$

对于多重反射的情况，表达式要变得复杂一些。

于是通过测量立体角 dΩ 内的探测器测量到的散射功率 d$P_{s\alpha}$，以及入射功率 $P_{i\beta}$，计及吸收、反射能量损失 T，就可以获得散射截面 $S_{\alpha\beta}$。在实验上也可以用已知散射截面的样品作为参考样品，通过计算得到待测样品的散射截面。散射截面一般是频率相关的，对于不同的频率的散射光，截面是不相同的。做散射实验的样品要求表面无损伤，要光滑，以减少漫射。在做共振 Raman 实验时，除了改变 ω_i 以匹配能级差之外，也可以用外界条件来改变能级差，例如改变温度，加磁场，施加单轴压力和施加静压力等。表 6.6 列出几种具有金刚石或者闪锌矿结构的半导体材料的能隙和声子能量。

表 6.6　若干金刚石闪锌矿结构半导体材料的能隙和声子能量

材料	间接能隙/eV	直接能隙/eV								声子波数/cm^{-1}	
		E_0		$E_0+\Delta$		E_1		$E_1+\Delta$		300K	
		300K	77K	300K	77K	300K	77K	300K	77K	TO	LO
InSb		0.180	0.23	1.08	1.1	1.88	1.98	2.38	2.48	180	191
InAs		0.356	0.41	0.77	0.79	2.49	2.61	2.77	2.88	218	243
GaSb		0.70	0.81	1.5	1.56	2.03	2.15	2.48	2.596	231	241
HgTe						2.09	2.21	2.71	2.85	116	131
Ge	0.66	0.796	0.88	1.092	1.164	2.13	2.22	2.33	2.41	318	
InP		1.34	1.41	1.55		3.12		3.27		304	345
GaAs		1.429	1.51	1.77	1.85	2.904	3.02	3.314	3.245	269	292
CdTe		1.49	1.59	2.4	2.4	3.28	3.44	3.86	4.01	140	170
AlSb	1.62	2.218		2.97		2.810		3.210		319	340
Si	1.17	3.3				3.4				517	
ZnTe		2.25	2.38	3.18		3.58	3.71	4.14	4.28	177	205
GaP	2.26	2.78	2.885	2.90		3.69		3.77		367	403
ZnSe		2.69	2.82	3.12		4.8		6.1		205	250
AlAs	2.13	2.9		319						363	402
ZnS		3.69	3.80	3.76		6.81		6.8		271	352

6.4.3　选择定则的应用

在散射过程中符合的是动量守恒与能量守恒。

能量守恒要求

$$\omega_i - \omega_s = \pm\omega_j \tag{6.141}$$

动量守恒要求

$$\boldsymbol{k}_i - \boldsymbol{k}_s = \pm \boldsymbol{k}_j \tag{6.142}$$

如图 6.49 所示。

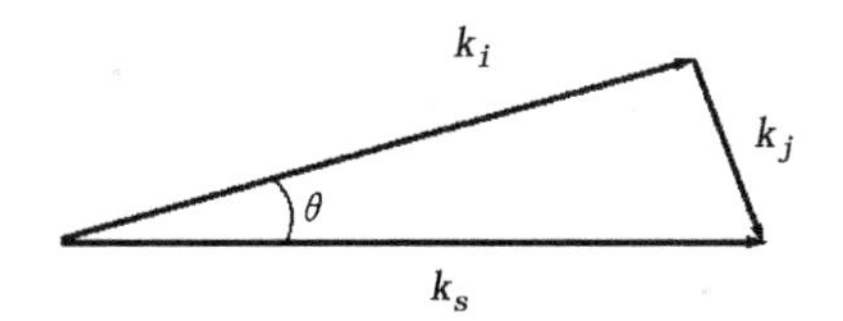

图 6.49　动量守恒示意图

$$\left|\boldsymbol{k}_j\right| = (\boldsymbol{k}_i^2 + \boldsymbol{k}_s^2 - 2\boldsymbol{k}_i \cdot \boldsymbol{k}_s)^{1/2} \tag{6.143}$$

对于前向散射，$\theta=0$，由于 $k = \frac{\omega}{v} = \frac{\omega}{c/n} = \frac{n\omega}{c}$

$$\left|\boldsymbol{k}_j\right|_{\min} = \left|\boldsymbol{k}_i\right| - \left|\boldsymbol{k}_s\right| = \frac{n(\omega_i)\omega_i - n(\omega_s)\omega_s}{c} \tag{6.144}$$

对于背向散射，$\theta=180°$

$$\left|\boldsymbol{k}_j\right|_{\max} = \left|\boldsymbol{k}_i\right| + \left|\boldsymbol{k}_s\right| = \frac{n(\omega_i)\omega_i + n(\omega_s)\omega_s}{c} \tag{6.145}$$

对于典型参数，$\hbar\omega_i \approx \hbar\omega_s = 2.5\text{eV}$，$n=4$，有 $k_j \approx 10^6\text{cm}^{-1}$。由于布里渊区边界在 10^8cm^{-1} 范围，可见散射的声子还是在布里渊区中心。在共振 Raman 散射中一般用背散射。观察到的 ω_j 对应于标准的 LO 和 TO 频率。

波矢守恒有时也会由于缺陷、杂质引起晶体对称性的破坏而不成立。同时，如果散射体积、线度 d 很小，波矢守恒也会不严格成立，而存在不确定性

$$\Delta\left|\boldsymbol{k}_j\right| = \frac{1}{d} \tag{6.146}$$

由波矢守恒，一般可得

$$\left|\boldsymbol{k}_j\right| = \left[n^2(\omega_i)\omega_i^2 + n^2(\omega_s)(\omega_i - \omega_j)^2 - 2n(\omega_i)n(\omega_s)\omega_i(\omega_i - \omega_j)\cos\varphi\right]^{\frac{1}{2}} \Big/ c \tag{6.147}$$

式中：φ 是散射角，ω_i 是激发光频率，改变 φ、ω_i，可得不同的 $\boldsymbol{k}_j$；测量 $\hbar\omega_s$，可得 $\hbar\omega_j$，从而可得 $\hbar\omega_j \sim k_j$ 的色散曲线。

选择定则除受到能量守恒与动量守恒限制外，还受晶体对称性的限制。

一般进行 Raman 散射时，单波长入射光激发样品，在前向、背向或侧向收集散射光，分别为前向散射、背向散射和直角散射。单纯这样采集信号时，不同元激发的散射信号只要符合选择定则都会出现在光谱图上。为了区分和研究特定的元激发，经常进行偏振依赖的 Raman 散射测量。入射光波矢 $\boldsymbol{k}_i$，入射光电场偏振方向 $\boldsymbol{E}_i$，在 $\boldsymbol{k}_s$ 方向上测量偏振 $\boldsymbol{E}_s$ 的散射光，用方向记号 $\boldsymbol{k}_i(\boldsymbol{E}_i,\boldsymbol{E}_s)\boldsymbol{k}_s$ 来表达这几何配置。在这样的配置下面收集散射光可以确定分析散射由哪一类声子引起，并分析其分析特征。

具体分析声子对散射的贡献，需要分析跃迁极化率张量(也叫 Raman 张量)。

如果入射光波矢 $\boldsymbol{k}_i$，电场偏振沿 β 方向，散射光波矢 $\boldsymbol{k}_s$，散射光偏振沿 α 方向。$\boldsymbol{k}_i(\beta,\alpha)\boldsymbol{k}_s$ 位型观察到的散射是由单位体积内的偶极距 $\boldsymbol{P}_s$ 的 $P_{s\alpha}$ 分量引起的，为

$$P_{s\alpha}=\chi_{\alpha\beta}^{i,s}(\omega_i,\omega_s)E_{i\beta}^0\exp\left\{\mathrm{i}\left[(\boldsymbol{k}_i+\boldsymbol{k}_j)r-(\omega_i\pm\omega_j)t\right]\right\} \tag{6.148}$$

在前面的分析中，已知 Raman 散射截面为

$$R\propto\left|\chi_{\alpha\beta}(\omega_i,\omega_s)\right|^2 \tag{6.149}$$

$\chi_{\alpha\beta}(\omega_i,\omega_s)$ 除了声子本身特征之外，还依赖于波矢 $\boldsymbol{k}_j$，所以 $\tilde{\chi}$ 亦可用 $\nabla Q_j=i\boldsymbol{k}_jQ_j$ 展开。同时，某些外部因素，如压力、电场、磁场等也可以影响声子，影响 $\chi_{\alpha\beta}$。所以一般来说跃迁极化率张量可以写为 $\tilde{\chi}\sim f(Q_j,\nabla Q_j,E_a)$ 的形式。

E_{a} 为外施电场，如表面电场，于是

$$\chi_{\alpha\beta}(Q_j,\nabla Q_j,E_a)=\chi_{\alpha\beta}^0(\omega_i,\omega_s)+\chi_{\alpha\beta}^1(\omega_i,\omega_s)+\chi_{\alpha\beta}^2(\omega_i,\omega_s)+\cdots \tag{6.150}$$

式中

$$\chi_{\alpha\beta}^0(\omega_i,\omega_s)=\chi_{\alpha\beta}^0(\omega_i,\omega_i)=\chi_{\alpha\beta}^0(\omega_i)$$

$$\chi_{\alpha\beta}^1(\omega_i,\omega_s)=\frac{\partial\chi_{\alpha\beta}}{\partial Q_j}\cdot Q_j+\frac{\partial\chi_{\alpha\beta}}{\partial\nabla Q_j}\cdot\mathrm{i}Q_jk_j+\frac{\partial^2\chi_{\alpha\beta}}{\partial Q_j\partial E_{\mathrm{a}}}\cdot E_{\mathrm{a}}Q_j+\cdots$$

$$\chi_{\alpha\beta}^2(\omega_i,\omega_s)=\frac{\partial^2\chi_{\alpha\beta}}{\partial Q_j\partial Q_{j'}}\cdot Q_jQ_{j'}+\frac{\partial^2\chi_{\alpha\beta}}{\partial\nabla Q_j\partial Q_j}\cdot\mathrm{i}k_jQ_jQ_{j'}+\frac{\partial^3\chi_{\alpha\beta}}{\partial Q_j\partial Q_{j'}\partial E_{\mathrm{a}}}\cdot Q_jQ_{j'}E_{\mathrm{a}}+\cdots \tag{6.151}$$

$\chi_{\alpha\beta}^0$ 为通常的平均极化率，没有声子跃迁，$\chi_{\alpha\beta}^1(\omega_i,\omega_s)$ 是一级跃迁极化率，为单声子跃迁，描写一级 Raman 散射，产生 $\omega_s=\omega_i\pm\omega_j$ 的散射光。$\chi_{\alpha\beta}^2(\omega_i,\omega_s)$ 为双声子跃迁，二级跃迁极化率，描写了二级 Raman 散射，涉及入射场 ω_i，以及双声子的

Q_j、ω_j、$Q_{j'}$、$\omega_{j'}$。式(6.151)也可简化为

$$\chi^1_{\alpha\beta}(\omega_i,\omega_s)=\chi_{\alpha\beta}(j)+\mathrm{i}\chi_{\alpha\beta k}(j)+\chi_{\alpha\beta E}(j)+\cdots \tag{6.152}$$

$$\chi^2_{\alpha\beta}(\omega_i,\omega_s)=\chi_{\alpha\beta}(jj')+\mathrm{i}\chi_{\alpha\beta k}(jj')+\chi_{\alpha\beta E}(jj')+\cdots \tag{6.153}$$

$\chi_{\alpha\beta}(j)$仅依赖于Q_j，描写正常单声子的 Raman 散射，其余项都是在不同情况下描写的高级效应。一般是比较弱的，但在共振 Raman 散射的情况下会加强。

在具体分析窄禁带半导体 Raman 散射的偏振依赖的近共振 Raman 散射中，很常用的是式(6.152)。Rubloff(1973)在研究 InAs 的 Raman 散射时，对闪锌矿结构 Raman 散射的选择定则进行了具体分析。Raman 散射截面 R 正比于由声子感应的电极化率变化$\delta\chi$的平方

$$R\propto|\delta\chi|^2 \tag{6.154}$$

对于 TO 声子，$\delta\chi$的最低级项可由下式给出

$$\delta\chi=\frac{\partial\chi}{\partial u}u+\frac{\partial^2\chi}{\partial E_s\partial u}uE_s+\frac{\partial\chi}{\partial(\nabla u)}\nabla u \tag{6.155}$$

这里 u 是声子的位置，E_s 是表面电场，$\nabla u=iqu$ 是声子原子位移的空间梯度，q 是散射波矢(Burstein et al.　1972)。式(6.155)中第一项即通常的 $q=0$ 原子位移项引起的散射(AD)，即使波矢为 0(q=0)，它也引起“允许”声子散射。但在 $AD=0$ 时，由于式(6.155)中第二项和第三项(所谓禁戒项“forbidden”)的作用，通常在共振散射附近，TO 声子的散射亦能发生。第二项是由表面电场 E_s 诱导的散射(SF)，这是由于$\frac{\partial\chi}{\partial u}$依赖于表面电场 E_s。第三项($\sim\mathrm{i}qu$)是与强吸收相关的线性 q 诱导的 Raman 散射(LQ)，它与前两项很不相同。

对于 LO 声子，以上三项可以略作修改。计及微观电场 E 的作用(Fröhlich 相互作用)，把$\frac{\partial}{\partial u}$替换为$\frac{\partial}{\partial u}+\frac{\partial E}{\partial u}\frac{\partial}{\partial E}$，然后作相类似的分析。

于是 Raman 散射截面可以写成以上三个过程的复数振幅 AD、SF、LQ 的平方和，即

$$R\sim|AD+SF+\mathrm{i}LQ|^2=(AD'+SF'-LQ'')^2+(AD''+SF''+LQ')^2 \tag{6.156}$$

这里上标“和”分别表示实部和虚部。

对于闪锌矿结构材料，分别沿着立方系 x、y、z 轴极化的声子，由通常的波矢 q=0 原子位移项产生的 AD 项产生的 Raman 散射张量，分别为

$$\begin{pmatrix} 0 & 0 & 0 \\ 0 & 0 & a \\ 0 & a & 0 \end{pmatrix} \begin{pmatrix} 0 & 0 & a \\ 0 & 0 & 0 \\ a & 0 & 0 \end{pmatrix} \begin{pmatrix} 0 & a & 0 \\ a & 0 & 0 \\ 0 & 0 & 0 \end{pmatrix} \tag{6.157}$$

在背散射情况下，表面电场及波矢 q 都垂直于表面，SF 项和 LQ 项具有同样的对称性，它们的散射也具有相同的选择定则。如果 q 或 E_s 沿立方体 z 轴，对于沿着 x、y、z 极化的声子，Raman 张量为

$$\begin{pmatrix} 0 & 0 & d \\ 0 & 0 & 0 \\ d & 0 & 0 \end{pmatrix} \begin{pmatrix} 0 & 0 & 0 \\ 0 & 0 & d \\ 0 & d & 0 \end{pmatrix} \begin{pmatrix} c & 0 & 0 \\ 0 & e & 0 \\ 0 & 0 & b \end{pmatrix} \tag{6.158}$$

常数 b、c 及 d 是张量 $\dfrac{\partial^2}{\partial E_s \partial u}$ 或 $\dfrac{\partial x}{\partial(\nabla u)}$ 的三个独立的量。

由于

$$P_{s\alpha} = \chi_{\alpha\beta} E_{i\beta} \tag{6.159}$$

在入射光电场 $E_{i\beta}$ 的感应下，根据不同极化方向声子的跃迁极化率张量 $\tilde{\chi}$ 的贡献，可以计算感应偶极距在 α 方向的分量 $P_{s\alpha}$ 以及散射截面。于是在 $\boldsymbol{k}_i(\beta,\alpha)\boldsymbol{k}_s$ 的几何配置下，可以观察到散射光。根据参与散射的声子的极化方向与 $\boldsymbol{k}_j$ 方向的关系，可以确定是 TO 声子或 LO 声子的贡献。

如在背散射 $x(yz)\bar{x}$ 的几何配置下(图 6.50)。

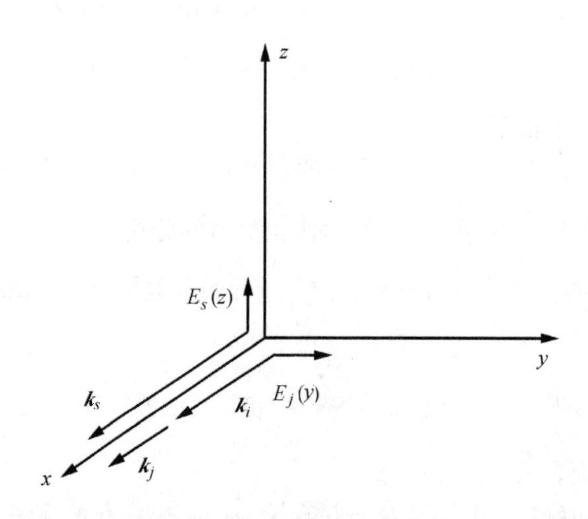

图 6.50　背向散射示意图

入射光 $\boldsymbol{k}_i$ 沿 x 方向，电场 $E_i(y)$偏振沿 y 方向(0、E_y、0)，根据不同极化方向的声子的跃迁极化率张量(AD 项)，只有 x 方向极化的声子对散射有贡献。因为 x 方向的极化的声子的 Raman 张量为 $\begin{pmatrix} 0 & 0 & 0 \\ 0 & 0 & a \\ 0 & a & 0 \end{pmatrix}$，因此

$$\boldsymbol{P}_{s\alpha} = \begin{pmatrix} 0 & 0 & 0 \\ 0 & 0 & a \\ 0 & a & 0 \end{pmatrix} \begin{pmatrix} 0 \\ E_y \\ 0 \end{pmatrix} = aE_y \boldsymbol{z} \tag{6.160}$$

这项非零，并正好在 z 方向极化，可以在 $X(YZ)\bar{X}$ 位型中容易观察到，说明 x 方向极化的声子参与了这类位型的 Raman 散射。由波矢守恒 $\boldsymbol{k}_i \pm \boldsymbol{k}_j = \boldsymbol{k}_s$。在此位型下，$\boldsymbol{k}_j$ 沿着 x 轴，可见参与的声子是 LO 声子。而 y 方向极化的声子的 Raman 张量为 $\begin{pmatrix} 0 & 0 & a \\ 0 & 0 & 0 \\ a & 0 & 0 \end{pmatrix}$，它与电场 $\begin{pmatrix} 0 \\ E_y \\ 0 \end{pmatrix}$ 的乘积在任何方向为 0。同样 z 方向极化的声子的 Raman 张量为 $\begin{pmatrix} 0 & a & 0 \\ a & 0 & 0 \\ 0 & 0 & 0 \end{pmatrix}$，它与电场 $\begin{pmatrix} 0 \\ E_y \\ 0 \end{pmatrix}$ 的乘积在任何方向为 0。

同样可以分析 $X(YY)\bar{X}$ 位型的情况。在这样的情况下，入射光沿 x 轴，电场偏振沿 y 方向，电场为(0、E_y、0)，如上面的分析中可知，y 和 z 方向极化的声子的 Raman 张量与电场(0、E_y、0)的乘积都为 0，x 方向极化的声子的 Raman 张量与电场(0、E_y、0)的乘积不为零，但等于 $aE_y z$ [见式(6.160)]，是感应偶极距沿 z 方向的分量。在 $X(YY)\bar{X}$ 位型下是观察不到的，所以 Raman 散射的几何配置可以提供实验结果分析的基础。

对于直角散射 $Z(XZ)Y$ 的几何配置，表示光沿着 z 方向入射，入射光场的传播方向沿 x 轴；然后沿着 y 方向观察 z 方向偏振的散射光。图 6.51 中标出了各个矢量方向。

$$E_{i\beta} = (E_x, 0, 0)$$

对于 x 方向极化的声子，在 $E_{i\beta}$ 感应下产生的偶极距为

$$\begin{pmatrix} 0 & 0 & 0 \\ 0 & 0 & a \\ 0 & a & 0 \end{pmatrix} \begin{pmatrix} E_x \\ 0 \\ 0 \end{pmatrix} = 0 \tag{6.161}$$

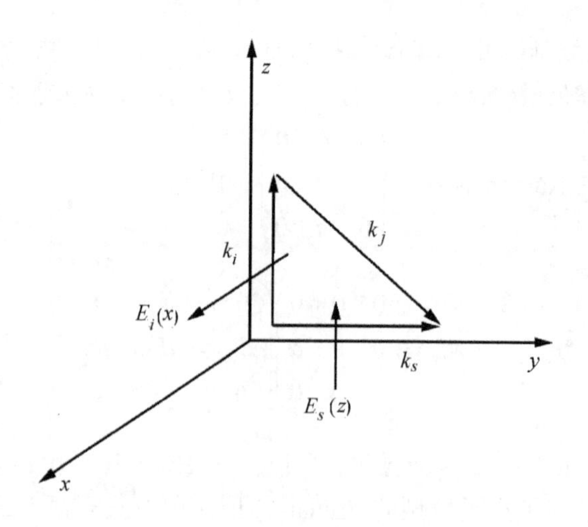

图 6.51 直角散射示意图

对于 y 方向极化的声子，在 $E_{i\beta}$ 感应下产生的偶极距为

$$\begin{pmatrix} 0 & 0 & a \\ 0 & 0 & 0 \\ a & 0 & 0 \end{pmatrix}\begin{pmatrix} E_x \\ 0 \\ 0 \end{pmatrix} = aE_x\boldsymbol{z} \tag{6.162}$$

对于 z 方向极化的声子，在 $E_{i\beta}$ 感应下产生的偶极距为

$$\begin{pmatrix} 0 & a & 0 \\ a & 0 & 0 \\ 0 & 0 & 0 \end{pmatrix}\begin{pmatrix} E_x \\ 0 \\ 0 \end{pmatrix} = aE_x\boldsymbol{y} \tag{6.163}$$

可见在 $Z(XZ)Y$ 位型下，可以观察到 y 方向极化的声子对散射的贡献。由于 $\boldsymbol{k}_j$ 在 yz 平面，与 y 轴有倾角。因此声子极化方向与 $\boldsymbol{k}_j$ 有垂直分量与平行分量，分别为 TO 声子与 LO 声子。由式(6.163)还可知，z 方向极化的声子，在 $E_{i\beta}$ 感应下，产生偶极距方向为 y 方向。

如果要观察这一偏振方向的散射，应从 x 方向或 z 方向。即取 $Z(XY)X$ 或 $Z(XY)\bar{Z}$ 位型。从式(6.161)、(6.162)、(6.163)还可以看出，无论哪个方向极化的声子在(E_x,0,0)电场感应下都不能产生沿 x 方向的偶极距分量，即 $z(xx)y$ 和 $z(xx)\bar{z}$ 都观察不到散射光。以上分析都是考虑 *AD* 项的 Raman 张量，如果再考虑表面电场 *SF* 项和 *LQ* 项的 Raman 张量，情况复杂些，但也可以进行类似分析。

对于半导体材料经常采用背散射方式测量同时选择坐标也根据实际晶向来选取。这时 Raman 张量要从立方系 X[100]，Y[010]，Z[001]，转换到所选取的坐标

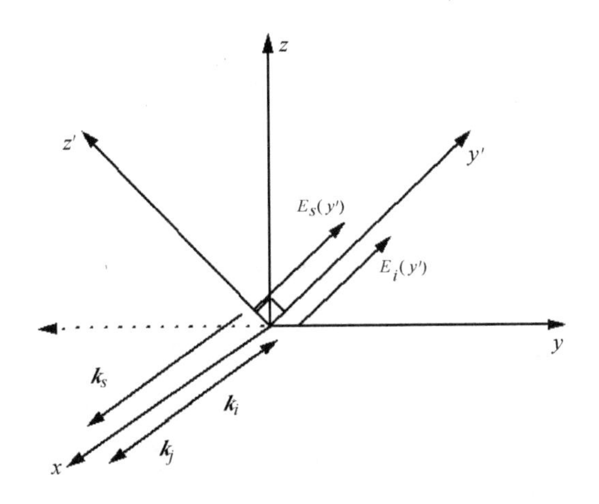

图 6.52　坐标变换示意图

系中，或者仍在 xyz 坐标系中，但按照新坐标系中的依赖位型所表示的电场 $E_{i\beta}(x',y',z')$ 转换到 $E_{i\beta}(x,y,z)$ 系中，再用 x、y、z 中的 Raman 测量进行分析。分析结果再回到 x'、y'、z'系中的偏振几何位型。如对 $X'[100]$、$Y'[011]$、$Z'[0\bar{1}1]$ 系，考虑 $X'(Y'Y')\bar{X}'$ 位型

$$E_{i\beta}(x',y',z')=(0,E_{iy'},0) \tag{6.164}$$

转换到 x、y、z 系中

$$E_{i\beta}(x,y,z)=(0,E_{iy},E_{iz}) \tag{6.165}$$

式中：$E_{iy}=\dfrac{E_{iy'}}{\sqrt{2}}$，$E_{iz}=\dfrac{E_{iz'}}{\sqrt{2}}$。于是，在 x、y、z 系中，沿 x 方向极化的声子在 $E_{i\beta}$ 感应下，产生偶极距为

$$\boldsymbol{P}_{js\alpha}=\begin{pmatrix}0&0&0\\0&0&a\\0&a&0\end{pmatrix}\begin{pmatrix}0\\E_y\\E_z\end{pmatrix}=aE_z\boldsymbol{y}+aE_y\boldsymbol{z}=a\sqrt{E_z^2+E_y^2}\cdot\boldsymbol{y}' \tag{6.166}$$

沿 y 方向极化的声子在 $E_{i\beta}$ 感应下，产生偶极距为

$$\boldsymbol{P}_{s\alpha}=\begin{pmatrix}0&0&a\\0&0&0\\a&0&0\end{pmatrix}\begin{pmatrix}0\\E_y\\E_z\end{pmatrix}=aE_z\boldsymbol{x}=aE_z\boldsymbol{x}' \tag{6.167}$$

沿 z 方向极化的声子在 $E_{i\beta}$ 感应下，产生偶极距为

$$\boldsymbol{P}_{s\alpha}=\begin{pmatrix}0&0&a\\a&0&0\\0&0&0\end{pmatrix}\begin{pmatrix}0\\E_y\\E_z\end{pmatrix}=aE_y\boldsymbol{x}=aE_y\boldsymbol{x}' \tag{6.168}$$

根据动量守恒 $\boldsymbol{k}_i\pm\boldsymbol{k}_j=\boldsymbol{k}_s$，$\boldsymbol{k}_j$ 沿 x 或 x' 方向。在 x' 方向，y' 偏振方向观察到的散射光来自于 x 方向极化。沿 x 方向传播的声子，为 LO 声子。而式(6.167)、式(6.168)产生的 $\boldsymbol{x}'$ 方向的偶极距分量，在 x 方向是看不到的，但可以在 $\boldsymbol{z}'$ 方向或 $\boldsymbol{y}'$ 方向看到，即在 $X'(Y'Y')Z'$ 或 $X'(Y'X')Y'$ 的几何配置下观察到。

对于具有 Γ_{15} 对称性的声子，原子位移项 Raman 张量的作用下，根据闪锌矿结构的一般常用的晶体取向，其一级 Raman 散射背散射 $X(\alpha\beta)\bar{X}$ 位型下的选择定则和 Raman 散射相对强度由下表给出。

表 6.7 (O_h 群，T_d 群)一级 Raman 散射背散射 Γ_{15} 声子的选择定则

No	坐标系			极化	$\lvert\chi_{\alpha\beta}(\Gamma_{15})\rvert^2$		
	x	y	z	$\alpha\beta$	LO(x)	LO(y)	TO(z)
1	$\langle100\rangle$	$\langle010\rangle$	$\langle001\rangle$	YY=ZZ	0	0	0
2				YZ	e^2	0	0
3	$\langle100\rangle$	$\langle01\bar{1}\rangle$	$\langle0\bar{1}1\rangle$	YY=ZZ	e^2	0	0
4				YZ	0	0	0
5	$\langle110\rangle$	$\langle1\bar{1}0\rangle$	$\langle001\rangle$	YY	0	0	d^2
6				YZ	0	d^2	0
7				ZZ	0	0	0
8	$\langle111\rangle$	$\langle1\bar{1}0\rangle$	$\langle11\bar{2}\rangle$	YY	$e^2/3$	0	$2d^2/3$
9				YZ	0	$2d^2/3$	0
10				ZZ	$e^2/3$	0	$2d^2/3$
11	$\langle11\bar{2}\rangle$	$\langle111\rangle$	$\langle1\bar{1}0\rangle$	YY	0	$4d^2/3$	0
12				YZ	0	0	$d^2/3$
13				ZZ	$2e^2/3$	$d^2/3$	0

Rubloff(1973) 研究了 InAs 的 Raman 散射光谱，分别取坐标系 $X[100]Y[010]Z[001]$，$X'[110]Y'[\bar{1}10]Z[001]$，$X''[111]Y''[\bar{1}10]Z[\bar{1}\bar{1}2]$，给出了 TO、LO 声子在 Raman 散 AD、SF 和 LQ 项的相对强度。关于 Raman 散射选择定则中 Raman 张量的详细推导可以参考文献张光寅(2001)。

6.4.4 HgCdTe 的 Raman 散射

半导体 Raman 散射研究可以获得关于有关晶格振动、等离子激元等有关元激发的多种重要信息，也可获得有关的材料参数。它是其他许多光谱手段的重要补充，可以获得其他光谱手段所不能得到的信息。Raman 散射主要探测材料中振动的激发，而其他光谱手段主要是用于材料电子态研究。由于晶格振动最敏感于最邻近状态，因此 Raman 散射也就探测了晶体结构及其完整性，也可用于晶体和薄膜晶体材料质量的表征。

Raman 散射是一个二级过程，它包含了其他一级过程所不包含的有关晶体对称性的信息。例如，对闪锌矿结构，一级过程不依赖于光的偏振态与晶轴的关系，而在 Raman 散射中，散射强度却依赖于入射光散射光的方向以及它们的偏振方向，从而与晶体对称性相关，可用于表征材料基本相互作用及性能质量，如晶体取向及其微观起伏，不完整性，组分以及结构和组分的无序情况等。

有关 HgCdTe 的 Raman 散射研究，工作不多，Mooradian 和 Harmon (1971) 曾利用 Raman 光谱研究了横光学声子 TO 和纵光学声子 LO 振动频率组分依赖性。Pollak 小组(Amirtharaj et al.　1983)利用 Ar^+离子激光的 496.5、488.0、501.7 以及 514.5nm 的几条线，在不同偏振型下，对 HgCdTe 的 $Hg_{0.8}Cd_{0.2}Te$ 样品在 77K，接近于 E_1 带隙附近进行了接近共振的 Raman 散射。实验中观察到 $\omega_j=0$ 的体声子 TO、LO，还观察到由于对称性禁戒的 TO 声子、缺陷模、团聚效应以及 LO 声子与表面反型层带间激发耦合效应(Smode)。由于 S 模对表面处理情况极为敏感，因此可用于有效的研究样品表面的情况。

在他们的实验中利用了背散射位型，测量在 77K 进行，激光功率小于 250mW。样品是 p-$Hg_{0.8}Cd_{0.2}Te$(100)和(111)面。两块样品的空穴浓度都在 $2\times10^{15}cm^{-7}$ 左右，样品的表面处理对 Raman 光谱很有影响。用通常的方法是机械抛光，用 0.05μm 粒径的氧化铝粉末作抛光剂，再用 5%的溴酒精溶液化学腐蚀，这样处理的表面，在 Raman 散射中，看不到 S 模，而如果机械抛光后采用 0.1%的溴酒精溶液化学抛光和再采用同样的溶液化学腐蚀，这样处理表面，可以在 Raman 散射中看到 S 模。

Pollak 小组曾对 HgCdTe 的 Raman 散射做过比较系统的研究，在工作中，对于 HgCdTe 材料的三个重要的晶面，按如下方式取坐标轴：

对 $\langle 100\rangle$ 晶面，取 $X_1[100]$，$Y_1[010]$，$Z_1[001]$ 或 $X_1[100]$，$Y_1'[011]$，$Z_1'[011]$。

对 $\langle 100\rangle$ 晶面，取 $X_2[1\bar{1}0]$，$Y_2[110]$，$Z_2[001]$ 或 $X_2[1\bar{1}0]$，$Y_2'[111]$，$Z_2'[\bar{1}\bar{1}2]$。

对 $\langle 100\rangle$ 晶面，取 $X_3[100]$，$Y_3[1\bar{1}0]$，$Z_3[\bar{1}\bar{1}2]$ 。

再考虑到背散射几何关系，可以得到 $q\approx0$ 体 LO 和 TO 声子的下列选择定则(Amirtharaj　1983)。

对(100)晶面：

(a) TO 声子对所有的偏振配置都是禁戒的。

(b) LO 声子对 $X_1(Y_1Y_1)\bar{X}_1$，$X_1(Y_1Z_1)\bar{X}_1$ 和 $X_1(Y_1'Y_1')X_1$ 偏振配置是允许的，但对于 $X_1(Y_1'Y_1')\bar{X}_1$ 配置是禁戒的。在 $X_1(Y_1Y_1)\bar{X}_1$ 配置中，线性 q 项的存在使 LO 模变为拉曼活性。$X_1(100)$, $Y_1(010)$, $Z_1(001)$, $Y_1'(011)$ 和 $Z_1'(0\bar{1}1)$。

对(111)晶面：

(a) LO 和 TO 声子对 $X_3(Y_3Y_3)\bar{X}_3$ 配置是允许的。

(b) 对 $X_3(Y_3Y_3)\bar{X}_3$ 配置，TO 声子允许但 LO 声子禁戒(包括线性 q 诱导散射)。$X_3(111)$，$Y_3(1\bar{1}0)$，$Z_3(1\bar{1}2)$。

这些选择定则可用来指认 TO 和 LO 声子。

Pollak 小组系统研究了(100), $(1\bar{1}0)$ 和(111)三个主晶面 $Hg_{1-x}Cd_xTe$ 单晶不同偏振配置下的拉曼散射光谱。(Tiong et al. 1984, Amirtharaj et al. 1983, Amirtharaj et al. 1985, Ksendzov et al. 1990)作为例子，图 6.53 和图 6.54 分别给出了 $Hg_{0.8}Cd_{0.2}Te$(100)和(111)晶面不同偏振配置拉曼背散射光谱。拉曼光谱是在 77K 温度下用氩离子激光器 514.5nm 线激发测量得到的。由于所用激发线能量与 E_1 光学带

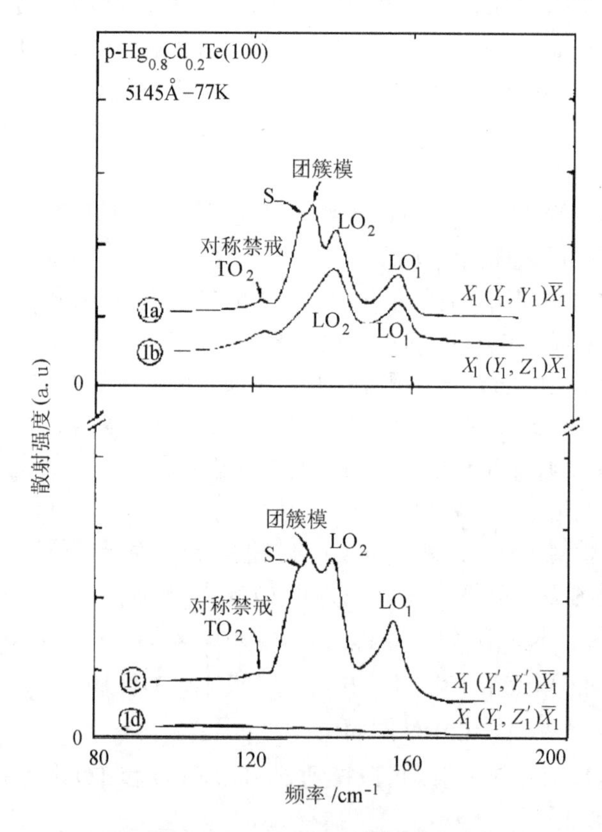

图 6.53 $Hg_{0.8}Cd_{0.2}Te$ (100)的拉曼光谱。
轴向为 $X_1(100)$, $Y_1(010)$, $Z_1(010)$, $Y_1'(011)$，$Z_1'(0\bar{1}1)$

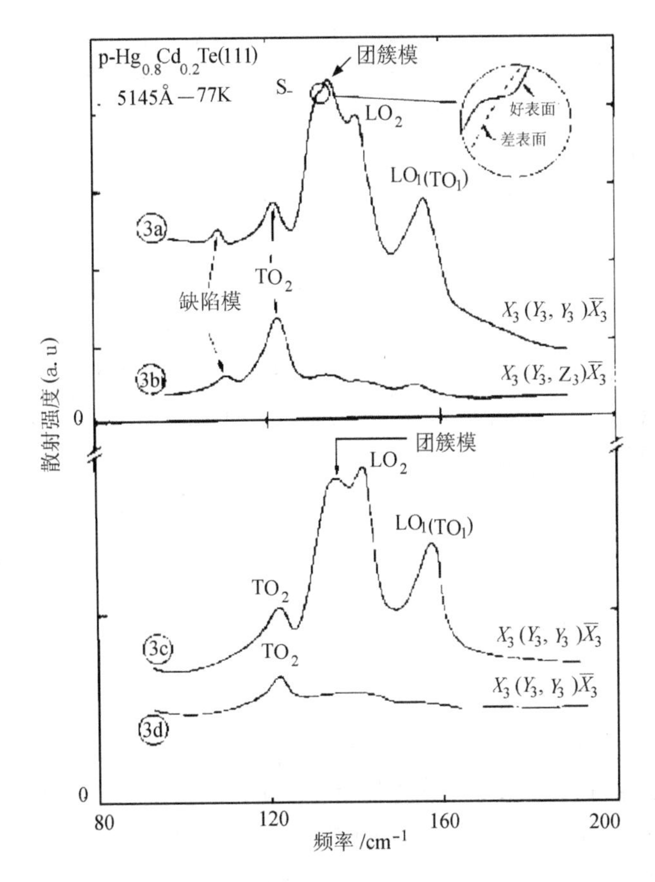

图 6.54　$Hg_{0.8}Cd_{0.2}Te$ (111)的拉曼光谱。轴向为 X_3(111), Y_3(110),Z_3(112)

宽(2.4 eV)接近，图 6.5.3 所示光谱具有共振特征(Ksen　1990)。

对于 $Hg_{0.8}Cd_{0.2}Te$ 单晶，类 HgTe 的 TO_2 和 LO_2 声子分别位于 122 cm^{-1} 和 140 cm^{-1}，类 CdTe 的 LO_1 (TO_1)声子位于 156 cm^{-1}(Tiong et al.　1984, Amirtharaj et al. 1983, Amirtharaj et al.　1985, Ksendzov et al.　1990)。不同温度测量表明类 HgTe 的 TO 随温度降低存在软化。而类 CdTe 的 LO (TO)声子模具有行波特征，而不是 HgTe 中 Cd 杂质局域模(Ksen　1990)。

除了上述 $q = 0$ 的 TO 和 LO 声子外，还有几个明显的散射模。

从三个主晶面碲镉汞样品中，在 135 cm^{-1} 处观察到一个强的振动模。该振动模具有 Γ_1 对称性，只有当入射光和散射光偏振方向平行时才能观察到。该模是碲镉汞合金晶格振动模，实验发现它与 Te-3Hg-Cd 四面体团簇密切相关(Tiong et al. 1984, Amirtharaj et al.　1983, Amirtharaj et al.　1985, Ksendzov et al.　1990)。对 n 型和 p 型碲镉汞样品进一步实验表明，电子对该散射模没有贡献。

从 p-$Hg_{0.8}Cd_{0.2}Te$ 三个主晶面的样品中，都在 132 cm^{-1} 处观察到一个弱的散射峰(S.)。实验发现该振动模与样品表面处理密切相关，可作为碲镉汞晶体表面质量探针。该振动模可能起源于表面反型层 LO 声子与子能带跃迁耦合(Tiong et al. 1984, Amirtharaj et al. 1983, Amirtharaj et al. 1985)。然而，实验发现 S 模在 p 型样品和 n 型样品中有不同的散射(相对)强度。似乎表明该振动模具有不同的起源(Amirtharaj et al. 1990)。

对于(111) 晶面 p-$Hg_{0.8}Cd_{0.2}Te$，在 108 cm^{-1} 处观察到一个杂质模。在 HgTe 材料中也观察到了该振动模。该振动模具有TO对称性，可能由缺陷(antisite defects)引起(Tiong et al. 1984, Amirtharaj et al. 1983, Amirtharaj et al. 1985)。

在三个主晶面 $Hg_{0.8}Cd_{0.2}Te$ 样品中，类 HgTe 的 TO_2 声子在 $X'(Z'Z')\bar{X}'$ ($X'(1\bar{1}0), Z'(001)$)偏振配置中是对称性禁戒的,包括表面电场和 q 线性机制。然而，实验都观察到了类 HgTe 的 TO_2 声子，Tiong 等认为该选择定则弛豫是由内应变(η_{xy}, η_{xz}, 和η_{yz})引起的。这些应变沿着晶体成键方向，并不能由外加应力产生。因此该振动模可以用作碲镉汞结晶质量的探针(Tiong et al. 1984, Amirtharaj et al. 1983)。

Lusson 和 Wagner 用共振拉曼光谱研究了液相外延富 Cd 碲镉汞薄膜。对于(111) $Cd_{0.96}Zn_{0.04}Te$ 衬底上液相外延 $Hg_{0.29}Cd_{0.71}Te$ 薄膜，在 2.38 eV 能量光子激发下，在 164.8 cm^{-1} 观察到类 CdTe 的 LO 声子，在 133 cm^{-1} 观察到类 HgTe 的 LO 声子。进一步采用 2.18 eV 和 1.91 eV 能量的激发光，相对于类 HgTe 的 TO 声子，类 CdTe 的 LO 声子具有明显的共振增强效应，同时，在 329.5 cm^{-1} 观察到类 CdTe 的 2LO 声子。对于 $x = 0.71$ 的碲镉汞晶体, 用半经验公式计算知道 77K 时类 CdTe 的 LO 声子和 2LO 声子的 $E_0+\Delta_0$ 共振能级分别为 1.913 和 1.934 eV(Lusson 1988)。

对不同组分 $Hg_{1-x}Cd_xTe$ ($0.5 \leqslant x \leqslant 1$)薄膜，进一步采用拉曼光谱研究了类 CdTe-LO 声子与组分的关系。图 6.55 给出了 2.38 eV 激发光激发不同组分碲镉汞薄膜 77 K 拉曼散射光谱。当 $x > 0.71$ 时，用 2.38 eV 光源激发，碲镉汞薄膜的类 CdTe 的 1LO 声子和 2LO 声子都有 $E_0+\Delta_0$ 共振增强效应。其中，$x = 0.92$ 时共振增强效应最大，相应的 $E_0+\Delta_0$ 共振能级为 2.342 eV (1LO)和 2.363 eV(2LO)。利用共振增强效应测得的类 CdTe 的 1LO 声子和 2LO 声子与组分关系见图 6.56。由图可见，LO 声子频率随组分 x 线性变化，这一变化规律与理论计算结果和红外光谱测量结果一致(Lusson et al. 1988)。

离子注入碲镉汞再经过热处理是制备碲镉汞 p-n 结的重要工艺。对于极性半导体，声子拉曼散射光谱也是非接触无损伤地检测离子注入损伤、损伤分布、退火除伤效果等的一种重要工具。1 LO/2 LO 声子散射强度的比值是衡量极性半导体结晶质量的指针(Lusson et al. 1989, Wagner et al. 1993)。

J.Wagner 等人利用共振拉曼散射光谱分析了离子注入液相外延 $Hg_{1-x}Cd_xTe$ 薄膜的晶格损伤问题。分析了注入离子种类、剂量以及不同退火处理工艺对损伤的

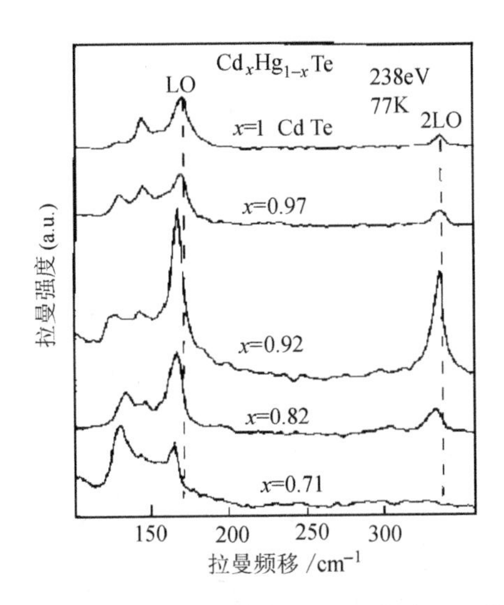

图 6.55　2.38 eV 激发光激发不同组分碲镉汞薄膜 77 K 拉曼散射光谱

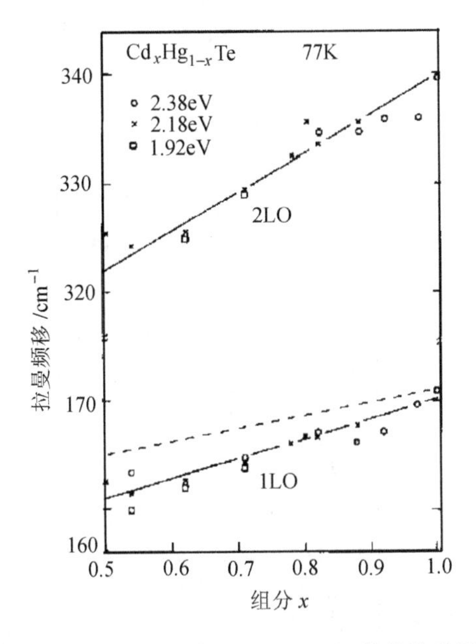

图 6.56　LO 声子频率和 HgCdTe 组分的关系图

去除(Lusson et al.　1989, Wagner et al.　1993)。图 6.57 给出 In^+注入 $Hg_{0.77}Cd_{0.23}Te$ 薄膜不同剂量的共振拉曼散射光谱。从图可见，注入剂量从 10^{11} 到 10^{14} 范围时，1LO/2LO 声子散射强度比值可以作为注入损伤的探针(Lusson et al.　1989)。对于不同的注入离子种类，拉曼光谱研究表明轻离子造成的损伤小于重离子造成的损伤，即使轻离子注入剂量大于重离子注入剂量。提高退火温度或增加退火时间可以完全恢复基体的晶格完整性。图 6.58 给出一个后退火处理的例子(Wagner et al.

1993)。由图 6.58 可见在 320℃温度下退火 16 分钟，HgCdTe 的晶格特征得到恢复。

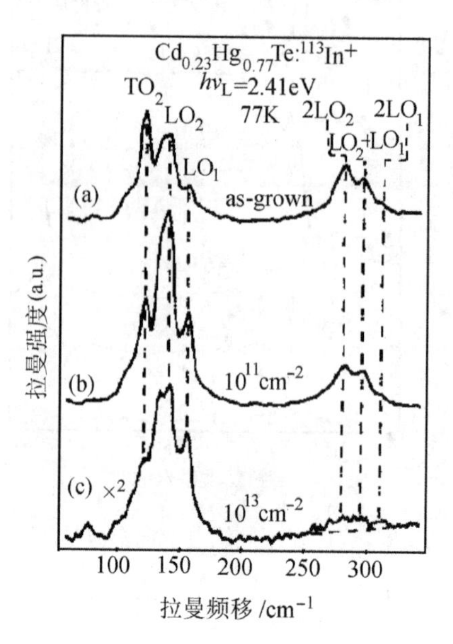

图 6.57　2.41 eV 激发光激发碲镉汞薄膜的拉曼散射光谱

(a)原位生长(b)和(c)In 离子注入

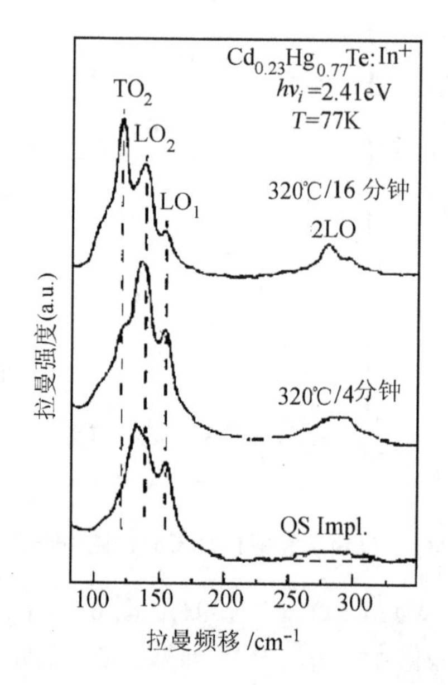

图 6.58　In 离子注入的 $Hg_{0.77}Cd_{0.23}Te$ 的拉曼散射光谱

关于碲镉汞共振 Raman 散射的研究还可以参考 Scepanovic(1998)。此外，Huang 等进行了 HgCdTe 样品微区 Raman 散射和微区光致发光的研究(Huang et al.　2001)。

参考文献

褚君浩. 1983. 红外研究, 2:89~96

褚君浩, 徐世秋, 汤定元. 1982. 科学通报, 27: 403

褚君浩. 1984. $Hg_{1-x}Cd_xTe$三元半导体能带参数和晶格振动的光谱研究. 博士研究生论文. 中国科学院上海技术物理研究所

沈学础, 褚君浩. 1985 物理学报, 34: 56

沈学础, 褚君浩. 1984. 物理学报, 33: 729

沈学础. 1984. 物理学进展, 3

张光寅，蓝国祥，王玉芳. 2001. 晶格振动光谱学，北京：高等教育出版社

Amirtharaj P M, Tiong K K, Pollak F H. 1983. J. Vac. Sci. Technol. A, 1: 1744

Amirtharaj P M, Dhar N K, J Baars et al. 1990. Semicond. Sci. Technol., 5: S68

Amirtharaj P M, Tiong K K, Parayanthal P et al. 1983. J. Vac. Sci. Technol. A, 3: 226

Baars J, Sorger F. 1972. Solid State Commun., 10: 875

Balkanski M, Jian K P, Beserman R et al. 1975. Phys. Rev. B, 22: 2913

Balkanski M. 1979. in : Narrow Gap Semiconductors, Phys. And Appl. Heidelberg: Springer

Barker A S, Sievers A J. 1975. Rev. of Modern Phys., 47 supp. 2: 1

Bilzand H, Kress W. 1979. Phonon Dispersion Relations in Insulators. Vol 113. Heidelberg:Springer-Verlag

Brodsky M H, Lurio A. 1974. Phys. Rev. B, 9: 1646

Burkel E. 2001. J. Phys.:Condense. Matter, 13: 7627

Burstein E, Pinczuk A. 1972. The physics of Opto-Electronic Materials, Albers Walter A., Js, ed. New York: Plenum, 33

Camacho J, Cantarero A. 1999. Phys. Stat. Sol. (b), 215: 181

Camacho J, Cantarero A. 2000. Phys. Stat. Sol. (b), 220: 233

Cardona M, Kunc K, Martin R M. 1982. Solid State Commun., 44: 1205

Cardona M, Shen S C, Varma S P. 1981. Phys. Rev. B, 23: 5329

Cardona M. 1967. In: Semiconductors and Semimetals. Vol 3. New York: Academic Press, Inc. 125

Chelikowski J R, Cohen M L. 1976. Phys. Rev. B, 14: 556

Chu J. H., Shen X. C. 1993. Semicond. Sci. Technol. 8: S86~89

Cochran W. 1959a. Proc. Roy. Soc. Lond. A, 253: 260

Cochran W. 1959b. Phys. Rev. Lett., 2: 495

Compaan A, Bowman Jr. R C, Cooper D E. 1990. Appl. Phys. Lett., 56: 1055

Compaan A, Bowman Jr. R C, Cooper D E. 1990. Semicond. Sci. Technol. 5: S73

Corso A D, Baroni S, Resta R. 1993. Phys. Rev. B, 47: 3588

Cowley R A. 1962. Proc. Roy. Soc. A, 268: 109

Danielewicz E J, Coleman P D. 1974. Appl. Opt. 13: 1164

Dawber P G, Elliot R J. 1963. Proc. Roy. Soc. London A, 273: 222

Debernardi A, Pyka N M, Göbel A et al. 1997. Solid State Commun., 103: 297

Dornhaus R. 1983. The properties and applications of the $Hg_{1-x}Cd_xTe$ system. In: Narrow-gap Semiconductors. Berlin: Springer-verlag

Dornhaus R, Nimtz G. 1976. In: Solid State Phys. Springer Tracts in Modern Phys. Vol 78. Heidelberg

Dornhaus R, Nimtz G. Schlabitz W et al. 1975. Solid State Commun., 17: 837

Dornhaus R, Faymonville, Bauer G et al. 1982. Interna. Conf. On Application of High Magnetic Field in Semiconductors. Grenoble

Georgitse E I et al. 1973. Sov. Phys. Semicond.,6: 1122

Genzel L, Martin T P, Perry C H. 1974. Phys. Stat. Solidus b, 62: 83

Grynberg M, Toullec R Le, Balkansi M. 1974. Phys. Rev. B, 9: 517
Huang H, Xu J J, Qiao H J et al. 2001. Semicond. Sci. Technol., 16: L85
Kepa H, Gebicki W, Giebultowicz T et al. 1980. Solid State Commun., 34: 211
Kepa H, Giebultowicz T, Buras B et al. 1982. Phys. Scr., 25: 807
Kim R S, Narita S. 1971. J. Phys. Soc. Japan, 31: 613
Kim L S, Perkowitz S, Wu OK et al. 1990. Semicond. Sci. Technol. 5: S107
Kimmitt M F, Lopez G L, Röser H P et al. 1985. Infrared Phys., 25: 767
Kozyrev S P, Vodopyanov L K, Triboulet R. 1983. Solid State Commun., 45: 383
Kozyrev S P, Vodopyanov L K, Triboulet R. 1998. Phys. Rev. B, 58: 1374
Krisch M H, Mermet A, San Miguel A et al. 1997. Phys. Rev. B, 56: 8691
Ksendzov A, Pollak F H, Amirtharaj P M et al. 1990. Semicond. Sci. Technol. 5: S78
Kunc K, Martin R M. 1982. Phys. Rev. Lett, 48: 406
Kunc K, Balkanski M, Nusimovivi. 1974. Phys. Rev. B, 12: 4346
Lażewski J, Parlinski K, Szuszkiewicz W et al. 2003. Phys. Rev. B, 67: 094305
Lusson A, Wagner J, Ramsteiner M. 1989. Appl. Phys. Lett. ,54: 1787
Lusson A, Wagner J. 1988. Phys. Rev. B, 38: 10064
Mazur Y I, Kriven S I, Tarasov G G et al. 1993. Semi. Sci. Technol., 8: 1187
Mooradian A, Harman T C. 1971. J. Phys. Chem. Solid, 32 supp.: 297
Perkowitz S, Rajavel D, Sou I K et al. 1986. Appl. Phys. Lett. 49: 806
Polian A, Toullec R Le, Balkanski M. 1976. Phys. Rev. B,13: 3558
Price D L, Rowe J M, Nicklow R M. 1971. Phys. Rev. B, 3: 1268
Rajput B D, Browne D A. 1996. Phys. Rev. B, 53: 9052
Rubloff G W, Anastassakis E, Pollak F H. 1973. Solid State Commun., 13: 1755
Ruf T. 2003. Appl. Phys. A, 76: 21
Rowe J, Nicklow R M, Price D L et al. 1974. Phys. Rev. B, 10: 671
Scepanovic M, Jevtic M. 1998. Appl. Phys. A, 67: 317
Scott M W. 1969. J.Appl.Phys., 40 : 4977
Scott M W, Stelzer E L, Hager R J. 1976. J. Appl. Phys., 47: 1408
Sella C, Cohen-Solal G, Bailly F. 1967. Compt. Acad. Sci. B, 264 : 179
Shen S C, Cardona M. 1980. Solid State Commun., 36: 327
Shen S C, Cardona M. 1980. Phys. Rev. B, 23: 5329
Shen S C, Fang CJ, Cardona M et al. 1980. Phys. Rev. B, 22: 2913
Szuszkiewicz W, Dybko K, Hennion B et al. 1998. J. Cryst. Growth, 184~185: 1204
Szigeti B. 1950. Proc. Roy. Soc. A, 204: 51
Talwar D N, Vandevyver M. 1984. J. Appl. Phys., 56: 1601
Tiong K K, Amirtharaj P M, Parayanthal P et al. 1984. Solid State Commun., 50: 891
Tütüncü H M, Srivastava G P. 2000. Phys. Rev. B, 62: 5028
Verleur H W, Barker A S. 1966. Phys. Rev., 149: 715
Verga B. 1965. Phys. Rev., 137: 1896
Velilow Y K, Rusakow. 1971. Fizika Tverdogo. Tela. 13: 1157
Vetelino J F, Mitra S S. 1969. Solid State Commun., 7: 1181
Vodopyanov L K, Kozyrev S P, Aleshchenko et al. 1984. Chadi D J, Harrison W A, eds.: Proc. 17th Int. Conf. Physics of Semiconductors. San Francisco:Springer-Verlag, 947
Wagner J, Koidl P, Bachem K H et al. 1993. J. Appl. Phys., 73: 2739
Weber W. 1974. Phys. Rev. Lett., 33: 371
Weber W. 1977. Phys. Rev. B, 15: 4789
Widulle F, Kramp S, Pyka N M et al. 1999. Physica B, 263~264: 448

Willardson R K, Beer A C. 1981. in:Semiconductors and Semimetals. Vol 18. New York: Academic Press
Witowski A M, Grynberg M. 1979. Solid State Commun., 30: 41
Yin M T, Cohen M L. 1982. Phys. Rev. B, 25: 4317
Mazur Yu I, Kriven S I, Tarasov G G et al. 1993. Semicond. Sci. Technol. 8: 1187
Zeyher R, Cardona M, Bilz H. 1976. Solid State Commun. 19: 57

第7章 杂质缺陷

杂质缺陷对任何半导体材料都是一个重要的研究课题。人们对宽禁带半导体材料中杂质缺陷态已作了很多研究。对于II-VI族三元半导体HgCdTe，由于它是研制红外探测器的优良材料，因而对其杂质缺陷的研究具有特殊的意义。近年来有不少文章讨论了HgCdTe中的杂质缺陷行为。然而，由于窄禁带半导体HgCdTe禁带窄，导带电子有效质量小，以及材料中容易生成Hg空位及其与杂质原子形成复合体，因而HgCdTe中的杂质缺陷的研究带来更多的复杂性和困难，使这一问题并非如其他半导体材料那样研究的清楚。尽管如此，近年来的研究还是给出了HgCdTe中杂质缺陷及其光电行为一个基本描述。

对于窄禁带半导体碲镉汞来说，我们需要了解在材料中存在哪些杂质缺陷、它们的化学成分和电活性情况如何、是p型杂质还是n型杂质、杂质浓度多少、激活程度怎样、这些杂质缺陷的电离能多少、它们对于材料的电学性质和光学性质有什么影响、如何从实验上测量杂质缺陷性质、如何在理论上分析杂质缺陷的性质。

7.1 杂质缺陷的导电性和电离能

7.1.1 缺陷

实际晶体与理想晶体的主要区别之一就是在实际晶体中存在着许多原子规则排列被破坏的区域，这些破坏的区域就是缺陷，它可能由多种因素形成，如杂质原子、生长畸变，位错、沉淀或化合物中某种元素的过剩或不足。在HgCdTe晶体中的原生缺陷(Swink et al. 1970，于福聚 1976，Bye 1979，Mirsky et al. 1980，王作新等 1984，Cheung 1985，Cole et al. 1985，Bubulac et al. 1985，蔡毅 1986，Kurilo et al. 1982，Datsenko et al. 1985，Rosemeier 1985，Petrov et al. 1988，Schaake 1988，Yu et al. 1990，陈炜 1990，Dean et al. 1991，Shin et al. 1991，王跃等 1992，杨建荣 1988)主要有二类：①本征点缺陷，如空位、间隙原子、反结构点缺陷和它们的组合物；②扩展性结构缺陷，如位错、晶界、沉淀物和应力等。根据几何位形，晶格缺陷可分为点、线、面、体四种。

此外由于晶体生长过程中原子动能的麦克斯韦分布，总可能存在一些动能过大的原子，产生“离位”处于“间隙”的原子，同时产生空格点“空位”。这种现象可以理解为晶体内部原子的“蒸发”现象。在窄禁带半导体HgCdTe晶体中Hg原子的内部蒸发，形成Hg的间隙原子或逸出，以及形成Hg空位是一种非常普遍的现象。这种由晶态本体所固有的特殊缺陷，也称为“弗仑克尔” 缺陷。此外还有一类缺陷，即在晶体表面形成“空穴”，再向体内扩散，此时“空穴”，无对应的“离位”原子伴随。这类缺陷叫“肖脱基”缺陷。在 HgCdTe 表面 Hg 原子的逸出形成的 Hg 空位，Hg 空位再向体内扩散，形成“肖脱基”缺陷。这两类缺陷都是由晶格热运动产生的，所以统称热缺陷，热缺陷的浓度决定于晶体温度和缺陷形成能。对于“弗仑克尔”缺陷，若ΔU_F代表缺陷形成能，即原子格点进入格点间隙所需要做的功。N 和 N'分别表示单位体积中格点上原子数和格点间隙数。设在温度 T 下，有 n 个原子从格点跃入格点间隙，并形成同样数目的空位。这种现象的发生，使系统转入更为平衡的状态，即原子跃入间隙形成空位伴随着系统熵的增加，系统的熵 S 可写成

$$S = k_{\rm B}(\ln P' + \ln P) \tag{7.1}$$

式中：$k_{\rm B}$是玻尔兹曼常数，P'和 P 分别为把 n 个原子分布在 N'个格点间隙中，以及把 n 个空位分布在 N 个格点上的可能方式的数目

$$P' = \frac{N'!}{(N'-n)!n!} \tag{7.2}$$

$$P = \frac{N'!}{(N-n)!n!} \tag{7.3}$$

式(7.2)、(7.3)代入式(7.1)，并利用斯特林公式(对于很大的 x 的值) $\ln x! \approx x(\ln x - 1)$，有

$$\begin{aligned} S = k_{\rm B}\{&[N\ln N - (N-n)\ln(N-n) - n\ln n] \\ &+ [N'\ln N' - (N'-n)\ln(N'-n) - n\ln n]\} \end{aligned} \tag{7.4}$$

另一方面，原子跃入格点间隙导致晶体内能 W 的增加

$$\Delta W = n\Delta U_{\rm F} \tag{7.5}$$

式中：$\Delta U_{\rm F}$ 为原子从格点跃入格点间隙所需要的能量。若晶体体积变化可以忽略不计，则热平衡条件可以定为，对 n 而言自由能 $F=W-TS$ 为最小

$$\frac{\partial F}{\partial n} = \Delta U - k_{\rm B}T\ln\frac{(N-n)(N'-n)}{n^2} = 0 \tag{7.6}$$

于是可得

$$n = \sqrt{(N-n)(N'-n)}\exp\left(-\frac{\Delta U_{\rm F}}{2k_{\rm B}T}\right) \tag{7.7}$$

由于 $N \gg n$，$N' \gg n$，式(7.7)可写成

$$n = \sqrt{NN'} \exp\left(-\frac{\Delta U_{\mathrm{F}}}{2k_{\mathrm{B}}T}\right) \tag{7.8}$$

在指数因子中因子 1/2 的出现，是由于晶体中同时产生"间隙"原子和"空位"两种缺陷。

同样可以对肖脱基缺陷进行类似的分析，得

$$n = N \exp\left(-\frac{\Delta U_{\mathrm{S}}}{k_{\mathrm{B}}T}\right) \tag{7.9}$$

ΔU_{S} 为肖脱基缺陷的形成能。

一般来说，缺陷形成能与温度有关，假定它与温度有线性关系，则有

$$\Delta U_{\mathrm{F}} = \Delta U_{\mathrm{F0}} - T\frac{\partial(\Delta U_{\mathrm{F}})}{\partial T} = \Delta U_{\mathrm{F0}} - \alpha T \tag{7.10}$$

$$\Delta U_{\mathrm{S}} = \Delta U_{\mathrm{S0}} - T\frac{\partial(\Delta U_{\mathrm{S}})}{\partial T} = \Delta U_{\mathrm{S0}} - \beta T \tag{7.11}$$

这里ΔU_{F0}和ΔU_{S0}为外推到绝对零度时的缺陷形成能，α和β为常数。

把式(7.10)和式(7.11)代入 n 的表达式，有

$$n = B_{\mathrm{F}}\sqrt{NN'} \exp\left(-\frac{\Delta U_{\mathrm{F}}}{2k_{\mathrm{B}}T}\right) \tag{7.12}$$

$$n = B_{\mathrm{S}} N \exp\left(-\frac{\Delta U_{\mathrm{S}}}{k_{\mathrm{B}}T}\right) \tag{7.13}$$

实验上可以大致确定 B_{F}、B_{S} 的值，对于不同晶体 B_{F}、B_{S} 在 2~50 的范围内变化，对于 HgCdTe 晶体在不同条件下退火会形成 F 缺陷，或 S 缺陷，也可能 F 缺陷与 S 缺陷共存。

除热缺陷以外，还有一种是辐照缺陷。在高速粒子(中子、α 粒子，氘核、核裂变的碎片、γ 射线、高能电子离子以及激光)照射晶体时，也会产生"弗仑克尔"缺陷类型的结构破坏。在γ射线照射时，晶体内产生的光电子和康普顿电子，也会导致结构缺陷。这类在辐照下形成的晶体缺陷，成为辐照缺陷。辐照缺陷与热缺陷不同，它们在停止辐照后仍在晶体内的状态时不稳定的，它们不是热力学平衡的。晶体在辐照以后进行退火处理，会导致辐照缺陷的加快扩散或复合。

在中性粒子或荷电高速粒子辐照情况下，在晶体中会产生高速粒子与晶体原子核的弹性碰撞；也会使束缚在晶体原子上的电子被高速粒子所激发和电离；有

可能使晶体中部分原子被激活，在辐照衰变后变成杂质中心。在半导体晶体中，价电子的激发和电离过程最为明显。

当高速粒子与晶体原子发生弹性碰撞时，晶体中会出现弹性波，其能量最终转化为原子热运动能量。晶体中也会造成结构破坏，如果晶格格点上的原子从运动粒子那里得到大于晶体中缺陷形成能的临界值 U_d 的能量，就可以造成晶格结构破坏。一般来说，U_d 应当是原子从格点位置到格点间隙位置的能量的 2~3 倍。由于大多数晶体原子结合能为 10eV，所以 U_d 的值约为 25eV。于是晶体中在辐照下得到 $U \geqslant U_d$ 能量的原子就都能进入间隙位置，产生“空位”与间隙原子。

引入一个与运动粒子的动能相关的动能参量

$$\varepsilon = \frac{m}{M_1} E \tag{7.14}$$

式中：m 为电子质量，M_1 为运动粒子的质量，E 为其能量，ε 是与运动粒子有相同速度的电子的能量。则当 $\varepsilon \gg \varepsilon_i$ 时，运动粒子的大部分能量消耗于原子的激发和电离过程，先有小部分消耗于弹性碰撞，ε_i 是价电子的激发能。如果参量 ε 和 ε_i 可以比拟时，电离与激发过程较难发生，只发生弹性碰撞导致弹性波和结构缺陷。

在弹性碰撞中，高速粒子为形成结构缺陷所需付出的能量与高速粒子在晶体中耗损总能量也近似有一定比例关系，这一比例关系依赖于粒子能量大小及晶体性质。运动粒子在晶体中发生弹性碰撞时，单位距离的能量耗损可写为(Jones 1934，Mott et al.　1936)

$$-\left(\frac{\mathrm{d}E}{\mathrm{d}x}\right)_c = \frac{2\pi Z_1^2 Z_2^2 e^4 N_0}{M_2 v^2} \ln \frac{E}{E^*} \tag{7.15}$$

式中：Z_1 和 Z_2 为运动粒子和静止粒子的原子序数，N_0 为晶体中原子的密度，v 为运动粒子的速度，E 为其能量，e 为电子电荷，M_2 为静止粒子的质量，E^* 的表达式为

$$E^* = 0.618(Z_1^{2/3} + Z_2^{1/3})^2 \frac{m M_1}{4\mu^2} R \tag{7.16}$$

R 为里德堡常数为 13.6eV，μ 为运动粒子与静止粒子的约化质量。同样，高速粒子在单位路程上消耗于产生结构缺陷的能量为

$$-\left(\frac{\mathrm{d}E}{\mathrm{d}x}\right)_{\text{defect}} = \frac{2\pi Z_1^2 Z_2^2 e^4 N_0}{M_2 v^2} \ln \frac{E 4\mu^2}{U_d M_1 M_2} \tag{7.17}$$

可见消耗于产生机构缺陷的能量与总能量耗损之比为

$$\frac{\left(\frac{\mathrm{d}E}{\mathrm{d}x}\right)_{\mathrm{defect}}}{\left(\frac{\mathrm{d}E}{\mathrm{d}x}\right)_c}=\frac{\ln\left(\frac{E}{U_d}\frac{4\mu^2}{M_1M_2}\right)}{\ln\frac{E}{E^*}} \tag{7.18}$$

这一比例对于大多数晶体约为 0.5，利用式(7.15)、(7.17)和式(7.18)可以大致分析晶体中受到辐照时产生辐照缺陷的条件。对于不同晶体来说条件是不一样的，与晶体原子的原子量有关(Jones　1934)给出了不同原子量的晶体形成辐照缺陷所需要的能量阈值(见表 7.1)。

表 7.1　不同原子量的晶体形成辐照缺陷所需要的高速粒子的能量阈值

粒子	晶体原子			
	10	50	100	200
中子、原子/eV	75	325	638	1263
电子、γ射线/MeV	0.10	0.41	0.65	1.10
α 粒子/eV	31	91	169	325
核裂变碎片	85	30	25	27

晶体在一个高速粒子照射下所产生的辐照缺陷的浓度 N，可以用下式表示

$$N=\frac{1}{2U_d}\frac{M_1}{m}\left(\varepsilon_t+\frac{m}{M_1}E\cdot 10^{-3}\right)\ln\left(\frac{E}{U_d}\frac{4\mu^2}{M_1M_2}\right) \tag{7.19}$$

其中各量的物理意义前面已注明。以上估算都是在较简化的模型下进行，但对窄禁带半导体材料在高能粒子辐照下形成辐照的缺陷分析可以提供参考。

上面讨论了热缺陷和辐照缺陷，在实际半导体中最常见的是杂质缺陷。异类元素的杂质导致了晶格周期的破坏，引起晶体物理性质的改变。杂质对半导体的电学和光学性质具有很大的影响。杂质原子会形成施主或受主，影响晶体的导电性，会形成俘获中心、复合中心，影响少数载流子的寿命，影响晶体的电学性质和光学性质。

7.1.2　杂质缺陷的化学分析和导电性

在材料生长和器件制备工艺中，往往会在材料中引入杂质缺陷；这些杂质缺陷态对器件性能往往起决定性作用，因此对杂质缺陷的检测就很必要也很有意义。根据缺杂质陷态的所受晶格中势场力和能级位置，可分为浅能级杂质缺陷态、深能杂质级缺陷态和共振杂质缺陷态；根据其导电类型可分为施主型和受主型。无论哪种形式缺陷，它们都会使输运中的载流子受到散射，从而大大降低载流子寿

命和迁移率，严重地影响着器件的性能。

为了制备 p 型、n 型 HgCdTe 材料，制备 p-n 结，需要进行有意掺杂，为此可以采用在长晶体过程中直接添加杂质或在热处理时进行杂质扩散，也可以用离子注入杂质。在非有意掺杂情况下，主要是 HgCdTe 材料中残留杂质。在制备 HgCdTe 材料一般都采用“7N”的原材料，但在长成的晶体中杂质仍然普遍的存在着并且影响 HgCdTe 晶体的质量(Pratt et al.　1986，沈杰等　1980)。对制备 HgCdTe 体晶的元素材料和 HgCdTe 体晶中杂质的分析工作表明，元素材料和 HgCdTe 体晶中的杂质及含量基本上无多大的差别，即元素材料中的杂质浓度与 HgCdTe 体晶中的背景杂质浓度是同一数量级的。可以认为，HgCdTe 体晶中的杂质主要是来源于 Te、Cd、Hg 等元素材料。在体材料生长时石英管本身含有 Al、Te、Ca、Mg、Ti、Cu、B 等杂质，会影响生长晶体的杂质情况。

大部分杂质在 HgCdTe 晶体中都是电活性的，某些不是电活性的杂质也会在禁带中引入深能级从而大大降低少子寿命，因此在非有意掺杂情况下，不仅要限制某些杂质的含量，而且要限制总的杂质含量。

在理论上，根据 HgCdTe 中杂质原子在元素周期表中的排列，可以按照它们对主晶格原子的替代关系，成为 HgCdTe 半导体中受主或施主。表 7.2 列出了这种情况。

表 7.2　杂质元素及其可能的作用

族	I	II	III	IV	V	VI	VII	VIII
可能的作用	受主			施主		受主	施主	
元素	Li	Cd	B	C	N		F	Fe
	Na	Hg	Al	Si	P	Te	Cl	Ni
	K		Ga	Ge	As		Br	
	Cu		In	Sn	Sb		I	
	Ag		Tl	Pb	Bi		Mn	
	Au			Ti	V			

在实际上，表中所列入的杂质元素在 HgCdTe 中并非都能被电激活。要研究某种杂质元素在 HgCdTe 中的电激活程度，可以有意识的掺入某种元素，从样品的霍尔系数测量，获得样品的载流子浓度；采用原子吸收光谱方法测定掺杂浓度。从掺杂浓度的关系可以该种杂质在材料中的电激活程度。

许多作者曾对各种杂质元素的电激活程度进行过仔细的测量分析，如分析结果表明元素 In、I、Cl、Al、Si 为明显的施主；元素 As、Sb、P、Li、Cu、Ag 呈现明显的受主电学性质。

在施主杂质方面，如 In 掺杂的 x=0.20 的 HgCdTe 晶体为 n 型，77K 时的载流子浓度随 In 的浓度的增加和热处理时的 Hg 压的增加而增加，载流子浓度正比于 In 掺杂浓度的二分之一次方和 Hg 压的二分之一次方(Vydyanath 1991)。由于 In 会和 Te 形成 In_2Te_3，故高浓度掺杂时掺入 HgCdTe 晶体中的 In 原子只有部分表现为单个施主(Vydyanath et al. 1981)。但 In 是慢扩散杂质 300℃时扩散系数约为 5×10^{14} cm^2/s(激活能 1.1eV)(Destefanis 1985)，故可作为施主杂质通过离子注入在 p 型 HgCdTe 衬底上形成 p-n 结，而在退火过程中既能消除辐照损伤引入的 N 型电活性缺陷，又能比较容易的控制结深(Destefanis 1985，1988；Gorshkov 1984)。

由于 Hg-Te 键弱，容易产生 Hg 空位，因此要研究 Hg 空位与其他杂质的相互作用。In 是 HgCdTe 中一种很通常的杂质。In 具有正三价，当它取代二价的 Hg 或 Cd 时，成为正电中心，为施主。但在许多情况下，在材料中出现的 In 的含量比导带电子浓度更高，说明部分 In 原子被补偿了。一种可能是形成了 In_2Te_3，另一种可能是 In 与空位形成了 In-空位对，Hughes 等曾对 In-空位对的形成进行了理论分析(Hughes 1991)。当材料从 350℃以上淬火到室温，会出现大量的空位，包括形成稳定的 In-空位对。进一步在 160℃温度下退火，又可以消除这些 In-空位对(Hughes 1994)。

In 元素是一种被广泛应用于 n 型掺杂 HgCdTe 材料，对于体材料、LPE、MBE、MOCVD 等薄膜材料都合适，但在掺杂过程中由于所谓“记忆”效应，即 In 原材料在生长管或者反应器的壁上有吸附作用，因此制备的 p-on-n 结不够陡峭(Gough 1991，Easton 1991)。因此 Maxey(1991)，Easton(1991)和 Murakami (1993)用 I 掺杂，I 是作为 VII 族元素，替代 Te 位时，作为施主杂质，具有较慢的扩散系数，很小的“记忆”效应，制备了很为陡峭的 p-on-n 结。这种方法不仅对多层膜间的扩散方法制备适用，而且对直接合金生长方法也适用。

I 掺杂的 HgCdTe(x=0.23)样品在 77K 温度下的电子浓度在 5×10^{15} 到 $2\times10^{18}cm^{-3}$ 范围，大约 20%~100%的 I 激活为施主。在 20K 时 I 掺杂的 HgCdTe(x=0.23)的迁移率大于 In 掺杂的 HgCdTe 的迁移率。I 的电学行为和 In 比较相似，当 I 占据 Te 格点时表现为施主。采用扩散掺杂时，I 在 HgCdTe 晶体中的掺杂浓度与 Hg 压有关，Hg 压越大，掺杂浓度越高，反之亦然。I 在 HgCdTe 晶体中会形成(Hg、Cd)I_2，故也只有一部分原子表现出电活性来(Vydyanath et al. 1981，1982，1991)。

O 是很活泼的元素，极易以氧化物的形式在长晶过程中无意的掺入 HgCdTe 晶体中。由于 O 是施主，当 O 原子浓度高时将增加 N 型 HgCdTe 晶体的载流于浓度。在长晶用的石英管内涂 C 可以阻挡来自石英管壁的 O 原子向 HgCdTe 晶体中的扩散，从而降低 n 型 HgCdTe 晶体的载流子浓度。在适当的控制下，可用去氧化作用把载流子浓度准确地控制在$\pm1\times10^{14}cm^{-3}$ 的范围(Yoshikawa et al. 1985)。用此方法得到的 n 型 $Hg_{0.7}Cd_{0.3}Te$ 晶体，77K 时的电学参数如下：电子浓度≤$5\times10^{13}cm^{-3}$，电子迁移率 4×10^4 cm^2/VS，最大少子寿命 74μs。从这个结果来看，对 n 型 HgCdTe 晶体 O 是一种最重要的施主背景杂质。

有些 V 族元素杂质在碲镉汞中具有两性行为，当占据阳离子 Hg 和 Cd 格点时则表现为施主，占据阴离子 Te 格点时表现为受主。如 As 可以通过高温扩散(Capper 1982)和离子注入(Destefanis 1988，Barrs et al. 1988，王珏 1989，Ryssel 1980)掺入 HgCdTe 晶体中。在离子注入的实验中，发现多数 As 离子在 HgCdTe 晶体中形成电荷补偿，无电活性的又极不易迁移的复合物，然而在 300℃温度退火时，无电活性的 As 会激活形成电活的施主杂质；在 400℃以上的温度退火时，无电活性的 As 会激活形成电活的受主杂质。实际上在 HgCdTe 晶体中，Sb 原子的电学行为和 As 类似，当占据 Te 格点时，Sb 是受主，而当占据 Hg 格点时则表现为施主(王珏 1989)。p 的行为比较复杂，在高 Hg 压时处于间隙位置和 Te 格点上的 p 原子是单个受主，而在低 Hg 压时在金属格点上的 p 原子却是单个施主(Vydyanath 1981，1991；Gorshkov 1984)。

在受主杂质方面，当掺杂浓度低时，在 HgCdTe 材料的金属格点位置上的 Cu 原子是单个受主(Vydyanath 1981，Gorshkov 1984)。当掺杂浓度足够高以至于 Cu 在 HgCdTe 中的浓度饱和时，在冷却过程中形成 Cu 沉淀。由于 Cu 沉淀往往集中在缺陷处，故可用 Cu 缀饰的方法观察 HgCdTe 中的缺陷，但这种方法对材料有破坏性。后面将看到来自石英管壁或环境的 Cu 原子在生长过程中会向 HgCdTe 晶体内扩散。当环境中 Cu 原子含量比较高时，这也许使 Cu 成为最重要的受主背景杂质。

掺杂元素 P、As、Ag 和 Sb 等都是 p 型杂质，他们具有较慢的扩散速度(Vydyanath 1981，1991；Gorshkov 1984；王珏 1989；Ryssel 1980)。P、As 和 Sb 已经广泛作为制备 HgCdTe 光伏器件的掺杂剂。有工作表明注入 Sb 的 HgCdTe 样品要比注入 Ag 的更为稳定(王珏 1989；Capper 1985)。

在 HgCdTe 晶体中，Au 表现为很低的电活性，对载流子浓度和少子寿命几乎没有影响，作为受主其电活性只有 3%，但在 150℃以下可用来做电极(Capper 1982；Jones 1983)。但对于 Au 杂质，Honeywell 的实验表明 Au 是受主，Chu 等人的实验结果表明 Au 作为受主，其浓度可以达到 $10^{18}cm^{-3}$，因而是电激活的(Chu 1995)。实验中在样品的表面蒸发金，再用 YAG 激光辐照，然后在 250℃的温度下退火 20h，待 Au 杂质扩散进样品，经 MIS 结构 CV 测量，表明受主浓度随扩散过程而增加，达到约 $10^{18}cm^{-3}$，说明 Au 在 HgCdTe 中是以受主形式存在的。

对大多数元素来说掺杂浓度 N 与载流子浓度 n 在 $N=n$ 的直线附近。然而 Fe 和 Au 的电激活程度很低，浓度大约是 $10^{17}cm^{-3}$ 的 Fe 和 Au 原子，其对应激发的载流子浓度仅为 $10^{15}cm^{-3}$，而且随着 Fe 和 Au 原子浓度进一步增加到 $10^{18}cm^{-3}$ 载流子浓度仍是 $10^{15}cm^{-3}$，几乎不变，呈现出饱和状态。Fe 等过渡族金属元素虽然在 HgCdTe 晶体中并不表现出电活性，但却能够明显地降低材料的少子寿命，人称“寿命杀手”(Capper　1982，1991)。在 HgCdTe 晶体的原材料制备与生长过程中，应尽量设法控它们的含量。

有些杂质在不同组分的 HgCdTe 晶体中的电活性的强度不同，当组分 $x<0.3$ 时，Cl 原子的电活性只有百分之几，而当组分 $x>0.3$ 时，则几乎是百分之百。类似 Cl 原子这种特点的还有 As 和 Sb 等(Capper　1991)。

大致上 I 族的主、付族和 V 族的主族元素是受主，II 族付族、III 族主族和 VII 族的主族元素是施主。中性杂质则比较复杂，如 IV 族元素，Si 表现为施主，而 Ge、Sn、Pb 却是中性杂质，并且和所预期的行为不同。杂质元素导电性的预期行为和实际行为基本一致，但是有一定偏差。表 7.3 列出了 26 种元素在 HgCdTe 体晶中的电学行为(Capper　1991)。

表 7.3　杂质在 HgCdTe 体晶中的电活性表

元素	族	预期行为	实际行为						
			SSR (Te)	II (Te)	LPE (Hg)	LPE (Te)	MOVPE (Hg)	MOVPE (Te)	MBE (Te)
H	IA	A(m)				A			
Li	IA	A(m)	A			A			A
Cu	IB	A(m)	A	A	A	A			A
Ag	IB	A(m)	A	A	A			A	A
Au	IB	A(m)	A		A				
Zn	IIB	I(m)D(i)		D	I	I			
Hg	IIB	I(m)D(i)		D					
B	IIIA	D(m)	D	D		D			
Al	IIIA	D(m)	D	D	D	D		I/D	D
Ga	IIIA	D(m)	D		D	D		D	
In	IIIA	D(m)	D	D	D	D	D	D	D
Si	IVA	D(m)A(t)	D			D?		D	D
Ge	IVA	D(m)A(t)	I		D				
Sn	IVA	D(m)A(t)	I		D?			D	
Pb	IVA	D(m)A(t)	I						
P	VA	A(t)	I/A+	A	A	I(A)	A	I	
As	VA	A(t)	I/A+	A	A	I(A)	A	I	D/A
Sb	VA	A(t)	I			I(A)	A	I/D	

续表

元素	族	预期行为	实际行为						
			SSR (Te)	II (Te)	LPE (Hg)	LPE (Te)	MOVPE (Hg)	MOVPE (Te)	MBE (Te)
Bi	VA	A(t)				I			D
O	VIA	D(i)I(t)	D			D			
Cr	VIB	I(t)	I						
F	VIIA	D(t)		D		D?			
Cl	VIIA	D(t)	D						(D)
Br	VIIA	D(t)	D						(D)
I	VIIA	D(t)	D			D	D		(D)
Fe	VIII	I(m)D(t)			I				
Ni	VIII	I(m)D(t)	I						

注 A=受主，D=施主，I=不激活，(m)=在金属格点，(t)=在 Te 格点，(i)=在填隙位，I(A)=需要高温退火激活的杂质，I/D 和 D/A=不同条件下激活杂质得到不同的结果，(D)=CdTe 缓冲层中的施主，II=离子注入

7.1.3 掺杂行为

Berding 和 Sher 等(1997)讨论了元素周期表中 IB 和 IVA 族作为受主杂质在 HgCdTe 中的行为。采用 FP-LMTO 方法(full-potential linearized muffin-tin orbital method)，基于局域化密度近似计算了电子的总能和在禁带中的局域化能级，采用自由能与热力学模型计算了杂质和原生缺陷浓度及其温度依赖关系。具体的理论计算可以参见 Sher 研究组的文献(Berding et al. 1998a，c)。计算发现 Cu、Ag、Au 易于占据阳离子空位形成 P 型掺杂，给出了在 500℃时的 LPE 生长 HgCdTe 时 I 族元素杂质占据 Hg 空位形成受主的浓度与汞偏压的关系，Sher 和 Berding 的计算结果如图 7.1 所示。如果掺入的 Cu、Ag、Au 的杂质浓度为 $10^{17}cm^{-3}$，在 500℃情况下，图 7.1 表示了 V_{Hg}空位浓度随汞偏压在 0.1~10 大气压范围内的变化关系，以及 Cu 占据 Hg 位，Ag 占据 Hg 位，Au 占据 Hg 位以及 Cu 占据间隙位置，Ag 占据间隙位置以及 Te 占据 Hg 位时的浓度及其与汞偏压的关系。Cu 掺杂时可能有 $10^{13}cm^{-3}$ 的间隙原子，Ag 和 Au 分别有 $10^{11}cm^{-3}$ 和 $10^{10}cm^{-3}$ 的间隙原子。在 LPE 生长时，生长温度在 500℃左右，在生长以后，经常在 200~250℃温度下在 Hg 饱和气氛下退火，以消除原生的 Hg 空位。在这种条件下达到平衡，Cu、Ag、Au 几乎 100%可以激活，为受主，间隙原子可下降到 $10^{10}cm^{-3}$ 以下。当然在实际上退火时间不可能无限长让慢扩散过程达到平衡状态。图 7.2 列出了 V 族元素 P、As、Sb 的情况，计算包括了它们(P、As、Sb)分别占据 Te 位以及 Hg 位的浓度随汞偏压的关系。从图 7.2 中可见 $As_{(Hg)}$的浓度大于 $As_{(Te)}$的浓度，表明 As 更易于占领

Hg 位形成施主。Sb 也是如此，只有当汞压接近 10atm 或更大时，$As_{(Te)}$和 $Sb_{(Te)}$的浓度才分别大于 $As_{(Hg)}$和 $Sb_{(Hg)}$的浓度。而对于 P 掺杂在汞偏压大于 1atm 时，$P_{(Te)}$就大于 $P_{(Hg)}$。对于 V 族元素 P、As、Sb 生长中掺杂时，在低汞压下是高度补偿的。在 240℃温度下退火后，它们占据阴离子 Te 格位的浓度增加，而占据阳离子 Hg 空位的浓度减少，但仍有相当的浓度，使材料仍为补偿半导体，如图 7.3。从以上分析可以看出，对于 LPE 生长的 HgCdTe 进行 V 族元素掺杂时如果采用富 Hg 溶液，由于汞压高，P、As、Sb 元素易于占据 Te 位形成受主杂质；如果在富 Te 溶液中生长，则 P、As、Sb 元素易于占据 Hg 位形成施主杂质。无论在这两种情况下，它们都是自补偿的。为了 p 型掺杂，用富 Te 溶液 LPE 生长 HgCdTe 为好，并且在 240 ℃温度下较长时间退火，可以有效的消除自补偿行为。

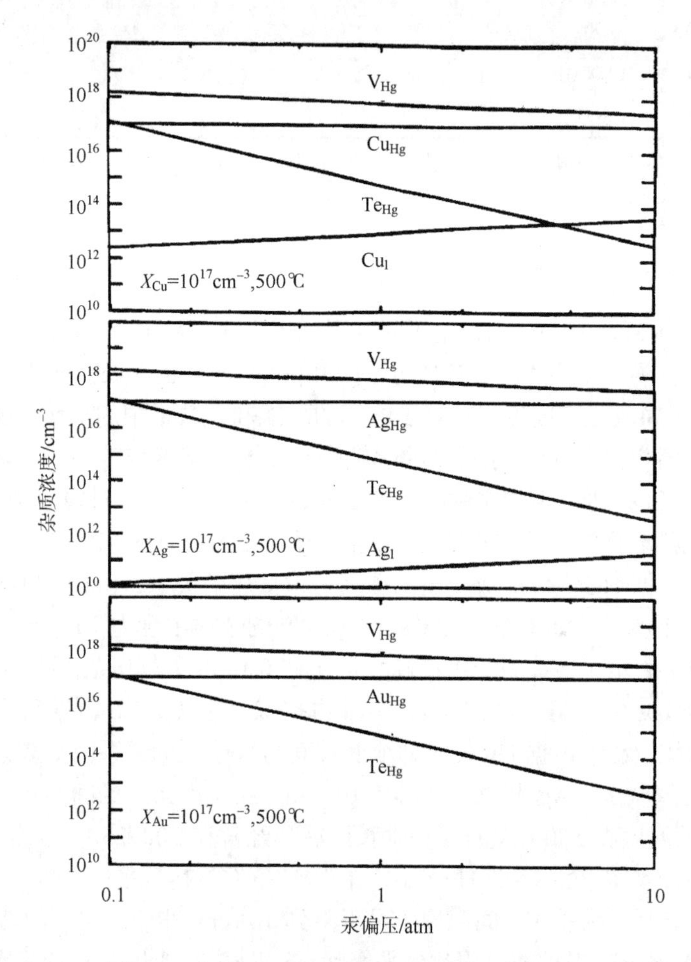

图 7.1　500℃时的 LPE 生长 HgCdTe 时 Cu、Ag、Au 占据 Hg 空位形成受主的浓度与汞偏压的关系

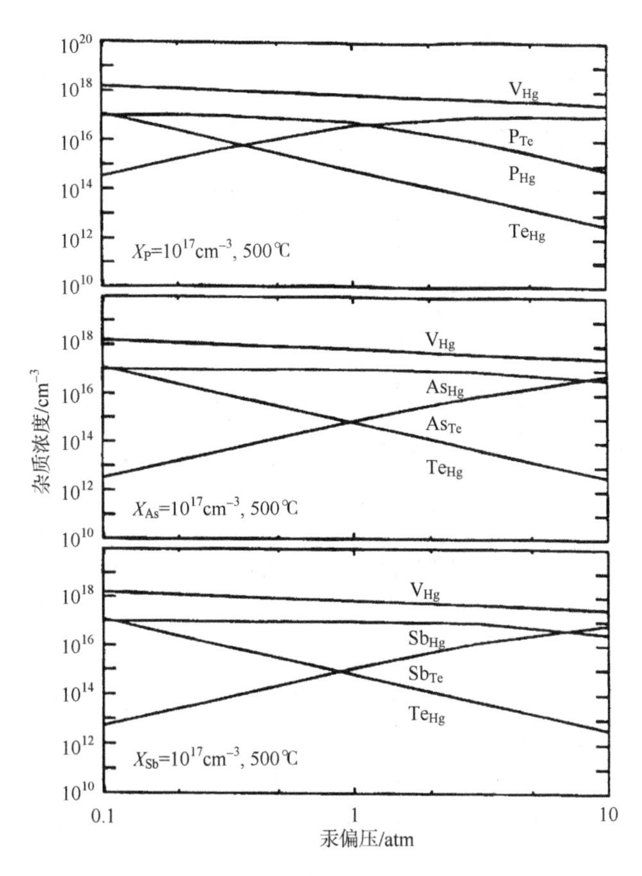

图 7.2　500℃时的 LPE 生长 HgCdTe 时 P、As、Sb 分别占据 Te 位和 Hg 位的浓度与汞偏压的关系

下面将对 As 掺杂的 MBE 的 HgCdTe 生长过程进行讨论。在 MBE 生长 HgCdTe 时,生长温度在 180℃左右,Berding 和 Sher 等进行了同样的理论计算(Berding et al. 1998a，1999a，b)，讨论了 As 杂质在 HgCdTe 中的两性行为，具体的理论计算方法可以参见文献(Berding et al.　1998a，c)。分子束外延虽然不是平衡生长过程，但可以看作为近平衡生长，缺陷浓度也接近平衡条件分布。分子束外延生长的最佳温度在 185~190℃左右，但在生长 As 掺杂的 HgCdTe 时，为了使 As 能更好地结合进 HgCdTe 中，温度可以略低一些，例如 175℃。在 Te 饱和条件下，相当于 $P_{Hg}=10^{-5}$atm。在这种情况下，几乎只有不到 1%的 As 能够占据 Te 格点，几乎都是占据 Hg 空位，如图 7.4 所示。其中有约 30%~50%的 As_{Hg} 被 V_{Hg} 束缚，形成中性的复合体。在图 7.4 中可见 As_{Hg}-V_{Hg} 的浓度略低于 As_{Hg}，余下的 As_{Hg} 成为正电中心为施主杂质。所以在较低的 As 浓度下，材料导电性为 Hg 空位型的 p 型半导体，并带有 As_{Hg} 为施主的补偿杂质，在较高的 As 浓度下，材料 As_{Hg} 为施主的 n 型半导体。材料进一步在 220℃温度下进行退火，假定样品组分为 $x=0.3$，As 总

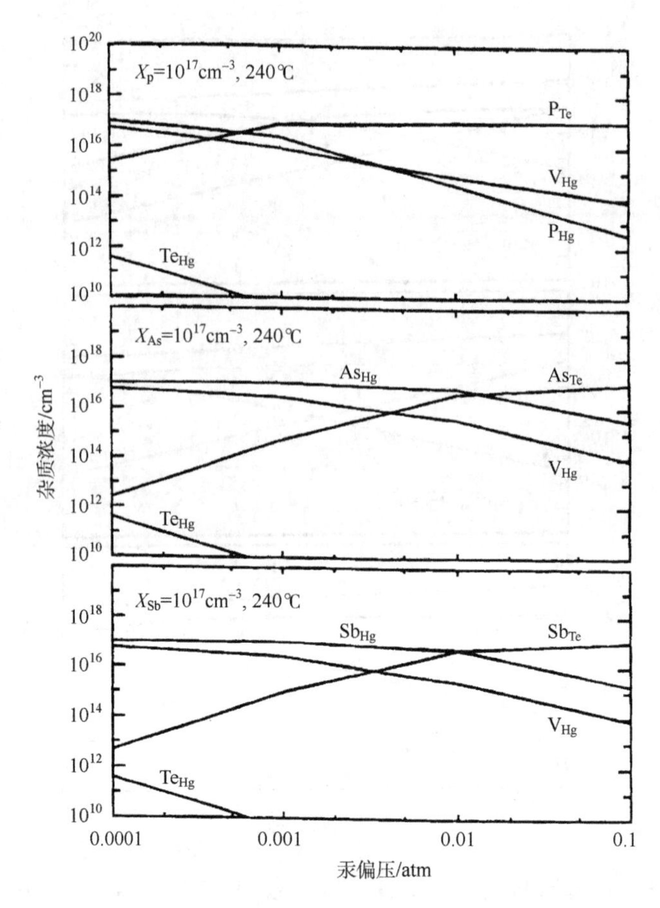

图 7.3 240℃时的 LPE 生长 HgCdTe 时 P、As、Sb 分别占据 Te 位和 Hg 位的浓度与汞偏压的关系

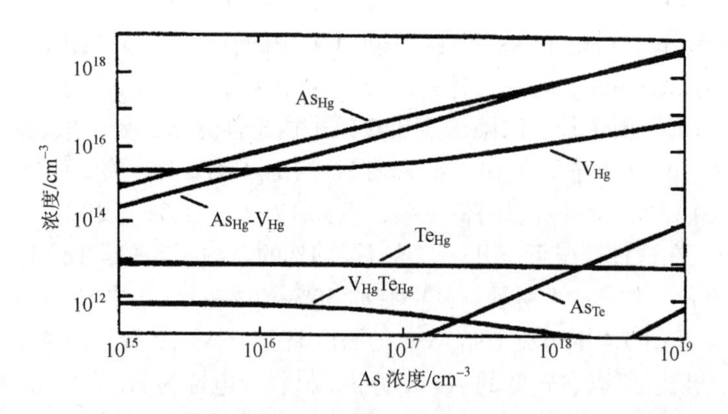

图 7.4 175℃时，Te 饱和条件下的 MBE 生长的 As 掺杂 HgCdTe 中缺陷浓度与 As 浓度的关系

浓度为 $10^{16}cm^{-3}$，计算给出了不同汞偏压下的缺陷的浓度，如图 7.5 所示。由图可见在 0.1atm 时，Hg 饱和气氛条件下几乎 99%的 As 杂质占据了 Te 位，成为受主能级。所以样品在 175℃下的 MBE 生长，As 几乎占据了 Hg 空位，接着在 220℃温度下退火又几乎占据了 Te 位，这中间有一个 As 原子汞 Hg 位转移到 Te 位的过程。Berding 和 Sher 等(1998a)提出了一个转移模型。根据这个模型，初始状态是在原生材料中 As 原子占据阳离子 Hg 位，并与 Hg 空位形成中性复合体，在原生材料中具有很大浓度。p 型激活过程的第一步是 $Te \to V_{Hg} = Te_{Hg} + V_{Te}$，是 Te 原子转移到阳离子空位，形成 Te 反位格点 Te_{Hg}；第二步是在 Hg 空位与占据 Hg 空位的 As 原子的复合体中，As 原子转移到空出的 Te 空位，形成 As 占据 Te 位的 As_{Te} 并留下 Hg 空位：$(V_{Hg} - As_{Hg}) \to V_{Te} = As_{Te} + V_{Hg}$；第三步是阳离子空位 V_{Hg} 与 Te 的反位格点 Te_{Hg} 形成复合体(Berding et al. 1995)，并远离 As_{Te} 而去，最终过饱和并扩散到表面消失或形成 Te 夹杂物。图 7.6 表示了这个模型中原子转移情况的示意图。

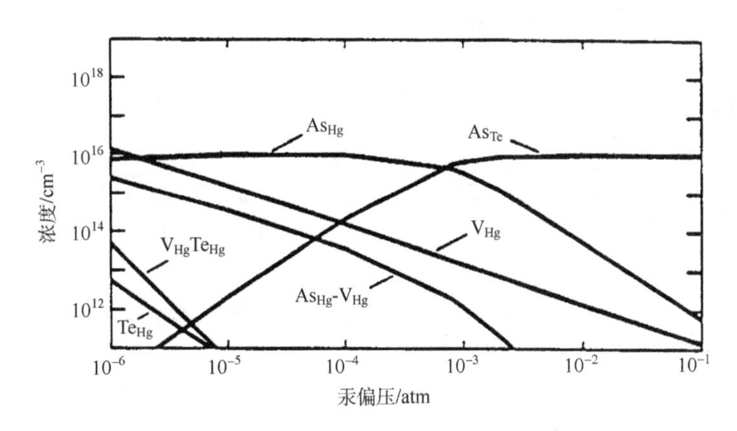

图 7.5 220℃退火 Hg 饱和条件下 MBE 生长的 As 掺杂 HgCdTe 中缺陷浓度与汞偏压的关系

这个模型描写了原生材料中 As 占据 Hg 位经过退火过程 As 转移到 Te 位的过程。据此可以计算不同退火途径情况下各种缺陷的浓度，可以对退火工艺给出建议，图 7.7~图 7.8 即为计算结果。在图 7.7 中材料在 175℃下生长然后在 Te 饱和条件下加热到 220℃，然后保持温度在 220℃开始增加汞压从 10^{-6}atm 到 10^{-1}atm。可以看到 As 占据 Te 空位的浓度有很快增长，而 As_{Hg}-V_{Hg} 复合体的浓度大幅度下降。在图 7.8 中，材料在 175℃下生长，然后在 Te 饱和条件下加热到 350℃，然后保持温度在 350℃，增加汞偏压从 10^{-3}atm 到 1atm，然后在 Hg 饱和气氛条件下，逐渐降温到 220℃。可以看到 As_{Te} 达 $10^{18}cm^{-3}$，As_{Hg} 达 $10^{16}cm^{-3}$，V_{Hg} 以及 As_{Hg}-V_{Hg} 复合体的浓度都减小到 $10^{11}cm^{-3}$ 以下。在图 7.7 和图 7.8 两种过程中，As_{Hg} 的浓度都大幅度地降低，而 As_{Te} 都陡峭地上升。在退火过程中有足够多的热能可以用来克服激活势垒，实现 As 原子从 Hg 位到 Te 位的转移，同时在退火过程中也有足够的空位促进反应的进行。另外从 Te 饱和到 Hg 饱和条件的转化过程以及 Hg 偏压的增高要慢，使 As 原子的转移有足够的时间可以进行，以便在 Hg 空位耗尽之前实现 As 原子从 Hg 位到 Te 位的转移。

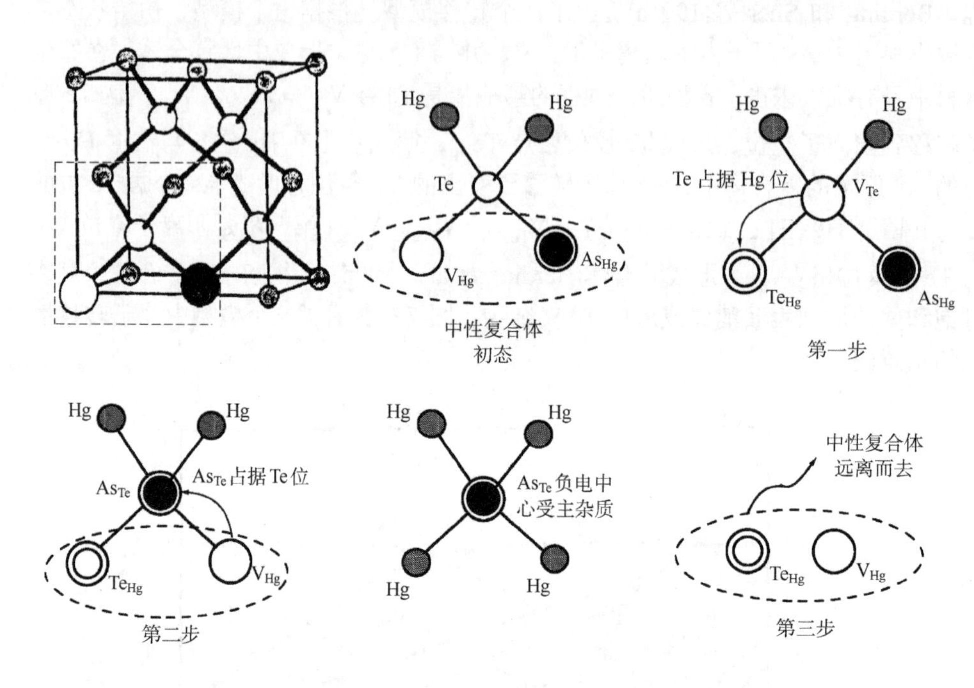

图 7.6　模型中 As 原子汞 Hg 位转移到 Te 位的过程的示意图

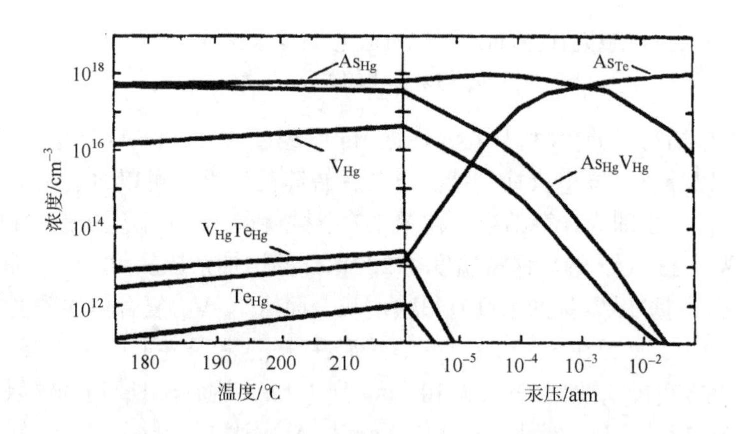

图 7.7　生长 $Hg_{0.7}Cd_{0.3}Te$ 过程中一种可能的退火过程中缺陷浓度与温度、汞压的关系

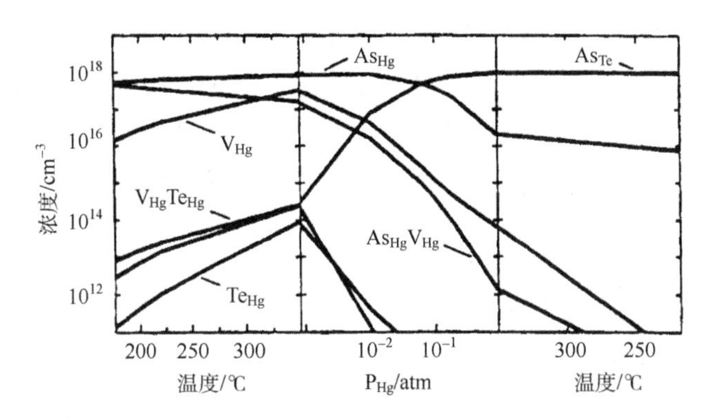

图 7.8 生长 $Hg_{0.7}Cd_{0.3}Te$ 过程中高温退火过程中缺陷浓度与温度、汞压的关系

采用以上分析方法也可以用来讨论 LPE 的 HgCdTe 掺杂 Li、Na、Cu 元素的情况，Berding 等(1998b)讨论了 LPE 的 HgCdTe(x=0.22)的情况，计算了 Li、Na、Cu 杂质缺陷浓度随 Hg 偏压的关系以及它们在 HgCdTe 中和 CdTe 衬底中的行为，发现 Li、Na、Cu 最初占据阳离子格点，成为受主；然后保持 Hg 偏压不变，降低温度，Li、Na、Cu 的填隙原子的浓度增加而替代杂质浓度降低。在 Hg 饱和气氛低温条件下退火，Li 和 Na 向 CdTe 衬底迁移，所以在 LPE 的 HgCdTe 生长之前可以对 CdTe 或 CdZnTe 衬底在 Cd 饱和气氛下在尽可能低的温度下进行预退火，在 CdTe 或 CdZnTe 衬底会引入尽可能多的阳离子空位，衬底的杂质化学势也会大大降低。然后再进行 LPE 的 HgCdTe 外延生长，这样可以减少杂质从 CdTe 衬底转向 HgCdTe 外延层。具体计算结果可以参考 Berding 等的原文。

7.1.4 杂质能级的理论估算方法

在了解杂质缺陷的导电性的基础上，确定杂质缺陷的电离能就是一个重要问题。对于浅杂质的电离能有一些经验表达式可供利用。对于 n 型 HgCdTe 材料，Hall 系数测量表明，单价施主的电离能接近于零。对 p 型 HgCdTe 材料，测量发现受主的电离能随组分 x 的增加而增加，并随受主浓度 $N_a^{1/3}$ 的增加而减少。在 $0.2<x<0.24$，电离能可由下列经验公式给出(Capper 1991)：

当 $N_a = 2.5\text{~}3.5\times10^{17}\text{cm}^{-3}$，有

$$E_a = 91x + 2.66 - 1.42\times10^{-5} N_a^{\frac{1}{3}}(\text{未故意掺杂}) \tag{7.20}$$

当 $N_a = 0.8\text{~}2.5\times10^{17}\text{cm}^{-3}$，有

$$E_a = 42x + 1.36 - 1.40\times10^{-5} N_a^{\frac{1}{3}}(\text{故意掺杂}) \tag{7.21}$$

在理论上也可以估算杂质缺陷的能级位置。对于 HgCdTe II-VI 族半导体，Te

为 VI 价阴离子，Hg、Cd 为 II 价阳离子，因此如果用 V 价元素取代 VI 的 Te 离子，或用 I 价的元素取代 II 价的 Hg，或 Cd 就形成负电中心，为浅受主能级。同样，如果用 VII 价或 VIII 价的元素取代 VI 价的 Te，或者用 III 价的元素取代 II 价的 Hg 或 Cd 就形成正电中心，为浅施主能级。在浅施主情况，杂质原子取代阳离子后多余的电子仍受杂质原子的束缚，把这个电子释放到导带所需要的能量即为电离能 E_i。从霍尔系数测量可以获得导带电子浓度 n，它正比于 $\exp(-E_i/kT)$，于是测量 $\ln(n)\sim 1/T$ 曲线，从其斜率就可以知道 E_i。但是对窄禁带半导体施主电离能 E_i 很小，用此方法确定 E_i 误差较大。

在理论上可以计算半导体中浅能级杂质的电离能。一般对于介电常数大、有效质量小的半导体，可以用有效质量近似(EMA)的方法计算浅施主杂质原子对电子的束缚能。这种方法的物理图像在于把晶体看作连续介质，载流子像自由粒子一样在这一介质中运动，但用和能带有关的有效质量来代替自由粒子质量，并经受杂质势场的作用，而杂质势场则受到主晶格介电常数的支配。设替位杂质离子和电子距离为 r，r 大于 2~3 个晶格间距，$\varepsilon(0)$是晶体的静态介电常数，则离子上单个正电荷与 r 处电子的相互作用力为

$$f=\frac{e^2}{4\pi\varepsilon(0)r} \tag{7.22}$$

于是该电子可以看作为在一个理想晶格中，在力场 F 的作用下运动的有效质量为 m^*的电子，可以用类氢模型来处理其能量问题， 用有效质量近似可得下面方程

$$\left[-\frac{\hbar^2}{2m^*}\left(\frac{\partial^2}{\partial x^2}+\frac{\partial^2}{\partial y^2}+\frac{\partial^2}{\partial z^2}\right)-\frac{e^2}{4\pi\varepsilon(0)r}\right]F(\boldsymbol{r})=EF(\boldsymbol{r}) \tag{7.23}$$

其本征值为

$$E_n=-\frac{R^*}{n^2} \tag{7.24}$$

而

$$R^*=\frac{m^*e^4}{2\hbar^2[4\pi\varepsilon(0)]^2}=\frac{m^*}{m_0}\frac{1}{\varepsilon^2(0)}R^H \tag{7.25}$$

称为等效里德堡能量，R^{H} 为氢原子里德堡能量，等于 13.6 meV。式中，n 是整数，于是给出一系列束缚能级。对于硅来说，如果不考虑各向异性质量张量，有效质量为 m^*=0.2m_0，ε=12，于是 E_n=0.0181/n^2(eV)，n=1 时基态束缚能为 E_1=0.018eV。对于 $Hg_{1-x}Cd_xTe$(x=0.4)来说，若 m^*=0.04 m_0，$\varepsilon(0)$=15 于是 E_n=0.0024/n^2eV。对于重空穴带 m^*=0.55m_0，则 E_n=0.033/n^2(eV)。对于 $Hg_{1-x}Cd_xTe$(x=0.2)来说，若 m^*=0.01

m_0，$\varepsilon(0)$=17.5，于是 E_{d1}=0.5meV。

受杂质中心束缚的电子或空间波函数的扩展范围，可考虑与类氢波函数“第一玻尔轨道半径”相对应的半径 a_n 为

$$a_n = \frac{n^2 \varepsilon(0)}{(m^* / m_0)} a_0 \tag{7.26}$$

式中：a_0 是氢的第一玻尔轨道半径，$a_0=0.53\times10^{-8}$cm。对于硅中的 V 族施主，a_1=30Å，在锗中的施主 a_1=80Å。在 HgCdTe 中的施主，如果取 m^*/m_0=0.04，ε=15，则 a_1=198Å，因此在很低的杂质浓度时，杂质束缚电子波函数发生交迭。

在杂质原子不是简单的作为替位杂质原子时，能级就不能简单地用浅杂质的有效质量模型来计算，能级可能与杂质复合体或者杂质-空位复合体有关，杂质原子也可能处于间隙位置。严格的考虑，即使替代式杂质，其基态束缚能，有时也不能简单地用有效质量模型来考虑。实际上杂质原子实的电势并不能简单地用点电荷的电势来取代，更逼近一步地近似把杂质附近的空间分成内、外两个区域。在 $r>r_c$ 的外部区域，有效质量模型成立，势能可以用 $-e^2/\varepsilon r$ 替代，r_c 与最近邻的距离同一数量级。在 $r<r_c$ 的内部区域，可假定杂质原子实势能存在一个δ函数势阱，其深度调节到产生经验束缚能(Lucovsky 1965)，或作其他理论考虑，来解释实际上测量到的杂质束缚能与有效质量模型计算值的偏差。

对于深能级的理论计算，Glodeanu(1967)提出了一种直接计算深杂质能级的方法。他研究了能够在禁带中产生两个局部能级的两价替代式杂质，在单电子能带近似中采用类氦模型，并计算了 GaAs、Si 中若干杂质的深施主和深受主能级。

在考虑一个具有两个附加电子的施主时，可写出了如下的哈密顿算符

$$H = -\frac{\hbar^2}{2m^*}(\nabla_1^2 + \nabla_2^2) + V(r_1) + V(r_2) + U_{\text{eff}}(r_1, r_2) \tag{7.27}$$

和相应的薛定谔方程

$$H\boldsymbol{\Psi}(r_1, r_2) = E\boldsymbol{\Psi}(r_1, r_2) \tag{7.28}$$

式中：$V(r_1)$是周期势，它表示电子 1 与有效晶体场的相互作用，类似的 $V(r_2)$是电子 2 的周期势。式(7.27)中的最后一项由式

$$U_{\text{eff}}(r_1, r_2) = -\frac{Ze^2}{\varepsilon r_1} - \frac{Ze^2}{\varepsilon r_2} + \frac{e^2}{\varepsilon |r_1 - r_2|} \tag{7.29}$$

给出，式(7.29)中前两项表示两个电子和为了保持晶体电中性而引进的附加正电荷 Ze 的相互作用。

式(7.28)中的波函数取

$$\boldsymbol{\psi}(r_1,r_2)=\frac{1}{N\Omega}\sum_{k_1,k_2}c(k_1,k_2)U_{c,0}(r_1)U_{c,0}(r_2)\times\exp(\mathrm{i}k_1r_1)\exp(\mathrm{i}k_2r_2) \tag{7.30}$$

的形式，式中 $U_{c,0}$ 是导带最小值处的布洛赫函数，它满足方程

$$\left[-\frac{\hbar^2}{2m^*}\nabla_1^2+V(r_1)\right]U_{c,0}(r_1)=E_{c,0}(r_1)U_{c,0}(r_1) \tag{7.31}$$

Ω 是原胞的体积，N 是原胞数目。

若将式(7.30)的 $\boldsymbol{\Psi}$ 代入式(7.28)，则可得到如下的类氦方程

$$\left[-\frac{\hbar^2}{2m^*}(\nabla_1^2+\nabla_2^2)-\frac{Ze^2}{\varepsilon r_1}-\frac{Ze^2}{\varepsilon r_2}+\frac{e^2}{\varepsilon|r_1-r_2|}\right]F_n(r_1,r_2)=EF_n(r_1,r_2) \tag{7.32}$$

从式(7.32)出发，Glodeanu 利用变分法确定了能量，对 $F_n(r_1,r_2)$ 选择一个尝试函数，其形式为

$$F_n(r_1,r_2)=\frac{Z'^3}{\pi r_0^3}\exp\left[-\frac{Z'}{r_0}(r_1+r_2)\right]$$
$$r_0=\frac{\hbar^2\varepsilon}{m^*e^2} \tag{7.33}$$

从而得到以下两个电离能的表达式

$$E_1=a\left[Z_{\mathrm{eff}}^2-\frac{5}{4}Z_{\mathrm{eff}}+\frac{25}{128}\right]\qquad E_2=aZ_{\mathrm{eff}}^2 \tag{7.34}$$

式中：a 是参数，$a\sim m^*/\varepsilon$

$$Z'=Z_{\mathrm{eff}}-\frac{5}{16} \tag{7.35}$$

由于正确考虑杂质原子实的差别是一个困难的问题，所以式(7.34)中的 Z_{eff} 被看成一个待定参数，它的确定应使理论结果同实验结果的相对误差平方和达到最小值。表 7.4 给出了 GaAs、Ge、Si 中理论计算的和实验的电离能。表中还列出了有效参数 Z_{eff} 的数据。施主能级的深度从导带算起，受主能级从价带算起。

这是早期一个比较粗略的方法，只能给出大致的估算。

Swarts 等(1982)采用格林函数的方法，计算了理想的 HgCdTe 的体空位状态的能量。计算表明 Te 空位在禁带中存在能级，其能级远在导带以上，而 Hg 或 Cd 阳离子空位在理想晶体模型中产生的能级非常接近价带边。如果考虑到库仑相互作用以及晶格畸变产生的修正，将会在禁带中产生一些能级，图 7.9 是计算得到

表 7.4　GaAs、Si 和 Ge 中的深能级杂质电离能的理论计算值和实验值

晶体	杂质	类型	Z_{eff}	E_1		E_2	
				理论值	实验值	理论值	实验值
GaAs	Cu	A	2	0.171	0.15	0.407	0.47
Si	S	D	2.145	0.206	0.18	0.447	0.52
	Ni	A	2.380	0.280	0.23	0.550	0.70
	Co	A	2.515	0.328	0.35	0.614	0.58
	Zn	A	2.428	0.297	0.31	0.573	0.55
Ge	Se	D	2.275	0.138	0.14	0.285	0.28
	Te	D	2.195	0.124	0.11	0.262	0.30
	Mn	A	2.475	0.177	0.16	0.322	0.37
	Co	A	2.815	0.249	0.25	0.431	0.43
	Fe	A	3.060	0.312	0.34	0.509	0.47
	Ni	A	2.753	0.234	0.22	0.413	0.44
	Cr	A	2.580	0.068	0.07	0.123	0.12
	Cd	A	2.735	0.079	0.06	0.138	0.20
	Zn	A	2.050	0.034	0.03	0.078	0.09

注：对于 Cr、Cd 和 Zn 杂质，有效质量 $m^*=0.34m_0$，A 是受主，D 是施主

的体空位能级对组分 x 的变化关系。

这一理论上的预测与实验结果是一致的。人们在实验上发现了碲镉汞由离子注入引起的损伤可能会是 n^+电激活的，达到一定的剂量时 n^+载流子浓度将饱和(Barrs et al.　1982)。其原因可能是产生缺陷能级，其位置在导带底以上。当剂量相当大时会把 Fermi 能级钉扎住(Vodop'yanov et al.　1982a)。Ghenim 等(1985)通过流体静压力下的输运测量证实了这一缺陷能级的存在，实验是在 10^5~1.8×10^9Pa 的流体静压力下，并在 4.2~77K 温度范围内测量 Hall 效应，证实这一缺陷能级在导带底以上约 150meV 处，为 Te 空位能级。

Kobayashi(1982)采用经验紧束缚近似 Hamiltonnian，以及 HgCdTe 的自选—轨道相互作用 Hamiltonnian，采用格林函数方法计算了 CdTe、HgTe 以及 $Hg_{0.84}Cd_{0.16}Te$ 的能带结构。通过能带结构计算确定了主晶格各参量的标度关系，提供了构造杂质缺陷势的规则。然后计算了 sp^3 束缚缺陷态的能级位置。在计算中忽略了自旋轨道相互作用，并忽略了中心原胞外面的长程库仑相互作用，同时忽略了相关的缺陷势的长程部分以及围绕缺陷周围的晶格弛豫。这样就简化了问题，把缺陷势矩阵元的非对角项都作为零处理。在计算中也不考虑电子—电子相互作

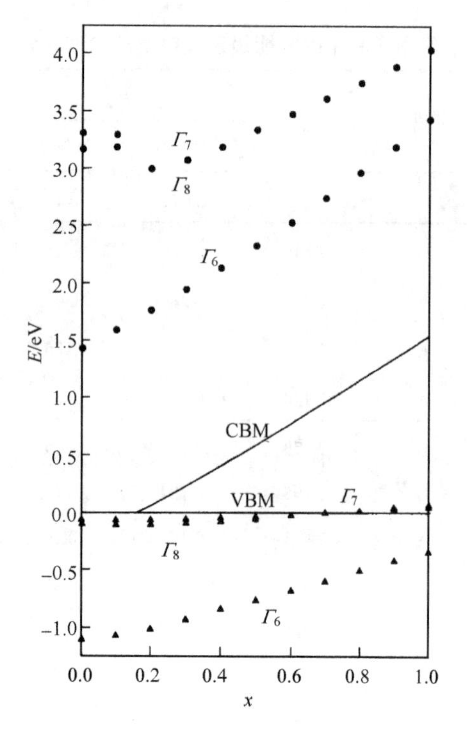

图 7.9　体空位能级对组分 x 之间的关，圆点代表阴离子空位，三角点代表阳离子空位

用。在不计自旋时，格点对称性是 T_d 群，以 sp^3 为基矢的束缚态能级是一个单简并 A_1 能级(类 S 态)和一个三重简并 T_2 能级(类 P 态)。如果考虑自旋，但不计自旋-轨道相互作用，则上述四个能级都变为二度简并的能级。然后进一步考虑自旋-轨道相互作用，上述六度简并的 T_2 能级变成一个二重简并的Γ_7 能级(类 $P_{1/2}$ 态)和一个四重简并的Γ_8 能级(类 $P_{3/2}$ 态)；两重简并的 A_1 能级在考虑自旋-轨道相互作用时仍然是二度简并的。在双群表示中，即Γ_6 能级(类 $S_{1/2}$ 态)。这些对称性考虑把久期方程

$$\det[1-(E-H_0)^{-1}V]=0 \tag{7.36}$$

变成三个标量方程，适用于阴离子替代缺陷或阳离子替代缺陷

$$V_P^{-1}=G_0^{(\Gamma_8)}(E) \qquad (g=4，类 P_{3/2} 态) \tag{7.37a}$$

$$V_P^{-1}=G_0^{(\Gamma_7)}(E) \qquad (g=2，类 P_{1/2} 态) \tag{7.37b}$$

$$V_S^{-1}=G_0^{(\Gamma_6)}(E) \qquad (g=2，类 S_{1/2} 态) \tag{7.37c}$$

式中：H_0 是主晶格电子哈密顿算子，V 是缺陷势算子，$G_0(E)=(E-H_0)^{-1}$ 是完整

晶格格林函数。解方程式(7.37)得到 HgCdTe 中的替位杂质能级如图 7.10~图 7.12 所示。

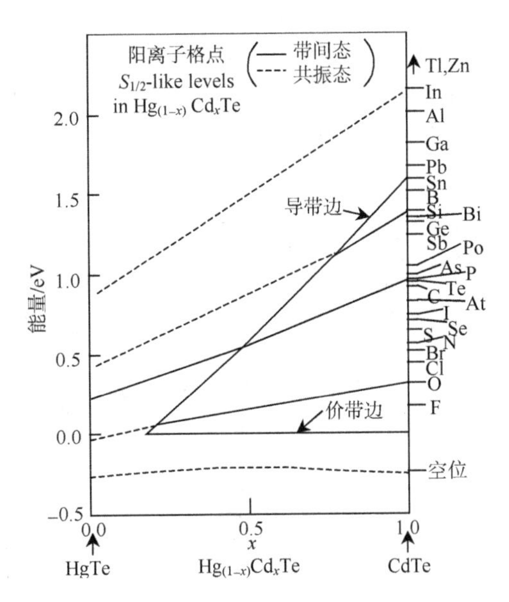

图 7.10 杂质原子替代阳离子空位的Γ_6对称的类 $S_{1/2}$ 态的深能级及其对组分 x 的关系

图 7.10 是杂质原子替代阳离子空位的Γ_6对称的类 $S_{1/2}$ 态的深能级及其对组分 x 的关系。图中粗线分别表示导带底能量和价带顶能量。在右侧 x=1(CdTe)的能量坐标轴上标有多种元素的符号，表示该元素替代阳离子格点后形成的类 $S_{1/2}$ 态能级。在禁带中间的细实线表示该元素在 x<1 的某个值时的能级位置。虚线表示与导带或价带形成的共振态。图 7.11 是杂质原子占据 HgCdTe 阳离子格点形成的类 $P_{3/2}$ 态以及类 $P_{1/2}$ 态的深能级位置。图 7.12 是杂质原子占据 HgCdTe 的阴离子(Te)格点形成的类 $P_{3/2}$ 态以及类 $P_{1/2}$ 态的深能级位置。

从计算结果可以看出，深能级的能量斜率 dE/dx 比 dE_g/dx 略小一些，于是在 CdTe 中位于 E_g/2 处，杂质原子占据阳离子空位的深能级对于大多数组分的 HgCdTe 来说仍位于禁带中央某位置上。阴离子空位上的杂志缺陷能级的斜率 dE/dx 非常小，几乎与价带平行。Jones 等人(见 7.1.5 节)的结果 0.2<x<0.4 发现深能级位于 E_g/2 以及 3E_g/4，可能就是起源于阳离子空位(分别带单个电荷或带两个电荷)，与这里的计算结果一致。

下面讨论一下不同杂质元素占据格点的行为。先看一下 CdTe 中的 P 杂质，在 P 低浓度的时候，主要占据 Te 位(P_{Te})，而在高浓度时，可占据 Cd 位(P_{Cd})。P_{Cd} 杂质缺陷具有三个过剩电子，一个电子可能填充类 $S_{1/2}$ 态能级，位于价带上 1eV 位置处(图 7.11)，一个电子可能填充类 $P_{1/2}$ 态能级，一个电子可能填充类 $P_{3/2}$ 态能级。这后两个能级都在导带底以上，与导电电子能级共振(位于超过图 7.12 上方的位置上)。但是这两个能级并不能束缚第一个电子，因为这个电子总是寻找较低的能量状态。在长程库仑势作用下，被有效质量近似的浅杂质能级俘获。所以 P_{Cd} 缺陷的电学行为依赖于背景掺杂情况，如果是本征材料或 n 型材料，则 P_{Cd} 这个缺陷作为浅施主；如果原来背景掺杂情况是 p 型材料，则浅施主能级上的电子将被受主俘获，而 1eV 处的能级将变成一个电子的深能级陷阱。

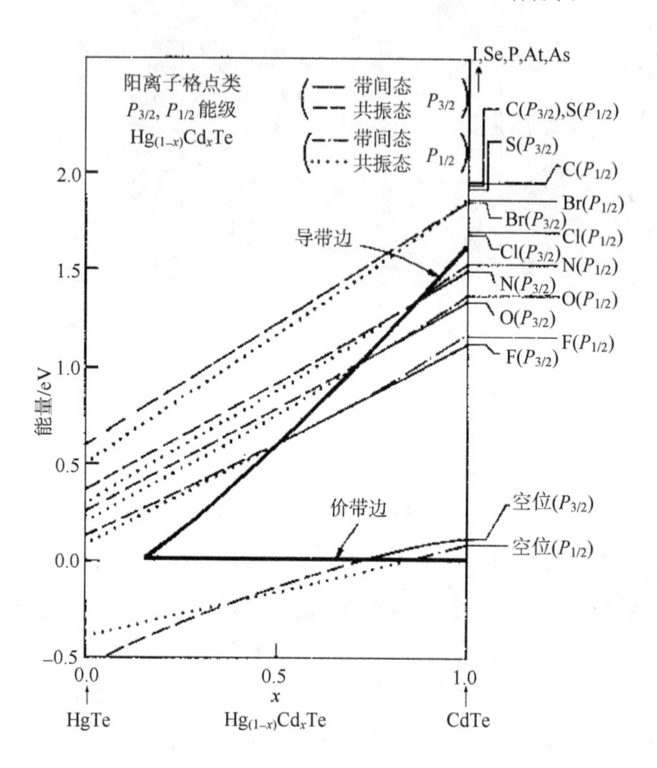

图 7.11　杂质原子替代阳离子空位的Γ_7对称的类 $P_{1/2}$ 态和Γ_8对称的类 $P_{3/2}$ 态的深能级及其对组分 x 的关系

在 CdTe 中，中性 Cd 空位 V_{Cd}^0 具有 6 个电子，来源于它的 Te 近邻原子。两个电子占据最低的类 $S_{1/2}$ 态能级，与价带共振(图 7.11)，两个电子占据较高的类 $P_{1/2}$ 态能级，另外两个电子占据类 $P_{3/2}$ 态能级，留下两个类 $P_{3/2}$ 态能级(图 7.12)。这两个空位在 CdTe 中形成位于 0.12eV 处的深受主，(所谓“深”能级，其意义在于局域化主要由短程中心原胞势产生)，与 Daw(Daw　1981)等人的理论分析一致。对于荷有单个电荷或双电荷的缺陷态一般比它的中性缺陷具有略高一些的能量。

Iseler 等(1972)曾进行压力下 Ga 掺杂的 CdTe 实验研究，发现当施加 2kbar 压力时，载流子浓度大大减小，说明 Ga 浅施主能级转化为一个深能级。对于 In 掺

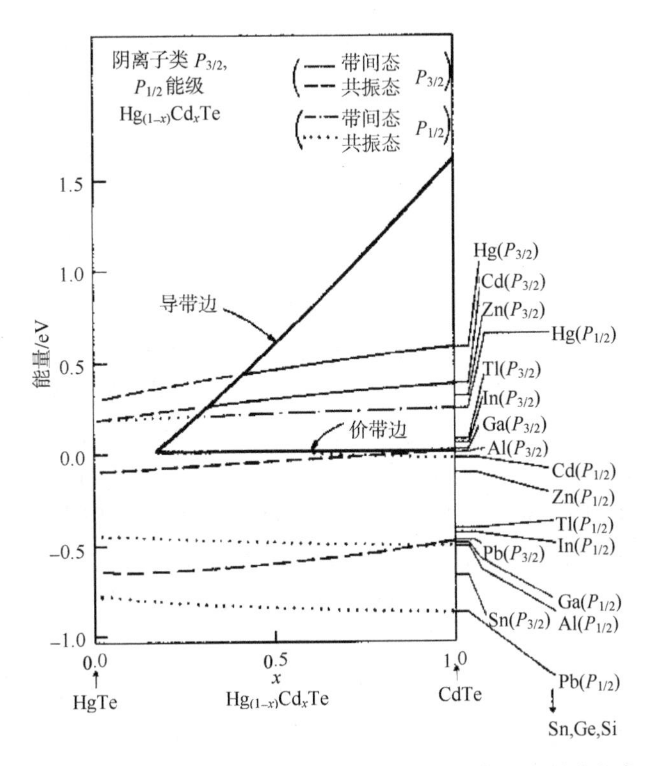

图 7.12 杂质原子替代阴离子空位的Γ_7对称的类 $P_{1/2}$ 态和Γ_8对称的类 $P_{3/2}$ 态的深能级及其对组分 x 的关系

杂的 CdTe，要加 10kbar*压力，才发现载流子浓度大大减小，这一现象与 Kobayashi 的理论计算是一致的。Ga、In 等是三价元素，占据阳离子后为正电中心是施主态，多余的一个电子可能激发到导带，但是在施加压力时，导带底Γ点高于 In、Ga 的类 $S_{1/2}$ 共振态能级，使它们甚至低于浅施主能级。于是形成深能级，俘获了导带中的电子，使导带电子浓度突然大幅度降低。由于 In 占据阳离子格点的类 $S_{1/2}$ 态能级高于 Ga 占据阳离子格点的类 $S_{1/2}$ 态能级，所以要观察到这一现象要施加更高的压力。从计算结果还可以看出，Pb、Ga、Al、In 在 CdTe 中占据阳离子空位都形成与导带能量简并的共振缺陷态，而 O、Cl、Br、N、S、Se、I、Al、C、Te、P、As、Po、Sb、Ge、Bi、S、B、Sn 对于 $x>0.2$ 的 HgCdTe 样品如果占据阳离子空位，则或在导带中形成共振态，或在禁带中形成深能级(图 7.10)。这些理论结果可能可以用于分析 Jones 的实验结果所发现的深能级的来源。Jones 在实验中发现的 $E_g/2$ 处以及 $3E_g/4$ 处的深能级可能分别起源于荷负电的 V_{Cd}^{-} 和 V_{Cd}^{-2} 阳离子空位。当 Te 占据阳离子空位时可能形成浅施主能级，也可能形成深能级。当浅施主电子被阳离子空位补偿受主能级俘获时，就形成深能级电子陷阱可以俘获电子。杂质

* 1bar = 10^5Pa，后同。

占据阴离子空位缺陷能级在图 7.12 中给出。在 Kobayashi 采用的模型中，在禁带中没有发现类 $S_{1/2}$ 态能级，仅出现类 $P_{1/2}$ 态和类 $P_{3/2}$ 态的深能级或其共振态能级。与阳离子空位深能级不同的是，$\left.\frac{\mathrm{d}E}{\mathrm{d}x}\right|_{\text{阴离子空位}}$ 远小于 $\left.\frac{\mathrm{d}E}{\mathrm{d}x}\right|_{\text{阴离子空位}}$，且 $\left.\frac{\mathrm{d}E}{\mathrm{d}x}\right|_{\text{阴离子空位}} \approx 0$，与价带顶的能量平行。目前理论还不能很好说明阴离子替位杂质缺陷的能级问题，在 HgCdTe 中 O、Cl、Br、I 等杂质原子还可能与施主或其他缺陷形成复合体，其能级位置需要深入进行理论和实验研究。

Kobayashi 的理论研究考虑了中性缺陷的深能级问题，Myles(Myles 1987)进一步计算了 HgCdTe 中电荷缺陷的深能级理论计算问题。他发现荷电态深能级的分裂，这主要是由于电子之间的库仑相互作用引起的，计算时要考虑到多体效应并应用库仑效应的 Haldane-Anderson 理论，具体理论描述可以参考 Lee 等(1985)、Haldane 等(1976)和 Hjalmarson 等(1980)文献。计算结果表明，对于 HgCdTe 中占据阳离子空位的单电离的替位杂质 Si、As、O，其能级位置与组分 x 的关系分别为图 7.13 所示。图 7.13 中中性的替位杂质用 Si^0、As^0、O^0 表示。图 7.14 是 Zn、In、Ga 占据 HgCdTe 中的阴离子 Te 空位的单电离杂质的类 $P_{3/2}$ 态的能级位置，中性替位杂质用上标(^{0})注明，单电离替位杂质用上标($^-$)注明。从图中可以发现中性

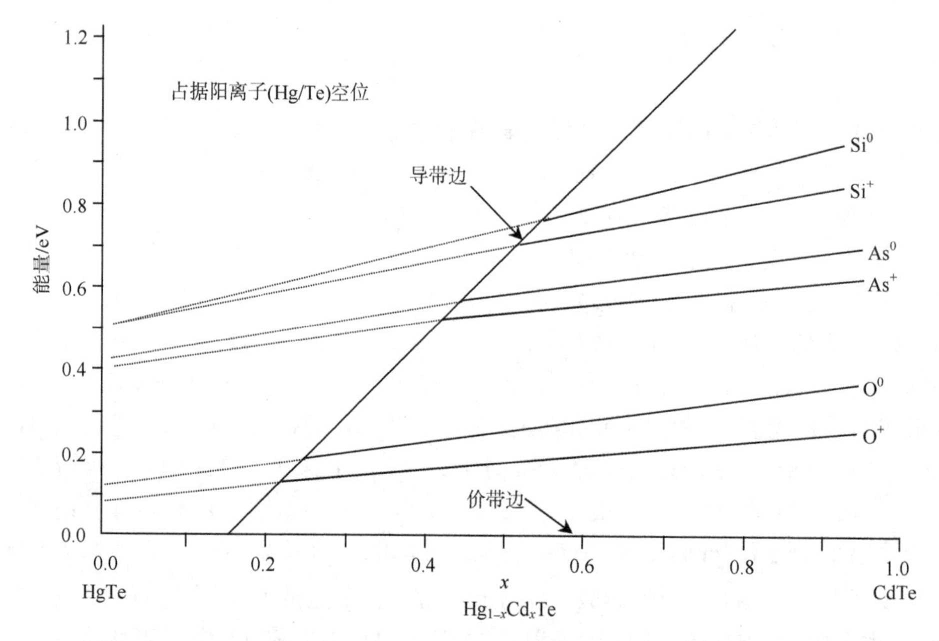

图 7.13　HgCdTe 中占据阳离子(Hg/Cd)空位的单电离的替位杂质 Si、As、O 的能级位置与组分 x 的关系曲线，图中上标(^{0})代表中性替位杂质，上标($^+$)代表正电离替位杂质

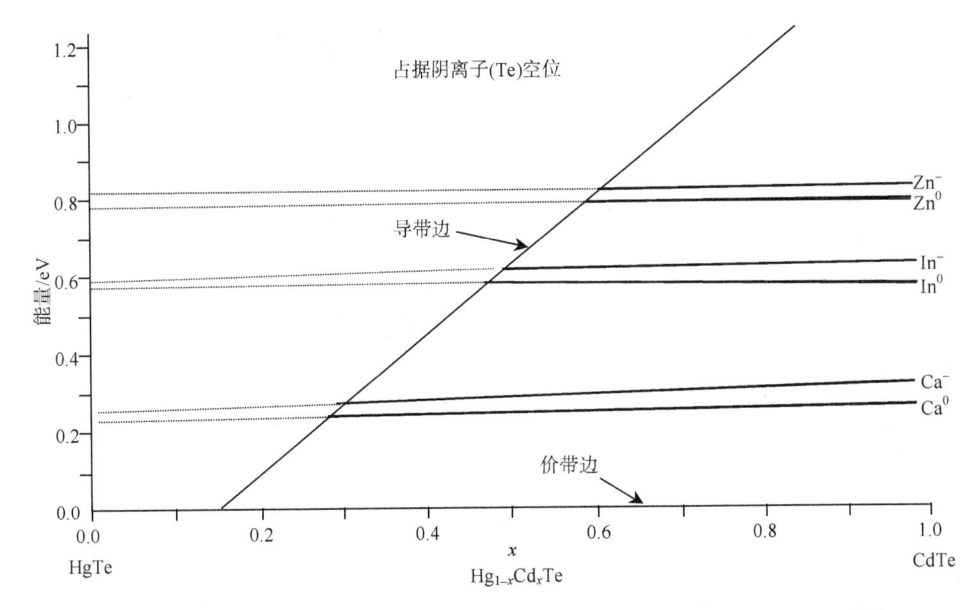

图 7.14　HgCdTe 中占据阴离子(Te)空位的单电离的替位杂质 Zn、In、Ga 的能级位置与组分 x 的关系曲线，图中上标(⁻)代表负电离替位杂质

替位杂质缺陷与单电离替位杂质缺陷的能级分裂，其数值对大多数 x 组分值为 0.1~0.2eV，且 x 越小，分别亦越小。这些理论的计算结果可以在分析实验结果时予以参考。

7.1.5　杂质缺陷的实验测量方法

杂质缺陷态从能量上区分，一类是在导带或价带内的共振缺陷态，另一类是在禁带内的带间缺陷态，包括界面缺陷态、浅能级杂质缺陷态和深能级杂质缺陷态。界面缺陷态主要来源于半导体材料及器件在其表面或界面处的悬挂键、悬挂键吸附的其他杂质原子、界面应力，浅能级和深能级主要来源于材料有意掺杂或材料剩余杂质等；它们的能级均位于禁带内。研究禁带缺陷态的方法很多，如高低频电容法、光电容谱、电导法、远红外光电导谱、深能级瞬态谱(DLTS)、输运测量、高压下输运、光热电离谱、红外光谱、荧光光谱、杂质回旋共振、正电子淹没谱等。其中光热电离谱分辨率最高，能测量半导体中低达 10^5~10^8cm^{-3} 的杂质浓度，谱线半宽低达 7.5μeV 的能谱， 但仅局限于测量高纯半导体中的剩余浅杂质浓度和能谱；电导法及 DLTS 法精度虽不及光热电离谱高，但也能测得半导体中低达 10^9cm^{-3} 的杂质浓度，而且能同时给出缺陷态能谱分布及其俘获载流子的截面。比较而言，高低频电容法和红外光谱法精度较低，但原理简单，测试方便。下面将简述几种典型的测试技术原理及运用到窄禁带半导体 InSb 或 MCT 中的结果。

1. 高低频电容法原理

对于半导体平面器件，一般均需在其表面形成一层钝化层或介质层作为保护膜以提高器件工作寿命，这样就不可避免地引入了界面缺陷态，这些缺陷态将成为载流子的散射中心，它的存在降低了载流子迁移率、寿命和器件的信噪比，因此有必要对之进行检测和控制，常用的方法是高、低频电容法，即在半导体保护层上光刻上金属栅极，制成 MIS 结构。测量该结构的高、低频电容，并由此导出界面缺陷态在禁带中的分布。一般情况下，界面态在能量上连续分布在整个禁带中，电子在界面态中的填充情况取决于费米能级的位置。

当半导体表面势变化时，费米能级在界面的位置也会相应地改变，这样界面态的电子填充情况就会变化，引起界面态与半导体体内交换电子；这就是说，在外加直流偏压变化和交流小信号作用下，随着表面势的变化，界面态会发生充放电，因此它等效于一个电容 C_{ss}；称为界面态电容，当表面势变化 $d\varphi_s$ 时，引起界面电荷密度变化 dQ_{ss}，所以有

$$C_{ss} = dQ_{ss} / d\varphi_s \tag{7.38}$$

对制成的 MIS 结构，实测电容 C_m，为绝缘层电容 C_i 与异质结界面电容 C_{it} 的串联电容

$$(C_m)^{-1} = (C_i)^{-1} + (C_{it})^{-1} \tag{7.39}$$

由于界面态与体内交换电子的时间较长，所以只有当交流小信号频率很低时，界面态才能跟得上交流小信号变化而与体内交换电子贡献电容；此时，实测电容 C_m 即为 C_{LF}，C_{it} 包含半导体表面电容 C_s 和界面态电容 C_{ss}。而当交流小信号频率很高时，界面态无法跟上交流小信号变化而与体内交换电子，从而不能贡献电容，此时，测得的电容 C_m 即为 C_{HF}，C_{it} 只包含半导体表面电容 C_s，于是有

$$(C_{LF})^{-1} = (C_i)^{-1} + (C_s + C_{ss})^{-1} \tag{7.40}$$

$$(C_{HF})^{-1} = (C_i)^{-1} + (C_s)^{-1} \tag{7.41}$$

由式(7.40)、式(7.41)可得界面态电容

$$C_{ss} = C_i[(C_i / C_{LF}{}^{-1})^{-1} - (C_i / C_{HF}{}^{-1})^{-1}] \tag{7.42}$$

再由式(7.38)便可定量求得界面态密度

$$N_{ss} = C_{ss} / e \tag{7.43}$$

所以根据高低频电容谱及式(7.42)、式(7.43)即可求得界面态密度，相应界面态在禁带中的能级位置根据二维电子气子能带势模型和低频电容谱求得。

下面举例说明 ZnS/MCT、SiO + SiO_2/InSb 界面缺陷态测试结果。将 MCT 或者 InSb 制成 MIS 结构，并测量其高低频电容谱(见图 7.15、图 7.16)，采用上述方

法计算其界面态分布，结果见图 7.17、图 7.18。样品、器件参数及测试条件如下：①n 型 HgCdTe，导电类型为 n 型，x=0.30，施主浓度 $N_D = 1.7\times10^{14}cm^{-3}$，绝缘层 ZnS 厚度约为 200nm，金属栅极面积为 $0.002cm^2$。测试温度为 80K，测试频率分别为 20Hz 和 10MHz。②n 型 InSb，掺杂浓度 $N_D = 2.0\times10^{14}cm^{-3}$ 绝缘层 SiO + SiO_2 厚度约为 180 nm，金属栅极面积为 $0.00785cm^2$。测试温度为 80K，测试频率分别为 300Hz 和 104kHz。

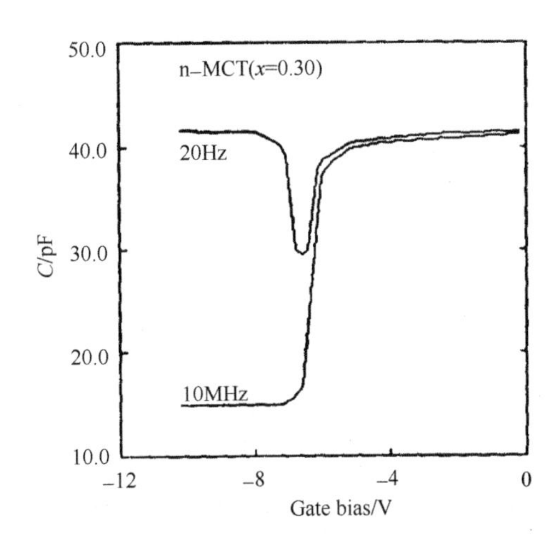

图 7.15　MCT(x=0.30)MIS 器件高低频 CV 谱

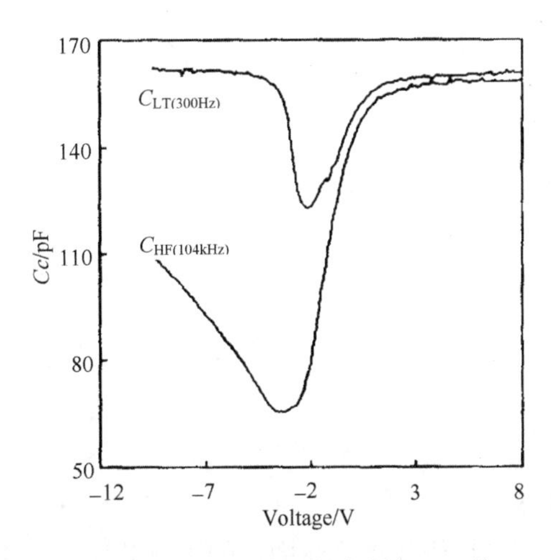

图 7.16　InSb MIS 器件高低频 CV 谱

从图 7.17、图 7.18 可见两种界面处的界面态密度分布均呈“U”形，最小界面态密度(位于禁带中央附近)在 $10^{11}cm^{-2}$ 量级，进一步实验及计算表明，在 ZnS 介质层中存在密度为 $8.2\times10^{11}cm^2$ 的固定正电荷以及密度为 $4.6\times10^{10}cm^2$ 的慢空穴陷阱。而在 SiO + SiO_2 介层中存在密度为 $1\times10^{12}cm^2$ 固定正电荷和密度为 $2.4\times10^{12}cm^2$ 的慢空穴陷阱。

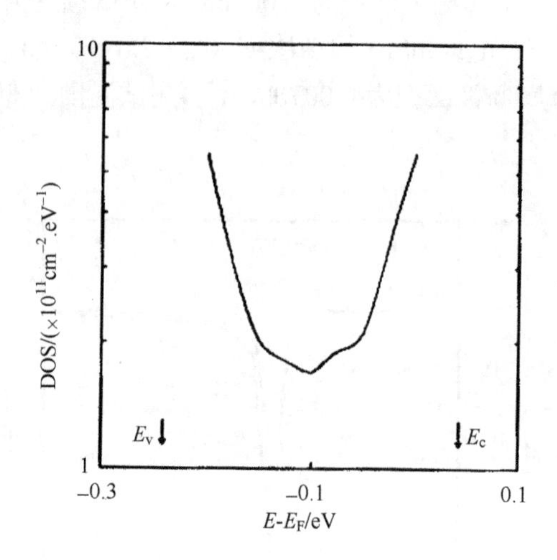

图 7.17　MCT MIS 器件界面态分布

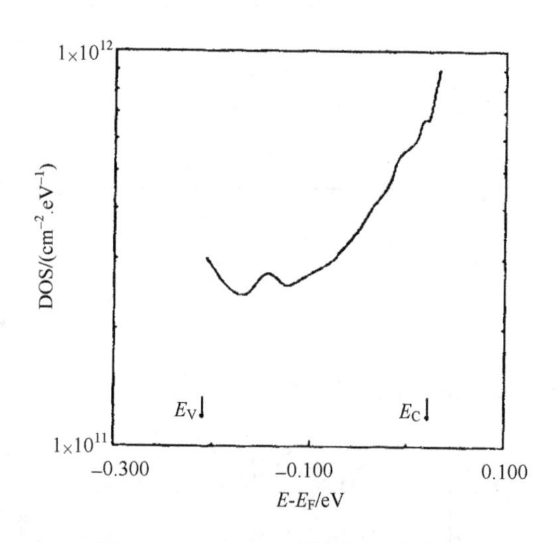

图 7.18　InSb MIS 器件界面态分布

2. 深能级瞬态谱

深能级瞬态谱(DLTS)是研究半导体中深能级及其性质的重要手段，主要是测量变温度导纳谱，或者变温度电容谱。其原理是测量导纳，在改变温度时，如果在某一温度下，某一深能级释放(或俘获)载流子，则导纳就会发生变化。测量电容也是一样。通过对温度的 DLTS 谱扫描，可将分布在禁带中的各种深能级按其能量分布一个一个地探测出来(对应于一个个的 DLTS 峰)；根据这些 LDTS 峰位及峰值，可求出深能级的位置、密度及其俘获载流子的截面等重要参数。具体实验方法原理和结果见第 7.3 节。

3. 荧光光谱

作为一重要的测试手段，荧光光谱(PL)不仅可用来研究半导体中的电子态，如导带、价带电子态及其抛物性、激子态等，还可用来研究材料中的杂质缺陷态，包括杂质在半导体材料中的能级和位置，从某种意义上讲，荧光过程是光吸收过程的逆过程，它可分解为三个分过程：首先外激发光(或外注入电流，外照射线束)将材料中载流子激发，产生非平衡电子-空穴对，然后非平衡电子-空穴对通过辐射过程或非辐射复合过程到达某种较低能量态，最后辐射复合产生的光在半导体中传播，鉴于这种辐射复合光在传播过程中又会被吸收，所以荧光过程只可能发生在半导体光照面的几个电子扩散长度范围内，因此荧光实验对实验技术和材料都有一定要求，对较厚的样品，荧光探测器应放在半导体光照的一面；而对较薄的样品，荧光探测器可放在半导体光照的背面，材料表面要非常完美，各种可能导致非辐射复合的缺陷态如表面态，位错等要尽量少，否则荧光实验就很难实现。根据实验测得的荧光光谱峰位和线型并结合理论就可判断荧光的动力学过程，从而达到对材料中杂质态的了解，将 PL 光谱用于 HgCdTe 材料杂质研究将会遇到新的难点，这主要是由于 HgCdTe 材料本身特点引起的，HgCdTe 材料禁带宽度较小，施主电离能只有零点几毫电子伏特，几乎不能束缚电子而处于完全电离状态；荧光光谱基本位于中远红外区，而在该波段，探测器响应率较低，背景辐射也较强。另外 HgCdTe 中非辐射复合较严重，因此荧光信号较小，这些都给荧光探测带来了困难，在低组分中尤其突出，因此有关 MCT 的荧光研究报道不多，而且还多集中于大组分 HgCdTe 材料。要对小组分碲镉汞进行光致发光研究，需要在红外波段进行光致发光研究，后面将单列一节进行讨论。

4. 光热电离谱原理

自从 20 世纪 80 年代 Lifshits 等人在半导体红外光电导实验中发现光热电离现象以来，光热电离谱被广泛用来研究半导体中浅杂质行为，尤其是高纯半导体中的杂质，在低温下，杂质电离分两步：首先杂质从基态被光子激发到激发态，然后在声子辅助下电离进入导带参与电导(见图 7.19)。这样光热电离过程就将光学高分辨率和电学高灵敏度有机结合起来，为研究高纯半导体中微量杂质提供了有利的测试手段，显然，光热电离谱对实验条件有较苛刻的要求，首先温度不能太高以便杂质能处于基态，其次温度也不能太低以便有足够的声子辅助杂质从激发态电离到导带而贡献电导；再者要求电极有良好的欧姆接触，用这种方法来研究窄禁带半导体 InSb 和 MCT 中的浅杂质是比较困难的，因为材料本身很难达到高纯要求，而且材料中往往存在很明显的带尾，浅杂质能级与带边相连接，只有在很低温度下或者很强磁场下才能使之局域，可这时又很难满足其较苛刻的实验条件，因此这种方法通常被用来研究高纯 GaAs、Si 及 Ge 中的浅杂质。

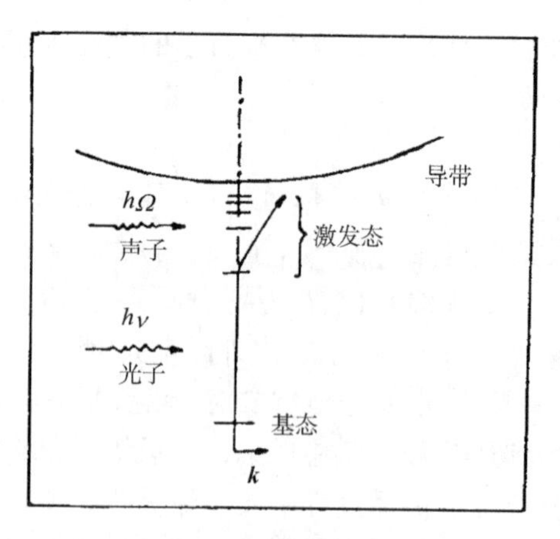

图 7.19　光热电离示意图

5. 量子电容谱技术

前面简述的几种实验方法可以用来研究能级位于禁带中的杂质缺陷，但不能检测共振缺陷态，在窄禁带半导体材料中，许多由短程中心元产生的深能级位于导带中，它们与导带中的连续态相互作用，形成共振缺陷态，一般来说共振缺陷态研究较复杂，因很难将之与连续的导带态分离开来，这方面已有许多理论和实验工作，如替代 sp^3 一束缚深陷阱能级的化学趋势理论、输运及压力下的输运测量、远红外光谱等，这里将根据窄禁带半导体电容特性建立一个研究共振杂质缺陷态的新模型。

通过 MIS 结构 CV 测量可以研究半导体表面能带弯曲情况，对窄禁带半导体 MIS 器件来说，其表面反型层存在量子化现象，量子化基态子带带底能级位于导带底以上 E_0 的位置(见图 7.20)，当能带弯曲量达到 E_g，即当导带底弯曲到费米能级以下时，反型层沟道仍不会填充电子；而只有当能带弯曲到 E_g+E_0 时，即当基态子带底能级弯曲到费米能级以下时，反型层沟道才会填充电子，因而反型层阈值电压被推迟，如果在导带底和 E_0 之间存在一个共振缺陷态，见图 7.20 中 E_R，就可在电容谱(CV)中反映出来。因为在平带情况下，杂质态远位于费米能级之上而不能束缚电子，而当杂质缺陷态随着能带弯曲降低到费米能级之下时，电子就会填充这一共振缺陷能级。如果它的浓度足够高，这种电子填充就会影响到反型层充放电过程而贡献电容，于是在 MIS 结构电容谱反型之前会出现一附加峰，根据峰位及峰值便可获得有关共振缺陷态的信息，如浓度、能级位置等。

当共振缺陷态位于 E_0 之上而且是受主类型时(见图 7.20 中 E'_R)，同样可通过电容谱对其进行检测。因为一般杂质缺陷态的俘获和发射电子时间都比连续态长，因此当 MIS 器件反型后，随着表面能带的弯曲，受主类型共振缺陷态俘获电子后会排斥其他电子占据连续态，使得参与贡献电容的电子数量减少，于是反型后的电容上升速度变慢甚至下跌。随着测试频率的增大，共振缺陷态俘获电子的概率

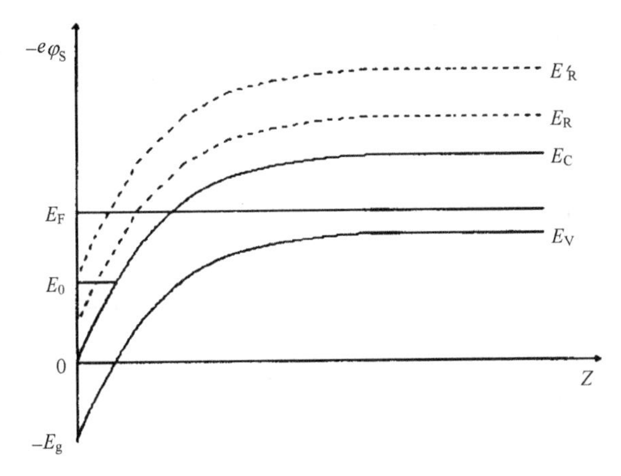

图 7.20　存在共振缺陷态的 pB 窄禁带半导体 MIS 结构能带弯曲示意图

变小，它对电容的影响也逐渐变弱，通过这种变频电容谱(FCV)测量便可获得该类共振缺陷态的信息，如浓度、能级位置、俘获电子寿命等。

6. MCT 正电子湮没谱研究

正电子湮没技术(PAT)是基于正电子在固体中的微观分布涉及它和离子实及电子间的相互作用而建立起来的。由于正电子热动量几乎为零，而且是一种质量很轻的带正电的粒子，它将受到离子实的强烈排斥作用，因此当正电子进入完整晶体时，主要处在各离子实之间的间隙位置并可以在其中自由扩散，这时正电子处于自由状态，而在含有点阵空位、位错核心区和空洞等的不完整晶体中时，由于这些空位型缺陷中缺少离子实，电子再分布会在这些缺陷处造成负电势，因此空位、位错和空洞这样的缺陷会强烈地吸引正电子，从而使正电子处于束缚状态，处于自由状态和束缚状态的正电子都会和电子湮没，但考虑到缺陷处等价的价电子和核心电子密度会低于完整晶体中的晶格原子，因此正电子在缺陷处湮没的概率下降，从而使的正电子寿命延长，而对完整晶格，正电子寿命应该较短。于是通过测量正电子寿命就可以很灵敏地探测到晶体中的缺陷，其测试原理如下，正电子源 ^{22}Na 放出一个正电子同时发射一个能量为 1.28MeV 的 γ 光子，因此可以把这个光子的出现看作正电子的零点信号，正电子进入试样后经过一段时间Δt 和电子湮没，放出两个能量约为 0.511MeV 的 γ 光子，测量 1.28MeV 的 γ 光子和 0.511MeV 的 γ 光子之间的时间间隔Δt，就能测处正电子在试样中的寿命，这种测试技术在过去 20 年被广泛用于金属体内空穴型缺陷的热动力学问题研究：近年来才开始将之用于半导体缺陷研究；而将之用于 MCT 缺陷研究的工作很少。下面举例介绍对一块高掺杂 p 型 MCT 的正电子湮没谱测量结果。

选择一块 MCT(x=0.5)体材料处理成 p 型，浓度 $N_{AD}=1.5\times10^{18}\,\text{cm}^{-3}$，然后进行表面阳极硫化处理，最后将试样切成两片并装上系统样品架上，正电子源 ^{22}NaCl 置于两片样品之间，测试系统为 0RFEC 公司制造的、分辨率为 24ps 的快俘获正电子湮没寿命仪。在室温下测量了样品的PAT谱，每次测量历时8小时，记录约2×10^6个正电子湮没事件组成一条谱线，系统用一对单晶Si片进行定标，测试结果用较通用的Positrfit软件进行拟合。

图7.21(a)是该样品的室温PAT谱，图7.21(b)是同一样品在空气中存放三个月后重新测得的室温PTA谱，用Positrfi软件分别对之进行了拟合， 拟合结果见表7.5。

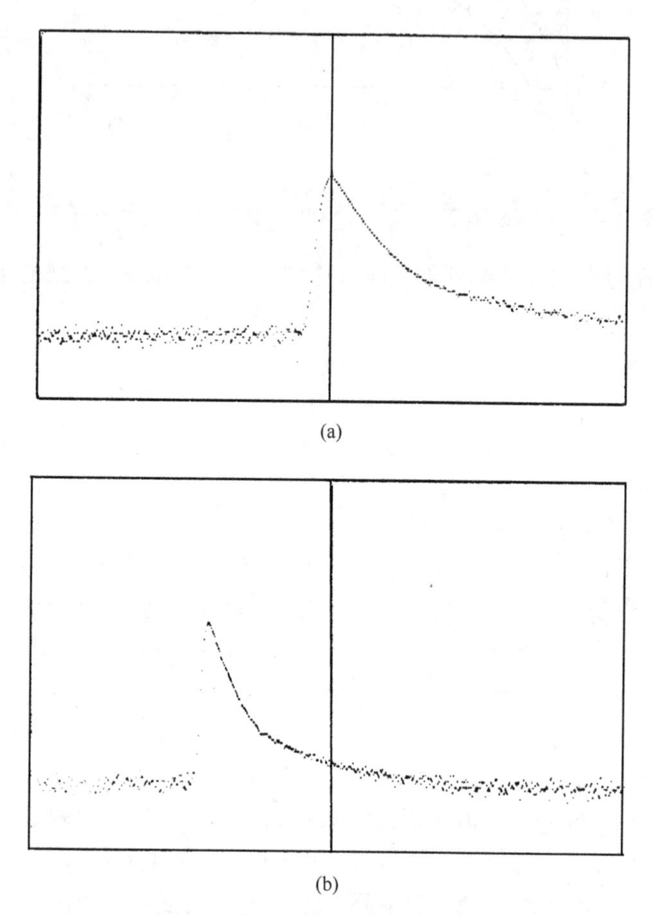

图7.21 p型HgCdTe的 PAT谱(a)和三个月后的PAT谱(b)

从表7.5可见，在该样品中共测得了三个正电子湮没寿命，分别为τ_1=237~288±14ps，τ_2=366~400±22ps和τ_3=1996~2099±43ps。一般情况下测得寿命量级和个数反应了试样中可能的缺陷种类，所以认为在测量样品中有三类俘获机制，相隔三个月的两次测量结果在误差范围内是相近的，这可能是表面阳级硫化的结果。因为阳级硫化可以在MCT表面获得较好的CdS保护膜，这就增强了MCT材料、尤其是p型材料的稳定性，C.Gely曾测量了不同掺杂浓度的p型MCT的PTA谱并发现当$N_{AD}>1.709\times10^{16}cm^{-3}$时，正电子寿命$\tau$几乎保持不变，约309±1ps，

表 7.5 室温 PTA 谱拟合结果

	正电子寿命(ps)与表现谱相对强度	
	第一次测量	三个月测量结果
τ_1	237±14	253±10
I_1	42.75±10.39	59.02±8.92
τ_2	366±16	400±22
I_2	52.82±10.31	37.9±8.83
τ_3	1996±37	2099±43
I_3	4.43±0.12	4.07±0.12

且与温度关系不大，并认为正电子在完整 MCT 晶体中的寿命最低约为 270±10ps，与这里的例子相差较大。这里在高掺杂 p 型 MCT 中测得了低于 270ps 的正电子寿命τ_1。它可能来源于完整的 CdS 保护膜和完整的 MCT 晶体，但考虑到 CdS 保护膜较薄(lμm)和正电子穿透深度(0.3mm)。可以认为τ_1来源于 p 型 MCT 中晶格完整的区域。因此完整 MCT 晶体中的正电子寿命比以前认为的结果还要短，其次测得的τ_2比 Geley 的 309 约大 30%，该寿命归于 Hg^{2+}空位。这里测得的τ_3异常大，这个寿命是由于正电子在样品表面湮没引起的，它的寿命值和表观谱强度可以说明这点，有理论计算表明正电子在表面湮没时引起的寿命最大。同时在表面，正电子湮没空间很小，强度很弱。

7. 光 Hall 效应测量

对于低浓度 $N_A \le 5\times 10^{15}\text{cm}^{-3}$ 范围的 p-HgCdTe 样品，由于混合电导效应，通常的 Hall 系数温度的关系，不能算出受主浓度及能级。同时在这一受主浓度范围，存留施主杂质补偿变得主要，Bartoli 等(1986)引进光 Hall 测量技术，采用低温下光激发电子的测量结果与计算结果的拟合来测量受主浓度、受主电离能以及补偿度。实验中所用光源在低浓度载流子注入时用可变温度的黑体源，在高浓度载流子注入时用 50W 的连续 CO_2 激光源，采用斩波光器件产生 25ms 平坦的脉冲。光激发载流子浓度用 Hall 系数测量得到 $n_m=1/eR(B=500\text{G})$，迁移率$\mu_m=\sigma_m \ln m_e$就可以得到$\mu_m \sim n_m$ 曲线。电子迁移率决定于带电的散射中心的浓度；

$$N_{cc} \approx N_{A^-} + N_D + p \tag{7.44}$$

在高温时，受主全电离，空穴全部激发到价带，价带空穴浓度 $p = N_A$，此时 $N_{cc} \approx 2N_A$。而在低温时，空穴冻出在受主能级上，p=0，$N_{A^-} \approx N_D$，所以此时 $N_{cc} \approx 2N_D$(图 7.22)，于是低温下的迁移率对补偿杂质有很灵敏的依赖关系。假定 $x = 0.225$，样品厚度 50μm，图 7.23 表示不同的施主浓度 N_D情况下，电子迁移率随光激发电子浓度变化的理论计算曲线。由图可以看出，迁移率-光激发电子浓度

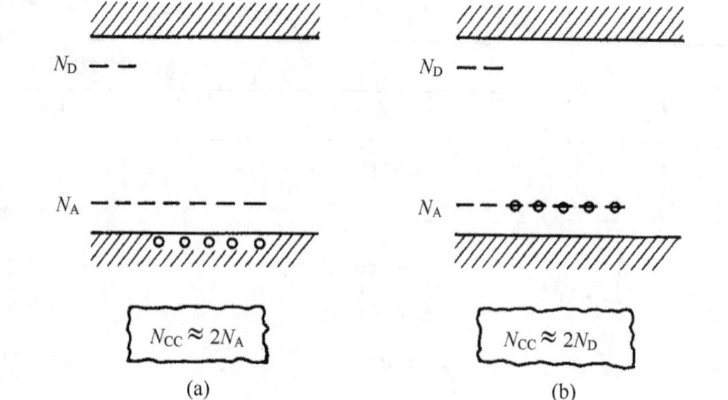

图 7.22　带电散射中心的浓度的示意图

(a) 高温下耗尽($k_BT \gg E_A$，$N_{cc} \approx 2N_A$)；(b) 低温下空穴冻出($k_BT \ll E_A$，$N_{cc} \approx 2N_D$)

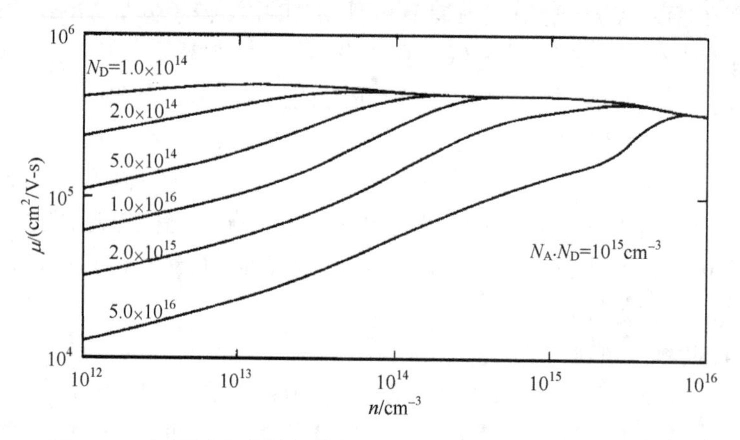

图 7.23　电子迁移率随光激发电子浓度和施主浓度变化的关系

的关系与施主浓度有很灵敏的依赖关系。因而可以以 N_D 为参数拟合 $\mu\sim n$ 曲线来获得补偿施主 N_D。图 7.24 是 11K 温度下测量到的迁移率 $\mu_m\sim n_m$ 实验点与理论拟合曲线，拟合过程中 N_D 为唯一调节参数，$N_D = 3.9\times10^{15}cm^{-3}$，确定 N_D 以后，从磁场依赖的 Hall 数据可以计算空穴浓度与施主电离能。按计算公式

$$\frac{p(p+N_D)}{N_A-p-N_D}=\frac{1}{2}N_V\exp(-E_A/k_BT) \qquad (7.45)$$

N_D 已经得到，以 N_A 及 E_A 为参数，计算 $p\sim T^1$ 曲线拟合实验测量到的空穴浓度对温度倒数的关系，就可以得到 N_A 及 E_A 值。对图 7.26 所示样品进行的拟合计算，结果列于图 7.25 中，拟合参数为 $N_A = 6\times10^{15}cm^{-3}$，$E_A = 11meV$。主要拟合计算表明在样品中是单一受主(可能是 Cu 杂质)在起作用。为了拟合从磁场依赖的 Hall 系数所得到的 p~1/T 实验值，当假设单受主能级不能或得最佳符合时，就需要假

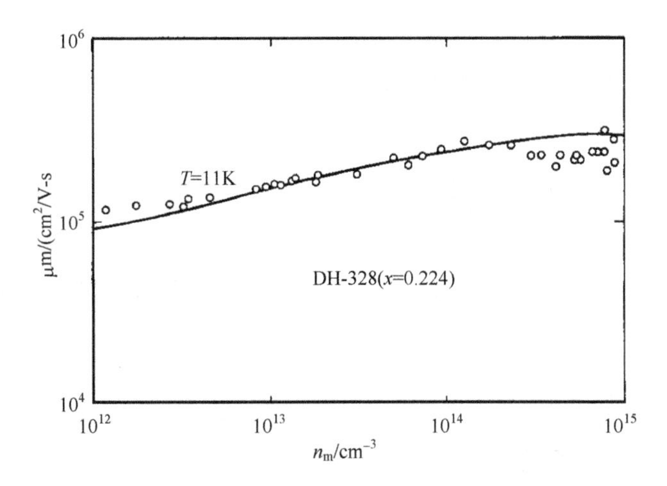

图 7.24　11K 温度时测量到的迁移率的实验点和理论拟合的曲线

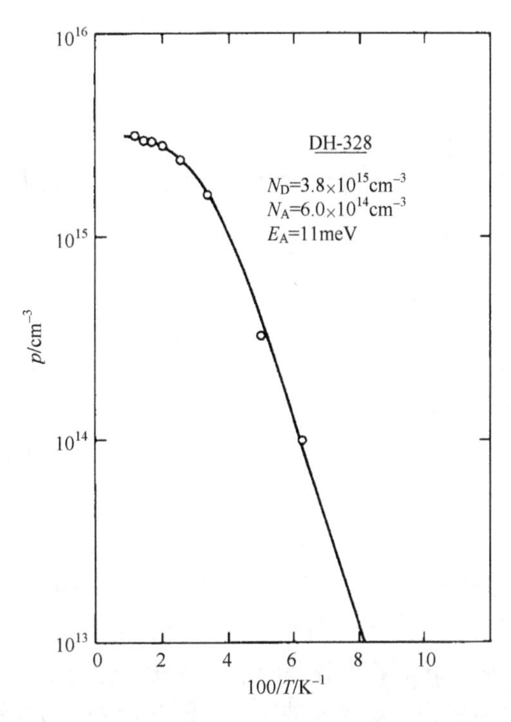

图 7.25　空穴浓度对温度倒数的关系图，点为实验数据，曲线为拟合计算的结果

设双受主能级来拟合实验结果，从拟合结果也就可以获得两个受主能级位置。由此可见，光霍尔测量是研究 p-HgCdTe 补偿度及受主浓度受主电离能的一种有效的方法。

7.2 浅 杂 质

7.2.1 引言

HgCdTe 中的杂质缺陷在能带图中相对能级位置可以由图 7.26 大致描述。图中浅施主能级与导带几乎重合在一起,由 Hg 空位形成的浅受主能级其电离能约为 10~16meV，并与汞空位浓度有关；由替位杂质形成的浅受主能级，测量到的电离能与汞空位电离能略为不同。

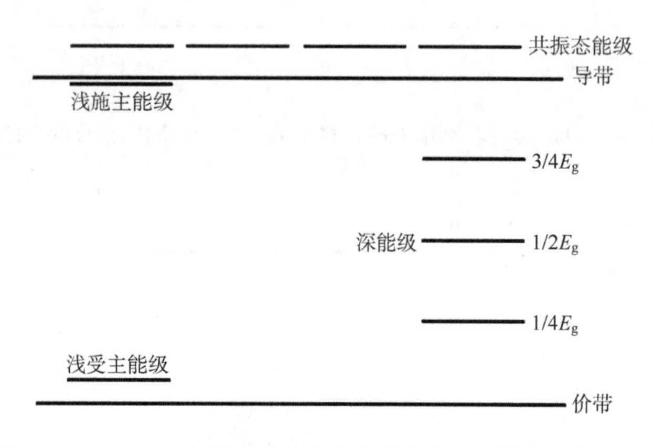

图 7.26 HgCdTe 中的杂质缺陷在能带图中相对能级位置示意图

在禁带中，有实验发现分别在价带上方约 3/4E_g、2/4 E_g、1/4 E_g 能量位置处，存在着深能级，其生成原因有待探讨。在导带底以上则存在与导带大致共振的共振态能级分别为 Hg 空位与各种不同杂质原子的复合体，或 Te 空位等；在价带中则存在着 Cd 空位及其与杂质的复合体。关于这些能级，在理论上用紧束缚方法、格林函数进行理论计算；在实验上，已有电容电压谱、高压下输运、DLTS 谱、光电容谱、杂质回旋共振、远红外光谱以及远红外光电导谱，以及通常的输运测量等各种实验研究。

HgCdTe 的杂质缺陷除了制备 p 型和 n 型材料,制备 p-n 结进行有意掺杂之外，主要是 HgCdTe 材料中残留杂质。它们有的起着浅施主或浅受主的作用；有的扮演着深中心的角色，从而影响着少数载流子的寿命；有的则与 HgCdTe 中的空位，如汞空位结合成复合体成为深能级或共振态。HgCdTe 材料的特征之一是晶体在生长或退火过程中易于生成 Hg 空位。这种缺陷一方面作为非有意掺杂的 p 半导体的受主，为人们认识其变化规律，并在退火技术中加以应用，从而控制其 p、n 型的转化；另一方面，Hg 空位又易于与其他杂质原子或离子形成复合体，或被其他杂质原子所占领，成为影响材料质量的深能级和共振态，有待于人们掌握其变化规律和光电性质，并寻找根除这些缺陷态的途径。离子注入所引入的缺陷损伤也是一个人们所关心的主题。离子注入 HgCdTe 材料的唯像规律早已在器件工艺中应用，但其微观物理图景还在不断研究之中。

制备晶体时利用高纯的“7N”Hg、Cd、Te 原材料，但在长成的 HgCdTe 晶体中，杂质缺陷总是不可避免，并影响其电学参数(Bartlett et al. 1980，Dornhaus et al. 1983，Capper 1989，1991)。杂质和缺陷都会影响材料的载流子浓度、迁移率和少子寿命。HgCdTe 材料用于制备工作在 77K 的长波光导探测器时需要是 n 型的，其载流于浓度要低，迁移率要高而少数载流子寿命要长。当 HgCdTe 材料中杂质含量高时，对少子寿命和迁移率的影响极大；高的杂质含量会在材料中引入大量的复合中心，严重的降低少子寿命；另外电离杂质和中性杂质的存在，也对载流子产生散射，导致迁移率下降。因此降低 HgCdTe 体晶中的杂质含量很为重要。另一方面制备光伏器件需要有意向 HgCdTe 材料中掺杂以获得稳定的电学性质。在 HgCdTe 焦平面器件中的一个关键工艺是在 HgCdTe 衬底材料上制备 p-n 结列阵，通过扩散、或采用离子注入杂质的方法来形成 p-n 结(王守武 1991)，在 MBE 生长时还采用在位掺杂的方法。由于离子注入时产生的辐照缺陷表现为施主(Destefains 1985，Schaake 1986，Vodop'yanov 1982)，故常采用在 p 型 HgCdTe 衬底上注入施主型杂质的技术。

HgCdTe 材料是一种电学性质受组分和本征点缺陷控制的半导体，在高纯情况下其电学参数完全取决于组分和偏离化学计量比所形成的点缺陷浓度。当组分一

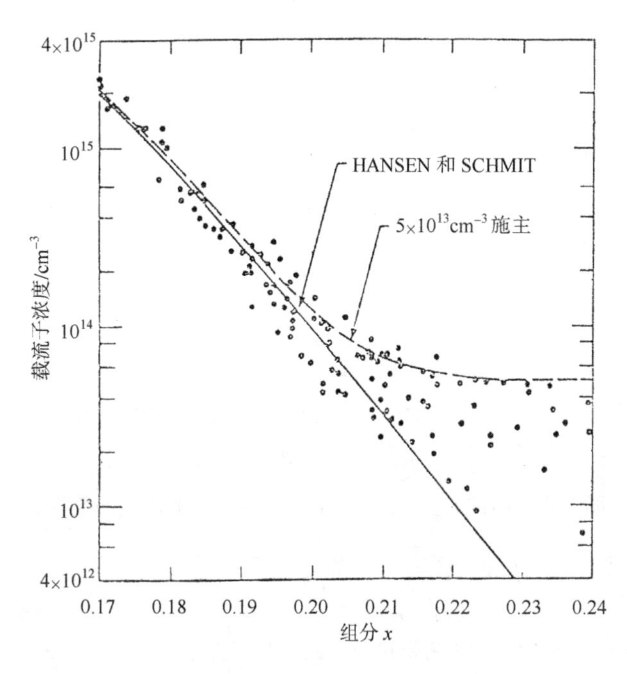

图 7.27 高纯 n 型 HgCdTe 体晶组分和载流子浓度的关系

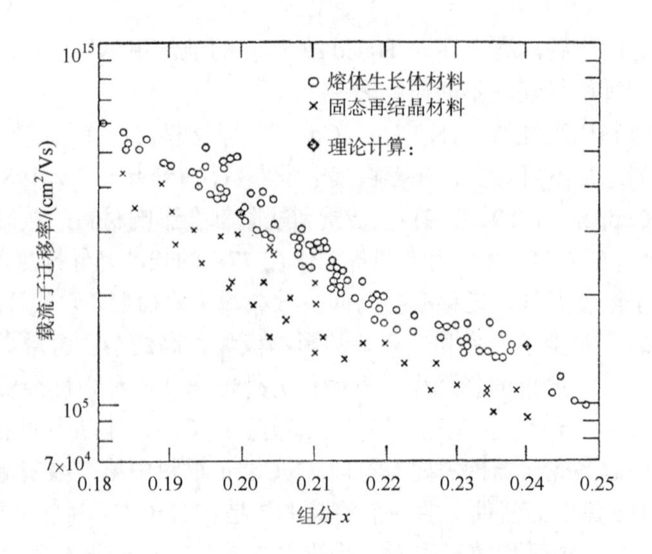

图 7.28　高纯 n 型 HgCdTe 体晶组分和载流子迁移率的关系

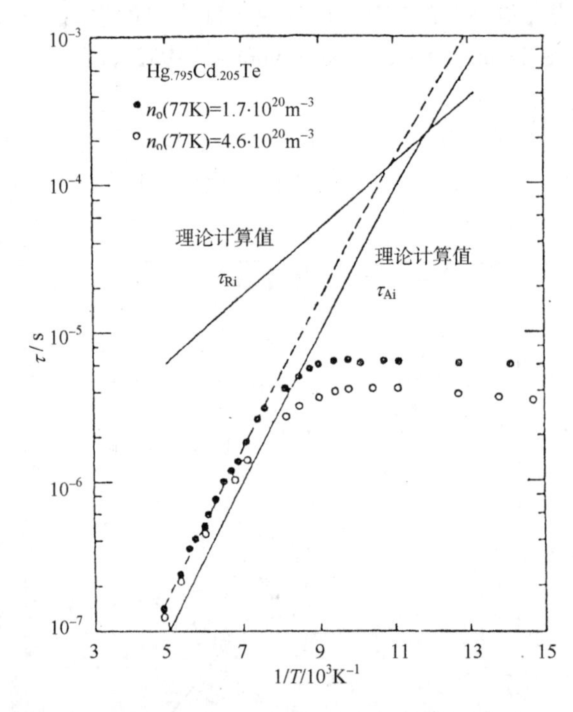

图 7.29　高纯 n 型 HgCdTe 体晶少子寿命和温度的关系

定时，可以通过控制热处理的条件来控制 HgCdTe 体晶中的点缺陷进而达到控制其电学参数的目的(汤定元　1974，1976)。在高纯的 HgCdTe 体晶中(在本征区，甚至是在非本征区，少于寿命主要由 Auger 机构控制的 HgCdTe 材料可被认为是高纯的)，共电学参数和理论预期的相符。图 7.27、图 7.28 是高纯 n 型 HgCdTe 体晶的电子浓度和组分、电子迁移率与组分的关系(Higgins et al. 1989)，由图可知，高纯、高质量的 n 型 $Hg_{0.8}Cd_{0.2}Te$ 体晶在 77K 时的电学参数如下：电子浓度 $6\sim15\times10^{13}cm^{-3}$，电子迁移率 $3\sim5\times10^{5}cm^{2}/V\cdot s$ 图 7.29 是相应的 HgCdTe 体晶少子寿命和温度的关系(Kinch et al. 1975)，在 77K 时，少子寿命约为 4~6μs。

7.2.2 浅施主杂质

由于 HgCdTe 的禁带窄，施主电离能很小，例如，对 $x=0.2$，$E_g=0.1eV$ 的碲镉汞样品，$E_d=0.5meV$，因而很难用通常的 Hall 测量方法来确定杂质的电离能。浅施主能级通常与导带底重合在一起，也很难用光热电离光电导源的方法来研究杂质从基态到激发态的跃迁，这一方法在高纯锗的实验中取得很大成功。由于浅施主能级与导带底几乎重合，能否把杂质能级从导带底分离出来，是一个有兴趣的问题。因而在低温下研究浅施主冻出磁效应是有意义的，而利用杂质回旋共振实验可以观察磁冻出杂质能级。

McCober 在实验中观察到杂质回旋共振。图 7.30 表示杂质能级在磁场中分裂后，从基态到激发态跃迁的磁光效应。浅杂质能级与导带底几乎简并，对于 $x=0.2$ 的 HgCdTe 来说，其能级位置位于导带底以下 0.3~0.5meV 的范围。在实验上 Goldman 等(1986)曾在回旋共振的实验中观察到杂质回旋共振。实验样品是 $x=0.204$ 和 $x=0.224$ 的 n 型样品，载流子浓度分别是 $3\times10^{13}cm^{-3}$ 和 $6\times10^{13}cm^{-3}$，77K 迁移率分别为 $2.7\times10^{5}cm^{2}/V\cdot s$ 和 $1.2\times10^{5}cm^{2}/V\cdot s$，厚度分别为 290、260μm。在磁场下导带电子在磁场下量子化形成一系列朗道能级，随着磁场从 0 增加，基态朗道能级 0^{+}到第一激发态朗道能级 1^{+}间能级距离逐渐增大。当增大到等于入射

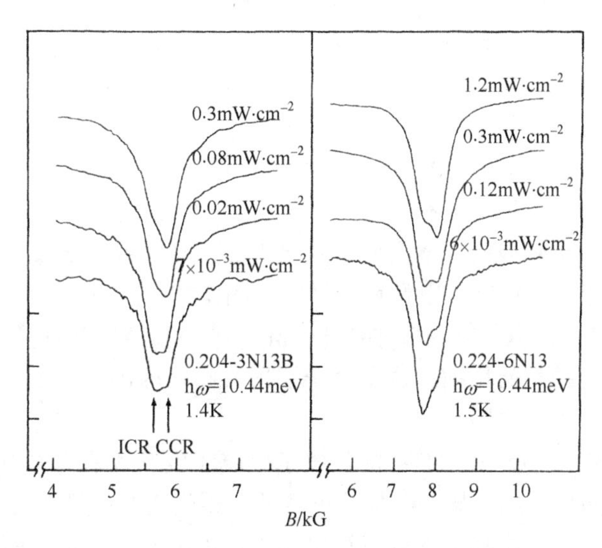

图 7.30 不同温度下的 n 型 $Hg_{1-x}Cd_xTe$ 样品的磁透射谱，箭头所指的是吸收峰

激光的能量时，就发生共振吸收，于是在透射-磁场强度的磁透射谱上出现吸收峰。如果没有杂质贡献，可以看到一个吸收峰，在图 7.30 上标为 CCR。Goldman 在实验中发现在 0^+-1^+跃迁吸收峰在磁场一侧还有一个吸收峰，在图上标为 ICR。实验所用的激光能量为 10.44meV。

图 7.30 中画出了 x=0.204 和 x=0.224 的导带电子回旋共振和杂质电子回旋共振。标为 ICR 的吸收峰在磁场下杂质电子从基态向第一激发态的跃迁。CCR 和 ICR 两个峰之间的能量为

$$\Delta E_{\mathrm{B}} = (E_{110} - E_{000}) - (E_{1^+} - E_{0^+}) \tag{7.46}$$

这一能量可以从

$$\Delta E_{\mathrm{B}} = \left.\frac{\mathrm{d}(E_{1^+} - E_{0^+})}{\mathrm{d}B}\right|_{B=B_{\mathrm{CCR}}} (B_{\mathrm{CCR}} - B_{\mathrm{ICR}}) \tag{7.47}$$

计算出来，其中 $E_{1^+} \to E_{0^+}$ 分别是 0^+与 1^+的朗道能级都是 B 的函数。可以从公式计算，也可以采用实验的方法，采用远红外激光中选取不同的 $\hbar\omega$ 能量的激光束，作为激发光源，于是吸收峰就出现在不同的磁场 B 处。图 7.31(a)表示不同的 $\hbar\omega$ 能量下吸收峰 CCR 与 ICR 的位置。可以采用拟合计算，把有效质量作为拟合参数，计算 $\hbar\omega$-β 曲线，这里也可以把实验点连成两条直线(近似)分别表示两个不同组分样品的实验结果。在 $B=B_{\mathrm{CCR}}$ 处斜率就是 $\Delta E_{\mathrm{B}} = \left.\frac{\mathrm{d}(E_{1^+} - E_{0^+})}{\mathrm{d}B}\right|_{B=B_{\mathrm{CCR}}}$，乘以 $B_{\mathrm{CCR}}-B_{\mathrm{ICR}}$ 就是两个跃迁过程的能量差 ΔE_{B}，ΔE_{B} 与 B 的关系在图 7.31(b)中表示，外推到 B=0，即为实验得到的浅杂质电离能，约为 0.3meV。用有效 Rydberg 能量计算，x=0.204 样品 E_{i}=0.25meV，x=0.224 样品 E_{i}=0.38meV。Sladek(1958)在深低温下观察到 InSb 中的磁冻出效应现象。

图 7.32 是 n-InSb 在不同磁场下从 10K 到 1.6K 范围的霍尔系数，可见随着磁场增加，霍尔系数随温度降低有一个骤然提升，说明载流子浓度的突然变小。这是由于导带中的电子被冻出，落到施主能级上，磁场越高冻出现象越显著。在低温下，冻出的载流子又可能被电场重新激发。图 7.33 是 n-InSb 在 2.45K 低温下，在 29 千高斯情况下，随着电场增加到 1Vcm^{-1} 左右时，霍尔效应忽然下降意味着导带中载流子浓度的忽然增加。这是由于原来被磁场冻出在施主杂质上的电子被电场加热激发到导带的原因。

陈永平等(1990)测量 HgCdTe 的热电子效应时也发现了施主杂质的冻出磁效应。测量样品在磁场中的电导率与加热电场的关系发现当磁场较大时，电导率-电场曲线有一跃升，这是电场引起的碰撞电离引起的电导率增加，而且磁场越大电导率跃升所需的加热电场也越大，表明磁场增大时电子 n=0 的 Landau 能级上升，

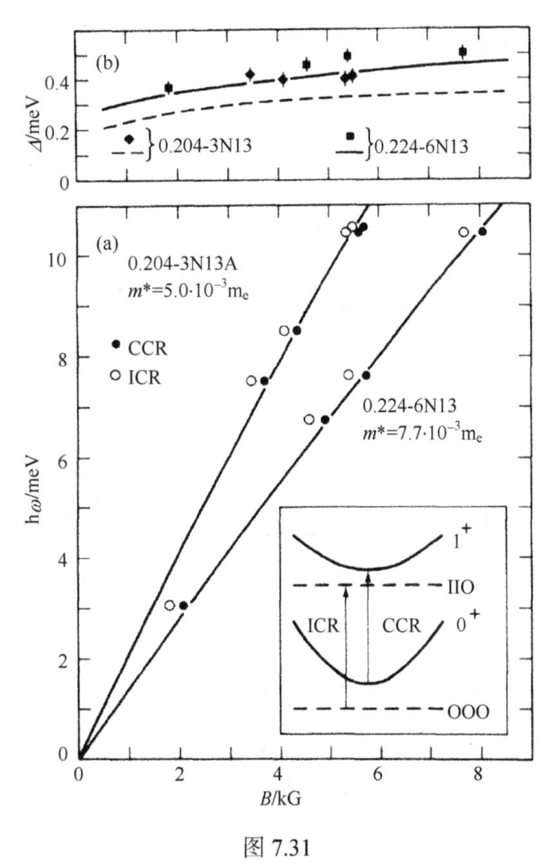

图 7.31

(a)不同能量 $\hbar\omega$ 下的共振磁场，其中的直线是利用有效质量作为拟合参数，计算得到的 0^+-1^+跃迁能量和磁场的关系；(b)两个跃迁过程的能量差 ΔE_B 和磁场的关系曲线

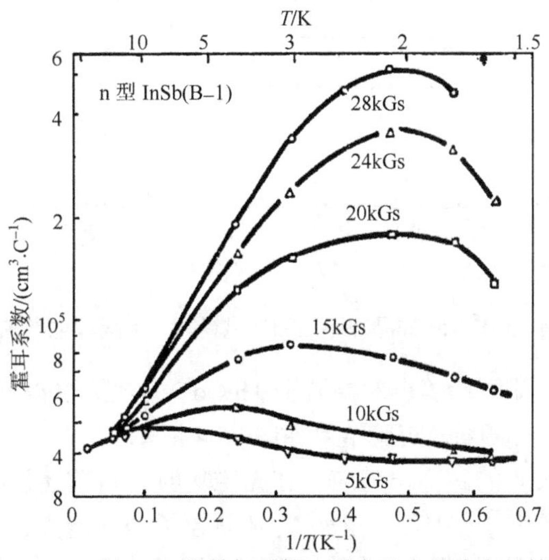

图 7.32　n 型 InSb 的霍尔系数，图中示出磁冻出的情况

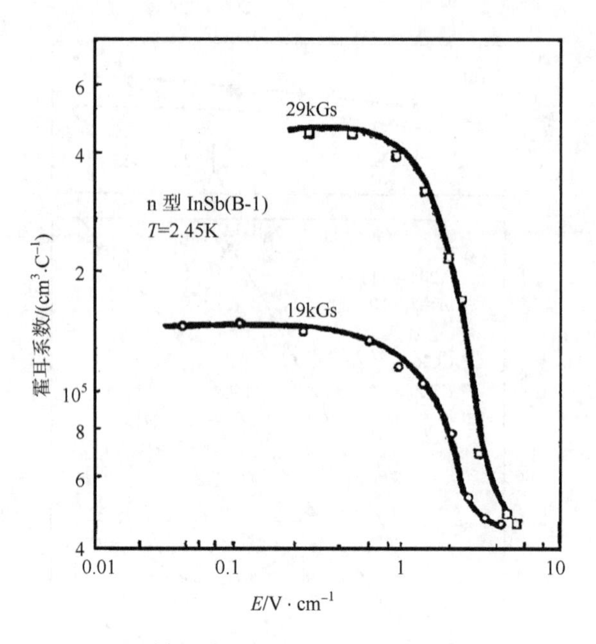

图 7.33 n 型 InSb 的霍尔系数(图 5.38 中的样品)，系在磁场及弱电场测量

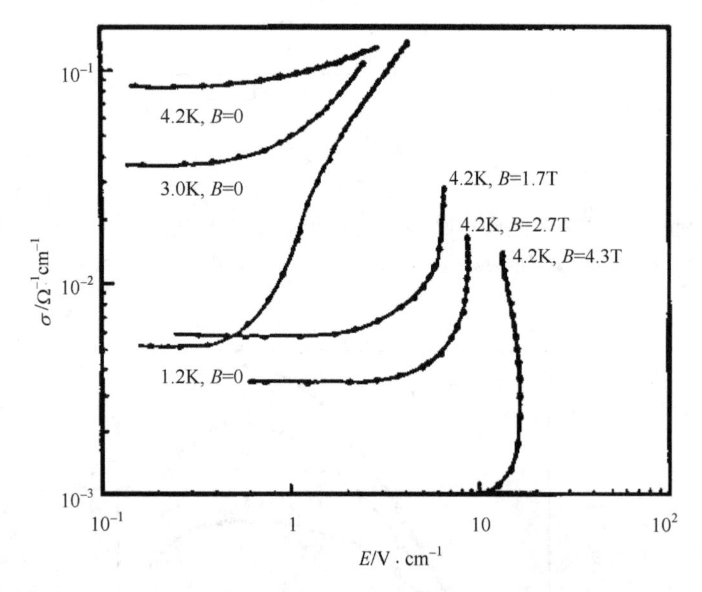

图 7.34 $Hg_{0.58}Cd_{0.42}Te$ 样品在不加和加磁场时，电场和电导的关系曲线

使杂质电离能上升。郑国珍等也对局域态 HgCdTe 浅施主能级上的电子输运行为进行了研究(郑国珍 1994)，实验结果如图 7.34 所示。

以上实验说明杂质的磁冻出效应，在无磁场时，目前还没有直接观察施主能级的实验。对于窄禁带半导体，一般认为杂质原子全部电离，与导带底合并。因而根据样品在 77K 下测量的霍尔系数得到的载流子浓度，可认为是有效施主浓度

N_D^*，于是利用公式 $n_i^2=n(n-N_D^*)$，可容易的算得任一温度下的载流子浓度，再可以根据费米分布和导带电子态分布，算得费米能级。图 7.35 是 $x = 0.194$ 时，HgCdTe 样品在不同施主浓度的简约费米能级。由图可见在 77K 到 300K 温度范围内，实际费米能级相对与导带底的位置随温度升高而变化，并随着温度接近室温而逐渐向本征费米能级趋近。从图中可以看出，有效施主浓度越大，简约费米能级也越高，这在低温下尤为显著。

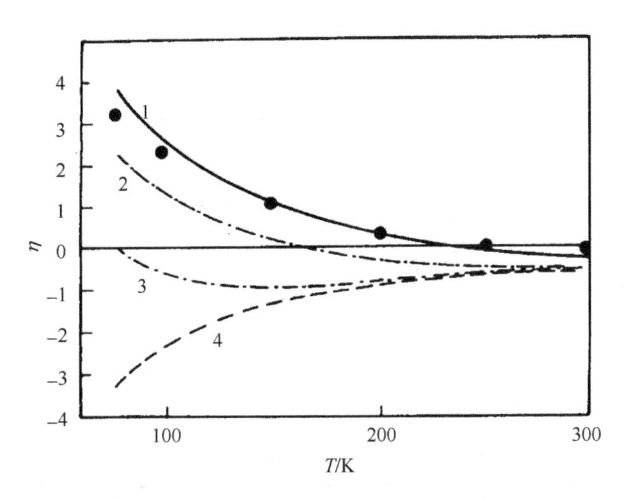

图 7.35　$x = 0.194$ 时，HgCdTe 样品在不同施主浓度的简约费米能级

曲线 1：$N_D = 2.2 \times 10^{16}$ cm^{-3}，曲线 2：$N_D = 1 \times 10^{16}$ cm^{-3} 曲线 3：$N_D = 2.26 \times 10^{15}$ cm^{-3} 曲线 4：本征情况

7.2.3　浅受主杂质缺陷

HgCdTe 中的浅受主能级是一个有趣的问题。对于非有意掺杂的 HgCdTe 半导体所观察到的浅受主能级通常认为最主要的是 Hg 空位。

Hg 空位的能量位置通常是采用实验测量的方法来确定的。Scott 等(Scott 1976)曾对 p-$Hg_{1-x}Cd_xTe$($x = 0.4$, $p = 4 \times 10^{15}$~1×10^{17}cm^{-3})进行霍尔测量以及远红外透射测量及光电导测量。光电导测量结果发现 13.4meV 处存在一尖峰，8K 的远红外透射谱中也发现在 107cm^{-1} 存在一尖锐的吸收峰(图 7.36)。这一吸收峰在沈学础(1984)等的透射光谱中也被发现，它和剩余射线混杂在一起。

Scott 结合电学测量结果，认为浅受主电离能与 77K 时空穴浓度有简单的关系

$$E_A = E_0 - \alpha P_0^{1/3} \tag{7.48}$$

式中：$E_0 = 17$meV，$\alpha=3\times10^{-8}$eVcm，P_0 为 77K 时空穴浓度。袁皓心等人(袁皓心 1990)也从 Hall 测量及拟合计算结果，取得 $E_0 = 17.5$meV，$\alpha=2.4\times10^{-8}$eVcm，结果基本一致。

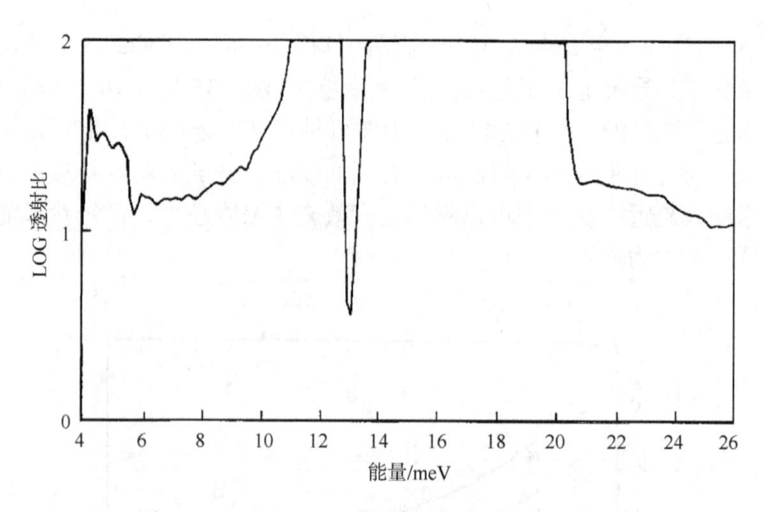

图 7.36　$Hg_{0.6}Cd_{0.4}Te$ 样品在 8K 温度时的透射谱

Li Biao 等(Li　1998)给出了 Hg 空位能级的远红外光谱直接测量结果。对于厚样品来说，由于浅受主能级能量在 1 到 30 meV 或 10 到 250 cm^{-1} 范围，与剩余射线吸收带和双声子吸收带能量范围相近，因此很难把浅受主能级分离出来。但是对于 MBE 样品或者 LPE 样品，样品厚度很小，就可能通过远红外吸收光谱测量发现浅受主能级。实验所用样品分别为 20μm 厚的未掺杂和 Sb 掺杂的 LPE 样品，以及 10μm 厚的 MBE 样品。空穴浓度在 1×10^{15}~$7\times10^{16}cm^{-3}$。测量在 20~250cm^{-1} 范围进行。图 7.37 是 4.2K 温度下测量到的典型的远红外透射光谱。图 7.37 中标有 BS 的吸收是分束片相关的吸收。图 7.37 中曲线 1 是 p 型 MBE 碲镉汞($x = 0.285$)的吸收光谱。可以看到在 92cm^{-1} 或 11.4meV 有一个吸收峰，标有 V_{Hg}。曲线 3 是 p 型 LPE 碲镉汞($x = 0.37$)的远红外吸收光谱，可以看到在 86cm^{-1} 或 10.6 meV 也有一个吸收峰，标有 V_{Hg}。曲线 2 是把上面这个 p 型 LPE 样品进行 n 型退火，转型为 n 型样品的远红外透射光谱，可见位于 86cm^{-1} 处的吸收峰消失了。同时进一步的测量表明它们并不随着温度的增加而激烈降低吸收强度。可见这些吸收峰不是晶格吸收，而为 Hg 空位吸收。图 7.38 表示 p 型 LPE 样品在不同温度下的 Hall 测量数据和不同温度下吸收峰积分强度 IAI 以及吸收峰对峰高度 PPH。从 Hall 曲线可以获得 Hg 空位的电离能和浓度分别为 E_A(Hg 空位) = 9.7 meV，$N_A = 7.6\times10^{14}cm^{-3}$。从 Hall 曲线获得的电离能结果接近吸收光谱结果。另外，随着温度降低 PPH 和 IAI 值都增加，价带中空穴浓度降低，显示出载流子的冻出效应。如果假定 Hg 空位浓度正比于积分吸收强度 IAI，则如文献 (Klauer　1992)可以有表达式

$$C_{V_{Hg}} = \frac{\int \alpha \mathrm{d}v}{a_{V_{Hg}} \ln 10} \tag{7.49}$$

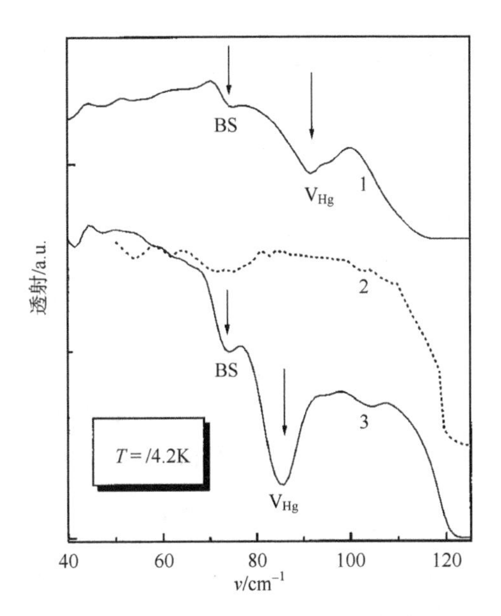

图 7.37　HgCdTe 外延薄膜在 4.2K 温度下的远红外透射光谱。曲线 1 是 p 型 MBE 薄膜，组分 $x = 0.285$；曲线 3 和曲线 2 分别是 $x = 0.37$ 的 p 型 LPE 样品在退火前和 n 型退火后的透射光谱

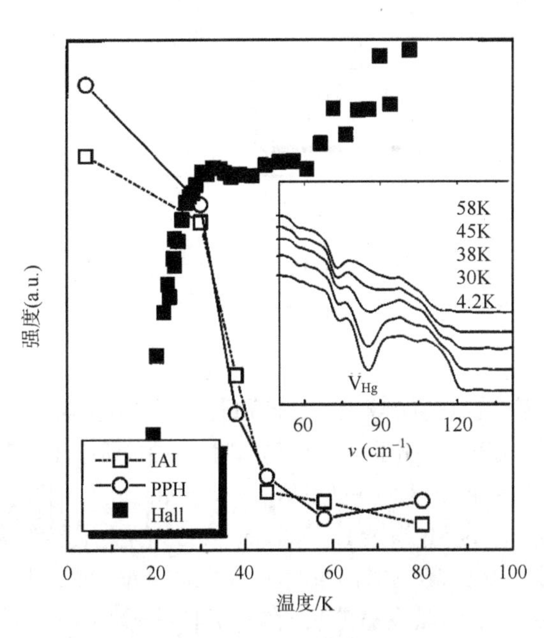

图 7.38　p 型 $Hg_{0.63}Cd_{0.37}Te$ 样品空穴浓度(Hall 测量)、吸收峰积分强度 IAI、吸收峰峰对峰高度 PPH 与温度的关系曲线。插图中给出了不同温度线的远红外透射谱

这里是单个 Hg 空位的吸收强度，从 Hall 数据有 $C_{V_{Hg}} \approx N_A = 7.6\times10^{14}\text{cm}^{-3}$。从吸

收光谱有 $\int \alpha \mathrm{d}v = \mathrm{IAI} = 6\times10^{3}\mathrm{cm}^{-2}$，于是从上式可以得到单个 Hg 空位的吸收强度为 $a_{V_{Hg}} \approx 3.4\times10^{-12}\mathrm{cm}$。这个值对于通过红外光谱估算阳离子空位浓度是很重要的。例如，对于图 7.37 中未掺杂的 MBE 样品，从吸收面积乘以 Hg 空位的吸收强度值可以得到该样品的空位浓度为 $3.8\times10^{14}\mathrm{cm}^{-3}$，这个数值与 Hall 数据 $5.5\times10^{14}\mathrm{cm}^{-3}$ 接近。

在图 7.39 中表示了不同组分 LPEp 型样品和 MBEp 型样品的 Hg 空位电离能 E_A。可见大多数样品的电离能值在 10~12 meV，与组分几乎无关。这个结果与文献 Sakaki(1992)的 MBE 样品结果和 Shin(1980)的 LPE 样品的结果相近。但碲镉汞体材料的结果以及理论估算表明 Hg 空位电离能依赖于禁带宽度 E_g，这可能是由于其他原因的影响，如组分的纵向分布、界面晶格失配、补偿等等会影响碲镉汞外延薄膜的受主能级。

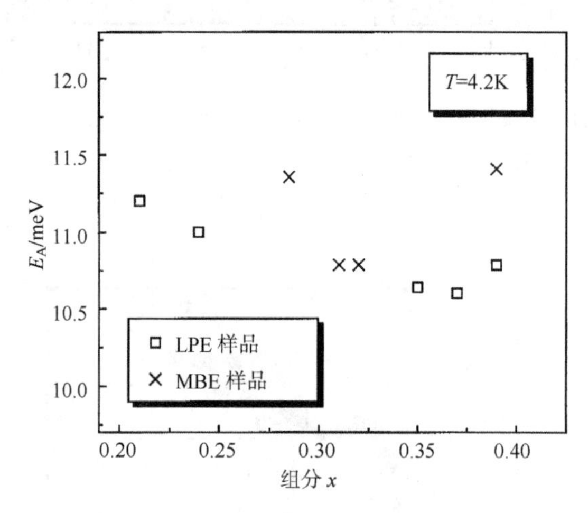

图 7.39　不同组分碲镉汞 MBE 和 LPE 样品在 4.2K 温度下远红外吸收光谱中观察到的 Hg 空位激活能

同时测量了 As 掺杂(离子注入)碲镉汞的远红外光谱，未见 As 杂质相关的吸收峰，可能由于 As 杂质电离能较大，已经和剩余射线吸收或双声子吸收混合在一起。对于 Sb 掺杂的 LPE 碲镉汞($x = 0.39$)，除了观测到位于 $87\mathrm{cm}^{-1}$ 波数处的 Hg 空位吸收，还有一个由于 Sb 掺杂的吸收峰，位于 $83\mathrm{cm}^{-1}$，相当于 10.5meV，这一结果和 Chen(1986)报告的 Sb 掺杂 HgCdTe($x = 0.22$)的受主能级为 11meV 一致。图 7.40 表示 4.2K 温度下在磁场下碲镉汞受主态的远红外光谱。由于 Zeeman 效应 Sb 杂质和 Hg 空位在磁场中的激发态分裂，在图 7.41 中给出了受主态的 Zeeman 分裂和磁场的关系。

关于受主能级位置也可以用光荧光的方法来加以研究。Richard 和 Guldner 等人对 x=0.285 的 $Hg_{1-x}Cd_xTe$ 样品进行了光荧光测量。样品用 CO 激光激发，能量

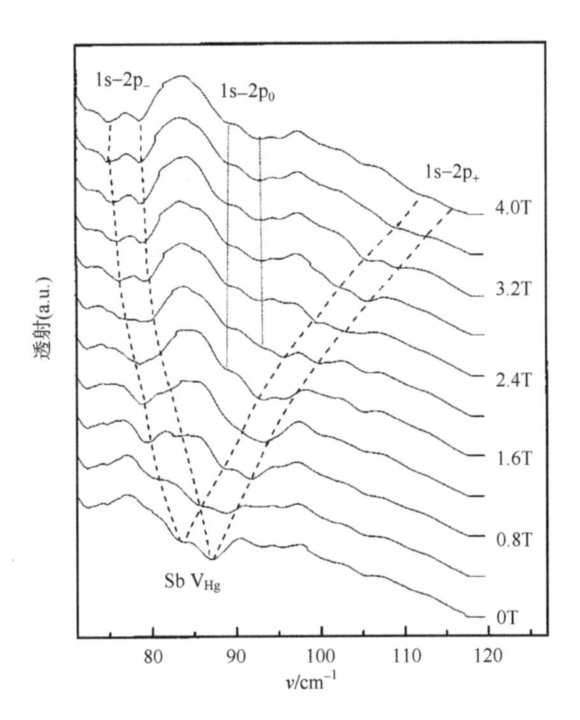

图 7.40　4.2K 温度下的 LPE 的 $Hg_{0.63}Cd_{0.37}Te$ 样品在磁场下的远红外光谱

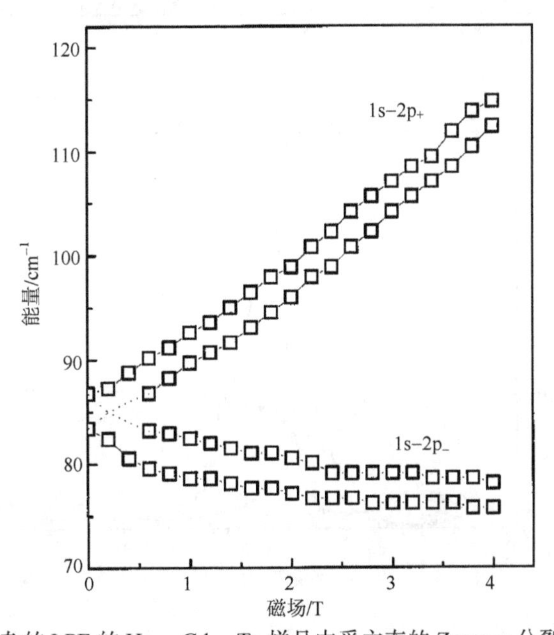

图 7.41　Sb 掺杂的 LPE 的 $Hg_{0.63}Cd_{0.37}Te$ 样品中受主态的 Zeeman 分裂和磁场的关系

为 244.6MeV，功率为 140mW，温度 $T = 18.6$K，测得了电子从导带到受主能级的复合发光。宽度 $\Delta = 3.2$meV，$E_g - E_A = 202.7$meV，由于 $E_g = 217$meV，因而

$E_A = 14.3\text{meV}$。

Kurtz(Kurtz　1993)采用双调制红外光致发光技术测量了 x=0.216 的 MOCVD 的 HgCdTe 样品和 $x = 0.234$ 的 LPE 的 HgCdTe 样品的红外光致发光谱，如图 7.42(a)、(b)所示。实验测量了样品在退火前后的光致发光谱，未退火的样品存在较多的 Hg 空位受主能级，带边荧光峰较为宽阔，并且移向低能方向，荧光峰反映了带-受主能级的复合发光。当样品在 Hg 气氛中退火以后，Hg 空位被清除，带边荧光峰半峰宽变小，并且移向高能方向，荧光峰反映了导带-价带复合发光。峰的

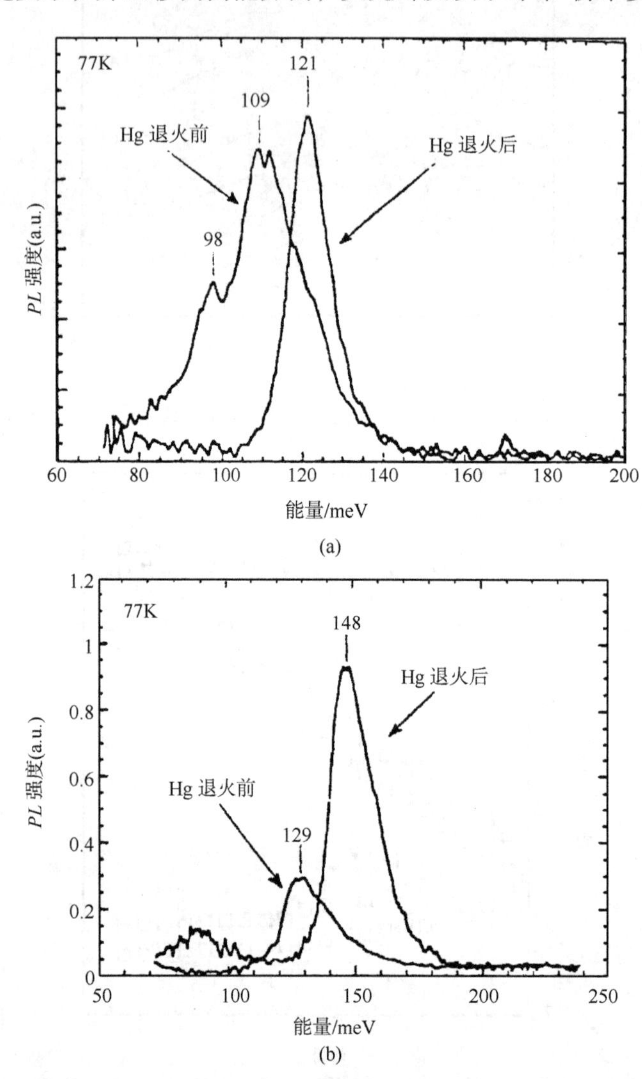

图 7.42　MOVCD 生长的 $Hg_{0.78}Cd_{0.22}Te$(a)和 LPE 生长的 $Hg_{0.77}Cd_{0.23}Te$ 退后前后的光致发光光谱

(a) IMP,MOCVD $Hg_{0.78}Cd_{0.22}Te$ 在 GaAs；(b) LPE$Hg_{0.77}Cd_{0.23}$ Te 在 CdTe

位置可以计算出 x=0.216 的 HgCdTe 的 Hg 空位的受主能级为 E_A=12meV，x=0.234 的 HgCdTe 的 Hg 空位的受主能级为 E_A=19meV。

由以上实验结果可见，由 Hg 空位引起的受主能级在价带上方 10~15mev 范围，并随着受主浓度的增加而靠近价带顶，按 Scott 公式 $N_A \approx 3.2\times10^{17}\text{cm}^{-3}$ 时 $E_A \approx 0$，因而对不同受主浓度样品的光荧光实验将可以观察到导带到受主能级复合荧光的峰的移动。也有部分测量结果大于 15meV。

Hunter 等(Hunter　1981)测量了 x=0.32 和 0.48 的 $Hg_{1-x}Cd_xTe$ 样品的荧光光谱，观察到了导带-价带的复合，导带-受主能级复合，施主-受主复合以及束缚激子复合的荧光光谱。导带-价带的复合的线型与强度都依赖于激发光功率。图 7.43 是 x=0.48 的 HgCdTe 在不同温度下的光致发光谱。图中低能处的峰是导带到受主能级(T>10K)和施主到受主能级(低温)的复合荧光，高能处的峰是导带到价带的复合荧光，中间的峰是束缚激子的复合荧光(在 T=9.3K 时尤其明显)。图 7.44 是 x=0.48 的 HgCdTe 样品的光致发光峰峰值能量与温度的关系。从发光峰位置可以推算出受主电离能 E_A=14.0±1.5meV(x=0.32 样品)以及 E_A=15.5±2.0meV(x=0.48 样品)。受主可能是 Au 替位杂质或阳离子空位。并从光谱发现施主电离能 E_D = 1.0±1.0meV(x = 0.32 样品)以及 E_D=4.5±2.0meV(x=0.48 样品)。

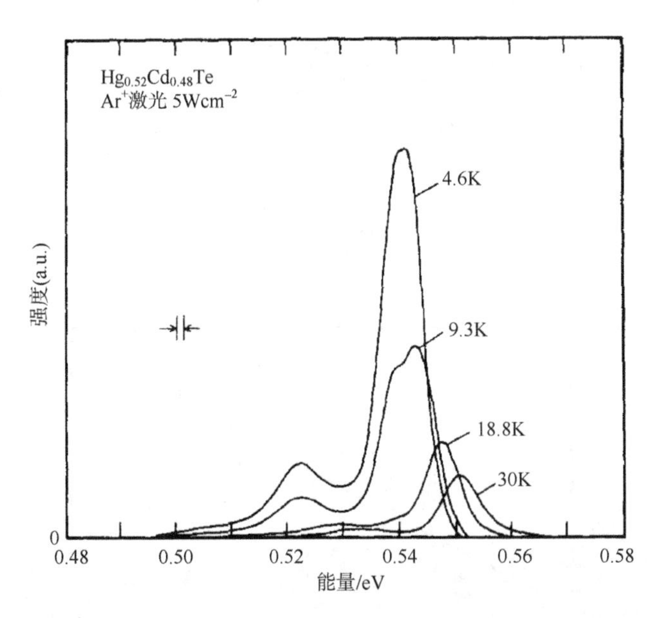

图 7.43　在 4.6、9.3、18.8 和 30K 温度下 $Hg_{0.52}Cd_{0.48}Te$ 样品的光荧光光谱

掺 Sb 样品的受主电离能的测量结果略小于 Hg 空位受主电离能。李标和 Chen 等的结果表明 Sb 受主的电离能约为 10meV。也有一些测量结果小于这一数值。王钰(1989)进行了掺 Sb 的 HgCdTe 样品制备的测量，样品组分 x=0.36，根据常规 n 型处理方法对掺杂 Sb 样品进行处理，退火以后，处理的样品变成 p 型，Hg 空位

浓度与 Sb 存在无关，由 Hg 空位浓度与热处理的关系得到，Hg 空位浓度为 $10^{14}cm^{-3}$，而 p 型浓度大于 $10^{15}cm^{-3}$，证明掺 Sb-HgCdTe 样品低温处理后呈现的 p 型特征的样品只是由于 Sb 原子取代了 Te 原子晶格位置或处于填隙状态而成为受主杂质。王钰测量了掺杂样品的 Hall 系数、电导率及迁移率，在低温电离区域电阻率为

$$\rho \propto T^{-3/4} \exp(\Delta E_{\mathrm{A}} / 2k_{\mathrm{B}}T) \tag{7.50}$$

于是在低温区 $\ln(\rho T^{3/4})\sim 1/T$ 的曲线斜率给出了受主电离的ΔE_{A}，图 7.45 是掺 Sb-HgCdTe(x=0.36)的测量曲线，由此方法求得 Sb 受主电离能为$\Delta E_{\mathrm{A}} = 6\mathrm{meV}$，对于几个掺 Sb 样品的受主电离能可见表 7.6。

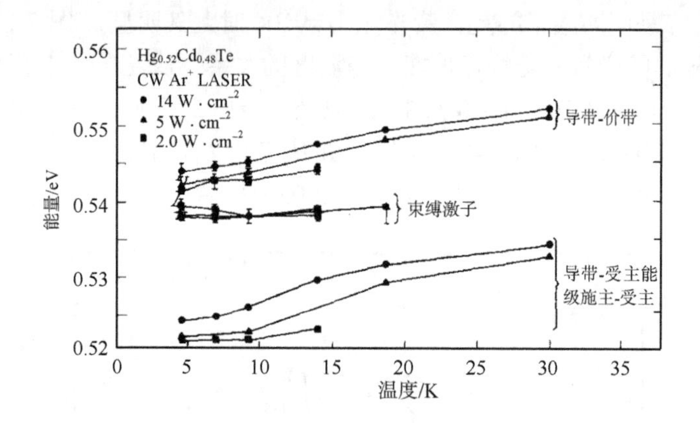

图 7.44 $Hg_{0.52}Cd_{0.48}Te$ 样品的光致发光峰峰值能量与温度的关系

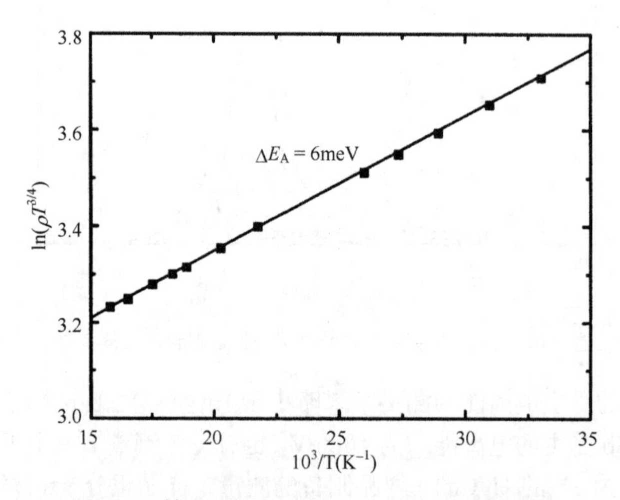

图 7.45 掺 Sb 的 $Hg_{1-x}Cd_xTe$(x=0.36)的测量曲线

表 7.6　P-HgCdTe 的受主电离能

受主种类	x	E_A/meV	P/cm^{-3}	文献
Sb	0.36	6	3.2×10^{16}	王钰　1989
Sb	0.21	7	6×10^{16}	Capper　1985
Sb	0.22	2	7.2×10^{16}	Gold　1986 Chen　1987
Sb	0.22	11		Chen　1986
Sb	0.39	10.5	7.6×10^{14}	Li　1998
V_{Hg}	0.26~0.33	15~18	5×10^{16}	Capper　1985 Chen　1987
V_{Hg}	0.32~0.48	15	$\sim10^{16}$	Hunter　1981
V_{Hg}	0.20~0.39	11.5	7.6×10^{14}	Li　1998

关于 As 掺杂 HgCdTe 的受主能级位置主要有霍尔测量和光致发光测量研究。测量结果有些不同。对于 x=0.2~0.3 的 $Hg_{1-x}Cd_xTe$ 材料，霍尔测量所得到的 As 受主能级位置在价带顶以上 3~6 meV 左右(Shi et al.　1998)。而光致发光测量所得结果偏大，具体结果可以见本章 7.5 节。

7.3　深　能　级

7.3.1　HgCdTe 的深能级瞬态谱

深能级是由杂质缺陷短程中心原胞势的产生的位于禁带中心的一类能量状态，由于它可以俘获空穴或电子，或为电子或空穴的陷阱，起到肖克来-里德复合中心的作用，降低载流子寿命，影响器件性能。

研究深能级杂质缺陷通常对体材料采用结空间电荷技术。采用 Hall 测量、光吸收、光荧光、光热电离谱等方法，采用这些光学方法分辨率很高，可给出缺陷能级位置，但无法精确给出电学参数的绝对值，如浓度、俘获率、发射率。而结空间电荷方法分辨率很低，大约 10meV，但其优点是可以获得缺陷浓度、发射率、俘获率等电子参数的绝对值，深能级瞬态谱 DLTS 是一种主要的结空间电荷方法，可以有效的研究 HgCdTe 中的深能级。

研究深能级的实验方法有深能级瞬态谱(deep level transient spectroscopy，DLTS)，导纳谱(admitlance spectroscopy，AS)和热激电流(thermally stimulated current，TSC)等方法。

DLTS 方法最早是由 Lang(1974)发展起来的，是用于研究半导体中深能级的有效方法。用此方法可以测量深能级陷阱的浓度 N_T，深能级陷阱的能级 E_t，俘获截面σ，以及光学截面σ^0，二极管结区的随机陷阱的分布 $N_T(z)$，以及陷阱中载流子的热发射率，还可以区分多数载流子的陷阱和少数载流子的陷阱，实验装置如图 7.46 所示。

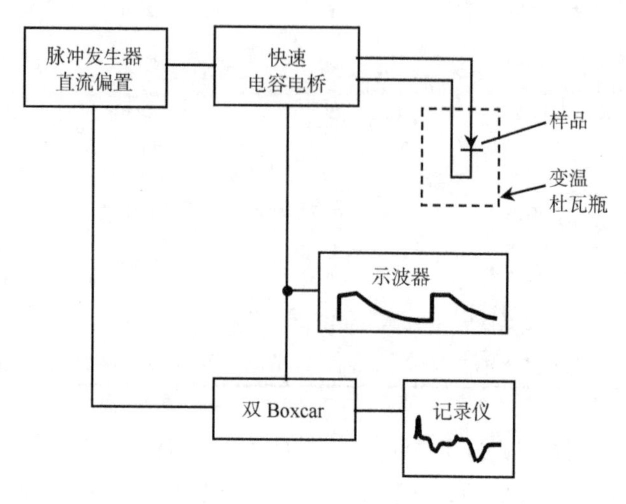

图 7.46　DLTS 谱测试系统示意图

测量的样品是一个 Schottky 势垒二极管，或一个 MOS 器件，或任何一个可以建立起耗尽层的结构。现以 n^+-p 光电二极管例进行分析，对于 n^+-p 光电二极管，耗尽层主要在二极管的 p 区一边，样品放在可变温度杜瓦瓶内，样品的电容由快速电容电桥测量。先让器件长时间置于反偏压状态，在 p 区形成耗尽层，并将结区耗尽层中陷阱中的载流子全部扫清，留下的只是空陷阱。现在来进行几种操作。第一种操作：如果这时加上一个脉冲信号，脉冲高度略小于反向偏压，即使仍在脉冲最大值时，器件仍然处于一个反偏状态，如图 7.47 所示。在这种情况下，p 区中的空穴将仍有一部分进入耗尽层，待脉冲过后，扫入耗尽层的一部分空穴回到 p 区，但也会有少数空穴被耗尽层中的空穴陷阱陷住。第二种操作：如果这时加上一个脉冲高度大于反向偏压的信号，使脉冲最大值时处于正偏压状态，则在施加脉冲过程中不仅空穴会扫入结区耗尽层中，而且电子也会扫入结区耗尽层中(图 7.47)。待脉冲过后，如果结区有空穴陷阱就会把空穴陷住，如果在电子陷阱就会把电子陷住。可见在第一种操作时，可以探测空穴陷阱，在第二种操作中空穴陷阱和电子陷阱都会有所表现，从而分别进行这两种操作，可以区分电子陷阱和空穴陷阱的行为。

在脉冲过后，陷在深能级陷阱中的电子或空穴通过热激发的物理过程而引起器件的一个瞬态电容，它决定于陷阱中的被陷电子或空穴的热发射率，与它的温度、深能级位置等多种因素有关。测量不同温度下的瞬态电容，每一个峰值就对应着一种深能级陷阱。

测量深能级瞬态电容随温度的变化谱，主要是测量被陷电子和空穴的热发射

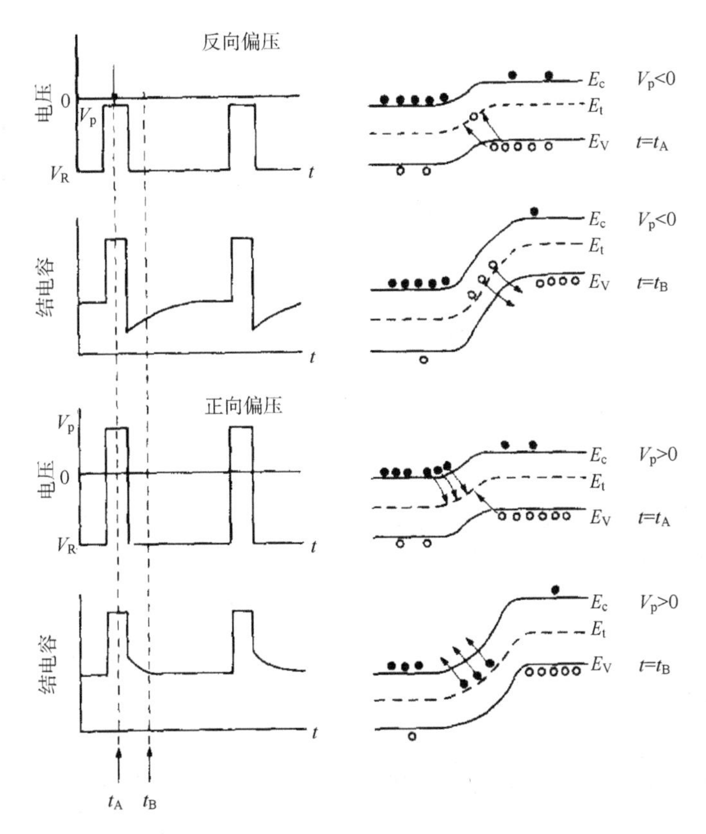

图 7.47 由于陷阱载流子的发射导致电容瞬态变化的原理示意图

率，涉及俘获和热发射过程的空间-电荷动力学过程。

假定 n^+-p 结光电二极管耗尽层厚度为 W，位于 p 区一边，假定结果陡峭的，则结电容 C 为

$$C(t)=\frac{A\varepsilon}{W}=\left(\frac{A^2q\varepsilon}{2(V_{bi}+V_R)}N_I\right)^{1/2} \tag{7.51}$$

这里 A 是结的面积，V_{bi} 是两极管的内建电场，V_R 是施加的反偏压，$N_I=N_A-N_D$ 是 p 型耗尽层中的电荷中心的净浓度。跨越结两端的极大电场 $|F_m|$ 为

$$|F_m|=\frac{V}{W}=\frac{Q/C(t)}{W}=\frac{qN_IW}{\varepsilon} \tag{7.52}$$

由于电场 $|F_m|$ 一般很大，因此当载流子从陷阱中热激发出来后，很快就会被扫出空间电荷层，所以可不考虑扫出的载流子重新被俘获陷入。

电子和空穴的俘获率分别为

$$C_n = \sigma_n \langle v_n \rangle n \tag{7.53}$$

$$C_p = \sigma_p \langle v_p \rangle p \tag{7.54}$$

式中：σ_n和σ_p分别为电子和空穴的俘获截面，$\langle v_n \rangle$和$\langle v_p \rangle$分别为电子和空穴的平均热速度，n和p分别为电子浓度和空穴浓度，并有

$$\langle v_p \rangle = \left(\frac{8k_\mathrm{B}T}{\pi m_\mathrm{hh}^*} \right)^{1/2} \tag{7.55}$$

$$\langle v_n \rangle = \left(\frac{8k_\mathrm{B}T}{\pi m^*} \right)^{1/2} \tag{7.56}$$

这里：m^*是导带电子有效质量，m_hh^*是重空穴有效质量。根据平衡条件，每个电子态的热发射率必须等于俘获率。采用玻尔兹曼统计，有

$$e_n = \left(\sigma_n \langle v_n \rangle / g_n \right) N_\mathrm{c} \exp\left(-\Delta E / k_\mathrm{B}T \right) \tag{7.57}$$

$$e_p = \left(\sigma_p \langle v_p \rangle / g_p \right) N_\mathrm{v} \exp\left(-\Delta E / k_\mathrm{B}T \right) \tag{7.58}$$

g_n与g_p分别是电子与空穴陷阱基态的简并因子，有g_p=4，g_n=2，

$$\Delta E = E_\mathrm{c} - E_\mathrm{t}\ (\text{对电子}) \tag{7.59}$$

$$\Delta E = E_\mathrm{t} - E_\mathrm{v}\ (\text{对空穴}) \tag{7.60}$$

对于一个可以俘获和发射电子和空穴的深能级陷阱，有关系式

$$\frac{\mathrm{d}W}{\mathrm{d}t} = (C_n + e_p)(N_T - N) - (C_n + e_p)W \tag{7.61}$$

式中：N_T是总缺陷浓度，N是被电子占据的缺陷浓度，显然N_T-N是被空穴占据的缺陷浓度。

还可以设

$$\begin{cases} a = C_n + e_p = \sigma_n \langle v_n \rangle n + e_p \\ b = C_p + e_n = \sigma_p \langle v_p \rangle p + e_n \end{cases} \tag{7.62}$$

使式(7.61)进一步简化。对于一个在初始时刻t=0时，被电子充满的陷阱，对式(7.61)积分，有

$$N(t)=\begin{cases}N_{\mathrm{T}} & t\le 0\\ \dfrac{a}{a+b}N_{\mathrm{T}}\left\{1+\exp\left[-(a+b)t\right]\right\} & t>0\end{cases} \tag{7.63}$$

对于一个初始时刻 $t=0$ 为充满空间空穴的陷阱(空陷阱)，有

$$N(t)=\begin{cases}0 & t\le 0\\ \dfrac{a}{a+b}N_{\mathrm{T}}\left\{1-\exp\left[-(a+b)t\right]\right\} & t>0\end{cases} \tag{7.64}$$

无论对哪种情况，在 $t\to\infty$ 时，从式(7.63)、式(7.64)都为

$$N(t\to\infty)=\frac{a}{a+b}N_{\mathrm{T}} \tag{7.65}$$

这是电子占据陷阱能级的最高浓度。

以上有关陷阱对于电子、空穴的俘获和发射的动力学过程将用于 DLTS 谱测量结果的分析。

图 7.48 是一个 p-HgCdTe(x>0.215，$N_{\mathrm{A}}=9.1\times10^{15}\mathrm{cm}^{-3}$)的光电二极管的 DLTS 谱(Polla et al. 1981)，下方曲线是在反偏压下测量，相当于前面所提及的第一种操作方式，此时只能观察到空穴被陷过程，图 7.48 中在 32K 温度时有一个空穴陷阱峰，其发射时间常数为 55μs。测量时所加的直流反偏压是 V_{R}=–0.60V，所加脉冲偏压为 $V_{脉冲}=V_{\mathrm{R}}$+0.50V，仍然保持二极管处于反偏状态，脉冲时间宽度为 5μs。图上上方曲线是施加 $V_{脉冲}=V_{\mathrm{R}}$+0.80V 的脉冲偏压的测量结果。在脉冲时间宽度内，二极管处于正偏状态，在整个过程中电子空穴都不能进入耗尽层。测量发现在 27K 温度处有一个电子陷阱峰，其发射时间常数 182μs。改变脉冲时间宽度，上下两个峰的在温度坐标轴上的位置都会发生变化。由于式(7.57)，式(7.58)热发射率倒数为时间常数τ，$\langle v_n\rangle$ 和 $\langle v_p\rangle$ 都正比于 $T^{1/2}$，而 N_{c} 与 N_{v} 正比于 $T^{3/2}$

$$N_{\mathrm{c}}=2\left(\frac{m_c^*k_{\mathrm{B}}T}{2\pi\hbar^2}\right)^{3/2} \tag{7.66}$$

$$N_{\mathrm{v}}=2\left(\frac{m_{\mathrm{hh}}^*k_{\mathrm{B}}T}{2\pi\hbar^2}\right)^{3/2} \tag{7.67}$$

于是

$$\frac{1}{\tau_e}=e_p=\sigma_p\frac{(k_{\mathrm{B}}T)^2m_{\mathrm{hh}}^*e^{-\Delta E/k_{\mathrm{B}}T}}{2\pi^2\hbar^3} \tag{7.68}$$

$$(\tau_e T^2) \propto \exp(\Delta E / k_B T) \tag{7.69}$$

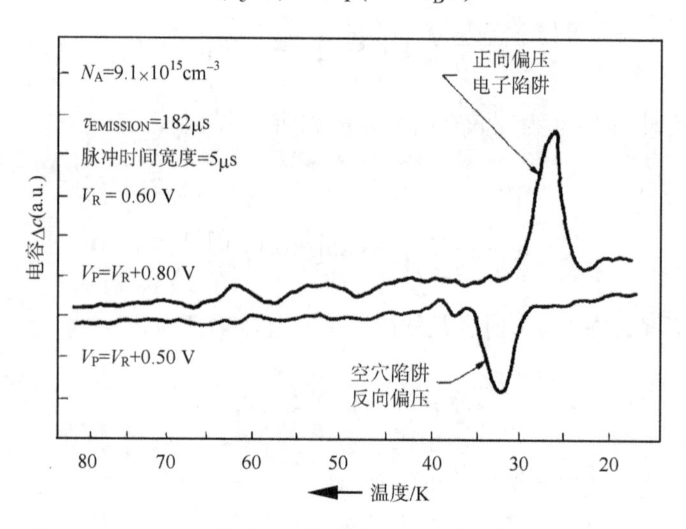

图 7.48　p 型 $Hg_{0.785}Cd_{0.215}Te$ 的光电二极管的 DLTS 谱，其中可以观察到单个的空穴陷阱和电子陷阱

所以可以在 $\ln(\tau T^2)$-$1/kT$ 坐标中画出直线，而直线的斜率为 $\Delta E = E_c - E_t$，或 $\Delta E = E_t - E_v$。图 7.49 给出了图 7.48 样品的相应图线，从中获得空穴陷阱 E_t=E_v+0.035eV，电子陷阱 E_t= E_c − 0.043eV =E_v+0.043eV。

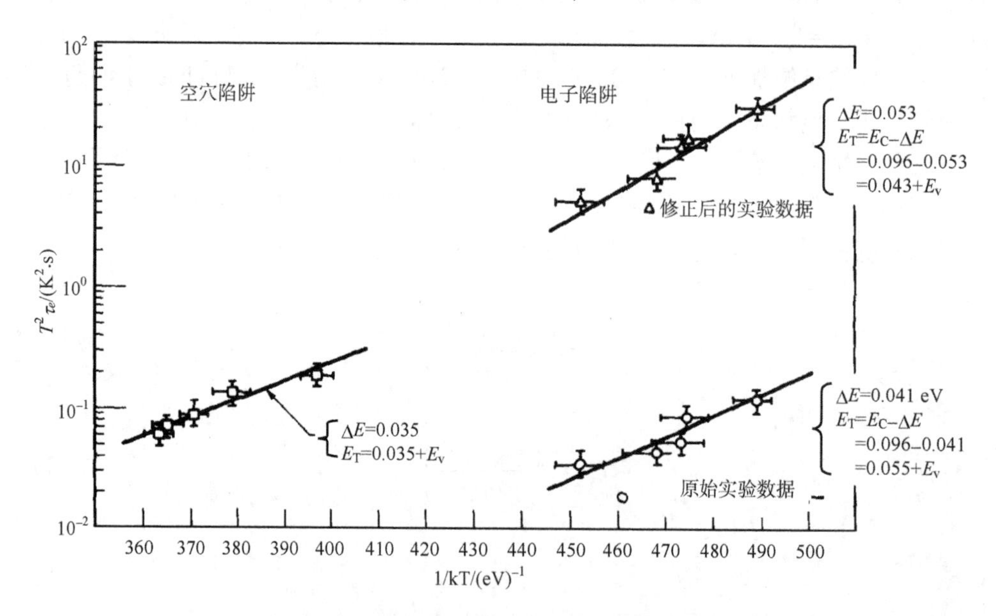

图 7.49　根据图 7.48 中的峰值确定空穴和电子陷阱的激活能

如果改变注入的脉冲时间可以得到俘获截面，因为注入一个很短时间的脉冲，

陷阱没有足够的时间俘获载流子，注入一个较长时间的宽脉冲，则大多数陷阱都将俘获载流子直至饱和，所以在瞬态电容对注入时间的 DLTS 谱上将会发现一个指数上升且趋向饱和的曲线，服从式(7.64)的规律。可以简化用

$$A(t)=A_{\max}\left[1-\exp\left(-t/\tau\right)\right] \tag{7.70}$$

加以表示。图 7.50 是 Polla(1981)对一个 x=0.215 的 HgCdTe 样品的测量结果。当 t=0 时，则 $A(0)$=0；当 t=∞时，则 $A(\infty)=A_{\max}$饱和。于是

$$\ln\left[\frac{A_{\max}-A(t)}{A_{\max}}\right]=-\frac{t}{\tau} \tag{7.71}$$

对于空穴陷阱

$$\frac{1}{\tau_p}=\sigma_{\mathrm{p}}\left\langle v_{\mathrm{p}}\right\rangle p \tag{7.72}$$

在 $\ln\left[\frac{A_{\max}-A(t)}{A_{\max}}\right]\sim t$ 图中是一条直线，从斜率即可得 $\tau_{\mathrm{p}}=\left(\sigma_{\mathrm{p}}\left\langle v_{\mathrm{p}}\right\rangle p\right)^{-1}$，亦即填满

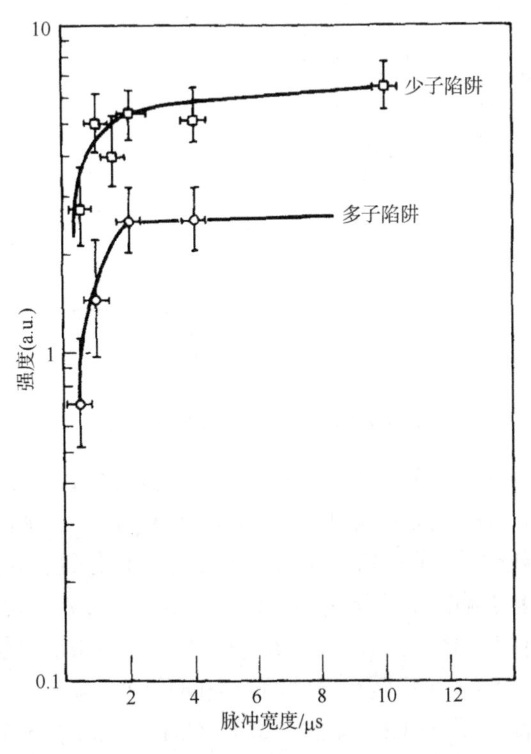

图 7.50　根据图 7.48 中的 DLTS 谱中的峰值确定少子和多子陷阱的俘获截面

陷阱所需要的时间，从热速度$\langle v_p \rangle$以及空穴浓度 p 可以获得俘获截面σ_p。图 7.51 是根据图 7.50 中的实验结果，从式(7.71)所得到的$\ln\left[\frac{A_{max}-A(t)}{A_{max}}\right]\sim t$的直线，从斜率得到该样品在 30K 时对于空穴陷阱的$\tau_p=7.9\times10^{-7}$s，$\sigma_p=3.1\times10^{-17}cm^2$；电子陷阱的$\sigma_n=2.1\times10^{-15}cm^2$，陷阱的俘获截面与温度无关。

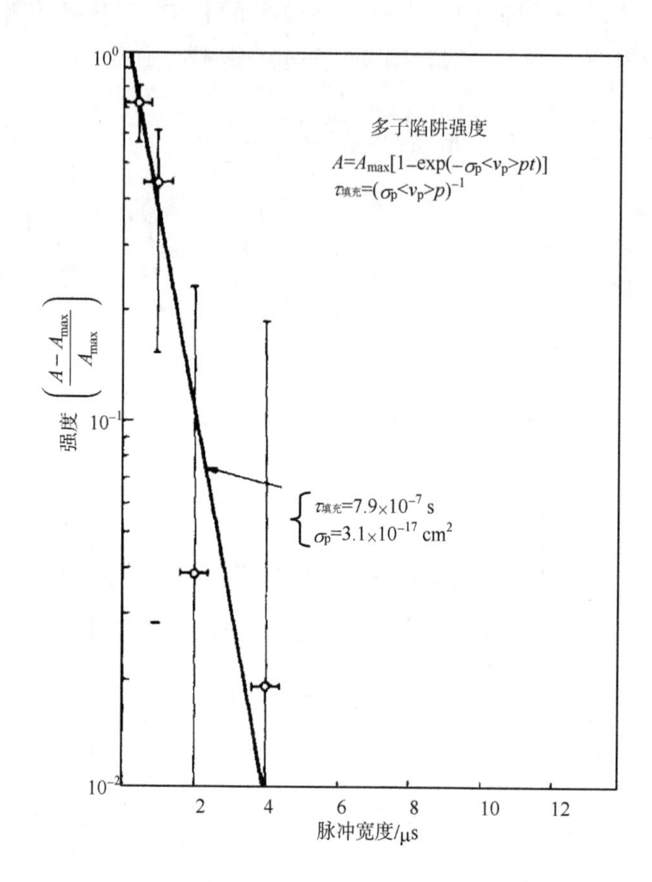

图 7.51 利用图 7.50 中的实验数值确定多子的填充时间常数

Polla 和 Jones 等(1981)曾用这一方法研究过非掺杂的以及掺 Cu，掺 As 样品的深能级谱。图 7.52(a)，(b)是非掺杂 HgCdTe(x = 0.39)及掺 Cu 的 DLTS 谱，随正偏压的增加，150K 出现的电子陷阱信号逐渐消失，而 45K 出现的电子陷阱信号加强。这两个温度出现的电子陷阱对应于 E_c−0.1eV 及 E_c−0.24 eV，在反偏压时，则发现在 E_V+0.28 eV 处存在空间陷阱。对于 Cu 掺杂样品(图 7.52(b))，在价带顶以上 0.07eV 及 0.15eV 处分别存在与 Cu 杂质有关的两个空间陷阱。

Jones 等(1982)测量了 x=0.2~0.4 的 p 型 HgCdTe 样品的 DLTS 谱，部分样品是 B 离子注入的，部分样品是 Cu 掺杂的。图 7.52 是非掺杂的 x=0.39 的 HgCdTe 和

Cu 掺杂的 HgCdTe 的 DLTS 谱。非掺杂样品的空穴浓度为 $p\approx1\times10^{16}\text{cm}^{-3}$。图 7.52(a)曲线上表示了两个电子陷阱，一个空穴陷阱。图 7.52(b)是 Cu 掺杂的 HgCdTe 样品的 DLTS 谱，呈现了两个空穴陷阱，其能量位置已在图上标明。这些深能级位置与组分有关，不同组分的 HgCdTe 深能级的位置是不同的，大致可以由图 7.53 表示。对于非掺杂的 HgCdTe(x=0.2~0.4)材料，深中心的位置约在禁带中 $E_v+0.4E_g$ 和 $E_V+0.75\ E_g$ 的位置。其他文献报道 CdTe 中的深能级位置在 $E_v+0.4E_g$ 和 $E_v+0.6E_g$ 的位置(Zanio 1978)。Cu 掺杂 HgCdTe 引起的深能级位置钉扎在 E_v+0.06eV 及 E_v+0.15eV 上。在 x=0.2~0.4 范围内与组分 x 无关，对 Cu 掺杂 CdTe，深能级位于 E_v+0.15eV 及 E_v+0.36eV 位置上(Zanio 1978)。

DLTS 测量同时给出这些深能级中心对电子和空穴的俘获截面，对非掺杂 HgCdTe(x=0.2~0.4)，$E_v+0.4E_g$ 的能级具有对电子的俘获截面 $\sigma_n\approx10^{-15}\sim10^{-16}\text{cm}^2$，对空穴的俘获截面 $\sigma_p\approx10^{-17}\sim10^{-18}\text{cm}^2$，位于 $E_v+0.75E_g$ 的深能级，具有 $\sigma_n\approx10^{-16}\text{cm}^2$，$\sigma_p\approx10^{-17}\sim10^{-20}\text{cm}^2$。对于 Cu 掺杂 HgCdTe($x$=0.39)的深能级有 $\sigma_n\approx10^{-16}\text{cm}^2$，$\sigma_p\approx10^{-18}\sim10^{-19}\text{cm}^2$。

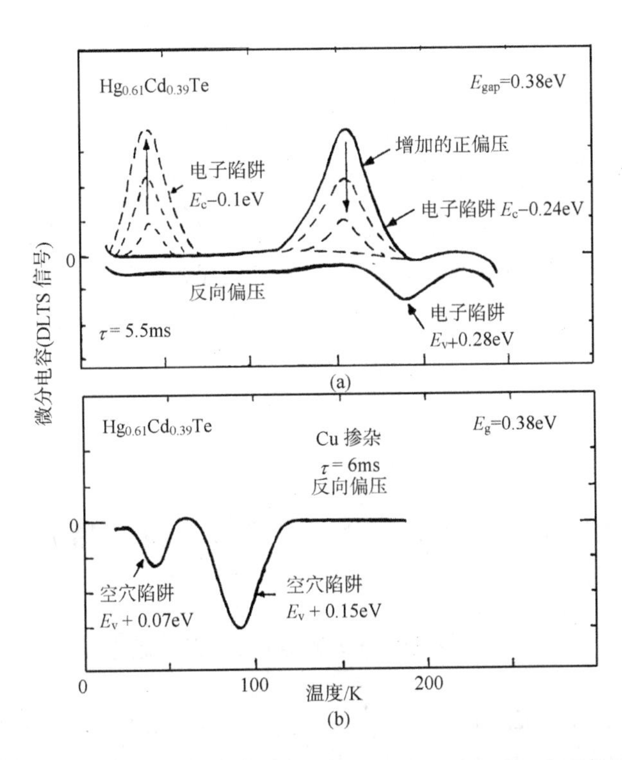

图 7.52 非掺杂的(a)和 Cu 掺杂(b)的 HgCdTe 样品的 DLTS 谱。电子陷阱在 150K 时减小为 0，在 40K 的时候电子陷阱随着正向偏压的增加而增加

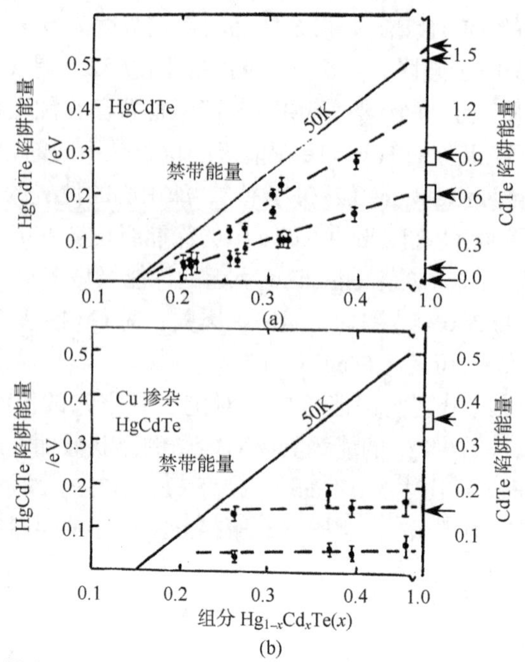

图 7.53 非掺杂的(a)和 Cu 掺杂(b)的 HgCdTe 样品的 DLTS 谱的陷阱能量和组分的关系图。右侧的是文献(Zanio 1978)中报道的 CdTe 的值

7.3.2 HgCdTe 的深能级导纳谱

Polla 等(1980)测量了 HgCdTe 深能级的导纳谱，所测样品是 HgCdTe 的 n^+-p 结光电二极管结构，组分 $0.20<x<0.32$。这种方法是热激发电流谱和热激电容谱以及深能级瞬态谱的重要补充，对于窄禁带半导体很为适用。这种方法主要测量导纳谱随温度的变化，详细可见文献(Losee 1975)。

在含有深能级 n^+-p 结的情况下，电导 G_T 为

$$G_T = [e_p\omega^2/(e_p^2+\omega^2)(N_T/p)]C_0 \tag{7.73}$$

这里 N_T 是深能级浓度，ω为施加电流的角频率，p 为载流子浓度，e_p 为空穴的热发射率，由下式给出

$$e_p = q^{-1}\sigma_p\left\langle v_p\right\rangle N_v \exp[(E_v-E_t)/kT] \tag{7.74}$$

式中：q 为陷阱基态受主的简并度，为 4，$\left\langle v_p\right\rangle$为价带空穴的平均热速度，$\sigma_p$为空穴俘获截面，$N_v$为价带有效态密度，$E_v$为价带顶能量，$E_t$为陷阱能量，$C_0$是当深能级跟不上施加的交流信号时的结电容，即为高频结电容，为

$$C_0 = \varepsilon A/W \tag{7.75}$$

式中：ε 为半导体介电常数，A 是结的面积，W 为耗尽层宽度，当深能级跟得上交流信号响应时，附加的电容 C_{T}

$$C_{\mathrm{T}}=[e_p^2/(e_p^2+\omega^2)](N_{\mathrm{T}}/p)C_0 \tag{7.76}$$

于是结的总电容为 $C=C_0+C_{\mathrm{T}}$ 。

假定 p 和 C_0 随温度变化很小，于是导纳的温度依赖性主要决定于 $e_p(T)$，在这种情况下，当 $e_p=\omega$时，G_{T} 有极大值，为

$$G_{\mathrm{T}}\big|_{\max}=\frac{1}{2}\omega(N_{\mathrm{T}}/p)C_0 \tag{7.77}$$

如果选择施加一个ω频率的交流信号，则可能在某一温度下 $e_p(T)=\omega$，在这一点 $G_{\mathrm{T}}\sim T$ 曲线就出现极大值 $G_{\mathrm{T}}\big|_{\max}$，如果用 C-V 测量获得 C_0，从 Hall 测量获得 p，从式(7.77)可以得到 N_{T}。改变ω，则极大值出现在不同的温度处。

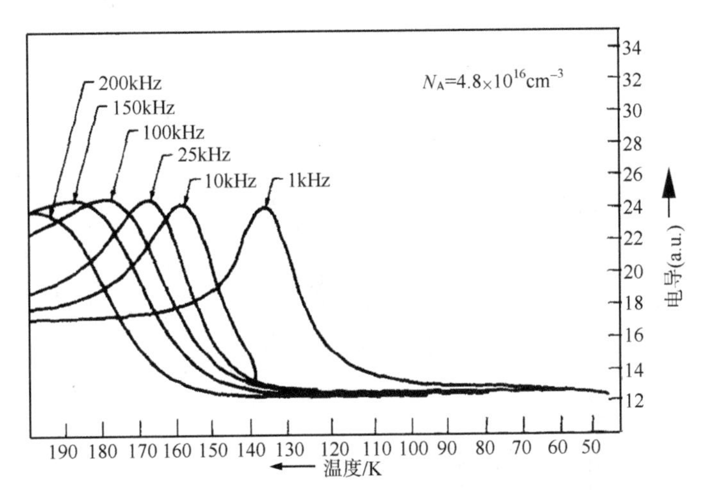

图 7.54　不同频率ω时的 $Hg_{0.695}Cd_{0.305}Te$ 光电二极管的电导-温度曲线

图 7.54 给出了不同频率ω时的电导-温度曲线。每条曲线都有一个峰，此峰值对应于 $\omega=e_p(T)$ 所决定的温度。热发射率 $e_p(T)$ 由式(7.74)决定，式(7.74)中 $\langle v_p\rangle\propto T^{1/2}$，而 $N_{\mathrm{v}}\propto T^{3/2}$，于是从

$$\begin{aligned}\omega=e_p&=q^{-1}\sigma_p\langle v_p\rangle N_{\mathrm{v}}\exp[-(E_{\mathrm{v}}-E_{\mathrm{t}})/k_{\mathrm{B}}T]\\&\propto T^2\exp[(E_{\mathrm{v}}-E_{\mathrm{t}})/k_{\mathrm{B}}T]\end{aligned} \tag{7.78}$$

可知，在 $\ln(\omega^{-1}T^2)\sim 1/kT$ 图所得直线的斜率即为 $\Delta E=E_{\mathrm{t}}-E_{\mathrm{v}}$ 。于是可以获得深能级的位置。另外从式(7.73)~(7.77)可知，当 $e_p(T_1)\ll\omega$ 时，$C=C_0$，当 $e_p(T_2)\gg\omega$ 时，$C=C_0+(N_{\mathrm{T}}/p)C_0$，于是

$$\Delta C=(N_{\rm T}/p)C_0 \tag{7.79}$$

ΔC 为 T_1、T_2 温度时结电容的改变量，C_0 为高频结电容，从式(7.79)可获得深能级浓度 $N_{\rm T}$。

Polla 等(1980)测量了 x=0.305 的 HgCdTe 的 n^+-p 结光电二极管的电导温度曲线(如图 7.54 所示)样品受主浓度为 $N_{\rm A}=4.8\times10^{16}{\rm cm}^{-3}$，从 $\ln(\omega^{-1}T^2)\sim 1/k_{\rm B}T$ 的直线(图 7.55)，得到深能级的位置在 $E_{\rm t}-E_{\rm v}=0.16{\rm eV}$。进一步测量不同频率$\omega$下的温度-电容曲线，可找到 T_1、T_2 温度的两个电容平台的电容差ΔC，从而从式(7.79)计算得 $N_{\rm T}=4.4\times10^{14}{\rm cm}^{-3}$。从式(7.74)可以计算空穴得俘获截面在 $130<T<200{\rm K}$ 范围内为 $3\times10^{-16}{\rm cm}^2$。对于 x=0.219，$N_{\rm A}=9.1\times10^{15}{\rm cm}^{-3}$ 得测量得到 $N_{\rm T}=2.3\times10^{15}{\rm cm}^{-3}$，$E_{\rm t}=0.046{\rm eV}+E_{\rm v}$；在 $74<T<98{\rm K}$ 温度范围内，空穴的俘获截面为 $7\times10^{16}{\rm cm}^2$。

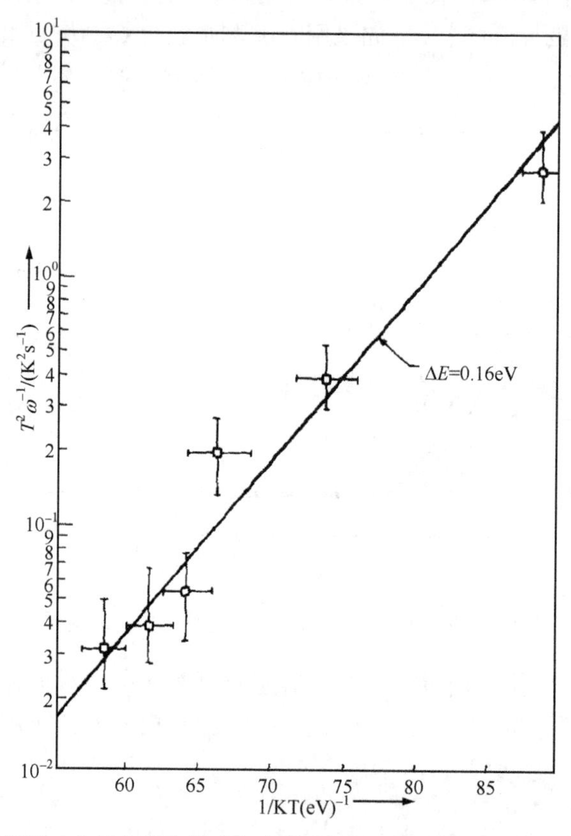

图 7.55　根据图 1 中的电导峰值确定陷阱激活能，激活能 0.61eV 对应与位于导带顶上方 0.16eV 的空穴陷阱

用此方法可对 p 型 HgCdTe 确定了空穴陷阱的浓度、能级和截面。

采用光调制光谱也可以用来测量 HgCdTe 中的深能级。其方法是采用一个波长可调的直流探针光束 $\hbar\omega_{\rm p}<E_{\rm g}$，再采用一个波长固定($\hbar\omega_{\rm p}>E_{\rm g}$)的调制光束，采用锁相技术测量透射率的变化$\Delta I_p/I_p$，改变$\hbar\omega_p$，就可以获得$\Delta I_p/I_p \sim \hbar\omega_p$的调制光谱，实验装置如图 7.56。

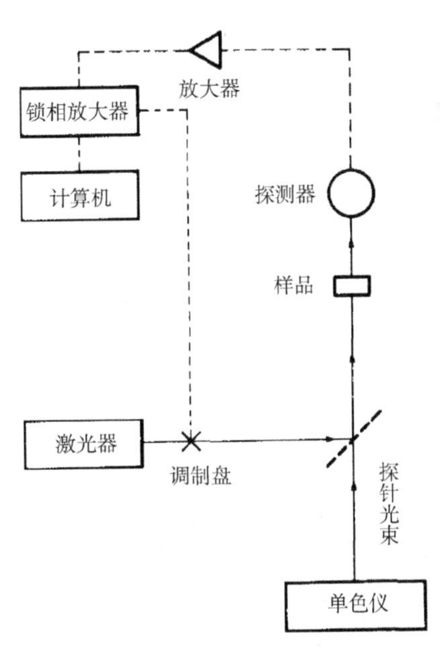

图 7.56 光调制光谱实验装置示意图

Polla 等(1982)采用光调制光谱方法测量了 LPE 的 HgCdTe(x=0.24~0.37)的深能级。在实验中采用泵光源为 0.5145μm 的 Ar^+激光，入射泵光的强度为 8.7W/cm^2，光调制频率为 500Hz，样品放在可变温度杜瓦瓶中，样品厚度在 15~40μm 范围，采用 Ge：Cu 探测器接收信号。

实验结果在图 7.57 中表示，图 7.57(a)是 x=0.238 样品在 94K 温度下的调制透射谱，图 7.57(b)是 x=0.307 样品在 94K 温度下的调制透射谱。可见光谱上存在着 A、B、C 三个峰。不同组分的 HgCdTe 的调制光谱都是出现这三个峰。它们的能量位置在图 7.58 中表示。这三个峰分别表示三个光跃迁，光跃迁的初态是 HgCdTe 的浅受主态(Scott et al. 1976)，终态是在禁带间的类施主型的深能级，A 常是从受主能级到禁带中间的深能级 D_1 的跃迁，B 是从受主能级到价带以上 $3/4E_g$ 处的深能级的跃迁，C 峰是从浅受主能级或价带到导带的跃迁，如图 7.59 所示。
从上面实验结果可见，对于 A、B 两个跃迁的深能级 D_1 和 D_2 的位置，恰好也大约在 E_v+0.4E_g 及 E_v+0.75E_g 位置，与 Jones 等人的测量结果一致。因而可以认为这是 HgCdTe 中的两个普遍出现的深中心。这两个深中心可能是与阳离子空位有关的缺陷态，在 7.1 节中介绍的 Kobayashi 理论估算时有所提及。

掺 Au 不掺 As 的样品也曾用 DLTS 方法测量其深能级，图中是与 As 有关的深能级位置，Merilainen 及 Jones(1983)测量了 Au 掺杂 x = 0.48 的 HgCdTe 的深能级。

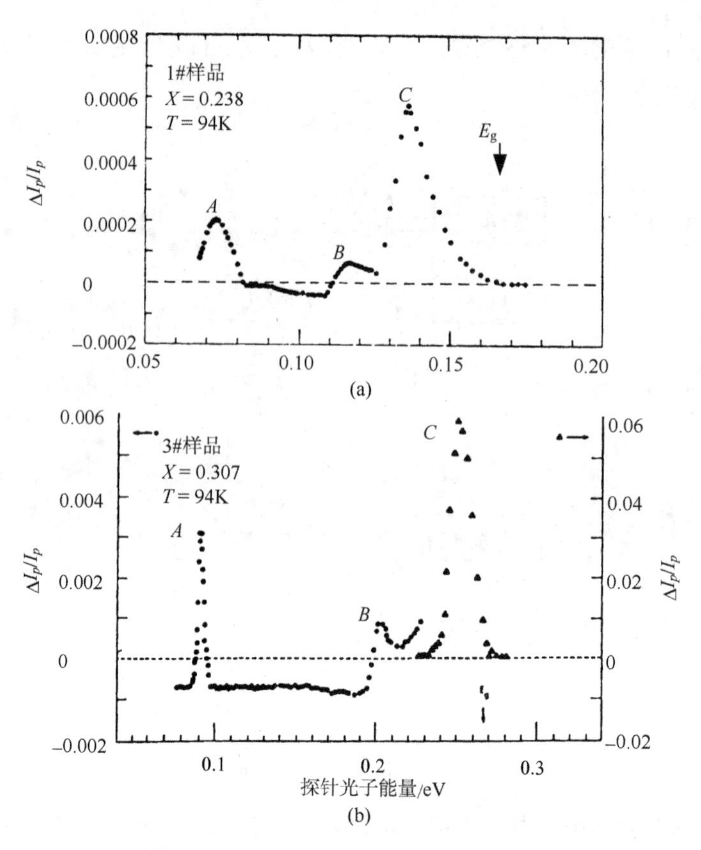

图 7.57　T=49K 时的 HgCdTe(x=0.238 和 0.307)样品的$\Delta I_p/I_p$和探针光子能量 $\hbar\omega_p$ 的关系图

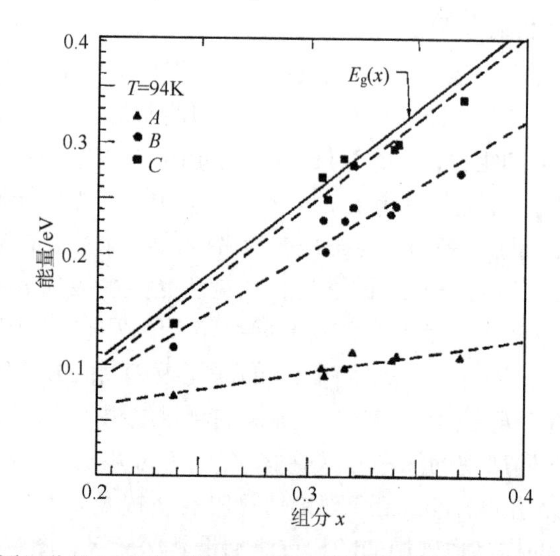

图 7.58　不同组分的 HgCdTe 的 A、B 和 C 峰的峰位位置。虚线是对实验数据的拟合的结果，实线是根据文献(Schmit　1969)计算的结果

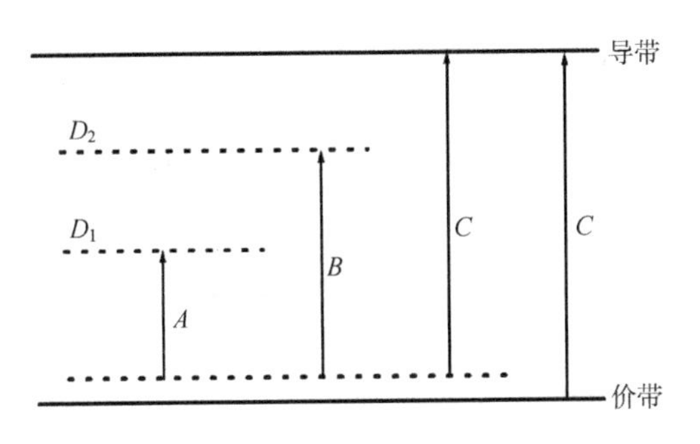

图 7.59　A、B 和 C 峰对应的光跃迁的示意图

其能级位置相平。Cotton 及 Wilsm(1986)对 $x = 0.3$ 的 n 型 HgCdTe 离子注入样品用 DLTS 测量了陷阱能级，发现在 E_c–0.19eV 处有一个由离子注入引入的缺陷相关的陷阱能级，其特点之一是极小，约为 $5 \times 10^{-21}\text{cm}^2$，Chu 对 LPE 的 $x = 0.313$ 的 HgCdTe 的 DLTS 测量表明，在 E_c–85meV 处有一电子陷阱。

黄河(1988)等曾较系统地研究了 p 型及 n 型大组分 MCT 中的各种深能级，并发现：

(1) 在 $x = 0.403$ 的 n 型 MCT 样品中存在两个深能级陷阱，且都是受主类型电子陷阱，分别位于导带底以下约 $0.3E_g$ 和 $0.5E_g$ 处。这两个深能级的电子俘获截面分别为 $1.1 \times 10^{-17}\text{cm}^2$(130K)和 $1.0 \times 10^{-16}\text{cm}^2$(172K)，浓度分别为 $0.61N_D$ 和 $0.072N_D$，对 x=0.310 的 n 型 MCT 样品也有类似结果。

(2) 在 $x = 0.804$ 的 p 型 MCT 样品中也存在两个深能级陷阱，均为施主类型空穴陷阱，分别位于价带顶以上约 55meV 和 $0.4E_g$ 处，这两个深能级的空穴俘获截面分别为 $1.0 \times 10^{-18}\text{cm}^2$(90K)和 $7.3 \times 10^{-18}\text{cm}^2$(250K)，浓度分别为 $0.29N_{AD}$ 和 $0.130N_{AD}$。在 $x = 0.361$ 的 p 型 MCT 样品中没有发现位于价带顶以上 55meV 处的深能级陷阱，而只发现了位于价带顶以上 $0.4E_g$ 处的深能级陷阱。

(3) 在不同方法生长的 MCT 材料中，深能级类型不一样，因而观察到的深能级陷阱数量、位置等不尽相同。但这些深能级陷阱都大大地限制了材料及探测器性能的提高。

7.4　共振缺陷态

用通常的深能级瞬态谱(DLTS)，可以研究半导体杂质缺陷深能级的特征(Polla et al.　1980，Jones et al.　1981)，但仅限于研究位于禁带之中的能级，不能研究共振态。在窄禁带半导体材料中，许多由缺陷短程中心元胞势产生的深能级位于价带或导带中，由于它们与连续的能带态的相互作用，这些局域电子态也称为共振态。许多工作研究了 HgCdTe 的共振态问题。在理论方面，Kobayashi 等(1982)利用紧束缚方法对组分从 0 到 1 的 HgCdTe 材料，给出了替代 sp^3 束缚深陷井能级的化学趋势理论。近年来 Myles(1987)考虑了 HgCdTe 中阳离子替位杂质缺陷态带电状态不同引起的能量分裂，给出中性态和单电离态能量分裂的更详细结果。在实验方面，通常用输运及光学实验来研究 HgCdTe 中的共振态，Ghenim 等(1985)进行了压力下输运测量，发现位于导带底以上 150meV 处有一个共振态能级，浓度约为 $1.4\sim7.85\times10^{17}cm^{-3}$，Dornhaus 等(1985)则从远红外光谱及输运测量认为导带底以上约 10meV 处有一个共振态能级。对于窄禁带半导体 MIS 结构样品，利用 *C-V* 测量可以研究位于导带中的共振态能级，在 x=0.21 的强 p 型 HgCdTe 中发现一个位于导带底以上 45meV 的共振态(Chu　1988，1992)。

7.4.1　共振缺陷态的电容谱测量方法

半导体 MIS 结构的 *C-V* 谱测量可以观察半导体表面的能带弯曲(Sze　1969)。最近，Mosser 等(1988)对窄禁带半导体的 *C-V* 测量中发现表面反型层电子的量子化特征。由于表面能带弯曲形成势阱，反型层电子的能量量子化，其基态能级位于导带底以上 E_0 的位置。因此，当导带弯曲量达 E_g 时，即导带底开始下降到费米能级以下时，并没有填充反型层电子的量子化能级，而是当弯曲量达 E_g+E_0，即当基态子能带下降到费米能级以下时，才开始填充反型层。于是，*C-V* 曲线中反型阈值电压被推迟，这就提供了一个确定位于导带底和基态子能带之间共振缺陷态的可能性。在平带情况下，位于导带底以上并远在费米能级以上的共振缺陷态并不能束缚电子。然而，当表面形成势阱、导带电子能量量子化使导带底已不存在电子状态，以致位于导带底以上的共振缺陷态能级随着能带弯曲下降到费米能级以下时，就能束缚电子。

通常认为 Hg 空位是 p 型 HgCdTe 样品的浅受主(Zanio　1978)。强 p 型 HgCdTe 中汞空位更多，杂质占领汞空位的机会也更大。理论分析表明(Kobayashi et al. 1982，Myles　1987)，对于 x=0.165~0.22 的 HgCdTe 样品，大多数阳离子位置的替代杂质形成共振缺陷态，位于导带底以上的能量状态。图 7.60 表示 $x=0.21$、$N_a-N_d=1.87\times10^{17}cm^{-3}$ 样品的能带弯曲情况。图 7.60 中 E_g=86meV 是禁带宽度，E_0=143meV 是零级电子子能带位置，E_R 是导带底以上的一个共振缺陷态能级，Z_0=15nm 是反型层厚度，Z_d=48nm 是耗尽层厚度。图 7.61 是根据 Kybayashi(1982) 和 Myles(1987)的计算结果，在理想的电容谱上几种替代 Hg 空位的杂质的能量位置。显然，如果能带弯曲到使共振态能级浸没于费米能级之下，电子将填充这个能级。如果该缺陷态密度足够大，这一能级就会影响表面反型层的充放电过程，从而贡献于表面电容，在 *C-V* 曲线上显示出来。

在 HgCdTe 体材料 MIS 样品的 *C-V* 曲线子能带阈值电压之前的区域观察到一个附加的峰，计算表明这意味着导带底以上 45meV 处存在一个共振态，下面将对这一共振态的起源作初步讨论。

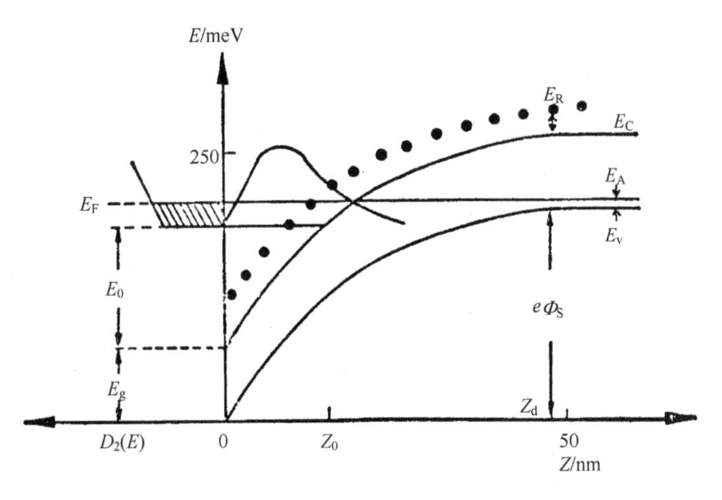

图 7.60　4.2K 温度下 $Hg_{0.79}Cd_{0.21}Te(N_A^* = 1.87\times10^{17}cm^{-3})$在表面电子浓度 $N_S=2\times10^{11}cm^{-3}$ 时的能带弯曲的情况

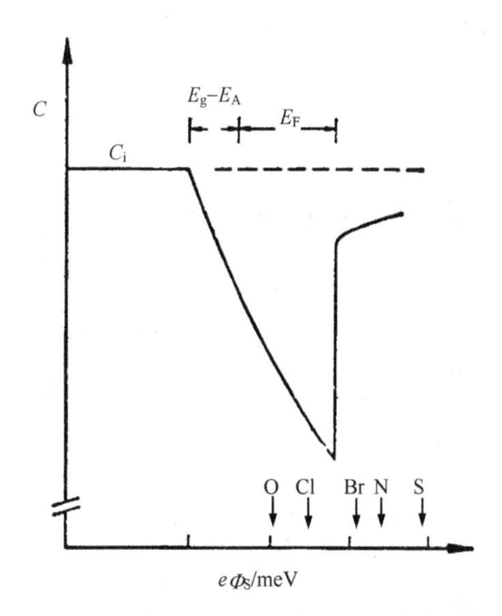

图 7.61　HgCdTe MIS 样品电容对表面势的依赖关系
(下方箭头表示几种汞空位替代杂质的能量位置)

测量和实验采用固态再结晶生长的 HgCdTe 样品。约 1mm 厚的晶片退火后，经过研磨、抛光和腐蚀，然后在 KOH 溶液中阳极氧化，生成厚约 90nm 的阳极氧化膜，并蒸上约 1μm 厚的 ZnS 钝化膜(部分样品的介质层采用 300nm 厚的 SiO_2)，再涂上工厂 1μm 厚的腊克，蒸上铝膜栅制成 MIS 结构样品。这种结构具有较低的界面陷阱态($<10^9cm^{-2}eV^{-1}$)和较少的固定正电荷($<10^{12}cm^{-2}$)(Stahle et al.　1987)。

已有不少有关窄禁带半导体 MIS 结构的 C-V 测量实验报道(Stahle et al. 1987，Beck et al.　1982，Rosback et al.　1987)。采用差分电容测量方法，精度可

高达 0.01 pF/V，测量频率为 233 Hz，测量信号 U_{AB} 正比于样品电容与参考电容之差 $C_{sample}-C_{ref}$，参看图 7.62。测量在 4.2K 下进行，测得样品系统的电容 C 为样品绝缘层电容 C_i 和半导体表面层电容 C_s 的串联电容(Sze　1969)，即

$$C = \frac{C_i C_S}{C_i + C_S} \tag{7.80}$$

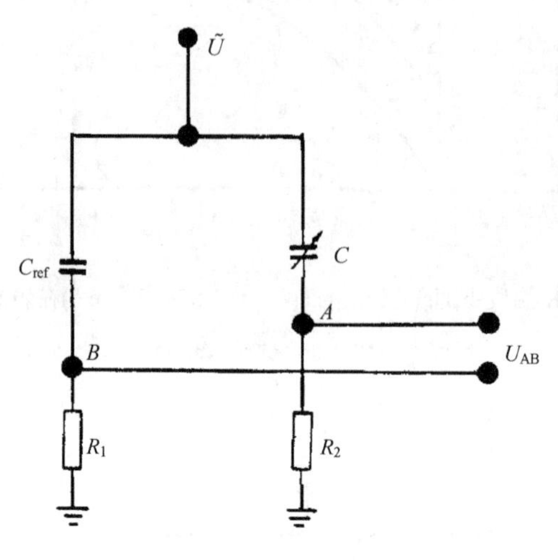

图 7.62　差分电容测量电桥示意图

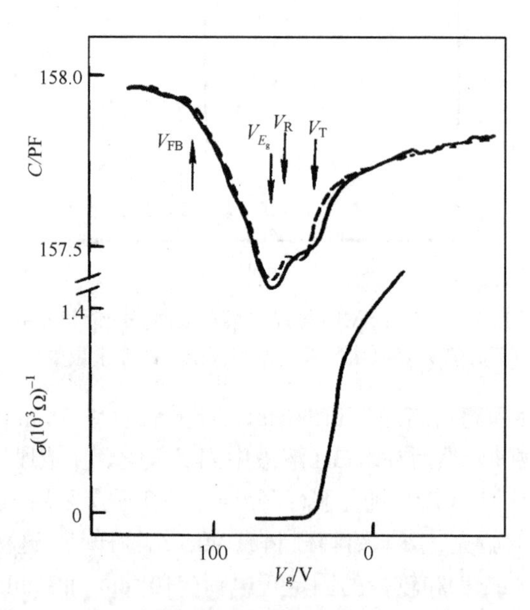

图 7.63　4.2K 温度下 $Hg_{0.79}Cd_{0.21}Te$($N_A^* = 1.87\times10^{17}cm^{-3}$)样品的表面电容谱和表面电导电压谱

采用的 $Hg_{0.79}Ce_{0.21}Te$ 体样品的有效受主浓度为 $3\times10^{16}\sim4\times10^{17}cm^{-3}$。在 4.2K 下测量其电容谱。测量发现所有 $N_A^*\sim10^{17}cm^{-3}$ 样品的电容谱在反型之前有一个附加峰。图 7.63 是样品 4a 的 C-V 谱。该样品以阳极氧化膜和 ZnS 作为介质膜。图中 V_{fb}、V_T 分别为平带电压和子能带阈值电压。区域 $V_G<V_{fb}$，$V_{fb}<V_G<V_T$，$V_T<V_G$ 分别对应于积累、耗尽和反型区。图 7.63 下方是表面电导-电压σ-V 曲线，表面电导和表面电容在 V_T 处急剧跃增，对应于子能带阈值电压。平带电压 V_{fb} 由 C-V 曲线积累区平坦部分与耗尽层区陡峭部分的交界处位置确定。精确确定 V_{fb} 要根据 C-V 曲线、磁阻振荡曲线以及回旋共振实验而定。图 7.63 中 V_{Eg} 处为能带弯曲恰使导带底接触到费米能级的位置，测得的附加峰位于 V_{Eg} 与 V_T 之间，表明该共振态位于导带底以上。随着能带弯曲，当这一共振态能级浸没到费米面以下时，电子就可填充这个能级，于是表面电容除耗尽层贡献之外另有一个增加量，其效果相当于从表面开始新建另一个耗尽层。

7.4.2 理论模型

由电容谱拟合计算可以确定共振态的能级位置和浓度。半导体表面电容定义为(Sze 1969)

$$C_S=\frac{\partial Q_S}{\partial \phi_S} \tag{7.81}$$

式中：ϕ_S 是表面势，Q_S 为表面电荷，并有

$$Q_S=-e\left(N_A^* z_d+N_R z_R+N_S\right) \tag{7.82}$$

式中，z_d 是耗尽层区深度，z_R 是从表面到内部共振态能级浸入费米能级以下部分的距离，即在 $z<z_R$ 范围，共振态能级位于费米能级之下；$N_d^*=N_A-N_d-N_R$ 为有效受主浓度，其中 N_R 为共振态浓度，N_S 为反型层电子浓度。半导体表面势可由泊松方程推导出来(Sze 1969)，即

$$\frac{\partial^2\phi}{\partial z^2}=-\frac{\rho}{\varepsilon\varepsilon_0} \tag{7.83}$$

这里ρ为表面电荷浓度。在子能带填充电子以前，其分布为

$$\begin{cases}\rho=-eN_A^* & z_R<z<z_d\\ \rho=-e\left(N_A^*+N_R\right) & 0<z<z_R\\ \rho=0 & z_d<z\end{cases} \tag{7.84}$$

假定温度为 4.2K 时费米能级钉扎在体内受主能级上，则总的能带弯曲量为

$$e\phi_S = E_F + (E_g - E_A) \tag{7.85}$$

这里E_A为受主能级，E_g为禁带宽度，分别采用文献(Scott 1976，袁浩心等 1987，Chu 1983)的结果；E_f为从导带底算起的费米能级。有效受主浓度由 C-V 曲线耗尽层部分的斜率$|K|$确定(Rosback et al. 1987)，有

$$N_A^* = \frac{C_i^3}{\varepsilon\varepsilon_0 e A^2 |K|} \tag{7.86}$$

式中：A为电容的面积。由以上表达式，可以得到耗尽层区 $V_{fb}<V_G\le V_R$ 的表面电容(褚君浩等 1989，Chu et al. 1992)

$$C_S = e\sqrt{\frac{\frac{\varepsilon\varepsilon_0 N_A^*}{2}}{E_g - E_a + E_f}} \tag{7.87}$$

而在共振态参与贡献的部分 $V_R\le V_G < V_T$，表面电容

$$C_S' = \frac{e\sqrt{\frac{\varepsilon\varepsilon_0}{2}(N_A^* + N_R)}}{\sqrt{(N_A^* + N_R)(E_g - E_a + E_F) - N_R(E_g - E_a + E_R)}} \tag{7.88}$$

式中：E_R为从导带底算起的共振态能级，可由共振峰的阈值电压V_R算得

$$E_R = \frac{C_i^2 (V_R - V_{fb})^2}{2\varepsilon\varepsilon_0 N_A^*} - (E_g - E_a) \tag{7.89}$$

从式(7.87)和式(7.88)可知，当 $V_G=V_R$ 时能带弯曲使共振态能级 E_R 碰到 E_F，则表面电容产生一个跃升 $\Delta C_S = \Delta C_S' - C_S$，并有

$$\Delta C_S = e\sqrt{\frac{\frac{\varepsilon\varepsilon_0}{2}}{E_g - E_a + E_R}} \cdot \frac{N_R}{\sqrt{N_A^*}} \tag{7.90}$$

测得样品电容也有相应的改变量

$$\Delta C = \frac{C_i^2 \Delta C_S}{(C_i + C_S')(C_i' + C_S)} \tag{7.91}$$

因此在电容谱上出现附加的峰。共振缺陷态的浓度 N_R 可以由电容改变量ΔC 利用式(7.90)和式(7.91)求得

$$N_R = \Delta C_S \cdot [N_{AD} \cdot (E_g - E_A + E_R)]^{\frac{1}{2}} / [e(\varepsilon_s \varepsilon_0 / 2)^{\frac{1}{2}}] \tag{7.92}$$

式中：ΔC_S 为共振缺陷态峰高。共振缺陷态的浓度和能量也可以通过拟合 C-V 曲线求得。图 7.63 中虚线表示拟合计算曲线，由最佳拟合得 E_R=0.045eV，$N_R=9\times10^{16}\text{cm}^{-3}$。对几个不同 HgCdTe($x$=0.21)样品的拟合计算结果列于表 7.7。对不同受主浓度样品的测量结果表明，对 $N_A^*\sim10^{17}\text{cm}^{-3}$ 的样品，不论是阳极氧化加 ZnS 或 SiO_2 作为介质膜，都观察到这一附加峰，而对低浓度样品 $N_A^*\sim10^{16}\text{cm}^{-3}$ 则观察不到。

表 7.7　共振缺陷态的能级位置和密度

样品	绝缘层	x	$N_A^*/10^{17}\text{cm}^{-3}$	$N_R/10^{17}\text{cm}^{-3}$	E_R/eV
3a	SiO_2	0.21	1.65	1.1	0.041
4a	A.O.+ZnS	0.21	1.87	0.9	0.045
5b	A.O.+ZnS	0.21	3.17	1.8	0.047
5b3	A.O.+ZnS	0.21	3.96	2.5	0.045

7.4.3　阳离子替位杂质引起的共振态

这一共振态的起源很可能是氧占据汞空位造成的缺陷态。理论计算表明(Kobayashi　1982)，对于 $Hg_{0.79}Cd_{0.21}Te$，氧原子占据汞空位后，其中性态和单电离态的能级位置分别为导带底以上 50 meV 和 20 meV，这一结果与本文从 C-V 实验分析的结果相近。氧原子占据汞空位的可能性可以从工艺上定性地分析、样品在退火或腐蚀后暴露在空气中，在阳极氧化过程中氧可能占据汞空位，污染体材料样品。在标准的溴酒精化学腐蚀过程中，表面损伤一般达几十 nm 深度，表面有一层活化的富 Te 层很容易被氧化，同时氧也易于占据汞空位(Herman et al. 1985)。在阳极氧化过程中生成的氧化膜中氧成分约 50%(Stahle et al.　1987)，这意味着在这一过程中大量氧原子聚集到表面，与 Hg、Te、Cd 反应生成坚固的氧化膜，这一过程中不可避免地伴随着部分氧原子占据 Hg 空位。

杂质原于占据 Hg 空位的过程不会无限地进行，只能达到某个概率或某个百分数η，也就是杂质原子只能占据汞空位总量的一部分。如果汞空位总量是 N_A，那么被杂质占据的将是 $N_R = \eta N_A$，然后达到一种平衡态。对几个样品的拟合计算结果来看，这个百分数约为 0.3~0.4。于是汞空位越多，汞空位位置的替代杂质也越多。根据这样的分析，很容易解释为什么只有对高浓度样品才观察到这个附加峰，而对低浓度样品则没有观察到这个峰。这是由于低浓度样品氧占据汞空位的绝对值数量较低，虽然也会引起表面电容的跃升，但从式(7.90)可以看出

$$\Delta C \propto \frac{\eta\sqrt{N_A}}{\sqrt{1-\eta}} \tag{7.93}$$

对于 N_A 低的样品，引起的电容跃升亦低，会被界面态效应以及非均匀性效应所掩没，这还由于组分相同而 N_A。低的样品的基态子能带的阈值能量 E_{00} 较小(接近 E_R)。这意味着反型阈值电压 V_T 接近 V_R，由于反型而造成的电容急剧上升也会使较小的共振态的贡献不易分辨。

为了进一步检验这一机理，可以用退火处理及掺金手段来研究缺陷态的变化。如果这个缺陷态是氧占据汞空位，则经过低温退火处理，汞空位被汞原子占据而恢复，原来占据汞空位的氧原子被汞原子驱赶，则共振态的浓度会减小。另一方面，如果 p 型样品的受主不是 Hg 空位，而是金，那么即使受主浓度很高，也应观察不到这个共振态。根据这样的设想，我们对观察到明显共振态峰的样品进行退火处理，变成低浓度样品，再测量其 C-V 曲线。后将这种低浓度样品掺金，变成高浓度样品，再测量其 C-V 曲线。图 7.64 是测量结果，图中上方曲线是 $N_A{}^*=1.65\times10^{17}\text{cm}^{-2}$ 的 SiO_2 介质 HgCdTe 样品的 C-V 曲线，可以看到明显的共振态峰，拟合计算表明，共振态浓度为 $1.1\times10^{17}\text{cm}^{-3}$，$E_R$=0.041 eV。中部曲线是样品在 250℃温度下经过 10h 退火处理后的测量结果，退火后样品的受主浓度变成 $5.9\times10^{16}\text{cm}^{-3}$，共振态峰也明显变小，拟合计算表明，这个 E_R=0.041eV 的共振态浓度下降为 $4\times10^{16}\text{cm}^{-3}$。下方曲线是这种低浓度样品经掺金处理并在 250℃温度下退火 10h。使金杂质充分扩散而变成高浓度样品后的测量结果。此时样品浓度为 $6.95\times10^{17}\text{cm}^{-3}$，但没有明显的共振态峰，拟合计算表明原来的共振态浓度仍为 $4\times10^{16}\text{cm}^{-3}$，这一实验说明该共振态并不依赖于受主浓度，而是依赖于汞空位浓度，因此进一步说明了该共振态起源于氧原子占据汞空位，同时也说明退火实验可以减少或消除它的影响。

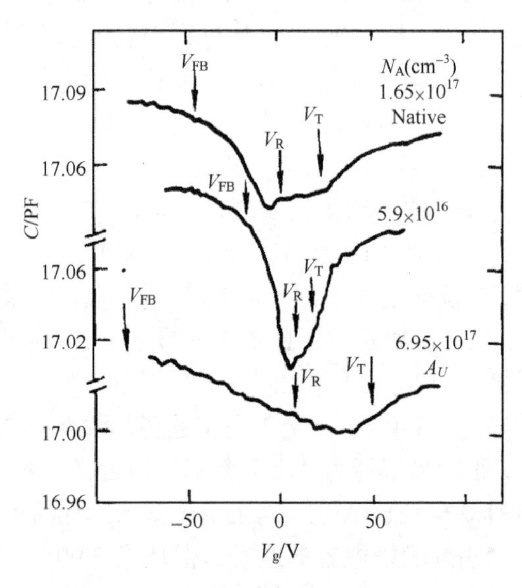

图 7.64 $Hg_{0.79}Cd_{0.21}Te$($N_A{}^* = 1.65\times10^{17}\text{cm}^{-3}$)样品的电容谱以及退火后和掺金后的电容谱

通过建立了用量子电容谱方法观察 HgCdTe 中共振态的一种手段，并发现高浓度 p 型 $Hg_{0.79}Cd_{0.21}Te$ 样品在导带底以上 45meV 处存在一个共振态，分析表明该共振态起源于氧占据 Hg 空位。

7.5 杂质缺陷的光致发光谱

7.5.1 引言

研究杂质缺陷的光学方法主要有光致发光、透射光谱、反射光谱、磁光光谱和光热电离谱。其中以光致发光为最基本和重要的方法。半导体的光致发光光谱不仅可以提供半导体本征光学过程的信息，它还能够提供实际半导体中的杂质和缺陷的信息。光致发光目前已发展成为研究和测定半导体杂质缺陷等材料特性重要而强有力的工具，成为半导体材料特性测定的一种标准技术(Göbel 1982)。人们用光致发光方法对 GaAs 等直接跃迁型半导体已经加以充分的研究。光致发光光谱方法对样品制备要求不高，测量设备相对来说不复杂，而且是非破坏性的。对于宽禁带半导体，光致发已成为直接带隙 III-V 族光电材料特性研究的宝贵手段，它被用来监视材料的生长过程、检验异质结构、在器件制备前进行晶片扫描研究等；同时，也常常用光致发光光谱间接测量少数载流子浓度和缺陷浓度，对器件性能作出预测。但是，对于窄禁带半导体，发光现象的研究却不够充分，原因主要有：①俄歇非辐射过程随着能带隙的减小而迅速增强，引起光致发光信号的显著下降；②常温背景的红外黑体辐射，往往要比正常光致发光信号强 200 倍甚至更多；③在此波段，探测器的灵敏度有较大的下降，无法得到高性能的光电倍增管，只能使用固体光电探测器；④大气的吸收和红外光学材料的吸收与色散所带来的一系列不利影响等。但是，近年来随着计算机技术的迅速发展，傅里叶变换红外光致发光方法逐步发展起来，大大地提高了光致发光测量的灵敏度与分辨率，成为目前对 $Hg_{1-x}Cd_xTe$ 等窄禁带半导体进行光致发光研究的必备手段。为了降低室温背景的黑体热辐射的影响，人们在傅里叶变换光致发光光谱方法的基础上，又改进进而建立了双调制傅里叶变换光致发光光谱方法，进一步提高了测量的灵敏度和分辨率，从而使窄禁带半导体的光致发光研究与通常的光致发光测量有着较大的不同而独具特色。

1972 年，Elliot 等(1972)首次报道了 HgCdTe 的光致发光。至今，人们已经对 Cd 组分 x=0.197 的到 Cd 组分 x=1(CdTe)范围内的 HgCdTe 样品进行过光致发光测量，关于发光的光谱以及发光光谱机理，在文献中可以看到许多不同的说法，造成这种现象的原因可能是不同作者样品的生长方法，生长条件，以及测量前的处理方法不尽相同；同时 E_g 的确定存在着各种不同的方法，它们之间有着 1meV 量级的不同，而 HgCdTe 中的自由激子结合能也就在这个量级，从而带来了一定的不确定因素。系统地进行 HgCdTe 的光致发光光谱研究，可以采用以下几种方式(唐文国等 1995)：第一种从 CdTe 区域开始，Hg 组分逐步增加，向小 Cd 组分区域推进下去，其好处是：CdTe 的光致发光光谱人们早已仔细研究过，技术问题较小，容易实现。第二种从富 HgTe 区域开始，这是因为从应用角度看，富 HgTe 区的材料直接面向长波红外的热成像应用，更令人感兴趣，但是，在富 HgTe 区域光致发光光谱谱形一般较为简单，能获得的信息有限，而实验会受到一系列因素的影响，尤其是室温红外背景辐射的影响，难度较大，基本上要采用双调制 Fourier 变换红外光致发光技术。第三种从中间组分开始，然后研究范围向富 CdTe 和 HgTe 区域扩展。x=0.4 的 HgCdTe 一般被认为是从类 CdTe 的以激子效应为主的光致发光光谱向以类 HgTe 的以带到带跃迁为主的光谱的过渡，有着相对丰富光谱结构，可能提供较多的信息，同时，它又有着红外热成像和激光通讯等方面的应用背景。一般来说，未故意掺杂的较高质量 HgCdTe 光致发光光谱在 x=1.0~0.7 区域，其光谱结构主要包含局域激子、束缚激子、局域激子的声子复制等光致发光结构；在 x=0.26 以下的光致发光光谱中，则往往只能观察到一个简单的发光峰，由于自由激子结合能很小，而且，对自由激子和带带跃迁的振子强度了解不多，难于确定它是自由激子还是带带跃迁的发光，有人试图想用光致发光光谱线型拟合来解决这个问题，但在波矢 k 守恒跃迁时，它们两者的线型并没有大的差异，因而也难以从根本上分辨出来(Tomm et al. 1990)。不过，由于在小组分的 HgCdTe 中，自由激子结合能很小，而 HgCdTe 中 Hg-Te 键键合较弱，易形成缺陷，材料中杂质、缺陷的影响可能会使激子解体，人们一般倾向于把在 4.2K 左右的光致发光峰指认为带带跃迁。局域激子是由于合金无序导致的势场起伏而引起的，通过局域激子光致发光峰的热辅助离解效应，从实验上可确定激子局域化能量与组分 x 成抛物线关系，即与合金无序函数一样，正比于 $x(1-x)$，在 x=0.5 处取最大值，最大局域能超过 10meV。

7.5.2 光致发光的物理基础

Tomm(1990)对窄禁带半导体中的红外光致发光有很好的评述文章。这里先来讨论一下光致发光研究的物理基础。光致发光的内部过程可以表述如下：一束数目为 I_0 的能量 $\hbar\omega > E_g$ 光子入射半导体样品的表面，除了在界面处因反射和散射而造成的损失外，入射进入样品体内的光子将会以一定的吸收系数被半导体吸收，即在样品表面下距离为 x 的点的光子数为 $I_x = I_0 \exp(-\alpha \cdot x)$ 光子的被吸收导致非平衡载流子的产生。一般情况下，这些非平衡载流子在能量上会很快弛豫到能带的极值点附近，使能量最小，从而在能量上形成可以用准 Fermi 能级描述的准平衡分布。其中的电子、空穴等效温度由于存在着一定的加热效应而略大于实际测量温度。非平衡载流子的产生过程一般远快于其扩散过程，所以刚产生的非平衡载流子分布是不均匀的，这导致扩散的存在以减少浓度梯度。在半导体中存在着种种复合机制，在样品表面也还存在着表面复合过程，这样在光激发强度不变的情况下，非平衡载流子在空间上会形成一定的准平衡分布，在较弱的激发情况下，非平衡载流子的寿命基本上和非平衡载流子浓度无关。如果非平衡载流子的复合是通过辐射复合途径实现的，就会伴随着光子的发射，这就是光致发光，其光谱分布就是光致发光光谱。总之，光致发光的内部过程就是以下三个互相联系而又区别的过程的总和，首先是光吸收和因光激发而产生电子-空穴对等非平衡载流子，其次是非平衡载流子的扩散及电子-空穴对的辐射复合，第三是辐射复合的发光光子在样品体内的传播和从样品中出射出来(沈学础　1992)。

可以对 HgCdTe 内的主要体复合过程和辐射效率进行简要分析。光致发光过程是和半导体内部的复合过程密切相关的。为了用光致发光手段研究 HgCdTe 材料，必须研究 HgCdTe 中的复合过程，光致发光过程就直接对应着材料中的辐射复合过程。与一般的宽禁带半导体材料类似，HgCdTe 等窄禁带半导体的复合过程也包含着辐射复合过程与非辐射复合过程。对于表面复合，尽管其影响是存在的，但是一般来说，在具体的光致发光测量之前，往往对样品表面进行细致的处理，表面复合的影响大大降低，基本可以忽略。不过在分析 HgCdTe 的复合过程以及发光过程时，须考虑其作为窄禁带半导体的一些自身特点。HgCdTe 有着较大的介电常数和很小的电子有效质量，这导致了自由激子结合能很小，如 E_g=100meV 时，激子结合能仅 0.3meV，由于同样原因，类氢施主杂质在 HgCdTe 中是很浅的杂质。窄禁带 HgCdTe 还有一个显著特点，它的非辐射复合过程之一的 Auger 复合过程非常强烈(Petersen　1970，Kinch et al.　1973，Pratt et al.　1983)，而且，禁带宽度越小，该过程越强。Auger 复合速度 R_A 和 E_g 的关系是：$R_A \approx E_g^{-\beta}$，其中，β 数值在 3 到 5.5 之间(Ziep　1980)。

关于载流子复合过程这里先给出简要结果，在后面章节中有专门论述。对于 n 型半导体，Auger-1 过程，即导带电子和价带空穴发生复合，多余能量传递给另外一个电子，使之能量增加。Auger-1 决定的 n 型 HgCdTe 的 Auger 复合寿命为(Clopes et al.　1993)

$$\tau_{A1} = \frac{2n_i^2 \tau_{A1}^i}{(n_0 + p_0)n_0}$$

$$\tau_{A1}^i = 3.8\times10^{-18}\xi_\infty^2(1+\mu)^{\frac{1}{2}}(1+2\mu)\exp\left(\frac{(1+2\mu)E_g}{(1+\mu)k_B T}\right)\left(\frac{m_0}{m_e^*}|F_1F_2|\frac{k_B T}{E_g}\right)^{\frac{3}{2}} \tag{7.94}$$

式中：n_i 是本征载流子浓度，n_0、p_0 分别是电子、空穴的热平衡浓度，μ是电子空穴有效质量之比，ξ_∞ 是高频介电常数，E_g 是禁带宽度，k_B 是 Boltzmann 常数，T

是温度；$\left|F_1F_2\right|$是 Bloch 波函数的交迭积分，其值一般在 0.1 到 0.3 之间。对于 p 型 HgCdTe 样品，仅考虑 Auger-1 过程是不够的，Auger-7 过程也是很重要的(Clopes et al. 1993，Petersen 1983)。Auger-7 过程涉及了导带电子和重空穴的复合，以及电子从轻空穴带到重空穴带的激发，其相应的寿命由下式给出(Clopes 1993)

$$\tau_{A7}=\frac{2n_i^2\tau_{A7}^i}{(n_0+p_0)p_0} \tag{7.95}$$

Casselman(1981)计算了τ_{A7}^i与τ_{A1}^i的比值γ，它是温度与组分的函数，对于组分在 0.16 到 0.3 之间的 HgCdTe 材料，在 50K 到 300K 之间，γ取值在 0.5 到 6 之间，对于x=0.22 和 0.3，Casselman 发现γ相对与温度无关，取值近似分别为 1.5 和 0.5。考虑到这两种机制，p 型 HgCdTe 的 Auger 寿命τ_A是(Clopes et al. 1993)

$$\tau_A=\frac{\tau_{A1}\tau_{A7}}{\tau_{A1}+\tau_{A7}} \tag{7.96}$$

和一般的宽禁带半导体中的复合过程类似，HgCdTe 中非平衡载流子的复合也包括 Schockly-Read 过程，它也是一种非辐射复合过程，即非平衡载流子通过充当复合中心的杂质或缺陷的复合。在这一复合过程中，杂质或缺陷充当了进行复合的台阶，使得发生复合的概率大大增加。如果 Shockly-Read 中心密度N_t远小于载流子浓度，则 Shockly-Read 复合寿命τ_{SR}由下式给出(Clopes et al. 1993)

$$\tau_{SR}=\frac{(n_0+n_1)\tau_{p0}+(p_0+p_1)\tau_{n0}}{(n_0+p_0)} \tag{7.97}$$

而

$$\begin{aligned} n_1&=N_C\exp\left(\frac{E_t-E_C}{k_BT}\right)\\ p_1&=N_V\exp\left(\frac{E_V-E_t}{k_BT}\right)\\ \tau_{p0}&=\left(V_p\sigma_pN_t\right)^{-1}\\ \tau_{n0}&=\left(V_n\sigma_nN_t\right)^{-1}\end{aligned} \tag{7.98}$$

式中：σ_n和σ_p分别是电子和空穴的俘获截面，V_n和V_p分别是电子和空穴的热速度。

与 HgCdTe 的发光过程直接对应的辐射复合过程，根据 Schacham 等(1995)的计算，带间的直接辐射复合寿命为

$$\tau_r = \frac{1}{B(n+p)} \tag{7.99}$$

式中

$$B = 5.8\times10^{-13}\sqrt{\varepsilon_\infty}\left(\frac{m_0}{m_e^*+m_h^*}\right)^{\frac{3}{2}}\left(1+\frac{m_0}{m_e^*}+\frac{m_0}{m_h^*}\right)$$
$$\times(300T)^{\frac{3}{2}}\left[E_g{}^2+3k_BTE_g+3.75(k_BT)^2\right] \tag{7.100}$$

ε_∞ 是高频介电常数；m_e^* 是电子有效质量；m_h^* 是空穴有效质量；m_0 是电子质量；k_B 为 Boltzmann 常数。

在窄禁带半导体 HgCdTe 中，对于体内的非平衡载流子而言，主要存在着辐射复合、Shockly-Read 复合和 Auger 复合这三种主要的复合机制，它们决定了非平衡载流子的寿命，在小注入情况下，这三种复合机制相应的寿命 τ_R、τ_A 和 τ_{SR} 与材料中非平衡载流子寿命的关系为

$$\frac{1}{\tau} = \frac{1}{\tau_A}+\frac{1}{\tau_R}+\frac{1}{\tau_{SR}} \tag{7.101}$$

在 HgCdTe 中，对于给定的非平衡载流子，它的体内复合可以通过辐射复合途径，也可以通过 Auger 和 Shockly-Read 等非辐射复合过程，它进行辐射复合，发射光子的概率，就是辐射效率，用 η 表示

$$\eta = \frac{1/\tau_R}{1/\tau} = \frac{1}{1+\dfrac{\tau_R}{\tau_A}+\dfrac{\tau_R}{\tau_{SR}}} \tag{7.102}$$

因此，在相同的激发条件下，光致发光信号的强弱很大程度上是由其内部的复合机制决定的，光致发光光谱也就体现了半导体内部辐射复合机制和其他复合机制的竞争结果。为了增强光致发光信号，提高光致发光测量的信噪比，应设法降低非辐射复合发生的概率。

可以对 HgCdTe 带边附近的主要发光过程进行分析。HgCdTe 具有闪锌矿立方晶体结构，晶体的价带和导带的极值都位于第一布里渊区中心点，因而为一种直接带半导体。这一能带结构在很大程度上决定了晶体的光学性质，尤其是带边光致发光性质。在直接带半导体中，对于非平衡载流子来说，在带边附近以下的辐射复合跃迁过程(即带边发光过程)是可能存在的：①带间跃迁(或本征跃迁)；②自由激子发光(FX)；③束缚激子发光(BX)，对于 HgCdTe 来说，主要是中性施主束缚激子(D^0X)和中性受主束缚激子(A^0X)发光；④束缚态到带的跃迁

(Bound-to-Free)；⑤中性施主受主对(D^0A^0)的跃迁，这些与电子跃迁相联系的发光过程如图 7.65 所示。

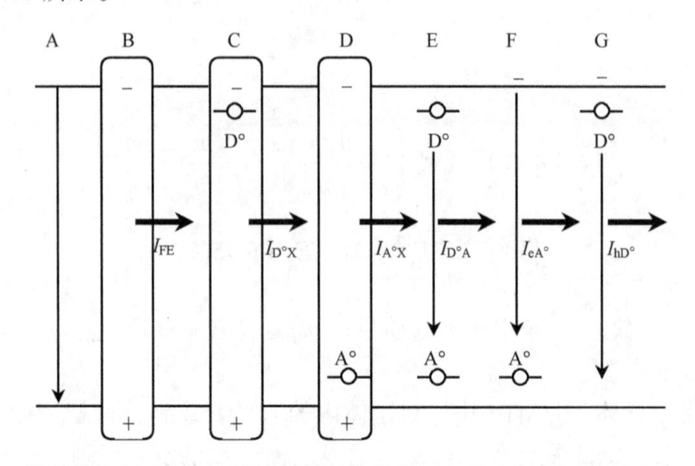

图 7.65　带边附近非平衡载流子的辐射复合机制　A 带边辐射复合跃迁；B 自由激子辐射复合；C 中性施主束缚激子辐射复合；D 中性受主束缚激子辐射复合；E 中性施主受主对辐射复合；F 自由电子和中性受主的辐射复合；G 自由空穴和中性施主的辐射复合

当然，并不是与图 7.65 中所标示的过程相联系的辐射都能同时观察到，在相近的激发条件下，不同温度下的光致发光光谱一般并不相同。例如在较高的实验温度下，常常可以观察到带间复合发光，但在低温下带间复合发光却很弱，甚至难于观察到。这时通过激子或杂质的复合通常占主导地位。这是因为在低温下，杂质态和激子态有较大的布居，通过杂质的发光显然依赖于半导体中所包含的杂质的种类和含量，随着杂质的种类和含量的不同，发光光谱将表现出多样性。不同的发光过程和温度、功率等实验条件将表现出不同的依赖关系，这在具体的光致发光测量过程中，已成为判断光致发光峰或者光致发光结构归属的判据(Schmidt et al.　1992a，b)，这一点在后面的实验结果分析中将详细讨论。

光吸收跃迁过程和光发射跃迁过程存在着相关性。对于光照激发和光致发光，平衡和准平衡情况下，半导体样品中的光生电子-空穴对的产生速率应等于它们的复合速率，即 Roosbröck-Shockly 关系(沈学础　1992，Pankove　1975)，表述为

$$R_{\mathrm{sp}}(\hbar\omega)=v_{\mathrm{en}}\cdot G(\hbar\omega)\cdot\alpha\left(\hbar\omega\right)\cdot\frac{n_{\mathrm{u}}n_{\mathrm{l}}'}{n_{\mathrm{l}}n_{\mathrm{u}}'-n_{\mathrm{u}}n_{\mathrm{l}}'}\tag{7.103}$$

式中：R_{sp}是样品单位体积内自发辐射复合光发射跃迁速率，v_{en}是能量传播速度，n_l是下态的占有概率，n_l'是下态的空出概率；同理，n_u是上态的占有概率，n_u'是上态的空出概率，$\alpha\left(\hbar\omega\right)$是净吸收系数，$G$（$\hbar\omega$）是辐射场总的模式密度。对于 HgCdTe，如果将其简化为简单的抛物型导带和价带间直接带间跃迁情况，可以

得 到

$$R_{\mathrm{sp}}(\hbar\omega)=\frac{(\eta\hbar\omega)^2}{\pi^2\hbar^3}\cdot\alpha(\hbar\omega)\cdot\left[\exp\left(\frac{\hbar\omega-E_{\mathrm{g}}-E_{\mathrm{F}}^n-E_{\mathrm{F}}^p}{k_{\mathrm{B}}T}\right)\right]^{-1} \tag{7.104}$$

式中：η是折射率，E_{F}^n和E_{F}^p分别是电子、空穴的准 Fermi 能级，E_{g}是禁带宽度。由于光致发光过程是一个非平衡载流子的产生和辐射复合过程，所以，用准 Fermi 能级对载流子的准平衡分布进行描述。从原则上讲，可以将已知折射系数η的半导体的吸收谱改变为预期的发射谱，可以从实验测得的吸收光谱预言或推测辐射复合速率和发光光谱线型，这在分析哪些迄今尚无合适理论解释的光致发光光谱实验结果时是很重要的，如 GaAs 体材料中经常观察到的那些线宽颇宽的发射谱带(Griffiths et al. 1986)，对于 HgCdTe 在较高温度下的带带发光，也可以用此方法较好地得到指认。

研究窄禁带半导体的光致发光现象要在红外波段进行。可以采取红外 Fourier 变换红外光谱技术。Fourier 变换红外光谱技术是近年来随着计算机技术的发展而逐渐发展起来的，它利用 Michelson 干涉仪的干涉图与光谱图之间的对应关系，通过测量双束干涉光所产生的干涉图和对干涉图进行 Fourier 变换的方法来测定和研究光谱。

先看一下其基本原理(Griffiths et al. 1986，Fuchs et al. 1989)。设有一振幅为 a，波数为ν 的理想准直单色光束投射到无损耗分束片上，分束片振幅反射比为 r，透射比为 t，它使这一光束分裂为振幅为 ra 的反射束和振幅为 ta 的透射束。这两束光经固定镜 M_1 和可移动镜 M_2 反射后又回到分束片，并第二次经过分束片形成两束相干光束，其中一束返回光源，另一束沿与辐射垂直的方向传输并被探测器所接收。探测器所接收的信号振幅为

$$A_{\mathrm{D}}=r\cdot a\cdot t(1+\mathrm{e}^{-\mathrm{i}\varphi}) \tag{7.105}$$

信号强度为

$$I_{\mathrm{D}}(x,\nu)=A_{\mathrm{D}}*A_{\mathrm{D}}^*=2RTB_0(\nu)(1+\cos\varphi) \tag{7.106}$$

式中：R、T 为分束片的反射比和透射比，$B_0(\nu)=a\cdot a^*$ 为输入光束强度，x 为光程差，φ是来自固定镜和动镜的两光束间的相位差

$$\varphi=2\pi\frac{x}{\lambda}=2\pi\nu x \tag{7.107}$$

在一般情况下，即输入光具有任意光谱分布时，干涉图表达式可认为式(7.106)是一无限窄线宽 dν 的谱元，通过对所有波数积分得到

$$I_{\mathrm{D}}(x)=\int_0^{\infty}2RTB_0\nu\left[1+\cos\left(2\pi\nu x\right)\right]\mathrm{d}\nu \tag{7.108}$$

而光谱图的表达式可直接对干涉图进行傅里叶逆变换得到

$$B_{\nu}=\int_{-\infty}^{\infty}I_{\mathrm{D}}\left(x\right)\mathrm{e}^{-\mathrm{i}2\pi\nu x}\mathrm{d}x \tag{7.109}$$

这样对任一波数ν，如果已知干涉图，即探测器接收到的信号强度与光程差的关系$I_{\mathrm{D}}(x)$，原则上通过傅里叶逆变换即可得到光谱强度$B(\nu)$。

但是在实际上，上述方法是难以完全实现的，首先是因为干涉图的采样点终究是有限的，而且，傅里叶变换光谱仪中 Michelson 干涉仪的臂长也不可能是无限的，有限的采样点和采样区间所带来的直接影响就是旁瓣振荡，这一点只能采用切趾的办法来加以抑制，即用采样测得的干涉图与切趾函数相乘后，再进行傅里叶变换。

Happ-Genzel 函数和 Boxcar 函数是目前 Fourier 变换光谱中常用的切趾函数。旁瓣的抑制是以测得光谱的峰的展宽和分辨率的下降为代价的，因而在实际测量中必须在旁瓣引起的谱图畸变和分辨两者之间进行折中，Happ-Genzel 函数既能有效地抑制旁瓣，又能不太降低光谱的分辨率，是最为常用的一种切趾函数。Boxcar 函数在高分辨率光谱测量中经常选用，它能使测量获得较高的分辨率。

在理想的仪器测量中，系统噪声取决于红外探测器的噪声，为了减少噪声，在要测量的光谱区域之外的噪声分量常常是用电子滤波线路加以除去。然而，滤波器也引入了一些信号的附加相移。光路、采样条件和其他的电子电路也可能引入附加的相移(Griffiths et al.　1986)，因此，必须进行相位校正以去除这些附加的相移。经过相位校正后的光谱图为

$$B\left(\nu\right)=\int_0^{\infty}A\left(x,\varepsilon\right)I_{\mathrm{D}}\left(x+\varepsilon\right)\cos2\pi\nu\left(x+\varepsilon\right) \tag{7.110}$$

式中：$A\left(x,\varepsilon\right)$为切趾函数。

近年来，随着快速傅里叶变换算法(FFT)，干涉图快扫描技术和各种微处理机系统的发展和广泛应用，许多傅里叶变换光谱仪已经能够在干涉图测试完成后几秒至几分钟内给出高分辨率高信噪比的光谱图。从而使之成为从可见光波段到红外甚至远红外波段最有力最通用的光谱测量工具。

傅里叶变换红外光谱技术的主要优点如下(Griffiths et al.　1986)。

1) 多通道 (Fellgett)优点

采用干涉方法测量光谱能同时接收和测量来自所有光谱频率的信号，因而在保持同样信噪比和分辨率情况下可大大减少测量时间，或者在维持同样测量时间的条件下可以获得比色散型光谱仪高得多的信噪比。傅里叶变换光谱仪对一波数为ν的谱元，用一 $\cos(2\pi\nu vt)$来编码，这些编码过的信号在时间 T 内被同时观察到，

即在 N 个时间单元ΔT内被同时观察到。其中 v 为动镜扫描速度，N 为谱元数。在色散型光谱仪中探测器接收的波数为 ν_1 的谱元的信号强度为

$$\int_{t}^{t+\Delta T} B_0(\nu_1)\mathrm{d}t = B_0(\nu_1)\Delta T \tag{7.111}$$

而在傅里叶变换光谱仪中接收同一谱元的信号强度为

$$\int_{0}^{t=N\Delta T} B_0(\nu_i)\mathrm{d}t = N\left[B_0(\nu_1)\Delta T\right] \tag{7.112}$$

可见信号强度增强 N 倍，从而使测量信噪比提高 $\sqrt{N}$ 倍。

2) 高通量(Jacquinot)优点

和色散型光谱仪的狭缝相比，傅里叶变换光谱仪接收的是来自圆形光源或光孔的所有辐射能量，因而它比单色仪的狭缝接收到的通量有数量级的提高。傅里叶变换光谱技术的其他优点还有它的分辨率是由 Michelson 干涉仪动镜移动距离决定的，因而在整个光谱测量区域有着相同的分辨率，而且分辨率的提高也比较容易。其主要缺点是价格较高和测量结果是通过对实测数据的处理得到而不是直接测得的，在处理过程中的某些考虑不周可能会使测得光谱发生畸变。

HgCdTe 的傅里叶变换红外光致发光光谱测量通常是以 Ar^+激光器的 514.5nm 或 488.0nm 谱线作为激发源，考虑到窄禁带 HgCdTe 样品的辐射复合过程较弱，一般样品放在液氦杜瓦中，输入液氦，使样品浸没在冷的氦气中，杜瓦中在样品上方装有温度传感器和加热器，以保证实验温度的精确测量和控制，一般来说，测量温度精度可控制到±0.1K。为了减小红外光学材料对实验的影响，产生的光致发光一般用抛物面镜收集，用探测器检测，然后送入 Nicolet800 傅里叶变换光谱仪中进行分析。探测器可根据需研究的光致发光的波段进行选择，液氮制冷的 InSb 或 HgCdTe 探测器是经常选用的，如果 HgCdTe 组分较大，也可选用 InAs 或者 Ge 探测器。需要注意的是探测器的选择应当和光谱仪中的分束片以及选定的测量带宽匹配，否则可能对实验结果产生不利的影响。

为了研究红外发光光谱需要把傅里叶变换红外光致发光实验技术扩展到 4 到 5μm 以上波段。在 4 到 5 微米以上区域，由于室温背景黑体辐射的影响，光致发光研究开展非常困难。背景辐射的光谱图如图 7.66 所示，较强的黑体辐射信号，往往至少比光致发光信号大 200 倍以上，从而使得测量无法获得好的实验结果。恰恰在这一波段，存在着 3~5μm 和 8~14μm 这样两个重要的大气窗口，红外探测器和热成像设备的研制往往要求工作在这一波段，为此，在傅里叶变换红外光致发光测量中引入双调制技术，消除背景热辐射的影响，才能对这一波段工作的材料进行无损检测和评价。

目前，为了消除背景黑体辐射的影响，对常规的傅里叶变换红外光致发光实验方法进行的改进主要有以下三种：

(1) 帧相减法。即在正常进行的光致发光测量中，多进行一次背景测量，然后，将两次测量的结果进行相减，从而得到需要的谱图。这是一种比较原始的方法，对于某些光致发光信号较强的样品，在光致发光信号与背景信号几乎同一量级时，可以收到较好的效果，这种方法对硬件无须作任何改动，简便易行，但是对大多数样品来说，很难达到这样的强度。

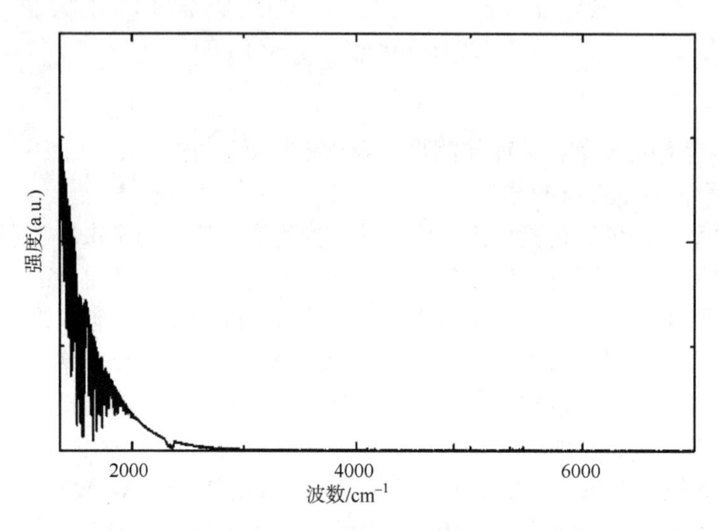

图 7.66　光致发光背景(HgCdTe 探测器，KBr 分束片)

(2) 相敏激发技术。这种方法用于 HgCdTe 光致发光测量方面由 Fuchs 等最先提出(Fuchs et al.　1989，1990)，其原理如图 7.67 所示。

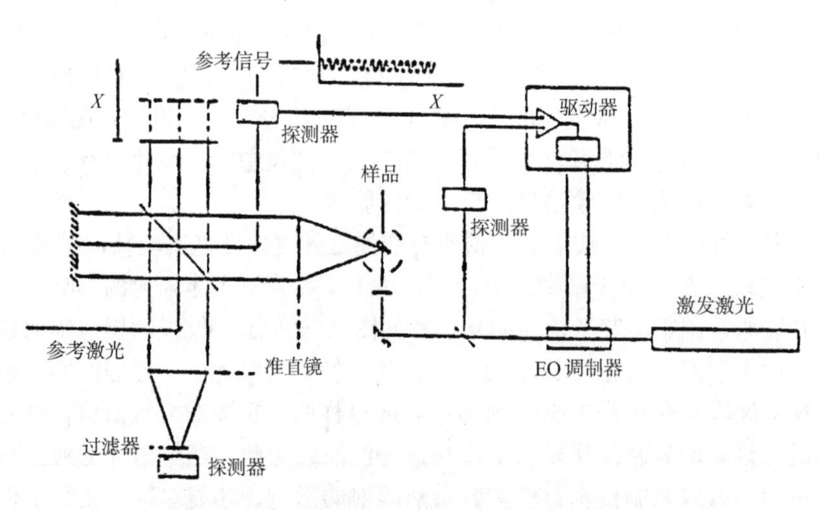

图 7.67　相敏激发傅里叶变换红外光致发光系统

由傅里叶变换红外光谱仪的工作原理，被探测的任意光源经 Michelson 干涉仪后得到的干涉图可写成以下形式

$$I(x)=\frac{1}{2}\sum_i I_i+\frac{1}{2}m\sum_i I_i\cos(2\pi\nu_i x) \tag{7.113}$$

式中：ν_i 是波数，I_i 是在这一波数的单色光的强度；光程差 x 是由干涉仪产生的，m 是调制效率，对于理想干涉仪，m 取 1。被调制后的激光光束的强度 I_{PL} 有

$$I_{\mathrm{PL}}=I_{\mathrm{PL0}}\left[\frac{1}{2}+\frac{1}{2}\cos(f_0t+\phi_1)\right] \tag{7.114}$$

式中，I_{PL0} 是 CW 激光器输出功率，ϕ_1 是此过程产生的相位差，而 f_0 是由干涉仪中控制校准和采样的 He-Ne 激光提供的，其频率为

$$f_0=2\pi\nu_0x/t \tag{7.115}$$

按照 Fuchs 等的设定，光致发光信号与激光器激发强度成比例 $I_i(t)=CI_{\mathrm{PL}}(t)$，从而

$$I_i(t)=I_i\left[\frac{1}{2}+\frac{1}{2}\cos(f_0t+\phi)\right] \tag{7.116}$$

这样

$$\begin{aligned}I_i(x)=&\frac{1}{2}I_i(2-m)\left[\frac{1}{2}+\frac{1}{2}\cos(f_0t+\phi)\right]\\&+\frac{1}{2}I_im\left[\frac{1}{2}+\frac{1}{2}\cos(f_0t+\phi)\right]\cos(2\pi\sigma_ix)\end{aligned} \tag{7.117}$$

将上式第二项进行积化和差，得到

$$\begin{aligned}I_i(x)=&\frac{1}{2}I_i(2-m)\left[\frac{1}{2}+\frac{1}{2}\cos(f_0t+\phi)\right]+\frac{1}{2}I_im\cdot\left\{\frac{1}{2}\cos(2\pi\sigma_0t+\phi)\right.\\&\left.+\frac{1}{4}\cos[2\pi(\sigma_0+\sigma_i)t+\phi]+\frac{1}{4}\cos[2\pi(\sigma_0-\sigma_i)t+\phi]\right\}\end{aligned} \tag{7.118}$$

这样，经干涉仪调制后的光致发光信号的强度各有 50%传递到了调制频率 f_0 的两边，对于一般的商业傅里叶变换光谱仪，采用的是 He-Ne 激光，f_0 约为 15798cm^{-1} 波数，这使得测得的光致发光信号避开了 4 到 5μm(2500cm^{-1} 到 2000cm^{-1})以上的背景黑体辐射区，从而可以获得高质量的光致发光光谱，其优点是明显的，但是，$I_i(t)=CI_{\mathrm{PL}}(t)$ 式所作的假定并不是总能满足的，对于在这一波段进行研究的窄禁

带半导体来说，非平衡光生载流子的主要辐射复合机构有：带到带(band-to-band)、束缚态到带(bound-to-free)、束缚激子(BX，包括中性施主束缚激子 D^0X 和中性受主束缚激子 A^0X)、自由激子(FX)和施主受主对(D^0A^0)的辐射复合跃迁，在这些机制中，对于一般常规的光致发光测量(激发光子能量远大于禁带宽度)来说，只有FX和束缚态到带发光能严格地满足这一假设(Schmidt et al. 1992a, 1992b)。因而，这种方法对别的跃迁机制的发光测量，不可避免地会造成光谱图的畸变，模拟计算的结果也证明了这一点。

(3) 双调制傅里叶变换红外光致发光技术。双调制技术是 Griffiths 等(1986)提出的,这种方法的基本思想是在傅里叶变换光谱仪中 Michelson 干涉仪调制的基础上，对用来激发的 CW 激光进行更高频率的调制，探测器探测到的光致发光信号经前放后，由锁相放大器解调制再加以放大，然后再送入傅里叶变换光谱仪中进行开关增益放大和滤波，最后经 A/D 转换，由计算机解傅里叶变换得到光谱(常勇 1995)。可以看出，为了获得高质量的谱图，对激发光进行调制的频率应远大于干涉图中最高频率分量，而且其周期还应该远小于锁相放大器的积分时间常数，而这个积分时间常数又受到光谱仪采样周期的制约，积分时间常数应略小于或等于采样周期以获得尽可能大的信噪比。以前所采用的双调制技术，由于受到机械斩波器的限制，调制频率难以提得很高，大多只能将调制频率比干涉图中的最高频率分量大 10 倍左右，一方面使得扫描速度不能提高，另一方面也使信噪比降低。但是，如果提高调制频率，以上问题是可以解决的。因此，可选用可以达到较高调制频率的声光调制器，将调制频率提高，从而可以将测量的质量进一步地加以提高。

双调制傅里叶变换红外光致发光测量设备的组成如图 7.68 所示，CW 激光器产生的激发光以 Bragg 角入射声光调制器(AOM)，取第一级衍射光束作为输出，使光的强度被调制器调制成 100kHz 的方波输出。然后，用这种被调制的光激发放在制冷器中的样品，得到以相同频率变化的光致发光信号，发光为抛物面镜收集，成平行光送入傅里叶变换红外光谱仪，经其中的 Michelson 干涉仪的调制，为红外探测器所探测。探测器的前放后接锁相放大器，声光调制器的调制信号作为参考信号也送入锁相放大器，这样，只有和激发光同频率且保持一定相位差的光致发光信号能被检出和放大，背景黑体辐射信号被彻底压制掉。锁相放大器的输出再进行开关放大和滤波以及傅里叶变换，从而得到消除背景干扰的光致发光光谱。

在实验中，以下问题是需要注意的：

(1) 声光调制器调制频率的选择：从理论上讲，锁相放大器在一定的积分时间常数下，调制频率的提高有利于信噪比的提高，但是，红外探测器的响应时间是有限的，频率的提高反而会使探测率 D^* 下降，图 7.69 所示为光导型 HgCdTe 红外探测器和 TGS 红外探测器的 D^* 与频率的依赖关系，可以看到，在这种实验中，TGS 热释电探测器因响应速度太慢而几乎无法使用。光伏型 HgCdTe 单元红外探测器的响应速度比光导型又有所提高，可以在更高一些的频率下使用。对装有光导型 HgCdTe 红外探测器的双调制傅里叶变换红外光致发光测量系统而言，实验证明，在 100kHz 左右，可以取得较好的信噪比。

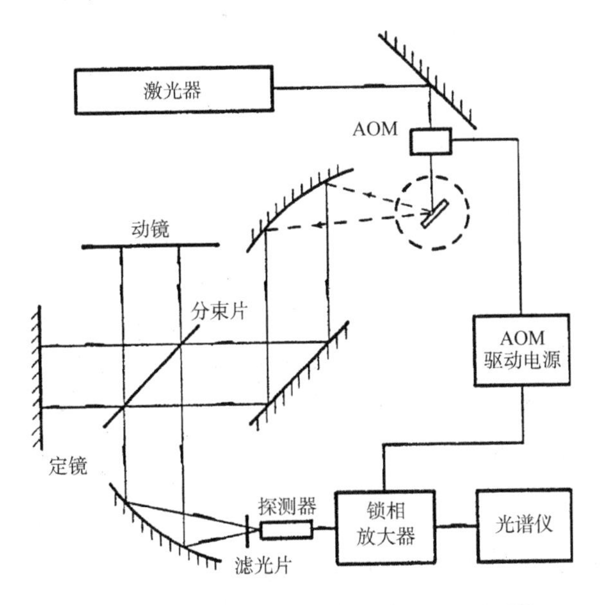

图 7.68　双调制傅里叶变换红外光致发光系统

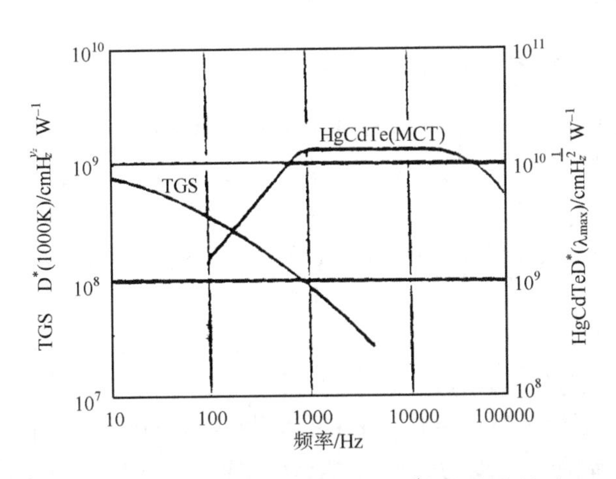

图 7.69　HgCdTe 和 TGS 探测器 D^* 与频率的关系

(2) 带通滤波器截止频率的选择：一束波数为 σ 的单色光，经动镜速度为 v 的 Michelson 干涉仪的调制，其强度会成为频率为 $2\sigma v$ 的正弦波。对于 Nicolet 800 型光谱仪，根据其动镜的移动速度，可以算出傅里叶变换光谱仪对不同波数的单色光进行调制后得到的正弦波的频率。在实际的光致发光测量中，由于分束片和探测器等的限制，测量往往是在一定宽度的波段中进行的，这样，经光谱仪调制后的信号的干涉图必然也有一定的频率范围，从而可以选用适当的带通滤波电路将不需要的噪声滤去，以提高测量的信噪比。

(3) 相位校正阵列的选取：傅里叶变换光谱仪在进行实际测量时为了消除电子电路等带来的附加相移，往往还要进行相位校正(Griffiths et al. 1986)。一般傅里叶光谱仪是采用自动校正的方法，先选用零光程差点(zero path point, ZPD)附近的一些点，典型值是 256，首先进行变换，在一般的光谱测量中，由于这些采样点一般信号强度是最强的，因而有较高的信噪比。用 ZPD 附近的这些点，系统可以计算出相阵 θ，即

$$\theta = \arctan(\mathrm{Im}_i / \mathrm{Re}_i) \tag{7.119}$$

式中：i 是列中的点，Im 和 Re 分别是变换结果的虚部和实部。一般情况下，只要信号较强，θ 可以基本上被认为是除去噪声的，是光谱的真正相阵。但是，在光致发光实验中，尤其是在双调制傅里叶变换红外光致发光测量中，由于信号很弱，噪声较大，一方面，可能使得 ZPD 的选择产生误差，另一方面，即使是 ZPD 附近的点，信噪比也不算高，从而会使相阵的计算误差较大，尤其是 ZPD 的选择失误会使信号发生大的畸变，所以，这种自动校正方法在信号较弱的 HgCdTe 光致发光测量中不可取。一种方法是采用操作者人工进行 ZPD 点的选取，然后进行相位校正；另一种方法是利用相同高、低通滤波器条件下的背景图，计算得到的相阵来进行相位校正。

7.5.3 Sb 掺杂 HgCdTe 的红外光致发光

$Hg_{1-x}Cd_xTe$ 的实际应用往往需要在 HgCdTe 材料中制备 pn 结，而 pn 结的制备又无法离开材料导电类型的转换。Sb 作为 VA 族元素，一般是为了使其作为受主杂质而掺杂入 HgCdTe 中的，人们希望通过它的掺杂(如注入或扩散等办法)，能将 n 型 HgCdTe 材料的部分区域转变为 p 型，从而获得所需要的 pn 结。然而，成功地实现这种导电类型转换和获得能达到要求的 pn 结，却在相当程度上依赖于人们对这种杂质行为的了解。所以，对 Sb 在 HgCdTe 中的杂质行为进行研究，是一件有意义的工作(常勇 1995)。

光致发光实验选用 Sb 掺杂 HgCdTe 单晶片(常勇 1995)，其中 p 型样品 DH04 Sb 掺杂较多，77K 载流子浓度为 $3.9\times10^{14}\mathrm{cm}^{-3}$；样品 DH01 77K Sb 掺杂较少，载流子浓度为 $1.3\times10^{13}\ \mathrm{cm}^{-3}$。实验用如下方法进行：样品放在 Oxford1204 液氦杜瓦中，输入液氦，杜瓦中在样品上方装有温度传感器和加热器，以保证温度的精确测量和控制。用 CW Ar^+ 激光器的 514.5nm 激光激发样品正表面，发光用抛物面镜收集，送入装有液氮制冷的 InSb 探测器的 Nicolet800 傅里叶变换光谱仪中进行分析。红外透射光谱使用 Oxford104 液氦杜瓦，以 Globar 为光源用相同的光谱仪进行测量。

尽管红外吸收光谱能够给出半导体的带边信息，但是如果用它来直接确定禁带宽度，需要考虑到样品厚度的影响。利用褚君浩等关于禁带宽度处的吸收系数 $\alpha(E_g)$ 的经验公式(Chu et al.　1983)，将带边附近的吸收系数 α 向高能方向外推至 $\alpha(E_g)$ 处，可以较精确地得到在各实验温度下的禁带宽度 E_g，有

$$\alpha(E_g) = -65.0 + 1.88T + (8694.0 - 10.31T)x \tag{7.120}$$

再从 E_g(eV)与组分 x、温度 T 的关系式可以确定样品组分 x。对于样品 DH04，得到组分值 x 约为 0.38。

图 7.70 所示为样品 DH04 在不同温度下的光致发光光谱，在较低温度下，它主要表现出 A、B 两个发光峰，但是，在较高温度下，B 峰减弱以致渐渐消失，只表现出较强的 A 峰；同样，另外一块掺杂浓度较低的样品 DH01 的光致发光光谱在图 7.71 中给出，可以发现其发光光谱和样品 DH04 有着相同的结构，即也表

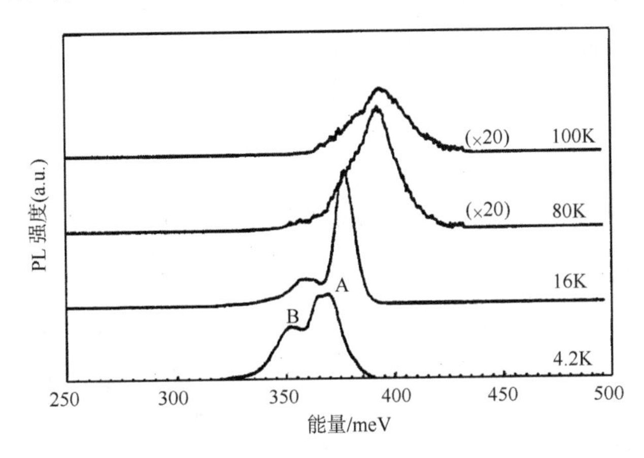

图 7.70　HgCdTe 在不同温度下的光致发光谱

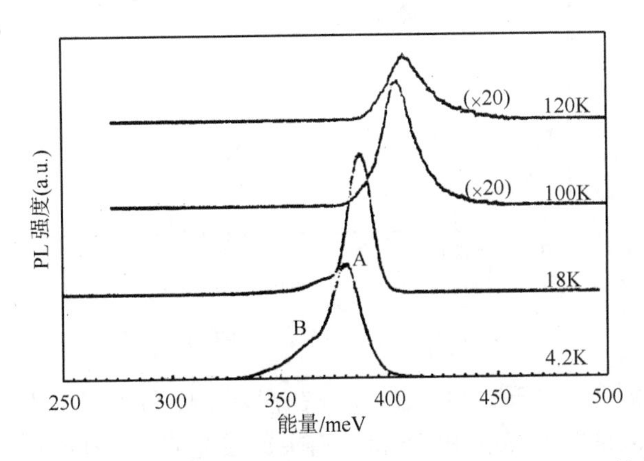

图 7.71　HgCdTe 在不同温度下的光致发光谱(掺杂浓度比较低)

现为 A、B 两个发光峰，而且，B 峰在较高的实验温度下也逐渐消失。两块样品相应的 A、B 峰与激发功率、实验温度的依赖关系基本类似，可以认为它们有着相同的起源。A 峰峰位、禁带宽度与温度之间的关系在图 7.72 中给出，在高温下，A 峰峰位与 E_g 吻合得很好，可以肯定这时 A 峰来源于导带至价带的辐射复合跃迁；但是，在较低的温度下则表现出较大的偏离，同时还可以看到在 4K 左右时，光致发光峰相比于 17K 左右的光致发光峰不但较宽，而且也较弱。这些实验结果说明，A 峰来源于局域激子的发光以及较高温度下的涉及带尾态的带带发光，在 4.2K 时较宽的光致发光峰正对应着 A 峰从中性浅施主束缚激子到局域激子发光的转变过程，由于 HgCdTe 较大的介电常数和较小的电子有效质量，使得类氢浅施主的杂质电离能很小，很低的温度就会发生电离而不再能束缚激子，束缚激子发光转化为局域激子的发光，同时，激子会随着温度的升高而发生分解，这和非故意掺杂 HgCdTe 的光致发光光谱类似；至于光致发光的反常温度依赖关系，也完全和非故意掺杂的情况类似，同样可以载流子的局域化来加以解释。4.2K 时，得到的附加局域能大约为 13meV，与有关文献(Lusson et al. 1990)的结果基本相近，有点偏大的原因可能是还要计入 Sb 掺杂对带尾的影响。我们认为 A 峰在 4.2K 时可能和未故意掺杂 HgCdTe 所表现的类似，为浅施主束缚激子发光和局域激子发光共同贡献的结果，随着温度的升高，浅施主发生电离，激子也渐渐分解，同时也还存在着热辅助解局域化的倾向，使得 A 峰逐渐向 E_g 靠近，最终和 E_g 重合，彻底转化为带到带的发光。

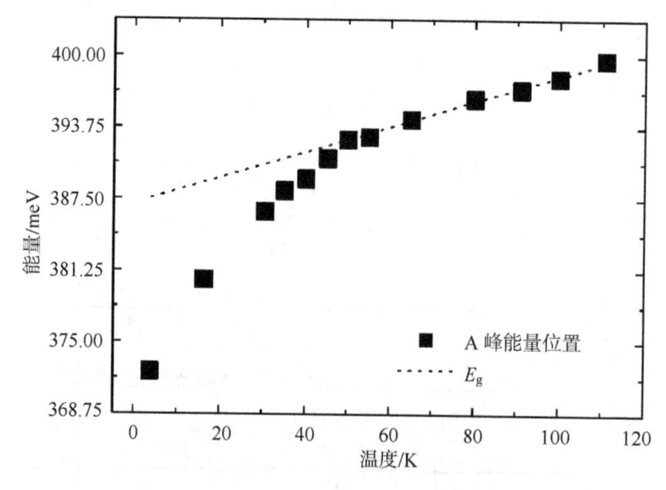

图 7.72　A 峰峰位、带隙和温度的依赖关系

B 峰仅在低温下才出现，注意到 B 峰在掺杂浓度高的样品的发光光谱中的相对强度更强，可以推断 B 峰是和 Sb 掺杂有关的发光峰。B 峰的峰位、发光强度与激光激发功率的关系分别如图 7.73、图 7.74 所示，它具有如下的特征：随着激发

功率的增加，峰位明显蓝移；发光强度随激发功率呈明显的饱和趋势。据我们所知，只能假定该峰来源于施主受主对(D^0A^0)的发光，以上两个特征才能得到较完满的解释。如果不考虑中性施主、受主的极化可能对辐射复合发光光子能量的微小影响，D^0A^0 发光的峰位与随机分布的施主、受主位置有关，可表述为

$$E = E_g - [E_D + E_A - e^2/(4\pi\varepsilon R)] \tag{7.121}$$

E_g 为带隙，E_D 和 E_A 分别为施主、受主能级，ε为介电常数，R 是参与跃迁的施主、受主间的距离。括号中的最后一项表征了施主、受主间的库仑相互作用。式(7.121)在施主受主间距比束缚的电子与空穴的等效玻尔半径大大约 3 倍以上时才有效，当在更小的间距时，要考虑到波函数的交叠而进行小的修正，不过，在这种情况下它们并不重要，可以忽略(Lannoo et al. 1981)。但是，当间距小于孤立束缚载流子的玻尔半径时，电离的(D^+A^-)对不再能束缚住自由载流子，因而跃迁概率显

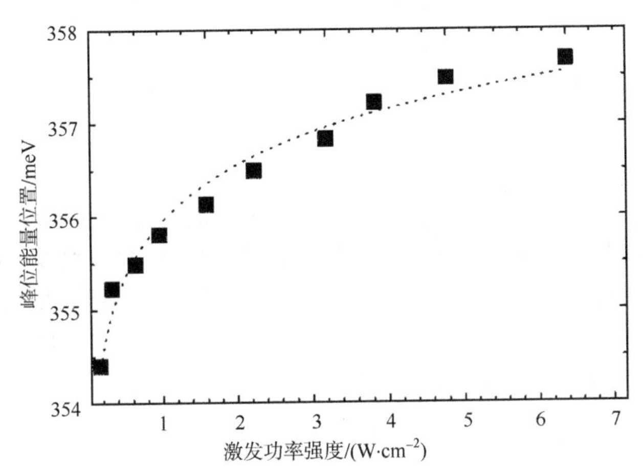

图 7.73　B 峰峰位的激发功率依赖关系：图中虚线是用式(7.122)拟合的结果

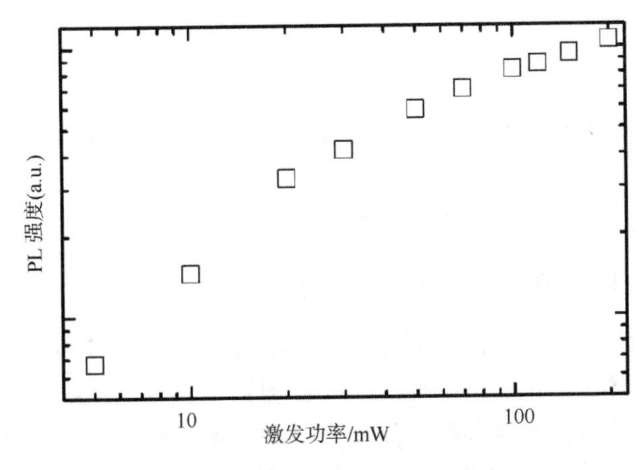

图 7.74　B 峰光致发光的激发功率依赖关系

著下降。B 峰的特性可以唯象地解释如下：D^0A^0 复合是通过隧穿实现的，因而跃迁概率是随间距增加而呈指数衰减，光生载流子可以通过随机分布的施主或受主非辐射地复合。一方面发光强度随 R 增加而减弱，另一方面，随着 R 的增大，发射同一能量光子的壳层 dR 内的 D^0A^0 的数目又随 R^2 而增加，因而发光强度与 R 之间必然存在着一个最大值。在很低的温度和激发功率下，R 的平均值很大，式(7.121)中的库伦作用项可以忽略，从而峰位 $E = E_g-(E_D + E_A)$。如果激发功率增加，平均间距减小，而跃迁概率随 R 减小急剧增加，从而较近间距的对贡献更多的光子，使得发光峰向高能方向移动。但是，如果激发功率加到足够大，使 R 平均值达到最小的施主受主间隔，PL 峰的能量位置会达到一个最大值而渐渐呈现饱和趋势。峰位的功率依赖关系可表述如下

$$E_p = E_{p0} + \beta(\lg P_1 - \lg P_2) \tag{7.122}$$

对于图 7.70 所示样品，β=1.98。另外，如果材料的补偿度很大，在一定的激发功率变化范围内，这种饱和趋势也会不很明显，而且补偿度越大，这种现象会越不明显(Yu　1977，Binsma et al.　1982)。

在一定的温度下，该峰发光强度随激发功率也呈现了一定的饱和趋势，这直接说明了与 B 峰有关的辐射复合过程是和会发生饱和的中心有关的。Schimidt 等(1992a，1992b)计算了在直接带半导体中和各种机制(例如自由激子(FX)、束缚激子(BX)、杂质到带(free to bound)以及 D^0A^0)有关的光致发光强度与激发功率的关系，认为在以上的各种机制中只有 D^0A^0 会表现出明显的饱和趋势。基于上述分析，可以断言 B 峰在低温下来源于 D^0A^0 发光。注意到 B 峰的相对积分光致发光强度 I_B/I 在相同的实验条件下，Sb 掺杂较多的，值也较大，如 15K 时，激发功率密度 7W/cm^2，对于 Sb 较少掺杂的 DH01，I_B/I=0.14，而 Sb 掺杂较多的 DH04，I_B/I=0.19，所以可以推断 B 峰是和 Sb 掺杂有关的发光峰。用类氢原子模型，计算得到 $x\approx0.38$ 的 $Hg_{1-x}Cd_xTe$ 中 $E_D\approx1.7$meV，因而，计算出 Sb 掺杂引入的受主能级约为 30meV。这和用类氢原子模型计算得到的受主能级能够较好地吻 合。

在上述实验中，用红外傅里叶变换光致发光方法研究了 Sb 掺杂 $Hg_{0.62}Cd_{0.38}Te$ 体单晶样品，观察到了带到带跃迁，局域激子 (LX)和浅施主束缚激子，以及施主受主对(D^0A^0)发光，并且确定了与 Sb 掺杂有关的位于价带顶上方约 30meV 的受主能级。这一结果与透射光谱结果与霍尔测量结果不同。

7.5.4 As 掺杂 HgCdTe 薄膜的红外光致发光

分子束外延(MBE)方法生长的 $Hg_{1-x}Cd_xTe$ 薄膜以其优良的性能已成为研制红外探测器的重要材料。光伏型结构的红外探测器因响应速度快，不仅可以用于高速直接检测，也可用于外差接收，而且它可在零偏压状态工作，有利于探测器功耗的降低；除此之外这一结构有利于制成面阵结构，并可与 CCD 耦合组成焦平面

器件。其中，在 n 型的 HgCdTe 材料基底上进行 p 型掺杂，制成 p-on-n 结构的光伏器件，被认为表面漏电流较小、且 n 型少数载流子有着较长的寿命，有利于探测效率的提高(Bubulac et al. 1987，Arias et al. 1989，Harris et al. 1991，Shin et al. 1993)。在当前的条件下，对 MBE 来说，通过对生长工艺条件的选取，如降低生长温度和增大 Hg 的束流(郭世平 1994)，可以生长出性能优良的 n 型 $Hg_{1-x}Cd_xTe$ 薄膜材料。为了制造光伏型红外探测器，常用离子(一般选用 As)注入方法对其掺杂，并在高 Hg 压下，以适当退火温度进行退火处理，使 As 占据 Te 位(Maxey et al. 1993)，以在表面获得几个微米的 p 型层，以制成 p-on-n 结构。所以，有必要对 As 在 $Hg_{1-x}Cd_xTe$ 中的掺杂特性进行研究。

常勇(1995)等选用的样品先在 GaAs 衬底上生长 5μm 厚的 CdTe 缓冲层，然后再在缓冲层上生长的 n 型 $Hg_{1-x}Cd_xTe$ 薄膜。后经 As 离子注入，又经适当退火温度和时间的退火处理，在表面形成大约 3μm 厚的 p 型区。样品放在 Oxford1204 液氦杜瓦中，输入液氦，使样品浸没在冷的氦气中，杜瓦中在样品上方装有温度传感器和加热器，以保证实验温度的精确测量和控制。用 CW Ar^+激光器产生的 514.5nm 激光激发样品正表面，荧光用抛物面镜收集，送入 Nicolet 800 傅里叶变换光谱仪中进行分析；光电流谱和红外透射光谱测量也在相同的光谱仪上进行，光源为 Globar。在实验完成后，用稀氢溴酸溶液腐蚀 1.5 分钟，重复上述实验过程以作为比较。对同一材料，相同的注入条件，而在比正常退火温度(450℃)分别低 50℃、100℃的退火温度下进行退火的另外两块样品，也以上述相同的条件进行了光致发光实验再次作为比较。图 7.75 是样品 1(正常温度下退火)腐蚀前后在室温下的透射光谱。

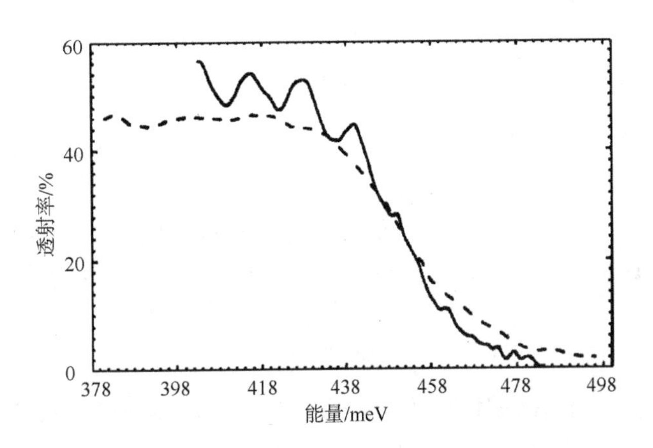

图 7.75 样品腐蚀前(实线)和腐蚀后(虚线)在 300K 温度下的红外透射光谱

从图中干涉峰的能量位置，可以得到 $Hg_{1-x}Cd_xTe$ 外延层的厚度 d，可以算得腐蚀前、后 $Hg_{1-x}Cd_xTe$ 外延层厚度分别为 10μm 和 7μm。从图 7.75 中，还可以直接得到样品的近表面处组分值 x 约为 0.39(Liu　1983)。这样利用禁带宽度 E_g 与组分 x 和温度 T 的关系式(3.106)(Chu　1983，1994)，可外推得到在各温度下该样品禁带宽度的值，也就得到了带到带跃迁发光峰所应在的位置。图 7.76 所示为用该样品制成的红外探测器线阵的光电流(PC)谱，结果和透射光谱所得到的基本吻合。

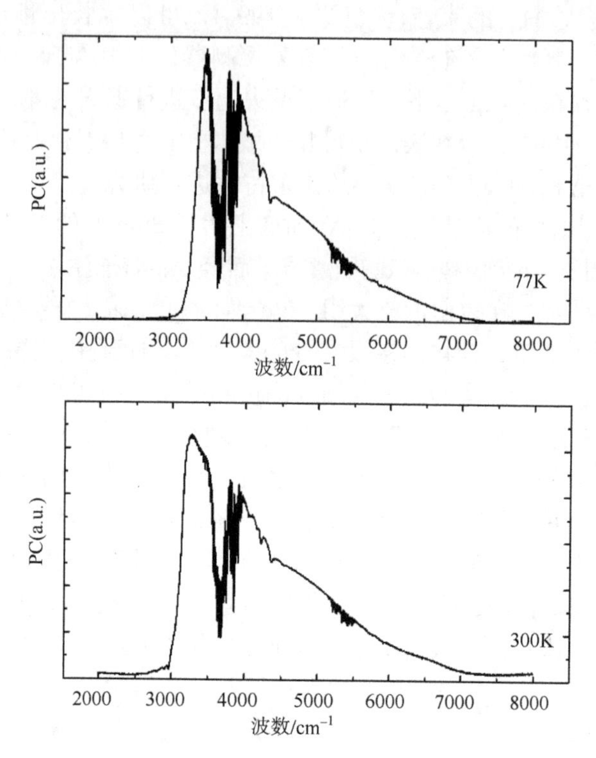

图 7.76　用同一个样品经 As 注入后退火制成的 p-on-n 光伏型探测器线阵的一个光敏元在零偏压下的光电流谱

图 7.77 中给出了样品在同一激发功率，不同实验温度下的光致发光光谱，可以明显地看到四个峰，在图上分别标为 A、B、C 和 D。

图 7.77 中各峰的峰值强度 $I_{P.PL}$ 与激发功率 P_I 的关系在图 7.78(b)中给出。从中可以看出，峰值强度与激光激发功率之间基本上存在着如下关系：

$$I_{P.PL} = CP_I^v \tag{7.123}$$

式中：C 是常数；v 是指数因子；从 v 的取值可以大体体现出该发光峰对应的跃迁机制(Schmidt et al.　1992a，1992b)。

对于 A 峰，A 峰的能量位置与 E_g 相近，且 A 峰光致发光强度在低温下(T<20K)较弱而较高温度下(T>20K)较强，且在任何温度下，在 A 的高能一侧无任何其他发光峰的存在，因而可以把 A 峰指认为带到带复合引起的发光。其余的三个峰，可

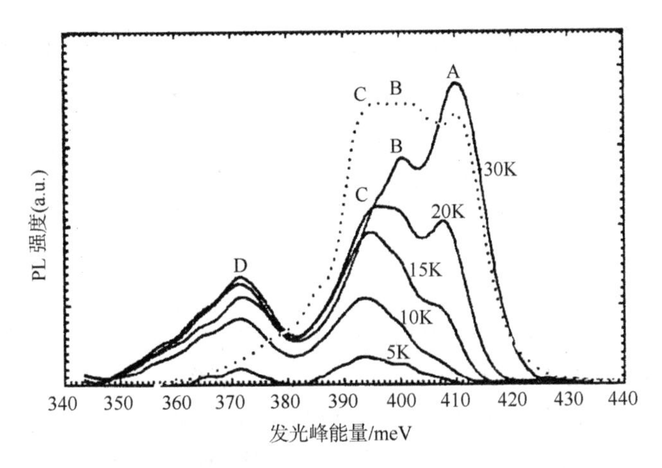

图 7.77　As 注入后 450℃退火的 HgCdTe MBE 薄膜在不同温度下的红外光致发光光谱，虚线是 400℃退火的薄膜的光致发光光谱

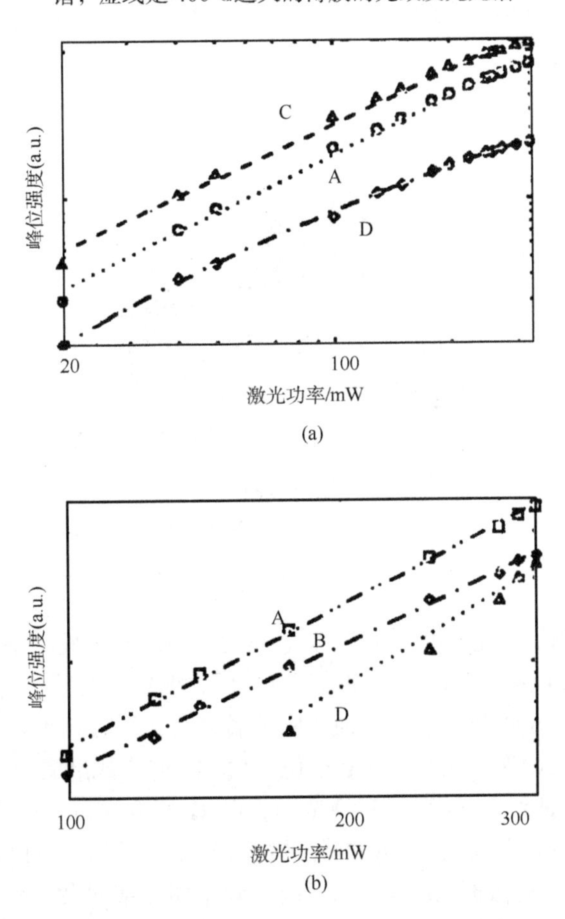

图 7.78　样品在被腐蚀前(b)和腐蚀后(a)光致发光光谱的主要发光峰积分发光强度与激发功率之间的关系

以以 A 峰作为基准进行讨论。图 7.79 是样品 1 经过腐蚀后的光致发光光谱。腐蚀后，样品减薄了约 3μm，而一般对 $Hg_{1-x}Cd_xTe$ 材料，在相同的注入剂量和相同的退火条件下，经二次离子质谱分析，表面下 3μm 注入杂质浓度已减少 2~3 个量级，可以认为杂质注入层基本去除。图 7.79 中可以看到相对于 A 峰，B 峰、D 峰明显减弱和 C 峰大大增强。可见 B 峰与 D 峰是与 As 杂质相关的发光峰，而 C 峰是与 As 杂质无关的发光峰。在图 7.78 中给出了腐蚀前后各峰峰值处发光强度随激发功率的变化关系。A 峰的峰位和特性与腐蚀前几乎没有变化，仍是带到带的跃迁，C 峰峰位随温度的变化关系与 A 相同，而且，它的峰位随激发功率无明显变化，峰值强度与激发功率间的关系见图 7.78，ν 略小于 A 峰，可以认为它起源于束缚激子发光。其峰位在 A 峰下 16~17meV，而对 x=0.39 左右的 $Hg_{1-x}Cd_xTe$ 材料，激子的结合能约为 1.5meV，这样可以得到杂质的能级为 14.5~15.5meV，和其他文献(Hunter et al. 1981，1982，Tomm et al. 1990，1994)的结果相对照，并利用文献(Kobayashi et al. 1982)的模型进行线性插值，可知它起因于 Hg 空位引起的受主能级束缚激子的发光。

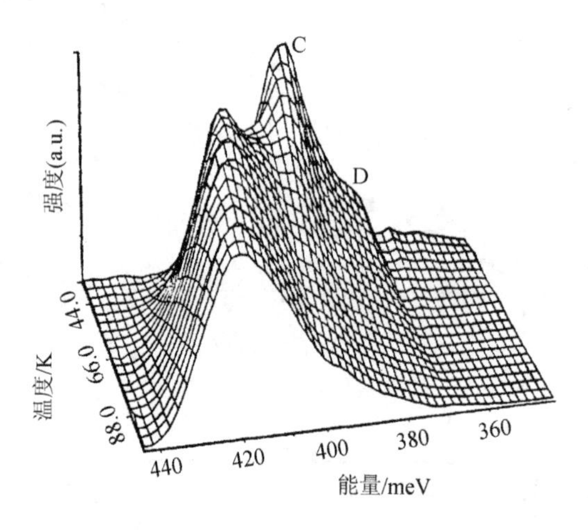

图 7.79　样品被腐蚀后在不同温度下的光致发光谱

关于 B 和 D 峰，从它们的峰位、峰值强度与温度和激发功率的关系看，B 峰也是和束缚激子发光有关。B 在腐蚀前很强，而在腐蚀后几乎不能分辨，而 Hg 空位有关的发光峰 C 在腐蚀前并不很强，腐蚀后才大大增强，可以认为在通过腐蚀去除注入层之前，As 杂质占据了 Hg 空位，使 Hg 空位数量减少，从而 C 峰弱，而 B 峰强，腐蚀去除注入层后，B 峰变弱，而 C 峰变强，可见 B 峰的产生是与 As 的注入有关的，同时又是与 Hg 空位的数目减少有关的，可以推断，B 峰是由于注入的 As 在退火后占据 Hg 空位而形成的施主能级束缚激子引起的发光，从 B 峰的峰位和 x=0.39 左右的 $Hg_{1-x}Cd_xTe$ 中的激子结合能的大小，可以得到 As 在 $Hg_{1-x}Cd_xTe$ 中占据 Hg 位，会形成一个约 8.5meV 的施主能级。

对于 D 峰，情况较为复杂。从图 7.77、图 7.79 样品腐蚀前后对比可看到，该峰在腐蚀前很强，在腐蚀后有所减弱，从这里可以看出 D 峰是和 As 的离子注入有关的发光峰。从图 7.78 (a)腐蚀后的样品的峰值强度与激光功率的关系图中可以看出，D 峰随功率的增加，有较明显的饱和趋势；而且，在较低的激发功率下，看到了 D 峰的峰值蓝移，这些都是 D-A 对发光的特点(Schmidt et al. 1992a，1992b)，因而可以判定，D 峰是 D-A 对引起的发光。但如果样品中施主、受主高度补偿，而实验中激发功率的变化又不是足够大，D-A 对发光的上述性质有可能看不到。在经过腐蚀后，As 的浓度降低了 2 至 3 个量级，使得补偿度大大降低，从而也使得 D 峰作为 D-A 对的性质清楚地在图 7.78 (a)中表现出来。

为了进一步确定 D 峰的起因，还进行了对比实验。图 7.77 中还给出了同一材料，但在低 50℃退火温度下退火而得到参考样品的光致发光光谱。可以看到，参考样品的光致发光光谱中，只能看到 A、B 和 C 三个峰，D 峰几乎无法分辨，这说明 D 峰不仅与 As 离子注入有关，而且和样品的退火温度有关。对 $Hg_{1-x}Cd_xTe$ 中注入的 As 来说，必须经过较高退火温度和较高 Hg 压下一定时间的退火，才能使 As 杂质以较大的概率占据 Te 位，成为受主杂质。可见 D 峰应是与 As 离子注入后经退火使 As 占据 Te 位形成的受主能级有关的 D-A 对发光峰，而且，参与发光的施主能级主要是由 As 占据 Hg 位引起的施主能级提供的。因为从光谱中只能明显地看到 As 占据 Hg 位引起的施主能级束缚激子的发光。

这样，从 D 峰的峰位和前面已得到的 As 占据 Hg 位引起的施主能级约为 8.5meV，便可以推断出在 x=0.39 左右的 $Hg_{1-x}Cd_xTe$ 中，As 占据 Te 位，产生的受主能级约为 31.5meV。

可见，用光致发光方法研究 As 掺杂 HgCdTe MBE 薄膜的杂质行为时发现，对离子注入后以不同退火温度退火的 x=0.39 的 $Hg_{1-x}Cd_xTe$ 外延薄膜材料，观察到了带到带的跃迁、束缚激子跃迁和 D-A 对发光，并发现了与 As 离子注入有关的两个能级，即 As 占据 Hg 位引起的导带底以下约 8.5meV 的施主能级和 As 占据 Te 位引起的价带顶以上约 31.5meV 的受主能级，从而直接从光致发光实验中观察到了 As 在离子注入的较高浓度下，表现出的双性杂质行为。

7.5.5 Fe 杂质在 HgCdTe 中的行为

近年来，在 $Hg_{1-x}Cd_xTe$ 应用研究中，人们探索在 $Hg_{1-x}Cd_xTe$ 中进行过渡元素和稀土元素掺杂，甚至重掺杂乃至制成四元化合物以加固键合较弱的 Hg-Te 键和使材料更适于器件应用(Piotrowski 1985，Yu 1995)；同时在 $Hg_{1-x}Cd_xTe$ 材料和器件工艺中，Fe 是一种难以完全避免的沾污源。利用红外透射、双调制 Fourier 变换光致发光等光谱学手段，以及 Hall 测量等电学手段，可以对 Fe 掺杂 $Hg_{1-x}Cd_xTe$ 的性质进行研究，研究发现 Fe 掺杂在 $Hg_{1-x}Cd_xTe$ (x=0.31)中引入的位于导带底下方约 80meV 的深施主能级。实验结果表明，尽管在低温下(<180K) Fe 在 $Hg_{1-x}Cd_xTe$

中表现出很低的电活性，但是它却能作为复合中心，成为材料中非平衡载流子的主要非辐射复合机构，减小非平衡载流子寿命，因而将直接影响 $Hg_{1-x}Cd_xTe$ 器件的性能。

常勇在实验中选用的样品是从移动加热法生长的 Fe 掺杂 $Hg_{1-x}Cd_xTe$ (x=0.31) 体材料上切下的,(常勇　1997)Fe 掺杂浓度在 $10^{18}cm^{-3}$ 以上。Hall 测量采用 Van der Pauw 法，测量温度从 77K 到 300K，磁场强度为 0.1T；红外透射实验用 Oxford104 液氦杜瓦，以硅碳棒为光源，用 Nicolet 800 傅里叶变换光谱仪在 1.9K 到 300K 的温度范围内进行测量；为了消除红外热背景的干扰，光致发光实验采用了双调制技术(Griffiths et al.　1986)，以获得高灵敏度的光致发光谱图。光致发光实验的温度范围是 3.9~300K。

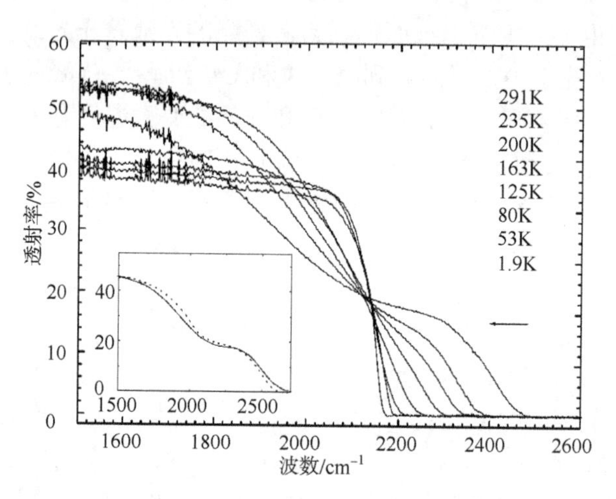

图 7.80　Fe 掺杂的 HgCdTe 样品在不同温度下的红外透射光谱。插图给出了 300K 温度下用电离杂质吸收和本征吸收拟合计算的结果(虚线)，拟合结果和实验结果的差别可能是由于 HgCdTe 组分的纵向不均匀造成的

图 7.80 所示为 Fe 掺杂样品在不同温度下的红外透射光谱，可以看到在较高温度下，本征吸收边以下存在着特有的明显的杂质吸收结构。这一吸收结构在室温下最为明显，随着温度的降低，吸收逐渐减弱，在 3.9K 时则完全观察不到。这一吸收结构的温度依赖关系说明相关的杂质是电离杂质，因而随着温度升高和杂质热电离，吸收逐渐加强。由于杂质态密度比导带价带态密度低得多，因而与之对应的吸收系数应该比带间跃迁的要小得多(Kurtz et al.　1993)，从而仅表现为一附加于主能带吸收边上的吸收肩胛。利用电离施主杂质到导带的跃迁和 HgCdTe 本征带到带吸收的吸收系数公式，对红外透射光谱实验得到的透过率结果用以下公式(4.2~300K)进行了拟合

$$T_r = \frac{(1-R)^2 \exp(-\alpha d)}{1-R^2 \exp(-2\alpha d)} \tag{7.124}$$

式中：T_r是透过率，α 是吸收系数，d 是样品厚度，为 0.75mm，R 是反射系数，由下式给出

$$R=\frac{(n-1)^2+k^2}{(n+1)^2+k^2} \tag{7.125}$$

式中：k 是消光系数，n 是折射率，由经验公式(7.126)给出(Liu　1994)

$$n(\lambda,T)=A+\frac{B}{1-(C/\lambda)^2}+D\lambda^2 \tag{7.126}$$

式中：A、B、C、D 各量均在 4.1 节式(4.30)中给出表述。其中 λ 是波长(单位 μm)，它与光子能量 $\hbar\omega$ (单位 meV)有一个简单的关系是

$$\lambda=1.24\times10^3/(\hbar\omega) \tag{7.127}$$

消光系数 k 由

$$k=\frac{\lambda}{4\pi}\alpha \tag{7.128}$$

给出，事实上，k 的影响是很小的。

拟合计算中的最主要参数α，考虑到杂质吸收的贡献，可以看作两种吸收机制贡献的叠加，即

$$\alpha=\alpha_{\mathrm{im}}+\alpha_{\mathrm{in}} \tag{7.129}$$

式中：α为本征带间吸收系数，α_{im} 为电离杂质吸收系数，在吸收边附近α_{in} 由吸收边经验公式(4.124)给出(Chu et al.　1991)，即

$$\alpha_{\mathrm{in}}=\alpha_0\exp\left[\frac{\delta}{k_{\mathrm{B}}T}\cdot\left(E-E_0\right)\right] \tag{7.130}$$

式中：各参量在 4.3 节的式(4.120)中给出表述。

而对于电离施主杂质到价带的跃迁，吸收系数 α_{im} 可由比例式得出(Seeger et al. 1980)

$$\alpha_{\mathrm{im}}\cdot\hbar\omega\propto\frac{N_{\mathrm{D}}\sqrt{\hbar\omega-(E_{\mathrm{g}}-\Delta\varepsilon_{\mathrm{D}})}}{g_{\mathrm{D}}\exp\left[-(\varepsilon_{\mathrm{D}}-E_{\mathrm{F}})/k_{\mathrm{B}}T\right]} \tag{7.131}$$

写成等式，可得到式(7.132)

$$\alpha_{\mathrm{im}} = \frac{C\sqrt{\hbar\omega - (E_{\mathrm{g}} - \Delta\varepsilon_{\mathrm{D}})}}{\hbar\omega\left(g_{\mathrm{D}}\exp\left[-(\varepsilon_{\mathrm{D}} - E_{\mathrm{F}})/k_{\mathrm{B}}T\right]\right)} \tag{7.132}$$

式中：N_{D}是施主杂质浓度，$\hbar\omega$为跃迁光子能量，E_{g}为禁带宽度，k_{B}是Boltzmann常数，g_{D}是 Fe 施主杂质能级的简并度，ε_{D}是施主能量，$\Delta\varepsilon_{\mathrm{D}}$是施主电离能，$\Delta\varepsilon_{\mathrm{D}} = E_{\mathrm{g}} - \varepsilon_{\mathrm{D}}$，$C$为拟合系数，Fermi 能级$E_{\mathrm{F}}$可由 Hall 测量得到的载流子浓度算出。这样得到的 300K 时透射实验数据的拟合计算结果如图 7.80 中的插图所示，整个拟合计算只有$\Delta\varepsilon_{\mathrm{D}}$(或$\varepsilon_{\mathrm{D}}$)、$x$、$C$和$g_{\mathrm{D}}$四个调整参数，而且其中组分$x$决定了透过曲线的吸收边部分，而杂质吸收部分则主要由杂质电离能$\Delta\varepsilon_{\mathrm{D}}$(或$\varepsilon_{\mathrm{D}}$)决定；其他的参数，$C$是比例系数，拟合计算结果表明对$g_{\mathrm{D}}$并不敏感，仅取常用值$g_{\mathrm{D}}$=2。拟合得到组分$x$=0.31，电离能$\Delta\varepsilon_{\mathrm{D}}$=80meV。这样，得到了 Fe 在$x$=0.31 的 HgCdTe 中引入的施主能级约为 80meV，在$E_{\mathrm{g}}/4$附近，是一个深能级。

由于 Fe 掺杂引入的能级较深，可以推断它对材料在低温下的导电特性的影响将是较小的，Hall 效应测量的结果也说明了这一点。图 7.81 是 77K 至 300K Hall 效应测量的结果，利用低温下平坦区的 Hall 系数，计算出有效浅施主浓度为$N_{\mathrm{D}}^{*}=1.06\times10^{14}\mathrm{cm}^{-3}$，如果不考虑 Fe 施主态的贡献，那么可由式(7.133)计算出载流子浓度

$$n_{\mathrm{i}}^{2} = n(n - N_{\mathrm{D}}^{*}) \tag{7.133}$$

式中：本征载流子浓度n_{i}可由下式给出(Chu et al.　1991)，具体推导见 8.1 节。

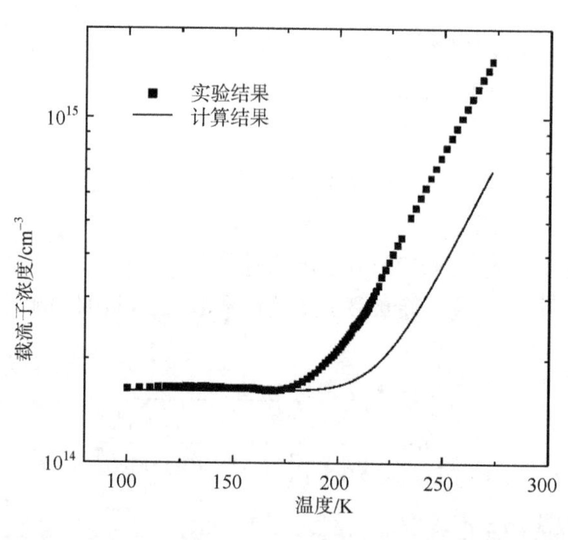

图 7.81　Fe 掺杂的 HgCdTe 样品在 77K 至 300K Hall 效应测量的结果。实线给出了用本征载流子浓度进行计算的结果，两者之差可解释为 Fe 能级上载流子的热电离

$$n_{\mathrm{i}}=\left(1+\frac{3.25k_{\mathrm{B}}T}{E_{\mathrm{g}}}\right)\cdot 9.56\times 10^{14}\cdot E_{\mathrm{g}}^{3/2}T^{3/2}\left[1+1.9E_{\mathrm{g}}^{3/4}\cdot\exp\left(\frac{E_{\mathrm{g}}}{2k_{\mathrm{B}}T}\right)\right]^{-1} \tag{7.134}$$

从如图 7.81 所示的计算结果中可以看到在 180K 以上温度实验测量得到的载流子浓度要明显高于计算结果，这是由于 Fe 杂质只有在较高温度下才发生电离，电子从杂质能级跃迁至导带，参与了电学输运过程，这样也就使得电子可以从价带向电离的 Fe 能级发生跃迁，从而在较高温度下可以发生电离杂质吸收，在红外透射光谱中观察到吸收肩胛，而在低温下由于杂质电离很少，这一吸收非常弱以至不能观察到。

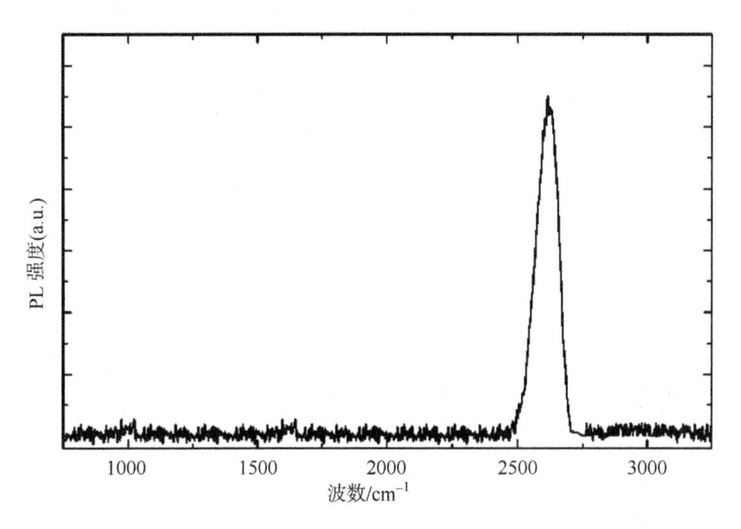

图 7.82　4.2K 时 Fe 掺杂的 HgCdTe 样品双调制傅里叶变换红外光致发光光谱，激发功率密度为 $8\mathrm{W/cm^2}$

尽管 Fe 掺杂对低温下的电学输运过程的影响很小，在红外透射光谱中也不能明显地观察到，但是它对非平衡载流子寿命的影响却是较明显的，并在低温光致发光谱上显现出来。双调制傅里叶变换红外光致发光的结果如图 7.82 所示，只能看到一个峰的发光结构，这个峰的峰位不随激发功率密度的增加而改变，积分发光强度和功率之间的关系也没有出现施主受主对发光所出现的饱和趋势，可以确认这个位于最高能端的发光峰是带带发光或是自由激子发光(Tomm et al. 1990，1994)。由于 HgCdTe 中激子结合能很小，两者仅相差不超过 3meV(Brice et al. 1987)，可以确认它是与 Fe 掺杂无关的，因为通过红外透射光谱得到的 Fe 掺杂能级是较深的，大约位于禁带宽度的四分之一处，在这一能量位置附近未发现任何明显的光致发光结构。这说明在这一能级有关的非平衡载流子的复合机制中，非辐射复合机制占有压倒优势。如果从 3.9K 升高温度，光致发光峰的积分强度会逐渐减弱，这说明存在某种热激活非辐射复合机制，研究这一光致发光峰的热激活猝灭机制，用如下的公式(7.135)(Binsma et al. 1982)对 60K 以上积分光致发光强度和温度之间的关系进行拟合

$$I_{\mathrm{PL}} = I_0 \left[1 + C \exp\left(-\frac{E}{k_{\mathrm{B}} T} \right) \right]^{-1} \tag{7.135}$$

式中：I_{PL} 是发光强度，I_0 是一标度，C 为一常数，E 是这一光致发光淬息过程所对应的能级的激活能，用最小二乘法得到的最佳拟合结果如图 7.83 所示，对应的激活能 E=78.3meV，这和用红外吸收方法得到的 Fe 掺杂能级(80meV)在实验误差范围内基本吻合。这说明 Fe 掺杂引入的杂质能级是光致发光淬灭的主要原因，由于 Fe 掺杂引入的能级较深，可以作为非平衡载流子进行间接复合的“台阶”，因而能够成为有效的非辐射复合中心，在光生非平衡载流子的复合过程中起了决定性的作用。

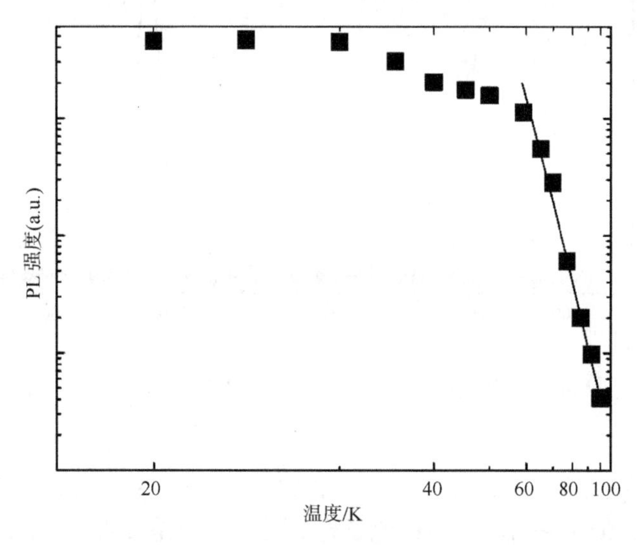

图 7.83 Fe 掺杂的 HgCdTe 样品的积分光致发光强度的温度淬灭关系(方点)。60K 以上实验结果的拟合计算结果在图中用实线给出，直线的斜率就是与光致发光淬灭有关的中心的热激活能，最小二乘法计算结果为 78.3meV

另外，叶润清等(1995)用微波反射技术测量了 Fe 掺杂晶片的非平衡载流子寿命，发现得到的平均寿命为 0.39μs，比高性能 n 型材料在寿命上有所下降，但寿命分布均匀性有所改善。蔡毅等通过形貌相分析手段(蔡毅等 1995a，1995b)，发现往往在 HgCdTe 的生长和后处理过程中，会对材料造成较强的应力作用，引入位错等缺陷，它们破坏了晶体的对称性从而会在禁带中部附近引入深能级，形成复合中心。位错等的分布一般都是不均匀的，这会导致样品寿命的分布表现出很大的离散性。考虑到掺杂能提高半导体材料的屈服应力，这一点已得到证实和应

用(Farges 1990)。Fe 掺杂引入的 Fe 原子和 HgCdTe 本身材料原子之间存在着较强的相互作用，它们提高了 HgCdTe 材料的屈服应力，降低了位错等的发生概率，从而使样品寿命的均匀性得到改善。这一问题还有待于进一步研究。

上面用红外光学与电学手段研究了 Fe 掺杂 $Hg_{0.31}Cd_{0.69}Te$ 体单晶样品，观察到 Fe 掺杂引起的光致发光强度随温度的变化关系，从这一关系中得到了 Fe 掺杂样品中存在的约 $E_g/4$ 的热激活非辐射复合中心，这和在红外透射光谱中观察得到的 Fe 掺杂引入的约 $E_g/4$ 的深施主能级基本吻合，也同时说明了 Hall 测量得到的结果。实验表明尽管 Fe 掺杂在 160K 以下温度对材料的导电特性无明显的影响，但引入的约 $E_g/4$ 的能级却是引起该材料中非平衡载流子发生复合的主要复合中心。

参 考 文 献

蔡毅，郑国珍，朱惜晨等. 1995a. 红外技术，17：9

蔡毅，郑国珍，朱惜晨等. 1995b. 红外与毫米波学报，13：143

蔡毅. 1986. 红外技术，8：471

常勇. 1995. 博士学位论文. 上海技术物理研究所

陈炜. 1990. 硕士论文. 上海技术物理研究所

褚君浩，Sizman R， Wollrab R，Koch F 等. 1989. 红外研究, 8：327

郭世平. 1994. 博士学位论文，上海技术物理研究所

黄河. 1988. 博士学位论文，上海技术物理研究所

凌仲赓，陆培德. 1984. 半导体学报，5 ：144

凌仲赓，王继元，陆培德. 1980. 红外物理与技术，1：30

沈杰，陈建中，陈咬齐. 1980. 红外物理与技术，1：1

沈学础. 1992. 半导体光学性质. 北京：科学出版社

汤定元. 1974. 红外物理与技术，6：345

汤定元. 1976. 红外物理与技术，4~5：53

唐文国，常勇，沈文忠. 1995. 中国科学院“八五”重大科研项目 KJ85-09 碲镉汞材料和器件应用基础研究九五论文集. 中国科学院上海技术物理研究所. 1995. 108

王珏. 1989. 博士学位论文. 上海技术物理研究所

王跃，蔡毅，何永成等. 1992. 红外技术，14：1~6

王作新，魏雪晶，赖德生等. 1984. 激光与红外，1：53

杨建荣. 博士学位论文, 1988

叶润清. 1995. 中国科学院“八五”重大基础项目，HgCdTe 材料和器件的应用基础研究，95 论文集. 中国科学院上海技术物理研究所. 165

于福聚. 1976. 红外物理与技术，4~5：30

袁皓心，童斐明，汤定元. 1983. 红外研究，6：3

郑国珍，韦亚一，沈金熙等. 1994. 红外毫米波学报，13：347

Arias J M，Shin S H，Pasko J G et al. 1989. J. Appl. Phys.，65：1747

Baars J，Hurrle A，Rothemund W et al. 1982. J. Appl. Phys.，53：1461

Barrs J，Seelewind H，Fritzsche Ch et al. 1988. J. Cryst. Growth，86：767

Bartlett B E，Capper P，Harris J E et al. 1980. J. Cryst. Growth，49：600

Bartoli F J，Hoffman C A，Meyer J R et al. 1986. J.Vac. Sci. Technol. A，4：2047

Beck J D et al. 1982. J. Vac. Sci. Technol.，21：172
Berding M A，Schlifgarrde M Van，Chen A. B. 1987. Phys. Rev. B，36：4279
Berding M A，Sher A，Schlifgarrde M Van et al. 1995. J. Electronic Materials，24：1127
Berding M A，Sher A，Schlifgarrde M Van et al. 1998a. J. Electronic Materials，27：605
Berding M A，Sher A，Schlifgarrde M Van et al. 1998b. J. Electronic Materials，27：573
Berding M A，Sher A. 1999a. J. Electronic Materials，28：799
Berding M A，Sher A. 1999b. Appl. Phys. Lett.，74：685
Berding M A，Sher A. 1998c. Phys. Rev. B，58：3853
Binsma J J M，Giling L J，Bloem J. 1982. J. Lumin.，27：35
Botha A P，Strydon H J，Marais M A. 1988. Phys. Res. B，35：420
Bubulac L O，Lo D S，Tennant W E et al. 1987. Appl. Phys. Lett.，50：1586
Bubulac L O，Tennant W E，Edwall D D et al. 1985. J. Vac. Sci. Technol. A，3：163
Bye K L. 1979. J. Mater. Sci.，14：619
Capper P，Gosney J J G，Jones C L et al. 1985. J. Cryst. Growth，71：57
Capper P. 1982. J. Cryst. Growth，57：280
Capper P. 1989. Prog. Cryst. Growth Charact. (UK)19：295
Capper P. 1991. J. Vac. Sci. Technol. B，9：1667
Casselman T N. 1981. J. Appl. Phys.，52：848
Chang Y. 1997. Chin. J. Semicond. 18：47
Chen M C，Dodge J A. 1986. Solid State Commun.，59：449
Chen M C，Tregilgas J H. 1987. J. Appl. Phys.，61：787
Chen Y P，Zheng G Z，Gong Y Q et al. 1990. Semicond. Sci. Technol.，5：S304
Cheung D T. 1985. J. Vac. Sci. Technol. A，3：128
Chu J H，Li B，Liu K et al. 1994. J. Appl. Phys.，75：1234
Chu J H，Mi Z Y，Sizmann R，Koch F，Wollrab R，Ziegler J，Maier H. 1992. J. Vac. Sci. Tech.，B 10：1569.
Chu J H，Mi Z Y，Tang D Y. 1991. Infrared Phys.，32：195
Chu J H，Xu S Q，Tang D Y. 1983. Appl. Phys. Lett.，43：1064
Chu J H. 1988. Fachkolloquium "II-VI-Halbleiter"，Jahrestagung der DGKK，Karlsruhe，Marz
Clopes V，Syllaios A J，Chen M C. 1993. Semicond. Sci. Technol.，8：824
Cole A，Carey G P，Silberman JA et al. 1985. J. Vac. Sci. Technol. A，3：206
Cotton V A, Wilson J A. 1986. J. Vac. Sci. Technol. A , 4:2177
Datsenko L I，Skorokod M Ya，Kislovski E N et al. 1985. Inorg. Mater.，20：1575
Daw M S，Smith D L，Swants C A et al. 1981. J. Vac. Sci. Technol.，19：508
Dean B E，Johnson C J，McDevitt S C et al. 1991. J. Vac. Sci. Technol. B，9：1840
Destefanis G L. 1985. J.Vac.Sci.Technol.A，3：171
Destefanis G L. 1988. J. Cryst. Growth，86：700
Dornhaus R et al. 1975. Solid State Commun.，17：837
Dornhaus R，Nimtz G. 1983. In：Springer Tracts in Modern Phys. Vol 98. Heidelberg：130
Easton B C，Maxey C D，Capper P et al. 1991. J. Vac. Sci. Technol. B，9：1682
Elliott C T，Melngailis I，Harman T C et al. 1972. J. Phys. Chem. Solids，33：1527
Fang F F，Howard W E. 1966. Phys. Rev. Lett.，16：797
Farges J P. 1990. In：Semicond. and Semimet. 31 , Eds. Willardson R K, Beer A C , ed. Semicond. and Semimetals Vol 31. New York：Academic Press
Fuchs F，Koidl P. 1991. Semicond. Sci. Technol. 6：C71
Fuchs F，Lusson A，Koidle P et al. 1990. J. Crystal Growth，101：673
Fuchs F，Lusson A，Wagner A et al. 1989. SPIE，1145：323
Garyagdyev G，Lynbchenko A V，Sultanmuradov S et al. 1988. Sov. Phys. J. (USA)，31：118

Ghenim L, Robert JL, Bousquet C et al. 1985. J. Crystal Growth, 72: 448
Glodeanu A. 1967. Phys. Status Solidi, 19: K43
Göbel E O. 1982. In: Pearsall T P, ed. InGaAs Alloy Semiconductors. New York: John Wiley &Sons Ltd, Ch.13
Gold M C, Nelson D A. 1986. J. Vac. Sci. Technol. A, 4: 2040
Goldman V J, Drew H D, Shayegan M et al. 1986. Phys. Rev. Lett., 56: 968
Gorshkov A V, Zaitov F A, Shagin S B et al. 1984. Sov. Phys. Solid State(USA), 26: 1787
Gough J S, Houlton M R, Irrine S J C et al. 1991. J. Vac. Sci. Technol. B, 9: 1687
Griffiths P R, Haseth J A. 1986. Fourier Transform Infrared Spectrometry. New York: John Wiley & Sons, Inc. Ch.1
Haldane F, Anderson P W. 1976. Phys. Rev. B, 13: 2553
Harris K A, Myers T H, Yanka R W et al. 1991. J. Vac. Sci. Technol. B, 9: 1752
Herman M A, Pessa M. J. 1985. Appl. Phys., 57: 2671
Higgins W M, Puitz G N, Roy R G et al. 1989. J. Vac. Sci. Technol. A, 7: 271
Hjalmarson H P, Vogl P, Wolford D J et al. 1980. Phys. Rev. Lett., 44: 810
Hughes W C, Austin JC, Swanson M C. 1991. Appl. Phys. Lett., 59: 938
Hughes W C, Austin JC, Swanson M C. 1994. J. Cryst. Growth, 138: 1084
Hunter A T, McGill T C. 1981. J. Appl. Phys., 52: 5779
Hunter A T, McGill T C. 1982. J. Vac. Sci. Technol., 21: 205
Iseler G W, Katalas J A, Strauss A J et al. 1972. Solid State Commun., 10: 619
Jones C E, Nair V, Lindqnist J L et al. 1982. J. Vac. Sci. Technol., 21: 187
Jones C E, Nair V, Polla D L.1981. Appl. Phys. Lett., 39: 243
Jones C L, Capper P, Quelch M J T. 1983. J. Cryst. Growth, 64: 417
Jones C L. 1987. In Brice J C, Chapper P, Eds. Properties of Cadmium Mercury Telluride.(EMIS Datareviews series No. 3) London: INSPEC, IEE, 151
Jones H. 1934. Proc. Roy. Soc. A, 144: 225
Kenworthy I, Capper P, Jones C L et al. 1990. Semicond. Sci. Technol., 5: 854
Kinch M A, Borrello S R. 1975. Infrared Physics., 15: 111
Kinch M A, Bran M J, Simmons A. 1973. J. Appl. Phys., 44: 1649
Klauer S, Wohlecke M, Kapphan S. 1992. Phys. Rev B, 45: 2786
Kobayashi A, Sankey O F, Dow J D. 1982. Phys. Rev. B, 25, 6387
Kurilo I V, Kuchma V I. 1982. Inorg. Mater., 18: 479
Kurta S R, Bajaj J, Edwall D D et al. 1993. Semicond. Sci. Technol., 8: 941
Kurtz S R.1993. Semicond. Sci. Technol., 8: 941
Lang D V. 1974. J. Appl. Phys., 45: 3022
Lannoo M, Bourgoin J. 1981. Point Defects in Semiconductors I. Theoretical Aspects. New York: Springer Verlag, Chap.2
Lastras-Martiner A et al. 1982. J. Vac. Sci. Technol., 21: 157
Lee S, Dow J D, Sankey O F. 1985. Phys. Rev. B, 31: 3910
Leftwich R F, Ward M J. 1988. SPIE, 930: 76
Li B, Y S Gui, Chen Z H et al. 1998. Appl. Phys. Lett., 73: 1538
Lines M E. 1984. Science, 226: 663
Litter C L, Seiler D G, Loloee M R. 1990. J. Vac. Sci. Technol. A, 8: 1133
Liu K, Chu J H, Li B et al. 1983. Appl. Phys. Lett., 43: 1064
Liu K, Chu J H, Tang D Y. 1994. J. Appl. Phys., 75: 4176
Liu L et al. 1976. Phys. Rev. Lett., 37: 435
Losee D L. 1975. Appl. Phys. Lett., 21: 54
Losee D L. 1975. J. Appl. Phys., 46: 2204
Lucovsky G. 1965. Solid State Commun., 3: 299
Lusson A, Fuchs F, Marfaing Y. 1990. J. Crystal Growth, 101: 673

Mahr G，Staszewski V，Wollrab R. 1989. SPIE，1106：1989
Malcher F，Nachev I，Ziegler A et al. 1987. Z. Phys. B，68：437
Marfaing Y. 1987. In Brice J C，Chapper P，Eds. Properties of Cadmium Mercury Telluride.(EMIS Datareviews series No. 3) London：INSPEC，IEE，32
Margues，Sham L J. 1981. Surf. Sci.，113：131
Maxey C D，Gale L G，Clegg J B et al. 1993. Semicond. Sci. Technol.，8：s183
Maxey C D，Whitlin P A C，Easton B C et al. 1993. Semicond. Sci. Technol.，6：c26
Merilainen C A, Jones C E, 1983. J. Vac. Sci. Technol. A, 1:1637
Mirsky U，Shechtman D. 1980. J. Electron. Mater.，9：933
Mosser V，Sizmann R，Kach F et al. 1988. Semicond. Sci. Technol.，3：808
Mott N，Jones H. 1936. The theory of the properties of Metals and Alloys. Oxford
Murakami S，Okamoto T，Maruyama K et al. 1993. Appl. Phys. Lett.，63：899
Myles C W. 1988. J. Vac. Sci. Technol. A，6：2675
Myles C W. 1987. The U. S. Workshop on the Phys and Chem of HgCdTe, New Orleans，Louisiana，P. O/DI-31
Nemirovsky Y，Fastow R，Meyassed M et al. 1991. J. Vac. Sci. Technol. B，9：1829
Ohkawa F J，Uemura Y. 1974. J. Phys. Soc. Jpn.，37：1325
Ouadjaout D，Marfaing Y. 1990. Phys. Rev. B，41：12096
Palfrey H D. 1989. SPIE，1106：79
Pankove J I. 1975. Optical Processes in Semiconductors. New York：Dover Publications Inc.，Ch.6
Perez J M，Furneaux J E，Wegner R J. 1988. J. Vac. Sci. Technol. A，6：2681
Petersen P E. 1970. J. Appl. Phys.，41：3465
Petersen P E. 1983. In：Willardson R K，Beer A C，eds. Semiconductors and Semimetals. **Vol 18**. New York：Academic Press，Ch.6
Petrov V I，Gareeva A R. 1988. Bull.Acad.Sci. USSR Phys.Ser.(USA)，52：110
Piotrowski T. 1985. J. Crystal Growth，73：117
Polla D L，Aggarwal R L，Mroczkowski J A et al. 1982. Appl. Phys. Lett.，40：338
Polla D L，Jones C E. 1980. J. Appl. Phys.，51：6233
Polla D L，Jones C E. 1980. Solid State Commun.，36：809
Polla D L，Jones C E. 1981. J. Appl. Phys.，52：5118
Pratt R G，Hewett J，Capper P. 1986. J. Appl. Phys. 60：2377
Pratt RG，Hewett J，Capper P et al. 1983. J. Appl. Phys.，54：5152
Rosback J P，Harper M E. 1987. J. Appl. Phys.，62：1717
Rosemeier R G. 1985. J. Vac. Sci. Technol. A，3：1656
Ryssel H，Lang G，Biersack J P et al. 1980. IEEE Trans. Electron Devices，ED-27：58
Saginov L D，Stafeev V I，Fedirko V A et al. 1982. Sov. Phys. Semicond. (USA)，16：456
Sasaki T，Oda N，Kawano M et al. 1992. J. Cryst. Growth，117：222
Schaake H F. 1986. J. Vac. Sci. Technol. A，4：2174
Schaake H F. 1988. Proc. SPIT-Int. Soc. Opt. Eng. (USA)，946：186
Schacham S E，Finkman E. 1995. J. Appl. Phys.，57：2001
Schmidt T，Lischka K，Znlehner W. 1992a. Phys. Rev. B，45：8989
Schmidt T，Daniel G，Lischka K. 1992b. J. Crystal Growth，117：748
Schmit J L，Stelzer E L. 1969. J. Appl. Phys.，40：4865
Scott W，Stelzer E L，Hager R J. 1976. J. Appl. Phys.，47：1408
Seeger K. 1980. 徐乐、钱建业译.半导体物理，北京：人民教育出版社
Shi X H，Rujirawat S，Sivananthan S et al. 1998. Appl. Phys. Lett.，73：638
Shin S H，Arias J M，Edwell O D et al. 1991. Proc. 1991 US Workshop on and Chem of MCT and II-VI Compounds. 69
Shin S H，Arias J M，Zandiar M et al. 1993. J. Electron. Mater.，22：1039

Shin S H，Chu M，Vanderwyck A H B，Lanir M et al. 1980. J. Appl. Phys.，51：3772
Stahle C M，Helms C R. 1987. J. Vac. Sci. Technol. B，5：1092
Swart C A，Daw M S，McGill T C. 1982. J. Vac. Sci. Technol.，21：198
Swink L W，Brau M J. 1970. Metall.Trans.，3：629
Syllaios A J，Williams M J. 1982. J. Vac. Sci. Technol.，21：201
Sze S M. 1969. Phys. of Semicond. Dev. New York：Wiley，429
Takada Y，Arai K，Uchimura N，Umura Y. 1980. J. Phys. Soc. Jpn.，49：1851
Tomm J W，Herrmann K H，Hoerstel W et al. 1994. J. Crystal Growth，138：175
Tomm J W，Herrmann K H，Yunovich A E (Review article). 1990. Phys. Stat. Sol. (a) ，122：11
Tregilgas J，Beck J，Gnade B. 1985. J. Vac. Sci. Technol. A，3：150
Vodop'yanov L K，Kozytev S P，Spitsyn A V. 1982a. Sov. Phys. Semicond. (USA)，16：502
Vodop'yanov L K，Kozytev S P，Spitsyn A V. 1982b. Sov. Phys. Semicond. (USA)，16：626
Vydyanath H R，Donovan J C，Nelson A D. 1981. J. Electrochem. Soc.，128：2625
Vydyanath H R，Kroger F A. 1982. J. Electron. Material，11：111
Vydyanath H R. 1982. Proceeding of the Materials Research Society annual Meeting, Boston, MA, USA. Nov. 1981. New York：North-Holland. 347
Vydyanath H R. 1990. Semicond. Sci. Technol.，5：213
Vydyanath H R. 1991. J. Vac. Sci. Technol.B，9：1716
Yoshikawa M，Ueda S，Maruyama K et al. 1985. J. Vac. Sci. Technol. A，3：153
Yu F，Xu S，Zhang S. 1990. Infrared Phys.，30：61
Yu I M, Tarasov G G, Tomm J W. 1995. Proceedings of 7th Int. Conf. On narrow Gap Semicond. Bristol：IOP Publishing Ltd. 110
Yu P W. 1977. J. Appl. Phys.，48：5043
Zanio K. 1978. In：Willardson R K，Beer A C，ed. Semicond. and Semimetals Vol 13. New York：Academic Press
Ziep O. 1980. Phys. Stat. Sol.(b)，99：129

第 8 章　复　合

8.1　复合机制和寿命

8.1.1　复合机制

处于热平衡状态的半导体材料，在一定温度下，载流子的浓度是一定的，一方面载流子产生，一方面载流子复合，产生与复合平衡，但是这种热平衡状态是相对的，有条件的。如果对半导体施加外界作用，破坏了热平衡的条件，这就迫使它处于非平衡状态，这时半导体中的载流子浓度比平时多，多余的载流子称为非平衡载流子。如果这时施加的外界作用取消，由于载流子的复合概率大于产生概率，非平衡载流子逐渐消失，半导体又恢复到平衡态，非平衡载流子的平均生存时间称为非平衡载流子的寿命。不同的材料非平衡载流子的寿命是不同的，一般来讲完整的锗单晶中的寿命可超过 10^{-2}~10^{-3}μs，纯度和完整性特好的硅一般可达 10μs 以上，砷化镓的寿命较低约为 10^{-2}~10^{-3}μs 或更低，一般 HgCdTe 的寿命在 1μs 的数量级。即使是同样的材料，不同条件下，寿命也可以在一很大范围内变化。

HgCdTe 红外探测器起初主要发展本征光导型器件，后来发展本征光伏型器件，无论是光导还是光伏型器件都与材料中的光激发载流子的寿命密切相关。事实上光伏型红外探测器的最佳性能就是由俄歇复合支配的少数载流子的寿命决定的。

剩余载流子可以通过光激发、X 射线、γ 射线电子以及其他粒子照射的途径，以及电注入等途径引进到半导体中去，使半导体离开热平衡状态。一般来说，剩余载流子是以电子-空穴对的形式产生的，在注入过程中或注入以后，它们发生复合，使半导体弛豫到原来的热平衡状态。

在半导体中基本的复合过程有三种：Shockley-Read 复合，辐射复合和俄歇(Auger)复合，在半导体中产生的少数载流子通过这三种复合过程达到动力学平衡态。这三种复合过程由图 8.1 来表示。

Shockley-Read 复合需要有在禁带中的深能级中心，导带中的电子通过复合中心与价带中的空穴复合。这种复合过程，可以通过改进材料工艺，使材料中尽可能没有复合中心而避免。因而它不是本征的，并不决定器件的最终性能。辐射复合使导带中电子跃迁到价带与价带中的空穴复合，与此过程相伴，放出能量为 $h\nu$ 的光子，可以通过荧光光谱来检测、这种复合过程是本征的，它与光吸收过程正好是相反的过程。关于辐射复合的机制早在 1954 年 Boosbroeck 和 Shockley 的论文(1954)中就已经加以阐述。俄歇复合过程由图 8.1(c)所示，导带中的电子跃迁到价带与空穴复合，放出的能量把导带中另一个电子从导带底激发到导带底高能态上去，当然以后这个电子还会弛豫到导带底而放出声子。这种复合过程也是本征的，它与碰撞电离过程正好是相反的过程。在碰撞电离过程中导带中高能态的电子跌到导带底放出的能量把价带电子激发跃迁到导带底而形成电子空穴对，如图 8.2 所示。在该过程的初态包括一个高能量的电子，终态包括两个导带底的电子和一个价带空穴，与俄歇复合过程正好相反。在俄歇过程中，初态是三个粒子、两个导带电子和一个价带空穴，终态是一个导带中较高能态底电子(图 8.1(c))。由热平衡原理，则由碰撞电离产生的电子-空穴对产生率必须等于俄歇复合的湮灭率。

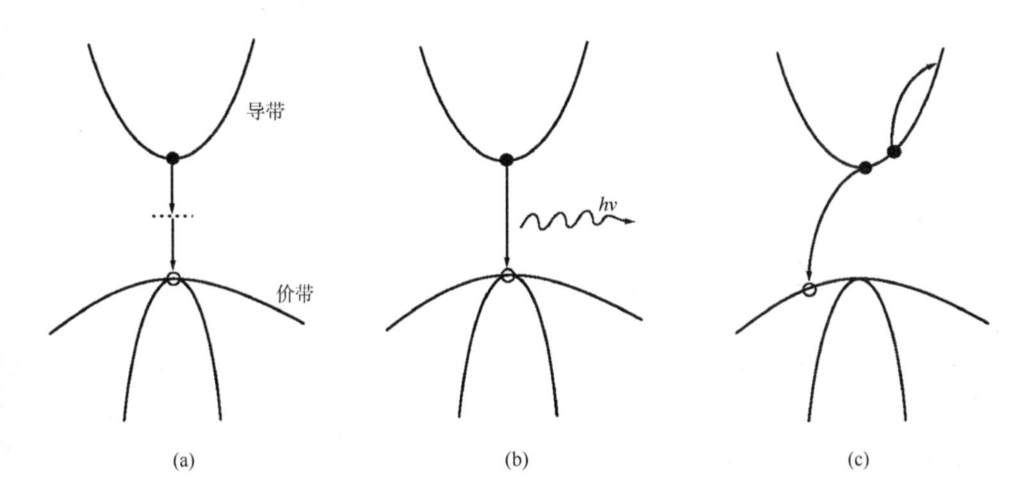

图 8.1　几种复合机制

(a) Shockley-Read 复合；(b) 辐射复合；(c) 俄歇复合

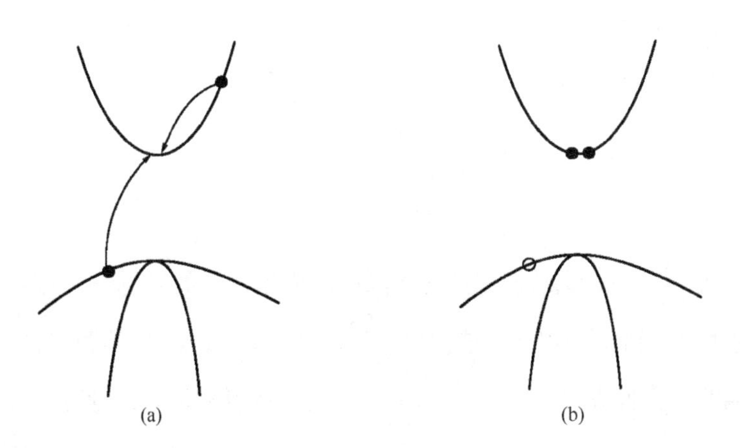

图 8.2　碰撞电离过程

(a) 初态；(b) 终态

8.1.2 连续性方程和寿命

载流子的产生和复合过程可以是由内部因素引起，也可能是外部因素造成的。可以设 $g_{\mathrm{i}}^{(n)}$ 、$g_{\mathrm{i}}^{(p)}$ 、$r_{\mathrm{i}}^{(n)}$ 、$r_{\mathrm{i}}^{(p)}$ 为电子或空穴由于内部因素引起的产生率和复合率，$g_{\mathrm{e}}^{(n)}$ 、$g_{\mathrm{e}}^{(p)}$ 、$r_{\mathrm{e}}^{(n)}$ 、$r_{\mathrm{e}}^{(p)}$ 为电子或空穴由于外部因素引起的产生率和复合率，则连续性方程为

$$\frac{\partial n}{\partial t}=-\frac{1}{e}\nabla\cdot J_{\mathrm{n}}+g_{\mathrm{i}}^{(n)}+g_{\mathrm{e}}^{(n)}-r_{\mathrm{i}}^{(n)}-r_{\mathrm{e}}^{(n)} \tag{8.1}$$

$$\frac{\partial p}{\partial t}=-\frac{1}{e}\nabla\cdot J_{\mathrm{p}}+g_{\mathrm{i}}^{(p)}+g_{\mathrm{e}}^{(p)}-r_{\mathrm{i}}^{(p)}-r_{\mathrm{e}}^{(p)} \tag{8.2}$$

半导体在绝热近似下，$g_{\mathrm{e}}=r_{\mathrm{e}}=0$，在没有电流情况下，$J=0$，则连续性方程变为

$$\frac{\partial n}{\partial t}=g_{\mathrm{i}}^{(n)}-r_{\mathrm{i}}^{(n)} \tag{8.3}$$

在稳态情况下，$\frac{\partial n}{\partial t}=0$，于是有

$$g_{\mathrm{i}}^{(n)}=r_{\mathrm{i}}^{(n)} \tag{8.4}$$

即稳态情况下，载流子的产生率等于复合率，彼此完全补偿，保持稳态。在这种情况下，载流子产生与复合过程伴随着与晶格振动交换能量。g_{i} 与 r_{i} 一般也用 g_0 与 r_0 表示，意义是稳态情况下的热激发率(或热产生率)与热复合率。此时载流子浓度为热平衡载流子浓度，分别为电子浓度 n_0 与空穴浓度 p_0，也是暗电流载流子浓度，在抛物带近似下

$$\begin{cases} n_0=N_{\mathrm{c}}\mathrm{e}^{-(E_{\mathrm{c}}-E_{\mathrm{f}})/kT} \\ p_0=N_{\mathrm{v}}\mathrm{e}^{-(E_{\mathrm{f}}-E_{\mathrm{v}})/kT} \\ n_0p_0=N_{\mathrm{c}}N_{\mathrm{v}}\mathrm{e}^{-(E_{\mathrm{c}}-E_{\mathrm{v}})/kT}=n_{\mathrm{i}}^2 \end{cases} \tag{8.5}$$

如果 $g_{\mathrm{i}}>r_{\mathrm{i}}$，则 $\frac{\partial n}{\partial t}>0$，则载流子浓度将随时间而增加，如果 $g_{\mathrm{i}}<r_{\mathrm{i}}$，则 $\frac{\partial n}{\partial t}<0$，即载流子浓度随时间而减小。在绝热近似下，半导体中无电流。同时与外界又无能量交换，因此连续性方程 $\frac{\partial n}{\partial t}=g_{\mathrm{i}}-r_{\mathrm{i}}\neq 0$，描写了一种载流子的弛豫过程。如果在一个外界因素导致载流子浓度的增加，即 $n-n_0=\delta n>0$，则复合将主导弛豫过程，$r_{\mathrm{i}}>g_{\mathrm{i}}$，如果 $n-n_0=\delta n<0$，则热产生将主导弛豫过程，$g_{\mathrm{i}}>r_{\mathrm{i}}$，定义

$$R = r_{\mathrm{i}} - g_{\mathrm{i}} \tag{8.6}$$

在平衡态情况，$r_{\mathrm{i}}= r_0$，$g_{\mathrm{i}}=g_0$，则 $R=0$。在有过剩载流子的非平衡状态，$R\neq 0$，所以 R 描写了过剩载流子弛豫复合的特性，表示单位时间单位体积内复合的自由载流子数目。连续性方程可以写为

$$\frac{\partial n}{\partial t} = -R(r, t) \tag{8.7}$$

假定单位时间单位体积内自由载流子复合的概率为 $1/\tau_n$,则 $R = \dfrac{n-n_0}{\tau_n}$,式(8.7)变为

$$\frac{\partial n}{\partial t} = -\frac{n-n_0}{\tau_n} = -\frac{\delta n}{\tau_n} \tag{8.8}$$

于是 $\delta n(t) = n(t) - n_0 \cong [n(0) - n_0]\mathrm{e}^{-t/\tau} = \delta n(0)\mathrm{e}^{-t/\tau}$ 。可见当外界因素撤销后，非平衡态将以一个特征参数τ弛豫到平衡态。τ叫做非平衡载流子弛豫时间，或简称寿命。在数值上τ是等于过剩载流子浓度弛豫时间减少到 1/e 的时间，可见τ是过剩载流子的平均寿命。

同样式(8.8)亦适用于空穴情况

$$\frac{\partial p}{\partial t} = -\frac{p-p_0}{\tau_p} = -\frac{\delta p}{\tau_p} \tag{8.9}$$

τ_p 是非平衡空穴的平均寿命，在数值上它与τ_n 并不相等。在上面情况下复合率正比于载流子浓度，所谓线性复合，电子有电子的弛豫寿命，空穴有空穴的弛豫寿命，并不产生电子与空穴复合的过程。在电子与空穴发生辐射复合过程时，电子与空穴的浓度变化率是相等的，并正比于它们的浓度的乘积，即

$$R = r(np - n_0 p_0) \tag{8.10}$$

以及

$$\frac{\partial n}{\partial t} = -r(np - n_0 p_0) = \frac{\partial p}{\partial t} \tag{8.11}$$

代入 $n = n_0 + \delta n$， $p = p_0 + \delta p$ ，有

$$\frac{\partial n}{\partial t} = \frac{\partial p}{\partial t} = -r(n_0\delta p + p_0\delta n + \delta p\delta n) \tag{8.12}$$

假定δp与δn都很少，有 $\delta n\delta p \ll n_0\delta p + p_0\delta n$ 。

并讨论 n 型材料的情况，$n_0 \gg p_0$，于是

$$\frac{\partial n}{\partial t}=\frac{\partial p}{\partial t}=-rn_0\delta p \tag{8.13}$$

方程的解为

$$\delta p(t)=[p(0)-p_0]e^{-rn_0t}=\delta p(0)\mathrm{e}^{-t/\tau} \tag{8.14}$$

这里

$$\tau=\frac{1}{rn_0} \tag{8.15}$$

如果过程载流子浓度很高，$\delta n \gg p_0, n_0$，则式(8.12)写为

$$\frac{\partial n}{\partial t}=-r\delta n\delta p \tag{8.16}$$

假定$\delta n=\delta p$

$$\frac{\partial \delta n}{\partial t}=\frac{\partial n}{\partial t}=-r(\delta n)^2 \tag{8.17}$$

或

$$\frac{\partial(\delta n)}{(\delta n)^2}=-r\mathrm{d}t \tag{8.18}$$

方程的解为

$$\frac{1}{\delta n(t)}=rt+C \qquad C=\frac{1}{\delta n(0)} \tag{8.19}$$

所以

$$\delta n(t)=\frac{\delta n(0)}{1+r\delta n(0)t} \tag{8.20}$$

这种情况所谓二次式复合，过剩载流子的减少按双曲线规律变化。

式(8.17)亦可写作

$$\frac{\partial \delta n}{\partial t}=-r(\delta n)^2=-\frac{\delta n}{\tau(t)} \tag{8.21}$$

其中：$\tau(t)=\dfrac{1}{r\delta n(t)}$，$\tau(t)$可以理解为瞬时寿命，是过剩载流子浓度的函数。

8.1.3 碲镉汞中复合机制和寿命的简要描述

半导体材料的体寿命，主要是由于其复合机制决定的，相对于锗、硅等禁带

较宽的半导体材料，HgCdTe 的禁带较窄，材料中的俄歇(Auger)复合是特有的，并且在很大范围内 HgCdTe 的体寿命主要是由它起决定作用的。

HgCdTe 中的非平衡载流子的体内复合机制主要有三种：带间直接的 Auger 复合，带间的直接辐射复合和以杂质或缺陷能级为复合中心的 Shockley-Read 复合。

1. Auger 复合(Kinch　1981)

对于载流子浓度较低的 n 型窄禁带半导体材料，俄歇过程一和过程七是主要的复合机制(Casselman　1980, 1981)，其本征俄歇一的复合时间为

$$\tau_{\mathrm{A1}}^{i}=3.8\times10^{-18}\varepsilon_{\infty}^{2}\frac{m_0}{m_{\mathrm{e}}^{*}}\left(1+\frac{m_{\mathrm{e}}^{*}}{m_{\mathrm{h}}^{*}}\right)^{\frac{1}{2}}\left(1+\frac{2m_{\mathrm{e}}^{*}}{m_{\mathrm{h}}^{*}}\right)\left(\frac{E_{\mathrm{g}}}{k_{\mathrm{B}}T}\right)^{\frac{3}{2}}\exp\left[\left(1+\frac{2m_{\mathrm{e}}^{*}}{m_{\mathrm{h}}^{*}}\right)\left(1+\frac{m_{\mathrm{e}}^{*}}{m_{\mathrm{h}}^{*}}\right)^{-1}\frac{E_{\mathrm{g}}}{k_{\mathrm{B}}T}\right]\left|F_1F_2\right|^{-2} \tag{8.22}$$

式中：$\left|F_1F_2\right|$ 为布洛赫周期函数的交迭积分。为了准确的拟合 x=0.2 的 HgCdTe 材料的实验数据，取 $\left|F_1F_2\right|=0.20$ 。

HgCdTe 的俄歇过程一和俄歇过程七的复合时间分别为

$$\tau_{\mathrm{A1}}=2\tau_{\mathrm{A1}}^{i}z^2/(1+z^2) \tag{8.23}$$

$$\tau_{\mathrm{A7}}=2\tau_{\mathrm{A7}}^{i}z^2/(z+z^2) \tag{8.24}$$

式中：$z=p/n_{\mathrm{i}}$ 。过程七和俄歇过程一的本征复合时间之比为

$$\varGamma=\frac{\tau_{\mathrm{A}_i}^{(7)}}{\tau_{\mathrm{A}_i}^{(1)}}=2\frac{m_{\mathrm{c}}^{*}\left(E_{\mathrm{th}}\right)}{m_0^{*}}\frac{(1-5E_{\mathrm{g}}/4k_{\mathrm{B}}T)}{(1-3E_{\mathrm{g}}/2k_{\mathrm{B}}T)} \tag{8.25}$$

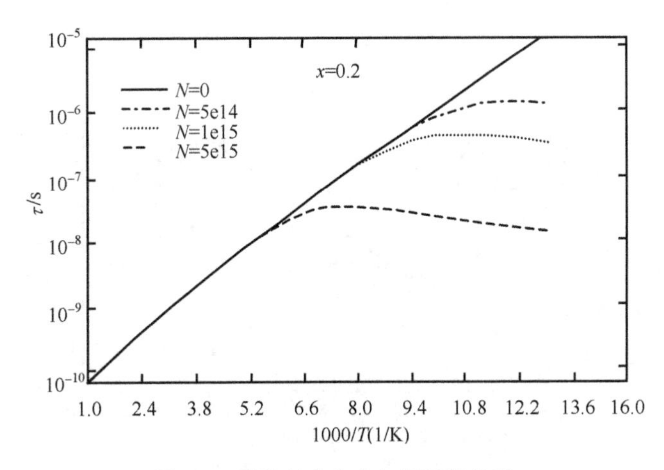

图 8.3　俄歇复合寿命与温度的关系

式中：m_0^* 和 $m_c^*(E_{th})$ 分别是导带底电子有效质量和能量为 E_{th} 处导带电子的有效质量；非平衡载流子的俄歇寿命 $\tau_A = \tau_{A1}\tau_{A7}/(\tau_{A1}+\tau_{A7})$。图 8.3 为体内俄歇寿命与温度 T 的关系。对于 p 型材料，俄歇过程三和俄歇过程七较为重要，具体见下一节中分析。

2. S-R 复合(Pines et al.　1980)

无论半导体材料多纯晶格完整性多好，材料中或多或少总存在一些杂质，晶格中总会出现一些杂质，它们将会在禁带中形成一些中间能级。这些能级的存在，使本来能量不足以进行直接复合的电子和空穴可以通过这些“阶梯”分步进行复合，这样就增加了非平衡载流子的复合概率。

S-R 复合寿命由 Shockley-Read 公式给出

$$\tau_{\text{S-R}} = \frac{\sigma_n(n_0+n_1+\Delta n)+\sigma_p(p_0+p_1+\Delta p)}{N_t\sigma_p\sigma_n v_T(n_0+p_0+\Delta p)} \tag{8.26}$$

小注入时

$$\tau_{\text{S-R}} = \frac{\sigma_n\left[n_0+n_i\exp\left(\frac{E_T-E_F}{k_BT}\right)\right]+\sigma_p\left[p_0+n_i\exp\left(\frac{E_F-E_T}{k_BT}\right)\right]}{\sigma_n\sigma_p v_T N_t(n_0+p_0)} \tag{8.27}$$

σ_p、σ_n 分别为空穴和电子的复合截面，在 10^{-13}~10^{-17}cm^2 的范围内，v_T 为 HgCdTe 中的电子热运动速率，$v_T=\sqrt{3k_BT/m_e^*}$。

对于 x=0.2 的 HgCdTe 取 $N_t=10^{14}\text{cm}^{-3}$，假定 $E_t=E_c-E_t$=21meV，$\sigma_p=\sigma_n=10^{-16}\text{cm}^2$，图 8.4 为 R-S 复合寿命对温度 T 的关系。低温下 $\tau_{\text{S-R}}$ 与 T 基本无关；中温下 $\sim\exp[-(E_g-E_t)/k_BT]$；高温下，由于电子的平均热能增加，所以别的机制起主要作用。

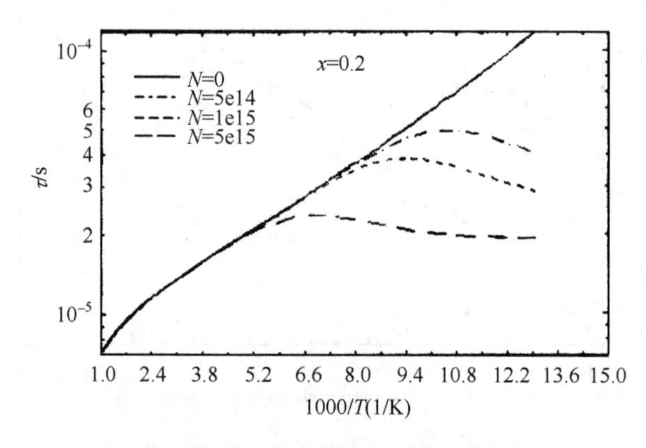

图 8.4　S-R 复合寿命与温度的关系

从图 8.5 可以看出当 E_t 同 E_i 很接近时，S-R 复合机制的作用很大，并同 $(E_t-E_i)/k_BT$ 近似呈指数关系，所以当杂质能级为深能级时，它对寿命才有影响。

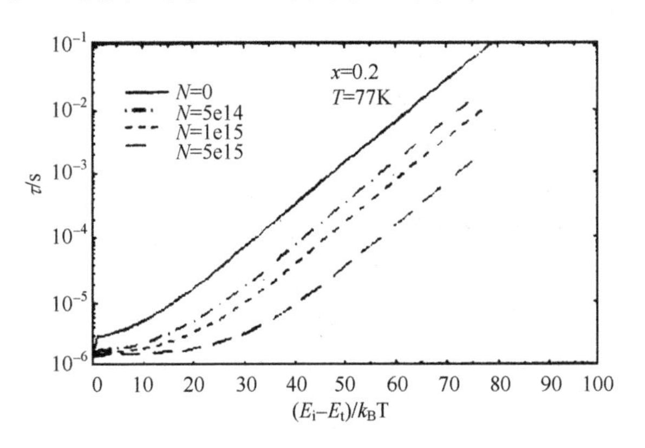

图 8.5 S-R 复合寿命与$(E_i$-$E_t)/k_BT$ 的关系

3. 辐射复合(Schacham et al. 1985)

根据 Roosbrock-Shockley 方法，带间的直接复合寿命

$$\tau_R = \frac{1}{B(n_0+p_0+\Delta p)} \tag{8.28}$$

$$B = 5.8\times10^{-13}\varepsilon_\infty^{\frac{1}{2}}\left(\frac{m_0}{m_e^*+m_h^*}\right)^{\frac{3}{2}}\left(1+\frac{m_0}{m_e^*}+\frac{m_0}{m_h^*}\right)\left(\frac{300}{T}\right)^{\frac{3}{2}}\left(E_g^2+3k_BTE_g+3.75(k_BT)^2\right) \tag{8.29}$$

图 8.6 为体内辐射复合寿命对温度 T 的关系，可以看出小信号下辐射寿命，在低温下基本与温度无关，中温下与 $\exp\sqrt{1/T}$ 呈正比关系。

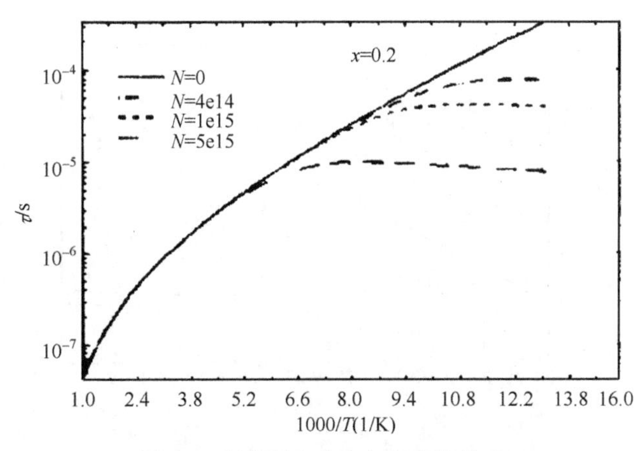

图 8.6 辐射复合寿命与温度的关系

4. 辐射复合体寿命

HgCdTe 材料中，以上三种复合机制共同存在共同起作用，所以体寿命为

$$\tau_{\mathrm{B}}=\left(\frac{1}{\tau_{\mathrm{A}}}+\frac{1}{\tau_{\mathrm{S\text{-}R}}}+\frac{1}{\tau_{\mathrm{R}}}\right)^{-1} \tag{8.30}$$

将图 8.7 与图 8.3 比较可以看出，对于小组分的 HgCdTe 材料，无论是在低温还是中温下，体寿命主要是由俄歇复合决定的。

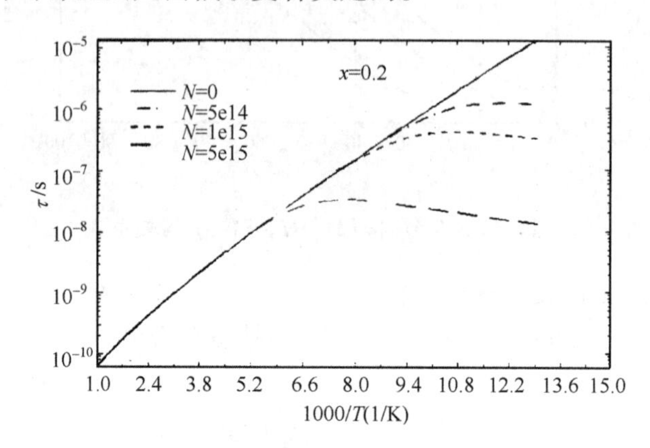

图 8.7　体寿命与温度的关系

图 8.8 为 77K 理论计算的体寿命 τ_{B}(包括俄歇复合 τ_{A}、辐射复合寿命 τ_{R} 以及 S-R 复合寿命 $\tau_{\mathrm{S\text{-}R}}$)，由于温度低，电子的热能比较低，当掺杂 $N_{\mathrm{d}}=5\times10^{14}\mathrm{cm}^{-3}$ 时，组分 $x<0.2$ 的 HgCdTe 的俄歇寿命占主导地位，这是因为此时材料的禁带宽度比较小，电子的热运动提供的能量就足够进行俄歇复合和辐射复合，但随着组分逐渐增大，由于禁带宽度也随之增加，大大超过了电子能量，俄歇复合和辐射复合的概率很小，这时电子通过中间能级进行的 S-R 复合概率增大。当 $x>0.23$ 时，这时

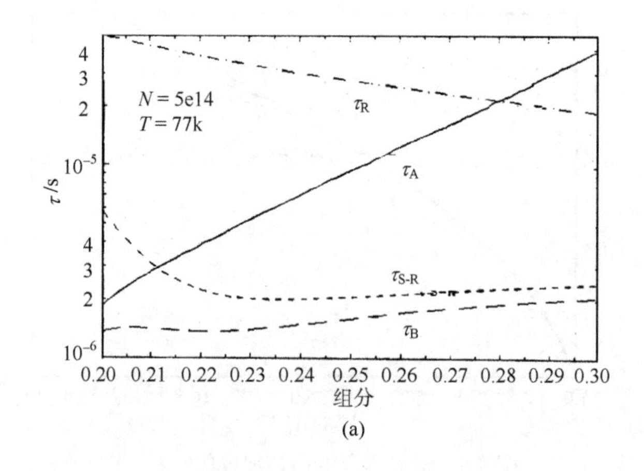

(a)

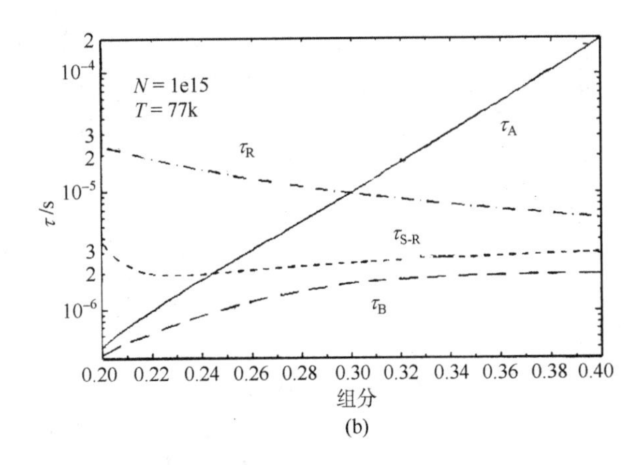

(b)

图 8.8　77K 时寿命随组分的变化图

间接复合(S-R 复合)将取代俄歇复合成为体寿命中的主导机制。当掺杂 $N_d=1\times10^{15}cm^{-3}$ 时，组分 $x<0.23$ 的 HgCdTe 材料俄歇复合为主要的复合机制，$x>0.26$ 的 HgCdTe 材料的 S-R 复合为主要的复合机制。

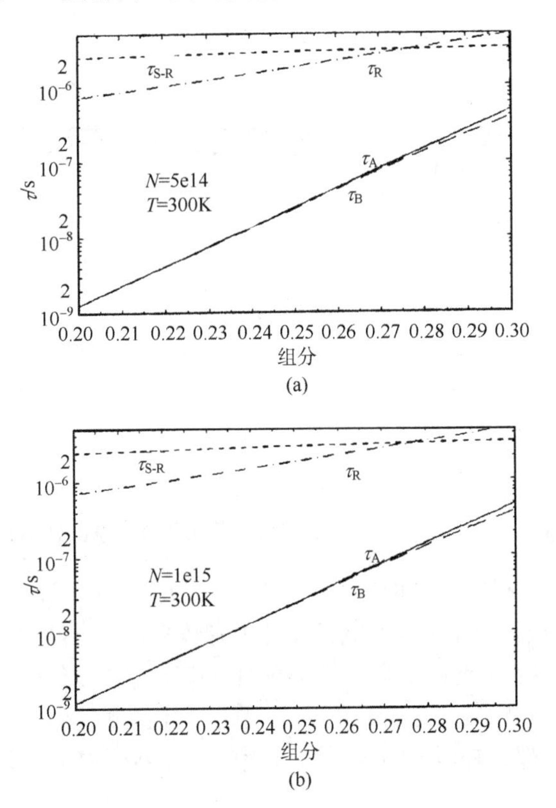

(a)

(b)

图 8.9　300K 时寿命随组分的变化图

从图 8.9(a)、(b)可以看出室温下，由于电子平均热能的增加使其俄歇复合的概率大大增加，此时 HgCdTe 的体寿命主要是由俄歇复合机制决定的。

总之，对小组分的 HgCdTe 材料，俄歇复合不仅是特有的，而且是一种起主要作用的复合机制。

8.2 俄 歇 复 合

8.2.1 俄歇复合过程的类型

对于 HgCdTe 类型的能带结构，俄歇过程复合可以通过不同的途径，Beattie(1962)讨论了导带、重空穴带和轻空穴带的能带结构的十种可能的俄歇过程。在没有声子参加的情况下，这十种可能总的原则是能量守恒与动量守恒。具体过程是一个电子从导带跃迁到价带与空穴复合，放出的能量激发电子从低能态跃迁到高能态，由于有一支导带二支价带，因此就会有十种可能的过程，具体如图 8.10 所示。

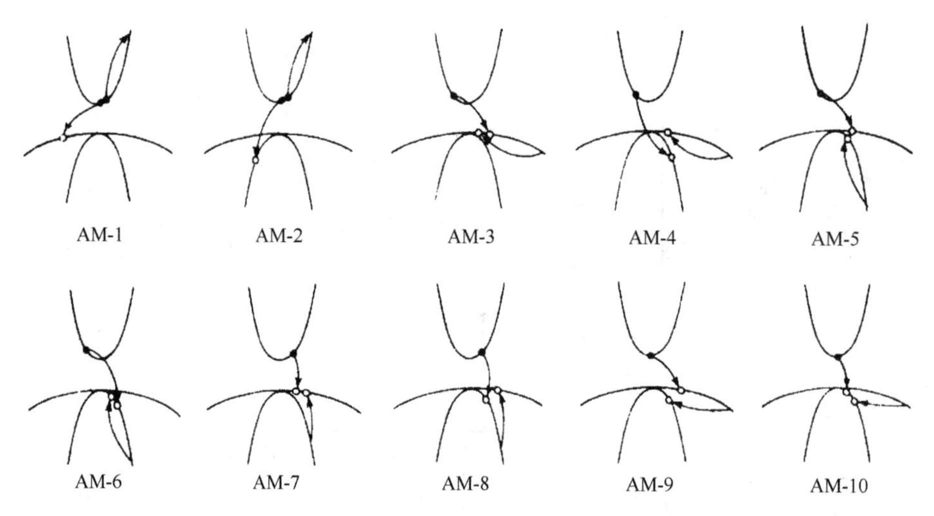

图 8.10 HgCdTe 中十种可能的俄歇过程，箭头代表电子跃迁(Beattie 1962)

在 n 型 HgCdTe 材料中，俄歇 1(AM-1)过程为主，而在 p 型材料中，AM-3 和 AM-7 过程很为重要。对于 n 型材料，导带中有较多电子，价带中空穴主要在重空穴带，因此易于发生 AM-1 过程。对 p 型 HgCdTe 材料，价带顶有较多的空穴，主要在重空穴带顶，导带中有少量电子，因此 AM-3 过程与 AM-7 过程较容易发生。其他俄歇过程都与轻空穴带有关，发生的可能性较以上三种过程次要一些。

8.2.2 俄歇寿命

少数载流子的寿命，是从产生非平衡载流子，从非平衡态过渡到平衡态的时

间。对寿命的估算要从电子和空穴的连续方程来比较

$$\frac{\partial n}{\partial t}=[g_{\rm n}-r_{\rm n}]+U_{\rm ext}^{n}+\frac{1}{e}\nabla\cdot J_{n} \tag{8.31a}$$

$$\frac{\partial p}{\partial t}=[g_{\rm p}-r_{\rm p}]+U_{\rm ext}^{p}+\frac{1}{e}\nabla\cdot J_{p} \tag{8.31b}$$

式中：n 和 p 分别为电子和空穴的浓度，g 是没有外界影响的自然产生率，r 是复合率，$U_{\rm ext}$ 表示由于外界影响的产生率，例如，外来辐射激发载流子；J 是粒子流密度，包括了漂移和扩散，上标 n、p 分别表示电子和空穴。式(8.31a)和式(8.31b)是 p-n 结中的电流计算的基本方程(Blakemore　1962, Many et al.　1965)。

对于电子的弛豫寿命定义为

$$g_{\rm n}-r_{\rm n}=-\Delta n/\tau_{\rm n} \tag{8.32a}$$

空穴的弛豫寿命为

$$g_{\rm p}-r_{\rm p}=-\Delta p/\tau_{\rm p} \tag{8.32b}$$

Δn 和Δp 是非平衡载流子浓度，显然在式(8.31)中，如果粒子流密度的散度为零，则连续性方程简化为

$$\frac{\partial \Delta n}{\partial t}=U_{\rm ext}^{n}-\frac{\Delta n}{\tau_{\rm n}} \tag{8.33}$$

如果弛豫寿命$\tau_{\rm n}$与时间无关，在没有外界影响式，式(8.33)将给予Δn 的指数衰减规律，所以$\tau_{\rm n}$ 也因此可以叫做弛豫寿命。在一般情况下，$\tau_{\rm n}$ 和$\tau_{\rm p}$ 都是与载流子浓度有关的，然而式(8.32)的定义仍然成立。

对于俄歇过程

$$\tau_{\rm n,A}=\frac{n-n_0}{(r_{\rm n,A}-g_{\rm n,A})} \tag{8.34}$$

式中：n_0 是平衡载流子浓度，下标 A 表示俄歇过程。

由式(8.34)定义的俄歇过程可以从每单位体积中的电子和空穴的跃迁复合概率，并考虑费米-狄拉克分布函数而获得。

在抛物带近似下，有

$$\begin{cases} g^{(1)}=\dfrac{n}{n_0}g_0^{(1)} \\ r^{(1)}=\dfrac{n^2 p}{n_0^2 p_0}r_0^{(1)} \end{cases} \tag{8.35}$$

式中：上标(1)表示俄歇 1 过程，在平衡状态下，产生率必须等于复合率，计及式(8.34)和式(8.35)，且$\Delta n=\Delta p$，有

$$\tau_{\mathrm{A}}^{(1)}=\frac{n_{\mathrm{i}}^{4}}{np_0(n+p_0)}\frac{1}{g_0^{(1)}} \tag{8.36}$$

显然如果能计算平衡产生率$g_0^{(1)}$就可获得俄歇寿命$\tau_{\mathrm{A}}^{(1)}$。平衡产生率的计算需要利用跃迁概率对所有的电子态积分。在时间 t 里从初态到终态的跃迁概率根据 Schiff(1955)为

$$T_{\mathrm{if}}=\frac{2t^2}{\hbar^2}\left|U_{\mathrm{if}}\right|^2\frac{1-\cos x}{x^2} \tag{8.37}$$

这里$x=(t/\hbar)\left|E_{\mathrm{f}}-E_{\mathrm{i}}\right|$，$E_{\mathrm{i}}$和$E_{\mathrm{f}}$分别为初态和终态的能量。$U_{\mathrm{if}}$为相互作用矩阵元，波函数为空间函数积分与自旋函数部分的乘积$\phi_{S,T}$

$$\left|U_{\mathrm{if}}\right|=\left\langle\phi_{S,T}^{*}\left|H^{(1)}\right|\phi_{S,T}\right\rangle \tag{8.38}$$

两个电子态互作用微扰能量为

$$H^{(1)}(r_1,r_2)=\frac{e^2\exp(-\lambda\left|r_1-r_2\right|)}{\varepsilon\left|r_1-r_2\right|} \tag{8.39}$$

λ是屏蔽长度，ε是介电常数。于是

$$g_0^{(1)}=\left[\frac{1}{tv}\right]\left[\frac{V}{8\pi^3}\right]^4\iiint\int T_{\mathrm{if}}\left[f(k_1)\right]\left[f(k_2)\right]\left[1-f(k_1')\right]\left[1-f(k_2')\right]\mathrm{d}k_1\mathrm{d}k_2\mathrm{d}k_1'\mathrm{d}k_2' \tag{8.40}$$

具体计算推导可以参见 Beattie 等(1959)和综述文章 Petersen(1970)。如果忽略屏蔽效应，在抛物带和非简并条件下，有

$$g_0^{(1)}=\frac{8(2\pi)^{\frac{5}{2}}e^4m_0}{h^3}\frac{(m_0^*/m_0)\left|F_1F_2\right|^2}{\varepsilon^2(1+\mu)^{1/2}[1+2\mu]}n_0\left(\frac{k_{\mathrm{B}}T}{E_{\mathrm{g}}}\right)^{\frac{3}{2}}\exp\left[-\left(\frac{1+2\mu}{1+\mu}\right)\frac{E_{\mathrm{g}}}{k_{\mathrm{B}}T}\right] \tag{8.41}$$

式中：$\left|F_1F_2\right|$是反映电子状态交叠的量，可以认为是常数，在 0.20~0.25 范围，μ是导带底电子有效质量对重空穴有效质量之比。式(8.41)用来计算 Auger1 过程的产生率，代入式(8.36)就可以计算 n 型 HgCdTe 的 Auger1 过程载流子寿命。其一种简化形式可以写成式(8.22)。对于 p 型材料 AM-3 过程是一个主要的过程，如果忽略轻空穴带的贡献，由 AM-3 过程决定的平衡产生率为

$$g_0^{(3)}=\frac{8(2\pi)^{\frac{2}{5}}e^4m_0}{h^3}\frac{(m_{\mathrm{hh}}^*/m_0)\left|F_1F_2\right|^2}{\varepsilon^2(1+1/\mu)^{\frac{1}{2}}\left(1+2/\mu\right)}p_0\left(\frac{kT}{E_{\mathrm{g}}}\right)^{3/2}\exp\left[-\left(\frac{2+\mu}{1+\mu}\right)\frac{E_{\mathrm{g}}}{kT}\right] \tag{8.42}$$

由 AM-3 决定的产生率和复合率为

$$g^{(3)}=\frac{p}{p_0}g_0^{(3)}\qquad r^{(3)}=\frac{p^2n}{p_0^2n_0}r_0^{(3)} \tag{8.43}$$

把上述表达式代入式(8.43)计算 AM-1 与 AM-3 过程共同决定的寿命，为

$$\begin{aligned}\tau_{\mathrm{A}}&=\frac{n_{\mathrm{i}}^4}{(n_0+p_0+\Delta n)(g_0^{(1)}p_0n+g_0^{(3)}p_0n)}\\&=\frac{2n_{\mathrm{i}}^2[n_0/2g_0^{(1)}]}{(n_0+p_0+\Delta n)[(n_0+\Delta n)+\beta(p_0+\Delta n)]}\end{aligned} \tag{8.44}$$

式中：假定了$\Delta n=\Delta p$。参数β为

$$\beta=\frac{n_0g_0^{(3)}}{p_0g_0^{(1)}}=\frac{\mu^{\frac{1}{2}}(1+2\mu)}{2+\mu}\exp\left[-\left(\frac{1-\mu}{1+\mu}\right)\frac{E_{\mathrm{g}}}{k_{\mathrm{B}}T}\right] \tag{8.45}$$

式(8.44)可以用来研究 Auger 寿命与温度的关系以及与载流子浓度的关系。

首先看一下本征材料的寿命。对于 HgCdTe 本征材料，$\mu\ll 1$，从式(8.44)或式(8.36)都可以得到，寿命为

$$\tau_{\mathrm{Ai}}=\frac{n_{\mathrm{i}}}{2g_0^{(1)}}=\frac{n_0}{2g_0^{(1)}} \tag{8.46}$$

引入τ_{Ai}后，就可以把寿命表达式写为与τ_{Ai}的函数式。在$\Delta n\ll n_0$的情况下，对于 n 型材料，$n_0\gg\beta p_0$，有

$$\tau_{\mathrm{A}}\approx 2\frac{n_{\mathrm{i}}^2}{n_0^2}\tau_{\mathrm{Ai}}\propto\frac{1}{n_0^2}\exp\left[\frac{\mu}{1+\mu}\frac{E_{\mathrm{g}}}{k_{\mathrm{B}}T}\right] \tag{8.47}$$

所以

$$2n_{\mathrm{i}}^2\tau_{\mathrm{Ai}}\propto\exp\left[\frac{\mu}{1+\mu}\frac{E_{\mathrm{g}}}{k_{\mathrm{B}}T}\right] \tag{8.48}$$

可见 Auger 寿命与禁带宽度有指数依赖关系，组分越小，E_{g}越小，有效质量越小，使载流子寿命也趋于减小。

对于 p 型材料，$\beta p_0 \gg n_0$，有

$$\tau_{\mathrm{A}}=\frac{2}{\beta}\frac{n_{\mathrm{i}}^2}{p_0^2}\tau_{\mathrm{Ai}}\propto\frac{1}{\beta p_0^2}\exp\left[\frac{\mu}{1+\mu}\frac{E_{\mathrm{g}}}{k_{\mathrm{B}}T}\right] \tag{8.49}$$

比较式(8.47)和式(8.49)，可见由于$\beta \ll 1$，所以一般来说，在相同载流子浓度情况下，p 型材料的 Auger 寿命大于 n 型材料的 Auger 寿命。同时也可看出只要知道参数β、τ_{Ai}以及载流子浓度就可以大致计算 n 型 HgCdTe 或 p 型 HgCdTe 的 Auger 寿命。本征 Auger 寿命为，$\tau_{\mathrm{Ai}}=n_{\mathrm{i}}/2g_0^{(1)}$，其中$g_0^{(1)}$按照式(8.42)计算。图 8.11 是不同组分 HgCdTe 的本征俄歇寿命与温度倒数的函数关系，计算中取交叠积分因子为 0.25。图 8.12 是按照式(8.45)估算的不同温度下参数β与 HgCdTe 组分 x 的关系。

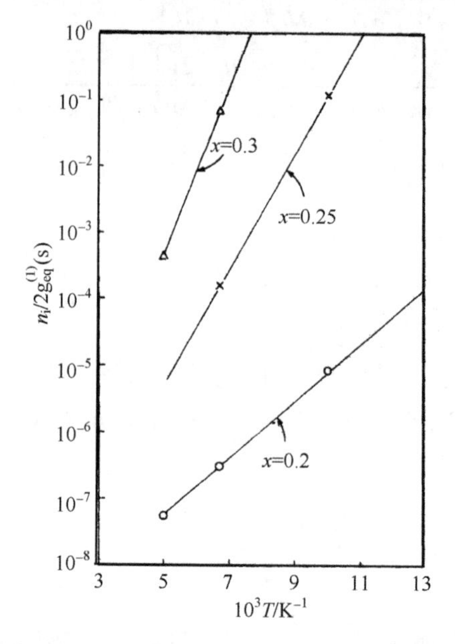

图 8.11　不同组分 HgCdTe 的本征俄歇寿命与温度倒数的函数关系

可见参数β在一般情况下都有$\beta \ll 1$。

在以上计算中采用了两带模型，忽略了轻空穴带和自旋轨道裂开带，并假定抛物带近似，交叠积分与 k 无关是常数，并假定非简并统计条件。对于弱 n 型材料，以上假定较合适，理论与实验结果比较也较好，对于 p 型材料符合较差些，计及轻空穴带以后，计算的寿命将大为降低。

如果考虑非抛物带的影响以及 k 依赖的交叠积分因子，对于 n 型材料，仅考虑 AM-1 过程，如果$\beta \ll 1$，则式(8.44)简化为

$$\tau_{\mathrm{A}}=\frac{2n_{\mathrm{i}}^2 n_0/2g_0^{(1)}}{(n_0+p_0+\Delta n)(n_0+\Delta n)} \tag{8.50}$$

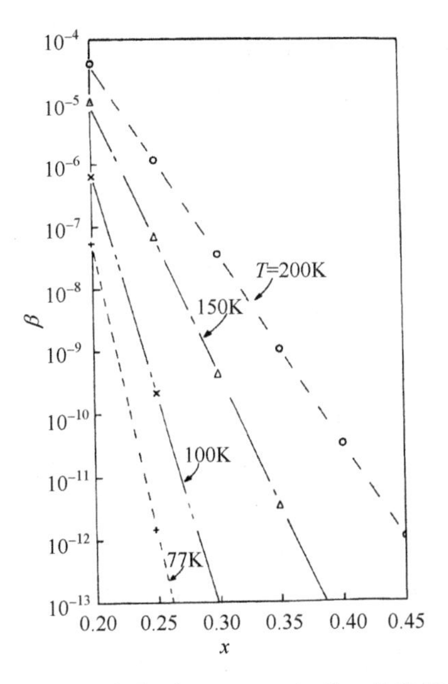

图 8.12　参数β与 HgCdTe 组分 x 的关系

可以在 $g_0^{(1)}$ 的计算中考虑非抛物性能带以及 k 依赖的交叠积分因子。Petersen(1970)进行了计算，结果表明 τ'_A 与不计及非抛物性及 k 依赖的交叠积分因子的计算结果 τ_A 在 300K 到 100K 基本一致，在 77~100K 下约低几倍(对 x=0.2, $N_D=10^{14}\text{cm}^{-3}$ 情况)。可见采用前面的简化计算方法对 n 型材料大致可以用来估算 Auger 寿命。

在前面计算中，式(8.41)、(8.42)在 $g_0^{(1)}$ 与 $g_0^{(3)}$ 中的指数项分别为

$$g_0^{(1)} \propto \exp\left[-\left(\frac{1+2\mu}{1+\mu}\right)\frac{E_g}{k_B T}\right] \tag{8.51a}$$

$$g_0^{(3)} \propto \exp\left[-\left(\frac{2+\mu}{1+\mu}\right)\frac{E_g}{k_B T}\right] \tag{8.51b}$$

对于俄歇 1 过程，定义

$$E_{th} = -\left(\frac{1+2\mu}{1+\mu}\right)E_g \tag{8.52a}$$

对于俄歇 3 过程，定义

$$E_{th} = -\frac{2+\mu}{1+\mu}E_g \tag{8.52b}$$

E_{th}为阈值能量，从俄歇复合过程中能量守恒和动量守恒，可以推得这一关系。E_{th}的物理意义是处于较高能量状态的电子和空穴能够实现碰撞电离产生电子-空穴对所需具有的最小能量。由于碰撞电离过程是俄歇复合过程的反过程，因此阈值能量 E_{th} 也是俄歇复合过程中产生一个比初态的电子或空穴能量较高状态的电子或空穴的最低能量。由于引进 E_{th}，平衡产生率就可以简写为

$$g_0^{(1)} \propto \exp\left[-\frac{E_{th}}{k_B T}\right] \tag{8.53}$$

由于 $\mu = m_e^* / m_{hh}^* \ll 1$，所以对于俄歇 1 过程，$E_{th}^{(1)} \approx E_g$；对于俄歇 3 过程，$E_{th}^{(3)} \approx 2E_g$；对于俄歇 2 过程，$E_{th}^{(2)} \approx \frac{1+2m_e^*/m_{lh}^*}{1+m_e^*/m_{lh}^*} E_g \approx \frac{3}{2} E_g$；对于俄歇 7 过程，$E_{th}^{(2)} \approx \frac{2+m_e^*/m_{hh}^*}{2+m_e^*/m_{hh}^* - m_{lh}^*/m_{hh}^*} E_g \approx E_g$。

由式(8.52)可以看出，平衡产生率正比于指数阈值能量，所以对于 $E_{th}>E_g$ 的俄歇过程。显然比 $E_{th}\sim E_g$ 的俄歇过程具有较小的影响。同时在十个俄歇过程中，由于轻空穴带具有比重空穴带小得多的态密度，所以 Auger1 和终态为重穴带的 Auger7 过程对于整个 Auger 过程中具有最重要的意义。在强 p 型材料 Auger3 过程也具有重要作用。

在俄歇 7 过程中，导带中电子与重空穴价带中空穴复合，产生的能量激发轻空穴带中的电子跃迁到重空穴带与空穴复合，Beattie 和 Smith(1967)，计及非抛物带和 k 依赖的交叠积分因子，并假定非简并统计条件，有

$$\tau_A^{(7)} = D(E_{th})\left[1+\frac{2n_0\Delta p_{hh}}{p_{0,hh}\Delta n} - \frac{\Delta p_{lh} n_0}{\Delta n p_{0,lh}}\right]^{-1} \frac{\eta_{th}^{-\frac{3}{2}}}{I(\eta_{th})} \tag{8.54}$$

这里 $\eta_{th} = E_{th}/kT$，$D(E_{th})$ 是交迭积分与阈值能量 E_{th} 处有效质量的函数，$I(\eta_{th})$ 是对导带能量的积分。如果再假定轻空穴带和重穴带具有同样的费米能级，有效质量为常数，式(8.54)可以简化为

$$\tau_A^{(7)} = \frac{n_0/p_0}{1+n_0/p_0} \cdot 2\tau_{Ai}^{(7)} = \frac{2n_i^2 \tau_{Ai}^{(7)}}{(n_0+p_0)p_0} \tag{8.55}$$

式中：$\tau_{Ai}^{(7)}$ 是俄歇 7 过程的本征寿命，在本征情况下，式(8.54)中括号项为 1/2，于是有

$$\tau_{\mathrm{Ai}}^{(7)}=\frac{D(E_{\mathrm{th}})}{2}\frac{\eta_{\mathrm{th}}^{-\frac{3}{2}}}{I(\eta_{\mathrm{th}})} \tag{8.56}$$

在讨论俄歇 1 过程时，曾有 $\tau_{\mathrm{A}}^{(1)}$ 表达式(8.44)、(8.47)，以及本征俄歇 1 寿命 $\tau_{\mathrm{Ai}}^{(1)}$ 表达式(8.46)，在Δn 很小时，也可以写成

$$\tau_{\mathrm{A}}^{(1)}=\frac{1}{1+n_0/p_0}\cdot 2\tau_{\mathrm{Ai}}^{(1)}=\frac{2n_{\mathrm{i}}^2\tau_{\mathrm{Ai}}^{(1)}}{(n_0+p_0)n_0} \tag{8.57}$$

于是就可以比较 $\tau_{\mathrm{Ai}}^{(7)}$ 与 $\tau_{\mathrm{Ai}}^{(1)}$，比较式(8.55)与式(8.57)，有

$$\frac{\tau_{\mathrm{A}}^{(7)}}{\tau_{\mathrm{A}}^{(1)}}=\frac{n_0}{p_0}\frac{\tau_{\mathrm{Ai}}^{(7)}}{\tau_{\mathrm{Ai}}^{(1)}}=\frac{n_{\mathrm{i}}^2}{p_0^2}\frac{\tau_{\mathrm{Ai}}^{(7)}}{\tau_{\mathrm{Ai}}^{(1)}} \tag{8.58}$$

式中：$\tau_{\mathrm{Ai}}^{(7)}/\tau_{\mathrm{Ai}}^{(1)}$ 是俄歇 7 与俄歇 1 过程本征寿命之比，可以大致计算(Casselman 1980)为

$$\gamma=\frac{\tau_{\mathrm{Ai}}^{(7)}}{\tau_{\mathrm{Ai}}^{(1)}}=2\frac{m_{\mathrm{c}}^*(E_{\mathrm{th}})}{m_0^*}\frac{\left[1-\frac{5}{4}\eta_{\mathrm{th}}\right]}{\left[1-\frac{3}{2}\eta_{\mathrm{th}}\right]} \tag{8.59}$$

式中，$m_{\mathrm{c}}^*(E_{\mathrm{th}})$ 为能量为 E_{th} 处导带电子有效质量，m_0^* 为导带底电子有效质量。$E_{\mathrm{th}}^{(1)}\approx E_{\mathrm{th}}^{(7)}=E_{\mathrm{th}}$，在 $0.16<x<0.3$，$50\mathrm{K}<T<300\mathrm{K}$ 范围，$0.1<\gamma<6$(Casselman et al. 1980)。所以，从式(8.58)可见，对于 n 型半导体俄歇 1 过程起主导作用，而对于 p 型半导体俄歇 7 过程起主要作用。

同样可以比较俄歇 7 与俄歇 3 过程的作用，它们同样对 p 型半导体重要，它们的寿命比可以推得为

$$\frac{\tau_{\mathrm{A}}^{(7)}}{\tau_{\mathrm{A}}^{(3)}}=\gamma\frac{1}{2}\left(\frac{m_0^*}{m_{\mathrm{hh}}^*}\right)\exp\left(-\frac{E_{\mathrm{g}}}{k_{\mathrm{B}}T}\right) \tag{8.60}$$

从γ值以及其他能带参数可以分析比较这两种过程的重要性。

以上讨论都假定了非简并条件，在低温下或载流子浓度较高时，特别是对于组分 x 小的 HgCdTe 材料，禁带宽度小，导带电子有效质量小，很容易发生简并。此时费米能级进入导带，俄歇过程就不是从导带底的电子开始，而是从费米能级处的电子开始。对于 AM-1 过程，电子从导带中费米能级处跃迁到价带与空穴复合，放出的能量激发导带中费米能级处的电子跃迁到一个更高的能量状态上去。如图 8.13 所示，Gerhardts 等(1978)研究了 n 型 HgCdTe 在非简并情况下的俄歇寿

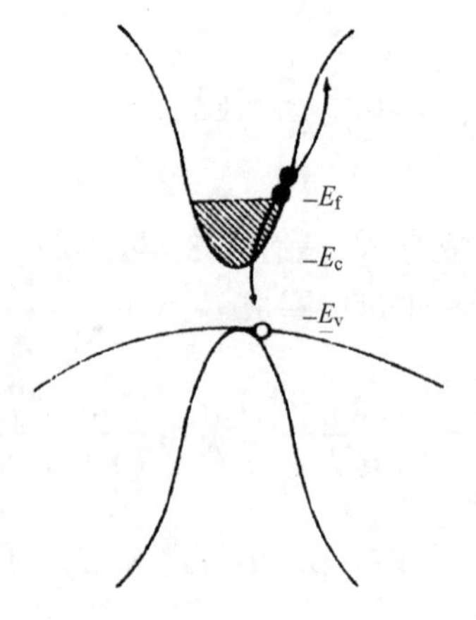

图 8.13　导带电子简并情况下的 AM-1 过程的跃迁示意图

命，推得公式为

$$\tau^{-1}=3\frac{e^4m_0}{\hbar^3}(2^4\pi^5\varepsilon^2N_{\rm v})^{-1}(1+p/k_{\rm B}Tn')E_{\rm f}\int{\rm d}^3k_1\int{\rm d}^3k_2f(E_1)f(E_2)[1-f(E_1')]$$
$$\times\exp(E_2'/k_{\rm B}T)Mk_1'(E_1'-E_{\rm g})/\eta E_{\rm p} \tag{8.61}$$

式中：$N_{\rm v}$是价带有效态密度，$n'={\rm d}n/{\rm d}E_1$，$\eta=(E_{\rm E}-E_{\rm c})k_{\rm B}T$，$M$为跃迁矩阵元。计算曲线为图 8.14 中虚线所示。数据点分别为不同载流子浓度样品$\tau-1/T$实验

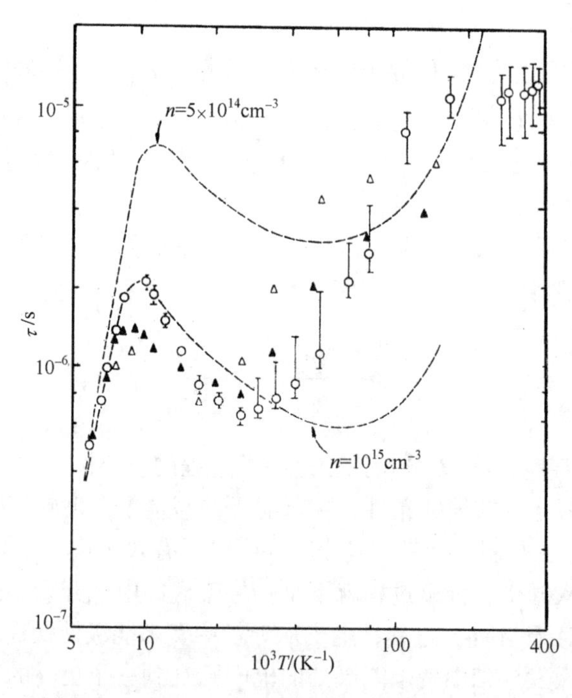

图 8.14　不同载流子浓度的 n 型 $Hg_{0.2}Cd_{0.8}Te$ 样品载流子寿命和温度的关系

结果。

8.3 Shockley-Read 复合

8.3.1 单能级复合中心

在半导体中由于外界因素产生非平衡载流子以后，非平衡载流子就开始弛豫复合过程。如果在半导体禁带中存在杂质缺陷底复合中心，这种复合作用就会加强，使半导体中的少数载流子寿命大为降低。

载流子的寿命已经在前面的章节中有所讨论，可以理解为剩余电子和空穴在导带和价带中停留的平均时间。如果把电子浓度的起伏δn叠加在热平衡电子浓度n_0上，待起伏源撤销后，在复合过程γ和热产生过程g的影响下，半导体弛豫恢复到热平衡状态下。如果τ_n表示电子的平均寿命，则复合率$r=(n_0+\Delta n)/\tau_{\mathrm{n}}$，产生率等于平衡时底复合率$g=r_{\mathrm{e}}=n_0/\tau_{\mathrm{n0}}$，显然有

$$\frac{\partial n}{\partial t}=g-r=-\frac{\delta n}{\tau_{\mathrm{n}}} \tag{8.62}$$

于是电子浓度与时间的关系为

$$n=\Delta n\exp(-t/\tau_{\mathrm{n}})+n_0 \tag{8.63}$$

同样有

$$\frac{\mathrm{d}p}{\mathrm{d}t}=-\frac{\Delta p}{\tau_{\mathrm{p}}}$$

$$p=\Delta p\exp\left(-\frac{t}{\tau_{\mathrm{p}}}\right)+p_0$$

现在进一步考虑复合中心的俘获截面和占有概率。Shockley-Read(Shockley et al. 1952)研究过在半导体禁带中单能级上的复合、产生和俘获过程的动力学。

深能级中心具有四个可能过程，如图 8.15 所示。

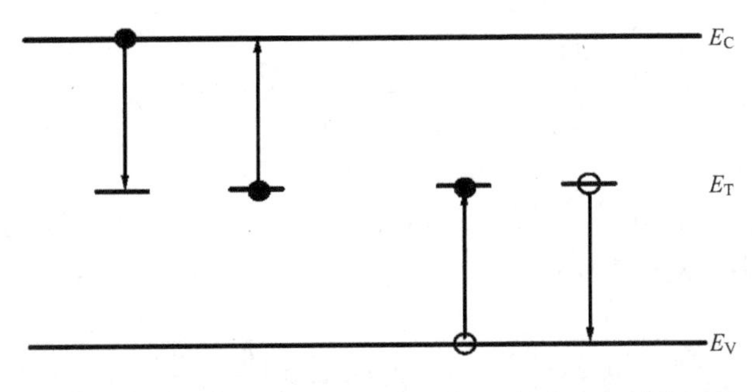

图 8.15 一个单能级缺陷引起底电子和空穴俘获和发射的四种可能

(a) 中性的未占有电子的深能级中心，浓度为N_{T}^{0}，从导带俘获一个电子，俘获截面或复合截面为σ_{n}，俘获速率为$c_{\mathrm{n}}=\sigma_{\mathrm{n}}v_{\mathrm{t}}$，$v_{\mathrm{t}}$是载流子热运动速度，$c_{\mathrm{n}}$也叫做俘获系数，或复合速率。

$$N_{\mathrm{T}}^{0}+e\rightarrow N_{\mathrm{T}}^{-} \tag{8.64}$$

(b) 占有电子的深能级中心向导带发射电子，发射速率为e_{n}。

(c) 空穴被一个占有电子中心俘获过程，俘获截面σ_{p}，俘获速率为$c_{\mathrm{p}}=\sigma_{\mathrm{p}}v_{\mathrm{t}}$，$v_{\mathrm{t}}$是热速度，有

$$N_{\mathrm{T}}^{-}+h\rightarrow N_{\mathrm{T}}^{0} \tag{8.65}$$

(d) 空穴从未占有中心发射，速率为e_{p}。

电子俘获速率与导带底电子浓度 n，以及未被电子占据的深中心浓度$N_{\mathrm{T}}(1-f_{\mathrm{T}})$成正比。其中$f_{\mathrm{T}}$是费米-狄拉克分布函数。设$\delta n$很小，可以设该函数具有热平衡数值，即

$$f_{\mathrm{T}}=\left[1+\exp\left(\frac{E_{\mathrm{T}}-E_{\mathrm{F}}}{kT}\right)\right]^{-1} \tag{8.66}$$

如果$E_{\mathrm{T}}-E_{\mathrm{F}}\gg kT$，上式就可以简化成麦克斯韦-玻尔兹曼分布形式

$$f_{T_{\mathrm{MB}}}=\left[\exp\left(\frac{E_{\mathrm{T}}-E_{\mathrm{F}}}{kT}\right)\right]^{-1} \tag{8.67}$$

显然，过程(b)中所涉及的电子发射项取决于发射速率项e_{n}和已填满中心的电子浓度$N_{\mathrm{T}}f_{\mathrm{T}}$。因此，导带中的电子浓度按

$$\frac{\mathrm{d}n}{\mathrm{d}t}=-c_{\mathrm{n}}nN_{\mathrm{T}}(1-f_{\mathrm{T}})+e_{\mathrm{n}}N_{\mathrm{T}}f_{\mathrm{T}} \tag{8.68}$$

变化。同样，空穴浓度按

$$\frac{\mathrm{d}p}{\mathrm{d}t}=-c_{\mathrm{p}}pN_{\mathrm{T}}f_{\mathrm{T}}+e_{\mathrm{n}}N_{\mathrm{T}}(1-f_{\mathrm{T}}) \tag{8.69}$$

变化。

利用平衡条件$\mathrm{d}n/\mathrm{d}t=0$和$\mathrm{d}p/\mathrm{d}t=0$，$n=n_0=n_{\mathrm{i}}$，$p=p_0=n_{\mathrm{i}}$就可以使速率系数彼此相关。因此从式(8.68)得到

$$\frac{e_{\mathrm{ne}}}{c_{\mathrm{ne}}}=n_0\exp\left(\frac{E_{\mathrm{T}}-E_{\mathrm{F}}}{kT}\right)=n_{\mathrm{i}}\exp\left(\frac{E_{\mathrm{T}}-E_{\mathrm{F}}}{kT}\right)=n_1 \tag{8.70}$$

式中：e_{ne}和c_{ne}是平衡时的发射速率和俘获速率。引进n_1项可用以简化后面的一些表达式。实际上，n_1就是$N_{\mathrm{c}}\exp\left(\dfrac{E_{\mathrm{c}}-E_{\mathrm{T}}}{kT}\right)$，相当于费米能级与杂质能级$E_{\mathrm{T}}$重合时导带中的电子密度。同样，由式(8.69)得到

$$\frac{e_{\mathrm{pe}}}{c_{\mathrm{pe}}}=p_0\exp\left(\frac{E_{\mathrm{F}}-E_{\mathrm{T}}}{kT}\right)=p_1 \tag{8.71}$$

通常假设方程中所用的速率系数可以改写成

$$\frac{\mathrm{d}n}{\mathrm{d}t}=-c_{\mathrm{n}}(nN_{\mathrm{T}}^0-n_1N_{\mathrm{T}}^-) \tag{8.72}$$

及

$$\frac{\mathrm{d}p}{\mathrm{d}t}=-c_{\mathrm{p}}(pN_{\mathrm{T}}^--p_1N_{\mathrm{T}}^0) \tag{8.73}$$

这里假设受主型俘获中心具有两个状态中的一个状态，N_{T}^-或N_{T}^0。则$N_{\mathrm{T}}^0=N_{\mathrm{T}}(1-f_{\mathrm{T}}),N_{\mathrm{T}}^-=N_{\mathrm{T}}f_{\mathrm{T}}$以及$N_{\mathrm{T}}^0+N_{\mathrm{T}}^-=N_{\mathrm{T}}$，其中$N_{\mathrm{T}}$是出现的总的陷阱密度。显然，陷阱上电子的变化速率是

$$\frac{\mathrm{d}N_T^-}{\mathrm{d}t}=-\frac{\mathrm{d}n}{\mathrm{d}t}+\frac{\mathrm{d}p}{\mathrm{d}t}=c_{\mathrm{n}}(nN_{\mathrm{T}}^0-n_1N_{\mathrm{T}}^-)-c_{\mathrm{p}}(pN_{\mathrm{T}}^--p_1N_{\mathrm{T}}^0) \tag{8.74}$$

当所有中心都是电中性时，将获得与中心有关的电子的最小可能寿命，并且可以写成

$$\tau_{\mathrm{n}0}=\frac{n}{\mathrm{d}n/\mathrm{d}t|_{N_{\mathrm{T}}^0\to N_{\mathrm{T}}}}=\frac{1}{c_{\mathrm{n}}N_{\mathrm{T}}}=\left(\sigma_{\mathrm{n}}v_{\mathrm{t}}N_{\mathrm{T}}\right)^{-1} \tag{8.75}$$

同样，当$N_{\mathrm{T}}^-\to N_{\mathrm{T}}$时，空穴的最小可能寿命是

$$\tau_{\mathrm{p}0}=\frac{1}{c_{\mathrm{p}}N_{\mathrm{T}}}=\left(\sigma_{\mathrm{p}}v_{\mathrm{t}}N_{\mathrm{T}}\right)^{-1} \tag{8.76}$$

根据式(8.74)我们可以在稳定态(这时$\dfrac{\mathrm{d}N_{\mathrm{T}}^-}{\mathrm{d}t}=0$)的条件下求解$N_T^-$，从而得到

$$\frac{N_{\mathrm{T}}^-}{N_{\mathrm{T}}}=\frac{c_{\mathrm{n}}n+c_{\mathrm{p}}p_1}{c_{\mathrm{n}}(n+n_1)+c_{\mathrm{p}}(p+p_1)} \tag{8.77}$$

因此

$$\frac{N_{\mathrm{T}}^{0}}{N_{\mathrm{T}}}=\frac{c_{\mathrm{n}}n_{1}+c_{\mathrm{p}}p}{c_{\mathrm{n}}(n+n_{1})+c_{\mathrm{p}}(p+p_{1})} \tag{8.78}$$

然后把 N_{T}^{-} 和 N_{T}^{0} 代入式(8.72)和式(8.73)，得出

$$\frac{\mathrm{d}n}{\mathrm{d}t}=\frac{\mathrm{d}p}{\mathrm{d}t}=-\frac{np-n_{\mathrm{i}}^{2}}{\tau_{\mathrm{p0}}(n+n_{1})+\tau_{\mathrm{n0}}(p+p_{1})} \tag{8.79}$$

由于许多深能级杂质中心起深受主作用，所以我们来研究一下含有受主型复合中心的 n 型半导体(平衡电子密度为 n_0)材料。假如，当一个扰动(例如，相应于“禁带宽度”能量的光照或其他方式的注入)使电子密度上升到 $n_0+\delta n$，空穴密度上升到 $p_0+\delta p$，则电子和空穴密度受下式支配恢复到平衡

$$\frac{\mathrm{d}n}{\mathrm{d}t}=\frac{\mathrm{d}p}{\mathrm{d}t}=-\frac{(n_0+\Delta n)(p_0+\Delta p)-n_{\mathrm{i}}^{2}}{\tau_{\mathrm{p0}}(n_0+\Delta n+n_{1})+\tau_{\mathrm{n0}}(p_0+\Delta p+p_{1})} \tag{8.80}$$

根据

$$\frac{\mathrm{d}n}{\mathrm{d}t}=-\frac{\Delta n}{\tau_{\mathrm{n}}} \tag{8.81}$$

有

$$\tau_{\mathrm{n}}=-\frac{\tau_{\mathrm{p0}}(n_0+\Delta n+n_{1})+\tau_{\mathrm{n0}}(p_0+\Delta p+p_{1})}{(n_0+\Delta n)(p_0+\Delta p)-n_{\mathrm{i}}^{2}}\Delta n \tag{8.82}$$

把 $\tau_{\mathrm{p0}}=\left(\sigma_{\mathrm{p}}v_{\mathrm{t}}N_{\mathrm{T}}\right)^{-1}$ 和 $\tau_{\mathrm{n0}}=\left(\sigma_{\mathrm{n}}v_{\mathrm{t}}N_{\mathrm{T}}\right)^{-1}$ 代入，化简后就有

$$\tau_{\mathrm{n}}=-\frac{\sigma_{\mathrm{n}}(n_0+\Delta n+n_{1})+\sigma_{\mathrm{p}}(p_0+\Delta p+p_{1})}{\sigma_{\mathrm{n}}\sigma_{\mathrm{p}}v_{\mathrm{t}}N_{\mathrm{T}}\left[(n_0+\Delta n)(p_0+\Delta p)-n\right]_{\mathrm{i}}^{2}}\Delta n \tag{8.83}$$

如果根据 $\frac{\mathrm{d}p}{\mathrm{d}t}=-\frac{\Delta p}{\tau_{\mathrm{p}}}$，同样可以得到 τ_{p} 有类似的以上表达式，都为 S-R 寿命 $\tau_{\text{S-R}}$。进一步化简后可以统一写为

$$\tau_{\text{S-R}}=\frac{\sigma_{\mathrm{n}}(n_0+\Delta n+n_{1})+\sigma_{\mathrm{p}}(p_0+\Delta p+p_{1})}{\sigma_{\mathrm{n}}\sigma_{\mathrm{p}}v_{\mathrm{t}}N_{\mathrm{T}}(n_0+p_0+\Delta p)} \tag{8.84}$$

如果 Δn 、Δp 很小，则可以在表达式中忽略。上式一般可以写成

$$\tau_{\text{S-R}} = \frac{\tau_{\text{p0}}(n_0 + \Delta n + n_1) + \tau_{\text{n0}}(p_0 + \Delta p + p_1)}{(n_0 + p_0 + \Delta p)} \tag{8.85}$$

或把 Δn 、Δp 忽略，写成

$$\tau_{\text{S-R}} = \tau_{\text{p0}} \frac{n_0 + n_1}{n_0 + p_0} + \tau_{\text{n0}} \frac{p_0 + p_1}{n_0 + p_0} \tag{8.86}$$

下面我们研究，如导带中具有 10^{16}cm^{-3} 电子及材料中存在 5×10^{15} cm^{-3} 金原子的 n 型硅。300K 时硅的电阻率为 1 欧姆×厘米，如果所有的金原子以 Au^-形式出现，并形成与 $E_\text{c} - 0.54\text{eV}$ 处的受主型深能级相对应。对于 $\text{Au}^- + h \to \text{Au}$ 和 $\text{Au} + e \to \text{Au}^-$ 过程所观察到的俘获截面分别为 $\sigma_\text{p} = 10^{-15}\ \text{cm}^2$ 和 $\sigma_\text{n} = 5\times10^{-16}\ \text{cm}^2$。热速度 v_th 在 10^7cm/s 数量级，根据这些数值，由式(8.75)和(8.76)，我们得到

$$\tau_{\text{p0}} = \left(\sigma_\text{p} v_\text{th} N_\text{T}\right)^{-1} = (10^{-15}\times10^7\times5\times10^{15})^{-1} = 2\times10^{-8}(\text{s})$$

$$\tau_{\text{n0}} = \left(\sigma_\text{n} v_\text{th} N_\text{T}\right)^{-1} = (5\times10^{-16}\times10^7\times5\times10^{15})^{-1} = 4\times10^{-8}(\text{s})$$

这时 $n_1 \approx p_1 \approx 2\times10^{10}\text{cm}^{-3}$，并且与 n_0(等于 10^{16}cm^{-3})相比可以忽略不计。因而，从式(8.82)看出，这一粗糙例子中的少数载流子寿命 τ_p 大约为 2×10^{-8}s。这样看来，金杂质在降低高灵敏器件中的少数载流子寿命方面是很有效的。在 p 型硅中，位于 E_v+0.35eV 处的金形成的施主型深能级起同样的作用。

8.3.2 复杂情况下寿命的分析

8.3.1 节中给出的分析是以若干简化为前提的，如 $\Delta n = \Delta p$；c_n，$c_\text{p}=c_\text{ne}$，c_ne；低注入；低复合中心密度；以及单能级中心。如果没有这些简化，问题就变得更加复杂，而且所得到的表达式也越麻烦。

对于 Δn 不等于 Δp 的情况，尽管注入很低，Shockley(1958)仍然得到

$$\tau_\text{p} = \left[\frac{\tau_{\text{n0}}(p_0 + p_1) + \tau_{\text{p0}}[n_0 + n_1 + N_\text{T}(1 + n_0 / n_1)^{-1}]}{n_0 + p_0 + N_\text{T}(1 + n_0 / n_1)^{-1}(1 + n_1 / n_0)^{-1}} \right]_{\Delta n \to 0} \tag{8.87}$$

以及

$$\tau_\text{n} = \left[\frac{\tau_{\text{p0}}(n_0 + n_1) + \tau_{\text{n0}}[p_0 + p_1 + N_\text{T}(1 + p_0 / p_1)^{-1}]}{n_0 + p_0 + N_\text{T}(1 + p_0 / p_1)^{-1}(1 + p_1 / p_0)^{-1}} \right]_{\Delta p \to 0} \tag{8.88}$$

如果 N_T 很小，这两个寿命表示式可简化为一个形式

$$\tau_0 = \frac{\tau_{p0}(n_0 + n_1) + \tau_{n0}(p_0 + p_1)}{n_0 + p_0} \tag{8.89}$$

当注入的载流子密度很大时，Shockley 和 Read(1952)推导的表达式是

$$\tau = \tau_0 \left[\frac{1 + \Delta n(\tau_{n0} + \tau_{p0}) / [\tau_{p0}(n_0 + n_1) + \tau_{n0}(p_0 + p_1)]}{1 + \Delta n / (n_0 + p_0)} \right] \tag{8.90}$$

式中：τ_0 由式(8.89)给出。该式表明，当 Δn 增大时，可以预料寿命从 τ_0 开始变化。对于强掺杂 n 型样品，表达式可以根据电导率的变化 $\Delta\sigma$ 和电子迁移率与空穴迁移率的比值 b 改写成以下形式

$$\tau \approx \tau_0 \left[\frac{1 + \dfrac{\Delta\sigma b}{\sigma_0(1+b)} [(\tau_{p0} + \tau_{n0}) / \tau_{p0}]}{1 + \dfrac{\Delta\sigma b}{\sigma_0(1+b)}} \right] \tag{8.91}$$

或

$$\tau \approx \tau_0 \left[\frac{1 + \delta[(\tau_{p0} + \tau_{n0}) / \tau_{p0}]}{1 + \delta} \right] \tag{8.92}$$

式中：$\delta = \dfrac{\Delta\sigma b}{\sigma_0(1+b)}$。

Sandiford(1957)分析了在瞬态光电导衰减的 Shockley-Read-Hall 型中心的作用，给出了δn 和δp 的表达式，δp 的表达式为

$$\delta p = A\mathrm{e}^{-t/\tau_i} + B\mathrm{e}^{-t/\tau_t} \tag{8.93}$$

式中：A 和 B 由初始条件确定。τ_i 和 τ_t 在以下情况时

$$\begin{aligned} &[c_p(N_T^- + p_0 + p_1) + c_n(N_T + n_0 + n_1)]^2 \\ &\gg 4c_p c_n [N_T^- N_T + N_T^-(n_0 + n_1) + N_T(p_0 + p_1)] \end{aligned} \tag{8.94}$$

时，有表达式

$$\tau_i = \left\{ c_p \left[p_0 + p_1 + N_T (1 + p_0 / p_1)^{-1} \right] + c_n \left[n_0 + n_1 + N_T (1 + p_0 / p_1)^{-1} \right] \right\}^{-1} \tag{8.95}$$

$$\tau_t = \frac{\tau_{n0} \left[p_0 + p_1 + N_T (1 + p_0 / p_1)^{-1} \right] + \tau_{p0} \left[n_0 + n_1 + N_T (1 + n_0 / n_1)^{-1} \right]}{n_0 + p_0 + N_T (1 + n_0 / n_1)^{-1} (1 + n_1 / n_0)^{-1}} \tag{8.96}$$

因此δn 和δp 的衰减不可能用一个简单的指数衰减准确的表示，而是要用两个指数

式综合表达。当然在有些情况下，τ_i 和 τ_t 相差悬殊，如对于一个特殊的例子，$c_p=10^{-9}cm^3s^{-1}$，$c_n=10^{-7}cm^3s^{-1}$，$N_T=10^{13}cm^{-3}$，$n_0=10^{14}cm^{-3}$，以及 $p_1=3\times10^{16}cm^{-3}$，其他数值都很小，我们求得 τ_t=400μs 和 τ_i=0.025μs。由此可见，τ_i 和 τ_t 相比往往可以忽略不计。因为 δn 和 δp 具有相同的解的形式，所以可以推测，在瞬态条件下空穴和电子的寿命 τ_t 都相等，即便在 N_T 很大的情况下也是如此。

当 N_T 很小时，式(8.92)和式(8.96)具有同一数值。而当 N_T 很大时，情况就不一样了，这时必须用式(8.96)解释光电导衰减的测量。

Wertheim(1958)研究了瞬态复合问题，得到的表示式与式(8.95)和式(8.96)一样，只是它们可以表示成如下的形式：

$$\tau_i = \left[c_p\left(p_0 + p_1 + N_T\right) + c_n\left(n_0 + n_1 + N_T\right)\right]^{-1} \tag{8.97}$$

$$\tau_t = \frac{\tau_{n0}(p_0 + p_1 + N_T^-) + \tau_{p0}(n_0 + n_1 + N_T)}{n_0 + p_0 + (N_T^- N_T^0 / N_T)} \tag{8.98}$$

图 8.16 所示的在电子轰击的 n 型硅情况下寿命与电子轰击条件和温度关系曲线。轰击在价带顶以上 0.27eV 处产生一个能级。与该能级有关的陷阱起着复合中心作用，这些中心的密度有控制的引入。对于这种情况，Wertheim 特别列举出式(8.94)，并得到

$$\tau_t = \frac{1}{c_p N_T} + \frac{1 + p_1 / N_T}{c_n n_0} \tag{8.99}$$

这个方程表明，当轰击继续进行并增大到 N_T 时，寿命达到一个下限。因为 n_0 随着轰击继续进行而降低，所以实际观察到的是一个最小值。这个最小值可在图 8.16 中的 10^{17} 电子 cm^{-2} 处观察到。这个方程恰当的描述了各种轰击条件下寿命随温度变化的情况。

Wertheim 所研究的其他问题包括：图 8.16(a)直接复合以及通过中心的复合作用；图 8.16(b)在含有两种中心晶体中的复合作用。对于后者，如果 $N_1+N_2<n_0+p_0$，可以证明

$$\frac{1}{\tau} = \frac{[(1+\mu_1)/\tau_1] + [(1+\mu_2)/\tau_2]}{1 + \mu_1(1+v_1) + \mu_2(1+v_2)} \tag{8.100}$$

在 n 型材料中，式中

$$\begin{aligned}
\mu_1 &= N_1^- /[p_0 + p_{11} + (n_0 + n_{11})c_{n1}/c_{p1}] \\
\mu_2 &= N_2^- /[p_0 + p_{12} + (n_0 + n_{12})c_{n2}/c_{p2}] \\
v_1 &= c_{n1}(n_0 + n_{11})/[c_{n2}(n_0 + n_{12}) + c_{p2}(p_0 + p_{12})] \\
v_2 &= c_{n2}(n_0 + n_{12})/[c_{n1}(n_0 + n_{11}) + c_{p1}(p_0 + p_{11})]
\end{aligned} \tag{8.101}$$

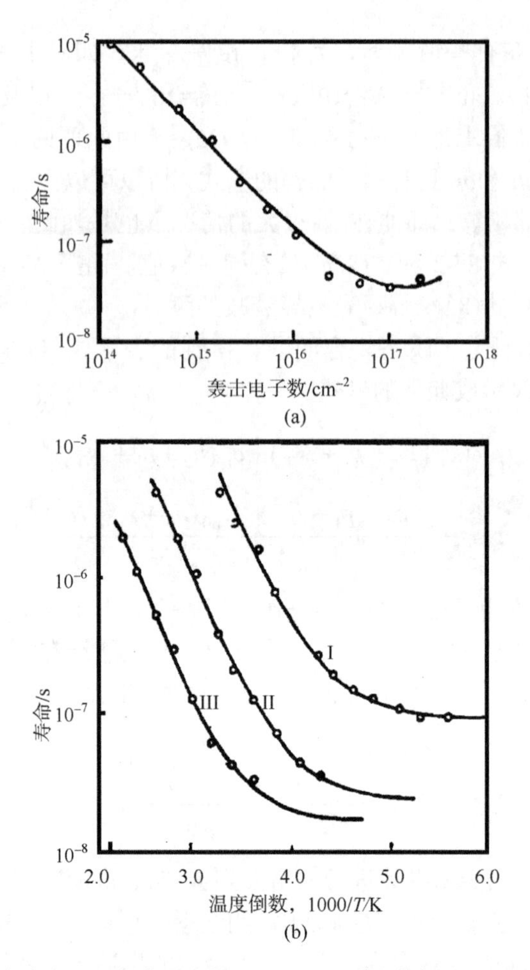

图 8.16　在一块含有由电子轰击引发的 E_v+0.27eV 受主能级的 n 型硅(7Ωcm)中的寿命

(a)寿命与轰击密度 n_e 的关系曲线；(b)三种轰击条件下寿命与温度函数关系

式中：n_{11}、p_{11} 是费米能级位于第一杂质能级位置时的电子和空穴密度，n_{12} 和 p_{12} 是对第二个杂质能级而言的，定义同 n_{11} 和 p_{11}。

由式(8.96)和式(8.97)可以看出，通常附加的时间常数的倒数项，只有在$\mu_i \ll 1$以及$\mu_i v_i \ll 1$ 时才是正确的，而且只有当复合中心密度非常小时，这两个条件才能满足。

当复合中心接近能隙中心时，要求$\dfrac{c_{pi}N_i^-}{c_{ni}n_0}<1,\ i=1,2$。这表明，当一个或两个中心带负电时就可能发生偏离，这是因为 c_p 存在大于 c_n 的倾向。

Choo(1970)还研究了含有两个相互作用的复合能级或两个独立无关的复合能级的半导体中的载流子寿命。Baicker 和 Fang 等(Baicker　1972)从理论上研究了含有两组单价陷阱或一组双价陷阱的硅。Srour 和 Curtis 等(1972)在硅的辐射引发缺陷研究中考虑了类似问题。这些方向的分析可供参考分析窄禁带半导体在高能辐射情况下引入缺陷对载流子寿命的影响。

8.4 辐 射 复 合

8.4.1 半导体中的辐射复合过程

辐射复合研究对于半导体物理和光发射器件以及半导体激光有重要意义，也是半导体光致发光研究的物理基础。在电子束激发，电流注入激发或光激发后引起半导体中产生过剩载流子，它们会在不同的复合过程规律驱使下，弛豫到新的平衡状态。辐射复合是其中一种重要的本征复合机制。在本征半导体中最简单的复合机制是对应于电子和空穴的复合产生光子发射，如图 8.17 所示。

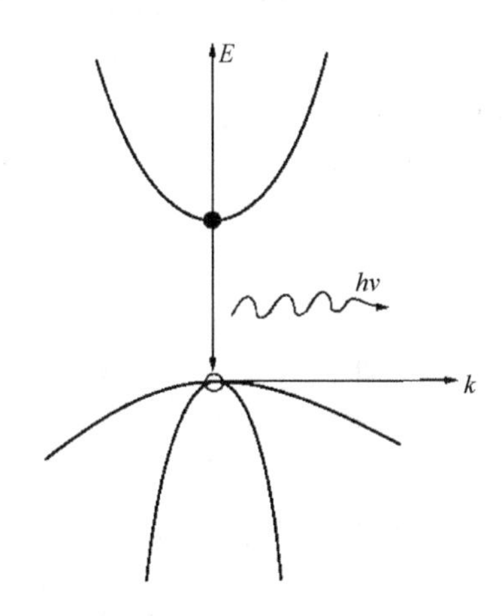

图 8.17 辐射复合示意图

发射的光谱依赖于载流子在导带与价带中的分布以及动量守恒的要求的选择定则。由于光子的动量是对于电子和空穴的动量来说可以忽略不计，仍可以在直接带隙半导体，辐射复合要求电子与空穴具有相同的波矢。假定矩阵元与能量无关,在抛物带近似下,则每个单位光子能量范围发射强度为(Mooradian et al. 1966)

$$I(h\nu) \propto \nu^2 (h\nu - E_{\rm g}) f_{\rm e} f_{\rm h} \tag{8.102}$$

这里 $h\nu$是光子能量，$f_{\rm e}$、$f_{\rm h}$ 是电子和空穴的分布函数。如果电子与空穴用 Maxwell-Boltzmann 分布，则

$$I(h\nu) \propto \nu^2 (h\nu - E_{\rm g}) \exp[-(h\nu - E_{\rm g}) / k_{\rm B}T] \tag{8.103}$$

这里没有计及自由载流子库仑相互作用效应。在低温下，低激发浓度的情况下，

自由载流子可能弛豫到自由激子态或束缚于杂质态，于是出现的复合现象更主要的不是带到带的复合而是激子态复合，或束缚杂质态的复合。然而在高温情况下，即 $k_{\mathrm{B}}T > E'$， E' 是描写载流子束缚特征的能量，这时载流子主要处于导带中，带带辐射复合就成为整个辐射光谱中主要的部分。具有直接带隙的窄禁带半导体 HgCdTe 的光致发光光谱结果在 7.6 节中有所描述。对于 InSb 的光致发光光谱早期的文献可以参见(Mooradian et al. 1966)。

自由载流子复合率正比于载流子浓度 n 的平方和一个依赖于矩阵元的因子 B 的乘积 n^2B。在平衡的情况下，复合率等于吸收率，于是可以从前面的推导吸收系数的理论表达式中，来反推因子 B 的值。

8.4.2 辐射复合的寿命

辐射复合的寿命τ具有表达式 $1/\tau=nB$，当载流子浓度增加时，τ减小。对于 GaAs，$B=10^{-9}\mathrm{cm}^{-3}\mathrm{s}^{-1}$，对于载流子浓度小于 $10^{16}\mathrm{cm}^{-3}$ 时，带带辐射复合寿命约为 10^{-7}s。这一时间较长，使得具有更短寿命的非直接辐射复合经常支配复合寿命。

在非直接带隙情况复合过程需要有声子协助以保持动量守恒，如图 8.18 所示。在这种情况下，复合概率将更为低。于是在半导体中可能发生的各种辐射复合过程如图 8.19 所示。

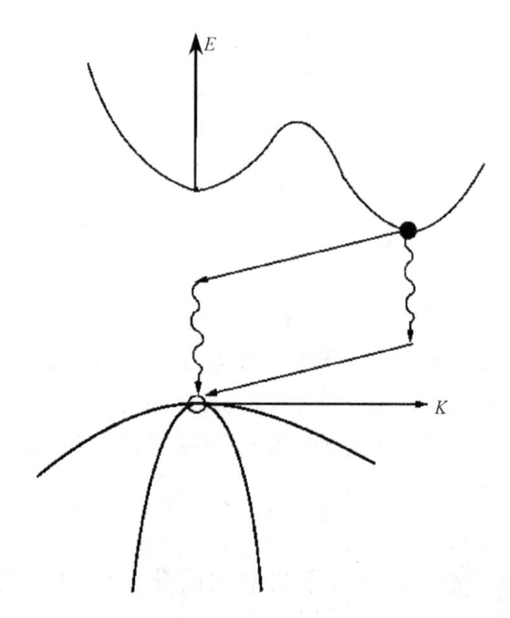

图 8.18 非直接带隙情况下的复合过程示意图

在热平衡条件下，电子和空穴的辐射复合率应该等于吸收辐射产生电子空穴对的产生率。所以，一方面辐射复合率正比于本征载流子浓度的平方。

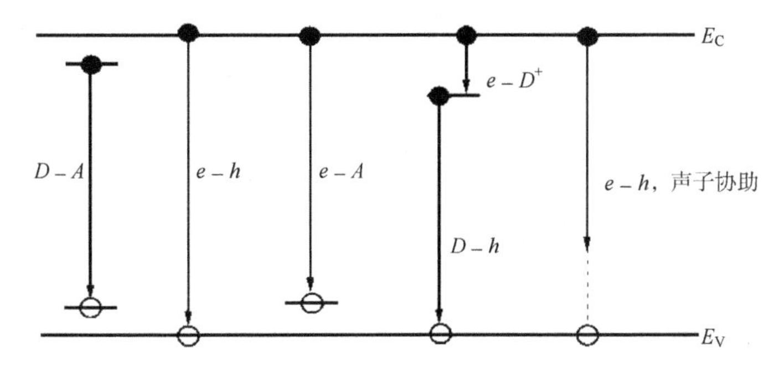

图 8.19　各种辐射复合过程示意图

$$G_R = Bn_i^2 \tag{8.104}$$

另一方面，电子空穴对的产生率又等于材料对温度为 T 的辐射的吸收率

$$G_R = \frac{8\pi}{h^3c^2}\int_0^\infty \frac{\varepsilon(E)\alpha(E)E^2\mathrm{d}E}{\exp(E/k_BT)-1} \tag{8.105}$$

这里 G_R 是热平衡时的辐射复合率，其中$\varepsilon(E)$是介电常数，如果忽略它的频率依赖性，可用高频介电常数ε_∞代替。于是，参数 B 为

$$B = \frac{1}{n_i^2}\frac{8\pi}{h^3c^2}\int_0^\infty \frac{\varepsilon(E)\alpha(E)E^2\mathrm{d}E}{\exp(E/k_BT)-1} \tag{8.106}$$

在热平衡状态下，电子-空穴一方面产生，一方面复合，保持平衡，电子浓度为 n_0，空穴浓度为 p_0。对本征材料，$n_0=p_0=n_i$。如果半导体受到一个外界激发，产生了过剩载流子，则辐射复合率将增加，使得过剩载流子在此增加的复合率的支配下，复合到平衡态，此过剩载流子复合率为(汤定元　1974)

$$R = B(np - n_i^2) \tag{8.107}$$

在弱激发条件下，$n = n_0 + \Delta n$，$p = p_0 + \Delta n$，$\Delta n \ll n_0$、p_0，则辐射复合寿命为

$$\tau_n = \tau_p = \tau_R = \frac{\Delta n}{R} = \frac{\Delta n}{B(np - n_i^2)} \tag{8.108}$$

有

$$\tau_R = \frac{1}{B(n_0 + p_0 + \Delta n)} \approx \frac{1}{B(n_0 + p_0)} \tag{8.109}$$

式(8.104)代入，有

$$\tau_{\mathrm{R}}=\frac{n_{\mathrm{i}}^{2}}{G_{\mathrm{R}}(n_0+p_0+\Delta n)}\approx\frac{n_{\mathrm{i}}^{2}}{G_{\mathrm{R}}(n_0+p_0)} \tag{8.110}$$

G_{R} 由式(8.105)给出。对于本征材料 $n_0=p_0=n_{\mathrm{i}}$，则

$$\tau_{R_{\mathrm{i}}}=\frac{1}{2Bn_{\mathrm{i}}} \tag{8.111}$$

把 B 代入式(8.109)有

$$\tau_{\mathrm{R}}=\frac{2\tau_{R_{\mathrm{i}}}n_{\mathrm{i}}}{n_0+p_0} \tag{8.112}$$

对于 n 型材料，$n_0\gg p_0$

$$\tau_{\mathrm{R}}=\frac{1}{Bn_0}=2\tau_{R_{\mathrm{i}}}\left(\frac{n_{\mathrm{i}}}{n_0}\right) \tag{8.113}$$

对于 p 型材料，$p_0\gg n_0$

$$\tau_{\mathrm{R}}=\frac{1}{Bp_0}=2\tau_{R_{\mathrm{i}}}\left(\frac{n_{\mathrm{i}}}{p_0}\right) \tag{8.114}$$

由式(8.108)和式(8.109)可见，辐射复合的寿命与多数载流子浓度成反比。利用式(8.111)、式(8.113)和式(8.114)就可以计算辐射复合的寿命，计算中因子 B 由式(8.106)确定，在式(8.106)中把吸收光谱代入就可以获得 B 的表达式。在第 3 章中已经对吸收光谱进行过详细的讨论，可以把吸收光谱的经验表达式或理论表达式代入求出 B 因子。这方向早期的工作由 Schacham 和 Finkman(1985)给出，他们采用 Bardeen 等(1956)提出的近似表达式

$$\alpha=\frac{2^{\frac{2}{3}}}{3\varepsilon^{\frac{1}{2}}}\frac{m_0q^2}{\hbar^2}\left(\frac{m_{\mathrm{e}}^{*}m_{\mathrm{h}}^{*}}{m_0(m_{\mathrm{e}}^{*}+m_{\mathrm{h}}^{*})}\right)^{\frac{3}{2}}\left(1+\frac{m_0}{m_{\mathrm{e}}^{*}}+\frac{m_0}{m_{\mathrm{h}}^{*}}\right)\left(\frac{E-E_{\mathrm{g}}}{m_0c^2}\right)^{\frac{1}{2}} \tag{8.115}$$

假定 $E_{\mathrm{g}}>kT$，则有

$$B=5.8\times10^{-13}\varepsilon^{\frac{1}{2}}\left(\frac{m_0}{m_{\mathrm{e}}^{*}+m_{\mathrm{h}}^{*}}\right)^{\frac{3}{2}}\left(1+\frac{m_0}{m_{\mathrm{e}}^{*}}+\frac{m_0}{m_{\mathrm{h}}^{*}}\right)\left(\frac{300}{T}\right)^{\frac{3}{2}}\left(E_{\mathrm{g}}^{2}+3k_{\mathrm{B}}TE_{\mathrm{g}}+3.75k^2T^2\right) \tag{8.116}$$

或

$$B=\frac{1}{n_{\mathrm{i}}^{2}}8.685\times10^{28}\varepsilon^{\frac{1}{2}}\left(\frac{m_{\mathrm{e}}^{*}m_{\mathrm{h}}^{*}}{\left(m_{\mathrm{e}}^{*}+m_{\mathrm{h}}^{*}\right)m_{0}}\right)^{\frac{3}{2}}\left(1+\frac{m_{0}}{m_{\mathrm{e}}^{*}}+\frac{m_{0}}{m_{\mathrm{h}}^{*}}\right)(kT)^{\frac{3}{2}}$$
$$\times\exp\left(-\frac{E_{\mathrm{g}}}{kT}\right)\left(E_{\mathrm{g}}^{2}+3k_{\mathrm{B}}TE_{\mathrm{g}}+3.75k^{2}T^{2}\right) \tag{8.117}$$

如果考虑参与复合的电子都集中在导带底，则式(8.106)中的$\alpha(E)$代入，Schacham利用经验式后得到B的简化表达式

$$B=\frac{1}{n_{\mathrm{i}}^{2}}2.8\times10^{17}\varepsilon\beta T^{\frac{3}{2}}\exp\left(-\frac{E_{\mathrm{g}}}{kT}\right)\left(E_{\mathrm{g}}^{2}+3k_{\mathrm{B}}TE_{\mathrm{g}}+3.75k_{\mathrm{B}}^{2}T^{2}\right) \tag{8.118}$$

式中

$$\beta=2.109\times10^{5}\left(\frac{1+x}{81.9+T}\right)^{\frac{1}{2}}(\mathrm{cm}^{-1}\mathrm{eV}^{-\frac{1}{2}}) \tag{8.119}$$

上述抛物带表达式(8.115)对于 HgCdTe 不够准确，严格应该采用非抛物带表达式，Pratt 等(1983)发现对于 x=0.32 的 $Hg_{1-x}Cd_xTe$ 材料，也可以用下述表达式

$$a(E)=2\times10^{5}(E-E_{\mathrm{g}})^{\frac{3}{2}}\mathrm{cm}^{-1} \tag{8.120}$$

将这个表达式代入式(8.106)，考虑$\exp(E_{\mathrm{g}}/kT)\gg1$情况，可以得到$B$的简化表达式

$$B=\frac{1}{n_{\mathrm{i}}^{2}}1.29\times10^{30}(k_{\mathrm{B}}T)^{\frac{9}{2}}\exp\left(-\frac{E_{\mathrm{g}}}{k_{\mathrm{B}}T}\right)\left(\left(\frac{E_{\mathrm{g}}}{k_{\mathrm{B}}T}\right)^{2}+5\frac{E_{\mathrm{g}}}{k_{\mathrm{B}}T}+8.75\right)\mathrm{s}^{-1}\mathrm{cm}^{-3} \tag{8.121}$$

除此之外，也可以利用吸收系数的指数表达式$\alpha(E)=\alpha_{\mathrm{g}}\exp[\beta'(E-E_{\mathrm{g}})]^{\frac{1}{2}}$(式(4.136))来获得$B$的简化表达式。

8.4.3 p 型 HgCdTe 材料的辐射复合

从简化式(8.112)可以看出，$B=G_{\mathrm{R}}/n_{\mathrm{i}}^{2}$随温度变化较为缓慢，在非本征区相当大的范围内，对于 n 型材料，多数载流子可以看作为常数，辐射复合寿命随温度变化很慢，但对 p 型材料情况不同，由于在低温下载流子的冻出效应，寿命将随温度降低而指数增加，载流子浓度的温度依赖性可以从中性条件得到

$$n_{0}+N_{\mathrm{a}}^{-}=p_{0}+N_{\mathrm{d}}^{+} \tag{8.122}$$

式中：N_d^+是电离施主浓度；N_a^-是电离受主浓度；n_0和p_0是平衡条件下的电子浓度和空穴浓度。同时，补偿也会对寿命有影响。在低温下，对于补偿半导体

$$p_0 \approx \frac{N_a - N_d}{N_d} \frac{N_v}{g} \exp\left(-E_a / k_B T\right) \tag{8.123}$$

而对于非补偿半导体，即$p_0 \gg N_d$

$$p_0 \approx \left(\frac{N_v N_a}{g}\right)^{\frac{1}{2}} \exp\left(-E_a / k_B T\right) \tag{8.124}$$

式中：N_v是价带顶有效态密度；g是受主能级的简并度。Schacham 等(1985)计算了组分x=0.215，E_a=15meV 的，具有不同掺杂浓度$N_a - N_d = 10^{15}$、10^{16}、10^{17}cm^{-3}的 p 型 HgCdTe 的辐射复合寿命(图 8.20)。

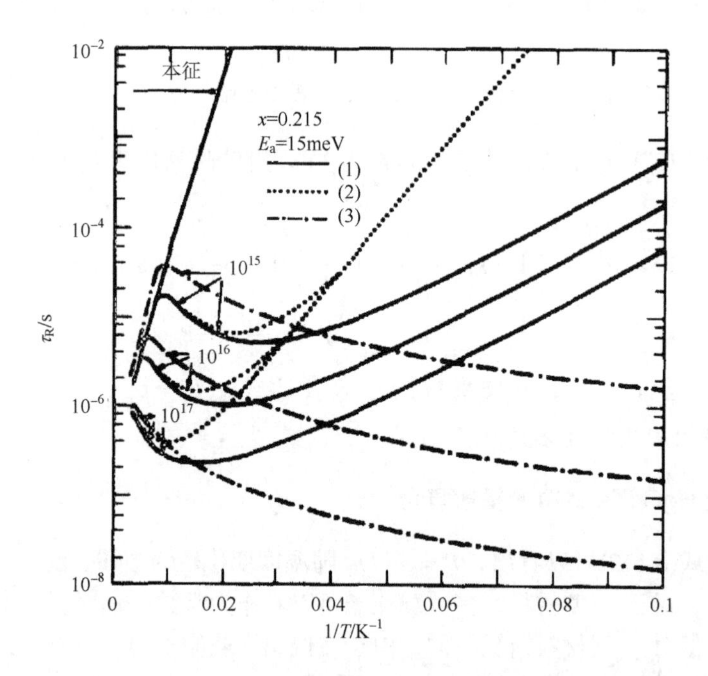

图 8.20　x=0.215，E_a=15meV，并且具有不同掺杂浓度 p 型的 HgCdTe 样品的辐射复合寿命

图中实线(1)是 $N_d=0$，为非补偿半导体，点虚线(2)是 $N_d=0.5N_a$ 的补偿半导体，考虑载流子冻出，点划线(3)是不考虑载流子冻出的情况。比较曲线(2)和(3)可见，考虑载流子冻出效应后，由于价带中空穴数减少，使得复合率降低，载流子的寿命增加。比较(1)(2)两条曲线可见，补偿半导体的寿命增加，由于在补偿情况下，寿命 τ_R 比例于 $N_d/(N_a-N_d)$。

除了冻出补偿之外，背景辐射流对于小组分 HgCdTe，在低温下的载流子寿命也会有很大影响。如果假定背景温度是常数，则背景辐射流的影响仅跟视角以及器件的组分和温度有关，与组分和温度的关系主要是由于禁带宽度随组分和温度的变化引起截止波长的移动，于是深入样品的背景辐射的积分就会有所变化。对于 300K 背景温度下，不同组分的 HgCdTe 在 180°视场下感受到的背景辐射流随 HgCdTe 本身温度变化的关系由图 8.21 中的曲线表示(Schacham 1985)。可见对于 $x=0.22$ 的 HgCdTe 器件在低温下感受的 300K 背景辐射的光子流达到 $10^{18}\text{cm}^{-2}\text{s}^{-1}$。在低温下，热平衡载流子 p_0 随温度指数减少，于是在背景辐射光子流的作用下，产生的过剩载流子，在低温下会占主导地位，以至于支配着辐射复合过程。由于背景辐射激发少数载流子增加了复合率，对载流子寿命有降低作用。因此在低温下辐射复合寿命并非很快的指数增加，而是略受抑

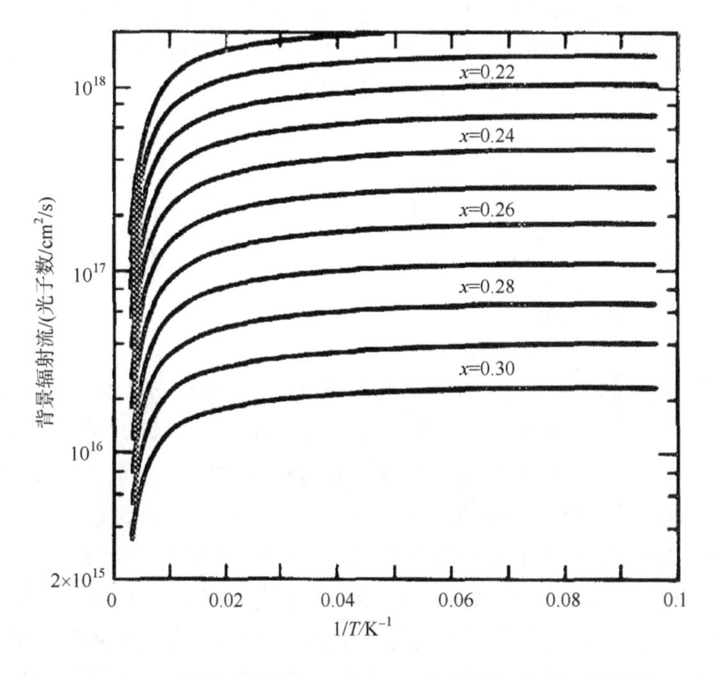

图 8.21　背景辐射流随 HgCdTe 本身温度变化的关系曲线

制，组分越小的器件在越高的温度下就会出现这种情况。图 8.22 是 Schacham 计算的曲线，图 8.22(a)是 x=0.25 和 x=0.29 的样品在不同掺杂浓度下，并考虑背景辐射效应的辐射复合寿命。图 8.22(b)是 x=0.215 的样品在不同掺杂浓度，不同视角下的辐射复合寿命。

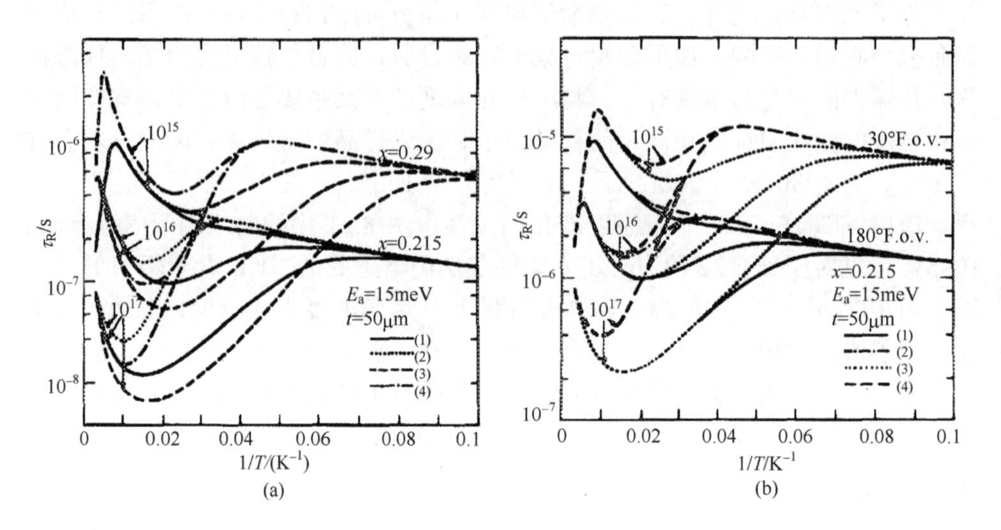

图 8.22 (a) x=0.25 和 x=0.29 的 $Hg_{1-x}Cd_xTe$ 样品在不同掺杂浓度下，考虑背景辐射效应后的辐射复合寿命；(b) x=0.215 的 $Hg_{1-x}Cd_xTe$ 样品在不同掺杂浓度，不同视角下的辐射复合寿命

8.5 少数载流子寿命的测量

8.5.1 光调制红外吸收方法

$Hg_{1-x}Cd_xTe$ 是制备红外探测器的一种重要半导体材料(Long 1970, 汤定元 1974)。$Hg_{1-x}Cd_xTe$ 材料的非平衡载流子寿命是一个重要参数，早已引起许多作者的兴趣(Petersen 1970, Kinch et al. 1973, Bartoli et al. 1974, Gerhards et al. 1978, Baker et al. 1978)。许多研究工作集中在组分 x=0.2 附近(E_g(77K)~0.1eV)的 n 型材料，所用的测量方法主要是传统的光电导衰退法和定态光电导法。主要是测量光电导随时间的衰减来确定载流子寿命。在研究 p 型材料的工作中，也可以采用了脉冲恢复技术和电子束感应电流技术(Polla 1981)。在红外探测器的研制过程中，往往需要预知材料中载流子的寿命以及载流子寿命的均匀性；如研制 SPRITE 探测器(Elliott 1977，1981)，则需要选择载流子寿命足够长的材料。因此，用非

破坏性的方法测量样品的载流子寿命是十分重要的。

红外吸收的光调制技术(Optical Modulation of Infrared Absorption)测量载流子寿命是一种无电触点、非破坏性的光学测量方法。用这种方法 Afromowitz 和 DiDomenico(1971)测量了 GaP 的载流子寿命，Mroczkowski 等(1981, Polla 1981)报道了室温下，$E_g \approx 0.3$eV 的近本征和 p 型 $Hg_{0.7}Cd_{0.3}Te$ 样品的载流子寿命的测量结果。凌仲赓(1984)测量了 x=0.24~0.35 的 n 型 $Hg_{1-x}Cd_xTe$ 样品的光生载流子寿命。

OMIA 技术测量半导体载流子寿命的基本原理是半导体材料中光生载流子对自由载流子红外吸收的影响规律，可以定量获得过剩载流子寿命(Afromowitz et al. 1971, Mroczkowski 1981, Polla et al. 1981)。

实验测量探针光束(光子能 $E=h\nu_{\text{Probe}}<E_g$)通过样品的透射强度 I，以及测量加上调制泵光束(光子能量 $h\nu_{\text{Pump}}>E_g$)后，探针光束透射强度的变化ΔI，根据$\Delta I/I$ 来获得光生载流子的寿命。

存在泵光束时，半导体样品中产生光生电子-空穴对；样品对探针光束的总吸收系数$\alpha(E)$将增加$\Delta\alpha(E)$，若$\Delta n=\Delta p$，则

$$\Delta\alpha(E)=\left[\sigma_{v2v1}(E)+\sigma_{\text{n}}(E)+\sigma_{\text{p}}(E)\right]\Delta p=\sigma(E)\Delta p \tag{8.125}$$

这里$\sigma_{v2v1}(E)$、$\sigma_{\text{n}}(E)$和$\sigma_{\text{p}}(E)$分别为在能量 E 处轻空穴带到重空穴带的价带间跃迁和导带电子，价带空穴的带内跃迁的吸收截面。

此时，探针光束通过厚度为 d 的样品后的透射强度为

$$I+\Delta I=I\left[1-\sigma(E)\int_0^d \Delta p(x)\mathrm{d}x\right]$$

$$\Delta I/I=-\sigma(E)\int_0^d \Delta p(x)\mathrm{d}x \tag{8.126}$$

如果表面复合可以忽略，且假定泵辐射在比扩散长度 L 小得多的距离内被样品吸收，则过剩载流子$\Delta p(x)$的稳态分布为

$$\Delta p(x)=\left[(1-R_\lambda)r_\lambda Q_{\text{p}}\tau/L\right]\exp(-x/L) \tag{8.127}$$

式中：R_λ、r_λ分别为样品在泵辐射波长λ处的反射率和量子产额，Q_{p}为泵光束光子流密度。

由式(8.126)、式(8.127)得到

$$\Delta I/I=(1-R_\lambda)r_\lambda\sigma(E)Q_{\text{p}}\tau\left[1-\exp(-x/L)\right] \tag{8.128}$$

考虑到样品厚度 d 比扩散长度 L 大得多，指数项 $\exp(-d/L)$~0，上式变为

$$\Delta I/I=(1-R_\lambda)r_\lambda\sigma(E)Q_{\text{p}}\tau \tag{8.129}$$

式(8.129)表明，确定了 R_λ、r_λ及$\sigma(E)$后，在一已知的 Q_p下测量$\Delta I/I$ 就可得出载流子寿命τ。

R_λ是由 HgCdTe 折射率得出的(Baars et al.　1972)；对λ=0.6328μm 的泵辐射，取 r_λ=0.3；$\sigma_{v_2v_1}$ 按文献(Mroczkowski et al.　1981)给出的公式计算

$$\sigma_{v_2v_1}(E)=\frac{e^2p^2k}{nE\hbar c}\left(\frac{\eta-E_g}{4p^2-3\eta\beta}\right)\frac{f\exp(E_{v1}/k_BT)}{N_v} \tag{8.130}$$

式中：$\eta=(E_g^2+8P^2k^2/3)^{1/2}$，$P$是Kane动量矩阵元，$n$是折射率，$\beta=\hbar^2(m_0^{-1}+m_{hh}^{-1})$，$N_v$是价带有效态密度，$f$是空穴在重空穴带中的分数，取 0.75，$m_{hh}$是重空穴的有效质量，$E_{v_1}=-\hbar^2k^2/2m_{hh}$，$\hbar k$是重空穴带和轻空穴带能量相差 E(探针光子能量)处的晶格动量

$$k^2=\left(\frac{4P^2}{3\beta^2}-\frac{E_g}{\beta}\right)-\frac{2E}{\beta}-\left[\left(\frac{4P^2}{3\beta^2}-\frac{E_g}{\beta}\right)^2-\frac{16P^2E}{3\beta^2}\right]^{1/2} \tag{8.131}$$

σ_n和σ_p用经典的自由载流子吸收公式计算(Moss　1973)

$$\sigma_n+\sigma_p=\frac{\lambda^2e\hbar}{137\pi c^2n}\left(\frac{1}{m_e^2\mu_e}+\frac{1}{m_h^2\mu_h}\right) \tag{8.132}$$

μ_e和μ_h分别为电子和空穴的迁移率。对于探针波长 10.6μm 和 14.5μm，计算结果见表 8.1。

表 8.1　吸收截面

探针波长	σ_{v2v1}	σ_n /cm^2	σ_p /cm^2
10.6μm	0.234×10^{-15}cm^2	$5.05\times10^{-13}/\mu_e$	$2.02\times10^{-12}/\mu_h$
14.5μm	0.218×10^{-15}cm^2	$9.45\times10^{-13}/\mu_e$	$3.78\times10^{-12}/\mu_h$

实验装置如图 8.23 所示，图中 CO_2 激光(10.6μm)用作探针光束，He-Ne 激光(0.6328μm)用作泵光束。通过光路安排，使二束光交叠在样品的同一点上。样品置于温度可控的带有透射窗口的低温恒温器中，用液氮冷却。斩波器用来调制探针光束和泵光束，在无泵光束照射时，对探针光束调制，测量 I；加上泵光束后，调制泵光束，测量ΔI，调制频率 800 周。探测器是一个 77K 工作的 $Hg_{0.8}Cd_{0.2}Te$ 光电导器件，截止波长 12μm，信号由锁相放大器记录。实验中也可采用某个波长以上的以上一个波段中的连续光作为探针光束，计算时略为复杂些。

凌仲赓等(凌仲赓　1984)对组分 0.24<x<0.35 的 n 型 $Hg_{1-x}Cd_xTe$ 样品进行了寿命测量。实验用的 $Hg_{1-x}Cd_xTe$ 样品(ϕ5~10mm)是用固态再结晶法制备的，经抛光

和用溴-乙醇溶液腐蚀后厚度为 0.3~0.5mm，样品组分 x 用密度法和电子探针测定，样品的组分均匀性及电学参数列于表 8.2。探针光束功率限于 mW 量级，泵光束功率 I_p 最大为 15mW，Q_p 是通过光功率测量，按激光束高斯分布计算的。

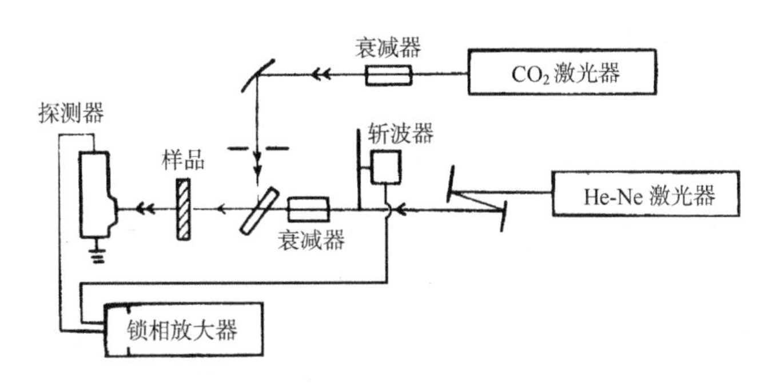

图 8.23　红外吸收光调制技术测量载流子寿命的实验装置

图 8.24 表示样品 3 在 Q_p=5.4×10^{18}/s cm^2 条件下得到的ΔI–I 关系；图 8.25 表示探针光束功率恒定时，得到的ΔI–I_p 关系。图 8.24 和图 8.25 显示的线性关系是与(8.129)式符合的，这表明，在这样的实验条件下，寿命τ与探针光束功率和泵光束功率无关。

在 90~330K 温度范围内，Q_p=3.4×10^{18}/s cm^2 条件下测量了样品 1~4 的$\Delta I/I$ 的温度关系。要从$\Delta I/I$ 的温度关系得出寿命τ的温度关系，还必须先计算$\sigma(E)$的温度关系。

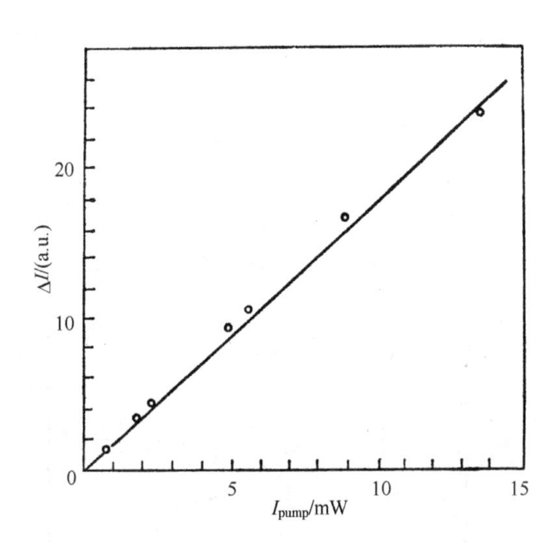

图 8.24　泵光束功率恒定条件下，ΔI 与 I 的线性关系。样品 3(x=0.34)T=300K，Q_p=5.4×10^{18}/s cm^2；$\sigma(E)$=1.5×10^{-15} cm^2；$\Delta I/I$=8.8×10^{-3}；τ = 3.6×10^{-7}s

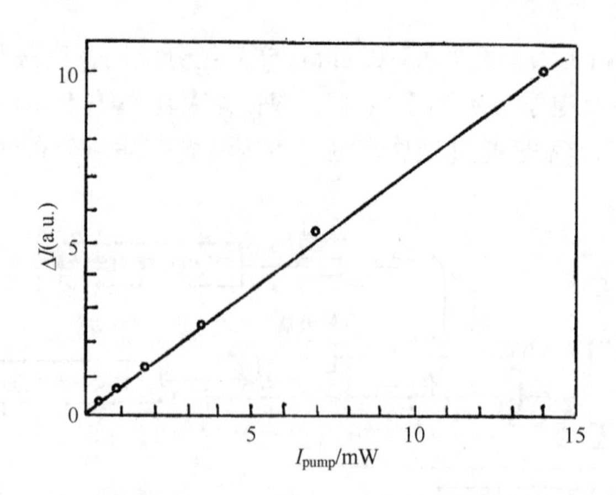

图 8.25　探针光束功率恒定条件下，ΔI 与 I 的线性关系。样品 3(x=0.34)T=300K，λ_{probe}=10.6μm，λ_{pump}=0.6328μm，I=常数

可以对这些样品的组分(决定 E_g)和 CO_2 激光光束(λ=10.6μm，E=0.117eV)按(8.130)式和(8.132)式计算吸收截面$\sigma(E)$的温度关系。计算中用了$P=8.5\times10^{-8}$eV · cm(Mroczkowski et al.　1981)，$m_{hh}=0.55m_0$。作为组分、温度函数的m_e和E_g的表达式分别取自文献(Schmit et al.　1970；褚君浩等　1982)，对所研究的n型材料$m_h^2\mu_h \gg m_e^2\mu_e$，所以计算中略去了$\sigma_p$。电子迁移率$\mu_e$是由样品的Hall效应和电阻率测量得出。图 8.26 给出了样品 4(x=0.265)对 $E=0.117$eV 探针辐射的吸收截面的计算结果。由图可见，在低温$\sigma_{v_1v_2}$起主要作用，而在本征温度范围内σ_n起主要作用。

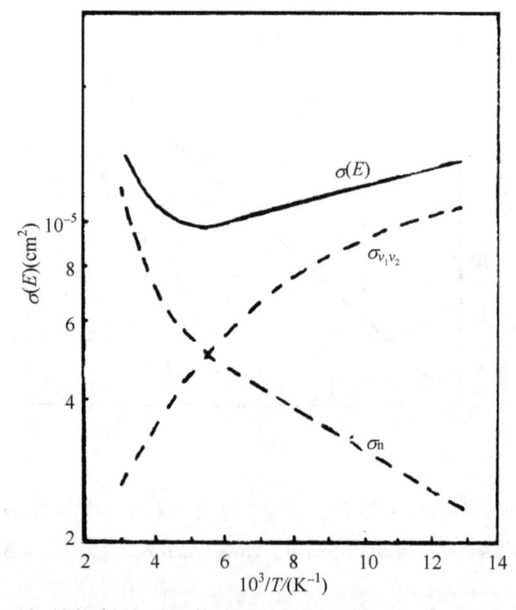

图 8.26　样品 4 对探针辐射的吸收截面$\sigma(E)$的温度关系，样品 4(x=0.265)E=0.117eV

用$\Delta I/I$ 的实验数据和$\sigma(E)$的计算曲线就可以按(8.129)式得出寿命 τ 的温度关系。图 8.27、图 8.28 分别是对样品 4(x=0.265)和样品 2(x=0.325)的寿命-温度关系。图中二组实验点是对样品的两个不同位置 a、b 测量得到的。

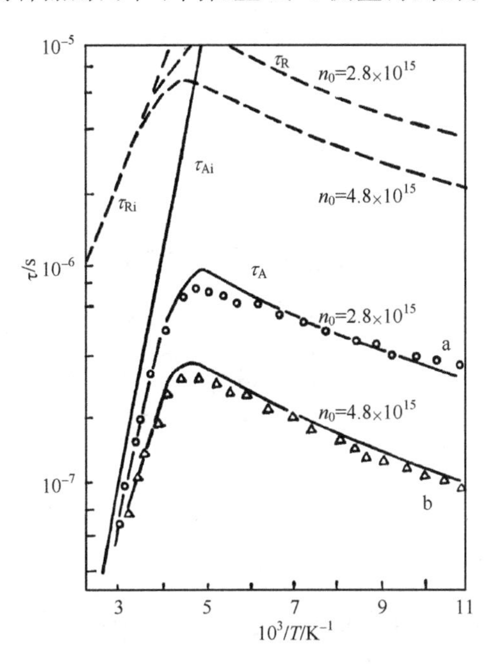

图 8.27　样品 4(x=0.265)的寿命-温度关系，寿命由俄歇复合决定

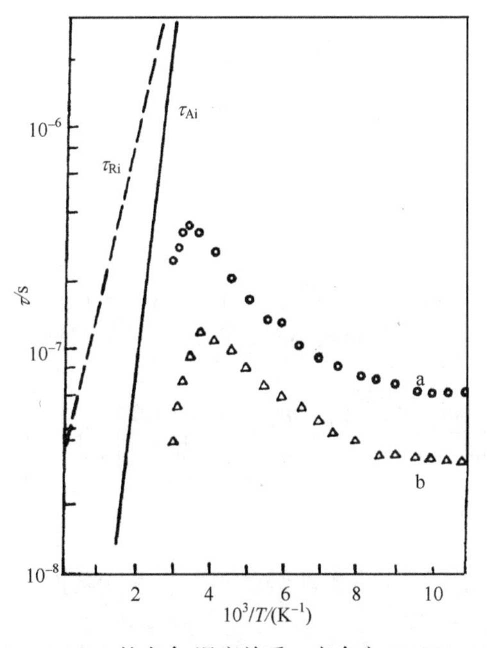

图 8.28　样品 2(x = 0.325)的寿命-温度关系，寿命由 Shockley-Read 复合决定

还通过光点扫描，在 300K 和 90K，以 1mm 为间隔对这些样品作了载流子寿命面分布的测量。图 8.29 中给出了样品 3(x=0.34)90K 的寿命的面分布，图中对每一 y 坐标画出了寿命随 x 坐标位置变化的曲线。

下面用载流子的复合机构简要分析一下实验结果。如果不存在复合中心的复合，电子和空穴可以通过辐射复合和俄歇复合过程复合。

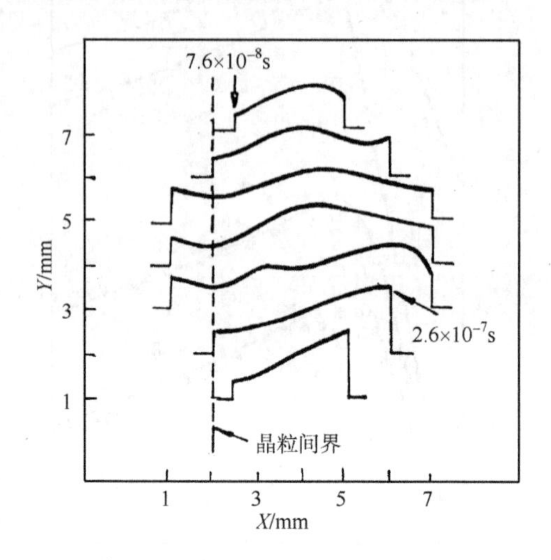

图 8.29　样品 3(x = 0.34)90K 时载流子寿命的面分布

弱激发条件下，辐射复合寿命为

$$\tau_{\mathrm{R}} = \frac{1}{B(n_0 + p_0)} \tag{8.133}$$

对于本征材料，n_0=p_0=n_{i}，本征辐射复合寿命为

$$\tau_{\mathrm{Ri}} = \frac{1}{2Bn_{\mathrm{i}}} \tag{8.134}$$

B 为俘获概率，假定能带在 k=0 附近为抛物线型，而且经典统计适用，并用吸收系数的理论公式，可以得到 B 的表达式，即式(8.116)(Hall　1959)

$$B = 5.8\times 10^{-13}\varepsilon_{\infty}^{1/2}\left(\frac{m_0}{m_{\mathrm{e}}^{*}+m_{\mathrm{h}}^{*}}\right)^{3/2}\left(1+\frac{m_0}{m_{\mathrm{e}}^{*}}+\frac{m_0}{m_{\mathrm{h}}^{*}}\right)\left(\frac{300}{T}\right)^{3/2}\left(E_{\mathrm{g}}^2+3k_{\mathrm{B}}TE_{\mathrm{g}}+3.75k_{\mathrm{B}}^2T^2\right) \tag{8.135}$$

弱激发条件下，对于 $\mu=\dfrac{m_{\mathrm{e}}^{*}}{m_{\mathrm{h}}^{*}}\ll 1$ 的半导体材料，本征条件下的俄歇复合，即带间碰撞复合寿命为(Blakemore　1962)

$$\tau_{\text{Ai}} = 3.8\times10^{-18}\varepsilon_{\infty}^{1/2}(1+\mu)^{1/2}(1+2\mu)\left[\frac{m_{\text{e}}^{*}}{m_0}|F_1F_2|^2\left(\frac{k_{\text{B}}T}{E_{\text{g}}}\right)^{3/2}\right]^{-1}\exp\left[\frac{1+2\mu}{1+\mu}\frac{E_{\text{g}}}{k_{\text{B}}T}\right] \tag{8.136}$$

F_1F_2是导带和价带的布洛赫周期函数的交叠积分。

对非本征的 n 型材料，碰撞复合寿命为

$$\tau_{\text{A}} = \frac{2\tau_{\text{Ai}}n_{\text{i}}^2}{n_0(n_0+p_0)} \tag{8.137}$$

辐射复合寿命 τ_{R} 和带间碰撞复合寿命 τ_{A} 都是 $\text{Hg}_{1-x}\text{Cd}_x\text{Te}$ 材料的组分 x、温度 T 及净施主浓度 $N_{\text{D}}-N_{\text{A}}$ 的函数。Baker 等(1978)的计算表明：组分 x 很小时，$\tau_{\text{A}}\leqslant\tau_{\text{R}}$ 寿命是由碰撞复合决定的，随着组分 x 的增大，τ_{A} 急剧增大，而 τ_{R} 缓慢下降，因而存在一临界组分，高于这个组分，$\tau_{\text{A}}\geqslant\tau_{\text{R}}$，寿命主要由辐射复合决定。这一临界组分与温度及净施主浓度有关，取 $N_{\text{D}}-N_{\text{A}}=1\times10^{15}\text{cm}^{-3}$ 计算 90K 时 τ_{A} 和 τ_{R} 随组分的变化，可见这一临界组分在 x=0.3 附近。

如果禁带中存在着密度为 $N_{\text{R}}(\text{cm}^{-3})$的复合中心能级 E_{R}，电子和空穴可以通过复合能级的俘获而复合。若 $N_{\text{R}}\ll n_0$，弱激发条件下，这一机构决定的寿命由 Shockley-Read 公式表示(Shockley　1952)，即

$$\tau = \tau_{\text{p0}}\frac{n_0+n_1}{n_0+p_0}+\tau_{\text{n0}}\frac{p_0+p_1}{n_0+p_0} \tag{8.138}$$

式中：n_1、p_1 分别是费米能级位于复合中心能级时的电子和空穴的浓度，$\tau_{\text{p0}}=(N_{\text{R}}c_{\text{p}})^{-1}$，$\tau_{\text{n0}}=(N_{\text{R}}c_{\text{n}})^{-1}$，$c_{\text{n}}$、$c_{\text{p}}$ 分别为复合中心对电子和空穴的俘获系数。

对 n 型样品在非本征温度范围内，有 $n_0\gg p_0$、$n_0\gg n_1$、$p_1\gg p_0$，则式(8.138)可简化为

$$\tau_{\text{S-R}} = \tau_{\text{p0}}+\tau_{\text{n0}}\frac{p_1}{n_0} = \tau_{\text{p0}}+\tau_{\text{n0}}\frac{N_{\text{v}}\exp[E_{\text{v}}-E_{\text{R}}/k_{\text{B}}T]}{n_0} \tag{8.139}$$

在非本征温度范围内 $n_0=N_{\text{D}}-N_{\text{A}}$，是与温度无关的常量。如果这一复合机构决定的寿命数值低于 τ_{R} 或 τ_{A}，则寿命-温度关系中将出现(8.139)式中的指数关系。

根据这些复合理论，可对实验结果进行分析。

图 8.27 是样品 4(x=0.265)的寿命-温度关系，图中的实线和虚线分别是按式(8.134)~(8.137)理论计算的碰撞复合寿命和辐射复合寿命。计算结果表明，对相同的净施主浓度，τ_{R} 要比 τ_{A} 大一个多数量级。图中的二组实验数据可以用 n_0 取 $2.8\times10^{15}\text{cm}^{-3}$ 和 $4.8\times10^{15}\text{cm}^{-3}$ 计算得到的 τ_{A} 的温度关系很好拟合，所取的净施主浓

度 n_0 的数值，与由该样品 Hall 效应测量得到的数值是基本一致的(见表 8.2)。在 T>250K 的本征温度范围内，实验点也十分接近理论计算的本征碰撞复合寿命 τ_A。因此，该样品在本征温度范围和非本征温度范围内，寿命都是由带间碰撞复合决定的，图中二组实验点的差别反映了样品不同位置净施主浓度 n_0 的差别。对样品 1(x=0.245)有类似的结果。

图 8.28 是样品 2(x=0.325)的寿命-温度关系，低温寿命数值比理论预期的辐射复合寿命值(90K，$n_0=1.1\times10^{15}\text{cm}^{-3}$，$\tau_R=8.2\times10^{-6}$)低了二个数量级。在非本征温度范围内，寿命-温度关系显示出 Shockley-Read 复合的特征，它可用式(8.137)描述。对 a 组实验数据，取 τ_{p0} =66ns，由

$$\lg(\tau-\tau_{p0})/T^{3/2}\sim\frac{1}{T} \tag{8.140}$$

关系的斜率得到复合中心能级 τ_R 的位置约在价带上面 30meV 处。 在本征温度范围内，由于存在通过复合中心的复合，寿命也大大偏离本征碰撞复合寿命 τ_{Ai}。图中二组实验点的差别反映了样品不同位置复合中心密度 N_R 的差别。样品 3(x=0.34)有类似结果，得到的 $\Delta E=\left|E_R-E_v\right|$ 约为 40meV。

采用以上方程可以获得载流子寿命的面分布。

图 8.29 是一个典型的寿命面分布图，是对样品 3(x=0.34)在 90K 测量得到的。由图可见，样品不同位置的寿命数值是不一样的，在晶粒间界处寿命明显下降。300K 的寿命面分布与 90K 的结果是基本一致的，这在图 8.27 和图 8.28 中样品不同位置的寿命-温度关系曲线也可看出。各样品 90K 的寿命变化范围列于表 8.2。

表 8.2 用于实验的 HgCdTe 样品的材料参数及寿命测量结果

样品编号	组分 x	$\Delta x/x$%	E_g/77K/eV	N_D-N_A/77K/cm^{-3}	μ_e/77K/(cm^2/(v·s))	τ(90K 平均)/s	τ变化范围 90K/s
1	0.245	1.9	0.164	5.7×10^{15}	2.6×10^4	9.4×10^{-7}	$2.5\times10^{-7}\sim1.8\times10^{-6}$
2	0.325	1.3	0.292	1.1×10^{15}	6.9×10^3	6.3×10^{-8}	$1.9\times10^{-8}\sim1.6\times10^{-7}$
3	0.34	2.4	0.315	4.7×10^{14}	2.3×10^4	1.4×10^{-7}	$8.6\times10^{-8}\sim2.6\times10^{-7}$
4	0.265	3.5	0.195	5.7×10^{15}	3.7×10^4	1.6×10^{-7}	$5.7\times10^{-8}\sim2.8\times10^{-7}$

根据样品不同位置的寿命-温度关系的测量结果，可见寿命数值的起伏是由样品内净施主浓度 n_0 的起伏或复合中心密度 N_R 尺的分布不均匀引起的。事实上，对辐射复合和带间碰撞复合，由式(8.132)和式(8.135)可以看出，辐射复合寿命 τ_R 与 n_0 成反比，带间碰撞复合寿命 τ_A 与 n_0^2 成反比；对通过复合中心的复合，低温寿命 $\tau_{S\text{-}R}/\tau_{p0}=(N_Rc_p)^{-1}$，寿命与 N_R 成反比。对 HgCdTe 这样的缺陷半导体，施主(汞间隙原子)、受主(汞空位)、缺陷能级密度都是由热处理条件决定的(汤定元 1976)，它们在样品内的分布有起伏是可以理解的。

采用红外吸收的光调制技术测量 n 型 $Hg_{1-x}Cd_xTe$ 材料的载流子寿命，与传统的定态光电导、光电导衰退法比较，它具有非破坏性，能对样品进行逐点测量的优点。

只要选择合适的探针光束($h\nu_{Probe}<E_g$)和泵光束($h\nu_{Pump}>E_g$)，这种测量方法原则上也可用于其他半导体材料。如对一个净施主浓度为 1×10^{14} cm^{-3} 的 n 型 InSb 样品进行测量，测得的室温寿命为 4.5×10^{-8}s(计算中，吸收截面的数据取自文献(Kuruick et al. 1959))，这个结果可与 300K InSb 本征碰撞复合寿命值 3×10^{-8} 秒(黄启圣等 1965)相比较。

8.5.2 微波反射法研究半导体少子寿命

采用光电导衰退法(PCD)比较简单，但需要在晶片两端加引电极，这就可能给材料带来损伤。微波反射技术(MR)是一种非接触式的测量少子寿命的方法，不需要加引电极，可避免给样品损伤。

用一脉冲光(能量大于半导体禁带宽度)照射半导体，在半导体中则会产生非平衡载流子，图 8.30 所示的是用直流光电导衰退法测量非平衡载流子寿命的方法，图中在示波器上可直接观察光电导随时间衰减的规律，由指数衰减曲线决定寿命 τ。

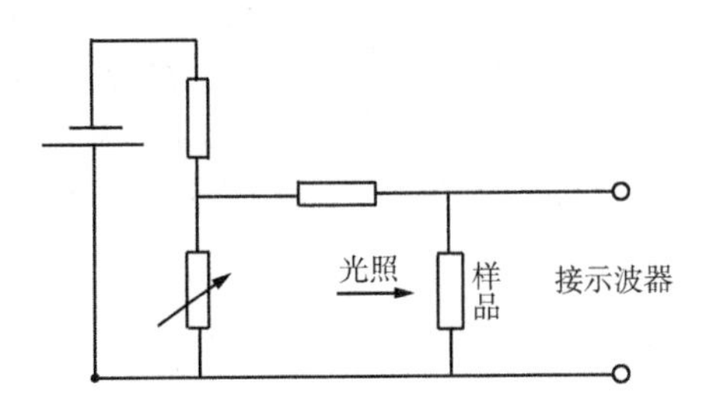

图 8.30　光电导衰退法(PCD 法)测少子寿命实验框图

图 8.31 表示的是 MR 法测试少子寿命的框图。当一脉冲光与一高频电磁波(微波)同时辐照到半导体样品上时，由于光脉冲产生的光电导瞬态变化会引起的微波反射率的变化ΔR 为

$$\Delta R=R(\sigma+\Delta\sigma)-R(\sigma) \tag{8.141}$$

式中：σ为电导率，$\Delta\sigma$为光注入后电导率的增加。在小注入时，上式可写成

$$\Delta R=\frac{\partial R(\sigma)}{\partial\sigma}\cdot\Delta\sigma \tag{8.142}$$

由于在微波波段反射率非常敏感于电导率，因此，测量ΔR 随时间的变化，反映了$\Delta\sigma$ 随时间的变化，从而可获得非平衡载流子的寿命。

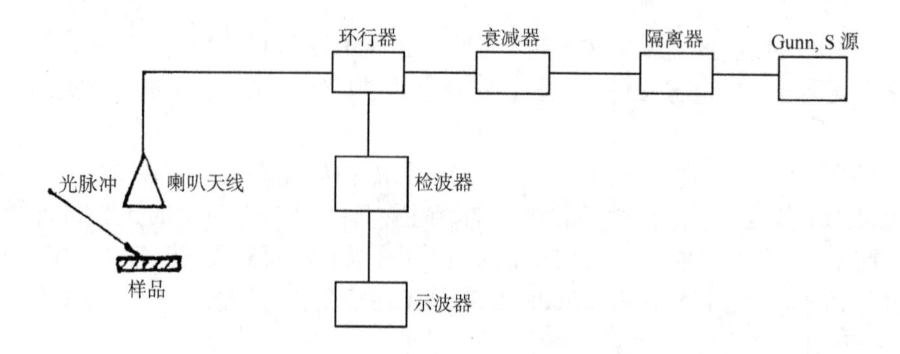

图 8.31 微波反射法(MR 法)测少子寿命实验框图

茅文英等(茅文英 1993)采用的微波反射法实验框图如图 8.31 所示，由半导体激光器获得 0.83μm 光脉冲，约 10mW，照射到样品上。同时 Gunn's 振荡源辐射 8 毫米波长的功率约为数十瓦的毫米波，经过隔离器，衰减器和环形器，从喇叭天线辐射出去，到达样品上光照的同一位置。此时产生的微波反射功率，再经过喇叭天线接收，经环形器到达检波器，检出信号送到示波器，则可得到反射功率的瞬态变化曲线，从而获得光电导衰退信息和非平衡载流子的寿命。

为了同时在同等实验条件下获得 PCD 法和 MR 法测试少子寿命的信息，样品两端加引电极，在用 PCD 法测试时，这样就可以获取样品同一位置的两种不同方法测试的少子寿命了。对两个样品，用两种方法，在样品的不同部位进行测试，实验结果如图 8.32、图 8.33、图 8.34 所示。1#样品 HgCdTe，x=0.4，$n=2.3\times10^{15}$(300K)，$n=1.38\times10^{14}$(77K)；2#样品 HgCdTe，x=0.4，$n=1.78\times10^{15}$(300K)，$n=6.4\times10^{13}$(77K)，采用的示波器是 TDS520(美国)。

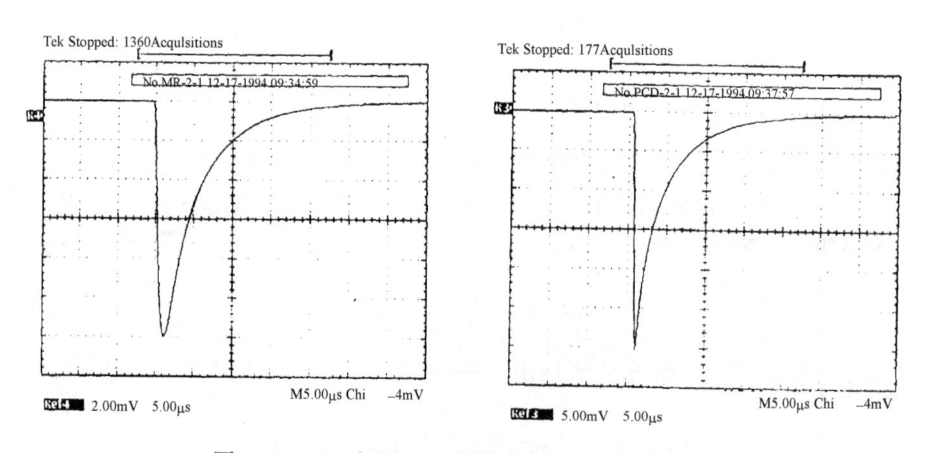

图 8.32 MR 法和 PCD 法测试 HgCdTe 少子寿命

从实验结果看 MR 法与 PCD 法测量少子寿命的结果基本上是一致的，见图 8.32。用 MR 法对同一样品不同位置测出的少子寿命不同，这反映出样品不同位置时材料性能不同，见图 8.33。用 MR 法测出的少子寿命与 PCD 法测出的少子寿命有差别，用 MR 法测出的一般都比用 PCD 法测得得要长；对同一样品上不同位置用 MR 法测和用 PCD 法测试的差别也有不同，见图 8.34。

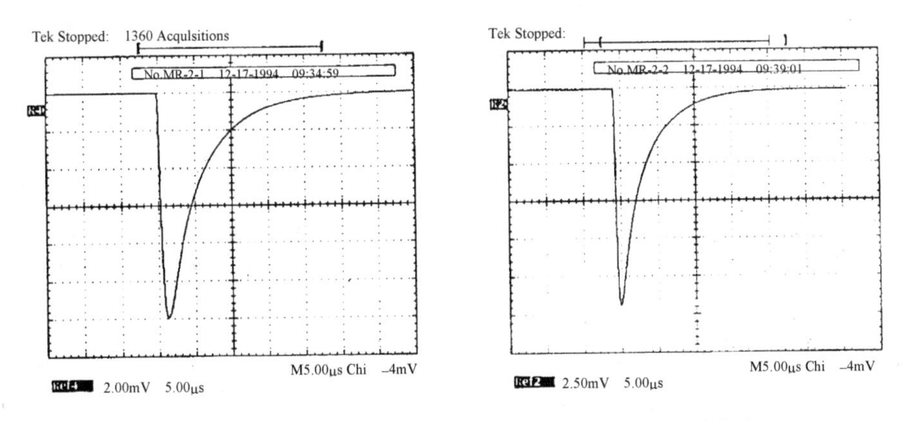

图 8.33 MR 法测试同一 HgCdTe 样品不同位置的少子寿命

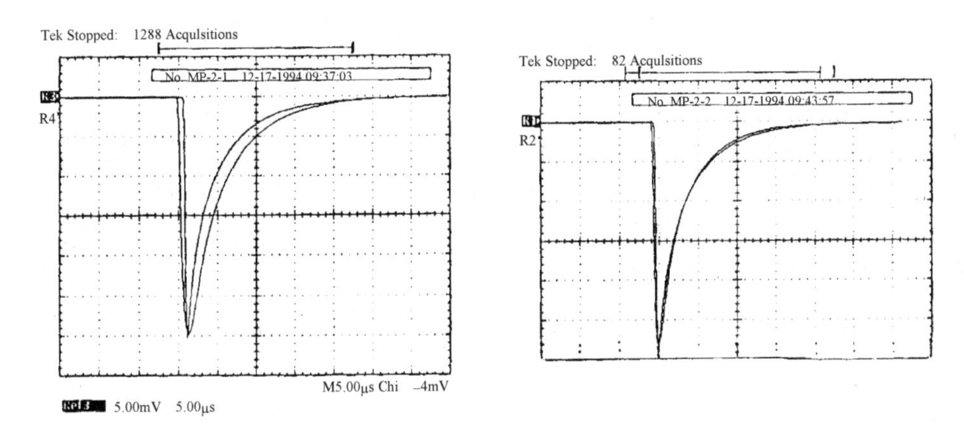

图 8.34 MR 法和 PCD 法测试少子寿命比较

PCD 法测试时，必须在样品两端(如 A、B)，加引电极，加上偏置电压才能得到光电导衰退的信息。若脉冲光照射到样品中的某一区域的结果，但测量电导还包括其他相关区域的影响，因而会引进误差。而用 MR 方法测试时，光照到样品上某一区域时，微波反射功率瞬态变化，主要就是该区域的光电导衰退的信息，因此 MR 法测出的少子寿命应该更为准确。

8.5.3 扫描光致发光在寿命均匀性测量中的应用

$Hg_{1-x}Cd_xTe$ 焦平面器件，对材料的检测手段提出了高的要求，不但要求检测材料总体性质，而且对微区的性质及分布也要能加以评价。为此，已建立了多种有关的检测手段(龚海梅 1993, Baja et al. 1987, Kopanski et al. 1992, 茅文英等

1993)，但这些测量手段往往要求在样品上制备电极，这样就影响了这些技术的广泛使用。光致发光平面扫描技术因其非破坏性和非接触性的特点，已在其他半导体材料的性能检测方面得到广泛应用(Hovel 1993)，但是对于 $Hg_{1-x}Cd_xTe$ 来说，光生非平衡载流子辐射复合占的比重较小，而各种干扰(包括热背景干扰)却较大，增加了研究难度。这里介绍利用了 Fourier 变换红外光致发光技术，实现了扫描光致发光测量，可以得到样品表面的组分分布和非平衡载流子寿命的面分布。

光致发光扫描实验选用了 Sb 掺杂以及未故意掺杂的 HgCdTe 单晶片，在液氮温度下(77K)进行。待测样品先经溴-甲醇溶液进行化学腐蚀，以减少表面复合的影响，然后将样品置于金属液氮杜瓦中，放在与样品表面平行的平面内运动的扫描装置上，机械系统移动的精度是 10μm，用 CW Ar^+514.5nm 激光激发样品正表面，发光用抛物面镜收集，送入装有液氮制冷的 InSb 和 HgCdTe 探测器的 Nicolet800 Fourier 变换光谱仪中进行分析。激光可根据器件工艺的不同要求，进行聚焦，机械系统可选用不同的步长，从而得到不同的分辨率。现有条件下，整个系统的最高分辨率为 20μm。需要指出的是，扫描是通过样品的移动实现的，实验光路在整个实验过程中保持不变，从而保证了样品不同点发光强度的可比性。

首先可以获得 HgCdTe 样品组分均匀性的表征。图 8.35 为一样品不同点的光致发光光谱，这一样品是 Sb 掺杂 $Hg_{1-x}Cd_xTe$ 晶片的一部分，位于最高能端的最强的发光峰在 50K 以上时，峰位与带隙的温度依赖关系完全一致，它来源于带到带的跃迁。光致发光的带间跃迁峰位的二维分布如图 8.36 所示，忽略样品自吸收造成的不大于 1~2meV 的影响，可以认为发光峰位置就在数值上等于禁带宽度 E_g。从而利用表征 E_g、组分 x 和温度 T 之间关系的经验公式(Chu et al. 1983, 1994)，可以获得样品组分及其面分布。由于光致发光峰峰位的面分布不受 Urbach 带尾的

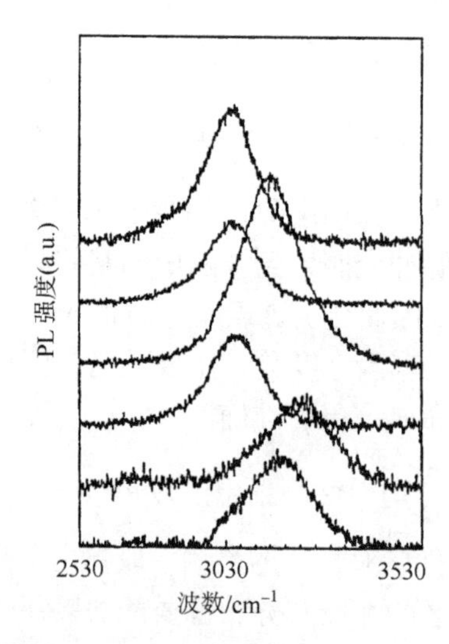

图 8.35 Sb 掺杂的 HgCdTe 样品 77K 在不同点的光致发光谱

影响，因此，结果更为准确，结果如图 8.37 所示。所测得的另外一块未掺杂的完整 $Hg_{1-x}Cd_xTe$ 晶片的组分面分布如图 8.38 所示。从图 8.36 和图 8.37 中可见组分不均匀，晶片的边缘较大，晶片的中心较小，其原因有：①晶体生长过程中，如果固液界面凹向熔体，则先凝结的周围区域 x 组分较大；②HgTe 溶液比重比 HgCdTe 溶液高，对于一个垂直坩埚，熔体结晶时析出的过剩 HgTe 将向凹状界面的中部聚集，从而加剧了晶片横向组分的不均匀性，如果要生长晶体的组分较大，溶液内 CdTe 含量越多，横向的均匀性也就越差(Jones et al. 1982)。因此，在 HgCdTe 晶体生长过程中，保持平面状的固液界面对生长晶体的横向组分均匀性是非常重要的。

扫描光致发光可以获得 HgCdTe 样品寿命均匀性。$Hg_{1-x}Cd_xTe$ 中的光生非平衡载流子的体内复合，主要途径有辐射复合、Shockly-Read 复合和 Auger 复合三种，光致发光直接对应着其中的辐射复合过程。利用低温下光生少数载流子密度远大于平衡值的近似，如果 p 型材料，(即 $n \approx \Delta n$，n 和Δn 分别是 $Hg_{1-x}Cd_xTe$ 中的

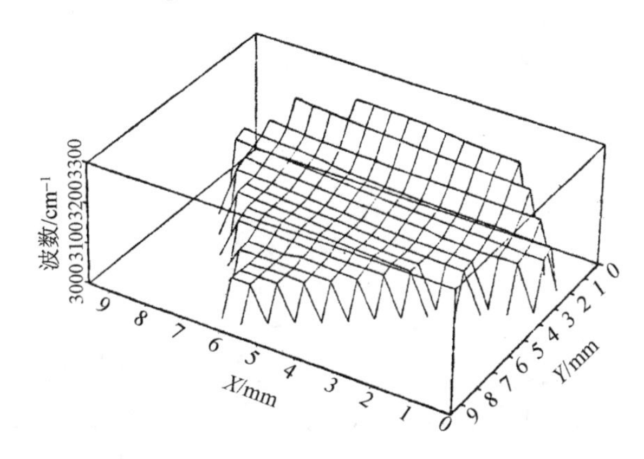

图 8.36 图 8.35 所示样品的光致发光峰峰位的平面分布

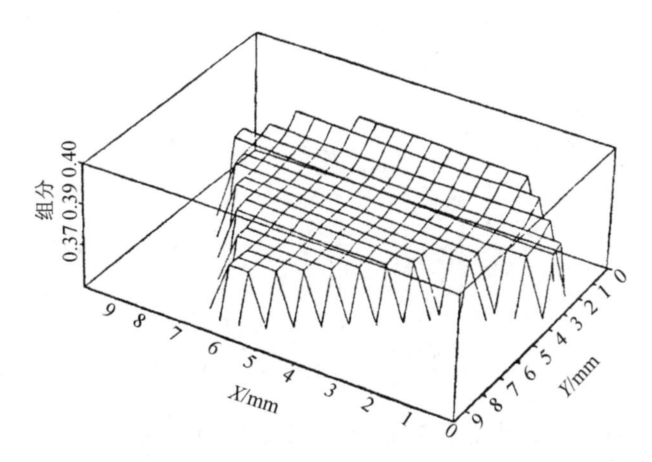

图 8.37 图 8.35 所示样品的组分分布

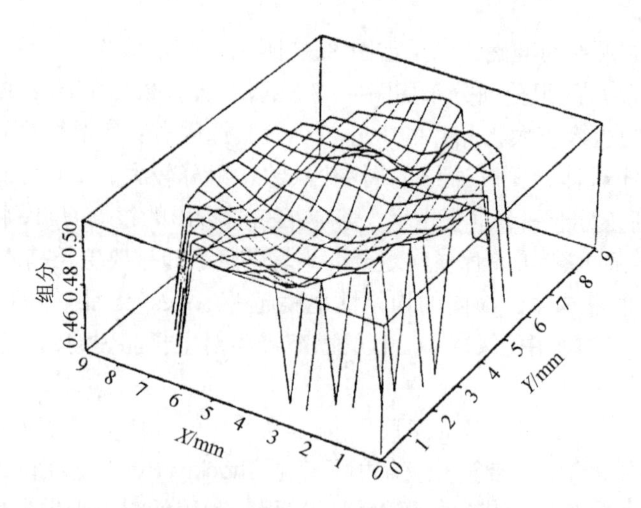

图 8.38　用扫描光致发光方法得到的非故意掺杂的 HgCdTe 完整晶片组分的二维分布

电子和光生非平衡载流子浓度)，以上过程的速率方程可写为

$$\frac{\mathrm{d}n}{\mathrm{d}t}=\frac{\eta\alpha I_0}{\hbar\omega_{\mathrm{ex}}}-\frac{n}{\tau} \tag{8.143}$$

式中

$$\frac{1}{\tau}=\frac{1}{\tau_{\mathrm{r}}}+\frac{1}{\tau_{\mathrm{SR}}}+\frac{1}{\tau_{\mathrm{A}}} \tag{8.144}$$

α 是量子能量为 $\hbar\omega_{\mathrm{ex}}$ 的激发光子的吸收系数，I 是激发功率密度，η 是量子效率，τ 是光生非平衡载流子寿命，τ_{r} 是其辐射复合寿命，τ_{SR} 是 Shockly-Read 复合寿命，τ_{A} 是 Auger 复合寿命，光致发光强度 $I_{\mathrm{PL}}\propto n/\tau_{\mathrm{r}}$ 在维持激发光强不变的准平衡情况下，载流子浓度不随时间变化，即：$\frac{\mathrm{d}n}{\mathrm{d}t}=0$，这时

$$n=\frac{\eta\alpha I_0\tau}{\hbar\omega_{\mathrm{ex}}} \tag{8.145}$$

光致发光强度

$$I_{\mathrm{PL}}\propto n/\tau_{\mathrm{r}}=\frac{\eta\alpha I_0\tau}{\hbar\omega_{\mathrm{ex}}\tau_{\mathrm{r}}}=\frac{\eta\alpha I_0}{\hbar\omega_{\mathrm{ex}}}\left(\frac{\tau}{\tau_{\mathrm{r}}}\right) \tag{8.146}$$

式(8.146)说明，辐射复合机制在样品中非平衡载流子的复合机制中所占的比重，可以通过光致发光表现出来。而根据 Schacham(1985)等的计算，带间的直接辐射

复合寿命为

$$\tau_{\mathrm{r}} = \frac{1}{B(n+p)} \tag{8.147}$$

式中：B 由式(8.106)或式(8.116)表示。

在一定的温度和激发功率下，忽略组分不均匀引起的微小差别，辐射复合寿命基本可近似看作一个定值，这样，光致发光的面分布近似体现了材料中非平衡载流子寿命的分布。所以，用光致发光扫描方法可以得到样品辐射复合寿命与非平衡载流子寿命之比的面分布和近似得到样品中非平衡载流子寿命的面分布。图 8.35 所示样品的发光强度二维分布如图 8.39 所示，可以看到发光强度表现出较大的离散性，这说明了该样品非平衡载流子寿命的分布比较离散。事实上，如果在

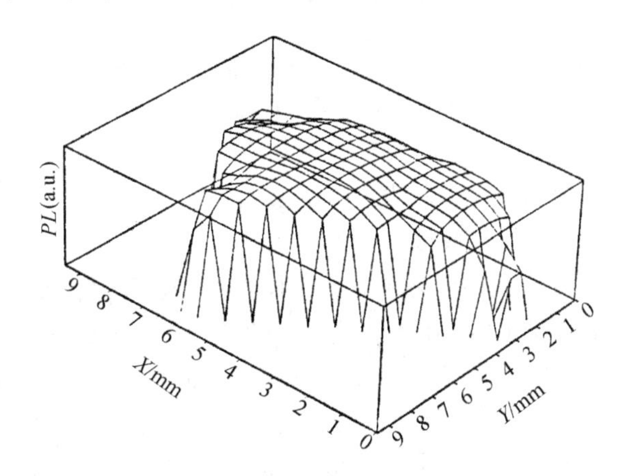

图 8.39　图 8.35 所示样品的带带发光峰对数积分强度分布

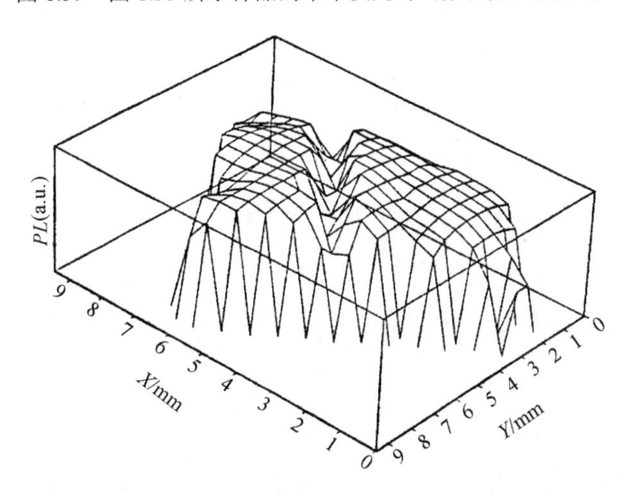

图 8.40　在图 8.35 所示样品上人为制造划痕后的对数光致发光强度变化

$Hg_{1-x}Cd_xTe$ 中存在着晶体缺陷，如位错、亚晶界、晶格扭曲和滑移线等，往往在禁带中引入深能级，从而降低非辐射复合寿命和总的非平衡载流子寿命。因为它们分布是不均匀的，而且对辐射复合的影响也不尽相同，所以，使得发光的分布变得很不均匀。从图中可见晶片中部发光较强，而边缘较弱，说明样品中部的晶格完整性较好，光激发非平衡载流子寿命较长。晶格不完整性的影响还可以从下面的实验结果直接看出：图 8.40 是将图 8.39 所示的样品人为用锐器在上面引入划痕，可以看到在划痕处发光强度减少了 1~2 个数量级，说明了在划痕处，辐射复合在复合机制中所占的比重大大下降，总的非平衡载流子的寿命大大缩短。如果进一步提高机械系统的精度，还可以分辨出位错和滑移线等晶体缺陷，事实上，在 GaAs 中已用这种光致发光扫描方法看到了上述缺陷(Hovel 1993)。

8.5.4 HgCdTe 少数载流子寿命的实验研究

关于 HgCdTe 少数载流子寿命已有不少实验研究工作，Chen 等测量了空穴浓度在 $1\times10^{15}cm^{-3}$~$5\times10^{15}cm^{-3}$ 范围内的 p 型 HgCdTe 以及未掺杂 LPE 薄膜的少数载流子寿命(Chen 1987)。Tung 等测量了空穴浓度在 $5\times10^{15}cm^{-3}$~$2\times10^{17}cm^{-3}$ 的 As 掺杂的 LPE 薄膜的少数载流子的寿命(Tung 1987)。Lacklison 和 Capper 测量了 $3\times10^{15}cm^{-3}$~$2\times10^{17}cm^{-3}$ 空穴浓度范围的样品的少数载流子寿命。Lacklison 等(1987)拟合寿命的温度依赖性区分了未掺杂体材料中位于 E_v+0.015eV 处的 SR 复合中心。Souza 测量了未掺杂 MBE 薄膜(x=0.2~0.3)的样品的少子寿命，发现寿命主要由位于禁带中央附近的 SR 复合中心所决定(Souza 1990)。Adomaitis 测量了非掺杂 LPE 薄膜的少数载流子寿命，低达 53ps，认为对于空穴浓度超过 4×10^{16} cm^{-3} 的样品，Auger7 过程起支配作用(Adomaitis et al. 1990)。关于 LPE 的 HgCdTe 薄膜中少数载流子寿命对温度与空穴浓度的依赖关系研究，以及对掺杂和未掺杂样品的复合机制比较可以参见文献(Chen 1995)。

对于 p 型 HgCdTe 中的少子寿命包括 Auger1、Auger7 的贡献以及辐射复合和 S-R 辐射过程的贡献

$$\frac{1}{\tau}=\frac{1}{\tau_{A_1}}+\frac{1}{\tau_{A_7}}+\frac{1}{\tau_{\mathrm{R}}}+\frac{1}{\tau_{\mathrm{SR}}} \tag{8.148}$$

在简并条件下

$$\tau_{\mathrm{A}_1}=\frac{2n_{\mathrm{i}}^2\tau_{\mathrm{A}_1}^i}{(n_0+p_0)n_0} \tag{8.149}$$

$$\tau_{\mathrm{A}_7}=\frac{2n_{\mathrm{i}}^2\tau_{\mathrm{A}_7}^i}{(n_0+p_0)p_0} \tag{8.150}$$

$$r = \frac{\tau_{A_7}^i}{\tau_{A_1}^i} \cong 2\frac{m_e^*(E_T)}{m_0^*}\left(\frac{1-\eta_T^{5/4}}{1-\eta_T^{3/2}}\right) \tag{8.151}$$

式中：m_0^*是导带底电子有效质量；$m_e^*(E_T)$是导带底上方 E_g 处电子有效质量；$\eta_T = E_T / k_B T = E_g / k_B T$ 。式(8.149)、式(8.150)可以适用到 77K 时载流子浓度 $1\times10^{18}\,cm^{-3}$的情况。一般情况下，对p型半导体来说在较高温度下(一般大于150K)，当材料进入本征区，A_1过程才是重要的。在 150K 以下，A_7过程占主导地位。在计算 Auger 复合过程中，布洛赫函数交叠积分因子$|F_1F_2|$需要通过实验结果确定，大约在 0.15~0.2 左右(Chen 1992)，本征 Auger7 寿命与 Auger1 寿命之比 $r = \tau_{A_7}^i / \tau_{A_1}^i$，对于 x=0.2 的 HgCdTe 材料仍为 2(Casselman 1981)，但这一比值较为精确，可以式(8.151)计算。Chen 等(1995)测量了 LPE 的 $Hg_{1-x}Cd_xTe$ (x=0.225)77K 温度下的寿命随着载流子浓度变化的关系，测量结果见图 8.41 所示。

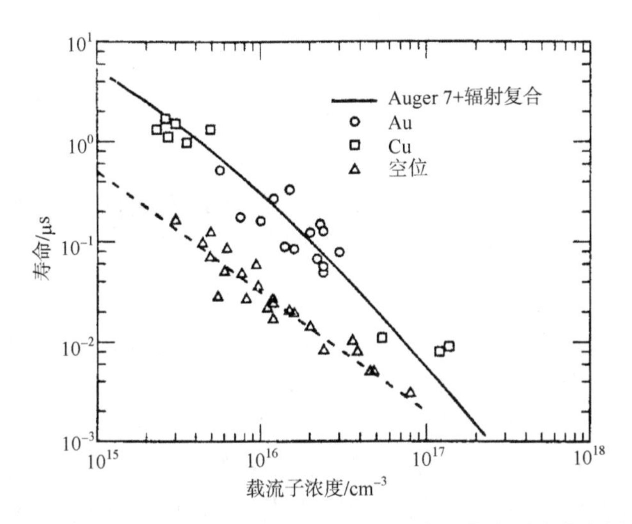

图 8.41 LPE 的 $Hg_{0.775}Cd_{0.225}Te$ 在 77K 温度下的寿命和载流子浓度之间的关系，实线是计及 A7 过程和辐射复合过程计算得到的寿命

图中实线是计及 A7 过程和辐射复合过程的计算寿命。圆点和方块点分别是掺 Au 和掺 Cu 样品的寿命的实验点，三角点是未掺杂由空位起作用的 p 型 HgCdTe 材料的寿命的实验点。图中的虚线表示未掺杂样品寿命变化的趋势。从图中可见，在载流子浓度在 $1\times10^{17}cm^{-3}$ 以下范围，掺杂样品的少数载流子寿命(2μs~8ns)，长于未掺杂样品的寿命(8~150ns)。这可能是由于未掺杂质样品中的 Hg 空位与杂质的复合体形成 S-R 复合中心，降低了寿命。

如果仍以掺杂样品寿命的测量值作为比较标准，计算 77K 温度下 x=0.225 的 HgCdTe 样品的辐射复合寿命与 Auger7 过程及 Auger1 过程的总寿命，并令

$\tau_{A_7}^i/\tau_{A_1}^i$ 的比例分别为 10、20、30，则计算结果如图 8.42 中几条虚线所示，可见取比例为 20 时有最佳符合。如果单独计算辐射复合则如图 8.42 中的实线所示，也可以看出在 77K 下载流子浓度在 $5\times10^{15}\text{cm}^{-3}$ 以下时，辐射复合为主导复合机制。

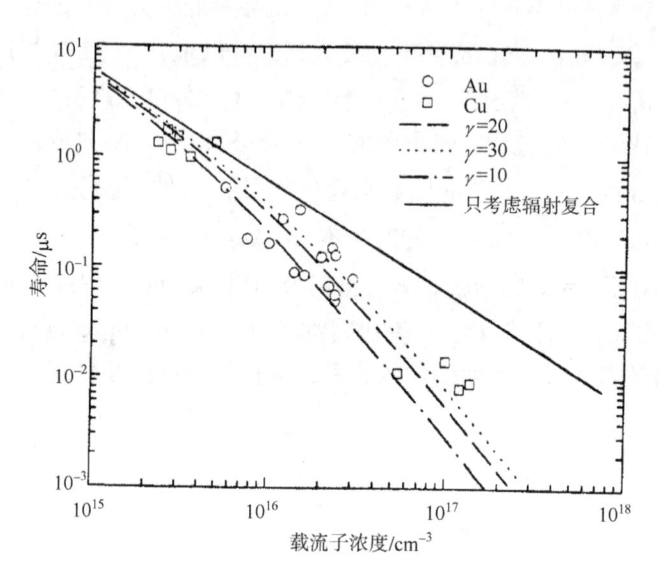

图 8.42　LPE 的 $Hg_{0.775}Cd_{0.225}Te$ 在 77K 温度下的寿命和载流子浓度之间的关系，实线是仅计及辐射过程计算得到的寿命

从图 8.41 中的结果还可以看出，Au 掺杂或 Cu 掺杂的 LPE 样品未见 S-R 复合的贡献，这一点从寿命的温度关系也可以看出来。图 8.43(a)表示 x=0.222 的 HgCdTe 样品的少子寿命对温度倒数的关系，标有 AUG 的虚线表示 Auger7 和 Auger1 过程的寿命，标有 RAD 的虚线是表示辐射复合的寿命。样品是 Cu 掺杂，载流子浓度为 $2.6\times10^{15}\text{cm}^{-3}$。对于低载流子浓度的样品，在低温下(150K 以下)辐射复合将占主导地位，而在高温下 Auger 复合占主导地位。图中实线是考虑 Auger 复合与辐射复合后的总寿命。计算中 Auger 复合包括 Auger7 和 Auger1 过程，并取 $\tau_{A_7}^i/\tau_{A_1}^i=20$，如果$\gamma$=30 或 10，则在低温下略有偏差，见图 8.43(b)。

对于未有意掺杂的 p 型 LPE 样品，主要是 Hg 空位起 p 型导电作用，Hg 空位与杂质的复合体起 S-R 复合中心的作用，因而在低温下原来由辐射复合为主导的复合过程，变成由 S-R 复合中心为主导的复合过程，计算得到的寿命与温度倒数的关系由图 8.44 所示。图中三条虚线分别表示 S-R 复合，辐射复合和 Auger 复合对寿命的贡献，实线是计及三种复合的共同贡献的最佳拟合寿命。数据点是实验值，计算和测量的样品是 x=0.225 的 p 型 HgCdTe LPE 样品，载流子浓度为 $4.8\times10^{15}\text{cm}^{-3}$。在获得最佳拟合计算时，假定了 S-R 复合中心对电子的俘获截面为 $\sigma_n=1\times10^{-16}\text{cm}^2$，最佳拟合给出 $\sigma_p=5\times10^{-19}\text{cm}^2$ 和复合中心浓度 $N_r=8\times10^{14}\text{cm}^{-3}$，复合中心能量位于禁带中 $E_g/2$。

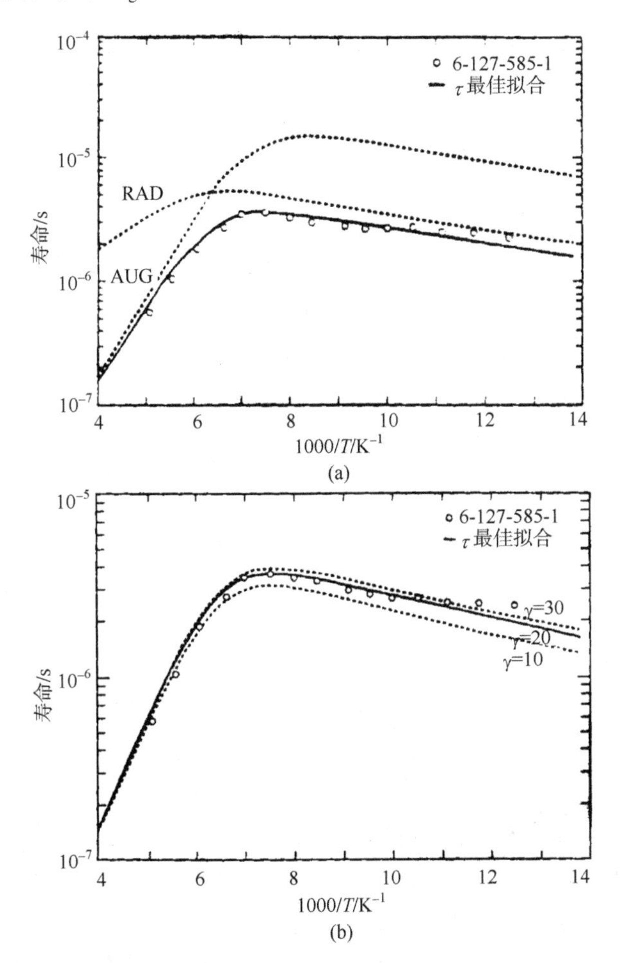

图 8.43 (a)Cu 掺杂的 LPE 的 HgCdTe 样品的寿命和温度倒数的关系，载流子浓度为 $2.6\times10^{15}\text{cm}^{-3}$；(b)考虑了 Auger7 和 Auger1 过程，并取 $\tau_{A_7}^i/\tau_{A_1}^i=20$ 后计算得到的结果

下面给出 n 型 HgCdTe 少数载流子综合实验结果，Wijewarnasuriya (1995)曾对 In 掺杂分子束外延的 HgCdTe 的少数载流子寿命进行过测量，样品是用 MBE 方法生长，衬底为 CdZnTe(211B)，采用在在位掺杂 In 的方法，生长后在 Hg 饱和气氛下退火(250℃)以减少 Hg 空位，测量是用光电导衰减方法，对于 n 型样品，Auger 复合主要是 Auger1 过程

$$\tau_{A_1}=\frac{2n_i^2\tau_{A_1}^i}{(n+p)n} \tag{8.152}$$

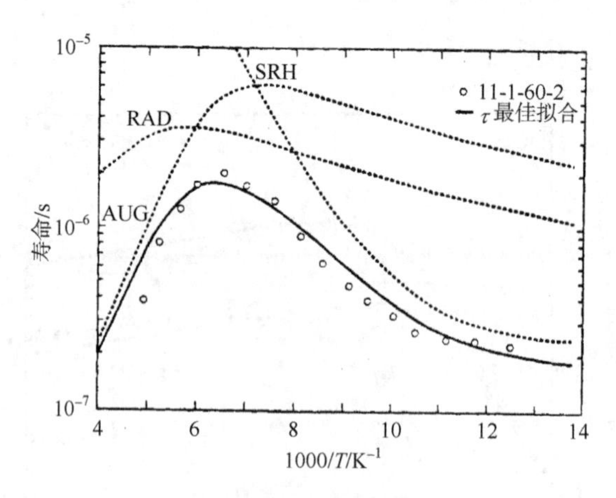

图 8.44　考虑了 S-R 复合，辐射复合和 Auger 复合对寿命的贡献后，计算得到的寿命与温度倒数的关系

辐射复合寿命为

$$\tau_{\mathrm{R}} = \frac{2\tau_{\mathrm{R_i}} n_{\mathrm{i}}}{(n_0 + p_0)} \tag{8.153}$$

S-R 复合寿命

$$\tau_{\mathrm{SR}} = \frac{\tau_{p_0}(n_0 + n_1)}{n_0 + p_0} + \frac{\tau_{n_0}(p_0 + p_1)}{n_0 + p_0} \tag{8.154}$$

τ_{n0} 与 τ_{p0} 为电子和空穴陷阱的最短时间常数，$n_1=n_0\exp(E_{\mathrm{t}}-E_{\mathrm{F}})/k_{\mathrm{B}}T$，$p_1=p_0\exp(E_{\mathrm{t}}-E_{\mathrm{F}})/k_{\mathrm{B}}T$，$E_{\mathrm{t}}$ 为 SR 复合中心的能级。

图 8.45 表示 3 个样品的寿命与温度倒数的关系的实验结果和计算结果，从图中可见随着温度下降，寿命增加，达到极大值后，随温度下降，寿命减小。图 8.45(a)的样品参数为 x=0.217，厚度 t=8.77μm，$N_{\mathrm{d}}=1.4\times10^{15}\mathrm{cm^{-3}}$，$\mu=1.6\times10^{5}\mathrm{cm^2/Vs}$，$n_0=1.3\times10^{15}\mathrm{cm^{-3}}$。在 80K 时，$\tau_{80\mathrm{K}}$=940ns。图中虚线分别是根据辐射复合和 Auger 复合后的总寿命计算值。由图可见在 130K 时有寿命的极大值为 1.4μs，在低温下寿命指数下降。图 8.45(b)中是两个样品的测量结果，其中#8275 样品参数为 x=0.244，t=9.5μm，$N_{\mathrm{d}}=2.1\times10^{16}\mathrm{cm^{-3}}$，$\mu=1.0\times10^{5}\mathrm{cm^2/Vs}$，$n_0=1.1\times10^{16}\mathrm{cm^{-3}}$，$\tau$=20ns(80K)。图中数据点为实验结果，实线是计算结果，包括了 Auger 复合与辐射复合。从图中可以看出，$\tau_{\max}$=100ns。图 8.45(b)中的一个样品#8281，参数为 x=0.237，t=11.5μm，$N_{\mathrm{d}}=4.0\times10^{15}\mathrm{cm^{-3}}$，$\mu=1.0\times10^{5}\mathrm{cm^2/Vs}$，$n_0=3.1\times10^{15}\mathrm{cm^{-3}}$，$\tau$=184ns(80K)。

一般来说，在实验测量获得 $\tau\sim 1/T$ 实验点，计算 Auger 复合与辐射复合的综合寿命。在低温下，如果计算结果高于实验结果说明还有 S-R 复合在起作用，就应计算 Auger 辐射复合与非辐射复合三种复合寿命的综合寿命以取得与实验测量结果一致的结果。

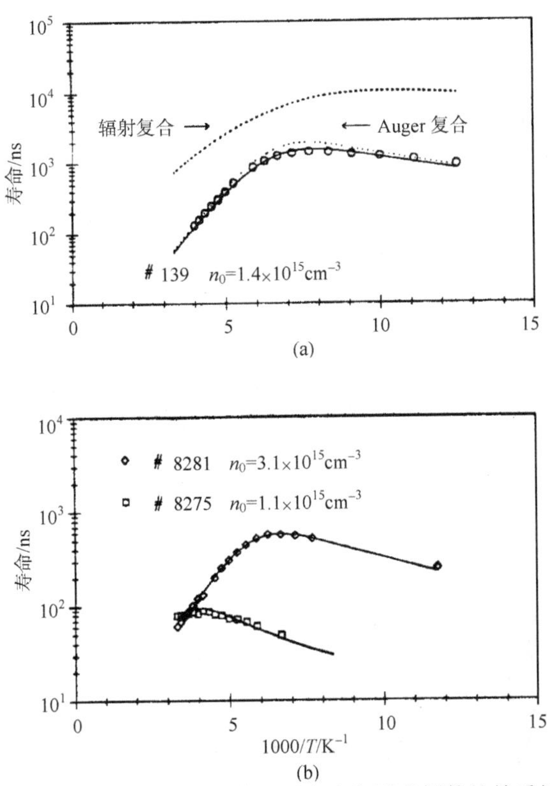

图 8.45 In 低掺杂的 HgCdTe 的载流子寿命与温度倒数的关系的实验结果和计算结果

在计算 Auger 复合寿命的理论值时，有一项布洛赫函数的交叠积分因子，这一因子可以与低温下(液氮温度)寿命随载流子浓度关系的实验结果的比较来得到。图 8.46 是 In 掺杂 MBE 的 HgCdTe 在 80K 温度下载流子寿命与电子浓度的关系，当电子浓度从 $1.4\times10^{15}\text{cm}^{-3}$ 增加到 $1.0\times10^{16}\text{cm}^{-3}$ 时，寿命从 950ns 降低到 20ns。n 型样品如果没有 S-R 复合中心的话，在低温下 Auger 复合占主导地位，按照式(8.154)计算理论值，$\tau_A \propto n_0^{-2}$，取不同的$|F_1F_2|$值，结果是$|F_1F_2|$ = 0.22 有最好的拟合。

对于 HgCdTe 器件，由于表面有阳极氧化层或 ZnS 等钝化层，由于在空间使用或一般应用场合下紫外光的辐照，使激发钝化层中的电子从价带跃迁到导带，被钝化层中的俘获中心俘获，如图 8.47 所示。则在 HgCdTe 表面积累层中的电子就易于与钝化层价带中的空穴复合，从而降低载流子寿命，在紫外辐照前后的寿命实验值如图所示，图中的数据点是实验值，实线是计算值(Staszewski et al. 1989)。

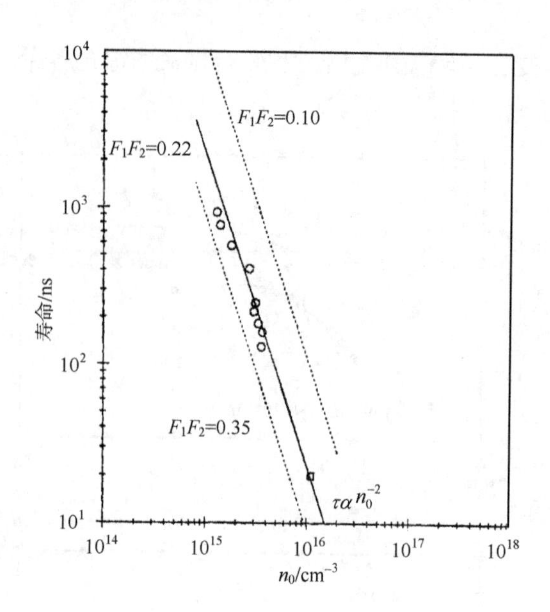

图 8.46　n 掺杂 MBE 的 HgCdTe 在 80K 温度下载流子寿命与电子浓度的关系

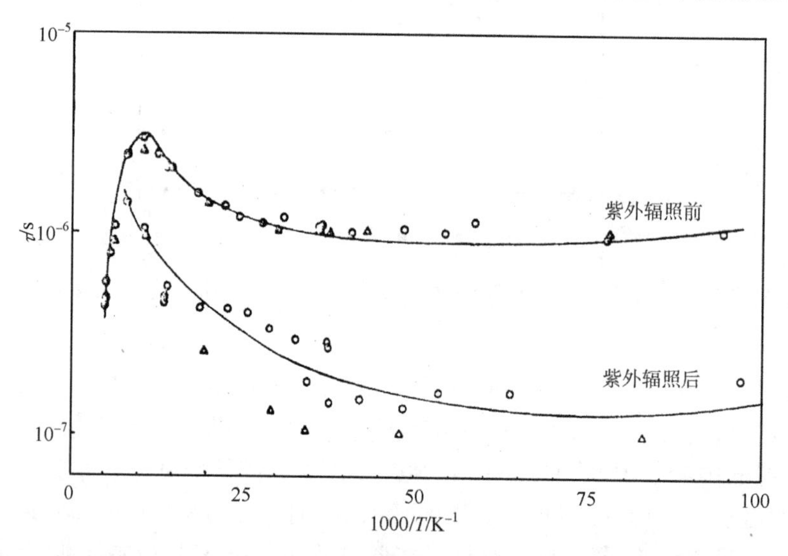

图 8.47　在紫外辐照前后载流子的寿命和温度倒数的关系图

8.6 表 面 复 合

8.6.1 表面复合效应

由于晶格的不完整性使势场的周期性受到破坏，则在禁带中产生附加能级。达姆在 1932 年首先提出：晶体表面的存在使周期性的势场在表面发生中断，同样也引起附加能级。实际表面由于存在氧化膜和玷污，情况更为复杂。这儿只讨论理想情况下一维晶体表面，图 8.48 表示一个理想的一维晶体的势能函数，图中 x=0 相当于晶体表面，x>0 的区域为晶体内部，势场随 x 周期性的变化，周期为 a，即势场函数 $V(x+a)=V(x)$，x<0 区相当于晶体以外的区域，势能为一常数 V_0。

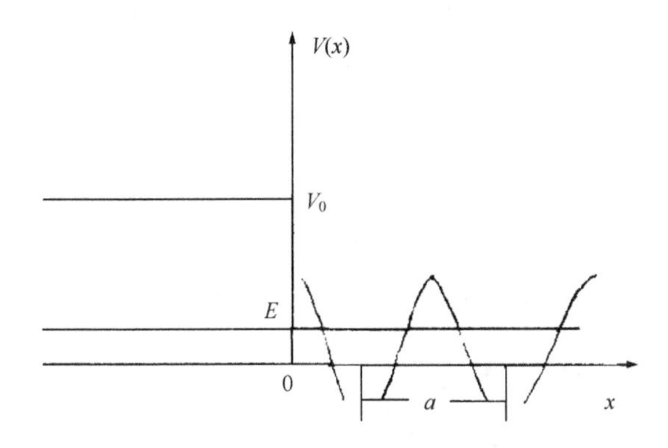

图 8.48 一维晶体的势能函数

电子在这种半无限周期势场中，其波函数满足的薛定谔方程为

$$-\frac{\hbar^2}{2m_0}\frac{\partial^2\psi}{\partial x^2}+V_0\psi=E\psi \qquad x\le 0 \tag{8.155}$$

$$-\frac{\hbar^2}{2m_0}\frac{\partial^2\psi}{\partial x^2}+V(x)\psi=E\psi \qquad x\ge 0 \tag{8.156}$$

考虑电子的能量 $E<V_0$ 情形，并运用波函数有限的条件，解上述两方程可得

$$x\le 0 \qquad \psi_1=A\exp\left(\frac{\sqrt{2m_0(V_0-E)}}{\hbar}x\right) \tag{8.157}$$

$$x\ge 0 \qquad \psi_1=A_1u_k(x)\exp(\mathrm{i}2\pi kx)+A_1u_{-k}(x)\exp(-\mathrm{i}2\pi kx) \tag{8.158}$$

由波函数连续性条件得

$$A_1u_k(0)+A_2u_{-k}(0)=A \tag{8.159}$$

$$A_1[u_k'(0)+\mathrm{i}2\pi ku_k(0)]+A_2[u_{-k}'(0)-\mathrm{i}2\pi ku_{-k}(0)]=A\frac{\sqrt{2m_0(V_0-E)}}{\hbar} \tag{8.160}$$

以上两式为系数 A、A_1、A_2 满足的方程。当 k 为实数时，当 $x\to\infty$ 时，满足有限条件，因此系数 A_1、A_2 可同时不为零。这时由式(8.159)和式(8.160)两个方程解三个未知数，解总是存在的，这些解表示势场中的允许状态，对应的能量形成允许

的能级。

当 k 为复数时，令 $k = k' + \mathrm{i}k''$，其中 k'、k'' 均为实数，则式(8.158)变为

$$\psi_2 = A_1 u_k(x)\exp(\mathrm{i}2\pi k'x)\exp(-2\pi k''x) + A_1 u_{-k}(x)\exp(-\mathrm{i}2\pi k'x)\exp(-2\pi k''x) \tag{8.161}$$

可以看出当 $x \to \pm\infty$ 时，上式总是趋于无限，因此在一维无线周期势场中，k 不能为复数。但是在一维无限周期场中，只要 A_1 和 A_2 中任一个为零，k 就可以取复数。例如，A_2=0 时

$$\psi_2 = A_1 u_k(x)\exp(\mathrm{i}2\pi k'x)\exp(-2\pi k''x) \tag{8.162}$$

可看出 k'' 取正值的时候，满足有限条件，故有解存在。解式(8.157)和式(8.158)，要使 A、A_1 有非零解的条件为

$$E = V - \frac{\hbar^2}{2m_0}\left(\frac{u_k'(0)}{u_k(0)} + \mathrm{i}2\pi k\right)^2 \tag{8.163}$$

可以看出此时在 x=0 的两边，波函数呈指数衰减，这表明电子分布的概率集中在 x=0 处，即电子被束缚在表面附近。在表面出现的 k 为复数能级，即为表面能级。达姆计算了半无限克龙尼龙-潘钠模型，证明一定条件下，每个表面原子对应一个表面能级，约为 $10^{-15}\mathrm{cm}^{-2}$ 数量级，以后有人在超真空的条件下对“纯净”硅表面进行测量，表明表面态密度与理论相符，约为表面原子密度的数量级。可以从悬挂键方面来解释，因晶格在表面处突然终止，在表面最外层的原子将有一个未配对的电子，与之相对应的出现一个表面态。

HgCdTe 表面一般都要进行钝化处理，最常见的就是阳极氧化，因此 HgCdTe 表面都有一层氧化层(即使没有进行钝化处理，在空气中 HgCdTe 也会被自身氧化)，它使 HgCdTe 表面的悬挂键大多被氧化层中的氧原子所饱和，表面态密度大大降低。

表面复合是指在半导体表面发生的非平衡载流子的复合过程。前面说过在表面存在着带间的深能级，类似于体内复合，表面的非平衡载流子可以通过表面能级进行间接复合，复合率满足

$$U_z = \frac{(n_0 + p_0)\Delta p}{\dfrac{n_{\mathrm{s0}} + n_{\mathrm{s1}}}{N_{\mathrm{t}} r_{\mathrm{p}}} + \dfrac{p_{\mathrm{s0}} + p_{\mathrm{s1}}}{N_{\mathrm{t}} r_{\mathrm{n}}}} \tag{8.164}$$

表面复合速度

$$S = \frac{U_z}{\Delta p} = \frac{(n_0 + p_0)}{\dfrac{n_{\mathrm{s0}} + n_{\mathrm{s1}}}{S_{\mathrm{p}}} + \dfrac{p_{\mathrm{s0}} + p_{\mathrm{s1}}}{S_{\mathrm{n}}}} \tag{8.165}$$

式中空穴的表面复合速度

$$S_{\mathrm{p}} = \sigma_{+} v_{\mathrm{T}} N_{\mathrm{st}} \tag{8.166}$$

电子的表面复合速度

$$S_{\mathrm{n}} = \sigma_{-} v_{\mathrm{T}} N_{\mathrm{st}} \tag{8.167}$$

于是

$$S = \frac{\sigma_{+}\sigma_{-} v_{\mathrm{t}} N_{\mathrm{st}} (n_0 + p_0)}{\sigma_{-}\left(n_{\mathrm{s0}} + n_{\mathrm{s1}}\right) + \sigma_{+}\left(p_{\mathrm{s0}} + p_{\mathrm{s1}}\right)} \tag{8.168}$$

图 8.49 表示 n 型半导体表面的能级图。图中 E_{C} 是导带，E_{V} 是价带，E_{F} 是费米能级，E_{T} 是杂质能级，v_{s} 是导带底弯曲表面势。热平衡时只要通过表面电荷层流向表面的电子、空穴复合的电流不是很大，就可以认为表面与体内发生平衡，因此有

$$n(z) = n_{\mathrm{i}} \exp\left(\frac{E_{\mathrm{F}} - E_{\mathrm{T}}}{k_{\mathrm{B}}T} + \frac{eV(z)}{k_{\mathrm{B}}T}\right) \tag{8.169}$$

$$p(z) = n_{\mathrm{i}} \exp\left(-\frac{E_{\mathrm{F}} - E_{\mathrm{T}}}{k_{\mathrm{B}}T} - \frac{eV(z)}{k_{\mathrm{B}}T}\right) \tag{8.170}$$

不妨假设

$$u_{\mathrm{s}} = u_{\mathrm{b}} + v_{\mathrm{s}} = \frac{E_{\mathrm{F}} - E_{\mathrm{T}}}{k_{\mathrm{B}}T} + \frac{eV(z)}{k_{\mathrm{B}}T} \tag{8.171}$$

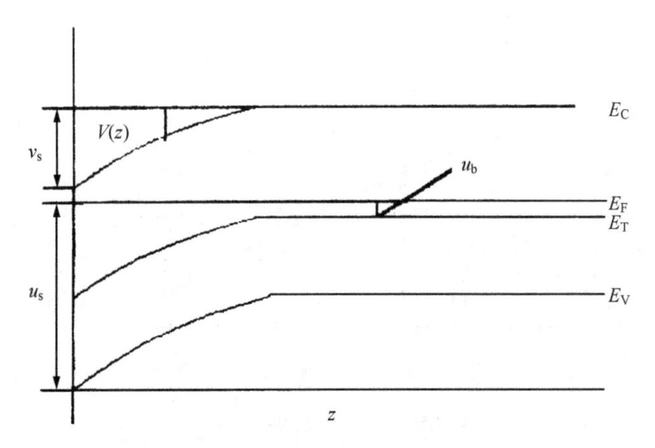

图 8.49　n 型半导体表面空间电荷区示意图

则

$$n_0 = n_i \exp(u_b) \tag{8.172}$$

$$p_0 = n_i \exp(-u_b) \tag{8.173}$$

$$n_{s0} = n_i \exp(u_s) = n_0 \exp(ev_s / k_B T) \tag{8.174}$$

$$p_{s0} = n_i \exp(-u_s) = p_0 \exp(-ev_s / k_B T) \tag{8.175}$$

令 $u_0 = \ln(\sigma_+ / \sigma_-)/2$ 则

$$S = \frac{\sigma_+\sigma_- v_T N_{st}(n_0 + p_0)}{\sigma_- n_i\left[\exp(u_b + v_s) + \exp\left(\dfrac{E_T - E_F}{k_B T}\right)\right] + \sigma_+ n_i\left[\exp(-u_b - v_s) + \exp\left(\dfrac{E_F - E_T}{k_B T}\right)\right]}$$

$$= \frac{\sqrt{\sigma_+\sigma_-}\, v_T N_{st}(n_0 + p_0)}{2n_i\left[\cosh(u_s - u_0) + \cosh\left(\dfrac{E_F - E_T}{k_B T} - u_0\right)\right]} \tag{8.176}$$

$$S_{max} = \frac{\sqrt{\sigma_+\sigma_-}\, v_T N_{st}(n_0 + p_0)}{2n_i\left[1 + \cosh\left(\dfrac{E_F - E_T}{k_B T} - u_0\right)\right]} \tag{8.177}$$

要得到 S 的准确值，首先应先知道 N_{st}，其次应了解 E_t 的情况。图 8.50 和图 8.51 为 S_{max} 的示意图，可见一般在 10^2~10^4cm/s 之间。

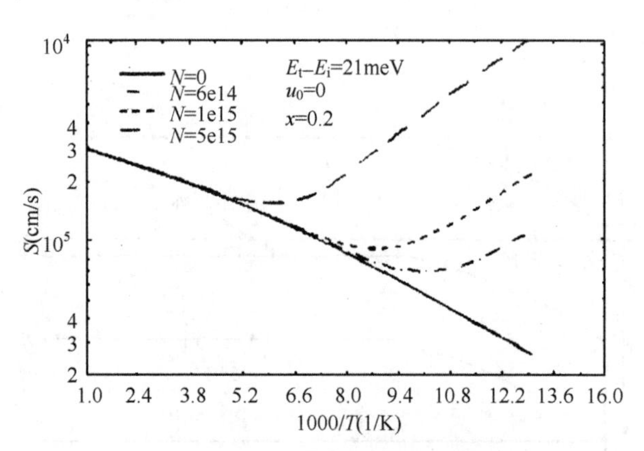

图 8.50　S_{max} 与温度的关系

$$\frac{S}{S_{\max}} = \frac{1+\cosh\left(\dfrac{E_F - E_T}{k_B T} - u_0\right)}{\cosh(u_s - u_0) + \cosh\left(\dfrac{E_F - E_T}{k_B T} - u_0\right)} \tag{8.178}$$

假定$\sigma_+=\sigma_-=10^{-16}\text{cm}^{-2}$，$E_t$集中在$E_i$处，则有

$$S = \frac{N_t \sigma_+ v t(n_0 + p_0)}{n_{s0} + p_{s0} + 2n_i} \tag{8.179}$$

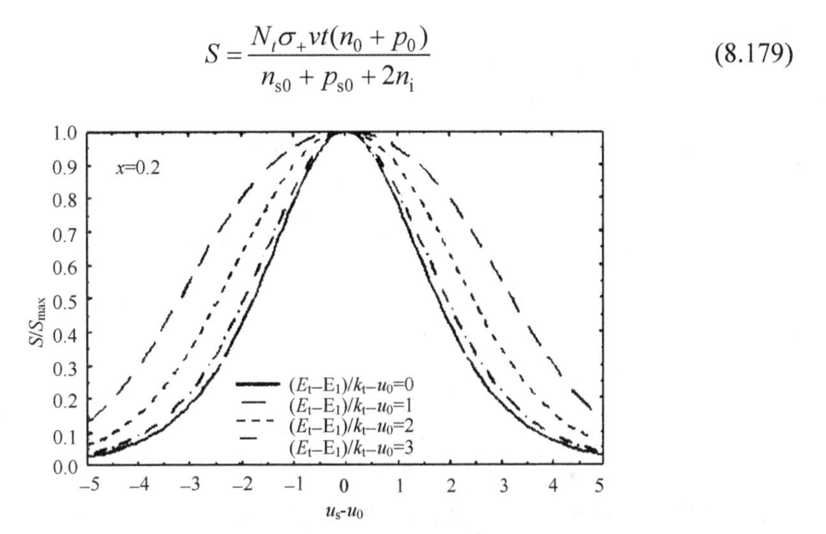

图 8.51　S/$S_{\max}$与 u_s-u_0的关系

在 HgCdTe 氧化层系统中，将出现多种形式的电荷能量状态，由于 HgCdTe 中固定电荷的密度很高，需要对系统进行表面电荷和表面势底具体分析。有关计算表明(龚海梅　1993)当氧化层厚度 700Å 左右时，表面复合速度存在一极小值。由于在 HgCdTe 表面的氧化层中存在的固定电荷密度是很高的，有关文献报道(Nemirovsky et al.　1990)Q_{fc}在 5×10^{11}~$1\times10^{12}\text{cm}^{-2}$数量范围内，这样 HgCdTe 表面能级向下弯曲得很厉害，即 V_s很大，由于 HgCdTe 的禁带很窄，容易出现简并情况，经典的玻尔兹曼分布必须用费米分布代替。另外，类似于体内的情况，俄歇复合和辐射复合必须考虑。

考虑了表面的复合，实际测得的寿命应是体内复合和表面复合的综合结果。如果假定这两种复合互不影响，那么非平衡载流子的有效寿命$\dfrac{1}{\tau} = \dfrac{1}{\tau_B} + \dfrac{1}{\tau_s}$。

8.6.2　表面复合速度

在寿命的测量中，特别是在光产生载流子起伏或光注入的寿命测量中，必须注意把表面复合和体内复合所测量的寿命的相对贡献区分开来。测量时要把光照调节成具有小吸收系数的近似单色光，这样可以避免在光照表面附近产生一个具

有高电子-空穴对浓度的、非常不均匀的载流子分布。因此，在表面处存在复合作用，可由 $eS\delta p$ 给出，其中 δp 是表面附近的剩余少数载流子密度，S 是一个常数，因其量纲为厘米×秒$^{-1}$，而称为表面复合速度。

在相应的条件下，观测到的寿命可表示成

$$\frac{1}{\tau_{\text{obs}}}=\frac{1}{\tau_{\text{B}}}+\frac{1}{\tau_{\text{S}}} \tag{8.180}$$

式中：τ_{S} 是表面复合寿命；τ_{B} 为体复合寿命。这两个时间常数原则上可通过实验(包括改变样品横截面的尺寸)区分开。如果所研究的是一块矩形截面($2A\times 2B$)，并且认为载流子是均匀产生的，Shockley(1952)指出，τ_{S} 与 S 的关系可由下式表示

$$\frac{1}{\tau_{\text{S}}}=D\left(\frac{\eta^2}{A^2}+\frac{\xi^2}{B^2}\right) \tag{8.181}$$

式中：D 是少数载流子的扩散常数，$SA/D=\eta\tan\eta$，$SB/D=\xi\tan\xi$。最小的一对根 η_0 和 ξ_0 对应于最长的寿命，是很重要的。

通过仔细的表面上的清洗和腐蚀，锗和硅的表面复合速率可以小于 $10^3\text{cm}\cdot\text{s}^{-1}$。其他许多化合物半导体的表面复合速度可超过 $10^5\text{cm}\cdot\text{s}^{-1}$。

研究一块 n 型半导体材料，其单位表面面积含有一个均匀的中心密度 N_{r}，所有中心都处于带隙中心 E_{i} 下面的能级 $e\phi_{\text{s}}$ 上。这些能态往往会接受电子，并在表面附近产生一个耗尽层如图 8.52 所示。

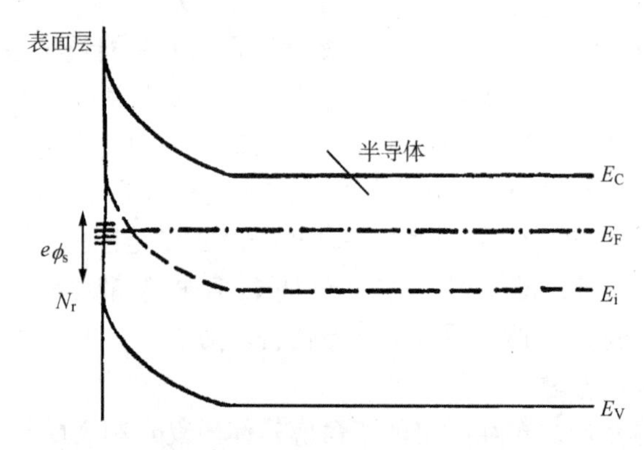

图 8.52　在带隙中心下面能量 $e\phi_{\text{s}}$ 的表面处具有受主态的 n 型半导体的假想能带图

通过中心的复合速率由它的俘获截面以及表面处的空穴和电子的获得率确定。当空穴和电子的分布都是非简并时，对复合过程进行统计学分析得出单位面积上的复合速率为

$$r_{\text{s}}=\frac{N_{\text{r}}c_{\text{p}}c_{\text{n}}(p_{\text{b}}+n_{\text{b}})}{c_{\text{p}}(p_{\text{s}}+p_{\text{s1}})+c_{\text{n}}(n_{\text{s}}+n_{\text{s1}})} \tag{8.182}$$

式中：c_p和c_n分别为中心的俘获的概率，其数值由相应的俘获截面和热运动速度的乘积给出，p_s和n_s是表面上的自由载流子密度，p_{s1}和n_{s1}是费米能级位于中心能级时的表面密度，p_b和n_b是体内的平衡载流子密度，δp是恰好位于空间电荷层内侧表面处的剩余少数载流子密度。如果进一步假设表面上的密度p_s和n_s与体内密度相平衡，那么，根据式(8.182)，表面复合速度可由下式给出

$$S = \frac{r_s}{\delta p} = \frac{N_r c_p c_n (p_b + n_b)}{n_i c_n \exp\left[\frac{E_F - E_i + e\phi_s}{k_B T}\right] + n_i c_p \exp\left[-\frac{E_F - E_i + e\phi_s}{k_B T}\right]} \tag{8.183}$$

如果$e\phi_s$位于带隙中心的下面，则式中的$e\phi_s$为负值。

按照Shockley-Read-Hall的论述，所给出的这个表达式基本上符合体半导体中单能级复合中心的表达式。Gräfe(1971)等人曾经研究过这种类型的表面复合表达式的有效性。由于该表达式是以极为复杂情况的过于简化的模型为依据的，所以它只在一定程度上可以接受。

8.6.3 表面固定电荷对$Hg_{1-x}Cd_xTe$光导探测器性能的影响

$Hg_{1-x}Cd_xTe$光导探测器制备过程中的钝化工艺，会在$Hg_{1-x}Cd_xTe$表面形成一层n型重积累层。积累层一方面可以减小表面复合速度，提高器件的性能，另一方面，由于积累层是高电导区，减小了器件的电阻，降低了器件的响应率和探测率。因此，从理论上优化器件的钝化工艺，可以为提高器件性能提供理论指导。

人们很早就注意到钝化层对器件的重要性(Kinch 1981)，并不断对此进行了深入研究(Nemirovsky 1989,1990)。钝化引起的积累层带有明显二维持性(Kinch 1981)，可以采用Fang和Howard(1966)变分法计算表面势的分布，通过一维模型来求解光生载流子在空间的分布，计算$Hg_{1-x}Cd_xTe$光导探测器的电压响应，从而进一步分析钝化对器件的影响。

$Hg_{1-x}Cd_xTe$光导探测器的钝化层中存在着大量的固定正电荷，它们将在体材料的表面感应浓度相等的电子，这些电子分布在表面很薄的范围内，形成了一个准二维电子气。理论上对二维电子气已有一系列计算方法。使用的模型已从单带发展到多带，无论是哪一种模型都必须从泊松方程和薛定谔方程着手。Fang和Howard(1966)采用的变分自治法是其中一种相对简单实用的方法。根据该模型，考虑到表面积累层中表面电子浓度远远高于体电子浓度，表面势与表面固定正电荷密度有如下关系

$$V_H = \frac{3N_I e^2}{2\varepsilon_s \varepsilon_0 b} \tag{8.184}$$

式中

$$b = \left(\frac{33 m_{\mathrm{n}} e^2 N_{\mathrm{I}}}{8 \varepsilon_{\mathrm{s}} \varepsilon_0 \hbar^2} \right) \tag{8.185}$$

式中：m_{n}为电子的有效质量；e为电子的电荷量；ε_0和ε_{s}分别为真空介电常数和静介电常数。静介电常数ε_{s}(Yadava et al. 1994)与材料组分有关，即

$$\varepsilon_{\mathrm{s}} = 20.8 - 16.8x + 10.6x^2 - 9.4x^3 + 5.3x^4 \tag{8.186}$$

HgCdTe 表面积累层的表面势将阻止空穴向表面的运动，在这种情况下，有效表面复合速度(White 1981)为

$$S_{\mathrm{eff}} = S_0 \exp(-V_{\mathrm{H}} / k_{\mathrm{B}} T) \tag{8.187}$$

式中：S_0为表面为平带情况下的表面复合速度；k是玻尔兹曼常数；T是绝对温度。

HgCdTe 光导探测器上下表面均存在积累层，如果认为上下表面的情况完全相同，探测器的电阻为

$$R = \frac{1}{(N_{\mathrm{b}} \mu_{\mathrm{b}} + 2 N_{\mathrm{I}} \mu_{\mathrm{s}} / d) e} \frac{l}{wd} \tag{8.188}$$

这里l、w、d分别为探测器的长、宽、高，N_{b}是体内的电子浓度，μ_{s}是表面电子的迁移率，77K 时约为 $10^4\mathrm{cm^2/Vs}$ 的量级，μ_{b}是体电子的迁移率，可由 Rosbeck 等人的公式(Rosbeck et al. 1982)算得，组分 0.2 左右的 HgCdTe 材料，77K 时迁移率约为 $1\sim3\times10^5\mathrm{cm^2/Vs}$。

表面复合对材料的少子寿命有重要的影响，由于表面复合的存在，体寿命为τ_{b}的材料实际的净寿命τ_{net}将满足

$$1/\tau_{\mathrm{net}} = 1/\tau_{\mathrm{b}} + 1/\tau_{\mathrm{s}} = 1/\tau_{\mathrm{b}} + 2S_{\mathrm{eff}}/d \tag{8.189}$$

式(8.189)中已考虑了表面势对表面复合速度的影响，所以在计算实际净寿命时，采用了方程(8.187)中的有效表面复合速度。

工作在恒流模式的光导探测器，在单一波长λ的光辐射下，电压响应为

$$R = (\lambda / hc) \eta q R (\mu_{\mathrm{b}} E \tau_{\mathrm{net}} / l) \tag{8.190}$$

式中：E为偏置电场强度；c是光速；h是普朗克常量；η是量子效率。

为了研究表面固定电荷对器件性能的影响(仅考虑 77K 时的情况)，假定光导探测器为 n 型样品，组分 0.214，材料体寿命为 10ns~10μs，掺杂浓度在 $5\times10^{14}\sim5\times10^{15}\mathrm{cm^{-3}}$ 范围，表面电子迁移率为 $2\times10^4\mathrm{cm^2/Vs}$。探测器的光敏面为 50μm×50μm，厚度为 8μm。入射光的波长为 10.67μm，量子效率为 0.6，偏置电场强度为 20V/cm。根据以上设定的器件参数和上面的有关表达式，可以估算表面固

定电荷对器件性能的影响。

探测器的电阻对表面固定电荷的依赖关系如图 8.53 所示。由钝化引起的表面电子积累层是一个高电导区，它可减小器件的电阻，降低器件的性能。从图中显然可见，当表面固定正电荷密度从 10^{11}~10^{12} cm^{-2} 时，表面固定电荷对探测器电阻的作用发生转变。当 $N_I>10^{11}$ cm^{-2} 时，探测器的电阻基本与表面钝化无关，主要由体材料的情况决定。当 $N_I>10^{12}$ cm^{-2} 时，探测器的电阻基本与体材料的情况无关，主要由表面钝化引起的表面电子浓度决定。

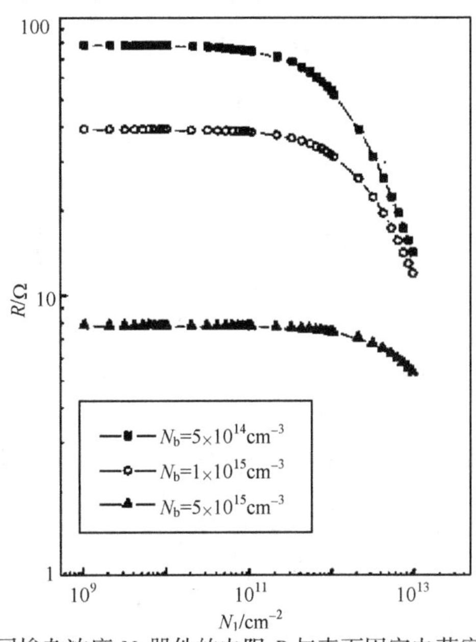

图 8.53　不同掺杂浓度 N_b 器件的电阻 R 与表面固定电荷密度 N_I 的关系

图 8.54 为表面固定电荷对探测器净寿命 τ_{net} 的影响。当 N_I 值较小时，τ_{net} 随 N_I 的增加迅速提高，直到达到 τ_b。表面固定电荷将在 n 型探测器表面形成一个电子积累层，积累层使能带在表面处发生弯曲，形成一个电子势阱，对体内的少数载流子(空穴)来说就是一个势垒，它阻碍着光生空穴向表面的扩散，减小了由于表面复合而损失的光生空穴数目。所以，表面积累层的作用相对减小了表面复合速度。表面势随固定电荷密度的增加而增加，其具体关系如式(8.184)。当固定电荷浓度 N_I 大于 3×10^{11} cm^{-2} 时，即使表面复合速度高达 1×10^5cm/s，由于固定电荷引起的空穴表面势垒非常高，探测器中的光生空穴基本上不能翻越这个势垒而到达表面，这一现象对提高探测器的性能是非常有利的。

图 8.55 为不同掺杂浓度体材料电压响应随固定电荷密度变化的关系。探测器中少子寿命是 1μs，表面复合速度为 1000 cm/s，表明这是一个高探测率器件。当钝化层中固定电荷密度超过 10^{11} cm^{-2} 时，表面势垒的存在减少了表面复合的光生空穴，提高了器件的性能。一旦固定电荷密度超过 10^{12} cm^{-2}，使表面重积累层的

电导率提高，减小了器件的本征电阻，而降低了器件的性能。随着电荷密度的进一步增加，尤其是低掺杂浓度的器件，性能下降得很快。

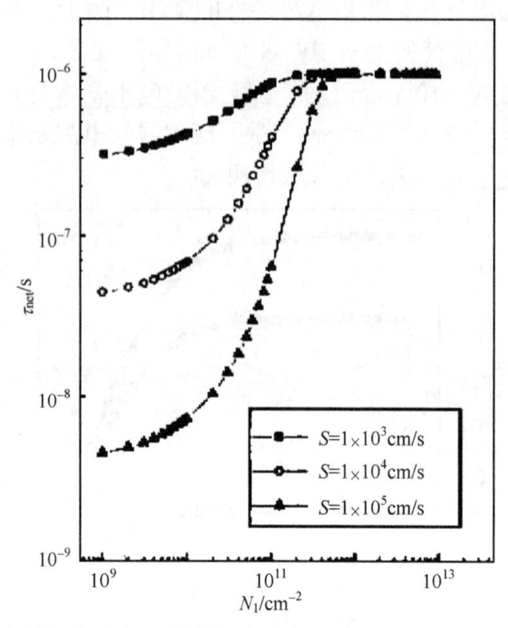

图 8.54　不同表面复合速度 S_0 器件的净寿命 τ_{net} 与表面固定电荷密度 N_I 的关系

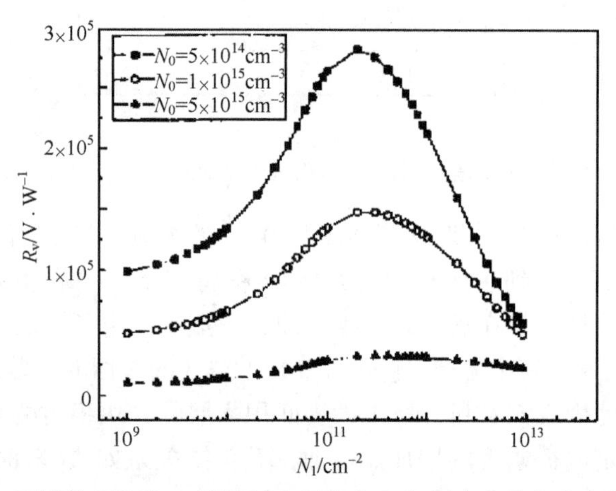

图 8.55　不同掺杂浓度 N_b 器件的电压响应 R_v 与固定电荷密度变化的关系

图 8.56 是不同表面复合速度下，电压响应随固定电荷密度变化的关系。探测器中少子寿命为 1μs,体内的掺杂浓度为 5×10^{14}cm^{-3}。可明显看出,在 10^{11}~10^{12} cm^{-2} 范围内，电压响应有一峰值，随着表面复合速度的提高，峰向固定电荷密度增加的方向移动。峰的高度直接由表面复合速度决定，表面复合速度低的探测器，电压响应高。当固定电荷密度大于 6×10^{11} cm^{-2} 时，表面复合速度相差两个数量级的

探测器的性能基本相同，这就说明选择不同的钝化工艺，可控制探测器的有效表面复合速度，从而提高器件的性能。

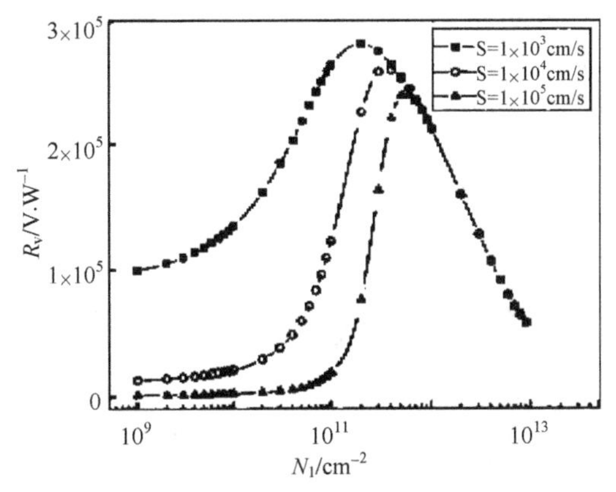

图 8.56　不同表面复合速度 S_0 器件的电压响应 R_v 与表面固定电荷密度变化的关系

探测器中少子寿命 τ_b 对电压响应—固定电荷密度关系的影响如图 8.57 所示。计算中体内的掺杂浓度取为 $5\times10^{14}\text{cm}^{-3}$，表面复合速度取为 10^5cm/s。在表面固定电荷密度低于 $10^{11}\ \text{cm}^{-2}$ 的情况下，器件的性能基本与少子寿命无关，因为此时器件中的有效寿命 τ_{net} 基本由表面复合速度决定。表面固定电荷密度在 $10^{11}\sim10^{12}\ \text{cm}^{-2}$ 范围内，探测器的性能变化很大，对长寿命的器件(τ_b=10μs)，探测器的电压响应变化达两个数量级以上。

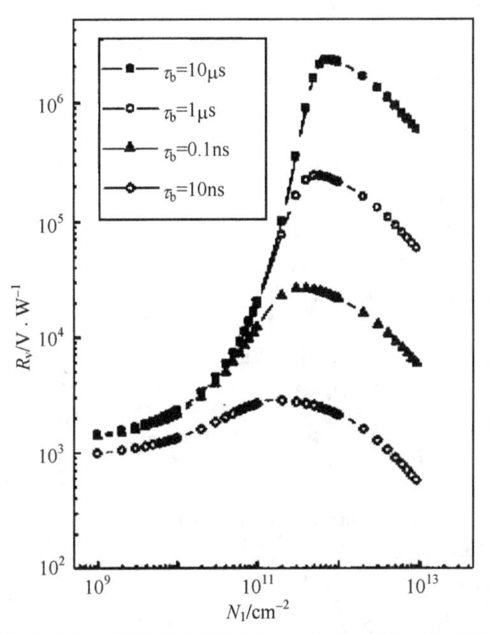

图 8.57　不同少子寿命 τ_b 器件的电压响应 R_v 与表面固定电荷密度变化的关系

由上面的讨论可见，HgCdTe光导探测器的性能与探测器钝化工艺引入的表面固定电荷密度密切相关，表面固定电荷减小了由于表面复合损失的光生空穴，提高了器件的性能，同时又降低了器件的电阻，也就降低了器件的性能，这两方面互相矛盾。通过选择器件钝化工艺、改变器件表面的固定电荷密度，可以优化器件性能。

参 考 文 献

褚君浩, 徐世秋, 汤定元. 1982. 科学通报,27: 403
龚海梅. 1993. 博士学位论文. 中国科学院上海技术物理所
黄启圣,汤定元. 1965. 物理学报, 21:1038
凌仲赓, 陆培德. 1984. 半导体学报,5 :144
茅文英, 褚君浩. 1993. 红外与毫米波学报, 13:352
汤定元. 1974. 红外物理与技术, 6:345
汤定元. 1976. 红外物理与技术,4~5:53
Adomaitis E, Grigoras K, Krotkus A. 1990. Semicond. Sci. Technol., 5:836
Afromowitz M A, DiDomenico. Jr. 1971. J. Applo. Phys., 42:3205
Baicker J A, Fang P H. 1972. J. Appl. Phys., 43:125
Baja J, Babulac L O et al. 1987. J. Vac. Sci. Technol. A, 5:3186
Baker I M et al. 1978. Solid State Electron., 21:1475
Barrs J, Sorger F. 1972. Solid State Commun., 10:875
Bartoli F et al. 1974. J. Appl. Phys., 45:2150
Beattie A R, Langsberg P T. 1959. Proc. R. Soc. London Ser. A, 249:16
Beattie A R, Smith G. 1967. Phys. Status Solidi , 19:577
Beattie A R. 1962. J. Phys. Chem. Solids, 24:1049
Blakemore J S. 1962. Semiconductor Statistics. Oxford: Pergamon
Boosbroeck W Van, Shockley W. 1954. Phys. Rev., 94:1558
Власенко А. И.. 1979. и. Др. ФТП 13:2180
Casselman T N et al. 1980. Solid State Commun., 33:615
Casselman T N. 1981. J. Appl. Phys., 52:848
Chen J S, Bajaj J, Tennant W E, Lo D S et al. 1987. Mat. Res. Soc. Symp. Proc., Vol 90. Pittsburg: Mater. Res. Soc.,
Chen M C, Colombo L, Dodge J A et al. 1995. J. Electronic Materials, 24:539
Chen M C, Colombo L. 1992. J. Appl. Phys., 72:4761
Choo S C. 1970. Phys. Rev. B, 1:687
Chu J H, Li B, Liu K, Tang D Y. 1994. J.Appl. Phys., 75:1234
Chu J H, Xu S Q, Tang D Y. 1983. Appl. Phys. Lett., 43:1064
Elliott C T. 1977. Pat. 1488258
Elliott C T. 1981. Electron. Lett., 17:312
Fang F F, Hoeard W E. 1966. Phys. Rev. Lett., 16:797
Gerhardts R R, Dornhaus R, Nimtz G. 1978. Solid State Electron., 21:1467
Gräfe W. 1971. Phys. Status Solidi (a), 4:655
Hall R N. 1959. Proc. Inst. Electr. Eng. B suppl., 106:923
Hovel H J. 1993. Semicond. Sci. Technol., 7:A1
Jones C L, Capper P et al. 1982. J. Crystal Growth, 56:581

Kinch M A et al. 1973. J. Appl. Phys., 44:1649
Kinch M A. 1981. In: Willardson R K, Beer A C, eds. Semiconductor and Semimetal. Vol 18. New York: Academic Press, 287
Kopanski J J, Lowney J R et al. 1992. J. Vac. Sci. Technol. B, 10:1553
Kuruick S W, Powell J M. 1959. Phys. Rev., 116:597
Lacklison D E, Capper P. 1987. Semicond. Sci. Technol., 2:33
Long D, Schmit J L. 1970. Semiconductors and Semimetals. Vol 5. Chapter 5
Lowney J R et al. 1993. J. Electron. Mater., 22:985
Many A, Goldstein Y, Grover N B. 1965. Semiconductor Surfaces. New York: Willey(Interscience)
Mooradian A, Fan H Y. 1966. Phys. Rev., 148:873
Moss T S. 1973. Semiconductors Opto-electronics. London:Buttorworth, 38
Mroczkowski J A et al. 1981. Appl. Phys. Lett., 38:261
Nemirovsky Y et al. 1989. J. Vac. Sci. Technol., 47:450
Nemirovsky Y. 1990. J. Vac. Sci. Technol. A, 8:1185
Petersen P E. 1970. J. Appl. Phys., 41:3465
Pines M Y et al. 1980. Infrared Phys., 20:73
Polla D L et al. 1981. J. Appl. Phys., 52:5182
Polla D L et al. 1981. Proceeding of the 4th International Conference on the Physics of Narrow Gap Semiconductors. Linz, Austria. 153
Pratt R G, Hewett J, Capper P et al. 1983. J. Appl. Phys., 54:5152
Rosbeck J P et al. 1982. J. Appl. Phys., 50:6430
Sandiford D J.1957. Phys. Rev., 105:524
Schacham S E et al. 1985. J. Appl. Phys., 57:2001
Schiff L. 1955. Quantum Mechanics. New York: McGraw Hill
Schmit J L. 1970. J. Appl. Phys., 41:2876
Shockley W, Read W T. 1952. Phys. Rev., 87:835
Shockley W. 1958. Proc. IRE, 46:973
Singleton J, Nasir F, Nicholas R J. 1986. SPIE, 659:99
Souza M E de, Boukerche M, Krotkus A. 1990. J. Appl. Phys., 68:5195
Srour J R, Curtis O L. 1972. J. Appl. Phys., 43:1782
Staszewski G M von, Wollrab R. 1989. SPIE, 1106:110
Tung T, Kalisher M H, Stevens A P et al. 1987. Mat. Res. Soc. Symp. Proc., Vol 90. Pittsburg: Mater. Res. Soc., 321
Wertheim G K. 1958. Phys. Rev., 109:1085
White A M. 1981. J. Phys. D: Appl. Phys., 14:L1
Wijewarnasuriya P S, Lange M D, Sivananthan S et al. 1995. J. Electronic Materials, 24: 545
Yadava R D S, Gupta A K, Warrior A V R. 1994. J. Electron. Mater., 23:1359

第 9 章　表面二维电子气

9.1　MIS 结构

9.1.1　MIS 的经典理论

最简单的金属-绝缘体-半导体(MIS)结构器件如图 9.1 所示，包括金属栅，一个厚度为 t_{ox} 介电常数为ε_{ox} 的绝缘层，以及半导体表面。绝缘层把金属栅与半导体表面隔开，金属栅施加对衬底偏置电压，控制半导体的表面势。对于一个 n 型半导体偏压加到强反型的阈值时，其能带图如图 9.2 所示。势ϕ是从表面算起 x 的函数，其表达式由一维泊松方程的解给出。这里是考虑非简并情况和热平衡态。

$$\frac{\mathrm{d}^2\phi}{\mathrm{d}x^2}=-\frac{q}{\varepsilon\varepsilon_0}\left[n_{\mathrm{n}0}\left(\mathrm{e}^{q\phi/k_{\mathrm{B}}T}-1\right)-p_{\mathrm{n}0}\left(\mathrm{e}^{-q\phi/k_{\mathrm{B}}T}-1\right)\right] \tag{9.1}$$

在任一点的电场为

$$E=-\frac{\mathrm{d}\phi}{\mathrm{d}x}=\pm\left(\frac{2k_{\mathrm{B}}T}{\varepsilon\varepsilon_0}\right)^{\frac{1}{2}}F(\phi) \tag{9.2}$$

这里

$$F(\phi)=\left[n_{\mathrm{n}0}\left(\mathrm{e}^{q\phi/k_{\mathrm{B}}T}-\frac{q\phi}{kT}-1\right)+p_{\mathrm{n}0}\left(\mathrm{e}^{-q\phi/k_{\mathrm{B}}T}+\frac{q\phi}{kT}-1\right)\right]^{\frac{1}{2}} \tag{9.3}$$

$n_{\mathrm{n}0}$ 和 $p_{\mathrm{n}0}$ 表示在半导体体内多数载流子和少数载流子浓度。

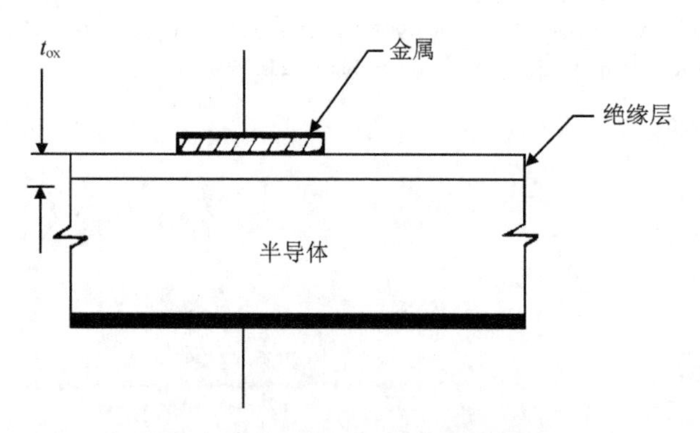

图 9.1　金属-绝缘体-半导体器件结构

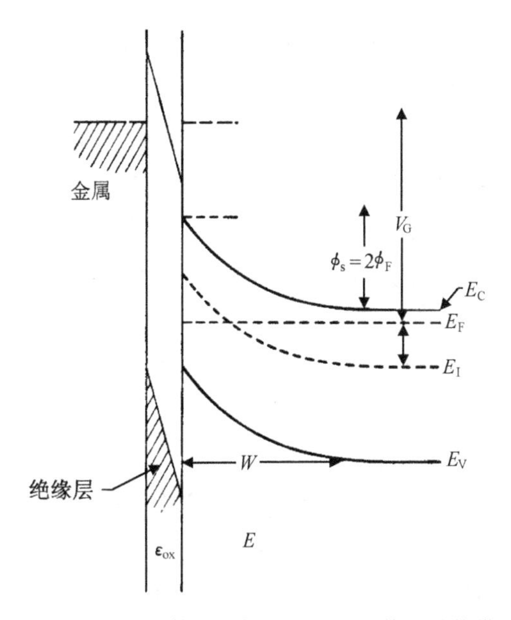

图 9.2　n 型半导体偏压加至强反型阈值时的能带图

ε 是半导体介电常数。在半导体表面单位面积的空间电荷，由高斯定律给出，即

$$Q_s=\varepsilon\varepsilon_0 E_s=\pm\left(2\varepsilon\varepsilon_0 k_B T\right)^{\frac{1}{2}} F(\phi) \tag{9.4}$$

对于一个典型 n 型(截止波长$\lambda_c=5\mu m$)的 HgCdTe 探测器 $n_0=2\times10^{15}cm^{-3}$，在 77K 时空间电荷层密度随表面势 ϕ_s 的函数变化关系见图 9.3 所示。

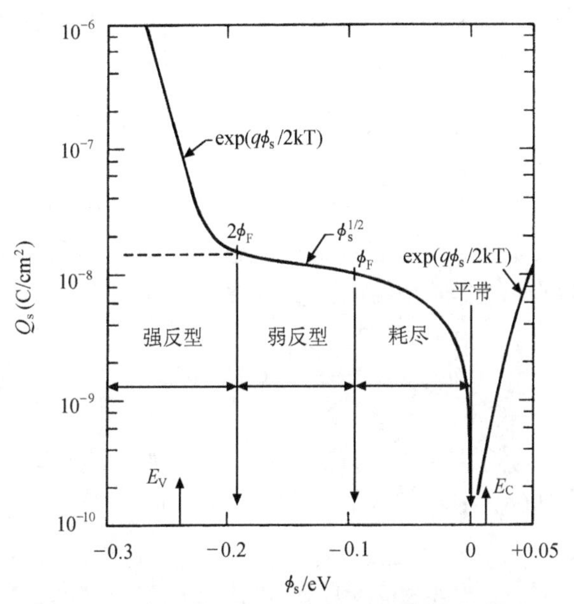

图 9.3　空间电荷密度 Q_s 随表面势ϕ_s 的变化关系

对于 ϕ_s 的正值，表面是积累的，由式(9.3)定义的函数 $F(\phi)$ 由第一项支配，以及 $Q_s \sim \exp(q\phi_s/2k_BT)$。对于 ϕ_s 的值低于平带，则式(9.3)中第二项占主导地位，以及 $Q_s \sim |\phi_s|^{\frac{1}{2}}$，半导体空间电荷由半导体表面处形成的耗尽层中的离化杂质所决定。在表面势具有大的负值，则在半导体表面少数载流子浓度将远大于体多数载流子浓度，空间电荷由式(9.3)中第四项支配，$Q_s \sim \exp(q|\phi_s|/2k_BT)$。当表面势 $|\phi_s|>|2\phi_F|$ 时，强反型就会出现(图 9.3)，这里 ϕ_F 表示体费米势，由(图 9.2)中所定义。此条件对强反型来说等价于

$$\phi_s^{\text{inv}} = 2\phi_F = (-k_BT/q)\ln(n_{n0}/p_{n0})$$

或

$$n_{n0} = p_{n0}\exp(-q\phi_s^{\text{inv}}/k_BT) = p_s \tag{9.5}$$

这里 p_s 表示少数载流子的表面浓度。

与半导体空间电荷层相联系的微分电容，由下式给出

$$C_d \equiv \frac{\partial Q_s}{\partial \phi_s} = \left(\frac{\varepsilon\varepsilon_0 q^2}{2k_BT}\right)^{\frac{1}{2}}\left[\frac{n_{n0}\left(e^{q\phi/k_BT}-1\right)-p_{n0}\left(e^{-q\phi/k_BT}-1\right)}{F(\phi)}\right] \tag{9.6}$$

同样，当 $\phi_s>0$，则表面是积累的，式(9.6)近似为 $C_{acc} \propto \exp(q\phi_s/2k_BT)$，以及对 $\phi_s>$ 几个 (kT/q) 时，空间电荷层电容是高的。在强反型的情况下，式(9.6)近似为 $C_{inv} \propto \exp(q|\phi_s|/2k_BT)$；同样在 $\phi_s>$ 几个 (k_BT/q) 时，与反型层联系的电容很大。表面势在耗尽层弱反型区域，这时空间电荷由耗尽层来决定，则式(9.6)简化为 $C_d = \left(\varepsilon\varepsilon_0 qN/2\phi_s\right)^{\frac{1}{2}}$，即为熟悉耗尽层电容，在图 9.2 中，即为 $C_d = \varepsilon\varepsilon_0/W$，$W$ 是耗尽层厚度。

在理想的基于强反型的 MIS 器件中，反型层是假定为电荷 Q_{inv} 壳层直接在表面上，附属的耗尽层是假定为是固有荷电载流子的。施加的偏置电压 V_G 一部分降在绝缘层上，一部分降在空间电荷层上，于是由高斯定律

$$\varepsilon_{ox}\varepsilon_0\frac{V_G-\phi_s}{t_{ox}} = Q_{inv} + qNW \tag{9.7}$$

这里 N 是厚度为 W 的耗尽层中的净杂质浓度，与施加的偏压有关的表面势由下式给出(Macdonals　1964)

$$\phi_s = V_G' + V_0 - \left(2V_G'V_0 + V_G^2\right)^{\frac{1}{2}} \tag{9.8}$$

式中：$V_G' = (V_G - V_{FB}) + Q_{inv}/C_{ox}$，$V_0 = qN\varepsilon\varepsilon_0 / C_{ox}^2$，$C_{ox} = \varepsilon_{ox}\varepsilon_0 / t_{ox}$，这里 V_{FB} 表示器件的平带电压。

理想的 MIS 器件的总电容是绝缘层电容 C_{ox} 和空间电荷层电容 C_d 的串联电容，即

$$C = C_{ox}C_d / (C_{ox} + C_d) \tag{9.9}$$

对这样一个理想的 MIS 器件($V_{FB}=0$)中，C 随 V_G 的理论变化曲线由图 9.4 给定，所用的器件参数是 n-HgCdTe，$E_g \approx 0.25\text{eV}$，$n_0 = 10^{15}\text{cm}^{-3}$。其一般特征可以参考式(9.6)和式(9.9)来分析。在正偏压时，表面是积累层，$C_d = C_{acc}$ 很大，于是总电容基本上就是绝缘层电容 C_{ox}。当偏压降低到某个阈值，例如 $\phi_s<0$，耗尽层形成，电容为 $C_d = (\varepsilon\varepsilon_0 qN/2\phi_s)^{\frac{1}{2}}$，总电容降低。当进一步降低 V_G 时，表面被偏压电压进入强反型，空间电荷电容为 C_{inv}，它很大，使总电容增加直到从新回到近似为 C_{ox} 的值。于是测量器件的电容谱是呈现出一个极小值，这一曲线是低频电容谱。

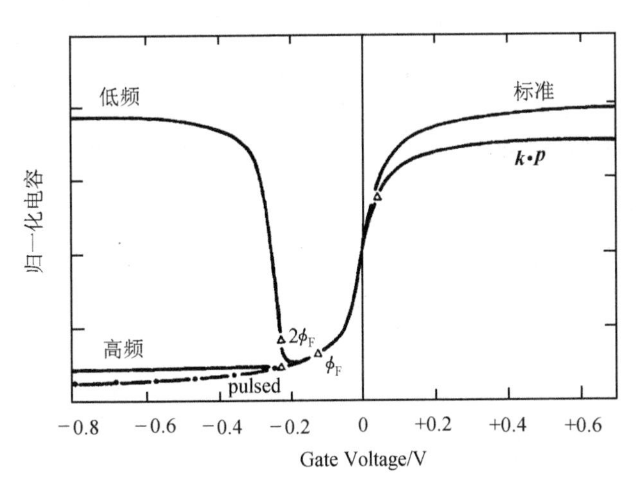

图 9.4　77K 的 n 型 HgCdTe($E_g = 0.25\text{eV}$)的电容随 V_G 变化的理论曲线

(Chapman　1978)

在上述理论分析中假定了载流子能跟上施加电压的变化。对于积累层和耗尽层范围内，这当然是可能的，但对反型情况下，少数载流子可能不正确。这些载流子对于一个施加的 ac 电压信号具有有限的响应时间，它依赖于表面区少数载流子的有效性，即在器件中反型层响应时间是反比于少数载流子暗电流。在足够高的 ac 信号频率下，反型层不能充分跟随着施加的 ac 电压变化，尽管如此，它与 ac 偏压平衡，C-V 曲线呈现高频响应，其极限电容为 $C_{ox}C_d/(C_{ox}+C_d)$。这一可变的频率响应在器件等效电路可以用连接多数和少数载流子带的有限电

阻来表示。在图 9.4 中曲线标记着"pulsed"。这一曲线表示测量到响应 MIS 器件的电容，是当偏置电压脉冲快到少数载流子来不及出现在半导体表面时，器件进入深耗尽的情况测量到的总电容就是 C_{ox} 与 C_d 的串联电容，这里 C_d 由耗尽层及其由解式(9.8)得到的 ϕ_s 来确定。图 9.4 也包括了简并效应以及非抛物带对于积累层总电容的影响(V_G 大且正)，这就导致 C_{acc} 值与式(9.6)的标准曲线比较而言要小些。

在上述的讨论中忽略了表面态。氧化层-半导体表面可由图 9.5 所示，在 HgCdTe 表面有三种主要类型的状态，即固定氧化电荷、慢表面态与快表面态。固定氧化电荷的多少对于确定器件的平带电压至关重要。慢表面态典型的是在界面一个隧穿距离约 100Å 之内，由于少数载流子的被陷引起的电容-电压曲线的滞后效应。快界面态引起测量到的 *C-V* 特性曲线从上述理论预测值偏离，具体依赖于施加偏压的频率、温度以及表面势，也可能引起过剩暗电流。通过快界面态引起的产生-复合动力学机制与通过体的 Shockley-Read 中心产生-复合机制是一样的，可引用图 9.6 中一个 n 型半导体偏置到耗尽情况来描写。热产生率 N_{fs} 可由相关的电阻 $R_{n,s}$ 和 $R_{p,s}$ 来表示，这些对于带边的阻抗随相应带的能带指数变化。在图 9.6 中也包括了少数载流子暗电流的贡献，这些暗电流是由于从中性体区域和耗尽层区中产生-复合的扩散引起的。

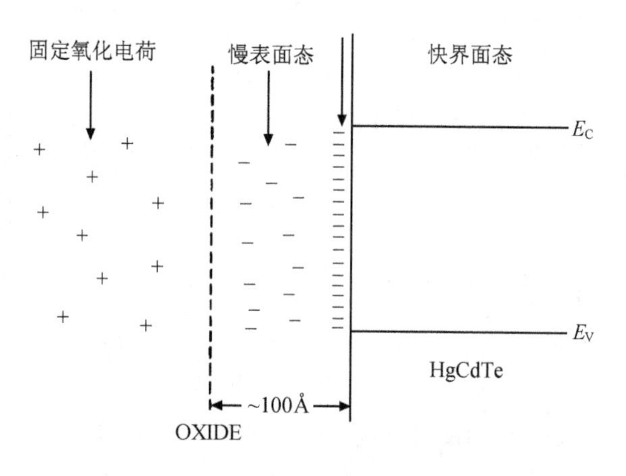

图 9.5　HgCdTe 表面态

当 MIS 器件偏置到耗尽-反型情况(Lehovec et al.　1964)，它可以准确地用图 9.7(a)中的等效电路来表示，它包括了上述由于在充分反型层响应时间和表面态引起的效应。这一等效电路是 MIS 器件偏置到强反型的一般简化情况。在此情况下，$R_{n,s}\to\infty$，$R_{p,s}\to 0$，以及 $(\omega C_{inv})^{-1}\ll(\omega C_s)^{-1}$，$R_d$ 在任何有意义的频率下，图 9.7(a)简化为图 9.7(b)。简单分析图 9.7(b)电路可得测量到的 MIS 器件两端的导纳为

$$Z^{-1} = \frac{\omega^2 R_d C_{ox}^2}{1+\omega^2 R_d^2 (C_{ox}+C_d)^2} + \frac{j\omega\left[1+\omega^2 R_d^2 C_d (C_{ox}+C_d)\right]}{1+\omega^2 R_d^2 (C_{ox}+C_d)^2} = G_m + j\omega C_m$$

(9.10)

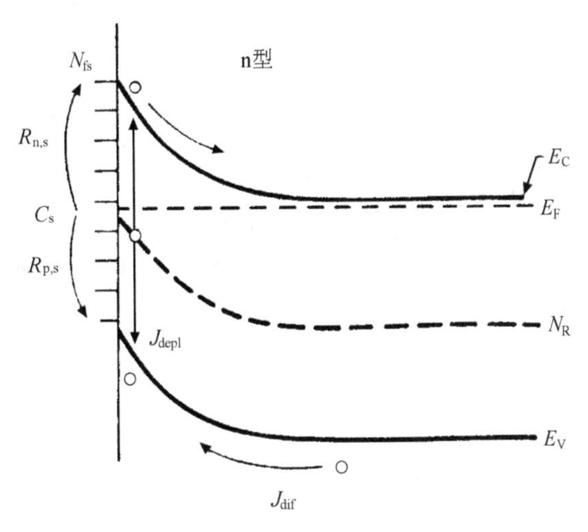

图 9.6　n 型半导体偏置到耗尽层情况，包括表面态

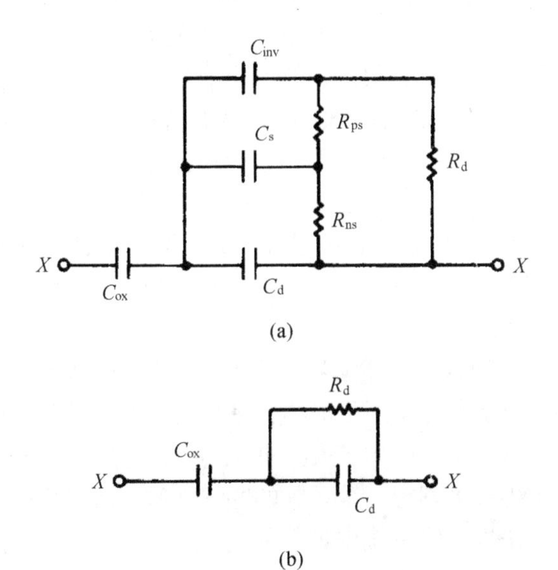

图 9.7　n 型 MIS 器件等效电路

(a) 耗尽-反型情况；(b) 强反型情况

于是，在低频范围，$\omega R_d (C_{ox}+C_d) < 1$，式(9.10)给出 $G_m = \omega^2 C_{ox}^2 R_d$ 以及 $C_m = C_{ox}$。

在高频范围，$\omega R_{\mathrm{d}}(C_{\mathrm{ox}}+C_{\mathrm{d}})>1$，有 $C_{\mathrm{m}}=C_{\mathrm{ox}}C_{\mathrm{d}}/(C_{\mathrm{ox}}+C_{\mathrm{d}})$，以及 $G_{\mathrm{m}}=R_{\mathrm{d}}^{-1}C_{\mathrm{ox}}^{2}/(C_{\mathrm{ox}}+C_{\mathrm{d}})^{2}$，于是在强反型情况测量 MIS 器件可用于提供不少信息，包括从测量 C_{d} 知半导体的掺杂能级，从测量 R_{d} 可知少数载流子暗电流。估算快界面态参数 C_{s} 和 R_{s} 必须要测量在耗尽-弱反型范围进行，此时要分析图 9.7(a)所示完全的等效电路。这种测量技术的引申和变化可参考文献(Nicolliem et al.　1967, Knhn　1970, Amelio　1972)。

9.1.2　量子效应

在以上分析中，当一个 p 型半导体 MIS 结构在正偏压情况下，在半导体表面能带将向下弯曲，形成势阱，电子聚集到势阱中，于是在 p 型半导体的表面形成 n 型反型层。按照经典的观念，电子是随着能带的弯曲，连续地向势阱中聚集。这在能带弯曲程度很小的情况下，与实际情况相符。然而在能带弯曲程度较大的情况，就要用量子的观念来处理。在这种情况下，电子不是连续地，而是在能量上量子化地聚集在表面量子阱中。电子在垂直于表面的表面层中，只能在表面方向的平面内自由运动，而在垂直于表面的方向上，能量是量子化的，电子只能存在于符合量子化规律的特定的能级上，形成二维电子气。

二维电子气(2DEG)是这样一个系统(Ando et al.　1982)，电子自由运动在空间的一个自由度上是量子化的，而在另外两个自由度上是可任意运动的，自从 20 世纪 70 年代以来，2DEG 系统一直是科学工作者们极感兴趣的领域，这不仅因为它有很高的学术价值，而且也有很诱人的应用前景。在学术上，2DEG 有许多在三维体系中不存在、很难实现或者很难观察到的奇特现象(Dornhaus et al.　1983)，如整数、分数量子霍尔效应，相变现象，超导现象等，近来人们发现氧化物超导材料的高温超导特性也是一个二维现象(熊小明　1987)，主要是 Cu-O 面在起超导作用，在应用方面(Kinch　1981)，目前发展起来的异质结光探测器件，霍尔器件，MIS 单元、多元探测器件等都是基于二维系统独特的物理特性，随着科学技术进步，二维体系很容易就能在实验室中获得，如液氦-真空界面处电子气，金属-绝缘体-半导体积累层、反型层，异质结界面处电子、空穴气等都是一个较好的二维系统，更准确地讲，以上各体系还不能称为理想的二维系统，因为电子波函数在量子化自由度方向上有一定厚度的扩展(一般在 10nm 左右)，尽管如此，这种准二维系统还是较全面地再现了理想二维系统的特殊性质，所以目前有关二维系统的光电研究多是在以上诸准二维系统中进行的。

研究二维系统的方法已发展了很多，理论方面有 Hartree 有效质量近似法和变分自洽法(Dornhaus et al.　1983)；实验方面有带间光跃迁，磁光跃迁，电、磁输运，回旋共振等(Dornhaus et al.　1983)，无论如何，研究问题目的均在于搞清楚 2DEG 中的子带结构，如子带能量色散关系，电子有效质量，电子占据，波函数分布等。迄今为止，有关二维系统的物性研究多集中在宽带半导体材料中，如 Si、GaAs 等；而在窄带半导体材料(如 MCT、InSb)中的研究则相对较少，其中一方面原因在于窄带材料的 2DEG 系统较难获得，另一方面在于窄带材料的新特点给研究带来了难度。随着窄带半导体 MIS 器件制备工艺的提高，关于窄带半导体 2DEG 体系的研究已有相当进展。

以 MIS 器件的反型层 2DEG 为例，窄带半导体(MCT、InSb)的二维电子气系统与宽带半导体(Si、GaAs)的二维电子气相比有以下几个特点：

(1) 电子有效质量小，态密度低；电子面密度为 10^{12} 时，2DEG 系统内会有多个子带填充电子。

(2) 窄带半导体 MCT 和 InSb 的能带极值点在 Γ 点，能谷简并度为 $1(g_v=1)$，所以其 2DEG 中的子带是非简并的，而 Si 的 2DEG 体系中子带是简并的，且其简并度取决于晶向的选择。

(3) 电子有效质量小，束缚长度短，所受到的来自界面因粗糙、不完整散射较弱；因此电子迁移率较高；另外态密度较小，多体效应可忽略，因相关和交换能量只是子带电子能量的很小一部分。

(4) 较小的带宽导致了能带非抛物特性，因此其子带能量中的量子化部分与非量子化部分是相关的。

(5) 在外电场作用下，其导带与价带的波函数会发生交叠，这样就可能使 2DEG 中的子带具有与体带能级完全不同的特性，如隧道效应等。

本章将侧重研究 p 型窄禁带半导体 MCT 和 InSb 的 MIS 结构反型层中 2DEG 系统，包括其中子能带结构、基态子带底能量、激发态子带底能量、波函数分布、准二维电子气分布厚度、耗尽层厚度及其随 2DEG 电子面密度的变化关系。在研究过程中考虑了窄禁带半导体的具体性质及其量子化新特征，采用了较方便的电容-电压测试手段；并在这种实验技术基础上建立了一套半量子化理论，为二维子带研究提供了一个新途径。

9.2 子能带结构的理论模型

9.2.1 引言

先来讨论一下反型层电子子能带结构的理论模型。迄今已有几种理论可用来求解半导体异质结中的 2DEG 系统问题。本章中，将从另一角度出发，基于实验结果、二维系统性质、窄禁带半导体性质以及半导体表面电容特性等基本理论，建立一系列的实验模型，结合实验数据来求解有关窄带半导体 2DEG 系统的参数。如建立二维电子气子带基态实验模型、量子限及非量子限情形的电容-电压实验模型以及二维电子气子能带势模型，然后结合窄带半导体 MCT 以及 InSb 的一系列实验结果，给出它们 2DEG 中的子带结构。

p 型窄禁带半导体 MCT 反型层子能带电子行为研究是很有意义的，特别是确定子能带电子基态能量 E_0。它是研究电子朗道能级和磁光共振的基础(褚君浩等　1990a)。根据 p 型 MCT MIS 结构的量子电容谱、磁导振荡谱以及回旋共振谱可以研究子能带结构，包括基态子能带能量 E_0、子能带电子有效质量、反型层及耗尽层的厚度、费米能级以及它们随表面电子浓度变化的规律。MCT 反型层子能带电子基态能量 E_0 的定量实验结果，可以作为理论模型结果的比较。有关基态能量的计算工作已从单带发展到多带，其原理是根据泊松方程和薛定谔方程，结合计算机自洽求解，但其计算过程复杂，与实验结果符合也不理想(Sizmann et al. 1990)。本节将在这一方法基础上进一步用来描述 p 型窄禁带半导体 MCT MIS 结构的反型层子能带结构，修正中考虑了窄禁带半导体 MCT 带间相互作用所引起的非抛物特性、波函数平均效应、p 型材料中的共振缺陷态、MIS 结构反型时的共振隧穿等影响因素，导出了子带基态能 E_0 的计算公式并获得了与实验符合较好的结果，这些结果包括基态能量及其与表面电子浓的关系。

研究窄禁带半导体MIS结构的反型层子能带对于红外探测器的研制和二维电子气的研究具有重要的意义。对于 p 型 $Hg_{1-x}Cd_xTe$ 半导体，费米能级靠近价带顶，当所加的偏压使半导体表面反型构成量子阱时，在阱内形成若干分立的量子化能级，造成垂直于表面方向的能量量子化，而在平行于表面的方向上能量连续分布，形成二维电子气子能带。

在 $Hg_{1-x}Cd_xTe$ 反型层子能带中，电场可达 $E\sim10^5$V/cm，电子有效质量为 $m^*\sim0.01m$ 的数量级，因而很容易采用测不准关系来判断反型层量子阱中的基态电子能量 E_0 及束缚长度 z_0(Koch　1980)

$$p_0 z_0 = \sqrt{2m^* E_0}\cdot z_0 \approx \hbar \tag{9.11}$$

对三角阱近似来说，$E_0 \approx eEz_0$，于是有

$$\begin{cases} E_0 \approx \dfrac{(e\hbar E)^{\frac{2}{3}}}{(2m^*)^{\frac{1}{3}}} \approx 100\text{meV} \\[2ex] z_0 \approx \dfrac{\hbar^{\frac{2}{3}}}{(2m^* eE)^{\frac{1}{3}}} \approx 10\text{nm} \end{cases} \tag{9.12}$$

对更高的能级 E_1, E_2, …来说，束缚长度也大，由此估算，可给出 $Hg_{1-x}Cd_xTe$ 反型层中量子阱的大致图像。

由于窄禁带半导体子能带的能量可与禁带宽度相比拟，因而它具有一些新的特征。例如，由于子能带电子的有效质量较小，子能带电子的态密度亦较小，于是在通常的表面电子浓度下(约为 $10^{12}cm^{-2}$)，也会有几个子能带同时被电子占有。同时，小的电子态密度使多体效应很小，以致可以很好地应用 Hartree 近似。此外，导带具有很强的非抛物带效应，使平行于表面运动的二维电子气与垂直于表面的运动有很大的耦合，这就便色散关系变得复杂。再如反型层中的子能带电子会由于隧道效应穿透到连续的价带态，引起 Fano(1961)共振效应，窄禁带半导体反型层子能带电子的另一个显著的特征是自旋简并因表面势的作用而消除。对于体样品来说，自旋轨道相互作用的 k 依赖项 $(\nabla U\times\boldsymbol{k})\cdot\boldsymbol{\sigma}$ 的微扰将消除重空穴带的二重简并，引起价带顶离开 Γ 点而向着 $\langle 111\rangle$ 方向移动一个很小的距离，并使价带顶极值高于 Γ 点。但由于晶体势的梯度 ∇U_{bulk} 较小，因而这一贡献很小，难以在实验中观察到。但对于表面，由于垂直于样品表面的电场很大，它对子能带结构就有很大影响，将使子能带具有较大的电致自旋分裂效应。这一效应将引起子能带色散关系在零磁场下分裂为二支，引起朗道能级的移动、交错以及朗道能级波函数的混合等一系列新现象。

窄禁带半导体的电子能带结构由导带(二重的 Γ_6 带)、两个价带(四重的 Γ_8 带)及自旋一轨道裂开带(二重的 Γ_7 带)组成。Γ_6、Γ_8 之间的能隙很窄，Γ_7 带远离 Γ_6、Γ_8 带，$\Delta\gg E_{\text{g}}$。在 Γ 点附近，窄禁带半导体的能带结构可以很好地由 Kane 模型描述。这也是窄禁带半导体的子能带理论的基础。

1972 年 Stern 等人(Stern 1972)提出处理 Si 等抛物型能带半导体子能带结构一带自洽计算方法，这是窄禁带半导体表面电子子能带结构理论的另一基础，然而，由于能带混合、非抛物带效应以及共振态等特征，窄禁带半导体子能带结构的计算是比较复杂的。这里仅扼要介绍这一问题研究的概貌。

Ohkawa 和 Uemurar(Ohkawa 1974)根据表面势的三角阱近似，利用 WKB 方法将 Kane 的哈密顿对角化，计算了 $Hg_{0.79}Cd_{0.21}Te$ 的子能带色散关系。他们发现了色散关系中很大的自旋分裂效应，以及朗道能级的反转现象，然而计算不是自洽的，很难定量地和实验结果相比较。Takada 等人(1977, 1980, 1981)报道了窄禁带半导体子能带结构的 Hartree 自洽计算方法。他们发展了一种方法，即把 6×6 的 Kane 哈密顿矩阵简约为 2×2 的矩阵，从而把问题简化为一个一带近似。在他们的计算中，通过引入与 k 有关的电子有效质量，计入了导带的非抛物性，但却忽略了导带与价带的相互作用。Marques 和 Sham(1982)从 6×6 的 Kane 哈密顿矩阵出发，用自洽计算方法计算了 InSb 的子能带结构，这一方法原则上也适用于 $Hg_{1-x}Cd_xTe$。Zawadzki(1983)将 $\boldsymbol{k}\cdot\boldsymbol{p}$ 理论公式化，推导出子能带结构并发展了子能带电子的光跃迁理论。他采用了三角阱近似，并且没有考虑自旋，因而他的计算是基 4×4 的哈密顿矩阵，这样得到的色散关系与基于更精确的 6×6 矩阵得到的结果有所不同，Merkt 等人(Merkt　1987)则在表面空间电荷层的三角阱近似下采用三能级的 ***k-p*** 理论，即 6×6 矩阵，计算了子能带结构。此后，Malcher 等人(1987)也进行了 2×2、6×6、8×8 矩阵的计算。不过，在以上所有计算中均没有考虑 Zener 隧道效应。然而，由于窄禁带半导体子能带能量可以和禁带宽度相比拟，因而这一效应十分重要。

Brenig 和 Kasai(1984)在他们的工作中用格林函数方法处理了 Zener 隧道效应，计算了由此引起的子能带的加宽和移动，他们的理论是基于修正的 Takada 等人的理论。在窄禁带半导体子能带的计算中，价带和导带的耦合起着十分重要的作用，有两种耦合机制：一种是体能带结构的 ***k-p*** 耦合，另一种是由于表面电场引起的 Zener 耦合。前者使能带结构呈现非抛物性，如二维子能带的态密度依赖于能量，可以在子能带计算中用适当的动能算子来加以考虑。后者导致了子能带态与连续的体价带态简并的共振特征，引起子能带能级的移动和加宽。Ziegler 和 Rössler 等人(1988, 1989)曾对此做了详细讨论，然而要精确地处理这个问题并非易事。一些研究者还研究了自旋轨道相互作用的 k 线性项对子能带结构的影响。关于这一问题的新的研究方法和结果将在下文详细论述。

9.2.2　自洽计算理论模型

先考虑理想情形，将 Stern 模型用于 MCT 反型层子能带结构时，必须考虑到带间相互作用，这在一定程度上可以通过 Kane 模型得出的与能量相关的子能带电子有效质量 $m^*(E)$体现出来(Chu et al.　1991, Nachev et al.　1988)。图 9.8 为 p 型 MCT MIS 结构在反型时能带弯曲情况。$E(z)=-\Phi(z)$ 代表距表面 z 处的势的负值，基态波函数分布参数由 $j_0 = Z_{0,\mathrm{av}} / \langle Z \rangle_0$ 计算，于是 $E - E_0 j_0$ 为基态子能带电子到导带底的平均能量。考虑带间相互作用并根据参考文献(Chu et al.　1991)，反型层基态子能带电子有效质量可表示为

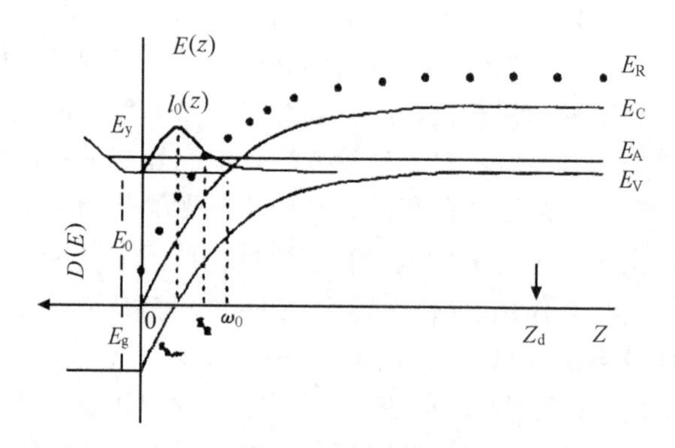

图 9.8　p-MCT MIS 结构反型时的能带弯曲示意图

$$m^*(E)=\left[1+\frac{2\left(E-E_0 j_0\right)}{E_g}\right]m_0^* \tag{9.13}$$

式中：m_0^* 为导带底电子有效质量。

图 9.8 中反型层子能带体系可用一维泊松方程和薛定谔方程描述，考虑到 MCT 反型层子能带电子有效质量小，态密度较低，可忽略子带中电子间相互作用；同时认为：①在 $T=4.2\text{K}$ 时，体系处于量子极限状态且费米能级 E_F 钉扎在受主能级 E_A 上；②材料中没有共振缺陷态；③MIS 结构耗尽区足够厚以至不会发生 Zener 隧道效应；④耗尽区电荷在过渡区中迅速地降为 T，于是可用下面一组较简单方程描述这个子能带体系

$$\frac{d^2\Phi_z}{dz^2}=-[\rho_{dep}(z)+\rho_s]/\varepsilon_s\varepsilon_0 \tag{9.14}$$

$$\frac{d^2\zeta_0(z)}{dz^2}+\frac{2m^*(E)}{h^2}[E_0+e\Phi(z)]\zeta_0(z)=0 \tag{9.15}$$

$$e\Phi_s=(E_g-E_A)+E_F \tag{9.16}$$

$$N_s=\int_{E_0}^{E_F}D(E)dE=\int_{E_0}^{E_F}\frac{m^*(E)}{\pi h^2}dE \tag{9.17}$$

$$\langle Z\rangle_0=\int_0^{\infty}z\zeta_0^2(z)dz\bigg/\int_0^{\infty}\zeta_0^2(z)dz \tag{9.18}$$

$$Z_{0,av}=\int_0^{\langle Z\rangle_0}z\zeta_0^2(z)dz\bigg/\int_0^{\langle Z\rangle_0}\zeta_0^2(z)dz \tag{9.19}$$

$$Z_R=(E_F-E_R)\langle Z\rangle_0/E_0 \tag{9.20}$$

式中：$\rho_{dep}(z)=0(z>Z_d)$

$\rho_{dep}(z)=-eN_{AD}=-e(N_A-N_D)(0<z<Z_d)$

$\rho_s(z)=-eN_s/\langle Z\rangle_0(0<z<\langle Z\rangle_0)$

$E_A=0.0165-2.4\times10^{-8}\cdot N_A^{1/3}$ (Scoot 1976)

式(9.16)右边第一项为体内导带底 E_c 到费米能级 E_F 能量差，假定在体内费米能级与受主能级近似重合，第二项为费米能级在表面处距导带底的能量。$\zeta_0(z)=(b^3/2)^{1/2}\cdot z\cdot\exp(-bz/2)$ 为零级 Fang-Haward(1966)函数，b 是参数，由其构成的函数 $\Psi_0(x,y,z)=\zeta_0(z)\cdot e^{i\theta z}\cdot e^{i(k_x x+k_y y)}$ 为基态子能带电子波函数，θz 是一与波矢 k_x、

k_y有关的量。对高掺杂样品取 $N_A = N_{AD}$。

边界条件为

$$\Psi_0(x,y,z=0)=0 \tag{9.21a}$$

$$\Psi_0(x,y,z=Z_d)=0 \tag{9.21b}$$

对 p 型 MCT MIS 结构来说这是一个较好的近似，因为绝缘层 ZnS 禁带带宽为 3.8eV，远大于组分 $x\approx0.20$ 的 MCT 带宽(~0.1eV)，因此可以忽略波函数在介质中的穿透。考虑到少量电子填充基态子能带并计及波函数平均效应，可用一平均有效质量 m_a^* 代替 $m^*(E)$，利用上述边界条件，求解式(9.14)、式(9.15)得基态子能带能量为

$$E_0 = h^2b^2/8m_a^* + (3e^2/\varepsilon_s\varepsilon_0 b)[N_{dep1} + 11\cdot N_s/16 - 2N_{AD}/b] \tag{9.22}$$

对基态带底有 $\partial E_0/\partial b = 0$，于是可得到基态子能带参数为

$$\begin{aligned}
&E_0 = E_{00} + \delta E_0\\
&E_{00} = (3/2)^{5/3}(e^2h/\sqrt{m_a^*\varepsilon_s\varepsilon_0})^{2/3}\\
&\qquad \times(N_{dep1}+55N_s/96)/(N_{dep1}+11N_s/32)^{1/3}\\
&\delta E_0 = (-2N_Ae^2\langle Z\rangle_0^2/3\varepsilon_s\varepsilon_0)(N_{dep1}+11N_s/96)/(N_{dep1}+11N_s/32)
\end{aligned} \tag{9.23}$$

$$\begin{aligned}
\langle Z\rangle_0 = \{&(N_s + 2N_{AD}\cdot Z_d) + [(N_s + 2N_{AD}\cdot Z_d)^2\\
&- 8\cdot N_{AD}\cdot\varepsilon_s\varepsilon_0E_0/e]^{1/2}\}/(-2\cdot N_{AD})
\end{aligned} \tag{9.24}$$

$$N_{dep1} = N_{AD}\cdot Z_d = (2\cdot\varepsilon_s\varepsilon_0N_{AD}\Phi_s/e)^{1/2} \tag{9.25}$$

表面势 Φ_s 可由式(9.16)求得，费米能级 E_F 则可由式(9.17)积分得

$$\begin{aligned}
E_F = &-(E_g - 2jE_0)/2 + [(E_g - 2jE_0)^2/4\\
&+ E_0(E_g + E_0 - 2jE_0) + E_g\pi h^2N_s/m_0^*]^{1/2}
\end{aligned} \tag{9.26}$$

式(9.23)~式(9.26)是相互关联的，通过自洽便可算得 $E_0(N_s=0)$、$E_0(N_s)$和 $E_F(N_s)$。

再讨论实际情形。以上考虑了窄带半导体带间相互作用对 E_0 的影响从而引入子带有效质量 $m^*(E)$，并在理想情形下导出了 E_0 的计算公式。实际 MIS 器件中还存在其他若干影响因素需要加以考虑。

(1) 在耗尽区内，N_{AD} 基本保持为常数，但从耗尽区到体内的过渡区中，耗尽

区电荷并不是陡然地降为零的，而是在一定的屏蔽长度内指数的衰减为零的。这个屏蔽长度内的电荷对 E_0 的影响体现在它对表面能带弯曲的贡献，其大小可表示为 $e\Phi_s^{(1)} = -kT$ (Stern　1972)。该项在低温下影响较小。

(2) 对于高掺杂($N_{AD}>10^{17}/cm^3$)，组分 $x = 0.21$ 的 p 型 MCT 样品，曾有理论计算表明，阳离子空位被氧、铝、硅等原子占据后就形成一系列能级位于导带底以上的共振缺陷态，近来实验也发现在导带底与子能带基态 E_0 之间存在一个受主型的共振缺陷态，它距导带底约 45meV，浓度 N_R 大多为 30%~40% N_A，一般情况下不束缚电子而呈中性(褚君浩等　1989)，在上述理想情形；只考虑到反型时子能带基态上填有电子，实际上存在共振缺陷态时，共振缺陷态上也会填充电子且比基态填得早，因而对 E_0 也有影响。它的存在一方面相当于使反型层电子面密度有一大小为 $N_R Z_R$ 的附加贡献，另一方面使表面能带弯曲有一附加量

$$e\Phi_s^{(2)} = -e^2 N_R Z_R^2 / \varepsilon_s \varepsilon_0$$

(3) 由于 p 型窄禁带半导体 MCT 的子能带能 $E_i(i = 0, 1, 2,\cdots)$可与禁带宽度 E_g 相比，而且对高掺杂样品，条件$(E_F-E_0)\geq E_A$ 很容易满足。因此子能带较易位于连续的价带以下，这时电子就有可能共振隧穿到简并的价带态，从而导致反型层子能带能级的移动和展宽，这就是 Zener 效应，Brenig(1982)和 Zawadzki(1983)等人曾引入 Zener 项研究了该效应对反型层子能带能级的影响，Rossler 也对此进行过详细的讨论，但他们的计算都很复杂(Dornhaus　1983)(Rossler　1988)。在此将运用较简便的方法处理这一问题，图 9.9 是 Zener 共振隧穿示意图。

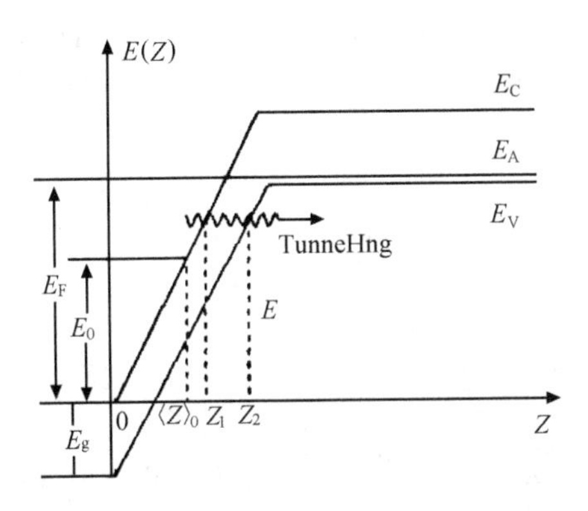

图 9.9　p 型 MCT MIS 结构反型时的 Zener 隧穿示意图

电子从反型层子能带能量为 E 的能级共振隧穿到简并的价带态概率为

$$T \approx \exp\left\{\frac{2}{h}\int_{Z_1}^{Z_2}[2m^*(U(z)-E)]^{1/2}\mathrm{d}z\right\} \tag{9.27}$$

式中

$$Z_1 = (\langle Z \rangle_0 / E_0) \cdot E$$

$$Z_2 = (\langle Z \rangle_0 / E_0) \cdot (E + E_g)$$

$$U(z) = (\langle Z \rangle_0 / E_0) \cdot z$$

于是

$$T_{\text{inv}\to\text{val}} = \exp[-4 \cdot (2m^*)^{1/2} E_g^{\ 3/2} \langle Z \rangle_0 / 3hE_0] \tag{9.28}$$

可见隧穿概率只与禁带宽度 E_g、反型层厚度 $\langle Z \rangle_0$、反型层子能带电子基态能量 E_0 及子能带电平均有效质量 m_a^* 有关。E_g 和 $\langle Z \rangle_0$ 越小，Zener 隧穿效应越显著，从反型层隧穿到价带的电子数为

$$N_{ST} = \int_{E_0}^{E_V} T(E) \cdot D(E) \mathrm{d}E$$

$$\approx N_s \exp[-6.58 \times 10^9 (m^* / m_0)^{1/2} (E_g^{3/2} / E_0) \langle Z \rangle_0] \tag{9.29}$$

式中：能量单位取 eV，厚度单位取 m。这部分隧穿电子对 E_0 的影响可以从两方面考虑：一是对反型层中总电子面密度贡献大小为 $-N_{ST}$；二是对表面能带弯曲贡献为 $e\Phi_s^{(3)} = e^2 N_{ST} \langle Z \rangle_0 / \varepsilon_s \varepsilon_0$。

考虑到以上因素，式(9.23)~(9.25)中的 Φ_s、N_s，可以修正为 Φ_s^*、N_s^*，而式(9.26)中 N_s 应修正为 $N_s - N_{ST}$。因为它是由子带积分得到的。于是有

$$\Phi_s^* = \Phi_s + \Phi_s^{(1)} + \Phi_s^{(2)} + \Phi_s^{(3)} \tag{9.30}$$

$$N_s^* = N_s + N_R Z_R - N_{ST} \tag{9.31}$$

代入上述附加考虑的因素，就有

$$e\Phi_s^* = (E_g - E_A + E_F - kT - e^2 N_R Z_R^2 / \varepsilon_s \varepsilon_0 + e^2 N_{ST} \langle Z \rangle_0 / \varepsilon_s \varepsilon_0) \tag{9.32}$$

$$N_{\text{depl}} = 1.110 \times 10^4 (\varepsilon_s N_{AD} \Phi_s^*)^{1/2} \tag{9.33}$$

$$E_0 = E_{00} + \delta E_0 \tag{9.34}$$

式中

$$E_{00} = 5.6 \times 10^{-12} (m_a^* / m_0)^{-1/3} \varepsilon_s^{-3/2} (N_{\text{depl}} + 55 N_s^* / 96) \cdot (N_{\text{depl}} + 11 N_s^* / 32)^{-1/3}$$

$$\delta E_0 = -1.2\times 10^{-8}\frac{N_{\mathrm{AD}}\langle Z\rangle_0^2(N_{\mathrm{depl}}+11N_{\mathrm{s}}^*/96)}{(N_{\mathrm{depl}}+11N_{\mathrm{s}}^*/32)\varepsilon_{\mathrm{s}}}$$

式中：能量单位取 eV，长度单位取 m，面积单位取 m^2。式(9.32)~(9.34)彼此相关，通过自洽计算就能得到反型层结构参数。

下面讨论一下计算结果。通过式(9.32)~(9.34)可以得到 MCT 反型层子能带结构，包括基态子能带能量 E_0、反型层及耗尽层的厚度、费米能级以及它们随表面电子浓度的变化规律。根据式(9.18)、式(9.19)算得基态波函数分布参数 $j_0 = 0.162$。

图 9.10 给出了 $x = 0.21$ 样品 E_0、E_F 随表面反型层电子浓度变化的计算结果，实验点及有关参数取自文献(褚君浩等　1989)：$T = 4.2\mathrm{K}$，$\varepsilon_s = 17$，$N_{AD} = 1.87\times 10^{17}\ \mathrm{cm}^{-3}$，$N_R = 9\times 10^{16}\ \mathrm{cm}^{-3}$，$E_R = 45\,\mathrm{meV}$。当表面反型层电子浓度为 N_s 时，电子填充在 E_0 和 E_F 之间，考虑到电子的费米-狄拉克分布和波函数平均效应，计算中取距导带底 $(E_F - E_0)/4 + (E_0 - E_0^* j)$ 处有效质量为电子平均有效质量。为了定量比较，表 9.1 中给出了共振缺陷态和隧道效应分别存在时对 E_0 和 E_F 的影响，$R = 0$ 表示不存在共振缺陷态，$R = 1$ 为存在共振缺陷态；$T = 0$ 表示不存在隧道效应，$T = 1$ 为存在隧道效应，可见如果不计算共振缺陷态将使计算的 E_0~N_s 及 E_F~N_s 曲线偏低，如果不考虑隧道效应，将使计算结果偏高，反型层电子浓度越大。二者影响也越大，这与 R.Sizmann 的结论(Sizmann et al.　1990)是一致的，所以实际计算应把二者影响都考虑进去。

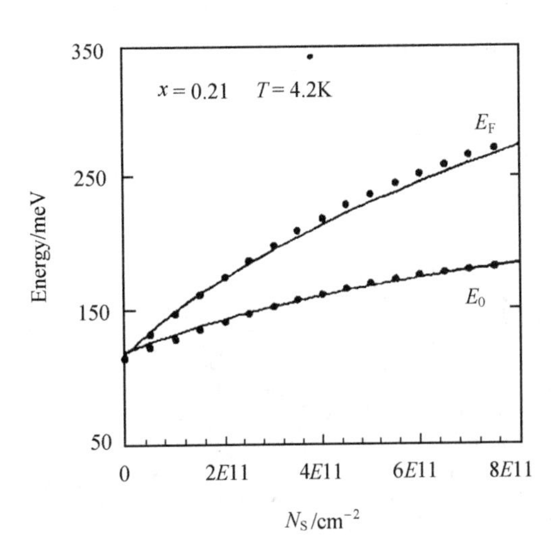

图 9.10　$x = 0.21$ 样品($N_{AD} = 1.87\times 10^{17}\ \mathrm{cm}^{-3}$)$E_0$、$E_F$ 与 N_s 关系

实线：考虑隧道效应的计算结果；圆点：实验数据

表 9.1　不同条件下 E_0 和 E_F 计算结果

	N_S/cm^{-2}	E_0 / meV	E_F / meV
$T=0$ $R=0$	0	114.02	114.00
	8×10^{11}	186.03	273.90
$T=1$ $R=0$	0	114.05	114.00
	8×10^{11}	178.87	267.66
$T=0$ $R=1$	0	117.20	117.00
	8×10^{11}	190.96	277.91
$T=1$ $R=1$	0	117.24	117.00
	8×10^{11}	184.35	272.00

可以分两种情况计算了 $x=0.21$ 样品的 E_0 随体掺杂浓度的变化关系(Dornhaus　1983)，$N_s\approx8\times10^{11}\,\text{cm}^{-2}$(图 9.11)，实线考虑了 Zener 效应，虚线没有考虑 Zener 效应；$N_s\approx0$ (图 9.12)，未考虑隧道效应，尽管此时样品的掺杂可能较高，但因为隧穿到价带的电子较少，故可以忽略能带弯曲贡献。计算参数取自文献(褚君浩等　1989, 1987, 1985)：$T=4.2\text{K}$，$N_R=35\%N_A$，E_R=45meV，$\varepsilon_s=17$，点子是文献(Sizmann et al.　1990)中的结果。

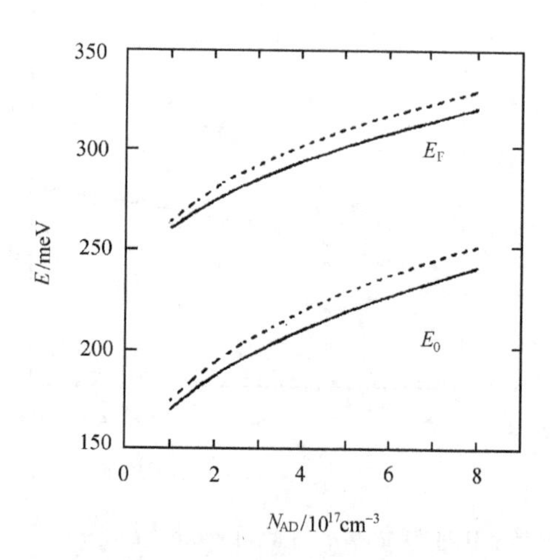

图 9.11　$N_s\approx8\times10^{11}\,\text{cm}^{-2}$ 时 E_0 与体掺杂浓度的变化关系($x=0.21$)

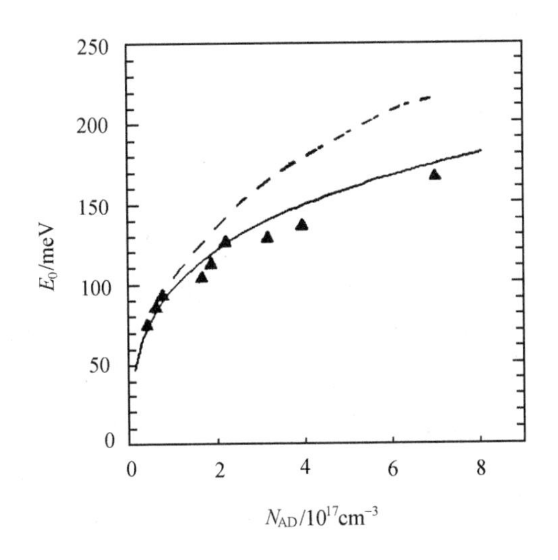

图 9.12　$N_s \approx 0\,cm^{-2}$ E_0 与体掺杂浓度的变化关系($x = 0.21$)

在图 9.11 中，随着掺杂浓度的增大，隧道效应对 E_0 的影响也增大. 这是因为 MIS 结构反型时反型层较薄，而掺杂浓度的增高将使材料处于强简并状态，故基态能级 E_0 易位于价带能级以下而发生隧道效应，在图 9.12 中，计算结果(实线)比多带模型(Chu et al.　1991)(虚线)更符合实验数据。多带模型与实验偏差的一个原因是由于没有计及 Zener 效应，R. Sizmann 认为考虑该效应后 E_0 将略有降低(Sizmann et al.　1990)，多带模型偏差的另一主要原因可能是没有考虑予能带波函数的平均效应及由此决定的子能带电子有效质量。

由上可见，根据 Stern 模型，通过引入波函数分布参数和子能带电子平均有效质量，并考虑 Zener 隧穿效应、共振缺陷态以及屏蔽长度内载流子衰减等影响因素，导出了较易计算的子能带结构自洽公式，与实验结果符合较好，理论计算表明共振缺陷态使子能带基态能量增大，Zener 效应则使子能带基态能量减小；随反型层电子浓度和掺杂浓度的增加，二者对能带结构的影响也相应增大。

9.3　子能带结构的实验研究

9.3.1　子能带结构的量子电容谱模型

在子能带结构的理论处理方法中，一般采用一维泊松方程与薛定谔方程联立求解的方法。由于泊松方程中电荷密度包括子能带电子波函数的分布，它需要从解薛定谔方程得到，而薛定格方程中又包含了表面势函数，它要从解泊松方程才能得到，因而需要自洽求解，以得到子能带能量和波函数的分布，但在子能带的

哈密顿中要用$\frac{1}{i}\partial_z$代替k_z，并加上表面势

$$H_{\text{subband}} = H_{8\times8}\left(k_z \to \frac{1}{i}\partial_z\right) + V(z)I_{8\times8} \tag{9.35}$$

然而常用的自洽计算方法在很大程度上依赖于边界条件的选取，因而不一定能与实验结果一致，例如，采用波函数指数衰减的边界条件与采用波函数在带中间为零的边界条件所算得的子能级能量可以相差 10~20meV(Malcher et al. 1987)。为此，除了进一步完善子能带理论外，还需要建立一种方法，能够直接从样品的实测结果给出该样品子能带的重要特征，也就是建立一个子能带结构的唯象理论，只要输入实验测量结果，就可以输出子能带结构。这样获得的结果也是子能带结构的直接实验结果，可用来进一步分析磁光共振等现象，它也是进一步分析 Zener 共振、自旋轨道相互作用、k 和 k^3 项的贡献的实验基础，同时也可以用来对不同理论模型进行比较。

这一节主要讨论 p 型 $Hg_{1-x}Cd_xTe$ MIS 结构的 n 型反型层子能带在电量子限条件下的结构。在这种情况下，只有基态子能带被电子占据，因此可以更清楚地显示子能带的各种物理量的性质。图 9.13 表示 p 型 $Hg_{1-x}Cd_xTe$ MIS 结构样品在反型时表面能带弯曲的情况。图 9.13 中$V(z) = -\phi(z)$代表表面势的负值，E_0为子能带能量，E_F为费米能量，$D(E)$为子能带电子态密度，z_i为反型层厚度，z_d为耗尽层厚度，z_{av}是反型层内电子到表面的平均距离，$E_{0,av}$是反型层基态电子子能带到导带底的平均能量。

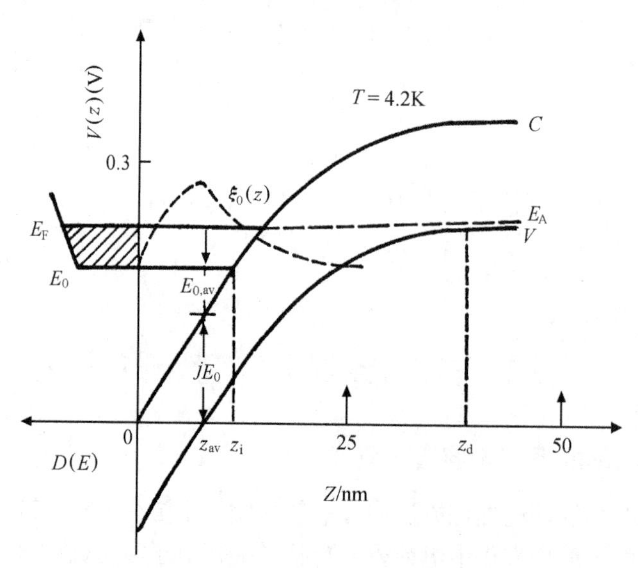

图 9.13 p 型 $Hg_{1-x}Cd_xTe(x = 0.234, N_A = 4\times10^{17}cm^{-3})$MIS 结构样品反型时表面能带弯曲的情况

为了在一定程度上替代薛定谔方程的严格求解，假定子能带能量 E_0 可以展开成表面电子浓度 N_s 的级数，由此引进一次项系数 E_{01} 和二次项系数 E_{02}，再引进一个描述波函数分布的特征参数 $j \equiv z_{av}/z_i$，这样就可以把子能带电子看成主要分布在 z_{av} 的地方，从而可用于计算子能带电子的有效质量。采用这些描述能量和波函数的简化表达式，与泊松方程联立，就可以给出子能带结构。为了确定其中所引入的物理参数，需要通过计算体系的电容、子能带电子的有效质量来拟合实际测得的 C-V 曲线，以及从回旋共振实验得到的有效质量实验值，同时也要求与表面磁导(SdH)振荡实验给出的 N_s 对偏压的关系一致。这样便可以定量地得到与 N_s 有关的子能带结构的详细特征。根据这一物理思想，可以写出下列方程组(褚君浩等 1990, Chu et al.　1991)

$$\begin{cases} \dfrac{\mathrm{d}^2\phi}{\mathrm{d}z^2} = -\dfrac{\rho(z)}{\varepsilon\varepsilon_0} \\ E_0 = E_{00} + E_{01}N_s + E_{02}N_s^2 \\ j = \dfrac{z_{av}}{z_i} = \dfrac{E_0 - E_{0,av}}{E_0} \\ N_s = \displaystyle\int_{E_0}^{E_F} \dfrac{m^*(E)}{\pi\hbar^2}\mathrm{d}E \\ e\phi_s = E_F + \left(E_g - E_A\right) \end{cases} \tag{9.36a}$$

式中

$$\rho(z) = \rho_s(z) + \rho_{dep}(z)$$

$$\rho_{dep}(z) = \begin{cases} -eN_A, & (0 < z < z_d) \\ 0, & (z_d \le z) \end{cases} \tag{9.36b}$$

$$\rho_s(z) = -e\sum_i N_i \xi_i^2(z)$$

E_0 和 j 的表达式在一定程度上替代了薛定谔方程，其中的有关参数要通过与实验结果的拟合来确定。E_{01} 和 E_{02} 都是小量，分析表明，E_0 展开到二次项，在 $N_s \leqslant 8\times10^{11}\mathrm{cm}^{-2}$ 范围内已足够描述子能带能量 E_0 和 N_s 的关系。N_s 的表达式可以根据文献(Ando et al.　1982)，考虑非抛物带而导出。$\xi(z)$是子能带电子波函数的包络函数，可以采用一般形式下的 Fang-Eoward 波函数(Fang　1966)

$$\xi_0(z)=\left(\frac{1}{2}b^3\right)^{1/2} z\mathrm{e}^{-bz/2} \tag{9.37}$$

在波函数表达式(9.37)中，参数 b 与波函数分布参数 j 具有内在联系，可通过与实验结果的拟合而获得 j。

在以上方程中包含了一些物理参数，需要用这组方程计算几个可以与实验结果比较的物理量，然后用实验结果制约这些参数值。这里采用 4 个实测物理量：MIS 结构的电容 C 表面电导反型阈值电压 V_t 由回旋共振实验给出的费米能级处的子能带电子有效质量 $m^*(E_F)$，以及由 SdH 振荡实验给出的反型层电子浓度 N_s 对偏压 V_g 的关系。如果 MIS 结构电容的面积为 A，则根据式(9.36)，采用下列公式

$$C_s=e\left(\frac{\partial N_s}{\partial \phi_s}+N_A\frac{\partial z_d}{\partial \phi_s}\right)\cdot A$$

$$C=\frac{C_iC_s}{C_i+C_s} \tag{9.38}$$

$$N_s=\frac{C_i}{eA}\left(V_g-V_t\right)-N_A z_d \tag{9.39}$$

$$\frac{m^*(E)}{m_0^*}=1+\frac{2(E-jE_0)}{E_g} \tag{9.40}$$

计算出电容谱、有效质量以及 N_s 对 V_g 的关系，并通与实验结果的拟合，便可确定 E_0 和 j 表达式中的有关物理参数，从而确定子能带结构。在计算有效质量时考虑了波函数分布引起的修正。如果把电子平均地看作位于距表面 z_{av} 处，那么该处电子能量到导带底的能量差将为

$$E_{av}=E-jE_0 \tag{9.41}$$

于是子能带电子有效质量的计算公式将由式(9.40)给出。在以上表达式中，式(9.38)与 C-V 实验结果相拟合，式(9.39)计算结果须与 SdH 得出的 N_s 对 V_g 的关系符合，式(9.40)计算结果则应与回旋共振所得的有效质量结果一致。式(9.36)中 E_{00} 由

$$E_{00}=\frac{C_i^2\left(V_t-V_{Fb}\right)^2}{2\varepsilon\varepsilon_0 eN_A A}-\left(E_g-E_A\right) \tag{9.42}$$

给出，其中 V_t 由表面电导反型阈值电压给出。由于 C-V 曲线耗尽区平直部分的斜

率所表示的直线通过(V_{Fb}, C_i)点，因而 V_{Fb} 与 C_i 只有一个待定参数。在拟合计算中，j 以及 E_{01}(E_{02})和 V_{Fb} 为三个可调节的参数，计算要求符合回旋共振和 SdH 实验结果，并要与 C-V 曲线拟合，因而结果是唯一的。由此可得到与 N_s 有关的描述子能带结构的各种物理量，详细计算过程参见文献(Chu et al.　1991)。

为了采用以上模型获得子能带结构，需要测量样品的 C-V、SdH 及回旋共振谱。实验采用 MIS 结构的样品。将 p 型 $Hg_{1-x}Cd_xTe$ 样品抛光、腐蚀后用阳极氧化方法生成一层厚约 90nm 的阳极氧化膜，然后蒸镀一层约 1μm 厚的 ZnS 钝化膜，再涂上一层约 1μm 厚的腊克，最后再蒸镀金属栅极。有些样品用 SiO_2 作为绝缘层。测量 C-V 曲线时，采用差分电容测量方法，精度可达 0.005pF/V，测量原理见文献(Chu et al.　1991)。测量表面电导、磁导振荡以及回旋共振的样品，金属栅极采用半透明的 Ni-Cr 合金，上面再蒸镀上同心环铝电极。在同心环电极间加上频率约为 10^2MHz 的高频电压，高频电流从样品表面上通过，同时加上低频偏压，用锁相技术测量表面电导。如果加上垂直于样品表面的磁场，就可以测量 SdH 振荡效应。所测样品的 C-V 曲线、表面电导以及 B = 7T 条件下的 SdE 效应曲线在图 9.14 中给出。如果在垂直于样品表面和平行于磁场方向加上远红外激光，测量样品表面平带电压 V_{Fb} 与所加偏压 V_g 时的反射率之差ΔR，并且扫描磁场，则可以测得回旋共振信号。图 9.15 是 x = 0.234 的 p 型液相外延 $Hg_{1-x}Cd_xTe$ 样品在不同表面电子浓度时的表面回旋共振曲线。从图中可以看到回旋共振峰以及共振峰随 N_s 的移动，从共振峰位置可以计算出费米能级处的子能带电子的有效质量。

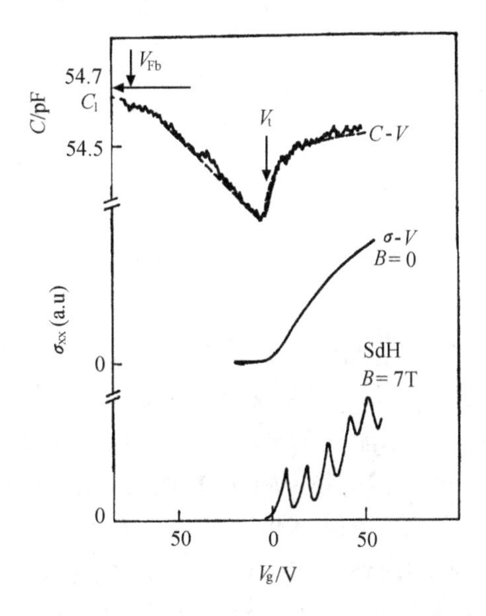

图 9.14　p 型 $Hg_{1-x}Cd_xTe$(x = 0.234、N_A = 4.0×10^{17}cm^{-3})样品的反型层的电容谱、表面电导和表面 SdH 振荡

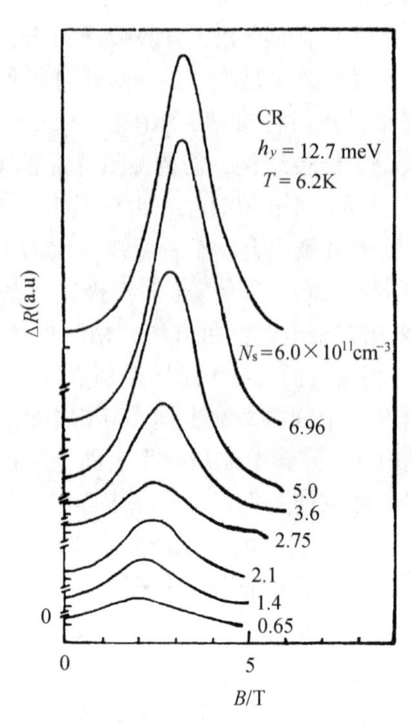

图 9.15　p 型 $Hg_{1-x}Cd_xTe(x = 0.234、N_A = 4.0\times10^{17}cm^{-3})$样品在不同表面电子浓度 N_s 下的回旋共振谱

对于一个用液相外延方法生长的 $x = 0.234$、$N_A = 4.0\times10^{17}cm^{-3}$ 的 $Hg_{1-x}Cd_xTe$ MIS 结构样品，它的 C-V 曲线的拟合计算结果由图 9.14 中的虚线表示。表 9.2 为拟合参数及有关物理量。图 9.16 中“ ◦ ”表示 C-V 拟合计算所得的 N_s-V_g 关系，“ · ”表示从 SdE 振荡实验得所的 N_s-V_g 关系。从 C-V 拟合计算得到的 $m^*(E)-N_s$ 关系见图 9.17，图中“ · ”表示从回旋共振实验得到的结果。从图 9.14、9.16、9.17 可见，根据上述模型进行的拟合计算同时符合了 C-V、SdH 及回旋共振实验结果；从而可得到符合实际情况的样品子能带结构。上述样品在表面电子浓度 $N_s = 3\times10^{11}cm^{-2}$ 时的表面能带弯曲情况及子能带结构已定量地在图 9.13 中表示出来。基态子能带能量 E_0、费米能量 E_F 对 N_s 的关系由图 9.16 表示。反型层平均深度 z_0 以及耗尽层厚度 z_d 对 N_s 的关系由图 9.17 中曲线表示。从图 9.18、图 9.19 可见，当表面电子浓度 N_s 从 0 增加到 $7\times10^{11}cm^{-2}$ 时，E_0 从 0.146eV 增加到 0.206eV，费米能级 E_F 从 0.146eV 增加到 0.276eV，耗尽层厚度从 36.6nm 缓慢地增加到 41nm，而反型层厚度变化不大，从 11.2nm 减小到 10.7nm。

表 9.2　液相外延样品的有关物理参数

C_i/pF	V_{Fb}/V	V_i/V	j	E_{00}/eV	E_{01}/eV	E_{02}/eV	E_g/eV	E_A/eV
54.65	−75	0	0.84	0.146	1.2×10^{-12}	-5×10^{-26}	0.128	0

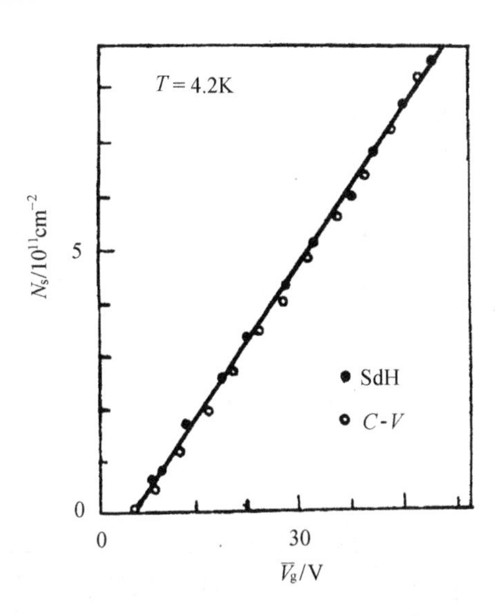

图 9.16　p 型 $Hg_{1-x}Cd_xTe$($x = 0.234$、$N_A = 4.0\times10^{17}cm^{-3}$)样品表面电子浓度 N_s 对偏压 V_g 的关系

“。”为 C-V 拟合计算结果，“•”为 SdH 实验结果

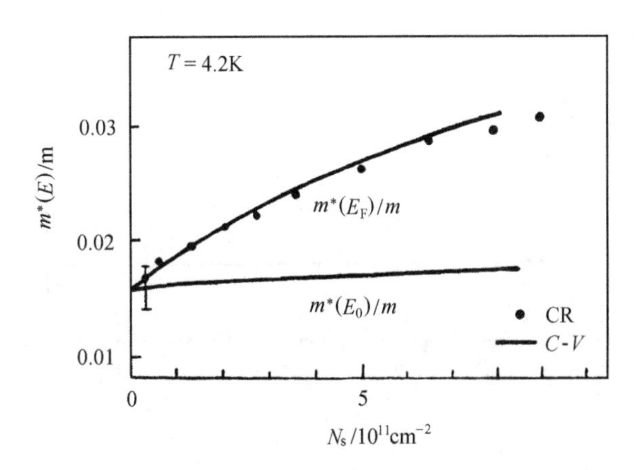

图 9.17　p 型 $Hg_{1-x}Cd_xTe$($x = 0.234$、$N_A = 4.0\times10^{17}cm^{-3}$)样品子能带电子有效质量对表面电子浓度 N_s 的关系

“•”是从回旋共振实验得到的结果

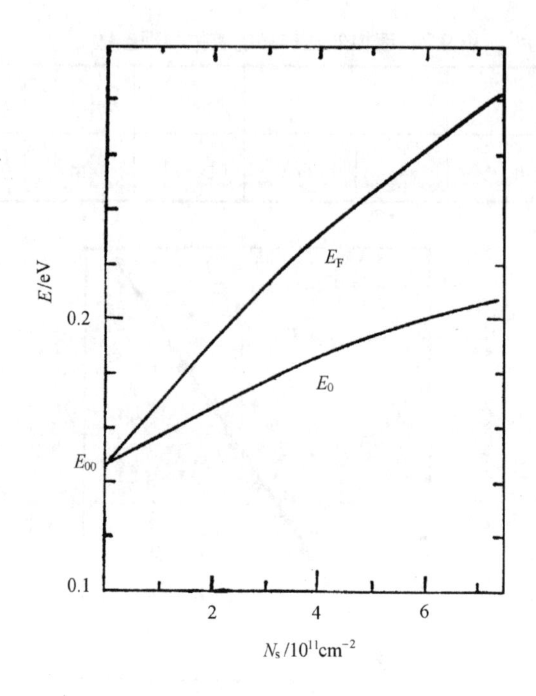

图 9.18　p 型 $Hg_{1-x}Cd_xTe$($x = 0.234$、$N_A = 4.0\times10^{17}cm^{-3}$)样品基态子能带能量 E_0，费米能级 E_F 随反型层电子浓度 N_s 的变化关系

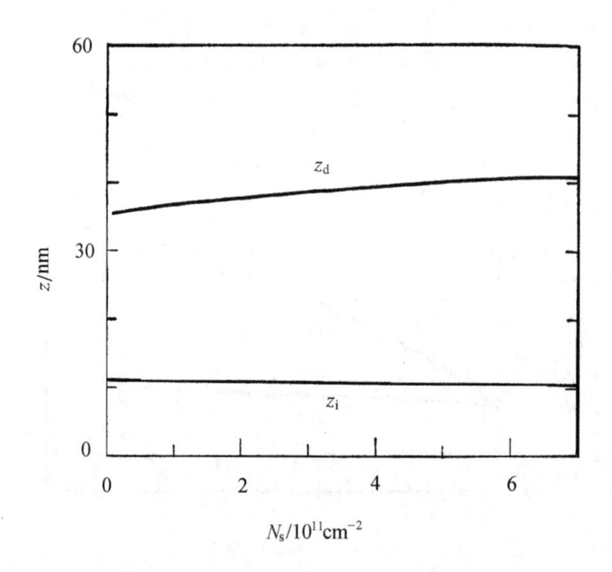

图 9.19　p 型 $Hg_{1-x}Cd_xTe$($x = 0.234$、$N_A = 4.0\times10^{17}cm^{-3}$)样品反型层平均厚度 z_i 和耗尽

层厚度 z_d 对表面电子浓度 N_s 的关系

我们采用物理参数拟合模型，从实验测量结果直接给出了依赖于 N_s 的子能带结构。在分析中，要特别注意共振缺陷态对子能带结构的影响。对于高浓度 p 型 $Hg_{1-x}Cd_xTe$ 体材料 MIS 结构样品，在 $C\text{-}V$ 曲线反型区之前的偏压区域曾观察到一个峰(褚君浩等 1989；Chu et al. 1992)，说明在导带底以上存在一个共振缺陷态。从这个峰的位置和线型可以计算出这个共振缺陷态的浓度和能量位置。由于共振缺陷态所束缚的电子是局域化的，它的填充和释放过程对电容有贡献(但不参与回旋共振和 SdH 磁导振荡)，因此在拟合 $C\text{-}V$ 曲线时，必须计及共振缺陷态对电容的贡献，才能获得正确的子能带结构随表面电子浓度 N_s 的变化关系。

9.3.2 非量子限情况下的量子电容谱

在量子极限情形下，反型层中只有基态子带被电子填充。此时可认为基态带底能量与电子浓度关系可用一个二次幂函数表示(褚君浩等 1990, Chu et al. 1991)

$$E_0 = E_{00} + E_{01}N_s + E_{02}N_s^2 \tag{9.43}$$

式中：E_{00} 为基态子带阈值能量，E_{01}、E_{02} 为基态子带能量参数。根据半导体表面电容特性容易得到反型条件下 p 型半导体表面 2DEG 系统对 MIS 器件电容贡献为(褚君浩等 1990)

$$C_{\text{inv}} = e(\partial N_s / \partial \Phi_s + N_{\text{AD}} \partial Z_d / \partial \Phi_s) \tag{9.44}$$

式中：E_{00}、$\partial N_s / \partial \Phi_s$ 及 $\partial Z_d / \partial \Phi_s$ 可由式(9.16)，式(9.18)~式(9.21)以及式(9.43)联合导出

$$\partial Z_d / \partial \Phi_s = (2N_{\text{AD}}Z_d + N_s)^{-1}(2\varepsilon_0\varepsilon_s / e + N_s\partial(Z_d - \langle Z\rangle_0)/\partial\Phi_s - \langle Z\rangle_0 \partial N_s / \partial\Phi_s) \tag{9.45}$$

$$\partial(Z_d - \langle Z\rangle_0)/\partial\Phi_s = \varepsilon_0\varepsilon_s(1 - \partial E/\partial N_s - \partial N_s/\partial\Phi_s)/eN_{\text{AD}}(Z_d - \langle Z\rangle_0) \tag{9.46}$$

$$\begin{aligned}\partial N_s / \partial \Phi_s = e[1 + 2(Ef - j_0E_0)/E_g]/[\pi h^2/m_0^* \\ + (E_{01} + 2E_{02}N_s)(1 + 2(E_0 - 2j_0E_0 - j_0E_F)/E_g)]\end{aligned} \tag{9.47}$$

$$E_{00} = C_i^2(V_t - V_{\text{FB}})^2 / 2\varepsilon_s\varepsilon_0 N_{\text{AD}} - (E_g - E_A) \tag{9.48}$$

MIS 器件在耗尽层的电容则可由下式求得(褚君浩等 1990a)

$$C_{\text{depl}} = \varepsilon_0\varepsilon_s e / [C_i \cdot (V_g - V_{\text{FB}})] \tag{9.49}$$

C_s 为半导体表面电容，在不同区分别代表 C_{inv} 和 C_{depl}。于是通过拟合实验 $C\text{-}V$ 谱

可得到量子限条件下的子带结构。拟合时可调的参数有 4 个；反型层基态子能带能量参数 E_{01}、E_{02}、平带电压 V_{fb} 或绝缘层电容 C_i、基态电子波函数分布参数 j_0。

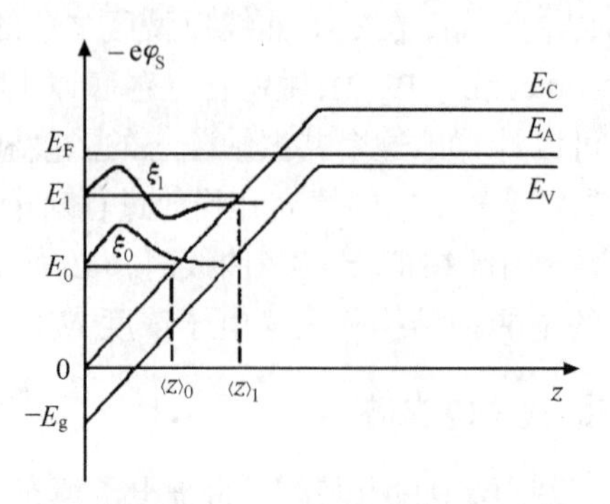

图 9.20　非量子限条件下的 MIS 结构反型时的能带弯曲示意图

在非量子限情形下，反型层有两个或两个以上子带被电子占据，其能带弯曲见图 9.20，图中 $E_i(i = 0，1，2，\cdots)$是第 i 子能带带底能量，$\langle Z\rangle_i$、$\zeta_i(z)$分别代表第 i 子带电子穿透深度和波函数，考虑带间相互作用，反型层各子能带电子有效质量 $m_i^*(E)$ 可表示为

$$m_i^*(E)=\left[1+\frac{2(E-j_i\cdot E_i)}{E_g}\right]\cdot\frac{0.05966\cdot E_g\cdot(E_g+1)}{E_g+0.667}\cdot m_0 \tag{9.50}$$

参数 j_i 为第 i 子带波函数分布参数，于是 $E-E_0\cdot j_i$ 是第 i 子带电子到导带底的平均能量，j_i 可由下式求得

$$j_i=\langle Z\rangle_{i,\mathrm{av}}/\langle Z\rangle_i \tag{9.51a}$$

$$\langle Z\rangle_i=\int_0^\infty z\zeta_i^2(z)\mathrm{d}z\Big/\int_0^\infty\zeta_i^2(z)\mathrm{d}z \tag{9.51b}$$

$$\langle Z\rangle_{i,\mathrm{av}}=\int_0^{\langle z\rangle_i} z\zeta_i^2(z)\mathrm{d}z\Big/\int_0^{\langle z\rangle_i}\zeta_i^2(z)\mathrm{d}z \tag{9.51c}$$

各子带中的电子数 N_{ai} 和反型层中总电子密度 N_s 可由下式得到

$$N_{si}=\int_{E_i}^{E_F}\frac{m_i^*(E)}{\pi h^2}\mathrm{d}E \tag{9.52}$$

$$N_s=\sum N_{si} \tag{9.53}$$

考虑到 MCT 反型层子能带电子有效质量小，态密度较低，子带相互作用可忽略；可认为 E_i 能展开成反型层电子浓度 N_s 的级数，且展开到二次项就已足够

描述子能带能量随 N_s 的变化

$$E_i = E_{i0} + E_{i1} \cdot N_s + E_{i2} \cdot N_s^{\ 2} \tag{9.54}$$

式中：E_{i0} 为第 i 子带阈值能量，E_{i1}、E_{i2} 为第 i 子带能量参数。

原则上图 9.20 中反型层子能带体系也可用一维 Poisson 方程和 Schordinger 方程求解。同 9.2 节一样，依然可以通过拟合 MIS 器件电容谱来求解 2DEG 系统中的子能带结构。此时 2DEG 系统对 MIS 器件电容贡献仍可写成式(9.44)，其中 E_{i0}、$\partial N_s/\partial \Phi_s$ 及 $\partial Z_d/\partial \Phi_s$ 也可从式(9.16)，(9.18)~(9.21)以及式(9.50)~式(9.54)联合导出。

下面以反型层中只有两子带填充电子情形为例，推导实验模型具体形式，此时当反型层中总电子密度为 N_s 时，可由式(9.52)~(9.53)求得费米能级

$$\begin{aligned} E_F = \sqrt{(E_g - j_0 \cdot E_0 - j_1 \cdot E_1)^2 / 4 + E_0(E_g + E_0 - 2j_0 \cdot E_0)} \\ \overline{+ E_1(E_g + E_1 - 2j_1 \cdot E_1) + E_g \pi h^2 N_s / (2 \cdot m_b^*)} - (E_g - j_0 \cdot E_0 - j_1 \cdot E_1)/2 \end{aligned} \tag{9.55}$$

对 MIS 器件来说，实测电容 C_m 是绝缘层电容 C_i 和半导体表面电容 C_s 串联，即 $C_m = C_i \cdot C_s/(C_i + C_s)$，其中半导体表面电容 C_s 在耗尽区为 C_{dep1} 由式(9.49)计算；在反型区为 C_{inv} 由式(9.44)求得，即 $C_s = e\cdot(\partial N_s/\partial \Phi_s + N_{AD}\cdot\partial Z_d/\partial \Phi_s)$，其中 $\partial N_s/\partial \Phi_s = e/(\partial E_F/\partial N_s)$ 很容易从式(9.18)及式(9.54)求得；而 $\partial Z_d/\partial \Phi_s$ 可由式(9.16)，式(9.18)~式(9.21)导出，具体推导过程如下。当反型层电子面密度为 N_s 时，表面势及两子能带电子的平均能量 E_{av} 为

$$\Phi_s = e \cdot (N_{AD} \cdot Z_d^2 + N_s \cdot Z_{av})/(2\varepsilon_a \cdot \varepsilon_0) \tag{9.56}$$

$$E_{av} = e^2 \cdot [N_{AD} \cdot (2Z_d - Z_{av}) + N_s \cdot Z_{av}]/(2\varepsilon_a \cdot \varepsilon_0) \tag{9.57}$$

式中：Z_{av} 为反型层平均厚度。根据图 9.20 近似求得 E_{av}

$$E_{av} = (N_{s0} \cdot E_0 + N_{s1} \cdot E_1)/N_s \tag{9.58}$$

因此由式(9.56)~式(9.58)可求得 $\partial Z_d / \partial \Phi_s$

$$\begin{aligned} \partial Z_d / \partial \Phi_s = [1.105 \cdot 10^6 \varepsilon_s + N_s \cdot \partial(Z_d - Z_{av}) / \partial \Phi_s \\ - Z_{av} \cdot \partial N_s / \partial \Phi_s]/(2N_{AD} \cdot Z_d + N_s) \end{aligned} \tag{9.59}$$

式中

$$\partial(Z_d - Z_{av})/\partial\Phi_s = 5.5\cdot10^6\cdot\varepsilon_s\cdot[1-(\partial E_{av}/\partial N_s)\cdot(\partial N_s/\partial\Phi_s)]/(N_{AD}\cdot(Z_d - Z_{av})) \tag{9.60}$$

$$\partial E_{av}/\partial N_s = -E_{av}/N_s + (E_0\cdot\partial N_{a0}/\partial N_s + N_{s0}\cdot\partial E_0/\partial N_s + E_1 \cdot\partial N_{s1}/\partial N_s + N_{s1}\cdot\partial E_1/\partial N_s)/N_s \tag{9.61}$$

$$\partial N_{s0}/\partial N_s = 1 - \partial N_{s1}/\partial N_s \tag{9.62}$$

$$\partial N_{s1}/\partial N_s = (\partial N_{s1}/\partial\Phi_s)\cdot(\partial\Phi_s/\partial N_s) \tag{9.63}$$

$$\partial N_{s1}/\partial\Phi_s = (\partial\Phi_s/\partial E_F)/e \tag{9.64}$$

$\partial N_{s1}/\partial\Phi_s$可由式(9.52)~(9.53)和式(9.55)求得

$$\partial N_{s1}/\partial\Phi_s = k'\cdot[(2E_F + E_g - 2j_1\cdot E_1) + (4j_1\cdot E_1 - 2j_1 \cdot E_F - 2E_1 - E_g)\cdot(\partial E_1/\partial N_s)\cdot(\partial N_s/\partial\Phi_s)] \tag{9.65}$$

$$k' = 4.16667\cdot10^{14}\cdot(m_0^*/m_0)/E_g \tag{9.66}$$

于是$\partial Z_d/\partial\Phi_s$可写成一个包含$\partial E_0/\partial N_s$、$\partial E_1/\partial N_s$及$\partial N_s/\partial\Phi_s$的函数，并可由式(9.54)和式(9.55)算得，Z_{av}、∂Z_d可由式(9.56)~(9.57)解出，因此可用式(9.49)拟合耗尽区电容，而用量子限实验模型拟合(熊小明 1987)只有一个子带被填充时的电容谱；当第二子带开始填充时，则用本文给出的非量子限实验模型来拟合，从而求解出反型层子能带结构，包括E_0、E_1、E_F、Z_{av}、∂Z_d以及它们随反型层电子浓度N_s的变化关系。

在反型区拟合两子带电子对电容的贡献过程是这样的：给定参数E_{i0}、E_{i1}、E_{i2}初值，对应某一偏压V，由C-V谱求得N_s，然后求得E_0、E_1、E_F，进而求得$\partial N_s/\partial\Phi_s$、$\partial N_{s1}/\partial\Phi_s$、$\partial N_{s0}/\partial\Phi_s$、$\partial E_0/\partial N_s$、$\partial E_1/\partial N_s$、$\partial E_{av1}/\partial N_s$、$\partial Z_d/\partial\Phi_s$，于是由式(9.44)即可算得电容值。调节参数时要求E_1在第二子带阈值电压V_{t1}处正好等于由量子限实验模型在该阈值电压处拟合到的E_F，因为此时电子刚填充第三子带。

当反型层中有三个或更多子带填充电子时，可将本文模型一级一级外推并结合测得的C-V谱即可求解反型层多子能带体系。

9.3.3 HgCdTe 表面二维电子气的实验研究

将组分$x = 0.24$的p型MCT体材料样品研磨、抛光、腐蚀后，直接在其表面蒸上一层约200nm的ZnS绝缘层，然后光刻、蒸金、剥离，制成MIS器件，电

极面积为 $4.91\times10^{-4}cm^2$。用导电银胶将器件固定在样品架上，用金丝作引线，欧姆接触良好。

将器件装入杜瓦，用差分电容谱仪在 77K 测量了器件的 C-V 谱，交流小信号频率为 68.8kHz，幅度为 10mV(满足小信号要求)，直流偏压扫描速度为 120mV/s。测量结果呈低频特性(图 9.21 实线)。

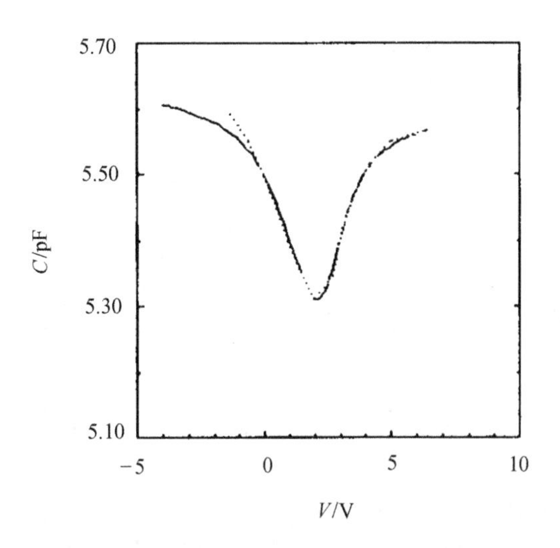

图 9.21　p 型 MCT($x = 0.24$)MIS 结构电容谱

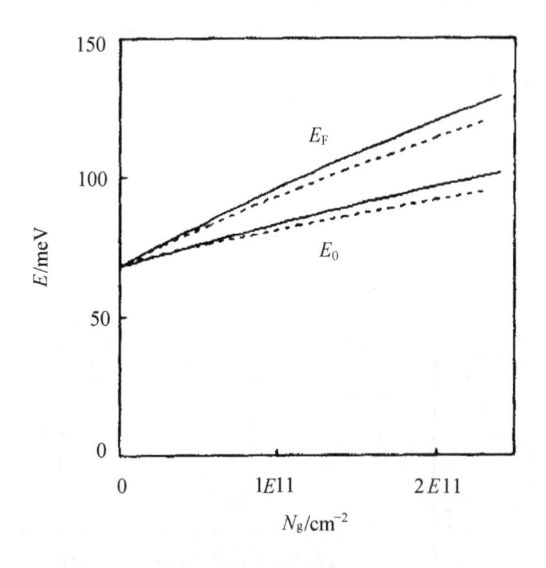

图 9.22　反型层基态能量、费米能级随反型层电子面密度的变化关系

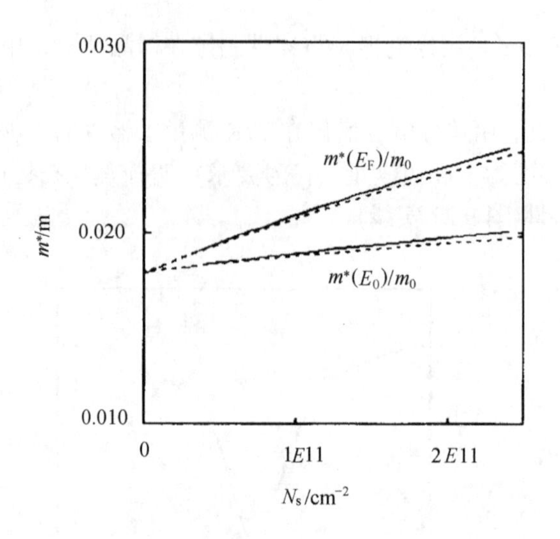

图 9.23　反型层基态能量、费米能级处电子有效质量随反型层电子面密度的变化关系

从 *C-V* 谱中可看出电容在反型区饱和速度较慢， 这正是窄禁带半导体 MIS 器件的 *C-V* 特性，采用量子限 *C-V* 实验模型拟合了实验结果(虚线)，拟合参数为：$C_i = 8.66$pF，$V_{to} = 3.05$V，$N_{ad} = 3\times10^{16}$cm^{-3}，$j = 0.612$，$E_{00} = 68.04$meV，$E_{01} = 1.6\times10^{-13}$eV cm^2，$E_{02} = -8.6\times10^{-26}$eV cm^4，由此得到的反型层子能带结构参数包括费米能级 E_F、电子基态能量 E_0、有效质量 $m^*(E_0)/m_0$ 和 $m^*(E_F)/m_0$、耗尽层 Z_d、反型层厚度 $\langle Z\rangle_0$ 和。以及它们随反型层电子浓度 N_s 的变化关系，分别见图 9.22、图 9.23、图 9.24、图 9.25 实线。

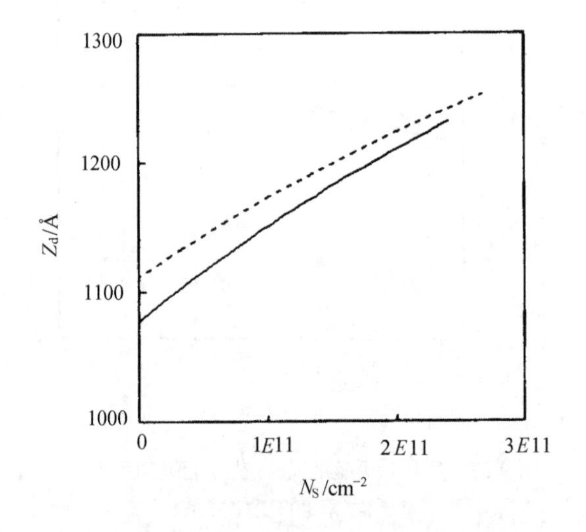

图 9.24　耗尽层厚度随反型层电子面密度的变化关系

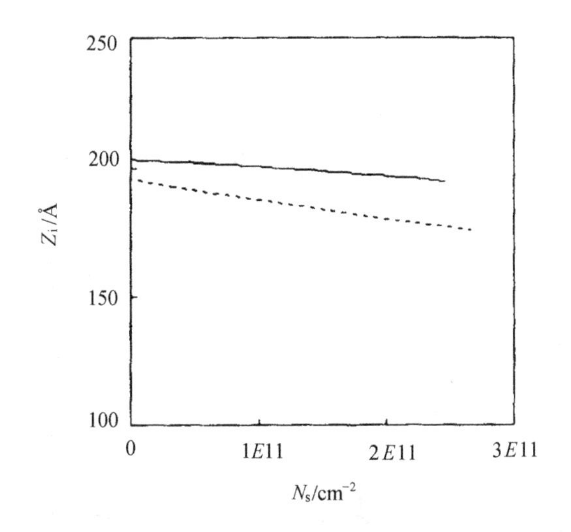

图 9.25　反型层厚度随反型层电子面密度的变化关系

从图 9.22 可看出只有当能带弯曲量达到 $E_g + 68.04\text{meV}$ 时，表面才开始反型并填充电子，随着反型层内电子浓度 N_s 从 0 增加到 $2\times10^{11}\text{cm}^{-2}$，$E_0$、$E_F$ 分别由 88meV 增加到 87.40meV 和 121.70meV；E_0、E_F 处有效质量分别由 $0.0186\,m_0$ 增加到 $0.020\,m_0$ 和 $0.024\,m_0$ (图 9.23)；耗尽层厚度从 107.85nm 增加到 122.4nm(图 9.24)；而反型层厚度则从 20.1nm 减小到 19.27nm(图 9.25)，基本保持不变，由于样品掺杂浓度较低，耗尽层厚度比反型层厚度要大得多。各图中虚线为变分自洽理论计算结果，可见与实验结果符合较好。

图 9.26 为偏压正、反扫描时得到的 *C-V* 谱，电容在电压轴上有 0.3V 的迟滞效应，在电容轴上没有上下位移，电压迟滞效应是由离 ZnS-MCT 界面较远的慢界面态贡献所致，忽略其他影响，估算出器件中慢界面态密度约为 $2.1\times10^{10}\text{cm}^{-2}$。由耗尽区平直部分外推直线与绝缘层电容 C_i 的交叉处电压得到平带电压的实验值为−1.45V，而由理论平带电容($C_{FB} = \sqrt{2}\cdot\varepsilon_0\cdot\varepsilon_s / L_D$)得到的平带电压为−1.6V。这表明绝缘层中存在荷电为正的固定电荷，密度约为 $1.24\times10^{11}\text{cm}^{-2}$。可见慢界面态和固定电荷密度都是比较小的。

Hall 测量得到的体材料掺杂浓度 N_{AD} 为 $4.5\times10^{16}\ \text{cm}^{-3}$，而由电容谱测得 N_{AD} 为 $3\times10^{16}\ \text{cm}^{-3}$，明显小于 Hall 结果，在其他 p 型 MCT MIS 器件测量中也发现了这种情况，由于 *C-V* 测量结果是表面薄层内(几百纳米)的掺杂浓度，因此表面反型和界面态都会影响掺杂浓度的测量结果，前者会使测量结果偏小，后者会使测量结果偏大，测量结果表明表面反型对 MCT 是不可忽视的，有时会取代界面态而严重影响器件性能。这一点在薄膜材料 Hall 测量中也得到了证实(黄河等　1993)。

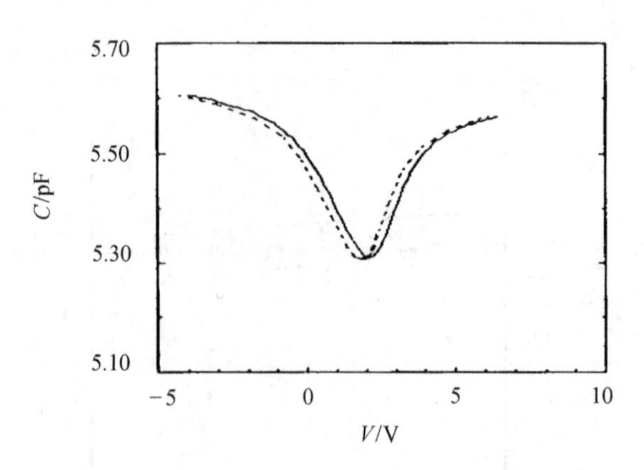

图 9.26　偏压正、反扫描时的电容谱

实线：正扫；虚线：反扫

在实验上也可以观察到非量子限的电容谱。制备了 $x = 0.213$ 的 MCT MIS 器件样品，电极面积 $A = 0.176\text{cm}^2$，掺杂浓度 $N_{AD}= 5.8\times10^{16}\text{cm}^{-3}$。4.2K 温度下的低频电容谱见图 9.27，从图中可见在反型区，电容有两个跃变；对应阈值电压 V_{t0} 跃变表明反型层第一个子带开始填充电子，而对应阈值电压 V_{t1} 的跃变则表明反型层第二子带开特填充电子。从实验结果读出两阈值电压分别为：$V_{t0} = -90.2\text{V}$，$V_{t1} = -25.5\text{V}$。

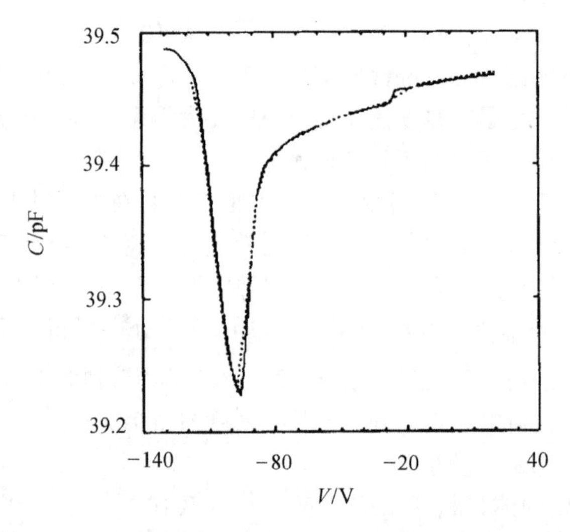

图 9.27　p 型 MCT($x = 0.2l3$，$T = 4$，2K)MIS 器件的 C-V 谱

实线：实验测量结果($f = 238\text{Hz}$)；虚线：实验模型拟合结果

根据量子限及非量子限电容谱实验模型拟舍得到的结果见图中虚线，拟合参数为：$\varepsilon_s = 16.5$，$C_i = 39.528\text{pF}$，$V_{fb} = -120.2\text{v}$；$j_0 = 0.8$，$j_1 = 0.7$；$E_{00} =0.0787\text{eV}$，$E_{01} =1.1\times10^{-13}\text{eV cm}$，$E_{02} = -1.1\times10^{-26}\text{eV cm}^2$；$E_{10} = 0.172\text{eV}$，$E_{11} = 1.1\times10^{-13}\text{eV cm}$，$E_{12} = -1.0\times10^{-26}\text{eV cm}^2$。拟合同时得到的反型层子能带的结构，包括基态子

能带能量 E_0、第一激发态子能带能量 E_1、费米能级、耗尽层厚度、反型层平均厚度以及它们随反型层电子浓度的变化关系见图 9.28、图 9.29。

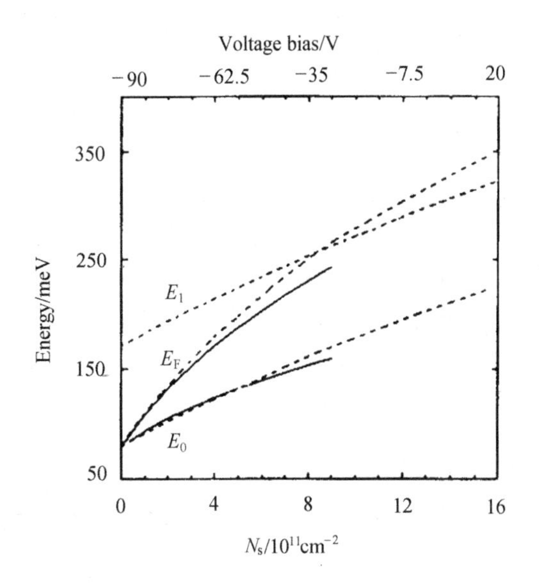

图 9.28 E_0、E_1、$E_F \sim N_s(V_g)$

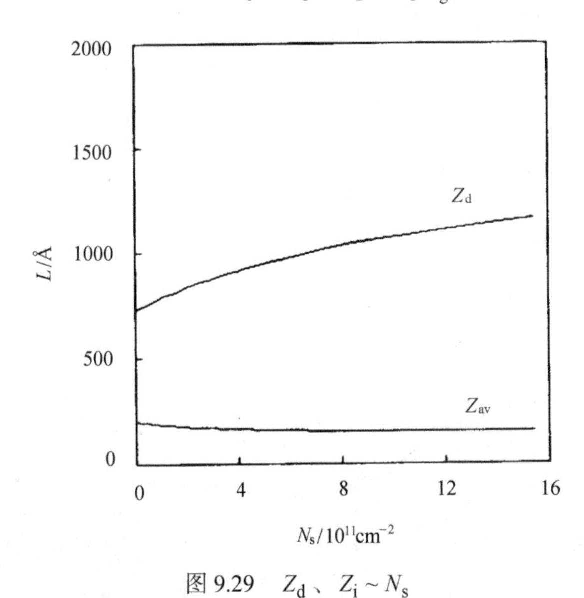

图 9.29 Z_d、$Z_i \sim N_s$

图 9.28 是反型层子能带能量(E_0、E_1)和费米能级(E_F)随反型层电子浓度及 MIS 结构上偏压的变化关系；实线为在量子限条件下由自洽理论模型算得的 E_0、E_F 理论结果，虚线则是由电容谱拟合中得到的 E_0、E_1、E_F 实验结果，从图中可看出，当加在该样品 MIS 器件上的偏压为−90.2V 时，第一子带开始填充电子；

当偏压增加到−25.5V 时，第二子带开始填充电子，这时反型层电子浓度约为 $9\times10^{11}cm^{-2}$ 时，第二子能带填充电子以前，尤其当反型层电子浓度较低时，E_0、E_F 的理论与实验结果符合较好；而当反型层电子浓度增大时，二者符合程度变差，这是因为自洽模型理论是在反型层电子浓度较低条件下导出的。对于本文测量的 MIS 器件；当反型层电子浓度从 0 增加到 $1.58\times10^{12}cm^{-2}$ 时，第一子带、第二子带带底能量分别从 80.14meV 和 172meV 增加到 223.38meV 和 318.36meV，而 E_F 则从 80.14meV 增加到 344.71meV。

从图 9.29 可看出当反型层电子浓度从 0 增加到 $1.58\times10^{12}cm^{-2}$ 时，耗尽层厚度从 72.4nm 增大到 116.14nm，而反型层平均厚度从 20.44nm 减小到 16.38nm，值得一提的是当第二子带开始填充电子时，反型层平均厚度有一微弱的增加，然后又随反型层电子浓度的增加而减小(见小图)，这正是因为第二子带开始填充电子的缘故。

9.3.4 InSb 表面二维电子气的实验研究

在 p 型 InSb 衬底上用光 CVD 方法蒸一层约 170nm 的 SiO_2+SiO 作绝缘层，然后在绝缘层上蒸金并光刻电极，用 In 作衬底电极形成欧姆接触，用导电胶(银浆)作栅电极制成 MIS 结构，电极面积为 $9\times10^{-4}cm^2$，由霍尔测量得到 N_{AD} 为 $2\times10^{16}cm^{-3}$，变频电容测量结果见图 9.30。

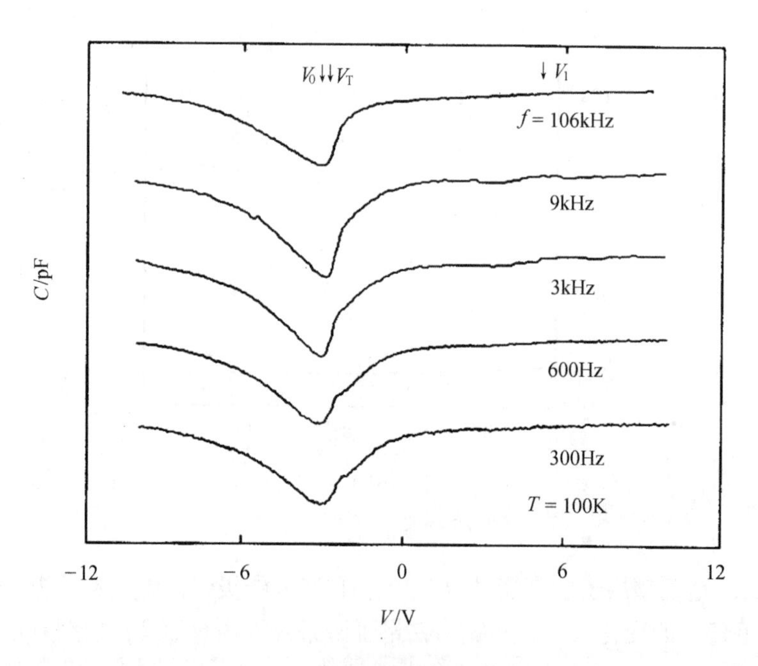

图 9.30　p 型 InSb MIS 结构变频 C-V 谱

从图 9.30 可明显看到每条电容谱线在反型区均有三个上升结构，分别对应于偏压−2.4V、−2.0V 和 5.0V，在图中分别标为 V_0、V_T 和 V_1，MIS 器件从耗尽状态转到反型时，电子开始填充基态子带，电容迅速增加，即对应图中偏压 V_0 处的上升结构，然而当偏压增加至 V_T 时电容上升速度却开始减慢，这种电容上升被抑制的行为不可能是因第一激发态开始填充电子引起的，因为此时沟道中的电子浓度只有 $5.3\times10^{10}cm^{-2}$ 左右，第一激发态子带不可能这么快就填充电子；即使是第一激发态子带开始填充电子，也只能加快电容的上升，而不是抑制电容上升，所以 V_T 结构不是子带填充电子造成的。更重要的特征是随测试频率增高，V_T 处的结构逐渐消失，电容上升逐渐变快。所以可以认为在导带中存在一个受主型的共振缺陷态，它俘获电子后使得参与电容贡献的电子数减小，于是在测量中就观察到了电容上升变慢的行为，随测试频率的增大，缺陷态俘获电子的概率降低，电容上升速度逐渐恢复(变快)。

由上述非量子限 *C-V* 模型拟合了低频(300Hz)实验结果(图 9.31 中虚线)，实线为测量结果。在 V_T 附近拟合得并不好，这是因为拟合中未考虑陷阱效应。拟合时取 $\varepsilon_s=18$，$E_g=0.206eV$，$m_0^*=0.014m$，$C_i=18.59pF$；$E_{10}=0.172eV$，$V_{FB}=-7.8V$，$V_{t0}=-2.4V$，$V_{t1}=5.0V$。

表 9.3　拟合参数

i	j_i	E_{i0} /eV	E_{i1} /eV cm^2	E_{i0} /eV cm^4
0	0.610	0.046	1.50×10^{-14}	-3.0×10^{-27}
1	0.720	0.100	8.00×10^{-14}	-2.0×10^{-26}

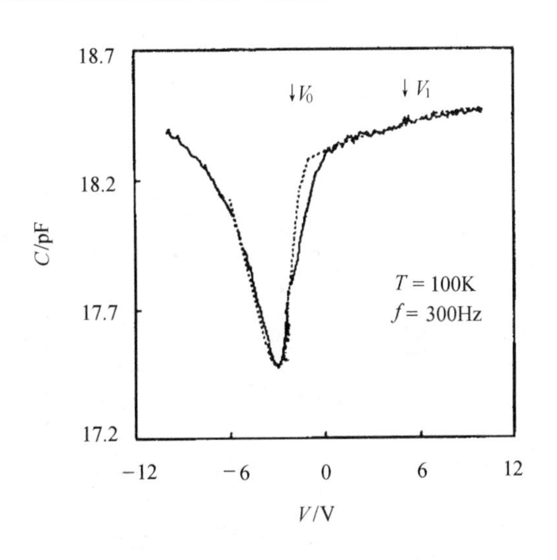

图 9.31　p-InSb MIS 器件的 *C-V* 谱拟合及实验结果

拟合到的基态子能带能量 E_0、第一激发态子能带能 E_1 以及费米能级 E_F 随反型层电子浓度变化关系画在图 9.32 中，可见在实验偏压范围内有二个子带填充电子。反型开始时，基态子带首先填充电子；当反型层沟道中电子浓度增加到 $9.4\times10^{11}\text{cm}^{-2}$ 时，第一激发态子带也开始填充电子，它们对应的栅压分别为-2.4V 和 6.0V，与电容谱中的电容台阶电压 V_0、V_1 相一致，在图中用 $P1$、$P2$ 标出。另外还可看到当第一激发态子带开始填充电子时，费米能级增长速度降低，这是因为随着填充子带增多和能级增大，反型层中总电子态密度增大，从而使费米能级逐渐钉扎在某一激发态子带带底附近。当反型层电子浓度从 0 增加到 $1.58\times10^{12}\text{cm}^{-2}$，基态子带、第一子带分别从 47.1meV 和 100.7meV 增加到 63.2 meV 和 178.6 meV，而 E_F 则从 47.2meV 增加到 196.0meV。

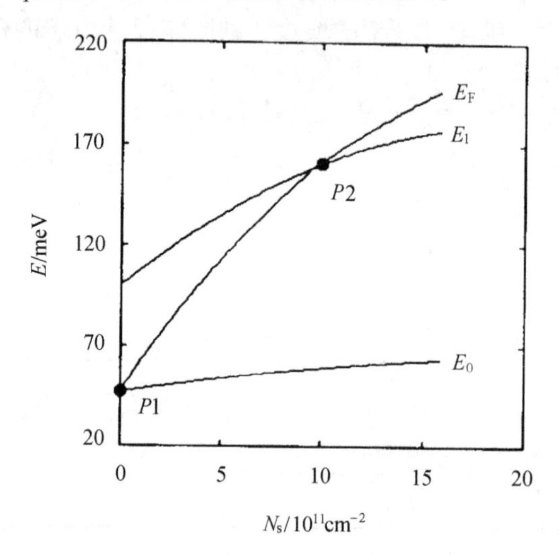

图 9.32　子带能 E_i、费米能级随反型层电子浓度的变化关系

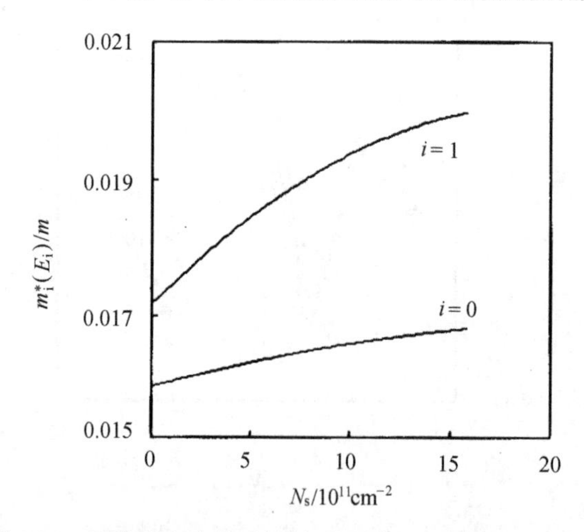

图 9.33　子带带底有效质量随反型层电子浓度的变化关系

子带带底有效质量 $m_i^*(E_i)/m$ 以及子带电子穿透深度 $\langle z \rangle_i$ 随反型层电子浓度的变化关系分别在图 9.33、图 9.34 中给出。

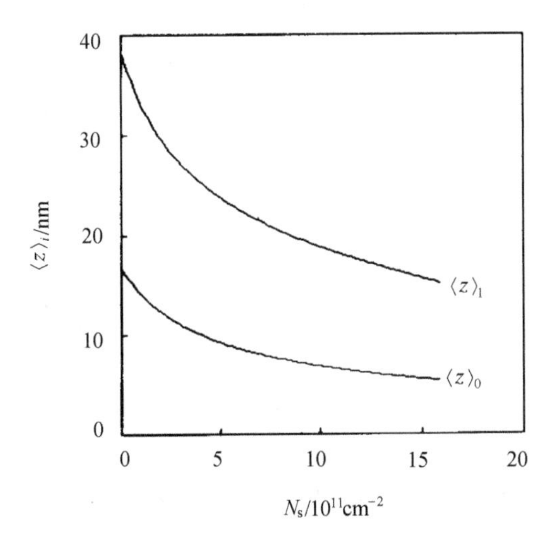

图 9.34　子带电子穿透深度随反型层电子浓度的变化关系

反型层平均厚度 z_{av}、以及耗尽层厚度 Z_d 的变化规律在图 9.35、图 9.36 中给出。P1、P2 分别对应于基态及第一激发态子带开始填充电子。仔细观察发现，类似于费米能级，当第一激发态子带开始填充电子时，z_{av} 和 Z_d 的变化速度都放慢，这同样是由于较高能级子带开始填充电子的缘故，随反型层电子浓度从 0 增加到 $1.58\times10^{12}cm^{-2}$，反型层平均厚度从 16.1nm 减小到 6.4nm，而耗尽层厚度却从 148.9nm 增大到 191.8nm。

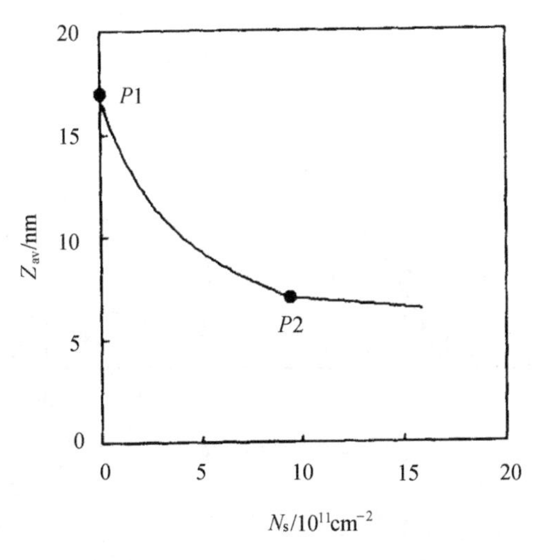

图 9.35　反型层平均厚度 z_{av} 随反型层电子浓度的变化关系

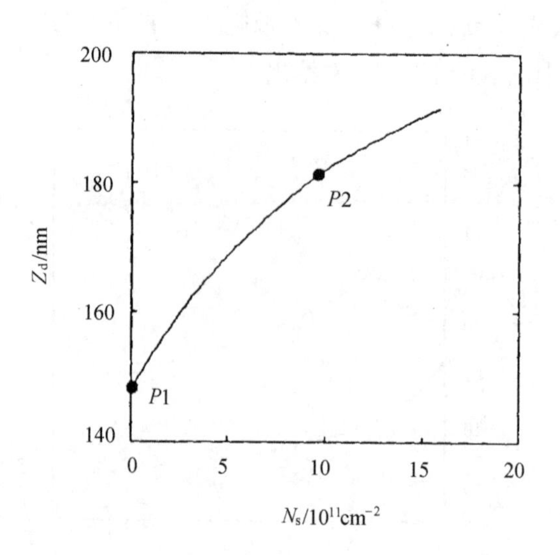

图 9.36 耗尽层厚度 Z_d 随反型层电子浓度的变化关系

作为比较，在图 9.37 中结出了 $E_{10}(=E_1-E_0)$ 以及 $E_{F0}(=E_F-E_0)$ 随反型层电子浓度的变化关系(实线)，虚线为 F.Malcher(1987)等的理论结果。可见 E_{F0} 符合较好，E_{10} 相差较大，理论预计反型层电子浓度为 $7\times10^{11}cm^{-2}$ 时第三子带开始填充电子，实验测得的这个阈值浓度约为 $9.4\times10^{11}cm^{-2}$。其中差别可能是因为采用的参数不同，他们在计算中采用了 $T=0K$，$E_g=0.235eV$，$m_0^*=0.0136m$，$N_{AD}=5\times10^{16}$ 等参数。

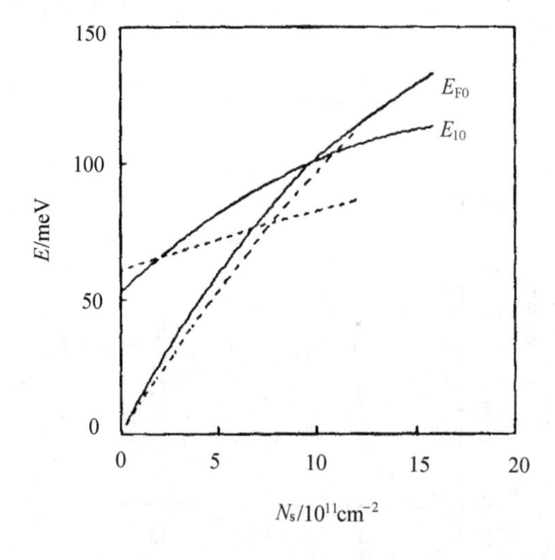

图 9.37 E_{F0}、E_{10} 的比较

9.4 色散关系和朗道能级

9.4.1 色散关系和朗道能级

Bychkov(1989)和 Rössler(1988)曾从理论上考虑了窄禁带半导体能带自旋轨道相互作用项以及 k^3 项对表面子能带电子能量状态的影响，定性地揭示了子能带色散关系和朗道能级的主要特征。文献(褚君浩等 1990a, 1991a)在此基础上推导了窄禁带半导体子能带色散关系和朗道能级的表达式，其中所包括的子能带结构的物理量以及表面自旋轨道耦合强度。则根据实验测得的结果来确定。这是首次定量地给出了 p 型 HgCdTe 反型层电子子能带色散关系和朗道能级，并对零场分裂效应和朗道能级交叉效应给出定量的描述。

根据 Kane 的非抛物带模型，考虑子能带的能量量子化，可以解得子能带色散关系为

$$E_{//} = -\frac{E_{g,eff}}{2} + \sqrt{\left(\frac{E_{g,eff}}{2}\right)^2 + E_g \frac{\hbar^2 k_{//}^2}{2m^*_0}} \tag{9.67}$$

或

$$E_{//} = -\frac{E_{g,eff}}{2} + \sqrt{\left(\frac{E_{g,eff}}{2}\right)^2 + E_{g,eff} \frac{\hbar^2 k_{//}^2}{2m^*(E_i)}} \tag{9.68}$$

这里 $E_{g,eff}$ 是有效禁带宽度，它与子能带底能量 E_i 的关系是

$$E_{g,eff} = E_g + 2E_i \tag{9.69}$$

m^*_0 和 $m^*(E_i)$分别是导带底和子能带底的电子有效质量，并有

$$m^*(E_i) = \left(1 + \frac{2E_i}{E_g}\right) m_0^* \tag{9.70}$$

在以上公式中，如果考虑到 E_i 对 z 的依赖性，E_i 应当用 $E_{i,av}$ 来代替。

由式(9.67)或式(9.68)所描述的色散关系中没有计入自旋轨道互作用的与 k 有关的项$(\nabla U \times \boldsymbol{k}) \cdot \sigma$，如果考虑这一项的贡献，子能带色散关系将具有较大的零场分裂效应(Bychkov et al. 1984)。当没有磁场时，子能带电子的哈密顿可以写成

$$\begin{cases} H_{//} = H_0 + \hbar a\sigma\cdot\left(\boldsymbol{k}\times\varepsilon\right) \\ \boldsymbol{k} = \left(k_x,\quad k_y,\quad 0\right) \\ \boldsymbol{\varepsilon} = \left(0,\quad 0,\quad \varepsilon_z\right) \end{cases} \tag{9.71}$$

式中：H_0 为不考虑自旋轨道耦合时的哈密顿项；第二项为自旋轨道耦合项即 Bychkov-Rashba 项，其中 α 为耦合常数，于是有久期方程

$$\begin{vmatrix} E_{//} - E & i\hbar\alpha\varepsilon_z k_{//}\mathrm{e}^{-\mathrm{i}\varphi} \\ -i\hbar\alpha\varepsilon_z k_{//}\mathrm{e}^{\mathrm{i}\varphi} & E_{//} - E \end{vmatrix} = 0 \tag{9.72}$$

$E_{//}$由式(9.67)或式(9.68)给出。解式(9.72)，得

$$E_{//,\mp} = -\frac{E_{\mathrm{g,eff}}}{2} + \sqrt{\left(\frac{E_{\mathrm{g,eff}}}{2}\right)^2 + E_{\mathrm{g}}\frac{\hbar^2 k_{//}^2}{2m_0^*}} \pm \hbar\alpha\varepsilon_z k_{//} \tag{9.73}$$

这里，等式左边的$\mp$号分别表示自旋为“−”和“+”的两个态，$\hbar\alpha\varepsilon_z$ 表征了表面自旋轨道耦合强度，并有

$$\begin{cases} \hbar\alpha = \dfrac{2}{3}\dfrac{eP^2}{E_{\mathrm{g,eff}}}\left(\dfrac{1}{E_{\mathrm{g,eff}}} - \dfrac{1}{E_{\mathrm{g,eff}} + \varDelta}\right) \\ \varepsilon_z\left(z\right) = -\dfrac{1}{e}\dfrac{\partial V\left(z\right)}{\partial z} \end{cases} \tag{9.74}$$

要严格计算 $\hbar\alpha\varepsilon_z$，必须考虑对电子分布函数求平均。由式(9.73)可见，即使在没有磁场的情况下，窄禁带半导体子能带的色散关系也会分裂成两支，而自旋轨道耦合强度则标志了零场分裂的大小。

在有磁场的情况下($\boldsymbol{B}//\boldsymbol{k}_z$)，电子子能带将分裂为一系列朗道能级，每一朗道能级又分裂为自旋量子数 $s = \pm1/2$ 的两个能级，在不考虑自旋轨道相互作用项时，朗道能级可以写为

$$E'_{n,\pm} = -\frac{E_{\mathrm{g,eff}}}{2} + \sqrt{\left(\frac{E_{\mathrm{g,eff}}}{2}\right)^2 + E_{\mathrm{g}}\left[\hbar\omega_{\mathrm{c}}\left(n+\frac{1}{2}\right) \pm \frac{1}{2}g^*\mu_{\mathrm{b}}B\right]} \tag{9.75}$$

如果把描述表面自旋轨道耦合的 Bychkov-Rashba 项作为微扰，则可以推出哈密

顿为

$$H_{//}=\begin{pmatrix} H_1 & \mathrm{i}A\sqrt{n} \\ -\mathrm{i}A\sqrt{n} & H_2 \end{pmatrix} \tag{9.76}$$

式中：$A=\dfrac{\sqrt{2}}{\lambda_C}\hbar\alpha\varepsilon_z$，$\lambda_C$是回旋半径，$H_1$和$H_2$是不考虑表面自旋轨道耦合时基态子能带电子在磁场中的哈密顿。微扰后的能量本征值为

$$E_{n-1,+}^{n,-}=\frac{E'_{n-1,+}+E'_{n,-}}{2}\pm\sqrt{\left(\frac{E'_{n,-}-E'_{n-1,+}}{2}\right)+An} \tag{9.77}$$

波函数为

$$\begin{cases} \psi_{n,-}=\sqrt{\dfrac{1+\sqrt{1+c}}{2\sqrt{1+c}}}\left|n,-\right\rangle+\mathrm{i}\sqrt{\dfrac{-1+\sqrt{1+c}}{2\sqrt{1+c}}}\left|n-1,+\right\rangle \\ \psi_{n-1,+}=\sqrt{\dfrac{1+\sqrt{1+c}}{2\sqrt{1+c}}}\left|n-1,+\right\rangle+\mathrm{i}\sqrt{\dfrac{-1+\sqrt{1+c}}{2\sqrt{1+c}}}\left|n,-\right\rangle \end{cases} \tag{9.78}$$

式中

$$c=\frac{4An}{\left(E_{n,-}-E_{n-1,+}\right)} \tag{9.79}$$

式(9.77)和式(9.78)给出了窄禁带半导体子能带的朗道能级和波函数。由式(9.77)可见，描述零场分裂大小的自旋轨道耦合强度$\hbar\alpha\varepsilon_z$也会引起磁场中朗道能级的移动，其结果将会把$E_{n,-}$能级向上拉，而把$E_{n-1,+}$能级向下压，于是在朗道能级的扇形图上，$E_{n,-}$能级就可能与$E_{n-1,+}$能级交叉，从而出现朗道能级的交叉效应，交叉点的位置与自旋轨道耦合强度密切相关。这一效应可以在实验中观察到，并用来定量地确定自旋轨道耦合强度。

图 9.38 是测得的不同磁场下的 SdH 振荡曲线。每个振荡峰表示一个朗道自旋能级越过费米能级。从图可见，随着磁场的减小，0^-与1^+能级，1^-与2^+能级逐渐趋向于交叉，从能级间距对磁场 B 的关系，可以外推得到交叉点的磁场强度位置。0^-与1^+能级约在 1.25T 处交叉，1^-与2^+能级约在 2.35T 处交叉(图 9.39)。此外，每个峰代表了一个朗道自旋能级，包含电子浓度为$2.4\times10^{10}B(T)\mathrm{cm}^{-2}$。因而不同朗道能级的能量位置可以通过$E_F-N_s$关系来确定，从而得到实测的朗道能级位置。另

一方面，可以用$\hbar\alpha\varepsilon_z$为参数，用式(9.77)计算朗道能级，使得在算得的朗道能级扇形图上，1^-与2^+，0^-与1^+能级的交叉点以及能级位置与 SdH 实验结果一致。同时，朗道能级之间的间距符合回旋共振实验所观察到的发生共振光跃迁的磁场强度位置。文献(褚君浩等 1990a)在光子能量$\hbar\omega = 3.6\text{meV}$、10.5meV、12.7meV 以及 17.5meV 上测量了该样品在不同N_S时的回旋共振曲线。图 9.40 表示光子能量为 12.7meV 和 17.5meV 时 p 型$Hg_{1-x}Cd_xTe$($x = 0.234$，$N_A = 4\times10^{17}\text{cm}^{-3}$)子能带的回旋共振谱。图 9.41 是计算的朗道能级扇形图，图中虚线箭头和实线箭头分别表示实验测量到的该样品在不同N_s时，光子能量为 12.7meV 和 17.5meV 的回旋共振光跃迁。点划线箭头表示光子能量为 12.7meV 的自旋共振(见 9.4.2 节讨论)。由此可见，这样计算所得的朗道能级是符合实际情况的，而所用的$\hbar\alpha\varepsilon_z$也是正确的。对于组分$x = 0.234$、受主浓度$N_A = 4\times10^{17}\text{cm}^{-3}$的 p 型$Hg_{1-x}Cd_xTe$样品，当$N_s$从 0 变到$8\times10^{11}\text{cm}^{-2}$时，$\hbar\alpha\varepsilon_z$从$8\times10^{-9}\text{eV·cm}$渐变到$6\times10^{-9}\text{eV·cm}$，如图 9.42 所示。图 9.42 中另一曲线表示该样品的有效禁带宽度对N_s的变化关系。

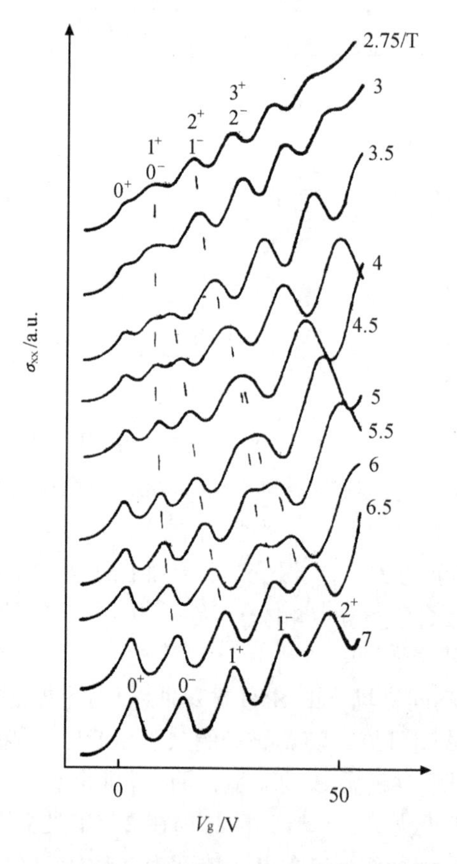

图 9.38 不同磁场强度下 p 型$Hg_{1-x}Cd_xTe$($x = 0.234$，$N_A = 4\times10^{17}\text{cm}^{-3}$)的表面 SdH 振荡效应

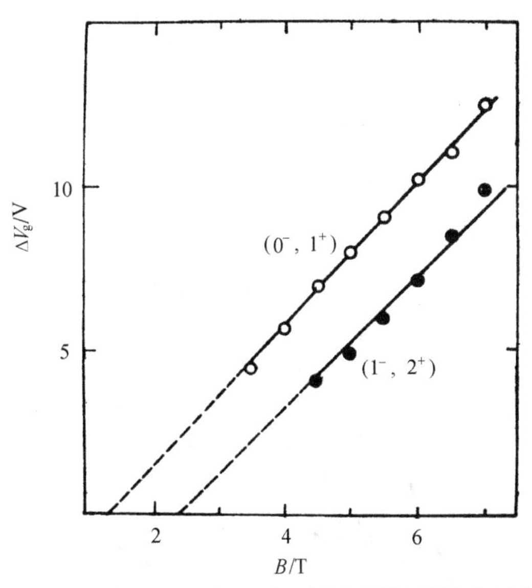

图 9.39　SdH 振荡峰 0^-与 1^+、1^-与 2^+的间隔随磁场减小而缩短，分别在 B_1 和 B_2 处缩小到零

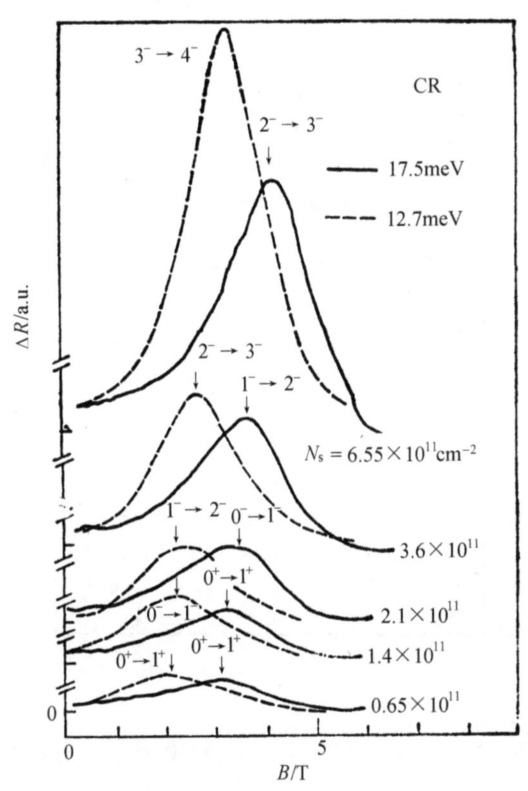

图 9.40　光子能量为 12.7meV 和 17.5meV 时 p 型 $Hg_{1-x}Cd_xTe$($x = 0.234$，$N_A = 4\times10^{17}\text{cm}^{-3}$) 子能带的回旋共振谱

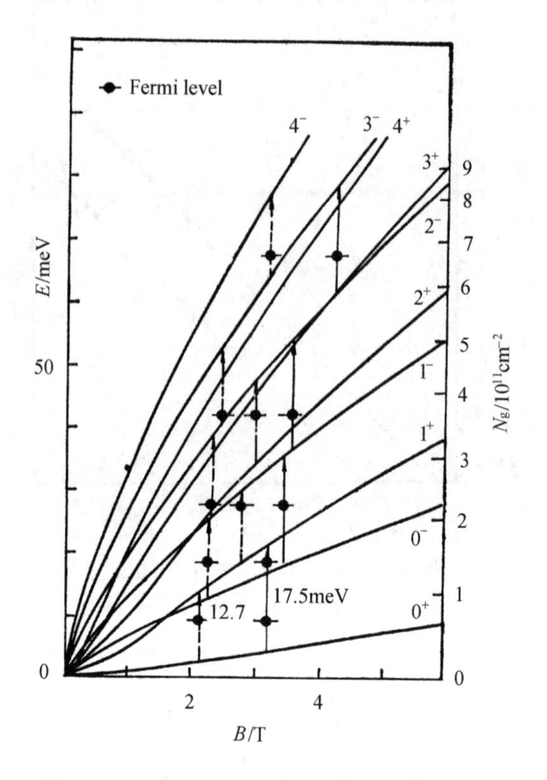

图 9.41　p 型 $Hg_{1-x}Cd_xTe$ ($x = 0.234$，$N_A = 4\times10^{17}cm^{-3}$)子能带的朗道能级(箭头表示测得的磁光跃迁)

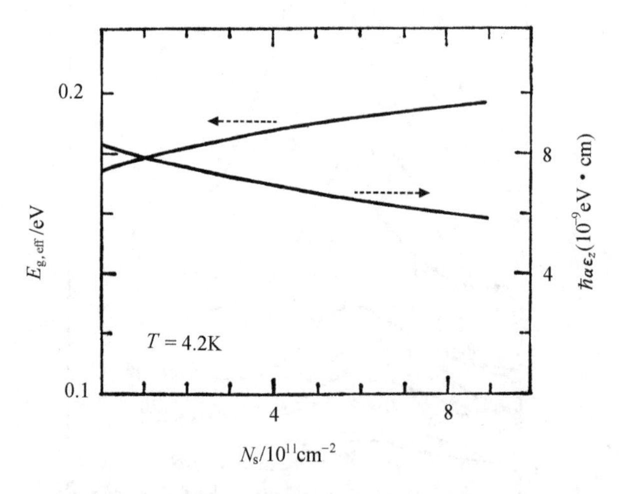

图 9.42　p 型 $Hg_{1-x}Cd_xTe$ ($x = 0.234$，$N_A = 4\times10^{17}cm^{-3}$)的有效禁带宽度 $E_{g,\,eff}$ 和自旋轨道耦合强度 $\hbar\alpha\varepsilon_z$ 对表面电子浓度 N_s 的关系

根据这样确定的 $E_{g,\,eff}$ 和 $\hbar\alpha\varepsilon_z$ 值，就可以从式(9.73)画出色散关系，如图 9.43 所示。可见，当 $k_{//}=2\times10^6\text{cm}^{-1}$ 时，E_-与 E_+的差约为 25 meV。自旋为“+”支的极小值不在 $k_{//}=0$ 处，而在 $k_{//}=4\times10^5\text{cm}^{-1}$ 处，$E^+_{//,\,\min}=-1\text{meV}$。这就是说，窄禁带半导体子能带由于表面自旋轨道相互作用的贡献，即使在没有磁场时，色散关系也分裂为两支。

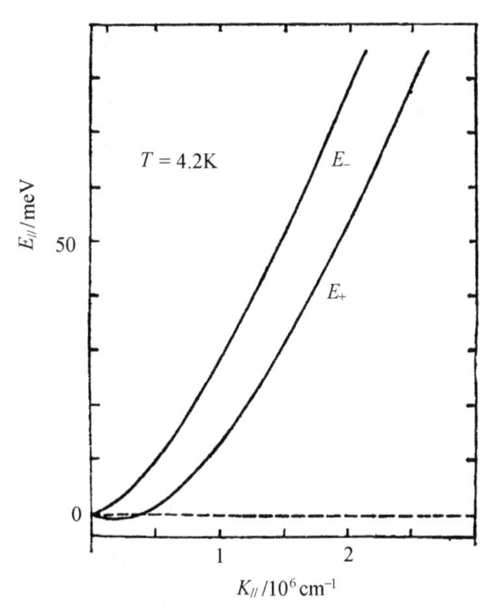

图 9.43 p 型 $Hg_{1-x}Cd_xTe$ ($x=0.234$，$N_A=4\times10^{17}\text{cm}^{-3}$)
电致自旋分裂的子能带色散关系

9.4.2 子能带电子的波函数混合和有效 g^*因子

由 9.4.1 节式(9.78)可看出，相邻子能带朗道能级中自旋相反的能级之间波函数发生混合。$\psi_{n,-}$ 除包含 $|n,-\rangle$ 的成分外，还包含了 $|n-1,+\rangle$ 的成分，$\psi_{n-1,+}$ 除包含 $|n-1,+\rangle$ 的成分外，还包含了 $|n,-\rangle$ 的成分。根据式(9.78)，$\psi_{n,-}$ 与 $\psi_{n,+}$ 可以表示为

$$\begin{cases}\psi_{n,-}=c_{n,-}\,|n,-\rangle+\mathrm{i}\sqrt{1-c_{n,-}^2}\,|n-1,+\rangle\\[2ex]\psi_{n,+}=c_{n,+}\,|n,+\rangle+\mathrm{i}\sqrt{1-c_{n,+}^2}\,|n+1,+\rangle\end{cases}\tag{9.80}$$

对 $x=0.234, N_A=4\times10^{17}\text{cm}^{-3}$ 对应一般的 p 型碲镉汞的 n 型反型层子能带，$|C_{n,\pm}|^2$ 随磁场而变化的计算结果示于图 9.44，由图可见，除 0^- 能级以外，$\psi_{n,\pm}$ 主要由 $|n,\pm\rangle$

的成分构成，但还包含着$\left|n\pm1,\mp\right\rangle$的成分。朗道量子数越大，这种波函数的混合效应越大，随着磁场增大，该效应逐渐减小。

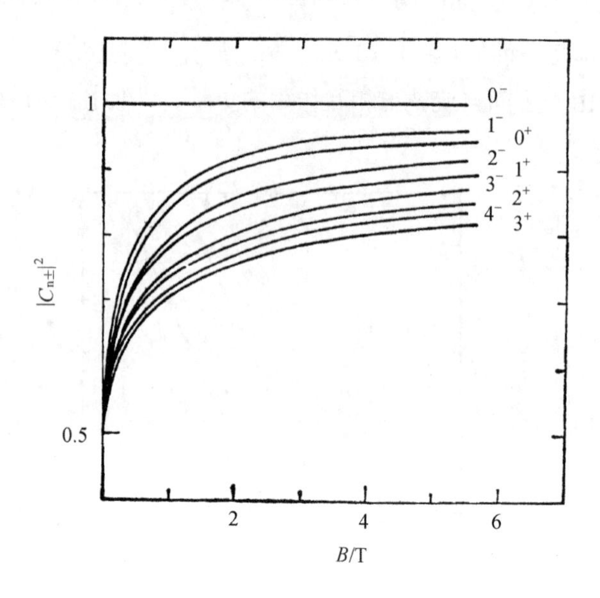

图 9.44　p 型 $Hg_{1-x}Cd_xTe$ ($x=0.234$，$N_A=4\times10^{17}cm^{-3}$)的子能带电子朗道自旋能级的波函数权重

式(9.80)说明，从理论上讲，$\psi_{n,+}\to\psi_{n,-}$ 的自旋共振光跃迁是可以观察到的。这一光跃迁可以包含两个成分。第一个成分是$\left|n,+\right\rangle\to\left|n,-\right\rangle$的自旋共振光跃迁，这是由导带和价带的波函数混合而引起的光跃迁，从本质上讲，它与体材料样品

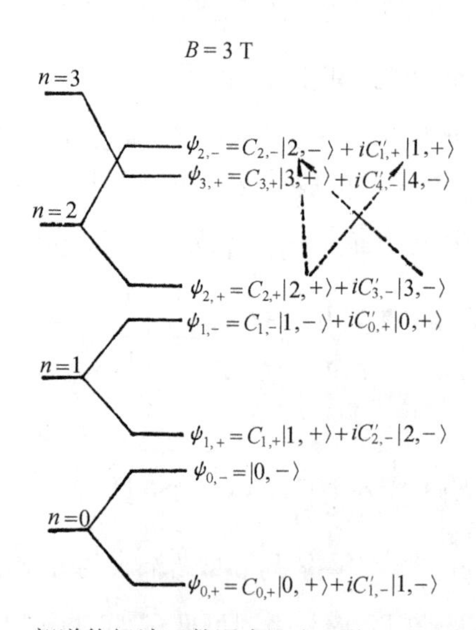

图 9.45　朗道能级波函数混合和自选共振光跃迁的示意图

的自旋共振具有相同的起源。第二个成分是$|n,+\rangle \to |n-1,+\rangle$以及$|n+1,-\rangle \to |n,-\rangle$的光跃迁，这在本质上是$\Delta n=-1$的回旋共振光跃迁，也是子能带自旋共振的新的特征。图9.45给出了朗道能级波函数混合及自旋共振光跃迁的示意图。

文献(Sizmann et al. 1988)首次报道了窄禁带半导体子能带电子的回旋共振谱。由于自旋共振信号约比回旋共振信号小20倍，实验比较困难。在回旋共振实验系统上改变磁场方向，可在回旋共振不活动的模式(CRL)上观察到自旋共振信号。图9.46是测量到的p型HgCdTe样品($x=0.21$, $N_A=3.17\times10^{17}cm^{-3}$)对光子能量$\hbar\omega=17.6$meV的回旋共振谱和自旋共振谱，分别为$2^+\to3^+$的回旋共振。随着部门子能带电子浓度$N_s$的增大，费米能级移向较高能量处，共振峰的位置也移向磁场较强的位置。图中的一个有趣现象是，随着N_s从3×10^{11}增大到$4.6\times10^{11}cm^{-2}$，自旋共振峰的位置从回旋共振峰的左边(低磁场处)逐渐靠近回旋共振峰，这是由

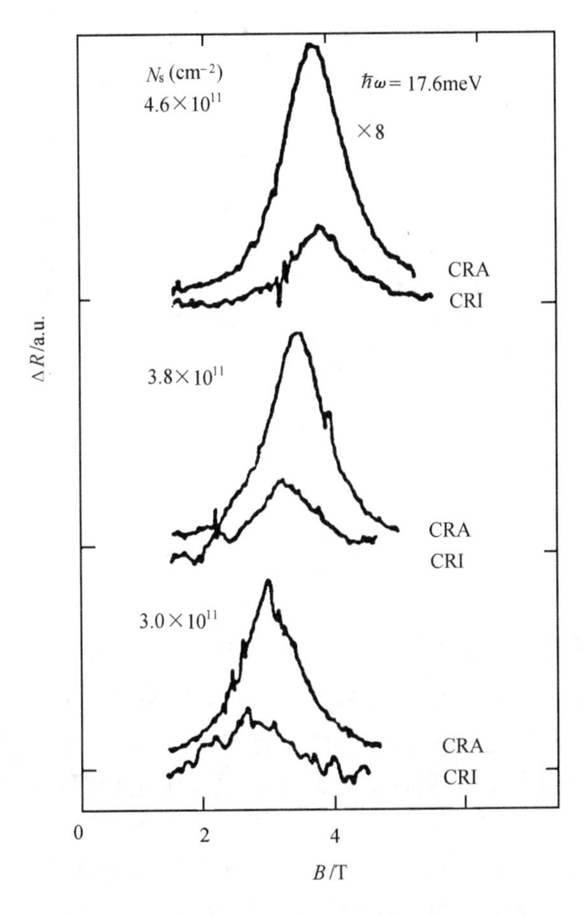

图9.46 p型$Hg_{1-x}Cd_xTe$ ($x=0.234$, $N_A=4\times10^{17}cm^{-3}$)表面子能带电子的回旋共振和自旋共振

于朗道能级的交叉效应而引起的。图 9.47 表示该样品的朗道能级扇形图。由于 2^- 能级与 3^+ 能级约在 4T 处交叉，因此 $2^+ \to 2^-$ 的自旋共振与 $2^+ \to 2^+$ 的回旋共振的相对位置随着费米能级的上升而逐渐靠拢。因此所观察到的自旋共振效应既证明了朗道能级间波函数的混合，又生动地显示了朗道能级的交叉效应。

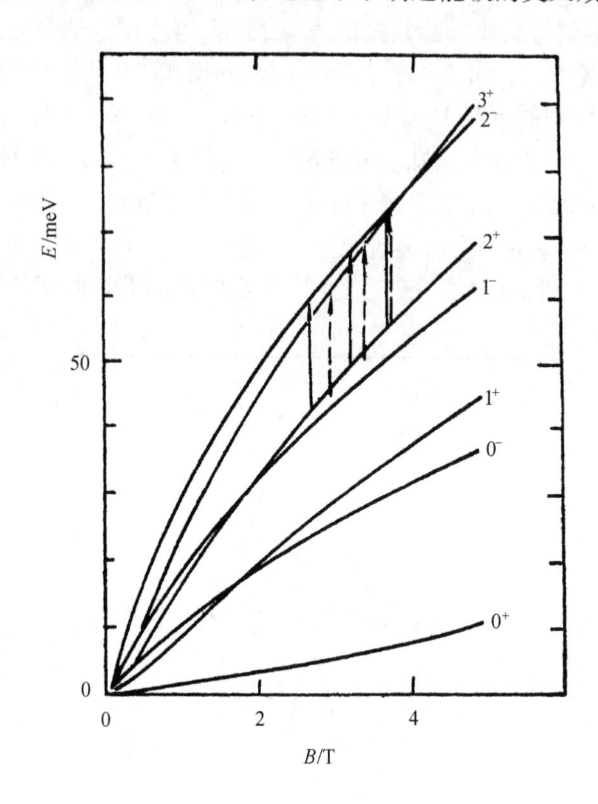

图 9.47　p 型 $Hg_{1-x}Cd_xTe$ ($x = 0.234$，$N_A = 4\times10^{17}cm^{-3}$)
表面子能带电子的朗道能级

图 9.48 是 p 型 HgCdTe($x = 0.234$，$N_A = 4\times10^{17}cm^{-3}$)样品对光子能量 $\hbar\omega$ = 12.7meV 的子能带电子自旋共振(褚君浩等　1991)。图 9.48 中 $N_s = 2.1\times10^{11}cm^{-2}$ 时，费米能级在子能带底以上 26.5meV 处，共振峰对应于 $1^+ \to 1^-$ 光跃迁，N_s= $3.6\times10^{11}cm^{-2}$ 时；费米能级在于能带底以上 42meV 处。共振峰对应于 $2^+ \to 2^-$ 光跃迁。这两个共振跃迁分别在该样品的朗道能级扇形图中用点划线表示(图 9.41)。

子能带电子的自旋共振给出了子能带有效 g^* 因子的直接实验结果。可用来与计算值相比较。子能带电子的有效 g^* 因子可定义为

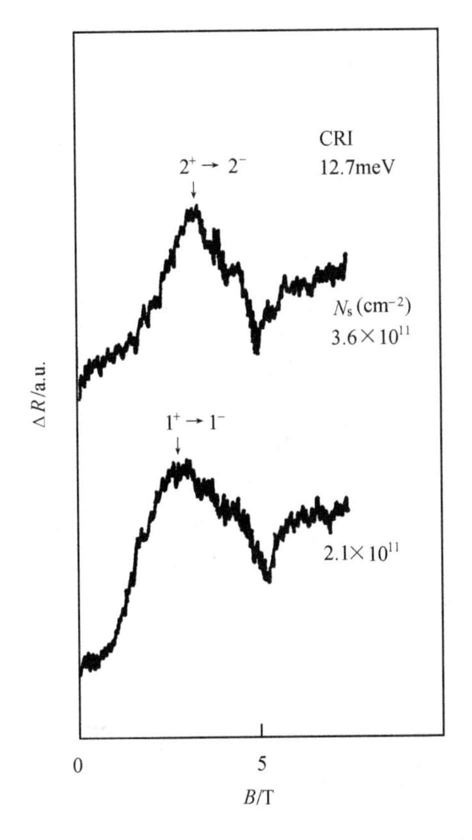

图 9.48 p 型 $Hg_{1-x}Cd_xTe$($x = 0.234$，$N_A = 4\times10^{17}cm^{-3}$)
在不同电子浓度时对光子能量为
12.7meV 的子能带电子自旋共振

$$|g^*| = \frac{(E_{n,-} - E_{n,+})}{\mu_b B} \tag{9.81}$$

由式(9.77)可看到，由于表面自旋轨道相互作用，$E_{n,-}$能级将被抬高，$E_{n,+}$能级被压低，因而 g^*增大。随着 B 的增大，g^*逐渐减小。图 9.49 是该样品基态子能带朗道能级电子的有效 g^*因子随磁场的变化。其中曲线是 $m=0$，1，2，3 朗道能级有效 g^*因子的计算曲线。三角点代表从自旋共振测量得到的 $n=1$ 及 $n=2$ 的有效 g^*因子的实验值。可见，子能带电子的自旋共振更清楚地证明了表面自旋轨道相互作用对子能带结构的影响。

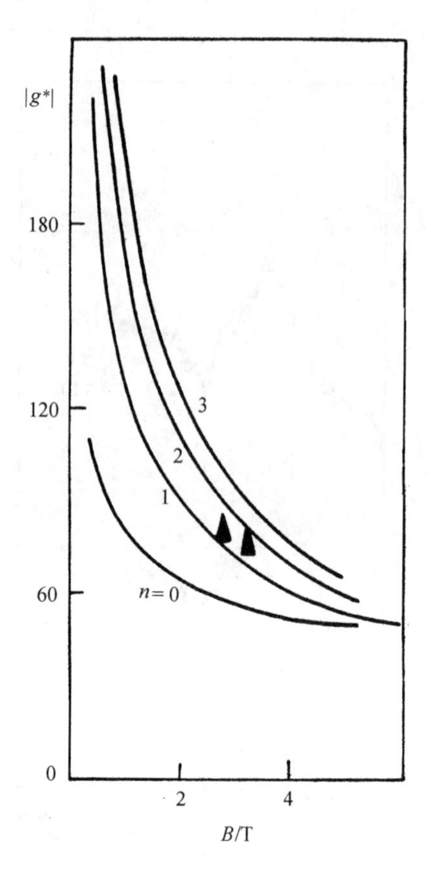

图 9.49　p 型 $Hg_{1-x}Cd_xTe$ ($x = 0.234$，$N_A = 4\times10^{17}cm^{-3}$)基态子能带朗道能级电子的有效 g^*因子

9.5　表面积累层

在 $Hg_{1-x}Cd_xTe$ 光导探测器的制备过程中，往往要对表面进行钝化处理，钝化层主要分为两部分：氧化层(阳极氧化、阳极硫化或阳极氟化)和覆盖在氧化层上面的 ZnS 层。这些复杂的化学过程将在表面引入一个势阱和大量活性的缺陷态(Nemirovsky et al.　1991)，$Hg_{1-x}Cd_xTe$ 材料本身的不稳定(Nimtz et al.　1979)也会使暴露在空气中的表面被氧化，引起能带的弯曲，在材料表面处形成电子积累层或反型层。$Hg_{1-x}Cd_xTe$ 光导探测器表面的电子浓度在 10^{11}~$10^{12}cm^{-2}$ 量级，由此引起的表面势往往要比材料的带隙还大。另外，光导探测器厚度的典型值为 10μm，77K 时的载流子浓度为 10^{14}~$10^{15}cm^{-3}$，由器件表面提供的载流子数目将与体内的相当，甚至超过体内的载流子数目，所以表面对器件性能的影响是相当大的。

根据 Wentzel-Kramers-Brillouin(WKB)近似，可以计算积累层中各子带的电子浓度、有效质量和能级；通过 n-$Hg_{1-x}Cd_xTe$ 表面积累层的 SdH 振荡实验，可以对 SdH 振荡曲线进行 Fourier 变换，得到了不同子带的电子浓度，并采用定量迁移率谱的方法研究子带电子的浓度和迁移率。

Nemirosky 和 Kidron(1979)采用霍尔效应和电容-电压测量获得了 $Hg_{1-x}Cd_xTe$ 积累层的电子浓度和迁移率，Nicholas(1988)等测量了积累层的 SdH 振荡，指明 $Hg_{1-x}Cd_xTe$ 表面重积累层可以用具有多个子带的二维电子气来描述。理论上计算这些子带的色散关系，需要利用表面势与表面电子浓度的自洽来完成。Nachev (1988)和 Lowney 等(1993)采用八带模型分别对 $Hg_{1-x}Cd_xTe$ 表面反型层和积累层中各子带电子的色散关系进行了理论计算，该模型的计算量很大。Ando 等(1985)利用半经典近似对窄带半导体表面积累层中的子带中的电子行为进行了研究，其方法较为简单。

9.5.1 n-$Hg_{1-x}Cd_xTe$ 表面积累层的理论模型

$Hg_{1-x}Cd_xTe$ 材料的导带是非抛物型的，将 Kane 模型变形

$$E_K\left(1+\frac{E_K}{E_g}\right)=\frac{\hbar^2K^2}{2m_0^*} \tag{9.82}$$

式中：$K=(k_x, k_y, k_z)$是三维波矢，E_K 为波矢为 K 时的电子能量，E_g 和 m_0^* 分别是材料的带隙和导带底的有效质量。

$Hg_{1-x}Cd_xTe$ 器件表面重积累层的电势分布满足 Possion 方程

$$\frac{d^2V(z)}{dz^2}=\frac{\rho(z)}{\varepsilon_s\varepsilon_0}=-\frac{en(z)}{\varepsilon_s\varepsilon_0} \tag{9.83}$$

式中：ε_s 为低频介电常数，$n(z)$为电子浓度的分布函数，它主要是电离的表面活性杂质态。体材料中电离杂质以及体与表面介电常数不同引起的镜像力对电势均有影响，相对表面电子而言，它们的影响较小，在式(9.83)中可以忽略它们的影响。

极低温度下，按经典近似，并考虑自旋简并，电子浓度可写为

$$n(z)=\frac{2}{(2\pi)^3}\frac{4\pi}{3}K_F(z)^3 \tag{9.84}$$

Fermi 玻矢 K_F 与位置 z 有如下关系

$$\frac{\hbar^2K_F^2}{2m_0^*}=\frac{\hbar^2(k^2+k_z^2)}{2m_0^*}=[E_F-eV(z)]\left[1+\frac{E_F-eV(z)}{E_g}\right] \tag{9.85}$$

式中：$k^2=k_x^2+k_y^2$。在$\hbar \to 0$的极限条件下，量子力学规律就转化为经典力学规律。Wentzel-Kramers-Brillouin(WKB)近似(梅西亚　1986，玻姆　1982)的实质在于引入一个按$\hbar$的级数展开并略去高于$\hbar^2$级的项，于是可以把薛定谔方程用它的经典极限来代替。由于这种方法能在经典解释没有意义的空间区域中实现(如 $E<V$ 的区域)，所以，它具有比经典近似本身更广的适用范围。将 WKB 近似用于求解 $Hg_{1-x}Cd_xTe$ 表面积累层势阱中的能级，则表面积累层第 n 子带能量 $E_n(k)$和垂直于表面的波矢 k_z 满足

$$\int_0^{z_n} k_z \mathrm{d}z = \left(n+\frac{3}{4}\right)\pi \tag{9.86}$$

式中：z_n 定义为 $k_z[z_n, k, E_n(k)]=0$ 时的转折点。式(9.86)与波尔-索末菲量子规律的不同仅在于分数量子数代替了整数量子数。

由式(9.82)~式(9.86)可得

$$\int_{\phi^*(k)}^{E_\mathrm{F}} \frac{\mathrm{d}\phi}{[\alpha F(\phi,E_\mathrm{g})]^{1/2}}\left\{\beta[\phi-E_\mathrm{F}+E_n(k)]\left[1+\frac{\phi-E_\mathrm{F}+E_n(k)}{E_\mathrm{g}}\right]-k^2\right\}^{1/2}=\left(n+\frac{3}{4}\right)\pi \tag{9.87}$$

式中

$$\alpha=\frac{2e(2m_0^*)^{3/2}}{3\pi^2\varepsilon_\mathrm{s}\varepsilon_0\hbar^3} \tag{9.88}$$

$$\beta=\frac{2m_0^*}{\hbar^2} \tag{9.89}$$

$$\phi=E_\mathrm{F}-eV(z) \tag{9.90}$$

$$[\phi^*-E_\mathrm{F}+E_n(k)]\left[1+\frac{\phi^*-E_\mathrm{F}+E_n(k)}{E_\mathrm{g}}\right]=\frac{\hbar^2k^2}{2m_0^*} \tag{9.91}$$

$$F(\phi,E_\mathrm{g})=\int_0^{\phi}\mathrm{d}\zeta[\zeta(1+\zeta/E_\mathrm{g})]^{3/2} \tag{9.92}$$

在式(9.87)中，令 $k=k_{\mathrm{F}n}$ 和 $E_n(k)=E_\mathrm{F}$，即可获得第 n 子带的 Fermi 波矢 $k_{\mathrm{F}n}$，并由此可得 n 子带的电子浓度 $N_{\mathrm{s}n}=k_{\mathrm{F}n}^2/\pi$，$N_{\mathrm{s}n}$ 的总和就是 N_s。一般情况下由于表面处的电子浓度 N_s^0 与 N_s 相差不大。N_s^0 可以用表面电势分布计算

$$N_\mathrm{s}^0=\frac{\varepsilon_\mathrm{s}\varepsilon_0}{e}\frac{\mathrm{d}V(z)}{\mathrm{d}z}\bigg|_{z=0}=\frac{\varepsilon_\mathrm{s}\varepsilon_0}{e}[\alpha F(E_\mathrm{F},E_\mathrm{g})]^{1/2} \tag{9.93}$$

第 n 子带的有效质量 m_n^*定义为

$$\frac{1}{m_n^*}=\frac{1}{\hbar^2 k}\frac{\partial E_n(k)}{\partial k} \tag{9.94}$$

可以通过求解式(9.87)获得。

9.5.2 n-$Hg_{1-x}Cd_xTe$ 表面积累层的理论计算结果

用于制造 8~14mm 波段长波光导探测器的 $Hg_{1-x}Cd_xTe$ 材料 x 一般为 0.2 左右，利用褚君浩等人的 CXT 公式(Chu et al. 1993；褚君浩等 1982, 1985)，可得 $T=1.2\text{K}$ 时，E_g=93.45meV，$m^*=8.02\times10^{-3}m_0$，另外低频介电常数ε_s取值为 17.6 (Yadava et al. 1994)。

桂永胜(1997)计算了 $x=0.191$ 和 $x=0.214$ 两个 n-$Hg_{1-x}Cd_xTe$ 光导探测器表面积累层的子能带参数。图 9.50 描述了 $T=1.2\text{K}$ 时，n-$Hg_{1-x}Cd_xTe$ 探测器不同子带底能量 $E_n(k=0)$与 N_s 的关系。Fermi 能级 E_F 钉扎在施主能级上，一般认为 $x=0.2$ 附近的 $Hg_{1-x}Cd_xTe$ 材料浅施主能级近似与体内导带底重合。从图 9.50 中可以看出 E_n 随着 N_s 的增加而增加。

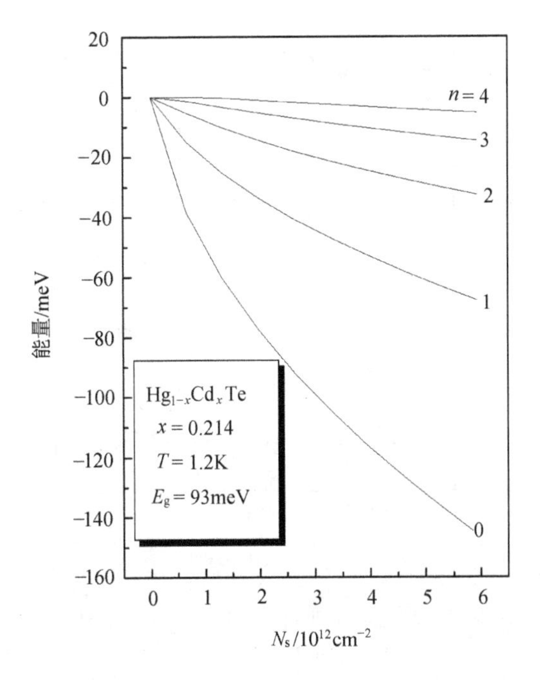

图 9.50　理论计算所得的 $Hg_{1-x}Cd_xTe$ 探测器表面子带底能量 E_n 与 N_s 的关系

图 9.51 为组分 $x=0.214$ 和 $x=0.191$ 的长波光导探测器表面重积累层中，不

同子带的电子浓度 N_{sn} 以及表面处电子浓度 N_s^0 与 N_s 的关系。经典的近似认为表面处的电子浓度最大，而量子理论(Ando et al. 1982)的结果是表面处的电子浓度会有显著减小，图中很明显的可以看出 N_s 要比 N_s^0 稍大(~20%)，这就表明，虽然在理论计算中采用了半经典近似，但计算的结果还是符合实际情况的。对 $x = 0.191\sim0.214$ 之间不同组分的 $Hg_{1-x}Cd_xTe$ 探测器重积累层的计算表明，N_{sn} 与 N_s 呈很好的线性关系，而且这种线性关系几乎与组分 x 无关，对基态到第 4 激发态，斜率分别为 0.668、0.219、0.077、0.027、0.009； Lowney 等人(1993)采用八带模型对 $x = 0.191$ 的 $Hg_{1-x}Cd_xTe$ 探测器重积累层进行了计算，对 $n = 0\sim3$，斜率分别为 0.673、0.223、0.077、0.027，J.Singleton 等人(1986)对大量实验结果的分析，也得出类似结果，禁带宽度在 30~90meV 之间的 n-$Hg_{1-x}Cd_xTe$，对 $n = 0\sim4$，积累层中 N_{sn} 对 N_s 的斜率分别为 0.6452、0.2158、0.097、0.032、0.010。这表明对 n-$Hg_{1-x}Cd_xTe$ 积累层，只要得到任一子带的载流子浓度，就可以推算总的载流子浓度，反之，知道了积累层中总的载流子浓度，也可以计算出各个子带的载流子浓度。

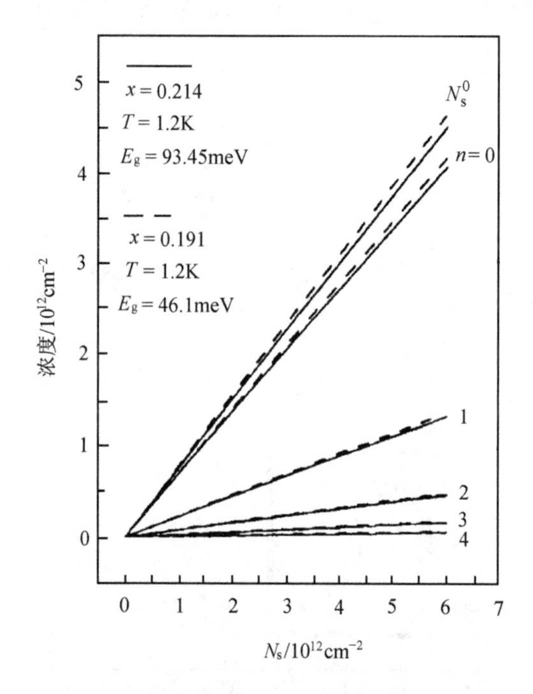

图 9.51 理论计算所得的不同组分 $Hg_{1-x}Cd_xTe$ 探测器表面各子带电子浓度

图 9.52 为不同子带底底有效质量与总的表面载流子浓度底关系，从图中可见基态的有效质量较大，随着子带量子数底增大，有效质量逐渐减小。从式(9.11)可以定性看出其物理原因，对于 n 型半导体表面积累层，高子带 E_{0i}，

E_{0i} 比基态 E_0 大，波函数扩散程度 Z_{0i} 比基态 Z_0 大，所以 m^* 就比子能带底有效质量要小。

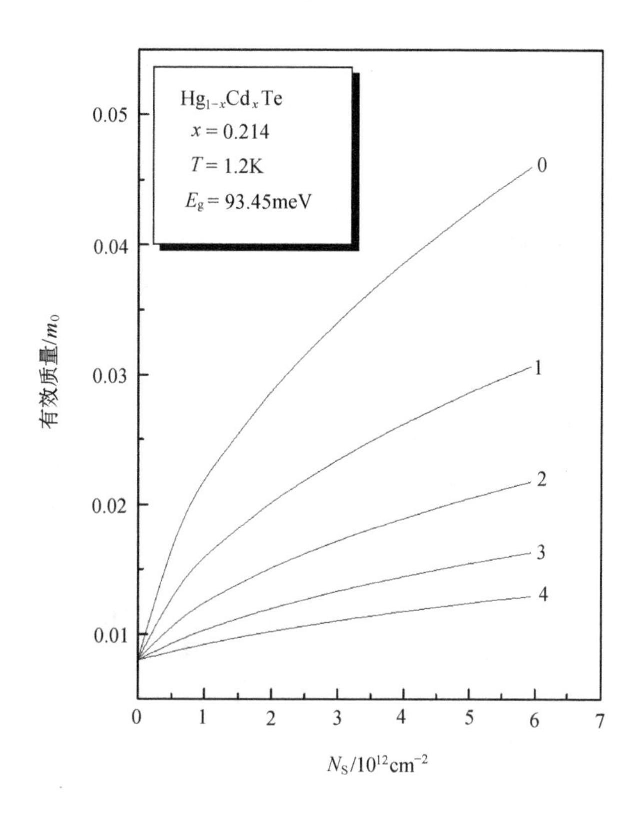

图 9.52　理论计算所得的不同组分 $Hg_{1-x}Cd_xTe$ 探测器表面各子带底有效质量 m_n^* 与 N_s 的关系

9.5.3　n-$Hg_{1-x}Cd_xTe$ 表面积累层的实验结果

对以上计算的两个样品进一步进行输运测量(桂永胜　1997)。样品的尺寸为 888μm×290μm×8μm，霍尔电极间的距离为 336μm，样品的上下表面均进行阳极氧化钝化处理，采用 In 接触的扩展电极，电极与材料之间形成良好的欧姆接触。77K 时，体材料电子浓度和迁移率分别在 $5.0\times10^{15}cm^3$ 和 $2.0\times10^5cm^2/Vs$ 左右。为了准确地测量 SdH 振荡，我们利用了全自动的程控测试系统，并使用了高精度的数字电流源和程控数字电压表，以提高实验的精度。在 1.2~50K 范围内，用直流法对不同的样品进行了强磁场输运实验，样品表面与磁场方向的夹角 θ 为从 0°，15°,⋯, 90°，(0°表示磁场方向垂直于样品的表面，90°则表示磁场方向平行于样品的表面)。

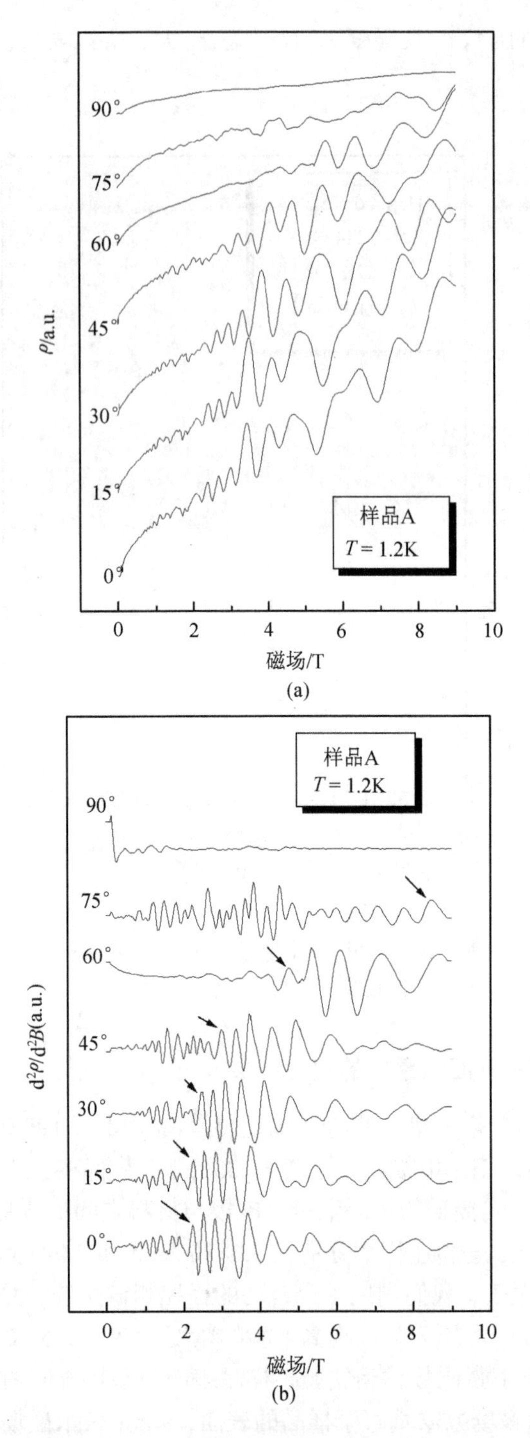

图 9.53　不同磁场方向下，样品 A 的 SdH 振荡。0°表示磁场方向垂直于样品的表面。(b)中箭头指明了其中一个 SdH 振荡峰随着磁场方向而发生的漂移，表明振荡的二维性

9.5.4 SdH 测量结果

图 9.53 显示了 1.2K 时，磁阻随磁场方向的变化情况，磁场方向$\theta=0°$时，出现了复杂的 SdH 振荡，而当$\theta=90°$则只在低场下出现了 SdH 振荡，这是由于体电子的浓度约为 $10^{14}\sim10^{15}\text{cm}^{-3}$，导带底离费米能级很近，只有在很低的磁场下才能发现体载流子引起的 SdH 振荡。从图 9.53(b)中箭头所指的峰随磁场方向的漂移就说明了在高场下振荡的二维性。复杂的振荡不是简单地呈 $1/B$ 规律，表明样品中存在多种载流子，由于每种载流子的浓度不同，振荡的周期也就不同，多种周期的振荡叠加在一起，就形成了如图 9.53(b)所示的复杂振荡。

假定费米能级与磁场取向无关，则 SdH 振荡峰值随磁场的取向的偏移如图 9.54 所示，图中 9.53 箭头所指的振荡峰随磁场的方向的变化，呈余弦的变化趋势。

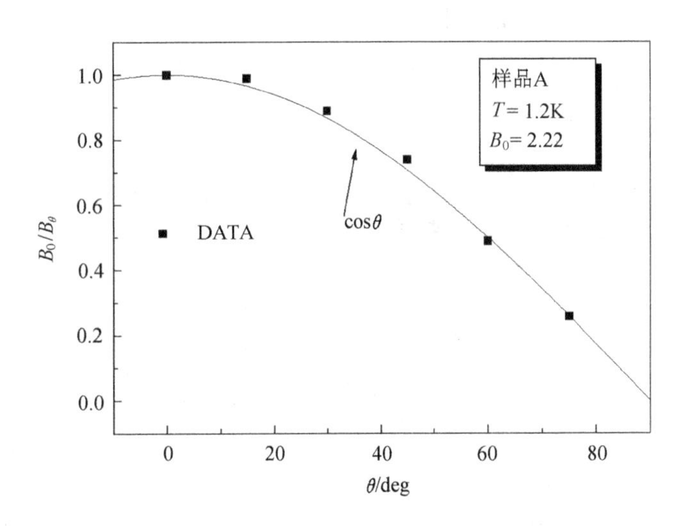

图 9.54　SdH 振荡的峰(图 9.53(b)中箭头所指位置)随磁场方向而发生的漂移。表明了振荡对 $\cos\theta$ 的依赖性，说明振荡是由二维载流子引起的

图 9.55(a)和 9.55(b)分别为样品 A 和 B 表面垂直磁场方向时的霍尔电压和磁阻随磁场的变化关系，样品所加的电流为 2mA。当夹角从 90°向 0°变化时，图中的振荡逐步减弱直至完全消失，这说明了这些振荡是由表面积累层引起的，具有两维的特性。当外加磁场垂直于器件积累层时，原来的子带变为一系列的朗道能级，随着磁场强度的增加，朗道能级依次通过费米能级，引起电子态密度的变化，产生了磁阻振荡。磁阻振荡的最低点，将对应 Hall 电压的台阶。每个子带都引起一系列的振荡，振荡的周期与 $1/B$ 有关，并且有 $n=4.82\times10^{10}P_i(\text{cm}^{-2})$ 的关系，P_i 为 i 子带振荡的基频。

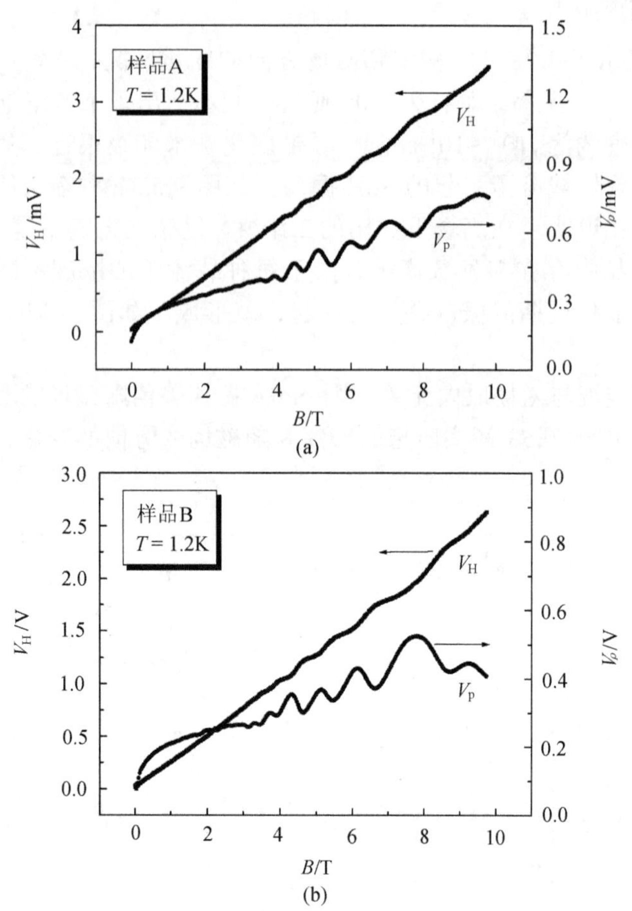

图 9.55 Hall 电压和磁阻电压与磁场强度的关系

(a) 样品 A；(b) 样品 B

通过对 SdH 振荡曲线的 Fourier 变换，便可得到不同子带的电子浓度。图 9.56 为样品 A 和 BSdH 振荡的 Fourier 变换，标号 ′ 和 ″ 表示不同表面。表 9.4 为根据图 9.56 计算得到的不同子带的表面电子浓度。

表 9.4 样品 A 和 B 中不同子带的表面电子浓度

		B_1 /T	B_2 /T	B_3 /T	N_{s0} /10^{12}cm^{-2}	N_{s1} /10^{12}cm^{-2}	N_{s2} /10^{12}cm^{-2}
A	Surface′	46.8	24.4	9.12	2.25	1.17	0.437
	Surface″	31.9	15.0	3.75	1.53	0.72	0.181
B	Surface′	68.9	36.1	10.1	3.31	1.73	0.485
	Surface″	55.8	26.4	3.28	2.68	1.27	0.157

表 9.4 中不同子带的电子浓度关系与第二节的理论计算符合得并不完美，主要是 N_{s1}/N_{s0} 的值偏小，这主要是因为 SdH 振荡是一个极复杂的过程，式(9.87)只是一个近似表达式，即使如此，仍可以看出表 1 的数据中，N_{s1}~N_{s0}，N_{s1}~N_{s0} 呈线性关系如图 9.57 所示，并且都通过原点，这就说明了式(9.87)是一个相当不错的近似，SdH 测量可以用来获得二维体系中各子带载流子浓度近似值。

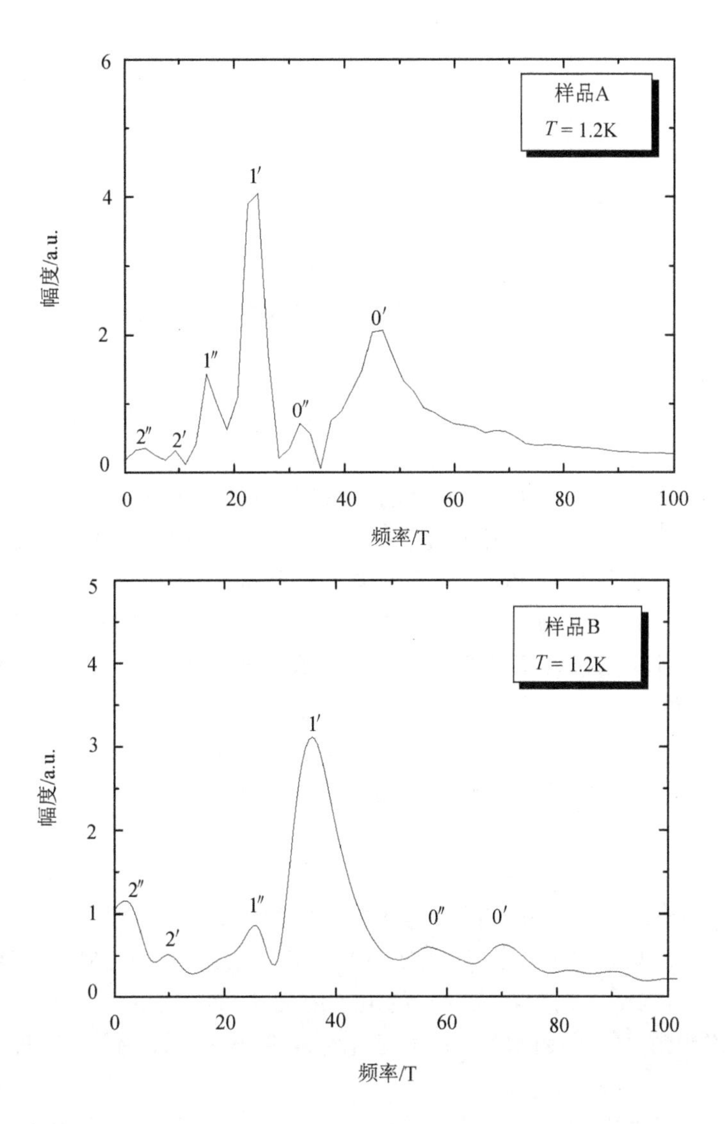

图 9.56　样品 A 和 B 的 SdH 振荡数据的 Fourier 变换曲线

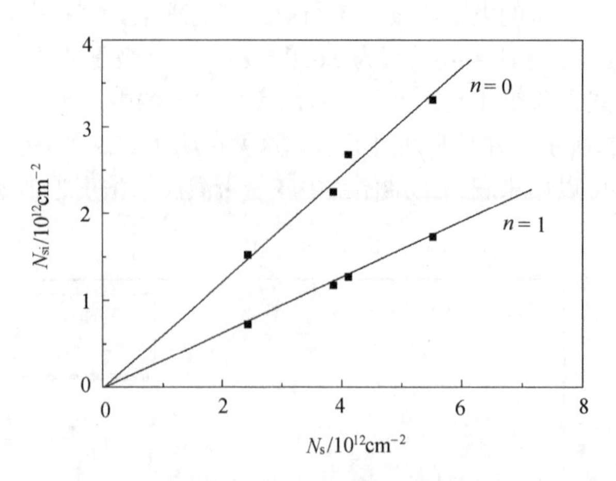

图 9.57 样品 A 和 B 中，子带电子浓度与总浓度之间关系，
图中点为表 9-4 中的数据，直线为线性拟合结果

对以上样品可以进行定量迁移率谱底分析(桂永胜等 1998)。图 9.58(a)和(b)分别为样品 A1.2K 和 35K 时的 QMSA 谱。在 35K 时，SdH 振荡基本消失，因此此时可以获得样品中不同载流子准确的迁移率和浓度，图 9.58(b)中的三个峰分别表示体电子，样品两个表面处的积累层二维电子，该样品在 35K 时发现同一表面中的子带电子具有相同的迁移率。1.2K 时样品的 QMSA 谱明显比 35K 时复杂，具体表现在 1.2K 时表面二维电子中不同子带的电子具有不同的迁移率。在 1.2K 时，电离杂质散射起着决定主导地位，由于不同的子带具有不同的有效质量，对应的迁移率就会不同，表现在 QMSA 谱中就是可以分辨出不同子带的峰；温度升高后，如 35K 时，许多散射机制都起作用，如电离杂质散射、极化光学声子散射、合金散射以及位错散射，由于不同的子带具有不同的动能，每种散射对它们的作用就会不同，其综合结果就是各子带电子的迁移率趋于一致。

采用 QMSA 法、SdH 测量以及理论计算获得的 1.2K 时各类电子浓度如表 9.5 所示。由 35K 时的 QMSA 谱可得体电子的浓度为 $2.14\times10^{14}cm^{-3}$，两表面的电子浓度分别为 $4.31\times10^{12}cm^{-2}$ 和 $3.25\times10^{12}cm^{-2}$。1.2K 时的 QMSA 得到的体电子浓度 $2.20\times10^{14}cm^{-3}$，以及两表面总的电子浓度 $4.11\times10^{12}cm^{-2}$ 和 $3.03\times10^{12}cm^{-2}$ 与 35K 时的相当，各子带的电子分布与理论计算基本一致，优于 SdH 的测量结果。

$Hg_{1-x}Cd_xTe$ 表面积累层中子带电子具有不同的有效质量，动能和波函数，所以它们的弛豫时间也会不同，为了研究 $Hg_{1-x}Cd_xTe$ 表面积累层中子带电子迁移率随温度的变化，可以对不同温度下的变磁场实验数据进行定量迁移率谱分析。

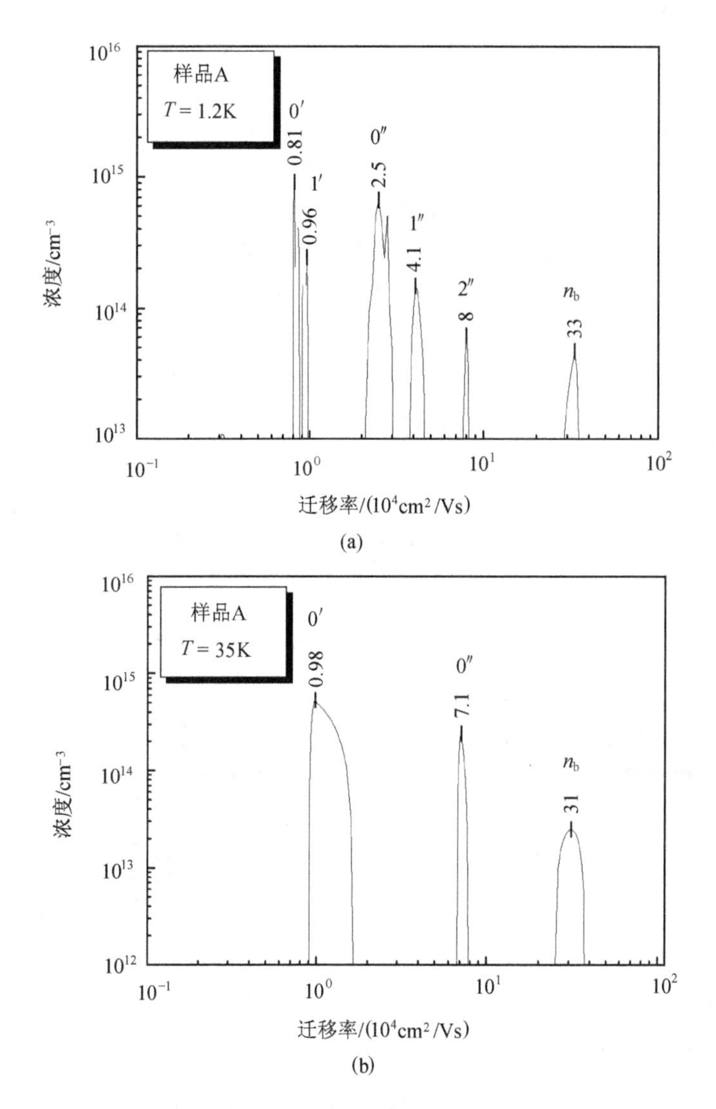

(a)

(b)

图 9.58　不同温度下样品 A 的 QMSA 谱

(a) 1.2K；(b) 35K

表 9.5　1.2K 时磁阻数据两种载流子的拟合结果

样品号	μ_1/(cm^2/Vs)	μ_2/(cm^2/Vs)	N_1/cm^{-3}	N_2/cm^{-3}	B_1/T	B_2/T
D685—7	-2.65×10^5	-3.12×10^4	7.70×10^{14}	2.44×10^{15}	0.034	0.3
D685—5	-2.23×10^5	-2.18×10^4	8.10×10^{15}	5.08×10^{15}	0.06	0.54

图 9.59 为不同温度下样品 B 的 QMSA 谱，从谱中可以发现子带迁移率随温度的变化情况。1.2K 时，表面“ ′ ”中三个子带的迁移率分得很开，而表面“ ″ ”中各子带上电子的迁移率基本相同，这主要是由于表面“ ′ ”中总的电子浓度高达 $5\times10^{15}\text{cm}^{-3}$，而表面“ ″ ”中总的电子浓度只有 $5\times10^{14}\text{cm}^{-3}$，由理论计算可知，低浓度下，各子带的有效质量相差并不多，而表面电子浓度为 $5\times10^{15}\text{cm}^{-3}$ 时，基态的有效质量是第二激发态有效质量的两倍以上。低温下，基态 $n=0$ 电子的迁移率最小，不同子带上的电子迁移率随量子数的增加而变大，这是由于 $Hg_{1-x}Cd_xTe$ 表面积累层中基态的有效质量最大，越往上的激发态有效质量越小。随着温度的增加，激发态上的电子迁移率逐步下降，最后与基态的迁移率一致，而基态上的迁移率基本不随温度变化。样品中各类电子的浓度和有效质量与温度的关系如图 9.60 所示。从图中可以看出样品两个表面中总的电子浓度随温度的变化趋势是不一样的，表面“ ′ ”中总的电子浓度基本不随温度变化，而表面“ ″ ”中总的电子浓度随温度变化很快，从 1.2K 的 $6.7\times10^{15}\text{cm}^{-3}$ 到 150K 时 $5.3\times10^{15}\text{cm}^{-3}$。这就说明了两个表面存在物理机制上的差别，一个可能的原因就是，黏附在衬底的表面会由于应力产生缺陷态，这些缺陷态存在着一个电离能。随温度的升高，而逐步电离，根据 $n\propto\exp\left(-\Delta E_{\mathrm{D}}/k_{\mathrm{B}}T\right)$ 的关系，可以近似获得表面施主的电离能 $\Delta E_{\mathrm{D}}=3.1\text{meV}$。

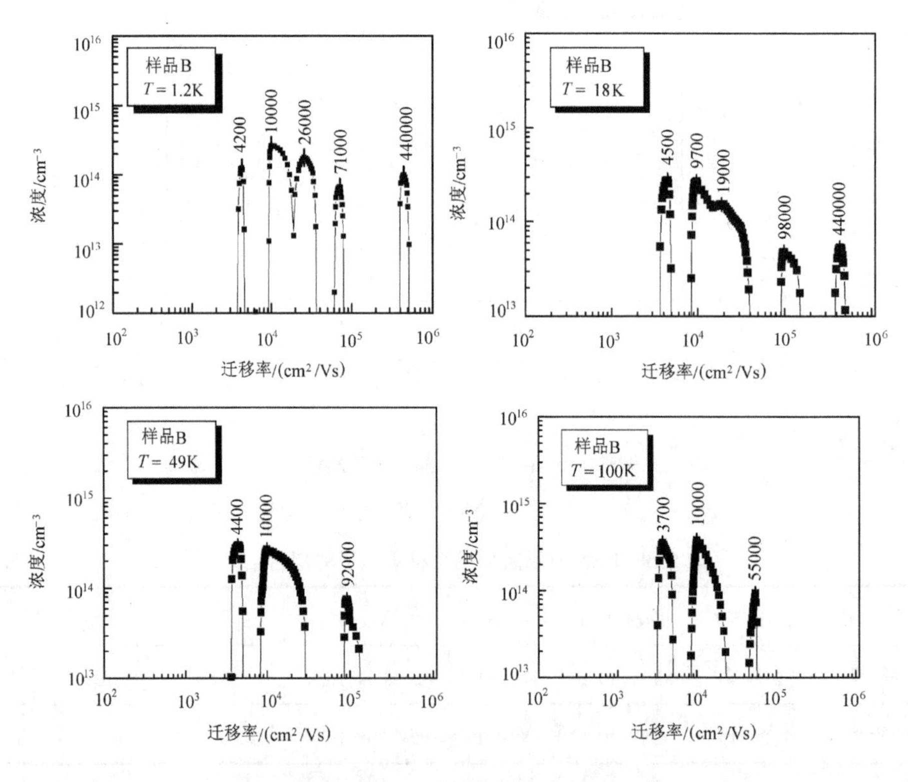

图 9.59　样品 B 不同温度下的 QMSA 谱

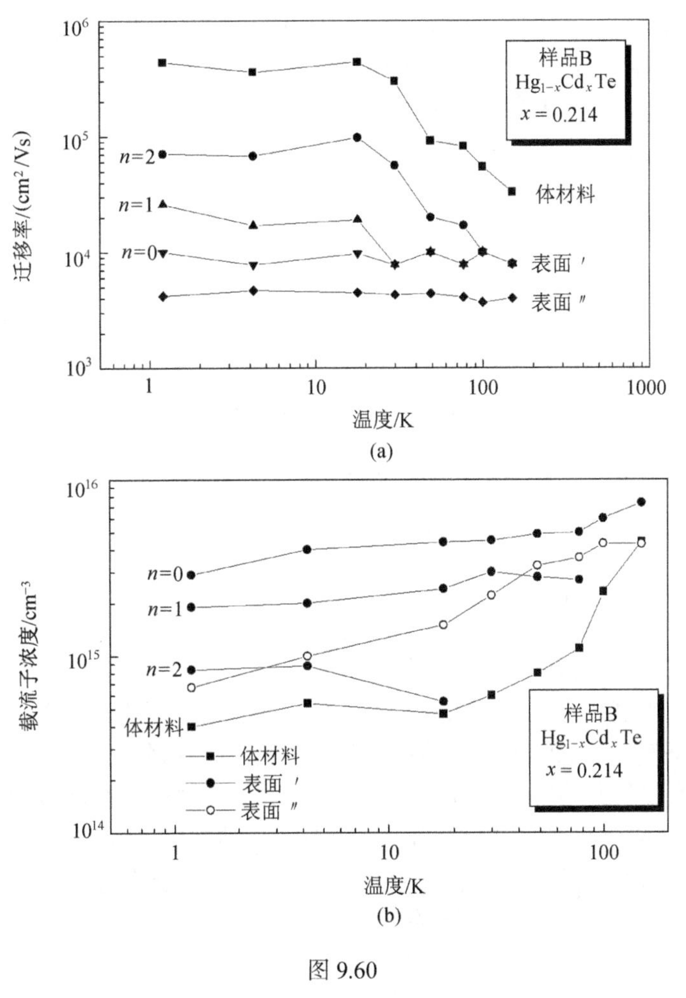

图 9.60

(a) 样品 B 中各类电子浓度随温度的变化；

(b) 样品 B 中各类电子迁移率随温度的变化

9.6 表 面 界 面

本节内容涉及光导器件，所以也可以在看过 11.1 节光电导器件之后阅读。

9.6.1 表面对 $Hg_{1-x}Cd_xTe$ 光导器件性能的影响

大部分用于 $Hg_{1-x}Cd_xTe$ 光导探测器的钝化工艺都会形成表面积累层，表面积累层对器件的性能有着重要影响，一方面，它可以降低表面复合速度和 $1/f$ 噪声，另一方面，它又降低了器件的本征电阻。人们很早就注意到钝化层对器件的重要性(Kinch 1981)，并不断对此进行深入的研究(Nemirovsky et al. 1989,

1990)。Nemirovsky 和 Bahir(1989)，Singh(1991)指出探测器的有效少子寿命对表面状态有依赖关系，特别是表面的快态和表面势。但是，这些研究都主要是定性分析的。这里将考虑到钝化引起的积累层带有明显的二维特性(Singleton et al. 1986c, Lowney et al. 1993)，采用了 Fang 和 Howard(1966)的变分法来计算表面势的分布，通过一维模型来求解光生载流子在空间的分布，计算 $Hg_{1-x}Cd_xTe$ 光导探测器的电压响应。从而进一步分析钝化对器件的影响(图 9.61)。

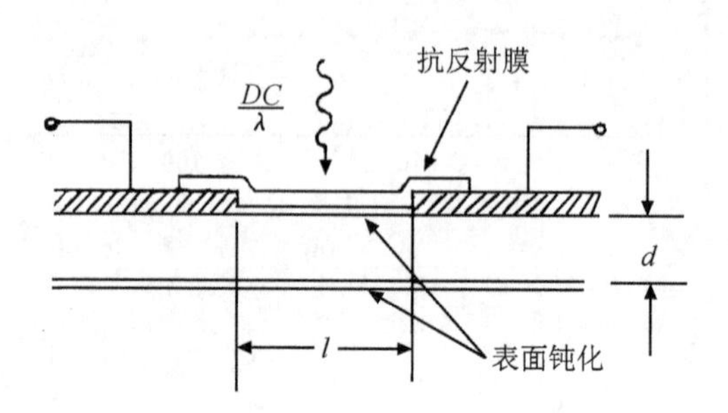

图 9.61　典型 $Hg_{1-x}Cd_xTe$ 光导探测器的剖面图

$Hg_{1-x}Cd_xTe$ 光导探测器的钝化层中存在着大量的固定正电荷，它们将在体材料的表面感应浓度相等的电子，这些电子分布在表面很薄的范围内，形成了一个准二维的电子气。对二维电子气的研究，理论上已有一系列的计算方法。使用的模型已从单带发展到多带，无论哪一种模型都必须从泊松方程和薛定谔方程着手。Fang 和 Howard(1966)采用的变分自洽法是其中一种相对简单而又实用的方法。根据该模型，考虑到表面积累层中，表面电子浓度远远高于体电子浓度，表面势 V_H 与表面固定正电荷密度 N_I 有如下关系

$$V_H = \frac{3N_I e^2}{2\varepsilon_s \varepsilon_0 b} \tag{9.95}$$

式中

$$b = \left(\frac{33 m_n^* e^2 N_I}{8\varepsilon_s \varepsilon_0 \hbar^2} \right)^{1/3} \tag{9.96}$$

式中：m_n^* 为电子的有效质量，e 为电子的电荷量，ε_0 为真空介电常数ε_s 为静介电常数。$Hg_{1-x}Cd_xTe$ 材料中静介电常数ε_s (Yadava et al. 1994)与材料组分 x 有关

$$\varepsilon_s = 20.8 - 16.8x + 10.6x^2 - 9.4x^3 + 5.3x^4 \tag{9.97}$$

当器件受到光辐射，只要存在表面复合，体内的光生载流子就会扩散到表面复合掉，$Hg_{1-x}Cd_xTe$ 表面积累层的表面势对空穴来讲是个势垒，它将阻止空穴向

表面的运动，在这种情况下，实际的表面复合速度会远远降低，此时有效表面复合速度(White 1981)

$$S_{\text{eff}} = S_0 \exp(-V_{\text{H}}/k_{\text{B}}T) \tag{9.98}$$

式中：S_0 为表面为平带情况下的表面复合速度，k 是玻尔兹曼常数，T 是绝对温度。

HgCdTe 光导探测器上下表面均存在积累层，如果认为上下表面的情况完全相同，探测器的电阻

$$R = \frac{1}{(N_{\text{b}}\mu_{\text{b}} + 2N_{\text{I}}\mu_{\text{s}}/d)e}\frac{l}{wd} \tag{9.99}$$

l、w、d 分别为探测器的长、宽、高。N_{b} 为体内的电子浓度，μ_{s} 是表面电子的迁移率，77K 时约为 $10^4\text{cm}^2/\text{Vs}$ 的量级(桂永胜等 1997)，μ_{b} 是体电子的迁移率，可由 Rosbeck 等人(1982)的公式计算获得，组分 0.2 左右的 HgCdTe 材料，77K 时迁移率约为 $1\sim3\times10^5\text{cm}^2/\text{Vs}$。

表面复合对材料的少子寿命有重要的影响，由于表面复合的存在，体寿命为 μ_{b} 的材料实际的净寿命 τ_{net} 将满足下式

$$1/\tau_{\text{net}} = 1/\tau_{\text{b}} + 1/\tau_{\text{s}} = 1/\tau_{\text{b}} + 2S_{\text{eff}}/d \tag{9.100}$$

式中已考虑了表面势对表面复合速度的影响，所以在计算实际的净寿命时，采用了式(9.98)的有效表面复合速度。

工作在恒流模式的光导探测器，在单一波长 λ 的光辐射下，电压响应 R_{v}

$$R_{\text{v}} = (\lambda/hc)\eta qR(\mu_{\text{b}}E\tau_{\text{net}}/l) \tag{9.101}$$

式中：E 为偏置电场强度，c 是光速，h 是普朗克常数，η 是量子效率。

为了研究表面固定电荷对器件性能的影响(仅考虑 77K 时的情况)，假定光导探测器为 n 型样品，组分是 0.214，材料的体寿命为 10ns~10ms，掺杂浓度在 $5\times10^{14}\sim5\times10^{15}\text{cm}^{-3}$ 的范围，表面电子的迁移率为 $2\times10^4\text{cm}^2/\text{Vs}$。探测器的光敏面为 50μm×50μm，厚度为 8μm。入射光的波长为 10.6μm，量子效率为 0.6，偏置电场强度为 20V/cm。

探测器的电阻对表面固定电荷的依赖关系如图 9.62 所示。由钝化引起的表面电子积累层，是一个高电导区，它的存在减小了器件的电阻，降低了器件的性能。从图中显然可见，当表面固定正电荷密度 $N_{\text{I}} = 10^{11}\sim10^{12}\text{cm}^{-2}$ 时，表面固定电荷对探测器电阻的作用发生转变。当 $N_{\text{I}} < 10^{11}\text{cm}^{-2}$ 时，探测器的电阻基本与表面钝化无关，主要由体材料的情况决定。当 $N_{\text{I}} > 10^{12}\text{cm}^{-2}$ 时，探测器的电阻基本与体材料的情况无关，主要由表面钝化引起的表面电子浓度决定。

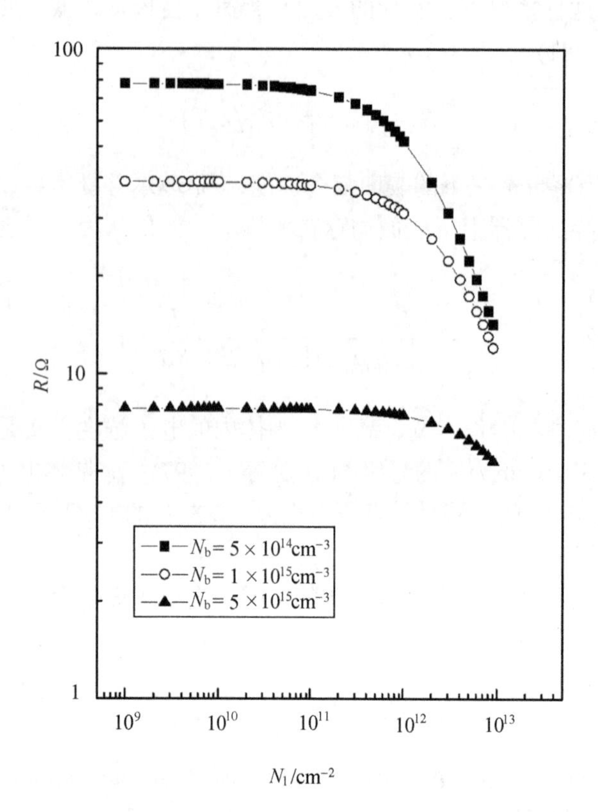

图 9.62　不同掺杂浓度 N_b 器件的电阻 R
与表面固定电荷密度 N_I 的关系

图 9.63 为表面固定电荷对探测器净寿命 τ_{net} 的影响。当 N_I 的值较小时，t_{net} 随 N_I 的增加迅速提高，直至达到 τ_b。表面固定电荷的存在，将在 n 型探测器表面形成一个电子积累层。积累层的存在使能带在表面处发生弯曲，形成一个电子势阱，对体内的少数载流子(空穴)来说就是个势垒，它阻碍着光生空穴向表面的扩散，减小了由于表面复合而损失的光生空穴数目，所以，表面积累层的作用相对于减小了表面复合速度。表面势是随固定电荷密度的增加而增加，其具体关系如式(9.95)所示。当固定电荷浓度 N_I 大于 3×10^{11}cm^{-2} 时，即使表面复合速度高达 1×10^5cm/s，由于固定电荷引起的空穴表面势垒非常高，探测器中的光生空穴基本上不能翻越这个势垒到达表面，这一现象对提高探测器的性能有利。

图 9.64 为体材料中不同掺杂浓度下，电压响应随固定电荷密度变化的关系。探测器中少子的寿命是 1μs，表面复合速度为 1000cm/s，这是个高探测率的器件。当钝化层中固定电荷密度超过 10^{11}cm^{-2} 时，表面势垒的存在减少了表面复合的光生空穴，提高了器件的性能。一旦固定电荷密度超过了 10^{12}cm^{-2}，表面重积累层的电导率提高，减小了器件的本征电阻，降低了器件的性能。随着电荷密度的进

一步增加，尤其是低掺杂浓度的器件，性能下降的很快。

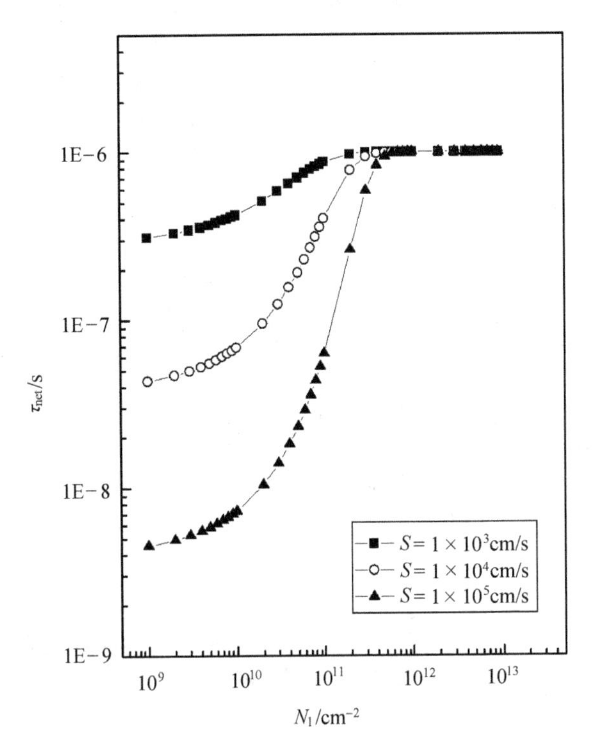

图 9.63　不同表面复合速度器件 S_0 的净寿命 τ_{net} 与表面固定电荷密度 N_I 的关系

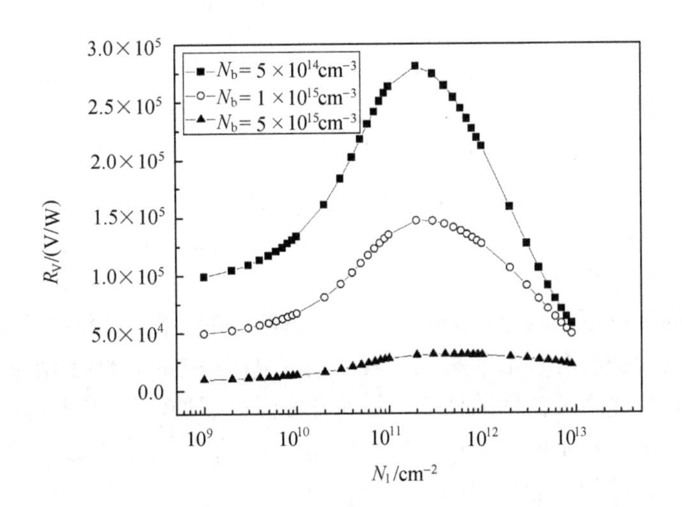

图 9.64　不同掺杂浓度 N_b 器件的电压响应 R_V 与表面固定电荷密度的 N_I 关系，其中 $S_0=1000$cm/s, $\tau_b=1\mu$s

图 9.65 是不同表面复合速度下，电压响应随固定电荷密度变化的关系。探测器中少子寿命为 1μs，体内的掺杂浓度为 $5\times10^{14}cm^{-3}$。明显看出，在 10^{11}~$10^{12}cm^{-2}$ 的范围内，电压响应有一峰值，随着表面复合速度的提高，峰向固定电荷密度增加的方向移动。峰的高度直接由表面复合速度决定，表面复合速度低的探测器，电压响应的极值高。当固定电荷密度大于 $6\times10^{11}cm^{-2}$ 时，表面复合速度相差两个量级的探测器，它们的性能基本相同，这就说明选择不同的钝化工艺，控制探测器的有效表面复合速度，可以提高器件的性能。

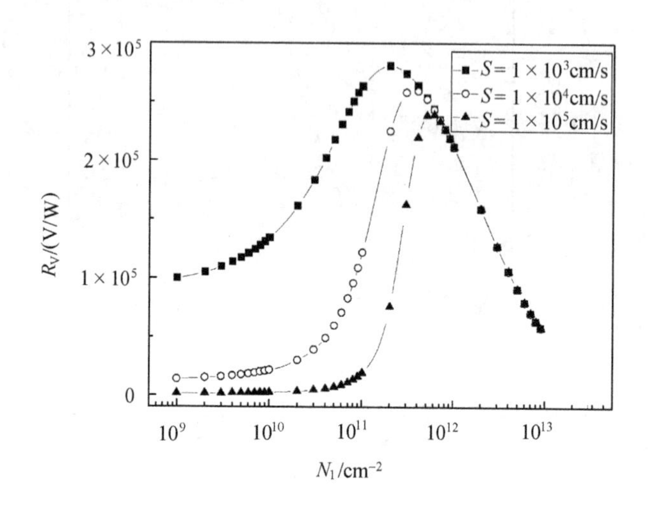

图 9.65　不同表面复合速度 S_0 器件的电压响应 R_v 与表面固定电荷密度 N_I 的关系，其中 $N_b = 5\times10^{14}cm^{-3}$，$\tau_b = 1\mu s$

探测器中少子寿命 τ_b 对电压响应~固定电荷密度关系的影响如图 9.66 所示。计算中体内的掺杂浓度取为 $5\times10^{14}cm^{-3}$，表面复合速度取为 $10^5cm/s$。在表面固定电荷密度低于 $10^{11}cm^{-2}$ 的情况下，器件的性能基本与少子寿命无关，因为此时器件中的有效寿命 τ_{net} 基本由表面复合速度决定。表面固定电荷密度在 10^{11}~$10^{12}cm^{-2}$ 的范围内,探测器的性能变化很大，对长寿命的器件($\tau_b = 10mm$)，探测器的电压响应变化了两个数量级以上。

由上面的讨论可以看出，HgCdTe 光导探测器的性能与探测器钝化工艺引入的表面固定电荷密度有着重要关联。表面固定电荷一方面减小了由于表面复合损失的光生空穴，提高了器件的性能；另一方面降低了器件的电阻，降低了器件的性能，这两方面互相矛盾。通过选择器件钝化工艺，改变器件表面的固定电荷密度，可以优化器件的性能。

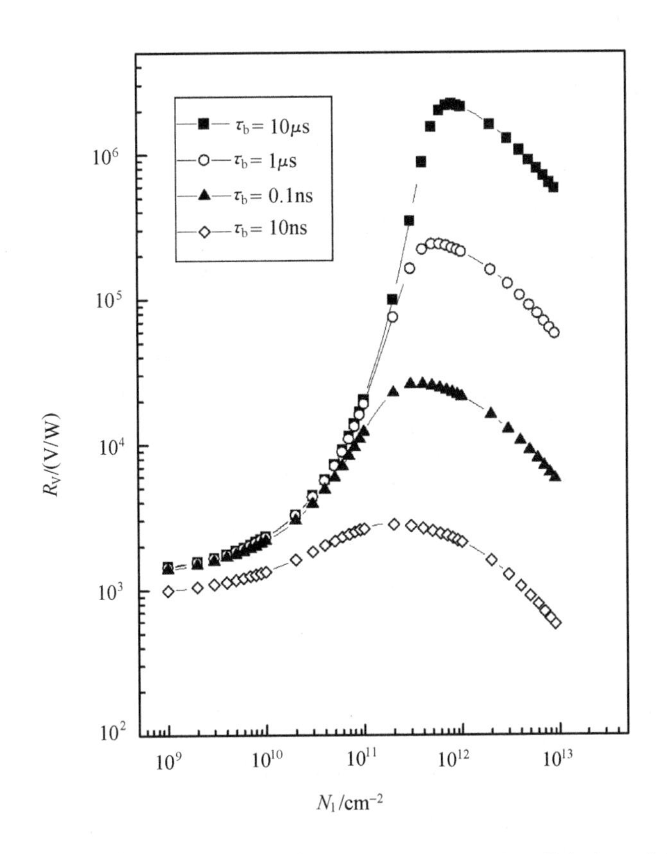

图 9.66　不同少子寿命 τ_b 器件的电压响应 R_V 与表面固定电荷密度 N_I 的关系，其中 $S_0 = 10^5$cm/s, $N_b = 5\times10^{14}$cm^{-3}

9.6.2　表面对 HgCdTe 光导器件的磁阻特性的影响

光导探测器技术较为成熟(Broudy　1981)。但由于材料本身的不稳定性(Nimtz　1979)，暴露在空气中的 HgCdTe 表面，极易被氧化，形成一层高电导的 n^+型积累层或反型层，影响了器件的性能。为降低表面复合速度和 $1/f$ 噪声而采用的阳极氧化等工艺，光导探测器表面也同样存在一层高电导的 n^+型积累层(Lowney et al.　1993)。因此，在 HgCdTe 光导探测器中，除了体电子对电导有重要贡献外，了解器件表面电子的电学性质，对提高器件性能也有重要意义。

光导探测器是一个两端器件，不能满足普通的 Hall 测量至少需要四个电极的要求，很多用于分析多载流子体系的方法，如多载流子拟合过程，混合电导分析法(Meyer et al.　1993, Antoszewski et al.　1996)以及最新的定量迁移率谱分析(Sziuba et al.　1992, Antoszewski et al.　1995, Meyer et al.　1995)，都不适用于分析光导探测器中体电子和表面电子的特性。磁阻测量被认为是一种研究复杂能带半导体的有效方法(Putley 1960)，可以用来估计载流子的迁移率。但由于磁阻表达式非常复杂，所以，传统的方法只能对单载流子体系进行分析，对多载流子体系的过程则异常复杂，而且往往不能求解。J. S. Kim 等(Kim et al. 1993, 1995)改进了磁阻测量，发展为 RCT(reduced conductivity tensor)约化电导张量法，使之成为一种简单、实用的方法，并可以方便地分析多载流子体系的输运过程。

本节利用 RCT 方法对光导探测器的变磁场数据进行处理，理论计算与实验结果较为符合，同时给出了光导探测器中体电子和表面电子的浓度和迁移率随温度的变化关系。

先对 RCT 方法进行简要回顾。文献(Kim et al. 1993，1995)给出了利用 RCT 方法处理变磁场数据的基本方法。在本书 5.4 节中也有讨论。这里只讨论在光导探测器中存在对电导贡献较大的表面电子和体电子的 RCT 方法。

首先定义磁阻 M，它是磁场强度 B 的函数

$$M(B) = \frac{\rho(B) - \rho(0)}{\rho(B)} \tag{9.102}$$

式(9.102)中 $\rho(B)$ 是样品的电阻率，$\rho(0)$ 是未加磁场下的电阻率。$\rho(B)$ 与电导张量的纵向分量 σ_{xx} 和横向分量 σ_{xy} 有如下关系

$$\rho(B) = \frac{\sigma_{xx}}{\sigma_{xx}^2 + \sigma_{xy}^2} \tag{9.103}$$

通过式(9.102)和式(9.103)，可以得到磁阻 $M(B)$用电导张量来表示的解析式。与其他方法相比，RCT 似乎并不有效，但对光导探测器而言，它却是唯一可以获得迁移率和载流子浓度的方法，因为光导探测器是两端器件，只能测量电阻随磁场的变化，无法获得 Hall 电压。

在 RCT 分析过程中，考虑一个具有 J 种载流子的体系，$X(B)$和 $Y(B)$分别为电导张量纵向和横向分量的相对值，定义为

$$X(B) = \sigma_{xx}(B) / \sigma_{xx}(0) = \sum_{j=1}^{J} X_j, Y(B) = \sigma_{xy}(B) / \sigma_{xx}(0) = \sum_{j=1}^{J} Y_j \tag{9.104}$$

对于两种载流子的体系，$J = 2$。一般情况下，样品中载流子的种类不会超过 3 种，一个均匀性很差的样品，也可以认为体系中存在无限多种载流子。

式(9.104)中的 X_j 和 Y_j 满足

$$X_j = \frac{f_j}{1 + (\mu_j B)^2} \qquad Y_j = \frac{f_j \mu_j B}{1 + (\mu_j B)^2} \qquad f_j = \frac{s_j \mu_j N_j}{\sum s_j \mu_j N_j} = \frac{q s_j \mu_j N_j}{\sigma_{xx}(0)} \tag{9.105}$$

式中：s_j 代表载流子的电荷性，它与迁移率μ_j同号 $s_j = -1$ 代表电子，$s_j = 1$ 为空穴，f_j是一个无单位的量，它表示未加磁场下第 j 种载流子对电导的贡献；N_j 和μ_j分别是第 j 种载流子的浓度和迁移率，q 是电子的电荷量。在 RCT 过程中，N_j 是一个隐含变量，知道了$\mu_j f_j$，则

$$N_j = f_j \sigma_{xx}(0) / q s_j \mu_j$$

对于单载流子体系，$f_j = 1$，$X_j = 1/1+(\mu_j B)^2$，$Y_j = \mu B/1+(\mu_j B)^2$。对多载流子体系，在计算过程中，必须满足 $0 \leqslant f_j \leqslant 1$ 和 $\Sigma f_j = 1$，因为不存在对电导贡献为负值的载流子。

由式(9.102)~式(9.105)可得

$$M(B) = \frac{X}{X^2 + Y^2} - 1 \tag{9.106}$$

磁阻被定义为磁场的函数，并且与一系列载流子的(f_j, μ_j)有关。在一个只有两种载流子的体系中

$$M(B) = \frac{(\alpha \Delta B)^2}{1 + (\beta \Delta B)^2} \tag{9.107}$$

式中，$\alpha = \sqrt{f_1(1-f_1)}$，$\beta = \mu_1 / \Delta - f_1$，$\Delta = \mu_1 - \mu_2$。

当磁场很低时，$M(B) = (\alpha \Delta B)^2 \propto B^2$。当磁场很高时，$M(B) = (\alpha / \beta)^2$，$M(B)$ 是一个与磁场强度 B 无关的常数，只与系统中载流子的迁移率及浓度有关。在这儿定义磁阻从弱场到强场的转变区为 $B_1<B<B_2$($B<B_1$ 为低场区，$B>B_2$ 为高场区)，转变宽度 $W=\lg(B_2/B_1)=0.954$，其中 $M(B_1) = 0.1(\alpha/\beta)^2$ 和 $M(B_2) = 0.9(\alpha/\beta)^2$。

桂永胜等(桂永胜 1997)测量了 3 个 HgCdTe 光导器件和一块液相外延生长 HgCdTe 薄膜材料的磁阻。用两种载流子模型的约化电导张量(RCT)过程对实验数据进行了分析，拟合结果与实验值符合。

普遍认为 HgCdTe 光导探测器中主要存在两种载流子：体内电子和表面钝化引起的表面电子。探测器一般工作在 77K 下，此时表面电子对器件的电学性质有着重要影响，表面电子的迁移率在 $10^4 cm^2/Vs$ 量级，虽然比体电子的迁移率低一个量级，但是由于它的浓度很高，约在 10^{11}~10^{12}cm 量级，所以综合考虑起来，表面电子对电导的贡献还是可以与体电子的贡献相比。

器件 D685-6，D685-2 和 D684-5 为由体材料制备的 $Hg_{1-x}Cd_xTe$ 光导探测器 $x = 0.214$，尺寸为 888μm×290μm×8μm，表面经过了钝化处理。图 9.67 为 1.2K 时，器件 D685-7 和 D684-5 的磁阻 $M(B)$和 B 的关系。图 9.67 中点为实验数据，曲线为采用两种载流子模型对磁阻数据进行拟合的结果，两者符合的很好。拟合结果

如表 9.5 所示。μ_1 和 N_1 为体电子的迁移率和浓度，μ_2 和 N_2 为表面电子的迁移率和浓度。

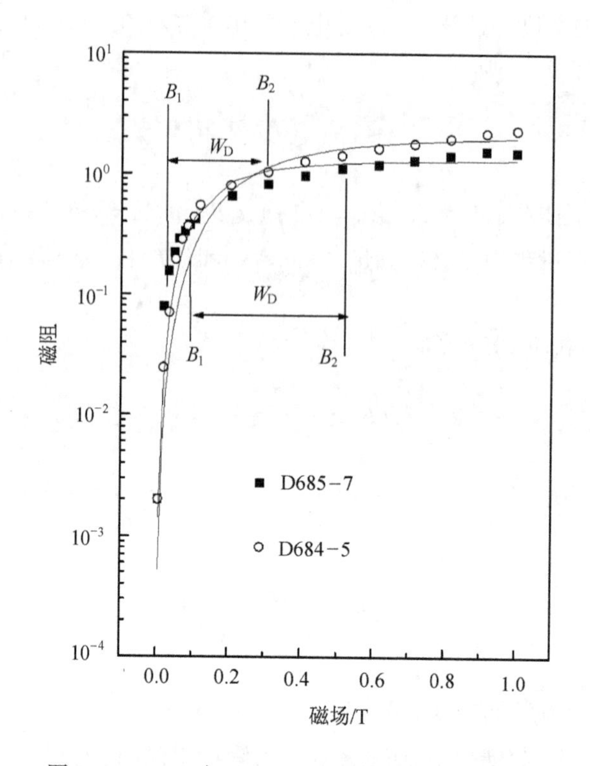

图 9.67　1.2K 时, HgCdTe 光导探测器的磁阻曲线

图中实线为拟合结果，样品 D685-7：$\mu_1 = -2.65\times10^5 cm^2/Vs$，$\mu_2 = -3.12\times10^4 cm^2/Vs$, $f_1 = 0.73$；样品 D684-5：

$\mu_1 = -2.23\times10^5 cm^2/Vs$, $\mu_2 = -2.18\times10^4 cm^2/Vs$, $f_1 = 0.86$；W_D 由拟合值计算得到

在 RCT 法中，二维电子被认为在整个厚度范围内是均匀分布的，因此将表 9.5 中的表面电子浓度除以厚度就可以换算为面密度，器件 D685-7 和 D684-5 的电子浓度分别为 $1.92\times10^{12} cm^{-2}$ 和 $4.03\times10^{12} cm^{-2}$。器件 D685-7 和 D684-5 中表面电子对电导的贡献分别为 27%和 14%，说明表面电子对器件的性能有着重要的影响。

实际的 HgCdTe 探测器中除了表面电子和体电子外，还存在其他的多种载流子，如轻空穴、重空穴；由于 HgCdTe 材料本身的不均匀性，每种载流子的迁移率并非唯一，而是有一定的展宽效应；另外能带的非抛物型也增加了材料的复杂性，所有这些原因导致了图 9.67 中实验数据与拟合结果仍存在一些误差。

磁阻测量除了可以对光导探测器进行分析外，同样可以用来分析制备光伏器

件用的 p 型 HgCdTe 材料。用来制备光伏器件的 HgCdTe 材料，表面往往存在二维电子气，在霍尔测量中，往往会将性能优良的 p 型 LPE 材料错误地当成质量低劣的 n 型材料。图 9.68 为采用两种载流子 RCT 模型对样品 LPE-1 在 77K 时 $M(B)$~B 数据的拟合结果，图 9.68 中的曲线为拟合结果。样品 LPE-1 外延材料为性能优良的 p 型材料，由于表面电子的存在，体内空穴对电导的贡献仅为 7.5%，材料呈现 n 型。通过 RCT 分析，就可以获得材料较为真实的信息。

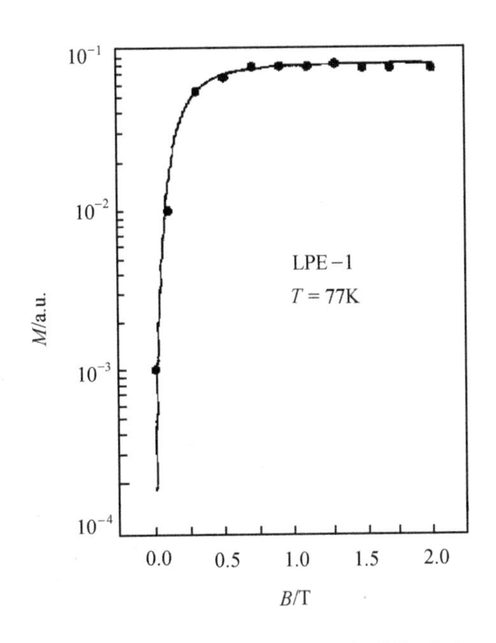

图 9.68　77K 时，样品 LPE-1 实验值(实点)
与两载流子拟合结果(虚线)

在 1.2~300K 的范围，对器件 D685-2 进行一次变磁场的输运实验，利用 RCT 分析方法，观察器件中不同载流子浓度和迁移率与温度的关系，结果如图 9.69 所示，图 9.69 中曲线由实验数据平滑所得。从图 9.69(a)和(b)可见：体电子的浓度在 1.2~100K 范围内，基本没有变化，当温度超过 100K，随温度的升高，载流子浓度迅速上升；体电子的迁移率在低温下，随温度的上升，缓慢增加，在 35K 左右达到最大值，温度再升高，迁移率迅速下降；表面电子的浓度和迁移率在 1.2~100K 范围内基本与温度无关，这与文献(Reine et al.　1993)报道的 n 型 HgCdTe 样品中表面电子的行为一致。温度高于 100K，体电子的浓度迅速增加，表面电子对电导的贡献相对体电子的贡献越来越小，几乎可以忽略表面电子的存在，此时采用该方法拟合实验数据，得到的表面电子浓度和迁移率将与实际情况相差较大。

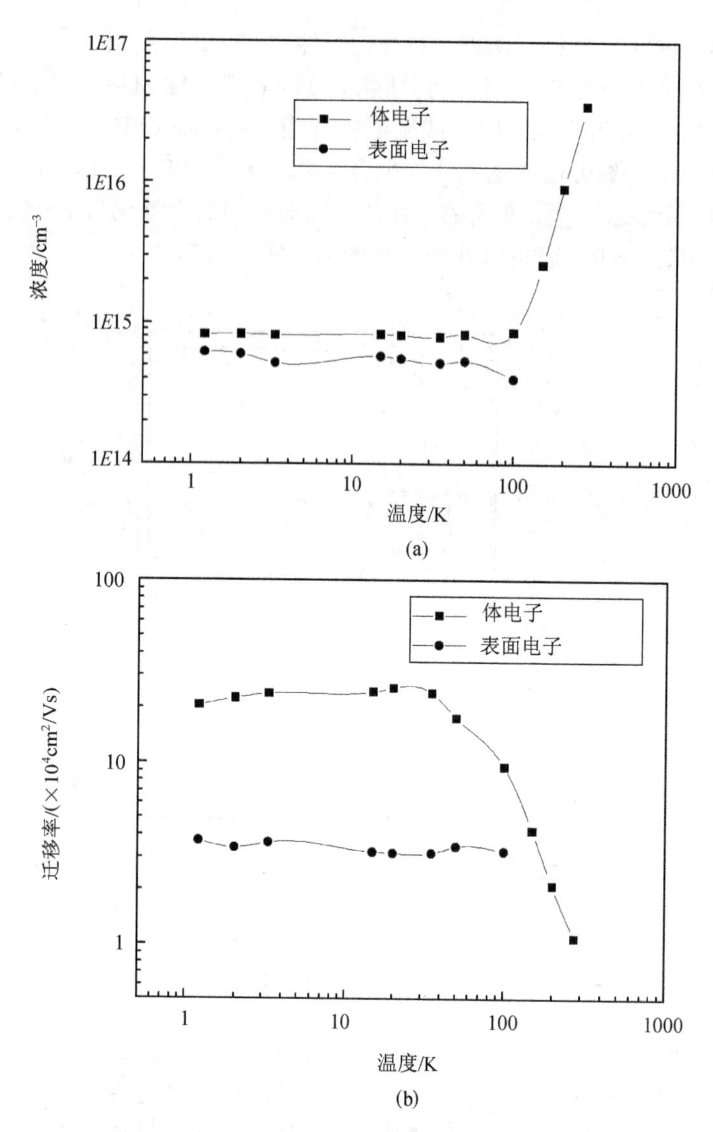

图 9.69　77K 时，样品 D685-2 中不同载流子的浓度和迁移率的关系

(a) 载流子浓度与温度的关系；(b) 迁移率与温度的关系

9.6.3　表面对 $Hg_{1-x}Cd_xTe$ 磁阻振荡的影响

表面积累层两维结构的输运特性还可以用 SdH 测量来研究(Justice et al. 1988)。对于 $Hg_{1-x}Cd_xTe$ 窄禁带半导体，材料的有效质量很小，导致了朗道能级之间存在较大间距，量子效应非常明显。SdH 量子输运现象主要发生在低温条件下，此时简并半导体的磁阻会随磁场强度发生振荡，与其他测量方法相比，利用 SdH 效应的测量可以通过改变样品与磁场的夹角区分两维和三维载流子的行为，

此外它还可以研究电子的浓度、有效质量，以及散射机制(Chang et al. 1982；Koch 1982, 1984； Singleton et al. 1986b, 1986c)。

本节利用 SdH 效应研究 $Hg_{1-x}Cd_xTe$ 光导探测器表面积累层的输运特性，样品光敏面为 2.5×10^{-5}~$1.4\times10^{-4}cm^{-2}$，厚度 7~8μm。探测器的上下表面均采用同一工艺钝化。

不同温度下，样品 S9601 的电阻率随磁场(磁场方向与表面垂直)的变化如图 9.70 所示，从图中可以发现除了振荡的幅度随温度上升而下降外，振荡的形状基本没有变化，当磁场方向与表面平行时，振荡消失了(除了 12.5K 时，0~1T 之间的部分振荡)。图 9.70 中振荡的周期并不是简单呈 $1/B$ 规律，表明样品中存在多种载流子。傅里叶变换可以分析这种复杂的结构，从中发现不同载流子的振荡周期。图 9.71 为 SdH 振荡的傅里叶变换结果。在每种温度中，都可以发现 4 个峰，0，1，0′和 1′，表明在 $Hg_{1-x}Cd_xTe$ 光导探测器的每个表面都存在两个子能带(0 和 1 在一表面，0′和 1′为另一表面)，这就说明了子带电子的有效质量很小，对应的态密度较低，电子占据了多个子带。另外，在 12.5K 时发现了一个尖锐的峰，它对应着浓度为 $5.2\times10^{14}cm^{-3}$ 的体电子。表 9.6 为从傅里叶变换获得的不同子带的电子浓度，从中可以发现电子浓度基本与温度无关。

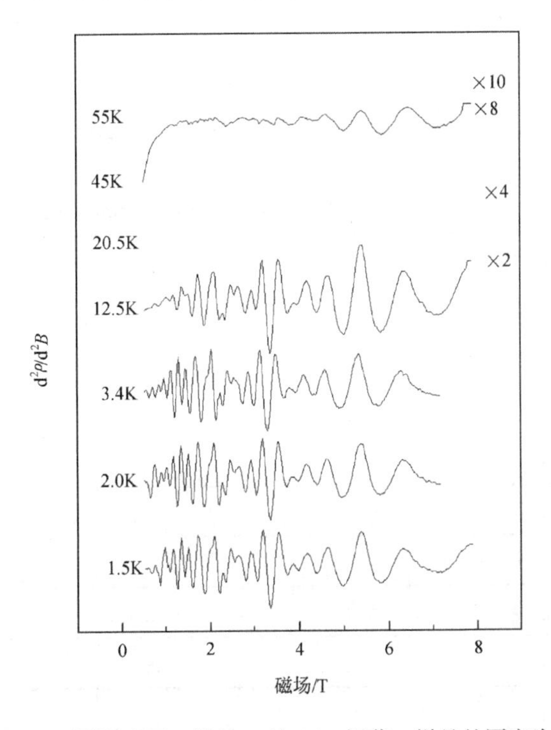

图 9.70 不同温度下，样品 A 的 SdH 振荡，样品的厚度为 7μm

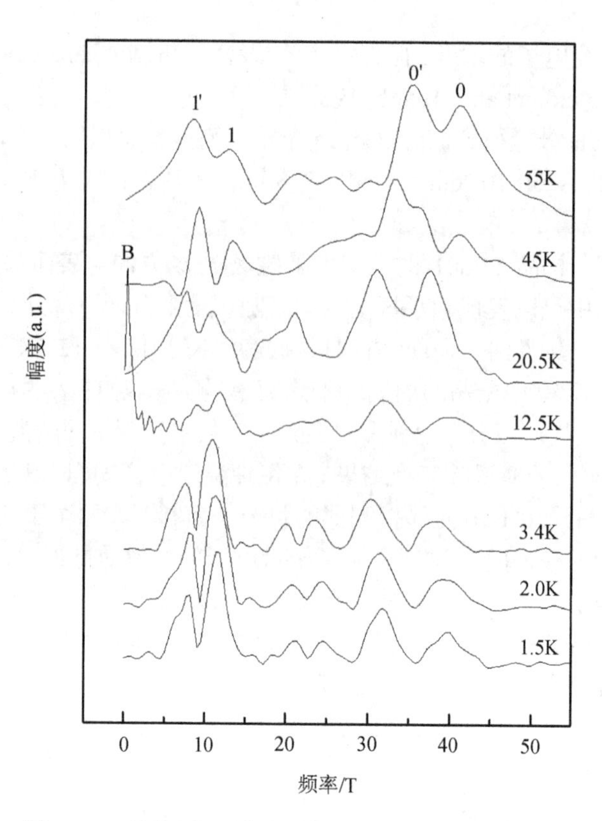

图 9.71　不同温度，样品 S9601SdH 振荡的傅里叶变换

表 9.6　不同温度，样品 S9601 中不同子带的电子浓度

	电子浓度/$\times10^{12}\text{cm}^{-2}$			
T	0	1	0′	1′
1.5K	0.40	0.57	1.53	1.93
2.0K	0.41	0.54	1.50	1.87
3.4K	0.36	0.53	1.46	1.82
12.5K	0.43	0.57	1.54	1.92
20.5K	0.37	0.53	1.50	1.82
45K	0.44	0.61	1.58	1.94
55K	0.41	0.62	1.66	1.96

9.6.4　表面对 $Hg_{1-x}Cd_xTe$ 光导器件的电阻率-温度关系的影响

9.6.3 节的讨论中发现了在低温下表面各子带中的载流子浓度，基本上不随温

度变化。考虑到温度升高后，体材料中本征载流子浓度会呈指数增加，而表面及体的迁移率基本上呈相同的变化趋势，这样表面载流子对电导的贡献会越来越小，这里可以假设表面的载流子浓度与温度无关。为简单起见，假定 $Hg_{1-x}Cd_xTe$ 光导探测器中上下表面的状况基本相同。根据这些假定，可建立一个用于拟合 $Hg_{1-x}Cd_xTe$ 光导探测器电阻率-温度关系的三带模型(体电子、表面基态电子和激发态电子)

$$\rho(T)=\frac{1}{e[n_{\mathrm{b}}(T)\mu_{\mathrm{b}}(T)+2n_{\mathrm{s0}}(T)\mu_{\mathrm{s0}}(T)/d+2n_{\mathrm{s1}}(T)\mu_{\mathrm{s1}}(T)/d]} \tag{9.108}$$

式中：$n_{\mathrm{b}}(T)$、$n_{\mathrm{s0}}(T)$、$n_{\mathrm{s1}}(T)$ 和 $\mu_{\mathrm{b}}(T)$、$\mu_{\mathrm{s0}}(T)$、$\mu_{\mathrm{s1}}(T)$ 分别为体电子和两类表面电子的浓度和迁移率，表面电子浓度与温度无关。体电子的迁移率由文献(Parat et al. 1990)给出

$$\mu_{\mathrm{b}}=\left\{\frac{1}{\mu_{300}[m_e^*(300\mathrm{K})/m_e^*(T)(300/T)^{1.9}]}+\frac{1}{\mu_{\mathrm{b0}}}\right\}^{-1} \tag{9.109}$$

$m_e^*(300\mathrm{K})$，μ_{300} 为 300K 时，体电子的有效质量和迁移率，μ_{b0} 为体电子极低温度下的渐近值。表面电子迁移率满足

$$\mu_{\mathrm{s0}}=\left(\frac{1}{\mu_{\mathrm{b}}}+\frac{1}{\mu_0}\right)^{-1} \tag{9.110}$$

$$\mu_{\mathrm{s1}}=\left(\frac{1}{\mu_{\mathrm{b}}}+\frac{1}{\mu_1}\right)^{-1} \tag{9.111}$$

μ_0、μ_1 为极低温下，表面电子的渐近值。体电子的浓度满足

$$n_{\mathrm{b}}=\frac{(N_{\mathrm{D}}-N_{\mathrm{A}})+\sqrt{(N_{\mathrm{D}}-N_{\mathrm{A}})^2+4n_{\mathrm{i}}^2(x,T)}}{2} \tag{9.112}$$

在拟合过程中，μ_0、μ_1、μ_{b0} 和 n_{s0}、n_{s1}、$N_{\mathrm{D}}-N_{\mathrm{A}}$ 为拟合参数，在拟合过程中，表面子带电子的浓度的初值如果采用 SdH 测量的结果，拟合结果就会与实际情况符合的更好。图 9.72 为 $Hg_{1-x}Cd_xTe$ 光导探测器样品的实验结果和拟合结果对照，从图中可以发现，拟合的结果相当好，表 9.7 为拟合结果。我们在拟合过程中发现了 $Hg_{1-x}Cd_xTe$ 表面积累层中，基态电子的迁移率要比激发态电子的迁移率小，如果认为基态和激发态电子具有相同的弛豫时间，那么 $(\mu_0/\mu_1)^{-1}$ 反映了基态和激发态电子有效质量的比，也反映了在 $Hg_{1-x}Cd_xTe$ 表面积累层中，基态电子的有效质量比激发态的大。

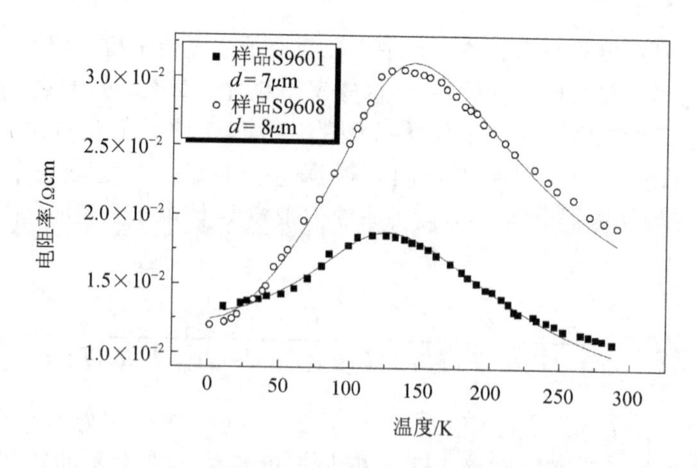

图 9.72 样品 S9601 和 S9608 电子率温度关系

图中点为实验数据，实线为拟合结果，样品 S9601 的厚度为 7μm，S9608 为 8μm

表 9.7 各类电子在极低温度下的载流子浓度和迁移率

样品	N_D-N_A /$\times10^{14}cm^{-3}$	n_{s0} /$\times10^{12}cm^{-2}$	n_{s1} /$\times10^{12}cm^{-2}$	μ_{b0} /$\times10^{5}cm^{2}/Vs$	μ_0 /$\times10^{4}cm^{2}/Vs$	μ_1 /$\times10^{4}cm^{2}/Vs$
S9601	4.52	4.24	1.34	3.21	4.52	6.56
S9608	9.1	2.68	0.91	3.25	5.03	6.81

参 考 文 献

玻姆. 1982. 量子理论. 侯德彭译. 北京：商务印书馆
陈颍键. 1993. 量子霍尔效应. 北京：科技文献出版社
褚君浩等. 1982. 科学通报, 27:403
褚君浩等. 1985. 红外研究, 4:255
褚君浩. 1985. 红外研究, 4:439
褚君浩, 糜正瑜. 1987. 物理学进展, 7:311
褚君浩. 1989. 红外研究, 8:327
褚君浩,Sizmann R, Wollarb R et al. 1989. 红外研究, 8:327
褚君浩, Sizmann R, Koch F. 1990a. 中国科学 A, 5:515
褚君浩, Sizmann R, Koch F. 1990b. 半导体学报, 11:332
褚君浩, 糜正瑜. 1991a. 红外毫米波学报, 10:427
褚君浩, 沈学础, Sizmann R et al. 1991b. 红外与毫米波学报, 10: 44
桂永胜, 郑国珍, 褚君浩等. 1997. 半导体学报, 18:667
桂永胜, 褚君浩, 蔡毅等. 1998. 物理学报, 47:1354
黄河, 郑国珍, 童斐明等. 1993. 红外毫米波学报, 12:309
刘恩科. 1984. 半导体物理学. 上海:科技出版社
梅西亚 A. 1986. 量子力学, 第二卷. 苏汝铿，汤家镛译. 上海：科技出版社
熊小明. 1987. 博士学位论文，上海技术物理研究所
Amelio G F. 1972. Surface Sci. 29:125

Ando T, Fowler A B, Stern F. 1982. Rev. Mod. Phys.,54:437
Ando T. 1985. J.Phys.Soc.Jpn.,54:2676
Antoszewski J et al. 1995. J. Electron. Mater., 24:1255
Antoszewski J, Faraone L. 1996. J. Appl. Phys., 80:3881
Brenig W, Kasai H. 1982. Z. Phys. B-condensed matter, 54:191
Broudy R M. 1981. Semiconductors and Semimetals. New York: Academic. 18:157
Bychkov Y A, Rashba E I. 1984. J. Phys., C17: 6039
Chang L L, Mendez E E, Kawai N J et al. 1982. Surf. Sci., 113:306
Chapman R A. 1978. Appl. Phys. Lett., 32:434
Chu J H, Mi Z Y, Sizmann R et al. 1991. Phys. Rev. B, 44:1717
Chu J H et al. 1983. Appl. Phys. Lett., 43:1064
Chu J H et al. 1992. J. Vac. Sci. Tech., B 10:1569
Dornhaus R, Nimtz G. 1983. The properties and applications of the MCT alloy system in narrow-gap semiconductors. In: Springer Tracts in Modern Phys. 98: 130
Fang F F, Haward W E. 1966. Phys. Rev. Lett., 16:797
Fano U. 1961. Phys. Rev., 124: 1866
Justice R J, Seiler D G, Zawadzki W, et al. 1988. J. Vac. Sci. Technol. A6, 2779
Kim J S et al. 1993. J. Appl. Phys., 73:8324
Kim J S et al. 1995. J. Electron. Mater., 24:1305
Kinch M A. 1981. Semiconductors and Semimetals. New York: Academic, 18: 313~384
Koch F. 1975. Narrow Gap Semiconductors. Berlin:Springer-Verlag
Koch F. 1982. Physics of Narrow Gap Semiconductors. in Lecture Notes in Physics. New York: Springer, 152: 92
Koch F. 1984. Two-Dimensional Systems, Heterostructrues, and Superlattics. Solid State Science Series. New York: Springer, 53: 20
Kuhn M. 1970. Solid State Electron., 13:873
Lehovec K, Slobodskoy A. 1964. Solid State Electron., 7:59
Lowney J R et al. 1993. J.Electron.Mater.,22:985
Macdonals J R. 1964. J. Chem. Phys., 40:3735
Malcher F, Nachev I, Ziegler A, et al. 1987. Z. Phys. B-condensed matter, 68:437
Margues G E, Sham L J. 1982. Surf. Sci., 113:131
McCombs B D, Wagner R J. 1971. Phys. Rev. Lett., 4: 1285
Merkt U, Oelting S. 1987. Phys. Rev. B, 35: 2460
Meyer J R et al. 1993. Semicond. Sci. Technol., 8:805
Meyer J R et al. 1995. Advanced Magneto-Transport Characterization of LPE-Grown $Hg_{1-x}Cd_xTe$ by QMSA. MCT Workshop
Nachev I. 1988. Semicond.Sci.Technol.,3:29
Nemirovsky Y, Kirdron I. 1979. Solid-State Electron.,22:831
Nemirovsky Y, Bahir G. 1989. J. Vac. Sci. Technol. A, 7:450
Nemirovsky Y. 1990. J. Vac. Sci. Technol. A, 8:1185
Nemirovsky Y, Bahir G. 1991. J.Vac.Sci.Technol.A,7:450
Nimtz G, Slicht B, Dornhaus R. 1979. Appl.Phys.Lett.,34:410
Nicholas R J, Nasir F, Singleton J. 1988. J.Cryst.Growth, 86:656
Nicollien E H, Goetzberger A. 1967. BSTJ, 46:1055
Ohkawa F J, Uemura Y. 1974. Jpn. J. Appl. Phys. Suppl., 2:2; J. Phys. Soc. Jpn., 37:1325
Parat K K, Taskar N R, Bhat I B, et al. 1990. J. Crystal Growth, 106:513
Putley E H. 1960. The Hall Effects and Semiconductor Physics. New York: Dover
Reine M B, Maschoff K R, et al. 1993. Semicond. Sci. Technol., 8:788
Rössler U, Malcher F, Lommer G. 1988. In: Landwehr ed, Proceedings of the International Conference of Applications of

High Magnetic Field in Semiconductor Physics. 157
Rosbeck J P et al. 1982. J. Appl. Phys. 50: 6430
Scoot W. 1976. J. Appl. Phys., 47:1408
Singh R, Gupta A K, Chhabra K C. 1991. Def. Sci. J.(India), 41:231
Singleton J, Nasir F, Nicholas R J. 1986a.SPIE,659:99
Singleton J, Nicholas R J, Nasir F et al. 1986b. J. Phys. C, 19:35
Singleton J, Nasir F, Nicholas R J. 1986c. Proc. SPIE, 659:99
Sizmann R, Chu J H, Wollarb R et al. 1988. Proceeding of 19th International Conference on Physics of Semiconductors. Warsaw, 471
Sizmann R, Chu J H et al. 1990. Semicond. Sci. Technol. 5:S111
Stahle C M, Helms C R. 1982. J. Vac. Sci. Technol., 5:1092
Stern F. 1972. Phys. Rev. B, 5:4891
Sziuba Z, Gorska M. 1992. J. Phys. III France, 2:99
Takada Y, Arai K, Uchimura N et al. 1980. J. Phys. Soc. Jpn. 49: 1851
Takada Y, Uemura Y. 1977. J. Phys. Soc. Jpn.,43: 137
Takada Y, Arai K, Uemura Y. 1982. Physics of Narrow Gap Semiconductors, Lecture Notes in Physics 152 Berlin:Springer, 101
Takada Y. 1998. J. Phys. Soc. Jpn., 50: 1998
White A M. 1981. J. Phys. D: Appl. Phys.,14: L1-3
Yadava R D S, Gupta A K, Warrier A V R. 1994. J. Electron. Mater.,23:1359
Yang M J, Yang C H et al. 1989. Appl. Phys. Lett., 54:265
Zawadzki W. 1983. J. Phys. C: Solid State Phys.,16: 131
Ziegler A, Rössler U. 1988. Solid State Commun., 65: 805
Ziegle A, Rössler U. 1989. Europhys. Lett., 8: 543

第 10 章　超晶格和量子阱

10.1　半导体低维系统

10.1.1　能带的色散关系

在三维晶体中，带边载流子的运动可用一准粒子模型来描述。准粒子的有效质量 m^* 计及了其与周期性晶场的相互作用。在一级近似下，m^* 不倚赖于方向，准粒子的本征能量 E^{3D} 是在 $\boldsymbol{k}$ 空间各向同性的连续能量分布

$$E^{3D}(k) = \frac{\hbar^2}{2m^*}(k_x^2 + k_y^2 + k_z^2) \tag{10.1}$$

式中：k_x、k_y、k_z 分别代表沿 x、y、z 方向的波数。

如果载流子被限制在低维结构如二维量子阱或一维量子线或零维量子点中，且这种低维结构的线度与载流子的德布罗意波长相当，则载流子的态密度等电子属性将表现出量子结构。

相对于三维体材料，量子阱结构在沿着材料生长方向引入了量子束缚。在抛物线近似下，式(10.1)对于二维量子阱有形式

$$E^{2D} = E_{z,n_z} + \hbar^2 \big/ 2m_{xy}^*(k_x^2 + k_y^2) \tag{10.2}$$

式中：k_z 相关能量 k_z、k_z 可以在有效质量近似(EMA)(Weisbuch et al.　1991)的框架下由下面的 Schrödinger 方程式来表示

$$\left[-\frac{\hbar^2}{2m^*(z)}\frac{\partial^2}{\partial z^2} + V(z)\right]\phi(z) = E_{z,n_z}\phi(z) \tag{10.3}$$

在这里，$m^*(z)$是阱层(w)材料或者垒层(b)材料的载流子有效质量，$V(z)$是载流子势阱深度，$\phi(z)$是载流子量子限制态的包络波函数。

对于一种极端情形，即 $V(z)\to\infty$，为无限深量子阱。式(10.2)和式(10.19)中的 $E_{z,\ n}$ 有解析解

$$E_{z,n_z} = \frac{\hbar^2\pi^2}{2m_z^*}\left(\frac{n_z^2}{L^2}\right) \tag{10.4}$$

因而可以看出，量子阱中载流子的能量本征值实际上是由连续量和分立量两部分构成的。由三维到二维，能带相应地由连续分布变到由 n 决定的一系列子带。

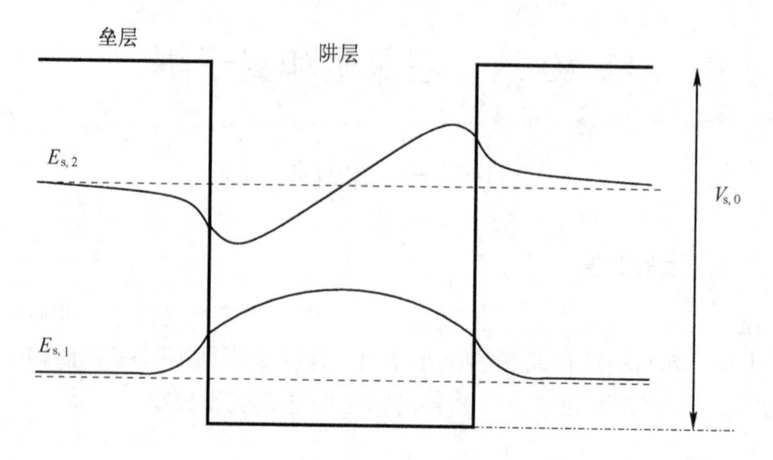

图 10.1　有限方量子阱中最低两个受限子能级与其波函数。波函数在界面处的拐点是由于阱层和垒层材料的有效质量不同引起的

实际量子阱的势垒通常是有限高的。在有限深量子阱情况，假定势阱对势阱中线有如下反射对称性：$V(z)=V(-z)$(图 10.1)，则在方势阱近似下式(10.3)的解只能是奇宇称态或偶宇称态。偶宇称态下可写为(Haug et al.　1993，Bastard et al.　1991)

$$\phi(z)=\begin{cases}\cos kz & 当\ |z|<L/2\\ B\mathrm{e}^{-\kappa(|z|-L/2)} & 当\ |z|>L/2\end{cases}\tag{10.5}$$

奇宇称态下波函数可写为

$$\phi(z)=\begin{cases}\sin kz & 当\ |z|<L/2\\ B\mathrm{e}^{-\kappa(|z|-L/2)} & 当\ |z|>L/2\end{cases}\tag{10.6}$$

式中：L 为量子阱的宽度。本征值由式 $E_{z,n_z}=\hbar^2k_{z,n_z}^2/2m_{z,w}^*$，或式 $E_{z,n_z}=V-\hbar^2k_{z,n_z}^2/2m_{z,b}^*$ 决定，其中 $0<E_z, n_z<V_z$，。式(10.5)在 $z=\pm L/2$ 点，在偶宇称态的情况下满足连续性条件

$$(k_{z,n_z}/m_{z,\mathrm{w}}^*)\tan(k_{z,n_z}L/2)=\kappa_{z,n_z}/m_{z,b}^*\tag{10.7}$$

类似地，在奇宇称态条件下，可以由式(1.6)

$$(k_{z,n_z}/m_{z,\mathrm{w}}^*)\tan(k_{z,n_z}L/2)=\kappa_{z,n_z}/m_{z,b}^* \tag{10.8}$$

综合上述公式，k_z, n_z 和 κ_z, n_z 最终可以由下式

$$\kappa_{z,n_z}=\begin{cases}(m_{z,b}^*/m_{z,\mathrm{w}}^*)k_{z,n_z}\tan(k_{z,n_z}L/2) & \text{当} \tan(k_{z,n_z}L/2)>0\\ \\ -(m_{z,b}^*/m_{z,\mathrm{w}}^*)k_{z,n_z}\cot(k_{z,n_z}L/2) & \text{当} \tan(k_{z,n_z}L/2)<0\end{cases} \tag{10.9}$$

和

$$k_{z,n_z}=\begin{cases}k_{z,0}\left(\dfrac{m_{z,\mathrm{w}}^*}{m_{z,\mathrm{w}}^*+m_{z,b}^*\tan^2(k_{z,n_z}L/2)}\right)^{1/2} & \text{当}\tan(k_{z,n_z}L/2)>0\\ \\ k_{z,0}\left(\dfrac{m_{z,\mathrm{w}}^*}{m_{z,\mathrm{w}}^*+m_{z,b}^*\cot^2(k_{z,n_z}L/2)}\right)^{1/2} & \text{当}\tan(k_{z,n_z}L/2)<0\end{cases} \tag{10.10}$$

决定。式中

$$k_{z,0}=\left(\frac{2m_{z,\mathrm{w}}^*V_{z,0}}{\hbar^2}\right)^{1/2} \tag{10.11}$$

如果异质结两种晶体材料的晶格常数不同，就会产生应变，为了描述应变异质结中的电子子能级，必须看一下应变对阱层材料性质的影响。这些影响包括应变引起的能带形状的变化，而且由于应变降低了能带的不对称性，还会引起能级分裂。

关于应变对带边的调整，可以采用“模型-固体”理论来确定参数 $V_{z,0}$。“模型-固体”理论最早由 Van de Walle 和 Marti 提出(1986，1987，1989)，后来经过很多人的发展(Satpathy et al. 1988，Wang et al. 1990，Krijin 1991，Shao et al. 2002)，用于计算应变引起的带边移动。在衬底的(001)方向赝形(或晶格匹配)生长应变层时(图 10.2)，会有一个平行于界面方向的平面内的双轴应变系数 $\varepsilon_{//}$ 和一个垂直于生长界面的非轴向的应变系数 $\varepsilon_{\perp}$，满足下式

$$\varepsilon_{//}=\frac{a_0}{a_f}-1 \qquad \varepsilon_{\perp}=\left(-\frac{2C_{12}}{C_{11}}\right)\varepsilon_{//} \tag{10.12}$$

式中：a_0 是衬底的晶格常数，a_f 是各层在平衡(无应变)时的晶格常数。对于闪锌矿类型的半导体结构，在 Γ 点应变效应可以分解为流体静压力和沿 z (切向)方向的单轴压应力引起的效应之和。流体静压力直接导致了导带底 E_c 的移动，平均价带能

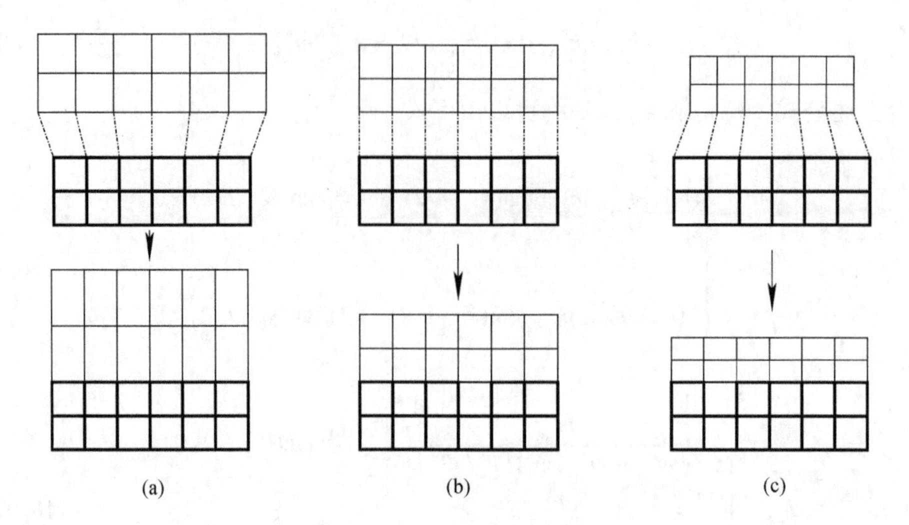

图 10.2　沿衬底的(001)方向生长的应变层的示意图

(a) 压应力；(b) 晶格匹配；(c) 张应力

$$E_{\text{v, av}} = (E_{\text{hh}} + E_{\text{lh}} + E_{\text{so}})/3$$

$$\Delta E_{\text{c}}^{\text{hy}} = a_{\text{c}}\left(2\varepsilon_{//} + \varepsilon_{\perp}\right) \qquad \Delta E_{\text{v,av}}^{\text{hy}} = a_{\text{v}}\left(2\varepsilon_{//} + \varepsilon_{\perp}\right) \tag{10.13}$$

式中：a_{v}和 a_{c}分别是价带和导带的流体静压形变势。切向的单轴压应力不影响 $\varGamma$ 点的导带形状。但是，它会与自旋-轨道发生相互作用，从而引起价带能级的附加分裂。对$\left|J, m_{\text{J}}\right\rangle = \left|3/2,\ 3/2\right\rangle$态($E_{\text{hh}}$)，$\left|3/2,\ 1/2\right\rangle$态($E_{\text{lh}}$)和分裂态$\left|1/2,\ 1/2\right\rangle$($E_{\text{so}}$)相对于平均价带能($E_{\text{av}}$)可以由下面的式子来表示

$$\begin{aligned}
\Delta E_{\text{hh}}^{\text{sh}} &= \frac{\varDelta^{\text{so}}}{3} + \frac{\varDelta_{001}^{\text{sh}}}{3} \\
\Delta E_{\text{lh}}^{\text{sh}} &= -\frac{\varDelta^{\text{so}}}{6} - \frac{\varDelta_{001}^{\text{sh}}}{6} + \frac{1}{2}\left[(\varDelta^{\text{so}})^2 - \frac{2}{3}\varDelta^{\text{so}}\varDelta_{001}^{\text{sh}} + (\varDelta_{001}^{\text{sh}})^2\right]^{1/2} \\
\Delta E_{\text{so}}^{\text{sh}} &= -\frac{\varDelta^{\text{so}}}{6} - \frac{\varDelta_{001}^{\text{sh}}}{6} - \frac{1}{2}\left[(\varDelta^{\text{so}})^2 - \frac{2}{3}\varDelta^{\text{so}}\varDelta_{001}^{\text{sh}} + (\varDelta_{001}^{\text{sh}})^2\right]^{1/2}
\end{aligned} \tag{10.14}$$

式中：$\varDelta^{\text{so}}$是无应变时的自旋-轨道分裂能，在(001)方向时，$\varDelta_{001}^{\text{sh}}$符合下式

$$\varDelta_{001}^{\text{sh}} = 3b\frac{C_{11} + 2C_{12}}{C_{11}}\varepsilon \tag{10.15}$$

式中：b 是剪切形变势。

在无压应变时，$\varDelta_{001}^{\text{sh}}=0$，因此 $\Delta E_{\text{hh}}^{\text{sh}} = \Delta E_{\text{lh}}^{\text{sh}} = \varDelta^{\text{so}}/3$，$\Delta E_{\text{so}}^{\text{sh}} = -2\varDelta^{\text{so}}/3$。$E_{\text{hh}}$

和 E_{lh} 在晶格匹配界面的情况下退简并化，此时，价带顶在 $E_{v,av}$ 之上，位于 $\Delta^{so}/3$ 处。

在绝对温标下，导带和价带能级 E_c 和 E_{hh}、E_{lh} 分别由下列式子决定

$$\begin{aligned}E_c &= E_{v,av} + \frac{\Delta^{so}}{3} + E_{g,0} + \Delta E_c^{hy}\\E_{hh} &= E_{v,av} + \Delta E_{v,av}^{hy} + \Delta E_{hh}^{sh}\\E_{lh} &= E_{v,av} + \Delta E_{v,av}^{hy} + \Delta E_{lh}^{sh}\end{aligned}\tag{10.16}$$

式中：$E_{v,av}$、Δ_{so} 和 $E_{g,0}$ 为无压应变时的材料参数。

应变量子阱层和晶格匹配的无压应变的势垒层之间的带边不连续量由下列式子来定义为

$$\begin{aligned}V_{e,0} &= E_c(\text{垒层}) - E_c\\V_{hh,0} &= E_{hh} - E_v(\text{垒层})\\V_{lh,0} &= E_{lh} - E_v(\text{垒层})\end{aligned}\tag{10.17}$$

式中

$$\begin{aligned}E_v(\text{垒层}) &= E_{v,av}^{b} + \frac{\Delta^{so,b}}{3}\\E_c(\text{垒层}) &= E_v(\text{垒层}) + E_{g,0}^{b}\end{aligned}\tag{10.18}$$

实际上，半导体能带的抛物线性近似只有在 k_{xy}~0，即布利渊区中心处成立。随着 k_{xy} 增大，相应的有效质量也将增大。为此，Kane 考虑了窄禁带半导体中不同能带之间的相互作用，提出了一个简单模型(Kane 1975)。

对于导带，色散关系的二级近似可表示为

$$\begin{aligned}E_{z,n}^{2D}(k_{xy}) &= E_{z,n} + \frac{\hbar^2 k_{xy}^2}{2m_{xy}^*(E)}\\m_{xy}^*(E) &= \frac{m_{xy}^*}{1+\sqrt{4\alpha(E-E_{z,n})/E_g}}\\\alpha &= -\frac{(1-m_{xy}^*/m_0)^2(3E_g^2 + 4E_g\Delta^{so} + 2(\Delta^{so})^2)}{(E_g+\Delta^{so})(3E_g+2\Delta^{so})}\end{aligned}\tag{10.19}$$

类似的关系同样适用于轻空穴价带。对于重空穴来说，由于在给定能量处态密度高，一般不需考虑类似的非抛物线性修正。

量子线和量子点的色散关系可以采用类似的方法加以处理。

如果在空间方向上载流子的运动受到进一步的限制，则相应地将出现新的量子化。对于一维量子线，如果在 z 和 x 方向上的势垒可以看成是无限高的，则能量本征值可表示为

$$E_{n_x,n_z}^{1D}=\frac{\hbar^2\pi^2}{2}\left(\frac{n_x^2}{m_x^*L_x^2}+\frac{n_z^2}{m_z^*L_z^2}\right)+\frac{\hbar^2k_y^2}{2m_y^*} \tag{10.20}$$

可以看出，载流子的能量本征值也是由连续量和分立量两部分构成的。所不同的是，两维的束缚导致了单一方向的子带结构。

量子点是一种零维系统。对于无限高势垒长方体型量子点，载流子的能量本征值可以表示为

$$E_{n_x,n_y,n_z}^{0D}=\frac{\hbar^2\pi^2}{2}\left(\frac{n_x^2}{m_x^*L_x^2}+\frac{n_y^2}{m_y^*L_y^2}+\frac{n_z^2}{m_z^*L_z^2}\right) \tag{10.21}$$

式中：n_x、n_y、n_z 为量子数，均为整数，但不能同时为零。L_x、L_y、L_z 分别为量子点沿 x、y、z 方向的尺寸。m_x^*、m_y^*、m_z^* 是三个方向上的有效质量。显然，载流子在量子点中是完全局域化的，因而只有分立能级。

实际的量子点通常不是规则的长方体型，且势垒也非无限高。在此情况下，能量本征值就必须通过数值解 Schrödinger 方程来确定(Zunger 1998，Grundmann et al. 1995)。

10.1.2 态密度函数

伴随着色散关系的维度相关性，载流子的态密度也因实空间的局限而变化。根据态密度的定义

$$\rho(E)=2\sum_{n,k}\delta\left(E-E_n(k)\right) \tag{10.22}$$

式中：δ 表示 δ 函数，$E_n(k)$代表系统的本征能量，可以得到不同系统的态密度分布(Arakawa et al. 1982)

$$\rho^{3D}(E)=\frac{(2m^*/\hbar^2)^{3/2}}{2\pi^2}\sqrt{E}$$

$$\rho^{2D}(E)=\sum_{n_z}\frac{m^*}{\pi\hbar^2L_z}H(E-E_{n_z})$$

$$\rho^{1D}(E) = \sum_{n_x, n_z} \frac{(m^*/2\hbar^2)^{1/2}}{\pi L_x L_z} \frac{1}{\sqrt{E - E_{n_x} - E_{n_z}}}$$

$$\rho^{0D}(E) = \sum_{n_x, n_y, n_z} \frac{1}{L_x L_y L_z} \delta(E - E_{n_x} - E_{n_y} - E_{n_z}) \tag{10.23}$$

式中：m^*是载流子有效质量，这里近似认为其值是各向同性的。E 是相对于能带带底的能量，$H(E)$是单位阶跃函数，有关系 $H(E \geqslant 0) = 1$ 和 $H(E<0) = 0$。$\delta(E)$是 delta 函数。

图 10.3 给出了材料维度及相应态密度分布示意图。可以看出，在三维系统中，载流子的本征能级是准连续分布的，相应地，态密度随能量的平方根增加。而在二维量子阱中，由于最低能级相对于三维的向高能方向移动了二维子带的第一级量化能，相应地，态密度在第一子带能级以下保持为零，而在能量达到第一子带能时阶跃到一恒定值，并一直保持到下一个子带能级，整体上，表现出楼梯形能量倚赖关系。对于一维量子线，类似地，态密度在能量升高到高一级亚带能级时也表现出阶跃特性。所不同的是，其后态密度将随能量升高而按照 $E^{-1/2}$ 比例下降，直到下一个子带能级，又一次表现出阶跃上升。对于量子点，因为能级是分立的，导致了态密度是一系列 δ 函数的叠加。在具体能级上,只能填充两个不同自旋态的电子。

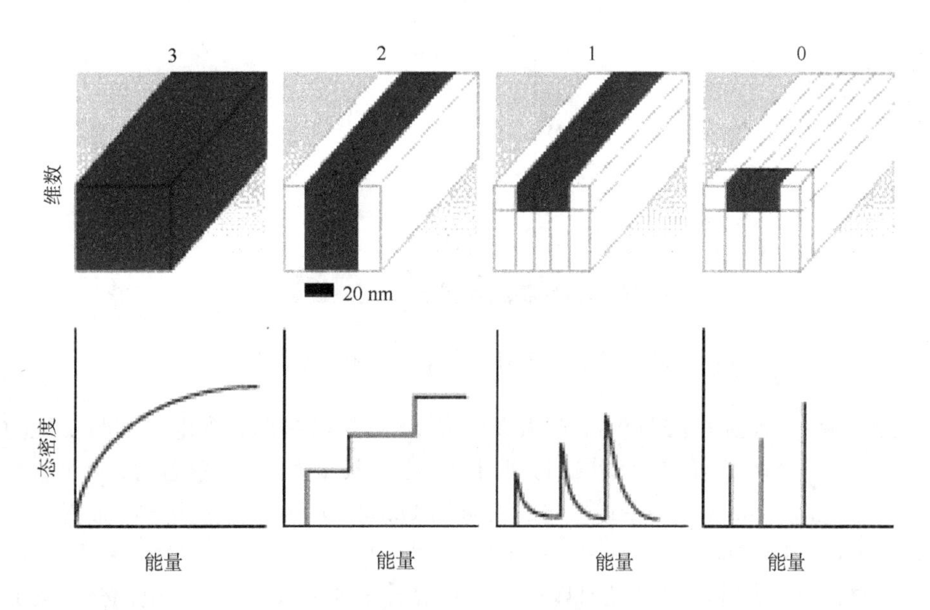

图 10.3　材料维度、能级及相应态密度分布示意图

10.1.3 光学跃迁与选择定则

与半导体低维结构相关的光学跃迁可分为两类：带间跃迁和带内跃迁。后者也主要是子带间跃迁。

带间跃迁发生在导带与价带之间，涉及电子和空穴两种载流子，因而是偶极跃迁。跃迁能量对应于

$$E_{\text{inter}} = E_{\text{g}} + E_{c,n_c} + E_{v,n_v} - E_{\text{ex}} \tag{10.24}$$

式中：E_{c,n_c} 和 E_{v,n_v} 分别表示电子和空穴的能级，E_{ex} 为激子束缚能。

带内跃迁则发生在导带或价带内的不同子带之间，仅涉及一种载流子，因而是单极跃迁。另外还有一种形式的带内跃迁，涉及同一子带上的跃迁，吸收一个光子后发射出一个声子。

图 10.4 给出了带间和带内吸收跃迁示意图。图中“I”表示价带到导带的带间跃迁。“II”表示分别发生在导带和价带内子能级之间的带内跃迁，包括两束缚能级之间的带内跃迁以及束缚能级到连续态之间的带内跃迁。

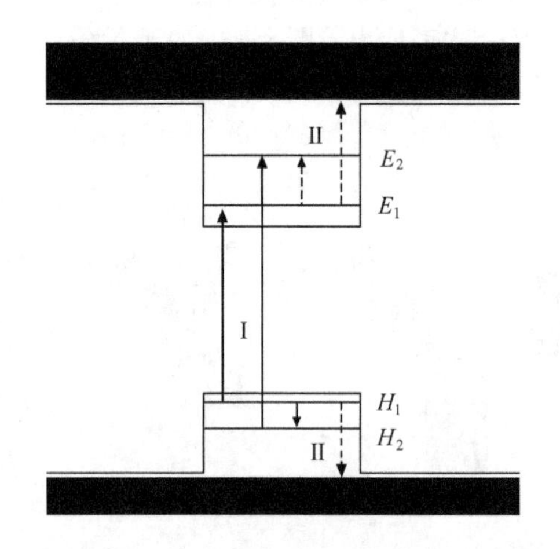

图 10.4 量子阱中带间和带内吸收跃迁示意图

光学带内跃迁是由 Kamgar 等人在研究 Si 反型层中的二维电子气时发现的(Kamgar 1974)。由于单反型层的光吸收很低(<1%)，用它来实现红外探测器是非常困难的。Esaki 和 Sakaki 因此建议采用 GaAs/AlGaAs 量子阱中的带内跃迁(Esaki et al. 1977)。

在对称量子阱中，光跃迁可以借助于有效质量理论来描述。在电偶极子近似下，发生在初态 i 和终态 j 之间的光跃迁矩阵元 p_{ij} 可以表示为

$$p_{ij} = \left\langle \Psi_j \mid \varepsilon \cdot p \mid \Psi_i \right\rangle \tag{10.25}$$

式中：ε 是光场的偏振矢量，p 是动量操作符，Ψ_j 和 Ψ_i 是终态和初态的波函数。在包络函数理论中，波函数 Ψ_i 可以表示为带边函数 u_i 与一个空间缓变函数 $F_i(r)$ 的乘积

$$\Psi_i = u_i(r) \cdot F_i(r) = u_i(r) \cdot \mathrm{e}^{(ik_{//} \cdot r_{//})} \cdot \phi_i(z) \tag{10.26}$$

式中：$u_i(r)$ 代表量子阱带边附近的 Bloch 波函数部分，$k_{//}$ 和 $k_{\perp}$ 是量子阱平面内的波矢和空间矢量，$\phi_i(z)$ 是 z 方向子带的包络波函数。由此，光跃迁矩阵元可以表示为

$$p_{ij} = \varepsilon \cdot \left\langle u_j \mid p \mid u_i \right\rangle \cdot \left\langle F_i \mid F_j \right\rangle + \left\langle u_j \mid u_i \right\rangle \cdot \left\langle F_j \mid \varepsilon \cdot p \mid F_i \right\rangle, \tag{10.27}$$

式中：右边第一项描述了带间光跃迁矩阵元，第二项则给出了带内跃迁的选择定则。值得指出的是，带间光跃迁发生在带边的不同 Bloch 态之间，而带内跃迁则发生在不同的包络波函数之间。对于带内跃迁，i 和 j 亚带波函数的 Bloch 部分是相同的，因而有 $\left\langle u_j | u_i \right\rangle = \delta_{ij}, i \rightarrow j$ 带内跃迁矩阵元可以表示为

$$\begin{gathered}\left\langle F_j \mid \varepsilon \cdot p \mid F_i \right\rangle = \frac{i\sqrt{2(E_j - E_i)m_0}}{e\hbar} \mu_{ij} \\ \mu_{ij} = e\left\langle \phi_j(z) \mid z \mid \phi_i(z) \right\rangle \cdot \varepsilon \cdot \hat{z}\end{gathered} \tag{10.28}$$

式中：μ_{ij} 是带内跃迁偶极子，$\hat{z}$ 是 z 方向的单位矢量，e 是电子电荷，E_i 和 E_j 是 i 和 j 本征态的本征能量，m_0 是自由电子质量。可以看出，带内跃迁偶极子与偏振矢量 ε 以及初终态的包络函数有关。由于 z 是奇函数，导致对称量子阱中带内跃迁只能发生在具有相反宇称的包络波函数之间。对于非对称量子阱，如耦合量子阱、阶梯量子阱以及直流偏置量子阱，原则上所有跃迁都是许可的(Pan et al. 1990，Mii et al. 1990)。

在量子阱的情况，对于无限高势垒量子阱，带内跃迁偶极子可以化为

$$\mu_{ij} = \frac{8e}{\pi^2} \cdot \frac{i \cdot j}{(j^2 - i^2)^2} \cdot L_{\mathrm{w}} \cdot \sin\theta \tag{10.29}$$

式中：L_{w} 是量子阱的厚度，θ 是入射光线与子阱表面法方向的夹角。

很显然，当 $\theta = 0$，即当入射光线与量子阱表面垂直因而光偏振方向与量子阱生长方向垂直时，带内跃迁偶极子为零。这是所谓的偏振选择定则(Yang et al. 1994，Liu et al. 1998)。褚力文等人(Chu et al. 2001)借助于傅里叶变换红外光谱

仪，测量了 InGaAs/ GaAs 多量子阱中的带内吸收谱，从而直观地证明了这一选择定则。实验采用了波导形状的样品，如图 10.5 所示。样品侧面与量子阱层成 45°角，而入射光线与样品侧面垂直。测量中，光偏振方向可通过起偏器调节。图 10.5 中 TE 偏振平行于量子阱层，而 TM 偏振有一分量与量子阱层垂直。

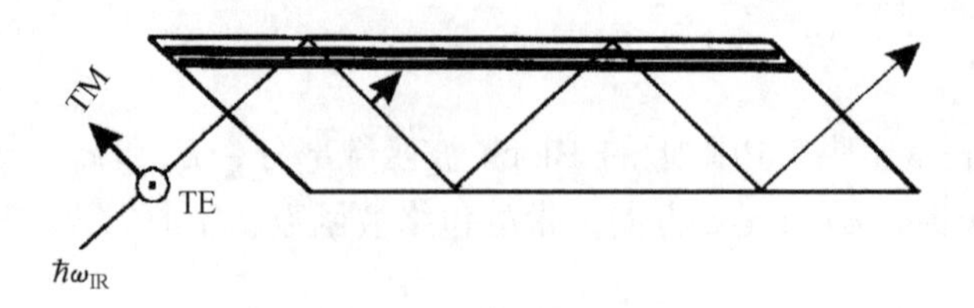

图 10.5　波导状几何结构中的带内子带吸收示意图

对于$\theta = 90°$，μ_{ij}有极大值。不难得出，基态(i)和第一激发态(j)之间跃迁的带内偶极子可以表示为

$$\mu_{12} = \frac{16}{9\pi^2} \cdot e \cdot L_{\rm w} \approx 0.18 e L_{\rm w} \tag{10.30}$$

根据振子强度f_{ij}的定义，可得无限深量子阱的基态(i)和第一激发态(j)之间跃迁

$$f_{12} = |p_{12}|^2 = \frac{2m_0(E_2 - E_1)}{e^2\hbar^2} \cdot \mu_{12}^2 = 0.96 \cdot \frac{m_0}{m^*} \tag{10.31}$$

显然，振子强度与跃迁能量无关，而与载流子的有效质量成反比。

对于量子线和量子点系统可以进行类似的讨论。可以证明，在量子线中，偏振矢量平行于量子线轴的光跃迁是禁戒的。

对于量子点系统，原则上没有禁戒方向。两子带能级之间光跃迁的实际偏振方向将取决于相关态空间函数的对称性。这意味着，通过简单的对称性考虑即可预测带内跃迁偶极子的偏振特性。值得注意的是，垂直入射的带内吸收在量子阱中通常是禁戒的，而在量子线和量子点中则是许可的。这对于发展垂直辐照红外探测器是很有意义的。

量子结构中，亚带 $1 \to 2$ 跃迁的带内吸收系数可以表示为

$$\alpha(\omega) = \frac{\pi E_{21} e^2 (n_1 - n_2)}{2\varepsilon_0 c \tilde{n} m_0 \omega \Omega} \cdot f \cdot g(E_{21} - \hbar\omega) \tag{10.32}$$

式中：$n_1 - n_2$ 是有源区体积Ω 内能够吸收光子的载流子数，ε_0 是介电常数，$\tilde{n}$ 是折射率，f 是振子强度，$g(\omega)$是谱线的线形函数。

10.2　低维结构的能带理论

10.2.1　体材料能带结构的回顾

由于推导过程连续性的需要，本节将先简单介绍基于 $k \cdot p$ 方法的能带结构理论。先根据 Kane 提出的窄禁带半导体 $k \cdot p$ 模型，定性给出了体材料能带结构示意图，然后描述异质结中子带电子的包络函数原理，最后基于 8 带 $k \cdot p$ 方法，从理论上解释了 HgTe/HgCdTe 量子阱子带结构特殊性质。

在半导体材料中，最外层电子的共有化运动形成导带和价带，然而内壳层电子却局域在原子核周围，对半导体材料的电学和光学特性没有贡献。图 10.6 显示了 Ge 的能带形成过程。Ge 原子和周围四个原子的最外层 8 个电子(4 个来自于本身 Ge 原子，另外 4 个来自于近邻的 Ge 原子)形成四面体的 sp^3 杂化键。或者说每个原子的电子轨道(类 s 态或类 p 态)与近邻原子的轨道发生杂化，形成两个能级，一个是成键态，另一个是反键态，成键态能量最低也最稳定。因为固体中存在大量的原子，所以成键态和反键态扩展成一系列的能带。原胞中两个电子占据 s 成键态，其他六个电子则填充其他三个 p 成键态。因此，成键态完全被电子填满，形成价带。反键态能带因为能量较高则处于空态，最低的反键态能带(一般是 s 带)形成导带。很明显在成键态和反键态之间出现了禁带(Bastard　1988)。在大多数半导体材料中价带顶出现在布里渊区中心，称为 Γ 点。不考虑自旋-轨道耦合的情况下，三个价带(来源于 p 成键态)在 Γ 点发生简并。然而由于自旋-轨道耦合导致电子六重简并解除，产生总角动量 $J=3/2$ 的四重简并 Γ_8 态和 $J=1/2$ 二重简并

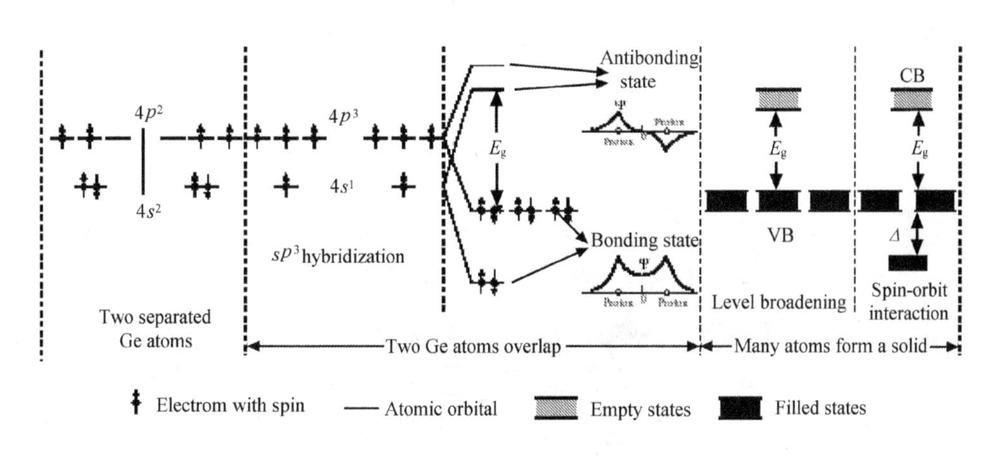

图 10.6　定性解释 Ge 能带的形成过程

Γ_7 态。因为电子的自旋-轨道耦合从根本讲是原子本身的特性，与原子序数有关。

表 10.1 给出了几个重要半导体材料的自旋-轨道分裂能。

表 10.1 不同半导体的自旋-轨道分裂能

Mater.	HgTe	CdTe	InAs	GaAs	AlAs	GaSb	Ge	Si
Δ/eV	1.08	1.08	0.38	0.341	0.275	0.752	0.29	0.044

电子的能带理论主要是研究布里渊区内波矢 $\boldsymbol{k}$ 与能量 E 之间的关系，尤其是在能量 E 取极值时电子的运动行为。在半导体中，电子和空穴位于这些极值点上，极值点附近的能量色散关系决定了材料的特性。从色散关系 $E(k)$ 中，可以得到电子的回旋有效质量。在磁场中电子的运动轨迹可以用半经典的方法来处理(Omar　1975)

$$\hbar\frac{\mathrm{d}\boldsymbol{k}}{\mathrm{d}t}=-e\left[\boldsymbol{v}(k)\times\boldsymbol{B}\right] \tag{10.33}$$

从式(10.33)可以看出 $\mathrm{d}\boldsymbol{k}$ 垂直于 $\boldsymbol{v}$ 和 $\boldsymbol{B}$ ，$\boldsymbol{v}=1/\hbar\cdot\nabla_k E(\boldsymbol{k})$，因此电子沿着费米能级的等势线(或者三维中的等势面)运动。电子回旋有效质量(Pincherle　1971)为

$$m_c^*=\frac{\hbar^2}{2\pi}\cdot\frac{\mathrm{d}A}{\mathrm{d}E} \tag{10.34}$$

式中：$\mathrm{d}A$ 是两个等势线之间的单位面积(图 10.7)。因为 $\mathrm{d}A/\mathrm{d}E=(\mathrm{d}A/\mathrm{d}k)\cdot(\mathrm{d}k/\mathrm{d}E)$，以及 $A=\pi k^2$ 的关系，对于各向异性的情况，式(10.34)仍然可以写成

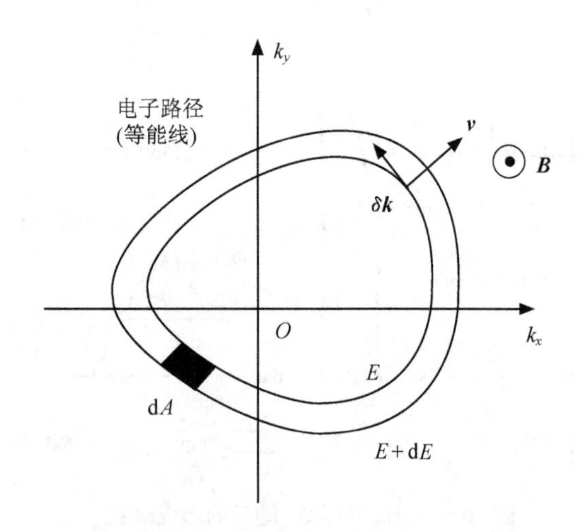

图 10.7　在磁场下的电子 k 空间轨道

$$\frac{1}{m_c^*}=\frac{1}{\hbar^2 k}\cdot\frac{\mathrm{d}E}{\mathrm{d}k}\bigg|_{E_F} \tag{10.35}$$

通过比较电子有效质量的理论值和回旋共振的实验值就可以验证能带结构理论正确与否，其中一个实验为 Ge 的回旋共振吸收实验(Kittel　1968)。另一方面利用能带的色散关系可以得到电子的能态密度，光学性质以及输运性质。二维电子气的态密度 $D(E)$ 可以表示成

$$D(E)=\frac{1}{(2\pi)^2}\int_L \frac{\mathrm{d}l}{|\nabla_k E|} \tag{10.36}$$

式中：$\mathrm{d}l$ 为单位等能线长度，积分路径是沿着能量为 E 的等势线。

这里再简要回顾一下用于体材料窄禁带半导体的 $k\cdot p$ 理论。体材料中电子的薛定谔方程为

$$\left[\frac{(\boldsymbol{p})^2}{2m_0}+V(\boldsymbol{r})+\frac{\hbar}{4m_0^2c^2}(\boldsymbol{\sigma}\times\nabla V)\cdot\boldsymbol{p}\right]\psi(\boldsymbol{r})=E\psi(\boldsymbol{r}) \tag{10.37}$$

式中：第三项为自旋-轨道耦合，$V(\boldsymbol{r})$ 是具有平移对称性的晶体场。材料中电子的波函数为布洛赫函数

$$\psi_{nk}(\boldsymbol{r})=u_{nk}(\boldsymbol{r})\cdot\exp(\mathrm{i}\boldsymbol{k}\cdot\boldsymbol{r}) \tag{10.38}$$

式中：$u_{nk}(\boldsymbol{r})$ 是晶格周期性函数，n 是能带指数。根据周期性边界条件，第一布里渊区内波矢 $\boldsymbol{k}$ 是准连续的。通过下面方程可以得到布洛赫函数的周期性项 $u_{nk}(\boldsymbol{r})$

$$\left[\frac{(\boldsymbol{p})^2}{2m_0}+V+\frac{\hbar^2(\boldsymbol{k})^2}{2m_0}+\frac{\hbar\boldsymbol{k}}{m_0}\cdot\left(\boldsymbol{p}+\frac{\hbar}{4m_0c^2}\boldsymbol{\sigma}\times\nabla V\right)+\frac{\hbar}{4m_0^2c^2}(\boldsymbol{\sigma}\times\nabla V)\cdot\boldsymbol{p}\right]u_{nk}(\boldsymbol{r})=Eu_{nk}(\boldsymbol{r}) \tag{10.39}$$

当 k 为能带极值处的 k_0 时，布洛赫函数 $u_{nk_0}(\boldsymbol{r})$ 可以组成完备的正交基。任意一个布洛赫函数 $u_{nk}(\boldsymbol{r})$ 可以通过 $u_{nk_0}(\boldsymbol{r})$ 的形式展开

$$u_{nk}(\boldsymbol{r})=\sum_{n'}c_{nn'}(\boldsymbol{k})u_{n'k_0}(\boldsymbol{r}) \tag{10.40}$$

如果 $k\approx k_0$，将式(10.40)代入式(10.39)中，通过一系列数学简化过程可以得到系数 $c_{nn'}(\boldsymbol{k})$ 的本征值方程

$$\sum_{n'}\left\{\left[E_n(\boldsymbol{k}_0)+\frac{\hbar k^2}{2m_0}\right]\delta_{nn'}+\frac{\hbar}{m_0}\boldsymbol{k}\cdot\pi_{nn'}\right\}c_{nn'}(\boldsymbol{k})=E_n(\boldsymbol{k})c_{nn}(\boldsymbol{k}) \tag{10.41}$$

式中：$\pi_{nn'}$ 为

$$\pi_{nn'}=\int d^3 r u_{nk_0}^*(\boldsymbol{r})\left(\boldsymbol{p}+\frac{\hbar}{4m_0c^2}\boldsymbol{\sigma}\times\nabla V\right)u_{n'k_0}(\boldsymbol{r}) \tag{10.42}$$

积分区间是整个晶格原胞。

在单带模型中，只考虑 Γ_6 带和其他带的耦合。如果 $\boldsymbol{k}$ 是个小量(即 $\hbar^2k^2/2m_0 \ll |E_c-E_n|$)根据二级微扰理论，对于非简并能带在 Γ 点附近的色散关系为抛物性关系，其电子有效质量为

$$\frac{1}{m^*}=\frac{1}{m_0}+\frac{2}{m_0^2}\sum_{n\neq c}\frac{|\pi_{cn}|^2}{E_c-E_n} \tag{10.43}$$

对于简并价带的能带结构可以用 Luttinger 模型来描述(Luttinger et al. 1955)，其中考虑了有无外加磁场的情况下，在 $k=0$ 处的四重简并 Γ_8 带和自旋-轨道分裂的 Γ_7 带。然而，对于窄禁带半导体，必须考虑导带和价带之间的耦合作用。Kane 首次在 InSb 上考虑了这种耦合作用，该模型也称为 Kane 模型(Kane 1957)。Pidgeon 和 Brown(1966)将 Kane 模型扩展到有外加磁场的情况下，称为 Pidgeon-Brown 模型。同时，Groves 等人(1967)表明此模型也适合于半金属 HgTe 能带结构。

图 10.8 为采用 $k\cdot p$ 方法计算的 $Hg_{0.32}Cd_{0.68}Te$ 和 HgTe 能带结构图。可以看出 $Hg_{0.32}Cd_{0.68}Te$ 具有正常的能带结构，其最低导带是自旋 $s=1/2$ 的 Γ_6^c 带。由于自旋-轨道相互作用，导致最上面的价带劈裂成 $J=3/2$ 的 Γ_8^v 带和 $J=1/2$ 的 Γ_7^v 带。同时，Γ_8^v 带进一步分裂成 $J_z=\pm 3/2$ 具有较大有效质量的重空穴带，和 $J_z=\pm 1/2$ 具有较小有效质量的轻空穴带，重空穴带和轻空穴带在 $k=0$ 处发生简并。

然而，HgTe 材料却具有与众不同的能带结构，类 s 态 Γ_6 带能量下移至 Γ_8 和 Γ_7 带之间。由于 Γ_6 带和 Γ_8 带之间的 $k\cdot p$ 相互作用，在 $k\neq 0$ 时，轻 Γ_8 带和 Γ_6 带相互排斥导致它们彼此向上或向下弯曲。在 $k=0$ 处简并的两个带，轻空穴带为第一导带，重空穴带为第一价带，电子的禁带宽度为零。因此，HgTe 实际上是半金属材料。因为 HgTe 材料的 Γ_6 带位于 Γ_8 带下方 0.3eV，所以将 HgTe 这种特殊的能带形式称谓倒置能带结构。

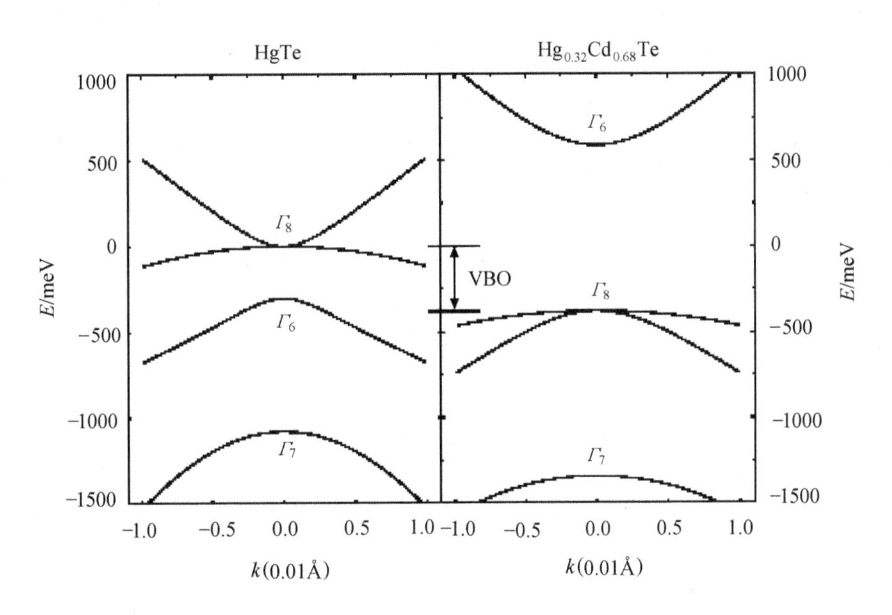

图 10.8 采用 $k \cdot p$ 模型计算的 HgTe 和 $Hg_{1-x}Cd_xTe$ 能带结构

10.2.2 异质结包络函数理论

根据不同能带的相对位置，异质结可以分为三种类型，如图 10.9 所示。在第

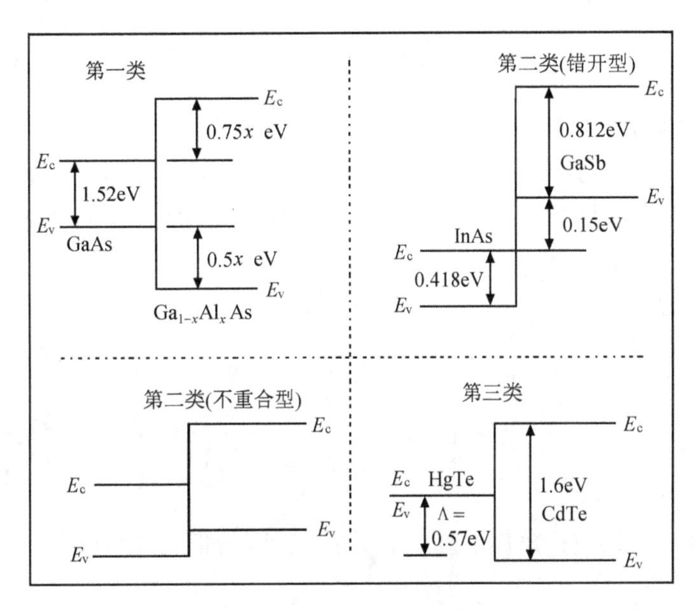

图 10.9 三种类型异质结能带结构图

一种类型，电子和空穴被束缚在同一种材料中，典型的例子是 GaAs/GaAlAs 异质结。在第二种类型中，电子和空穴彼此分开，各自束缚在两种不同的材料中。第二种类型还可以进一步细分为两个亚类：错开型和不重合型。HgTe 基异质结属于第三种类型，是由半金属和半导体构成。在异质结中能带带阶是决定材料电学性质的一个重要参数(如图 10.9 所示)，如在 T = 5K，第三类 HgTe 异质结价带带阶为 570±60 meV(Altarelli 1985)。

下面讨论一下包络函数模型。虽然电子的能带结构可以通过紧束缚法和赝势法等方法来计算得到，但是只有包络函数法可以得到具有明确物理意义的电子波函数和有效质量。

包络函数法有两个重要的假设：

(1) 电子的波函数为空间缓变函数与带边布洛赫函数的乘积

$$\psi(\boldsymbol{r}) = \sum_n f_n^A(\boldsymbol{r}) u_{n,k_0}^A(\boldsymbol{r}) \tag{10.44}$$

式中：$f_n^A(\boldsymbol{r})$ 为 A 层材料的包络函数。根据平行于界面的周期性条件，$f_n^A(\boldsymbol{r})$ 可以表示为

$$f_n^A(\boldsymbol{r}) \to \exp(\mathrm{i}\boldsymbol{k}_{//} \cdot \boldsymbol{r}_{//}) f_n^A(z) \tag{10.45}$$

(2) 认为在异质结中不同层的带边布洛赫函数相同

$$u_{n,k_0}^A(\boldsymbol{r}) \equiv u_{n,k_0}^B(\boldsymbol{r}) \tag{10.46}$$

这意味着异质结 A、B 层中带间矩阵元 $\langle S|p_x|X\rangle$ 相同。

实际上布洛赫函数很少具有明确的解，但是对于第一布里渊区中具有高对称性的 $\varGamma$ 点，可以在晶体点群对称性操作下，用群论的方法来分析布洛赫函数。将 $\varGamma$ 点的四个布洛赫函数标记为 S、X、Y、Z。因此具有 2 重自旋简并的 $\varGamma_6^c$ 带带边函数可以表示为

$$\varGamma_6^c, \left[s = \frac{1}{2}\right] \begin{cases} u_{c0}^{1/2} = S\uparrow \\ u_{c0}^{-1/2} = S\downarrow \end{cases} \tag{10.47}$$

S 在所有晶体点群的对称操作下是个不变量。价带的带边波函数为

$$\Gamma_8^v,\left[J=\frac{3}{2}\right]\begin{cases} u_{v0}^{3/2}=\frac{1}{\sqrt{2}}(X+\mathrm{i}Y)\uparrow \\ u_{v0}^{1/2}=-\frac{1}{\sqrt{6}}[(X+\mathrm{i}Y)\downarrow-2Z\uparrow] \\ u_{v0}^{-1/2}=-\frac{1}{\sqrt{6}}[(X-\mathrm{i}Y)\uparrow+2Z\downarrow] \\ u_{v0}^{-3/2}=\frac{1}{\sqrt{2}}(X-\mathrm{i}Y)\downarrow \end{cases} \tag{10.48}$$

$$\Gamma_7^v,\left[J=\frac{1}{2}\right]\begin{cases} u_{v0}^{1/2}=\frac{1}{\sqrt{3}}[(X+\mathrm{i}Y)\downarrow+Z\uparrow] \\ u_{v0}^{-1/2}=\frac{1}{\sqrt{3}}[(X-\mathrm{i}Y)\uparrow-Z\downarrow] \end{cases} \tag{10.49}$$

然而，问题就转变成如何构建一个合适的 Hamiltonian 量。

构造 Hamiltonian 量的基本方法是基于量子力学的微扰理论。其思想是：首先选择一套完备的正交基。基矢的选择依赖于所研究的系统。对于窄禁带半导体，采用式(10.47)，式(10.48)和式(10.49)的基函数是合适，因为它包括了导带和价带之间的耦合以及价带自旋-轨道耦合。因而 Hamiltonian 量可以写成

$$\sum_{s'\in S}\left(\sum_{\alpha,\beta}^{x,y,z}k_{\partial}D_{ss'}^{\alpha\beta}k_{\beta}+\sum_{\alpha}^{x,y,z}P_{ss'}^{\alpha}k_{\alpha}\right)f_{s'}(\boldsymbol{r})+E_s(\boldsymbol{r})f_s(\boldsymbol{r})=Ef_s(\boldsymbol{r}) \qquad \forall s\in S \tag{10.50}$$

式中：$\boldsymbol{k}=-\mathrm{i}\nabla$，指数 s 和 s' 是对所选择的基矢维度 S 求和，$E_s(\boldsymbol{r})$ 是各自的带边势，$P_{ss'}^{\alpha}$ 为一级微扰近似下，基矢 S 中两个带之间的耦合。$D_{ss'}^{\alpha\beta}$ 为二级微扰近似下，基矢 S 中的一个带与不在基矢 S 中的另一个远离带间的相互作用。根据微扰理论，它们可以写成

$$P_{ss'}^{\alpha}=\frac{\hbar}{m_0}\langle s|p_{\alpha}|s'\rangle \tag{10.51}$$

$$D_{ss'}^{\alpha\beta}=\frac{\hbar^2}{2m_0}\left(\delta_{ss'}\delta_{\alpha\beta}+\frac{2}{m_0}\sum_{r\notin S}\frac{\langle s|p_{\alpha}|r\rangle\langle r|p_{\beta}|s'\rangle}{E-E_r}\right) \tag{10.52}$$

1. Luttinger 模型

1955 年 Luttinger 等(1955)解决了半导体体材料中价带的能带结构问题。由式(2.16)和式(2.17)的基函数构成的表象中，价带的自旋-轨道耦合是对角化的。在表

象$\left|j,m_j\right\rangle$中，j和m_j分别表示总角动量$\boldsymbol{J}=\boldsymbol{L}+\boldsymbol{S}$量子数和在$z$方向上的量子数，Hamiltonian 量可以写成

$$H_L=\begin{pmatrix} U+V & -S_- & R & 0 & \frac{1}{\sqrt{2}}S_- & -\sqrt{2}R \\ -S_+ & U-V & 0 & R & \sqrt{2}V & -\sqrt{\frac{3}{2}}S_- \\ R^+ & 0 & U-V & S_- & -\sqrt{\frac{3}{2}}S_+ & -\sqrt{2}V \\ 0 & R^+ & S_+ & U+V & \sqrt{2}R^+ & \frac{1}{\sqrt{2}}S_+ \\ \frac{1}{\sqrt{2}}S_+ & \sqrt{2}V & -\sqrt{\frac{3}{2}}S_- & \sqrt{2}R & U-\varDelta & 0 \\ -\sqrt{2}R^+ & -\sqrt{\frac{3}{2}}S_+ & -\sqrt{2}V & \frac{1}{\sqrt{2}}S_- & 0 & U-\varDelta \end{pmatrix} \tag{10.53}$$

式中矩阵元

$$\begin{aligned}
U&=E_v(x,y,z)-\frac{\hbar^2}{2m_0}\sum_{\alpha}^{x,y,z}(k_\alpha\gamma_1^L k_\alpha)\\
V&=\frac{\hbar^2}{2m_0}\sum_{\alpha}^{x,y,z}(k_\alpha\gamma_2^L k_\alpha)\\
R&=-\frac{\hbar^2}{2m_0}\sqrt{3}(k_+\mu k_+-k_-\overline{\gamma}k_-)\\
S_\pm&=-\frac{\hbar^2}{2m_0}\sqrt{3}(k_\pm\gamma_3^L k_z+k_z\gamma_3^L k_\pm)\\
k_\pm&=k_x\pm\mathrm{i}k_y\\
\boldsymbol{k}&=-\mathrm{i}\nabla
\end{aligned} \tag{10.54}$$

根据式(10.53)，γ_1^L、γ_2^L、γ_3^L、μ和$\overline{\gamma}$是描述 p 类价带分别与$\varGamma_1$、$\varGamma_2$、$\varGamma_3$、$\varGamma_4$远程带之间相互耦合的参数。对于 2DEG，k_x和k_y仍然是好量子数，k_z用$k_z=-\mathrm{i}\partial/\partial z$替换。

2. Kane 模型

上面讨论的 Luttinger 模型适用于禁带宽度相对大的半导体价带结构，但是

对于窄禁带半导体或半金属材料，为了能够解释能带的非抛物性，必须考虑导带和价带之间的耦合。因此在正交完备基矢中需要包括Γ_6态。式(10.52)中的$k\cdot p$耦合项导致在Γ_6和Γ_8、Γ_7态之间的 Hamiltonian 量中出现k线性项。Kane (1957)首先用$k\cdot p$方法处理了 InSb 的问题，下面是其所使用的基矢

$$
\begin{aligned}
|1\rangle &= |\Gamma_6,+1/2\rangle = S\uparrow \\
|2\rangle &= |\Gamma_6,-1/2\rangle = S\downarrow \\
|3\rangle &= |\Gamma_8,+3/2\rangle \\
|4\rangle &= |\Gamma_8,+1/2\rangle \\
|5\rangle &= |\Gamma_8,-1/2\rangle \\
|6\rangle &= |\Gamma_8,-3/2\rangle \\
|7\rangle &= |\Gamma_7,+1/2\rangle \\
|8\rangle &= |\Gamma_7,-3/2\rangle
\end{aligned}
\tag{10.55}
$$

在(001)方向上的 2DEGHamiltonian 量为

$$
H=\begin{pmatrix}
T & 0 & -\frac{1}{\sqrt{2}}Pk_+ & \sqrt{\frac{2}{3}}Pk_z & \frac{1}{\sqrt{6}}Pk_- & 0 & -\frac{1}{\sqrt{3}}Pk_z & -\frac{1}{\sqrt{3}}Pk_- \\
0 & T & 0 & -\frac{1}{\sqrt{6}}Pk_+ & \sqrt{\frac{2}{3}}Pk_z & \frac{1}{\sqrt{2}}Pk_- & -\frac{1}{\sqrt{3}}Pk_+ & \sqrt{\frac{1}{3}}Pk_z \\
-\frac{1}{\sqrt{2}}Pk_- & 0 & \ddots & & & & & \\
\sqrt{\frac{2}{3}}Pk_z & -\frac{1}{\sqrt{6}}Pk_- & & \ddots & & & & \\
\frac{1}{\sqrt{6}}Pk_+ & \sqrt{\frac{2}{3}}Pk_z & & & \ddots & & & \\
0 & \frac{1}{\sqrt{2}}Pk_+ & & & & H_L' & & \\
-\frac{1}{\sqrt{3}}Pk_z & -\frac{1}{\sqrt{3}}Pk_- & & & & & \ddots & \\
-\frac{1}{\sqrt{3}}Pk_+ & \sqrt{\frac{1}{3}}Pk_z & & & & & & \ddots
\end{pmatrix}
\tag{10.56}
$$

$P=-\frac{\hbar}{m_0}\langle S|p_x|X\rangle$是 Kane 矩阵元。$T$ 为

$$T=E_c(z)+\frac{\hbar^2}{2m_0}[(2A+1)k_{//}^2+k_z(2A+1)k_z] \tag{10.57}$$

式中：A 为

$$A=\frac{1}{m_0}\sum_j^{\Gamma_5}\frac{\left|\langle S|p_x|u_j\rangle\right|^2}{E_c-E_j} \tag{10.58}$$

积分是对除了价带之外整个 Γ_5 态进行。H_L' 是修正 Luttinger Hamiltonian 量。

式(10.56)的波函数可以写成下面形式

$$\psi_{k_x,k_y}(z)=\mathrm{e}^{\mathrm{i}(k_xx+k_yy)}\begin{pmatrix} f_{k_x,k_y}^{(1)}(z) \\ f_{k_x,k_y}^{(2)}(z) \\ f_{k_x,k_y}^{(3)}(z) \\ f_{k_x,k_y}^{(4)}(z) \\ f_{k_x,k_y}^{(5)}(z) \\ f_{k_x,k_y}^{(6)}(z) \\ f_{k_x,k_y}^{(7)}(z) \\ f_{k_x,k_y}^{(8)}(z) \end{pmatrix}\begin{matrix} \Gamma_6,+\frac{1}{2} \\ \Gamma_6,-\frac{1}{2} \\ \Gamma_8,+\frac{3}{2} \\ \Gamma_8,+\frac{1}{2} \\ \Gamma_8,-\frac{1}{2} \\ \Gamma_8,-\frac{3}{2} \\ \Gamma_7,+\frac{1}{2} \\ \Gamma_7,-\frac{1}{2} \end{matrix} \tag{10.59}$$

通过解 8 个耦合，二级微分方程的本征值问题可以得到 8 个本征包络函数 f_i。因此载流子密度分布为

$$\left|\psi_{k_x,k_y}(z)\right|^2=\sum_{i=1}^{8}\left|f_{k_x,k_y}^{(i)}\right|^2 \tag{10.60}$$

3. 外磁场下的 Kane 模型

沿着 2DEG 法向方向引入一个外加磁场，沿着异质结平面运动的电子分立成 Landau 能级。根据标量不变性原理波矢 $\boldsymbol{k}$ 变成

$$\boldsymbol{k}=-\mathrm{i}\nabla+\frac{e}{\hbar}\boldsymbol{A} \tag{10.61}$$

$\boldsymbol{A}$ 为矢势，$\boldsymbol{B}=\nabla\times\boldsymbol{A}$，其中 $\boldsymbol{k}$ 满足下面关系

$$\boldsymbol{k}\times\boldsymbol{k}=\frac{e}{\mathrm{i}\hbar}\boldsymbol{B} \tag{10.62}$$

引入下面操作算符(产生和湮灭算符)

$$\begin{aligned} a &= \frac{l}{\sqrt{2}}k_- = \frac{l}{\sqrt{2}}(k_x-\mathrm{i}k_y) \\ a^+ &= \frac{l}{\sqrt{2}}k_+ = \frac{l}{\sqrt{2}}(k_x+\mathrm{i}k_y) \end{aligned} \tag{10.63}$$

$$\left[a,a^+\right]=1 \tag{10.64}$$

对于简谐振子的本征值，下面关系始终成立

$$\begin{aligned} a^+a\left|n\right\rangle &= n\left|n\right\rangle \\ a\left|n\right\rangle &= \sqrt{n}\left|n-1\right\rangle \\ a^+\left|n\right\rangle &= \sqrt{n+1}\left|n+1\right\rangle \end{aligned} \tag{10.65}$$

因此式(10.56)中的 Hamiltonian 是 a^+、a、$k_z=-\mathrm{i}\partial/\partial z$ 和与 z 有关的能带结构参数的函数。

此外，在 Hamiltonian 量中应该包括电子或空穴的自旋与磁场的耦合项，即 Zeeman 分裂。Altarelli(Altarelli　1985)在 6×6 带模型中考虑了这个问题。对于导带，这意味着 $g^*\mu_B B$ 应该加入到对角项中，这里

$$\frac{1}{m^*}=\frac{1}{m_0}\left[1+\frac{2P^2}{3(E_\mathrm{g}+\varDelta)}\right] \qquad g^*=2\frac{m_0}{m^*} \tag{10.66}$$

上面方程包含了对导带有效 g 因子有贡献的自旋-轨道分裂 $\varGamma_7$ 带。对于价带，要引入下面一项

$$(e/c)\kappa J_z B+(e/c)qJ_z^3 B \tag{10.67}$$

式中：J_z 是自旋为 $3/2$ 的矩阵，κ 和 q 是材料的参数。实际上对于所研究的大部分半导体而言，通常 q 是个小量，因此第二项可以忽略。

Weiler 等(1978)给出了包含 Zeeman 分裂项的 Hamiltonian 量的 8 带 Kane 模型中。在外磁场下 Hamiltonian 函数的解为

$$\psi_N(z)=\begin{pmatrix} f_1(z)\varphi_{n1} \\ f_2(z)\varphi_{n2} \\ f_3(z)\varphi_{n3} \\ f_4(z)\varphi_{n4} \\ f_5(z)\varphi_{n5} \\ f_6(z)\varphi_{n6} \\ f_7(z)\varphi_{n7} \\ f_8(z)\varphi_{n8} \end{pmatrix}=\begin{pmatrix} f_1^N(z)\varphi_N \\ f_2^N(z)\varphi_{N+1} \\ f_3^N(z)\varphi_{N-1} \\ f_4^N(z)\varphi_N \\ f_5^N(z)\varphi_{N+1} \\ f_6^N(z)\varphi_{N+2} \\ f_7^N(z)\varphi_N \\ f_8^N(z)\varphi_{N+1} \end{pmatrix} \tag{10.68}$$

对于每个 $N=-2$，-1，0，1，2，⋯ (如果 $n<0$，$\phi\equiv 0$)，可以得到 8 个耦合，二级 f_i 的实微分方程。

10.2.3 HgTe 量子阱的特殊性质

利用上面提出的理论模型可以计算出 HgTe 量子阱子带色散关系，与第一类量子阱相比，具有某些特有的性质。

其中一个性质是对应于不同的阱宽存在三种不同的能带结构，图 10.10 给出了能带色散关系(Becker et al. 1999，2000；Zhang et al. 2001)。B 区域显示了子带带边能量与阱宽的关系，它受到两个因素的影响。一种是能量随阱宽而变化的量子束缚效应，另一种是 HgTe 体材料的倒置能带结构。阱宽的增加减小了量子束缚效应，因而电子(空穴)带的能量也随之减小。由于重空穴态具有大的有效质量导致空穴束缚比较弱，因此第一价带为 $H1$。当 $d_{\rm w}<6\rm nm$ 时，量子阱具有正常的能带结构，$E1$ 导带位于 $H1$ 价带的上方(见区域 A)。如果 $d_{\rm w}=6\rm nm$，$E1$ 子带与 $H1$ 价带能量对齐，形成半金属。如果 $d_{\rm w}>6\rm nm$，$E1$ 子带与 $H1$ 价带交换位置，量子阱为倒置能带结构，$H1$ 子带为第一导带，$E1$ 子带则为第一价带(区域 C)。倒置能带结构是第三类异质结独特特性。

第二个特征是界面态。相对于 $Hg_{0.32}Cd_{0.68}Te$ 量子阱，HgTe 量子阱具有不同的倒置能带结构，如图 10.8 所示。在 HgTe 量子阱中两种材料的 Γ_6 带和 Γ_8 轻空穴带的有效质量符号相反(一种是正有效质量，另外一种是负有效质量)。当这种材料形成量子阱，载流子密度的最大值位于界面处。图 10.11 显示出量子阱中的界面态(为了比较，图 10.12 给出了第一类量子阱的能带结构图)。通过简单的单带模型可以理解第三类量子阱中界面态的形成。在界面处边界条件必须满足波函数连续性以及概率流密度的连续性

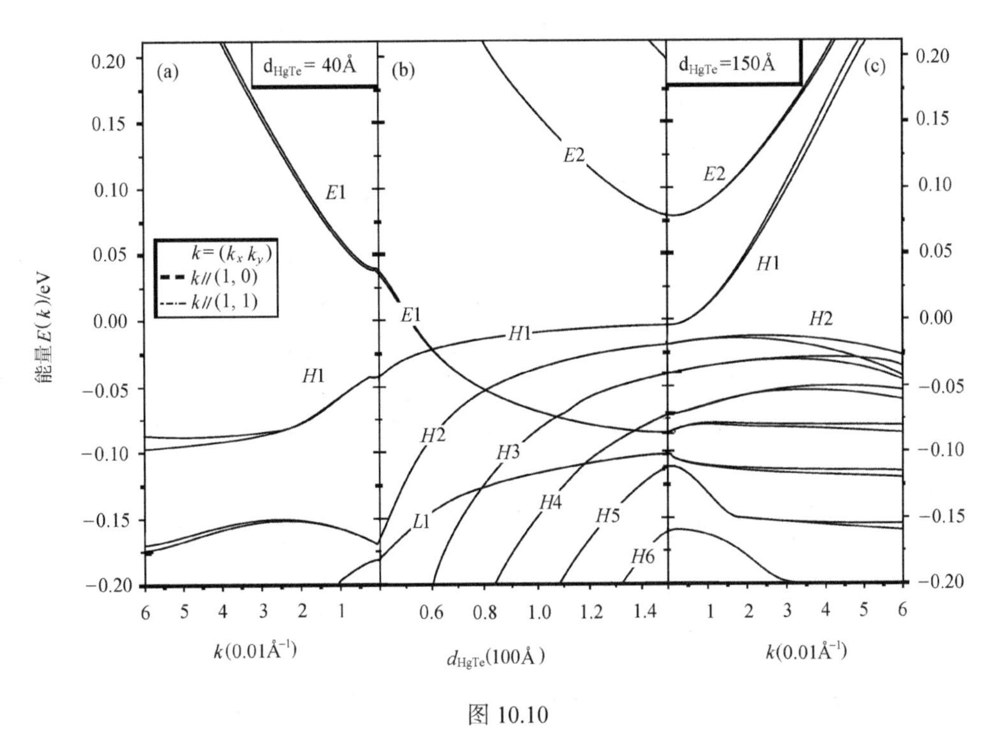

图 10.10

(a) 阱宽 = 4nm 的 HgTe /$Hg_{0.32}Cd_{0.68}Te$ 量子阱能带结构图；
(b) 带边能量随阱宽的变化；(c) 阱宽 = 15nm 的 HgTe /$Hg_{0.32}Cd_{0.68}Te$ 量子阱能带结构图，在(a)和(c)中给出了 k 空间中不同方向，k//(1,0)和 k//(1,1)的能带色散关系

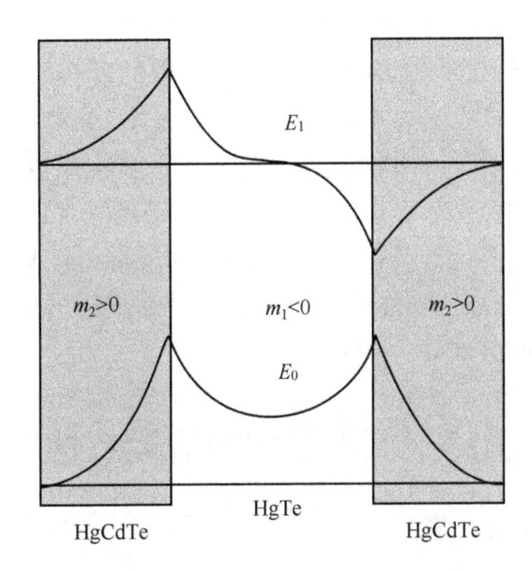

图 10.11　HgTe/HgCdTe 量子阱中电子(或轻空穴态)的密度分布

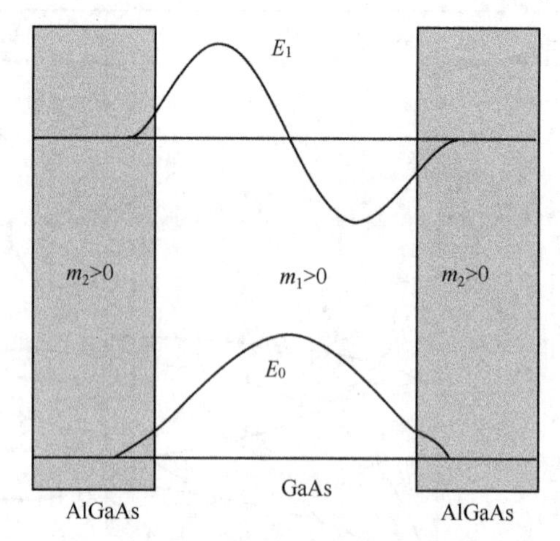

图 10.12　GaAs/AlGaAs 量子阱中电子(或轻空穴态)的密度分布

$$\begin{aligned}&\psi_1(z)\big|_{z_0}=\psi_2(z)\big|_{z_0}\\&\frac{1}{m_1}\frac{\mathrm{d}}{\mathrm{d}z}\psi_1(z)\Big|_{z_0}=\frac{1}{m_2}\frac{\mathrm{d}}{\mathrm{d}z}\psi_2(z)\Big|_{z_0}\end{aligned}\tag{10.69}$$

如果$m_1\cdot m_2<0$，阱中和垒中波函数的斜率符号相反，导致了界面态的形成。

第三个特征是倒置能带结构的特点。倒置能带结构的主要特点就是第一导带的重空穴特性，结果导致电子密度的最大值并不位于束缚势的最低位置，而是位于量子阱的界面。对于具有倒置能带结构的 HgTe 量子阱，第一导带和价带分别为 $H1$ 和 $H2$。他们是重空穴和轻空穴的混合态。沿着量子阱的生长方向引入一个垂直磁场可以揭示倒置能带结构中的重空穴子带的混合特性。$H1$ 子带的最低 Landau 能级 $n=0$ 为纯粹的重空穴态(Ancilotto et al.　1988)，不包含任何的轻空穴态。由此，该能级随着磁场的增加能量线性减少，显示出重空穴态特性，然而其他 $H1$ 子带由于包含轻空穴态，其 Landau 能级随磁场增加而上升。因而，他们显示出轻空穴态特性。HgTe 量子阱倒置能带结构的反常特性与第一价带 $H2$ 子带中 $n=2$ Landau 能级特殊的色散关系，导致在某个临界磁场 B_c 下导带和价带发生 Landau 能级交叉(Schultz et al.　1998)。

10.3　低维结构的输运特性

10.3.1　二维电子气系统

二维电子气(2DEG)无论在学术研究方面还是技术应用方面一直具有重要地位。早期工作的评论性文章参看文献(Ando et al.　1982)。最初，在硅金属氧化物半导体场效应晶体管(Si-MOSFET)的界面反型层中发现二维电子气具有量子霍尔(Hall)效应(Klitzing et al. 1980)。但是由于电子具有比较大的有效质量($m^* = 0.19m_0$)以及受到强烈的界面散射影响，限制了晶体管中电子的迁移率(~30 000cm^2/Vs)。20 世纪 70 年代后，随着 MBE 技术的发展，在 GaAs/AlGaAs 异质结中实现了高迁移率 2DEG(Esaki et al. 1970，Chang et al. 1974，Cho et al. 1975)。由于 GaAs 和 AlAs 之间的晶格不匹配只有 0.12%，这样很容易获得原子量级的异质界面，这对于实现高迁移率 2DEG 是非常必要的。此外，引入调制掺杂技术也会显著提高电子的迁移率，Dingle 等人(Dingle 1978)首先把这一技术应用到 GaAs/AlGaAs 异质结中，其基本原理是让量子阱中的电子远离势垒层中的施主杂质，如图 10.13 所示。在施主杂质和量子阱之间引入一个本征势垒层(即隔离层)可以实现导电电子和施主杂质在空间上的分离。因此电子受电离杂质的散射明显减小，结果提高载流子的迁移率。所报道的 GaAs/AlGaAs 异质结中最高电子迁移率为 2×10^7cm^2/Vs (Stormer 1999)。Tsui、Störmer 和 Gossard 等人(1982)通过高迁移率的 2DEG 发现了分数霍尔效应。

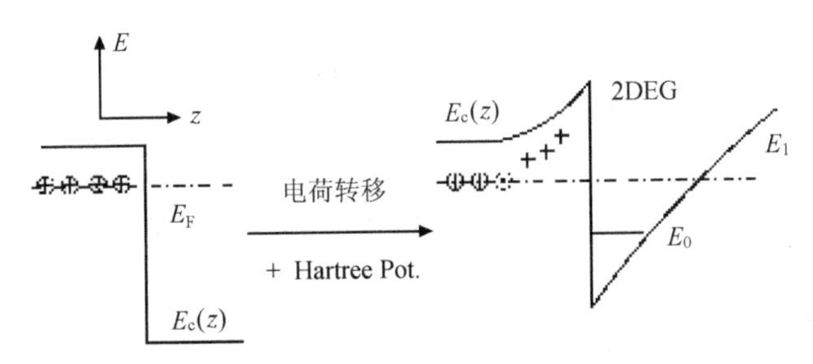

图 10.13 调制掺杂异质结导带边能带图(左边为电荷转移前，右边为电荷转移后)，E_0、E_1 为两个最低的子能带，E_F 为电子的费米能级，圆圈表示中性施主，叉号表示电离施主

下面先讨论一下异质结中的 2DEG 的能量和载流子分布。

如图 10.13 所示，由于调制掺杂引起的电荷转移，导致界面处能带发生弯曲形成电子束缚的三角形势阱。结果，沿 Z 方向运动的电子受到约束，形成一系列离散量子能级。在异质结中电荷的分布决定了势的形状，反过来势的形状又影响电荷的分布。因此，只有通过严格自洽求解泊松方程和薛定谔方程才能得到电子和势的分布。对于多体电子-电子相互作用采用简单的 Hartree 近似方法，也就是用一个平均势代替多体电子势。假定每个电子都受到自洽势 $V_H(z)$的影响，然后自洽求解泊松方程和薛定谔方程

$$\frac{\mathrm{d}}{\mathrm{d}z}\left[\varepsilon(z)\frac{\mathrm{d}V_H}{\mathrm{d}z}\right] = -4\pi e^2\rho(z) \tag{10.70}$$

式中：$\rho(z) = -en(z) + e\left[N_D^+(z) - N_A^-(z)\right]$是电荷密度

$$\left[-\frac{\hbar^2}{2}\frac{\mathrm{d}}{\mathrm{d}z}\frac{1}{m(z)}\frac{\mathrm{d}}{\mathrm{d}z}+V(z)\right]\phi_i(z)=E_\mathrm{i}\phi_i(z) \tag{10.71}$$

式中：$V(z)=V_0\theta(z)+V_H(z)$ 是总的势能，$\theta(z)$ 是台阶函数，E_i 是本征能量

$$n(z)=\sum_i n_i\left|\phi_i(z)\right|^2 \tag{10.72}$$

式中：n_i 是不同子带电子密度。按照上述表达式自洽求解方程，得到电子的波函数为

$$\phi_{i,k_x,k_y}=\frac{1}{\sqrt{L_xL_y}}\mathrm{e}^{\mathrm{i}(k_xx+k_yy)}\phi_i(z) \tag{10.73}$$

电子在 x-y 平面上是自由运动，L_x、L_y 是 x、y 方向上的长度。电子的能量为

$$E_{\mathrm{i},k_x,k_y}=E_\mathrm{i}+\frac{\hbar^2(k_x^2+k_y^2)}{2m^*} \tag{10.74}$$

式中：m^* 是电子的有效质量。每个子带电子的态密度为常数$=m^*/\pi\hbar^2$。电子总的态密度为所有子带态密度的求和

$$D(E)=\sum_i\theta(E-E_\mathrm{i})\frac{m^*}{\pi\hbar^2} \tag{10.75}$$

$T=0\mathrm{K}$ 时，不同子带电子浓度为

$$n_i=(E_\mathrm{F}-E_\mathrm{i})\theta(E_\mathrm{F}-E_\mathrm{i})\frac{m^*}{\pi\hbar^2} \tag{10.76}$$

在有限温度下载流子浓度可以写成

$$n_i=\frac{m^*}{\pi\hbar^2}k_\mathrm{B}T\ln\left[1+\exp\left(-\frac{E_\mathrm{i}-E_\mathrm{F}}{k_\mathrm{B}T}\right)\right] \tag{10.77}$$

10.3.2 Drude 模型

Drude 模型是一种经典输运理论。1900 年 Drude(1900a、b)采用理想分子气体模型来描述金属中自由电子的运动，其中包括以下几个假设：

(1) 电子在两次碰撞之间是自由运动的，电子与其他电子以及离子实之间的相互作用可以忽略。

(2) 电子碰撞过程是瞬时的，在碰撞过程中电子的速度发生突然改变，这些碰撞主要是与离子实发生相互作用。

(3) 在 $\mathrm{d}t$ 时间间隔内发生一次碰撞的概率是 $\mathrm{d}t/\tau$，τ 是两次碰撞的平均时间，也称为动量弛豫时间。

(4) 电子通过碰撞达到平衡，每次碰撞后，电子的速度随机的分布在不同方向上，与之前的速度无关。

在横向电场和垂直磁场下，电子的运动方程为

$$m^*\frac{\mathrm{d}\boldsymbol{v}}{\mathrm{d}t}=-e(\boldsymbol{E}+\boldsymbol{v}\times\boldsymbol{B})-\frac{m^*}{\tau}\boldsymbol{v} \tag{10.78}$$

式(10.78)右边最后一项代表摩擦力。在稳态下 $\dot{\boldsymbol{v}}=0$，如果 $\boldsymbol{B}=0$，根据 $\boldsymbol{j}=-ne\boldsymbol{v}$ 可以得到

$$\boldsymbol{j}=\sigma_0\boldsymbol{E}\qquad \sigma_0=\frac{e^2n\tau}{m^*}\qquad \boldsymbol{E}=\rho_0\boldsymbol{j}\ \text{和}\ \rho_0=\frac{1}{\sigma_0} \tag{10.79}$$

在外加电场 $\boldsymbol{E}$ 下，电子获得平均速度 $\boldsymbol{v}=\mu\boldsymbol{E}$，其中 μ 叫作电子迁移率，它表示在晶体中电子的运动快慢。通过上面的关系，我们很容易得出

$$\mu=\frac{\boldsymbol{v}}{\boldsymbol{E}}=\frac{e\tau}{m^*} \tag{10.80}$$

但是对于 $\boldsymbol{B}\neq0$，$\boldsymbol{\rho}$ 是一个张量 $\boldsymbol{E}=\boldsymbol{\rho}\boldsymbol{j}$，利用式(10.78)得到

$$\boldsymbol{\rho}=\rho_0\begin{pmatrix}1 & \omega_{\mathrm{c}}\tau\\ -\omega_{\mathrm{c}}\tau & 1\end{pmatrix} \tag{10.81}$$

对于电导张量 $\boldsymbol{\sigma}$

$$\boldsymbol{\sigma}=\boldsymbol{\rho}^{-1}=\frac{\sigma_0}{1+(\omega_{\mathrm{c}}\tau)^2}\begin{pmatrix}1 & -\omega_{\mathrm{c}}\tau\\ \omega_{\mathrm{c}}\tau & 1\end{pmatrix} \tag{10.82}$$

从式(10.82)，$\boldsymbol{E}_x$ 和 $\boldsymbol{j}$ 之间的夹角 φ(也称 Hall 角)可以表示为 $\varphi=\arctan(\omega_{\mathrm{c}}\tau)$。从式(10.81)和式(10.82)得到下面的关系式

$$\rho_{xx}=\frac{\sigma_{xx}}{\sigma_{xx}^2+\sigma_{xy}^2}\quad\text{和}\quad\rho_{xy}=\frac{\sigma_{xy}}{\sigma_{xx}^2+\sigma_{xy}^2} \tag{10.83}$$

$$\rho_{xx}=\frac{1}{\sigma_0}=\frac{m^*}{e^2n\tau}=\frac{1}{ne\mu} \tag{10.84}$$

$$\rho_{xy}=\frac{\omega_{\mathrm{c}}\tau}{\sigma_0}=R_HB=\pm\frac{B}{ne} \tag{10.85}$$

从式(10.84)看，ρ_{xx}与B无关。这意味着对于一个子带占据的2DEG，在低磁场下ρ_{xx}应该是常数。在非耗散极限下，也就是$\tau \to \infty$，$\rho_{xx} = \sigma_{xx} = 0$，同时霍尔电阻率与$\tau$无关，线性正比于B。这意味着$\rho_{xx} = \sigma_{xx} = 0$量子Hall态不发生耗散性，但是很明显在Drude模型中ρ_{xy}不能解释量子Hall效应的平台现象。

10.3.3 垂直磁场下的Landau能级

当在2DEG上引入一个垂直磁场，电子的回旋半径等于或小于费米波长时，在x-y平面上运动的电子将形成量子化的Landau能级(Landau 1930)。电子的轨道运动可以用薛定谔方程来描述

$$\frac{\left(-\mathrm{i}\hbar\nabla - e\boldsymbol{A}\right)^2}{2m^*}\phi\left(x,y\right) = E\phi\left(x,y\right) \tag{10.86}$$

式中：$\boldsymbol{A}$是磁场的矢势$\boldsymbol{B} = \nabla \times \boldsymbol{A}$。选择Landau规范$\boldsymbol{A}(x,y,Z) = (0,Bx,0)$，因为$\left[p_y, H\right] = 0$，电子的波函数可以写成

$$\phi\left(x,y\right) = \frac{\mathrm{e}^{\mathrm{i}k_y}}{\sqrt{L_y}}\varphi(x) \tag{10.87}$$

将式(10.87)代入式(10.88)，得到一维薛定谔方程

$$H_{x0}\varphi_{x0}(x) = \left[-\frac{\hbar^2}{2m^*}\frac{d^2}{d^2x} + \frac{1}{2}m^*\omega_{\mathrm{c}}^2(x-x_0)^2 + V(x)\right]\varphi_{x0}(x) = E\varphi_{x0}(x) \tag{10.88}$$

式中：ω_{c}是回旋共振频率，$\omega_{\mathrm{c}} = eB/m^*$，$x_0$是中心坐标，$x_0 = -l^2k_y$，$l$是磁长度，$l = (\hbar/eB)^{1/2}$。上面方程的本征值为

$$E_n = \left(n + \frac{1}{2}\right)\hbar\omega_{\mathrm{c}} \quad n = 0,\ 1,\ 2,\ \cdots \tag{10.89}$$

式中：n是Landau能级指数，对于同一中心点x_0能级简并。$\varphi_{x0,n}(x)$是中心坐标为x_0，能级指数为n的简谐振子的本征函数。单位面积上能量为E_n的状态数目是

$$\frac{1}{L_xL_y}\sum_k = \frac{1}{2\pi L_x}\int \mathrm{d}k = \frac{1}{2\pi l^2}\int\frac{\mathrm{d}x_0}{L_x} = \frac{1}{2\pi l^2} \tag{10.90}$$

在第一等式中，考虑了沿y方向上的周期条件，也就是$k = (2\pi/L_y)i$，i为整数。因而每个Landau能级的简并度为

$$n_{\mathrm{L}}=\frac{eB}{h} \tag{10.91}$$

考虑了磁通量子$\phi_0=h/e$，Landau 能级的简并度等于单位面积上磁通量子数。如果n_s表示总的载流子密度，那么 Landau 填充因子

$$v=\frac{n_s}{n_{\mathrm{L}}}=\frac{h}{eB}n_s \tag{10.92}$$

Landau 能级态密度为所有能级δ函数求和

$$D(E)=\frac{\mathrm{d}N}{\mathrm{d}E}=\frac{g_s}{2\pi l^2}\sum_{n=0}^{\infty}\delta(E-E_n) \tag{10.93}$$

式中：g_s是自旋简并度。

上面讨论中忽略了电子自旋。在磁场的作用，由于 Zeeman 效应，电子解除自旋两重简并态，导致在 Hamiltonian 中增加 Zeeman 项

$$H=\frac{1}{2m^*}(\boldsymbol{p}+e\boldsymbol{A})^2+g^*\mu_{\mathrm{B}}\vec{\sigma}\cdot\vec{B}+V(z) \tag{10.94}$$

式中：$\mu_{\mathrm{B}}=e\hbar/2m_0$是 Bohr 磁子，$g^*$是载流子有效 lande g 因子(真空电子$g^*=2$，在大多数半导体中$g^*<0$，g^*为能带结构参数函数)。$\vec{\sigma}$操作算符本征值为$S=\pm\frac{1}{2}$。上述方程的本征能量可以写成

$$E_{i,n,s}=E_{\mathrm{i}}+\left(n+\frac{1}{2}\right)\hbar\omega_{\mathrm{c}}+sg^*\mu_{\mathrm{B}}B \tag{10.95}$$

电子的能态密度为所有 Landau 能级和自旋态密度求和

$$D(E)=\frac{g_s}{2\pi l^2}\sum_{i,n,s}\delta(E-E_{i,n,s}) \tag{10.96}$$

2DEG 另一个特点就是：Landau 能级分裂与磁场B的垂直分量有关，而 Zeeman 自旋分裂是各向同性的只与总磁场B有关。如果样品表面法线方向与磁场夹角为θ，那么

$$E_{i,n,s}=E_{\mathrm{i}}+\left(n+\frac{1}{2}\right)\frac{\hbar e}{m^*}B\cos\theta\pm\frac{1}{2}g^*\mu_{\mathrm{B}}B \tag{10.97}$$

通过改变夹角θ，可以确定有效g^*因子。

下面讨论温度对态密度能级展宽的影响，在有限温度T下电子浓度为

$$n(E)=\frac{g_s}{2\pi l^2}\sum_{n=0}^{\infty}f(E-E_n) \tag{10.98}$$

式中：$f(E)$ 是 Fermi-Dirac 分布，$f(E)=(1+e^{\beta\varepsilon})^{-1}, \beta=1/k_{\mathrm{B}}T, \varepsilon=E-E_{\mathrm{F}}$。在有限温度下态密度为

$$D(E)=\frac{\mathrm{d}n}{\mathrm{d}E}=\frac{g_s}{2\pi l^2}\sum_{n=0}^{\infty}\frac{\beta}{4\cosh^2\left[\beta\left(E-E_{\mathrm{F}}\right)/2\right]} \tag{10.99}$$

Landau 能级态密度温度展宽为 $4k_{\mathrm{B}}T/\hbar\omega_{\mathrm{c}}$。对于窄禁带半导体，由于电子有效质量比较小，导致 Landau 能级发生比较大的能级分裂，因而温度效应对 Landau 能级展宽的影响相对比较小。结果，在窄禁带半导体材料中很容易观察到 SdH 振荡。

10.3.4 Landau 能级展宽

在上面讨论中忽略了缺陷，杂质对电子能级的影响。由于杂质缺陷等散射过程引起的电子能级展宽 $\Gamma=\hbar/\tau$ (τ 为电子寿命)。散射会改变 $D(E)$ 导致 Landau 能级之间出现新的量子态。Ando 和 Uemura (Ando et al. 1974a)基于电子-无序势相互作用的二级自洽 Born 近似(SCBA)，推导出一个简单的扩展态密度模型，他们认为无序主要来源于随机分布的杂质离子，杂质的散射势在空间上采用高斯形式。在该模型中考虑了与杂质势有关的短程和长程效应，认为当磁场足够强可以忽略无序引起的 Landau 能级混合。用半椭圆函数替代式(10.96)中的 δ 函数可以得到

$$D(E)=\frac{1}{2\pi l^2}\sum_{i,n,s}\frac{2}{\pi\Gamma_{n,s}}\left[1-\left(\frac{E-E_{i,n.s}}{\Gamma_{n,s}}\right)^2\right]^{1/2} \tag{10.100}$$

如果散射是短程的，Landau 能级展宽 $2\Gamma_n$ 可以表示为

$$\Gamma_{n,s}=\sqrt{\frac{2}{\pi}\hbar\omega_{\mathrm{c}}\frac{\hbar}{\tau}}\propto\sqrt{\frac{B}{\mu}} \tag{10.101}$$

它与 Landau 能级指数 n 无关，正比于 $(B/\mu)^{1/2}$。对于指数低的 Landau 能级，SCBA 会导致显著的错误(Gerhardts 1975a)。SCBA 明显的不足是态密度在 $E=E_{i,n,s}\pm\Gamma_{n,s}$ 处突然为零，这明显不具有物理意义。实验结果(Weiss et al. 1987)表明在两个邻近 Landau 能级之间的态密度并不等于零，甚至，诸如单位置近似(SSA)(Ando 1974b)或多位置近似(MSA)(Ando 1974c)等高级近似过程也高估了低指数 Landau 能级的截止态密度，但是对于指数高的 Landau 能级，他们的结果与 SCBA 一致。

不过，Gerhardts 选择低级 cumulant 近似(或者说是路径积分的方法 LOCA)来

计算态密度(Gerhardts 1975a，b；Gerhardts 1976)。结果态密度采用高斯函数的形式

$$D(E)=\frac{1}{2\pi l^2}\sum_n\left(\frac{\pi}{2}\Gamma_n^2\right)^{-1/2}\exp\left[-2\frac{\left(E-E_n\right)^2}{\Gamma_n^2}\right]^{1/2} \tag{10.102}$$

这样做的好处是有助于数学分析，可以不用知道Γ_n和B以及n之间的关系。Weiss 和 Klitzing(1987)证明了至少在两个近邻的 Landau 能级之间，态密度可以用式(10.102)来表示，电子的能级展宽与式(10.101)相一致。图 10.14 总结了不同理论模型计算的 Landau 能级态密度。

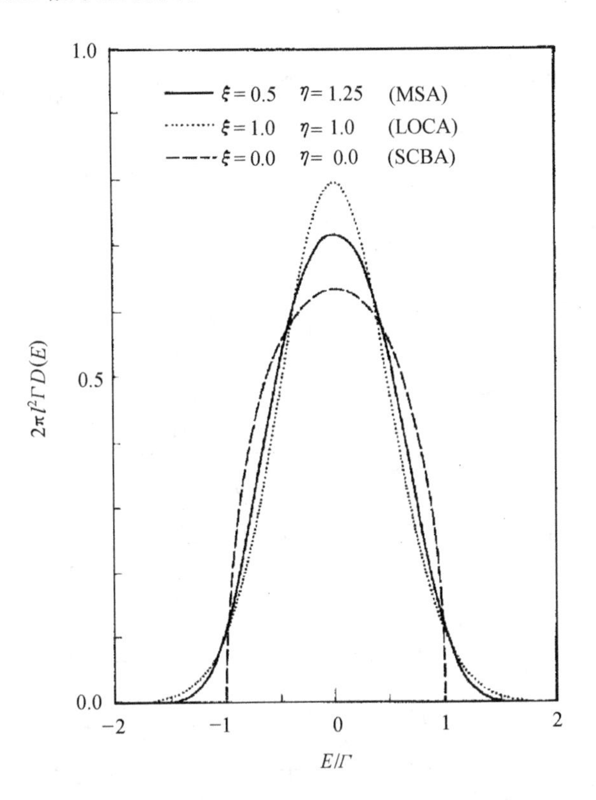

图 10.14 自洽 Born 近似(SCBA)，多位置近似(MSA)以及低级 cumulant 近似(LOCA)计算的 Landau 能级态密度

10.3.5 2DEG 的 Shubnikov-de Hass 振荡

1930 年 Shubnikov 和 de Hass(1930)首先在铋单晶中观察到磁阻振荡，后来以发现者的名义将此命名为 Shubnikov-de Hass(SdH)振荡，该振荡是由于量子效应引起的，反映在费米能级处 Landau 能级态密度的变化。为了观察到 SdH 振荡必须

满足以下条件：

(1) 费米能级热展宽 k_BT 必须小于 Landau 能级分裂 $\hbar\omega_c$，为了让电子占据更多的 Landau 能级，费米能级 $E_F > \hbar\omega_c$，也即是

$$k_BT \ll \hbar\omega_c < E_F \tag{10.103}$$

(2) Landau 能级展宽必须小于 $\hbar\omega_c$

$$\Gamma_{n,s} \ll \hbar\omega_c \tag{10.104}$$

因为 $\tau = \hbar/\Gamma_{n,s}$， $\mu = e\tau/m^*$，所以

$$\omega_c\tau \gg 1 \qquad \mu B \gg 1 \tag{10.105}$$

式(10.105)意味着电子在被杂质散射之前，在动量弛豫时间 τ 内完成了几周回旋运动。

Ohta(1971)通过采用 Green 函数表示磁导，推导出电导率最大值正比于 Landau 能级指数。Ando(Ando 1994d)基于自洽 Born 近似方法推导出 2DEG 电导率简单表达式，得到了和 Ohta 一样规律。但是 Isihara 和 Smrcka(Isihara et al. 1986)指出甚至对于低掺杂杂质浓度的情况自洽 Born 近似是不够的，而且只适合于在强磁场下。对于低和中等磁场，必须考虑多重散射，因此 2DEG 的磁阻表示为

$$\rho_{xx} = \rho_0\left(1 + 2\frac{\Delta g(T)}{g_0}\right) \tag{10.106}$$

$$\rho_{xy} = \frac{\omega_c\tau_0}{\sigma_0}\left(1 - \frac{1}{(\omega_c\tau_0)^2}\frac{\Delta g(T)}{g_0}\right) \tag{10.107}$$

式中：g_0 和 Δg 分别是零磁场下的态密度以及振荡态密度。

$$\frac{\Delta g(T)}{g_0} = 2\sum_{s=1}^{\infty}\underbrace{\exp(-\pi s/\omega_c\tau)}_{(1)}\underbrace{\frac{\left(\dfrac{2\pi^2 sk_BT}{\hbar\omega_c}\right)}{\sinh\left(\dfrac{2\pi^2 sk_BT}{\hbar\omega_c}\right)}}_{(2)}\underbrace{\cos\left[\frac{2\pi s(E_F - E_0)}{\hbar\omega_c} - s\pi\right]}_{(3)}\underbrace{\cos\left(\frac{s\pi g^* m^*}{2}\right)}_{(4)} \tag{10.108}$$

式 10.108 右边注释部分分别解释为：

(1) 该项说明 SdH 振荡幅度与磁场大小有关，通过该项可以确定电子散射率 $1/\tau$ 和 Dingle 温度 $T_D = \hbar/2\pi k_B\tau$。

(2) 该项与电子温度有关，从 SdH 振荡振幅随温度的变化可以得到电子的有效质量。

(3) 该项为振荡项，根据 $n_s = (e/h)F$ 关系，可以从磁阻振荡频率 F 得到不同子带载流子浓度 n_s。

(4) 在这项中考虑了电子自旋分裂，在一些情况中可以通过 g 因子随温度和磁场的变化求得有效 g 因子，比如在稀磁半导体中。

10.3.6 量子霍尔效应

自从 1980 年 Klitzing 等(1980)发现了量子 Hall 效应以来，人们对此集中了大量的研究(Prange 1990，Janssen 1994，Sarma 2001)。Klitzing 最初是通过测量 p 型 Si 的 n 型反型层发现量子 Hall 平台。

Klizing 所用的样品是 p-Si:MOSFET 结构，加上偏压使 p-Si 表面形成反型层，载流子在垂直于表面的方向的运动是量子化的，形成子能级。当加上垂直于表面的磁场后，载流子在平行于表面的平面内运动也被量子化，所有子能带都被磁场分裂为朗道能级。实验在 1.5K 的温度下，13.9T 以及 18T 磁场下进行。图 10.15 是测量到的 Hall 电压 V_y 以及 x 向电压降 V_p 随偏压的变化关系。在图上可见 V_y 出现若干平台。在 V_y 出现平台时，V_p 降为 0。这是由于当费米能级处于两个朗道能级之中间时，有效态密度为 0，于是没有载流子散射，也就是 $\tau \to \infty$，所以纵向电导 σ_{xx} 为 0 与纵向电阻率 ρ_{xx} 也为 0，即 $\sigma_{xx} = \rho_{xx} = 0$。

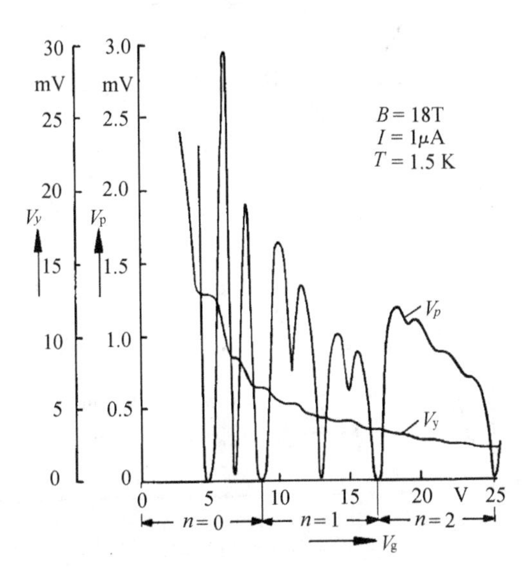

图 10.15 Hall 电压 V_y 以及 x 向电压降 V_p 随偏压的变化关系

于是根据式(10.83)及式(10.85)有

$$\frac{V_y}{I_x} = \rho_{xy} = \frac{\sigma_{xy}}{\sigma_{xx}^2 + \sigma_{xy}^2} = \frac{1}{\sigma_{xy}} = \rho_{xy} = \pm\frac{B}{ne} \tag{10.109}$$

n 是若干子能级载流子浓度的总和，有

$$n=(i+1)n_L \tag{10.110}$$

每个朗道能级的简并度为式(10.91)表示。由以上三式式(10.109)、式(10.110)和式(10.91)就有

$$V_y=\frac{1}{i+1}\frac{h}{e^2}I_x \tag{10.111}$$

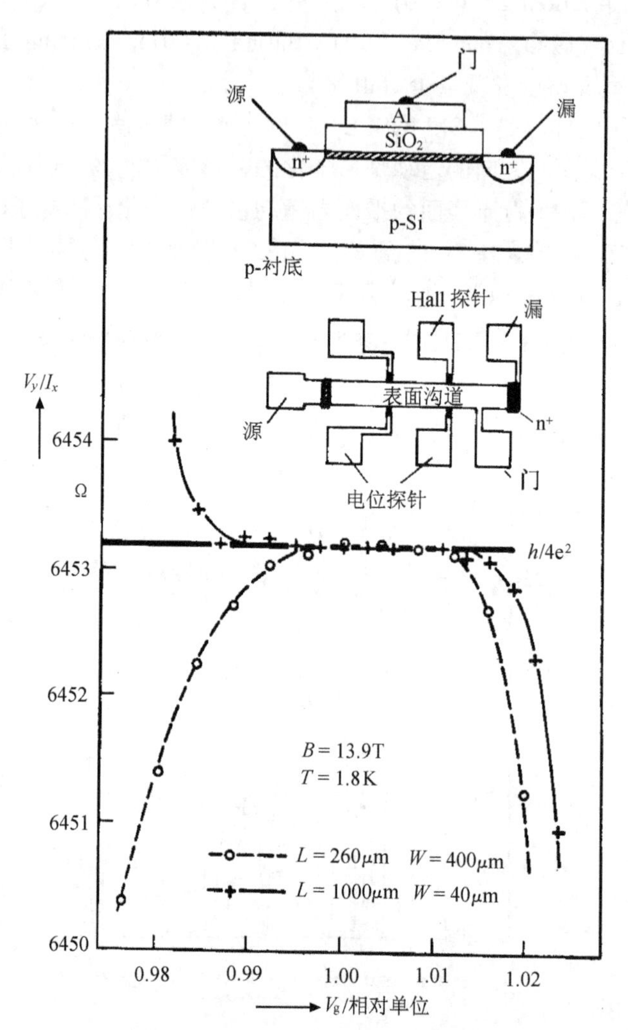

图 10.16 两种不同尺寸样品的 Hall 电阻，插图中给出了 MOSFET 样品的结构

I_x 是流过表面反型层源漏间的电流，这里 Hall 电压与低温下强磁场的强度无关，而且 Hall 电压平台器件尺寸和材料性质无关。图 10.16 表示 MOSFET 样

品结构和两种不同样品尺寸的 Hall 平台。一种尺寸是$\frac{长度L}{宽度W}$=25，另一种尺寸是$\frac{长度L}{宽度W}$=0.65。图中所示平台是 $i+1=4$，相当于 $\frac{h}{4e^2}=6453.2\Omega$，经过 120 次测量后取平均值为 6453.198Ω，于是可得精细结构常数 $\alpha=2\pi e^2/ch=1/137.036\,04$。

在 Si 上发现量子 Hall 效应以后，人们又在 GaAs/AlGaAs 异质结构样品观察到同样的现象，如图 10.17 所示(Klitzing　1983)。后来 Koch 研究组的 Sizmann(1986)也在 p-HgCdTe 的 MOSFET 结构上观察到了量子 Hall 效应。

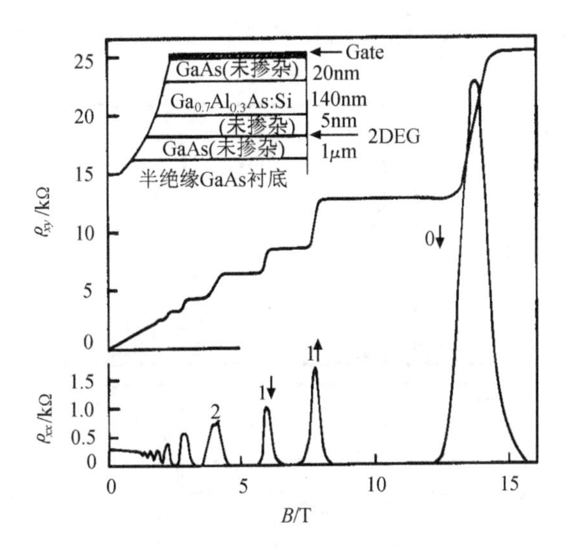

图 10.17　GaAs/AlGaAs 异质结构样品在 0.35K 时 Hall 电阻ρ_{xy}和横向磁阻ρ_{xx}

以上在实验中，令人惊讶的是发现霍尔电阻是量子化的，以 h/e^2 为单位，

$$\rho_{xy}=\frac{1}{\nu}\frac{h}{e^2} \tag{10.112}$$

精确度在 10^{-6} 量级以上。同时量子化条件与样品无关(如尺寸、无序程度等)。由于实验的高精度和可重复性，1990 年巴黎国际测量局(BIPM)决定采用量子霍尔效应来确定电阻的单位Ω。根据 $R_{K-90}=25\ 812.807$，以及 Klitzing 常数来确定电阻，近年来测量精度已达到 10^{-9} (Braun et al.　1997)。

虽然在此之前有一些人发现了量子霍尔平台(Englert et al.　1978)，但是只有 Klitzing 首先将 ρ_{xy} 的量子平台与自然常数 h/e^2 联系起来(Klitzing et al.　1980)。量子霍尔平台可以用 Landau 能级的定域态和非定域态来理解。Anderson(1958)第一次

预言了无序会导致电子发生局域。随后，Mott(1966)发展了这个思想，提出了迁移率边的概念。Abrahams 等人(1979)详细提出了定域态的标度理论，根据这个理论，在 T = 0K 以及没有外加磁场的情况下，电子总是定域在二维随机势中。但是如果 $B \neq 0$，那么系统的时间反演对称性会发生破缺，在 Landau 能级中就存在扩展态。Ono(1982)首次指出只有在 Landau 能级中心附近的量子态是扩展态，其他的量子态是指数性局域态。局域长度倒数 $\alpha(E) \propto |E - E_n|^s$，其中 E_n 是 Landau 能级中心能量，强磁场下局域长度的行为已经成为目前研究的热点(Ando 1984a, 1984b, Ando et al. 1985, Chalker et al. 1988, Huckestein et al. 1990)。采用最低 Landau 能级有限标度理论给出了 $s = 2.34 \pm 0.04$，Koch 等人(1991)从实验上证实了其正确性。

量子 Hall 效应是一个从定域态到非定域态的相变过程，如图 10.18 所示。因

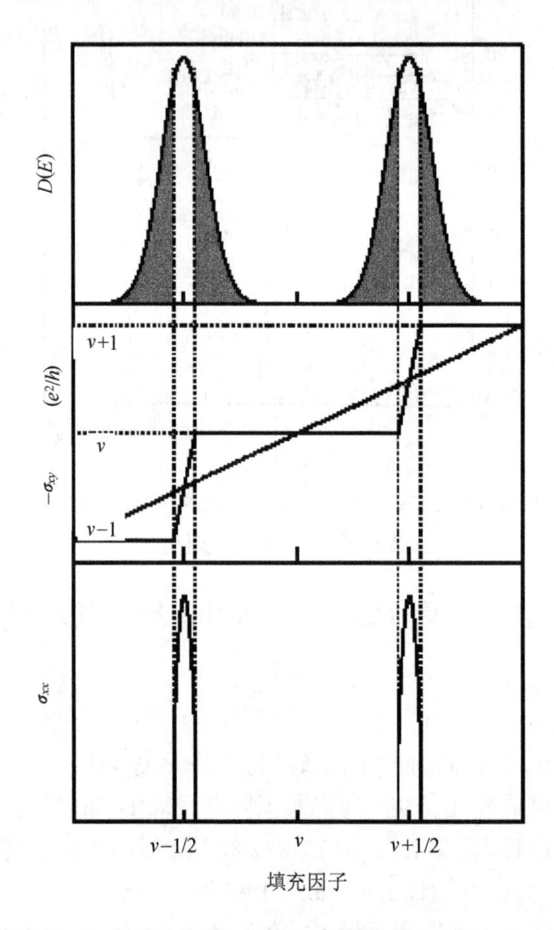

图 10.18　纵向电导 σ_{xx} 和 Hall 电导 σ_{xy} 以及态密度 $D(E)$ 随 Landau 能级填充因子的变化，

σ_{xy} 中的虚对角线对应于经典的 ne/B

为σ_{xx}只与费米能级处电子的状态有关，如果费米能级位于 Landau 能级带尾的局域态中，那么其对电导σ_{xx}的贡献为零$\sigma_{xx}=0$。但是σ_{xy}是由费米能级以下所有电子态决定的，由于在费米能级以下电子扩展态的数目是个常数，所以在σ_{xy}上出现一个平台。Prange(Prange 1981)通过研究自由电子与δ势杂质之间的相互作用详细解释了ρ_{xy}量子化。他认为 Hall 电流不受定域态的影响，因为定域态所损失的电流等于扩展态所增加的电流。另一方面，因为$\sigma_{xx}\propto D^2(E)$，当费米能级位扩展态上时，在 2DEG 中就会存在耗散性电流，当费米能级移到 Landau 能级中心时，σ_{xx}达到最大值，σ_{xy}随磁场而增加。

Laughlin 的标量不变理论(Laughlin 1981)完美地解释了量子 Hall 效应，表明了量子 Hall 效应是个基本原理。由于 Laughlin 方法是基于两个非常一般的原理：标度不变性和迁移率带边，所以它能给出非常精确的量子化规律。此外，研究者也通过另一种方法研究了量子 Hall 效应(Aoki et al. 1981，Ando 1984b)，得到相一致的规律。由此，人们可以得出一个重要的结论：如果在费米能级以下所有的电子都处于局域态，那么$\sigma_{xy}=0$，或者说，$\sigma_{xy}\neq 0$ 表示在费米能级下存在扩展态。这意味着磁场的存在提供了一个完全不同于上面标度理论(Abrahams et al. 1979)所预言的情形。

在上述讨论中，假定系统是无限大的。但是在现实中样品存在边界和欧姆接触，在这种情况下，可以用 Landauer-Büttiker (Landauer 1987，Buttiker 1988)方法解释量子霍尔效应。一些作者(Halperin 1982，Ando 1992)指出，在量子霍尔区，电流是沿着材料边界一维通道流动，称之为“边态”(edge state)。经典理论上，这些边态对应于跳跃轨道(skipping orbit)。每个边态的电流为$I_n=(\mu^1-\mu^2)e/h$，其中μ^1和μ^2分别为两边的化学势，样品上两个边的边沟道电流方向相反。如果这两个电流的大小不同就会产生净电流。在几个实验中已经证明存在边态(Haug et al. 1988，Muller et al. 1990，Van Wees et al. 1989)，图 10.19 显示了整数量子霍尔效应的边态。在单电子模型中，利用 Landau 能级和费米能级交叉点可以确定边态的位置，边态宽度为磁长度l的量级。在实际样品中，在$B=0$时，边界附近的态密度缓慢下降。因而，损失的静电能量将$B=0$时密度变成$B\neq 0$时的台阶形状。另一方面由于高 Landau 能级简并度使得 Landau 能级能够不改变能量而容纳额外的电子。因此在费米面处的 Landau 能级被压平以避免损失静电能。只有当费米能级位于两个 Landau 能级之间，增加电子会消耗多余的能量。因此，当靠近样品边界时，会存在一系列可压缩和不可压缩的区域。Chklovskii 等(1992)和 Lier 等(1994)定性的计算了可压缩和不可压缩的窄条的宽度。有必要指出的是量子霍尔效应对电流分布不敏感，在小电流霍尔器件$I<0.1\mu A$中，边电流对系统的电学特性起着重要作用，除此之外，在其他情况下，量子霍尔效应中不存在边电流效应(Klitzing 1993)。

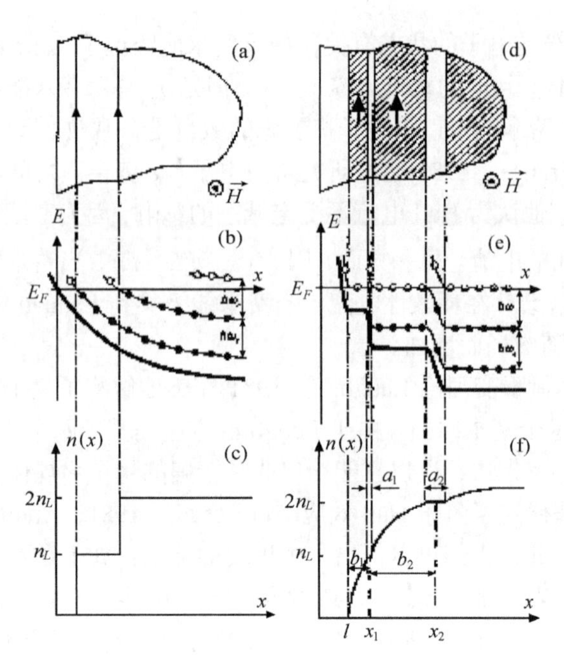

图 10.19　整数量子 Hall 效应中的边态。

在单电子图像中：(a) 靠近边界的 2DEG 上视图，箭头表示两个边界上电流的流动方向；(b) 靠近边界的 Landau 能级发生弯曲，实心圆表示 Landau 能级占据；(c) 电子密度随离边界距离的变化。在自洽静电计算图像中；(d) 靠近边界的 2DEG 上视图(非阴影区域表示可压缩区域，阴影区表示不可压缩区域)；(e) Landau 能级和静电势发生弯曲；(f) 电子密度随离耗尽区中心距离的变化

在 III-V 族半导体二维电子气量子霍尔效应发现不久，Kirk 等(Kirk　1986)也在 HgCdTe 的 MISFET(金属-绝缘体-半导体场效应晶体管)结构中发现量子霍尔效应。读者可以参考 Kirk 等(1986)和 Sizman(1986)。

10.4　HgTe/HgCdTe 超晶格量子阱的实验结果

10.4.1　HgTe/HgCdTe 超晶格量子阱的光跃迁

早期关于 HgTe/CdTe 超晶格量子结构的研究可以参考文献(Faurie et al.　1982，Hetzler et al.　1985，Jones et al.　1985，Harris et al.　1986)。最初研究的一个目的是要确定制备的 HgTe/CdTe 多层结构究竟是超晶格量子结构，还是由于 HgTe-CdTe 层原子扩散而仍然形成的 HgCdTe 三元合金。结果用光致发光和透射光谱发现制备的 HgTe/CdTe 多层结构的确形成了超晶格量子结构，而不是形成 HgCdTe 合金，而且改变 HgTe-CdTe 超晶格各层的厚度可以改变超晶格的带隙。

Hetzler 等(1985)首先观察到 HgTe-CdTe 超晶格的红外光致发光谱，第一个 HgTe-CdTe 样品，HgTe 层厚 38~40Å，CdTe 层厚 18~20Å；在 140K 温度下光之

发光峰在 105meV(相当于波长 11.8μm)。如果按照互扩散模型，从 HgTe-CdTe 的厚度计算 $Hg_{1-x}Cd_xTe$ 的平均组分为 $x = \dfrac{d_{CdTe}}{d_{CdTe} + d_{HgTe}} = 0.33$。$Hg_{0.67}Cd_{0.33}Te$ 在 140K 温度下 $E_g = 320meV$，相当于波长 λ_{E_g} =3.9μm，可见光致发光峰的能量低于等效合金 $Hg_{1-x}Cd_xTe$ 在同温度下的禁带宽度。实验上 Hetzler 也同时测量了 $Hg_{0.71}Cd_{0.29}Te$ 样品在 135K 下的光致发光峰，峰位在 260meV，相应于波长 4.8μm。因此 HgTe(40Å)-CdTe(20Å)的光致发光峰能量远小于 $Hg_{0.67}Cd_{0.33}Te$ 的禁带宽度以及 $Hg_{0.71}Cd_{0.29}Te$ 的光致发光峰(近于禁带宽度)能量，可见 HgTe-CdTe 的光致发光峰来源于超晶格量子结构的光致发光。在图 10.20 中画出了第一个样品 HgTe(40Å)-CdTe(20Å)在 140K 下的光致发光谱，图 10.20 中上方曲线是 $Hg_{0.71}Cd_{0.29}Te$ 在 135K 温度下的光致发光谱。图 10.20 中下方曲线是第二个样品 HgTe(50Å)-CdTe(50Å)在 170K 温度下的光致发光谱，光致发光峰在 205meV 处，相应于波长 6.0μm。其能量位置也低于同样平均组分 $Hg_{0.50}Cd_{0.50}Te$ 在 170K 以下的禁带宽度 $E_g = 588meV$，相应于波长 $\lambda_{E_g} = 2.1μm$。

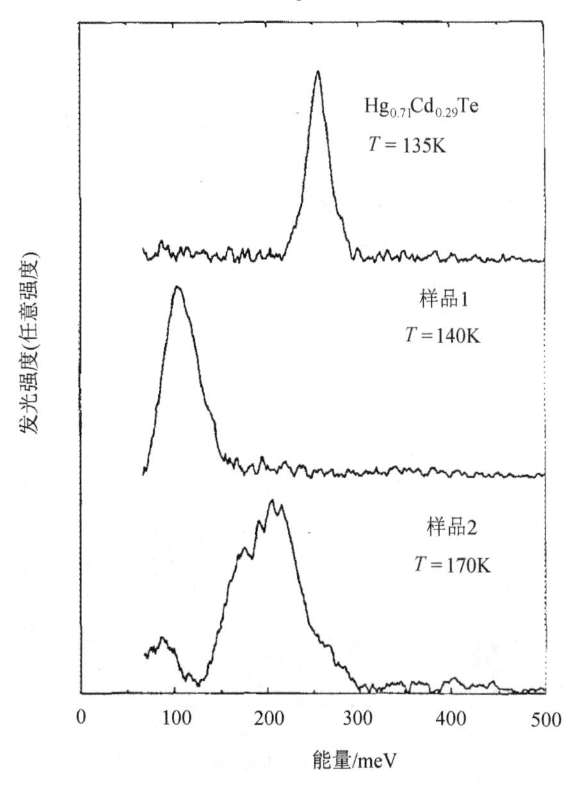

图 10.20　样品 1HgTe(40Å)-CdTe(20Å)和样品 2HgTe(50Å)-CdTe(50Å)以及 $Hg_{0.71}Cd_{0.29}Te$ 的光致发光谱

如果改变温度测量样品 1、样品 2 的光致发光峰，则其发光峰位置随温度的移动如图 10.21 和图 10.22 所示。图中实线是按照同样平均组分的 HgCdTe 合金，根据禁带宽度的 CXT 表达式计算的禁带宽度 $E_g(T)$。图 10.21 中的三角点是样品一的透射光谱确定的禁带宽度。从图 10.21、图 10.22 可见在所测量的温度范围内，HgTe-CdTe 超晶格的光致发光峰均低于同样平均组分的 HgCdTe 合金的禁带宽度。

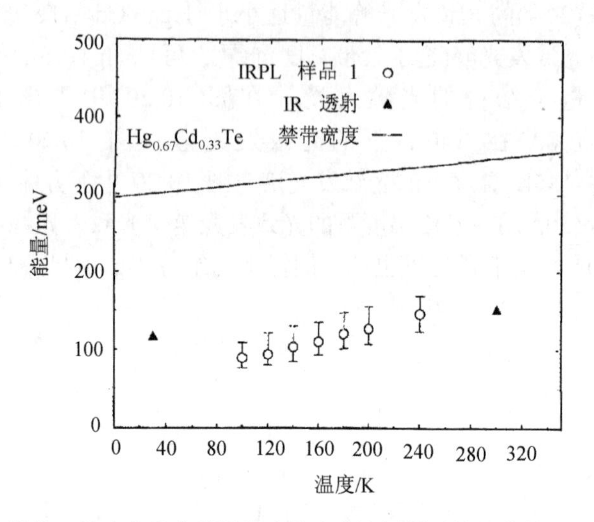

图 10.21 样品 1 的光致发光峰随温度的变化和同样平均组分的 $Hg_{0.67}Cd_{0.33}Te$ 合金的禁带宽度随温度的变化

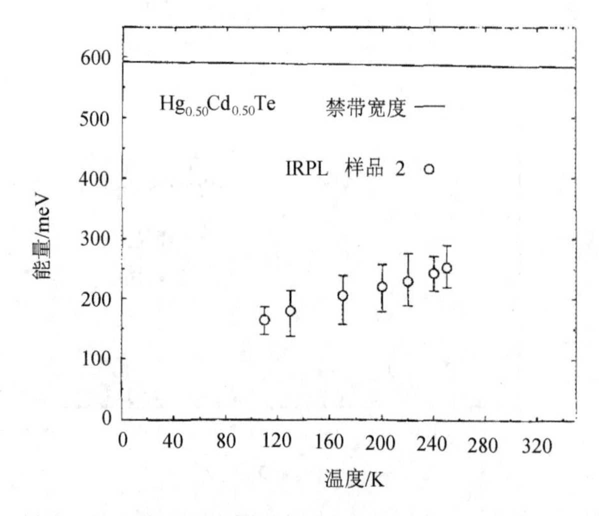

图 10.22 样品 2 的光致发光峰随温度的变化和同样平均组分的 $Hg_{0.50}Cd_{0.50}Te$ 禁带宽度随温度的变化

同样的结果在 Harris 等(1986)的实验中也被观察到。Harris 测量了 HgTe (22 ± 2Å)-CdTe(54±2Å)多层结构的光致发光谱，如图 10.23 所示。光致发光峰位于 357meV 能量处，相应于波长 3.47μm。考虑互扩散模型等效的 $Hg_{1-x}Cd_xTe$ 组分为 x=0.71，在 25K 下 E_g=974meV，相应于波长 λ_{E_g} =1.3μm。由此可见 HgTe (22Å)-CdTe(54Å)超晶格的光致发光峰也小于等效合金 $Hg_{1-x}Cd_xTe$ 的禁带宽度。

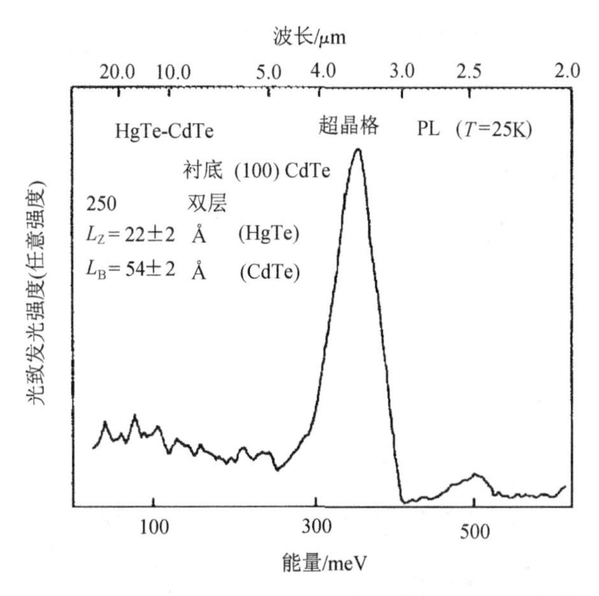

图 10.23 HgTe(22 Å)-CdTe(54 Å)超晶格的光致发光谱

从上面的实验结果不难发现，HgTe-CdTe 超晶格的光致发光复合的能量与 HgTe 的层厚密切相关。HgTe 越窄，光致发光峰的能量越大，具体定量关系则涉及 HgTe-CdTe 超晶格中的电子和空穴的量子限制态的能级位置。

通过实验确定 HgTe/CdTe 的能带位差是一个重要问题。关于 HgTe 和 CdTe 价带位差Λ(Valence band offest)，可以用 HgTe/$Hg_{1-x}Cd_xTe$ 超晶格的光吸收实验来确定，通过光吸收实验确定从重空穴第一子带到导带第一子带的光跃迁 H_1-E_1，以及从轻空穴第一子带到导带第一子带的光跃迁 L_1-E_1，可以在实验上确定价带位差Λ。Becker 等(1999)采用分子束外延方法在 $Cd_{0.96}Zn_{0.04}Te$ 衬底上，先生长 600Å 的 CdTe 过渡层，再生长 HgTe(43Å)/$Hg_{1-x}Cd_xTe$(66Å)超晶格，势垒层组分 $x = 0.95$，然后在 5K 以及 300K 温度下测量超晶格的吸收谱，如图 10.24 和图 10.25 所示，图 10.26 是 L_1-E_1、L_1-H_1、H_1-E_1 随温度的变化关系。

根据 HgTe 阱宽以及 L_1-H_1 的能量差可以计算价带位差，Becker 得到在 5K 时，$\Lambda = 580 \pm 40\text{meV}$，在 300K 时 $\Lambda = 480 \pm 40\text{meV}$，具有温度关系

$$\Lambda(T)(\text{meV}) = 580 - 0.34T$$

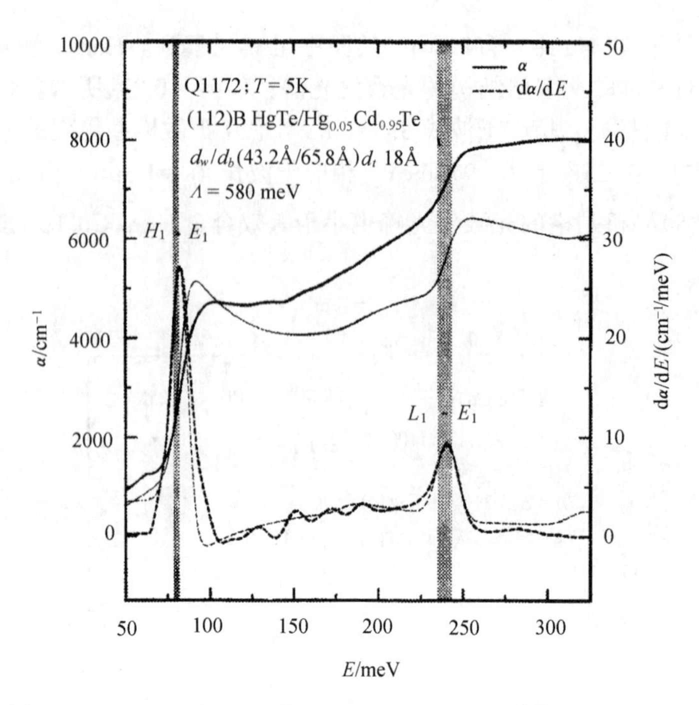

图 10.24　$T = 5K$ 时(112)B 的 $HgTe/Hg_{1-x}Cd_xTe$ 超晶格的吸收光谱。

粗实线和虚线是实验的吸收系数及其微分光谱，较细的实线和虚线是理论计算的吸收系数及其微分光谱，图中标出了 H_1-E_1、L_1-E_1 的能量位置

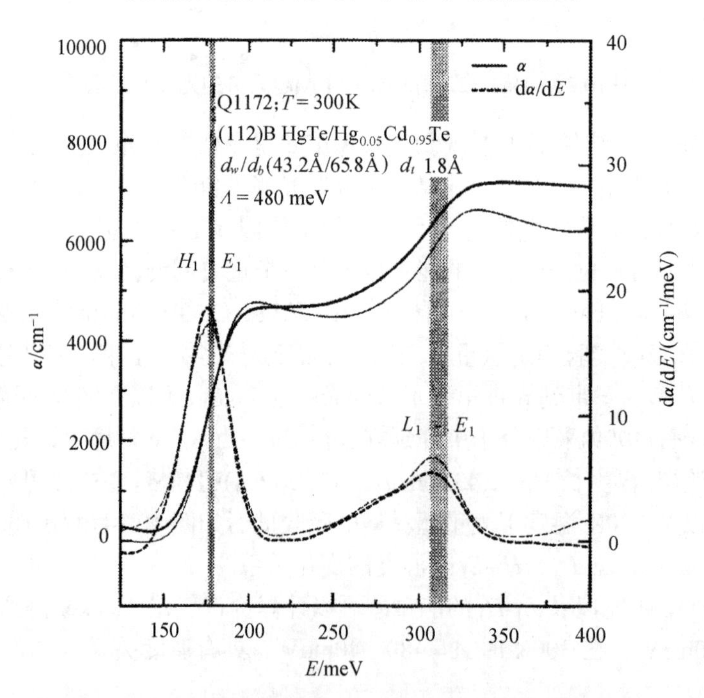

图 10.25　与图 4.7 一样的样品，但是在 $T = 300K$ 时的吸收光谱

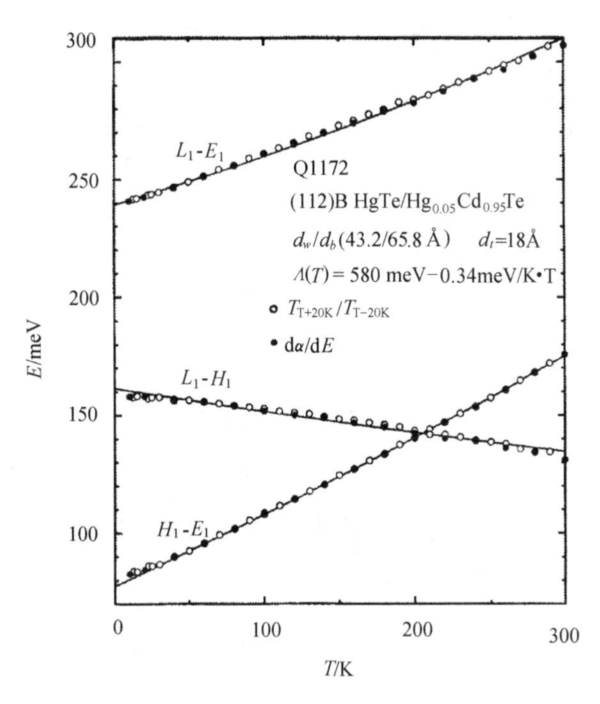

图 10.26 H_1-E_1 和 L_1-E_1 子带跃迁的温度依赖性，图中也给出了 L_1-H_1 能量差随温度的变化关系

其他作者在 XPS 和 UPS 的实验中得到 $\Lambda = 350 \pm 60\text{meV}$ (Sporken et al. 1989)。

关于 HgTe/HgCdTe 超晶格的能带结构可以参考文献(Becker et al. 2000)。

关于 HgTe/HgCdTe 超晶格用于红外探测的实验研究可以参考文献(Zhou 2003)。

10.4.2 典型的 SdH 振荡和整数量子霍尔效应

本节主要描述 n 型调制掺杂 HgTe/HgCdTe 量子阱中的 SdH 振荡、整数量子霍尔效应(QHE)。

与III-V族 GaAs/AlGaAs 异质结相似，在 n-HgTe/HgCdTe 量子阱中也存在 SdH 振荡和整数量子霍尔效应(QHE)，由于具有较小的有效质量，SdH 振荡在较高的温度也能观察到。Hoffman 等(1991，1993)对 HgTe 量子阱的量子输运现象进行了研究。Landwehr 等对调制掺杂的 n 型和 p 型的 HgTe 量子阱的量子输运进行了研究(Landwehr et al. 2000，Goschenhofe et al. 1998，Pfeuffer-Jeschke et al. 1998)。张新昌等也对 HgTe/HgCdTe 量子阱结构进行了实验研究(Zhang et al. 2001)。图 10.27 为 1.6~60K 温度下 HgTe/$Hg_{0.32}Cd_{0.68}Te$ 量子阱结构典型的 SdH 振荡和整数量子霍尔效应(QHE)(Zhang et al. 2001)。样品的载流子浓度为 $5.1\times10^{11}\text{cm}^{-2}$，迁移率为 $6.3\times10^{4}\text{cm}^2/\text{Vs}$，从图中我们可以发现低温下振荡在 1T 以下就可以观察到，

由于有较大的有效 g 因子，自旋分裂对应的分裂峰在 2T 左右就出现了。

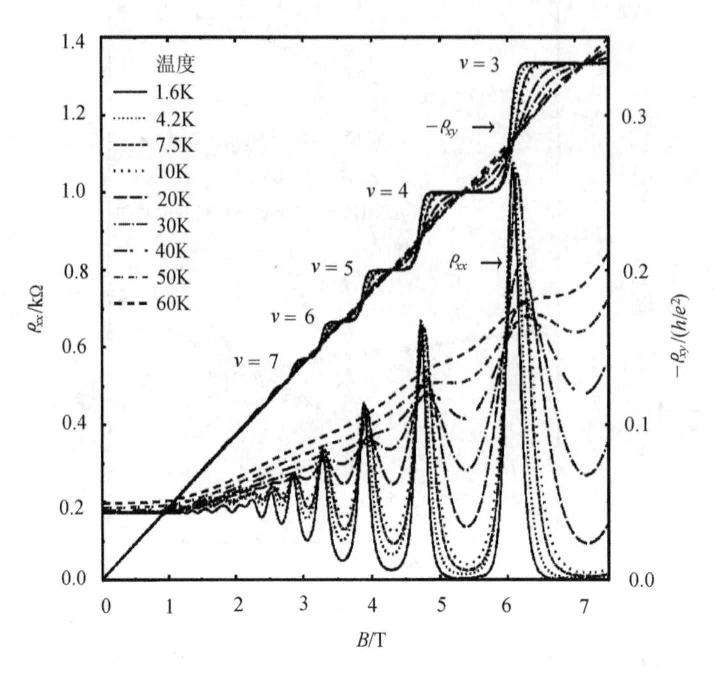

图 10.27　n 型调制掺杂 $HgTe/Hg_{0.32}Cd_{0.68}Te$ 量子阱中典型的 SdH 振荡和整数量子霍尔效应(QHE)。量子霍尔平台附近的数字对应为填充因子

载流子的有效质量是样品的一个重要物理参数，可以通过分析不同温度下的 SdH 振荡可以获得该量。在描述 SdH 振荡的式(10.108)中，我们已经讨论了各项的物理意义，其中第二项说明了 SdH 振荡中振幅随温度的衰减直接与有效质量有关，具体关系可由 Ando 公式描述(Ando　1982)

$$\frac{A(T_1,B)}{A(T_2,B)}=\frac{T_1\sinh(\beta T_2 m^*/m_0 B)}{T_2\sinh(\beta T_1 m^*/m_0 B)} \tag{10.113}$$

式中：$\beta = 2\pi^2 k_B m_0/\hbar e = 14.707\quad(\mathrm{T/K})$。图 10.28 为不同温度下，SdH 振荡振幅随温度的变化，$\Delta\rho_{xx}$ 中的非振荡部分已被去除。

从图 10.28 中 SdH 振幅对温度的依赖就可以通过式(10.113)得到电子的有效质量，结果如图 10.29 所示。由此方法得到的有效质量和用其他方法得到的也基本一致。

如式(10.108)所述，包含 Dingle 温度 T_D 的因子是由于碰撞增宽引起的。温度 T 和 T_D 都可导致 SdH 振荡的振幅随 $1/B$ 衰减，但可将 T_D 的影响分离出来。SdH 振荡的峰值振幅，$A(T,\ B)$满足(Coleridge　1991)(也可从式(10.108)直接推导)

$$A(T,B)=4\rho_0 X(T)\exp(-2\pi^2 k_B T_D/\hbar\omega_c) \tag{10.114}$$

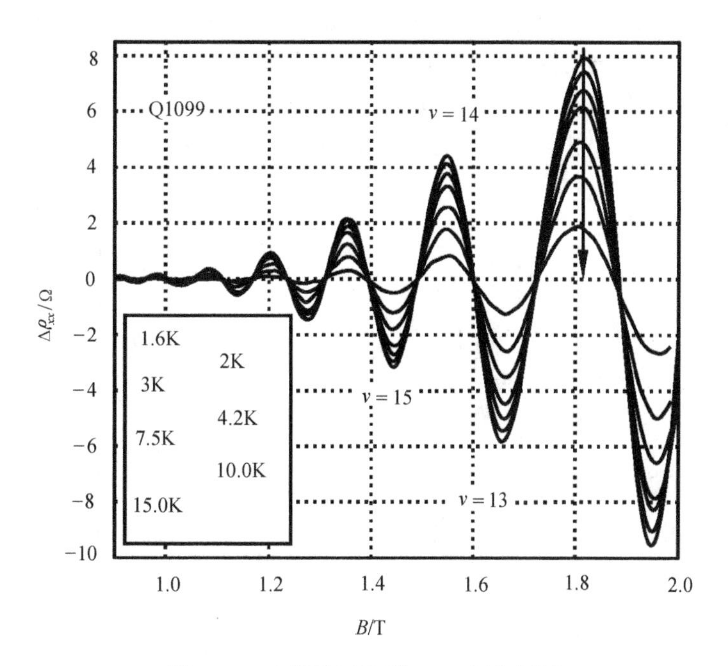

图 10.28　不同温度下的 SdH 振荡振幅

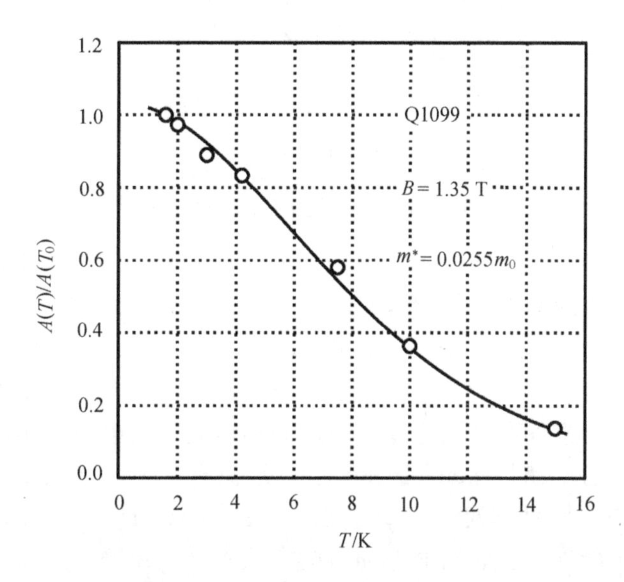

图 10.29　通过 SdH 振荡中不同温度下的振幅比 $A(T)/A(T_0)$，T_0=1.6 K，得到的有效质量 m^*=0.0255m_0

式中：ρ_0 为零磁场下的电阻率，$X(T)=(2\pi^2k_\mathrm{B}T/\hbar\omega_\mathrm{c})/\sinh(2\pi^2k_\mathrm{B}T/\hbar\omega_\mathrm{c})$ 为热衰减因子，$\omega_\mathrm{c}=eB/m^*$ 为载流子的回旋频率。如果将 $\ln[A(T,B)/4\rho_0X(T)]$ 对 1/B 作

图，那么曲线的斜率就与 T_D 直接相关。如图 10.30 所示，采用该方法对不同结构的 HgTe/HgCdTe 量子阱中 SdH 振荡的振幅随磁场的依赖关系进行分析，可见 $\ln[A(T,B)/4\rho_0 X(T)]$ 对 $1/B$ 基本上呈线性关系。样品 Q1283 在分析中出现了明显的偏差，究其原因，是出现了由 Rashba 自旋轨道耦合作用引起的，我们将在下一节详细讨论。

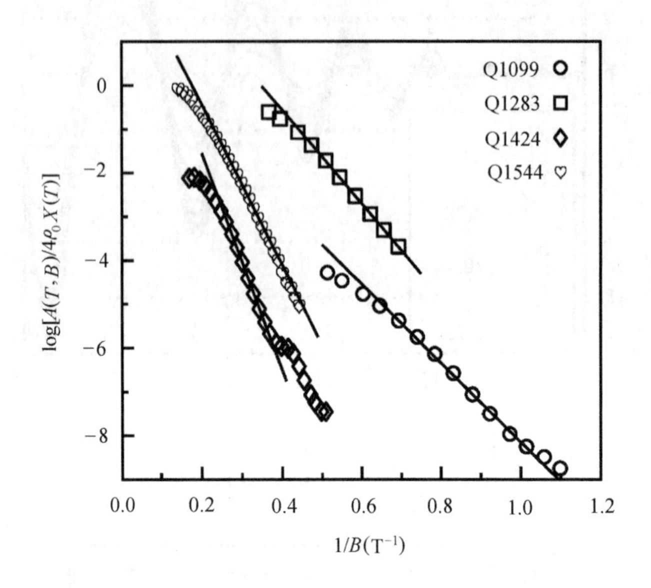

图 10.30　不同结构的 HgTe/HgCdTe 量子阱中 SdH 振荡的振幅随磁场的依赖关系

10.4.3　n 型 HgTe 量子阱中的 Rashba 自旋轨道耦合作用

本节讨论由于对称性破缺造成的 Rashba 效应。最近，半导体异质结中的自旋效应受到的广泛的重视，并且形成了一门崭新的学科：自旋电子学(spintronics: spin transport electronics or spin based electronics)，与通常的微电子学相对应(Wolf et al.　2001)，它主要是利用电子的自旋性这样一个自由度来设计器件。在这类器件中，信息的载体是电子的自旋而不是通常的电荷。相对于电荷性，自旋特性除了具有非易性(nonvolatility)外，还具有其他一些优点，如：①自旋很容易被外加磁场操纵和控制，②自旋具有很长的相干(coherence)长度或弛豫时间，一旦产生能保持很长时间，而电荷态很容易被缺陷、杂质以及其他电荷的散射和碰撞破坏。与基于电子电荷特性的器件相比，自旋的这些特性使我们有可能发展尺寸更小，功耗更小而功能更强大的器件。通过发展自旋电子学，更有可能实现人们长久以来梦寐以求的器件，它集成了电子器件、光电子器件和磁电子器件。

人们很早就知道了半导体体材料由于体的反演不对称(BIA)，在没有外来磁场的条件下，不同自旋态的能量会出现分裂(Dresselhaus 1955)。随着材料维度的降低，在非对称的半导体量子阱和异质结中，由于结构的体的反演不对称(SIA)，不同自旋态的能量也会出现分裂，传统上称之为 Rashba 自旋轨道分裂(Rashba spin-orbit splitting)或 Rashba 效应(Rashba 1960；Bychhov et al. 1984)。1983 年，Stormer 等人首先在 p 型 GaAs/AlGaAs 异质结中的 SdH 振荡中观测到(Stormer et al. 1983)。关于 HgCdTe 反型层中子能带电子的自旋轨道分裂问题在第 9 章中也有所阐述。由于 Rashba 效应可以通过栅压控制，有可能用来实现所谓的 Datta & Das Spin-FET (Datta et al. 1990)。

图 10.31 为不同栅压下对称掺杂 HgTe 量子阱的 SdH 振荡随栅压的变化(Zhang et al. 2001)，从 SdH 的快速傅里叶变换(FFT)谱中可以发现第一子带(H1)不同自旋态电子浓度随栅压的变化。

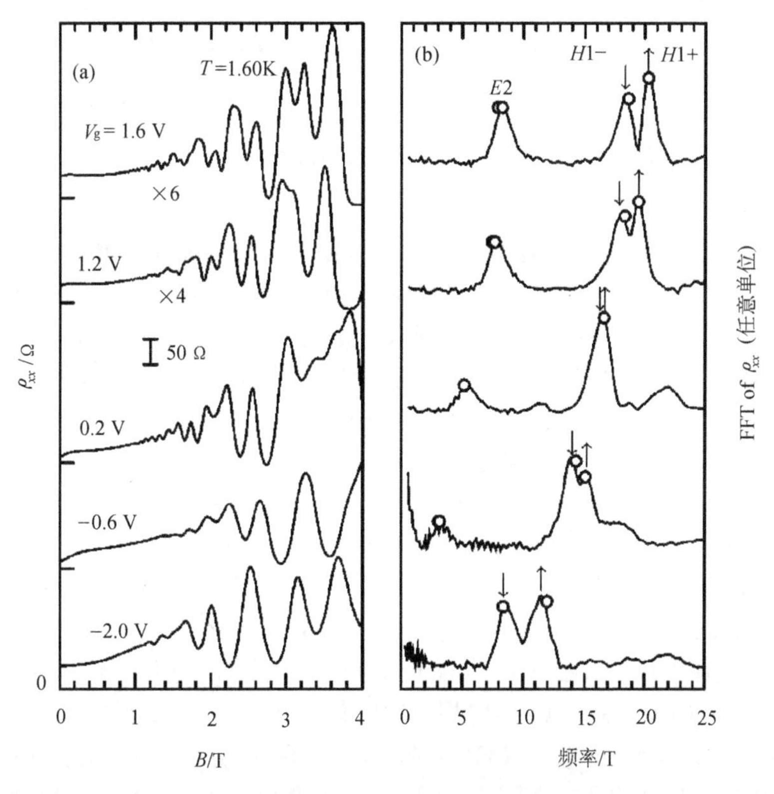

图 10.31 不同栅压下对称掺杂 HgTe 量子阱的 SdH 振荡及其 FFT 谱随栅压的变化

在量子阱完全对称的情况下，Zhang 等人(2001)指出的确不存在 Rashba 效应，这可以通过不同自旋态的浓度差随栅压的变化规律看得很清楚。在 $V_g = 0.2V$ 时，量子阱(以及电子的波函数)是完全对称的，看不到 H_1 带的分裂，但无论增加或是减小栅压，都会引起 Rashba 效应，观察到 H_1 带的自旋分裂。

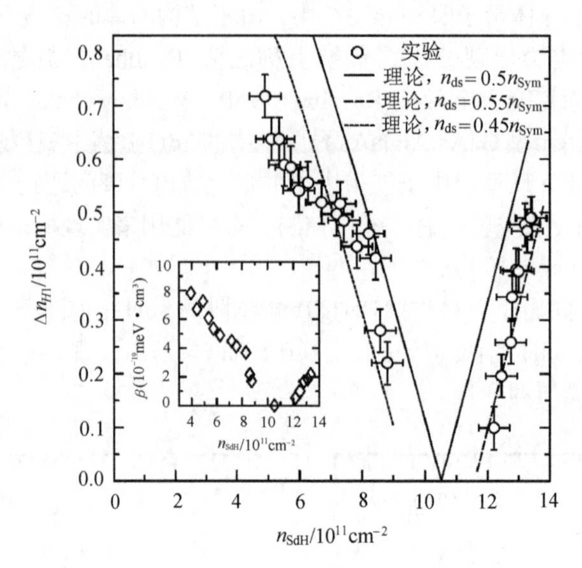

图 10.32　实验和理论得到不同自旋态浓度差随总的浓度的变化

详细说明参见文献(Zhang　2001)

仇志军、桂永胜等(2004)也进行了 HgTe/HgCdTe 量子阱中子能带电子的自旋分裂现象的实验，主要研究具有倒置能带结构的 n-HgTe/HgCdTe 第三类量子阱 Shubnikov-de Hass(SdH)振荡中的拍频现象。我们发现在量子阱中电子存在强烈的 Rashba 自旋分裂，通过对 SdH 振荡进行三种不同的分析方法：SdH 振荡对 1/B 关系的快速傅里叶变换(FFT)、SdH 振荡中拍频节点分析和对 SdH 振荡拍频数值拟合，得到了完全一致的电子 Rashba 自旋分裂能量(28~36meV)。

仇志军等采用分子束外延生长的调制掺杂 n-HgTe/$Hg_{0.3}Cd_{0.7}Te$ 量子阱样品，样品 A 和 B 生长条件完全相同，阱宽均为 11nm，衬底为(001)方向的 $Cd_{0.96}Zn_{0.04}Te$ 材料，生长过程采用 CdI_2 单边掺杂，掺杂层位于量子阱的上方。$Hg_{0.3}Cd_{0.7}Te$ 势垒层包括 5.5nm 的隔离层和 9nm 的掺杂层。样品通过化学腐蚀的方法形成 Hall 电极，为了方便以后研究栅压对 Rashba 自旋-轨道相互作用的影响，在样品 B 上沉积了一层 200nm 厚 Al_2O_3 绝缘层，然后蒸一层 Al 膜形成栅电极，并通过焊 In 形成良好的欧姆接触。在 0~15T 磁场范围内，测量样品在不同温度(1.4~35 K)下的纵向磁阻和霍尔电阻，在测量过程中，尽量保持低电流(约为 1μA)以避免电子加热。

图 10.33 给出了样品 A 在 1.4K 时的纵向磁阻 R_{xx} 的 SdH 振荡以及横向磁阻 R_{xy} 的量子 Hall 平台，低场下电子的 Hall 浓度为 $2.0\times10^{12}cm^{-2}$，迁移率为 $9.5\times10^4cm^2/Vs$。图中可以看出纵向磁阻在 0.8T 就开始出现 SdH 振荡拍频现象(箭头所指的位置为拍频节点)。HgTe 量子阱中的拍频现象可能是由于 Rashba 自旋分

裂引起的。

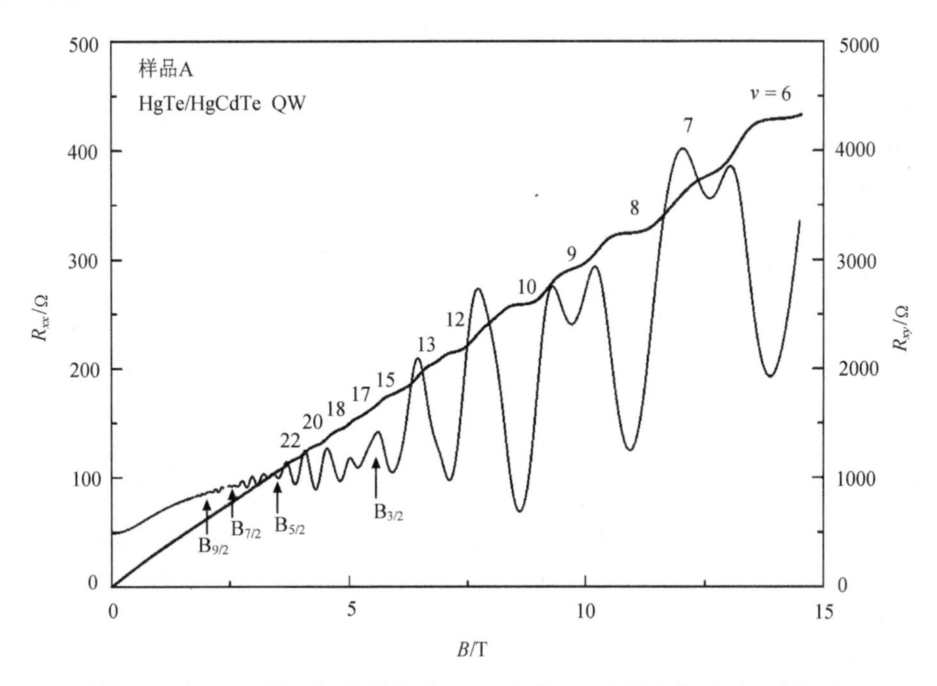

图 10.33 1.4K 时，样品 A 的纵向磁阻 SdH 振荡(R_{xx})和横向量子 Hall 平台(R_{xy})，箭头指向拍频节点的位置

在具有倒置能带结构的 HgTe 第三类量子阱中，由于第一导带电子具有重空穴态特性，其电子自旋分裂的色散关系可以表示为(Das et al. 1990，Rössler et al. 1989)

$$E_{\pm}(k_{//})=\frac{\hbar^2 k_{//}^2}{2m^*}\pm\beta k_{//}^3 \tag{10.115}$$

$k_{//}$ 表示平行于界面的波失，那么在费米面处电子的自旋分裂 $\varDelta_R=2\beta k_{\mathrm{F}}^3$，$\beta$ 为自旋-轨道耦合系数

$$\beta=\frac{\hbar^2}{2m^*}\sqrt{\frac{X(2-X)}{4\pi n}} \tag{10.116}$$

$$X=\frac{2(2+\sqrt{1-a^2})}{a^2+3} \tag{10.117}$$

式中：$a=(n_+-n_-)/n$，$n=n_++n_-$，$n_\pm$ 为不同自旋方向的电子浓度。

由于子带电子自旋分裂而引起的 SdH 振荡振幅调制近似有相关性(Das et al. 1989)

$$A\propto\cos(\pi\nu) \tag{10.118}$$

$\nu=\delta/\hbar\omega_c$，δ 为总的自旋分裂，$\hbar\omega_c$ 为 Landau 能级分裂，当 ν 为半整数(1/2, 3/2, …)时的磁场位置就是 SdH 振荡中的拍频节点。按照 Teran 等人对拍频节点位置的分析(Teran 2002)，最后一个节点(磁场约为 5.35T)对应于 $\delta=3/2\hbar\omega_c$。由于自旋轨道分裂近似地与拍频中两个节点间的振荡数目成反比，与相同电子浓度的 InGaAs 量子阱相比，HgTe 量子阱的振荡数目要少一个数量级，这说明在 HgTe 量子阱中电子的自旋-轨道相互作用要远远强于 InGaAs 量子阱。

在 HgTe 量子阱中导带电子强烈非抛物性导致费米面处电子的有效质量不同于带边有效质量，从 SdH 振荡幅度随温度的变化关系(图 10.34)，可以得到费米能级处电子的有效质量 $m^*=(0.044\pm0.005)m_0$。图 10.35 给出了不同温度下 SdH 振荡的快速傅里叶变换(FFT)，得到第一子带不同自旋态的电子浓度分别为 0.8 和 $1.06\times10^{12}\text{cm}^{-2}$，因此电子的自旋浓度差以及由此得到的自旋分裂能分别为 14.1%和 28.2meV。由于 Rashba 自旋分裂远远大于电子的温度展宽 k_BT，所以当温度升高到 35K 时，FFT 峰位并没有发生移动。图 10.35 中的插图显示了两个 FFT 峰随温度具有相同的衰减趋势 $X/\sinh(X)$，$X=2\pi^2k_BT/\hbar\omega_c$，这表明 FFT 峰确实是对应 SdH 振荡，而不是 MIS，因为 MIS 是不随温度发生明显变化。

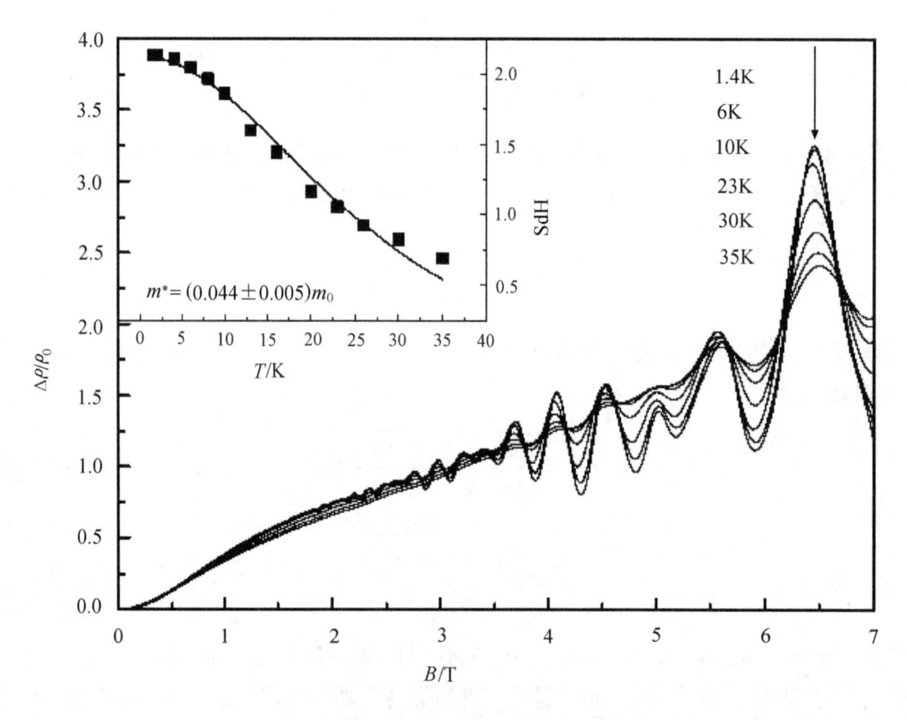

图 10.34　不同温度下的 SdH 振荡，插图给出了 SdH 振荡幅度随温度的变化

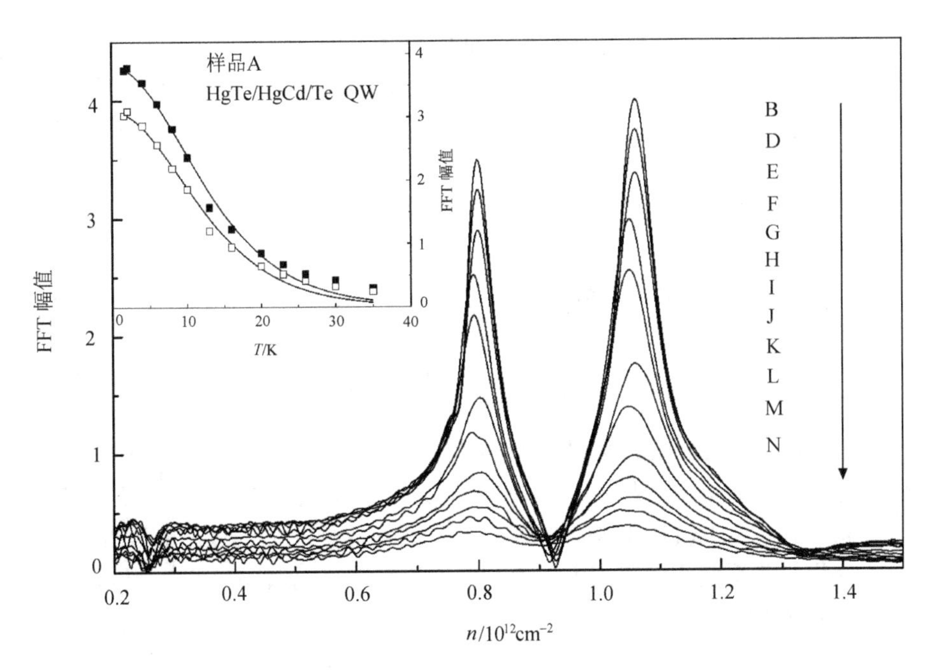

图 10.35　不同温度下的 FFT 谱，插图给出了 FFT 峰随温度的变化(实线为拟合曲线)

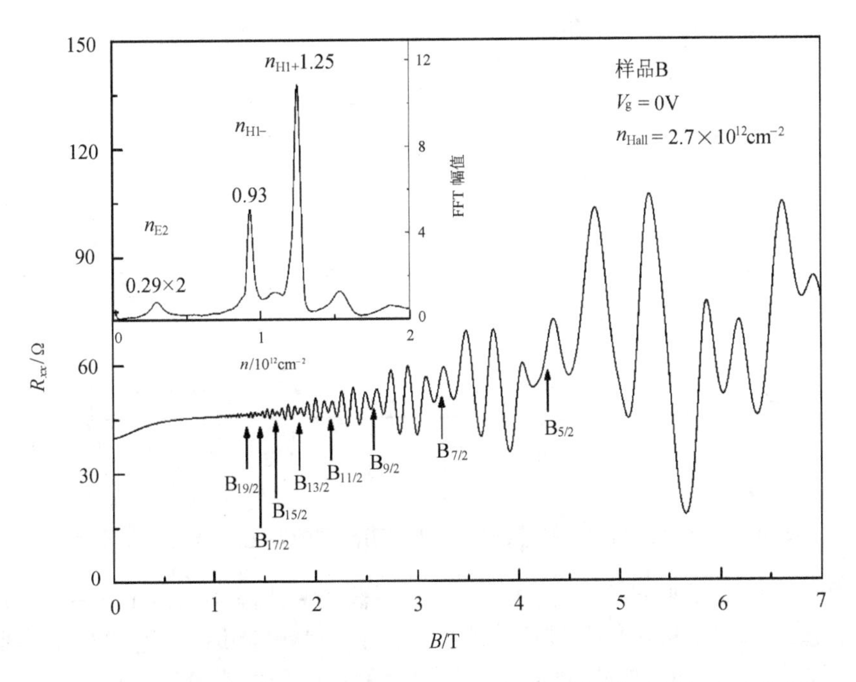

图 10.36　1.4K 时，样品 B 纵向磁阻 R_{xx} 的 SdH 振荡，箭头指向拍频节点的位置，插图是 FFT 变换谱

样品 B 在覆盖了一层绝缘层和栅电极后，由于半导体和金属具有不同的功函数，导致电子浓度增加。图 10.36 给出了样品 B 的 SdH 振荡(箭头所指的位置为拍频节点)，通过对 SdH 振荡进行 FFT 变换(见图 10.36 中插图)得到第一子带不同自旋态电子浓度分别为 1.25 和 $0.93\times10^{12}\text{cm}^{-2}$，并且发现电子开始占据第二子带，因此，在样品 B 中如此高的自旋电子浓度差(14.7%)导致了其具有更大的 Rashba 自旋-轨道分裂(34.7meV)。

在二维电子气中总的自旋分裂δ 总可以展开成如下形式(Grundler 2000)

$$\delta=\delta_0+\delta_1\hbar\omega_c+\delta_2\left(\hbar\omega_c\right)^2+\cdots \tag{10.119}$$

δ_0 为零磁场自旋分裂，δ_1 为线性分裂，只有当磁场很高时，式(10.119)中的二次项和高次项的作用才显得重要，如果δ_0 远远大于其他项，那么只需要考虑前面二项的贡献。根据式(10.118)和式(10.119)，通过线性拟合节点处总自旋分裂与 Landau 分裂的关系就可以得到电子 Rashba 自旋分裂δ_0(见图 10.37)。因此，在样品 A 和 B 中电子的 Rashba 自旋分裂能分别为 28.5meV 和 35.5meV，与从 FFT 变换得到的结果相一致。

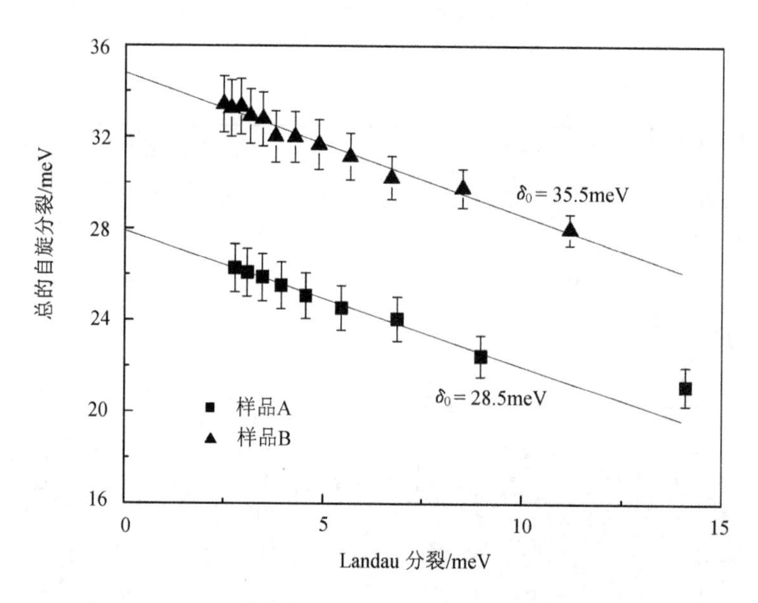

图 10.37　样品 A 和 B 总的自旋分裂随朗道分裂的变化(实线为线性拟合)

为了进一步证实 HgTe 量子阱中 SdH 振荡拍频现象确实是由 Rashba 自旋分裂引起，可以对 SdH 振荡进行数值拟合。根据 Gerhardts 理论(1976)，在低级近似下考虑到 Rashba 自旋-轨道相互作用，朗道能级的态密度可以写成

$$D(E)=\frac{1}{2\pi l^2}\sum_{N\pm}\left(\frac{\pi}{2}\Gamma^2\right)^{-1/2}\exp\left[-2\frac{\left(E-E_{N\pm}\right)^2}{\Gamma^2}\right] \tag{10.120}$$

式中：$l=(\hbar/eB)^{1/2}$，$E_{N\pm}$ 为第 n 个朗道能级中电子自旋向上(+)和自旋向下(–)的能级，为了简化，认为朗道能级展宽 Γ 是一常量，在磁场下，非自旋简并朗道能级可以写成

$$N=0\ 时 \qquad E_0=\frac{1}{2}\left(1-m^*g^*/2\right)\hbar\omega_{\mathrm{c}}$$

$$E_{N\pm}=\hbar\omega_{\mathrm{c}}\left[N\pm\frac{1}{2}\sqrt{\left(1-m^*g^*/2\right)^2+N\frac{\Delta_R^2}{E_{\mathrm{F}}\hbar\omega_{\mathrm{c}}}}\right] \tag{10.121}$$

式中：g^*是有效 g 因子。图 10.38 为样品 B 的 SdH 振荡和数值拟合结果。通过调整 Δ_R，Γ 和 g^*使所有节点位置相一致，以减小数值计算和实验数据的偏差。拟合结果分别为：样品 A，$\Delta_R=28.8\mathrm{meV}$，$\Gamma=3.0\mathrm{meV}$ 和 $g^*=-18.2$；样品 B，$\Delta_R=35.7\mathrm{meV}$，$\Gamma=3.5\mathrm{meV}$ 和 $g^*=-18.3$。由此可以看出上面三种不同方法：理论数值拟合、FFT 变换和拍频节点分析，都能得到相一致的结果，从而证明了在 HgTe 量子阱中确实存在强烈的 Rashba 自旋-轨道耦合。

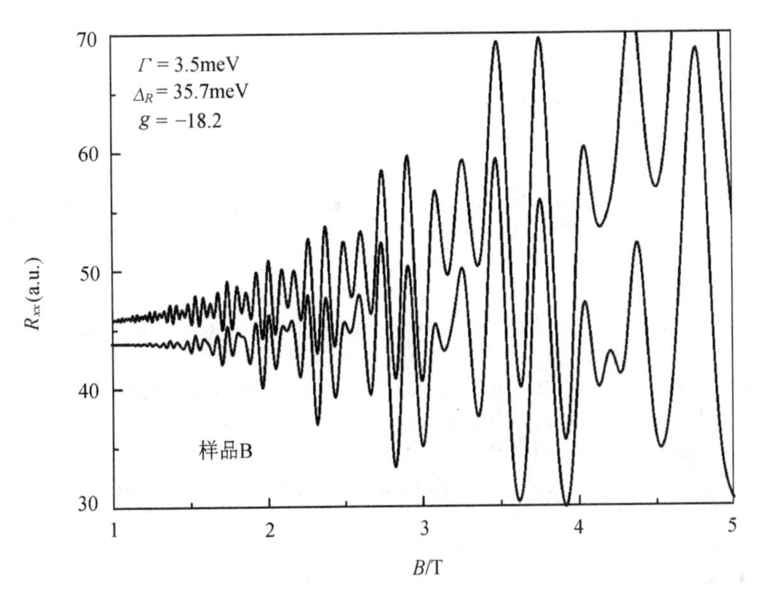

图 10.38 所测量的 SdH 振荡和数值拟合值相比较
(上面曲线是实验值，下面曲线是数值拟合，曲线在垂直方向进行了平移)

仇志军等通过分析 HgTe 量子阱中 SdH 振荡的拍频现象，发现在量子阱中存在强烈的 Rashba 自旋-轨道耦合(约为 35meV)，比同一电子浓度的 InGaAs 量子阱高出一个数量级，甚至超过了室温下的温度展宽(约为 26meV)。HgTe 体材料中价带 Γ_8^v 和 Γ_7^v 之间大的自旋-轨道分裂 Δ_{so} (约为 1.08eV)以及导带电子的重空穴特性，显著增强了量子阱中电子的 Rashba 自旋-轨道耦合。这些结果对今后设计和研制自旋电子器件具有积极的意义。

参 考 文 献

仇志军等. 2004. 物理学报，53:1186

Abrahams E et al. 1979. Phys. Rev. Lett.，42:673

Ancilotto F，Fasolino A，Mann J C. 1988. Phys. Rev. B，38:1788

Anderson P W. 1958. Phys. Rev.，109:1492

Ando T，Uemura Y. 1974a. Jpn. J. Phys. Soc.，36:959

Ando T. 1974b. Jpn. J. Phys. Soc.,36:1521

Ando T. 1974c. Jpn. J. Phys. Soc.,37:622

Ando T. 1974d. Jpn. J. Phys. Soc.,37:1233

Ando T，Fowler A B，Stern F. 1982. Rev. Mod. Phys.，54:437

Ando T. 1983. Jpn. J. Phys. Soc., 52:1740

Ando T. 1984a. Jpn. J. Phys. Soc. 53:3101

Ando T. 1984b. Jpn. J. Phys. Soc., 53:3101，3126

Ando T，Aoki H.1985. Jpn. J. Phys. Soc.，54:2238

Ando T. 1992. Transport Phenomena in Mesoscopic systems. Berlin:Springer-Verlag，185

Aoki H，Ando T. 1981. Solid State Commun.，38:1079

Aoki H，Ando T. 1985. Phys. Rev. Lett.，54:831

Aoki H，Ando T. 1986. Surf. Sci., 170: 249

Arakawa Y，Sakaki H. 1982. Appl. Phys. Lett.，40:939

Altarelli M. 1985. J. Lumines.，30:472

Bastard G. 1988. Wave Mechanics Applied to Semiconductor Heterostructures. New York: Halsted Press

Bastard G，Brum J A，Ferreira R. 1991. In: Solid State Physics. New York :Academic, 44: 229

Becker C R，Latussek V，Landwehr et al. 1999. J. Electron. Mater.，28:826

Becker C R，Latussek V，Pfeuffer A, et al. 2000. Phys. Rev. B, 62：10353

Braun E，Schumacher B，Warnecke P. 1997. High Magnetic Fields in the Physics of Semiconductors II. Singapore:World Scientific，1005

Büttiker M. 1986. Phys. Rev. Lett.,57:1761; 1988. Phys. Rev. B，38:9375; 1988. IBM J. Res. Dev.，32:317

Bychhov Y A，Rashba E I. 1984. Sov. Phys. JETP，39:78; J. Phys. C，17:6039

Chalker J T，Coddington P D. 1988. J. Phys. C，21:2665

Chakraborty T，Pietiläinen P. 1995. The Quantum Hall Effect. Springer Series in Solid-State Sciences. Berlin:Springer Verlag, Vol 85

Chang L L，Esaki L. 1974. Appl. Phys.Lett.，24:593

Chklovskii D B，Shklovskii B I，Glazman L I. 1992. Phys. Rev. B,46:4206

Cho A Y，Arthur J R. 1975. Prog. Solid State Chem.,10:175

Chu L. 2001. Ph.D. thesis. Technische Universität München

Coleridge P T. 1991. Phys. Rev. B，44: 3793

Das Sarma S, Pinczuk A. 1997. Eds., Perspectives in Quantum Hall Effect. New York: John Wiley and Sons
Datta S, Das B. 1990. Appl. Phys. Lett., 56:665
Das B, Datta S and Reifenberger R. 1990. Phys. Rev. B, 41:8278
Das B, Miller D C, Datta S et al. 1989. Phys. Rev. B, 38:1411
Dingle R, Störmer H L, Gossard A C et al. 1978. Appl. Phys. Lett., 33:665
Dresselhaus G. 1955. Phys. Rev., 100:580
Drude P. 1900a. Zur Elektronentheorie der Metalle; I. Teil, Ann. d. Phys., 1:566
Drude P. 1900b. Zur Elektronentheorie der Metalle; II. Teil, Ann. d. Phys., 3:24
Engels G, Lange J, Schapers Th et al. 1997. Phys. Rev. B, 55:R1958
Englert T, Klitzing K V. 1978. Surf. Sci., 73:70
Esaki L, Tsu R. 1970. IBM J. Res. Dev., 14:61
Esaki L, Sakaki H. 1977. IBM Tech. Disc. Bull,20:2456
Faurie J P, Million A, Piaguet J. 1982. Appl. Phys. Lett., 43:180
Gerhardts R R. 1975a. Z. Physik B,21:285
Gerhardts R R. 1975b. Z. Physik. B, 21:275
Gerhardts R R. 1976. Surf. Sci.,58:227
Groves S H, Brown R N, Pidgeon C R. 1967. Phys. Rev., 161:779
Goshenhofer F, Gerschütz J, Landwehr G et al. 1998. J. Electron. Mater., 27:532
Grundmann M, Stier O, Bimberg D. 1995. Phys. Rev. B, 52:11969
Grundler D. 2000. Phys. Rev. Lett., 84:6074
Halperin B I. 1982. Phys. Rev. B, 25:2185
Harris K A, Hwang S, Blanks D K et al. 1986. Appl. Phys. Lett., 48:396
Haug R J, MacDonald A H, Streda P et al. 1988. Phys. Rev. Lett., 61:2797
Haug H, Koch S W. 1993. Quantum Theory of the Optical and Electronic Properties of Semiconductors. Singapore :World Scientific
Hetzler S R, Baukus J P, Hunter A T et al. 1985. Appl. Phys. Lett, 47:260
Hoffman C A, Meyer J R, Bartolil F J et al. 1991. Phys. Rev. B, 44:8376
Hofaman C A, Meyer J R, Bartoil F J. 1993. Semicond. Sci. Technol., 8:S48
Huckestein B, Kramer B. 1990. Phys. Rev. Lett., 64:1437
Hu C, Nitta J, Akazaki T et al. 1999. Phys. Rev. B, 60:7736
Isihara V, Smrčka L. 1986. J. Phys. C: Solid State Phys., 19:6777
Janssen M, Viehweg O, Fastenrath U et al. 1994. In: Hajdu J, ed. Introduction to Theory of the Integer Quantum Hall Effect. Weiheim:VCH Verlagsgesellshaft GmbH
Jones C E, Casselman T N, Faurie J P et al. 1985. Appl. Phys. Lett., 47:140
Krijn M.P C.M. 1991. Semicond. Sci. Technol., 6:27
Kane E O. 1957. J. Phys. C: Solid State Phys., 1:249;
Kane E O. 1975. J. Phys. Chem. Solids,1:249
Kamgar A, Kneschaurek P, Dorda G et al. 1974. Phys. Rev. Lett.,32:1251
Kirk W P, Kobiela P S, Schiebel R A et al. 1986. J. Vac. Sci. Technol. A, 4:2132
Kittel C. 1968. Introduction to Solid State Physics, 3rd Ed., New York:John Wiley & Sons, Inc., 320
Klitzing K V, Dorda G, Pepper M. 1980. Phys. Rev. Lett., 45:494
Klitzing K V, Ebert G. 1983. Physica, 117-118B:682
Klitzing K V. 1993. Physica B, 184:1 ; 1990. Adv. Solid State Phys., 30:25
Koch S, Haug R J, Klitzing K V et al. 1991. Phys. Rev. Lett., 67:883
Landau L. 1930. Z. Physik, 64:629
Landwehr G, Gerschütz J, Oehling S et al. 2000. Physica E, 6:713
Landauer R. 1957. IBM J. Res. Dev., 1:223
Landauer R. 1987. IBM J. Res. Dev., 32:306

Laughlin R B. 1981. Phys. Rev. B，23:5632
Lier K，Gerhardts R R. 1994. Phys. Rev. B,50:7757
Liu H，Buchanan M，Wasilewski Z. 1998. Appl. Phys. Lett.,72:1682
Luttinger J M，Kohn W. 1955. Phys. Rev.，97:869; 102:1030
Mii Y J，Wang K L，Karunasiri R P G et al. 1990. Appl. Phys. Lett.，56:1046
Mott N F. 1966. Philos. Mag.，13:989
Müller G，Weiss D，Koch S et al. 1990. Phys. Rev. B，42:7633
Müller G，Weiss D，Khaetskii A V，et al. 1992. Phys. Rev. B，45:3932
Nitta J，Akazaki T，Takayanagi H et al. 1997. Phys. Rev. Lett. ,78:1335
Ohta K. 1971. J. Appl. Phys.，10:850 ; Jpn. J. Phys. Soc.,31:1627
Omar M A. 1975. In: Elementary Solid State Physics: Principles and Applications. Addison-Wesley Publishing Company，238
Ono Y. 1982. Jpn. J. Phys. Soc.，51:237
Pan J L，West L C，Walker S J et al. 1990. Appl. Phys. Lett.,57:366
Pfeffer P and Zawadzki W. 1999. Phys. Rev. B，59:R5312
Pfeuffer-Jeschke A，Goshenhofer F，Landwher G et al. 1998. Physica B，256-258:486
Pidgeon C R，Brown R N. 1966. Phys. Rev., 146:575
Pincherle L. 1971. In: Electron Energy Bands in Solids. MacDonald & Co. Publishing Ltd.，98
Prange R E, Girvin S M. 1990. Eds., The Quantum Hall Effect. New York:Springer Verlag
Prange R E. 1981. Phys. Rev. B，23:4802
Rashba E I. 1960. FiZ. Tverd. Tela (Leningrad)，2:1224; Sov. Phys. Solid State，2:1109
Rössler U，Malcher F and Lommer G. 1989. High Magnetic Fields in Semiconductor Physics Ⅱ (Springer-Verlag: Berlin) 376
Rowe A C H，Nehls J，Stradling R A et al. 2001. Phys. Rev. B，63: 201307
Sarma S D. 2001. American Scientist，89:516
Satpathy S，Martin R M，V deWalle C G. 1988. Phys. Rev. B.38:13237
Schultz M，Merkt U，Sonntag A et al. 1998. Phys. Rev. B，57:14772
Shao J,Dörnen A，Winterhoff R et al. 2002. Phys. Rev. B,66:035109
Shubnikov L，de Haas W J. 1930. Leiden Commun. ,207:3
Sizmann R. 1986. Diploma Arbeiter，T U. München
Sporken R，Sivananthan S，Faurie J P et al. 1989. J. Vac. Sci. Technol. A，7:427
Stormer H L，Schlesinger Z，Chang A et al. 1983. Phys. Rev. Lett.,51:126
Störmer H L. 1999. Rev. Mod. Phys.,71:875
Teran F J，Potemski M，Maude D K et al. 2002. Phys. Rev. Lett.，88:186803
Tsui D C，Störmer H L，A C Gossard. 1982. Phys. Rev. Lett.，48:1559
Van deWalle C G，Martin R M. 1986. Phys. Rev. B，34:5621
Van deWalle C G，Martin R M. 1987. Phys. Rev. B，35:8154
Van deWalle C G. 1989. Phys. Rev. B，39:1871
Van Wees B J，Willems E M M，Harmans C J P M et al. 1989. Phys. Rev. Lett.，62:1181
Wakabayashi J，Kawaji S. 1980. Surf. Sci..98:229
Wang T Y，Stringfellow G B. 1990. J. Appl. Phys.，67:344
Weiler M H，Aggarwal R L，Lax B. 1978. Phys. Rev. B，17:3269
Weisbuch C，Vinter B. 1991. Quantum Semiconductor Structures. San Diego:Academic Press
Washburn S，Fowler A B，Schmid H，et al. Phys. Rev. Lett.，61:2801
Weiss D，Klitzing K V. 1987. In: Landwehr G，ed. Springer Series in Solid-State Sciences，Vol 71. Berlin:Springer Verlag，57
Winkler R. 2000. Phys. Rev. B，62:4245
Wolf S A，Awschalom D D，Buhrman R A et al. 2001. Science，294:1488

Yang R, Xu J, Sweeny M. 1994. Phys. Rev. B,50:7474

Zhang X C, Peuffer-Jeschke A, Ortner K et al. 2001. Phys. Rev. B, 63:245305

Zhang X C, Pfeufer-Jeschke A, Ortner K et al. 2002. Phys. Rev. B, 65:045324

Zhang X C. 2001. Dissertation Zu Erlangung des naturwissenschaftlichen Doktorgrades der Bayerischen Julius-Maximilians-Universität Würzburg, Würzburg

Zhou Y D, Becker C R, Selamet Y et al. 2003. J. Electronic Materials. 32: 608

Zunger A. 1998. MRS Bulletin, 23:35

第 11 章　器 件 物 理

11.1　HgCdTe 光电导探测器

11.1.1　引言

汤定元等(1989)曾经对光电导器件的发展、理论和应用作过很系统的介绍。光电导探测器是一种最基本和最重要的红外探测器。在讨论 HgCdTe 光电导探测器之前，先对红外探测器的发展作一简要的介绍。

红外线是 1800 年英国天文学家赫谢耳在研究太阳光谱的热效应时发现的(Herschel　1800)。他用水银温度计测量各种颜色光的加热效果，发现在红色光的外面，加热效果非常显著，从而发现了波长大于红光的“红外辐射”。红外辐射是波长介于可见光与微波之间的电磁波，肉眼不可见。要测量它必须利用红外线的热效应或电效应，把红外辐射量转化成可以测量的其他物理量。

1822 年塞贝克发现了温差电效应，1830 年 Nobili 利用这一效应制成“温差电型辐射探测器”。当温差电偶的一个接头被红外辐射加热以后，电偶两个接头之间产生温度差，从而产生温差电动势，可以用来度量红外辐射的强弱。1880 年 Langley 又进一步发明“测辐射热仪”(bolometer)，它是利用红外辐射加热细金属丝，金属丝温度升高而改变电阻，然后用惠斯顿电桥测量微小的电阻改变。它可以很灵敏地测量红外辐射。在 19 世纪人们利用红外辐射的热效应发明了“热敏型红外探测器”，到 20 世纪热敏型红外探测器获得进一步发展。1940 年出现热敏电阻红外探测器，它采用电阻温度系数较大的半导体薄膜材料为敏感元。1947 年高莱(Golay)发明气动式红外探测器。到 20 世纪 50 年代用温差电动势率更大的半导体材料代替金属热电偶，使温差电型红外探测器具有更高的灵敏度。到 20 世纪 60 年代又出现利用铁电体的自发极化与温度关系的“热释电型红外探测器”，可以在常温下工作，后来又进一步有多晶硅，氧化钒等利用电阻随温度变化效应的常温下工作的红外探测器。

20 世纪红外探测器的最重要发展是根据固体的光电效应而制备的光子型红外探测器。当固体受到红外辐射后，电子吸收红外辐射发生运动状态的变化，从而导致固体的某种电学量的变化，测量这种电学量的变化就能判断入射红外辐射的强弱。固体光电效应包括光电子发射、光电导、光生伏特、光磁电及光子牵引等，利用这些效应都可制备红外探测器，统称“光电探测器”或“光子型探测器”。在这类探测器中固体内部的电子直接吸收红外辐射，产生运动状态的变化，因而响应速度很快。同时器件的结构可靠，易于使用，尤其在军事技术中有重要的应用需求。早在第一次世界大战期间，就出现了 Tl_2S 光电导型红外探测器，并用于军事仪器，但它的响应波长只能到 1.1μm。到 20 世纪 30 年代，德国研制成了 PbS 薄膜型光电导探测器，响应波长到 2.7μm，并应用于军事红外探测系统。二战以后，美、英、苏、法等国加强了对红外探测器的研制，从发展 PbS 到 PbTe 和 PbSe 薄膜型红外探测器，在 77K 下响应波长可达 7μm。同时 InSb 探测器也获得很好的发展。在 8~14μm 波段起初采用 Ge:Hg 杂质光电导红外探测器，工作在液氢温度(小于 38K)；后来又发展了工作在液氮温度(77K)的 $Hg_{1-x}Cd_xTe$ 红外探测器，改变它的组分 x 数值，可以制备覆盖 1~3，3~5 以及 8~14μm 三个重要大气窗口的红外探测器。利用窄禁带半导体 HgCdTe 可以制备光导型红外探测器也可以制备光伏型红外探测器。

光导探测器是一种最基本的光子型探测器。窄禁带半导体吸收能量大于禁带宽度的红外光子，使价带中的电子跃迁到导带，在导带中产生非平衡电子，在价带中留下非平衡空穴，于是就改变了样品的电导率。电导率改变量与入射的红外光子通量有关。这就是光电导红外探测。光伏探测器是当前非常重要的另一种光子型探测器。如果把半导体掺杂形成的 p 型半导体和 n 型半导体，制备成 p-n 结。红外辐射被器件吸收后，产生非平衡电子和空穴，它们或直接在 p-n 结中产生，或在 p 区、n 区产生而扩散到 p-n 结中，并在 p-n 结的空间电场中运动，从而改变空间电场分布，产生光伏效应，对外电路贡献光电流，它与入射红外辐射有关。这就是光伏型红外探测器。此外，如果器件结构是金属/绝缘体/半导体，即 MIS 结构，或金属/半导体肖脱基势垒结构，则产生的光生载流子引起表面势的改变，也可用于红外探测。

光导型 HgCdTe 探测器宜于做成单元或线列，由于信号读出问题，不宜做成二维列阵。光伏型探测器光电压输出在 p-n 结的两端，在芯片的上下两方，因而宜于做成大规模焦平面列阵红外探测器。

在 20 世纪 80 年代以后由于分子束外延技术生长半导体薄膜材料和半导体低维结构的进展，又出现了 GaAs/GaAlAs 量子阱红外探测器。它利用量子阱导带的子带之间的光跃迁来探测红外。由于量子阱子带结构可以裁剪，设计不同结构可获得需要的响应波长，同时材料生长技术较为成熟，易于制作大规模焦平面列阵。但是由于光耦合问题，量子效率较低，同时响应波段较窄，工作温度较低。但量子阱结构比较有利于制备多色红外探测器件。近年来人们进一步探索量子点红外探测器，主要采用 InAs/GaAs、InGaAs/InGaP、Ge/Si 量子点，光可正入射，但设计及生长较为复杂。在新世纪除了进一步发展低温下工作的光子型高灵敏红外探测器以外，常温下工作的红外焦平面探测器也是人们关注的热点。

11.1.2 光电导器件工作原理简介

HgCdTe 具有一系列优良特性，是制备红外探测器的最好材料(Long 1970a,

Levinstein 1970，Dornhaus et al. 1976)。光子探测器有光伏(PV 模式)和光导(PC)两种模式(Long 1977，Kinch et al. 1975) 而 HgCdTe 的半导体性质适合于这两种工作模式(Long 1970；Kruse 1979；Kingston 1978；Eisenman et al. 1977；Broudy et al. 1981；汤定元等 1989，1991；徐国森等 1996, 1999)。

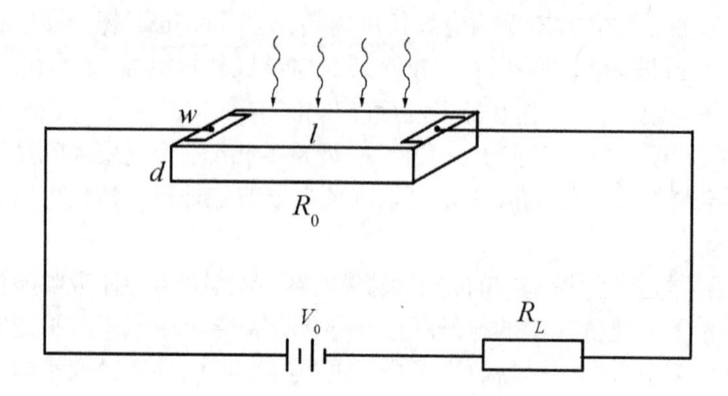

图 11.1 光电导探测器工作原理示意图

下面首先讨论一下光电导探测器的工作原理及其性能的描述方式。对于一个长度是 l、宽度是 w、厚度是 d 的光导器件，连接在如图 11.1 所示的电路中。在没有信号辐射的条件时，有

$$V_0 = I_0\left(R_0 + R_{\mathrm{L}}\right) \tag{11.1}$$

V_0 是施加电压，R_0 是器件的电阻，R_{L} 是负载电阻，有

$$R_0 = \frac{l}{\sigma_0 wd} \tag{11.2}$$

σ_0 包括暗电导率 σ_d 和来自背景辐射导致的电导率 σ_b

$$\sigma_0 = \sigma_d + \sigma_b \tag{11.3}$$

当有信号辐射时，器件电导率为

$$\sigma = \sigma_d + \sigma_b + \sigma_s \tag{11.4}$$

σ_s 是信号辐射对电导率的贡献，器件电阻变为 R

$$R = \frac{l}{\sigma wd} \tag{11.5}$$

在有信号辐射时，器件两端的电压降，或负载电阻两端的电压降都会与无信号辐射时不同。其差别即为信号电压 V_s，可以推得

$$V_s = \frac{V_0 R_0 R_L}{\left(R_0 + R_L\right)^2} \cdot \frac{\sigma_s}{\sigma} = \frac{V_0 R_0 R_L}{\left(R_0 + R_L\right)^2} \cdot \frac{\Delta n}{\left(n_0 + n_b\right)} \tag{11.6}$$

式中：Δn 是信号导致光生载流子浓度，n_0 为热平衡载流子浓度，n_b 是背景辐射产生的电子-空穴对浓度。由于一般来说 $R_L \gg R_0$，式中系数项可简化为

$$\frac{V_0 R_0 R_L}{\left(R_0 + R_L\right)^2} = \frac{V_0 R_0}{R_0 + R_L} \cdot \frac{R_L}{R_0 + R_L} \cong \frac{V_0 R_0}{R_0 + R_L} = V_b \tag{11.7}$$

为器件两端的偏置电压，于是

$$V_s = V_b \cdot \frac{\sigma_s}{\sigma} = V_b \cdot \frac{\Delta n}{\left(n_0 + n_b\right)} \tag{11.8}$$

在考虑到电子和空穴参与导电的情况下，如果在热平衡时电子和空穴浓度分别为 n_0 和 p_0，它们的迁移率分别为 μ_n 和 μ_p，于是暗电导率为

$$\sigma_d = e\left(n_0 \mu_n + p_0 \mu_p\right) \tag{11.9}$$

同样，如果 n_b 是由背景辐射产生的过剩电子-空穴对浓度，于是

$$\sigma_b = e n_b \left(\mu_n + \mu_p\right) \tag{11.10}$$

当调制的信号辐射入射到器件上时，必须考虑电子和空穴的寿命 τ_n 和 τ_p。如果 η 是量子效率，J_s 是单位时间单位面积上信号光子的数目，即单位面积光子通量，光生载流子的浓度为

$$\Delta n = \eta J_s \cdot \frac{wl}{wld} \cdot \tau_n = \eta J_s \frac{\tau_n}{d}$$

$$\Delta p = \eta J_s \frac{\tau_p}{d}$$

则信号光电导为

$$\sigma_s = e\left(\mu_n \Delta n + \mu_p \Delta p\right) = \frac{\eta J_s e}{d}\left(\mu_n \tau_n + \mu_p \tau_p\right) \tag{11.11}$$

把式(11.9)~(11.11)代入式(11.8)，有

$$V_s \approx \frac{\eta J_s \left(\mu_n \tau_n + \mu_p \tau_p\right) V_b}{d\left[\left(n_0 \mu_n + p_0 \mu_p\right) + n_b \left(\mu_n + \mu_p\right)\right]} \tag{11.12}$$

在光敏面上单位时间得到的信号光子数为$J_s \cdot lw$，其能量为$J_s \cdot lw \cdot E_\lambda$，$E_\lambda$是波长为$\lambda$的光子的能量$(=h\nu = hc/\lambda)$，则在面积$A = lw$的光敏面积上的入射光信号功率$P_\lambda$

$$P_\lambda = J_s \cdot AE_\lambda \tag{11.13}$$

信号光引起的电压V_S与入射光功率P_λ之比，定义为电压响应率。从式(11.12)、式(11.13)，光导器件的电压响应率为

$$R_\lambda = \frac{V_S}{P_\lambda} = \frac{\eta\left(\mu_n\tau_n + \mu_p\tau_p\right)V_b}{AdE_\lambda\left[\left(n_0\mu_n + p_0\mu_p\right) + n_b\left(\mu_n + \mu_p\right)\right]} \tag{11.14}$$

光电导器件一般用 n 型材料，对于 n 型材料$n_0 \gg p_0$，同时背景辐射引起的电导一般也小于暗电流，$\sigma_b \ll \sigma_d$，假定$\tau_n \approx \tau_p$,于是式(11.14)变为

$$R_\lambda = \frac{\eta\tau V_b}{AdE_\lambda n_0} \tag{11.15}$$

或写为

$$R_\lambda = \frac{\eta(\lambda)}{lw} \cdot \frac{\lambda}{hc} \cdot \frac{V_b\tau}{n_0} \tag{11.16}$$

在无漂流和扩散以及等复合的假定下，平均过剩载流子的时间依赖关系由下式得到

$$\frac{\partial \Delta P}{\partial t} = J_S A\eta = -\Delta P / t \tag{11.17}$$

于是

$$\Delta P(t) = J_S A\eta\tau \mathrm{e}^{-t/\tau} \tag{11.18}$$

或在频率域中

$$\Delta P(f) = J_S A\eta\tau\left[1 + \left(2\pi f\tau\right)^2\right]^{-1/2} \tag{11.19}$$

于是频率依赖的响应率可写为

$$R_\lambda(f) = R_\lambda(0)[1 + (2\pi f\tau)^2]^{-1/2} \tag{11.20}$$

$R_\lambda(0)$是由式(11.16)给出的稳态值。

响应率R_λ是描述器件特性的重要物理量。但是单用响应率还不能完全描述一个

器件的特性，还要看器件噪声的大小。如果一个器件接收很小的功率 $P_{\text{N}\lambda}$，它产生的信号电压 V_s，就能与单位频率带宽内的噪声电压相等，则此器件就很灵敏。$P_{\text{N}\lambda}$ 是所谓噪声等效功率。显然 $P_{\text{N}\lambda}$ 越小，器件越灵敏，探测率越高，探测率定义为噪声等效功率的倒数，由于噪声等效功率正比于噪声电压的方均根值，而噪声电压与器件面积 A 与测量的带宽 Δf 有关，因此消除器件面积与带宽的影响后，探测率为

$$D_{\lambda}^{*}=\frac{1}{P_{\text{N}\lambda}/\sqrt{A\Delta f}} \tag{11.21}$$

如果 Δf =1Hz，则

$$\begin{aligned} D_{\lambda}^{*} &= \frac{A^{\frac{1}{2}}}{P_{\text{N}\lambda}} = \frac{A^{\frac{1}{2}}R_{\lambda}}{V_s} \\ &\approx \frac{\eta\tau V_b}{A^{\frac{1}{2}}dE_{\lambda}n_0V_s} \end{aligned} \tag{11.22}$$

这里的 P_{NS} 是噪声等效功率，$V_s=V_{N_0}$，假定噪声仅为热噪声，所谓 Johnson 噪声极限，于是 $V_s=V_N=\left(\overline{V}^2\right)^{\frac{1}{2}}=\left(4k_{\text{B}}TR\Delta f\right)^{\frac{1}{2}}$ 这里 $\Delta f=1\text{Hz}$，以及

$$R=\frac{l}{(\sigma_d+\sigma_b)wd}\approx\frac{l}{en_0\mu_n wd}$$

得出

$$D_{\lambda}^{*}=\frac{\eta\tau V_b}{2E_{\lambda}l}\left(\frac{l\mu_n}{n_0dtk_{\text{B}}T}\right)^{\frac{1}{2}} \tag{11.23}$$

由式可见，一般说来，要得到大的探测率，需要有一个大偏置场 $\frac{V_b}{l}$ 施加于一个厚度 d 较小的薄样品，工作在一个低的温度 T，寿命 τ 和迁移率 μ_n 需要大，而载流子浓度 n_0 需要极小。当然，施加的电场增加，焦耳热和产生复合噪声会变得重要。上面的结果只是在 Johnson 噪声极限的情况下成立。

11.1.3 器件性能参数

上面一节对光电导器件的工作原理和性能做了简要描述，本节再在一般情况下讨论器件的重要性能参数。光谱探测率 $D_{\lambda}^{*}(\lambda, f, \Delta f)$ 以及响应率 $R_{\lambda}(f)$，分别定义为

$$D_{\lambda}^{*}\equiv D^{*}(\lambda,f,\Delta f)=(R_{\lambda}/V_N)(A\Delta f)^{1/2} \tag{11.24}$$

$$R_{\lambda}=\frac{V_S}{P_{\lambda}} \tag{11.25}$$

或者

$$D_{\lambda}^{*}=\frac{V_S}{V_N}\cdot\frac{\left(A\Delta f\right)^{1/2}}{P_{\lambda}} \tag{11.26}$$

这里的 V_S是方均根信号电压，V_N是方均根噪声电压，是在电子学频率带宽 Δf 内测量的，P_{λ} 是入射到探测器光敏面上，在光谱λ到$\lambda+\Delta\lambda$范围内的入射功率，单位瓦特。D_{λ}^{*} 的单位是 $\mathrm{cmHz^{1/2}W^{-1}}$，$R$ 的单位是 V/W。

P_{λ} 的值可利用黑体源和窄带滤光片来测量或计算。此外，光谱探测率 D_{λ}^{*} 的测量可以先测量黑体探测率 $D_B^{*}(T_B,f,\Delta f)$，再作计算。D_B^{*} 是对一个温度为 T_b 的黑体辐射源的宽带响应的探测率，定义为

$$D_B^{*}=\frac{V_S/V_N}{P_B(T_b)}\left[A\Delta f\right]^{1/2} \tag{11.27}$$

$P_B(T_b)$ 是从温度为 T_b 的黑体辐射的探测到的总的光学功率，等于 P_{λ} 对所有波长的积分。

由于黑体辐射的光谱分布是已知的，所以，如果量子效率的光谱分布已知，这两种探测率就可以用下式联系起来。

$$g=\frac{D_{\lambda}^{*}}{D_B^{*}} \tag{11.28}$$

$$g=\frac{\eta(\nu_s)}{\nu_S}\left[\int_{\nu_C}^{\infty}\frac{\eta(\nu)M(\nu,T_B)d\nu}{P_B\nu}\right]^{-1} \tag{11.29}$$

式中：ν_S 是信号辐射的频率，$M(\nu,T_B)$ 是温度为 T_B、频率 ν 处的黑体辐射单位频率间隔的功率。P_B 是温度为 T_B 的理想黑体发射的总功率，$\eta(\nu)$ 是量子效率，指频率为 ν 的入射光子能转化为多少电子-空穴对。对于光子探测器，信号正比于吸收光子数，从短波处开始，D^{*}随波长的增加而增加，直到材料的禁带宽度能量附近，小于禁带宽度以后响应急剧下降直到零。

峰值响应出现在波长位置 λ_p 处，此波长的 D^{*}常认为 $D_{\lambda P}^{*}$。截止波长 λ_c，一般定义为在响应率-波长曲线上，响应率降到峰值响应的 50%处的波长位置。对应的频率为 ν_c，在 HgCdTe 中 λ_c/λ_p 近似为 1.1。

λ_c 波长一般粗略的计算用 $\lambda_c=1.24/E_{\mathrm{g}}$ 来估算。实际上禁带宽度处对应的波长

位置是 λ 在 λ_p 附近或小于 λ_p 的地方，并不在 λ_c 的位置。

对于波长大于 λ_c （即 $h\nu < E_g$），由于材料的光吸收系数迅速下降，量子效率 η 快速下降为零。一种简化的近似是假定在小于 λ_c 的所有波长 η 是常数，在其他波长为零。由式(11.29)可见，g 的值不仅依赖于 T_B 而且依赖于 λ_c。例如，对于 T_B=500K，$\lambda_c = 12\mu m$，g=3.5。严格说来，必须测量 $\eta(\lambda)$ 的光谱依赖性。再应用式(11.29)。

用 $1.24/E_g$ 来计算 λ_{co} 是比较粗糙的，比较严格的计算 λ_{co} 必须考虑光生载流子在样品中的空间分布。实际上，截止波长 λ_c 的位置依赖于样品的厚度，少数载流子的扩散长度以及器件的设计，应该从器件光谱响应的表达式中进行分析。器件的光谱响应率表达式也可以写为(Kumar　1990，Gui　1995)

$$R = \frac{\lambda}{hc} \cdot \frac{V_b}{\phi} \cdot \frac{\Delta\overline{p}\left(\mu_n + \mu_p\right)}{\left(n\mu_n + p\mu_p\right)} \tag{11.30}$$

这里 V_b 是偏压，ϕ 是入射光子通量，n 和 p 是热平衡电子和空穴的浓度，μ_n 和 μ_p 分别是电子和空穴的迁移率。$\Delta\overline{p}$ 是少数载流子浓度，它依赖于样品的厚度、吸收系数、扩散长度。计算中需要考虑到少数载流子的空间分布。计算 R-λ 曲线，可以得到 R 的峰位 R_{peak} 以及半峰高响应的截止位置 R_{co}，以及响应的波长位置 λ_{peak} 和 λ_{co}，如图 11.2 所示。图 11.2 对 x=0.21 的 $Hg_{1-x}Cd_xTe$ 进行计算，温度为 77K，假定光导器件样品厚度分别为 d=10μm，20μm，30μm。无论厚度怎么的变化，E_g 的位置不变，如图中虚线所示。λ_{peak} 和 λ_{co} 的位置都随样品的厚度变化。不同组分的 HgCdTe 光导器件在 77K 温度下截止波长位置 λ_{co} 与样品厚度的关系如图 11.3 所示。从图 11.3 可见，在样品厚度从 5μm 到 50μm 范围，λ_{co} 随厚度增加而增加较快，50μm 厚度以上则 λ_{co} 较为缓慢的增长。

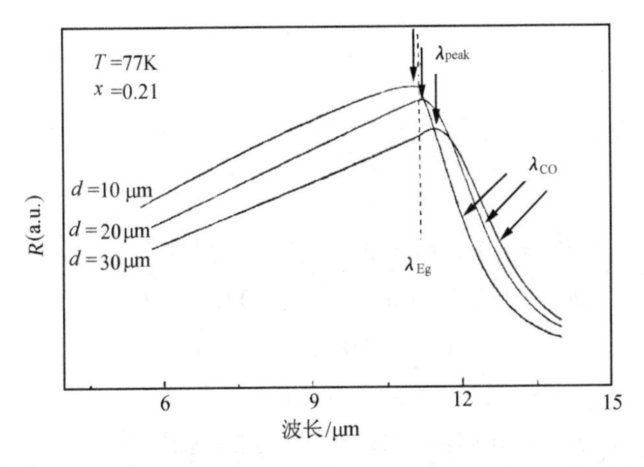

图 11.2　厚度为 10μm、20μm、30μm 的 $Hg_{1-x}Cd_xTe$ 样品(x= 0.21)的光谱响应率

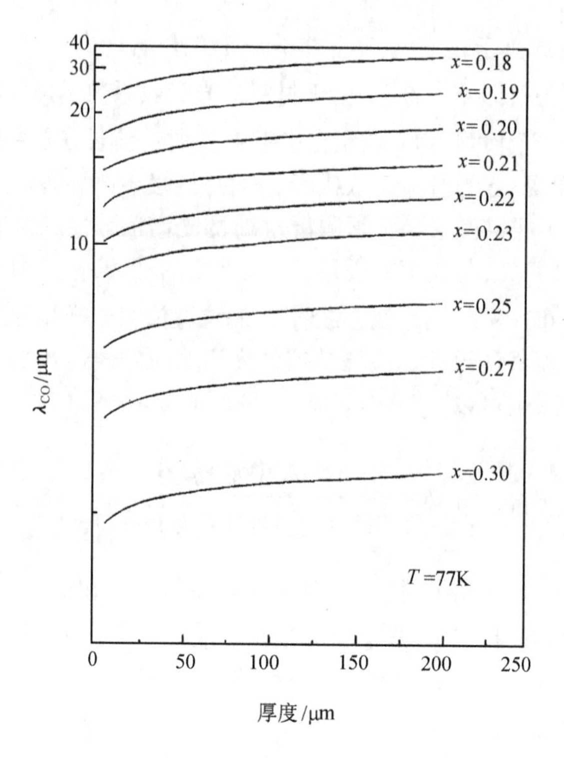

图 11.3　不同组分的 HgCdTe 光导器件在 77K 温度下截止波长位置 λ_{co} 与样品厚度的关系

对不同组分 HgCdTe 光导器件计算不同厚度情况下的电压响应率光谱，可以得到一组 λ_{peak} 和 λ_{co} 的数据，从这些数据可以归纳出一个计及光生载流子空间分布的器件截止波长表达式和峰值响应波长的表达式(Chu et al.　1998)

$$\lambda_{co} = \frac{a(T)}{x - b(T) - c(T)\lg(d)} \tag{11.31}$$

$$\lambda_{peak} = \frac{A(T)}{x - B(T) - C(T)\lg(d)} \tag{11.32}$$

式中

$$a(T) = 0.7 + 6.7\times10^{-4}T + 7.28\times10^{-8}T^2$$
$$b(T) = 0.162 - 2.6\times10^{-4}T - 1.37\times10^{-7}T^2$$
$$c(T) = 4.9\times10^{-4} + 3.0\times10^{-5}T + 3.51\times10^{-8}T^2$$
$$A(T) = 0.7 + 2.0\times10^{-4}T + 1.66\times10^{-8}T^2$$
$$B(T) = 0.162 - 2.8\times10^{-4}T - 2.29\times10^{-7}T^2$$
$$C(T) = 3.5\times10^{-3} - 3.0\times10^{-5}T - 5.85\times10^{-8}T^2$$

该式适用于 $0.16<x<0.60$，$4.2<T<300\text{K}$ 以及 $5<d<200\mu\text{m}$。式中：λ_{peak} 和 λ_{co} 的单位以及 d 的单位都用用μm。图 11.4 是利用该式计算 λ_{co} 与实验值得比较，图中实验点取自不同实验室的结果(Schmit et al. 1969, Hansen et al. 1982, Price et al. 1993)。

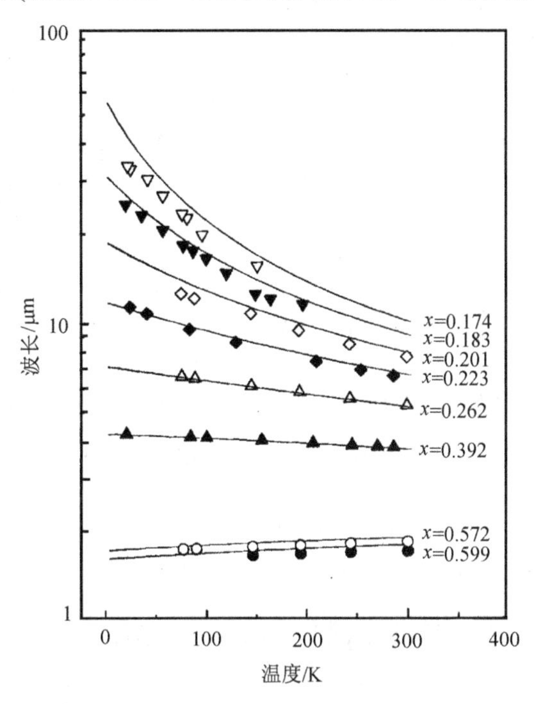

图 11.4 利用式(11.31)计算得到 λ_{co} 与实验数据的比较，图中实验点取自文献 (Schmit et al. 1969，Hansen et al. 1982，Price et al. 1993)

在甚长波碲镉汞红外探测器截止波长设计控制时特别需要考虑到光生载流子空间分布的影响(Phillips et al. 2001，2002)。

11.1.4 噪声

在探测率的表达式中，影响探测率性能的噪声是一个重要的问题。噪声来源于多方面的因素，不仅与吸收光子过程相关，而且与频率、温度等因素相关。光导探测器噪声主要有热噪声、产生-复合噪声，$1/f$ 噪声和放大器噪声，还有背景引起的噪声。

(1) 热噪声。

热噪声也称为 Johnson 噪声，它起源于器件材料的热起伏。由于热起伏产生的每单位带宽 Δf 的 rms 噪声是不依赖于材料以及器件特征，即 Johnson 噪声

$$V_j^2 = (4kT/\sigma)\Delta f \tag{11.33}$$

在图 11.1 中负载上的热噪声电压为

$$V_{Lj} = \frac{R_L}{R_0 + R_L} \cdot \sqrt{4kTR_0\Delta f} \tag{11.34}$$

(2) 产生-复合噪声。

产生复合噪声来源于材料中载流子的产生复合过程。探测器中的平均载流子数目是由产生和复合过程的平衡确定的，这些量的起伏导致另一种噪声，称为产生-复合噪声。对于一个直接复合过程为主的半导体，每单位带宽Δf的噪声是(Van Vliet 1958，1967，1970)

$$V_{g\text{-}r}^2 = \frac{4V_b^2}{(Lwd)^2} \left\langle \Delta N^2 \right\rangle \frac{\tau}{n_0^2} \frac{\Delta f}{1+\omega^2\tau^2} \tag{11.35}$$

这里$\left\langle \Delta N^2 \right\rangle$是多数载流子数目的变化，即非平衡载流子数$n_0$是平均浓度。对于二能级系统$\left\langle \Delta N^2 \right\rangle = g\tau$，$g$是产生率，$\tau$是少数载流子寿命。$\tau = \frac{\Delta N}{Q_s(\lambda)\eta(\lambda)A}$，$Q_s(\lambda)$是信号光子数。假定由热导致的产生-复合过程与由光导致的产生-复合过程彼此独立，于是总的变化率应为两者贡献的线性叠加，

$$\left\langle \Delta N^2 \right\rangle = (g\tau)_{热} + (g\tau)_{光} \tag{11.36}$$

$$(g\tau)_{热} = \frac{n_0 p_0}{n_0 + p_0} Lwd$$

$$(g\tau)_{光} = p_b Lwd \tag{11.37}$$

P_b为背景光激发的空穴浓度，于是有

$$V_{g\text{-}r} = \frac{2V_b}{(Lwd)^{1/2} n_0} \left[\left(1 + \frac{p_0}{p_b} \frac{n_0}{n_0 + p_0} \right) \left(\frac{p_b \tau \Delta f}{1+\omega^2\tau^2} \right) \right]^{1/2} \tag{11.38}$$

在低温下，材料处于非本征情况，p_0很小，p_b为主导地位。此时是所谓噪声的光子极限，由光子达到率的起伏决定。这种条件决定了背景限红外探测器(BLIP)的探测率D_{BLIP}^*。

(3) $1/f$噪声。

此外探测器还存在着$1/f$噪声现象，它与实际器件结构有关，改善器件的设计和制备技术可以减小这一种噪声。$1/f$噪声主要限制器件的低频响应。在光电导中，关于$1/f$噪声的理论可以采取经典的方法，即$1/f$噪声是独立于所有的其他噪声源，而其行为又是频率反比的依赖性。于是可假定此类噪声来源于探测器的各

个部分。于是 $1/f$ 噪声电压可以写为(Kruse et al. 1962)

$$V_{1/f}=\frac{C_1}{d}\frac{L}{w}E^2\frac{\Delta f}{f} \tag{11.39}$$

这里 L、w、d 是探测器的长、宽和厚度。E 是 dc 偏置电场，Δf 是噪声带宽，f 是频率，C_1 是系数，它给出了 $1/f$ 噪声的强度。C_1 是依赖于载流子的浓度，但独立于探测器的尺寸。存在一个频率 f_0，在 f_0 频率处 $1/f_0$ 噪声功率等于产生-复合噪声功率，即

$$V_{1/f_0}^2=V_{g\text{-}r}^2(0) \tag{11.40}$$

于是在任一频率 f 处，$1/f$ 噪声可以写为

$$V_{1/f}^2=\left(f_0/f\right)V_{g\text{-}r}^2(0) \tag{11.41}$$

f_0 可能是偏压、温度以及背景光子通量的函数。Broudy(1974)发展了一种 HgCdTe 光导器件 $1/f$ 噪声理论。这一理论是调查分析了大量 HgCdTe 光导器件工作的数据而得出的。认为 $1/f$ 噪声电压 $V_{1/f}$ 与产生-复合电压 V_{g-r} 有简单的关系，即下面的经验表达式

$$V_{1/f}^2=\left(k_1/f\right)V_{g\text{-}r}^3 \tag{11.42}$$

式中：k_1 是常数。按此观点 $1/f$ 噪声是“电流噪声”。由于 $V_{g\text{-}r}$ 是随电流变化的，因此，$1/f$ 噪声随探测器电阻增加而减少。由于在 $V_{g\text{-}r}$ 的公式中转折频率 f_0 可以确定为

$$f_0=k_1V_{g\text{-}r} \tag{11.43}$$

经典的转移频率可以从式(11.38)、(11.39)和式(11.40)算得。$(\omega\tau)^2\ll 1$，对于 n 型 HgCdTe，$n_0\gg p_b$，f_0 变为

$$f_0=\frac{C_1n_0^2}{4(p_b+p_0)\tau} \tag{11.44}$$

这里假定了 $(\omega\tau)^2\ll 1$。

如果温度足够低，以致热产生载流子可以忽略，则

$$f_0^{\text{BLIP}}=C_1{n_0}^2d/4\tau^2\eta Q_B \tag{11.45}$$

于是，f_0 依赖于探测器的厚度，但不依赖于光敏面尺寸。

在经典条件下，不论噪声是从表面产生还是从体中产生，C_1 可以计算。如果在半导体表面存在陷阱，在这些表面陷阱上俘获或释放电子的起伏引起体电子浓

度起伏，从而电导率起伏(Van der Ziel 1959)。由于这些起伏会引起噪声功率的 $1/f$ 频率依赖特性，假定了电子从表面陷阱释放通过隧道效应到体中。隧穿概率指数依赖于隧穿距离。于是就可得到寿命概率分布，而这导致了噪声功率的 $1/f$ 频率依赖特性。按此模型 C_1 的表达式为

$$C_1 = \left(N_T / 4n_0^2\right) l / \alpha d \tag{11.46}$$

式中，N_T 是陷阱浓度，α 是特征隧穿长度。Hooge(1969)模型假定 $1/f$ 噪声完全起源于体现象，由他的理论得到

$$C_1 = 2\times10^{-3} / n_0 \tag{11.47}$$

但这方面尚缺少实验证明。

式(11.42)、(11.43)说明 $1/f$ 噪声随 g-r 噪声而增加。因此要降低 $1/f$ 噪声，所有其他条件相同情况下，要选择 g-r 噪声低的材料。此结论是关键的，按照这一理论，$V_{g\text{-}r}$ 与 $V_{1/f}$ 是彼此相关的。根据探测器和材料参数，减少 $1/f$ 噪声的途径可以从 g-r 噪声来分析。如利用最低可能的偏置电流；保持探测器的温度低于热产生范围温度；尽可能减少探测器的背景；选择具用高施主浓度的半导体材料；发展改进的工艺方法，以减少 k_1。

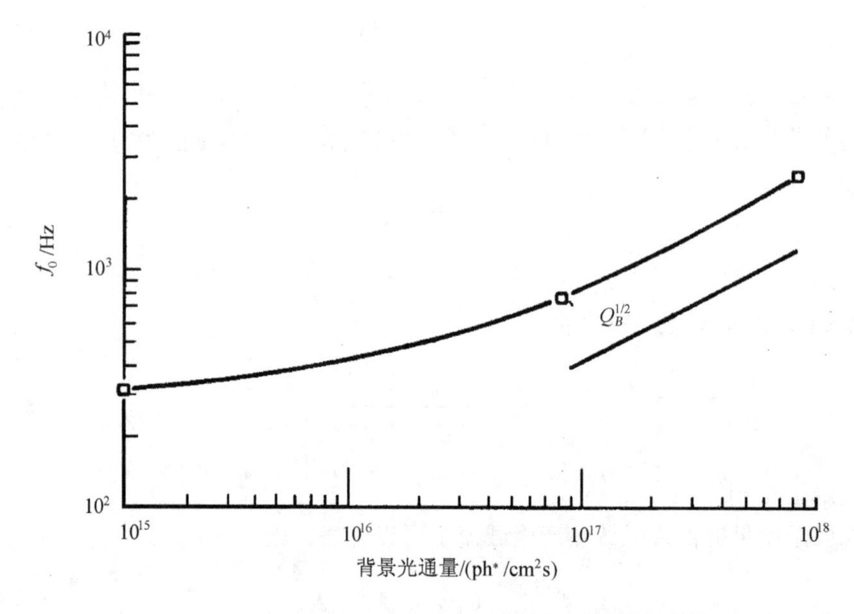

图 11.5 HgCdTe 探测器所测量的 f_0 对背景光学通量的关系

*1ph=10^4lx=10^4lm/m², 后同。

图 11.5 表示对一个典型的 HgCdTe 探测器所测量的 f_0 对背景光学通量的关系。在高背景光学通量时，探测器的 f_0 遵循 $Q_B^{-1/2}$ 依赖性，在低于 10^{17} 背景光学通量时，f_0 对 Q_B 的依赖性变小。此时热 g-r 噪声变得重要，可参考(Borello et al. 1977)。

(4) 放大器噪声。

此外，还有电压噪声源(e_a)和电流噪声源(i_a)，通常也叫作白噪声源。如果一个电阻为 r_d 的探测器接到放大器的输入端，引入的噪声也叫放大器噪声，为

$$V_a^2 = e_a^2 + i_a^2 r_d^2$$

对 HgCdTe 光导探测器，r_d 的值通常小于 100Ω，由于常用的频率上限在 10MHz，因此经常可以忽略输入电容。

(5) 总噪声。

由以上分析可见，探测器的总噪声为

$$V_t^2 = V_j^2 + V_{g\text{-}r}^2 + V_{1/f}^2 + V_a^2 \tag{11.48}$$

图 11.6 中表示特征噪声谱，说明各种成分对总噪声的贡献。

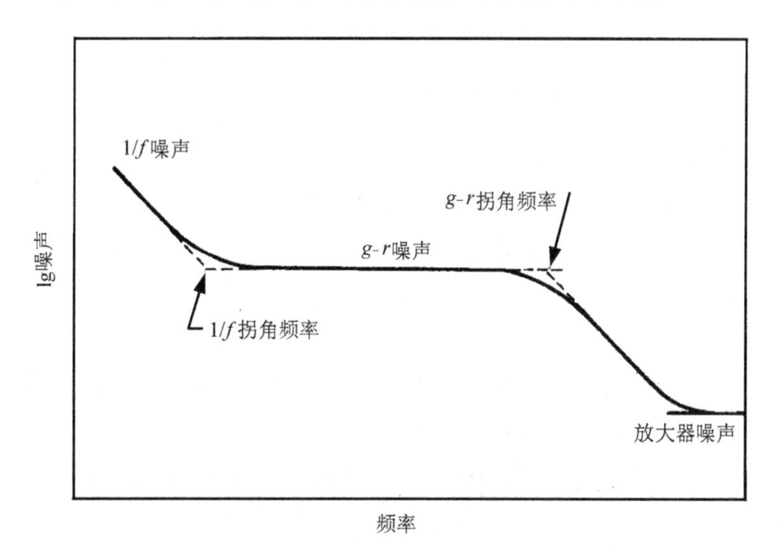

图 11.6 光电导探测器的特征噪声谱

结合上述方程式在一般情况下 D^* 为

$$D_B^* = \frac{V_s\left(A\Delta f\right)^{1/2}}{P_B\left(T_b\right)} \cdot \frac{1}{V_N} = \frac{V_s\left(A\Delta f\right)^{1/2}}{P_B\left(T_b\right)} \cdot \left(\frac{1}{V_j^2 + V_{1/f}^2 + V_{g\text{-}r}^2 + V_a^2}\right)^{1/2} \tag{11.49}$$

或写成

$$D^* = D^*_{\mathrm{BLIP}}\left(1+\frac{p_0}{p_b}\frac{n_0}{n_0+p_0}\right)^{-1/2}\left(1+\frac{f_0}{f}+\frac{V_j^2+V_a^2}{V_{g\text{-}r}^2(f)}\right)^{-1/2} \tag{11.50}$$

式中：D^*_{BLIP}是器件的最佳性能的探测率。

在较高温度下，探测器材料处于本征半导体情况，即$n_0 = p_0$，同时

$$\left(1+\frac{p_0}{p_b}\frac{n_0}{n_0+p_0}\right)^{1/2} \approx \left(\frac{p_0}{2p_b}\right)^{1/2} \gg 1 \tag{11.51}$$

由D^*表达式(11.49)可见，探测器的性能相对较差。在低温时，n_0近似为常数，p_0相对于n_0很小。探测器材料变为非本征半导体，于是D^*由下式给出

$$D^* = D^*_{\mathrm{BLIP}}\left(1+\frac{p_0}{p_b}\right)^{-1/2}\left[1+\frac{f_0}{f}+\frac{V_j^2+V_a^2}{V_{g\text{-}r}^2(f)}\right]^{-1/2} \tag{11.52}$$

很明显，当

$$\frac{V_j^2+V_a^2}{V_{g\text{-}r}^2(f)} \ll 1 \qquad \frac{p_0}{p_b} \ll 1 \tag{11.53}$$

探测器有最佳性能。

在放大器噪声和 Johnson 噪声占支配地位时，即$V_j^2+V_a^2 \gg V_{1/f}^2+V_{g\text{-}r}^2$，由式(11.49)可知，探测率将由下式给出

$$D^*_{\mathrm{hf}} = R_\lambda(A\Delta f)^{1/2}/(V_j^2+V_a^2)^{1/2} \tag{11.54}$$

D^*的温度和背景依赖性、响应率和 g-r 噪声决定于多数和少数载流子浓度和时间常数，参考文献(Kinch，Borello　1975)。

对于 n 型 HgCdTe 半导体，施主激活能可以忽略，n_0的大小及其温度依赖性由下式给出

$$n_0 = \frac{N_{\mathrm{D}}-N_{\mathrm{A}}}{2}+[(N_{\mathrm{D}}-N_{\mathrm{A}})^2/4+n_i^2]^{1/2} \tag{11.55}$$

少数载流子浓度可从

$$p_0 = \frac{n_i^2}{n_0} \tag{11.56}$$

给出。对于俄歇复合来说，载流子寿命为(Kinch 1973) $\tau = 2\tau_1 n_i^2 /(n_0 + p_0)(n_0)$，$\tau_1$ 的值为 $\tau_1 = C_0(E_g/kT)^{3/2}\exp(E_g/kT)$，这里 E_g 是禁带宽度。C_0 是常数，n_i 值可由一些经验公式计算(Mazurczyk et al. 1974；Finkman et al. 1979；Schmit et al. 1969；Schmit 1970；Chu et al. 1983，1991)。$n_i = n_i(E_g, T, x)$，E_g 与组分 x 及温度 T 有关，$E_g = E_g(x, T)$。把这些式子代入探测率的表达式，就可以给出探测率的温度依赖性。

在以上有关噪声的分析中，涉及少数载流子寿命的方面，严格说来都要考虑表面复合，因为表面复合对光导器件性能有很大影响。半导体表面复合比在体内复合高，表面复合降低了少数载流子的寿命。

(6) 背景噪声和背景极限探测率。

在探测器自身的热噪声和产生-复合噪声很低的情况下，背景辐射引起的噪声就起主要作用。此时的探测率称为达到背景限性能的探测率。背景辐射所激发的载流子浓度涨落会引起噪声，$V_N = \sqrt{2\Delta f Q_B \eta A}$，如果入射辐射功率为 P_s，产生的信号为 $V_s = \eta P_s / h\nu$，则背景辐射探测率为

$$D^*_{\mathrm{BLIP}} = \frac{V_s}{V_N} \cdot \frac{\sqrt{A \cdot \Delta f}}{P_s} = \frac{1}{h\nu}\sqrt{\frac{\eta}{2Q_B}} \tag{11.57}$$

对于光导探测器，由于载流子产生率的涨落，同样也引起复合率的涨落，其变化率相同，因此噪声应为上述 V_N 的 $\sqrt{2}$ 倍，因此光导器件的背景辐射限探测率为

$$D^*_{\mathrm{BLIP}} = \frac{1}{2h\nu}\sqrt{\frac{\eta}{Q_B}} \tag{11.58}$$

式中：Q_B 为背景辐射光子的通量

$$Q_B = \int_0^{\infty} \frac{2\pi}{c^2} \frac{\nu^2 \mathrm{e}^{h\nu/k_{\mathrm{B}}T}}{\left(\mathrm{e}^{h\nu/k_{\mathrm{B}}T} - 1\right)} \mathrm{d}\nu \tag{11.59}$$

ν_c 为截止波长对应的频率，Q_B 表示为背景辐射中能贡献于激发少数载流子的辐射通量部分。

由以上结果可见，当温度降低时，背景辐射按照普朗克公式下降，背景辐射激发的载流子数目的涨落也随之下降，背景噪声减弱，背景限探测率将会提高。

11.1.5 漂移和扩散对光导器件的影响

在一个实际的器件中，漂移和扩散起着十分重要的作用，必须加以考虑。一方面在电极附近，载流子浓度存在空间梯度，扩散明显，另一方面如果电场足够强，载流子产生后不等复合，就被电场扫进电极，即所谓“扫出”效应。最早关

于光电导漂移和扩散的研究报道可见(Rittner 1956)。他从第一原理连续性方程、载流子流动，以及泊松方程出发，推导了基本的光电导方程。分析中包括了陷阱效应，并假定空间电荷是以中性状态存在，离子电流可忽略。在不计缺陷时，得到下列方程

$$\frac{\partial \Delta p}{\partial t}=-\frac{\Delta p}{\tau_g}+g+D\nabla\cdot\nabla\Delta p+\mu E\nabla\left(\Delta p\right) \tag{11.60}$$

这里 g 是产生率($g\equiv\eta Q_s/d\ \mathrm{cm^{-2}s^{-1}}$)。τ_g 是对所有载流子激发能级的产生寿命。这里扩散常数和迁移率为

$$D=\frac{n+p}{\dfrac{n}{D_h}+\dfrac{p}{D_e}} \tag{11.61a}$$

$$\mu=\frac{p-n}{\dfrac{n}{\mu_h}+\dfrac{p}{\mu_e}} \tag{11.61b}$$

这里 D_h 和 D_e 分别是空穴和电子的扩散常数。此方程式(11.61)一般是非线性的，由于系数 D 以及 $\mu\tau_g$ 依赖于 n。在低光强(低注入)情况 $\Delta p\ll n$，有

$$\frac{\partial \Delta p}{\partial t}=-\frac{\Delta p}{\tau}+g+D_0\nabla\cdot\nabla\Delta p+\mu_0 E\nabla\left(\Delta p\right) \tag{11.62}$$

这里 τ 为低激发能级的寿命，D_0 和 μ_0 为

$$D_0=\frac{n_0+p_0}{\dfrac{n_0}{D_h}+\dfrac{p_0}{D_e}} \tag{11.63a}$$

$$\mu_0=\frac{p_0-n_0}{\dfrac{n_0}{\mu_h}+\dfrac{p_0}{\mu_e}} \tag{11.63b}$$

利用爱因斯坦方程 $D=kT\mu/e$，扩散系数为

$$D_0=\left(kT/e\right)\mu_e\mu_h\left(n_0+p_0\right)/\left(\mu_e n_0+\mu_h p_0\right) \tag{11.63c}$$

$$\mu_0=\left(p_0-n_0\right)\mu_e\mu_h/\left(\mu_e n_0+\mu_n p_0\right) \tag{11.63d}$$

这里 τ、D_0 以及 μ_0 都是常数系数。令电场沿 x 方向 $\left[-\left(L/2\right)<x<\left(L/2\right)\right]$。在低

光强近似下，有 $n=n_0+\Delta n$，以及 $p=p_0+\Delta p$，在 $x=-L/2$ 和 $x=L/2$ 处，$\Delta n=\Delta p=0$，从式(11.62)可解得过剩少数载流子浓度在 x 位置处(x 在器件尺寸 $-L/2$ 到 $L/2$ 之间)，有

$$\Delta p=\frac{\eta Q_s}{d}\tau_p\left[1+\frac{e^{\alpha_1 x}\sinh\left(\alpha_2 L/2\right)-e^{\alpha_2 x}\sinh\left(\alpha_1 L/2\right)}{\sinh\left(\alpha_1-\alpha_2\right)L/2}\right] \tag{11.64}$$

这里

$$\alpha_{1、2}=-\frac{\mu_0 E}{2D_0}\pm\left[\left(\frac{\mu_0 E}{2D_0}\right)+\frac{1}{D_0\tau}\right]^{1/2} \tag{11.65}$$

以及

$$D_0=\left(kT/q\right)\mu_0 \tag{11.66}$$

少数载流子的漂移长度 l_1 是 $\mu_0 E\tau$，扩散长度 l_2 是 $\sqrt{D_0\tau}$，为方便起见可以把 $\alpha_{1、2}$ 用 l_1 和 l_2 写出

$$\alpha_{1、2}=-\frac{l_1}{2l_2^{\,2}}\pm\left[\left(\frac{l_1}{2l_2^{\,2}}\right)^2+\frac{1}{l_2^{\,2}}\right]^{1/2} \tag{11.67}$$

对式(11.64)从 $x=-L/2$ 到 $x=L/2$ 积分，可得空穴浓度为

$$\Delta p=\frac{\eta Q_s}{dw}\tau_p\left[1+\frac{\left(\alpha_2-\alpha_1\right)\sinh\left(\alpha_1 L/2\right)\sinh\left(\alpha_2 L/2\right)}{\alpha_1\alpha_2\left(L/2\right)\sinh\left(\alpha_1-\alpha_2\right)L/2}\right] \tag{11.68}$$

利用这些结果，Rittner(1956)计算了探测器的稳态光电流

$$\Delta J=e\mu_n(b+1)\eta Q_s\tau E\xi/d \tag{11.69}$$

这里

$$\xi=1+\frac{\left(\alpha_2-\alpha_1\right)\sinh\left(\alpha_1 L/2\right)\sinh\left(\alpha_2 L/2\right)}{\alpha_1\alpha_2\left(L/2\right)\sinh\left(\alpha_1-\alpha_2\right)L/2} \tag{11.70}$$

对于 $b\gg 1$，电压响应变为

$$R_\lambda=\lambda\eta e R_D\mu_e E\tau\xi/h_c d \tag{11.71}$$

R_D 为探测器电阻。在高场下，漂移长度 l_1 远大于探测器长度 l_1 或扩散长度 l_2，可

取下述一级近似

$$\alpha_1 \approx \frac{1}{l_1} \ll 1 \text{则} \qquad \sinh\frac{\alpha_1 L}{2} \approx \frac{L}{2l_1} \tag{11.72a}$$

$$-\alpha_2 \approx \frac{l_1}{2l_2^{\ 2}} \gg 1 \text{则} \qquad \frac{\sinh(\alpha_2 L/2)}{\sinh(\alpha_1-\alpha_2)L/2} \approx -1+\frac{L}{2l_1} \tag{11.72b}$$

把这些近似式代到式(11.70)中，给定高场限的ξ值。

$$\xi_{\text{hf}} \to \frac{L}{2l_1} \qquad l_1 > l_2,\ l_1 > L$$

从而，高场下响应率为

$$R_{\text{hf}} = (\lambda / hc)(\eta e \mu_e / 2\mu_0) R_d \tag{11.72c}$$

R_d 为探测器电阻。在 HgCdTe 中电子迁移率是依赖于电场的，所以要完全精确计算，还要考虑电阻的电场依赖性。

同时，漂移长度l_1依赖于迁移率μ_0，对于非本征 n 型材料可简化为空穴迁移率，在本征半导体中，μ_0为 0，不存在扫出效应。

在计算产生复合噪声时应该考虑漂移和扩散效应(Williams 1968, Kinch et al. 1977)。在 11.1.4 节关于产生复合噪声得讨论中，如果考虑漂移与扩散效应，在低场情况下，g-r 噪声可以写成

$$V_{g-r} = \frac{2V_b F}{n_0 (LWd)^{1/2}} \left[\left(1+\frac{p_0}{p_b}\frac{n_0}{n_0+p_0}\right)(p_b \tau \xi)\Delta f \right]^{1/2} \tag{11.73}$$

扫出限探测率为

$$D_\lambda^{\ *} = \frac{1}{2}\frac{(\lambda e/hc)(\mu_e/\mu_0)\eta R_d}{\left(V_j^{\ 2}+V_a^{\ 2}\right)^{1/2}}(A\Delta f)^{1/2} \tag{11.74}$$

这个极限值不依赖于时间常数，从而也不依赖于表面复合效应。只是当有表面复合时，达到这个极限需要的电场的值，将需要增加。

Smith[见(Broudy et al. 1981)]获得了包括载流子扩散和漂移效应的产生-复合噪声的表达式，对于 n 型材料，噪声电压为

$$V_N = \frac{2(b+1)V}{(n_0 b + p_0)(lwd)^{1/2}} \left[p_0 + \langle p_b \rangle F(\omega)\phi(\omega) \right]^{1/2} \sqrt{\Delta f} \tag{11.75}$$

式中：$\phi(\omega)=\frac{\tau}{1+\omega^2\tau^2}\cdot\xi=\frac{\tau}{1+\omega^2\tau^2}\cdot\frac{1}{F(\omega)}$为有效时间函数，$F(\omega)=\xi^{-1}$为空间和电场相关的扫出因子。在低频情况下$\omega^2\tau^2\ll 1$

$$\langle p_b\rangle=\frac{\eta Q_b}{d}\tau\xi \tag{11.76}$$

于是

$$\begin{aligned}D_\lambda^*&=\frac{\lambda}{2hc}\left(\frac{\eta}{Q_b}\right)^{1/2}\left[\frac{\langle p_b\rangle}{p_0+\langle p_0\rangle F(0)}\right]^{1/2}\\&=D_{\mathrm{BLIP}}^*\left[\frac{\langle p_b\rangle}{p_0+\langle p_0\rangle F(0)}\right]^{1/2}\end{aligned} \tag{11.77}$$

对 n 型半导体，在低温下，p_0很小，于是上式可写为

$$D_\lambda^*=D_{\mathrm{BLIP}}^*\left(F(0)\right)^{-1/2} \tag{11.78}$$

Smith[见(Broudy et al. 1981)]证明，在低电场下，当$\sqrt{D_0\tau}\gg l$，$F(0)\approx\frac{6}{5}$；当$\sqrt{D_0\tau}\gg 1$时，$F(0)\approx 1$，在强电场时，$F(0)\approx\frac{2}{3}$。

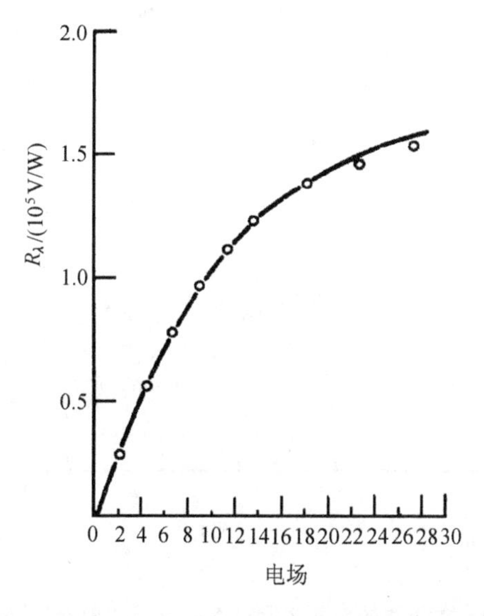

图 11.7　HgCdTe 探测器响应率和电场的关系。数据点是实验值，曲线是理论值

图 11.7、图 11.8 中表示实验结果与理论计算的比较(Broudy et al. 1975，1976)。然而也有另一些实验结果与此理论计算不一致(Kinch et al. 1977)。图 11.9 表示探测率作为温度的函数，作为一个理想的探测器，按照式(11.53)要求施加 45mV 偏压。但当有表面复合、扫出响效应以及热界面时，器件性能急剧下降。如果把偏压从 45mV 增加到 50mV，性能更差。

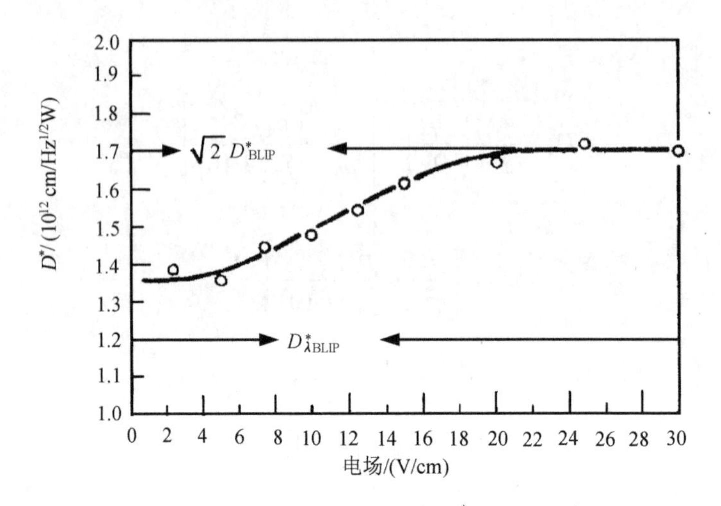

图 11.8　HgCdTe 探测器探测率 D^* 和电场的关系

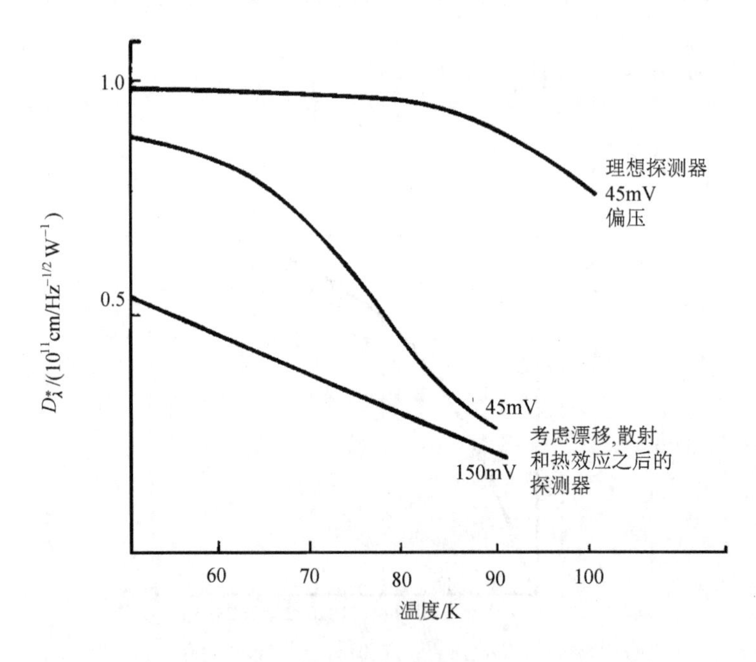

图 11.9　探测器的探测率和温度的关系的理论计算曲线

以上各段讨论了光电导红外探测器的一些规律。在一般光电导红外探测器的基础上，1982 年英国 Elliott (1982)提出一种新型光电导红外探测器，扫积型红外探测器，英文缩写 SPRITE(signal processing in the element)。它由一长条型 n 型 HgCdTe 薄片组成，如长 1mm、宽 50μm、厚 10μm。在两端各有一个电极，加以偏压。在靠近一端处有第三个电极，它与该端电极一起用于取出信号。两端所加偏压使得光生载流子在它寿命时间之内都能到达另一端。即渡越时间小于非平衡载流子的寿命。探测器在接收红外辐射时，像元的扫描沿长条方向，选择偏压使得非平衡载流子的漂移速度等于像元扫描速度。于是对应于特定景物元产生的非平衡载流子一方面向一端漂移，一方面又不断积累，扫描积累。随着像元的扫描和非平衡载流子的漂移，非平衡载流子的浓度越来越大，进入信号读出区，使那里的电导率增加，读出区上电压发生相应的变化，第三电极与靠近的端电极，就提供读出信号。有兴趣的读者可以参考汤定元等(1989)或者 Elliott 等(1982)。

11.2 光伏型红外探测器

11.2.1 光伏器件简介

光伏型红外探测是当前红外焦平面列阵器件的工作模式。关于 HgCdTe 红外焦平面的发展情况可以参考文献(Chu 等 2003，2004)。

三元半导体 HgCdTe 光伏器件由 p-n 结组成(图 11.10)，辐射在探测器表面下大约几个微米的范围内被吸收，产生电子和空穴，向 p-n 结扩散，从而导致 p-n 结势的变化，如果 p-n 结的外电路两端短路就有电流通过，同时使结中少数载流子的浓度逐渐回到平衡态。如果加上反向偏压可以把工作点移到电流-电压特性曲线上离开原点的所需要的工作点上。由于辐射信号是调制的，以便产生一个交流信号电压，可以把信号从背景噪声产生的直流电压区分开来。光伏器件比光导器件响应更快。

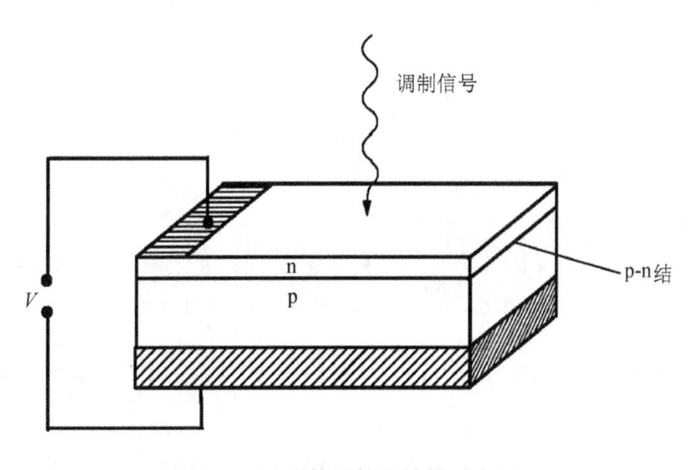

图 11.10 光伏器件的结构示意图

器件一种是 n 型层在 p 型材料上方，即 n-on-p，另一种是 p 型层在 n 型材料上方，即 p-on-n。光伏器件的灵敏度能用两个参数描述，一个是量子效应η，为每个入射光子在结区范围内产生的光生载流子的数目；另一个是零偏压结的电阻，$R_0=\left(\frac{\partial V}{\partial I}\right)_{V=0}$。在有光辐射的情况下，二极管的总电流 I_t 由光生电流 I_P 加上暗电流 $I_d(V)$ 组成，在理想情况下，暗电流是

$$I_d(V)=I_0\left(\exp\frac{eV}{k_{\mathrm{B}}T}-1\right) \tag{11.79}$$

I_0 是二极管的饱和电流，光电流是沿着正向电流相反的方向，于是

$$I_t=-I_P+I_d(V) \tag{11.80}$$

光电流可以表达为

$$I_P=e\eta Q \tag{11.81}$$

这里Q是每秒入射的光子数。对于施加小的偏压V，假定暗电流是线性依赖于偏压，于是有

$$I_t=-I_P+\frac{V}{R_0} \tag{11.82}$$

如果施加的偏压使暗电流正好等于光生电流，则总电流为 0，于是

$$V=R_0I_P=R_0e\eta Q \tag{11.83}$$

入射辐射的功率P_λ由单位时间入射的光子数Q乘上每个光子能量$E_\lambda=h\nu$给出，于是

$$V=\frac{e\eta R_0P_\lambda}{E_\lambda} \tag{11.84}$$

于是电压响应率为

$$R_{V\lambda}=\frac{V}{P_\lambda}=\frac{e\eta R_0}{E_\lambda} \tag{11.85}$$

此时的信号电压相应等于Δf带宽的$r\cdot m\cdot s$噪声电压。设此时主要是 Johnson 噪声电压，为

$$\sqrt{\overline{V}_N^2}=\sqrt{4k_{\mathrm{B}}TR_0\Delta f} \tag{11.86}$$

如果$\Delta f = 1\text{Hz}$，在光生电压刚好等于噪声电压时，此时的入射辐射功率为噪声等效功率$P_{N\lambda}$。从式(11.84)和式(11.85)有

$$\left(\frac{e\eta R_0}{E_\lambda}\cdot P_{N\lambda}\right)^2 = 4k_{\mathrm{B}}TR_0 \tag{11.87}$$

$$P_{N\lambda} = \frac{2E_\lambda\left(k_{\mathrm{B}}T\right)^{\frac{1}{2}}}{e\eta R_0^{\frac{1}{2}}} \tag{11.88}$$

如果探测器的面积为 A，探测率为噪声等效功率的倒数，去除器件面积的影响，为

$$D_\lambda^* = \frac{A^{\frac{1}{2}}}{P_{N\lambda}} = \frac{e\eta\left(R_0A\right)^{\frac{1}{2}}}{2E_\lambda\left(k_{\mathrm{B}}T\right)^{\frac{1}{2}}} \tag{11.89}$$

可以看出探测器正比于量子效率η正比于器件面积与电阻乘积的平方根$\sqrt{R_0A}$。根据式(11.1)，在小 V时有

$$I\left(V\right) = I_0\cdot\frac{eV}{k_{\mathrm{B}}T} - I_0 \tag{11.90}$$

于是$R_0 = \left(\dfrac{\partial V}{\partial I}\right)_{V=0} = \dfrac{k_{\mathrm{B}}T}{eI_0}$，有

$$D_\lambda^* = \frac{e^{\frac{1}{2}}\eta A^{\frac{1}{2}}}{2E_xI_0^{\frac{1}{2}}} = \frac{e^{\frac{1}{2}}\eta}{2E_xJ_0^{\frac{1}{2}}} \tag{11.91}$$

这里J_0是饱和电流密度。$J_0^{\frac{1}{2}}$也可以用热平衡时电子和空穴的密度和它们的迁移率及寿命来表示。要使饱和电流小，就必须让多数载流子密度大，以使少数载流子浓度适当小。

以上计算亦可以对施加反向偏压的情况进行，但此时必须考虑散粒噪声，计算结果探测率增加要乘上一个$\sqrt{2}$的因子。

为增加量子效率η，必须使器件表面对于辐射的反射率要小，还要小的表面复合速度，结的深度要小于空穴扩散长度，响应速度受光激发载流子寿命限制，也受结电容等电路系数限制。

11.2.2 p-n 结光电二极管的电流-电压特性

Reine 等(1981)的评述文章对 p-n 结光电二极管的电流-电压特性给出了很好的分析。一个 p-n 结光电二极管的电流-电压特性(*I*-*V*)决定了器件动态电阻和热噪声。

在零偏压下，光电二极管的动态电阻由 R_0 表示，从电流-电压特性曲线 $I(V)$ 有

$$R_0^{-1} = \left.\frac{\mathrm{d}I}{\mathrm{d}V}\right|_{V=0} \tag{11.92}$$

经常用于评价光电二极管性能的优值是它的 R_0A 乘积，即有式(11.92)所给出的 R_0 乘以 p-n 结的面积。如果 $J=I/A$ 为电流密度，则 R_0A 乘积为

$$(R_0A)^{-1} = \left.\frac{\mathrm{d}J}{\mathrm{d}V}\right|_{V=0} \tag{11.93}$$

式(11.93)表示了器件在零偏压附近的时候，微小电压变化可能产生的电流密度的变化，它表征了器件的能力。显然可见，R_0A 乘积是独立于结面积的，它被广泛用于作为器件的一个重要优值因子。

下面先来讨论 p-n 结光电二极管中的各种电流机制。在 p-n 结光电二极管中扩散电流是一个基本的电流机制，它是起源于空间电荷层区域里在一个少数载流子扩散长度里的电子空穴对的无规则产生和复合。扩散电流是 HgCdTe 光电二极管在高温下起主导作用的结电流。在 77K 或以上温度的工作的器件的情况，扩散电流通常起主导作用。

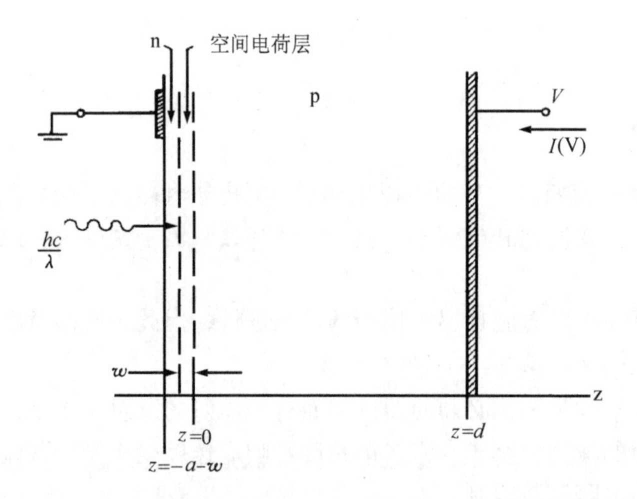

图 11.11 一个简单的 n-on-p 结的光电二极管的截面图

图 11.11 是一个简单的 n-on-p 结的光电二极管的截面图。它可以分为三个区域：①厚度为 a 的准电中性的 n 区；②厚度为 w 的空间电荷层区；③厚度为 d 的准电中性的 p 区。假定 n 型与 p 型区域之间的过渡层是足够的薄，因此 n 区和 p 区都是均匀的，它所在的电压都降在空间电荷区域。并且假定是在低注入情况，少数载流子浓度远小于多数载流子浓度；再假定载流子分布是非简并的，于是热平衡载流子浓度在每个区域都服从

$$n_0(z)p_0(z) = n_i^2 \tag{11.94}$$

在这些区域中，少数载流子符合下面的边界条件(Hauser 1971)

$$p(-w) = p_{n0}\exp\left(\frac{eV}{k_{\mathrm{B}}T}\right) \tag{11.95a}$$

$$n(0) = n_{p0}\exp\left(\frac{eV}{k_{\mathrm{B}}T}\right) \tag{11.95b}$$

式中：p_{n0} 是 n 区中少数载流子浓度的热平衡值，n_{p0} 是 p 区中少数载流子浓度的热平衡值，e 是电荷，k_{B} 是玻尔兹曼常数，T 是二极管的温度。在空间电荷层内非平衡载流子有下述关系

$$n(z)p(z) = n_i^2\exp\left(\frac{eV}{k_{\mathrm{B}}T}\right) \tag{11.96}$$

显然当 V=0 情况下，式(11.96)就变为式(11.94)。现在来看 p 区中 z 位置处，当热平衡受到破坏，载流子浓度为

$$n(z,t) = n_{p0} + \Delta n(z,t) \tag{11.97}$$

$$p(z,t) = p_{p0} + \Delta p(z,t) \tag{11.98}$$

假定 p 区的空间电荷是中性的，于是

$$\Delta n(z,t) = \Delta p(z,t) \tag{11.99}$$

则稳态过剩少数载流子浓度是方程的解

$$D_e\frac{\mathrm{d}^2\Delta n}{\mathrm{d}z^2} - \frac{\Delta n}{\tau_e} = 0 \tag{11.100}$$

式中：D_e 是 p 区中少数载流子的扩散系数，τ_e 是 p 区中的少数载流子寿命。在 z=0 时，符合式(11.95b)边界条件，在 p 区的边界 z=d 处，相当于 z 无穷大

$$\Delta n(z \to \infty) \to 0 \tag{11.101}$$

于是式(11.100)的解为

$$\Delta n(z) = n_{p0}\left[\exp\left(\frac{eV}{k_B T}\right) - 1\right]\exp\left(\frac{-z}{L_e}\right) \tag{11.102}$$

这里 L_e 是少数载流子的扩散长度，为

$$L_e = \sqrt{D_e \tau_e} \tag{11.103}$$

边界条件是式(11.101)等价于假定 p 区的厚度 d 远远大于 L_e，在此情况下 $z=d$ 处界面的特点将不影响空间电荷层 p 区一边的扩散电流。于是，从扩散电流密度 $J_e = eD_e \dfrac{\partial n}{\partial z}$，可以得到 p 区一边的扩散电流密度 J_e 在 $z=0$ 处为

$$J_{e\infty} = en_{p0}\frac{D_e}{L_e}\left[\exp\left(\frac{eV}{k_B T}\right) - 1\right] \tag{11.104}$$

这里∞表示 $d \gg L_e$ 的条件，此式是 1949 年 Shockley 所得到的公式(Shockley 1949)。假定了 p 区厚度远大于可数载流子扩散长度。

根据 R_0A 计算公式(11.94)，由于 p 区方向扩散电流贡献的 R_0A 乘积是

$$(R_0A)_{p\infty} = \frac{k_B T}{e^2}\frac{1}{n_{p0}}\frac{\tau_e}{L_e} \tag{11.105}$$

利用式(11.94) $n_0(z)p_0(z) = n_i^2$，如果 $p_{p0} = N_A$，是 p 区纯受主浓度，以及利用爱因斯坦关系

$$D_e = (k_B T / e)\mu_e \tag{11.106}$$

可以把式(11.105)改写为

$$(R_0A)_{p\infty} = \frac{1}{e}\frac{N_A}{n_i^2}\sqrt{\frac{k_B T}{e}\frac{\tau_e}{\mu_e}} \tag{11.107}$$

$(R_0A)_{p\infty}$ 的主要的温度的依赖性将决定于 n_i^2。

现在来考虑从 n 区方向的扩散电流。利用边界条件式(11.95a)，假定 n 区厚度 a 远大于可数载流子长度 L_h

$$L_h = \sqrt{D_h \tau_h} \tag{11.108}$$

这里 D_h 和 τ_h 是 n 区中少数载流子扩散系数和寿命，类似于式(11.105)的推导过程。我们得到 n 区方向扩散电流的 R_0A 的乘积为

$$(R_0A)_{n\infty} = \frac{k_B T}{e^2} \frac{1}{p_{n0}} \frac{\tau_h}{L_h} \tag{11.109}$$

此式可改写为

$$(R_0A)_{n\infty} = \frac{1}{e} \frac{N_D}{n_i^2} \sqrt{\frac{k_B T}{e} \frac{\tau_h}{\mu_h}} \tag{11.110}$$

这里设 $n_{n0} = N_D$，N_D 为 n 区施主浓度，并也利用了爱因斯坦关系

$$D_h = (k_B T / e)\mu_h \tag{11.111}$$

以上讨论都假定界面离空间电荷很远，远大于少数载流子的扩散长度。实际上界面离空间电荷层的距离常常小于少数载流子扩散长度，则器件的两个表面 $z=-a-w$ 和 $z=d$ 的界面，将会影响扩散电流，从而影响 R_0A。考虑 p 区，稳态少数载流子浓度 $\Delta n(z)$ 是连续性方程式(11.100)的解，$z=0$ 时的边界条件由式(11.95b)给出。在 $z=d$ 的边界条件可以用表面复合速度 S_p 表达

$$J_e(d) = eD_e \left.\frac{\partial \Delta n}{\partial z}\right|_{z=d} = -eS_p \Delta n(d) \tag{11.112}$$

$\Delta n(z)$ 的解为

$$\Delta n(z) = n_{p0}\left[\exp\left(\frac{eV}{k_B T}\right) - 1\right]\left[\frac{\cosh\left(\frac{z-d}{L_e}\right) - \beta \sinh\left(\frac{z-d}{L_e}\right)}{\cosh\left(\frac{d}{L_e}\right) + \beta \sinh\left(\frac{d}{L_e}\right)}\right] \tag{11.113}$$

这里 β 定义为

$$\beta = S_p L_e / D_e = S_p /(L_e / \tau_e) \tag{11.114}$$

所以 β 正好是表面复合速度与扩散速度之比。结果 R_0A 乘积为

$$(R_0A)_p = (R_0A)_{p\infty}\left[\frac{1 + \beta \tanh\left(\frac{d}{L_e}\right)}{\beta + \tanh\left(\frac{d}{L_e}\right)}\right] \tag{11.115}$$

这里$(R_0A)_{p\infty}$由式(11.109)给出，式(11.115)由图 11.12 所表示。表示对于不同的β值，$(R_0A)_p$与$(R_0A)_{p\infty}$的比例值 d/L_e 的变化关系。由图可见，如果界面在耗尽层一个扩散长度之内，则 R_0A 值或被增大，或被减小，依赖于表面复合速度 S_p 与扩散速度 D_e/L_e 之比值β。显然可见在 $d<L_e$ 的情况下，表面复合速度越小，R_0A 越大。在 n 区表面即 $z=-a-w$ 的界面，其效应可以用同样的方法来处理，得出与式(11.115)相似的表达式，为

$$(R_0A)_n=(R_0A)_{n\infty}\left[\frac{1+\beta\tanh\left(d/L_h\right)}{\beta+\tanh\left(d/L_h\right)}\right] \tag{11.116}$$

$$\beta=S_h/(L_h/\tau_h)$$

对于一般较低的载流子浓度的样品而言，在 p 型 $Hg_{0.8}Cd_{0.2}Te$ 中少数载流子扩散长度长达 45μm，在 p 型 $Hg_{0.7}Cd_{0.3}Te$ 中长达 100μm。这些长度超过了焦平面阵列器件的应用中 p 区厚度的区域，即 $d<L_e$。因此，上面的讨论特别重要的。如图 11.12 中亦可以看出，$d\ll L_e$，即 p 区越薄越好，并且表面复合速度相对于扩散速度很小，以致可以忽略，此时从式(11.112)中，即为

$$J_e(d)=0 \tag{11.117}$$

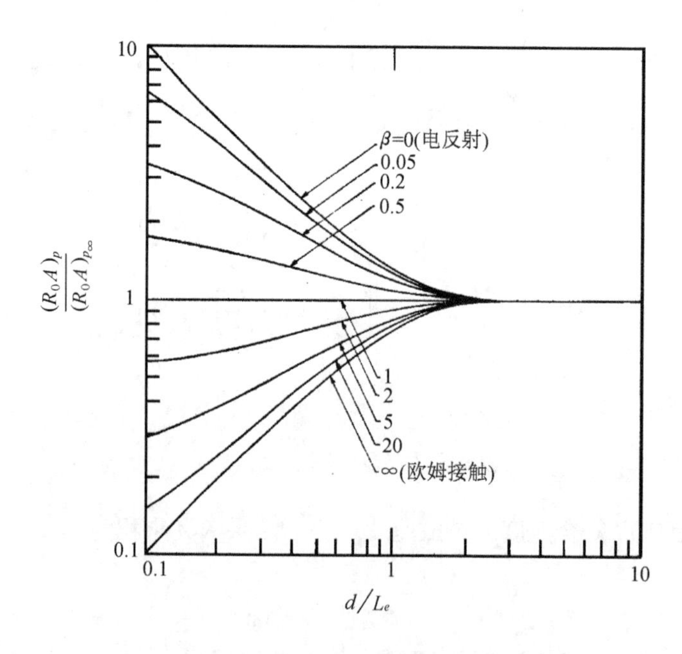

图 11.12　不同边界的$(R_0A)_p$和空间电荷层的扩散长度之间的关系曲线

意即在表面几乎没有复合，没有少数载流子从边界 $z=d$ 处流进或流出。在 $\beta=0$，以及 $L_e \gg d$ 时。于是，p 区扩散电流决定的 R_0A 乘积，可从式(11.115)算得为

$$(R_0A)_p = \frac{k_B T}{e^2}\frac{N_A}{n_i^2}\frac{\tau_e}{d} \tag{11.118}$$

此式表示减少厚度 d，将增加相应的 R_0A 乘积。此式是考虑 p 区扩散电流并具有辐射复合的情况。

为了使 $J_e(d)=0$ 有三种方法，Long(1977)建议，可以用离子注入或扩散受主到 p 区以形成高载流子浓度的 p^+区域，导致一个 p^+-p 结，它能阻止少数载流子通过，但它对于多数载流子来说又是欧姆接触的，可以作为 p 区的背接触。这一 n^+-p-p^+结构曾经被 Long(1977，1978)以及 Sood 等(1979a，b，c)详细讨论过。第二个方法是通过适当的表面处理，可以调节表面势，来减少边面复合速度 S_p。第三个方法是 p 区 HgCdTe 可以通过 LPE 方法生长在 CdTe 衬底上，CdTe 的禁带宽度较大。在缓变过渡之后，电场对少数载流子和多数载流子都有排斥的作用，使它们离开界面回到 p 区中去，这种类型的边界条件 Lanir 等(1979a，b)，Lanir 和 Shin (1980)等进行过详细的讨论。

从 n 区和 p 区的扩散电流贡献加起来一起给出总的扩散电流，从总的扩散电流可以推出扩散电流导致的 R_0A 乘积，为

$$\frac{1}{R_0A} = \frac{1}{(R_0A)_n} + \frac{1}{(R_0A)_p} \tag{11.119}$$

可以比较一下来源 n 区和 p 区扩散电流对 R_0A 贡献的相对大小。对于理想的情况，即 $\beta=0$，同时 $L_e \gg d$，$L_n \gg a$，我们有

$$\frac{(R_0A)_n}{(R_0A)_p} = \frac{N_D}{N_A}\frac{\tau_e}{\tau_h}\frac{d}{a} \tag{11.120}$$

如果这个比例远大于 1，则 p 区方向扩散电流贡献将主要决定了 R_0A 乘积的大小。

可以计算 HgCdTe 光电二极管由于扩散电流的 R_0A 乘积的理论上限，根据上面的分析可以假定：n 区方向的扩散电流比起 p 区方向的扩散电流可以忽略；同时再假定起主导作用的复合机制在 p 型 HgCdTe 晶体中是辐射复合，即完全没有 Shockley-Read 复合中心。

对于 τ_e，我们取辐射寿命 τ_{rad}，它由下式给出(Blakemore　1962)

$$\tau_{rad} \approx \frac{1}{B(p_{p0}+n_{p0})} \approx \frac{1}{BN_A} \tag{11.121}$$

式 11.121 假定了 $p_{p0}=N_{\mathrm{A}}\gg n_{p0}$。对于辐射复合系数 B 为(Long 1977)

$$B=5.8\times10^{-13}\sqrt{\varepsilon_{\infty}}\left(\frac{1}{m_c+m_v}\right)^{3/2}\left(1+\frac{1}{m_c}+\frac{1}{m_v}\right)\left(\frac{300}{T}\right)^{3/2}E_{\mathrm{g}}^{2}\tag{11.122}$$

这里 E_{g} 以 eV 为单位，B 以 cm^3/s 为单位，T 以 K 为单位，ε_{∞} 是高频的介电常数，m_c 和 m_v 是导带和价带有效质量比。对于 m_v 可取重空穴有效质量比值为 0.5，计算 m_c 可用 Weiler(1981)公式

$$\frac{1}{m_c}=1+2F+\frac{E_p}{3}\left(\frac{2}{E_{\mathrm{g}}}+\frac{1}{E_{\mathrm{g}}+\varDelta}\right)\tag{11.123}$$

这里 F=1.6，E_p=19eV，$\varDelta$＝1eV，$\varepsilon_{\infty}(x)$ 可用 Baars (1972)公式

$$\varepsilon_{\infty}(x)=9.5+3.5[(0.6-x)/0.43]\tag{11.124}$$

如果 E_{g} 取 Schmit 和 Stelzer(1969)的结果，n_i 取 Schmit(1970)的结果，这样对 $(R_0A)_p$ 的计算结果如图 11.13 所示，p 区厚度取 d＝10μm。如果取更新的研究结果，E_{g}、n_i 取 Chu 的结果，则计算结果如图 11.14 所示。这里要注意，R_0A 乘积的理论上限是与受主浓度 N_{A} 无关的。

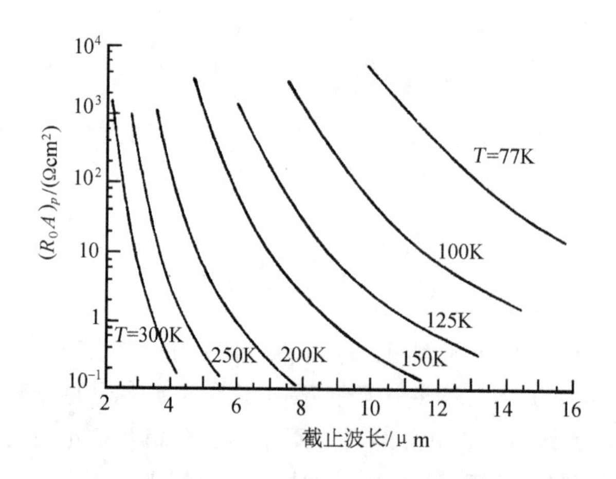

图 11.13 HgCdTe 光电二极管的$(R_0A)_p$和截止波长的关系图

在以上讨论中没有计及空间电荷层中产生的复合电流，实际上，在空间电荷中的杂质或缺陷能级作为 Shockley-Read 型的产生和复合中心(g-r)，因而会产生结电流。这一电流机制的重要性首先是 Sah 等(1957)指出的，他们证明了在低温下空间电荷层的 g-r 电流比扩散电流更为重要，这一情况即使在空间电荷层的宽度远小于少数载流子扩散长度时仍然成立。空间电荷区的 g-r 电流随温度的变化，大致按照

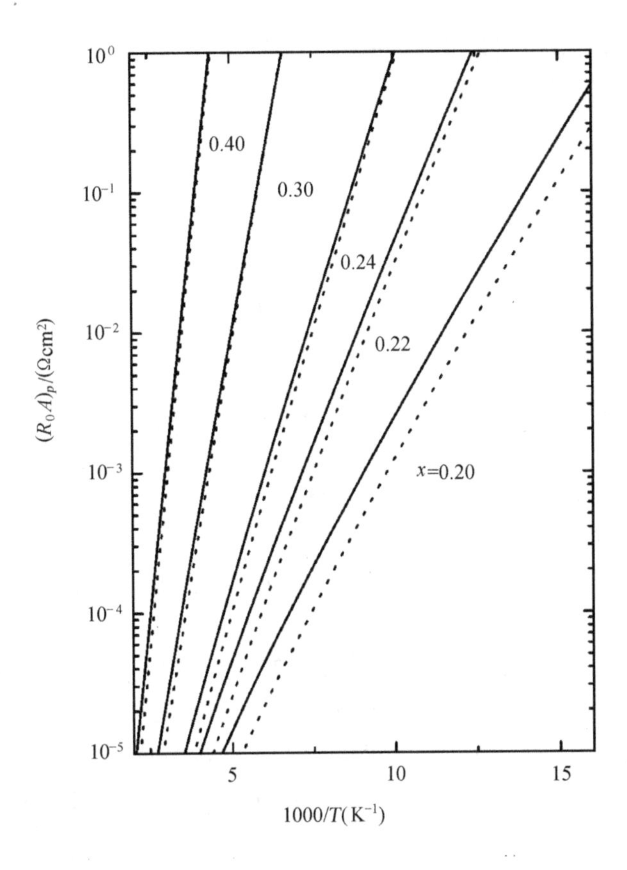

图 11.14 $(R_0A)_p$ 和 $1/T$ 的关系的理论计算比较

图中的虚线是运用 Schmit 的 E_g、n_i 计算的结果，实线是用新的参数公式计算的结果

n_i 变化规律；而扩散电流随温度变化是按照 n_i^2 变化规律。在相对较高的温度下扩散电流占主导地位，随着温度降低扩散电流减少，但是空间电荷区 g-r 电流的减少却不大，最后可以达到一个温度，扩散电流与 g-r 电流相当，在这个温度以下则空间电荷区的 g-r 电流占主导地位，在这个温度以上扩散电流占主要地位。还有另一些结电流机制，它们也和 g-r 电流一样，随着温度下降时，变化的没有 n_i^2 那样快。如表面产生-复合机制电流，带间隧道电流等。对于一个光电二极管需要搞清楚在低温下，是哪一种电流机制起主导作用，再来分析问题。

对于处在价带顶以上能量为 E_t 的 g-r 中心，通过这些中心的稳态净复合率 $U(z)$ 为

$$\begin{aligned}U(z) &= R(z) - G(z)\\ &= \frac{np}{\tau_{p0}(n+n_1)+\tau_{n0}(p+p_1)} - \frac{n_i^2}{\tau_{p0}(n+n_1)+\tau_{n0}(p+p_1)}\end{aligned} \tag{11.125}$$

$U(z)$指单位体积单位时间中复合的载流子的数目。这里 $n=n(z)$以及 $p=p(z)$是空间电荷层中非平衡电子和空间的浓度，同时

$$n_1 = N_c \exp\left(\frac{E_t - E_g}{k_B T}\right) \tag{11.126}$$

$$p_1 = N_v \exp\left(\frac{-E_t}{k_B T}\right) \tag{11.127}$$

$$\tau_{n0} = \frac{1}{C_n N_t} \tag{11.128}$$

$$\tau_{p0} = \frac{1}{C_p N_t} \tag{11.129}$$

这里 N_c 和 N_v 为导带和价带的有效态密度，C_n 和 C_p 是对电子和空穴的俘获系数，N_t 是每单位体积中的 $g\text{-}r$ 中心的数目。载流子浓度 $n(z)$和 $p(z)$的乘积与空间电荷层内的位置无关，并近似服从 Shockley 关系，如式(11.96)所示。于是，$g\text{-}r$ 中心对于正偏压($U(z)>0$)提供了净复合，而对于反向偏压($U(z)<0$)提供了净产生。对式(11.125)积分，就可以得到由于这些中心所产生的结电流密度 $J_{g\text{-}r}$，积分对整个空间电荷区进行

$$J_{g\text{-}r} = e\int_w^0 U(z)\mathrm{d}z \tag{11.130}$$

计算此积分，必须知道空间层中的 $n(z)$和 $p(z)$。

Sah(1957)假定在空间电荷层中是随距离线性变化，于是得到下列结果

$$J_{g\text{-}r} = \frac{e n_i w}{\sqrt{\tau_{n0}\tau_{p0}}} \frac{\sinh\left(\frac{-eV}{2k_B T}\right)}{e\left[\frac{V_{bi} - V}{2k_B T}\right]} f(b) \tag{11.131}$$

这里 V_{bi} 是在 p-n 结中建立的电势差，于是 eV_{bi} 是结零偏压时 n 区和 p 区费米能级之差。函数 $f(b)$近似下式给出

$$f(b) = \int_0^\infty \frac{\mathrm{d}u}{u^2 + 2bu + 1} \tag{11.132}$$

这里

$$b = \exp\left(\frac{-eV}{2k_B T}\right)\cosh\left[\frac{E_t - E_i}{k_B T} + \frac{1}{2}\ln\left(\frac{\tau_{p0}}{\tau_{n0}}\right)\right] \tag{11.133}$$

这里 E_i 是价带顶以上的本征能量的位置。当 E=E_t 时，以及 $\tau_{p0}=\tau_{n0}$ 时，对于一个给定的电压 V，式(11.125)具有最大值，复合中心具有它的极大的效应。

由于来源于耗尽层 g-r 电流所致的 R_0A 乘积可以从式(11.131)得到，为

$$(R_0A)_{g\text{-}r}=\frac{\sqrt{\tau_{n0}\tau_{p0}}V_{bi}}{en_i wf(b)} \tag{11.134}$$

对于大多数有效 g-r 中心，即 E_t=E_i 以及 $\tau_{p0}=\tau_{n0}$，在 V=0 时，b=1，以及 f(0)=1，所以 $(R_0A)_{g\text{-}r}$ 按 n_i^{-1} 规律随温度而变化，这与由于扩散电流所致 R_0A 乘积不同，它随温度是按照 n_i^{-1} 而变。图 11.15 中虚线画出了几种不同组分的 $Hg_{1-x}Cd_xTe$ 的 $(R_0A)_{g\text{-}r}$ 的温度依赖性与 $(R_0A)_p$ 的比较。计算是按照式(11.134)，并令 $f(b)$=1，同时假定 $\tau_{p0}=\tau_{n0}=0.1\mu s$，$eV_{bi}=E_g$。令 $w=0.1\mu m$，这相当于有效空间电荷区掺杂浓度 N_B 约为 $1\times10^{16}cm^{-3}$。实际上 τ_{p0} 和 τ_{n0} 依赖于 Shockley-Read 中心的浓度，因此它将随不同晶体而异，也会随制结工艺不同而不同。

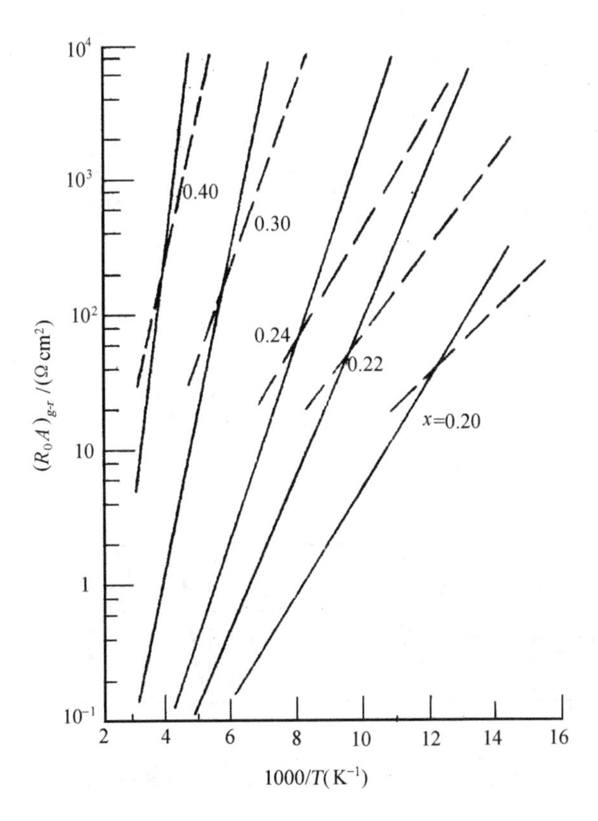

图 11.15　不同组分 HgCdTe 的$(R_0A)_p$和$(R_0A)_{g\text{-}r}$的温度依赖性的比较

耗尽层中 g-r 电流的 R_0A 值与 p 区扩散电流的 R_0A 值之比，为

$$\frac{(R_0A)_{g-r}}{(R_0A)_{p\infty}}=\frac{n}{N_A}\frac{eV_{bi}}{k_BT}\frac{L_e}{w}\frac{\sqrt{\tau_{n0}\tau_{p0}}}{\tau_e} \tag{11.135}$$

这里设 $f(b)=1$，如果 L_e/w 在 100 的数量级，$\dfrac{eV_{bi}}{k_BT}$ 也很大，所以温度要降到大约使 $n_i < N_A \times 10^{-3}$ 或更小时，耗尽层 g-r 电流才会比扩散电流更占主导地位。

表面漏电流也是一个经常要考虑的问题。在一个理想的 p-n 结中，暗电流来源于在准电中性的区域载流子的产生和复合(扩散电流)以及在空间电荷区载流子的产生和复合(g-r 电流)。实际上一个器件经常还有另外的暗电流，特别是在低温下，存在与表面相关的暗电流。由于半导体表面氧化层和覆盖的绝缘层中存在固定电荷，同时存在快界面态，作为 g-r 中心，它修改了结两边的表面势。这些因素导致多种与表面相关的暗电流机制。

为了研究表面相关的电流机制，经常用一个由绝缘层隔开的栅电极从外部来控制表面势。如图 11.16 所示，当绝缘层中有固定电荷时，积累、耗尽层和反型层的条件分别为 $V_G < V_{Fb}$，$V_G > V_{Fb}$ 以及 $V_G \gg V_{Fb}$，V_{Fb} 为平带电压。

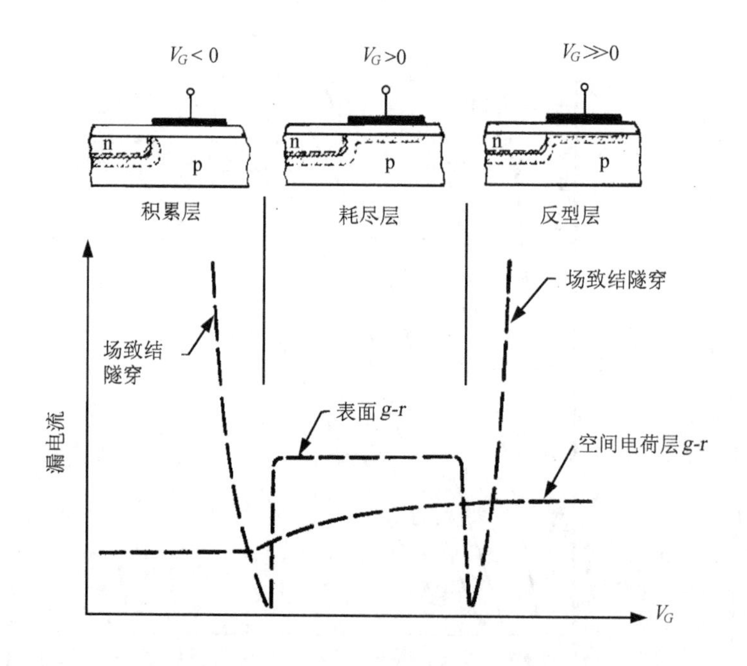

图 11.16　窄禁带栅控二极管的各种漏电流机制

除了以上各种电流机制以外，带间隧穿也是一种重要的结电流机制。现在来讨论一个零偏压下接电阻为 R_0 的带间隧道电流效应。我们知道，隧穿会影响 p-n

结的反偏压时的电流-电压特性。

在 HgCdTe 中有两个基本的隧穿跃迁如图 11.17 所示。跃迁 a 表示直接隧穿，一个电子能量守恒地从空间电荷区的一边跃迁到另一边。跃迁 b 和 c 表示缺陷协助隧穿，由空间电荷层中的杂质或缺陷作为中间态。HgCdTe 直接带间隧穿理论计算可以参考(Anderson 1977)，HgCdTe 的 MIS 结构中的缺陷协助隧穿的计算可参考(Chapman et al. 1979)，对于长波长 HgCdTe p-n 结中心缺陷协助隧穿可参考(Wong 1980)。

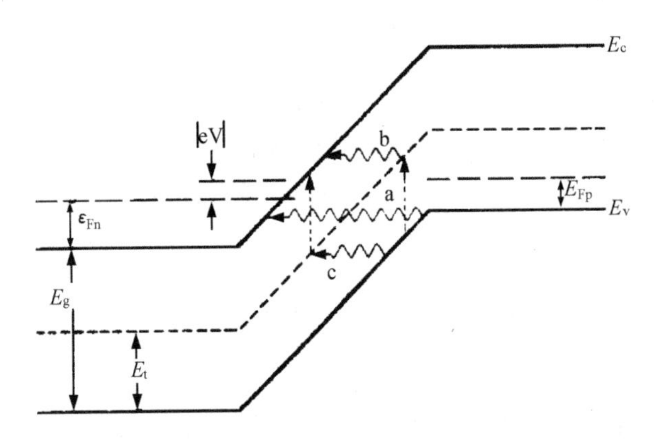

图 11.17 HgCdTe 中两个基本的隧穿跃迁示意图

1961 年 Kane 曾计算过，在 n 区导带和 p 区轻空穴价带之间的直接带间隧穿产生的结电流密度 $J_t(V)$，具有形式

$$J_t = Be^{-a}D(V) \tag{11.136}$$

式中

$$B = \frac{4\pi em^*}{h^3}E_\perp \qquad a = \frac{\pi}{4}\left(\frac{E_g}{\theta}\right)^{3/2} \tag{11.137}$$

$$\theta^{3/2} = \frac{eFh}{2\pi\sqrt{2m^*}} \tag{11.138}$$

这里 F 是空间电荷层中的电场，假定是均匀的，m^*是带边的有效质量，h 是普朗克常数，$E_\perp$是在垂直于隧穿方向的平面中粒子运动的动能

$$E_\perp = \theta\sqrt{\frac{\theta}{E_g}} \tag{11.139}$$

式(11.136)中的因子 $D(V)$表示空间电荷层两边参加隧穿跃迁的具有同样能量的初态和终态的可能性。在零偏压下，$D(0)$为 0，此时没有净结电流。对于隧道二极管情况，结两边都是强简并，在零偏压情况 $D(V)$的低温近似为(Kane 1961)

$$D(V) \approx eV \tag{11.140}$$

以及，由于隧道电流的 R_0A 乘积，根据式(11.93)和式(11.136)，有

$$\frac{1}{(R_0A)_t} = eB_0 \exp(-a_0) \tag{11.141}$$

a_0、B_0是 V=0 时 a、B 的值。这里主要的温度依赖性是 E_g，包含在 a_0 中。由于 E_g 随温度降低而减小，所以 $(R_0A)_t$ 应随温度下降而下降。

如果考虑到 p 区价带上在低温时自由空穴的冻出效应，于是 $D(V)$在 V=0 式的近似表达式为

$$D(V) \approx eV\left(\frac{k_BT}{k_BT + E_\perp}\right)\frac{p_0}{N_v} \tag{11.142}$$

这里 p_0是 p 区自由空穴浓度，N_v是价带有效态密度。计算 $(R_0A)_t$ 的式(11.141)变为

$$\left(\frac{1}{R_0A}\right)_t = eB_0 \exp(-a_0)\left(\frac{k_BT}{k_BT + E_\perp}\right)\frac{p_0}{N_v} \tag{11.143}$$

可以看出 p_0 中对温度指数依赖关系的作用。在低温时空穴撞击变得非常重要，使 $(R_0A)_t$ 随温度降低而增大。

图 11.18 画出了 n^+-on-p 时 $Hg_{0.8}Cd_{0.2}Te$ 结对于不同受主能级和不同温度下的直接带间跃迁隧道电流导致 $(R_0A)_t$ 的温度关系。这里采用了任意单位，但可以看出随温度变化的趋势。当温度增加的时候，直接的隧道跃迁较难发生，$(R_0A)_t$ 陡峭上升。当温度下降，对于 $E_A \geq 0.003$ 的样品，由于 p 区空穴冻出，$(R_0A)_t$ 再度上升。对于缺陷协助的隧穿跃迁，Wong(1980)首先对长波 HgCdTe 的 n-on-p 结进行过计算，结果定性的类似于图 11.18 的结果。

隧道电流的大小强烈地依赖于空间电荷区的电场 F，它通过参数 a_0 以指数形式进入表达式。适当选取掺杂浓度以及结的界面能够降低这一电场。这样即使在低温下，隧道跃迁不会对 HgCdTe 光电二极管的性能造成太大的影响，更为重要的是表面在强电场下将出现场感应结，控制表面势可以尽可能地减小的场感应结的出现是十分必要的。

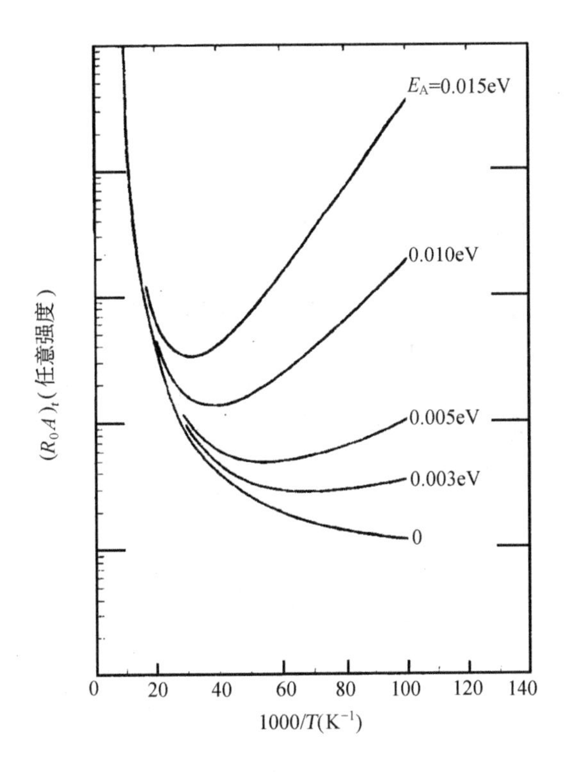

图 11.18　$Hg_{0.8}Cd_{0.2}Te$ 结对于不同受主能级和不同温度下的直接带间跃迁隧道电流导致$(R_0A)_t$的温度依赖关系

11.2.3　p-n 结中的光电流

能量大于禁带宽度的红外光子被光电二极管吸收将产生电子-空穴对，如果吸收在空间电荷层中发生，电子-空穴对会立即被强电场分开，并贡献光电流于外电路中，如果吸收出现在 n 区或 p 区中，离开空间电荷区的一个扩散长度之内，则光生电子-空穴对扩散到空间电荷区里，被电场所分开，在外电路中贡献光电流。光电二极管受辐射照射时在 p-n 结两端就会产生一个电压。如果 n 区和 p 区的两段开路，则有一个开路光生电压出现，如果在 p 区和 n 区两端用导线连接起来，就有电流流过光电二极管，这是 p-n 的光伏效应。

如果 Q 是非平衡稳态光子流通量(光子数/cm^2 s)，入射到光电二极管，则稳态光电流密度 $J_{ph}(Q)$为

$$J_{ph}(Q)=\eta eQ \tag{11.144}$$

这里 η 是光电二极管的量子效率，定义为每个入射光子产生的贡献于光电流的电子数，它的极大值是 1，量子效率是 η 是入射辐射波长的函数，并依赖于光电二极管的几何位形，以及在准中性区域中少数载流子的扩散长度。

对于一个施加偏压为 V，受到辐射照射的光电二极管，其电流-电压关系 $J(V,Q)$ 通常可写为

$$J(V,Q)=J_d(V)-J_{\text{ph}}(Q) \tag{11.145}$$

这里 $J_d(V)$是在器件不受辐照时的电流-电压关系，是总的暗电流，它仅依赖于 V_0。式(11.145)说明受辐照的光电二极管的电流-电压关系正好就是暗电流减去光电流。

只要暗电流和光电流是线性独立的，量子效率可以直接计算，作为波长、吸收系数以及少数载流子寿命的函数。

下面来讨论离子注入的 HgCdTe 的 n-on-p 光电二极管的几何配置和材料性质对量子效率的影响。假定 p 区是半无限厚的，如图 11.19 所示，稳态光激发少数载流子浓度 $\Delta n(z)$ 在 p 区中为(Van der Wiele　1976)

$$\Delta n(z)=\left(\frac{\alpha Q\tau_e}{\alpha L_e+1}\right)\left[\frac{\exp\left(\frac{-z}{L_e}\right)-\exp(-\alpha z)}{\alpha L_e-1}\right] \quad (\alpha L_e\neq 1) \tag{11.146a}$$

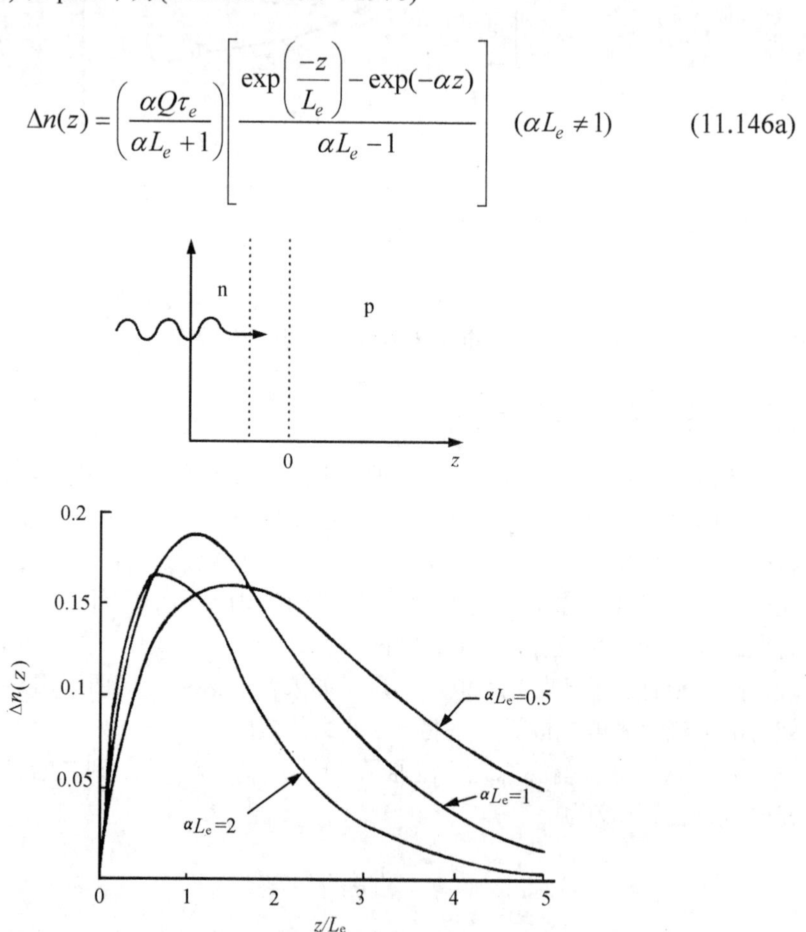

图 11.19　稳态光激发少数载流子浓度 $\Delta n(z)$ 和归一化距离的关系曲线

$$\Delta n(z)=\left(\frac{\alpha Q\tau_e}{\alpha L_e+1}\right)\left(\frac{z}{L_e}\right)\exp\left(\frac{-z}{L_e}\right)\quad(\alpha L_e=1) \tag{11.146b}$$

如果忽略前表面的反射和 n 区和空间电荷区中的任何吸收，则从 $J_d=\eta eQ=eD_e\cdot\left.\frac{\partial n}{\partial z}\right|_{z=0}$ 可以算得量子效率为

$$\eta=\frac{\alpha L_e}{\alpha L_e+1} \tag{11.147}$$

由于吸收系数与波长有关，因此量子效率将依赖于波长。因此得到 $\alpha(\lambda)$ 是非常重要的，从公式可以看出，吸收系数越大，η 也越大，少数载流子扩散长度 L_e 越大，η 也越大。当 $\alpha L_e\gg 1$ 时，$\eta\to 1$。当 $\alpha L_e=1$ 时，$\eta=1/2$ 相当于量子效率在长波方向减少到一半，此时

$$\alpha(\lambda_{co})=\frac{1}{L_e} \tag{11.148}$$

由于吸收系数随温度、组分、温度而变，因此量子效率依赖于波长、组分、温度，以及 p 区少数载流子扩散长度。$\Delta n(z)$ 的行为可以从式(11.146a)或(11.146b)的计算结果(图 11.19)看出。从式(11.146a)也可见，$\Delta n(z)$ 极大值出现在

$$Z_{\max}=\frac{L_e\ln(\alpha L_e)}{\alpha L_e-1}\approx\frac{\ln(\alpha L_e)}{\alpha}\qquad(\alpha L_e\gg 1) \tag{11.149}$$

Δn 的极大值为

$$\Delta n(z_{\max})=\left(\frac{\alpha Q\tau_e}{\alpha L_e+1}\right)\exp\left(-\alpha z_{\max}\right)\approx\frac{1}{\alpha L_e}\frac{Q\tau_e}{L_e}\qquad(\alpha L_e\gg 1) \tag{11.150}$$

于是对一个光子流通量为 $1\times10^{17}\mathrm{ph/cm^2\cdot s}$，寿命为 $0.5\mu\mathrm{s}$，吸收系数为 $5\times10^3\mathrm{cm^{-1}}$，以及扩散长度为 25μm 的情况，$\Delta n(z_{\max})=1.6\times10^{12}\mathrm{cm^{-3}}$。在波长短于截止波长时，在 n 区和空间电荷区的吸收系数更为重要。尽管这些区域比 L_e 要薄得多。由于吸收系数更大，因此辐射进入样品深度减少。如果 n 区是重掺杂的，还要考虑 B-M 效应，吸收边向更短的波长移动。

一般 p-n 结光电二极管有前向辐照的 n-on-p 光二极管和背照射光电二极管两种模式(图 11.20(a)、(b))。背照射方式中 p 区需厚度大致等于或小于扩散长度的厚度，这样使所有的光激发载流子在复合之前可以到达空间电荷区。如果 $d\ll L_e$，则两种位形截止波长将有 p 区厚度来决定，而不是由 n 区和空间电荷区中的扩散

吸收来决定，这里假定 $z=d$ 的表面是完美的电学反射表面，于是得到前面照射情况下的量子效率为(Van de Wiele 1976)

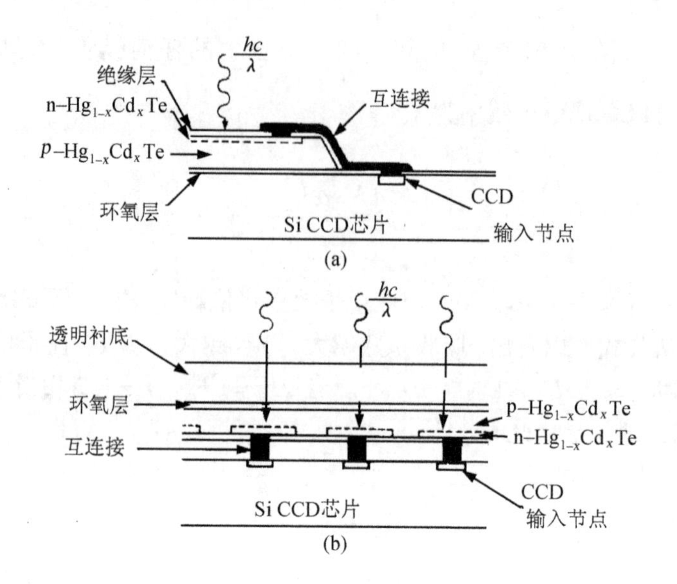

图 11.20 p-n 结光电二极管的两种模式

(a)前向辐照模式；(b)背照射模式

$$\eta=\left(\frac{\alpha L_e}{\alpha^2L_e^2-1}\right)\left[\alpha L_e-\frac{\sinh\left(\dfrac{d}{L_e}\right)+\alpha L_e\mathrm{e}^{-\alpha d}}{\cosh\left(\dfrac{d}{L_e}\right)}\right] \tag{11.151}$$

在背照射情况下的量子效率为

$$\eta=\left(\frac{\alpha L_e}{\alpha^2L_e^2-1}\right)\left[\frac{\alpha L_e-\sinh\left(\dfrac{d}{L_e}\right)\mathrm{e}^{-\alpha d}}{\cosh\left(\dfrac{d}{L_e}\right)}-\alpha L_e\mathrm{e}^{-\alpha d}\right] \tag{11.152}$$

当 $d\ll L_e$ 以及波长 $\lambda\ll\lambda_{co}$，于是 $\alpha L_e>1$，两个方程简化为近似式

$$\eta\approx1-\mathrm{e}^{-\alpha d} \tag{11.153}$$

量子效率降低到 1/2 处得截止波长的吸收系数可由 p 区厚度来决定

$$\alpha(\lambda_{co}) = \frac{2.7}{d} \tag{11.154}$$

于是，从 p 区厚度 d，可以粗略估算截止波长 λ_c 处的吸收系数，以吸收系数表达式可以确定截止波长。例如 d=10μm，于是 $\alpha(\lambda_{co}) = 690\text{cm}^{-1}$，相应于 x=0.210，80K 时，截止波长为 12.4μm。从半无限厚结果得出为 12.7μm (对于 L_e=25μm)以及 13.1μm (对于 L_e=50μm)。从以上分析可知，为了提高量子效率，应该减少表面反射损失，减少表面复合速度，同时 p 型 HgCdTe 必须有较大的扩散长度。

关于 HgCdTe p-on-n 光伏器件优化掺杂的理论计算可以参考文献(李向阳 2002)。

11.2.4 光伏型红外探测器的噪声机制

许多作者研究过光伏型红外探测器的噪声，Pruett 和 Petritz(1959)研究了 InSb 光电二极管的噪声问题。Tredwell 和 Long(1977)证明了 HgCdTe 光电二极管和 HgCdTe 光导器件中基本噪声机制是相同的。关于红外探测器的噪声研究可以参考文献(Kruse et al. 1962，Kingston 1978，Van Vliet 1967，Van der Ziel et al. 1978)。

对于热平衡下一个光电二极管(即没有外加偏压，也没有外加光子流通量)，则方均噪声电流 $\overline{I}_n^2$ 为光电二极管零偏压阻抗 R_0 的 Johnson 噪声

$$\overline{I}_n^2 = \left(\frac{4k_\mathrm{B}T}{R_0}\right)\Delta f \tag{11.155}$$

噪声电压为

$$V_N = R_0\sqrt{\overline{I}_n^2} = \sqrt{4k_\mathrm{B}TR_0\Delta f} \tag{11.156}$$

这是 Δf 为噪声带宽，于是结电流机制不仅确定 R_0，亦决定光电二极管的噪声。

下面将讨论在非热平衡条件下的光电二极管的噪声，分两种特殊的情况：扩散电流和空间电荷区 g-r 电流。然后再讨论 p-n 结中 $1/f$ 噪声。

在仅有扩散电流和光电流的情况下，可以如下分析噪声情况。非热平衡时的红外光电二极管的噪声通常是按照散粒噪声的方法来处理。首先考虑理想情况，此时结电流仅由扩散电流和背景光子通量 Q_B 提供，有

$$I(V) = I_0\left[\exp\left(\frac{eV}{k_\mathrm{B}T}\right) - 1\right] - I_\mathrm{ph} \tag{11.157}$$

$$I_\mathrm{ph} = \eta e Q_B A \tag{11.158}$$

这里 A 是光电二极管光敏面面积。其中扩散电流实际上是两个电流之和，一个是前向电流 $I_0 \exp\left(\frac{eV}{k_{\mathrm{B}}T}\right)$，它依赖于电压，另一个是常数的反向电流 I_0。由于这两个电流以及背景光电流每一个都是独立地起伏，都体现出散粒噪声。则散粒噪声电流平方的平均值

$$\overline{I}_n^2 = 2e\left\{I_0\left[\exp\left(\frac{eV}{k_{\mathrm{B}}T}\right)+1\right]+I_{\mathrm{ph}}\right\}\Delta f \tag{11.159}$$

这里 Δf 为噪声带宽。

光电二极管工作在零偏压情况，此时电阻 R_0 为

$$\frac{1}{R_0} = \left.\frac{\mathrm{d}I}{\mathrm{d}V}\right|_{V=0} = \frac{eI_0}{k_{\mathrm{B}}T} \tag{11.160}$$

把式(11.160)中的 I_0 代入式(11.159)，有零偏压下噪声电流为

$$\overline{I}_{n(V=0)}^2 = \left(\frac{4k_{\mathrm{B}}T}{R_0} + 2\eta e^2 Q_B A\right)\Delta f \tag{11.161}$$

这里第一项是零偏压阻抗下的 Johnson 噪声，第二项是背景辐射光电流的散粒噪声。如果 R_0 足够大，使式中第二项就占主导地位，即满足

$$R_0 \gg \frac{2k_{\mathrm{B}}T}{\eta e^2 Q_B A} \tag{11.162}$$

在反向偏压 $|eV| \gg k_{\mathrm{B}}T$ 情况，式(11.159)和式(11.160)算得的噪声电流为

$$\left.\overline{I}_n^2\right|_{(V<0)} = \left(\frac{2k_{\mathrm{B}}T}{R_0} + 2\eta e^2 Q_B A\right)\Delta f \tag{11.163}$$

此时散粒噪声比零偏压情况小 $\sqrt{2}$ 倍。以上公式中式(11.159)是一种简化情况，一般情况下表达式较为复杂，可以参考文献(Van Der Ziel et al.　1978)。

下面分析一下空间电荷区 g-r 电流相关的噪声，空间电荷区 g-r 电流为主导电流机制的 p-n 结的噪声有许多研究工作开展。如文献(Lauritzen　1968，Van Vliet 1976，Van Vliet et al.　1977，Van der Ziel et al.　1978)。当然，零偏压时，式(11.133)所给出的 $(R_0A)_{g\text{-}r}$ 表达式可以代入式(11.156)以得到噪声电流。空间电荷区的 g-r 电流是两个电流之和

$$I_{g\text{-}r} = I_r - I_g \tag{11.164}$$

对于反向偏压 $|eV| \gg k_B T$ 时，复合电流成分 I_r 可以忽略。对于一个单缺陷能级 $E_t = E_i$，且 $\tau_{n0} = \tau_{p0} = \tau_0$，空间电荷区 g-r 电流为

$$I_{g\text{-}r}(V) = -I_g(V) = \frac{en_i Aw}{2\tau_0} \tag{11.165}$$

Van der Ziel 和 Chenette(1978)证明，在低频下方均噪声电流为

$$\overline{I}_n^2 = 2eI_g \Delta f \tag{11.166}$$

正好是关于产生电流 I_g 的散粒噪声，在频率高于陷阱的发射率时，方均电流略小一些

$$\overline{I}_n^2 = \frac{2}{3}(2eI_g)\Delta f \tag{11.167}$$

关于 HgCdTe 光电二极管中的 $1/f$ 噪声，Tobin 等(1980)曾经研究了离子注入 n^+-on-p 的 HgCdTe 光电二极管的 $1/f$ 噪声。通过测量 $1/f$ 噪声，改变背景光子通量，温度，反偏压，以及栅电压，发现 $1/f$ 噪声并不依赖于光电流和扩散电流，但是线性正比于表面漏电流。还证明了 rms 的 $1/f$ 噪声电流 $I_{n,ex}$ 作为测量频率、反偏压 V，栅电压 V_g 以及温度 T 的函数由下式给出

$$I_{n,ex}(f,V,V_g,T) = \left[\frac{\alpha_{ex} I_s(V,V_g,T)}{\sqrt{f}}\right]\Delta f \tag{11.168}$$

这里 $I_s(V,V_g,T)$ 是光电二极管表面漏电流，它强烈的依赖于反偏压，栅电压以及温度，其中无量纲的吸收系数 α_{ex} 对所有的光电二极管大约为 1×10^{-3}。Δf 是噪声带宽，假定小于 f。

图 11.21 表示 $1/f$ 噪声电流对暗电流的关系(Tobin et al.　1980)，两个电流的测量都是在反偏压~50mV 进行，样品是一个离子注入的 n^+-on-p 的 $Hg_{0.7}Cd_{0.3}Te$ 光伏探测器阵列在 83~160K 温度范围。结面积范围为 1.3×10^{-5}~$4.8\times10^{-4}cm^2$。在此温度范围内，暗电流主要是表面 g-r 电流机制。图中实线由式(11.168)计算而得，计算中令 $\alpha_{ex} = 1\times10^{-3}$。图 11.22 表示一个 $Hg_{0.7}Cd_{0.3}Te$ 的光电二极管的暗电流与 $1/f$ 的噪声电流对温度的依赖关系，两者都是在反偏压−50mV 下测量的。在温度 180K 以上，暗电流主要是扩散电流，它随温度的变化关系如 n_i^2，而 $1/f$ 噪声电流呈现表面产生-复合电流规律，随温度的变化关系如 n_i，直到温度 100K，在 180~100K 温度范围，暗电流由表面漏电流为主，随温度变化与本征载流子浓度 n_i 相同。低于 110K 温度之下，$1/f$ 噪声电流和暗电流都和温度无关，暗电流以表面漏电流为主。

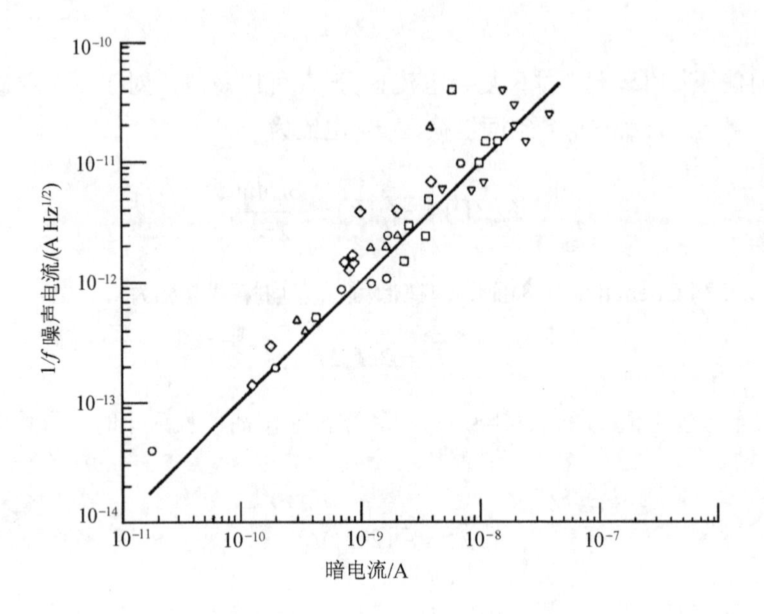

图 11.21　表示 1/f 噪声电流对暗电流的关系

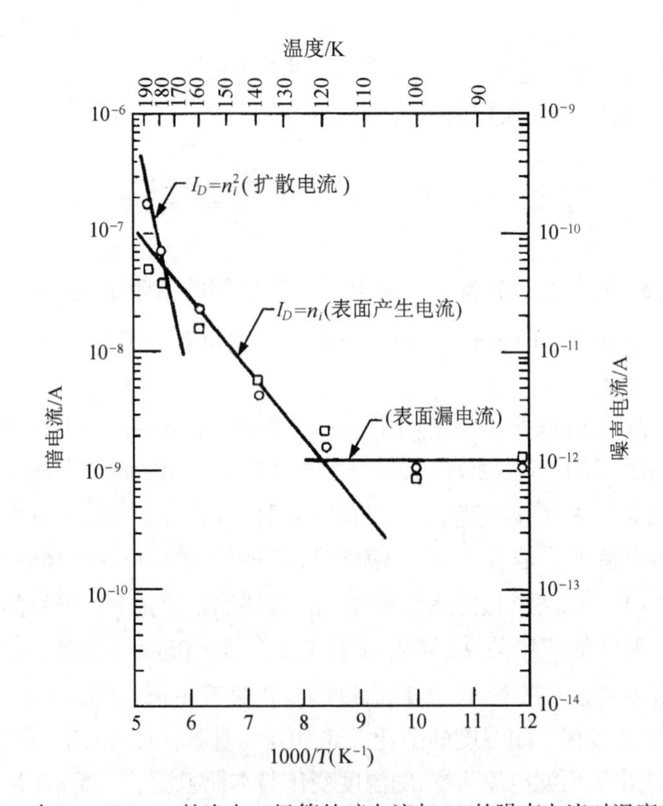

图 11.22　一个 $Hg_{0.7}Cd_{0.3}Te$ 的光电二极管的暗电流与 1/f 的噪声电流对温度的依赖关

系

11.2.5 响应率、噪声等效功率和探测率

通常用于表征探测红外的光电二极管灵敏度的物理量是探测率 D_λ^* 和噪声等效功率 NEP_λ。前面已经就具体问题讨论过这两个物理量，这里再给出一般的讨论。

假定光电二极管均匀地被一个信号光子通量为 Q_s 的波长为 λ 的单色光辐射所照射，rms 信号光电流 I_s 为

$$I_s = \eta e Q_s A \tag{11.169}$$

这里 A 是光敏面积，探测器所接收到的方均根信号辐射功率 P_λ 为

$$P_\lambda = \left(\frac{hc}{\lambda}\right) Q_c A \tag{11.170}$$

电流响应率 $R_{I\lambda}$ 正好是 I_s 与 P_λ 之比，具有单位 A/W

$$R_{I\lambda} = \left(\frac{\lambda}{hc}\right)\eta e \tag{11.171}$$

噪声等效功率 NEP_λ 正好是波长为 λ 的入射辐射的功率，等于噪声功率。相当于信号/噪声比为 1。信噪比为

$$\frac{S}{N} = \frac{I_s}{\sqrt{\overline{I}_n^2}} = \frac{R_{I\lambda} P_\lambda}{\sqrt{\overline{I}_n^2}} \tag{11.172}$$

这里 $\overline{I}_n^2$ 是带宽为 Δf 的方均噪声电流。计算噪声等效功率即设定 S/N=1，并把噪声电流归一为单位带宽，有

$$NEP_\lambda = \frac{\sqrt{\overline{I}_n^2}}{R_{I\lambda}\sqrt{\Delta f}} \tag{11.173}$$

显然可见噪声等效功率越小，探测器的探测能力越高，探测率定义为噪声等效功率的倒数，如果把方均根噪声电流归一到单位探测器光敏面积，则探测率 D_λ^* 为

$$D_\lambda^* = \frac{\sqrt{A}}{NEP_\lambda} = \frac{R_{I\lambda}\sqrt{A}\Delta f}{\sqrt{\overline{I}_n^2}} \tag{11.174}$$

D_λ^* 的单位是 $\mathrm{cm}\cdot\mathrm{Hz}^{1/2}/\mathrm{w}$。

在零偏压下，噪声电流由式(11.161)给出，从式(11.171)和式(11.174)，得到探测率为

$$D_{\lambda}^{*}=\frac{\lambda}{hc}\eta e\frac{1}{\left[\frac{4k_{\mathrm{B}}T}{R_{0}A}+2\eta e^{2}Q_{B}\right]^{1/2}} \tag{11.175}$$

当光电二极管以热噪声为主导时，式(11.175)简化为

$$\left(D_{\lambda}^{*}\right)_{\mathrm{th}}=\frac{\lambda}{hc}\eta e\sqrt{\frac{R_{0}A}{4k_{\mathrm{B}}T}} \tag{11.176}$$

这里下标 th 表示热噪声极限情况。在此方程式中，可以看出 R_0A 与热极限探测率的直接关系。这里面积 A 是光电二极管光敏面的光收集面积。当背景光子通量噪声占主导时，式(11.175)简化为

$$\left(D_{\lambda}^{*}\right)_{\mathrm{BLIP}}=\frac{\lambda}{hc}\sqrt{\frac{\eta}{2Q_{B}}} \tag{11.177}$$

这就是有名的所谓背景限红外光电探测器(BLIP)的探测率。要达到背景限条件需要 R_0A 很大，以致 $\frac{4k_{\mathrm{B}}T}{R_{0}A}\ll 2\eta e^{2}Q_{B}$，即 $R_{0}A\geq\frac{4k_{\mathrm{B}}T}{2\eta e^{2}Q_{B}}$。

下面简要讨论一下响应时间的问题。决定器件响应时间主要有以下因素：在准中性的 n 或 p 区中光激发电子-空穴对需要有一段时间扩散到空间电荷区；光生载流子漂移越过空间电荷区需要一段通行时间；与结电容和结阻抗以及与之相联的外电路的阻抗相关的 RL 时间常数。

响应时间和准中性区域中的扩散效应有关。以图 11.11 中的 n-on-p 光电二极管为例，假定基本上所有的入射辐射在准 p 区范围被吸收。每单位体积由于调制频率为 ω 的信号辐射的瞬态产生率为

$$G(z,t)=\alpha Q\exp(-\alpha z+\mathrm{i}\omega t) \tag{11.178}$$

光激发过剩载流子 $\Delta n(z,t)$ 是连续性方程的一个解，服从边界条件

$$\Delta n(0,t)=0 \tag{11.179}$$

以及 $\Delta n(z,t)\to 0(z\to\infty)$。$\Delta n(z,t)$ 导致一个光电流密度 $J_{\mathrm{ph}}(t)$，为

$$J_{\mathrm{ph}}(t)=e\eta(\omega)Q\exp[\mathrm{i}(\omega t-\phi)] \tag{11.180}$$

这里相角 ϕ 由下式给出

$$\phi = \arctan\left[\frac{b(\omega)}{\alpha L_e + a(\omega)}\right] \tag{11.181}$$

这里交流(ac)量子效率$\eta(\omega)$为

$$\eta(\omega) = \frac{1}{\left[\left(1+\frac{a(\omega)}{\alpha L_e}\right)^2 + \left(\frac{b(\omega)}{\alpha L_e}\right)^2\right]^{1/2}} \tag{11.182}$$

式中，$a(\omega)$和$b(\omega)$是频率的无量纲函数，为

$$\begin{aligned} a(\omega) &= \left(\frac{\sqrt{1+\omega^2\tau_e^2}+1}{2}\right)^{1/2} \\ b(\omega) &= \left(\frac{\sqrt{1+\omega^2\tau_e^2}-1}{2}\right)^{1/2} \end{aligned} \tag{11.183}$$

在低频限，$a \to 1$，$b \to 0$，$\eta(\omega)$简化为直流(dc)量子效率，由式(11.147)给出，即$\eta = \frac{\alpha L_e}{(\alpha L_e + 1)}$。对于高频如$\omega\tau_e \gg 1$，$\eta(\omega)$简化为

$$\eta(\omega) \to \frac{\alpha L_e}{\sqrt{\omega\tau_e}} \tag{11.184}$$

可以设定一个中阶频率f_0，大于f_0，量子效率快速减少

$$f_0 = \frac{(\alpha L_e)^2}{2\pi\tau_e} = \frac{\alpha^2 D_e}{2\pi} \tag{11.185}$$

可以估算一下f_0的值，如果p型的$Hg_{1-x}Cd_xTe$，x=0.2，T=77K，少数载流子迁移率约为$3\times10^5\ \mathrm{cm^2/V\cdot s}$，式(11.106)给出$D_e = 2\times10^4\ \mathrm{cm^2/s}$。频率$f_0$通过$\alpha(\lambda)$强烈的依赖于波长。对于波长不是太短于截止波长，令$\alpha = 500\mathrm{cm^{-1}}$，则有$f_0 = 800\mathrm{MHz}$，相当于响应时间为1.25ns。类似可以得到对n区进行计算，将会发现在n-HgCdTe中的扩散效应的高频响应限将大大小于在p-HgCdTe，由于在n区中空穴迁移率太小，大约小两个数量级，它将导致较小的截止频率f_0，从而响应时间较长。

在空间电荷层中漂移效应对器件的响应时间影响很小。光生载流子的有限渡越时间对光电二极管频率的响应的影响早在1959年Gärtner(1959)就有过分析，读

者还可以参考文献(Sze 1969)。对于漂移速度为 v_d 的载流子，通过跨度为 w 的空间电荷区的渡越时间为

$$t_r = \frac{w}{v_d} \tag{11.186}$$

如果 $w = 1\mu\text{m}$，v_d 由晶格散射的限制，大约为 $1\times10^7\ \text{cm/s}$，则渡越时间大约为 $1\times10^{-11}\ \text{s}$。可见渡越时间对频率响应的影响在频率为 $(2\pi t_r)^{-1}$ 大约 16GHz 的范围。

再讨论一下结电容的影响。结电容，动态电阻，串联的电阻以及外电路的阻抗都对 $Hg_{0.8}Cd_{0.2}Te$ 光电二极管高频响应有影响(Peyton et al. 1972，Shanley et al. 1978)。这里给出简要的描述，假定结空间电荷区电容 C_j 以及外电路负载电阻 R_L 起主要作用，在此情况下，高频限 f_0 为

$$f_0 = \frac{1}{2\pi R_L C_j} \tag{11.187}$$

$$C_j = \frac{\varepsilon_s \varepsilon_0 A_j}{w} \tag{11.188}$$

这里 ε_s 是静态的介电常数，ε_0 是自由空间的电容率，A_j 是结面积，w 是空间电荷区的宽度，w 用通常的突变结表达式

$$w = \sqrt{\frac{\varepsilon_s \varepsilon_0 (V_{\text{bi}} - V)}{eN_{\text{B}}}} \tag{11.189}$$

这里 $N_{\text{B}} = N_{\text{A}} N_{\text{D}} / (N_{\text{A}} + N_{\text{D}})$，为空间电荷区中的有效掺杂浓度，$V_{\text{bi}}$ 是内建结电压

$$V_{\text{bi}} = \frac{K_b T}{e} \ln\left(\frac{N_{\text{A}} N_{\text{D}}}{n_i^2}\right) \tag{11.190}$$

对于一个组分为 x=0.206 的 $Hg_{1-x}Cd_xTe$ 光电二极管，截止波长在 77K 下约为 $12\mu\text{m}$，$n_i = 5\times10^{13}\ \text{cm}^{-3}$，$\varepsilon_s$ 为 17，$N_{\text{D}} = 2\times10^{14}\ \text{cm}^{-3}$，$N_{\text{A}} = 1\times10^{17}\ \text{cm}^{-3}$。式(11.190)给出 $eV_{\text{bi}} = 0.059\text{eV}$，从而可以计算 w、C_j 以及 f_0。图 11.23 给出了截止频率 f_0 对反偏压的关系。截止频率从式(11.187)~(11.190)计算，假定负载电阻为 50Ω，结面积 A_j 为 $1\times10^{-4}\ \text{cm}^2$，$N_{\text{A}} = 1\times10^{17}\ \text{cm}^{-3}$，对各种不同的 N_{D} 值示于图中，图 11.23 中亦给出空间电荷层宽度 w。从图 11.23 中可见，在一定偏压下，对低浓度 n 掺杂情况，可达到 2GHz 的截止频率。当然其他分布电容极串联电阻的存在都会使此值增加。

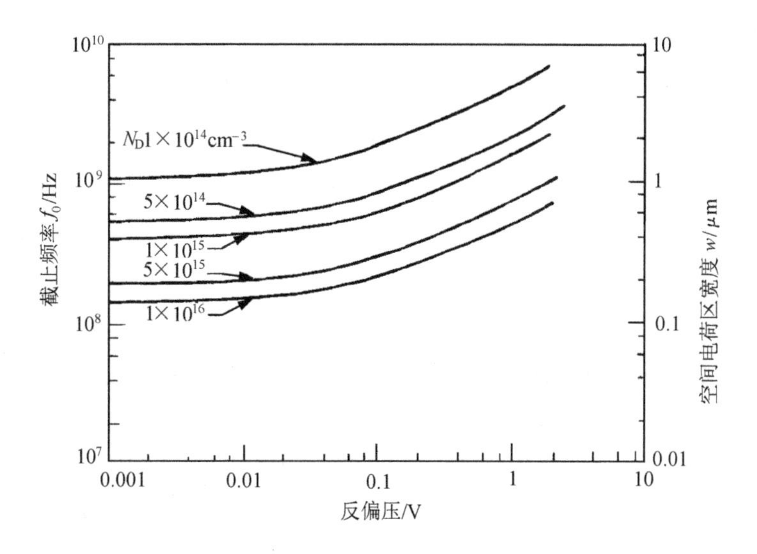

图 11.23 HgCdTe 光电二极管截止频率 f_0 和反偏压的关系

11.3 金属-绝缘体-半导体红外探测器

11.3.1 MIS 红外探测器工作原理

关于 MIS 器件的表面势随偏置电压的变化已经在第九章第一节中加以描述。Kinch(1981)对 MIS 结构红外探测器有较全面的分析。这里简要介绍 MIS 器件用于红外探测的工作原理及特征分析。对于一个 n 型半导体 MIS 器件，施加负偏压可以使表面能带向上弯曲，当表面附近价带顶达到或超过费米能级 E_F 时，表面价带就完全填充空穴，从而在表面形成反型层。然而在热平衡条件下达到反型和在有光辐射照射的情况下达到反型所需要的条件是不一样的。图 11.24 中就描述了这样的差异。图 11.24(a)中表示热平衡条件下出现反型的条件，即表面能带弯曲达到 $\phi_s(\text{inv})=2\phi_F$ 时，达到反型。而图 11.24(b)表示有光辐照时出现反型的条件，即表面能带弯曲到 $\phi_s'(\text{inv})=2\phi_F-V_\phi$ 时就能达到反型。

$$
\begin{aligned}
&\phi_s'(\text{inv})<\phi_s(\text{inv})\\
&\Delta\phi(\text{inv})=\phi_s(\text{inv})-\phi_s'(\text{inv})
\end{aligned}
\tag{11.191}
$$

强反型的条件是表面空穴浓度大于体电子浓度 $p_s=p_0\exp\left(-e\phi_s(\text{inv})/k_BT\right)>n_0$。在有光辐照时，会产生电子-空穴对，在有负偏压时，光激发电子往体内运动，空穴向表面聚集，使表面更易达到反型。从费米能级的角度来看，此时空穴准费米能级 E_F^p 离开电子的准费米能级 E_F^n，能级差为 eV_ϕ，耗尽层宽度为 w 亦变小。如果改变辐照的光子通量，则会引起空穴浓度 p_0 的变化 Δp_0，并相应引起达到反型的表面势的变化 $\Delta\phi_s(\mathrm{inv})$。从 9.1 节关于 MIS 结构的分析可以导得

$$\Delta\phi_s(\mathrm{inv})=\left(\frac{k_{\mathrm{B}}T}{e}\right)\frac{\Delta p_0}{p_0} \tag{11.192}$$

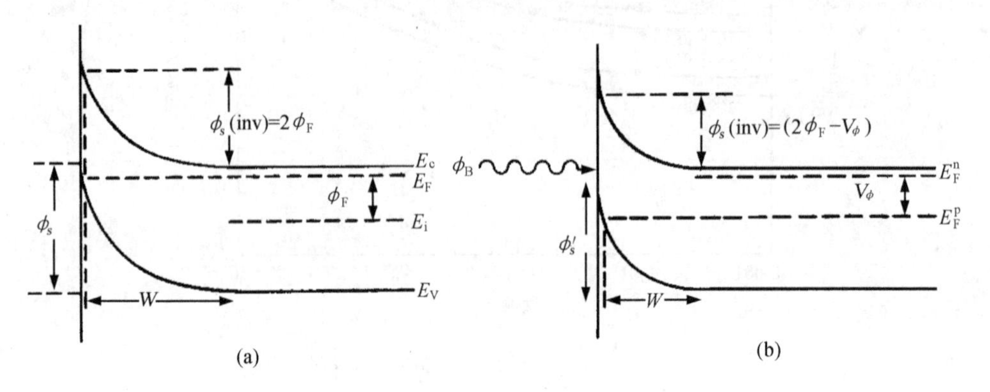

图 11.24　n 型 MIS 器件出现反型的示意图

(a)热平衡条件下；(b)光辐照条件下

于是，在有光照与无光照时，保持 MIS 器件反型所需要的加偏压是不一样的，其电压差为

$$\Delta V=\Delta\phi_s(\mathrm{inv}) \tag{11.193}$$

如果 MIS 器件的电流机制为扩散电流为主导，则

$$R_d A_d=\frac{k_{\mathrm{B}}T}{e}\cdot J_{\mathrm{dif}}=k_{\mathrm{B}}T\tau_p/e^2 p_0 L_p \tag{11.194}$$

L_p 和 τ_p 分别为少数载流子的扩散长度和寿命，R_d 和 A_d 分别是器件的阻抗和面积。假定 Δp_0 是由于入射的信号光子通量 ΔQ_B 引起，则

$$\Delta p_0=\eta\Delta Q_B\tau_p/L_p \tag{11.195}$$

代入式(11.192)和式(11.194)，有

$$\Delta\phi_s=\eta e\Delta Q_B R_d A_d \tag{11.196}$$

可见由于信号光子通量 ΔQ_B 引起的表面势的改变正好对应于器件的阻抗与面积的乘积。

MIS 器件工作的电路原理图如图 11.25 所示。在栅极上施加一个直流反偏压，使 n 型 HgCdTe MIS 结构处于反型状态，当外界信号光子入射到器件上就在二极

管电路中开路部分产生一个电压。器件本身可以看成一个光致信号源和电容 C_d 以及电阻 R_d 的并联电路，如图 11.25 中的等效电路所示。

在有信号光辐照时，R_d 两端的电压改变量为

$$\Delta V = \eta e \Delta Q_B R_d A_d \tag{11.197}$$

时间常数 $R_d C_d$。在 $R_L C_{ox} \gg R_d C_d$ 的条件下，这一电压改变会立即反映在负载电阻 R_L 两端，可送入前置放大器。

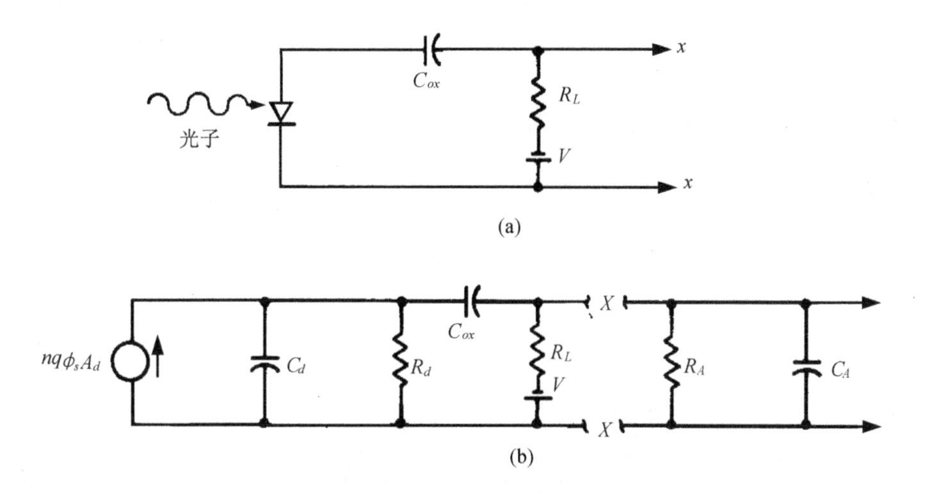

图 11.25　MIS 器件工作的电路原理以及等效电路图

如果入射光是频率为 ω_m 的调制光，则在输出端有交流信号输出

$$\Delta V = \frac{\eta e \Delta Q_B R_d A_d}{\left[1+\omega_m^2 R_d^2 C_d^2\right]^{1/2}} \cdot \frac{\omega_m R_\mathrm{L} C_{ox}}{\left[1+\omega_m^2 R_\mathrm{L}^2 C_{ox}^2\right]^{1/2}} \tag{11.198}$$

在 $\omega_m R_d C_d \ll 1$ 以及 $\omega_m R_\mathrm{L} C_{ox} \gg 1$ 的情况下，式(11.198)变为

$$\Delta V = \eta e \Delta Q_B R_d A_d$$

与式(11.197)一样。

在低温下，如果有背景辐射入射到器件上，则器件阻抗还由背景辐射通量 Q_B 确定，在器件由扩散电流与背景辐射光电流为主的情况下，开路时有

$$I_t = I_0 \left[\exp\left(\frac{eV}{k_\mathrm{B}T}\right) - 1\right] - \eta e Q_B A_d = 0$$

如果 $V > k_\mathrm{B}T / e$ 时

$$R_d = \left(\frac{\mathrm{d}I}{\mathrm{d}V}\right)^{-1} = \frac{k_\mathrm{B}T}{e^2 \eta Q_B A_d} \tag{11.199}$$

由式(11.196)、式(11.199)和式(11.193)，有

$$\Delta V = \left(\frac{k_\mathrm{B}T}{e}\right)\frac{\Delta Q_B}{Q_B} \tag{11.200}$$

可见信号电压与量子效率无关。这里 ΔQ_B 是信号光子通量，是在背景光子通量 Q_B 之上再叠加的光子通量。如果把式(11.199)中的 Q_B 解出代入式(11.200)，则又回到式(11.197)。

在图 11.25 中输出端的噪声电压近似为

$$\overline{V}_n^2 \approx 4k_\mathrm{B}TR_d\Delta f + 4k_\mathrm{B}T'R_\mathrm{L}\Delta f \cdot \frac{\left|R_d + \dfrac{1}{\mathrm{i}\omega C_{ox}}\right|^2}{\left|R_\mathrm{L} + R_d + \dfrac{1}{\mathrm{i}\omega C_{ox}}\right|^2} \tag{11.201}$$

在 $\omega_m C_{ox} R_\mathrm{L} > 1$ 条件下，上式可以写为

$$\overline{V}_n^2 \approx 4k_\mathrm{B}TR_d\Delta f + \frac{4k_\mathrm{B}T'R_\mathrm{L}\Delta f}{R_\mathrm{L}\omega^2 C_{ox}^2} \tag{11.202}$$

如果 $R_\mathrm{L} > \dfrac{T'}{T}\cdot\dfrac{1}{R_d\omega^2 C_{ox}^2}$，则在输出端来自器件 R_d 的噪声将大于负载电阻的噪声电压。为使器件有较好性能，前置放大器的电阻 R_A 及电容 C_A，最好要符合 $R_A > R_\mathrm{L}$，$C_A > C_{ox}$。

根据探测率的定义

$$D^* = \frac{V_s}{V_N}\cdot\frac{\sqrt{A\Delta f}}{P_\mathrm{in}} \tag{11.203}$$

式中：$V_S = \Delta V$ 是信号电压，由式(11.197)给出，$V_N = \sqrt{\overline{V}_n^2}$ 是噪声电压，可由式(11.202)中右边第一项给出，P_in 是入射功率，于是

$$D^* = \frac{\Delta V}{\sqrt{\overline{V}_n^2}}\cdot\frac{\sqrt{A\Delta f}}{\Delta\phi_\mathrm{B} h\nu A_d} = \frac{\eta e}{2h\nu}\cdot\left(\frac{R_d A_d}{k_\mathrm{B}T}\right)^{1/2} \tag{11.204}$$

在电流机制为扩散电流为主导时(参见式(11.194))

$$R_d A_d = k_B T \tau_p / e^2 p_0 L_p$$

如果少数载流子寿命 τ_p 由带间复合俄歇寿命决定，即

$$\tau_p = 2\tau_{Ai} \frac{n_i^2}{n_0(n_0 + p_0)} \tag{11.205}$$

式中：τ_{Ai} 是本征材料的俄歇寿命，利用爱因斯坦关系

$$L_p = \sqrt{D_p \tau_p} = \sqrt{\left(k_B T \mu_p / e\right) \cdot \tau_p} \tag{11.206}$$

可以推得

$$R_d A_d = \frac{k_B T}{e^2 n_i} \left(\frac{2e\tau_{Ai}}{k_B T \mu_p} \right)^{1/2} \tag{11.207}$$

关于 $R_d A_d$ 随温度和组分的关系，D^* 随温度与组分的关系，都可以从式(11.207)和式(11.204)中的计算获得。

下面对 MIS 红外探测器的器件结构和器件参数作一个大致的描述。

器件结构如图 11.26 所示，各部分结构已经在图中标明。作为一个例子，如果 n 型 HgCdTe 上覆盖几十纳米的绝缘层，可为截止波长 $\lambda_c = 5\mu m$，相当于 0.25eV。假定器件工作在 190K，扩散电流起支配作用。$n_i = 2\times10^{14} cm^{-3}$，$\mu_p = 200 cm^2 / V\cdot s$，$\tau_{Ai} = 4\times10^{-4} s$，从式(11.207)可以算得 $R_d A_d = 8\Omega cm^2$，如果器件面积为 $1.5\times10^{-4} cm^2$，则 $R_d = 5.3\times10^4 \Omega$。假定 $\eta = 1$，从式(11.204)可以算得 $D^* = 10^{11} cmHz^{1/2} W^{-1}$。此外

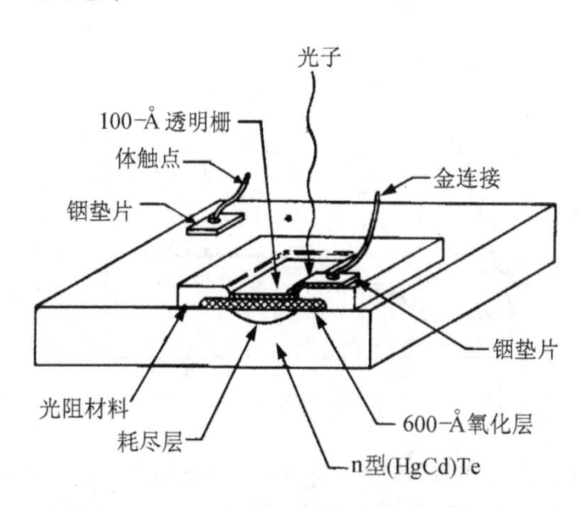

图 11.26　MIS 红外探测器的器件结构示意图

$$C_d = \frac{\varepsilon_0 \varepsilon A_d}{w} \tag{11.208}$$

w 是耗尽区的宽度，可以写为

$$w^2 = 4\varepsilon_0 \varepsilon \phi_{\mathrm{F}} / n_0 e \tag{11.209}$$

ϕ_{F} 是费米势，对于截止波长 $\lambda_c = 5\mu\mathrm{m}$ 的 n 型 HgCdTe，ε 约为 19.5，n_0 约为 $10^{15}\mathrm{cm}^{-3}$，$\phi_{\mathrm{F}} \approx 25\mathrm{mV}$，于是 $w = 3.4\times10^{-5}\mathrm{cm}$，由于前面估算得 $A_d = 1.5\times10^{-4}\mathrm{cm}^2$，于是 $C_d = 8\mathrm{pF}$，从而相应时间为 $R_d C_d = 4.25\times10^{-7}\mathrm{s}$。HgCdTe 表面覆盖得绝缘层电容可以从绝缘层厚度和它的介电常数计算得到。如果厚度为 70nm，介电常数 ε_{ox} 约为 18.3，则 $C_{ox} = 34.5\mathrm{pF}$。在负载电阻上信号电压输出由式(11.198)计算，如果 R_{L} 足够大，则 R_{L} 两端的噪声电压就由 R_d 确定，即相当于式(11.197)，把 C_{ox} 等物理量的数值带入，令 $T' = 300\mathrm{K}$，有 $R_{\mathrm{L}} \gg 6.1\times10^{14} f^{-2}$，如果 f=10^3Hz，即 $R_{\mathrm{L}} \gg 6.1\times10^8\Omega$。

图 11.27 是一个 x=0.285 的 p 型 HgCdTe MIS 器件探测率 D^*、电压响应率 R_λ 和噪声电压对温度的依赖关系(Kinch et al. 1980)。图中数据点式实验测量的结果，实线是计算结果，计算中取 $\eta = 1$。

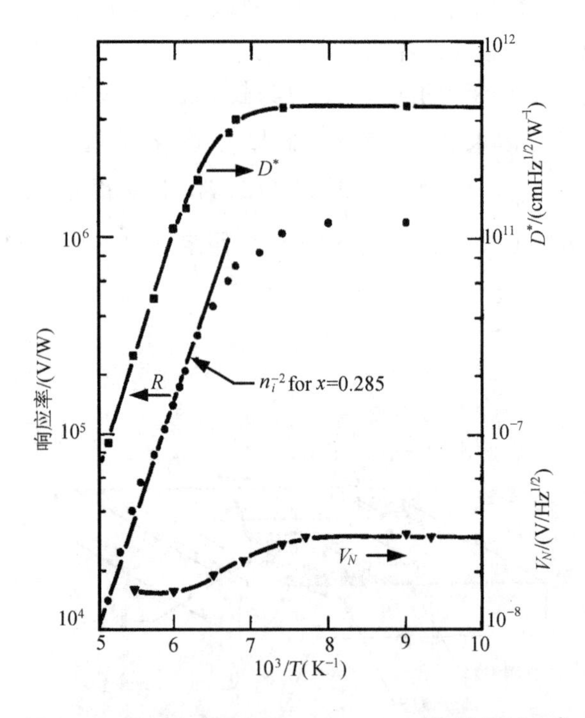

图 11.27 x=0.285 的 p 型 HgCdTe MIS 器件探测率 D^*、电压响应率 R_λ 和噪声电压的温度的依赖关系图

11.3.2 MIS 器件中的暗电流

下面对 MIS 器件中的暗电流进行讨论，以供深入研究 MIS 器件的参考。n 型 HgCdTe MIS 器件偏置到深耗尽时，暗电流浓度

$$J_d = en_i\left(\frac{n_i L_p}{n_0 \tau_p} + \frac{W}{2\tau_0} + \frac{s}{2}\right) + e\eta Q_B + J_t \tag{11.210}$$

这里第一项是由于在电中性体中产生的少数载流子并扩散到耗尽区的电流，第二项是在宽度为 W 的耗尽区中产生的少数载流子的电流，第三项是快界面态产生的，并用表面复合速度 s 表示的电流，第四项是由入射的背景光子通量引起的电流，第五项是由于载流子从价带跨越带隙到导带的隧穿引起的电流。此表达式适用在零偏压下。MIS 器件的性能也常用器件的 R_0A 乘积来描述。对于式(11.210)中的各项暗电流可以逐项进行分析。

式(11.210)中第一项是扩散电流，对 n 型半导体少数载流子扩散电流由下式给出

$$J_{\mathrm{dif}} = en_i^2 L_p / n_0 \tau_p \tag{11.211}$$

这里 L_p 是少数载流子扩散长度，τ_p 是体少数载流子寿命。对于高质量的材料，寿命 τ_p 由俄歇带-带复合机制确定，俄歇寿命 τ_A 由下式给出

$$\tau_A = 2n_i^2 \tau_{Ai} / n_0 \left(n_0 + p_0\right) \tag{11.212}$$

这里 τ_{Ai} 是本征材料的俄歇寿命。于是由式(11.211)与式(11.212)，对于 $n_0 \gg p_0$ 的情况，有

$$J_{\mathrm{dif}} = en_i\left[k_{\mathrm{B}} T \mu_p / 2e\tau_{Ai}\right]^{1/2} \tag{11.213}$$

μ_p 是空穴迁移率。推导时用了爱因斯坦关系 $L_p = \sqrt{D_p \tau_p} = \sqrt{\left(k_{\mathrm{B}} T \mu_p / e\right) \cdot \tau_p}$。

用式(11.213)可以计算 n 型 HgCdTe 不同组分和不同温度下的扩散电流，对 $0.20<x<0.35$ HgCdTe 计算结果列在图 11.28 中，这些组分的 HgCdTe 其截止波长大约在 4~13.5 μm 的范围之中。这些计算的暗电流的值是 n 型材料的低限，除非利用 n 型材料的厚度 $\ll L_p$，这低限值会有不同。在 n 型材料中 L_p 典型值在 25~75 μm 范围。

对于 p 型材料，如果是带到带辐射复合过程，少数载流子寿命为

$$\tau_R = 2\tau_{Ri} \cdot n_i / p_0 \tag{11.214}$$

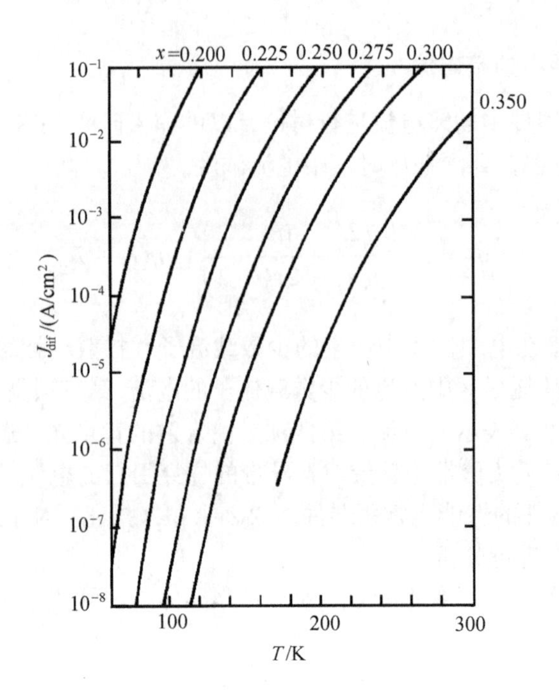

图 11.28　n 型 HgCdTe 中的俄歇符合寿命决定的扩散电流和温度以及组分的关系

这里 τ_{Ri} 是本征材料的辐射寿命。扩散电流为

$$J_{\text{dif}} = \frac{en_i^{3/2}}{p_0^{1/2}}\left(\frac{k_{\text{B}}T\mu_n}{2e\tau_{Ri}}\right)^{1/2} \tag{11.215}$$

这里 μ_n 是电子迁移率。在这种情况下 $J_{\text{dif}} \propto p_0^{-1/2}$，所以可以利用高掺杂浓度来限制暗电流，提高器件性能。但是 p_0 增加得太大，又会导致高的耗尽层电容，缩短扩散长度，降低反偏工作时的击穿电压。图 11.29 表示了一个 p-HgCdTe 截止波长为 λ_c=5μm，p_0 值为 10^{15}cm^{-3}，J_{dif} 随温度的变化关系，计算中的 τ_{Ri} 值用前面讨论 HgCdTe 少数载流子寿命测量的值。为比较起见图中也给出了 n 型 MIS 结构的扩散电流。显然可见，在 $p_0=10^{15}\text{cm}^{-3}$ 时，p 型材料中扩散电流比 n 型大 3 倍，原因是由于少数载流子(电子)的迁移率高，导致大的扩散长度。但如果设法减薄 n 型衬底材料厚度，可以降低扩散电流。

式(11.210)中第二项是耗尽电流，在强反偏 MIS 结构耗尽层中由 Shockley-Read 中心产生的电流为(Sah et al.　1957)

$$J_{\text{dep}} = eWn_i^2 / \left(\tau_{p0}n_1 + \tau_{n0}p_1\right) \tag{11.216}$$

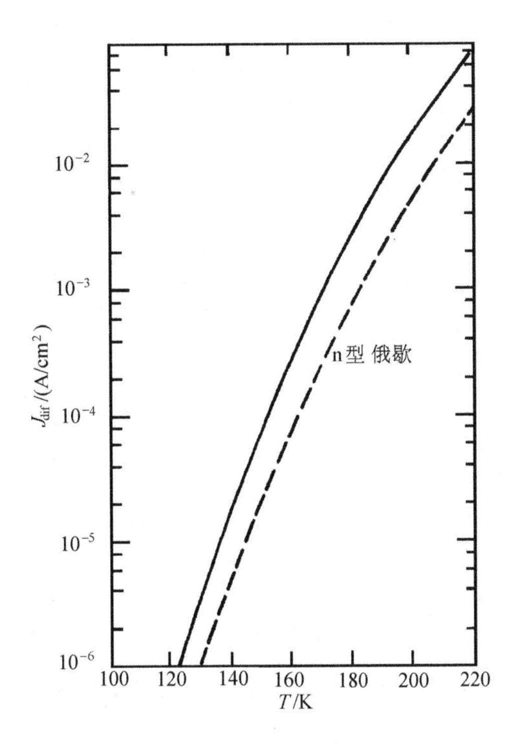

图 11.29　p 型 HgCdTe 的扩散电流随温度变化的关系

这里 W 是耗尽层厚度，$n_1 = N_c \exp\left[-\varepsilon_t / k_{\mathrm{B}}T\right]$，$p_1 = N_V \exp\left[(-E_g + \varepsilon_t)/k_{\mathrm{B}}T\right]$，$\tau_{p0} = \left(r_p N_R\right)^{-1}$，$\tau_{n0} = \left(r_n N_R\right)^{-1}$，$N_c$和 N_V分别是导带和价带态密度，r_p和 r_n分别是 Shockley-Read 中的对空穴和电子的俘获系数，N_R是陷阱浓度，其能级位置离开导带底 ε_t在 V=0 时的工作模式上，如果陷阱能级在本征能级上，有 n_1=p_1=n_i，且如果 r_n=r_p，则有

$$J_{\text{dep}} = eWn_i / 2\tau_0 \tag{11.217}$$

这里$\tau_0 = \left(r_p N_R\right)^{-1}$，式(11.217)所表示的就是式(11.210)表达式中的第二项。由于耗尽电流随耗尽层宽度变化，耗尽层宽度表达式为

$$W = \left(2\varepsilon\varepsilon_0\phi_s / qn_0\right)^{1/2} \tag{11.218}$$

这里ϕ_s是在相应栅压下的 MIS 结构的表面势，图 11.30 表示 3 个不同截止波长器件的耗尽电流对温度的依赖性，计算中假定了 τ_0=10^{-5}s，n_0=5×10^{14}cm^{-3}，ϕ_s=3.5V。($\lambda_c = 5\mu\text{m}$，$10\mu\text{m}$，$12\mu\text{m}$)

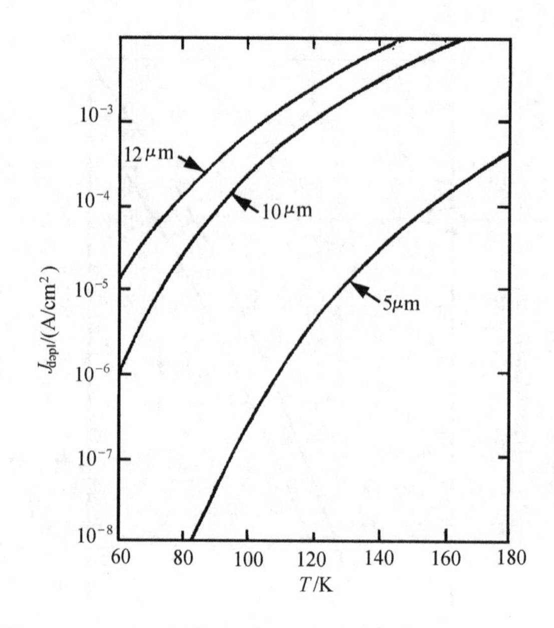

图 11.30　3 个不同截止波长器件的耗尽电流和温度的关系

来自快表面态的产生电流类似于来自体 Schockley-Read 中心的耗尽层电流，由下式给出

$$j_s = \frac{1}{2} e n_i s \tag{11.219}$$

这里 s 是最大表面复合速度。在 77K 下，对于 λ_c=10μm，$n_i=6\times10^{12}\text{cm}^{-3}$，式(11.219)给出 $j_s=5\times10^{-7}s$ A/cm^2。对于性能较好的器件，表面复合速度 s 的值可以低于 10^2cm/s，于是 j_s 就更小，所以在 77K 时不重要。

式(11.210)中第四项是背景电流，背景入射光子通量产生的电流密度为

$$J = \eta e Q_B \tag{11.220}$$

这里 η 是器件量子效率，Q_B 是背景光子通量密度。式(11.220)表示红外器件的极限电流，对于一个背景限红外探测器(BLIP)，在所有的暗电流中，此电流必须是主导的。

式(11.210)中第五项是隧穿电流。通过三角形势垒的隧穿电流(Sze　1969)

$$J_t = \frac{e^3 E\phi_s}{4\pi^3\hbar^2}\left(\frac{2m^*}{E_g}\right)^{1/2} \exp\left(\frac{4\left(2m^*\right)^{1/2} E_g^{\ 3/2}}{3e\hbar E}\right) \tag{11.221}$$

这里 E 是势垒中心电场，在 MIS 器件半导体表面的电场为

$$E_s = \left(2en_0\phi_s / \varepsilon\varepsilon_0\right)^{1/2} \tag{11.222}$$

这里 ϕ_s 表示空阱的表面势，于是从式(11.221)和式(11.232)，假定 $m^*/m_0=7\times 10^{-2}E_g$(Kinch　1971)，有

$$J_t = 10^{-2} n_0^{1/2} \phi_s^{3/2} \exp\left[-\frac{4.3\times 10^{10} E_g^2}{\left(n_0\phi_s\right)^{1/2}}\right] \text{A/cm}^2 \tag{11.223}$$

这里 n_0 单位 cm^{-3}，E_g 单位用 eV，ϕ_s 单位用伏特。隧穿电流对半导体禁带宽度有很强的依赖性，而对掺杂浓度和表面势具有较弱的依赖性。隧穿电流对于空阱表面势的依赖关系由图 11.31 和图 11.32 给出，计算是根据式(11.223)，对于 E_g=0.25eV 和 E_g=0.1eV 的两种 HgCdTe 样品，具有不同的载流子浓度。在图 11.31 与 11.32 中还列出背景辐射产生电流，计算是对应于两个样品的截止波长，并假定量子效率为 η=0.5，红外系统视场 f 数为 2.5。从图中可以看到不同掺杂浓度样品的隧穿电流 J_t 与背景电流 J_B 随着表面势的变化关系。

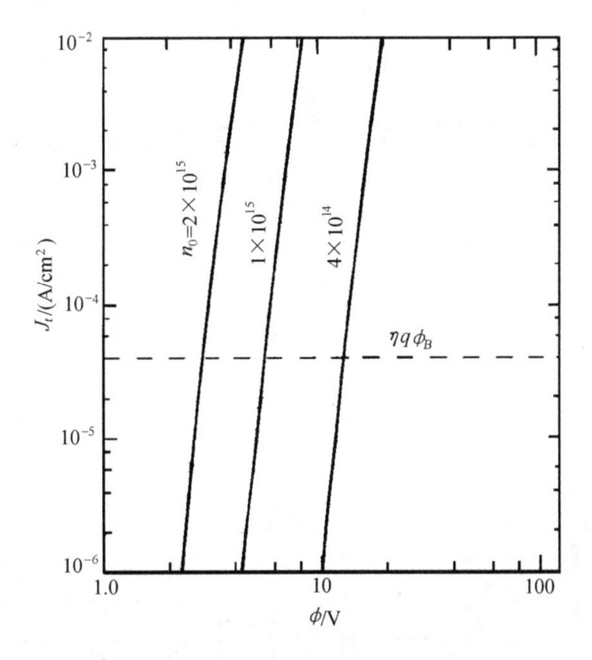

图 11.31　E_g=0.25eV 的不同掺杂浓度样品的隧穿电流 J_t 与背景电流 J_B 随着表面势的变化关系

上面考虑的是直接带间隧穿，如图 11.33(a)中跃迁(1)。然而在半导体价带之间隧穿也可以通过不是直接跃迁的其他过程来实现。如图 11.33(a)中的跃迁(2)，第一步由热激发从价带到 Shockley-Read 复合中心 N_R，第二步由隧道效应，从 N_R

到导带；再如跃迁(3)是先由价带热激发到表面态 N_{fs}，然后再由隧道效应从表面态 N_{fs} 到导带。关于隧穿电流的计算可以参考文献(Anderson 1977, Sah 1961, Kinch et al. 1980)。

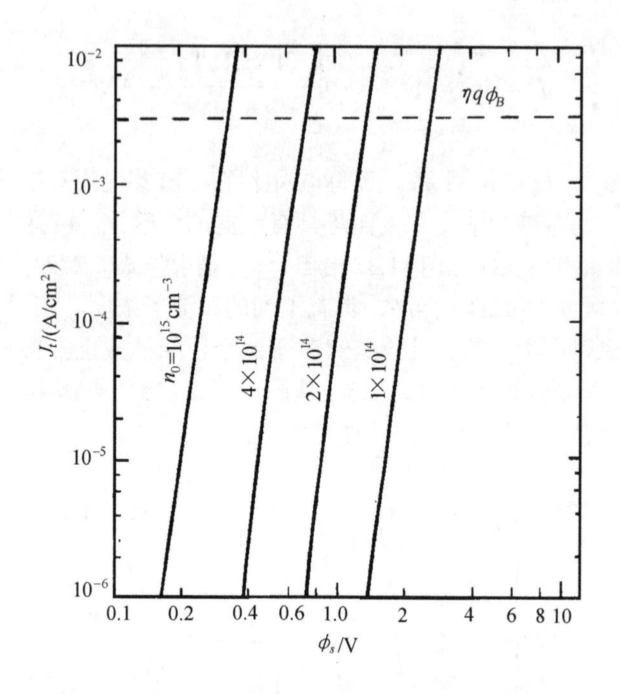

图 11.32 E_g=0.1eV 的不同掺杂浓度样品的隧穿电流 J_t 与背景电流 J_B 随着表面势的变化关系

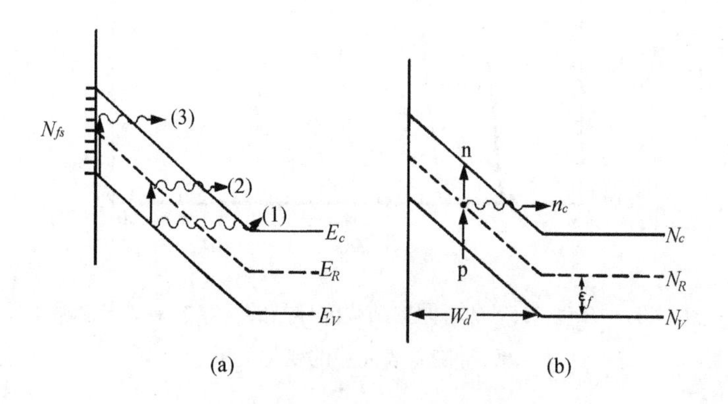

图 11.33 HgCdTe 中不同的隧穿机制

除了金属/绝缘体/半导体结构用于红外探测以外，金属/半导体结构也可用于红外探测。这种结构是把金属淀积在半导体表面形成金属-半导体接触，在界面形成势垒，叫肖特基势垒。关于肖特基势垒二极管光探测器，可以参考文献(汤定元等 1989，Pelleqrini et al. 1983，Shepherd 1983)。

11.4 低维系统红外探测器

11.4.1 引言

到目前为止，在红外探测器应用领域，HgCdTe 是最常用的可变带隙半导体材料，却但是也面临着挑战。替代 HgCdTe 主要是基于技术上的考虑。一方面，脆弱的 Hg-Te 键导致了材料体内以及表面和界面的不稳定性；另一方面，大规模光伏 HgCdTe 红外焦平面阵列研制上进展较慢。与此同时，新型半导体异质结系统的研究却发展较快，因此人们在寻求 HgCdTe 以外红外探测的新手段。

量子阱红外探测器(QWIP)是一种选择。量子阱由一半导体薄层(厚度通常小于15nm)两侧分别包裹一层禁带宽度相对较宽的半导体势垒层构成的。不像半导体体材料中的连续电子态,在量子阱中电子是分布在若干个分立能级上。通过调整量子阱层的宽度和化学组分,可控制阱中的能级数、能量位置以及它们之间的间隔。吸收光子的能量对应于量子阱中的能级间隔。因而可实现从中红外到远红外的辐射探测。电子从导带一个能级跃迁到导带另一个能级被称为子带间跃迁。

目前基于子带间跃迁的 QWIP 大都采用 GaAs/AlGaAs 量子阱制成的。鉴于 GaAs/AlGaAs 之间的导带边不连续量小于 210meV，该 QWIPs 通常能工作于大气窗口的 8~10μm 波段。当然由于带边不连续量相对较小，电子相对容易受热激发越过势垒。这将导致较难控制暗电流。

另外是采用 $In_{1-x}Ga_xAs$/AlGaAs 材料系统。它具有相对 GaAs/AlGaAs 宽得多的导带不连续量，而且可以通过改变组分 x 来调整导带不连续量。形成较深的电子势阱，暗电流的控制因而变得容易。另外，由于深量子阱能够容纳更多的容许电子跃迁，也相对容易实现多色探测器。但是 InGaAs 和 AlGaAs 是晶格失配的，当 InGaAs 在 AlGaAs 上外延生长时，应变将成为影响材料性能的一个重要的因素。一方面,应变改变量子阱的光学和电学性质；另一方面，它也会导致缺陷，而后者可能捕获由子带间吸收激发的载流子。

与宽禁带量子阱材料相比，窄禁带半导体材料无论在生长处理上，还是器件制备上都要难得多(Levine 1993，Sher et al. 1991)。同时，窄禁带半导体材料电学特性往往也较差。例如，因为载流子的热激发，其暗电流通常较大。所以，采用已有广泛研究的 III-V 半导体材料的低维结构是一种途径。相对于诸如 HgCdTe 窄禁带半导体，III-V 半导体材料系统的优越性在于，其生长方法相当成熟且高度可控。但是量子阱红外探测器量子效率较低，光谱响应较窄，工作温度较低。关于 HgCdTe 红外探测器和量子阱红外探测器的分析比较可以参考文献(Rogalski 1999)。在后面部分中，将主要介绍量子阱和量子点红外探测器。

关于半导体低维结构红外探测器的表征与前面讨论基本一致，为方便下文中讨论再简要提一下。

光探测器对红外辐射的直接反应是电流响应 R_i，可以表示为

$$R_i = \frac{\lambda\eta}{hc} eg \tag{11.224}$$

式中：λ是红外辐射波长，h 是普朗克常数，c 是光速，e 是电子电荷，η 是量子效率，反映探测器与待测量辐射的耦合情况，通常定义为每个入射光子所能产生的电子-空穴对的数量，g 是光电增益，反映每对光生载流子最终能穿过接触电极的数目，一般定义为光生电子的寿命(τ_L)与穿过电极时间(τ_T)的比。

另一方面，由于产生与复合过程，不可避免地存在电流噪声

$$I_N^2 = 2(G+R)A_e t \Delta f e^2 g^2 \tag{11.225}$$

式中：G 和 R 分别代表产生率和复合率，Δf 是频带宽度，t 是探测器的厚度，A_e 是器件的“电学”面积。

利用式(11.224)和式(11.225)可以得出探测器的一个主要性能参数，探测率 D^*。根据定义

$$D^* = \frac{R_i (A_o \Delta f)^{1/2}}{I_n} \tag{11.226}$$

式中：A_0 是器件的“光学”面积，即光敏元面积，于是

$$D^* = \frac{\lambda}{hc}\eta[2(R+G)t]^{-1/2}\left(\frac{A_o}{A_e}\right)^{1/2} \tag{11.227}$$

如果假定 $A_e/A_o=1$，且辐射只通过有源区一次，在上下界面处的反射可以忽略，那么，量子效率和探测率可分别表示为

$$\begin{aligned} &\eta = 1-\mathrm{e}^{-\alpha t} \\ &D^* = \frac{\lambda}{hc}\eta[2(G+R)t]^{-1/2} \end{aligned} \tag{11.228}$$

式中：α为吸收系数。依此可以得出，当 $t=1.26/\alpha$时，D^*有极大值。因此在平衡态，即 $G=R$，有

$$D^* = 0.31\frac{\lambda}{hc}\left(\frac{\alpha}{G}\right)^{1/2} \tag{11.229}$$

考虑到式(11.229)忽略了探测器底面反射的贡献，可知实际的探测率比式(11.229)来得高(Pioreowski et al. 1997)

$$D^* = 0.31\frac{\lambda}{hc}k\left(\frac{\alpha}{G}\right)^{1/2} \tag{11.230}$$

式中 $1 \leqslant k \leqslant 2$。

除了探测率之外，噪声等效温度差，(noise equivalent difference temperature, NEDT)，是评价成像器件性能的重要判据。它表示产生与均方根噪声电压相等的电信号所需目标温度差，可定义为

$$\text{NEDT} = V_n \frac{(\partial T/\partial Q)}{(\partial V_s/\partial Q)} = V_n \frac{\Delta T}{\Delta V_s} \tag{11.231}$$

式中：V_n是均方根噪声电压，V_s是温度差ΔT对应的电压信号。

11.4.2 量子阱红外探测器的基本原理

世界上第一个量子阱红外探测器是由 Levine 等在GaAs/AlGaAs 量子阱的基础上实现的(Levine et al. 1993，1987)。它基于导带内两个束缚子能级之间的吸收跃迁，工作过程如图 11.34 所示。子带间光吸收产生光生电子，后者隧穿出量子阱并进入势垒上端的连续态。在外加偏置电场的作用下，这些电子在激发态子能级平均寿命时间内被输运一定距离 L(即电子重新被俘获到量子阱的平均自由程)，从而形成光电流。值得注意的是，虽然倚赖于所加偏压的方向，光电流既可以沿着平行于量子阱方向流动，也可以沿着垂直于量子阱方向流动。但是从探测的角度考虑，载流子沿着垂直于量子阱方向的输运具有明显的优势。一方面，在垂直

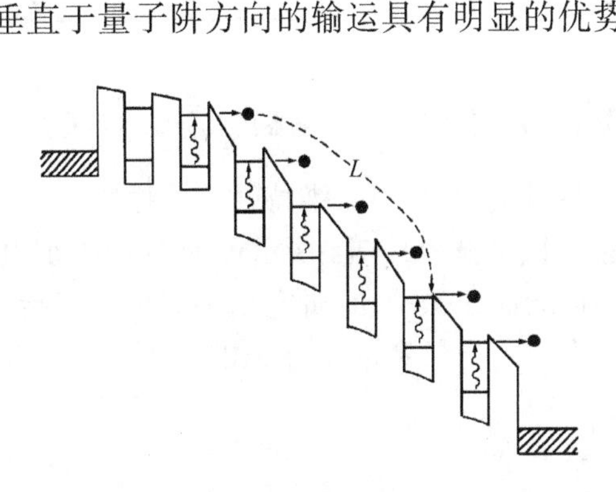

图 11.34 子带间吸收产生光生载流子及其光电导过程

方向，基态与激发态的载流子迁移率更高，因而可产生更高的光响应；另一方面，由于该方向异质势垒对掺杂区量子阱基态载流子输运的限制作用，使得暗电流很低。

关于量子阱红外探测器的研究很多。下面对其机理和基本结构作简要讨论。详细而全面的介绍可参见 Levine 的综述文章(Levine 1993)。

先讨论一下量子阱红外探测器的基本原理。考虑一包含 49 个 GaAs 量子阱 $Al_{0.27}Ga_{0.73}As$ 势垒周期的探测器结构,其中量子阱层厚度为 L_w=7.6nm，势垒厚度为 L_b=8.8 nm。为了避免可能的界面态，只对量子阱中心 5.6nm 的区域进行 Si 掺杂(掺杂浓度 $N_D=3\times10^{17}\ \mathrm{cm}^{-3}$)。同时，为了实现电流注入，探测器的上(0.5μm)下(1μm)接触层均是掺杂的(掺杂浓度约为 $10^{18}\mathrm{cm}^{-3}$)。图 11.35 给出了样品的几何结构示意图。为了实现子带间电子跃迁，入射光必须有垂直于量子阱方向上的电场分量。因此入射光应当从侧面即平行于量子阱层的方向入射，为了增加收集光的效率，衬底被抛光成一定角度 θ，如 45°的尖劈，可实现红外辐射从背面有效地辐照探测器。图 11.36 给出了正偏置下电导-电压曲线的测量结果，测量温度为 T=20K。可以看出，随着偏置电压由零开始增大，电导将依次出现 48 个负峰。其中第一个负峰出现在 V_b=0.35V。相邻两峰的电压间隔基本一致，约为 85±18meV。下面的分析将表明，这样的周期性行为是由连续共振隧穿决定的。

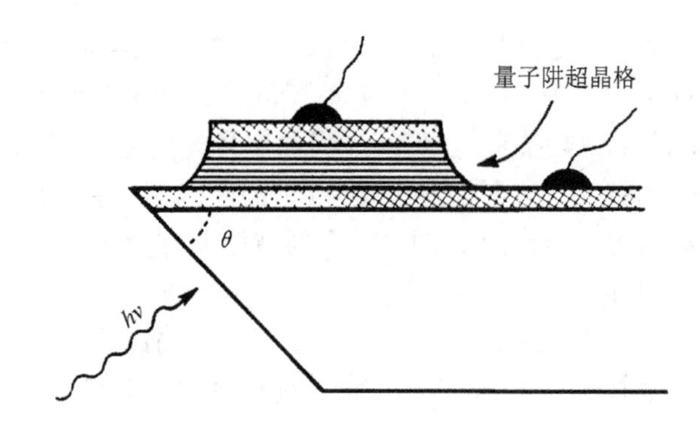

图 11.35 量子阱红外探测器的几何结构示意图

原理上，由于量子阱中电子气的二维特性，共振隧穿只有在各量子阱中相应能级相吻合时才能发生(如图 11.37(a)所示)。而在有外加电场时，这样的条件通常无法保证。然而，Kazarinov 等人的研究结果表明，只要在每个量子阱中存在声学声子和杂质的散射，能量和动量守恒的要求就会降低，如果进一步满足关系

$$eV_p \ll \hbar/\tau_1 \tag{11.232}$$

式中：V_p 是相邻两量子阱之间的电势差，τ_1 是基态散射时间，那么共振隧穿就又是可能的。因此，在较小偏压下，电子能够通过基态共振隧穿传过每个量子阱，如图 11.37(b)所示。电导的测量值因而相应为正值。

当电压 V_b 升高到 0.35V 时，第一个负峰出现。这意味着共振隧穿的条件被打破。此时有关系(Choi 1987)

$$eV_p = 2\hbar/\tau_1 \tag{11.233}$$

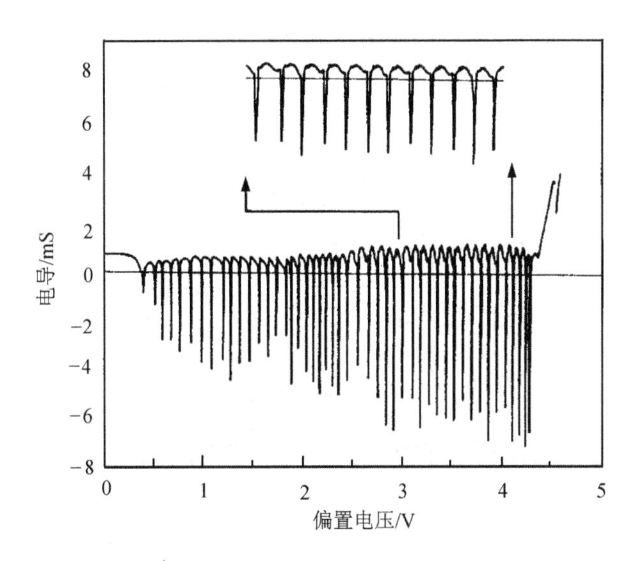

图 11.36 49 个 GaAs/Al0.27Ga0.73As 周期超晶格的电导-电压实验关系

如果假定偏置电压 V_b 在样品中的降落是均匀的，则 $V_p=V_b/(N+1)$，其中 N 代表超晶格的周期数。在这里 V_b=0.35 V，N=49，因而相应的 V_p=7mV。由此可得 $\tau_1 \approx$ 10~13s。

随着电压进一步升高，$eV_p>2\hbar/\tau_1$，基态共振隧穿不再可能，负微分电阻因而出现。伴随着每个周期的共振隧穿条件的被打破，该周期的电阻就会显著增大，从而形成一个强场区域。随后的偏压增加都将降落到该区上。这个过程一直持续到相邻下一级量子阱的基态能级升高到与该区的第一激发态能级非常接近(如图 11.37(c)所示)，并且两者的间隔小于 $2\hbar/\tau_2$，这里 τ_2 是第一激发态的寿命。此时，共振隧穿再次出现。电压的继续增加将重复上述过程，如图 11.37(d)所示。由于大偏压条件下空间集聚电荷的屏蔽效应和由此引起的能带弯曲，强场区域的出现不是随机的。它们总是首先出现在阳极处,并随电压的进一步增加而逐渐向阴极方向延伸。当电压高到强场区域覆盖整个超晶格时,也就达到了连续共振隧穿的极限。结果是，对于包含有 p 个周期的超晶格，相应地将出现 p–1 个负电导峰。这一理论结果与实验现象完全符合。

根据上述讨论，并利用 $2\hbar/\tau_1$=7meV 以及由红外吸收实验测定的 $2\hbar/\tau_2$ = 11meV，可以由相邻两电导负峰之间的电压差

$$\Delta V = E_2 - E_1 - 2\hbar/\tau_1 - 2\hbar/\tau_2 = 85 \pm 18 \text{ meV} \tag{11.234}$$

导出两子带之间的能量间隔 E_2-E_1=103±18meV。这一结果与 105meV 的理论值非常符合(Choi et al. 1987)。

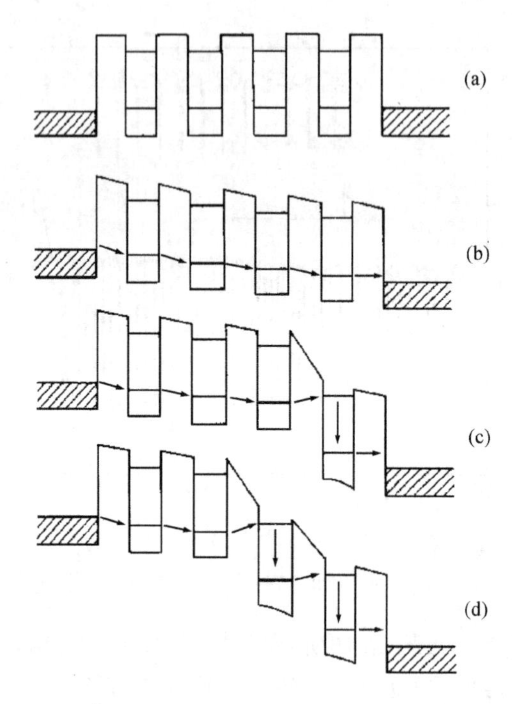

图 11.37 不同平均周期压降 V_p 条件下，超晶格的能带示意图

(a)零偏压; (b)基于基态的连续共振隧穿，$eV_p<2\hbar/\tau_1$，箭头表示电子的输运; (c)形成第一个强场区域，$eV_p \geqslant 2\hbar/\tau_2$ 共振隧穿发生在低场的基态与强场的第一激发态之间; (d)随电压增强，强场区域延伸到下一级量子阱

如果电压进一步升高，则将出现另一组负电导峰。与第一组不同的是，新一组负峰是由载流子连续共振隧穿到势垒上端的连续态引起的。

对于这样的探测器，只有在强场区光生载流子才能隧穿出量子阱，并通过有效的输运逃逸掉(逃逸概率 p_e)，因此光电流 I_p 是由强场区独立提供的

$$\begin{aligned} I_p &= n_p e v \\ n_p &= (\alpha P \cos\theta / h\nu) p_e \tau_L \end{aligned} \tag{11.235}$$

式中：v 是载流子沿超晶格方向的输运速率，n_p 是光生载流子数密度，$P\cos\theta$是以

角度θ入射到有源区上的光功率，τ_L是逃逸(热)载流子重被捕获的寿命，$\tau_L=L/v$，L是热载流子的平均自由程。由此可得 R_i 的峰值 R_p 和 g

$$R_p = \frac{\lambda \eta_a p_e}{hc} eg$$
$$g = \left(\frac{v\tau_L}{l}\right) = \left(\frac{\tau_L}{\tau_T}\right) = \left(\frac{L}{l}\right) \tag{11.236}$$

值得注意的是，与式(11.224)相比，这里η被分解成反映吸收因素的η_a 和量子阱逃逸因素的 p_e 两个部分(Martinet et al.　1992)。

Levine 等(1987a)测量了由 MBE 生长的第一个束缚态-束缚态量子阱红外探测器。其结构包含上下两层 n^+型重掺杂 GaAs 接触层和其中包覆的 50 个 6.5-nm-GaAs/9.5-nm-$Al_{0.25}Ga_{0.75}As$ 量子阱/势垒周期。其中阱层掺杂浓度为 $N_D=1.4\times10^{18}$ cm^{-3}。导带内包含有两个束缚态。对于这样的两束缚态系统，束缚态-束缚态跃迁概率大，而基态到势垒上沿连续态的跃迁概率非常低(West et al. 1985)。其基态-激发态之间的吸收如图 11.38 所示。

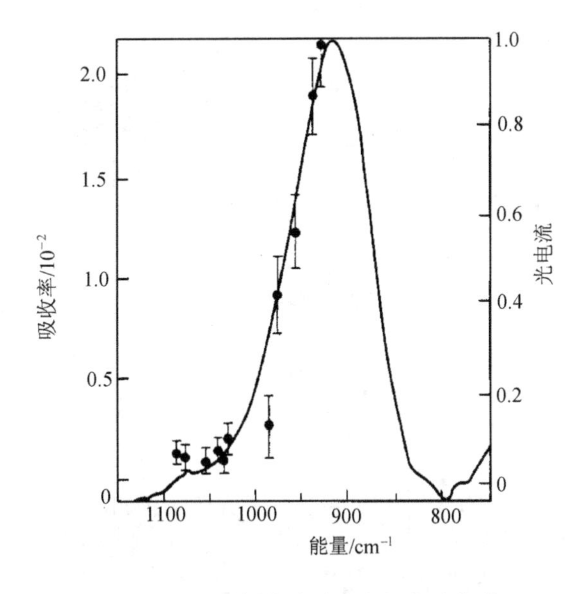

图 11.38　带内束缚-束缚态之间的吸收谱

曲线是测量结果，黑点是光电流-光子能量的测量结果

吸收峰出现在λ_p=10.9μm，半高全宽 v=97cm^{-1}，相应的激发态寿命$\tau_2=(\pi\Delta v)^{-1}=1.1\times10^{-13}$ s。实验测得第一个束缚态-束缚态量子阱红外探测器的吸收系数α=600cm^{-1}，R_p=0.52A/W，L=250nm，p_e=60%。这类束缚态-束缚态跃迁量子阱红外探测器是半导体低维结构用于红外探测器的最初尝试。但是这种工作模式的量

子阱红外探测器，除量子效率较低以外，暗电流较大，探测率较低。

11.4.3 束缚态-连续态跃迁型量子阱红外探测器

前面提到，对于包含有两个束缚态的量子阱，束缚态-束缚态跃迁的概率远高于束缚态-连续态的。但是，通过降低量子阱层的厚度，可以将第一激发态的强振子强度上推到连续态，从而能够形成强的束缚态-连续态吸收跃迁(Coon et al. 1984)。相应的导带结构如图 11.39 所示。其结构特点在于，光激发电子可以直接进入连续态，光电子有效逃逸出量子阱所需偏置电压显著降低，暗电流也因此明显减小。另外，由于光激发电子不必经过隧穿过程而逃逸,势垒的厚度可以大幅度增加，这将几个数量级地降低基态连续隧穿。利用这样的结构，Levine 等获得了探测率比束缚态-束缚态探测器高若干数量级的束缚态-连续态量子阱红外探测器(Levine et al.　1989，1990a)。

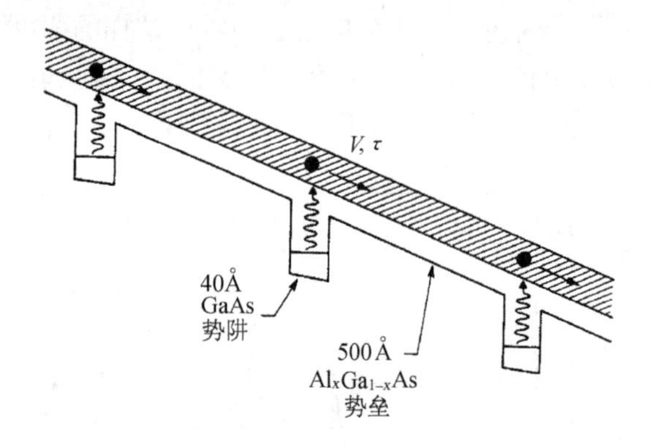

图 11.39　束缚态-连续态量子阱红外探测器的导带结构以及光激发示意图

定量地，偏压相关暗电流可以表示为

$$I_d(V) = n^*(V)ev(V)A$$
$$n^*(V) = \left(\frac{m^*}{\pi\hbar^2 L_p}\right)\int_{E_1}^{\infty} f(E)T(E,V)\mathrm{d}E \tag{11.237}$$
$$f(E) = [1 + \mathrm{e}^{(E-E_1-E_F)/kT}]^{-1}$$

式中：$n^*(V)$是量子阱中电子热激发到连续态的有效浓度，e 为电子电荷，A 是器件面积，v 是平均输运速率，$v = \mu F[1+(\mu F/v_s)^2]^{-1/2}$，$\mu$是迁移率，$F$ 是平均电场，v_s 是饱和漂移速率；m^*是电子有效质量，L_p 是超晶格周期，$f(E)$是费米因子；E_1 是束缚基态能级，E_F 是相对于 E_1 的二维费米能级，$T(E,V)$是单势垒电压相关隧穿电流透射因子。该式同时计及了暗电流的两方面贡献：势垒上沿热电子发射和热电子辅助隧穿。图 11.40 给出了截止波长为λ=8.4μm 束缚态-连续态量子阱红外探测器在不同温度下的暗电流-电压曲线。其中实线为实验结果，而虚线则是基于式(11.237)的计算结果。可以看出，两者吻合得非常好(Levine 1990a)。由此也可确定，势垒上沿的隧穿构成了暗电流的主要贡献。

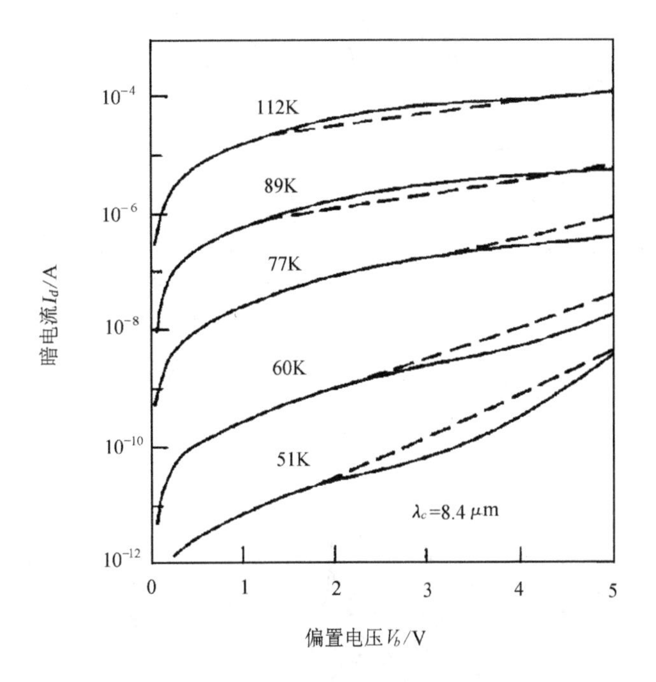

图 11.40 截止波长为λ=8.4μm 束缚态-连续态量子阱红外探测器在不同温度下的暗电流-电压曲线。正偏压表示小岛结构的顶端为正极性。实线和虚线分别为实验和理论结果

另一方面，暗电流噪声 I_N 在正负偏压下表现出不同的特征。正偏压时的暗电流噪声远高于负偏压时的值。而当正偏压高达一定值时，由于雪崩增益过程，暗电流噪声出现急剧增长(Levine et al. 1992a)，噪声的表达式为(Hasnain et al. 1990，Janousek et al. 1990)

$$I_N \equiv \sqrt{\overline{I_N^2}} = \sqrt{4eI_d g\Delta f} \tag{11.238}$$

式中：$\overline{I_N^2}$ 是均方根噪声电流，Δf 是带宽，可以导出光增益 g。

Levine 等测量了束缚态-连续态和束缚态-束缚态量子阱红外探测器的响应率的波长谱 $R(\lambda)$。样品的结构参数列于表 11.1。其中 A-D 为束缚态-连续态跃迁型。E 为束缚态-束缚态跃迁型。F 则具有双势垒结构，两势垒的厚度和组分分别为 50/500Å 和 0.30/0.26。它对应于束缚态-准连续态跃迁。结果如图 11.41 所示(Levine et al. 1992a)。响应率的绝对幅度是通过测量光电流 I_p 确定的。可以看出，束缚

态-束缚态探测器的谱线(虚线)宽度$(\Delta\lambda/\lambda)_n$=10%~11%，远较束缚态-连续态的(实线)宽度$(\Delta\lambda/\lambda)_w$=19%~28%为窄。

表 11.1 GaAs/$Al_xGa_{1-x}As$ 量子阱红外探测器的样品结构参数。其中 L_w、b 分别表示量子阱和势垒的厚度、单位 Å；N_D 表示掺杂浓度，单位 10^{18} cm^{-1}；B-C、B-B 和 B-QC 分别表示束缚态-连续态、束缚态-束缚态和束缚态-准连续态跃迁

样品	L_w	L_b	x	N_D	掺杂类型	周期	子能带
A	40	500	0.26	1	n	50	B-C
B	40	500	0.25	1.6	n	50	B-C
C	60	500	0.15	0.5	n	50	B-C
D	70	500	0.10	0.3	n	50	B-C
E	50	500	0.26	0.42	n	25	B-B
F	50	50/500	0.30/0.26	0.42	n	25	B-QC

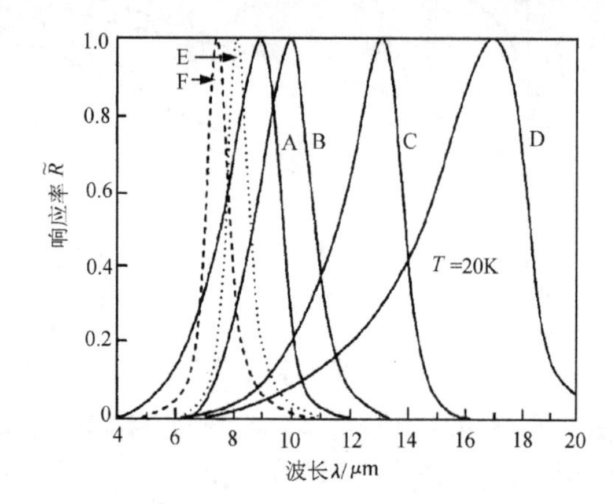

图 11.41 束缚态-连续态(实线)和束缚态-束缚态(虚线)量子阱红外探测器的归一化响应率随波长的变化关系。A~F 为样品的编号

根据 Zussman 等(1991)的理论，光电流 I_p 为

$$
\begin{aligned}
I_p &= \int_{\lambda_1}^{\lambda_2} R(\lambda)P(\lambda)\mathrm{d}\lambda \\
P(\lambda) &= W(\lambda)\sin^2(\Omega/2)AC_F\cos\theta \qquad (11.239)\\
W(\lambda) &= (2\pi c^2 h/\lambda^5)(\mathrm{e}^{hc/\lambda k_B T_B}-1)^{-1}
\end{aligned}
$$

式中：λ_1 和 λ_2 是涵盖响应谱的上下积分限，$R(\lambda)=R_p^0\tilde{R}(\lambda)$，$R_p^0$ 是峰值相响应率，$\tilde{R}(\lambda)$ 是归一化谱响应率，$P(\lambda)$ 是入射到探测器上的黑体辐射的单位波长功率，$W(\lambda)$ 是黑体辐射谱，A 是探测器的表面积，Ω 是光场的立体角，θ 是入射角，C_F 是集总耦合因子，$C_F=T_f(1-r)M$，T_f 是滤波片和窗户的透射率，r 是探测器表面的反射率，M 是光束的调制因子，T_B 是黑体温度。据此，测量 T_B=1000K 的

黑体光电流，可以精确导出 R_p^0。图 11.42 给出了束缚态-连续态和束缚态-束缚态等不同探测器的响应率随偏置电压变化的情况(Levine et al. 1992a)。对于图 11.42(a)所示的束缚态-连续态跃迁，响应率在低偏置情况下基本随偏压线性变化，并在高偏压时趋于饱和。而对于图 11.42(b)，可以看到，束缚态-准连续态(样品 F)探测器有相似的响应率-偏压关系。但是，束缚态-束缚态探测器的响应率-偏压关系却有显著不同的形状。响应率在低偏压时并非有线性关系，而是在一定低偏压范围内大致为零。原因是，光激发载流子需借助于电场辅助才能逃出量子阱。不过，由于这里的束缚激发态很接近于量子阱的顶部，只需很小的偏压(约 1V)就可保证足够多的光生载流子隧穿量子阱。

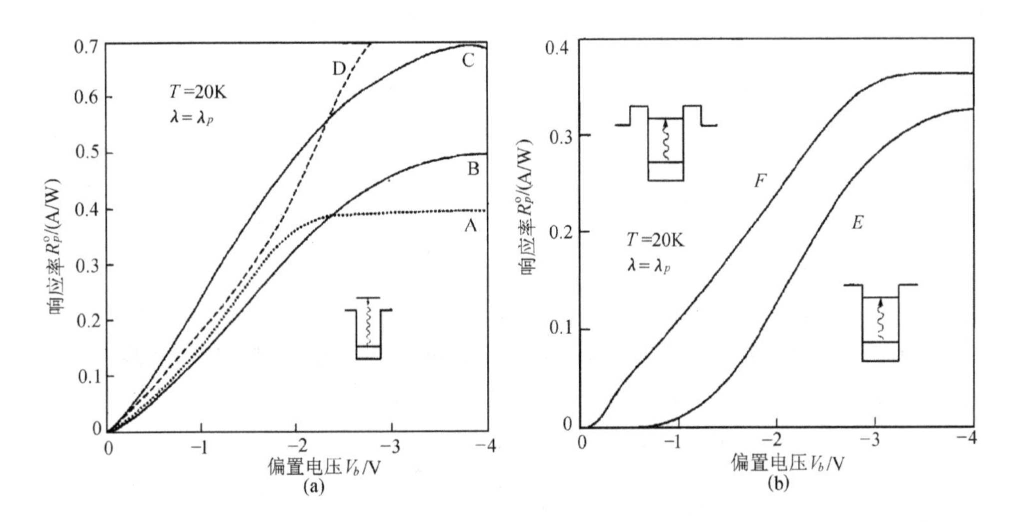

图 11.42 T=20K 时(a)束缚态-连续态和(b)束缚态-束缚态量子阱红外探测器的峰值响应率 $R_p^0(\lambda=\lambda_p)$ 随偏置电压的变化关系。相应导带电子结构示意于图中

图 11.43 给出了实验测定的 B 样品(结构见表 11.1)光增益随偏置电压的变化关系(Levine et al. 1992a)。实验温度为 77K。图中黑点对应于负偏压情况，空心圆圈对应于正偏压情况。根据式(11.236)，同时可以求出 L。结果示于图右纵坐标。可以看出，光增益在低偏压区近于线性增长，而在高偏压区趋于饱和，对于该样品，当 $V\geqslant 2$V 时，$g\approx 0.3$。值得指出的是，不像暗电流噪声，对于光增益，偏压的正负并不导致明显改变。这实际说明了，虽然逃出量子阱并进入连续态的电子数强烈地倚赖于偏置的方向，与连续态的输运相关的光增益对载流子的运动方向却不敏感。Levine 等人发现，对于所有三种不同跃迁形式的量子阱红外探测器，光增益都是非常相似的。这实际上意味着，一旦载流子逃逸到连续态，它们的输运就基本相同。另外，对于该样品，l=2.7μm，因而 L~1μm。根据式(11.236)和偏压相关光增益 g，可以确定总量子效率 η。图 11.44 给出了关于束缚态-连续态跃迁的样品(A~D)的结

果(Levine et al.　1992a)。图中η_0和η_{max}分别表示零偏压量子效率和最高量子效率。可以看出，即使在零偏压下，量子效率$\eta=\eta_0$也不为零，而是落在3.2%~13%之间。随着偏压升高，η开始线性增加，而后趋向于饱和值η_{max} =8%~25%。

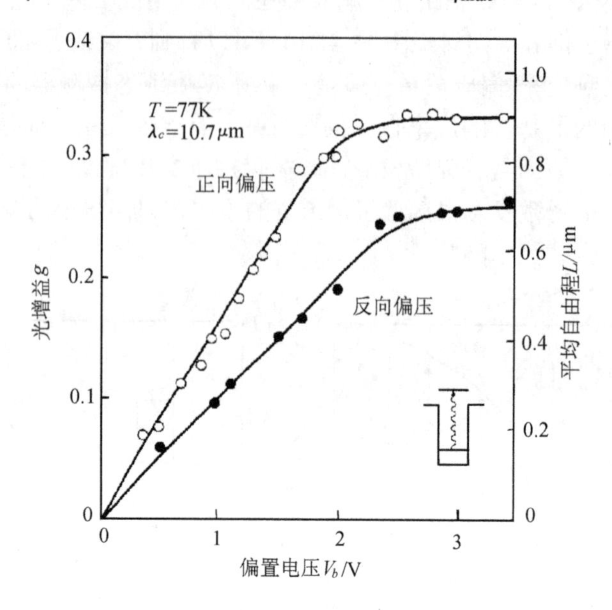

图 11.43　T=20K 束缚态-连续态(实线)和束缚态-束缚态(虚线)量子阱红外探测器的归一化响应率随波长的变化关系

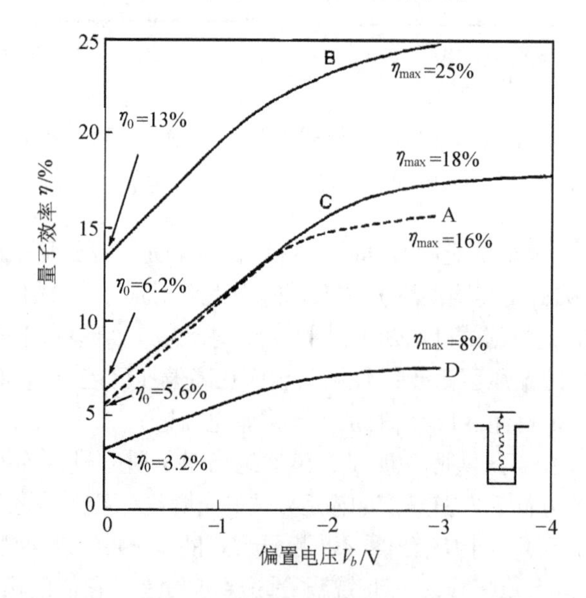

图 11.44　束缚态-连续态量子阱红外探测器的量子效率η 随偏压 V_b的变化关系

η_0和η_{max}分别表示零偏压量子效率和最高量子效率。插图显示导带的能级结构。A~D 为样品的编号

束缚态-准连续态量子阱红外探测器具有非常相似的零偏压量子效率η_0。比较而言，束缚态-束缚态探测器却具有明显不同的特征：在零偏压下，其量子效率要低一个数量级。究其原因，束缚态-束缚态探测器需要一定的电场辅助才能保证束缚态光电子隧穿出量子阱(Levine et al.　1988a)。

值得注意的是，所有三种不同跃迁类型的探测器均具有相似的η-V_b 关系。这意味着，一旦光生电子摆脱量子阱的束缚而进入连续态，其输运过程就基本一致。利用关系$\eta=\eta_{\max}p_e$[参见式(11.236)]还可以确定光生电子的逃逸概率 p_e。显然，对于所有三种不同跃迁类型的探测器，一方面，p_e表现出相似的随电压变化的特征；另一方面，束缚态-束缚态跃迁具有显著不同的零偏压 p_e 值。束缚态-连续态探测器有大零偏压 p_e值的主要原因是，处于势垒上沿连续态的电子逃逸时间小于该电子被原量子阱重新捕获的时间(Levine et al.　1992b)。而对于束缚态-束缚态探测器，由于束缚光激发载流子必须通过隧穿才能进入连续态，其零偏压逃逸时间比其他两种探测器的高至少一个量级。结果是，零偏压下，光生电子逃逸出量子阱并最终对光电流形成贡献的概率 p_e，明显低于其他两种类型探测器。

根据探测率的定义[参见式(11.226)]，可得峰值探测率 D_λ^*

$$D_\lambda^* = R_p\sqrt{A\Delta f}/I_N \tag{11.240}$$

式中：A 是探测器面积，Δf=1Hz。图 11.45 给出了波长λ_c=10.7μm 束缚态-连续态量子阱红外探测器的探测率随温度的变化关系。明显的特征是，随温度升高，探测率迅速下降。

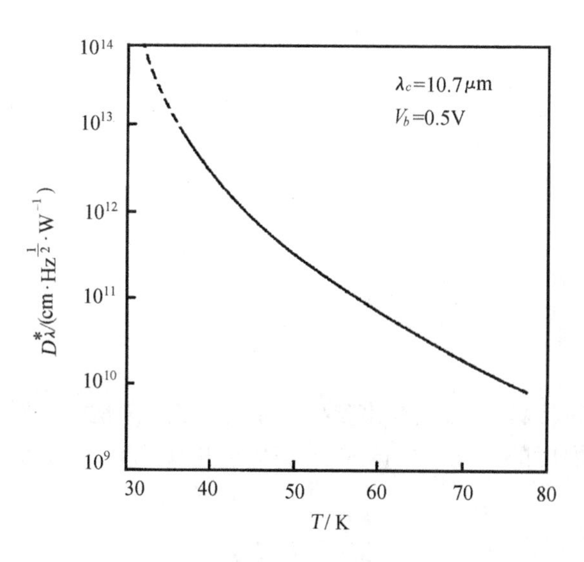

图 11.45　波长为λ=10.7μm 束缚态-连续态量子阱红外探测器的探测率随温度的变化关系。V_b=0.5V

对于低红外照射水平的有限产生-复合过程，结合式(11.238)、式(11.239)和式(11.240)，探测率可表示为(Rosencher et al.　1992)

$$D_\lambda^* = \left(\frac{\eta_a p_e}{2h\nu}\right)\left(\frac{\tau_L}{n^* l}\right)^{1/2} \tag{11.241}$$

可以看出，要获得高探测率，η_a，p_e 和 τ_L 要尽可能大，而 n^* 要尽可能小。

而对于高入射红外照射，探测率将达到由背景光噪声决定的背景限制性能(BLIP)，D_{BLIP}^*，(Rosencher et al.　1992，Levine et al.　1988b)

$$D_{BLIP}^* = \frac{1}{2}\left(\frac{\eta}{h\nu I_B}\right)^{1/2} \tag{11.242}$$

显然，当探测器工作于背景限制性能状态时，决定探测率的唯一因素是净量子效率 $\eta = \eta_a p_e$。作为数值实例，考虑图 11.45 所示的量子阱探测器。如果设定净量子效率为 10%，则可求出 $D_{BLIP}^* = 2.5\times10^{10}$ cmHz$^{1/2}$/W。从图中可以看出，相应的背景限制性能状态的温度为 T=68K。假如照射光通量降低一个量级，则 $D_{BLIP}^* = 7.9\times10^{10}$ cmHz$^{1/2}$/W。

噪声等效温度差可由式(11.231)导出(Zussman et al.　1991，Rosencher et al.　1992)

$$\mathrm{NEDT} = \frac{(A\Delta f)^{1/2}}{D_B^*(\mathrm{d}P_B/\mathrm{d}T)} \tag{11.243}$$

式中：D_B^* 是黑体探测率，其定义为

$$D_B^* = R_B\sqrt{A\Delta f}/I_n$$
$$R_B = \frac{\int_{\lambda_1}^{\lambda_2} R(\lambda)W(\lambda)\mathrm{d}\lambda}{\int_{\lambda_1}^{\lambda_2} W(\lambda)\mathrm{d}\lambda} \tag{11.244}$$

在多数情况下，R_B 相对于 R_p 只有比较小的降低。$\mathrm{d}P_B/\mathrm{d}T$ 是探测器频响范围内入射积分黑体功率随温度的变化。根据式(11.239)，并取 C_F=1，可得近似关系

$$\frac{\mathrm{d}P_B}{\mathrm{d}T} = \frac{P_B}{T_B}\frac{h\nu}{k_B T_B} \tag{11.245}$$

联立式(11.243)~(11.245)，可得(Zussman et al.　1991)

$$\text{NEDT} = (I_n/I_p)(k_B T_B/h\nu)T_B \tag{11.246}$$

据此，可以看出，NEDT 正比于噪声电流 I_n 与光电流 I_p 之比。

11.4.4 微带超晶格量子阱红外探测器

Kastalsky 等(1988)和 Byungsung 等(1990)最早开展了微带探测器的研究。他们采用了势垒顶端以下存在两个束缚态的结构。后来，Gunapala 等(1991)提出了束缚态-连续态微带探测器结构。理论上，微带探测器的光吸收和电子输运物理过程可以用Kronig-Penney模型来描述(Cho et al. 1987)。微带中的允许和禁戒能带 $E(k)$ 所对应的波函数满足 Schrödinger 方程，并由下式给出

$$\begin{aligned} \Psi_1(z) &= a_n \mathrm{e}^{k_1(z-n\Lambda)} + b_n \mathrm{e}^{-k_1(z-n\Lambda)} \\ \Psi_2(z) &= a_n' \, \mathrm{e}^{-\mathrm{i}k_2(z-n\Lambda)} + b_n' \, \mathrm{e}^{-\mathrm{i}k_2(z-n\Lambda)} \end{aligned} \tag{11.247}$$

式中：$\hbar k_1 = \sqrt{2m_1^*(V-E_z)}$，$\hbar k_2 = \sqrt{2m_2^* E_z}$，$\Lambda$是超晶格周期，$n$ 是量子阱的编号，下标 1 和 2 分别表示势垒区和量子阱区，m_1^*、m_2^* 是 z 方向的有效质量，V 表示势垒高度，E_z 是 z 方向的动能。根据①连续性边界条件：Ψ和 $(1/m^*)\mathrm{d}\Psi/\mathrm{d}z$ 分别在 $z=n\Lambda$和 $z=n\Lambda+L_b$ 处连续；②周期性限定Ψ的布洛赫(Bloch)函数形式，以及(3)归一化条件，可以确定各个系数。据此，可以计算能带的色散关系 $E_z(k)$，z 方向的群速度 $v_g = (1/\hbar)\mathrm{d}E_z/\mathrm{d}k$ 以及从第一束缚微带到势垒上第二连续微带之间的光吸收。为使关于超晶格的分析更接近实际，还可以通过计及量子阱/势垒层厚度涨落，对理想晶体模型作必要改进(Gunapala et al. 1991)。量子阱/势垒层厚度涨落可以用高斯分布函数表示

$$G(E) = \frac{1}{\sqrt{2\pi\Delta E^2}} \mathrm{e}^{-(E-E_0)^2/2\Delta E^2} \tag{11.248}$$

式中：单层涨落对应于能量宽度ΔE=10meV。

图 11.46 给出了两个具有不同势垒层厚度微带超晶格探测器的归一化室温吸收系数谱的实验值(实线)与理论计算结果(虚线和点划线)。测量时，入射光线与样品法方向成 45°角。图中的小插图所示为探测器的能带结构。两样品均用 MBE 技术制备。其中一个包含厚度 L_w=40 Å，掺杂浓度 $n=1\times10^{18}\ \mathrm{cm}^{-3}$ 的 GaAs 量子阱层和厚度 L_b=30Å，非掺杂 $Al_{0.28}Ga_{0.72}As$ 势垒层。上下接触层为掺杂浓度 $n=1\times10^{18}\mathrm{cm}^{-3}$ 的 GaAs，厚度分别为 0.5μm 和 1μm。另一个具有相似结构，唯一区别在于，其势垒层厚度 L_b=45Å。

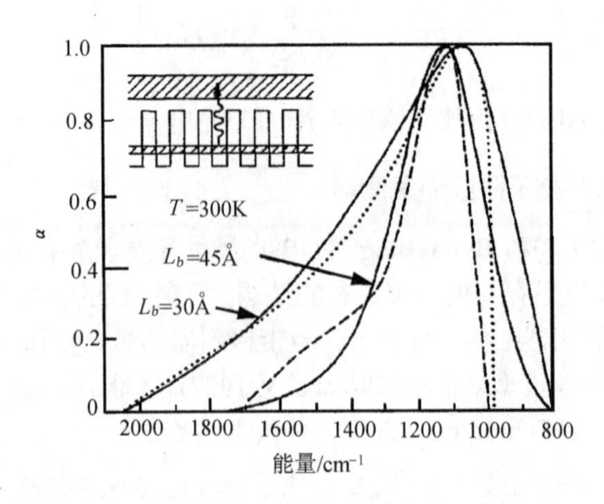

图 11.46　势垒厚度分别为 30Å 和 45Å 微带结构的归一化室温吸收系数谱。实线为实验结果，虚线和点划线为理论值。插图给出了微带结构的示意图

从图 11.46 中可以看出，吸收系数的峰值基本上不倚赖于势垒层厚度,而主要取决于量子阱层厚度，$\lambda_p \approx 9\mu m$。另一方面，依据前述理论的计算表明，最低(I)和第一激发态(II)微带宽度明显与势垒层厚度有关。对于 L_b=30Å，ΔE_I=41meV，ΔE_{II}=210 meV；对于 L_b=45Å，ΔE_I =17meV，ΔE_{II}=128meV。相应地，吸收系数谱的宽度$\Delta\nu$ 表现出势垒层厚度相关性：对于 L_b=30Å，$\Delta\nu$ =530cm^{-1}；而对于 L_b=45Å，$\Delta\nu$=300cm^{-1}。若同时考虑到吸收系数峰值的绝对值表现出相似的倚赖关系(L_b=30Å 时α=3100cm^{-1}，L_b=45Å 时α=1800cm^{-1})，不难得出结论，相对窄的势垒层微带结构对应于相对高的积分吸收强度。而理论与实验在峰位，线宽以及吸收系数谱总体形状上的一致性则表明，前述的理论模型能够很好地反映微带结构光电过程的物理机制。

图 11.47 所示为两样品的响应率测量结果，其中已经对反射损耗作了修正。测量采用了 45°的抛光入射面，并在 T=2K 温度条件下进行。值得指出的是，在 $T\leqslant$77K 温度范围内，响应率基本上与温度无关。这里的响应率峰值比 Byungsung 等(1990)的早期结果高 1~2 量级。可以看出，虽然图 11.46 所示的吸收系数谱的峰位与势垒层厚度基本无关，对应于 L_b =30 和 45Å 的样品的响应率谱的峰位却分别出现在λ=5.4μm 和 7.3μm。图 11.47 中虚线是依据式(11.224)，式(11.226)以及$\eta = (1-e^{-2\alpha l})/2$，并取$\tau_L$ 为唯一拟合参数的拟合结果。显然，计算峰位与实验值吻合得很好。同时，由这一拟合得τ=5ps，与实验测量值τ=4ps 非常接近。这意味着，响应率峰位与吸收系数谱峰位不重合的原因在于微带群速度 v_g 的曲线分布：v_g 在能带中心附近有极大值，而在能带边缘处为零；而吸收曲线在能带的低能边缘取峰值。

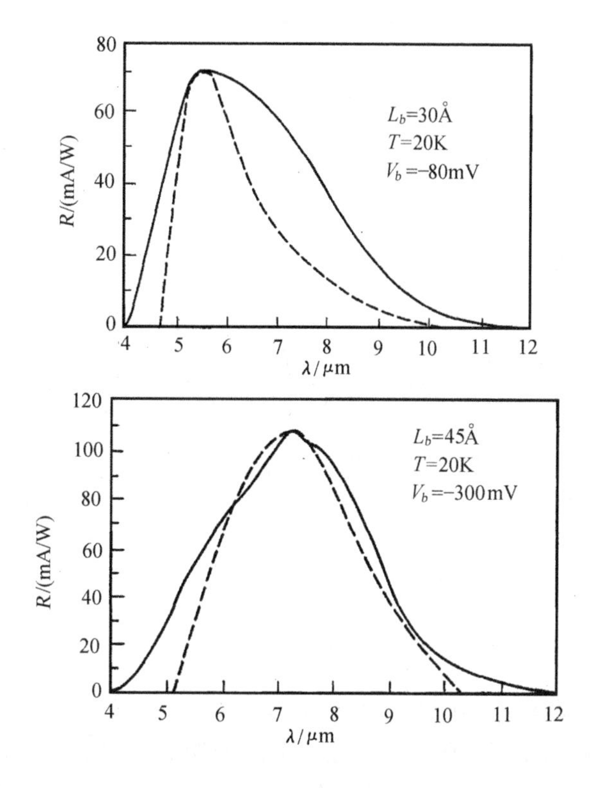

图 11.47 T=20K 时的响应率谱

(a)L_b =30Å，V_b =−80mV；(b)L_b =45Å，V_b =−300 mV。实线为实验结果，虚线为理论值

对两种不同势垒层厚度的直径为 200μm 探测器暗电流测量结果表明，势垒层较窄的探测器具有明显高的暗电流(Gunapala et al. 1991)。这是由于窄势垒层对应于较宽的微带，因而有较强的导电性。另一方面，在 T=77K 和 4K 两种不同温度下的测量结果则显示，高温时的暗电流明显的比低温的高。这是由于在这两种不同温度下暗电流有不同的物理机制。T=77K 时，暗电流主要决定于势垒顶端以下的第一微带的热电子发射到势垒顶端以上的第二微带。而在 4K 时，暗电流则由第一微带内的传导决定。

Gunapala 等人还测量了响应率随偏置电压的变化关系。对于 L_b=45Å 的微带探测器，响应率在零偏压时为零，在正/负偏压下随电压值的增大而单调增加。这与宽势垒层(L_b=300~500Å)的多量子阱探测器相类似。与此形成鲜明对照的是，对于 L_b =30Å 的微带探测器，如图 11.48 所示，响应率在零偏压时不为零。而且，在 0~−100mV 的负偏压下，响应率随电压值的升高单调上升；在正偏压下，响应率则随电压值的升高而迅速降低，并在 V_b=+110mV 时完全消失。

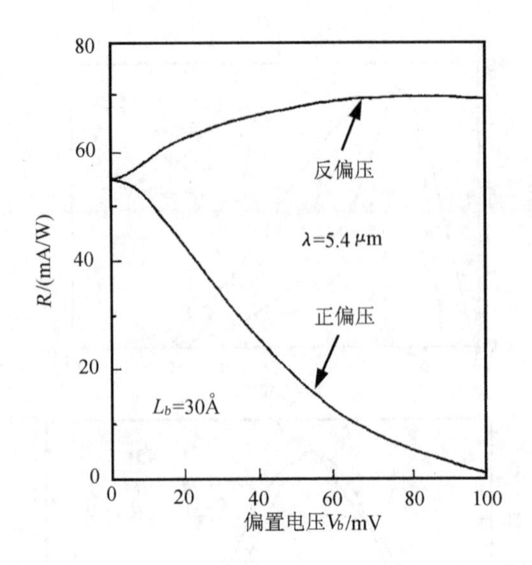

图 11.48　正反两种偏置电压条件下，势垒厚度为 30Å 微带结构的响应率

测量波长为λ=5.4μm，温度为 T=20K(Gunapala et al.　1991)

根据响应率和暗电流的实验值，并利用式(11.240)，可计算出探测器的峰值探测率 D_{λ}^{*}。对于 L_b =30Å 的探测器和 V_b=−80mV，T=77K 和 4K 时对应的 D_{λ}^{*} 分别为 2.5×10^{9} 和 5.4×10^{11}cmHz$^{1/2}$W。对于 L_b =45Å 的探测器和 V_b=−300mV，D_{λ}^{*} 分别为 2.0×10^{9} 和 2.0×10^{10}cmHz$^{1/2}$W。这样的结果比 Byungsung 等(1990)的早期结果高若干个量级。

11.4.5　多波长量子阱红外探测器

量子阱红外探测器结构的一个特点在于，通过控制量子阱的阱宽，势垒层的组分和结构等参数，探测器响应率的峰值响应波长可以落在 2~20μm 甚至更宽波长范围内,同时保证生长层与衬底晶格匹配。基于这一特点，为获得多频谱响应，就可以在材料生长过程中可以将若干个不同波长的晶格匹配探测器制备到同一个基片上，如图 11.49 所示。这样的结构既可以将所有的光电流累加起来从而构成一个非常宽的带宽，也可以单独测量每一个谱组分从而形成光谱仪或多波长成像功能特征。

Köck 等人首次利用图 11.49 所示结构，实现了双色量子阱红外探测器(Köck 1992)。在 GaAs 衬底上，依次生长两个系列的 GaAs/$Al_xGa_{1-x}As$ 多量子阱。其一为 50-Å-GaAs 量子阱/$Al_{0.34}Ga_{0.66}As$ 势垒结构，响应率峰值波长λ_p=7.4μm；其二为 80-Å-GaAs 量子阱/$Al_{0.29}Ga_{0.71}As$ 势垒结构，响应率峰值波长λ_p=11.1μm。两者之间用一中等程度高掺杂接触层隔开。两个探测器在 77K 温度下均表现出很高的探测率：前者 $D^{*}=5.5\times10^{10}$cmHz$^{1/2}$W，后者为 $D^{*}=3.88\times10^{10}$cmHz$^{1/2}$W。通过适当调整

加在三电极探测器上的偏置电压，其中任意一个探测器的光响应可以选择出来。

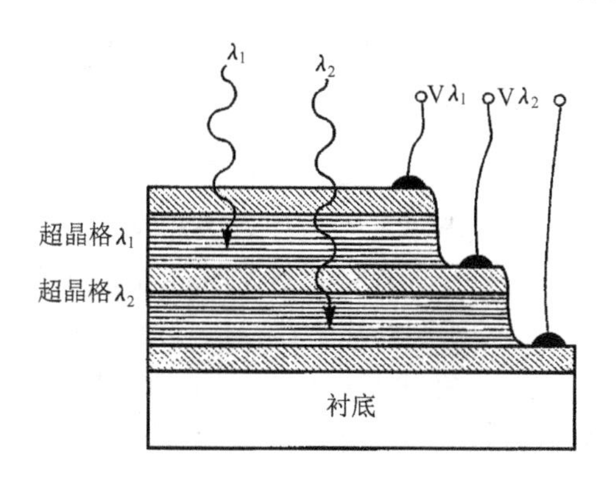

图 11.49　竖直集成双色量子阱红外探测器结构示意图

其三电极结构保证两个波长可以被单独检测处(Levine　1993)

Kheng 等(1992)则采用另外的设计思想实现了多波长红外量子阱探测器。他们采用包含两个束缚能级的宽量子阱(L_w=95Å)。量子阱是掺杂的，掺杂浓度很高(N_D=6.8×10^{18}cm^{-3})，从而保证费米能级高于第二束缚态。由于如此高的掺杂，E_1到 E_2 的束缚-束缚子带间吸收(波长为$\lambda\approx$10μm)和束缚-连续态吸收(波长为$\lambda\approx$4μm)均可能发生。因为 E_2 束缚态能级上的光激发电子必须通过隧穿逃逸出量子阱，两个探测波段的相对强度在改变偏压的情况下可以变化高达两个数量级。多波长量子阱红外探测器的一个重要应用是目标识别。如图 11.50 所示，每个“目标”均有其独特的红外辐射模式，或“签名”。这种模式由不同波长的不同强度光成分组成。因此，从背景中识别出具有这样红外辐射模式的特定物体的唯一有效措施是多谱成像。从图 11.50 可以看出，飞机与蓝天的红外辐射在波长为 8μm 附近是非常接近的，而在 10μm 附近，两种的红外辐射却存在很大反差。

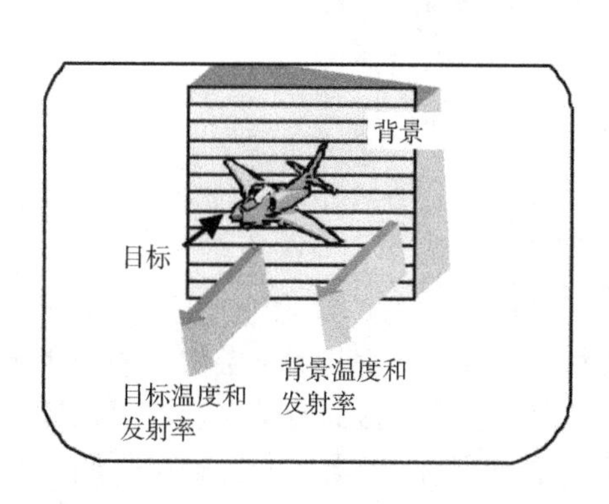

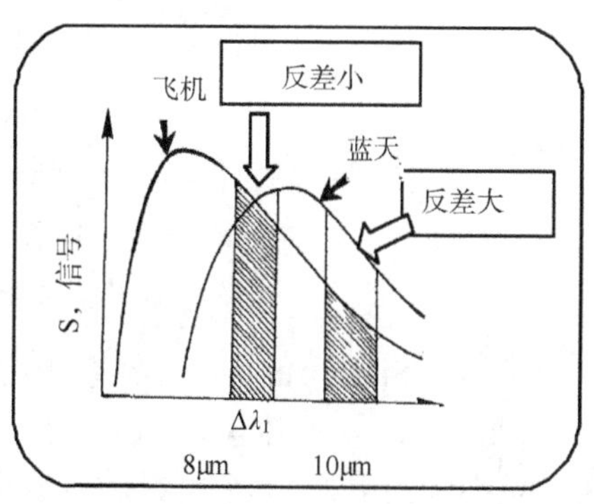

图 11.50　目标识别：多波长量子阱红外探测器应用实例

多色量子阱红外探测器是一种新型器件，根据同样的原理，可以做成双色、三色、多色，甚至光谱型的红外探测器。此外，采用量子级联激光器结构的红外探测器也是一种新型器件，它可望在室温下工作，有兴趣的读者可以参考文献(Hofstetter et al.　2002)。

11.4.6　量子点红外探测器

前面讨论的量子阱红外探测器是基于量子阱子带内单极吸收跃迁。量子点也存在同一带内子带间吸收跃迁，预期在中红外和远红外探测器应用方面发挥重要作用(Jelen et al.　1997)。与量子阱红外探测器相比，由于电子-声子散射被有效降低(Benisty et al.　1991)，量子点探测器具有子带内弛豫时间长的优点。同时，由于量子点子带跃迁不受偏振选择定则的限制，量子点探测器对法向入射光子同样敏感。量子点红外探测器有纵向光电流工作模式和横向光电流工作模式。

先讨论纵向光电流量子点探测器。类似于量子阱红外探测器，N-I-N 结构可用于制备量子点探测器。Chu 等(1999a，b，c)研究的 In(Ga)As/GaAs 量子点探测器的结构示意图，如图 11.51 所示。图中，有源区包含三层 In(Ga)As 量子点。它们生长在 GaAs 浸润层中，层厚薄到足以认为它(们)是量子阱。原子力显微镜观察表明，量子点的面密度大约为 $1.2\times10^{10}\text{cm}^{-2}$(Chu et al.　1999c)。层与层之间的隔离层比较厚(40nm)，借此可以认为层与层之间的量子点不发生耦合。样品的生长温度为 530℃(Chu et al.　1999a)

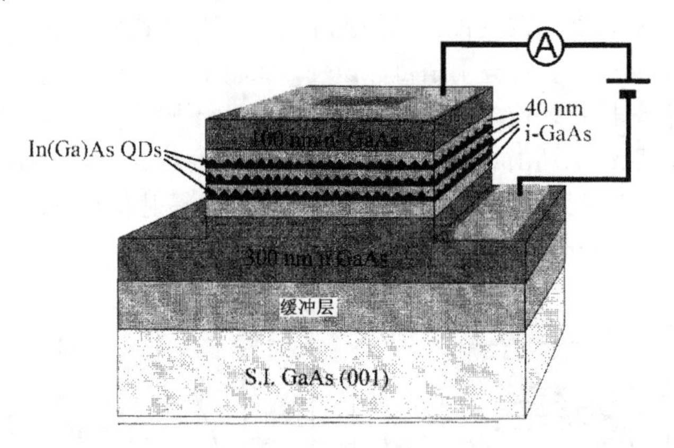

图 11.51　量子点探测器结构示意图

电学连接用于测量(垂直)光电流谱(Chu et al.　1999b)

量子点是 Si 掺杂的，表征掺杂浓度为 $7.2\times10^{10}\text{cm}^{-2}$。掺杂层位于相应量子点层以下 2nm，以便使得电子可以有效地从施主杂质转移到量子点。可以估计，每个量子点中大约束缚 6 个电子。有源区包裹在两 n 型掺杂的接触层之间。光刻(photolithography)和提取(lift-off)技术被用来制作图示的岛状样品结构。同时，为实现法向入射光电流测量，在上接触层做出一个 400μm×400μm 的光学窗口。采用图示的电学连接用来实现光电流谱测量。考虑到这里的偏置电压是沿着样品的生长方向的，因而这里的光电流被称为垂直光电流(Chu et al.　1999b)。

图 11.52 所示为样品的量子点导带电子结构。可以看出，在施加垂直方向的偏置电压时，受激电子可以在上下接触电极之间传输，因而形成光电流。图 11.53 所示为上述样品的光致发光谱(Chu et al.　1999b)。

在 1.08eV 和 1.14eV 能量处有明显的峰。它们对应于量子点中相同主量子数导带与价带态间跃迁。另外，在 1.43eV 能量位置处还有一个弱峰。它是由二维 GaAs 浸润层产生的。导带内子带间光电流谱的测量结果如图 11.54 所示。测量温度为 10K。

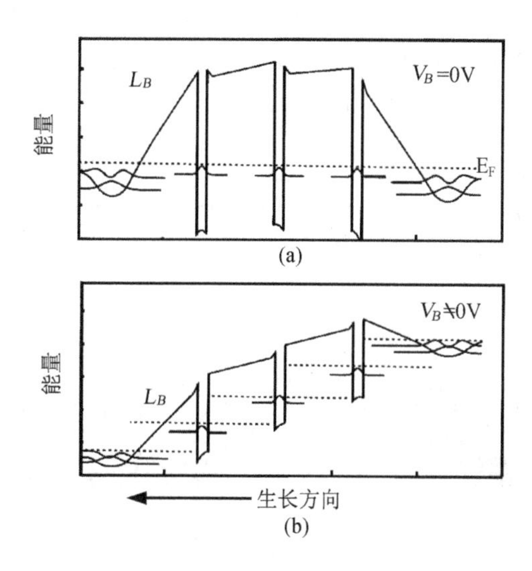

图 11.52　量子点探测器导带电子结构示意图

(a)热平衡状态；(b)施加偏置电压 V_B

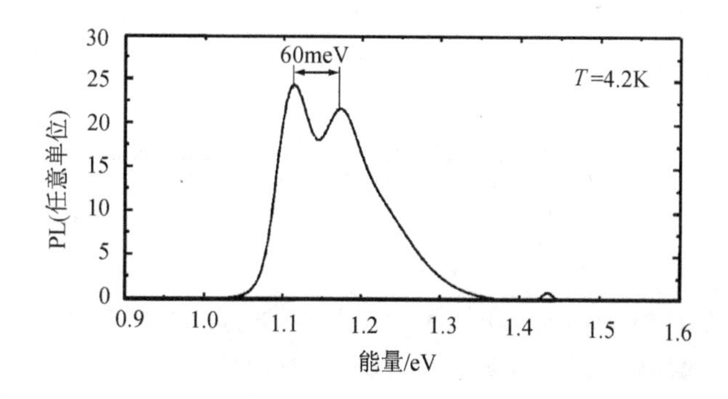

图 11.53　In(Ga)As/InGaAs 量子点探测器的光致发光谱

从图 11.54(a)可以看出，在法线方向入射情况下，光电流谱明显地表现出对应于导带内子带间跃迁的两个峰，峰位分别为 240meV 和 280meV。这证明对于量子点这样的三维约束系统，适用于量子阱的偏振选择定则不再成立。由于掺杂浓度的选择保证量子点中第一激发态能级是部分填充的，这两个峰可以分别归于导带中基态-连续态和第一激发态-连续态跃迁。它们的能量间隔 40meV 则大致对应于量子点导带中基态和第一激发态能级之间的能量分裂。另外，即使在零偏压下，光电流就已存在；随着偏压升高,光电流进一步增大。这主要是由样品的掺杂位置的非对称性引起的。图 11.54(b)所示的偏振相关测量是对多通波导构型进行的。为此，样品的侧面被抛光成 45°，用于接收光照射。图中 TE 偏振模平行于量子点层，而 TM 偏振模则包含垂直于量子点层面的成分。可以看出，两种不同偏振模对应于几乎完全系相同的光电流谱，表明对于量子点，导带内束缚-连续态间跃迁基本上与偏振无关。这与量子阱的情形再次形成鲜明对照。值得指出的是，量子点中束缚-束缚态间的子带跃迁依两束缚态的对称性，可以表现出偏振相关性。

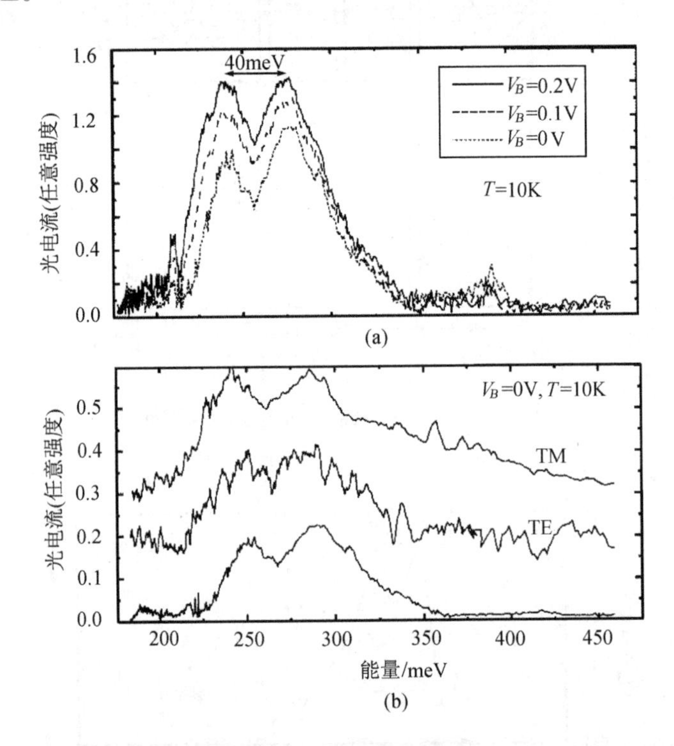

图 11.54　In(Ga)As/InGaAs 量子点探测器的法方向入射光电流谱

(a)不同偏置电压；(b)波导构型的偏振相关电流谱(Chu et al.　1999b)

图 11.55(a)(Kim　1998)给出了 InGaAs/InGaP 量子点红外探测器的一个实例，器件结构如图 11.55(a)所示。

量子点是在半绝缘(100)GaAs 衬底上，用低压金属有机化学气相淀积生长的。整个样品的生长温度为 480℃。首先在衬底上生长一层 5000Å 厚的 Si 掺杂(n=1×

10^{18} cm^{-3})GaAs 下电接触层；随后淀积一层 1000Å 厚的晶格匹配 InGaP 层。然后是包含 10 个周期 InGaAs 量子点/350-Å-InGaP 势垒层的有源区。最后以 1500Å 非掺杂的 InGaP 层和 n 掺杂($n=8\times10^{17}cm^{-3}$)的上电接触 GaAs 层结束整个样品的生长过程。400μm×400μm 的探测器结构是用化学湿蚀方法实现的。电接触衬垫通过蒸发的手段制备到上下接触层上。探测器响应率的测量是利用黑体辐射源和傅里叶变换红外光谱仪，并结合方程(Kim et al. 1998，Mohseni et al. 1997)

$$R_l = k\frac{I_p}{\frac{(D_A^2 A_d)}{4r^2}\sigma T_{BB}^4}$$
$$k = \frac{\sigma T_{BB}^4}{\int_0^\infty M(T_{BB},\lambda)S(\lambda)\mathrm{d}\lambda} \tag{11.249}$$

实现的，式中：R_l表示绝对响应率，单位 A/W；I_p是量子点探测器的电流；A_d是探测器的面积；D_A是黑体辐射孔径的直径；r是黑体孔径到探测器的距离；σ是史蒂芬-玻尔兹曼(Stefan-Boltzmann)常数；T_{BB}是黑体温度；k是由于探测器相对谱响应率$S(\lambda)$与黑体辐射谱$M(T_{BB},\lambda)$重叠引起的修正因子。

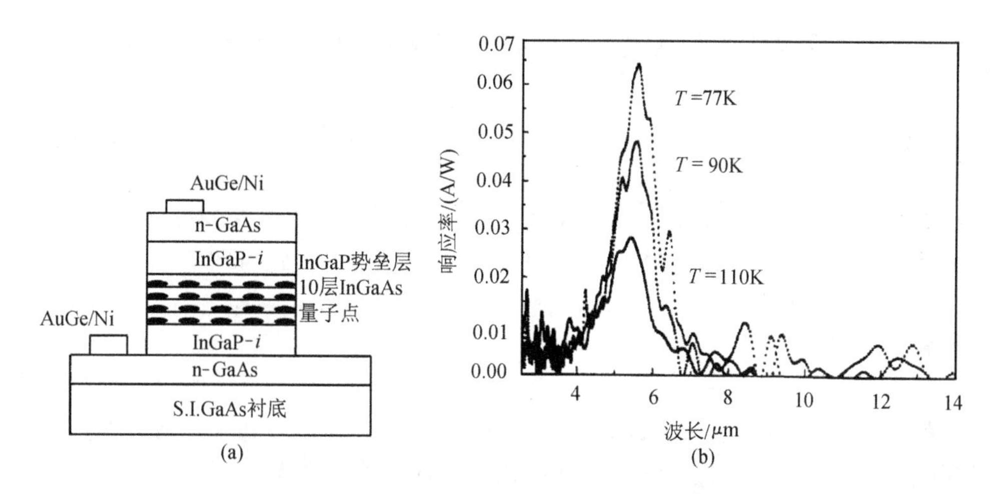

图 11.55 InGaAs/InGaP 量子点光导探测器

(a)结构示意图；(b)不同温度下的响应率(Kim et al. 1998)

图 11.55(b)所示为不同温度下探测器的响应率谱。可以看出，在 T=77K 时，量子点的子带跃迁出现在 5.5μm 处，响应截止波长则为 6.5μm。当偏置电压V_b=–2V，响应率峰值为 0.067A/W。随着温度升高，响应率相应降低。当 T>130K 时，光导信号基本被噪声完全淹没。在 T≤110K 温度范围内，响应率谱的线宽基本与温度无关，大约为 48meV，即$\Delta\lambda/\lambda\approx20\%$。这一结果与 Benisty 等人的早期报

道(Benisty et al. 1991)相比明显地窄。其中的差别主要可归因于样品中量子点几何尺寸的涨落。图 11.56 所示为 77K 温度条件下，InGaAs/InGaP 量子点光导探测器的响应率偏压相关性。很明显，随着偏置电压值的升高，响应率开始近于线性地增加；当电压值约为−4.5V 时达到饱和。这可以认为是由于光生载流子在枪外电场作用下速率达到了饱和。

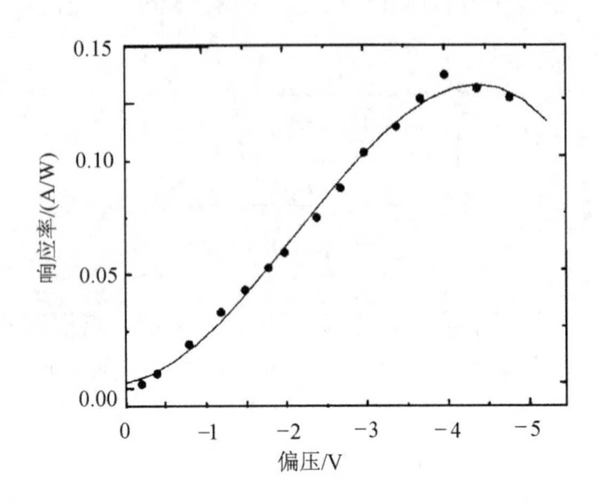

图 11.56 77K 条件下，InGaAs/InGaP 量子点光导探测器的响应率偏压相关性(Kim et al. 1998)

对探测器暗电流和探测率的测量结果表明，在 77K 温度和−2V 偏置电压条件下，5.5μm 的探测波长处的探测率约为 4.74×10^{7}cmHz$^{1/2}$W，相应的暗电流为 1.49 $\times10^{-10}$ A/Hz$^{1/2}$。值得指出的是，这一探测率与相同温度和探测波长的 GaAs/AlGaAs 量子阱红外探测器的相比，要低约两个数量级。在第 3.4.2 节，我们看到，采用横向光电流几何位形有助于增强光电流强度，因而可望获得更高探测率的量子点红外探测器。

下面再讨论横向光电流量子点探测器。量子点中束缚的电子既可以像前述讨论的，沿着样品生长方向传输，从而形成纵向光电流；也可以因激发进入浸润(量子阱)层，进而在平行于层面的横向电场作用下传导，形成横向光电流(Chu et al. 2000)。通过横向光电流测量，可以研究量子点与浸润层束缚态之间的跃迁。比较而言，由于量子点受到三维约束，测量量子点的横向光电流要比量子阱的相对容易一些。测量的电极配置方法如图 11.57(a)所示，相间于指状电极 20μm 宽，互相之间相隔 40μm。电极由 Ni/Ge/Au 合金做成，经过快速热退火，器件由 15 层 InGaAs 量子点浸没在本征 GaAs 层中。图 11.57(b)所示为一 In(Ga)As/GaAs 量子点样品的横向光电流谱。掺杂水平保证每个量子点大致束缚 6 个电子。

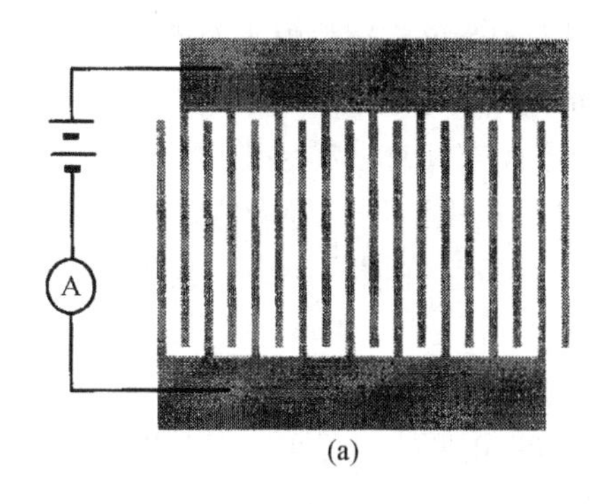

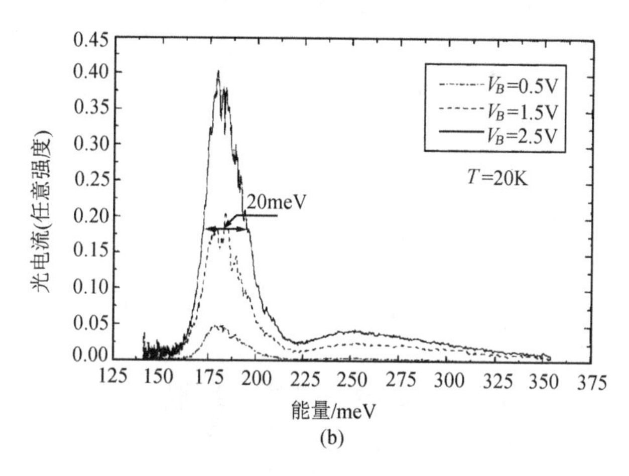

图 11.57

(a)测量光电流的电极配置方法示意图；(b)量子点样品的横向光电流谱，测量温度为 T=20K。强峰对应于量子点第一激发态与浸润层子带之间的跃迁(Chu et al. 2000)

可以看出，在 230~330MeV 能量之间的宽而弱的峰对大致对应于前述纵向光电流出现区域,因而可归因于量子点束缚态与连续态之间的跃迁。而在 180MeV 能量位置处，光电流谱出现线宽约为 20MeV 的强响应，该峰线是非对称的，在高能端有一个弱肩。它是由量子点填充态与浸润层子带之间的电子跃迁引起的。类似于前述有关纵向光电流的讨论，这种跃迁同样可以始于量子点基态和第一激发态。通过与光荧光实验结果比较，可以判定，180MeV 主峰对应于量子点第一激发态与浸润层子带之间的跃迁(II 跃迁)；量子点基态到浸润层子带的跃迁(I 跃迁)相对弱得多，表现为主峰高能端的弱肩(Chu et al. 2001a)。由于量子点的掺杂浓度，量子点基态能级被两个电子占满，而第一激发态能级上则有 4 个电子。因此，II 跃迁较 I 跃迁强。另一方面，波函数的对称性对跃迁的强度也有重要影响。量子点基态近于 s 态因而具有偶宇称，第一激发态波函数则是 p 型(Stier et al. 1999)，有奇宇称。跃迁的终态位于浸润层的子带中，其波函数沿着 z 方向是束缚的并具有偶宇称。沿着 x 和 y 方向，由于量子点的缘故，浸润层结构起伏明显，从而导致调整横向势阱。同时，量子点因为所束缚的电子而带负电。这些因素的综合效应是，浸润层中量子点附近的横向波函数也是准束缚的，并主要呈现为偶宇称。这就使得I跃迁基本上是被禁戒的，因而有相对弱得多的光电流(Chu et al. 2000，2001a)。

实验研究表明，对于量子点探测器，导带内横向光电流远较纵向的强。对于横向几何位形，载流子的传输发生在浸润层中，光生载流子因而有较纵向几何位形长的寿命。长的载流子寿命导致更高的光导增益(Liu 1992)，进而有强的光电流(Chu et al. 2001b)。

但是，仅从载流子传输的角度看，浸润层并非理想媒介。浸润层的厚度、组分以及应变等均对光生载流子的传输构成负面影响。如果光生载流子能够被转移到具有高载流子迁移率的输运通道，并在其中传输，则横向光电流的幅度可以得到大幅度的提高。图 11.58 所示为基于这种考虑设计的横向光电流量子点探测器的导带结构示意图。

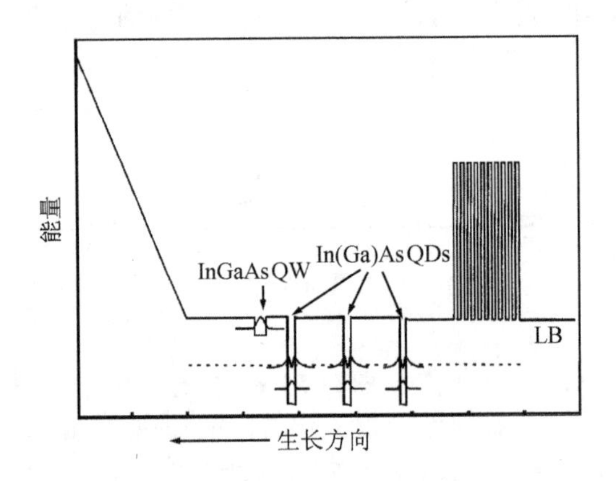

图 11.58 横向光电流量子点探测器能带结构示意图

光生载流子被转移到量子阱中，并在其中传输(Chu et al. 2001b)

探测器具有三层In(Ga)As/GaAs自组织量子点，层与层之间有40nm的间隔层。样品制备温度仍为530℃。量子点的掺杂与前述样品类似，仍保证每个量子点束缚约6个电子。在最上端量子点层的上部，额外生长了一InGaAs量子阱。光生载流子将被转移到该量子阱层，并在其中传输。另外，在样品表面以下100nm处，还引入一层δ掺杂层，用于饱和GaAs的表面态，并在量子点区域形成小的电场从而将光生载流子转移到 InGaAs 量子阱层。这种量子点与二维传输隧道之间的实空间电子转移最早由Lee等(1999)发现。很明显，在这里，实空间的电子转移发挥重要作用。电子转移时间构成了决定探测器性能的重要时间常数。

图 11.59 给出了横向光电流量子点探测器在不同温度下的光响应谱。测量的偏置电压为 V_B=0.6V，调制频率为 44Hz。与图 11.57 相似的是响应峰值能量：这里的光响应极大值出现在 185meV 能量位置处。不同的是，这里的响应强度远较图

11.57 所示的为高，表明有很高的光导增益。图 11.59 的插图部分显示了光响应峰值随温度的变化。在 33K 以下，响应峰值随温度升高而稍有增强。而当温度高于 33K 时，温度的进一步升高导致响应峰值急剧降低。

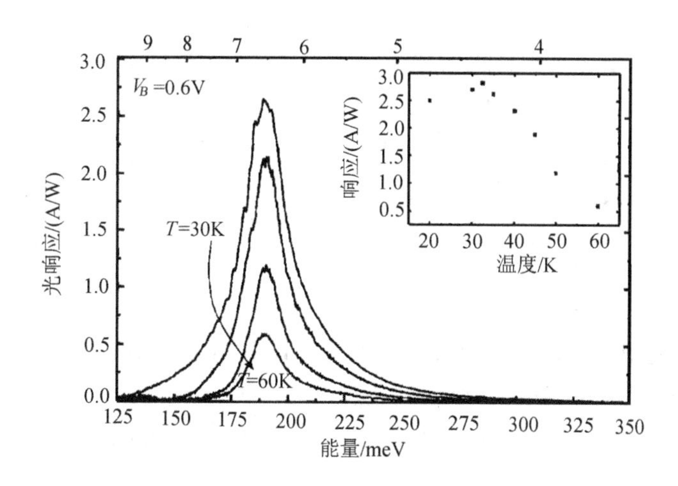

图 11.59　不同温度下横向光电流量子点探测器的光响应谱，响应极大值随温度的变化示于插图中

测量的偏置电压为 V_B=0.6V，调制频率为 44 Hz (Chu et al.　2001a)

一般地，温度升高直接影响量子点与 InGaAs 量子阱之间的电子转移。同时也影响探测器的暗电流特性。当温度在较低的区域小幅度上升时，浸润层与传输隧道之间的电子转移因热激发而增强，从而导致光电流响应极大值的轻微上升。随着温度的进一步升高，量子点中束缚的电子因受热激发的概率升高，这将使电子暗电流急剧上升(Ryzhii　1996)。与此同时，由于量子点中有效束缚的电子数降低，子带间吸收因而相应降低。作为一级近似，跃迁矩阵元与温度无关。实验发现，在 T=30K，V_B=1.5V 条件下，光响应峰值达到 10A/W；在温度高达 60K 的范围内，光响应仍为 1W/A 量级；而当 T=77K 时，光响应仅为 60mA/W。

11.5　低维系统红外激光器

11.5.1　引言

传统的半导体激光器，包括第一类电子能带结构量子阱激光器，是基于正向偏置 pn 结导带和价带之间的偶极辐射跃迁(Wang　2001)。其跃迁能量主要由材料的基本特性决定，因而主要工作在近红外和可见区域，波长都不超过 4μm。主要应用于光通信和数据读写等方面。对于该种激光器，要显著地改变发射波长，在制备时就必须采用不同的材料。例如，用于光通讯的近红外激光器在制备材料上，就应与 CD 播放机的激光器的不同。后者发射光波的波长较短。而在中红外和长波红外区域，基于子带间单极跃迁的量子级联半导体激光器占有明显的优势。

作为先决条件，激光器必须满足以下工作条件：

(1) 有额外的高浓度载流子，它们由外部提供，比如高注入电流；

(2) 对于光子来说，增益必须不小于损耗。增益正比于载流子浓度，因而注入电流必须高于某一临界值，即阈值电流。损耗则是由于光在波导腔中传播引起的；

(3) 能给光子提供足够强的正反馈。这可通过在光传播路径(波导腔)上设置两面反射镜来实现，如图 11.60(a)所示。当光波长λ与波导腔长度 L 满足关系

$$\lambda = \frac{2n_1 L}{N} \tag{11.250}$$

时，腔中将出现相长干涉，正反馈因而产生。式中 n_1 是折射率，N 是整数。同时，反射镜还起到限定光传播方向和选定光波长的作用。

图 11.60(b) 给出了典型的半导体激光器的功率-电流特征曲线示意图。可以看出，激光器的功率-电流特征曲线明显地受到温度的影响。由于载流子的扩散和非辐射复合均随温度升高而增强，导致阈值电流随温度升高而增大。由于半导体激光器的有源区通常很小，高注入电流很容易导致过热，因此，半导体激光器的冷却就是必要的。因而降低阈值电流是激光器设计的一个重要目标。同时可以看出，在一定温度下，当电流比较小时，激光器表现出发光二极管特征；而当电流超过阈值电流时，输出光功率随电流急剧增加，表现出受激辐射特征。图 11.61 给出了半导体激光器的辐射谱。很明显，由于光在波导腔内的相长干涉，从连续的发光谱中选择了一系列分立的窄激光谱线(模)。

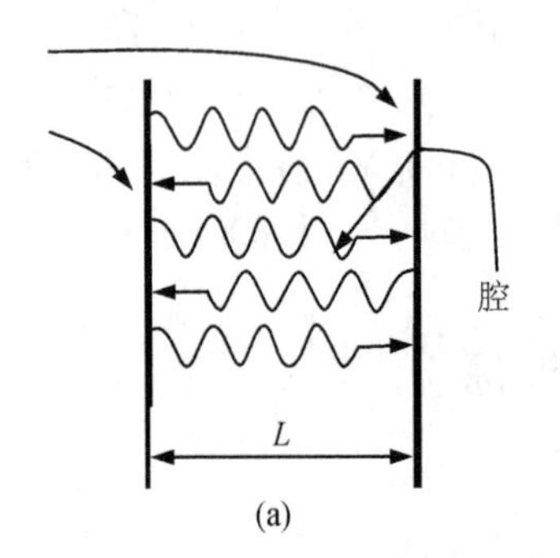

(a)

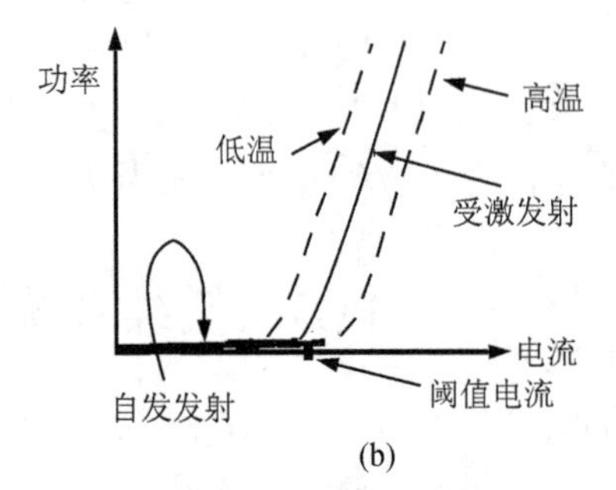

(b)

图 11.60

(a)激光器光波导的正反馈条件；(b)半导体激光器的功率-电流特性

1994 年美国贝尔实验室发明了量子级联激光器(QCL)。在过去相当长的时期，中远红外激光器的发展相当迟缓。究其原因，无论是 1962 年发明的同质结激光器，还是 20 世纪 70 年代发明的 GaAs/A1GaAs 异质结激光器，或是量子阱激光器，其

激射都依赖于半导体材料价带的空穴和导带的电子复合，以光子的形式辐射能量。激射波长完全由半导体材料的禁带宽度决定，而自然界缺少禁带宽度适于中远红外波段激光器的理想的半导体材料。20 世纪 70 年代以来，科学家力图通过建立新的半导体激光激射理论。1971 年，前苏联科学家 Kazatinov 等人提出了光助隧穿的概念，即带间子带的发光能量等于隧穿初态和终态电子能级的差异。1986 年，贝尔实验室的 Capasso 提出隧穿电子在量子阱区带内子带发光的新思想。1988 年，Liu(刘惠春)建议采用三阱结构实现中远红外发光。但随后人们逐步认识到，由于载流子辐射寿命为纳秒(10^{-9})量级，远远高于光学声子的能量寿命(10^{-12}，皮秒数量级)，要实现高于光学声子能量(36meV)的带内子带粒子数反转相当困难。20 世纪 90 年代初，贝尔实验室采用 InGaAs/InA1As 体系，设计了三阱结构，并将注入阱的阱宽压缩至 0.8~1nm。从而将注入阱能级到有源阱能级的光子跃迁寿命降至光学声子能量寿命数量级，使有源区带内子能级间的粒子数反转成为可能，并于 1994 年宣布发明了第一只 4.3μm 的中红外量子级联激光器(Faist et al. 1994)。

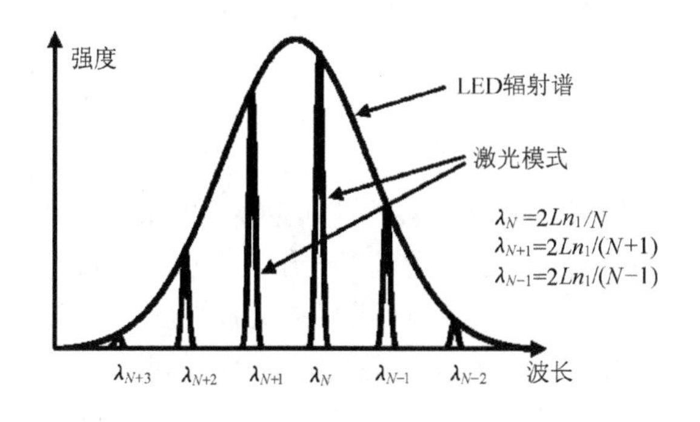

图 11.61　半导体激光器的辐射谱

11.5.2　子带间级联激光器的基本原理

量子级联激光器是世界上第一种输出波长可以在很宽范围内随意设定的半导体激光器。在制备过程中，通过单纯地改变激光器中量子阱层的厚度或/和势垒的高度，就能用同一种材料实现不同的工作波长。实际上，贝尔实验室等研究机构已经用 InP/GaInAs/AlInAs 同一种材料系统先后实现了 4~11μm 的激光器。

制备量子级联激光器的材料是在 GaAs 和 InP 衬底上用 MBE 方法生长的合金，具有带隙能量较高，制备工艺成熟等优点。这使得量子级联激光器与用窄禁带半导体如 InAs，InSb 基合金制备的传统中红外二极管激光器相比，具有更容易加工，更为可靠等优点。

量子级联激光器的能级结构与许多原子和固体激光器的四能级结构很相似。激射发生在两激发态之间，其中高能态充满电子而低能态没有电子，即处于粒子数反转态。这是由电子隧穿形成的。

在结构上，量子级联激光器是由多级串联有源区组成，每一级由注入区、耦合量子阱有源区和弛豫区三部分构成，而每一级的弛豫区又是下一级的注入区。注入/弛豫区设计成梯度带隙超晶格结构。在工作形式上，量子级联激光器类似于瀑布。当电流流过激光器时，电子逐级地跌落到低能台阶上。并且，每跌落到一个新台阶便发射一个光子。在每一级上，电子在两个束缚能级之间发生量子跃迁。所发射的光子在内置的两面反射镜之间来回反射，激发其他量子跃迁并因而发射更多光子。这样的放大过程保证了高输出功率。

图 11.62 给出了 $Ga_{0.47}In_{0.53}As/Al_{0.48}In_{0.52}As$ 量子阱级联激光器导带能级示意图(Gmachl et al.　2001)，包括两个有源区和其间的注入区。所加的外电场用电子势的线性梯度来表示。量子阱和势垒之间的导带不连续量大致为 520meV。通过求解 Schrödinger 方程，可以确定电子子能级及其波函数的模平方。图中同时给出了与激射跃迁相关的三个能级的结果。非本征电子通过掺杂 Si 来供给注入区，掺杂浓度通常为每一个有源-注入区周期 $1\sim5\times10^{11}cm^{-2}$，大致相当于体掺杂浓度为 $3\sim5\times10^{16}cm^{-3}$。在这样的低掺杂情况下，非本征电子以及杂质离子引入的附加电势基本可以忽略，因而 Schrödinger 方程将只包含量子阱势和外加偏压。对于图 11.62 所示的实例，有源区中量子阱厚度分别取为 6.0nm 和 4.7nm，其间的势垒厚度为 1.6nm。如此结构将导致 3 和 2 子能级间能量差为 207meV(相应波长为 6μm)，2 和 1 子能级间能量差为 37meV。后者的选取考虑了尽可能接近于 InGaAs/AlInAs 有源区材料的 LO 声子模的能量。通过施加合适偏置电压，使每一有源-注入级的电压降落为 0.29V，就能保证电子从注入区隧穿到有源区的上激射态 3 上。随后，电子将非常快地发射出 LO 声子，并散射到 2 和 1 低能级上。根据 Fröhlich 相互作用模型，散射时间可以确定为 τ_{32}=2.2ps 和 τ_{31}=2.1ps。据此，可以计算出激射上能级的寿命为

$$\tau_3 = \frac{1}{1/\tau_{32} + 1/\tau_{31}} = 1.1\,\text{ps} \tag{11.251}$$

类似地，下激射态 2 与能级 1 之间的散射时间可以确定为

$$\tau_{21} = \tau_2 = 0.3\,\text{ps} \tag{11.252}$$

如此短的散射时间是由该跃迁与 LO 声子的共振特性决定的。由于 $\tau_{32} \gg \tau_2$，很显然，只要电子能够通过隧穿足够快地由前级注入区供给能级 3，并能从能级 1 快速地隧穿到下一级注入区，粒子数反转就将在激射能级 3 和 2 之间出现，激射因而成为可能。进入注入区的电子在外电场的作用下，重新获得能量并最终被注入到下一级有源区。虽然激射现象在单有源区和多达 100 个有源区的激光器中均能发生(Gmachl et al.　1998b)，典型的量子级联激光器多由 20~30 个有源-注入区交替构成。

下面简要介绍增益与损耗的计算方法，具体推导可以参考文献(Gmachl et al.　2001，Faist et al.　1996)。根据速率方程模型并考虑到态 3 和 2 上由 Fermi 分布引

起的激射跃迁展宽，可以得到单位电流增益，即增益系数 g

$$g=\tau_3\left(1-\frac{\tau_2}{\tau_{32}}\right)\frac{4\pi e z_{32}^2}{\lambda_0\varepsilon_0 n_{\text{eff}}L_p}\frac{1}{2\gamma_{32}} \tag{11.253}$$

式中：λ_0是真空中波长，ε_0是真空介电常数，e 是单位电荷，n_{eff}是有效折射率，L_p是一个有源-注入周期的厚度，$2\gamma_{32}$是激射光谱的半高全宽，z_{32}是光偶极矩阵元。对于图所示的实例，可以得出，λ_0=6μm，n_{eff} =3.25，L_p =47nm，$2\gamma_{32}\approx$20meV，z_{32}=2.0nm，因而得出 g=30cmkA^{-1}。

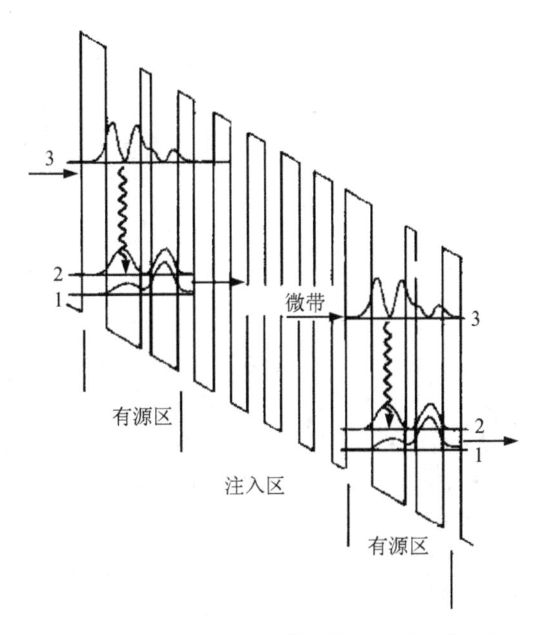

图 11.62　$Ga_{0.47}In_{0.53}As/Al_{0.48}In_{0.52}As$ 量子阱级联激光器导带能级示意图，给出了两个有源区和其间的注入区。同时给出了激光跃迁相关的三个子能级的波函数的模平方(标注为 1，2，和 3)。激光跃迁用波状箭头表示，电子的流动则用直线箭头表示

值得指出的是，式(11.253)是基于量子阱激光器的增益导出的，但是将一个有源-注入周期的总厚度作为有源区的厚度。

确定了增益系数以后，再来看决定阈值电流的第二重要因素——损耗情况。损耗主要来自三个方面。首先，谐振腔是由两半透明的反射镜，通常情况下即为半导体的端面构成的。每一个反射镜的反射率为

$$R=\left(\frac{n_{\text{eff}}-1}{n_{\text{eff}}+1}\right)^2 \tag{11.254}$$

它对应于镜面损耗或称为耦合输出损耗

$$\alpha_m = \frac{1}{L}\ln(R) \tag{11.255}$$

可以看出，这部分损耗可通过在镜端面使用高反射/抗反射覆盖层来降低/增大。一般地，界面和缺陷引起的散射损耗可以看作额外的耦合输出损耗，只是较难进行定量地分析。

损耗的第二个主要来源是掺杂半导体区和金属接触层的自由载流子吸收。其中金属接触层的影响可以通过优化设计来降低，而半导体的 Drude 损耗，通常称为波导损耗α_w，却是无法避免的。它与波长的平方大致成正比(Yu et al. 1999)，即$\alpha_w \propto \lambda^2$。

共振子带间吸收跃迁是吸收损耗的第三种来源。由于可观的微带间跃迁的光偶极矩阵元，在光学跃迁与激光波长发生共振时，非本征电子在注入区将引起明显的吸收。因此，在设计量子级联激光器的注入和有源区时，应考虑避免这种共振子带/微带间吸收。

根据上述有关损耗的讨论，可得出与阈值电流密度的关系(Gmachl et al. 2001)

$$J_{\text{th}} = \frac{\alpha_w + \alpha_m}{g\Gamma} \tag{11.256}$$

式中：Γ代表引导模与有源-注入区堆栈的交叠程度，称为限制因子。它反映了级联级数对阈值电流密度的贡献。考虑到J_{th}的温度相关性，可以认为α_m、α_w以及Γ都与温度无关。这一点在忽略热生载流子效应和热致电子能带结构变化的前提下是成立的。另一方面，增益系数却明显与温度有关。随着温度升高，声子数量增加，电子经由 LO 声子发射的散射时间显著降低。同时，由于载流子的热扩散，使得非抛物线性增强，从而使载流子的杂质散射和界面非均匀散射增强。增益谱的宽度也随温度升高而相应增加。最后，由注入区传来的电子能够热退激发到低激光能级，从而导致粒子数反转程度的降低。Faist 等人给出了阈值电流密度与温度关系的解析表达式(Faist et al. 1998b)

$$J_{\text{th}} = \frac{1}{\tau_3(T)\left(1 - \frac{\tau_2(T)}{\tau_{32}(T)}\right)}\left[\frac{\varepsilon_0 n_{\text{eff}} L_p \lambda_0 (2\gamma_{32}(T))}{4\pi e z_{32}^2} \cdot \frac{\alpha_w + \alpha_m}{\Gamma} + e n_g \mathrm{e}^{-\frac{\Delta}{kT}}\right] \tag{11.257a}$$

$$\tau_i = \tau_{i0} \frac{1}{1 + \frac{2}{\exp\left(\frac{E_{\text{LO}}}{k_{\text{B}}T}\right) - 1}}, \quad i = 1,2,3 \tag{11.257b}$$

式中：τ_{i0}是低温下的散射时间，E_{LO} 是 LO 声子的能量，T 是温度，n_g是注入区基态载流子的面密度，Δ是注入区基态能级与相邻下一级有源区第二能级的能量间隔。该关系被证明与实验吻合得很好。

不过，就像传统半导体激光器，在描述量子级联激光器的温度特性时，通常采用所谓的特征温度 T_0

$$J_{\text{th}}(T) = J_0 \exp\left(\frac{T}{T_0}\right) \tag{11.258}$$

对于量子级联激光器，T_0 大致落在 100~200K 之间。这相对于其他形式的半导体激光器来说，是非常高的。后者的典型值低于 100K。

根据损耗的讨论，还可以确定每单位电流增加引起的单端耦合光输出的增加，即微分增益

$$\frac{\partial P}{\partial I} = \frac{1}{2}\frac{hv}{e}N_p \frac{\alpha_m}{\alpha_m + \alpha_w}\left(1 - \frac{\tau_2}{\tau_{32}}\right) \tag{11.259}$$

式中：hv 是光子能量，N_p是有源/注入区的级数。显然，级数越多，则微分增益和输出光功率就越高。实际中，两者分别为 W/A 和 W 量级。

11.5.3 子带间级联激光器的基本结构

量子级联激光器的设计包括有源区设计和波导设计。自 1994 年 Faist 等(1994)首次展示量子级联激光器以来，先后出现垂直跃迁、倾斜跃迁和超晶格等三种不同的有源区设计，通过与传统的介电型波导或表面等离子激元型波导相配合，制备出了多种不同形式的量子级联激光器。

首先来看有源区结构。第一种是三势阱垂直跃迁有源区。在所谓的三势阱垂直跃迁设计中，一薄势阱被插入到图 11.63 所示结构的注入区和有源区之间。它所起的作用是显著降低由注入区直接散射到低能态 2 和 1 上的电子。这一改进导致了第一个可工作于室温的高性能量子级联激光器的诞生(Faist et al. 1996)。

图 11.63 给出的是一个实际 InGaAs/InAlAs 量子级联激光器部分导带结构示意图(Gmachl et al. 1999c)。有源区包含有三个由薄 InAlAs 势垒层耦合的 InGaAs 量子阱层。在外加电场为 45kV/cm 时，激光器达到临界电流状态，此时激光上下能级的能量间隔为 E_{32}=153.6MeV(相应于波长$\lambda_0 \approx 8\mu m$)，计算表明，两激光能级 3 与 2 之间的 LO 声子散射时间τ_{32}=3.1ps，光跃迁偶极矩阵元为 z_{32}=1.9nm。激光低能级 2 与有源区基态能级 1 之间紧密耦合，因而两者是强烈反交叉的。这使得 z_{32}和τ_{32}相对于 z_{31}和τ_{31}均显著增加。另外，两能级之间间隔设计为 E_{21}=38.3MeV，以便保证 LO 声子(E_{LO}~34MeV)能有效的将能级 2 上的电子散射到基态能级上：

$\tau_2 \sim \tau_{21}$=0.3ps，远小于τ_{31}。另一方面，由能级 3 到能级 1 的 LO 声子散射时间为τ_{31}=3.6ps，而由能级 3 直接到下一注入区所有能级的散射时间大致为$\tau_{3i} \approx 14.6$ps，明显的比有源区内的散射时间长。

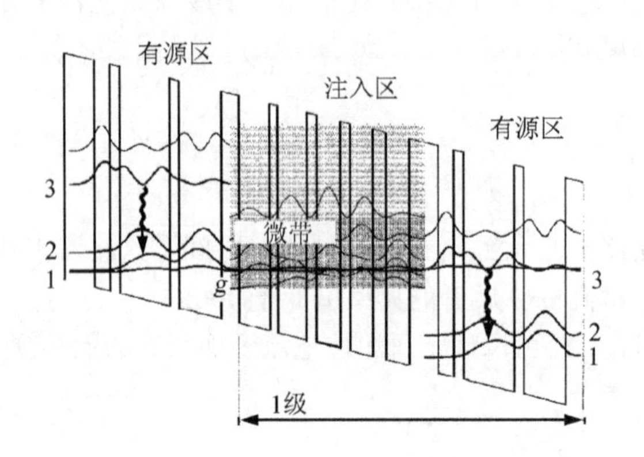

图 11.63　量子阱级联激光器导带能级示意图

从有源区最左端势垒层开始往右，一个有源/注入区周期的各层材料厚度依此为: 3.8 /2.1 / 1.2 /6.5 / 1.2 /5.3 / 2.3 / 4.0 /1.1 /3.6 /1.2 /3.2 /1.2 /3.0 / 1.6 /3.0 nm, 其中下划线层是 n 型掺杂的，势垒层用黑体字符表示，注入区用斜体表示。 所加偏置电压为 45kV/cm

根据式(11.253)，并利用：①上述确定的散射时间；②荧光线宽的测量值$2\gamma_{32}$~10meV；③激光器有源/注入区周期长度 L_p=44.3nm；④波导的有效折射率n_{eff}=3.27；以及⑤激射波长λ_0=8μm，可以得出增益系数为(Gmachl et al. 1998a)$g \approx 60\text{cmkA}^{-1}$。

对于L=2.25mm 长的解理端面激光器，镜面损耗α_{m}=5.59cm^{-1}。根据 Hakki-Paoli (Hakki et al. 1974)方法测得的阈值处波导损耗$\alpha_{\text{w}} \approx 24\text{cm}^{-1}$。另外对于 30 个有源/注入区周期的激光器，$\Gamma$=0.5。据此利用式(11.256)，可以得到该激光器的阈值电流密度为J_{th}=0.98kAcm^{-2}。值得指出的是，这一数值与实验结果$J_{\text{th}} \approx 1\text{kAcm}^{-2}$符合的非常好。类似地，对于 N_{p30}，每一端面的梯度效率的计算值为$\partial P/\partial I$=394Mw·A^{-1}，与实验值$\partial P/\partial I \cong 400\text{mWA}^{-1}$也非常接近。理论与实验之间如此好的一致性，一方面说明样品的生长质量很好，一方面也反映激光器中主要的物理过程得到了很好的理解。

前面的结果是针对具有 30 级，即 N_p=30 的级联激光器的。通过增加 N_p，可以增强束缚因子Γ。一般地，在 $N_p \leqslant 30$ 时，Γ随 N_p线性增加，而对于更高的 N_p，Γ则趋于饱和，例如：$\Gamma(N_p=30)=0.49$，$\Gamma(75)=0.81$，$\Gamma(100)=0.88$，以及$\Gamma(200)=0.97$。

级联激光器的特性随 N_p的变化如图 11.64 所示。

图 11.64 给出了阈值电流密度与级数关系的理论(曲线)与实验(数值点)结果。理论计算基于式(11.258)。实验数值分别来自脉冲和连续两种共振模式。对

于 $N_p \geqslant 15$，在低温下总能得到 $J_{th} \leqslant 2kAcm^{-2}$ 的阈值电流密度。对于较小的 N_p，J_{th} 明显上升，并几乎正比于 N_p^{-1}。可以看出，$N_p \leqslant 6$ 时激光器无法在室温下工作，N_p=3~30 时，激光器可工作于连续波模式。

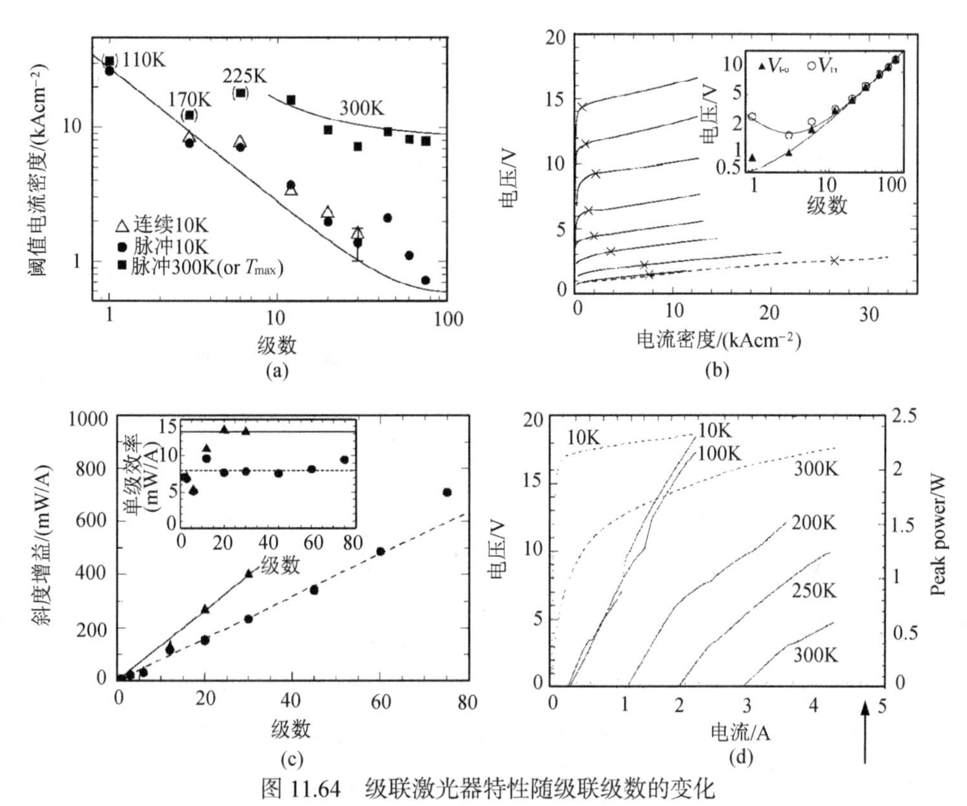

图 11.64　级联激光器特性随级联级数的变化

(a)不同温度下测得的阈值电流密度与级数的函数关系，实心圆点代表低温脉冲工作模式，小三角形代表低温连续共振模式，黑方块代表室温脉冲工作模式；N≤6 时激光器无法在室温下工作；代表性的最高工作温度在圆括号中给出；实线是理论计算结果；(b)不同级数 N_p 级联激光器的电压-电流特征曲线，自上而下，分别表示 N_p=75，60，45，30，20，12，6，3，和 1，其中 N_p=1 对应于虚线；每一曲线上的"×"表示激光器达到阈值时对应的电压；(c)斜度增益随 N_p 的变化关系，小三角对应于连续工作模式，圆圈对应于脉冲模式，曲线是对数据点的最佳拟合；两曲线的差异缘于两种测量的不同采集效率: 连续工作模式的为 100%，脉冲模式的则为 60%。插图给出了单级单端梯度效率与 N_p 的关系；(d) N_p=75 的级联激光器在不同温度下，(单端)光输出-电流(实线)和电压-电流(虚线)特性；收集效率小于 90%；器件工作于脉冲状态

图 11.64(b)表示低温下电流-电压特性的测量结果。每一级的电压降为 $E_{32}+E_{21}=E_{photon}+E_{LO\text{-}phonon}$=193MeV，整个级联激光器的电压降则为

$$V_S(N_p)=\frac{(E_{32}+E_{21})}{e}\cdot N_p \propto N_p \tag{11.260}$$

类似于传统的半导体激光器，这里引入开门电压 V_{to}，即电流开始在激光器中流动时所加的偏压。V_{to} 随 N_p 变化的实验数值示于图 11.64(b)的插图部分。它们可以很

好地用关系

$$V_{\mathrm{to}}(N_p)=V_S(N_p)+V_{\mathrm{offset}}=e^{-1}\cdot(E_{32}+E_{21})\cdot N_p+V_{\mathrm{offset}} \tag{11.261}$$

来拟合，其中仅以 V_{offset} 为拟合参数。据此得到 V_{offset}=0.33V。这一结果可以解释为由(1)非合金接触(约为 0.1V)，(2)第一个注入区与 GaInAs 类体材料层的接触(约为 0.05V)，和(3)最后一个注入区与 InGaAs 类体材料层的接触(约为 0.2V)导致的。另一方面，阈值电压可以由下式求得：

$$V_{\mathrm{th}}(N_p)=V_{\mathrm{to}}(N_p)+\frac{\partial V}{\partial J}(N_p)\cdot J_{\mathrm{th}}(N_p) \tag{11.262}$$

其中最后一项表示在 V_{to} 以上维持阈值电流密度 $J_{\mathrm{th}}(N_p)$所需的额外电压。由此得出的理论结果绘于图 11.64 (b)的插图中，相应的实验结果也一并用数据点标出。很明显，理论与实验吻合的非常好。

图 11.64(c)给出了低温下梯度效率随 N_p 的典型变化关系(Gmachl et al. 1999c)。其中的插图则显示了单级的梯度效率。剔出不同工作模式下的不同收集效率，脉冲和连续两种模式的结果基本一致。拟合的结果是单级单端梯度效率约为 13.24mWA^{-1}。根据梯度效率与微分量子效率的关系

$$\eta_D(N_p)=\frac{e}{E_{32}}\frac{\partial P}{\partial I}(N_p) \tag{11.263}$$

可以得到单端单级总外部微分量子效率的理论/实验值分别为 8.5%和 8.3%。对于 $N_p\geqslant 12$，$\eta_D(N_p)$将超过 1。如η_D (75)≈6.4。

图 11.64(d) 给出了 N_p=75 的级联激光器在不同温度下，(单端)光输出-电流(实线)和电压-电流(虚线)特性。收集效率小于 90%。器件工作于脉冲状态。一般地，对于较小的 N_p，最大峰值光输出功率基本上与 N_p 成正比，而当 N_p 较高时，输出功率趋于饱和。从图中可以看出，N_p=75 的输出功率在 50 200 和 300K 温度下分别为 1.4、1.1 和 0.54W。

非常短的有源区与非常高的注入区设计灵活性的有机结合，使得三势阱垂直跃迁有源区非常适于短波长激光器的设计。Faist 等人首次成功的制备了波长为 3.5μm 的级联激光器(Faist 1998a)。往长波方向，该设计亦可将波长拓展到高达 13μm。

第二种有源区结构为超晶格有源区。超晶格有源区量子级联激光器的设计是由 Scamarcio 等人首先提出的。其激光过程发生在微带之间，而非量子阱有源区的子带之间。该型激光器具有高增益，高电流承受能力和低温度敏感性等优点。其弱点在于，一般只能应用于较长波段(例如，对于 InP 基晶格匹配超晶格有源区量子级联激光器，工作波长$\lambda_0\geqslant 7$μm)。这主要因为较宽的微带将比子带占据更大

的能量空间。

通常，半导体超晶格是由纳米尺度量子阱和势垒层交替堆积起来的。这样的人工晶体的周期一般远大于晶体组分的晶格常数。由于强隧穿耦合作用，晶体场多重叠加，结果是导带沿晶体生长方向分裂成一系列由能隙(微隙)隔开的窄带(典型值为几十到几百毫电子伏特)。对于给定的材料系统，微带和微隙可通过选择合适的层厚度加以调整。

图 11.65 直观地显示了第一个微带间超晶格有源区量子级联激光器的工作过程(Scamarcio et al. 1997b)。每个超晶格由 8 个强烈耦合的量子阱组成，阱与阱之间的势垒层非常薄(典型值为 1~2nm，对应于数百毫电子伏特的导带不连续量)。由此可以在 520meV 的势阱中得到两个主要束缚于超晶格中的微带。超晶格被均匀地掺杂到 $6\sim7\times10^{16}\,cm^{-3}$ 水平，以保证非本征电荷能够屏蔽掉激光器正常工作时所加的外偏置电场。第一微带的宽度大约为 100meV，而准 Fermi 能级约为 12meV，远低于第一微带顶部。因此，即使在较高温度，仍可认为第一微带顶部基本是空的。电子由前级注入区(掺杂水平与有源区的相同)直接注入到有源区第二微带带底处的基态上。这一点与三势阱垂直跃迁有源区的类似。电子在那里能够通过光学跃迁到下一微带的顶部。在 $\boldsymbol{k}$ 空间，该跃迁出现在所谓的“微布里渊区边界”。

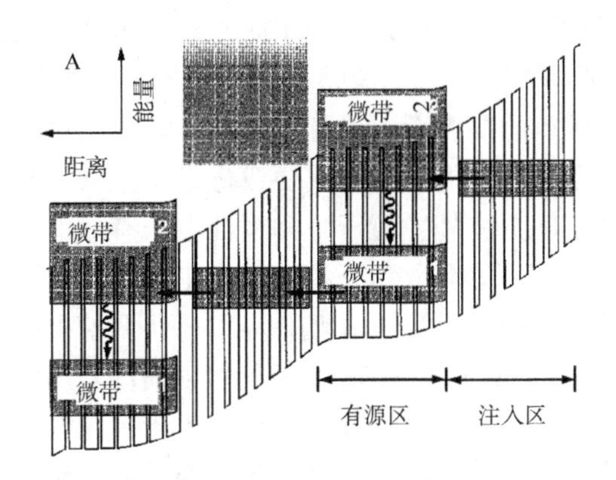

图 11.65 第一个 InGaAs/InAlAs 超晶格有源区量子级联激光器导带示意图

阴影区代表微带。波纹状箭头表示发生在第一微隙 2-1 的激光工作过程

在这里，微带间的散射过程同样是由 LO 声子发射决定的。特别地，较高微带带底附近的电子可以通过发射 LO 声子实现大动量转移，并弛豫到较低微带带顶附近。这一过程具有相对长的散射时间，约为 10ps。在每一微带内，由于涉及小动量光学声子的发射过程，电子的微带内散射弛豫非常快，通常为十分之几秒。如此大的带间/带内弛豫时间保证了微隙之间的本征粒子数反转。超晶格有源区量子级联激光器的第二个独特的设计特征是超晶格微布里渊区边界处的高光学跃迁振子强度。根据 Helm 的研究结果(Helm 1995)，超晶格最低两微带之间辐射跃

迁的振子强度随波数增加而增加，并在布里渊区边界处达到最大值，而且，它随势垒厚度的降低而急剧增加。

对于图 11.65 所示的激光器，InAlAs 超晶格势垒的厚度为 1nm，InGaAs 量子阱的则为 4.3nm，两者的晶格相匹配。激光器的工作波长为 8μm。通过优化设计，可以得到最大振子强度下光偶极矩阵元为 3.6nm。这一数值约为相似波长多量子阱有源区激光器的两倍!

为了合理地计算激光跃迁能级、光学偶极矩阵元以及相关能级之间的散射时间，就必须首先计算超晶格结构的能带特征，而这需要两方面信息：①外加偏压，②施主杂质离子以及非本征电子的电荷分布导致的电场。因此，就必须求解自洽 Schrödinger 方程和 Poisson 方程。其中后者确定电荷分布与静电势的关系。一旦确定了能级和波函数，激光器的特征参数就可以用类似于上一节的方法进行计算。例如，对于图 11.65 所示的激光器，可以求出增益系数为 25cmkA^{-1}。若与传统的波导($\alpha_w \approx 30\text{cm}^{-1}$)相结合，则在脉冲模式且激光器热沉温度为 5K 时，阈值电流密度为 8.5kAcm^{-2}，单端峰值光输出功率可达 850mW。可以看出，即使对于这样最初的设计，其光输出已优于传统的量子级联激光器。如果比较阈值电流密度或连续工作模式、梯度效率等其他性能，就会发现，这样的设计不及传统的量子级联激光器。主要原因在于，掺杂程度高导致波导损耗增加；而有源区内的高电子浓度又将引起辐射谱线增宽。不幸的是，为了防止外加电场影响超晶格内部的能级结构，非本征掺杂是必须的。因此，改善超晶格量子级联激光器性能的关键在于，在保持超晶格有源区优点的前提下，尽可能降低所需掺杂水平。

超晶格量子级联激光器性能的首次主要改进是将掺杂仅局限于注入区。其指导思想在于，通过在空间上将施主离子与非本征电子有效地分离开来，使得在超晶格内由它们产生的电场刚好与外电场相抵消。Tredicucci 等人通过对注入区中紧邻下级有源区的材料层进行合适的 n 型掺杂，保证阈值电流工作状态下超晶格有源区内无电场(Tredicucci et al. 1998)。所得散射时间与增益系数与掺杂超晶格激光器的相似。但是，即使对于常用波导结构，由于有源波导核心的有效掺杂程度降低，波导损耗明显变小，因而很容易做到室温脉冲工作模式和低温连续工作模式。据此，在 50%采集效率条件下，得到了 10kAcm^{-1} 的室温阈值电流密度和 175mW 的单端峰值光输出功率。

对超晶格量子级联激光器性能的进一步改善是通过引入所谓的啁啾超晶格(chirped superlattice) 结构实现的，其设计思想仍然是，不对有源区进行掺杂但保证其中微带是平坦的(无电场梯度)。设计特点是沿着电子运动方向，超晶格有源区的量子阱厚度逐渐减小。在零偏压下，由于相邻量子阱层厚度的变化，导致各量子阱层内能级是非共振的，其中的能态因而是局域化的。当外偏置电场达到合适数值时，这些能态将进入共振状态，它们反交叉的结果是构成微带。Capasso 和 Tredicucci 等人最早开展这方面研究，并做出了初步结果(Capasso et al. 1999,

Tredicucci et al. 2000a)。图 11.66 给出了两啁啾超晶格有源区及相应前级注入区的导带结构计算结果。在有源区形成了两个明显的微带。它们分别与前后注入区的单微带相匹配。与微带间跃迁相关的态至少在 6 个势垒/阱周期上是均匀退局域化的，从而保证了一个大的光偶极矩阵元。经性能优化，脉冲输出峰值功率在 5K 和室温下已分别达 900mW 和 300mW。另一方面，在 150 和 175K 温度下，该型激光器仍能工作于连续模式(Gmachl et al. 1999b)。在 5K 和 80K 温度下，最高连续单端输出光功率已分别达到 300mW 和 200mW。

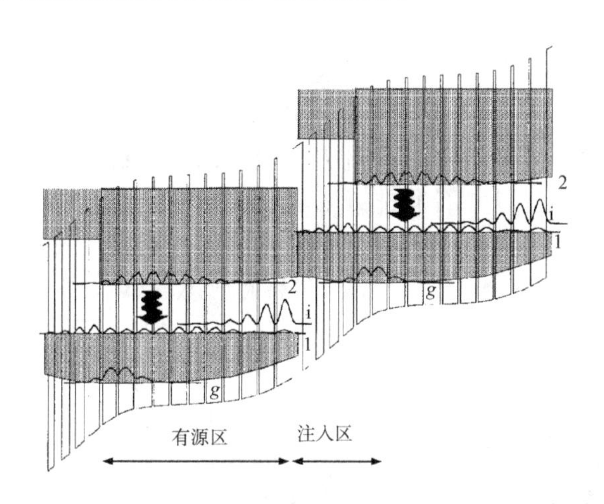

图 11.66 两啁啾超晶格有源区及相应前级注入区的导带结构计算结果

深阴影区表示电子微带区域。能级 2 与 1 之间的激光跃迁用波状箭头表示。电子波函数的模平方也一并给出

值得指出的是，“啁啾超晶格有源区”设计先后被成功地用于实现 17μm，19μm，21.5μm 和 24μm 等长波长激光器(Tredicucci et al. 1999，2000b；Gianordoli et al. 2000；Colombelli et al. 2001)。对于基于子带间跃迁的半导体激光器，这些波长超过大气窗口(3~5μm 和 8~13μm) 的激光器都是首次实现。一般说来，这一波长范围的激光器是难以实现的。原因在于，当$\lambda \leqslant 30\mu m$，子带间跃迁的辐射效率随跃迁能量的降低而变小(Ferreira 1989)。尤其是，掺杂半导体中带内自由载流子的吸收系数大致正比于波长的平方 λ_0^2，这就意味着，随波长增加，光波导损耗增大。另外，双声子吸收过程也变得明显了。所有这些因素注定了采用传统级联激光器设计将不可避免的出现过高的阈值电流密度。与此形成鲜明对照，基于微带间跃迁的级联激光器能够在非常高的电流(30Ka · cm^{-2} 及以上)驱动下工作而不致降低性能。

第三种有源区结构为倾斜跃迁有源区。前面讨论的两种级联激光器的一个共同特点是，激射跃迁的上下两能级波函数基本上出现在实空间的相同区域。在能量-生长方向简图中，它们的跃迁均表现为竖直方向的，因而有“竖直跃迁”之称。

除此以外，还有一种情况，即激射跃迁的上下两能级波函数明显地出现在实空间的不同区域，相应地，被称为“斜跃迁”。与竖直跃迁显著不同的是，基于这种有源区的级联激光器：①波长表现出很强的偏置电场相关性；②偶极矩阵元较小；③散射时间较长。

在图 11.67 所示的设计中，在合适的正向偏置下，激光将通过波状箭头所示的光子辅助隧穿或斜跃迁，发生在能级 G_+ 和能级 1 之间(Faist 1997a)。这里能级 1 是有源区量子阱中的基态，而能级 G_+则是超晶格注入区中微带的基态。这一微带的设计保证在施加合适偏置电场情况下，G_+在空间上局限于注入区势垒附近。对于给定的有源区量子阱，激射光子能量取决于紧邻注入区势垒的注入层厚以及所施加的电场大小。对于图示结构，可以分别计算出光学矩阵元 z_+=0.35 nm，能级 G_+的寿命 τ_+=46ps，以及跃迁能量 E_+=198MeV (λ_0=6.3μm)。由于斜跃迁两态之间在空间上分开的比较大，使得能级 G_+的寿命τ_+较能级 1 的(约为 0.5ps) 长得多。这足以保证激光工作的粒子数反转要求。进一步，低温下激光器的增益系数和光学峰值输出功率分别为约等于 32cmkA^{-1} 和大于 100mW。它们基本上与竖直跃迁激光器在同一量级上。

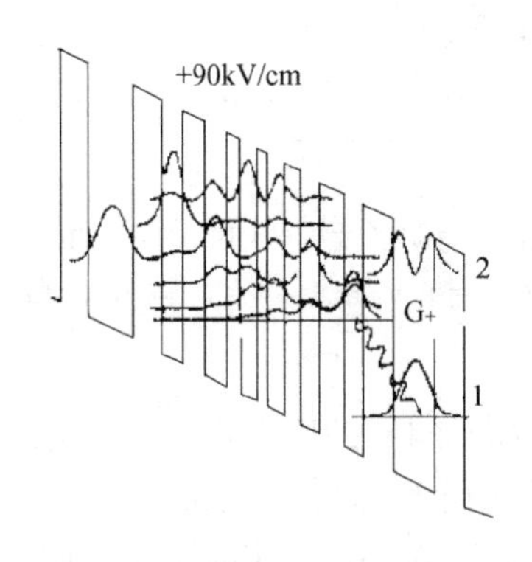

图 11.67 在一定正向偏置电场下，斜跃迁有源区激光器导带结构理论计算结果，这里仅显示两有源区和其间的注入区

从左侧有源区第一势垒层开始往右，各层实际厚度依此为:**3.5 /4.8 /3.5 /2.4 / 2.5/2.6** /1.5 /2.2 /1.0 /2.2 / 1.9 /*2.2 /2.9 /2.2 / 3.5/4.8/3.5*。黑粗体数字代表交替出现的 $In_{0.52}Al_{0.48}As$ 势垒层和 $In_{0.53}Ga_{0.47}As$ 量子阱层。下划线层为掺杂层，掺杂浓度为 $n=4\times10^{17}$ cm^{-3}。斜体字表示注入区。给出了有源/注入区中的波函数模平方。波状箭头表示激射跃迁

如果单从激光器性能看，斜跃迁似乎较竖直跃迁的差一些。但是，斜跃迁的一个显著特点在于，它可以工作于两种不同的偏置，因而可以用于制备双波长激光器。对于通常的级联激光器，偏置反向将改变能级结构，激射过程因而无法产生。而对于斜跃迁激光器，偏置反向对应于另一个不同的激光器。图 11.68 图解了双向量子级联激光器工作基本原理。在合适的正向偏置时，借助于光子辅助隧穿或斜跃迁(波状箭头所示)，激射发生在能级 G_+与能级 1 之间，如图 11.68 (a)所

示。相反的偏置极性将注入区基态 G_-局限于注入区微带的另一侧，如图 11.68 (b) 所示。如果注入区关于其中心是完全对称的，那么 G_+和 G_-就将是等价的，相应地，两种偏置的激射波长相等。但如果注入区是关于其中心非对称的，G_+和 G_-的能量位置就不同，因而就对应于不同的波长，λ_+和 λ_-(Gmachl et al. 1999a)。

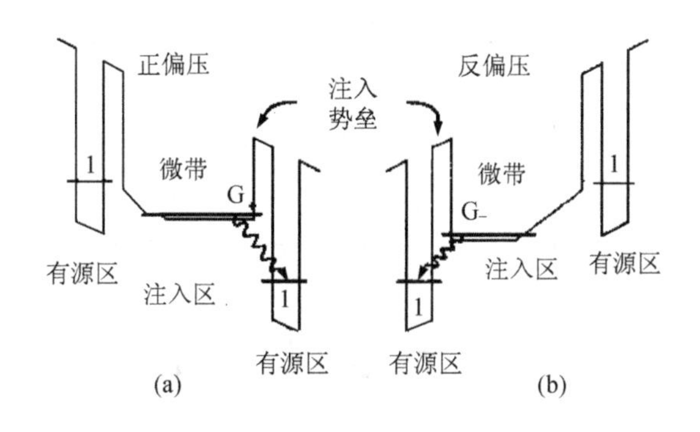

图 11.68 双向量子级联激光器的能带结构示意图

(a)正偏置下部分导带(两个有源区和其中所夹的注入区)的结构。电子由左往右穿过该结构；(b)反偏置下部分导带的结构。电子由右往左运动。倚赖于偏置，激光过程发生在两组不同能级 (G_+^{-1} 和 G_-^{-1})之间，从而表现出偏置极性相关特征

上面着重讨论了有源/注入区能带设计对激光器增益系数的影响。实际上，对激光器性能起决定作用的因素还有损耗。正如前述提及的，要获得好的级联激光器性能，小的波导损耗是非常关键的。考虑到掺杂半导体中自由载流子吸收的影响在中红外波段尤其明显，不难看出，波导设计对于级联激光器来说更为复杂。下面，对几种基本的中红外波导与共振腔结构作简要介绍。

首先讨论法布里-布罗型量子级联激光器——介电波导。如果所用材料系统具有合适的而又足够大的折射率变化，从而能够在有源材料处形成高折射率波导中心，而包覆层则具有较低的折射率，那么，介电波导便是一个直观的选择。反映光波导模式与有源/注入区重叠程度的参数，束缚因子，越大则激光的阈值就越低。这可以通过尽可能加大波导中心与包覆层的折射率差来实现。

对于 InP 基 InGaAs/InAlAs 材料系统来说，InP 衬底和 InAlAs 层是波导中心的当然包覆层，它们的折射率分别为 $n_{\mathrm{InP}}\approx3.10$ 和 $n_{\mathrm{InAlAs}}\approx3.20$。而波导中心则通常是一个包括 500 层以上的交替出现的 InGaAs 和 InAlAs 超薄层的堆栈，它的平均折射率用内插法由两种材料所占体积确定。考虑到 InGaAs 的折射率约为 $n_{\mathrm{InGaAs}}\approx3.49$，因而波导中心的平均折射率明显高于包覆层的，一般为 $n_{\mathrm{QC}}\approx3.35$。为了增大波导中心的平均折射率，可以将有源/注入区夹到两层几百纳米厚的 InGaAs 之间。

当然，这样的估计并没有考虑到材料中掺杂导致的影响。事实上，由于部分

波导层是掺杂的，自由载流子吸收将导致折射率的降低，幅度一般达纯介电常数的百分之几。除此以外，还将引入一个可观的衰减系数，最终也将影响到波导损耗α_w。

除了掺杂半导体的自由载流子损耗，对于用金属作为上接触电极的情形，中红外光与半导体-金属界面处的等离子激元的相互耦合也将引入可观的附加波导损耗。一种方法是使介电层足够厚从而降低这种耦合。Sirtori 等人提出了等离子激元增强型波导。

一个用于λ=8.5μm 的优化等离子激元增强型波导的剖面图示于图 11.69。

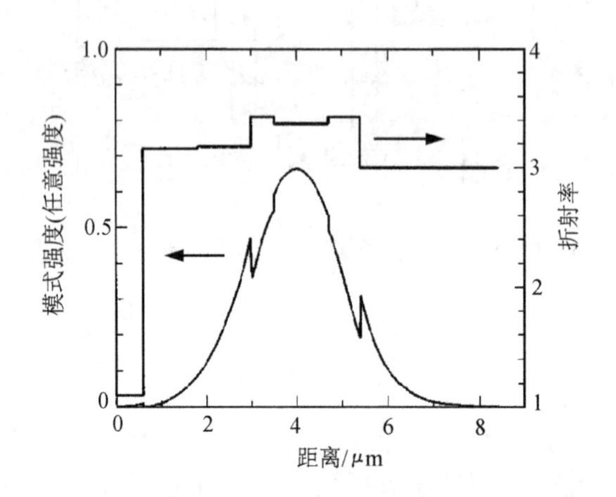

图 11.69　介电级联激光器波导的强度模和折射率实部沿着材料生长方向的分布图

阴影部分显示了用重掺杂低折射率半导体层构成的所谓等离子激元增强型束缚层。

该波导针对λ=8.5μm 的波长进行了优化

低掺杂(约为 2×10^{17} cm^{-3})的 InP 衬底构成了波导的下包覆层。上 InAlAs 包覆层部分则包括一较厚的低掺杂层($1\sim3\times10^{17}cm^{-3}$)，以便降低波导损失并提供低损耗光学约束。紧随其后的顶层是高掺杂的 InGaAs。其掺杂浓度($7\times10^{18}m^{-3}$)能够保证等离子激元频率接近但不超过波导模的。据此可以充分利用等离子激元频率附近介电色散的奇异性。折射率由 $n_{InGaAs}\approx3.49$ 降低到 1.26，从而增强模式的束缚因子。计算表明，束缚因子约为 0.51，相应模的等效折射率约为 $n_{eff}\approx3.27$，波导损耗为$\alpha_w\approx8.7cm^{-1}$。而如果不采用等离子激元增强型层，那么波导损耗将高达 $15.1cm^{-1}$，而束缚因子则降为 0.44。可见，等离子激元增强型层在抑制波导模与沿半导体-金属界面传播的表面等离子激元之间的耦合起关键作用。

以上讨论的是材料生长方向的情况。在该方向，波导通常是单一模式的。因为即使对于短波长可能存在高阶横波模式，由于其高损耗和低束缚，在激射过程中也无法激发起来。下面简单地考虑一下沿平面方向的波导情况。传统半导体激光器通常处理成平面结构，波导仅由电流提供，而这个电流是从上条状接触电极流往大面积下接触电极的。 这样的增益波导原则上同样适于量子级联激光器。但是，由于高开门电压偏置导致很大的平面内电流扩散，而在开门电压以下微分电阻又很高(倚赖于波长，一般为几十欧姆到几十千欧姆)，两者都使得这样的波导效率很低。 因此，为了提高电流和光束缚，通常对量子级联激光器的波导作不同程度的刻蚀，使其成为条状结构。其宽度依不同应用，一般在几到几十微米。 定性地，宽度越大则输出光功率越高，但是太宽却会导致高阶横模的出现。

为了获得最佳性能，量子级联激光器的波导一般都处理成窄而深刻蚀的脊状，依此既可提高电流束缚又能因面积-体积比的增大而增强散热效率。考虑到金属接触电极与模的相互作用将不可避免地导致波导损耗，为此，一种解决途径是，脊形波导先用 SiN、SiO 或 ZnSe 薄层(厚度一般为数百纳米)覆盖,然后在施加接触电极(Faist et al. 2000)。另一种办法是，采用厚的 $Ge_{0.25}Se_{0.75}$ 硫化玻璃层作为窄激光脊的掩埋层(Gmachl et al. 2001)。众所周知，硫化玻璃是低损耗中红外材料，其折射率在 2.3 左右，明显地低于半导体材料，因而可以构成强的光学束缚。

另一种是分布反馈量子级联激光器结构。在某些场合，例如废气探测，窄带单模可调谐红外激光器有着重要的应用。由于对窄带的特殊要求，前述简单的法布里-布洛型共振腔是不够的。对于典型长度(1~3mm)的共振腔，相应的法布里-布洛模之间的间隔远小于增益谱的宽度。这导致了激光器在脉冲模式条件下，其特征发射谱通常为多线模式，如图 11.61 所示。为了获得具有好的边模抑止比的单模可调谐激光器，通常采用包含一级布拉格光栅的分布反馈激光器结构。量子级联分布反馈激光器最早在 1996 年实现，并得到迅速发展(Faist et al. 1997b)。在这里，植于波导中的布拉格光栅导致多重散射，使得只有单一波长(布拉格波长)的光被挑选出来。因此，决定单模发射谱波长的是光栅周期而非激光的增益谱。

事实上，传统量子级联激光器的上覆盖层的结构为实现光栅调制提供了多种可能性。一种情况是，光栅被刻蚀到波导的表面上。在上覆盖层制作光栅的方法容易实现，并有相当好的效果，但由于在光栅的位置已是波导模的指数衰减的尾部，其性能的进一步改善受到根本性的限制。针对这一不足的另外一种方法是将光栅植于有源波导核心附近(Gmachl et al. 1997)。首先，在第一轮分子束外延过程中生长出有源波导核心：在一数百纳米厚的 InGaAs 层上交替生长出许多周期的有源/注入区，并用另一厚约 500 纳米的 InGaAs 作为覆盖层。然后，将晶片从生长室内取出，在上 InGaAs 层上制备出布拉格光栅。随后再将晶片放到另一分子束外延生长室里，并用固态源分子束外延技术，在布拉格光栅上生长出一层 InP 上包覆层。 定性地看，InGaAs 与 InP 之间折射率的反差以及光栅与模之间的强烈重叠都将导致波导等效折射率强的调制。 尽管两个生长循环增加了器件制备的难度，Gmachl 等人却因此获得了最好的单模量子级联分布反馈激光器(Gmachl et al. 2000)。

11.5.4 含锑半导体中红外激光器

对于波长大于 2μm 的波段，能够以传统二极管结构制备激光器的 III-V 族半导体，可以用含锑合金。其他能够商用的半导体激光器的工作波长大多数落在 0.6~2.0μm 范围内。当然，采用新型的量子级联结构设计可以突破这一局限。

在 20 世纪 90 年代以前，含锑半导体中红外激光器的发展主要倚赖于液相外延(LPE)技术(Choi et al. 2000)。利用这一技术，Bochkarev 等(1988)制备了包含 GaInAsSb 有源区和 AlGaAsSb 包覆层，工作波长为 2.3μm 的双异质结激光器。在室温和连续工作模式下，其临界电流密度低达 $1.5kAcm^2$。为了进一步提高性能并向长波方向扩展，显著降低俄歇复合是非常必要的。这就要求在器件结构上有大的改进，如采用量子阱结构。遗憾的是，液相外延技术难于满足这样的要求。

而 20 世纪 90 年代以后发展起来的分子束外延(MBE)和有机金属气相外延(OMVPE) 则为大幅度提高含锑半导体激光器的性能奠定了基础。Choi 等(1992)报道了第一个第一型 GaInAsSb/AlGaAsSb 量子阱激光器。其工作波长为 2.1μm，室温下的临界电流密度仅约为 $260Acm^2$。其后，MBE 或 OMVPE 方法相继成功地制备出了包括 InAsSb/InAlAsSb 和 InAsSb/InAsP 等在内的不同量子阱结构激光器，其工作波长则覆盖 1.9~4.5μm。此外，基于第二型带间跃迁的第二型激光器也得到快速发展。比较而言，第二型激光器(Zhang et al. 1995，Meyer et al. 1995)，尤其是级联激光器(Youngdale et al. 1994，Zhang et al. 1997)，具有两个显著特点：一是往长波方向，激光器工作波长可以突破半导体带隙的限制；二是俄歇复合可以有效降低。

已有的研究结果表明，对于 1.9~3μm 波段，GaInAsSb/AlGaAsSb 量子阱激光器表现出最佳性能(Garbuzov et al. 1997)。用 GaSb 替代 AlGaAsSb 作为势垒，也获得良好的激光器性能(Baranov et al. 1996)。对于波长超过 3μm 的波段，InAsSb 被用来制作有源区。问题是，由于俄歇复合的影响，它的工作温度远低于室温(Choi et al. 1994，Lane et al. 1997)。而在 2.7~5.2μm 波长范围内，第二型 GaInSb/InAs 超晶格或量子阱激光器也有报道。它在光泵浦下表现出优异的脉冲模式性能。最高工作温度在工作波长为 3.2μm 和 4.5μm 时，分别可达 350K 和 310K。一个一直存在的问题是，这种第二型二极管激光器的实际性能远较光泵浦的结果为低(Choi et al. 2000)。下面对 GaInAsSb/AlGaAsSb 量子阱激光器作简要介绍。

图 11.70 给出了一 $Ga_{0.86}In_{0.14}As_{0.05}Sb_{0.95}/Al_{0.25}Ga_{0.75}As_{0.02}Sb_{0.98}$ 量子阱激光器近有源区的带边结构的数值计算结果(Choi 1994)。该激光器是用 MBE 在 GaSb 衬底上生长的。生长顺序依次为: n^+-GaSb 缓冲层，2μm n- $Al_{0.9}Ga_{0.1}As_{0.02}Sb_{0.98}$ 包覆层，由 5 层 10nm $Ga_{0.85}In_{0.16}As_{0.06}Sb_{0.96}$ 量子阱和 6 层 20nm $Al_{0.25}Ga_{0.75}As_{0.02}Sb_{0.98}$ 势垒组成的有源区，2μm p- $Al_{0.9}Ga_{0.1}As_{0.02}Sb_{0.98}$ 包覆层，以及 0.05μm p^+-GaSb 电

极接触层。计算结果表明，有源区量子阱层与势垒的价带不连续量约为 90MeV，而相应的导带不连续量约为 350MeV。

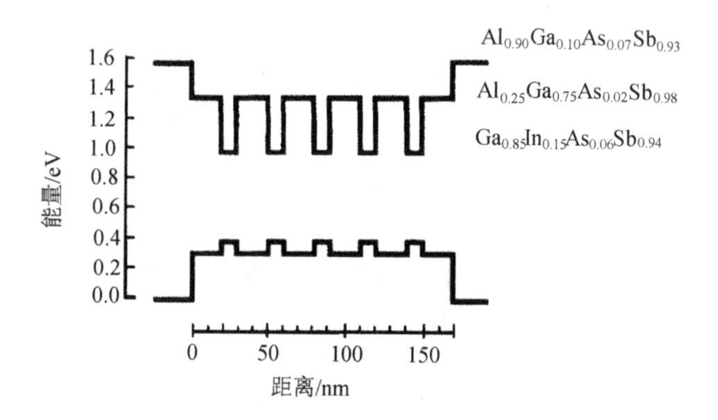

图 11.70 $Ga_{0.86}In_{0.14}As_{0.05}Sb_{0.95}/Al_{0.25}Ga_{0.75}As_{0.02}Sb_{0.98}$ 量子阱激光器近有源区的带边结构

理论计算结果。激射波长为 1.9μm(Choi et al. 2000)

值得指出的是，这一结构与 Choi 等人的第一个第一型 GaInAsSb/AlGaAsSb 量子阱激光器很相似(Choi 1992)，区别仅在于两者的有源区量子阱/势垒的组分略有不同。图 11.71 中实心黑点所示为室温下脉冲模式临界电流密度 J_{th} 与腔长度的关系。空心圆圈则为 Choi 等人的第一个第一型 GaInAsSb/AlGaAsSb 量子阱激光器的结果(Choi et al. 1992)。

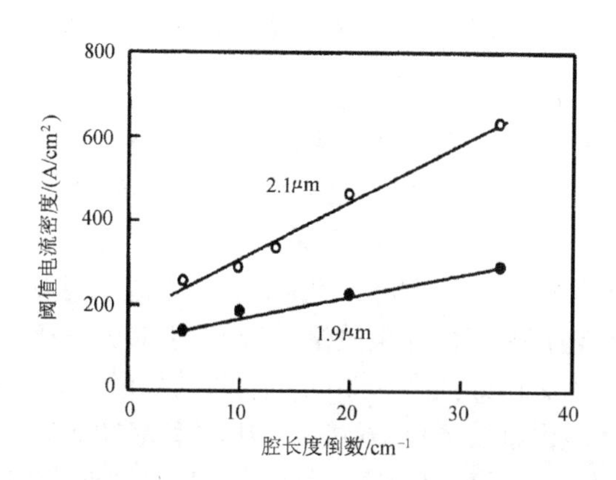

图 11.71 激光器的室温脉冲临界电流密度与腔长度倒数的关系

实心黑点为图 11.70 所示激光器的实验结果；空心圆圈为文献(Choi et al. 1992)报道的激射波长为 2.1μm 激光器的结果(Choi et al. 2000)

可以看出，当 L=2mm 时，J_{th}=143A/cm^2，相当于每层量子阱 29A/cm^2。这只相对于激射波长约为 1μm 的 InGaAs/AlGaAs 激光器的最低值的一半(Choi et al. 2000)。随着 L 减小，J_{th} 逐渐增加，当 L=300μm 时，J_{th} 达到 280A/cm^2。

图 11.72 所示为一长 1000μm，宽 200μm 的连续模式激光器输出功率以及电压随电流的变化关系，热阱温度为 12K。为了防止结构在 Al 的氧化，其前后两端面经镀膜处理，对应的反射率分别为 4%和 95%。临界电流约为 650mA，初始斜率效率约为 0.3W/A，相应的微分量子效率为 47%。其最高输出功率为 1.3W。另一方面，激光器的开门电压约为 0.6V，近乎于有源层量子阱的禁带宽度；等效串联电阻开始约为 0.3Ω，并在高驱动电流下降低到约为 0.1Ω。

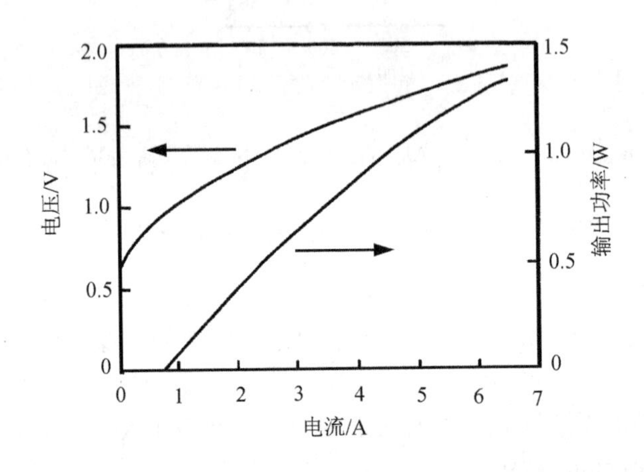

图 11.72　在热阱温度为 12K 时，长 1000μm、宽 200μm 的连续模式激光器输出功率以及电压随电流的变化关系(Choi et al.　2000)

基于这样的基本结构，人们不断提出结构上的改进，并因此显著的提高了激光器的性能。例如，Garbuzov 等(1996)采用了低掺杂浓度的宽波导层并增强 p 型包覆层的掺杂浓度，从而降低了内损耗系数和等效串联电阻。通过采用单量子阱结构(Garbuzov et al.　1997)，进一步显著降低了临界阈值电流密度。Lee 等(1995)通过增加 GaInAsSb 量子阱的 In 和 Sb 的组分，将室温发射波长延伸到 2.78μm。为了获得低临界阈值电流和好的光束质量，Choi 等(1993)采用了脊型波导激光器结构，所制激射波长为 2.1μm 的宽为 8μm 的脊型波导激光器在室温下，脉冲模式临界电流仅为 29mA，相应的连续模式最大输出功率为 28mW。为了实现单一频率工作模式，York 等人制备了脊型波导分布布拉格反射激光器(Choi et al.　2000)，如图 11.73 所示。

在增益区，有一 5μm 宽的脊；而在光栅区，同时制备了一级光栅和脊。该激光器在脉冲模式下最高工作温度为 37℃，特征温度为 96K。阈值电流约为 270mA。可工作于单一纵向模式，输出波长在 1.966~1.972μm 之间可调。波长的温度变化率为 0.16nm/K。

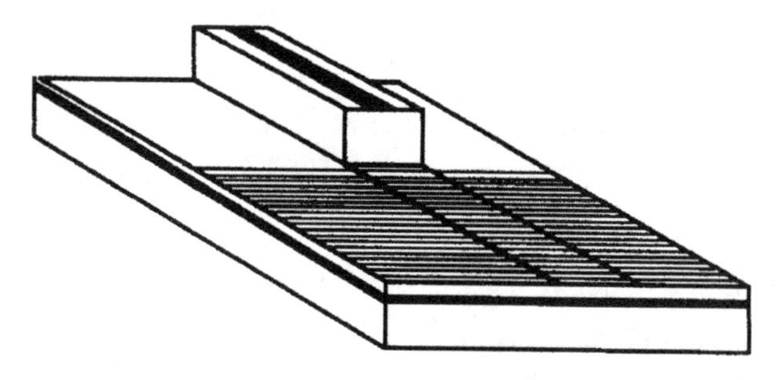

图 11.73　脊型波导分布布拉格反射激光器结构示意图。光栅部分不泵浦 (Choi　2000)

11.5.5　带间级联激光器

与子带间级联激光器不同，带间级联激光器是以导带中的电子与价带中的空穴之间光跃迁为基础的。它的级联特征则通过采用第二型异质结构来保证：借助于强空间带间耦合或隧穿，前级价带中的电子可以进入后级导带中。 由于采用第二型异质结构，发射波长理论上可以远超过传统第一型异质结构带间激光器，从而扩展到远红外区。例如，Zhang 等(1997)观察到带间级联器件在室温下长达 15μm 的电致发光谱。

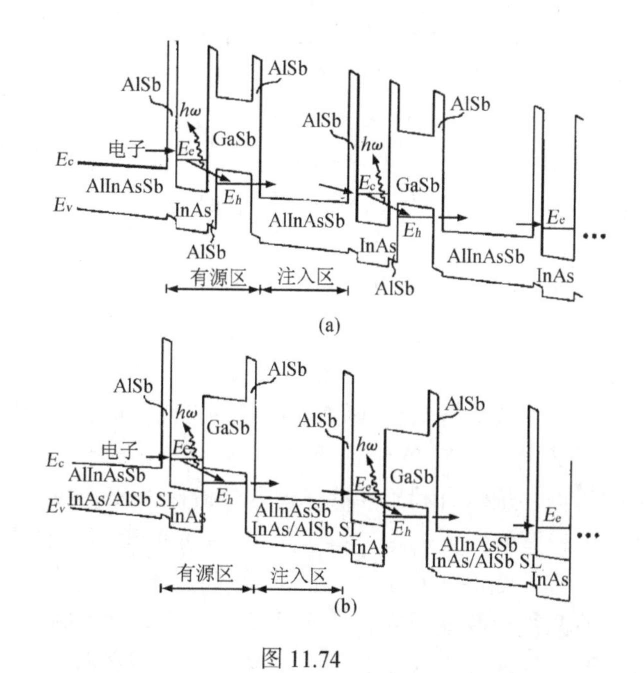

图 11.74

(a)基于 InAs/AlSb/GaSb 第二型量子阱内带间跃迁的量子级联激光器能带结构；

(b)第二型量子阱结构中的强空间带间耦合(Yang　2000)

图 11.74(a)给出了基于 InAs/AlSb/GaSb 第二型量子阱内带间跃迁的量子级联激光器能带结构(Yang 2000)。其中每一个有源区由一个 InAs/AlSb 量子阱和一个 GaSb/AlSb 量子阱构成。两个量子阱能带结构的设计同时保证 InAs 量子阱的导带的基态能级高于 GaSb 量子阱的价带顶和 GaSb 量子阱的价带空穴基态能级高于 InAs 量子阱的导带底。由于重空穴是局域化在 GaSb 量子阱内的，为保证电子和重空穴态之间的足够重叠，GaSb 层需要足够薄。另一方面，薄 GaSb 层却无法有效地阻止电子的泄漏。

解决这一矛盾的一种有效方法是将图 11.74(a)中的 E_h 设计为轻空穴能级。轻空穴态能够穿透泄漏窗口进入 InAs 层，与导带形成强耦合。这样可以保证 GaSb 层相对独立地进行阻止电子泄漏和提高电子注入效率两方面优化。同时，由于轻空穴的高带间隧穿率，也能形成高粒子数反转效率。这样的带间跃迁设计有效地消除了子带间声子辐射导致的非辐射弛豫过程。同时，由于重空穴态是束缚在相对较厚的 GaSb 层内，它与电子态的重叠较小，两者之间的光跃迁率因而很低，在传统带间跃迁中红外激光器中占非辐射损耗主导地位的俄歇复合(Auger recombination)也因此得到有效降低。Grein 等(1994)和 Flatte 等(1995)的理论研究表明，降低含 Sb 第二型量子阱结构中的俄歇复合的一种途径是能量-波矢空间的能带工程，据此并可同时增强辐射效率。另一种选择是实空间的波函数工程，通过有选择地降低对应于多空穴散射俄歇跃迁的矩阵元的波函数重叠程度，可以优化基于电子-轻空穴跃迁的第二型带间级联激光器的性能。

光跃迁主要决定于两相邻量子阱之间的空间带间耦合。通过调节该耦合，即改变 InAs 和 GaSb 量子阱之间 AlSb 势垒层的厚度，也可达到控制增益谱的目的。实际上，也可省掉这一势垒层，使波函数的空间叠加达到最强。能带结构如图 11.74(b)所示。结果是，在不损失 InAs 量子阱中电子约束的情况下，使增益得到加强。由 E_e 和 E_h 决定的辐射波长可通过调节 InAs 和 GaSb 量子阱层的厚度，从中红外一直扩展到到远红外(约为 100μm)。

另一种有效方法是仍采用电子-重空穴复合模式，但在结构上采用价带耦合双量子阱，如图 11.75 所示。第一个量子阱为 GaInSb，其厚度做的足够小，从而保证束缚于量子阱的重空穴基态 E_h 波函数能在空间上与 InAs 量子阱层足够接近。据此可以获得可观的电子-重空穴光跃迁率。量子阱厚度的选择同时能够增大价带中子能级之间间隔，从而有利于降低俄歇复合损耗(Youngdale et al. 1994)。第二个量子阱为相对较宽的 GaSb 层。它与下一级注入区相邻。通过合适选取厚度，可以使其轻空穴基态能级高于相邻注入区的导带底。这一结构的好处在于，InAs 量子阱层的电子泄漏被很好地阻塞，从而可以得到近于 100%的注入效率。同时，轻空穴态将为载流子快速地由 GaSb 量子阱层借带间隧穿输运到下一级注入区通过通道。由于带间弛豫时间远远大于载流子传过有源区的时间，粒子数反转因而可以很快地建立起来。

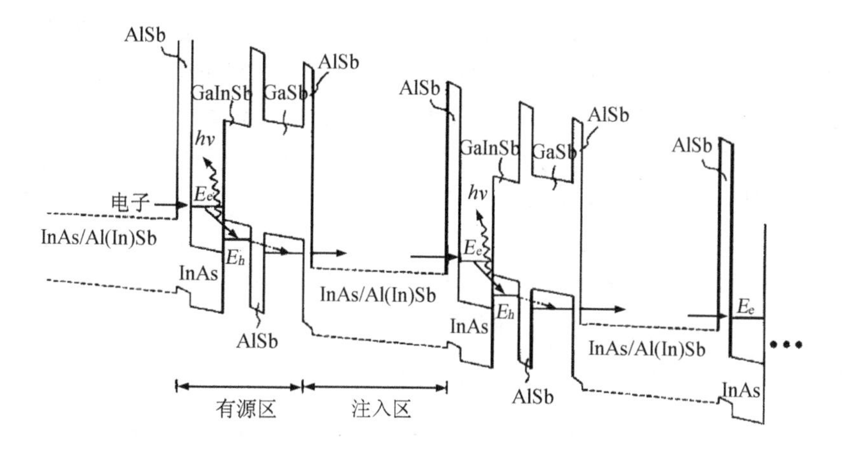

图 11.75　基于 InAs/AlSb/GaInSb 第二型量子阱内电子-重空穴带间跃迁的量子级联激光器能带结构 (Yang　2000)

值得指出的是，上述讨论的器件结构是电子注入型的，其激射过程通过由 n 型掺杂的注入区注入电子实现。实际上，有多种变通结构包含 p 型掺杂的注入区或同时具有 n 型和 p 型掺杂的注入区(Yang　2000)。

图 11.76 给出了具有图 11.75 所示能带结构的第二型 InAs/AlSb/GaInSb 带间级联激光器的激射光谱。 测量温度分别为 80K 和 120K。激光器是用 MBE 方法在

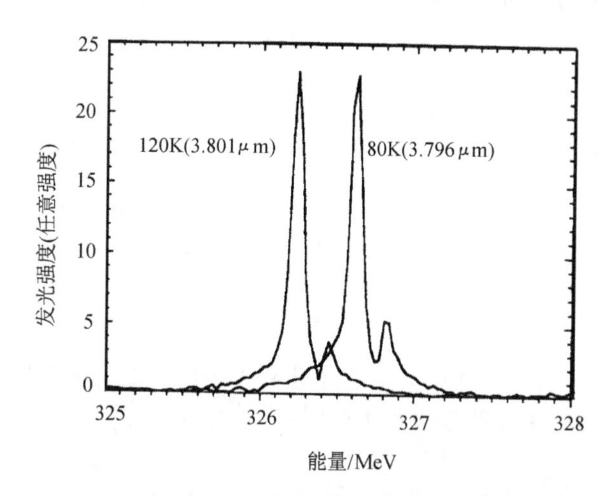

图 11.76　第二型 InAs/AlSb/GaInSb 量子阱带间跃迁量子级联激光器的激射光谱(Yang　2000)

p 型 GaSb 衬底上生长的，包含 20 个有源/注入区周期。注入区是 InAs/Al(In)Sb 多层结构，其中 InAs 是 n 型，Si 掺杂(6×10^{17} cm^{-3})的，而 Al(In)Sb 则为非掺杂。整个多层结构处于应力平衡状态，并与衬底晶格匹配。有源区则具有双量子阱结构，各层依次为 23Å AlSb、25.5Å InAs (量子阱)、34Å $Ga_{0.7}In_{0.3}Sb$、15Å AlSb 和 53Å

GaSb (量子阱)。可以看出，对于较高温度，激射峰出现在较低能量位置：120K 对应于约 326.2meV (λ=3.801μm)，而 80K 则对应于约 326.6meV (λ=3.796μm)。这是由于随温度升高，带隙降低，同时加宽 InAs 与 GaSb 量子阱之间的耦合窗口，从而增强两跃迁能态之间的波函数空间交叠(Lin et al. 1997)。

对于发射波长超过 5μm 的情形，为了避免过长的材料生长时间和复杂的激光器结构制备，利用发光二极管结构来研究器件的载流子输运以及发光谱的特性是有益的。图 11.77 所示为一包含有 15 个有源/注入区周期的第二型 InAs/AlSb/GaInSb 带间级联发光二极管的光输出功率随注入电流的变化关系(Yang 1997)。测量温度分别为 77K 和 300K。

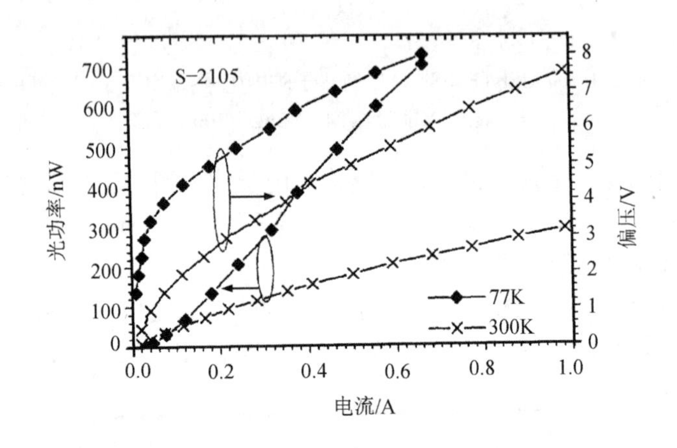

图 11.77 第二型 InAs/AlSb/GaInSb 量子阱带间跃迁量子级联发光二极管的输出光功率-注入电流和电压-电流关系。 横向箭头指向相应的纵坐标(Yang 2000)

在 77K 温度和 5V 正向偏置电压下，测得其电致发光峰波长为 6.25μm，半高全宽为 48meV。 在室温和 6.5V 正向偏置电压下，其电致发光峰波长则为 7.3μm，半高全宽为 49meV。 从图中可以看出，当 T=77K 时，光输出功率近乎于驱动电流的线性函数。 同时，电致发光的上升沿出现在 3~4V，其后电流随偏置电压增加的速度明显加快。当 T=300K 时，光输出功率随电流的变化关系表现出明显的非线性。 这可以归因于加热效应和由此引起的泄漏过程的增强。

值得注意的是，对应于一定电流，光输出功率表现出比较弱的温度相关性。例如当驱动电流为 600mA 时，温度从 77K 变化到 300K，光输出功率仅衰减约 3 倍。这对第二型量子阱带间跃迁量子级联发光二极管来说，是共性的现象，也是明显优于传统带间跃迁发光二极管的技术特征。其物理涵义在于，传统带间跃迁中红外激光器中随温度指数增强的俄歇复合，可望在第二型量子阱带间跃迁量子级联激光器中得到有效抑制(Zegrya et al. 1995)。另一方面，该结构级联发光二极管输出光功率显著地高于子带间跃迁级联发光二极管(Sirtori et al.

1995a，Scamarcio et al. 1997a)，表明它的辐射效率得到显著改善，这对于获得高光输出功率是有益的。

下面以波长为 4μm 第二型 InAs/GaInSb/Al(In)Sb 量子阱带间跃迁量子级联激光器为例，简单讨论该型激光器基本结构和性能特征。图 11.78 所示为第二型 InAs/GaInSb/Al(In)Sb 量子阱带间跃迁量子级联激光器的带边结构。其中数字代表各层的厚度，单位为 Å；三元合金层的组分为 $Ga_{0.7}In_{0.3}Sb$ 和 $Al_{0.7}In_{0.3}Sb$。

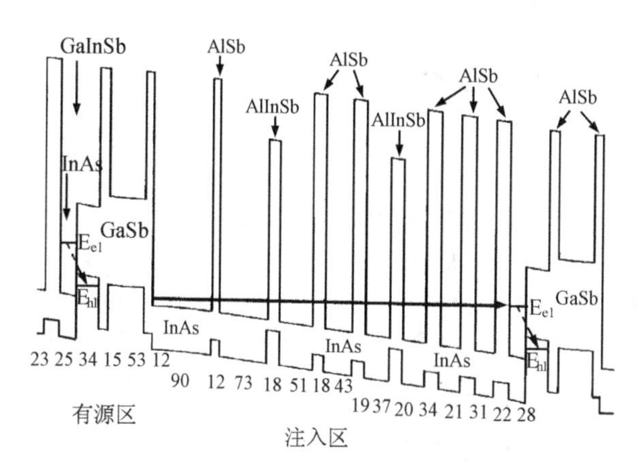

图 11.78 第二型 InAs/GaInSb/Al(In)Sb 量子阱带间跃迁量子级联激光器的带边结构示意图。数字代表各层的厚度(单位为 Å)，三元合金的组分为 $Ga_{0.7}In_{0.3}Sb$ 和 $Al_{0.7}In_{0.3}Sb$ (Yang 2000)

该激光器包含有总厚度约为 1.6μm 的 23 个有源/注入区周期，注入区是 n 型掺杂的多量子阱。上下光波导包覆层采用厚度分别为 1.6μm 和 2.0μm 的 n 型掺杂 InAs(24.3Å)/ AlSb(23Å) 超晶格。在波导核心与包覆层之间以及包覆层与电极接触之间均插入数字化分级多量子阱(digitally graded multi-QW regions)，作为过渡区。波导的束缚因子的理论值为 0.73。

图 11.79 给出了温度为 80K 时，长 0.9mm 宽 0.2mm 的增益引导(gain-guided)型激光器在脉冲工作状态的光输出功率-驱动电流变化关系。驱动电流的重复频率分别为 1kHz 和 10kHz，对应的占空比分别为 0.1%和 1%。可以看出，对于 0.1%的占空比，峰值输出功率可达每端面 0.5W，斜率 dP/dI=311mW/A。若假定两端面完全相同，则相应的外部微分量子效率为 131%。相应地，对于 1%的占空比，峰值输出功率约为每端面 0.37W，斜率 dP/dI=155mW/A，外部微分量子效率为 96%。这一现象可归因于高占空比引起更明显的加热效应。

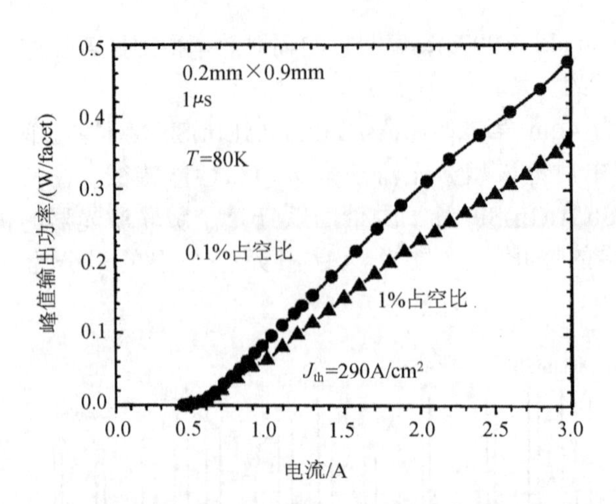

图 11.79 在重复频率为 1kHz 和 10kHz 的脉冲电流驱动下，增益引导型 InAs / GaInSb / Al(In)Sb 量子阱带间跃迁量子级联激光器的峰值光输出功率随电流强度的变化关系。激光器尺寸为长 0.9mm 宽 0.2mm，测量温度为 80K。圆点表示重复频率为 1kHz，三角表示重复频率为 10kHz(Yang 2000)

该激光器临界电流密度随温度变化关系如图 11.80 所示。其特征温度约为 T_0=81K，高于波长超过 3μm 的传统带间跃迁二极管激光器(Choi et al. 1995a)而激射

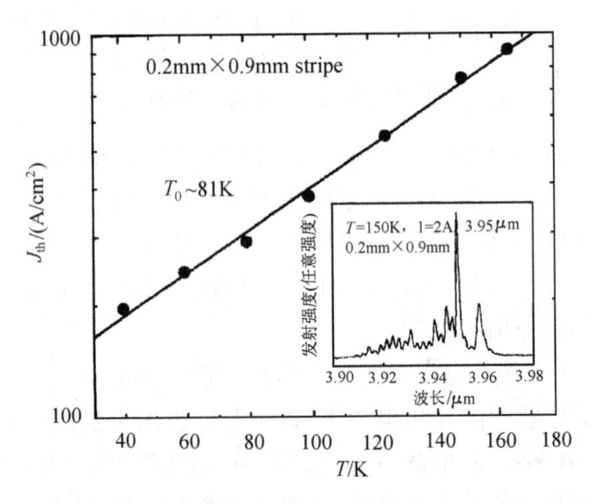

图 11.80 增益引导型 InAs/GaInSb/Al(In)Sb 量子阱带间跃迁量子级联激光器的临界电流

密度与热陷温度的关系。插图给出了 150 K 温度下高分辨激射谱(Yang 2000)

波长则依赖于工作温度、驱动电流以及器件的临界电流密度，大致在 3.85~3.98μm 之间变化。但是，必须指出，与传统第一型二极管激光器相比，第二型量子阱带间跃迁量子级联激光器的临界电流密度非但没有显著改善，甚至于还不如前者。

其中的根本原因是，对于第二型量子阱带间跃迁量子级联激光器，与材料缺陷、界面散射、隧穿以及热电子发射等过程相关的漏电流非常强，而且难于通过提高材料质量和改善器件设计取得根本改观。基于这样的因素，一个可取的措施也许是传统结构与级联概念的结合(Yang 2000)。

11.5.6 量子级联激光器的应用

近年来,波段在 3~5 μm 和 8~13 μm 新型激光器的研发引起了世界范围内的广泛兴趣。在环境污染监测和工业流程的环境安全控制以及构筑自由空间无线光通讯网络方面有非常重要的应用前景。基于半导体低维结构的量子级联激光器是一种工作在中远红外波段的激光器。它在某些领域，如痕量气体的光学检测，已经取得了成功的应用。

红外激光光谱是监测大气中痕量气体物质的有效工具，而量子级联激光器则被认为是红外激光光谱的理想光源。由于分子转动振动跃迁，痕量气体的吸收谱特征一般落在$\lambda \approx 3.5$~13μm 波段。利用窄线宽可调谐半导体激光器，可以定性或定量地探测这些痕量气体的谱特征。激光器可工作于两种截然不同的情况：液氮温度下的连续模式，或者近室温的脉冲模式。

Namjou 等(1998)在近室温状态下，首次利用脉冲量子级联分布反馈激光器测量了含有微量 N_2O 和 CH_4 的氮气样品的中红外($\lambda \approx 7.8$μm)吸收谱。其噪声等效灵敏度达到 5×10^{-5}。

Sharpe 等(1998)利用高分辨快速扫描技术,用波长分别为 5.2μm 和 8.5μm 的连续分布反馈激光器，在低温下进行了 NO 和 NH_3 气体的直接吸收测量。激光器的驱动电流是重复频率为 6~11kHz 的锯齿波。利用这样的电流，激光器可以调谐到 $2.5cm^{-1}$，因而能够覆盖大约 11 个吸收特征谱线。其噪声等效吸收达到 3×10^{-6}。

Kosterev 等(1999)用波长为 8.1 μm 的连续分布反馈激光器，在液氮温度下工作，探测了甲烷的不同同位素(CH_4, CH_3D, $^{13}CH_4$)。其测量精度在浓度为 15.6ppm 时达到±0.5ppm，最小可测量吸收约为 1×10^{-4}。

Williams 等 (1999)通过观测激光穿过 N_2O 气体池时光强度的涨落，测量了一些工作波长在 8μm 附近的量子级联分布反馈激光器的本征线宽。结果表明，在约 1ms 的积分时间内，激光线宽小于 1MHz。通过用探测器信号反馈控制驱动电流，激光器的电学工作状态可以得到进一步稳定，激光线宽可进一步缩小到 20kHz 以下。

Paldus 等(1999)报道了用波长为 8.5μm 的连续量子级联分布反馈激光器作为光源，测量的氮气中稀薄氨气(NH_3)和水汽(H_2O)的光声(photo- acoustic, PA)谱。光声谱是依据痕量气体对入射光强的吸收而非透射。因此，只要使用高强度光源，就能获得很高的探测灵敏度。事实上，Paldus 等人在积分时间为 1s 时达到了

100ppbv 的 NH_3 探测灵敏度。Paldus 等(2000)还进一步将连续量子级联分布反馈激光器用于 cavityring-down(CRD)光谱法测量氮气中的稀释氨(NH_3)，达到了 $3.4\times10^{-9}cm^{-1}Hz^{-1/2}$ 的噪声等效灵敏度，相当于 0.25ppbv 的检测极限。

11.6 单光子红外探测器

11.6.1 引言

前面相关章节讨论了红外探测器和低维系统红外探测器。但是，它们却很难应用于光强非常弱的情形，尤其无法用于单光子探测。如果采用光子的概念描述光，并理想地认为每一个光子能被光电器件吸收从而激发出一个电子-空穴对，那么，由此产生的光电流远低于器件的热噪声，因而根本无法检测。事实上，对于不太大的带宽，典型的可检测电流值大约为 1pA 量级。这就意味着，每秒钟至少要有 6×10^6 个光子而非单个光子照射到光电器件的光敏区，被完全吸收并相应产生电子-空穴对，才能产生可检测的光电信号！

很明显，要实现单光子探测，就需要采用一定的内增益机制。在尽可能没有噪声的情况下，每一个光子诱发的电子或电子-空穴对能够产生至少包含 10^5 个电子的次级脉冲。只要该次级脉冲持续的时间非常短，就有望形成足以检测的光电流信号。

光电倍增管(photo-multiplier tube，PMT)是采用内增益机制的一个典型例子。其结构如图 11.81 所示。它是一个真空器件，由一个光敏区即光电阴极、光电阳极以及若干个倍增器(亦称“打拿”)电极构成，后者用于倍增光子诱发的电子。当一个光子在光电阴极诱发出一个电子时，该电子就将在强电场作用下加速，撞击到第一级倍增器电极并进而释放出多个次级电子。具体的电子数目取决于倍增器电极的材料和电场强度，通常为 3~6。依次地，由倍增器电极释放出来的电子在电场下加速，撞击到下一级倍增器电极，并激发出更多的电子。不难证明，只要经

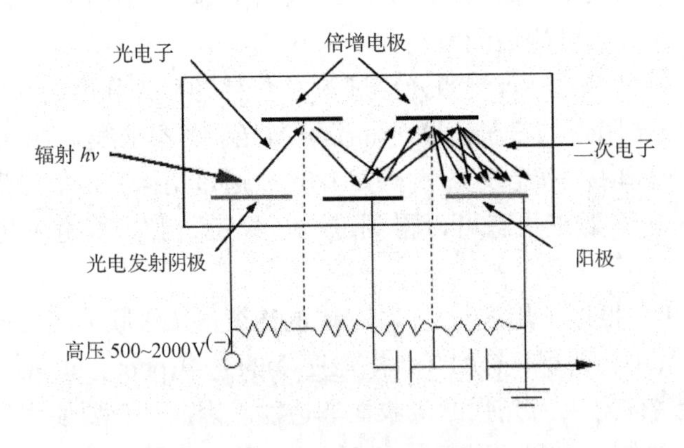

图 11.81 光电倍增管结构示意图

过 8~14 级倍增器电极，就可获得 10^6 量级的倍增效果。考虑到电子在真空管中的飞行时间非常短，由此产生的电流脉冲宽度大致在 10ns 量级。不难估计，因此而产生的脉冲电流大约为 10μA 量级，从而可以方便地进行后级放大。

但是，若要用它来实现单光子探测，就会受到多方面性能的局限。首先，它的量子效率比较低。一方面，考虑到电子必须能够由光电阴极释放出来，光电阴极就不能太厚；另一方面，如果光电阴极很薄，则又难以保证入射光子的捕获概率。实际采用的光电阴极只能在紫外/蓝光区域提供约为 20%的量子效率，而在红光区域，则低于 5%。其他的问题还包括末级倍增器电极的充电效应和“后寄生脉冲(afterpulsing)”效应。前者是因为末级倍增器电极在非常短的时间内失去大量电子；后者则是在光子诱发脉冲以后的一段时间出现的幻影脉冲，是由真空管中残留气体的离子化原子复合并释放光子产生的。残留原子在穿过末级倍增器电极和 PMT 光电阳极的“电子云”区域时，通过与电子碰撞而被离化。

雪崩光电二极管(avalanche photo diode, APD)是另一种采用内增益的器件。它是一种工作于反向偏置的光电二极管。在理想条件下，几乎每个入射光子被吸收，产生一个电子-空穴对。随着反向偏置电压趋向于反向击穿电压，光生电子-空穴对能够在电场加速下获得足够高的能量，通过与离子相撞而产生更多的次级电子-空穴对，从而产生雪崩。其过程如图 11.82 所示。光生信号也因此被放大。通常，APD 有两种不同的工作模式：模拟模式(analoge mode，AM) 和盖革模式(Geiger mode，GM)。两者内增益大小存在明显差别。在 AM 模式下，内增益通常只有 10^2 量级，因而无法用于单光子探测。当 APD 工作在高于击穿电压的偏置状态时，即为 GM 模式。其工作特点在于，在无自由载流子时，什么现象也不会发生；而一旦器件中出现哪怕一个自由电子，就将很快导致雪崩的发生，从而形成甚至高于 PMT 的输出电流脉冲。而且，一旦雪崩出现，APD 就将保持在这一状态。从这个角度看，GM 模式 APD 是纯粹的单光子探测器，只有采用一定手段将该次

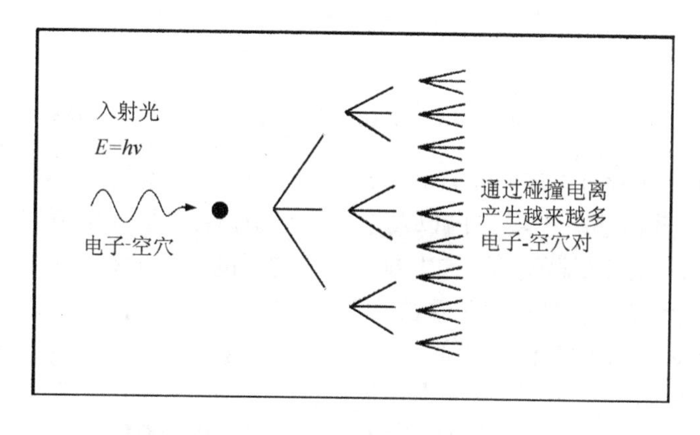

图 11.82　通过与离子相撞而产生的雪崩示意图

雪崩“淬灭(quenching)”掉，使 APD 回到初始态，才能进行下一次探测。

与 PMT 形成鲜明对照的是，APD 具有非常高的量子效率。在 633nm 探测波长处，70%的量子效率是很容易实现的。即使在近红外和蓝光区域，量子效率也可高于 30%。本节将局限于介绍 APD 和 GM 模式 APD (亦称单光子雪崩光电二极管，single-photon avalanche diode，SPAD)。

11.6.2 APD 基本原理

APD 中电子-空穴对的产生以及电流增益均可以用撞击离化系数(亦称离化率)来描述，其定义为单个载流子经过单位路程所激发的平均电子-空穴对数，单位是 cm^{-1}。离化系数的倒数表示相邻两次离化的平均距离。通常情况下，电子的离化系数α_n与空穴的离化系数β_p是不同的，它们的比例定义为离化比$\kappa = \beta / \alpha$，离化系数的大小以及随电场的变化是由半导体中载流子的散射机制、二极管的具体结构决定的，并对低频雪崩增益、增益-带宽积等性能有显著影响。图 11.83 所示为一个 Si APD 的离化系数随电场的变化关系，图中α为电子的离化系数，β为空穴的离化系数(Musienko et al. 2000)。

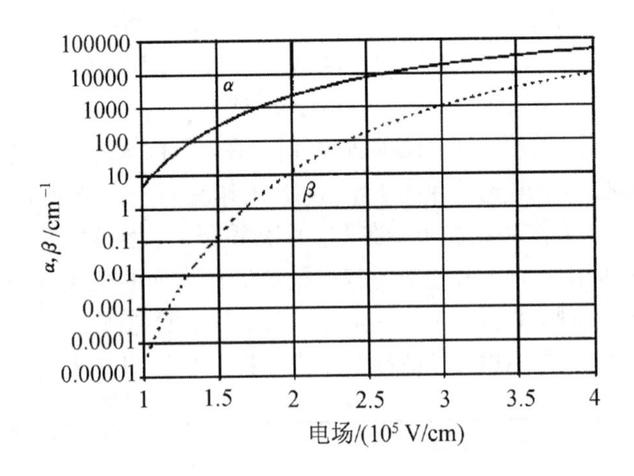

图 11.83 Si APD 电子与空穴的离化系数随电场的变化关系

首先讨论一下 APD 的低频雪崩增益。APD 的一般增益过程可以通过分析强场耗尽区来定量描述。电场方向以及电子电流($J_n(x)$)、空穴电流($J_p(x)$)方向如图 11.84(a)所示，w 是耗尽区宽度。这里暂不考虑电场的空间分布。如果，$\alpha_n(x)$和$\beta_p(x)$分别是电子和空穴在 x 处的离化系数，则 $J_n(x)$ 和 $J_p(x)$ 随 x 的变化关系由下式决定(Stillman et al. 1977)

$$\frac{\mathrm{d}}{\mathrm{d}x}J_n(x) = \alpha_n(x)J_n(x) + \beta_p(x)J_p(x) + qG(x) \tag{11.264}$$

$$-\frac{\mathrm{d}}{\mathrm{d}x}J_p(x)=\alpha_n(x)J_n(x)+\beta_p(x)J_p(x)+qG(x) \tag{11.265}$$

式中：q 表示电子电荷，$G(x)$ 表示在 x 处吸收光子引起的电子-空穴对产生率。总电流

$$J=J_n(x)+J_p(x) \tag{11.266}$$

则为不依赖于 x 的常数。

对式(11.264)和式(11.265)进行由 0 到 w 的积分，可得 J 和 $J_n(x)$，$J_p(x)$ 的解析关系。如果设定空间电荷区的载流子产生率 $G(x)=0$，并分别考虑 $x=W$ 处的空穴以及 $x=0$ 处的电子注入情形，则可分别得到电子和空穴的增益系数(Stillman et al. 1977)

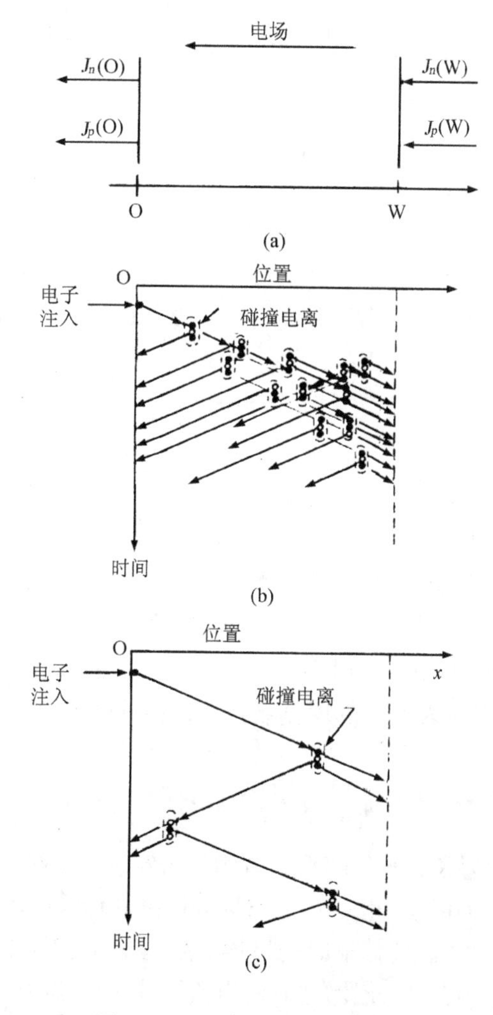

图 11.84 雪崩增益过程示意图

(a)强场耗尽区电场方向以及电子、空穴电流方向；(b)β_p=0 对应的雪崩增益过程；(c)α_n=β_p对应的雪崩增益过程

$$
\begin{aligned}
M_p = \frac{J}{J_p(W)} &= \frac{1}{1-\int_0^W \beta_p \mathrm{e}^{\left[\int_x^W (\alpha_n-\beta_p)\mathrm{d}x'\right]}\mathrm{d}x} \\
&= \frac{\mathrm{e}^{\left[-\int_0^W (\alpha_n-\beta_p)\mathrm{d}x\right]}}{1-\int_0^W \alpha_n \mathrm{e}^{\left[-\int_0^x (\alpha_n-\beta_p)\mathrm{d}x'\right]}\mathrm{d}x},
\end{aligned}
\tag{11.267}
$$

$$
\begin{aligned}
M_n = \frac{J}{J_n(0)} &= \frac{\mathrm{e}^{\left[\int_0^W (\alpha_n-\beta_p)\mathrm{d}x\right]}}{1-\int_0^W \beta_p \mathrm{e}^{\left[\int_x^W (\alpha_n-\beta_p)\mathrm{d}x'\right]}\mathrm{d}x} \\
&= \frac{1}{1-\int_0^W \alpha_n \mathrm{e}^{\left[-\int_0^x (\alpha_n-\beta_p)\mathrm{d}x'\right]}\mathrm{d}x}
\end{aligned}
\tag{11.268}
$$

据此可以看出，如果对 $x=W$ 处的空穴注入和 $x=0$ 处的电子注入分别有

$$
\int_0^W \beta_p \mathrm{e}^{\int_x^W (\alpha_n-\beta_p)\mathrm{d}x'}\mathrm{d}x = 1 \tag{11.269}
$$

$$
\int_0^W \alpha_n \mathrm{e}^{-\int_0^x (\alpha_n-\beta_p)\mathrm{d}x'}\mathrm{d}x = 1 \tag{11.270}
$$

则电子和空穴的增益系数将趋向于无穷大。此时对应的偏置电压称为 APD 的雪崩击穿电压。值得指出的是，式(11.269)和式(11.270)所给出的雪崩击穿电压是相同的。事实上，雪崩击穿电压的取值并不受注入载流子类型的影响。

为了便于讨论离化率对雪崩增益机制的影响，下面分①β_p=0，②β_p=α_n，③$\beta_p \neq \alpha_n \neq 0$等三种情形作简单讨论，并设定耗尽区的电场是均匀的。

对于β_p=0，x=0 处注入电子的增益系数可以由式(11.268)得出

$$
M_n = \mathrm{e}^{\int_0^W \alpha_n \mathrm{d}x} = \mathrm{e}^{\alpha_n W} \tag{11.271}
$$

它随 αW 增大而指数增长，却并不会出现雪崩击穿现象。在此情况下，由单个注入电子引起的电流脉冲在注入电子穿过强场耗尽区的传输时间里逐渐增强，而在空穴反方向穿过强场耗尽区的传输时间里逐渐趋向于 0。雪崩增益随时间的建立过程如图 11.84(b)所示。因此，雪崩增益时的电流脉冲所持续时间大约为无雪崩增益时的两倍。考虑到脉冲宽度与增益系数的取值无关，不难看出，此时雪崩增益没

有增益-带宽积的限制。

对于$\beta_p=\alpha_n$，情况则显著不同。根据式(11.267)和式(11.268)，可得

$$M_n = M_p = \frac{1}{1-\int_0^W \alpha_n \mathrm{d}x} = \frac{1}{1-\alpha_n W} \tag{11.272}$$

显然，当$\alpha W=1$，即每个注入载流子在穿过强场耗尽区过程中平均产生一个电子-空穴对时，将出现真正的雪崩击穿。该条件下雪崩增益随时间的建立过程如图11.84(c)所示。

实际上，对于多数半导体材料来说，电子和空穴均对离化过程有贡献，而且通常$\beta_p \neq \alpha_n$。如果设定α_n和β_p都不依赖于空间位置，那么由式(11.268)可以导出x=0 处注入电子的增益为

$$M_n = \frac{[1-(\beta_p/\alpha_n)]\mathrm{e}^{\alpha_n W[1-(\beta_p/\alpha_n)]}}{1-(\beta_p/\alpha_n)\mathrm{e}^{\alpha_n W[1-(\beta_p/\alpha_n)]}} \tag{11.273}$$

图 11.85 直观地给出了在不同β_p/α_n比值情况下，电子增益随电场的变化关系(Stillman et al. 1977)。其中 W=1μm，$\alpha_n = 3.36\times10^6\mathrm{e}^{-1.75\times10^6/|E|}$。可以看出，$\beta_p/\alpha_n$越接近于1，则相同电场涨落导致雪崩增益变化就越大。根据图 11.85 可以估算出，当β_p/α_n=0.01 时，在 100V 的反向偏压下，0.5%的电场涨落对应于20%的增益变

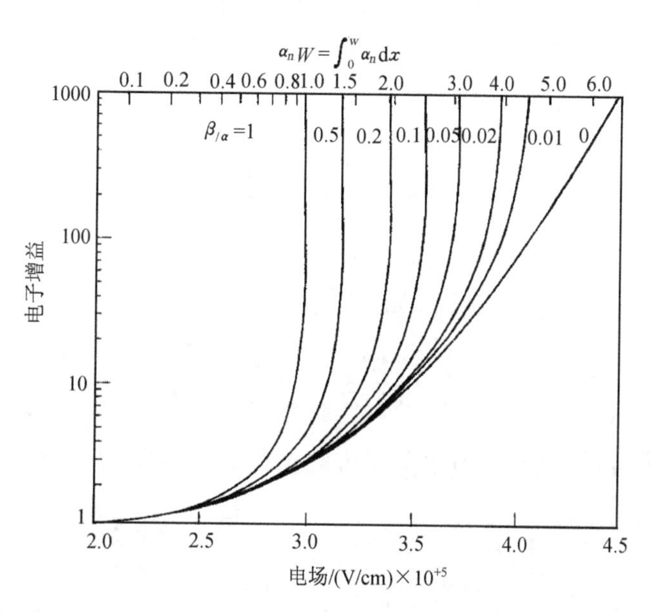

图 11.85 不同β_p/α_n比值情况下，电子增益随电场的变化关系。其中 W=1μm，

$$\alpha_n = 3.36\times10^6 \mathrm{e}^{-1.75\times10^6/|E|}$$

化，而当β_p/α_n=1 时，对应的增益变化却高达 320%！考虑到在实际制备雪崩光电二极管时，由于掺杂等原因，这样的电场涨落是无法避免的，尽可能选用β_p/和α_n差别大的材料就显得特别重要。

进一步分析还表明，对于$\beta_p \neq \alpha_n$，雪崩增益的大小还取决于光激发载流子产生或注入的位置。对于$\beta_p > \alpha_n$，空穴应由强场耗尽区的近 N 区一侧注入，而对于$\beta_p < \alpha_n$，电子则应由耗尽区的近 P 区一侧注入，这样才能保证空穴/电子穿过整个耗尽区，从而获得最佳增益。

增益带宽积是描述 APD 的重要参量之一，下面加以讨论。载流子增益是与频率相关的，载流子增益的频率特性可以利用式(11.264)和式(11.273)的时间相关输运方程(Stillman et al.　1977)

$$\begin{aligned}
v_n\frac{\partial J_n(x,t)}{\partial t} &= \frac{\partial J_n(x,t)}{\partial x} - \alpha_n J_n(x,t) - \beta_p J_p(x,t) - qG(x,t) \\
\frac{1}{v_p}\frac{\partial J_p(x,t)}{\partial t} &= \frac{\partial J_p(x,t)}{\partial x} - \alpha_n J_n(x,t) + \beta_p J_p(x,t) + qG(x,t)
\end{aligned} \tag{11.274}$$

来描述，式中，v_n 和 v_p 分别为电子和空穴的漂移速率。如果设定电场是稳恒而又均匀的，并且光电流可以分为直流和交流两个部分，则有

$$\begin{aligned}
J_n(x,t) &= J_{n0}(x) + J_{n1}(x)\mathrm{e}^{\mathrm{i}\omega t} \\
J_p(x,t) &= J_{p0}(x) + J_{p1}(x)\mathrm{e}^{\mathrm{i}\omega t}
\end{aligned} \tag{11.275}$$

而 APD 中总的交流电流还应包括位移电流部分，即

$$J_{ac} = J_{n1} + J_{p1} + \varepsilon\varepsilon_0\left(\frac{\partial E}{\partial t}\right) \tag{11.276}$$

式中：ε是相对介电常数，ε_0是真空介电常数。

从 x=0 处注入的电子增益频率响应可以表示为

$$F(\omega) = \frac{|J_{ac}|}{J} = \frac{|J_{ac}|}{M_n J_n(0)} \tag{11.277}$$

式中：J是低频电流。 对于$M_n > \alpha_n/\beta_p$，增益随频率的变化关系由下式决定

$$M(\omega) = \frac{M_n}{\sqrt{1+\omega^2 M_n^2 \tau_1^2}}, \qquad \tau_1 \approx N\frac{\beta_p}{\alpha_n}\tau \tag{11.278}$$

式中：τ是载流子穿越耗尽区的实际时间，若取电子和空穴的饱和速度相等，即

v_n=v_p，则$\tau = W/v_n = W/v_p$。τ_1 是有效穿越时间。N 是一个缓变数，当 $\beta_p/\alpha_n = 1$ 时，N=1/3；当$\beta_p/\alpha_n = 10^{-3}$ 时，$N = 2$。由此，可得高频区的增益带宽积

$$M(\omega)\omega = \frac{1}{\tau_1} = \frac{1}{N\tau(\beta_p/\alpha_n)} = \frac{1}{N(W/v_n)(\beta_p/\alpha_n)} \tag{11.279}$$

可以看出，要使增益带宽积尽可能高，电子的饱和漂移速率就要尽可能大，而β_p/α_n 和 W 则要尽可能小。值得注意的是，这几个参数并非彼此独立，以 Si 为例，W 的减小将导致 β_p/α_n 增大。

上述讨论是对 x=0 处的注入电子进行的。由于问题的对称性，对 x=W 处的注入空穴而言，只要以α_n/β_p和 M_p 分别替代上述各式中的β_p/α_n和 M_n，便可得出类似结果(Stillman et al. 1977)。

下面讨论 APD 增益饱和效应。对于实际器件，除了增益带宽积对器件性能构成限制以外，由于空间电荷效应和热电阻效应等因素，在增益电流较高的情况下，实际可获得的雪崩增益也会存在一定的限制。

Melchior (1966)等人证明，在高光强照射，即初始总电流 I_p 远大于初始暗电流 I_D 的情形，最大光电流增益可以表示为

$$(M_{\mathrm{ph}})_{\max} = \sqrt{\frac{V_B}{nI_{\mathrm{ph}}R}} \equiv \frac{I_{\max}}{I_{\mathrm{ph}}}, \quad I_{\mathrm{ph}} = I_p - I_D \approx I_p \tag{11.280}$$

式中：V_B 是反向击穿电压，I_{ph} 是初始光电流，I_p 是初始总电流，I_D 则是初始暗电流，它不是由光照引起，而是由于热运动或遂穿而产生电子-空穴对引起的。R 是一个等效电阻，它综合地表征了①负载电阻、接触电阻以及非耗尽区材料上的电压降落；②耗尽区中空间电荷对电场的抑制以及③热电阻对电子和空穴离化率的降低等效应。n 是一个拟合参数，由实验确定，它与材料的电子和空穴离化率密切相关，并当以高离化率载流子注入到耗尽区时取最小值。显然，在此情况下，最大增益与初始光电流的平方根成反比。

当初始光电流小于初始暗电流时，最大雪崩增益则受暗电流的限制

$$(M_{\mathrm{ph}})_{\max} = \sqrt{\frac{V_B}{nI_D R}} \tag{11.281}$$

因此，即使单从获得尽可能高的雪崩增益考虑，暗电流尽可能低也是非常必要的。

11.6.3 APD 基本结构

根据前述讨论，要获得高增益带宽积和低噪声雪崩二极管，所用器件材料的电子和空穴离化率之间的差异就要尽可能大。另一方面，为了达到尽可能高的探测能力，材料的量子效率也要尽可能高。

器件的外部量子效率定义为所收集到的电子-空穴对数与照射到探测器光敏区上光子数之比。对于多数半导体材料，反射本身就对量子效率构成很大限制。因此，需要采用合适的镀膜手段来降低反射的影响。如果设定所有光生电子-空穴对均能被收集到，并且光的多重反射效应可以忽略，则外部量子效率η可以表示为

$$\eta=(1-R)(1-e^{-\alpha x}) \tag{11.282}$$

式中：R是反射率，α是吸收系数，x是光子被吸收时所穿过的材料厚度。

图11.86给出了器件结构及其对量子效率影响的示意图(Stillman et al. 1977)。p^+和n^+区用来构成与p、n有源区的电学欧姆连接。在反向偏置下，耗尽区厚度由pn结界面分别向p区和n区扩展到图11.86(a)所示W_p和W_n处。在该区域中产生的电子和空穴将在电场的作用下分别向n区和p区运动，因而在被收集到之前基本上没有复合的机会。另一方面，在耗尽区外产生的少子将向耗尽区扩散，其中一部分将在进入耗尽区之前与多子复合，而其余的则进入耗尽区从而最终被收集。可以认为，落在耗尽区两侧扩散长度分别为L_n和L_p以内的少子能完全收集，这样，对有效吸收形成贡献的材料厚度就是$L_n+W_p+W_n+L_p$。发生在其他区域的光吸收不对量子效率产生贡献。

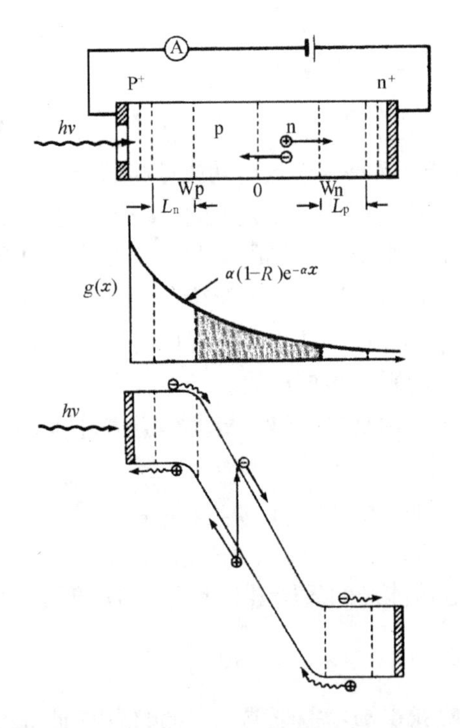

图11.86 不同β_p/α_n比值情况下，电子增益随电场的变化关系。

其中 W=1μm，$\alpha=3.36\times10^6\,e^{-1.75\times10^6/|E|}$

据此，不难看出，如果在感兴趣波长范围，材料的吸收系数α比较高，那么 W_p 及 L_n 都要尽可能小；而如果α 很小，就须尽可能增加耗尽区和扩散区的厚度。但是，耗尽区太宽又将显著增加载流子穿越时间，反过来将对器件的频率响应产生不良影响。

图 11.87 所示为光电二极管探测器在矩形光脉冲照射下的电流响应。这里设定光在耗尽区传播过程中完全被吸收。响应电流的一个组分是由耗尽区内生成载流子形成的漂移电流，它的响应速度比较快，该电流的上升时间与载流子穿越耗尽区的时间有关。另一组分则是由扩散区内少子向耗尽区扩散所形成的，它的响应相对缓慢。显然，为提高器件的频率特性，尽可能降低扩散电流组分是非常必要的。考虑到少子的扩散长度通常随载流子浓度的升高而降低，扩散电流对总响应电流的贡献就可以通过提高外延层中载流子浓度来降低。对于雪崩二极管来说，通过结构上的优化设计，使得扩散电流主要源于离化率相对低的载流子，就可以进一步降低扩散电流的水平。

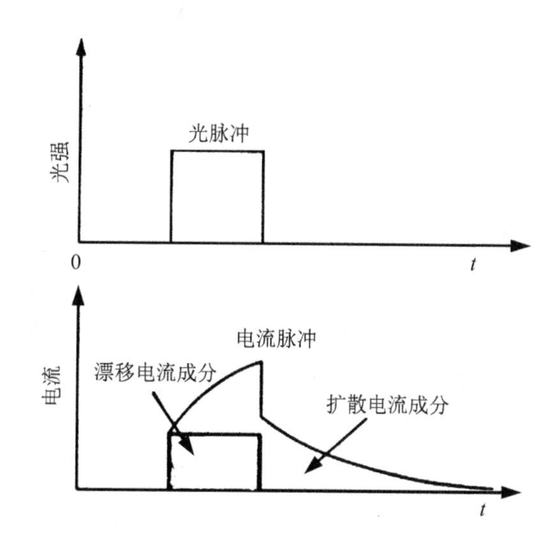

图 11.87　矩形光脉冲及其引起的探测器光电流响应

下图阴影区表示漂移电流成分，其余为扩散电流成分

除了影响频率响应以外，器件结构还对注入载流子类型以及增益的均匀性有显著影响。对于平面型器件，器件边缘处电场通常较中心的强，因此有必要采用合适措施增加边缘处的击穿电压；对于非平面型器件，则需要合理选择器件形状或边缘结构，以降低器件的表面电场。

图 11.88 给出了器件的四种基本结构以及相应电场、增益随空间变化关系。

(1) 护圈型 APD：易于利用两个独立的扩散过程，分别形成 n 型护圈和 n^+p 有源结。处于击穿状态时，耗尽层的厚度通常小于护圈的深度，一般为几个微米。该结构非常适合于探测相对短波长(0.4~0.8μm)光子。虽然护圈结构能够增高器件击穿电压，但它同时也增大电容，因而对高速性能带来不利影响。

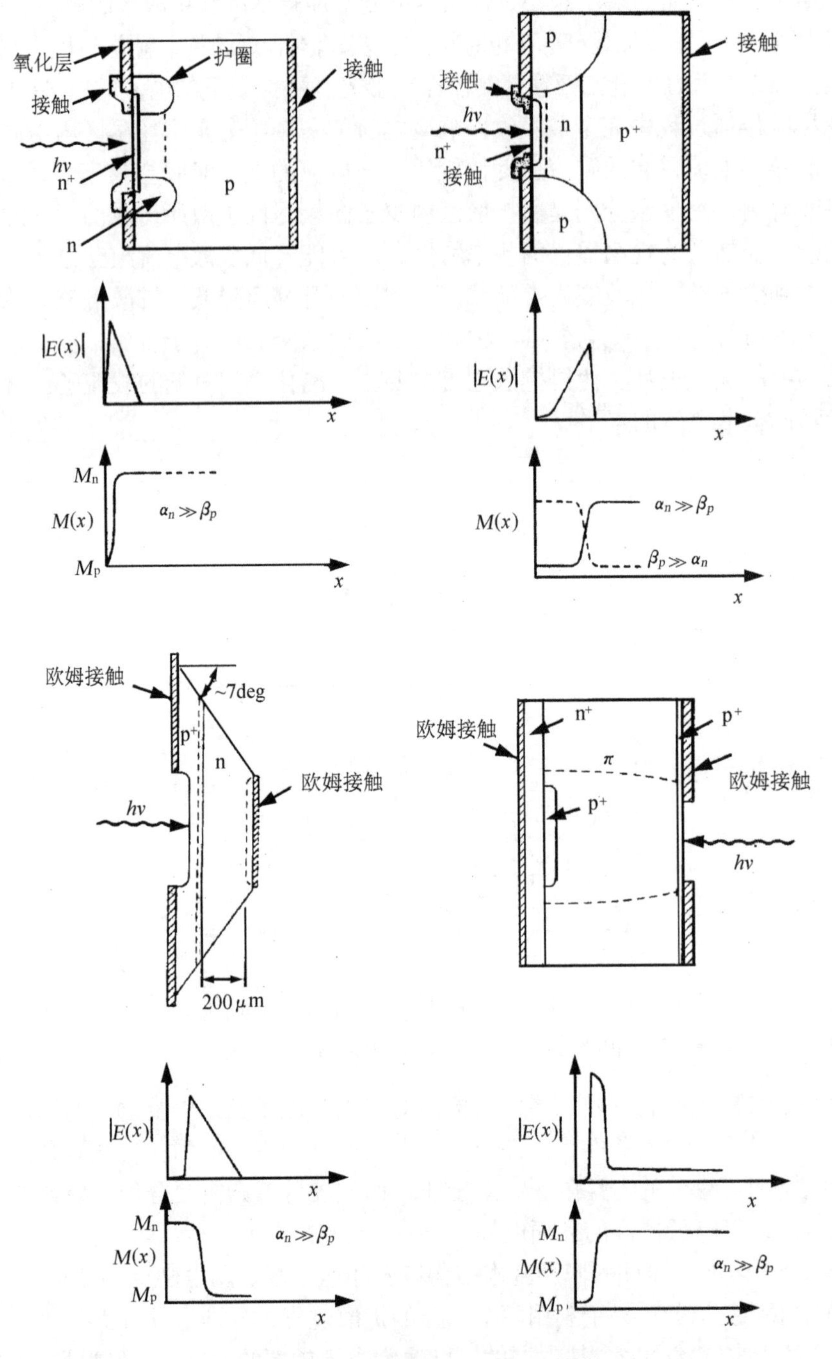

图 11.88 雪崩光电二极管不同结构

(a)护圈(guard-ring)型；(b)翻转(inverted)型；(c)斜面小岛(beveled-mesa)型；(d)达通(reach-through)型

(2) 翻转型 APD：也称“掩埋结”APD。它的强场增益区非常接近于器件的前侧，而且厚度很薄，其峰值电场区大约仅为 5μm。从增益随位置的变化曲线可以看出，对于 $\beta_p \gg \alpha_n$，通过调整掺杂和 n 区的厚度，使其在工作电压下刚好全部成为耗尽区，就可以制成近于最优化的结构。但是对于 $\alpha_n \gg \beta_p$ 同时吸收又比较强的材料，这种结构则不太适合。

(3) 斜面小岛 APD：通过将 APD 的侧面制成倾角为 6°~10°的斜面，实现降低侧面电场的目的，从而使器件达到更高的偏置工作电压。从增益曲线可以看出，该结构非常适用于 Si 这样 $\alpha_n \gg \beta_p$ 的材料（$\alpha_n / \beta_p \approx 20$）。但是在长波长区，吸收系数明显降低，使得大量的光子在 n 区被吸收，就将导致低增益和高额外噪声因数。从这个角度讲，该结构不太适于长波长探测。

(4) 达通型：在器件的前端有比较宽的低电场漂移区，增益区很窄且落在器件的后端。增大反向偏压使耗尽层尽可能增宽，达到某个临界偏压值后，超过此值，偏压效果可以忽略。此时，π区中的电场高到足以使其中载流子以饱和漂移速度运动。通过使π区完全成为耗尽区，可使整个 p^+增益区内量子效率与频率无关，相应地，增益也与波长无关。

11.6.4 单光子雪崩二极管基本工作原理

当 APD 工作在高于击穿电压 V_B 的偏置 V_A,即所谓“盖革模式(Geiger mode)”,并配以雪崩淬灭电路时，可用于实现单光子探测。因此称为单光子雪崩二极管(single-photon avalanche diode，SPAD)。

根据二极管 p-n 结耗尽层厚度的不同，SPAD 大致可分为两大类(Cova et al. 1996)：一类属于薄耗尽层型，通常为 1μm；另一类属于厚耗尽层型，大致在 20~150μm。表 11.2 列出了两类 Si 材料 SPAD 的结构参数和性能特征的取值范围(Cova et al. 1989，Ghioni et al. 1991)。Si 材料 SPAD 主要工作于近红外波段，Ge 和 III-V 合金半导体材料如 InGaAsP 制成的 SPAD 则可将工作范围扩展到 1.6μm 以上。

表 11.2 两种不同类型 Si 材料 SPAD 的结构参数和性能特征

	厚耗尽层型	薄耗尽层型
耗尽层厚度/μm	20~150	约 1
击穿电压/V	200~500	10~15
有源区直径/μm	100~500	5~150
光子探测效率	50% @ 540~850 nm 约 3% @ 1064nm	约 45% @ 500 nm 约 3% @ 1064 nm 约 32% @ 630 nm 约 10% @ 830 nm 约 0.1% @ 1064 nm
光子计数时间分辨率 (半高全宽，FWHM)	350~150 ps	约 30 ps @ 约 10μm 有源区直径，室温

由于 SPAD 工作于超过击穿电压的偏置之下，p-n 结中的电场强到哪怕只有单个载流子注入到耗尽区也能够诱发出自维持(self-sustaining)雪崩，电流在纳秒甚至亚纳秒时间内迅速上升到毫安培量级。如果初始载流子是由光子产生的，则雪崩脉冲的上升沿标志着被探测光子的到达时间。这个电流将一直维持到本次雪崩通过降低偏置电压至 V_B 甚至以下而淬灭，随后偏置电压复位到 V_A 以便实现对下一个光子的探测。显然，这一工作过程要求一个合适的电路，它具备 ①对雪崩上升沿敏感，②产生一个与雪崩上升过程同步的脉冲信号，③降低 SPAD 偏置电压到 V_B 或以下，④将偏置电压复位到正常工作电压 (VA) 等功能。这样的电路通常称为“淬灭电路”(quenching circuit)。淬灭电路的性能特征对探测器的实际性能有显著影响。

下面，首先介绍 SPAD 的工作条件和性能，然后简单讨论两种基本的淬灭电路结构。

1) SPAD 工作条件与性能

实际施加偏置电压 V_A 超过击穿电压 V_B 的部分，$V_E=V_A-V_B$，通常称为额外偏置电压。V_E 以及 V_E/V_B 对探测器性能具有决定性影响。由于 V_B 取值范围通常为 10~500V，相应地，V_E 大致在 1~50V。

(1) 光子探测效率。

一个光子要能够被探测到，它首先必须能在探测器的有源区被吸收，并产生一个初始载流子。同时，所产生的载流子还要能够触发雪崩。可以预期，探测效率随 V_E 增加而升高。图 11.89 所示为(a)薄耗尽层和(b)厚耗尽层 SPAD 探测效率随 V_E 和波长的变化关系的典型情形。

(2) 时间分辨率。

如图 11.90(a)所示，单光子探测器的时间分辨率同样随 V_E 增加而升高。

(3) 暗计数率(dark-count rate)。

类似于 PMT，即使在没有光照的情况下，热效应也会产生电流脉冲，相应地产生暗电流计数。暗电流计数的泊松涨落(Poissonian fluctation)代表了探测器的内部噪声源。暗电流决定于材料特性与制备工艺。由于热或隧穿效应会随机产生电子-空穴对，这些热致载流子也会被倍增。降低温度可以控制热产生载流子，因为材料中载流子的热产生率为 $g(T)=a_r n_i^2(T)$，a_r 是比例常数，n_i 是本征载流子浓度，温度降低，n_i 下降，$g(T)$ 也减少，于是暗电流也会减小。APD 的暗电流可以写为 $I=\dfrac{\mathrm{d}Q}{\mathrm{d}t}=\dfrac{\Delta ne}{\Delta t}$，其中 $e=1.6\times10^{-19}\,\mathrm{C}$ 为电子电荷，Δn 是少数载流子数目，Δt 为时间间隔，为纳秒(ns)量级，每纳秒通过截面的电子数为 $\Delta n=I\cdot\Delta t/e=6.26\times10^9 I$。如果暗电流在纳安(nA)范围，则 $\Delta n\approx6$ 个电子。所以如果要在每纳秒中通过少于一个电子，暗电流必须在亚纳安范围。暗电流脉冲包含初级和次级脉冲两个部分(Haitz 1965)。如图 11.90(b)所示，SPAD 暗计数率随额外偏置电压增加而上升。

在实际中，获得低暗电流计数率的关键是器件的制备技术。Si 材料 SPAD 的暗电流计数率已可以做得非常低。

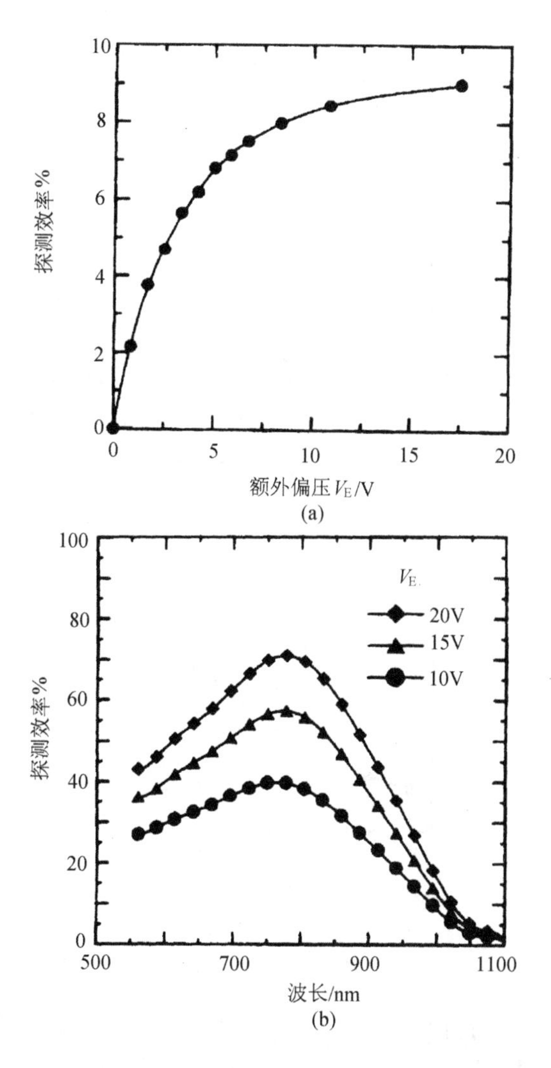

图 11.89　SPAD 探测效率随 V_E 变化关系: (a)薄耗尽层，探测光波长为 830nm (p-n 结宽度为 1μm，击穿电压 V_B=16V，有源区直径为 10μm)和 (b)厚耗尽层 (p-n 结宽度为 25μm，击穿电压 V_B=420V，有源区直径为 250μm)

(4) 热效应。

由于击穿电压对温度的依赖性很强，对不同的 SPAD 器件结构，温度系数通常大约为 0.3%/K。 这意味着，在恒定 V_A 偏置条件下，随温度升高，V_E 下降,从而导致器件性能的显著降低。

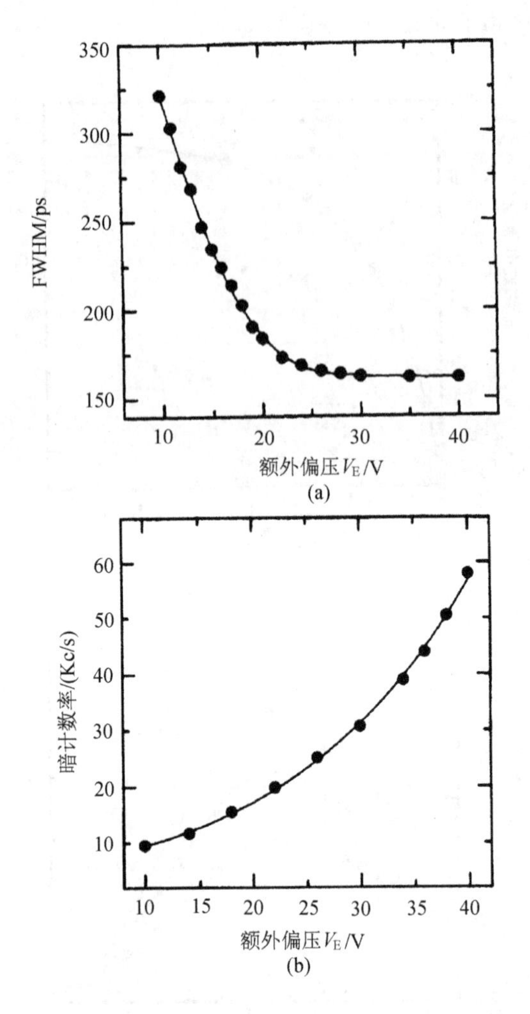

图 11.90 厚耗尽区 SPAD 在室温下(a)半高全宽时间分辨率；(b)暗计数率随 V_E 变化关系

2) 两种基本的淬灭电路

(1) 无源淬灭电路。

图 11.91 给出了简单无源淬灭电路及其等效电路(Cova et al. 1996)。电流输出型电路在高速计数和脉冲精确计时等方面能够提供最佳性能。相对而言，电压输出型电路具有结构简单的优点，并易于用示波器长时间档观察雪崩脉冲序列。电路中 R_L 为限流电阻，C_d 是 p-n 结的结电容，典型值约为 1pF，Cs 是寄生电容，通常为几个 pF。R_d 是二极管的等效电阻，取值与器件结构有关：对于宽而厚耗尽区二极管，其值低于 500Ω，而对于窄而薄耗尽区，其值可达数百到几千欧姆。

雪崩触发对应于合上等效电路中的开关。二极管的电流 I_d、偏置电压 V_d 以

及瞬时额外偏压 $V_{ex}=V_d-V_B$ 的波形如图 11.91 所示：

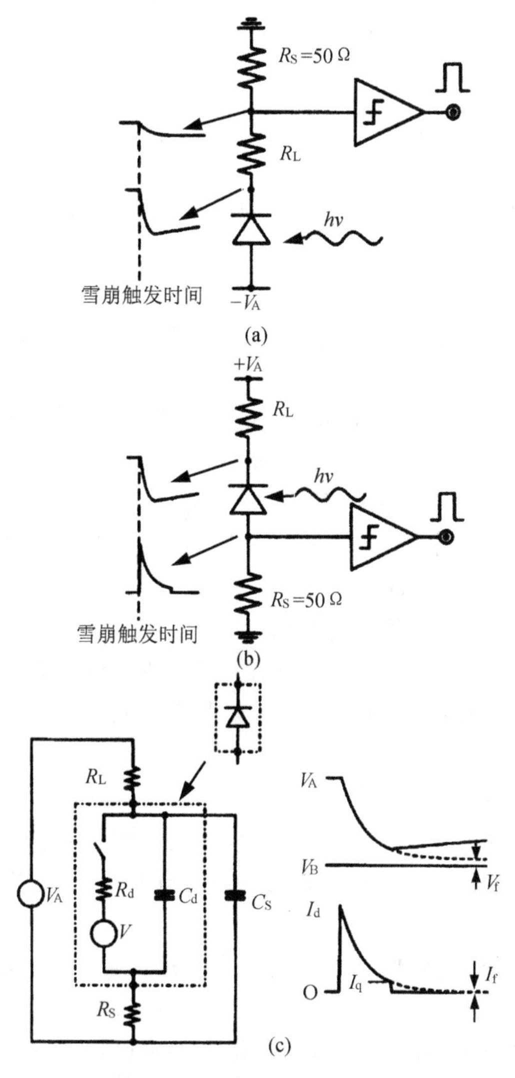

图 11.91 基本无源淬灭电路

(a)电压输出型电路；(b)电流输出型电路；(c)电流输出型电路的等效电路。雪崩信号由比较放大器检出，并生成一标准信号，用于实现脉冲计数与计时

$$I_d(t)=\frac{V_d(t)-V_B}{R_d}=\frac{V_{ex(t)}}{R_d} \tag{11.283}$$

在此情况下，雪崩电流通过电容放电，导致 V_d 和 I_d 按指数衰减，并趋于稳定值 V_f 和 I_f

$$V_f = V_B + R_d I_f \qquad I_f = \frac{V_A - V_B}{R_d - R_L} \approx \frac{V_E}{R_L} \tag{11.284}$$

相应地，淬灭时间 T_q 由下式决定

$$T_q = (C_d + C_s)\frac{R_d R_L}{R_d + R_L} \approx (C_d + C_s) R_d \tag{11.285}$$

从式(11.284)可以看出，如果 I_f 非常小，则 V_f 就非常接近于 V_B。当闭锁电流 $I_q<100\mu A$ 时，雪崩是自维持的；而当 $I_q \geqslant 100\mu A$ 时，雪崩电流则是自淬灭的。虽然实际的 I_q 并非为严格定义值，但是要使无源淬灭电路处于合理工作状态，通常要求 I_q 比 I_f 大得足够多。实践中常取 $I_f \leqslant 20\mu A$，即在额外偏置电压 V_E 下，R_L 至少要保证 50 kΩ /V 的取值。

雪崩淬灭对应于二极管等效电路中开关处于断开状态。电容器以 R_L 中的小电流充电，管端电压因而在 $T_r=(C_d+C_s)$，R_L 时间内以指数增长的方式迅速趋向于原工作偏置电压。在这一过程中，到达耗尽层的光子所能诱发雪崩的概率开始很低，但随电压的上升而逐渐增大。根据低值电阻 R_s 连接方式的不同，无源淬灭电路可以分为电流模式和电压模式。图 11.91(a) 所示电路的输出是二极管端电压波形的衰减值，因而称为电压模式输出电路。这种输出方式的缺点是，探测器的时间特性不能得到很好的发挥。图 11.91(b)所示电路的输出波形则与二极管中电流波形一致，因而称为电流模式输出电路。这种输出方式在高速计数和脉冲的精确计时等方面具有最佳性能。

(2) 有源淬灭电路。

有源淬灭电路利用了“反馈”这一基本思想：利用特定电路检测雪崩脉冲的上升沿，并通过受控偏置电压源对 SPAD 施加作用，从而使淬灭和复位能在短时间迅速完成。

图 11.92 所示为基本有源电路简化框图。其中图 11.92 (a)为反极结构，即 SPAD 的检测极与淬灭极相反。相应地，淬灭脉冲必须叠加到探测器直流偏置电压上。图 11.92(b)为同极结构，淬灭脉冲施加于相同电极并具有与雪崩脉冲相同的极性。与反极结构相比，同极结构适于任何击穿电压的 SPAD。图中，D 表示淬灭和复位驱动器，它的工作特点是，当受到低电平逻辑脉冲驱动时，会产生高电压淬灭脉冲。该淬灭脉冲幅度必须超过额外偏置电压 V_E。

与无源电路相比，有源淬灭电路有以下两方面显著优点:

①雪崩脉冲的持续时间 T_{ac} 是一个常数，它由 SPAD→雪崩检测电路→SPAD 的整个循环时间 T_L 和淬灭脉冲的上升时间 T_{aq} 决定

$$T_{ac} = T_c + T_{aq} \tag{11.286}$$

由于 T_{aq} 随淬灭脉冲幅度的升高而增大，T_{ac} 的可能最小取值决定于 V_E 的大小。

对于 $V_E \leqslant 1V$，$T_{ac} \leqslant 5ns$；而当 $V_E \approx 20V$ 时，$T_{ac} \approx 10ns$。

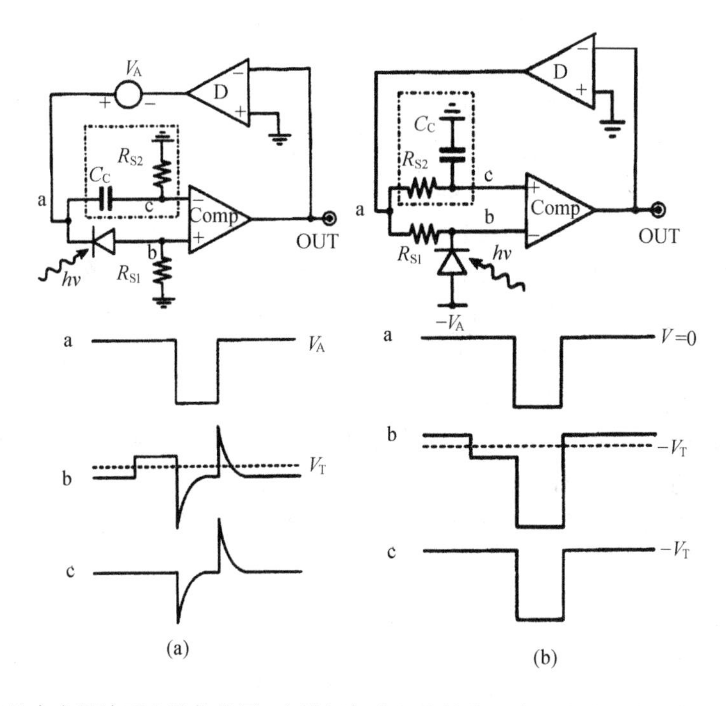

图 11.92　基本有源淬灭电路简化图。虚线框部分用来补偿由淬灭脉冲产生的流过 SPAD 电容的电流脉冲，从而避免电路振荡。电压波形图则表示电路图中相应节点处的情况(Cova et al.　1996)

(a)反极结构，SPAD 的检测极与淬灭极相反；(b)同极结构，SPAD 的检测极与淬灭极相同

②有源淬灭电路的不应期(dead time)是一个常数，且可以精确控制，其最小值由下式决定

$$(T_{ad})_{min} = 2T_L + T_{aq} + T_{ar} \tag{11.287}$$

式中：T_{ar} 表示淬灭脉冲的下降时间。与 T_{ac} 类似，$(T_{ad})_{min}$ 随 V_E 升高而增大。对于 $V_E \leqslant 1V$，$(T_{ad})_{min} \approx 10ns$；而当 $V_E \approx 20V$ 时，$(T_{ad})_{min} \approx 40ns$。

11.6.5　单光子红外探测器实例

目前已知的单光子雪崩二极管(SPAD)可用于可见和红外波段的单光子探测，既有用 Si、Ge、InGaAs/InP 等材料制备并已取得广泛应用的基于 Geiger 工作模式的 SPAD，也有尚处于探索阶段，基于单电子晶体管的 SPAD。利用窄禁带半导体 $Hg_{1-x}Cd_xTe$ 材料也可以制备 APD 器件，当组分 $x \approx 0.7$ 时，$Hg_{1-x}Cd_xTe$ 的禁带宽度和自旋轨道分裂相等，易于产生共振碰撞电离。空穴离化系数增大，器件噪声变小，引发雪崩增益，可制备λ=1.3，1.55μm 光通讯用低噪声雪崩二极管。适当的设计波长可延伸到 2.5μm。但也有文章利用泊松方程二维解做了定量分析，

认为用 HgCdTe 材料不可能制备优于 InGAAs/InP 的 APD(Liu　1992)。下面对几种比较典型的情况作简单介绍。

1) Si、Ge 材料 SPAD

Si 材料 SPAD 是研究得最充分，也是目前发展得最完善的单光子探测器。具有良好性能的器件也已商业化多年了(Cova et al.　1996，Lacaita et al.　1988，Cova et al.　1989，Ghioni et al.　1991，Ghioni et al.　1988，Lacaita et al.　1989)。

图 11.93(a)所示为一具有达通(reach-through) 结构的 SPAD 示意图。其设计工作波长为 830nm，主要用于 1Gbit/s 的数据通讯。具体结构是，在 p^- 高阻性 Si 基片上，利用深扩散 B (硼)的方式生成有源结，包括一个深约 15μm 的 p 型区，并在其上淀积一层约 5μm 的 n^+ 层。在基片的另一侧与有源区相对应的位置处，通过刻蚀，将厚度降低到约 35μm。

研究表明(Ghioni et al.　1991)，器件的时间分辨特性与照射到器件光敏区的光斑大小有关。通过减小光斑，可以改进时间分辨能力。图 11.93(b)给出了光斑直径为 50μm 时，SPAD 的时间分辨响应曲线。其时间分辨率大致为 320ps。

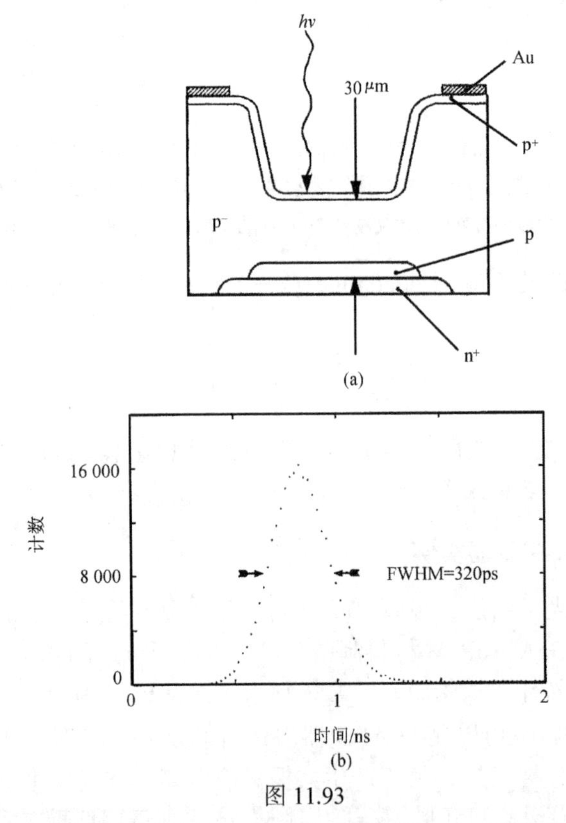

图 11.93

(a)具有达通型结构的 SPAD 示意图；(b)室温下，光斑直径为 50μm 时器件的时间分辨能力，二极管的额外偏置电压为 40V，且配以有源淬灭电路(Lacaita et al.　1989)

为了提高时间分辨率等器件性能，Ghioni 等(1988)和 Lacaita 等(1989)利用护圈型 APD 结构(参见图 11.88(a)) 实现 SPAD。这里，有源结通过在电阻率为 0.6Ωcm 的 p 型衬底上制成一浅 n^+ 层(0.3μm) 实现，并由深扩散(5~8μm)护圈包围，以防止边缘击穿。 该器件的击穿电压约为 28~33V 之间。测量结果表明，该 SPAD 的时间分辨率在室温下最高达 28ps，而当温度降低到−65℃时，时间分辨率可进一步提高到 20ps (Cova et al. 1989)。

Lacaita 等(1988) 研究发现，随额外偏置电压的增大或器件温度的降低，时间分辨性能将得以提高。

最近，Rochas 等(2003)报道了利用标准 0.8Lacaita m Si 互补型金属氧化物半导体(CMOS)工艺制备全集成 SPAD 的新型设计思想。APD 的结构如图 11.94(a) 所示，它具有由 p^+/深 n 槽/p 衬底构成的双结，容许 2.5~50V 的工作电压。由于护圈的引入，p^+槽/深 n 槽结的击穿电压大约为 25V，而 p 槽/深 n 槽结的典型击穿电压约为 55V。 因此，p^+槽/深 n 槽之间结的平面部分先在 25V 偏置电压下击穿，而护圈周围的 p 槽/深 n 槽结的击穿则需偏置电压再进一步升高 30V 以上。这就意味着，该 SPAD 的额外偏置电压可达 30V。

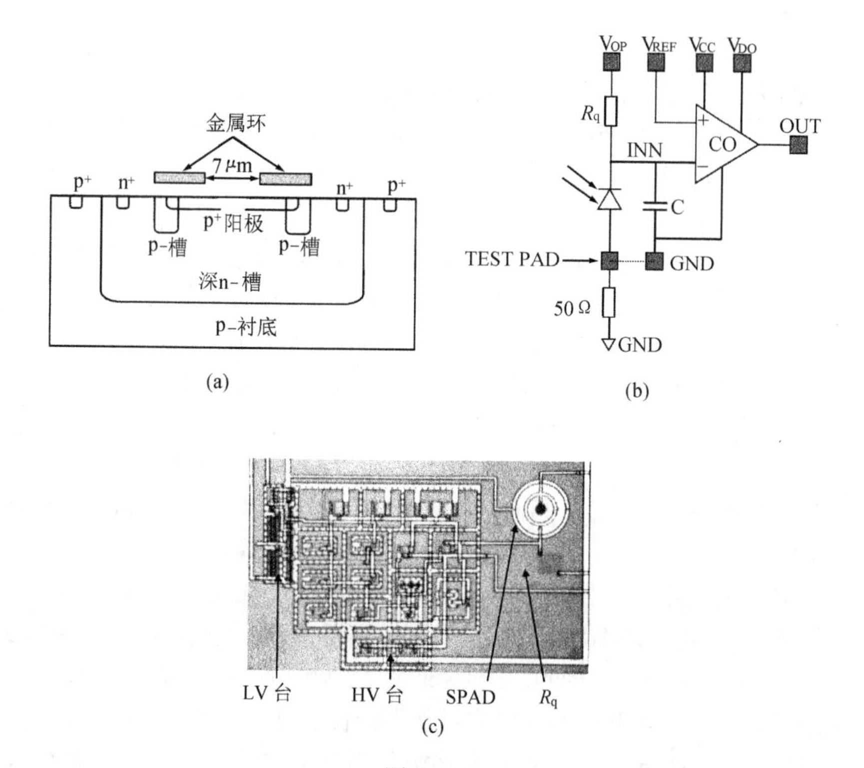

图 11.94

(a) APD 截面示意图；(b)全集成无源淬灭 SPAD 结构示意图；(c)CMOS 高电压 SPAD 图片(Rochas et al. 2003)

为了适应高电压工作的要求，深 n 槽的掺杂浓度一般做得比较低 (约 3×10^{16} cm^{-3})，同时 p 槽/深 n 槽结紧靠上表面 (大致位于上表面以下 500nm 处)。这样的设置非常利于对红光与近红外光的探测。通过扩大耗尽区，则可以增加对大穿透深度光子的收集效率。对于 Geiger 模式工作状态，降低器件的热产生率是非常必要的，借此可以降低二极管的暗计数率。因此，SPAD 的光敏区通常故意做小，Rochas 等人报道的值是直径 7μm。图 11.94(b) 所示为全集成无源淬灭 SPAD 的电路结构示意图。图 11.94(c)则给出了 CMOS 高电压 SPAD 的实物图片。

测量结果显示(Rochas et al. 2003)，该 SPAD 的单光子探测概率随额外偏置电压增加而上升，当 V_E=5V 时，探测概率在 420~620nm 波段范围内超过 20%，对 750nm 的光也大于 7%。它的时间分辨率约为 50ps，不应期时间 T_{ad} 约为 75ns，而且雪崩可在 3.5ns 时间内被淬灭。所有这些特征都表明，CMOS 集成 SPAD 设计思想为制作低成本，高简洁度阵列器件开创了新途径。

为了将 SPAD 的探测波长范围拓展到 Si 吸收边(1.1μm) 以外，人们对工作于 Geiger 模式的 Ge 材料 APD 也进行了大量研究(Haecker et al. 1971，Levine et al. 1984，Lacaita et al. 1994)。其工作波长可以达到 1.6μm。当被探测光子能量高于间接带隙能时，探测率随光波长减小而上升；而当光子能量大于直接带隙能时，由于吸收损失的增加，导致探测率下降(Haecker et al. 1971)。通过适当选择 Ge 材料 SPAD 的工作条件，可以在 77K 温度下，在 1.3μm 的工作波长处达到 $7.5\times10^{-16}W/Hz^{1/2}$ 的等效噪声能。并达到 85ps 的时间分辨能力，对应于 1.8GHz 的计时等效带宽 (Lacaita et al. 1994)。

2) III-V 族半导体材料 SPAD

由于在 77K 时，Ge 的截止波长出现在 1.45μm，要实现 1.55μm 及以上波长的 SPAD，就必须寻找其他材料器件。早在 1985 年，Levine 等人就证明，在室温和 Geiger 模式下，吸收和倍增分离的 InGaAs/InP APD 能够用来实现单光子探测 (Lacaita et al. 1996)。经过多年的发展，目前 InGaAs/InP APD 已经商业化，并广泛用于光通信网络中。作为光通信系统中的接收机，它一般工作于击穿电压以下的放大区，工作波长可达 1.7μm。在 77K 下，经挑选的 APD 可以在高于击穿电压 6V 的偏置条件下工作，因而可以作为 SPAD 使用。在 1.55μm 波长处，可获得 10%的量子效率。有报道，在适合条件下，对波长为 1.3μm 的光子,可以达到 $3\times10^{-16}W/Hz^{1/2}$ 的探测灵敏度和 200ps 的时间分辨能力(Lacaita et al. 1996)。

近年来，围绕进一步拓展工作波长和提高器件速度，人们进行了一些尝试(Liu et al. 1988，Cheng et al. 1999，Dries et al. 1999，Hirota et al. 2004)。

Dries 等(1999)通过将应变补偿多量子阱吸收区与低噪声 $In_{0.52}Al_{0.48}As$ 增益区结合，获得了截止波长为 2.0μm 的分离吸收增益层雪崩光二极管。其结构如图 11.95 所示：在 (100) n^+型 InP 衬底上先生长一 2500Å 的 n^+型 InP 缓冲层，然后生长厚为 2700Å 的非掺杂 $In_{0.52}Al_{0.48}As$ 增益层，接着是 500Å 掺 Be ($5\sim7\times10^{17}$

cm^{-3}) p^+型 InP 场控制层和 100 个周期的多量子阱吸收层，最后以 p^+型 Be 掺杂(3×10^{18} cm^{-3}) InP 作为覆盖多量子阱的电接触层。InP 场控制层的作用在于分隔强场 $In_{0.52}Al_{0.48}As$ 增益区和低场多量子阱吸收区。每个量子阱周期都是对称的，如图 11.95(a)所示，它由 6 层材料构成,从左往右，前 4 层依次为 70Å~ $In_{0.83}Ga_{0.17}P$，30Å ~ InP，45Å~ $In_{0.83}Ga_{0.17}As_{0.37}P_{0.63}$ 和 60Å ~ $In_{0.83}Ga_{0.17}As$。整个吸收区是 p 型轻掺杂(掺 Be，浓度为 $3\times10^{15}cm^{-3}$)的，总厚度为 2.8μm，其中的 0.6μm 由 $In_{0.83}Ga_{0.17}As$ 量子阱构成。图 11.95(b)给出了外延生长层的扫描电子显微镜图像。图 11.95(c)则给出了一个完整器件的示意图，其有源区的直径为 100μm。测量结果表明，该器件在 1.54μm 探测波长处的峰值响应率为 45A/W。若取其内量子效率为 65%，则对应的光载流子的倍增系数为 55。

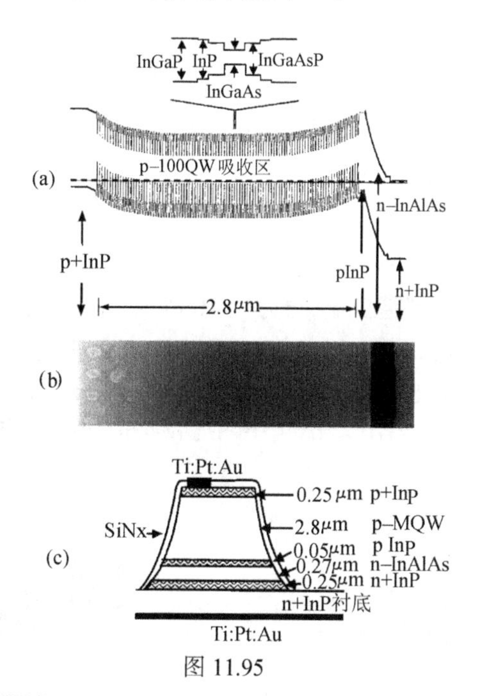

图 11.95

(a)分离吸收增益区 APD 能带结构示意图。压应变 $In_{0.83}Ga_{0.17}As$ 量子阱层由两侧的张应变 $In_{0.83}Ga_{0.17}P$ 层补偿；(b)选择刻蚀样品的扫描电子显微镜图像；(c)完整器件示意图(Dries et al. 1999)

图 11.96 给出了该种 APD 在不同倍增系数时的光谱响应特性。可以看出，在 λ=1.93μm 处出现激子跃迁峰，而响应范围则扩展到 2.0μm。由于量子约束 Stark 效应，长波截止波长随倍增系数轻微地增大。通过改变量子阱/势垒的组分与厚度，还可望将长波截止波长进一步延伸到 2.1μm (Dries et al. 1999)。

针对高速光通讯系统对高效率、低暗电流，高增益带宽积等关键性能的特殊要求，Hirota 等(2004)提出了一种新型 InP 基 InGaAs/InGaAsP APD 设计。通过采用薄 p 型吸收层和薄 InP 雪崩层以及折射侧面结构，在 1.55μm 波长处获得了

0.71A/W 的最大直流响应，40GHz 的低增益高频响应和 140GHz 增益带宽积。该型结构还同时也具有低击穿电压等优点。

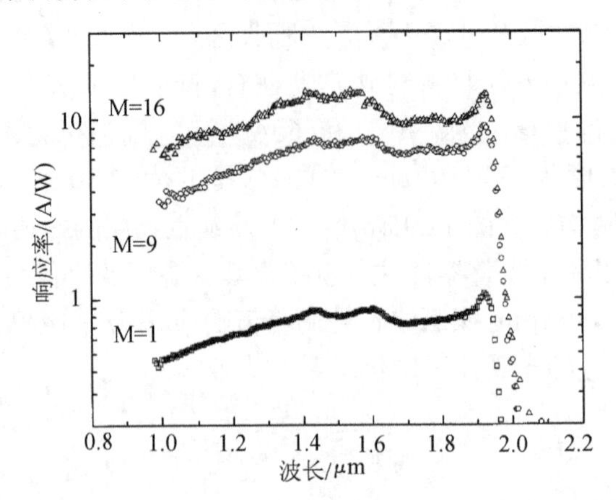

图 11.96　InGaAs 量子阱结构 APD 在不同倍增系数时的光谱响应特性(Dries et al. 1999)

3) 远红外单电子晶体管 SPAD

远红外单电子晶体管 SPAD 是通过将由较大单量子点(如 700nm×700nm)构成的单电子晶体管放置到甚低温(约为 0.4K)强磁场中来实现的(Komiyama et al. 2000)。从工作机理上讲，单电子晶体管 SPAD 与通常的 SPAD 有显著区别。一个直接的结果是，在单电子晶体管 SPAD 中，单个被回旋共振面吸收的远红外(175~210μm)光子可以产生 10^6~10^{12} 个电子，这个值比传统意义上的 SPAD 高至少 104 倍。

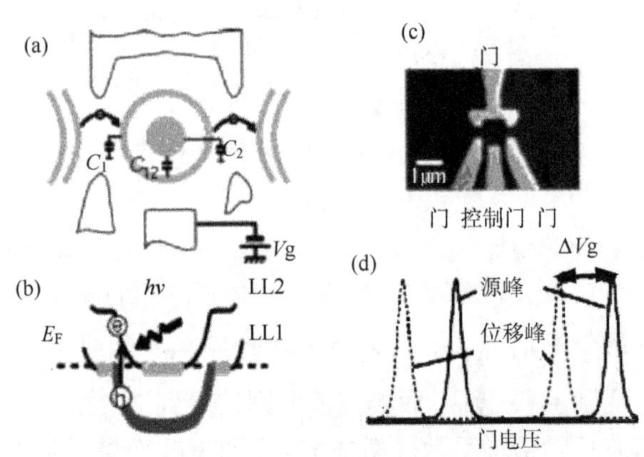

图 11.97　磁场中的单量子点单电子晶体管

(a)单量子点示意图，阴影区表示由两个最低朗道能级(Landau levels，LLs)所形成的金属性内核与外环；(b)量子点中能谱,当量子点中发生远红外光子吸收从而激发出电子-空穴对时，受激电子和空穴将分别很快地跃入内核和外圈，并导致量子点极化；(c)700nm×700nm 单量子点的扫描电子显微成像，其中大约包含 350 个电子，所加磁场垂直于量子点平面；(d)库仑导纳峰随控制门电压的变化示意图(Komiyama et al.　2000)

图 11.97 所示为处于磁场中的单量子点单电子晶体管示意图。量子点通过弱耦合与遂穿势垒另一侧的电子源相连(见图 11.97(a)和(b))。磁场强度的选取将保证最低朗道能级(Landau levels，LLs)LL1 被完全填充，而第一激发能级 LL2，则只填充少量电子。在费米能级处，LL1 和 LL2 形成两个可压缩的金属区，分别对应于图 11.97(a)所示的量子点“外环”和“内核”。当一个远红外光子因回旋共振被量子点吸收时，在 LL2(LL1)中产生的电子(空穴)将迅速把多余能量传给晶格并跃入内核(外环)。此时，内核带－e 电荷，因而导致外环的电化学势降低 $-eC_2/(C_2C_1+C_{12}C_1+C_2C_{12})$，其中 C_i 和 C_ij 是图 11.97(a)所示相应区域之间的电容。这一内极化将导致图 11.97 (d)所示导纳共振峰移动 $-\Delta V_g \propto -\Delta_{\mu_1}$。另外，内核上的受激电子通常有非常长的寿命。这两个因素使得远红外单光子探测切实可行。

利用图 11.97 所示的 SPAD，Komiyama 等(2000)首次在 175~210μm 波段实现了单光子探测，探测概率大约为 1%。在适应磁场条件下，相应的“有效噪声等效能”可以达到 10~22W/Hz$^{1/2}$，这个值比传统的红外探测器高 104 倍。通过采用高频率单电子晶体管(频率极限可达 10GHz)，该 SPAD 的时间分辨率可以做到 10MHz 左右。

参 考 文 献

李向阳, 方家熊. 2002. 红外与毫米波学报，21:71

汤定元, 糜正瑜. 1989. 光电器件概论. 上海：上海科学技术文献出版社

汤定元, 童斐明. 1991. 窄禁带半导体红外探测器. 见:王守武主编 半导体器件研究与进展. 北京:科学出版社. 1~107

徐国森等. 1999. 红外与激光工程, 28:37

徐国森, 方家熊. 1996. 碲镉汞材料和器件:应用基础研究'95 论文集. 上海技术物理研究所. 1996. 7

Araudan M, Kapoor A K, Haduri A B et al. 1991. Infrared Phys., 31:485

Anderson W W. 1977. Infrared Phys., 17:147

Baranov A N, Cuminal Y, Boissier G et al. 1996. Electron. Lett., 24:2279

Baars J, Sorger F. 1972. Solid State Commun., 10:875

Bennett C H, Brassard G. 1984. Quantum cryptography: Publish-key distribution and coin tossing In proceedings of the IEEE International Conference on Computers, Systems and Signal Processing, Bangalore, India. New York: IEEE, 175~179

Benisty H, Sottomayor-Torrès C, Weisbuch C. 1991. Phys. Rev. B, 40:10945

Bennett C H, Brassard G et al. 1992a. Experimental quantum cryptography Journal of Cryptology, 5:3

Bennett C H. 1992b. Phy. Rev. Lett., 68:3121

Berryman K W, Lyon S A, Segev M. 1997. Appl. Phys. Lett., 70:1861

Blakemore J S. 1962. Semiconductor Statistics. Oxford: Pergamon

Bochkarev A E, Dolginov L M, Drakin A E et al. 1988. Sov. J. Quantum Electron., 18:1362

Borello S, Kinch M, Lamont D. 1977. Infrared Phys., 17:21

Broudy R M. 1974. NASA Rep. CR-132512

Broudy R M, Mazurczyk V J, Aldrich N C et al. 1975. In: Proc. Infrared Informat. Symp. Detector Special Group

Broudy R M, Beck J D. 1976. In: Proc. Infrared Informat. Symp. Detector Special Group

Broudy R M, Mazurczyk V J. 1981. Semiconductors and Semimetals. Vol 18 New York:Academic, 157

Buttler W T et al. 2000. Phys. Rev.Lett., 84:5652
Byungsung O, Choe J W, Francombe M H et al. 1990. Appl. Phys. Lett., 57:503
Capasso F, Tredicucci A, Gmachl C et al. 1999. IEEE J. Sel. Top. Quantum Electron., 5:792
Chapman et al. 1978. Interim Rep., US Naval Research Laboratory Contact N00173-78-C0003 (DDC AD B032527L)
Cheng X C, McGill T C. 1999. J. Appl. Phys., 86:4576
Cho H S, Prucnal P R. 1987. Phys. Rev. B, 36:3237
Choi H K, Eglash S J. 1992. Appl. Phys. Lett., 61:1154
Choi H K, Eglash S J, Connors M K. 1993. Appl. Phys. Lett., 63:3271
Choi H K, Turner G W, Eglash S J. 1994. IEEE Photon. Technol. Lett., 6:7
Choi H K and Turner G W. 1995a. Appl. Phys. Lett., 67:332
Choi H K, Turner G W, Le H Q et al. 1995b. Appl. Phys. Lett., 66:3543
Choi H K, Turner G W. 2000. In: Helm M ed., Long wavelength infrared emitters based on quantum wells and superlattices. Singapore: Gordon and Breach Science Publishers, Chap.7. Antimonide-based mid-infrared lasers
Choi K K, Levine B F, Malik R J et al. 1987. Phys. Rev. B, 35:4172
Chu J H, Xu S Q, Tang D Y. 1983. Appl. Phys. Lett., 43:1064
Chu J H, Mi Z Y, Tang D Y. 1991. Infrared Phys., 32:195
Chu J H, Gui Y S, Li B et al. 1998. J. Electron. Mater., 27:718
Chu L, Arzberger M, Zrenner A et al. 1999a. Appl. Phys. Lett., 75:2247
Chu L, Zrenner A, Böhm G et al. 1999b. Appl. Phys. Lett., 75:3599
Chu L, Arzberger M, Böhm G et al. 1999c. J. Appl. Phys., 85:2355
Chu L, Zrenner A, Bichler M et al. 2000. Appl. Phys. Lett., 76:1944
Chu L. 2001a. Ph.D. thesis. Technische Universität München
Chu L, Zrenner A, Bichler M et al. 2001b. Appl. Phys. Lett., 79:2249
Chu M, Mesropian S, Terterian S et al. 2003. Proc. of SPIE, 5074:103
Chu M, Gurgenian R H, Mesropian S. 2004. Proc. of SPIE, 5167:159
Chuang S L, Hess K. 1987. J. Appl. Phys., 61:1510
Colombelli R, Capasso F, Gmachl C et al. 2001. Appl. Phys. Lett., 78:2620
Coon D D, Karunasiri R P G. 1984. Appl. Phys. Lett., 45:649
Cova S, Ghioni M, Lacaita A et al. 1996. Appl. Opt., 35:1956
Cova S, Lacaita A, Ghioni M et al. 1989. Rev. Sci. Instrum., 60:1104
Dornhaus R, Nimtz G. 1976. The properties and applications of the MCT alloy system in narrow-gap semiconductors. In: Springer Tracts in Modern Phys. Vol 78. Berlin, 1
Dries J C, Gokhale M R, Forrest S R. 1999. Appl. Phys. Lett., 74:2581
Eisenman W L, Merriam J D, Potter J D. 1977. In: Willardson R K, Beer A C, eds. Semiconductors and Semimetals. Vol 12. New York: Academic
Ekert A K. 1991. Phys. Rev. Lett, 67:661
Elliott C T, Day D, Wilson D J. 1982. Infrared Physics, 22:31
Faist J, Capasso F, Sivco D L et al. 1994. Science, 264:553
Faist J, Capasso F, Sirtori C et al. 1996. Appl. Phys. Lett., 68:3680
Faist J, Capasso F, Sirtori C et al. 1997a. Nature, 387:777
Faist J, Gmachl C, Capasso F et al. 1997b. Appl. Phys. Lett., 70:2670
Faist J, Capasso F, Sivco D L et al. 1998a. Appl. Phys. Lett., 72:680
Faist J, Sirtori C, Capasso F et al. 1998b. IEEE Photon. Technol. Lett., 10:1100
Faist J, Muller A, Beck M et al. 2000. IEEE Photon. Technol. Lett., 12:263
Faist J, Beck M, Aellen T et al. 2001. Appl. Phys. Lett., 78:147
Ferreira R, Bastard G. 1989. Phys. Rev. B, 40:1074
Finkman E, Nemirovsky Y. 1979. J. Appl. Phys. 50:4356

Flatte et al. 1995. J. Appl. Phys., 78:4552
Fraenkel A, Brandel A, Bahir G et al. 1992. Appl. Phys. Lett., 61:1341
Gärtner W W. 1959. Phys. Rev., 116:84
Garbuzov D Z, Martinelli R U, Lee H et al. 1996. Appl. Phys. Lett., 69:2006
Garbuzov D Z, Martinelli R U, Lee H et al. 1997. Appl. Phys. Lett., 70:2931
Ghioni M, Cova S, Lacaita A et al. 1988. Electron. Lett., 24:1476
Ghioni M, Ripamonti G. 1991. Rev. Sci. Instrum., 62:163.
Gianordoli S, Schrenk W, Hvozdara L et al. 2000. Appl. Phys. Lett., 76:3361
Gmachl C, Capasso F, D L Sivco et al. 2001. Rep. Prog. Phys., 64:1533
Gmachl C, Faist J, Bailargeon J N et al. 1997. IEEE Photon. Technol. Lett., 9:1090
Gmachl C, Tredicucci A, Capasso F et al. 1998a. Appl. Phys. Lett., 72:3130
Gmachl C, Capasso F, Tredicucci A et al. 1998b. Appl. Phys. Lett., 73:3830
Gmachl C, Tredicucci A, Sivco D L et al. 1999a. Science, 286:749
Gmachl C, Sergent A M, Tredicucci A et al. 1999b. IEEE Photon. Technol. Lett., 11:1369
Gmachl C, Capasso F, Tredicucci A et al. 1999c. IEEE J. Sel. Top. Quantum Electron., 5:808
Gmachl C, Capasso F, Tredicucci A et al. 2000. Opt. Lett., 25:230
Gmachl C, Hwang H Y, Paiella R et al. 2001. IEEE Photon. Technol. Lett., 13:182
Grein C H, Yong P M, Ehrenreich H. 1994. J. Appl. Phys., 76:1940
Gui Y S, Chu J H, Gui L M. 1995. Narrow gap Semiconductors, 144:120
Gunapala S D, Levine B F, Chand N. 1991. J. Appl. Phys., 70:305
Haecker W, Groezinger O, Pilkuhn M H. 1971. Appl. Phys. Lett., 19:113
Haitz R H. 1965. J. Appl. Phys., 36:3123
Hakki B W et al. 1974. J. Appl. Phys., 46:1299
Hansen G L, Schmit J L, Casselman T N. 1982. J. Appl. Phys., 53:7099
Harwit A, Harris J J S. 1987. Appl. Phys. Lett., 50:685
Hasnain G, Levine B F, Gunapala S et al. 1990. Appl. Phys. Lett
Hauser J R. 1971. Solid State Electron., 14:133
Helm M. 1995. Semicond. Sci. Technol., 10:557
Herschel W. 1800. Phil. Trans. Roy. Soc. (London) 90:284
Hirota Y, Ando S, Ishibashi T. 2004. Jpn. J. Appl. Phys., 43:L375
Hofstetter D, Beck M, Faist J. 2002. Appl. Phys. Lett., 81:2683
Hooge F N. 1969. Phys. Lett. A, 29:129
Hughes R J et al. 2000. J. Mod. Opt., 47:533
Janousek B K, Daugherty M J, Bloss W L et al. 1990. J. Appl. Phys., 67:7608
Jelen C, Slivken S, Hoff J et al. 1997. Appl. Phys. Lett., 70:360
Jeoung Y, Lee T, Kim H et al. 1996. Infrared Phys. Technol., 37:445
Kane E O. 1961. J. Appl. Phys., 32:83
Kastalsky A, Duffield T, Allen S J et al. 1988. Appl. Phys. Lett., 52:1320
Kheng K, Ramsteiner M, Schneider H et al. 1992. Appl. Phys. Lett., 61:666
Kim S, Mohseni H, Erdtmann M et al. 1998. Appl. Phys. Lett., 73:963
Kinch M A, Buss D D. 1971. J. Phys. Chem. Solids Suppl. 1 32:461
Kinch M A, Brau M J, Simmons B H. 1973. J. Appl. Phys. 44:1469
Kinch M A, Borrello S R. 1975. Infrared Phys. 15:111
Kinch M A, Borrello S R, Simmons A. 1977. Infrared Phys., 17:127
Kinch M A, Chapman R A, Simmons A et al. 1980. Infrared Phys., 20:1
Kinch M A. 1981. Semiconductors and Semimetals. Vol 18 New York:Academic, 313
Kingston R H. 1978. Dection of Optical and Infrared Radiation. Berlin: Springer-Verlag

Kittle C. 1961. Elementary Statistical Physics. New York: Wiley, 145
Köck A, Gornik E, Abstreiter G et al. 1992. Appl. Phys. Lett., 60:2011
Komiyama S, Astafiev O, Antonov V et al. 2000. Nature, 403:405
Kosterev A A, Curl R F, Tittel F K et al. 1999. Opt. Lett., 24:1762
Kruse P W, McGlauchlin L D, McQuistan R B. 1962. Elements of Infrared Technology: Generation, Transmission and Detection. New York: Wiley
Kruse P W. 1979. In:Infrared and Optical Dectors. Berlin:Springer-Verlag
Kumar R, Gopal V, Chhabra K C. 1990. Infrared Phys., 30:323
Lacaita A, Cova S, Ghioni M. 1988. Rev. Sci. Instrum., 59:1115
Lacaita A, Ghioni M, Cova S. 1989. Electron. Lett., 25:841
Lacaita A, Francese P A, Zappa F et al. 1994. Appl. Opt., 33: 6902
Lacaita A, Zappa F, Cova S et al. 1996. Appl. Opt., 35:2986
Lanir M, Vanderwyck A H B, Wang C C. 1979a. J. Electron. Mater., 8:175
Lanir M, Wang C C, Vanderwyck A H B. 1979b. Appl. Phys. Lett., 34:50
Lanir M, Shin S H. 1980. J. Appl. Phys. 22:57
Lane B, Wu D, Rybaltowski A et al. 1997. Appl. Phys. Lett., 70:443
Lauritzen P O. 1968. IEEE Trans. Electron Devices, 15:770
Lee H, York P K, Menna R J et al. 1995. Appl. Phys. Lett., 66:1942
Lee S W, Hirakawa K, Shimada Y. 1999. Appl. Phys. Lett., 75:1428
Levine B F, Bethea C G. 1984. Appl. Phys. Lett., 44:553
Levine B F, Choi K K, Bethea C G et al. 1987a. Appl. Phys. Lett., 50:1092
Levine B F, Choi K K, Bethea C G et al. 1987b. Appl. Phys. Lett., 51:934
Levine B F, Bethea C G, Choi K K et al. 1988a. Appl. Phys. Lett., 53:231
Levine B F, Bethea C G, Hasnain G et al. 1988b. Appl. Phys. Lett., 53:296
Levine B F, Hasnain G, Bethea C G et al. 1989. Appl. Phys. Lett., 54:2704
Levine B F, Bethea C G, Hasnain G et al. 1990a. Appl. Phys. Lett., 56:851
Levine B F, Bethea C G, Shen V O et al. 1990b. Appl. Phys. Lett., 57:383
Levine B F, Gunapala S D, Hong M. 1991. Appl. Phys. Lett., 59:1969
Levine B F, Zussman A, Gunapala S D et al. 1992a. J. Appl. Phys., 72:4429
Levine B F, Zussman A, Kuo J M et al. 1992b. J. Appl. Phys., 71:5130
Levine B F. 1993. J. Appl. Phys., 74:R1
Levinstein H. 1970. In: Willardson R K, Beer A C, eds. Semiconductors and Semimetals. Vol 5. New York: Academic
Lin C H, Yang R Q, Zhang D et al. 1997. Electron. Lett., 33:598
Liu H C. 1992. Appl. Phys. Lett., 60:1507
Liu Y, Forrest S R, Ban V S et al. 1988. Appl. Phys. Lett., 53:1311
Liu Y, Forrest S R, Loo R et al. 1992. Appl. Phys. Lett., 61:2878
Long D L. 1970a. Infrared Phys., 7:169
Long D L, Schmit J L. 1970b. In: Willardson R K, Beer A C, eds. Semiconductors and Semimetals. Vol 5. New York: Academic
Long D L. 1977. In: Jeyes R J, ed. Topics in Applied Physics. Vol 19. New York: Academic
Long D L, Tredwell T J, Woodfill J R. 1978. In: Proc. Joint Meeting IRIS Specialty Groups Infrared Detectors and Imaging (U), 1:387
Martinet E, Luc F, Rosencher E et al. 1992. Appl. Phys. Lett., 60:895
Mazurczyk V J, Graney R N, McCullough J B. 1974. Opt. Eng. 13:307
Melchior H, Lynch W T. 1966. IEEE Trans. Electron. Devices ED-13:829
Meyer J R, Hoffman C A, Bartoli F J et al. 1995. Appl. Phys. Lett., 67:757
Mohseni H, Michel E, Sandoen J et al. 1997. Appl. Phys. Lett., 71:1403

Muller A et al.1996. Europhys. Lett., 30:335
Musienko Y, Reucroft S, Swain J. 2000. Nucl. Instrum. Meth. A, 442:179
Namjou K, Cai S, Whittaker E A et al. 1998. Opt. Lett., 23:219
Paldus B A, Harb C C, Spence T G et al. 2000. Opt. Lett., 25:666
Paldus B A, Spence T G, Zare R N et al. 1999. Opt. Lett., 24:178
Pelleqrini P W, Shepherd F D. 1983. Proc. of SPIE, 443:409
Peyton B J, DiNardo A J, Kanischak G M et al. 1972. IEEE J. Quantum Electron., 8:252
Phillips J, Kamath K, Zhou X et al. 1997. Appl. Phys. Lett., 71:2079
Philip, Hiskett A et al. 2001. J. Mod. Opt., 48:1957
Phillips J D, Edwall D D, Lee D L. 2002. J. Electron. Mater., 31:664
Phillips J D, Edwall D D, Lee D L et al. 2001. J. Vac. Sci. Technol. B, 19:1580
Piotrowski J, Gawron W. 1997. Infrared Phys., Technol
Price S L, Royd P R. 1993. Semicond. Sci. Technol., 8:842
Pruett G R, Petritz R L. 1959. Proc. IRE., 47:1524
Reine M B, Sood A K, Tredwell I J. 1981. Semiconductors and Semimetals. Vol 18 New York: Academic, 201
Rittner E S. 1956. In: Breckenridge R, Russell B, Hautz E, eds. Photoconduct. Conf. New York: Wiley
Roan E J, Chuang S L. 1991. J. Appl. Phys., 69:3249
Rochas A, Gani M, Furrer B et al. 2003. Rev. Sci. Instrum., 74:3263
Rogalski A. 2003. J. Appl. Phys., 93:4355
Rogalski A. 1999. Infrared Phys. Technol., 40:279
Rogalski A. 2002. Infrared Phys. Technol., 43:187
Rosencher E, Vinter B, Levine B. 1992. Intersubband Transitions in Quantum Wells. New York :Plenum
Ryzhii V. 1996. Semicond. Sci. Technol., 11:759
Sah C T, Noyce R N, Shockley W. 1957. Proc. IRE 45:1228
Sah C T. 1961. Phys. Rev. 123:1594
Sauvage S, Boucaud P, Julien F H et al. 1997. Appl. Phys. Lett., 71:2785
Scamarcio G, Capasso F, Faist J et al. 1997. Appl. Phys. Lett., 70:1796
Scamarcio G, Capasso F, Sirtori C et al. 1997. Science, 276:773
Scamarcio G et al. 2001. Electron. Lett
Schmit J L. 1970. J. Appl. Phys., 41:2867
Schmit J L, Stelzer E L. 1969. J. Appl. Phys., 40:4865
Shockley W. 1949. Bell. Syst. Tech. J. 28:435
Shanley J F, Perry L C. 1978. IEEE Int. Electron Device Meeting Tech. Digest 424
Sharpe S W, Kelly J F, Hartman J S et al. 1998. Opt. Lett., 23:1396
Sher A, Berding M A, Van Schilfgaarde M et al.1991. Semicond. Sci. Technol., 6:C59
Shepherd F D. 1983. Proc. of SPIE, 443:42
Sirtori C, Capasso F, Faist J et al. 1995a. Appl. Phys. Lett., 66:4
Sirtori C, Faist J, Capasso F et al. 1995b. Appl. Phys. Lett., 66:3242
Sirtori C, Capasso F, Faist J et al. 1998a. IEEE J. Quantum Electron., 34:1772
Sirtori C, Gmachl C, Capasso F et al. 1998b. Opt. Lett., 23:1366
Stier O, Grundmann M, Bimberg D. 1999. Phys. Rev. B, 59:5688
Stillman G E, Wolfe C M. 1977. In: Semiconductors and Semimetals, edited by Willardson R K, Beer A C (Academic Press, New York), Vol. 12, Chap. 5. Avalanche Photodiodes, 291
Sood A K, Marciniec J W, Reine M B. 1979a. Moderate Temperature Detector Development. Final Rep. For NASA Contract NAS9-15250
Sood A K, Marciniec J W, Reine M B. 1979b. Proc. Meeting IRIS Specialty Group Infrared Detectors (U). 1:171
Sood A K, Marciniec J W, Reine M B. 1979c. Final Rep., U. S. Naval Research Laboratory Contract N00173-78-C-0145

Sze S M. 1969. Physics of Semiconductor Devices. New York: Wiley
Tobin S P, Iwasa S, Tredwell T J. 1980. IEEE Trans. Electron Devices, 27:43
Townsend P. 2000. Fiber Systems International, 1:30
Tredicucci A, Capasso F, Gmachl C et al. 1998. Appl. Phys. Lett., 72:2388
Tredicucci A, Gmachl C, Capasso F et al. 1999. Appl. Phys. Lett., 74:638
Tredicucci A et al. 2000a. Electron. Lett., 36:876
Tredicucci A, Gmachl C, Capasso F et al. 2000b. Appl. Phys. Lett., 76:2164
Tredicucci A, Gmachl C, Wanke M C et al. 2000c. Appl. Phys. Lett., 77:2286
Tredwell T J, Long D. 1977. Final Rep. NASA Lyndon B. Johnson Space Center Contract MAS9-14180, 5S
Van der Wiele F. 1976. In: Jespers P G, Van de Wiele F, White M H, eds. Solid Stae Imaging. Leyden: Noordhoff, 47
Van der Ziel A. 1959. Fluctuation Phenomena in Semiconductors. London: Butterworth
Van der Ziel A, Chenette E R. 1978. Adv. Electron. Phys., 46:313
Van Vliet K M. 1958. Proc. IRE., 46:1004
Van Vliet K M. 1967. Appl. Opt. 6:1145
Van Vliet K M, Fassett J R. 1965. In: Burgess R E, ed. Flutuation Phenomena in Solids. New York: Ademic
Van Vliet K M. 1976. IEEE Trans. Electron Devices, 23:1236
Van Vliet K M, Van der Ziel. 1977. IEEE Trans. Electron Devices, 24:1127
Wang Z G. 2001. Semicond. Technol., 26:18
West L C, Eglash S J. 1985. Appl. Phys. Lett., 46:1156
Wiesner S. 1983. Conjugate coding SIGACT News, 15:78
Williams R L. 1968. Infrared Phys., 8:337
Williams R M, Kelly J F, Hartman J S et al. 1999. Opt. Lett., 24:1844
Wong J Y. 1980. IEEE Trans. Electron Devices, 27:48
Yang R Q, Lin C H, Murry S J. 1997. Appl. Phys. Lett., 70:2013
Yang R Q. 2000. In: Helm M ed., Long wavelength infrared emitters based on quantum wells and superlattices. Singapore:Gordon and Breach Science Publishers, Chap.2 Novel concepts and structures for infrared lasers
Youngdale E R, Meyer J R, Hoffman C A et al. 1994. Appl. Phys. Lett., 64:3160
Yu P Y, Cardona M. 1999. Fundamentals of Semiconductors: Physics and Materials Properties. New York:Springer
Zegrya G G, Andreev A D. 1995. Appl. Phys. Lett., 67:2681
Zhang Y H. 1995. Appl. Phys. Lett., 66:118
Zhang D, Dupont E, Yang R Q et al. 1997. Optics Express, 1:97
Zussman A, Levine B F, Kuo J M et al. 1991. J. Appl. Phys., 70:5101

附录A　不同组分的 $Hg_{1-x}Cd_xTe$ 的物理量关系表

A1　禁带宽度 E_g(单位：eV)

x \ T	4.2K	30K	77K	100K	200K	300K
0.165	0.0078	0.0175	0.0352	0.0439	0.0816	0.1193
0.170	0.0166	0.0262	0.0436	0.0521	0.0892	0.1263
0.175	0.0255	0.0349	0.0520	0.0604	0.0968	0.1332
0.180	0.0344	0.0436	0.0604	0.0686	0.1044	0.1402
0.185	0.0432	0.0523	0.0688	0.0769	0.1120	0.1471
0.190	0.0521	0.0609	0.0772	0.0851	0.1196	0.1540
0.195	0.0609	0.0696	0.0855	0.0933	0.1271	0.1610
0.200	0.0697	0.0783	0.0939	0.1015	0.1347	0.1679
0.205	0.0785	0.0869	0.1022	0.1097	0.1423	0.1748
0.210	0.0873	0.0956	0.1106	0.1179	0.1498	0.1818
0.215	0.0961	0.1042	0.1189	0.1261	0.1574	0.1887
0.220	0.1049	0.1128	0.1272	0.1343	0.1649	0.1956
0.225	0.1137	0.1214	0.1355	0.1424	0.1725	0.2025
0.230	0.1225	0.1300	0.1438	0.1506	0.1800	0.2094
0.235	0.1312	0.1386	0.1521	0.1588	0.1875	0.2163
0.240	0.1400	0.1472	0.1604	0.1669	0.1950	0.2232
0.245	0.1487	0.1558	0.1687	0.1751	0.2026	0.2301
0.250	0.1574	0.1644	0.1770	0.1832	0.2101	0.2369

续表

x \ T	4.2K	30K	77K	100K	200K	300K
0.255	0.1662	0.1729	0.1853	0.1913	0.2176	0.2438
0.260	0.1749	0.1815	0.1936	0.1994	0.2251	0.2507
0.265	0.1836	0.1901	0.2018	0.2076	0.2326	0.2576
0.270	0.1923	0.1986	0.2101	0.2157	0.2401	0.2645
0.275	0.2010	0.2072	0.2183	0.2238	0.2476	0.2713
0.280	0.2097	0.2157	0.2266	0.2319	0.2551	0.2782
0.285	0.2184	0.2242	0.2348	0.2400	0.2625	0.2851
0.290	0.2271	0.2328	0.2431	0.2481	0.2700	0.2919
0.295	0.2358	0.2413	0.2513	0.2562	0.2775	0.2988
0.300	0.2445	0.2498	0.2595	0.2643	0.285	0.3057
0.305	0.2531	0.2583	0.2678	0.2724	0.2925	0.3126
0.310	0.2618	0.2668	0.2760	0.2805	0.2999	0.3194
0.315	0.2705	0.2753	0.2842	0.2885	0.3074	0.3263
0.320	0.2791	0.2838	0.2924	0.2966	0.3149	0.3332
0.325	0.2878	0.2923	0.3006	0.3047	0.3224	0.3400
0.330	0.2964	0.3008	0.3089	0.3128	0.3298	0.3469
0.335	0.3051	0.3093	0.3171	0.3209	0.3373	0.3538
0.340	0.3137	0.3178	0.3253	0.3289	0.3448	0.3607
0.345	0.3224	0.3263	0.3335	0.3370	0.3523	0.3675
0.350	0.331	0.3348	0.3417	0.3451	0.3598	0.3744
0.355	0.3397	0.3433	0.3499	0.3532	0.3672	0.3813
0.360	0.3483	0.3518	0.3581	0.3612	0.3747	0.3882
0.365	0.3570	0.3603	0.3663	0.3693	0.3822	0.3951
0.370	0.3656	0.3688	0.3746	0.3774	0.3897	0.402

续表

x \ T	4.2K	30K	77K	100K	200K	300K
0.375	0.3742	0.3773	0.3828	0.3855	0.3972	0.4089
0.380	0.3829	0.3858	0.3910	0.3935	0.4047	0.4158
0.385	0.3915	0.3943	0.3992	0.4016	0.4122	0.4227
0.390	0.4002	0.4027	0.4074	0.4097	0.4197	0.4296
0.395	0.4088	0.4112	0.4157	0.4178	0.4272	0.4366
0.400	0.4175	0.4198	0.4239	0.4259	0.4347	0.4435
0.405	0.4261	0.4283	0.4321	0.434	0.4422	0.4505
0.410	0.4348	0.4368	0.4404	0.4421	0.4498	0.4574
0.415	0.4435	0.4453	0.4486	0.4502	0.4573	0.4644
0.420	0.4521	0.4538	0.4568	0.4583	0.4648	0.4713
0.425	0.4608	0.4623	0.4651	0.4665	0.4724	0.4783
0.430	0.4695	0.4708	0.4734	0.4746	0.4799	0.4853
0.435	0.4781	0.4794	0.4816	0.4827	0.4875	0.4923
0.440	0.4868	0.4879	0.4899	0.4909	0.4951	0.4993
0.445	0.4955	0.4965	0.4982	0.4990	0.5027	0.5063
0.450	0.5042	0.5050	0.5065	0.5072	0.5103	0.5133
0.455	0.5129	0.5136	0.5148	0.5153	0.5179	0.5204
0.460	0.5217	0.5222	0.5231	0.5235	0.5255	0.5274
0.465	0.5304	0.5307	0.5314	0.5317	0.5331	0.5345
0.470	0.5391	0.5393	0.5397	0.5399	0.5407	0.5416
0.475	0.5479	0.5479	0.5480	0.5481	0.5484	0.5486
0.480	0.5566	0.5565	0.5564	0.5563	0.5560	0.5558
0.485	0.5654	0.5651	0.5648	0.5646	0.5637	0.5629
0.490	0.5741	0.5738	0.5731	0.5728	0.5714	0.5700

续表

x \ T	4.2K	30K	77K	100K	200K	300K
0.495	0.5829	0.5824	0.5815	0.5811	0.5791	0.5772
0.500	0.5917	0.5911	0.5899	0.5893	0.5868	0.5843
0.505	0.6005	0.5997	0.5983	0.5976	0.5946	0.5915
0.510	0.6093	0.6084	0.6067	0.6059	0.6023	0.5987
0.515	0.6182	0.6171	0.6152	0.6142	0.6101	0.6059
0.520	0.6270	0.6258	0.6236	0.6225	0.6179	0.6132
0.525	0.6359	0.6345	0.6321	0.6309	0.6257	0.6204
0.530	0.6448	0.6433	0.6406	0.6392	0.6335	0.6277
0.535	0.6537	0.652	0.6491	0.6476	0.6413	0.6350
0.540	0.6626	0.6608	0.6576	0.6560	0.6492	0.6423
0.545	0.6715	0.6696	0.6661	0.6644	0.6570	0.6496
0.550	0.6804	0.6784	0.6747	0.6729	0.6649	0.6570
0.555	0.6894	0.6872	0.6832	0.6813	0.6728	0.6644
0.560	0.6984	0.6961	0.6918	0.6898	0.6808	0.6718
0.565	0.7074	0.7049	0.7005	0.6983	0.6887	0.6792
0.570	0.7164	0.7138	0.7091	0.7068	0.6967	0.6867
0.575	0.7254	0.7227	0.7177	0.7153	0.7047	0.6941
0.580	0.7345	0.7316	0.7264	0.7239	0.7127	0.7016
0.585	0.7436	0.7406	0.7351	0.7324	0.7208	0.7092
0.590	0.7527	0.7495	0.7438	0.7410	0.7289	0.7167
0.595	0.7618	0.7585	0.7526	0.7497	0.7370	0.7243
0.600	0.7710	0.7676	0.7613	0.7583	0.7451	0.7319
0.605	0.7801	0.7766	0.7701	0.7670	0.7533	0.7395
0.610	0.7893	0.7857	0.7790	0.7757	0.7614	0.7472

续表

T / x	4.2K	30K	77K	100K	200K	300K
0.615	0.7985	0.7947	0.7878	0.7844	0.7697	0.7549
0.620	0.8078	0.8039	0.7967	0.7932	0.7779	0.7626
0.625	0.8171	0.8130	0.8056	0.8019	0.7862	0.7704
0.630	0.8264	0.8222	0.8145	0.8108	0.7945	0.7782
0.635	0.8357	0.8314	0.8235	0.8196	0.8028	0.7860
0.640	0.8451	0.8406	0.8325	0.8285	0.8112	0.7938
0.645	0.8544	0.8498	0.8415	0.8374	0.8196	0.8017
0.650	0.8639	0.8591	0.8505	0.8463	0.8280	0.8097
0.655	0.8733	0.8684	0.8596	0.8553	0.8364	0.8176
0.660	0.8828	0.8778	0.8687	0.8643	0.8449	0.8256
0.665	0.8923	0.8872	0.8779	0.8733	0.8535	0.8336
0.670	0.9018	0.8966	0.8870	0.8824	0.8620	0.8417
0.675	0.9114	0.9060	0.8962	0.8915	0.8706	0.8498
0.680	0.9210	0.9155	0.9055	0.9006	0.8793	0.8579
0.685	0.9307	0.9250	0.9148	0.9098	0.8879	0.8661
0.690	0.9403	0.9346	0.9241	0.9190	0.8966	0.8743
0.695	0.9501	0.9442	0.9334	0.9282	0.9054	0.8826
0.700	0.9598	0.9538	0.9428	0.9375	0.9142	0.8909

A2 禁带宽度对应波长 λ_{E_g} (单位：μm)

x \ T	4.2K	30K	77K	100K	200K	300K
0.165	159.83	70.97	35.26	28.29	15.22	10.41
0.170	74.56	47.37	28.46	23.81	13.92	9.83
0.175	48.64	35.56	23.86	20.56	12.83	9.32
0.180	36.11	28.47	20.55	18.09	11.89	8.86
0.185	28.72	23.74	18.05	16.15	11.09	8.44
0.190	23.84	20.36	16.09	14.59	10.38	8.06
0.195	20.38	17.83	14.52	13.30	9.76	7.71
0.200	17.81	15.86	13.22	12.23	9.22	7.39
0.205	15.81	14.28	12.14	11.32	8.73	7.10
0.210	14.21	12.99	11.23	10.53	8.29	6.83
0.215	12.91	11.91	10.44	9.85	7.89	6.58
0.220	11.83	11.00	9.76	9.25	7.53	6.35
0.225	10.92	10.22	9.16	8.72	7.20	6.13
0.230	10.14	9.55	8.63	8.24	6.90	5.93
0.235	9.46	8.96	8.16	7.82	6.62	5.74
0.240	8.87	8.43	7.74	7.44	6.37	5.56
0.245	8.35	7.97	7.36	7.09	6.13	5.40
0.250	7.89	7.55	7.01	6.78	5.91	5.24
0.255	7.47	7.18	6.70	6.49	5.71	5.09
0.260	7.10	6.84	6.42	6.23	5.52	4.95
0.265	6.76	6.53	6.15	5.98	5.34	4.82
0.270	6.46	6.25	5.91	5.76	5.17	4.70
0.275	6.18	5.99	5.69	5.55	5.02	4.58

续表

x \ T	4.2K	30K	77K	100K	200K	300K
0.280	5.92	5.76	5.48	5.35	4.87	4.46
0.285	5.69	5.54	5.29	5.17	4.73	4.36
0.290	5.47	5.33	5.11	5.01	4.60	4.25
0.295	5.27	5.15	4.94	4.85	4.47	4.16
0.300	5.08	4.97	4.78	4.70	4.36	4.06
0.305	4.91	4.81	4.64	4.56	4.25	3.97
0.310	4.74	4.65	4.50	4.43	4.14	3.89
0.315	4.59	4.51	4.37	4.30	4.04	3.81
0.320	4.45	4.38	4.25	4.19	3.94	3.73
0.325	4.32	4.25	4.13	4.08	3.85	3.65
0.330	4.19	4.13	4.02	3.97	3.76	3.58
0.335	4.07	4.01	3.92	3.87	3.68	3.51
0.340	3.96	3.91	3.82	3.78	3.60	3.44
0.345	3.85	3.81	3.72	3.68	3.53	3.38
0.350	3.75	3.71	3.63	3.60	3.45	3.32
0.355	3.66	3.62	3.55	3.52	3.38	3.26
0.360	3.57	3.53	3.47	3.44	3.31	3.20
0.365	3.48	3.45	3.39	3.36	3.25	3.14
0.370	3.40	3.37	3.32	3.29	3.19	3.09
0.375	3.32	3.29	3.24	3.22	3.13	3.04
0.380	3.24	3.22	3.18	3.16	3.07	2.99
0.385	3.17	3.15	3.11	3.09	3.01	2.94
0.390	3.10	3.08	3.05	3.03	2.96	2.89
0.395	3.04	3.02	2.99	2.97	2.91	2.84

续表

x \ T	4.2K	30K	77K	100K	200K	300K
0.400	2.97	2.96	2.93	2.92	2.86	2.80
0.405	2.91	2.90	2.87	2.86	2.81	2.76
0.410	2.86	2.84	2.82	2.81	2.76	2.72
0.415	2.80	2.79	2.77	2.76	2.72	2.67
0.420	2.75	2.74	2.72	2.71	2.67	2.63
0.425	2.7	2.69	2.67	2.66	2.63	2.60
0.430	2.65	2.64	2.62	2.62	2.59	2.56
0.435	2.60	2.59	2.58	2.57	2.55	2.52
0.440	2.55	2.55	2.53	2.53	2.51	2.49
0.445	2.51	2.50	2.49	2.49	2.47	2.45
0.450	2.46	2.46	2.45	2.45	2.43	2.42
0.455	2.42	2.42	2.41	2.41	2.40	2.39
0.460	2.38	2.38	2.37	2.37	2.36	2.35
0.465	2.34	2.34	2.34	2.34	2.33	2.32
0.470	2.30	2.30	2.30	2.30	2.30	2.29
0.475	2.27	2.27	2.27	2.27	2.26	2.26
0.480	2.23	2.23	2.23	2.23	2.23	2.23
0.485	2.2	2.20	2.20	2.20	2.20	2.21
0.490	2.16	2.16	2.17	2.17	2.17	2.18
0.495	2.13	2.13	2.14	2.14	2.14	2.15
0.500	2.10	2.10	2.11	2.11	2.12	2.13
0.505	2.07	2.07	2.08	2.08	2.09	2.10
0.510	2.04	2.04	2.05	2.05	2.06	2.07
0.515	2.01	2.01	2.02	2.02	2.04	2.05

续表

x \ T	4.2K	30K	77K	100K	200K	300K
0.520	1.98	1.98	1.99	1.99	2.01	2.03
0.525	1.95	1.96	1.96	1.97	1.98	2.00
0.530	1.93	1.93	1.94	1.94	1.96	1.98
0.535	1.90	1.90	1.91	1.92	1.94	1.96
0.540	1.87	1.88	1.89	1.89	1.91	1.93
0.545	1.85	1.85	1.86	1.87	1.89	1.91
0.550	1.83	1.83	1.84	1.85	1.87	1.89
0.555	1.80	1.81	1.82	1.82	1.85	1.87
0.560	1.78	1.78	1.79	1.80	1.82	1.85
0.565	1.76	1.76	1.77	1.78	1.80	1.83
0.570	1.73	1.74	1.75	1.76	1.78	1.81
0.575	1.71	1.72	1.73	1.74	1.76	1.79
0.580	1.69	1.70	1.71	1.72	1.74	1.77
0.585	1.67	1.68	1.69	1.70	1.72	1.75
0.590	1.65	1.66	1.67	1.68	1.70	1.73
0.595	1.63	1.64	1.65	1.66	1.69	1.71
0.600	1.61	1.62	1.63	1.64	1.67	1.70
0.605	1.59	1.60	1.61	1.62	1.65	1.68
0.610	1.57	1.58	1.59	1.60	1.63	1.66
0.615	1.56	1.56	1.58	1.58	1.61	1.65
0.620	1.54	1.54	1.56	1.57	1.60	1.63
0.625	1.52	1.53	1.54	1.55	1.58	1.61
0.630	1.50	1.51	1.52	1.53	1.56	1.60
0.635	1.49	1.49	1.51	1.52	1.55	1.58

续表

T / x	4.2K	30K	77K	100K	200K	300K
0.640	1.47	1.48	1.49	1.50	1.53	1.56
0.645	1.45	1.46	1.48	1.48	1.52	1.55
0.650	1.44	1.45	1.46	1.47	1.50	1.53
0.655	1.42	1.43	1.44	1.45	1.48	1.52
0.660	1.41	1.41	1.43	1.44	1.47	1.50
0.665	1.39	1.40	1.41	1.42	1.46	1.49
0.670	1.38	1.39	1.40	1.41	1.44	1.48
0.675	1.36	1.37	1.39	1.39	1.43	1.46
0.680	1.35	1.36	1.37	1.38	1.41	1.45
0.685	1.33	1.34	1.36	1.37	1.40	1.43
0.690	1.32	1.33	1.34	1.35	1.39	1.42
0.695	1.31	1.32	1.33	1.34	1.37	1.41
0.700	1.29	1.30	1.32	1.32	1.36	1.39

A3 光电导响应的峰值波长 λ_{peak} 和截止波长 λ_{co} (单位：μm)，样品厚度 d=10μm

T	77K		100K		213K		233K		300K	
x	λ_{peak}	λ_{co}	λ_{peak}	λ_{co}	λ_{peak}	λ_{co}	λ_{peak}	λ_{co}	λ_{peak}	λ_{co}
0.180	18.10	23.94	15.23	20.68	8.74	12.68	8.18	11.91	6.82	9.94
0.185	16.09	20.65	13.80	18.23	8.30	11.80	7.80	11.14	6.57	9.43
0.190	14.48	18.16	12.62	16.29	7.90	11.03	7.45	10.46	6.34	8.96
0.195	13.17	16.20	11.62	14.73	7.53	10.35	7.13	9.86	6.13	8.54
0.200	12.07	14.63	10.77	13.44	7.20	9.76	6.84	9.33	5.93	8.16

续表

x \ T	77K		100K		213K		233K		300K	
	λ_{peak}	λ_{co}	λ_{peak}	λ_{co}	λ_{peak}	λ_{co}	λ_{peak}	λ_{co}	λ_{peak}	λ_{co}
0.205	11.14	13.33	10.04	12.36	6.90	9.22	6.57	8.85	5.74	7.81
0.210	10.35	12.25	9.40	11.44	6.62	8.75	6.32	8.41	5.57	7.48
0.215	9.66	11.32	8.83	10.65	6.36	8.32	6.09	8.02	5.40	7.19
0.220	9.06	10.53	8.33	9.96	6.12	7.93	5.88	7.66	5.25	6.91
0.225	8.52	9.84	7.89	9.35	5.90	7.57	5.68	7.34	5.10	6.66
0.230	8.05	9.24	7.49	8.81	5.70	7.25	5.49	7.04	4.96	6.42
0.235	7.63	8.70	7.13	8.33	5.51	6.95	5.32	6.76	4.83	6.20
0.240	7.25	8.23	6.80	7.91	5.33	6.68	5.15	6.5	4.70	6.00
0.245	6.90	7.80	6.50	7.52	5.16	6.42	5.00	6.27	4.58	5.81
0.250	6.59	7.42	6.22	7.17	5.00	6.19	4.86	6.05	4.47	5.63
0.255	6.30	7.07	5.97	6.85	4.85	5.97	4.72	5.84	4.36	5.46
0.260	6.04	6.75	5.74	6.56	4.71	5.77	4.59	5.65	4.26	5.30
0.265	5.80	6.46	5.52	6.29	4.58	5.58	4.47	5.47	4.16	5.15
0.270	5.58	6.19	5.32	6.04	4.46	5.40	4.35	5.30	4.07	5.01
0.275	5.37	5.95	5.14	5.81	4.34	5.23	4.24	5.14	3.98	4.87
0.280	5.18	5.72	4.96	5.60	4.23	5.07	4.14	4.99	3.90	4.74
0.285	5.00	5.51	4.80	5.40	4.12	4.93	4.04	4.85	3.81	4.62
0.290	4.83	5.32	4.65	5.22	4.02	4.79	3.94	4.72	3.74	4.51
0.295	4.68	5.14	4.51	5.05	3.92	4.66	3.85	4.59	3.66	4.40
0.300	4.53	4.97	4.37	4.89	3.83	4.53	3.76	4.47	3.59	4.30
0.305	4.39	4.81	4.25	4.74	3.74	4.41	3.68	4.36	3.52	4.20
0.310	4.26	4.66	4.13	4.59	3.66	4.30	3.60	4.25	3.45	4.10
0.315	4.14	4.52	4.02	4.46	3.58	4.19	3.53	4.15	3.39	4.01

续表

T \ x	77K		100K		213K		233K		300K	
	λ_{peak}	λ_{co}	λ_{peak}	λ_{co}	λ_{peak}	λ_{co}	λ_{peak}	λ_{co}	λ_{peak}	λ_{co}
0.320	4.03	4.39	3.91	4.33	3.5	4.09	3.45	4.05	3.33	3.92
0.325	3.92	4.26	3.81	4.22	3.43	4.00	3.38	3.96	3.27	3.84
0.330	3.82	4.15	3.71	4.10	3.36	3.90	3.32	3.87	3.21	3.76
0.335	3.72	4.03	3.62	4.00	3.29	3.82	3.25	3.79	3.15	3.69
0.340	3.62	3.93	3.53	3.89	3.23	3.73	3.19	3.70	3.10	3.61
0.345	3.54	3.83	3.45	3.80	3.16	3.65	3.13	3.63	3.05	3.54
0.350	3.45	3.73	3.37	3.71	3.10	3.57	3.07	3.55	3.00	3.47
0.355	3.37	3.64	3.30	3.62	3.05	3.50	3.02	3.48	2.95	3.41
0.360	3.30	3.56	3.23	3.54	2.99	3.43	2.96	3.41	2.90	3.35
0.365	3.22	3.47	3.16	3.46	2.94	3.36	2.91	3.34	2.86	3.29
0.370	3.15	3.40	3.09	3.38	2.88	3.30	2.86	3.28	2.81	3.23
0.375	3.09	3.32	3.03	3.31	2.83	3.23	2.81	3.22	2.77	3.17
0.380	3.02	3.25	2.97	3.24	2.79	3.17	2.77	3.16	2.73	3.12
0.385	2.96	3.18	2.91	3.17	2.74	3.11	2.72	3.10	2.69	3.06
0.390	2.90	3.12	2.85	3.11	2.69	3.06	2.68	3.05	2.65	3.01
0.390	2.84	3.05	2.8	3.05	2.65	3.00	2.64	2.99	2.61	2.96
0.400	2.79	2.99	2.74	2.99	2.61	2.95	2.60	2.94	2.57	2.92
0.405	2.74	2.93	2.69	2.93	2.57	2.90	2.56	2.89	2.54	2.87
0.410	2.69	2.88	2.65	2.87	2.53	2.85	2.52	2.85	2.50	2.82
0.415	2.64	2.82	2.60	2.82	2.49	2.80	2.48	2.80	2.47	2.78
0.420	2.59	2.77	2.55	2.77	2.45	2.76	2.44	2.75	2.44	2.74
0.425	2.54	2.72	2.51	2.72	2.42	2.71	2.41	2.71	2.40	2.70
0.430	2.50	2.67	2.47	2.67	2.38	2.67	2.37	2.67	2.37	2.66

续表

x \ T	77K		100K		213K		233K		300K	
	λ_{peak}	λ_{co}	λ_{peak}	λ_{co}	λ_{peak}	λ_{co}	λ_{peak}	λ_{co}	λ_{peak}	λ_{co}
0.435	2.46	2.63	2.43	2.63	2.35	2.63	2.34	2.63	2.34	2.62
0.440	2.42	2.58	2.39	2.58	2.31	2.59	2.31	2.59	2.31	2.58
0.445	2.38	2.54	2.35	2.54	2.28	2.55	2.28	2.55	2.28	2.55
0.450	2.34	2.49	2.31	2.50	2.25	2.51	2.25	2.51	2.25	2.51
0.455	2.30	2.45	2.28	2.46	2.22	2.48	2.22	2.48	2.23	2.48
0.460	2.27	2.41	2.24	2.42	2.19	2.44	2.19	2.44	2.20	2.44
0.465	2.23	2.38	2.21	2.38	2.16	2.41	2.16	2.41	2.17	2.41
0.470	2.20	2.34	2.18	2.35	2.13	2.37	2.13	2.37	2.15	2.38
0.475	2.16	2.3	2.15	2.31	2.10	2.34	2.11	2.34	2.12	2.35
0.480	2.13	2.27	2.11	2.28	2.08	2.31	2.08	2.31	2.10	2.32
0.485	2.10	2.24	2.08	2.24	2.05	2.28	2.05	2.28	2.07	2.29
0.490	2.07	2.20	2.06	2.21	2.03	2.25	2.03	2.25	2.05	2.26
0.495	2.04	2.17	2.03	2.18	2.00	2.22	2.00	2.22	2.03	2.23
0.500	2.01	2.14	2.00	2.15	1.98	2.19	1.98	2.19	2.01	2.21
0.505	1.99	2.11	1.97	2.12	1.95	2.16	1.96	2.17	1.98	2.18
0.510	1.96	2.08	1.95	2.09	1.93	2.13	1.94	2.14	1.96	2.15
0.515	1.93	2.05	1.92	2.06	1.91	2.11	1.91	2.11	1.94	2.13
0.520	1.91	2.02	1.90	2.04	1.89	2.08	1.89	2.09	1.92	2.10
0.525	1.88	2.00	1.87	2.01	1.86	2.05	1.87	2.06	1.90	2.08
0.530	1.86	1.97	1.85	1.98	1.84	2.03	1.85	2.04	1.88	2.06
0.535	1.84	1.95	1.83	1.96	1.82	2.01	1.83	2.01	1.86	2.03
0.540	1.81	1.92	1.80	1.93	1.80	1.98	1.81	1.99	1.84	2.01
0.545	1.79	1.90	1.78	1.91	1.78	1.96	1.79	1.97	1.82	1.99

续表

x \ T	77K		100K		213K		233K		300K	
	λ_{peak}	λ_{co}	λ_{peak}	λ_{co}	λ_{peak}	λ_{co}	λ_{peak}	λ_{co}	λ_{peak}	λ_{co}
0.550	1.77	1.87	1.76	1.89	1.76	1.94	1.77	1.94	1.81	1.97
0.555	1.75	1.85	1.74	1.86	1.75	1.92	1.75	1.92	1.79	1.95
0.560	1.73	1.83	1.72	1.84	1.73	1.89	1.73	1.90	1.77	1.93
0.565	1.71	1.81	1.70	1.82	1.71	1.87	1.72	1.88	1.75	1.91
0.570	1.69	1.78	1.68	1.80	1.69	1.85	1.70	1.86	1.74	1.89
0.575	1.67	1.76	1.66	1.78	1.67	1.83	1.68	1.84	1.72	1.87
0.580	1.65	1.74	1.64	1.76	1.66	1.81	1.67	1.82	1.70	1.85
0.585	1.63	1.72	1.62	1.74	1.64	1.79	1.65	1.80	1.69	1.83
0.590	1.61	1.70	1.61	1.72	1.62	1.77	1.63	1.78	1.67	1.81
0.595	1.59	1.68	1.59	1.7	1.61	1.76	1.62	1.77	1.66	1.79
0.600	1.58	1.67	1.57	1.68	1.59	1.74	1.60	1.75	1.64	1.78
0.605	1.56	1.65	1.56	1.66	1.58	1.72	1.59	1.73	1.63	1.76
0.610	1.54	1.63	1.54	1.64	1.56	1.70	1.57	1.71	1.61	1.74
0.615	1.53	1.61	1.52	1.63	1.55	1.69	1.56	1.70	1.60	1.72
0.620	1.51	1.60	1.51	1.61	1.53	1.67	1.54	1.68	1.59	1.71
0.625	1.50	1.58	1.49	1.59	1.52	1.65	1.53	1.66	1.57	1.69
0.630	1.48	1.56	1.48	1.58	1.50	1.64	1.51	1.65	1.56	1.68
0.635	1.46	1.55	1.46	1.56	1.49	1.62	1.50	1.63	1.55	1.66
0.640	1.45	1.53	1.45	1.54	1.48	1.61	1.49	1.62	1.53	1.65
0.645	1.44	1.51	1.43	1.53	1.46	1.59	1.47	1.60	1.52	1.63
0.650	1.42	1.50	1.42	1.51	1.45	1.58	1.46	1.59	1.51	1.62
0.655	1.41	1.48	1.41	1.50	1.44	1.56	1.45	1.57	1.49	1.60
0.660	1.39	1.47	1.39	1.48	1.43	1.55	1.44	1.56	1.48	1.59

续表

x \ T	77K		100K		213K		233K		300K	
	λ_{peak}	λ_{co}	λ_{peak}	λ_{co}	λ_{peak}	λ_{co}	λ_{peak}	λ_{co}	λ_{peak}	λ_{co}
0.665	1.38	1.46	1.38	1.47	1.41	1.53	1.42	1.54	1.47	1.57
0.670	1.37	1.44	1.37	1.46	1.40	1.52	1.41	1.53	1.46	1.56
0.675	1.36	1.43	1.36	1.44	1.39	1.51	1.40	1.52	1.45	1.55
0.680	1.34	1.42	1.34	1.43	1.38	1.49	1.39	1.50	1.44	1.53
0.685	1.33	1.40	1.33	1.42	1.37	1.48	1.38	1.49	1.42	1.52
0.690	1.32	1.39	1.32	1.40	1.36	1.47	1.37	1.48	1.41	1.51
0.695	1.31	1.38	1.31	1.39	1.34	1.45	1.36	1.46	1.40	1.50
0.700	1.29	1.36	1.30	1.38	1.33	1.44	1.34	1.45	1.39	1.48

A4　本征载流子浓度 n_i(单位：cm^{-3})

x \ T	30K	77K	100K	200K	300K
0.17	4.28×10^{13}	1.51×10^{15}	3.33×10^{15}	2.30×10^{16}	6.62×10^{16}
0.175	9.68×10^{12}	9.53×10^{14}	2.40×10^{15}	2.00×10^{16}	6.07×10^{16}
0.18	2.06×10^{12}	5.70×10^{14}	1.66×10^{15}	1.71×10^{16}	5.55×10^{16}
0.185	4.30×10^{11}	3.31×10^{14}	1.12×10^{15}	1.46×10^{16}	5.04×10^{16}
0.19	8.86×10^{10}	1.89×10^{14}	7.43×10^{14}	1.23×10^{16}	4.57×10^{16}
0.195	1.81×10^{10}	1.07×10^{14}	4.88×10^{14}	1.03×10^{16}	4.13×10^{16}
0.2	3.67×10^{9}	6.04×10^{13}	3.19×10^{14}	8.63×10^{15}	3.73×10^{16}
0.205	7.39×10^{8}	3.39×10^{13}	2.08×10^{14}	7.19×10^{15}	3.35×10^{16}
0.21	1.48×10^{8}	1.89×10^{13}	1.35×10^{14}	5.97×10^{15}	3.01×10^{16}
0.215	2.97×10^{7}	1.06×10^{13}	8.72×10^{13}	4.94×10^{15}	2.70×10^{16}

续表

x \ T	30K	77K	100K	200K	300K
0.22	5.93×10^{6}	5.88×10^{12}	5.63×10^{13}	4.08×10^{15}	2.42×10^{16}
0.225	1.18×10^{6}	3.27×10^{12}	3.63×10^{13}	3.37×10^{15}	2.16×10^{16}
0.23		1.82×10^{12}	2.34×10^{13}	2.78×10^{15}	1.93×10^{16}
0.235		1.01×10^{12}	1.50×10^{13}	2.28×10^{15}	1.72×10^{16}
0.24		5.58×10^{11}	9.67×10^{12}	1.88×10^{15}	1.54×10^{16}
0.245		3.09×10^{11}	6.21×10^{12}	1.54×10^{15}	1.37×10^{16}
0.25		1.71×10^{12}	3.99×10^{12}	1.27×10^{15}	1.22×10^{16}
0.255		9.44×10^{10}	2.56×10^{12}	1.04×10^{15}	1.09×10^{16}
0.26		5.21×10^{10}	1.64×10^{12}	8.54×10^{14}	9.65×10^{15}
0.265		2.88×10^{10}	1.05×10^{12}	7.00×10^{14}	8.58×10^{15}
0.27		1.59×10^{10}	6.73×10^{11}	5.74×10^{14}	7.63×10^{15}
0.275		8.74×10^{9}	4.30×10^{11}	4.70×10^{14}	6.77×10^{15}
0.28		4.82×10^{9}	2.75×10^{11}	3.85×10^{14}	6.02×10^{15}
0.285		2.65×10^{9}	1.76×10^{11}	3.15×10^{14}	5.34×10^{15}
0.29		1.46×10^{9}	1.13×10^{11}	2.58×10^{14}	4.74×10^{15}
0.295		8.04×10^{8}	7.19×10^{10}	2.11×10^{14}	4.20×10^{15}
0.3		4.42×10^{8}	4.59×10^{10}	1.73×10^{14}	3.73×10^{15}
0.305		2.43×10^{8}	2.93×10^{10}	1.41×10^{14}	3.31×10^{15}
0.31		1.34×10^{8}	1.87×10^{10}	1.15×10^{14}	2.93×10^{15}
0.315		7.35×10^{7}	1.19×10^{10}	9.42×10^{13}	2.60×10^{15}
0.32		4.04×10^{7}	7.61×10^{9}	7.70×10^{13}	2.30×10^{15}
0.325		2.22×10^{7}	4.85×10^{9}	6.29×10^{13}	2.04×10^{15}
0.33		1.22×10^{7}	3.09×10^{9}	5.13×10^{13}	1.81×10^{15}
0.335		6.68×10^{6}	1.97×10^{9}	4.19×10^{13}	1.60×10^{15}

续表

x \ T	30K	77K	100K	200K	300K
0.34		3.67×10^{6}	1.25×10^{9}	3.42×10^{13}	1.42×10^{15}
0.345		2.01×10^{6}	7.99×10^{8}	2.79×10^{13}	1.25×10^{15}
0.35		1.10×10^{6}	5.09×10^{8}	2.28×10^{13}	1.11×10^{15}
0.355			3.24×10^{8}	1.86×10^{13}	9.81×10^{14}
0.36			2.06×10^{8}	1.51×10^{13}	8.67×10^{14}
0.365			1.31×10^{8}	1.23×10^{13}	7.67×10^{14}
0.37			8.32×10^{7}	1.00×10^{13}	6.78×10^{14}
0.375			5.28×10^{7}	8.19×10^{12}	5.99×10^{14}
0.38			3.35×10^{7}	6.67×10^{12}	5.30×10^{14}
0.385			2.13×10^{7}	5.43×10^{12}	4.68×10^{14}
0.39			1.35×10^{7}	4.42×10^{12}	4.13×10^{14}
0.395			8.57×10^{6}	3.59×10^{12}	3.65×10^{14}
0.4			5.43×10^{6}	2.92×10^{12}	3.22×10^{14}
0.405			3.44×10^{6}	2.38×10^{12}	2.84×10^{14}
0.41			2.18×10^{6}	1.93×10^{12}	2.51×10^{14}
0.415			1.38×10^{6}	1.57×10^{12}	2.21×10^{14}
0.42				1.27×10^{12}	1.95×10^{14}
0.425				1.04×10^{12}	1.72×10^{14}
0.43				8.40×10^{11}	1.52×10^{14}
0.435				6.82×10^{11}	1.34×10^{14}
0.44				5.53×10^{11}	1.18×10^{14}
0.443				4.875×10^{11}	1.09×10^{14}

A5　导带底电子有效质量 m_0^*/m_0

x \ T	4.2K	30K	77K	100K	200K	300K
0.170	0.0015	0.0023	0.0038	0.0046	0.0077	0.0107
0.175	0.0023	0.0031	0.0045	0.0053	0.0083	0.0113
0.180	0.0030	0.0038	0.0053	0.0060	0.0089	0.0118
0.185	0.0038	0.0046	0.0060	0.0066	0.0095	0.0124
0.190	0.0045	0.0053	0.0067	0.0073	0.0102	0.0129
0.195	0.0053	0.0060	0.0074	0.0080	0.0108	0.0135
0.200	0.0060	0.0068	0.0081	0.0087	0.0114	0.0140
0.205	0.0068	0.0075	0.0087	0.0094	0.0120	0.0146
0.210	0.0075	0.0082	0.0094	0.0100	0.0126	0.0151
0.215	0.0082	0.0089	0.0101	0.0107	0.0132	0.0156
0.220	0.0090	0.0096	0.0108	0.0113	0.0138	0.0162
0.225	0.0097	0.0103	0.0114	0.0120	0.0144	0.0167
0.230	0.0104	0.0110	0.0121	0.0126	0.0150	0.0172
0.235	0.0111	0.0117	0.0128	0.0133	0.0156	0.0178
0.240	0.0118	0.0124	0.0134	0.0139	0.0161	0.0183
0.245	0.0125	0.0131	0.0141	0.0146	0.0167	0.0188
0.250	0.0132	0.0137	0.0147	0.0152	0.0173	0.0193
0.255	0.0139	0.0144	0.0154	0.0158	0.0179	0.0199
0.260	0.0146	0.0151	0.016	0.0165	0.0184	0.0204
0.265	0.0152	0.0157	0.0167	0.0171	0.0190	0.0209
0.270	0.0159	0.0164	0.0173	0.0177	0.0196	0.0214
0.275	0.0166	0.0171	0.0179	0.0183	0.0202	0.0219
0.280	0.0173	0.0177	0.0186	0.0190	0.0207	0.0224

续表

x \ T	4.2K	30K	77K	100K	200K	300K
0.285	0.0179	0.0184	0.0192	0.0196	0.0213	0.0230
0.290	0.0186	0.0190	0.0198	0.0202	0.0218	0.0235
0.295	0.0193	0.0197	0.0204	0.0208	0.0224	0.0240
0.300	0.0199	0.0203	0.0211	0.0214	0.0230	0.0245
0.305	0.0206	0.0210	0.0217	0.0220	0.0235	0.0250
0.310	0.0212	0.0216	0.0223	0.0226	0.0241	0.0255
0.315	0.0219	0.0222	0.0229	0.0232	0.0246	0.0260
0.320	0.0225	0.0229	0.0235	0.0238	0.0252	0.0265
0.325	0.0232	0.0235	0.0241	0.0244	0.0257	0.0270
0.330	0.0238	0.0241	0.0247	0.0250	0.0263	0.0275
0.335	0.0244	0.0248	0.0253	0.0256	0.0268	0.0280
0.340	0.0251	0.0254	0.0259	0.0262	0.0273	0.0285
0.345	0.0257	0.0260	0.0265	0.0268	0.0279	0.0290
0.350	0.0263	0.0266	0.0271	0.0274	0.0284	0.0295
0.355	0.0270	0.0272	0.0277	0.028	0.0290	0.0300
0.360	0.0276	0.0279	0.0283	0.0285	0.0295	0.0305
0.365	0.0282	0.0285	0.0289	0.0291	0.0300	0.0310
0.370	0.0288	0.0291	0.0295	0.0297	0.0306	0.0315
0.375	0.0295	0.0297	0.0301	0.0303	0.0311	0.0319
0.38	0.0301	0.0303	0.0307	0.0309	0.0316	0.0324
0.385	0.0307	0.0309	0.0313	0.0314	0.0322	0.0329
0.390	0.0313	0.0315	0.0318	0.0320	0.0327	0.0334
0.395	0.0319	0.0321	0.0324	0.0326	0.0332	0.0339
0.400	0.0326	0.0327	0.0330	0.0332	0.0338	0.0344

续表

T / x	4.2K	30K	77K	100K	200K	300K
0.405	0.0332	0.0333	0.0336	0.0337	0.0343	0.0349
0.410	0.0338	0.0339	0.0342	0.0343	0.0348	0.0354
0.415	0.0344	0.0345	0.0348	0.0349	0.0354	0.0359
0.420	0.0350	0.0351	0.0353	0.0354	0.0359	0.0363
0.425	0.0356	0.0357	0.0359	0.0360	0.0364	0.0368
0.430	0.0362	0.0363	0.0365	0.0366	0.0369	0.0373
0.435	0.0368	0.0369	0.0371	0.0371	0.0375	0.0378
0.440	0.0374	0.0375	0.0376	0.0377	0.0380	0.0383
0.443	0.0378	0.0379	0.0380	0.0381	0.0383	0.0386

附录B 简要公式

B1 $Hg_{1-x}Cd_xTe$ 的禁带宽度

$$E_g(x,T) = -0.295 + 1.87x - 0.28x^2 + (6 - 14x + 3x^2)10^{-4}T + 0.35x^4 \quad (\text{eV})$$

B2 $Hg_{1-x}Cd_xTe$ 光导器件峰值波长 λ_{peak}

$$\lambda_{peak} = \frac{A(T)}{x - B(T) - C(T)\log(d)} (\mu\text{m})$$

式中

$$A(T) = 0.7 + 2.0 \times 10^{-4}T + 1.66 \times 10^{-6}T^2$$

$$B(T) = 0.162 - 2.8 \times 10^{-4}T - 2.29 \times 10^{-7}T^2$$

$$C(T) = 3.5 \times 10^{-3} - 3.0 \times 10^{-5}T - 5.85 \times 10^{-8}T^2$$

厚度 d 以μm 为单位

B3 $Hg_{1-x}Cd_xTe$ 光导器件截止波长 λ_{co}

$$\lambda_{co} = \frac{a(T)}{\text{x} - b(T) - c(T)\lg(d)}$$

式中

$$a(T) = 0.7 + 6.7 \times 10^{-4}T + 7.28 \times 10^{-8}T^2$$

$$b(T) = 0.162 - 2.6 \times 10^{-4}T - 1.37 \times 10^{-7}T^2$$

$$c(T) = 4.9 \times 10^{-3} + 3.0 \times 10^{-5}T + 3.51 \times 10^{-8}T^2$$

厚度 d 以μm 为单位

B4 $Hg_{1-x}Cd_xTe$ 本征载流子浓度

$$n_i = \left(1 + 3.25k_BT / E_g\right) \cdot 9.56 \cdot 10^{14} E_g^{3/2} T^{3/2} \left[1 + 1.9E_g^{3/4} \exp\left(E_g / 2k_BT\right)\right]^{-1}$$

$$0.17 < x < 0.443 \qquad 4.2\text{K} < T < 300\text{K}$$

B5　$Hg_{1-x}Cd_xTe$ 电子迁移率

$$\mu_n = \left(8.75\times10^{-4}x - 1.044\times10^{-4}\right)^{-1}$$

B6　$Hg_{1-x}Cd_xTe$ 介电常数

$$\varepsilon_\infty = 15.19 - 14.52x + 11.06x^2 - 4.24x^3$$

B7　$Hg_{1-x}Cd_xTe$ 吸收系数

$$\alpha = \alpha_0 \exp\left[\frac{\sigma\left(E - E_0\right)}{k_B T}\right] \qquad (E < E_g)$$

$$\alpha = \alpha_g \exp\left[\beta(E - E_g)\right]^{1/2}\ (\mathrm{cm}^{-1}) \qquad (E \geq E_g)$$

式中

$$\ln\alpha_0 = -18.5 + 45.68x$$

$$E_0 = -0.355 + 1.77x$$

$$\sigma / k_B T = (\ln\alpha_g - \ln\alpha_0)/(E_g - E_0)$$

$$\alpha_g = -65 + 1.88T + (8694 - 10.31T)x$$

$$E_g(x,T) = -0.295 + 1.87x - 0.28x^2 + (6 - 14x + 3x^3)(10^{-4})T + 0.35x^4$$

$$\beta = -1 + 0.083T + (21 - 0.13T)x$$

$$0.165 \leq x \leq 0.443 \qquad 4.2\mathrm{K} \leq T \leq 300\mathrm{K}$$

300K 和 77K 温度时不同组分碲镉汞在禁带宽度能量处的吸收系数分别为

$$\alpha_g = 500 + 5600x \qquad (300\mathrm{K})$$

$$\alpha_g = 80 + 7900x \qquad (77\mathrm{K})$$

B8　$Hg_{1-x}Cd_xTe$ 导带底电子有效质量

$$\frac{m_0^*}{m_0} = 0.05966\frac{E_g\left(E_g + 1\right)}{E_g + 0.667}$$